U0358547

执业资格考试丛书

全国勘察设计注册公用设备工程师暖通空调专业考试应试宝典

(上　册)

专业知识篇

峰　哥　孙志勇　于　洋　主编

中国建筑工业出版社

图书在版编目(CIP)数据

全国勘察设计注册公用设备工程师暖通空调专业考试应试宝典：全2册/峰哥，孙志勇，于洋主编. —北京：中国建筑工业出版社，2019.3

(执业资格考试丛书)

ISBN 978-7-112-23337-3

Ⅰ.①全… Ⅱ.①峰…②孙…③于… Ⅲ.①建筑工程-供热系统-资格考试-自学参考资料②建筑工程-通风系统-资格考试-自学参考资料③建筑工程-空气调节系统-资格考试-自学参考资料 Ⅳ.①TU83

中国版本图书馆CIP数据核字(2019)第032984号

本书以《全国勘察设计注册公用设备工程师（暖通空调）》专业考试复习教材为基础，采纳和融合了广大考友宝贵的意见和建议，精心编写而成。

本书紧扣最新考试大纲和规范，针对历年考试真题所涉及的考点，进行了详细的总结和概括，并对重要的知识点进行了扩展和延伸。既帮助考生梳理常见考点，又强化重点的讲解和复习。同时，将考试教材和规范相关的内容进行高度概括和总结，以帮助考生更好地理解和掌握相关的考点。参编人员均为高分通过考试的考友和授课名师，具有丰富的注册考试经验及工程设计经验。

责任编辑：何玮珂　辛海丽

责任校对：李欣慰

执业资格考试丛书

全国勘察设计注册公用设备工程师

暖通空调专业考试应试宝典

峰　哥　孙志勇　于　洋　主编

*

中国建筑工业出版社出版、发行(北京海淀三里河路9号)

各地新华书店、建筑书店经销

北京红光制版公司制版

北京建筑工业印刷厂印刷

*

开本：787×1092毫米　1/16　印张：45　字数：1120千字

2019年5月第一版　2019年5月第一次印刷

定价：**138.00**元（上、下册）

ISBN 978-7-112-23337-3

(33622)

版权所有　翻印必究

如有印装质量问题，可寄本社退换

（邮政编码　100037）

本 书 编 委 会

主　编：峰　哥
　　　　孙志勇　浙江华亿工程设计股份有限公司
　　　　于　洋　大连市建筑设计研究院有限公司
副主编：余庆利　中煤科工集团重庆设计研究院有限公司
　　　　刘建宇　沈阳市热力工程设计研究院
　　　　赖景瑶　青岛城市建筑设计院有限公司
参　编：于　江　广东博意建筑设计院有限公司苏州分公司
　　　　林佳佳　中国建筑西南设计研究院有限公司
　　　　陈圣光　广东天元建筑设计有限公司
　　　　朱柏山　中机中联工程有限公司
　　　　唐长江　中机中联工程有限公司
　　　　六月禾　中国科学院大学
　　　　靖建光　邯郸慧龙电力设计研究有限公司
　　　　王莹莹　中国水电基础局有限公司

前　言

本书依据最新考试大纲和考试规范，将知识题和案例题的重要的考点进行了分类，分项的总结和概括。帮助考生梳理常见考点，强化重要考点的讲解和复习。将考试教材和规范相关的内容进行高度概括和总结，帮助考生更好地理解和掌握相关的考点，并可以帮助考生在考场上尽快翻到考点，具有提纲挈领的作用。同时，针对考点穿插相关的真题和模拟题，帮助考生了解题目所设置的陷阱和误区，明确考生的做题思路。

参编人员均为高分通过考试的考友和授课名师，有丰富的注册考试和工程设计经验，从考生的角度深入分析常见考点，明确解题思路，有助于考生在复习备考阶段把握重点和考试难点。我们希望这本精心编制的注考书籍，能为您指点迷津，助您高效备考，攻克暖通注册考试难关！

本书所有题目均来源于网友贡献，题目解析由峰哥注考、清风注考及 GO-GO 培训班各位老师亲身整理，也采纳了广大考友的宝贵建议，不代表任何官方意见，也不是官方标准答案。

由于时间仓促和编者水平所限，书中还有许多不尽如人意之处，恳请读者批评指正，并提出建议。具体意见可发送至 13079291536@qq.com 或加入峰哥暖通注册考试群，您的建议将是本书再版修订良好的基础。

真题编号说明：

本书题目编号原则为：20xx-x-xx，编号第一组数字为考试年份，第二组为考试场次，其中 1、2、3、4 分别对应专业知识（上）、专业知识（下）、专业案例（上）、专业案例（下），第三组为题目编号。如 2016-2-6 为 2016 年专业知识（下）第 6 题；2017-3-16 为 2017 年专业案例（上）第 16 题，以此类比。

峰哥

2018 年 11 月 26 日

峰哥暖通注考公众号：

峰哥暖通注册考试 3 群：578042535

峰哥暖通注册考试 4 群：15966718

来自 GO-GO 培训的一封信

今天的你是否结束了制图的辛劳，耳边却还萦绕着甲方的念叨?

今天的你是否受够了领导的指派，胸中的理想却还在脑海徘徊?

是否，你工作多年，辛苦拼搏，阔别课本已久?为了完成职业生涯的蜕变，为了提升专业素养，为了离自己的理想更进一步，义无反顾地踏上了漫漫备考路?旁人喝咖啡的时候，你在埋头看书；旁人看韩剧的时候，你在默默复习；旁人享天伦的时候，你在奋笔做题；末了，旁人思考人生的时候，你在忐忑不安地等成绩……

天道酬勤，有志者事竟成！有一天当你拿到“沉甸甸”的证书，回首充实的备考时光，点点滴滴在心头。往日的坚毅奋斗都将化为你生命中宝贵的财富。在学习的路上，再没有什么可以阻挡你迈向理想的步伐。

你是否曾经受制于71本规范的桎梏，寸步难行?

你是否曾经面对800余页考试教材的纷繁复杂，无从下手?

你是否曾经独自一人，孤军奋战，欲求名师耳提面命的谆谆教导而不可得?

水压图，高深莫测，百思不得其解?

防排烟，事关重大，岂敢视若等闲?

焓湿图，千变万化，自信游刃有余?

更别提温熵图、压焓图两大杀器，不知摧残了多少颗疲惫的心……

GO-GO培训拥有强大的师资力量，所有授课老师均为985高校授课名师，博士学历，教学经验丰富，授课方式生动，深入浅出，广受好评。更重要的是，他们都早早地通过了注册考试，和广大考生一样，体验过注考的种种不易，更能有针对性地进行贴心辅导。

GO-GO培训也拥有强大的明星助考团，成员均为各届注考的高分考生，对注册考试颇有心得，且乐于分享。我们都是注考路上的同路人，经历了酸甜苦辣才会更加懂得珍惜和感恩。规范与教材内容繁多，该如何复习?重难点与旁枝末节如何取舍?又该如何安排复习进度与计划?所有的这些，我们都将全程陪同助考，与诸君共勉。

付出的是青春与汗水，收获的是成长与友谊。

GO-GO暖通注册培训班，在我们追求理想的道路上！

2019，我们在这里等你！

GO-GO培训

依据简称对照表

序号	全　　称	简　　称
1	《全国勘察设计注册公用设备工程师暖通空调专业考试复习教材（第三版—2018）》	《教材（第三版 2018）》
2	《民用建筑供暖通风与空气调节设计规范》（GB 50736—2012）	《民规》
3	《工业建筑供暖通风与空气调节设计规范》（GB 50019—2015）	《工规》
4	《建筑防烟排烟系统技术标准》（GB 51251—2017）	《防排烟标准》
5	《建筑设计防火规范》（GB 50016—2014）	《建规 2014》
6	《汽车库、修车库、停车场设计防火规范》（GB 50067—2014）	《汽车库防火规》
7	《人民防空地下室设计规范》（GB 50038—2005）	《人防规》
8	《人民防空工程设计防火规范》（GB 50098—2009）	《人防防火规》
9	《住宅设计规范》（GB 50096—2011）	《住宅设计规》
10	《住宅建筑规范》（GB 50368—2005）	《住宅建筑规》
11	《严寒和寒冷地区居住建筑节能设计标准》（JGJ 26—2010）	《严寒规》
12	《夏热冬冷地区居住建筑节能设计标准》（JGJ 134—2010）	《夏热冬冷规》
13	《夏热冬暖地区居住建筑节能设计标准》（JGJ 75—2012）	《夏热冬暖规》
14	《公共建筑节能设计标准》（GB 50189—2015）	《公建节能》
15	《民用建筑热工设计规范》（GB 50176—2016）	《民建热工》
16	《辐射供暖供冷技术规程》（JGJ 142—2012）	《辐射冷暖规》
17	《供热计量技术规程》（JGJ 173—2009）	《供热计量》
18	《工业设备及管道绝热工程设计规范》（GB 50264—2013）	《设备管道绝热规程》
19	《既有居住建筑节能改造技术规程》（JGJ/T 129—2012）	《既有建筑节能改造》
20	《公共建筑节能改造技术规范》（JGJ 176—2009）	《公建节能改造》
21	《环境空气质量标准》（GB 3095—2012）	《环境空气》
22	《声环境质量标准》（GB 3096—2008）	《声环境》
23	《工业企业厂界环境噪声排放标准》（GB 12348—2008）	《工业噪声排放》
24	《工业企业噪声控制设计规范》（GB/T 50087—2013）	《工业噪声控制》
25	《大气污染物综合排放标准》（GB 16297—1996）	《大气污染物排放》
26	《工业企业设计卫生标准》（GBZ 1—2010）	《工业企业设计卫生》
27	《工作场所有害因素职业接触限值（1）：化学有害因素》（GBZ 2.1—2007）	《化学有害因素》
28	《工作场所有害因素职业接触限值（2）：物理因素》（GBZ 2.2—2007）	《物理因素》
29	《洁净厂房设计规范》（GB 50073—2013）	《洁净规》

续表

序号	全　　称	简　　称
30	《地源热泵系统工程技术规范》(GB 50366—2005)(2009 年版)	《地源热泵规》
31	《燃气冷热电联供工程技术规范》(GB 51131—2016)	《联供规范》
32	《蓄冷空调工程技术规程》(JGJ 158—2008)	《蓄冷空调规程》
33	《多联机空调系统工程技术规程》(JGJ 174—2010)	《多联机规程》
34	《冷库设计规范》(GB 50072—2010)	《冷库设计规》
35	《锅炉房设计规范》(GB 50041—2008)	《锅规》
36	《锅炉大气污染物排放标准》(GB 13271—2014)	《锅炉排放标准》
37	《城镇供热管网设计规范》(CJJ 34—2010)	《城镇热网规》
38	《城镇燃气设计规范》(GB 50028—2006)	《燃气设计规》
39	《城镇燃气技术规范》(GB 50494—2009)	《燃气技术规》
40	《建筑给水排水设计规范》(GB 50015—2003)(2009 年版)	《给水排水规》
41	《通风与空调工程施工规范》(GB 50738—2011)	《通风施规》
42	《建筑给排水及采暖工程施工质量验收规范》(GB 50242—2002)	《水暖验规》
43	《通风与空调工程施工质量验收规范》(GB 50243—2016)	《通风验规》
44	《制冷设备、空气分离设备安装工程施工及验收规范》(GB 50274—2010)	《设备安装施工验收》
45	《建筑节能工程施工质量验收规范》(GB 50411—2007)	《节能验规》
46	《绿色建筑评价标准》(GB/T 50378—2014)	《绿建评价》
47	《绿色工业建筑评价标准》(GB/T 50878-2013)	《绿色工建评价》
48	《民用建筑绿色设计规范》(JGJ/T 229—2010)	《民建绿色设计》
49	《空气调节系统经济运行》(GB/T 17981—2007)	《空调经济运行》
50	《冷水机组能效限定值及能源效率等级》(GB 19577—2015)	《冷水机组能效等级》
51	《单元式空气调节机能效限定值及能源效率等级》(GB 19576—2004)	《单元式空调能效等级》
52	《房间空气调节器能效限定值及能源效率等级》(GB 12021.3—2010)	《房间空调能效等级》
53	《多联式空调(热泵)机组能效限定值及能源效率等级》(GB 21454—2008)	《多联机能效等级》
54	《建筑通风和排烟系统用防火阀门》(GB 15930—2007)	《防火阀门》
55	《实用供热空调设计手册(第二版)》	《红宝书》
56	《全国民用建筑工程设计技术措施　暖通空调·动力 2009 版》	《09 技措》
57	《全国民用建筑工程设计技术措施节能专篇　暖通空调·动力 2007 版》	《07 节能技措》
58	《民用建筑供暖通风与空气调节设计规范宣贯辅导教材》	《民规宣贯》
59	《民用建筑供暖通风与空气调节设计规范技术指南》	《民规技术指南》

目　　录

（上册）专业知识篇

第1章 供　　暖

1.1 建筑热工与节能

1.1.1 建筑热工设计分区及设计要求

1. 知识要点

（1）建筑热工设计区划指标及设计原则

建筑热工设计区划指标及设计要求　　表1-1

居住建筑分区 指标和要求		严寒地区			寒冷地区		夏热冬冷		夏热冬暖		温和地区	
		A	B	C	A	B	A	B	A	B	A	B
主要指标	最冷月平均温度（℃）	≤−10			(−10，0]		(0，10]		>10		(0，13]	
	最热月平均温度（℃）	—					(25，30]		(25，29]		(18，25]	
辅助指标	日平均温度≤5℃天数	≥145			[90，145)		[0，90)		—		[0，90)	
	日平均温度≥25℃天数	—					[40，110)		[100，200)		—	
	HDD18	≥6000	≥5000 <6000	≥3800 <5000	≥2000 <3800		详见《民建热工》表4.1.2 二级区划指标					
	CDD26	—	—	—	≤90	>90						
设计要求	冬季保温	必须充分满足			应满足		适当兼顾		一般可不考虑		部分地区“应”	
	夏季防热	一般可不考虑			部分地区兼顾		必须满足		必须充分满足		一般可不考虑	

注：1. 建筑热工设计一级区划参考图详见《民建热工》A.0.3；

2. 建筑热工设计二级区划设计要求详见《民建热工》表4.1.2。

（2）建筑节能标准及对应细化分区

1）《公建节能》：严寒（A、B、C区）、寒冷（A、B区）、夏热冬冷（A、B区）、夏热冬暖（A、B区）、温和（A、B区）；

2）《严寒规》：严寒（A、B、C区）；寒冷（A、B区）；

3）《夏热冬冷规》：无分区；

4）《夏热冬暖规》：南区和北区。

2. 超链接

《教材（第三版2018）》P1表1.1-1；《民建热工》4.1.1、4.1.2附录A.0.3；《严寒规》3.0.1、3.0.2、附录A.0.1～A.0.3；《夏热冬暖规》3.0.1；《公建节能》3.1.2。

1.1.2 采暖度日数与采暖期度日数

1. 知识要点

（1）采暖度日数

一年中，当某天室外日平均温度低于18℃时，将该日平均温度与18℃的差值乘以

1d，并将此乘积累加，得到一年的采暖度日数。例：北京市某天室外平均温度为15℃，该日的采暖度日数为（18－15）×1d＝3，最终把每天的数值累加，得到一年的采暖度日数。若某天室外平均温度高于18℃时，则不计算。

（2）采暖期度日数

室内温度18℃与采暖期室外平均温度之间的温差值乘以采暖期天数。例：北京采暖期室外平均温度为－0.7℃，采暖期天数123d，采暖期度日数＝[18－(－0.7)]×123d＝2300。

2. 超链接

《严寒规》2.1.1；《民建热工》旧版名词解释。

1.1.3 围护结构最小传热阻

1. 知识要点

（1）围护结构最小传热阻满足的要求

1）卫生和不结露（除浴室等相对湿度很高的房间外）；

2）节能标准（节能标准严于不结露和卫生要求）。

注：围护结构节能设计时，需按照节能标准的规定设计。

（2）围护结构最小热阻或最小传热阻注意事项

1）民用建筑围护结构的最小热阻

对于不同材料和建筑不同部位，围护结构热阻最小值需要修正。

2）工业建筑围护结构的最小传热阻（设置全面供暖，除外窗、阳台门和天窗外）

① 有关最小传热阻的计算不适用于窗、阳台门和天窗，屋顶、外墙和地面均适用；

② 最小传热阻修正系数k：砖墙取0.95，外门取0.6，其他取1；

③ 相邻房间温差大于10℃时，内围护结构的最小传热阻，应经过计算确定；

④ 居住建筑和公共建筑的外墙最小热阻，除了要满足卫生和不结露要求，还应符合国家现行的节能设计标准。

2. 超链接

《教材（第三版2018）》P4～7；《工规》5.1.6。

3. 例题

（1）【单选】下列哪一个选项不属于制定建筑围护结构最小热阻计算公式的原则？（2008-2-1）

（A）对围护结构的耗热量加以限制　　（B）对围护结构的投资加以限制

（C）防止围护结构的内表面结露　　（D）防止人体产生不适感

参考答案：B

解析：确定围护结构最小传热阻的原则，即是起到控制其内表面温度τ_n的作用。除浴室等相对湿度很高的房间外，τ_n应该满足内表面不结露的要求，内表面结露可导致耗热量增大和使围护结构易于损坏，即要限制围护结构的耗热量；同时，要防止τ_n过低所产生的人体冷辐射的不适感。

（2）【单选】工业建筑的围护结构最小传热阻应按$R_{o\cdot min}=\frac{\alpha(t_n-t_w)}{\Delta t_y \alpha_n}$计算，该计算公

式不能适用于下列选项的哪一个？（2008-2-5）

（A）外墙　　（B）外窗　　（C）屋顶　　（D）地面

参考答案：B

解析：根据《教材（第三版2018）》P5或《工规》5.1.6。

（3）【单选】采用燃气炉独立供暖的某些用户，在寒冷的冬季出现了房间内壁面凝水的现象，试问下列何项因素与壁面产生凝水无关？（2009-2-2）

（A）墙体保温性能未达到要求　　（B）墙体局部存在热桥

（C）室内机械排风量过大　　（D）室内人员密度过大

参考答案：C

解析：

A选项：保温未达到要求，导致墙内表面温度过低，低于室内空气露点温度时内壁面就会结露；

B选项：热桥部位保温差，内表面温度低，同样可能结露；

C选项：冬季室外空气含湿量低于室内，加大排风量不会造成壁面结露；

D选项：室内人员密度过大，散湿量增加，室内空气露点温度升高，当高于壁面温度时，会造成结露。

4. 真题归类

2008-2-1、2008-2-4、2008-2-5、2009-2-2、2010-1-3、2017-1-44。

1.1.4　改善围护结构热工性能的措施

1. 知识要点

（1）提高围护结构传热阻值措施：《教材（第三版2018）》P7；《民建热工》5.1.5。

（2）提高墙体热稳定性措施：《民建热工》5.1.6。

（3）外墙隔热措施：《民建热工》6.1.3。

（4）屋面隔热措施：《民建热工》6.2.3。

2. 超链接

（1）《教材（第三版2018）》P7。

（2）围护结构保温：《民建热工》5。

（3）围护结构隔热：《民建热工》6。

3. 真题归类

2018-1-2、2018-1-54。

1.1.5　热惰性指标

1. 知识要点

1）D值越大，温度波在其中衰减越快，围护结构热稳定性越好；D值越小，围护结构热稳定性越差，温度容易波动；

2）同样的室内外温差下，D值越小的建筑物，轻质外墙内表面越容易结露；

3）冬季围护结构室外计算温度取值越低，要求的最小传热阻越大。

2. 超链接

(1)《教材(第三版 2018)》P7 表 1.1-12、P355。

注:1)冬季室外热工计算温度与供暖室外计算温度的区别;

2)供暖室外计算温度:《民建热工》附录 A;《民规》P102 附录 A;《工规》P120 附录 A 表 A.0.1-1;

3)累年最低日平均温度:《民建热工》附录 A;《工规》P196 附录 A 表 A.0.1-2。

(2)《民建热工》3.2.2、2.1.12、3.4.8、3.4.9;《09 技措》附录 A。

注:新版《民建热工》已经把"冬季围护结构室外计算温度"更新为"冬季室外热工计算温度"。

3. 例题

【单选】构成围护结构的热惰性指标 D 的参数中,不包括以下哪个参数?(2006-1-2)

(A) λ——导热系数　　(B) δ——围护结构厚度

(C) S——材料蓄热系数　　(D) α——内外表面换热系数

参考答案:D

解析:根据《民建热工》3.4.8 公式,$D=R\cdot S$,可知 R 为围护结构的热阻,S 为蓄热系数,与内外表面换热系数无关。

4. 真题归类

2006-1-2、2018-1-55。

1.1.6 防潮措施和防潮验算部位

1. 知识要点

(1)防潮措施

1)多层围护结构,应将蒸汽渗透阻大的材料布置在内侧,将渗透阻小的材料布置在外侧;

2)外侧设置保护层或防水层的多层围护结构,设置隔汽层时,应严控保温层施工湿度。卷材防水屋面或松散多孔保温材料的金属夹芯围护结构应有排湿措施;

注:隔汽层的设置位置详见《民建热工》7.3.1、7.3.5。

3)外侧有卷材或其他密闭防水层内侧为钢筋混凝土屋面板的屋面结构,内部不需设隔汽层时,应确保屋面板及接缝的密实性。

(2)防潮验算部位

1)不带通风间层(或阁楼空间);

2)外侧有卷材或其他防水层的屋顶结构,当内侧结构层为加气混凝土和砖等多孔材料时;

3)外侧有其他密闭防水层的屋顶结构,当内侧结构层为加气混凝土和砖等多孔材料时;

4)保温层外侧有密实保护层的多层墙体结构,当内侧结构层为加气混凝土和砖等多孔材料时。

2. 超链接

《教材(第三版 2018)》P7~9、P716~718;《民建热工》7、附录 B.6;《09 技措》附录 A。

1.1.7 外墙内保温和外保温

1. 知识要点

(1)内保温缺点

1）保温隔热效果差，外墙平均传热系数高；

2）热桥保温处理困难，易出现结露现象；

3）占用室内使用面积；

4）不利于室内装修，包括重物钉挂困难等：在安装空调、电话及其他装饰物等设施时尤其不便；

5）不利于既有建筑的节能改造；

6）保温层易出现裂缝。

（2）外保温优点

1）有利于室温保持稳定；

2）基本消除“热桥”现象。在厚度为240mm砖墙内保温条件下，周边“热桥”使平均传热系数比主体部位传热系数增加51%～59%；而在厚度为240mm砖墙外保温条件下，这种影响仅2%～5%，可见外保温做法更有效地减少了室内的热负荷。

2. 超链接

《严寒规》B.0.11；《公建节能》附录A。

3. 例题

【多选】对常用的有关外墙外保温技术和内保温技术在同等条件下进行比较，说法正确的应是下列哪些项？（2009-2-57）

（A）内保温更易避免热桥

（B）外保温更易提高室内的热稳定性

（C）外保温的隔热效果更佳

（D）主体结构和保温材料相同时，外保温与内保温的外墙平均传热系数相同

参考答案：BC

解析：根据《严寒规》附录B相关内容分析得到，由B.0.8可知外保温更容易避免热桥，而由于内外保温对于热桥的影响不同，所以D选项是错误的，正确的说法是：主体结构和保温材料相同时，外保温外墙的平均传热系数小于内保温的外墙。

4. 真题归类

2009-2-57。

1.1.8 居住建筑节能标准对比

居住建筑节能规范的部分内容对比　　表1-2

气候分区	体形系数	热惰性指标	围护结构传热系数	窗墙面积比	周边地面及地下室外墙保温	遮阳系数	评价标准
严寒和寒冷地区 供暖： $t_n=18$℃ 换气次数： $0.5h^{-1}$	按建筑层数规定，超过限值应节能判断	无要求	按建筑层数或窗墙比规定，超过限值应节能判断	按朝向确定，超过限值应节能判断，且有上限要求。 注：凸窗和封闭阳台的规定	有要求，超过限值应节能判断	仅对寒冷B区东、西两个方向有要求，超过限值应节能判断	按供暖期室外平均温度t_e计算负荷并以此为判定依据。要求不大于该计算负荷

续表

气候分区	体形系数	热惰性指标	围护结构传热系数	窗墙面积比	周边地面及地下室外墙保温	遮阳系数	评价标准
夏热冬冷地区 供暖： $t_n=18℃$ 空调： $t_n=26℃$ 换气次数： $1h^{-1}$	按建筑层数规定，超过限值应节能判断	按不同的 D 对围护结构的传热系数进行限定，超过限值应节能判断。 注： ① $D\leqslant2.0$ 时需验算隔热设计； ② 面密度 $\rho\geqslant200kg/m^2$ 可不考虑 D； ③ 外窗 K 按不同的 SC 和窗墙比确定； ④ 对户门和户间围护结构的 K 提出要求		按朝向确定，允许一个房间（不分朝向）为0.6，超过相应限值应节能判断	无周边地面及地下室外墙保温要求	超过限值应节能判断	供暖、空调年耗电量不大于参照建筑的年耗电量
夏热冬暖地区 供暖（北区）： $t_n=16℃$ 空调： $t_n=26℃$ 换气次数： $1h^{-1}$	仅对北区的体形系数做规定，措辞为“宜”，不须做节能判断；南区无要求	① 屋顶和东西外墙的 K 有限值； ② $D<2.5$ 时需验算隔热设计； ③ 仅对北区的外窗 K 做规定，南区（不考虑供暖）无外窗 K 的规定，但要考虑辐射吸收系数；不符合要求应节能判断		按朝向确定，超过相应限值应节能判断。 注：天窗的面积比、K 和 SC	无周边地面及地下室外墙保温要求	不符合要求应节能判断	*ECF* 或 *ECF*（*ref*）不大于参照建筑。 注：参照建筑的热工性能参数要求

1.1.9 居住建筑的围护结构热工性能权衡判断

1. 知识要点

（1）严寒寒冷地区：建筑物耗热量指标；

（2）夏热冬冷地区：供暖耗电量和空调耗电量之和；

（3）夏热冬暖地区：空调供暖年耗电指数或耗电量（动态法）；

（4）权衡判断方法

居住建筑围护结构热工性能的权衡判断　　表 1-3

《严寒规》4.1.3、4.1.4、4.2	《夏热冬冷规》4.0.3～4.0.5	《夏热冬暖规》4.0.4、4.0.6～4.0.8	是否进行权衡判断
满足要求	满足要求	满足要求	否
不满足要求	不满足要求	不满足要求	是

2. 超链接

《严寒规》4.1、4.2、4.3.1；《夏热冬冷规》4.0.3～4.0.5、5.0.2；《夏热冬暖规》4.0.4、4.0.6～4.0.8、5.0.1。

3. 例题

【多选】按现行节能标准的要求，当围护结构设计的某些指标超过规范限值时应进行热工性能权衡判断。进行寒冷地区 B 区的某 11 层住宅楼设计时，下列哪几项指标导致必须进行权衡判断？（2013-1-43）

（A）建筑的体形系数为 0.3

（B）南向窗墙面积比为 0.65

（C）外墙的传热系数为 0.65W/(m^2·K)

（D）东、西向外窗综合遮阳系数为 0.48

参考答案：BD

解析：

A 选项：根据《严寒规》表 4.1.3，限值为 0.3，不需要权衡判断；

B 选项：根据《严寒规》表 4.1.4，限值为 0.5，需要权衡判断；

C 选项：根据《严寒规》表 4.2.2—5，限值为 0.7，不需要权衡判断；

D 选项：根据《严寒规》表 4.2.2—6，限值为 0.45，需要权衡判断。

注：本题 B 选项，根据 4.1.4，“并且在权衡判断时，各朝向的窗墙面积比最大也只能比表 4.1.4 中的对应值大 0.1”。因此本题目就算是进行权衡判断，窗墙比也不能大于 0.6，本题 B 选项出题不严密！

4. 真题归类

2013-1-43。

1.1.10　公共建筑的围护结构热工性能权衡判断

1. 知识要点

（1）权衡判断方式：全年供暖和空调能耗之和。

1）计算参照建筑在规定条件下全年供暖和空气调节能耗 A；

2）计算设计建筑在相同条件下全年供暖和空气调节能耗 B；

3）当 $B \leqslant A$ 时，判定围护结构总体热工性能符合节能要求。反之，应调整设计参数重新进行计算。

（2）权衡计算知识要点

1）建筑围护结构热工性能权衡判断应以参照建筑与设计建筑的供暖和空气调节总耗电量作为其判断的依据；

2）计算设计建筑和参照建筑全年供暖和空调总耗电量时，空气调节系统冷源应采用电驱动冷水机组，严寒、寒冷地区供暖系统热源应采用燃煤锅炉。夏热冬冷、夏热冬暖和温和地区供暖热源应采用燃气锅炉。

（3）权衡判断的方法

公建节能围护结构热工性能的权衡判断　　表 1-4

《公建节能》3.2.7、3.3	《公建节能》3.4.1	是否进行权衡判断
满足要求	—	否
不满足要求	无准入条件	是
不满足要求	不满足准入条件	否，需要修改热工
不满足要求	满足准入条件	是

例 1：哈尔滨某商场(甲类)体形系数为 0.4，屋面传热系数为 0.35W/(m^2·K)。查《公建节能》表 3.3.1-1，屋面的传热系数≤0.25W/(m^2·K)，结果不满足要求；再查《公建节能》3.4.1 的屋面传热系数要求≤0.35W/(m^2·K)，满足权衡判断的条件，故需要进行权衡判断。

例 2：上海某酒店(甲类)东向窗墙面积比为 0.3，外窗传热系数为 3.0 W/(m^2·K)，*SHGC*=0.45，查《公建节能》3.3.1-4，外窗传热系数≤0.3W/(m^2·K)符合要求；东向 *SHGC*≤0.44，不符合要求；再查《公建节能》表 3.4.1-3，窗墙面积比<0.4 没有准入条件，故需要进行权衡判断。

2. 超链接

(1)《公建节能》3.3、3.4、附录 B；

(2) 注：《公建节能》权衡判断与《严寒规》《夏热冬冷规》《夏热冬暖规》居住建筑权衡判断的不同（居住建筑的围护结构热工性能参数不满足要求时，需要进行权衡判断)。

《公建节能》3.4.1 增加了围护结构热工性能权衡判断的准入条件，即当围护结构热工性能不满足 3.3 有关要求时，应先满足 3.4.1 的准入条件才能进行热工性能权衡判断，否则应提高热工参数。

3. 例题

(1) 【单选】关于公共建筑围护结构传热系数限值的说法，下列何项是错误的?(2013-1-5)

(A) 外墙的传热系数采用平均传热系数

(B) 围护结构传热系数限值与建筑物体形系数相关

(C) 围护结构传热系数限值与建筑物窗墙面积比相关

(D) 温和地区可不考虑围护结构传热系数限值

参考答案：D

解析：根据《公建节能》表 3.3.1-6，温和地区仍然需要考虑围护结构传热系数限值。

(2)【多选】在进行公共建筑围护结构热工性能的权衡判断时，为使实际设计的建筑能耗不大于参照建筑的能耗，可采用以下哪些手段?(2012-2-44)

(A) 提高围护结构的热工性能

(B) 减少透明围护结构的面积

(C) 改变空调、供暖室内设计参数

(D) 提高空调、供暖系统的系统能效比

参考答案：AB

解析：根据《公建节能》3.4.2；

C 选项：不能依靠改变室内设计参数减小建筑负荷，设计参数需满足热舒适要求；

D 选项：空调、供暖系统能效比与建筑设计负荷无关。

4. 真题归类

2012-2-44、2013-1-5、2017-1-2、2017-1-37、2018-2-43。

1.1.11 遮阳系数、太阳得热系数及遮阳措施

1. 知识要点

遮阳系数和太阳得热系数知识汇总 **表1-5**

<table>
<tr><th colspan="2">系数</th><th>内容</th></tr>
<tr><td colspan="2">遮阳系数</td><td>实际通过玻璃的热量与通过厚度为3mm厚标准玻璃的热量的比值。遮阳系数越小，阻挡阳光热量向室内辐射的性能越好（某玻璃遮阳系数为0.5，不能认为玻璃能让50%的太阳热量进入室内，应理解为此玻璃能透过的太阳热量是标准3mm白玻璃透过热量的50%）</td></tr>
<tr><td colspan="2">太阳得热系数 $SHGC$</td><td>1）指通过透光围护结构（门窗或透光幕墙）的太阳辐射室内得热量与投射到透光围护结构（门窗或透光幕墙）外表面上的太阳辐射量的比值。太阳辐射室内的热量包括太阳辐射通过辐射透射的得热量和太阳辐射被构件吸收再传入室内的得热量两部分；
2）标准玻璃太阳得热系数理论值为0.87。因此，可按 $SHGC=SC\times0.87$ 进行换算。其越大，进入室内的太阳辐射热量越多</td></tr>
<tr><td rowspan="3">外窗的综合遮阳系数</td><td>透光围护结构遮阳系数（窗本身的遮阳系数 SC_C）</td><td>在照射时间内，透过透光围护结构部件（如：窗户）直接进入室内的太阳辐射量与透光围护结构外表面（如：窗户）接收到的太阳辐射量的比值（只包括直接进入室内的太阳辐射量，不包括间接进入室内的太阳辐射室内二次传热量）</td></tr>
<tr><td>建筑遮阳系数（SD）</td><td>在照射时间内，同一窗口（或透光围护结构部件外表面）在有建筑外遮阳和没有建筑外遮阳的两种情况下，接收到的两个不同太阳辐射量的比值（具体计算详见《严寒节能规》附录D）</td></tr>
<tr><td>外窗综合遮阳系数（SC）</td><td>1）$SC=SC_C\times SD=SC_B\times(1-F_K/F_C)\times SD$；
2）建筑遮阳系数和透过围护结构遮阳系数的乘积（SC_B从产品说明书中获取；窗框面积比近似按窗户的材质取值，塑钢窗和木窗取0.3，铝合金窗取0.2），SC不同于负荷计算中的外窗综合遮挡系数，其不考虑内遮阳</td></tr>
<tr><td colspan="2">外窗平均综合遮阳系数（S_W）</td><td>建筑各朝向平均遮阳系数按各朝向窗面积和朝向的权重系数加权平均的数值</td></tr>
<tr><td colspan="2">外窗综合遮挡系数（C_Z）</td><td>数值越大，通过外窗进入到房间的太阳辐射热就越多，包括了外窗遮阳和内遮阳，玻璃的修正系数（窗玻璃的遮阳系数）。其主要用于冷负荷系数法计算外窗日射得热形成的冷负荷</td></tr>
</table>

注：1. 遮阳系数冬季要求大（遮阳系数越大，透光性越好），夏季要求小；
2. 玻璃的遮阳系数从产品说明书上获取；
3. 外遮阳系数根据公式计算，见节能设计标准的附录。

2. 超链接

《教材（第三版2018）》P353～354、P362；《民规》7.2.7；《严寒规》4.2.3-4；《夏热冬冷规》4.0.6-7；《夏热冬暖规》2.0.1、2.0.2、4.0.8～4.0.12；《公建节能》2.0.4、3.2.5；《民建热工》2.1.26～2.1.36、9。

3. 例题

【单选】不同传热系数和遮阳系数的外窗作为公共建筑外围护结构时，更适合于严寒地区的外窗应是下列何项？(2009-1-1)

(A) 传热系数小且遮阳系数大　　(B) 传热系数大且遮阳系数小

（C）传热系数小且遮阳系数也小　　　　（D）传热系数大且遮阳系数也大

参考答案：A

解析：本题首先要注意遮阳系数的定义：SC＝透过玻璃的热量/全部的太阳辐射热量，因此遮阳系数大表明透过玻璃的热量多。根据旧版《公建节能》表 4.2.2-1 和表 4.2.2-2与表 4.2.2-3 对比可以发现严寒地区并不对遮阳系数有所限制，再根据 4.2.5 条文说明："遮阳措施一般不适用于北方严寒地区"。因此严寒地区要求玻璃有较小的传热系数和较大的遮阳系数以减小冬季供暖负荷。

注：《公建节能》采用太阳得热系数（*SHGC*）代替了遮阳系数（*SC*），其换算关系为：$SHGC = SC \times 0.87$，具体叙述可参考 2.0.4 条文说明。

4. 真题归类

2009-1-1、2011-2-3、2013-2-3、2018-2-54。

1.1.12　Low-E 镀膜玻璃

1. 知识要点

（1）Low-E 膜

Low-E 镀膜玻璃称为低辐射玻璃，对可见光有高透射率，对红外线有高反射率，具有良好的隔热性能。此类玻璃可透过室外的太阳辐射热，而减少室内的热量向外的红外辐射，故节能效果好于普通中空玻璃。

（2）镀膜位置（图 1-1）

1）严寒和寒冷地区是要把室内热量反射回去，在内层玻璃内表面节能效果是最好的；

2）夏热冬冷、夏热冬暖、温和地区是把室外热量反射回去，在外层玻璃内表面节能效果是最好的。

注：内外层玻璃指的是相对于房间而言的内外，玻璃的内外表面指的是相对于中空部分的内外。防止镀膜被破坏，镀膜位置均为玻璃内表面。

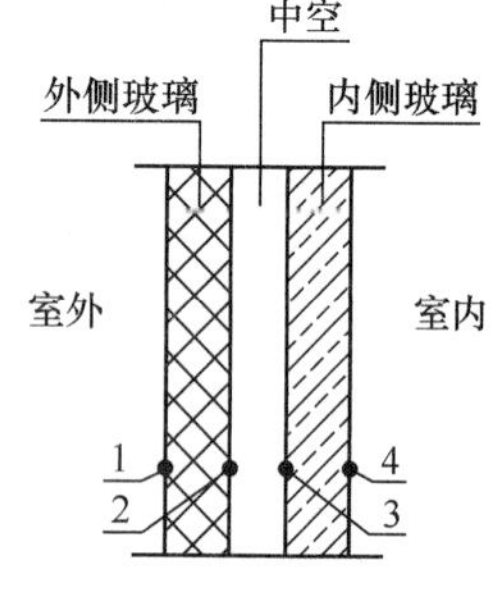

图 1-1　玻璃镀膜位置示意图

1—外侧玻璃外表面；
2—外侧玻璃内表面；
3—内侧玻璃内表面；
4—内侧玻璃外表面

2. 例题

【单选】沈阳市某采暖办公楼（甲类）的体形系数≤0.3，0.3＜窗墙面积比≤0.4，符合节能要求且节能效果最好的外窗选用，应为下列何项？（2010-2-3 模拟）

（A）采用透明中空玻璃塑钢窗，$K=2.2$

（B）采用透明中空玻璃塑钢窗，$K=2.3$

（C）采用镀膜中空玻璃塑钢窗，$K=2.3$，外层玻璃的内表面镀 Low-E 膜

（D）采用镀膜中空玻璃塑钢窗，$K=2.3$，内层玻璃的内表面镀 Low-E 膜

参考答案：D

解析：本题由原真题改编。根据《公建节能》表 3.1.2，沈阳属于严寒 C 区，根据表 3.3.1-2可知 $K \leqslant 2.3$；而对于 Low-E 中空双层玻璃共有四个表面，由室外向室内数分别为 1 号面、2 号面、3 号面和 4 号面。从节能的角度考虑，Low-E 膜的位置应遵循一般原则：南方地区应位于第 2 号面（即外层玻璃的内表面），以便第一时间挡住来自室外的热量，北方地区则应位于第 3 号面（即内层玻璃的内表面），以便第一时间挡住来自室内

的热量。即Low-E膜应位于面向热源一端（高温区）的玻璃内表面上，避免辐射热传递给另一面（低温区）的玻璃，阻止该片玻璃的传热损失。

1.1.13　工业建筑外窗和天窗层数

1. 知识要点

（1）区分不同工业建筑的天窗形式；

（2）判断工业建筑潮湿度等级。

2. 超链接

（1）《教材（第三版2018）》P15；

（2）室内空气干湿程度：《教材（第三版2018）》P6表1.1-11；《工规》表5.1.6-6。

1.2　建筑热负荷计算

1.2.1　建筑物耗热量指标与供暖热负荷指标

知识要点

建筑物耗热量指标与供暖热负荷指标区别　　表1-6

对比项	建筑物耗热量指标	供暖热负荷指标
作用	控制和评价建筑物的供暖能耗水平	确定供暖热源和末端设备容量
室外温度选取	供暖期室外平均温度	供暖室外计算温度
内部得热处理	考虑内部得热（扣除）	不考虑内部得热（不扣除）
冷风渗透耗热量计算方法	换气次数法（0.5次/h）	对于民用建筑：缝隙法； 对于工业建筑：缝隙法、换气次数法（与窗数量有关）、百分数法
考虑因素	只考虑太阳辐射热因素，在传热量公式中引入修正	考虑太阳辐射热、风力、高度、间歇、窗墙面积比等修正
大小对比	建筑物耗热量指标小于供暖热负荷指标	

1.2.2　围护结构的耗热量

1. 知识要点

围护结构耗热量　　表1-7

围护结构耗热量的组成	围护结构的基本耗热量A和围护结构附加耗热量B
围护结构基本耗热量计算相关知识点	1）内门传热系数按隔墙考虑； 2）外墙、屋面、顶棚按外墙到内墙中心线围成的面积计算； 3）外窗、外门取洞口面积； 4）地面面积按外墙内侧到内墙中心线围成的面积计算； 5）与相邻房间温差计算传热量； 6）严寒寒冷地区房间室温保持0℃的条件与值班供暖设置为5℃的情况

续表

围护结构耗热量的组成	围护结构的基本耗热量 A 和围护结构附加耗热量 B
围护结构的附加耗热量包含的分项及重要知识点	1）朝向修正：附加于某一朝向外围护结构； 2）风力附加：仅在海边、不避风的地区考虑，注意地域性； 3）外门附加：注意阳台门不附加；有热风幕且短时间开启的外门不附加； 4）高度附加：附加在房间各围护结构的基本耗热量和其他附加耗热量的总和上；（注：《工规》计算方法与《民规》不同） 5）对公共建筑，有两面及两面以上外墙时，将外墙、窗、门基本耗热量增加5%； 6）窗墙比附加：仅对窗的基本耗热量进行附加； 7）间歇附加：附加在房间各围护结构的基本耗热量和其他附加耗热量的总和上； 8）伸缩缝或沉降缝附加：按外墙基本耗热量30%计算

2. 超链接

《教材（第三版 2018）》P15～19；《民规》5.2.2～5.2.8 及条文说明、5.3.12；《09技措》2.3.4；《工规》5.2.1、5.2.5～5.2.8 及条文说明。

3. 例题

（1）【单选】沈阳市设置采暖系统的公共建筑和工业建筑，在非工作时间室内必须保持的温度为下列哪一项？（2006-2-2）

（A）必须为5℃　　（B）必须保持在0℃以上

（C）10℃　　（D）冬季室内计算温度

参考答案：B

解析：根据《民规》5.1.5 和《工规》5.1.4。

（2）【多选】居住建筑采暖设计计算建筑物内部得热时，下列哪几项是正确的？（2007-2-41）

（A）从建筑热负荷中扣除

（B）不从建筑热负荷中扣除

（C）对严寒、寒冷地区的住宅，应从建筑耗热量中扣除

（D）均不从建筑耗热量中扣除

参考答案：BC

解析：根据《民规》5.2.2 条文说明：住宅内部得热（包括炊事、照明、家电和人体散热）是间歇性的，这部分自由热可作为安全量，在确定热负荷时可不予考虑。再根据《住宅建筑规》10.3.3.1，严寒、寒冷地区的住宅应以建筑物耗热量指标为控制目标，计算包含围护结构的传热耗热量、空气渗透耗热量和建筑物内部得热量三个部分。

注：本题要注意区别建筑热负荷与建筑耗热量两个概念。计算居住建筑的建筑热负荷时，得热量不扣除；计算建筑耗热量时，严寒、寒冷地区的住宅，得热量要从中扣除。

（3）【单选】仅在日间连续运行的散热器供暖某办公建筑房间，高 3.90m，其围护结构基本耗热量为5kW，朝向、风力、外门三项修正与附加总计 0.75kW，除围护结构耗热量外其他各项耗热量总和为 1.5kW，该房间冬季供暖通风系统的热负荷值（kW）应最接近下列何项？（2016-1-2）

（A）8.25　　（B）8.40　　（C）8.70　　（D）7.25

参考答案：B

解析：根据《教材（第三版 2018）》P19 或《民规》5.2.7、5.2.8；

房间高度 3.9m，不考虑高度附加，仅在日间连续运行的办公建筑考虑间歇附加率 20%，因此热负荷为：$Q=(5+0.75)\times(1+20\%)+1.5=8.4\text{kW}$

(4)【多选】对严寒和寒冷地区居住建筑供暖计算的做法中，正确的是哪几项？(2011-1-43)

(A) 建筑物耗热量指标由供暖热负荷计算后得出

(B) 外墙传热系数计算是考虑了热桥影响后计算得到的平均传热系数

(C) 在对外门窗的耗热量计算中，应减去采暖期平均太阳辐射热

(D) 负荷计算中，考虑相当建筑物体积 0.5 次/h 的换气耗热量

参考答案：BC

解析：

A 选项：根据《严寒规》4.3.3，建筑耗热量指标的计算方法；

B 选项：根据《严寒规》4.2.3.1；

C 选项：根据《严寒规》4.3.8；

D 选项：根据《严寒规》4.3.10，注意“负荷计算”指的是供暖热负荷计算，而不是 ABC 选项中的建筑耗热量计算。此外，建筑物空气换气耗热量换气次数 0.5 次/h 对应的是换气体积，而不是建筑物体积，换气体积的概念详见《严寒规》附录 F.0.3。

(5)【多选】在冬季建筑热负荷计算中，下列哪几种计算方法是错误的？(2010-1-42 模拟)

(A) 阳台门按其所在楼层作围护结构耗热量附加

(B) 两面外窗车间的冷风渗透量可按车间的 1.0～1.5 次/h 换气量计算

(C) 同一建筑的外门为两道门（有门斗）时比一道门时外门的附加耗热量更大

(D) 小学教学楼热负荷为其基本耗热量的 120%

参考答案：ABCD

解析：本题由原真题改编。

A 选项：根据《教材（第三版 2018）》P19 注 2：“阳台门不考虑外门附加”；

B 选项：根据《教材(第三版 2018)》P22 表 1.2.6，两面外窗换气次数应为 0.5～1.0 次/h；

C 选项：根据《民规》5.2.6 条文说明，由于一道门和两道门的传热系数不同，计算外门附加耗热量时，一道门附加的多，而两道门附加的少。

D 选项：根据《教材（第三版 2018）》P19 间歇附加的规定，供暖负荷应对“围护结构耗热量”进行间歇附加，并不是题干中的“基本耗热量”。

4. 真题归类

2006-1-42、2006-2-2、2006-2-3、2007-1-3、2007-1-41、2007-2-3、2007-2-41、2008-2-43、2009-1-44、2009-1-45、2009-2-41、2010-1-42、2011-1-43、2012-1-3、2014-2-4、2016-1-2、2016-2-43、2018-1-4、2018-2-4。

1.2.3 各种室内设计温度

1. 知识要点

《教材（第三版 2018）》P17～18。

注：1）表1.2-2不同劳动强度分级内容及要求，与《物理因素》对应复习。

2）高度大于4m的高大空间的工业建筑室内计算温度取值：

① 地面采用工作地点温度；

② 窗、墙和门采用室内平均温度；

③ 屋顶和天窗采用屋顶下温度。

温度梯度取值：《教材（第三版2018）》P18。

2. 超链接

《民规》3.0.1～3.0.5；《工规》4.1.1、表5.1.6-1；《住宅设计规》8.3.6、8.3.7；《住宅建筑规》8.3.2；《严寒规》3.0.2；《夏热冬冷规》3.0.1；《夏热冬暖规》3.0.3；《09技措》1.2.1、2.5.2；《07节能技措》2.1.1。

3. 例题

（1）【单选】在设置集中供暖系统住宅中，下列各项室内供暖计算温度中何项是错误的？（2013-2-1）

（A）卧室：20℃　　（B）起居室（厅）：18～20℃

（C）卫生间（不设洗浴）：18℃　　（D）厨房：14～16℃

参考答案：D

解析：根据《住宅设计规》8.3.6。

（2）【单选】室内空气温度梯度的大小与所采用的供暖系统有关，温度梯度由大到小与所采用系统的排列顺序应为下列哪一项？（2007-2-5模拟）

（A）热风供暖、散热器供暖、顶板辐射、地板辐射

（B）顶板辐射、热风供暖、地板辐射、散热器供暖

（C）散热器供暖、热风供暖、顶板辐射、地板辐射

（D）地板辐射、散热器供暖、顶板辐射、热风供暖

参考答案：B

解析：本题由原真题改编。根据《暖通空调》P96图5-8及相关描述，可知，

顶板辐射供暖的温差是最大的，约为24－17.8＝6.2℃；

地板辐射供暖的温差为：22－18＝4℃；

热风供暖的温差为：21.5－16＝5.5℃；

散热器供暖的温差为：19.2－17.2＝2℃；

因此，温度梯度正确的顺序为：顶板辐射、热风供暖、地板辐射、散热器供暖。

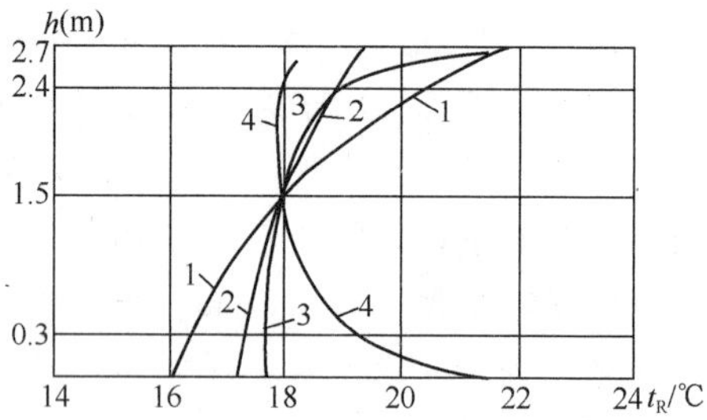

不同供暖方式下沿房间高度室内温度的变化

1—热风供暖；2—窗下散热器供暖；3—顶面辐射供暖；4—地面辐射供暖

4. 真题归类

2007-2-5、2013-2-1。

1.2.4 历年和累年

1. 知识要点

（1）历年

逐年，特指整编气象资料时，所采取的以往一段连续年份的每一年的某一时段的平均

值或极值。比较好理解，指的是某一段连续年份中，每一年按要求取一个值，每个年份的数据为一个集合，不同年份之间数据不交互，比如“冬季室外通风计算温度”为历年最冷月平均温度的平均值，即为1971～2000年30年中选择每年最冷月，将30个最冷月平均温度取平均值作为冬季室外通风计算温度。

（2）累年

多年，特指整编气象资料时，所采用的以往一段连续年份的某一时段的累计平均值或极值。这个定义有点儿绕，整编年份的所有数据为一个集合，不同年份之间数据没有区别，比如“冬季采暖室外计算温度”为累年平均不保证5天的日平均温度，即为1971～2000年30年中所有日平均温度升序排列第151（5×30＋1）个数值。这150个不保证的日平均温度，有可能某一年偏冷取了两个数值，而某一年偏暖没有取到数值。

注：对于“历年和累年”的理解，笔者推荐《工规》的说法。

2. 超链接

《工规》4.2.1条文说明；《民规》4.1.2条文说明；《09技措》1.3.2～1.3.3。

1.2.5　连续供暖、间歇供暖和间歇调节

知识要点

关于连续供暖、间歇供暖和间歇调节的说明　　表1-8

供暖方式	说　明
连续供暖	当室外温度达到供暖室外计算温度时，为了使室内达到设计温度，要求锅炉房（或换热站）按设计的供回水温度，昼夜连续运行。当室外温度高于供暖室外温度时，可采用质调节或量调节以及间歇调节等运行方式减少供热量（《民规》5.1.6条文说明）
间歇供暖	供暖方式，在非工作时间可中断供暖，允许用户室内温度内自然降低，间歇供暖期间无温度要求
间歇调节	调节方式，为了维持室内设计温度，采取措施减少供热量。其前提条件是维持室内设计温度不降低。比如在要求连续供暖系统中，为了维持室内设计温度，可以使用间歇调节的方式减少供热量

1.2.6　冷风渗透量及计入原则

1. 知识要点

冷风渗透量的计算方法　　表1-9

民用建筑	缝隙法：《教材（第三版2018）》P20、《09技措》2.2.13、2.2.14
工业建筑	1）缝隙法； 2）换气次数法（无相关数据时）：《教材（第三版2018）》P22； 3）百分率法：通过围护结构不同玻璃窗层数及建筑高度查询百分率。 注：百分率法适用于工业建筑的生产厂房、仓库和公用辅助建筑物，没有提及生活、行政辅助建筑（工业建筑概念详见《工规》2.0.1及条文说明）

2. 超链接

（1）《教材（第三版2018）》P22，5. 冷风渗透量计算原则；

注：这里的房间外围护物面数指的是含有外窗或外门的外围护结构面数，不含外窗或外门的外围护结构则不计入面数。例如：一房间有四面外墙，但有一面外墙上无门无窗，则这一面外墙就不计入冷风渗透计算的外围护物面数。

（2）通过外门缝隙渗入的冷风量，其缝隙实际长度的确定原则：《09 技措》2.2.20；

（3）2h 以上机械补风系统的冷风渗入量计算：《09 技措》2.2.21。

3. 例题

（1）【单选】下列哪一项采暖建筑的热负荷计算方法是错误的？（2006-1-4 模拟）

（A）风力附加只对不避风的垂直外围护结构基本耗热量上作附加，但对其斜屋面则也应在垂直投影面的基本耗热量上作附加

（B）工业建筑渗透冷空气耗热量附加率是指占其全部围护结构基本耗热量的百分率

（C）工业建筑的渗透冷空气耗热量，当无相关数据时，可按规定的换气次数进行计算

（D）外门附加率只适用于短时间开启的、无热风幕的外门

参考答案：B

解析：本题由原真题改编。

A 选项：根据《教材（第三版 2018）》P19；

B 选项：根据《教材（第三版 2018）》P22 表 1.2-7，渗透耗热量附加率是指占围护结构总耗热量（基本＋附加）的百分率；

C 选项：根据《教材（第三版 2018）》P22 公式（1.2-8）；

D 选项：根据《教材（第三版 2018）》P19 第（3）条注 1。

（2）【单选】某工业厂房的高度为 15m，采用地面辐射供暖方式。计算的冬季供暖围护结构基本耗热量为 1200kW，其他附加耗热量总和为 300kW，外窗的传热系数为 3.5W/（m^2·K），冷风渗透耗热量应是下列何项？（2012-1-4 模拟）

（A）450kW　　（B）490kW　　（C）525kW　　（D）600kW

参考答案：B

解析：本题由原真题改编。首先根据《09 技措》2.2.6，传热系数为 3.5W/(m^2·K)的外窗为双层窗，再根据《教材(第三版 2018)》P22 表 1.2-7 可知冷风渗透耗热量为：(1200＋300)×1.08×30%＝486kW。

4. 真题归类

2006-1-4、2006-2-42、2012-1-4、2012-1-43、2017-1-3。

1.2.7　户间传热

1. 知识要点

户内供暖容量和户内管道计入户间传热对供暖负荷的附加：附加量不应超过 50%，且不应统计在供暖系统总热负荷内。

户间传热计入情况　　**表 1-10**

户间传热类型	传热量计算
相邻房间温差≥5℃	应计算通过隔墙或楼板等的传热量
相邻房间温差小于 5℃，且户间传热大于房间热负荷 10%	应计算通过隔墙或楼板等的传热量

2. 超链接

《教材（第三版 2018）》P18、P112；《民规》5.2.5 及条文说明、5.2.10；《09 技措》

2.5.3～2.5.4；《供热计量》7.1.5；《辐射冷暖规》3.3.7 及条文说明。

3. 例题

【单选】住宅建筑采暖系统设计时，下列哪一个计算方法是错误的？（2008-2-9）

（A）户内采暖设备容量计入向邻户传热引起的耗热量

（B）计算户内管道时，计入向邻户传热引起的耗热量

（C）计算采暖系统总管道时，不计入向邻户传热引起的耗热量

（D）采暖系统总热负荷计入向邻户传热引起的耗热量

参考答案：D

解析：根据《民规》5.2.10，计算户内系统的热量时，计入户间传热；计算整个系统的热量时，不计入户间传热。

4. 真题归类

2007-1-45、2008-2-9、2010-1-6、2011-1-6、2012-2-46、2013-1-7、2016-2-7、2018-2-44。

1.3　热水、蒸汽供暖系统分类及计算

1.3.1　供暖热媒的选择

1. 知识要点

集中供暖系统热媒选择的规定　　表 1-11

<table>
<tr><th>建筑类型</th><th colspan="2">供热条件</th><th>关键字</th><th>热媒形式</th></tr>
<tr><td>民用建筑</td><td colspan="2">—</td><td>应</td><td>热水</td></tr>
<tr><td rowspan="3">工业建筑</td><td colspan="2">厂区只有供暖用热或以供暖用热为主</td><td>应</td><td>热水</td></tr>
<tr><td rowspan="2">厂区以工艺用蒸汽为主</td><td>生活、行政辅助建筑物</td><td>应</td><td>热水</td></tr>
<tr><td>生产厂房、仓库、公用辅助建筑物</td><td>可</td><td>蒸汽</td></tr>
</table>

注：① 根据建筑物的用途、供热情况和当地气候特点等条件，经技术经济比较确定。

② 利用余热或可再生能源时，供暖热媒及其参数可根据具体情况确定。

③ 热水辐射供暖的热媒，应符合《民规》、《工规》和《辐射冷暖规》的有关规定。

供暖系统热媒的选择　　表 1-12

<table>
<tr><th colspan="2">建筑种类及供暖系统</th><th>适宜采用</th><th>允许采用</th></tr>
<tr><td rowspan="3">民用建筑</td><td>散热器系统</td><td>连续供暖供、回水温度宜采用 75℃/50℃，供水温度不宜大于 85℃，供回水温差不宜小于 20℃</td><td>不超过 95℃的热水</td></tr>
<tr><td>热水辐射供暖系统</td><td>供水温度宜采用 35～45℃，供回水温差不宜大于 10℃，且不宜小于 5℃</td><td>不应大于 60℃的热水</td></tr>
<tr><td>热水吊顶辐射板</td><td>供水温度宜采用 40～95℃热水</td><td>—</td></tr>
</table>

续表

建筑种类及供暖系统		适宜采用	允许采用
工业建筑	不散发粉尘或散发非燃烧性和非爆炸性粉尘的生产车间	低压蒸汽或高压蒸汽；不超过110℃的热水	不超过130℃的热水
	散发非燃烧和非爆炸性有机无毒升华粉尘的生产车间	低压蒸汽；不超过110℃的热水	不超过130℃的热水
	散发非燃烧性和非爆炸性的易升华有毒粉尘、气体及蒸汽的生产车间	与卫生部门协商确定	—
	散发燃烧性或爆炸性有毒气体、蒸汽及粉尘的生产车间	根据各部及主管部门的专门指示确定	—
	热水吊顶辐射板	宜采用40～130℃的热水	—

注：① 低压蒸汽系指供汽的表压力≤70kPa的蒸汽。

② 采用蒸汽为热媒时，必须经技术论证认为合理，并在经济上经分析认为经济时才允许。

2. 超链接

《教材（第三版2018)》P23～24、P125；《工规》5.1.7及条文说明；《民规》5.3.1及条文说明、5.4.1；《城镇热网规》4.2.2及条文说明；《09技措》2.1.6。

3. 例题

(1)【单选】以采暖系统为主要用热的工厂厂区，采用热媒时，下列选项的哪一个为宜？(2008-1-4)

(A) 60～50℃温水　(B) 95～70℃热水

(C) 130～80℃高温水　(D) 蒸汽

参考答案：C

解析：根据《教材（第三版2018)》P24，高温水供暖系统一般宜在生产厂房中应用，设计高温水热媒的供、回水温度大多采用（110～130℃）/（70～90℃）。

(2)【多选】某地采用水源热泵机组作为采暖热源，机组的热水出水温度为45～50℃，用户末端采用的采暖设备正确的选择应是下列哪几项？(2010-1-43)

(A) 散热器+风机盘管　(B) 风机盘管+低温热水地板辐射采暖

(C) 低温热水地板辐射采暖+散热器　(D) 低温热水地板辐射采暖

参考答案：BD

解析：根据《教材（第三版2018)》P23表1.3-1，45～50℃不适合散热器系统。

4. 真题归类

(1) 热媒参数

2008-1-4、2017-1-4、2017-2-3；

(2) 供暖方案

2010-1-43、2010-2-41、2012-1-44、2013-1-1、2016-1-4、2016-2-4、2016-2-44、2017-1-41、2017-2-41、2017-2-44。

1.3.2　供暖系统分类及适用性

1. 知识要点

供暖系统分类　　表 1-13

供暖系统	分类方式	类　别	说　明
热水供暖系统	循环动力	重力（自然）循环	依靠水的密度差进行循环
		机械循环	依靠水泵进行循环
	供、回水方式	单管	水管顺流经过多组散热器，并顺序地在各散热器冷却
		双管	水管平行分配多组散热器，冷却后每个散热器直接沿回水管流回热源
	管道敷设	垂直式	
		水平式	
	热媒温度	低温水	水温≤100℃
		高温水	水温＞100℃
蒸汽供暖系统	供汽压力	高压蒸汽	供汽表压力＞0.07MPa
		低压蒸汽	供汽表压力≤0.07MPa
		真空蒸汽	系统绝对压力＜大气压力
	干管布置	上供式	
		中供式	
		下供式	
	立管布置	单管	
		双管	目前，国内绝大多数采用双管式
	回水方式	重力回水	
		机械回水	高压蒸汽都采用机械回水方式

供暖系统形式特点　　表 1-14

供暖系统	系统形式	系统特点
重力循环	单管上供下回	单管串联式、单管跨越式，在多层建筑中单管系统比较可靠
	双管上供下回	1）双管系统各并联环路可以形成独立的回路，尽管水温变化相同，因各层散热中心距离热源高度差的不同，使得各层循环动力不同，上下层之间会产生较为严重的水力失调； 2）双管上供下回系统的层数宜不大于 4 层
	单户式系统	小型锅炉、同一层

续表

供暖系统	系统形式	系统特点
机械循环	双管上供下回	因重力作用导致上热下冷
	双管下供下回	可缓解或解决垂直水力失调的问题，供回水干管地沟，但最上层散热器需要排气
	双管中供	缓解垂直失调、避免挡窗，适用于加层改造项目
	单管上供下回	系统简单、节约管材、水温依次降低、使系统底部散热器的平均温度较低，也会出现上热下冷（“温度失调”），系统高度一致时不存在垂直水力失调
	单管水平串联式	不能单独进行散热器散热量的调节。上串联（在流量≥350kg/h，才能形成稳定的循环）；下串联式的排气存在问题，可在上部设空气管（不建议），比较可行的方法是在每组散热器上部加装跑风门
	单管水平跨越式	可单独进行散热器散热量的调节，可满足节能的要求。上并联更有利于排气
	双管下供上回	气水同向流动，排气方便；无效热损失小（无供水总立管）；适用于高温水系统（减弱汽化的影响）；散热器的传热系数小；可降低高温水系统膨胀水箱的安装高度；这种系统很少使用
	混合式	一个单管上供下回和一个单管下供上回串联的系统，适合于高温水系统
	单、双管式	1）将散热器在垂直方向上分成若干组，2～3层为一组，各组内散热器双管连接，组与组之间单管连接； 2）优点：既能避免双管系统在楼层数过多时产生垂直失调，又能避免单管顺流式散热器支管管径过大，而且能进行散热器的个体调节； 3）系统垂直方向串联散热器的组数取决于底层散热器的承压能力
高层建筑	分层式	1）设置热交换器，高层间接连接，低区直接连接； 2）投资和运行费用高，但运行稳定，安全性能够得到充分保证（保证高低区压力工况的完全隔离），应用较为广泛，适用于高层散热器的承压能力较低、外网在用户处的资用压力较大、供水温度较高的系统，见《教材（第三版 2018）》P30 图 1.3-14
	双水箱分层式	1）利用水箱将高低区隔离（水箱回水管为非满管流动），设备简单，投资较小，运行稳定，费用低，且不产生通过热交换器水温降低的问题。见《教材（第三版 2018）》P31 图 1.3-15； 2）适用于外网静水压线低，外网在用户处的资用压力小或温度较低； 3）双水箱的设置存在问题。因为水箱是开式的，存在一定的氧腐蚀。积气严重时，常常会造成大面积的供暖建筑不热；另外，还有建筑布局、结构承重问题，故双水箱系统已较少使用
	设阀前压力调节器	1）高区的供水管设加压泵，出口设止回阀，回水管上设置阀前压力调节器，将高区回水压力降低后并入低区的回水管上，以保证低压力不超过低区散热设备的承压能力。见《教材（第三版 2018）》P31 图 1.3-16； 2）系统设备简单、投资小，因为存在高区水泵，所以运行费用较高；在高区水泵停运时，必须保证高、低区压力完全隔断，否则会使低区散热设备因超压而被破坏，通常做法是在高区总回水管上设置与高区水泵联动的电磁阀（电磁阀也可由压力控制），电磁阀的可靠性决定了运行得是否安全； 3）由于高、低区水温相同，对于采用低温水外网，可以使供暖用户取得很好的供暖效果，因为设备简单、便于运行调节、投资小，现在这种系统应用较多； 4）阀前压力调节器的弹簧选定拉力应大于系统静水压力 30～50kPa

续表

供暖系统	系统形式	系统特点
高层建筑	设断流器和阻旋器（无水箱直联供暖系统）	1）适用于不能设换热器和双水箱的系统； 2）高区的供水管设加压泵，出口设止回阀，采用断流器将高低区隔离，回水设阻旋器，高区系统形式为下供上回式（倒流式），这种系统设备简单，投资小，有利于空气的排出。见《教材（第三版2018）》P32图1.3-17； 3）阻旋器的设置高度应为外网静水压线的高度；高区水泵与外网循环泵应联动，避免高区倒空；阻旋器和断流器工作时有噪声，宜设在管道井或辅助房间内； 4）与大气直接相通，属于开式系统，在采用钢制散热器的供暖系统中不应使用
	专用锅炉	避免中低层散热器承受过高的静水压力，可单独为高区供暖系统设置专用锅炉。该系统初投资高，考虑环保和节能因素，可采用电锅炉或燃气锅炉，避免燃煤、燃油锅炉在非满载运行时效率降低和污染环境的问题
低压蒸汽	双管下供下回	供汽立管中，汽、水逆向流动，撞击噪声大
	双管上供下回	供汽立管中，汽、水同向流动，噪声小，疏水，立管保温，应用较多
	双管中供	具有双管下供下回和双管上供下回的特点，其适用性类似热水系统（如加层改造）
	单管下供下回	低流速，管径较大，单立管管内同时逆向流动蒸汽和凝水，每组散热器支管上的阀门应采用转心阀或球阀；每组散热器上必须装自动排气阀，在系统启动时排气和停运时补气，应用较少
	单管上供下回	蒸汽立管中汽、水同向流动，噪声小，立、支管径不必加大
高压蒸汽	上供上回	凝结水靠疏水器后的余压上升到凝结水干管，每组散热设备出口应设疏水器、泄水管、止回阀（疏水器自带时可不设）、排气装置（疏水器自带时可不设）以便排除凝结水和管道中的空气
	上供下回	1）双管上供下回的特点与低压系统相同，是一种常用的蒸汽供暖系统； 2）高压蒸汽供暖系统疏水器通常集中设置在每个环路凝结水干管的末端；散热器进、出支管均安装球阀，以便检修；最好同程布置； 3）不论何种系统，应在每个环路末端疏水器前设排气装置（疏水器自身能排气者除外）； 4）“散热器前的凝结水管应按干式凝水管路设计，必须保证凝结水管路的坡度，沿凝水流动方向坡度不得小于0.005。”《供热工程（第四版）》P132； 5）“为减轻水击，高压系统大多采用双管上供下回式。”《供热工程（第四版）》P132

2. 超链接

（1）《民规》

1）5.3.2：新建居住：宜采用垂直双管、共用立管、垂直单管跨越；

2）5.3.2：公共建筑：宜采用双管系统，也可采用单管跨越式系统；

3）5.3.3：既有建筑室内垂直单管顺流改造：垂直双管、垂直单管跨越，不宜分户独立；

4）5.3.4：垂直单管跨越不宜超过6层，水平单管跨越散热器不宜超过6组。

（2）《供热计量》

7.1.3：既有公共建筑室内垂直单管顺流式应改成单管跨越式或垂直双管式；

(3)《09 技措》

2.4.2：热水采暖系统形式选择原则

1）垂直双管：四层及以下建筑；优先采用下供下回；散热器连接方式同侧上进下出；有条件布置水平供水干管，可采用上供下回；

2）垂直单管跨越：六层及以下建筑；优先采用上供下回；垂直层不超过 6 层；

3）水平双管：低层大空间或可设共用立管及分户分集水器的住宅；优先采用下供下回；每个环路只带一组散热器，管径不应大于 $DN25$；散热器接管宜采用异侧上进下出；

4）水平单管跨越：缺乏设置众多立管的建筑；散热器接管宜异侧上进下出或 H 形分配器；

5）水平单管串联式：缺乏设置众多立管的建筑；散热器接管宜异侧上进下出或 H 形分配器；可串接的散热器数量，以环路管径 $DN \leqslant 25$mm 为原则。

(4)《红宝书》P362～368。

3. 例题

【单选】某住宅小区中的一栋三层会馆采用重力循环热水供暖系统，每层的散热器均并联在供回水立管间，热水直接被分配到各层散热器，冷却后的水由回水支、立管及干管回流至锅炉。该系统形式属于下列何项？(2011-1-1)

(A) 单管下供上回跨越式系统　　(B) 单管上供下回系统

(C) 双管上供下回系统　　(D) 水平跨越式系统

参考答案：C

解析：根据《教材（第三版 2018)》P26 图 1.3-4。

4. 真题归类

2010-1-5、2011-1-1、2012-1-1、2014-2-5。

1.3.3 重力循环热水供暖系统

1. 知识要点

(1) 循环动力：$\Delta P = \Delta\rho \cdot g \cdot \Delta h$

ΔP 取决于 $\Delta\rho$ 和 Δh，两者缺一不可，任何一项为零，都不会有循环动力的存在。

当系统的供回水温度为 95/70℃时，加热中心与冷却中心垂直距离为 1m 所产生的作用压力为 155.98Pa；85/60℃时为 143.13Pa；75/50℃时为 129.79Pa。

水在不同温度下的密度见表 1-13（《红宝书》P24 表 1.2-11）：

水在不同温度下的密度（$P \approx 100$kPa）　　**表 1-15**

温度(℃)	密度(kg/m³)	温度(℃)	密度(kg/m³)	温度(℃)	密度(kg/m³)
10	999.73	55	985.73	85	968.65
20	998.23	60	983.24	90	965.34
30	995.67	65	980.59	95	961.92
40	992.24	70	977.81	100	958.38
45	990.25	75	974.84		
50	988.07	80	971.83		

(2) 循环动力计算:《教材(第三版2018)》P25～27;《供热工程(第四版)》P67～73。

(3) 系统形式及特点

1) 单管上供下回系统:设置跨越管,调试时调节热水流量,缓解上热下冷的弊病;

2) 双管上供下回系统:上层的作用压力大于下层,如果各层压力损失不能平衡,必然会出现上热下冷的垂直失调,楼层越多失调现象越严重;

3) 单户式系统:为了减少系统的压力损失,应尽量缩短配管长度,散热器可设置在内墙离地坪300～400mm处,由于提高了散热器位置,作用压力将会增加,有利于系统的循环。

(4) 重力循环系统的优缺点和注意事项

1) 系统优缺点

① 优点:可以随着室外气温的变化而改变,锅炉水温、散热器表面温度比蒸汽为热媒时低和管道使用寿命长等,还具有装置简单、操作方便、没有噪声以及不消耗电能等优点;

② 缺点:升温慢、系统作用压力小、管径大和初投资高。

2) 设计注意事项:《教材(第三版2018)》P27。

2. 超链接

《教材(第三版2018)》P25～27;《供热工程(第四版)》P67～73;《红宝书》P24表1.2-11。

3. 例题

(1)【多选】有关重力式循环系统的说法,正确的应是下列哪几项?(2011-1-41)

(A) 重力循环系统采用双管系统比采用单管系统更易克服垂直水力失调现象

(B) 楼层散热器相对于热水锅炉的高度减小,提供的循环作用压力相应减小

(C) 重力循环系统是以不同温度的水的密度差为动力进行循环的系统

(D) 重力循环系统作用半径不宜超过50m

参考答案:BCD

解析:根据《教材(第三版2018)》P27,对于重力式供暖系统,双管系统由于上层重力循环作用压力比底层大,容易出现垂直水力失调现象,而单管系统的重力循环作用压力各层相等,因此单管系统比双管系统可靠得多;BC选项:根据《教材(第三版2018)》P25公式(1.3-3)可知在散热器中冷却所产生的重力作用与高差和密度差成正比;D选项:根据《教材(第三版2018)》P84。

(2)【单选】B点为铸铁散热器,工作压力为600kPa,循环水泵的扬程为28mH_2O,锅炉阻力为8mH_2O,求由水泵出口至B点的压力降至少约为下列哪一项时,才能安全运行?(2007-1-7)

(A) 70kPa (B) 80kPa

(C) 90kPa (D) 100kPa

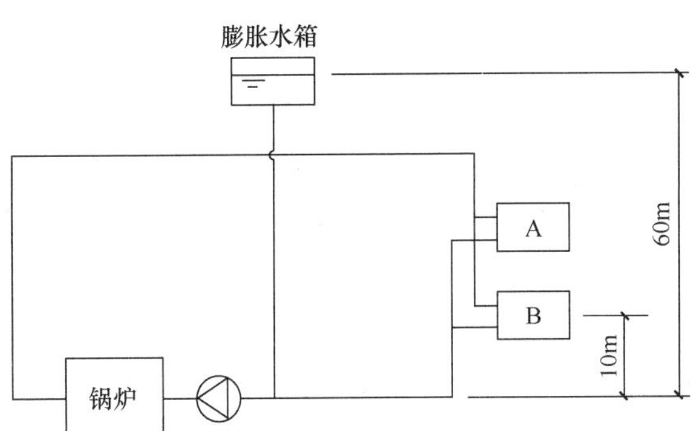

参考答案：C

解析：系统某点的工作压力＝水泵扬程＋该点静压－水泵出口至该点的阻力损失

保证工作压力不大于 600kPa：

$$(60-10+28-8)\times 9.8\times 1000-\Delta P\leqslant 600\text{kPa}$$

解得 $\Delta P\geqslant 86\text{kPa}$

注：此题 g 应取 9.8，若错误地将 g 取 10，得到的计算结果为 100kPa。

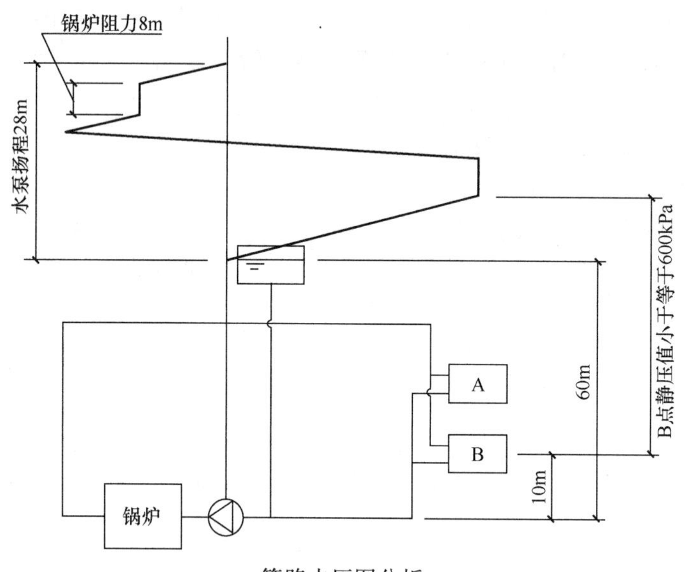

管路水压图分析

4. 真题归类

（1）2007-2-7、2011-1-41、2013-2-41、2014-1-2、2016-1-42；

（2）系统压力：2007-1-7、2009-1-8、2009-2-6、2009-2-7。

1.3.4 供暖系统的热力失调

1. 知识要点

水力失调产生原因及减轻措施 **表 1-16**

失调种类	产生原因	减轻措施
垂直失调	1）垂直方向重力的作用导致，双管系统各并联环路的资用压力各不相同，且随着高度差的增加，现象越明显； 2）各层散热器与锅炉的相对位置不同，相对高度由上向下逐层递减，上层作用压力大，下层作用压力小； 3）垂直单管系统仅在各立管高度不同时，会因为重力的作用导致资用的压力不同而引起水力失调； 4）垂直单管上供下回系统的水温依次降低、使系统底部散热器的平均温度较低，也会出现上热下冷温度失调，即与散热器传热系数 K 值有关； 5）热压作用（类似冷风渗透）	1）水力计算时考虑重力循环的作用压力的影响； 2）尽量增大各散热器的阻力，如选择较小的支管管径，安装高阻力阀门； 3）选择下供下回式系统可适当减轻； 4）对楼层进行耗热量附加（热压引起）
水平失调	并联环路阻力损失相差较大	1）水力计算时用不等温降法； 2）采用同程式系统布置

2. 例题

【单选】某六层办公楼的散热器供暖系统，哪个系统容易出现上热下冷垂直失调现象？（2012-2-1）

（A）单管下供上回跨越式系统　　（B）单管上供下回系统

（C）双管上供下回系统　　（D）水平单管串联式系统

参考答案：C

解析：根据《教材（第三版 2018）》P27，双管系统容易产生垂直失调，而双管上供下回系统的失调程度还要大于双管下供下回系统。

扩展：一般高层住宅、办公等项目内的供暖方案使用垂直双管系统时强调使用下供下回的方式。采用双管系统是为了方便采取热计量措施，供回水温度也有保证，不至于像垂直单管跨越式系统竖向不宜超过6层，否则底层供水温度偏低。而双管系统采用下供下回是出于水力平衡的需要。因为水温差引起的重力压头的存在，楼层越高，顶层与底层间重力压头就越大，而下供下回系统顶层与底层之间的沿程阻力正好能抵消掉部分重力压头，有利于系统的水力平衡。

3. 真题归类

2012-2-1、2016-1-1、2016-2-42。

1.3.5　关于自然作用力的考虑

1. 知识要点

（1）机械循环

1）机械循环热水供暖系统中，由于管道内水冷却产生的自然循环压力（附加压力）可忽略不计，散热器中水冷却的自然循环作用压力（由公式计算得出）则必须考虑。

2）机械循环双管系统、层数不同的机械循环单管系统水力计算时，各并联环路在做水力平衡时要考虑自然循环作用压力，按设计水温下计算值的2/3考虑。

（2）自然循环热水供暖系统中，由于管道内水冷却产生的自然循环压力（附加压力）和散热器中水冷却的自然循环作用压力（由公式计算得出）应全考虑。

2. 超链接

《教材（第三版 2018）》P30、P78；《民规》5.9.14及条文说明。

1.3.6　机械循环系统设计注意事项与节能技术措施

1. 知识要点

（1）机械循环系统设计注意事项：《教材（第三版 2018）》P30。

（2）节能、温控和平衡的技术措施

1）《民规》5.10.1：促进自主节能，室温可控是节能的必要手段；

2）系统宜南北分环布置，设置室温调控装置。单管系统应加跨越管和恒温阀；

3）集中供暖的新建建筑和既有建筑节能改造必须设置热量计量装置，并具备室温调控功能；

4）应根据水力平衡要求和建筑物内供暖系统和调节方式，选择水力平衡装置。

2. 超链接

《教材（第三版 2018）》P30；《民规》5.1.11、5.10.1。

3. 例题

【单选】在设计某办公楼机械循环热水供暖系统时，下列何项措施符合节能要求？(2011-2-6)

(A) 系统南北分环布置，采用单管系统并加恒温阀

(B) 系统南北分环布置，采用单管系统并加跨越管

(C) 系统南北分环布置，采用双管系统并加恒温阀

(D) 系统南北分环布置，根据水力平衡要求在分环回水支管上设置水力平衡阀

参考答案：C

解析：根据《民规》5.1.11 及条文说明，条件许可时，建筑物的集中供暖系统宜分南北向设置环路；再根据《民规》5.3.2 系统形式，可采用双管或带跨越管的单管系统加温控阀，因此 AB 选项错误，C 选项正确。D 选项：分环路设置水力平衡装置是系统正常运行的基本要求，不属于节能要求。

4. 真题归类

2007-1-5、2008-2-7、2010-2-6、2011-2-6、2013-1-6、2013-2-45、2016-2-3、2017-1-42。

1.3.7 高层建筑热水供暖系统

1. 知识要点

(1) 供暖系统竖向分区

1) 热水供暖系统高度超过 50m 时，宜竖向分区设置；

2) 在垂直方向上分成两个或两个以上的独立系统；

3) 低区通常直接与室外热网相连接，根据室外管网的压力和散热器的承压能力来确定其层数。

(2) 高层建筑热水供暖系统存在问题

1) 室内热设备的承压问题；

2) 竖向的水力失调和温度失调。层数较多时，垂直失调会更加严重，影响系统形式。

2. 超链接

《教材（第三版 2018）》P30～32；《民规》5.1.10 及条文说明：高层建筑内的散热器供暖系统宜按照 50m 进行分区设置；《供热工程（第四版）》P82～85。

1.3.8 高压蒸汽系统

1. 知识要点

(1) 高压蒸汽系统的特点

1) 压力高、流速大、系统作用半径大；

2) 承担相同的负荷所需管径小，散热器面积小；

3) 温度高，卫生安全条件差；

4) 凝结水温度高，易产生二次蒸汽。

（2）高压蒸汽供暖系统的技术要求

1）系统形式

① 为减轻水击，高压系统大多数采用双管上供下回式；

② 为了使供暖系统各散热器供汽均匀，最好采用同程式管路布置方式。

2）疏水器设置

① 上供下回式系统在每个环路凝水干管末端设置疏水器；

② 上供上回系统应在每组散热器凝结水出口安装疏水器，其疏水器后应安装止回阀（疏水器自带者除外）。

3）排气及补气

① 系统开始运行时借助高压蒸汽的压力，将管道内及散热器内的空气驱走，空气沿干式凝水管路流至疏水器，通过疏水器内的排气阀，最后由凝结水箱顶的空气管排出系统外；

② 空气可以通过疏水器前设置启动排气管直接排出系统外。

4）高压蒸汽管道内流体的状态

① 散热设备至疏水器前的凝结水管应按干式凝水管路设计；

② 因为疏水器存在漏气或产生二次蒸汽，疏水器后的管道属于两相流；

③ 二次蒸发箱后的管道为闭式满管流（见凝结水回收方式）。

（3）蒸汽（高压、低压）供暖系统管路布置

1）坡度要求：为减轻水击，水平敷设的供汽管应尽可能保持汽水同向流动，且应保证坡度；水平蒸汽干管汽水同向流动时：不得小于0.002，一般取0.003；水平凝结水干管：汽水逆向流动时0.005；水平凝结水干管一般取0.003，不得小于0.002。散热器支管取0.01。

2）合理设置疏水器：一般低压蒸汽供暖每组散热器出口或每根立管下部设置疏水器；高压蒸汽系统一般在环路末端设置疏水器。

3）水平敷设的蒸汽干管，为了减小敷设深度，每隔30～40m需局部抬高，局部抬高的低点处应设置疏水器或泄水装置。

4）为避免蒸汽管路中的沿途凝结水进入蒸汽立管造成水击现象（即为了保证蒸汽的干度），蒸汽立管应从蒸汽干管的上方或侧上方接出。

5）必须解决好热胀冷缩的补偿问题，合理设置补偿器。

2. 超链接

《教材(第三版 2018)》P34～35；《民规》5.9.20～5.9.22；《工规》5.8.12～5.8.13、5.8.16～5.8.18；《供热工程(第四版)》P132。

1.3.9 蒸汽凝结水回收

1. 知识要点

（1）低压蒸汽供暖系统凝结水回收的方式

1）重力回水

利用重力收集凝结水，凝结水只占据管道的部分空间（非满管），通常称之为干式凝结水管。《教材（第三版2018）》P32图1.3-18中水位线Ⅰ-Ⅰ、Ⅱ-Ⅱ之间的关系，可根据

流体力学中连通器的原理加以理解。200～250mm 的安全裕量，以保证凝结水可以正常流回锅炉。否则，系统中的空气无法从排气管排出。

2）机械回水

① 当系统作用半径较大，蒸汽压力就要高一些，使用重力回水已不可能，否则会导致底层散热器充满凝结水，蒸汽无法进入；

② 通常供汽表压大于 20kPa 时都采用机械回水，因为凝结水箱为常压，此时只需将凝结水箱安装低于底层散热器和凝结水管即可；

③ 注意关于凝结水泵出口应安装止回阀，为避免凝结水泵吸入口汽化，凝结水泵的最大吸水高度和最小正水头高度受凝结水温度的限值。

（2）高压蒸汽供暖系统凝结水回收

注意：凝结水泵的出口应装设止回阀，防止水泵停止运行时，锅炉的水倒入凝水箱；同时应保证凝结水箱和凝结水泵之间的高差，以确保水泵入口足够的压力，以防汽化。

2. 超链接

《教材（第三版 2018）》P33～34、P34～35、P132；《民规》5.9.19 及条文说明；《工规》5.8.11 条文说明；《城镇热网规》4.3.4 及条文说明、7.1.8、10.4.4；《供热工程（第四版）》P129。

3. 例题

（1）【单选】北方某厂的厂区采用低压蒸汽采暖，设有凝结水回收管网。一新建 1000m² 车间设计为暖风机热风采暖，系统调试时，发现暖风机供暖能力严重不足。但设计的暖风机选型均满足负荷计算和相关规范规定。下列分析的原因中，哪条不会导致该问题的发生？（2011-1-2）

（A）蒸汽干管或凝结水干管严重堵塞

（B）热力入口低压蒸汽的供气量严重不足

（C）每个暖风机环路的疏水回路总管上设置了疏水器，未在每一台暖风机的凝结水支管上设置疏水器

（D）车间的凝结水总管的凝结水压力低于连接厂区凝结水管网处的凝结水压力

参考答案：C

解析：

AD 选项：会造成凝结水无法正常回收，导致凝结水管堵塞；

B 选项：供气量不足，会导致供热量不足；

C 选项：虽然根据《工规》5.6.5.3 条文说明，建议在每台暖风机后安装疏水器，但不是必要条件，对比其他三个选项产生供热量严重不足的可能性较小。

（2）【多选】下列哪几项说法不符合有关蒸汽采暖系统设计的规定？（2010-1-44）

（A）蒸汽采暖系统不应采用铸铁柱型散热器

（B）高压蒸汽采暖系统最不利环路的供汽管，其压力损失不大于起始压力的 50％

（C）高压蒸汽采暖系统，疏水器前的凝结水管不宜向上抬升

（D）疏水器至回水箱之间的蒸汽凝结水管，应按汽水乳状体进行计算

参考答案：ABC

解析：

A选项：根据《教材（第三版2018）》P87，蒸汽系统不能使用钢制散热器，没有限制使用铸铁散热器；

BD选项：根据《教材（第三版2018）》P78，应为"25%"；

C选项：根据《民规》5.9.20或《工规》5.8.12，应为"不应"。

4. 真题归类

2006-1-45、2007-2-46、2010-1-44、2011-1-2、2011-2-1、2011-2-5、2012-1-45、2013-1-45、2014-1-41、2016-1-3、2016-1-43、2017-1-7、2017-1-46。

1.4 辐射供暖（供冷）

1.4.1 辐射供暖（供冷）与对流方式的比较

1. 知识要点

辐射供暖（供冷）的优点　　表1-17

辐射供暖的优点	辐射供冷的优点
1）围护结构内表面和其他物体表面温度高，舒适性好； 2）不占室内建筑面积； 3）温度梯度小，温度分布均匀； 4）在相同热舒适条件下，供暖时室内温度比对流方式时低2℃； 5）供水温度低	1）与新风结合，可以处理热湿负荷； 2）不需要末端设备； 3）干工况，卫生条件好； 4）噪声低； 5）蓄热好，峰值负荷小； 6）在相同热舒适条件下，供冷时室内温度比对流方式高0.5～1.5℃

2. 超链接

《教材（第三版2018）》P38；《辐射冷暖规》3.3.2及条文说明。

1.4.2 全面辐射供暖与局部辐射供暖

知识要点

（1）全面供暖与局部供暖的概念

1）全面辐射供暖（局部散热）

房间整体需要供暖，但因实际条件所限（有固定设施或施工不便），只能在有限区域内供暖；如一个卫生间内有浴缸等固定设施，地暖盘管在房间内不能达到满铺，但整个卫生间的总热负荷并没有因此而减少。

2）局部辐射供暖

只对一个有限的大空间内的一个区域进行供暖，而其余的部分没有供暖要求。如某一厂房内有一处占本层面积30%的人员加工区，该区域需要设置供暖设施，而其余70%的区域无人员且无供暖要求。局部辐射供暖按《辐射冷暖规》3.3.3确定热负荷。

（2）全面供暖与局部供暖对比

全面供暖与局部供暖对比 **表 1-18**

	供暖温度要求	供热面积	附加系数	耗能比较	适用性
全面辐射供暖	整个房间	扣除固定设施的面积	无	比局部辐射供暖耗能高	民用建筑
局部辐射供暖	局部区域	局部面积	有	比全面辐射供暖耗能低	厂房或车间

1.4.3 辐射供暖地面构造

1. 知识要点

地面辐射供暖地面构造（地面自上而下）：

装饰面层→找平层→隔离层（潮湿房间）→填充层→绝热层→防潮层（与土壤相接）→楼板/土壤

注：

1）与土壤相邻地面上设防潮层；

2）潮湿房间（例如卫生间）时，填充层上（湿式）、面层下（干式）设隔离层；

3）干式与供暖房间相邻的楼板，可不设置绝热层。

2. 超链接

《教材（第三版 2018）》P39；《民规》5.4.3；《辐射冷暖规》3.2、附录 A。

3. 例题

【多选】在地面辐射采暖系统中，使用发泡水泥[导热系数为 0.09W/(m·K)]代替聚苯乙烯泡沫板[导热系数≤0.041W/(m·K)]作为楼层间楼板的绝热层时，其合理的厚度(mm)约为以下哪几项？(2007-1-43)

(A) 90～80mm　(B) 66mm　(C) 44mm　(D) 30～20mm

参考答案：BC

解析：根据《辐射冷暖规》3.2.5 条文说明表 1，采用聚苯乙烯泡沫板作为供暖楼层间楼板的隔热材料时，厚度为 20mm，有楼层为不供暖房间时，厚度为 30mm。采用其他绝热材料时，按热阻相当的原则确定厚度，则发泡水泥绝热层厚度＝20×0.09/0.041＝44mm 或 30×0.09/0.041＝65.8mm。

4. 真题归类

2007-1-43、2018-1-1。

1.4.4 辐射供暖加热管材的分类比较

1. 知识要点

（1）管材

1）塑料管

① 管材分类：PE-X、PE-RT Ⅰ 型、PE-RT Ⅱ 型、PB、PB-R；（PP-R 管由于所需管壁较厚不易弯曲，地面供暖的加热管不宜采用，常用于一般供暖埋地管道）；

② 考虑因素：许用环应力、抗划痕能力、透氧率、蠕变特性（与承压能力变化有关）

和价格等；

③ 连接方式：熔接式、电熔式和机械式；

④ 壁厚规定：管径＜15mm 的管材，壁厚≥1.8mm；管径≥15mm 的管材，壁厚≥2.0mm；需要热熔焊接的管材，壁厚≥1.9mm；同时，满足《辐射冷暖规》附录 C 表 C.1.3。

2）铝塑复合管

连接方式：搭接焊、对接焊。

3）无缝铜管

管径＜22mm 时，宜选用软态铜管；管径为 22mm 或 28mm 时，应选用半硬态铜管。

（2）材质和壁厚选择考虑的因素

工程的耐久年限、管材的性能、运行水温、工作压力等。（注：钢管使用寿命取决于腐蚀速度；塑料管取决于不同使用温度和压力对管材的累计破坏作用。）

2. 超链接

《教材（第三版 2018）》P39～40；《民规》5.4.6、5.9.1 及条文说明；《辐射冷暖规》4.1.1、4.4、附录 C、附录 E；《09 技措》2.6.14、2.6.17。

3. 例题

【多选】在地面供暖系统设计中，选用辐射采暖塑料加热管的材质和壁厚时，主要考虑的条件是下列哪几项？（2008-2-42）

（A）系统运行的水温、工作压力　　（B）腐蚀速度

（C）管材的性能　　（D）管材的累计使用时间

参考答案：ACD

解析：根据《教材（第三版 2018）》P39。

4. 真题归类

2006-1-1、2008-1-8、2008-2-42、2016-1-45。

1.4.5 辐射供暖的形式

1. 知识要点

系统形式：

1）直接供暖系统

2）间接供暖系统（加换热器）

3）采用三通阀的混水系统

① 外网为定流量时，加平衡管兼旁通管（不应设置阀门）；

② 外网为变流量时，加旁通管（设置阀门）。

4）采用两通阀的混水系统

① 外网为定流量时，加平衡管兼旁通管（不应设置阀门）；

② 外网为变流量时，加旁通管（设置阀门）。

2. 超链接

《教材（第三版 2018）》P40～42；《辐射冷暖规》3.5.14、3.5.15 及条文说明、5.4.13 条文说明。

1.4.6 辐射供暖设计要点

1. 知识要点

（1）温度

1）供水温度与供回水温差

辐射供暖的温度和温差 表1-19

热水辐射供暖方式	供水温度	供回水温差
地面	民用建筑：35～45℃，不应＞60℃ 工业建筑：不应＞60℃	不宜＞10℃，且不宜＜5℃
毛细管网	顶棚：宜采用25～35℃ 墙面：宜采用25～35℃ 地面：宜采用30～40℃	宜采用3～6℃
吊顶辐射板	民用建筑：宜采用40～95℃ 工业建筑：宜采用40～130℃	—

2）辐射供暖表面平均温度：《辐射冷暖规》3.1.3、《民规》表5.4.1-2、表5.4.15；《工规》表5.4.1、表5.4.16；

3）地表面平均温度计算：《辐射冷暖规》3.4.6。

（2）散热量、热负荷

1）全面辐射供暖室内设计温度可降低2℃；

2）局部辐射供热负荷计算系数和间歇运行、户间传热；

3）地面辐射加热管，供暖热负荷不计算地面热损失；

4）室内设备等地面覆盖物有效散热量折减。

（3）加热管设计要求：《辐射冷暖规》3.5、3.6；《民规》5.4.5～5.4.10；《工规》5.4.5～5.4.12。

（4）吊顶辐射板设计要求：《民规》5.4.11～5.4.17；《工规》5.4.13～5.4.18。

（5）加热电缆设计要求：《辐射冷暖规》3.7；《民规》5.5.3～5.5.6；《工规》5.7.2～5.7.5。

（6）住宅建筑内地面辐射供暖系统设计要求：《教材（第三版2018）》P50。

2. 超链接

《教材（第三版2018）》P43～50；《民规》5.4；《工规》5.4；《辐射冷暖规》3.1.1～3.1.3、3.1.6～3.1.12、3.3～3.7；《09技措》2.5.9、2.6；《07节能技措》3.2.3。

3. 例题

【多选】设计低温热水地板辐射采暖，下列哪几项是错误的？（2007-1-4模拟）

（A）热水供水温度不超过60℃，供、回水温差≤10℃

（B）某房间采用局部辐射采暖，该房间全面辐射采暖负荷为1500W，采暖区域面积与房间总面积比值为0.4，则该房间热负荷为600W

（C）加热管内水流速不宜小于0.25m/s，每个环路阻力不宜超过30kPa

（D）某房间进深为8m，开间为4.5m，该房间应采用单独一支环路设计

参考答案：ABD

解析：本题由原真题改编。根据《辐射冷暖规》。

A选项：根据3.1.1，供回水温差不宜大于10℃且不宜小于5℃；

B选项：根据3.3.3，热负荷=1500×0.54=810W；

C选项：根据3.5.11、3.6.7；

D选项：根据5.4.14-1。

4. 真题归类

（1）2006-1-3、2007-1-4、2008-2-2的一部分选项内容已经过时，做题需注意；

（2）2006-2-43、2007-1-42、2008-1-2、2008-1-44、2012-2-5、2013-2-43、2014-2-44、2018-2-2；

（3）辐射供冷：2018-1-23。

1.4.7 施工安装

1. 知识要点

（1）阀门、分集水器、集水器组件的强度和严密性实验；

（2）弯曲半径

管材的弯曲半径 **表1-20**

管材	塑料管	铝塑管	铜管
倍数	$8D$≤弯曲半径≤$11D$	$6D$≤弯曲半径≤$11D$	$5D$≤弯曲半径≤$11D$

（3）填充层内不应有接头；

（4）直管段固定点间距宜为500～700mm，弯曲管段宜为200～300mm；

（5）铜质连接件直接与PP-R塑料管接触的表面必须镀镍；

（6）面积超过30m^{2}或边长超过6m时，设置伸缩缝；

（7）水压试验。

2. 超链接

《教材（第三版2018）》P50；《辐射冷暖规》5.2.6、5.2.8、5.3.3、5.4.3～5.4.5、5.4.7、5.4.11、5.4.14、5.6、5.9.1。

3. 例题

【多选】下列热水地面辐射供暖系统的材料设备进场检查的做法中，哪几项是错误的？（2014-2-41）

（A）辐射供暖系统的主要材料、设备组件等进场时，应经过施工单位检查验收合格，方可使用

（B）阀门、分水器、集水器组件在安装前，应做强度和严密性试验，合格后方可使用

（C）预制沟槽保温板、供暖板进场后，应采用取样送检方式复验其辐射面向上供热量和向下传热量

（D）绝热层泡沫塑料材料检验的项目为导热系数、密度和吸水率

参考答案：ACD

解析：根据《辐射冷暖规》。

A选项：根据5.2.3；

B选项：根据5.2.8；

C选项：根据5.2.7，选项中缺少“见证”两字；

D选项：根据4.2.2。

4. 真题归类

2013-1-4、2014-2-7、2014-2-41、2016-1-5、2017-1-43、2018-2-3。

1.4.8 毛细管型辐射供暖与供冷

1. 知识要点

（1）供冷表面应高于室内空气露点温度1～2℃，并宜＜20℃，供回水温差不宜＞5℃且不应＜2℃；

（2）注意供冷表面的温度下限值：《教材（第三版2018）》P51表1.4-10；

（3）冷水温度一般不应低于16℃；

（4）安装形式。

毛细管的安装位置　　表1-21

运行方式	供冷	供暖	冷、暖两用
安装位置	顶棚（不足则需考虑墙面或地面）	地面（不足则需考虑墙面）	顶棚（不足则需考虑墙面或地面）

2. 超链接

《教材（第三版2018）》P51～54；《民规》5.4.4；《红宝书》P528～532。

1.4.9 燃气红外线辐射采暖

1. 知识要点

（1）系统形式

1）连续式燃气红外线辐射供暖

① 沿外墙、外门处辐射器的散热量不宜少于总热负荷的60%；

② 注意辐射器的最低安装高度（不宜低于3m）（《教材（第三版2018）》P55表1.4-13）；

③ 注意与可燃物间的最小距离（《教材（第三版2018）》P56表1.4-14）；

④ 注意弯头与发生器的距离（《教材（第三版2018）》P58表1.4-17）。

2）单体式燃气红外线辐射供暖

① 全面辐射供暖（总散热量和连续式相同，辐射器安装高度一般不应低于4m）；

② 局部（主要依靠辐射热，辐射器不应少于两个，安装在人体不同方向的侧上方）；

③ 单点及室外供暖（辐射热起主导作用；人体散热量与空气温度和流速有密切关系）。

（2）燃烧器所需的空气量超过该空间0.5次/h的换气次数时，应由室外供应。

（3）严禁用于甲、乙类厂房仓库；无防爆要求的场所，易燃物质可能出现的最高浓度不超过爆炸下限值的10%时，燃烧器宜设置在室外（工业建筑）。

(4) 室内计算温度宜低于对流供暖室内空气温度 2～3℃（工业建筑）。

2. 超链接

《教材（第三版 2018）》P54～63；《民规》5.6；《工规》5.5；《09 技措》2.7。

3. 例题

【单选】关于民用建筑燃气红外线辐射供暖设计说法正确的，应是下列哪一项？（2009-2-42 模拟）

(A) 燃气红外线辐射采暖适用于高大空间的建筑物采暖

(B) 由室内供应空气的房间，当燃烧器所需空气量超过房间每小时 1 次的换气次数时，应由室外供应空气

(C) 燃气红外线辐射器的安装高度，不应低于 3m

(D) 在蔬菜花卉温室中采用燃气红外线辐射采暖时，燃气燃烧后的尾气应外排

参考答案：A

解析：本题由原真题改编。

B 选项：根据《民规》5.6.6，换气次数要求为 0.5 次/h；

C 选项：根据《民规》5.6.3；

D 选项：根据《民规》5.6.8 条文说明。

4. 真题归类

2008-1-3、2009-1-6、2009-2-3、2009-2-42、2011-1-4、2017-2-8、2017-2-46、2018-1-41、2018-2-5。

1.4.10　燃气红外线辐射供暖全面辐射供暖和局部、单点及室外供暖的区别

知识要点

燃气红外线辐射供暖方式的比较　　**表 1-22**

比较项目	全面	局部	单点	室外
定义	对整个空间进行供暖	有限大空间内，只对其中某一部分进行供暖	在一个大空间，只对其中某个工作点进行供暖	在无限大空间对其中某个点或一个小范围进行供暖
加热机理	辐射、对流同时作用	主要为辐射热，对流作用小，注意挡风	主要为辐射热，对流作用小	主要为辐射热，对流基本不起作用，注意防风
安装要求	单排、多排交错排列、平行排列、沿外墙周边布置	安装在人体两侧上部，并以一定角度对准人的腰部	与局部相同	与局部相同
安装高度	一般不应低于 4m	—	—	—
散热量计算	《教材(第三版 2018)》P54 公式（1.4-18～20）	《教材(第三版 2018)》P61 公式(1.4-32)注意有风时候乘 0.75 系数	—	—
发生器台式计算	《教材(第三版 2018)》P55 公式(1.4-24)			

1.5 热风供暖

1.5.1 热风供暖

1. 知识要点

（1）热风供暖的应用条件

热风供暖的应用条件 表 1-23

采用热风供暖的条件	不应采用循环空气热风供暖的条件
1）能与机械送风系统合并时； 2）利用循环空气供暖，技术经济、合理； 3）由于防火、防爆和卫生要求，必须采用全新风的热风供暖	《教材（第三版 2018）》P63

（2）集中送风系统技术要求

1）供暖系统或运行装置不宜少于两台，一台装置的最小供热量应保持最低室内温度，且不得低于 5℃；

2）高于 10m，采用自上而下的强制对流措施；

3）工作区射流末端最小平均风速≥0.15m/s；

4）工作区的最大平均风速：坐着≤0.3m/s；轻体力≤0.5m/s；重体力≤0.75 m/s；民用≤0.2m/s；

5）送风口出口风速可采用 5～15m/s，安装高度 3.5～7m，不宜低于 35℃，并不得高于 70℃；

6）回风口底边距地，宜采用 0.4～0.5m；房间高度或送风温度较高时，设向下倾斜的导流板。

2. 超链接

《教材（第三版 2018）》P63～64；《工规》5.6.1、5.6.2、5.6.6、6.3.2；《09 技措》2.8.1、2.8.2、2.8.7。

3. 例题

【多选】集中热风采暖，有关设计确定的做法，下列哪几项正确？（2010-2-43）

（A）送风口的送风速度为 3.5m/s

（B）送风口的送风温度为 40℃

（C）回风口下缘距地面高度为 1.2m

（D）工作区处于送风射流的回流区

参考答案：BD

解析：根据《教材（第三版 2018）》P64，

A 选项：送风口的出口风速一般采用 5～15m/s；

B 选项：送风温度不宜低于 35℃，并不得高于 70℃；

C选项：回风口底边距地面的距离宜采用0.4～0.5m；

D选项：应该使回流尽可能处于工作区内。

4. 真题归类

2006-2-5、2008-2-3、2009-2-4、2010-2-43、2011-1-3。

1.5.2 暖风机

1. 知识要点

（1）类型及参数

暖风机的类型及参数 **表1-24**

小型暖风机	大型暖风机
1）换气次数≥1.5次/h。 2）安装高度： 出口速度≤5m/s时，取2.5～3.5m； 出口速度>5m/s时，取4～5.5m； 3）不宜低于35℃，不应高于55℃； 4）热媒为蒸汽，每台单独设置阀门和疏水装置	1）安装高度： 厂房下弦≤8m，宜取3.5～6m； 厂房下弦>8m，宜取5～7m； 2）出风口距墙≥4m，0.3m≤吸风口距地≤1m； 3）热媒为蒸汽，每台应设置疏水器

（2）技术要求和适用性

1）散热量应留有20%～30%的裕量(《工规》5.6.4)；

2）适用于空间较大、单纯要求冬季供暖的餐厅、体育馆、商场等(《09技措》2.8.8)；

3）噪声要求严格的房间不宜采用（《09技措》2.8.8)。

2. 超链接

《教材(第三版2018)》P69～71；《工规》5.6.4～5.6.5；《09技措》2.8.8～2.8.13。

3. 例题

【多选】在工业建筑中采用暖风机供暖，哪些说法是正确的？(2012-2-45)

（A）暖风机可独立供暖

（B）室内空气换气次数宜大于或等于每小时1.5次

（C）送风温度在35～70℃

（D）不宜与机械送风系统合并使用

参考答案：ABC

解析：

AB选项：根据《教材（第三版2018)》P69～70，“暖风机可独立作为供暖用”，“一般不应小于1.5次/h”；

C选项：根据《教材（第三版2018)》P64；

D选项：根据《教材（第三版2018)》P63：“符合下列条件之一时，应采用热风供暖：（1）能与机械送风系统合用时”。

4. 真题归类

2012-2-45、2016-2-5。

1.5.3 热空气幕

1. 知识要点

空气幕的设置条件　　表 1-25

民用建筑：《民规》5.8；《09 技措》2.8.14	工业建筑：《工规》5.6.7
1）严寒，公共建筑，经常开启的外门，应设置； 2）寒冷，公共建筑，经常开启的外门，当不设门斗和前室时，宜设置； 3）有很大散湿量的公共建筑外门（如游泳池）； 4）两侧温度、湿度或洁净度相差较大，且人员出入频繁的外门； 5）室外冷风侵入会导致无法保持室内温度时	1）严寒、寒冷，经常开启的外门，当不设门斗和前室时，宜设置； 2）工艺要求，经济技术比较合理，宜设置

空气幕的送风形式　　表 1-26

形式名称		适用范围	特点
上送式		1）公共建筑； 2）工业建筑（不设回风口）	1）送风速度 4～6m/s； 2）贯流式安装高度≤3m； 3）离心式安装高度≤4.5m
下送式		库房、机场行李分拣等机动车出入的大门	1）挡风效率最好； 2）不影响大门开启方向； 3）卫生条件差
侧送风	单侧	1）门洞宽度＜3m、车辆通过时间较短的工业建筑； 2）门洞较高的工业建筑	1）占用建筑面积； 2）严禁向内开启； 3）挡风效率不及下送
	双侧	门洞宽度为 3～18m 的工业建筑	

注：其他内容可参考《工规》5.6.8-1。

空气幕的送风温度和出口风速　　表 1-27

外门类型	公共建筑	工业建筑	高大外门
送风温度（℃）	≤50		≤70
出口风速（m/s）	≤6	≤8	≤25

注：外门进入室内的混合空气的温度≥12℃（《09 技措》2.8.15）。

2. 超链接

《教材（第三版 2018）》P71～73；《民规》5.8；《工规》5.6.7、5.6.8；《09 技措》2.8.14、2.8.15。

3. 例题

【多选】热空气幕设计的一些技术原则中，下列哪几项是错误的？（2006-2-44）

（A）商场大门宽度为 5m，采用由上向下送风方式

（B）机加工车间大门宽度 5m，可采用单侧、双侧或由上向下送风

（C）送风温度不宜高于 75℃

（D）公共建筑的送风速度不宜高于 8m/s

参考答案：CD

解析：根据《民规》5.8.3～5.8.5；《工规》5.6.8-1。

注：热空气幕送风方式小结：

(1) 公共建筑宜采用由上向下送风；

(2) 工业建筑：大门宽度小于 3m 时，宜采用单侧送风；大门宽度为 3～18m 时，可采用单侧、双侧或顶部送风；大门宽度超过 18m 时，宜采用顶部送风。

4. 真题归类

2006-2-44、2009-1-47、2016-1-6、2017-1-5、2017-2-6。

1.6　供暖系统的水力计算

1.6.1　水力计算的一些概念

1. 知识要点

(1) 水力计算的任务

1) 按照各计算管段的流量和已知的系统循环作用压力，确定各管段的管径，这种计算称之为设计计算；

2) 按照各计算管段的流量和各管段的管径，确定所需的系统循环作用压力，常用于校核循环水泵的校核计算；

3) 按已知的系统各管段的管径和该管段的允许压力降，确定通过该管段的水流量，常用于各管段流量的校核计算。

(2) 室内热水供暖系统水力计算的主要措施

1) 合理划分环路，环路布置应力求均匀对称，环路半径不宜过大，负担的立管数不宜过多；

2) 通过调整管径使并联环路间压力损失相对差额的计算值达到最小，管道的流速应尽量控制在经济流速及经济比摩阻下；

3) 调整管径不能满足要求时，可采取增大末端设备阻力、减小公共段阻力比例原则，或在立管或支环路上设置水力平衡装置。

(3) 水力计算基本公式：《教材（第三版 2018）》P74。

(4) 简化计算法：《教材（第三版 2018）》P74～75、《供热工程（第四版）》P94。

1) 当量阻力法：一般多用于室内供暖系统的计算。

2) 当量长度法：一般多用于室外热力管网的计算。

(5) 串并联管路的关系

1) 串联管路特性：$G_1 = G_2$，$\Delta P = \Delta P_1 + \Delta P_2 = S_1G_1^2 + S_2G_2^2$

2) 并联管路特性：$G = G_1 + G_2$，$\Delta P = \Delta P_1 = \Delta P_2 = S_1G_1^2 = S_2G_2^2$

$$G_1 : G_2 = \frac{1}{\sqrt{S_1}} : \frac{1}{\sqrt{S_2}}$$

(6) 计算方法

用流量 G 和经济比摩阻 R 查水力计算表，得到管径、流速，管径已知后查找局部阻力系数，计算阻力损失。

2. 超链接

《教材（第三版 2018）》P74～75、《供热工程（第四版）》P94。

3. 例题

（1）【单选】关于室内供暖系统的水力计算方法的表述，下列何项是正确的？（2013-2-5）

（A）机械循环热水双管系统的水力计算可以忽略热水在散热器和管道内冷却而产生的重力作用压力

（B）热水供暖系统水力计算的变温降法适用于异程式垂直单管系统

（C）低压蒸汽系统的水力计算一般采用当量长度法计算

（D）高压蒸汽系统的水力计算一般采用单位长度摩擦压力损失方法计算

参考答案：B

解析：

A 选项：根据《教材（第三版 2018）》P30，不可忽略水在散热器中形成的重力作用压力；

B 选项：根据《教材（第三版 2018）》P80；

CD 选项：根据《教材（第三版 2018）》P81，CD 说法正好相反。

（2）【多选】某热水采暖系统的一并联环路，由 A 环和 B 环组成，其设计计算参数为：A 环：流量 $G_A=250$kg/h，阻力损失 $\Delta P_A = 625$Pa；B 环：流量 $G_B=220$kg/h，阻力损失 $\Delta P_B = 484$Pa；当实际运行时，下列哪几项是正确的？（2007-2-44）

（A）$\Delta P_A > \Delta P_B$　　（B）$\Delta P_A = \Delta P_B$

（C）$G_A > G_B$　　（D）$G_A = G_B$

参考答案：BD

解析：由 $\Delta P = SG^2$ 计算可知 $S_A - S_B$，并联环路实际运行时压差应相等 $\Delta P_A - \Delta P_B$，则 $G_A = G_B$。

4. 真题归类

2007-2-44、2009-2-5、2013-2-5。

1.6.2 水力计算的技术要求

1. 知识要点

（1）流速要求：《民规》5.9.13；《工规》5.8.8。

1）热水

① 民用建筑

民用建筑室内热水供暖管道的最大流速　　表 1-28

室内热水管道管径 DN(mm)	15	20	25	32	40	≥50
有特殊安静要求的热水管道	0.50	0.65	0.80	1.00	1.00	1.00
一般室内热水管道	0.80	1.00	1.20	1.40	1.80	2.00

② 工业建筑

工业建筑室内热水供暖管道的最大流速　　表 1-29

室内热水管道管径 DN(mm)	15	20	25	32	40	≥50
生活、行政辅助建筑物	2					
生产厂房、仓库，公用辅助建筑物	3					

2）蒸汽

室内蒸汽管道的最大流速　　表 1-30

蒸汽供暖系统形式	汽水同向流动	汽水逆向流动
低压蒸汽供暖系统	30	20
高压蒸汽供暖系统	80	60

（2）最不利环路

1）最不利环路是平均比摩阻最小的环路；

2）比摩阻的规定和水平干管末端管径的要求：见《教材（第三版 2018）》P78～79；

3）比压降和比摩阻：

①比压降：单位长度总压力损失。$\Delta P=\dfrac{\Delta P_{资用}}{\sum L}$

②比摩阻：单位长度沿程阻力损失。$R=\dfrac{\alpha\cdot\Delta P_{资用}}{\sum L}$

（3）总压力损失的规定

1）热水供暖系统宜为 10～40kPa；当热网资用压力较高时，应装设调压装置；

2）高压蒸汽最不利环路压力损失不大于起始压力的 25%，环路较长时宜为同程；

3）低压蒸汽应保证末端散热有 2kPa 的剩余压力，以克服散热器阻力；作用半径不宜超过 60m。

（4）低压蒸汽系统用锅炉工作压力的确定原则

1）当锅炉作用半径 L=200m 时，工作压力 P=5kPa；

2）当 L=200～300m 时，P=15kPa；

3）当 L=300～500m 时，P=20kPa。

（5）自然作用压力的处理

1）机械循环双管系统：按自然作用压力的 2/3 考虑；

2）机械循环单管系统：若同一供暖系统各部分层数不同时，按自然作用压力的 2/3 考虑；

3）自然循环系统：全部考虑，同时对散热器面积进行修正；

4）热水垂直双管供暖系统和垂直分层布置的水平单管串联跨越式供暖系统，当重力水头的作用高差大于 10m 时，按自然作用压力的 2/3 考虑。

（6）管径要求

1）《教材（第三版 2018）》P78，供暖系统水平干管的末端管径和回水干管的始端管径不应小于 20mm；

2）《民规》5.9.15；《工规》5.8.7。

（7）水力计算的其他要求：

1）并联环路之间的不平衡率不大于15%（注意不包括共用管段）；

2）供暖系统总压力损失可附加10%（注意不是循环水泵扬程附加10%）；

3）高压蒸汽疏水器至回水箱或二次蒸发箱的凝结水管应按汽水乳状体（两相流）进行计算。

2. 超链接

《教材（第三版2018）》P78；《民规》5.9.13、5.9.15；《工规》5.8.7～5.8.8。

3. 例题

（1）【单选】热水采暖系统设计中有关水的自然作用压力的表述，下列哪一项是错误的？（2006-2-6）

（A）分层布置的水平单管系统，可忽略水在管道中的冷却而产生的自然作用压力影响

（B）机械循环双管系统，对水在散热器中冷却而产生的自然作用压力的影响，应采取相应的技术措施

（C）机械循环双管系统，对水在管道中冷却而产生的自然作用压力的影响，应采取相应的技术措施

（D）机械循环单管系统，如建筑物各部分层数不同，则各立管的自然作用压力应计算

参考答案：A

解析：根据《民规》5.9.14。

注：考虑自然循环压力的系统有：

（1）自然循环；

（2）双管机械循环；

（3）建筑物层数不同的单管系统；

（4）分层布置的水平单管（类似于双管系统，只不过一个水平支路连接一串散热器而已）。

（2）【单选】某商场建筑拟采用热水供暖系统。室内供暖系统的热水供水管的末端管径按规范规定的最小值设计，此时，该段管内水的允许流速最大值为下列何项？（2014-1-6）

（A）0.65m/s　　（B）1.0m/s　　（C）1.5m/s　　（D）2.0m/s

参考答案：B

解析：根据《民规》5.9.15，供水末端管径不应小于*DN*20，查表5.9.13，知最大流速为1m/s。

4. 真题归类

2006-2-6、2014-1-6、2017-1-1、2018-1-6、2018-2-41。

1.6.3 水力计算方法

1. 知识要点

（1）水力计算方法

水力计算方法　　表 1-31

计算方法	特点	适用系统	备注
等温降法	预先规定每根立管的水温降，系统中各立管的供回水温度都取相同的值	同程式系统	
变温降法	首先确定管径，根据压力平衡（设计流量下的平衡）的要求计算立管的流量，根据流量计算立管实际的温降，最后确定散热器的数量	异程式垂直单管系统	1）必须使用当量阻力法 2）流量调整系数： $b=\Sigma G_{计算}/\Sigma G_{设计}$； 温降调整系数： $a=1/b=\Sigma G_{设计}/\Sigma G_{计算}$； 压力调整系数： $c=b^2=(\Sigma G_{计算}/\Sigma G_{设计})^2$
等压降法	按各立管压降相等作为前提进行水力计算，先给定一个假定压降，在该压降值下各种类型立管的对应流量。而后对计算流量进行调整，得到实际运行的流量、温降和压力损失，调整方法同变温降法	同程式垂直单管系统	1）供回水干管按照正常的水力计算表计算（流量已知，根据经济比摩阻查表计算）； 2）两立管之间的供回水干管的压力损失不平衡率不大于 10%

（2）特点分析

同程式系统易出现系统中间部分立管资用压力小于近端和远端立管的问题，导致系统中间部分立管欠热，失调时同程式水压图如图 1-2 所示。

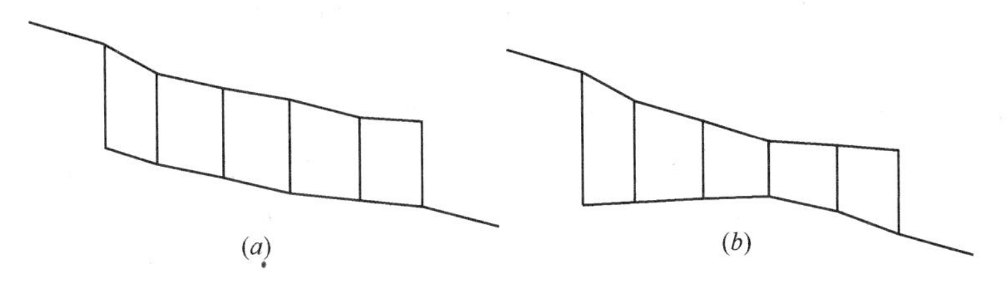

图 1-2　同程式系统水压图

（a）设计良好的同程式水压图；（b）失调时的同程式水压图

（3）解决办法

“一个良好的同程式系统的设计，应使各立管的压力损失值相差不大，以便于选择各立管的合理管径，为此，管路系统前半部分的供水干管的比摩阻宜略小于回水，后半部分的供水干管的比摩阻宜略大于回水干管。”（《供热工程（第四版）》P112）

（4）重力循环作用压力的考虑

双管系统和楼层不同的单管系统水力计算中某环路或某立管资用压力确定时，按如下方法考虑重力循环作用压力：

某立管或某环路的资用压力＝并联的最不利环路的压力损失＋（某立管或某环路的重力循环作用压力－最不利环路的重力循环作用压力）×（1 或 2/3）

以两层双管系统为例：根据双管系统并联环路节点压力平衡原理

1）列节点平衡方程（令1层环路为最不利环路）：

2层环路的资用压力−2层重力循环作用压力=1层环路的压力损失−1层重力循环作用压力

故：2层环路的资用压力=1层环路的压力损失+(2层重力循环作用压力−1层重力循环作用压力)

2）2层环路实际压力=2层环路管道阻力(不包括共用管段)+2层散热器阻力

3）2层相对于1层的不平衡率=(2层资用压力−2层实际压力)/2层资用压力

2. 超链接

(1)《教材（第三版2018）》P79～81；

(2) 供暖系统水力计算例题参考《供热工程（第四版）》P98～125。

3. 例题

【单选】关于热水供暖系统设计水力计算中的一些概念，正确的应该是下列何项？(2011-2-9)

(A) 所谓当量局部阻力系数就是将管道沿程阻力折合成与之相当的局部阻力

(B) 不等温降计算法最适用于垂直单管系统

(C) 当系统压力损失有限制时，应先计算出平均的单位长度摩擦损失后，再选取管径

(D) 热水供暖系统中，由于管道内水冷却产生的自然循环压力可以忽略不计

参考答案：C

解析：

A选项：根据《教材（第三版2018）》P74，当量局部阻力系数是沿程阻力折合成的"局部阻力系数"，而不是"局部阻力"；

B选项：根据《教材（第三版2018）》P80，变温降法最适合于异程式垂直单管系统；

C选项：根据《教材（第三版2018）》P79表1.6-7第2栏第(2)条；

D选项：根据《教材（第三版2018）》P30，只有机械循环系统可以忽略管道内水冷却产生的自然循环压力。

4. 真题归类

2007-1-6、2011-2-9。

1.6.4 水力计算的比摩阻

知识要点

比摩阻汇总　　表1-32

超链接	内　容
《教材（第三版2018）》P78	高压蒸汽系统（顺流式）：100～350Pa/m； 高压蒸汽系统（逆流式）：50～150Pa/m； 低压蒸汽系统（室内）：50～100Pa/m； 余压回水：150Pa； 热水系统：80～120Pa/m

续表

超链接	内　　容
《城镇热网规》7.3.2	热水热力网主干线比摩阻可采用30～70Pa/m
《城镇热网规》7.3.3及条文说明	1）热水热力网支干线、支线应按允许压力降确定管径，但供热介质流速不应大于3.5m/s。支干线比摩阻不应大于300Pa/m，连接一个热力站的支线比摩阻可大于300Pa/m； 2）3.5m/s的流速限制主要是限制*DN*400以上的大管，由于3.5m/s流速的约束，*DN*400以上管道的允许比摩阻值由300Pa/m逐步下降。还可以看到由于300Pa/m的允许比压降的限制，实质上是限制了*DN*400以下管道的允许流速，即*DN*400以下小管由允许流速3.5m/s，下降到*DN*50的管道只允许0.9m/s。实质上，对*DN*400以上大管规定允许比摩阻值，对*DN*400以下小管规定允许流速数值
《城镇热网规》7.3.7	蒸汽热力网凝结水管管道设计比摩阻可取100Pa/m
《城镇热网规》14.2.4	街区热水供热管网主干线比摩阻可采用60～100Pa/m
《城镇热网规》14.2.5	街区热水供热管网支线比摩阻不宜大于400Pa/m
《工规》5.8.5	蒸汽供暖系统最不利环路的比摩阻宜符合下列规定： 1）高压蒸汽系统（汽水同向）宜保持在100～350Pa/m； 2）高压蒸汽系统（汽水逆向）宜保持在50～150Pa/m； 3）低压蒸汽系统宜保持在50～100Pa/m； 4）蒸汽凝结水余压回水宜为150Pa/m
《09技措》2.5.9.7	室内共用立管的比摩阻保持为30～60Pa/m
《供热工程（第四版）》P97	水力计算使用比摩阻： 1）在没有给定系统资用压力时应使用经济比摩阻（60～120Pa/m）； 2）若限定系统的资用压力，则应按照下式计算允许比摩阻： 允许比摩阻公式：$R_{pj}=\frac{\alpha\Delta P_{资用}}{\sum L}$ 查找水力计算表的比摩阻应采用公式得到的结果

1.6.5 蒸汽供暖系统水力计算及凝结水管路

1. 知识要点

(1) 低压蒸汽系统

水力计算时可认为密度不变，流动多处于紊流过渡区；低压蒸汽系统的沿程压力损失占总压力损失的比例通常取0.6，即$\alpha=0.6$。

$$R_{pj}=\frac{\alpha(P-2000)}{\sum L}$$

注：查《教材（第三版2018）》P81～82表1.6-9时，注意考虑低压蒸汽流速的上限值。

(2) 高压蒸汽系统

水力计算时应按不同供汽压力使用水力计算表；高压蒸汽系统的沿程压力损失占总压力损失的比例通常取0.8，即$\alpha=0.8$《供热工程（第四版）》P146。

$$R_{pj} = \frac{0.25\alpha P}{\Sigma L}$$

（3）凝结水管道确定

1）低压蒸汽系统：管径计算表参考《教材（第三版 2018）》P82 表 1.6-10。

2）高压蒸汽系统：

① 散热器至疏水阀间的管径参考《教材（第三版 2018）》P83 表 1.6-11。

② 疏水阀后的管径：凝结水量的平均单位长度压力损失和计算负荷确定。

2. 超链接

《教材（第三版 2018）》P81～83。

1.7 供暖系统设计

1.7.1 供热入口

1. 知识要点

（1）应安装水力平衡阀；

（2）蒸汽系统当压力为 0.1～0.2MPa 时，可允许串联安装两只截止阀进行减压；

（3）分气缸安装时应保持 0.01 坡度，坡向排水口；

（4）热量计量装置不应设在地沟内。

2. 超链接

《教材（第三版 2018）》P83～84；《民规》5.9.2～5.9.3；《工规》5.8.2～5.8.4；《公建节能》4.3.2；《供热计量》4.2.6、5.1.2、5.2.2；《辐射冷暖规》3.1.7；《严寒规》5.2.14～5.2.15；《09 技措》2.1.9、2.1.11、2.4.3；《红宝书》P375；《热水集中采暖分户热计量系统施工安装（04K502）》。

3. 例题

【单选】在建筑物或单元热力入口处安装热量计的合理位置与主要理由是下列哪一项？（2007-2-8）

（A）安装在供水管路上，避免户内系统中的杂质损坏热量计

（B）安装在供水管路上，可准确测得供水量

（C）安装在回水管路上，水温较低，利于延长仪表寿命

（D）安装在回水管路上，仪表在低压下工作，读数准确

参考答案：C

解析：根据《教材（第三版 2018）》P118 或《供热计量》3.0.6.2 及条文说明，认为防止偷水的观念是错误的，热量表应装在回水管上，有利于降低仪表所处环境温度，延长电池寿命和改善仪表使用工况。

4. 真题归类

2007-2-8、2008-1-46。

1.7.2 供暖系统作用半径

1. 知识要点

供暖系统作用半径 表1-33

热媒	蒸汽		热水			
系统形式	低压	高压	自然循环	同程机械	异程机械	水平串联
作用半径（m）	60	200	50	100	50	50

2. 超链接

《教材（第三版2018）》P84。

1.7.3 管道坡度

1. 知识要点

供暖管道的坡度 表1-34

热媒	系统形式		坡度
蒸汽	汽水同向的干管		宜采用0.003，不得小于0.002
	汽水反向的干管		≥0.005
	连接散热的支管	单管系统	≥0.05
		其他	≥0.01
热水	机械循环		宜采用0.003，不得小于0.002
	自然循环		≥0.01
	连接散热器的支管		≥0.01
	管内流速≥0.25m/s，条件限制		可无坡度敷设
凝结水	—		宜采用0.003，不得小于0.002

2. 超链接

《教材（第三版2018）》P84；《民规》5.9.6；《工规》5.8.18。

3. 例题

【单选】某热水采暖系统的采暖管道施工说明，下列哪项是错误的？(2009-2-1)

(A) 气、水在水平管道内逆向流动时，管道坡度为5‰

(B) 气、水在水平管道内同向流动时，管道坡度为3‰

(C) 连接散热器的支管的管道坡度是1%

(D) 公称直径为80mm的镀锌钢管应采用焊接

参考答案：D

解析：ABC选项：根据《教材（第三版2018）》P84；

D选项：根据《水暖验规》4.1.3：“采用螺纹连接”。

4. 真题归类

2006-1-44、2009-2-1、2017-1-45。

1.7.4 热补偿

1. 知识要点

（1）水平管道的伸缩，应尽量利用系统的弯曲管段进行自然补偿，不能满足要求时，应设置补偿器；

（2）立管：5层以下的建筑不考虑；5～7层的建筑，热媒为低温水宜在立管中间设固定卡，热媒为低压蒸汽或大于等于110℃高温水，立管上应设补偿器；

（3）由固定点起允许不装设补偿器的直管段最大长度见《教材（第三版2018）》P85表1.7-1。与热媒温度和建筑物类型有关，温度越高，允许不补偿的最大长度越小；

（4）水平干管或总立管固定支架的布置，要保证分支干管接点处的最大位移量不大于40mm；连接散热器的立管，要保证管道分支接点由管道伸缩引起的最大位移量不大于20mm；

（5）无分支管接点的管段，间距要保证伸缩量不大于补偿器或自然补偿所能吸收的最大补偿率。

2. 超链接

《教材（第三版2018）》P82～83；《民规》5.9.5及条文说明《工规》5.8.17。

3. 真题归类

2018-1-5。

1.7.5 供暖地沟

1. 知识要点

（1）供暖地沟的形式与要求

供暖地沟的形式与要求　　表1-35

地沟形式	使用条件	净尺寸（不宜小于）	备　注
通行地沟	管数在4根及4根以上且需要经常检修	1.2m×1.8m	—
半通行地沟	管数为2～3根或虽一根管道，但长度>20m	1.0m×1.2m	—
不通行地沟	管道无检修要求，当长度≤20m	0.6m×0.6m 0.4m×0.4m(局部过门地沟)	立管和支管暗装于墙内时，应做成沟槽以利伸缩和维修

（2）地沟构造要求

1）坡度：地沟的底面应有0.003的坡度，坡向集水坑；

2）通行地沟：《教材（第三版2018）》P144；

3）同一条供暖管道管沟内，不得敷设输送蒸汽燃点不高于120℃的可燃液体管道，或输送可燃、腐蚀性气体管道。

4）事故人孔：《教材（第三版2018）》P144。

2. 超链接

《教材（第三版2018）》P85、P144；《09技措》2.4.15。

3. 例题

【多选】采暖热水管网地沟的设置，正确的做法应是哪些项?（2009-2-44 模拟）

（A）地沟的底面应有 0.003 的坡度，坡向集水坑

（B）通行地沟检查井的间距，不宜大于 50m

（C）地沟检查井应设置便于上下的铁爬梯

（D）自然通风塔的截面积可根据换气次数为 2～3 次/h 确定

参考答案：AC

解析：本题由原真题改编。《教材（第三版 2018）》P85、P144，B 选项：《09 技措》2.4.15.3，管沟应设置检修人孔，间距不宜大于 30m；D 选项："可根据换气次数为 2～3 次/h 和风速不大于 2m/s 确定"。

1.7.6 阀门选择及设置要求

1. 知识要点

阀门的功能和种类 **表 1-36**

阀门功能	阀门种类
关闭	高压蒸汽系统用截止阀 低压蒸汽和热水系统用闸阀或球阀
调节	截止阀、对夹式蝶阀、调节阀、平衡阀、温控阀、减压阀等
放水	旋塞或闸阀
放气	恒温自动排气阀、自动排气阀、钥匙气阀、旋塞或手动放风等
其他	疏水阀、安全阀、止回阀等

2. 超链接

《教材（第三版 2018）》P86；《民规》5.9.4、5.10.4；《工规》5.8.4；《09 技措》P23。

3. 例题

（1）【单选】供暖工程中应用阀门的做法，下列哪一项是错误的?（2008-1-9）

（A）软密封蝶阀用于高压蒸汽管路的关闭

（B）平衡阀用于管路流量调节

（C）闸阀用于低压蒸汽管路和热水管路的关闭

（D）旋塞、闸阀用于放水

参考答案：A

解析：根据《教材（第三版 2018）》P86，截止阀用于高压蒸汽管路的关闭。

（2）【多选】采暖系统的阀门强度和严密性试验，正确的做法应是下列选项的哪几个?（2008-1-43）

（A）安装在主干管上的阀门，应逐个进行试验

（B）阀门的强度试验压力为公称压力的 1.2 倍

（C）阀门的严密性试验压力为公称压力的 1.1 倍

（D）最短试验持续时间，随阀门公称直径增大而延长

参考答案：CD

解析：根据《水暖验规》3.2.4～3.2.5。

A 选项：应为“起切断作用的闭路阀门”；

B 选项：应为 1.5 倍而不是 1.2 倍；

CD 选项正确，见表 3.2.5。

4. 真题归类

2007-2-1、2008-1-9、2008-1-43。

1.7.7 管道保温

1. 超链接

《教材（第三版 2018）》P86；《民规》5.9.10、11.1 相关内容、附录 K；《工规》5.8.22、13.1 相关内容；《公建节能》附录 D；《设备管道绝热规程》；《设备及管道绝热设计导则》GB/T 8175—2008。

2. 例题

【单选】有关绝热材料的选用做法，正确的应是下列何项？（2014-1-3）

（A）设置在吊顶内的排烟管道，采用橡塑材料做隔热层

（B）高压蒸汽供暖管道，采用橡塑材料做隔热层

（C）地板辐射供暖系统辐射面的绝热层，采用密度小于 20kg/m^3 的聚苯乙烯泡沫塑料板

（D）热水供暖管道，采用密度为 120kg/m^3 的软质绝热制品

参考答案：D

解析：

AB 选项：橡塑材料保温一般为难燃 B1 或 B2 级，一般用于低温管道保温；

C 选项：根据《辐射冷暖规》4.2.2，密度应大于 20kg/m^3；

D 选项：根据《09 技措》10.1.2.2，小于 150kg/m^3，满足要求。

3. 真题归类

2006-2-1、2006-2-41、2007-1-44、2014-1-3、2014-2-1。

1.7.8 管道防腐

1. 知识要点

管 道 防 腐　　表 1-37

<table>
<tr><td rowspan="3">非保温管道</td><td rowspan="2">明装</td><td>无腐蚀性气体</td><td>一遍防锈漆及两遍银粉或两遍快干瓷漆</td></tr>
<tr><td>相对湿度较大
有腐蚀性气体</td><td>一遍耐酸漆及两遍快干瓷漆</td></tr>
<tr><td colspan="2">暗装</td><td>两遍红丹防锈漆</td></tr>
<tr><td colspan="3">保温管道</td><td>两遍红丹防锈漆</td></tr>
</table>

2. 超链接

《教材（第三版 2018）》P86；《民规》11.2；《工规》13.2。

1.7.9　管道连接

1. 知识要点

管 道 连 接　　　　**表 1-38**

钢管形式	公称管径	连接方式	备注
焊接钢管	≤32mm	螺纹连接	—
	>32mm	焊接	—
镀锌钢管	≤100mm	螺纹连接	套丝扣时破坏的镀锌层表面及外露螺纹部分应做防腐处理
	>100mm	法兰连接或卡套式专用管件连接	镀锌钢管与法兰的焊接处应二次镀锌

2. 超链接

《教材（第三版2018）》P86～87；《水暖验规》4.1.3、8.1.2。

1.7.10　供暖系统排气

1. 知识要点

供暖系统排气　　　　**表 1-39**

系统形式		排气方式	备注
重力循环系统		膨胀水箱排气	—
机械循环热水供暖系统	上行下给	最高点设自动排气装置或手动集气罐	手动放风门安装在散热器的上部
	下行上给	顶层每组散热器上设自动或手动放风门	
	水平单管	每组散热器上设自动或手动放风门	
低压蒸汽	干式回水	凝结水箱集中排放，回水管“Z”形弯时，上部设空气绕行管	手动放风门安装在散热器高度的1/3处
	湿式回水	各立管上装排气管，或每组散热器和蒸汽干管的末端，设自动排气阀	
高压蒸汽		在每环蒸汽干管的末端和集中疏水阀前，应设排气装置（疏水阀本体带有排气阀者除外）	手动放风门安装在散热器的上部
说明：①上行下给即上供下回，下行上给即下供上回；②住宅不宜设手动放风门。			

2. 超链接

《教材（第三版2018）》P87；《民规》5.9.22条文说明；《给水排水规》2.1.90、2.1.91。

3. 例题

【单选】室内蒸汽采暖系统均应设排气装置，下列做法中哪一项是错误的？（2006-1-7）

(A) 蒸汽采暖系统散热器的1/3高处排气

(B) 采用干式回水的蒸汽采暖系统在凝结水管末端排气

(C) 采用湿式回水的蒸汽采暖系统在散热器和蒸汽干管末端排气

(D) 不论采用干、湿回水的蒸汽采暖系统，均在系统的最高点排气

参考答案：AD

解析：根据《教材（第三版 2018）》P87，A 选项：低压蒸汽供暖系统应在散热器的1/3 高处排气，高压蒸汽应为散热器上部排气；BCD 选项：干式回水时，可由凝结水箱集中排除；湿式回水时，可在各立管上装设排气阀。

4. 真题归类

2006-1-7、2017-2-45。

1.7.11 系统试压和检测

1. 知识要点

（1）系统工作压力

系统的工作压力（最高压力）是系统的最低处或水泵出口处的压力。

（2）试验压力

1）阀门的强度和严密性：《水暖验规》3.2.5；《通风施规》15.4.2～15.4.3；《通风验规》9.2.4；

2）散热器：《水暖验规》8.3.1；

3）金属辐射板：《水暖验规》8.4.1；

4）地暖盘管：《水暖验规》8.5.2；《辐射冷暖规》5.6.2；

5）供暖系统：《水暖验规》8.6.1；

空调水系统：《通风施规》15.5.1；《通风验规》9.2.3；

6）室外供热管道：《水暖验规》11.3.1；

7）锅炉：《水暖验规》13.2.6；

8）水箱、罐：《水暖验规》13.3.4、13.3.5；《通风施规》15.8.1、15.8.2；

9）分集水器、分气缸：《水暖验规》13.3.3；

10）连接锅炉及辅助设备的工艺管道：《水暖验规》13.3.6；

11）安全阀：《水暖验规》13.4.1；

12）换热器：《水暖验规》13.6.1；《通风施规》15.8.2；

13）风机盘管：《通风施规》15.9.1；

14）风管：《通风验规》4.1.4、4.2.1。

供暖系统试验压力 **表 1-40**

室内供暖系统	试验压力
蒸汽、低温热水	系统顶点工作压力加 0.1MPa，不小于 0.3MPa
高温水	系统顶点工作压力加 0.4MPa
塑料管及复合管的热水供暖系统	系统顶点工作压力加 0.2MPa，不小于 0.4MPa

注：以上数值为顶点的试验压力，要折算到试压点压力。

试压点压力＝顶点试验压力＋顶点距试压点的高差。

2. 超链接

《教材（第三版 2018）》P87；《水暖验规》8.6.1（室内）、11.3.1（室外）。

3. 例题

（1）【单选】某热水供暖系统顶点的工作压力为 0.15MPa，该采暖系统顶点的试验压

力，应是下列哪一项？（2008-1-6）

（A）不应小于0.20MPa　　（B）不应小于0.25MPa

（C）不应小于0.30MPa　　（D）不应小于0.35MPa

参考答案：C

解析：根据《教材（第三版2018）》P87或《水暖验规》8.6.1，蒸汽、热水供暖系统，应以系统顶点工作压力加0.1MPa做水压试验，同时系统顶点的试验压力应不小于0.3MPa。

（2）【多选】对于供暖系统和设备进行水压试验的试验压力，下列哪些项是错误的？（2009-1-43模拟）

（A）散热器安装前应进行0.5MPa的压力试验

（B）低温热水地板辐射采暖系统的盘管试验压力为工作压力的1.5倍，但不小于0.6MPa

（C）室内热水采暖系统（钢管）顶点的试验压力应不小于该点工作压力的1.5倍

（D）换热站内的热交换器的试验压力为最大工作压力的1.5倍

参考答案：ACD

解析：

本题由原真题改编。

A选项：根据《水暖验规》8.3.1；

B选项：根据《水暖验规》8.5.2；

C选项：根据《水暖验规》8.6.1.1；

D选项：根据《水暖验规》13.6.1。

4. 真题归类

（1）2008-1-6；2009-1-43、2014-1-5、2018-2-58。

（2）水暖验规：2006-1-41；2009-1-2；2010-2-1；2012-2-42。

1.8　供暖设备与附件

1.8.1　散热器

1. 知识要点

（1）散热器类型及适用性

散热器类型及适用性　　表1-41

散热器类型	铸铁散热器	钢制散热器	铝制散热器	铜制散热器
适用范围	任何水质及供暖系统	水温为25℃时，pH=10～12应采用闭式系统 非供暖季充水保养； 钢管柱式散热器可在蒸汽系统中采用（《工规》5.3.1.6及条文说明）	pH=5～8.5 采用内防腐型	pH=7.5～10

续表

散热器类型	铸铁散热器	钢制散热器	铝制散热器	铜制散热器
不适用范围	安装热量表和恒温阀的热水供暖系统，不宜采用含有粘砂的铸铁散热器	板型散热器、扁管型散热器、薄钢板加工的钢制柱型散热器在蒸汽系统中不能采用	供水温度高于85℃，pH>10的连续供暖中不应采用。 蒸汽系统中不能采用	不适用集中供热
组装最大片数	粗柱型（包括柱翼型） 20片 细柱型 25片 长翼型 7片	片式组对散热器的长度，底层不应超过1500mm（约25片），上层不宜超过1200mm（约20片）		

（2）设置要求

1）高大空间供暖不宜单独采用对流型散热器；

2）同一热水采暖系统，不应同时采用铝制散热器与钢制散热器；

3）门斗内不应设散热器；

4）幼儿园、老年人和特殊功能的建筑的散热器必须暗装或加防护罩；

5）散热器的外表面应刷非金属性涂料；

6）两组散热器同侧连接，连接支管与散热器接口同径；

7）湿度高的房间如浴室、游泳馆等，优先采用耐腐蚀的铸铁散热器；

8）散热器水质详见《采暖空调系统水质》4.5.1。

2. 超链接

《教材（第三版2018）》P87～88；《民规》5.3.5～5.3.13；《工规》5.3.1～5.3.5；《严寒规》5.3.4～5.3.6；《住宅设计规》8.3.11；《洁净规》6.5.1；《建规2014》9.2.1；《09技措》2.3。

3. 例题

（1）【单选】采用蒸汽采暖系统的工业厂房，其散热器的选用应是下列何项？（2010-2-4）

（A）宜采用铝制散热器，因为传热系数大

（B）宜采用铸铁散热器，因为使用寿命长

（C）应采用钢制板型散热器，因为传热系数大

（D）宜采用钢制扁管散热器，因为金属热强度大

参考答案：B

解析：根据《教材（第三版2018）》P87～88，蒸汽系统不能使用钢制散热器；A选项：现有考试大纲范围内的资料都没有铝制散热器能否在蒸汽供暖系统中使用的相关介绍，但《建筑供暖与空调节能设计与实践》P68明确指出，铝制散热器只能用于热水系统，不能用于蒸汽系统。

（2）【多选】某寒冷地区的新建多层住宅，热源由城市热网提供热水，在散热器供暖系统设计时，下列说法哪几项是错误的？（2016-1-44）

（A）供暖热负荷应对围护结构耗热量进行间歇附加

(B) 散热器供暖系统供水温度宜按 90℃设计
(C) 室内供暖系统的制式宜采用垂直双管系统或共用立管的分户独立循环双管系统（各户均设置温控阀）
(D) 散热器应暗装，并在每组散热器的进水支管上安装手动调节阀

参考答案：ABD

解析：根据《民规》，

A 选项：根据 5.2.8，住宅建筑连续供暖，不需间歇附加；

B 选项：根据 5.3.1，供水温度不宜大于 85℃；

C 选项：根据 5.3.2；

D 选项：根据 5.3.9，散热器为保证散热效果应尽可能明装。

4. 真题归类

2006-1-6、2006-1-43、2007-1-1、2007-2-4、2007-2-6、2008-1-5、2008-1-41、2008-2-6、2008-2-41、2009-1-46、2010-2-4、2010-2-5、2012-2-2、2013-2-6、2016-1-44、2016-2-6、2018-2-1、2018-2-6。

1.8.2　减压阀、安全阀

1. 知识要点

(1) 减压阀

1) 减压阀的种类及特点

减压阀的种类及特点　　表 1-42

减压阀种类	特　点
波纹管式（直接作用式）	用于工作温度≤200℃的蒸汽管路上，特别适用于减压为低压的蒸汽系统；体积最小，使用经济，无需下游外部传感线
活塞式	工作可靠、减压范围大、容量和精度±5%、无需外部传感线；适用于温度、压力较高的蒸汽管道
薄膜式	容量比活塞式大、精度高（±1%）

注：① 供水减压阀用于高层建筑冷、热水供水管网系统中；
② 截止阀和调压板在室内供汽压力要求不严格、热负荷小、散热器耐压强度高时可用。

2) 设计选用减压阀的注意事项

《教材（第三版 2018）》P91～92；《红宝书》P407～408。

(2) 安全阀

安全阀设计选用要点：《教材（第三版 2018）》P93。

1) 弹簧式适用于最高压力≤4MPa；
2) 重锤式（杠杆式）一般适用于温度和压力较高的系统；
3) 安全阀进出口直径均相同；
4) 安全阀应直立安装；
5) 排气管不得装阀门。

2. 超链接

《教材（第三版 2018）》P91～93；《红宝书》P407～408《09 技措》8.4.10。

3. 例题

【单选】在供热管网中安全阀的安装做法，哪项是不必要的？（2012-1-9）

（A）蒸汽管道和设备上的安全阀应有通向室外的排气管

（B）热水管道和设备上的安全阀应有接到安全地点的排水管

（C）安全阀后的排水管应有足够的截面积

（D）安全阀后的排气管和排水管上应设检修阀

参考答案：D

解析：根据《教材（第三版 2018）》P93，可知 ABC 选项正确；D 选项，安全阀后的排气管和排水管上不应设置阀门。

4. 真题归类

2008-2-46、2011-2-4、2012-1-9。

1.8.3 疏水器

1. 知识要点

（1）疏水器的作用

排水阻汽排空气。

疏水器选型：《教材（第三版 2018）》P93。

（2）疏水器的安装部位

低压蒸汽系统每个散热器出口或每根凝水立管下端，供汽干管向上拐弯处，必须设置疏水装置。

（3）疏水器的安装

1）疏水器多为水平安装。

2）疏水器前后需设置阀门，用以截断检修。

3）疏水器前后需设置冲洗管和检查管。冲洗管位于疏水器前阀门的前面，用以放空气和冲洗管路。检查管位于疏水器与后阀门之间，用以检查疏水器工作情况。

4）旁通管用在运行初始时排放大量凝结水，运行中禁用。对小型供暖系统，可考虑不设旁通管。对于不允许中断供汽的生产用热设备，为了检修疏水器，应安装旁通管和阀门。多台疏水器并联时，也可不设旁通管。

5）疏水器前端应设过滤器，若疏水阀本身带过滤器时，可不另设。

6）疏水器后应装止回阀，疏水器疏水如排至大气中或单独留至凝结水箱无反压作用时，止回阀应取消。

2. 超链接

《教材（第三版 2018）》P93～97；《工规》5.8.4、5.8.12～5.8.13；《民规》5.9.20、5.9.21；《锅规》18.2.13、18.4.5、18.4.7；《城镇热网规》8.5.6～8.5.8、10.4.3；《09 技措》8.4.14～8.4.15；《07 节能技措》P48；《供热工程（第四版）》P134～139。

3. 例题

（1）【单选】下列哪一项蒸汽采暖系统中疏水器作用的说法是正确的？（2006-1-5）

（A）排出用热设备及管道中的凝结水，阻止蒸汽和空气通过

（B）排出用热设备及管道中的蒸汽和空气，阻止凝结水通过

（C）排出用热设备及管道中的空气，阻止蒸汽和凝结水通过

（D）排出用热设备及管道中的凝结水和空气，阻止蒸汽通过

参考答案：D

解析：根据《供热工程（第四版）》P129，疏水器的三大作用是阻蒸汽、排凝水及排空气和其他不凝性气体。

（2）【单选】关于疏水器的选用，下列何项是错误的？（2010-2-8）

（A）疏水器设计排水量应大于理论排水量

（B）减压装置的疏水器宜采用恒温型疏水器

（C）蒸汽管道末端可采用热动力式疏水器

（D）靠疏水器余压流动的凝水管路，ΔP_{min}值不应小于50kPa

参考答案：B

解析：根据《教材（第三版2018）》P93，“恒温式仅用于低压蒸汽系统上”；ACD选项：根据P91～92均能找到正确依据。

（3）【单选】某大型工厂厂区设置蒸汽供热热网，按照规定在一定长度的直管段上应设置经常疏水装置，下列有关疏水装置的设置说法正确的为何项？（2014-2-8）

（A）经常疏水装置与直管段直接连接

（B）经常疏水装置与直管段连接处应设聚集凝结水的短管

（C）疏水装置连接短管的公称直径可比直管段小一号

（D）经常疏水管与短管的底面连接

参考答案：B

解析：根据《城镇热网规》8.5.7，经常疏水装置与管道连接处应设聚集凝结水的短管，短管直径应为管道直径的1/2～1/3。经常疏水管应连接在短管侧面。

4. 真题归类

2006-1-5、2006-2-8、2006-2-45、2008-1-1、2010-2-8、2011-2-44、2012-1-5、2014-2-8。

1.8.4　膨胀水箱

1. 知识要点

（1）膨胀水箱配管的安装位置及注意事项

膨胀水箱配管的安装位置及注意事项　　表1-43

配管	安装位置		注意事项
膨胀管	重力循环	宜接在供水立管顶端兼作排气用	**严禁安装阀门**
	机械循环	接至定压点，宜接在水泵吸入口前，也可接在回水干管上任何部位	
循环管	接至定压点前的水平回水管上，该点与定压点之间保持1.5～3m的距离		1）防止水箱结冰，没有冻结可能时，可不设循环管 2）空调冷水可不设循环管 **3）严禁安装阀门**
信号管	—		**应安装阀门**

续表

配管	安装位置	注意事项
溢水管	—	**不应设置阀门**
排水管	—	**应安装阀门**

注：安装高度应至少高出系统最高点 0.5m。

（2）膨胀水箱的作用

定压、容纳系统膨胀水量、补水、排气（重力循环系统）。

2. 超链接

《民规》8.5.18、8.11.16；《09 技措》6.9.6、8.5.10；《锅规》10.1.12；《05K210 采暖空调循环水系统定压》；《供热工程（第四版）》P86。

3. 例题

【单选】热水采暖系统采用高位膨胀水箱做恒压装置时，下列哪项做法是错误的？(2008-2-8)

（A）高位膨胀水箱与热水系统连接的位置，宜设置在循环水泵的进水母管上

（B）高位膨胀水箱的最低水位应高于热水系统的最高点 0.5m 以上

（C）设置在露天的高位膨胀水箱及其管道应有防冻措施

（D）高位膨胀水箱与热水系统的连接管上，不应装设阀门

参考答案：B

解析：根据《锅规》10.1.12：“高位膨胀水箱的**最低水位**应高于热水系统的最高点 1m 以上”；《教材（第三版 2018）》P99，膨胀水箱**安装高度**，应至少高出系统最高点 0.5m，注意关键词。《民规》8.5.18 条文说明也有提及。

4. 真题归类

2006-2-7、2007-2-42、2008-2-8、2012-1-41。

1.8.5 气压罐

超链接

《教材（第三版 2018）》P99～100；《09 技措》6.9.7～6.9.8、P311 附录 C。

1.8.6 除污器、调压装置、集气罐和自动排气阀

1. 超链接

《教材（第三版 2018）》P100～104。

2. 例题

【单选】下列关于热水供暖系统的要求，哪一项是正确的？(2014-2-6)

（A）变角形过滤器的过滤网应为 40～60 目

（B）除污器横断面中水流速宜取 0.5m/s

（C）散热器组对后的试验压力应为工作压力的 1.25 倍

（D）集气罐的有效容积应为膨胀水箱容积的 1%

参考答案：D

解析：

AB选项：根据《教材（第三版2018）》P102，“变角形过滤器用于热水供暖系统时，过滤网为20目”，“除污器或过滤器横断面中水的流速宜取0.05m/s”；

C选项：根据《水暖验规》8.3.1，试验压力应为工作压力的1.5倍，但不小于0.6MPa；

D选项：根据《教材（第三版2018）》P103。

3. 真题归类

2007-2-43、2009-2-43、2014-2-6。

1.8.7 补偿器

1. 知识要点

补 偿 器 表1-44

补偿器类型	方形补偿器（优先采用）	套筒补偿器	波纹管补偿器
优点	加工简单 轴向推力小 造价低 不需经常维修	补偿能力大 轴向推力较小 造价低 占用空间小 安装方便	补偿能力大 补偿量和管径根据需要选择 使用可靠 占用空间小 安装方便 耐腐蚀
缺点	占用空间大	密封困难 容易漏水	轴向推力较大 造价高
适用场合	1）小直径管道； 2）宜装于相邻固定支架间的中心或接近中心	1）宜安装在地沟内； 2）不宜安装在建筑物上部（空调系统应用不多）	1）变形与位移量大而空间位置受限制的管道； 2）变形与位移量大而工作压力低的大直径管道； 3）考虑吸收地震或地基沉陷的管道
注意问题	1）两侧直管段应设防止管道失衡的导向支架； 2）应进行预变形，预变形系数可取0.3～0.5	1）在最高和最低温度下，留有≥20mm的补偿余量； 2）补偿管段过长时，应设导向支座	1）应考虑安装时的冷紧，冷紧系数可取0.5； 2）应安装防止波纹管失衡的导向支座（第一个导向支架和补偿器的距离≤4倍管道公称直径，第二个导向支架与第一个导向支架的距离≤14倍管道公称直径）； 3）应进行预变形，预变形系数可取0.3～0.5

2. 超链接

《教材（第三版2018）》P84、P104～105、P145；《民规》5.9.5-2条文说明；《工规》5.8.17；《城镇热网规》8.4、9.0.2-4；《锅规》18.5.3；《09技措》2.4.11-2；《红宝书》P654～675；《供热工程（第四版）》P335～337。

3. 例题

【单选】当利用管道的自然弯曲来吸收热力管道的温度变形时，自然补偿每段最大臂长的合理数值，应是下列哪一项？（2008-1-7）

(A) 10～15m　(B) 15～20m　(C) 20～30m　(D) 30～40m

参考答案：C

解析：根据《教材（第三版 2018）》P104。

4. 真题归类

2008-1-7、2017-1-6。

1.8.8 平衡阀

1. 知识要点

(1) 平衡阀的分类、安装位置及适用性

平衡阀的分类、安装位置及适用性　　**表 1-45**

	分类	用途	安装位置	适用系统	选型
静态平衡阀	—	供暖和空调系统中起到水力平衡的作用	1) 定流量系统的热力入口；热力站总管； 2) 多个分环路时，各分环路压力损失差值，大于15%时需设置； 3) 安装位置应保证阀门前后有足够的直管段，没有特别说明的情况下，阀门前直管段长度不应小于5倍管径，阀门后直管段长度不应小于2倍管径； 4) 供回水环路建议安装在回水管路上。安装在水泵总管上的平衡阀，宜安装在水泵出口段下游	集中供热、中央空调	应根据阀门流通及两端压差选择平衡阀直径和开度
动态平衡阀	自力式压差控制阀	自动恒定压差，水力平衡	1) 变流量水系统的各热力入口，应根据水力平衡的要求和系统总体控制设置的情况设置，但不应设置自力式定流量阀； 2) 是否需要设置，应通过计算热力入口的压差变化幅度确定； 3) 热力站：系统为变流量调节时，宜设置	集中供热、中央空调（尤其适用于分户计量供暖系统和变流量空调系统）	按控制压差选与管路同尺寸阀门，同时确保其流量不小于设计最大值
	自力式流量控制阀	自动恒定流量，水力平衡	1) 定流量系统的热力入口； 2) 热力站：系统为质调节时，宜在供水或回水总管上设置；出口总管不应串联设置	集中供热、中央空调	按设计流量选型。 注：①阀门工作压力范围，要大于最小启动压差；②不能和比例积分的电动调节阀串联安装
	带电动控制功能动态平衡阀	水力平衡和负荷调节二合一	—	适用于系统负荷变化较大的变流量系统	—

注：《严寒规》5.2.15：当选择自力式流量控制阀、自力式压差控制阀、电动平衡两通阀或动态平衡电动调节阀时，应保持阀权度 $s=0.3\sim0.5$。

（2）平衡阀安装使用要点：《教材（第三版2018）》P106。

2. 超链接

《教材（第三版2018）》P84、P105～106、P117；《民规》5.9.3、5.9.16、5.10.6、8.5.14；《严寒规》5.2.15；《供热计量》5.2.2～5.2.4；《既有建筑节能改造》6.3.7。

3. 例题

（1）【多选】采暖系统设置平衡阀、控制阀的说法下列何项正确？（2009-1-5）

（A）自力式压差控制阀特别适合分户计量供暖系统

（B）静态平衡阀应装设在锅炉房集水器干管上

（C）供暖系统的每一个环路的供、回水管上均应安装平衡阀

（D）管路上安装平衡阀之处，不必再安装截止阀

参考答案：AD

解析：本题由原真题改编。

A选项：根据《教材（第三版2018）》P105，"尤其适用于分户计量供暖系统……"；

B选项：平衡阀主要起调节平衡作用，安装在锅炉房总管上，起不到调节平衡作用；

C选项：是否安装平衡阀需要经过平衡计算，不是所有环路都需要装；

D选项：根据《教材（第三版2018）》P106，平衡阀安装使用要点：平衡阀建议安装在回水管路上，尽可能安装在直管段上，不必再安装截止阀。

（2）【单选】某住宅采用分户热计量集中热水供暖系统，每个散热器均设置有自力式恒温阀。问：各分户供回水总管上的阀门设置，以下哪个选项是正确的？（2017-2-7）

（A）必须设置自力式供回水恒温差控制阀

（B）可设置自力式定流量控制阀

（C）必须设置自力式供回水恒压差控制阀

（D）可设置静态手动流量平衡阀

参考答案：D

解析：

根据《民规》第5.10.6条，变流量系统不应设置自力式流量控制阀，根据需求考虑是否设置自力式压差控制阀，当然也可以设置静态手动流量平衡阀（即静态平衡阀，用于调节管网阻力平衡）。

4. 真题归类

2006-2-4、2009-1-5、2011-2-41、2017-2-7、2017-2-59。

1.8.9　恒温控制阀

1. 知识要点

（1）恒温控制阀的适用性

恒温控制阀的适用性　　表 1-46

<table>
<tr><td rowspan="7">热水</td><td rowspan="5">散热器</td><td colspan="2">水平双管</td><td>应设高阻力恒温控制阀</td></tr>
<tr><td rowspan="2">垂直双管</td><td>≤5层</td><td>应设高阻力恒温控制阀</td></tr>
<tr><td>>5层</td><td>宜有预设阻力调节功能的恒温控制阀</td></tr>
<tr><td colspan="2">单管跨越</td><td>应设低阻力两通恒温控制阀或三通恒温控制阀</td></tr>
<tr><td colspan="2">有罩</td><td>应采用温包外置式恒温控制阀</td></tr>
<tr><td colspan="2" rowspan="2">低温热水地面辐射供暖（室温控制器设在被控房间或区域内）</td><td>分环路控制</td><td rowspan="2">热电式控制阀、自力式恒温控制阀、电动阀
详见《辐射冷暖规》3.8.3</td></tr>
<tr><td>总体控制</td></tr>
</table>

（2）选型方法

根据流量和压差选择恒温控制阀的规格（可按管公称直径直接选择口径，然后校核压力降）。

2. 超链接

《教材（第三版 2018）》P106～107；《民规》5.10.4、5.10.5；《工规》5.9.5；《公建节能》4.5.6；《严寒规》5.3.4；《供热计量规》7.2；《辐射冷暖规》3.8；《住宅设计规》8.3.8；《既有建筑节能改造》6.4.3。

1.8.10　换热器

1. 知识要点

（1）换热器选型要点：《教材（第三版 2018）》P108～109；

（2）换热器种类：《教材（第三版 2018）》P109～111。

2. 超链接

《教材（第三版 2018）》P107～111；《民规》8.11.2～8.11.6；《工规》9.8；《09 技措》6.8。

3. 例题

（1）**【单选】**热力站内的热交换器设置，下列哪一项是错误的？（2006-1-9）

（A）换热器可以不设备用

（B）采用两台或两台以上换热器时，当其中一台停止运行时，其余换热器宜满足75%总计算负荷的需要

（C）换热器为汽—水加热时，当热负荷较小，可采用汽水混合加热装置

（D）当加热介质为蒸汽时，不宜采用汽—水换热器和热水换热器两级串联

参考答案：D

解析：

AB 选项：根据《锅规》10.2.1；

C 选项：根据《锅规》10.2.4；

D 选项：根据《锅规》10.2.3.2。

（2）**【多选】**供暖热水热交换站关于水—水换热器的选择，说法正确的是下列哪几项？（2010-1-47）

（A）优先选择结构紧凑传热系数高的板式换热器

(B) 当供热网一、二次侧水温相差较大时，宜采用不等流道截面的板式换热器
(C) 换热器中水流速宜控制在0.2～0.5m/s
(D) 热水供回水温差值不小于5℃
参考答案：ABC
解析：根据《07节能技措》
AB选项：根据6.2.10.4；
C选项：根据6.2.10.8；
D选项：根据6.2.10.3，看出不同系统温差不同，但最小温差为10℃。
4. 真题归类
2006-1-9、2007-1-9、2010-1-8、2010-1-47、2012-2-4、2016-1-8、2018-1-8、2018-1-9。
5. 其他例题
(1) 分气缸：2011-1-46、2018-1-44。
(2) 其他：2012-2-9。

1.9 供热系统热计量

1.9.1 热计量方法

1. 知识要点

热计量方法 表1-47

方法	适用范围	优点	缺点	形式	备注
散热器热分配计法	1) 新建和改造的散热器供暖系统，特别适合室内垂直单管顺流式改造为垂直单管跨越式； 2) 不适用于地面辐射供暖系统	不必将原有垂直系统改成按户分环的水平系统	1) 热分配计和散热器需要匹配实验； 2) 需要入户安装和抄表换表； 3) 容易作弊	1) 蒸发式； 2) 电子式； 3) 远传式	1) 只分摊计算用热量，室温调节需安装散热器恒温控制阀； 2) 宜选用双传感电子式热分配计； 3) 热媒温度<55℃，不应采用蒸发式热分配计或单传感器电子式热分配计
户用热量表法	按户分环	直观	1) 投资高、故障率高； 2) 仪表堵塞和损坏	1) 机械式； 2) 电磁式； 3) 超声波式	1) 机械式热量表初投资低，精度不高、阻力大、容易阻塞、易损件较多、水质有一定要求； 2) 电磁式、超声波式热量表初投资高、精度高、压损小、不易堵塞、寿命长； 3) 入口装置由供水调节阀、过滤器、热量表及回水截止阀组成； 4) 按公称流量（设计流量的80%）选型

续表

方法	适用范围	优点	缺点	形式	备注
流量温度法	1）新建的散热器供暖系统； 2）既有建筑垂直单管顺流的散热器供暖系统的热计量改造为跨越式； 3）适用于垂直单管跨越式和具有水平单管跨越式的共用立管分户	计量系统安装的同时可以实现室内水利平衡的初调节及室温调控功能	前期准备工作量较大	—	只分摊计算用热量，室温调节需另安装调节装置
通断时间面积法	1）适用于共用立管分户；同时具有热量分摊和分户室温调节（对户内各房间整体调节，不对每个房间单独调节）； 2）适用于分户的水平串联式，也可用水平单管跨越式和地板辐射供暖系统。 3）室内阻力不变（同时满足）	1）直观； 2）按每户通水时间来分摊建筑总热量； 3）分户控温	1）不能改变末端设备容量； 2）不能出现明显的水力失调； 3）不能分室、分区温控（只能分户温控）； 4）容易造成误差	—	—

注：① 温度面积法：适合新建建筑各种供暖系统的热计量收费和既有建筑的热计量收费改造。
② 户用热水表法：适合温差较小的分户地面辐射供暖系统。

2. 超链接

《教材（第三版 2018）》P111～119；《民规》5.10.1～5.10.3；《工规》5.9；《住宅建筑规》8.3.1；《辐射冷暖规》3.8；《供热计量》；《09 技措》2.1.10～2.1.12、2.5.8；《红宝书》P372。

3. 例题

（1）【单选】关于居住建筑共用立管的分户独立的集中热水采暖系统，何项做法是错误的？（2011-1-5 模拟）

（A）每组共用立管连接户数一般不宜超过 40 户

（B）共用立管管径为 $DN50$ 的设计流速为 1.0m/s

（C）共用立管的比摩阻宜保持在 30～60Pa/m

（D）户内系统的计算压力损失（包括调节阀、户用热量表）不大于 20kPa

参考答案：D

解析：本题由原真题改编。

根据《09 技措》2.5.9，“每组共用立管连接的用户数不应过多，一般不宜超过 40 户”，“室内共用立管的比摩阻保持为 30～60Pa/m”，“户内系统的计算压力损失（包括调节阀、户用热量表）不大于 30kPa”，AC 选项正确，D 选项错误；根据《民规》5.9.13，

管径为 $DN50$ 时，有特殊安静要求的热水管道中热媒的最大流速为1m/s，一般室内热水管道中热媒的最大流速为2m/s，B选项正确。

(2)【单选】城市集中热水供暖系统的分户热计量设计中，有关热计量方法的表述，正确的应是下列何项？(2014-1-7)

(A) 不同热计量方法对供暖系统的制式要求相同

(B) 散热器热分配计法适合散热器型号单一的既有住宅区采用

(C) 对于要求分室温控的住户系统适于采用通断时间面积法

(D) 流量温度法仅适用于所有散热器均带温控阀的垂直双管系统

参考答案：B

解析：根据《民规》5.10.2条文说明，注意掌握各种热计量方法的适用范围和特点。

(3)【多选】某多层住宅采用集中热水采暖系统，下列哪些系统适用于采用分户计量的集中热水采暖？(2008-1-45)

(A) 单管水平跨越式系统　　(B) 单管垂直串联系统

(C) 双管上供下回系统　　(D) 双管水平并联式系统

参考答案：ACD

解析：根据《教材(第三版2018)》P113。

(4)【多选】某九层住宅楼设计分户热计量热水集中供暖系统，正确的做法应是何项？(2012-1-7模拟)

(A) 为保证户内双管系统的流量，热力入口设置自力式压差控制阀

(B) 为延长热计量表使用寿命，将户用热计量表安装在回水管上

(C) 为保证热计量表不被堵塞，户用热计量表前设置过滤器

(D) 为保证供暖系统的供暖能力，供暖系统的供回水管道计算应计入向邻户传热引起的耗热量

参考答案：BC

解析：本题由原真题改编。

A选项：根据《供热计量》5.2.2条文说明，应设置自力式流量控制阀；

B选项：根据《供热计量》3.0.6.2及条文说明，认为防止偷水的观念是错误的，热量表应装在回水管上；

D选项：根据《教材(第三版2018)》P112。

4. 真题归类

(1) 分户热计量系统：2007-2-2、2008-1-45、2009-1-42、2010-2-44、2011-1-5、2012-1-2、2012-2-6、2012-2-41、2013-1-41、2013-1-46、2013-2-7、2014-1-1、2014-1-7、2014-1-43、2014-1-44、2014-1-45、2017-1-8；

(2) 热计量装置：2008-2-44、2010-1-41、2011-1-42、2011-1-44、2012-1-7、2016-1-7、2018-1-45。

1.9.2 热力入口小室

超链接

《教材(第三版2018)》P116；《供热计量》5.1.4；《09技措》2.5.6。

1.9.3 热量表

1. 知识要点

(1) 热量计量仪表分类

热量计量仪表分类 表 1-48

<table>
<tr><td rowspan="2">热量计量仪表</td><td>热量表</td><td>机械式、电磁式、超声波式；
当供水水质较差时，宜首选电磁式</td></tr>
<tr><td>热分配表</td><td>蒸发式、电子式</td></tr>
</table>

(2) 计量装置的安装

流量传感器宜安装在回水管上，温度传感器应安装在进出户的供回水管路上。

(3) 热计量装置的选择

1) 楼栋热计量的热量表宜选用超声波或电磁式热量表。

2) 热量表选型：应按公称流量选型，并校核在系统设计流量下的压降。不可按照管道直径直接选用。

① 民用建筑：设计流量的 80%。

② 工业建筑：根据系统的设计流量的一定比例对应热量表的公称流量确定。

3) 热源、换热机房热量计量装置的流量传感器应安装的一次管网的回水管上。

2. 超链接

《教材（第三版 2018）》P118～119；《民规》5.10.3；《工规》5.9.3 及条文说明；《09 技措》2.1.12、2.1.13。

3. 例题

【多选】下列对热量表的设计选型要求中，哪几项规定是错误的？(2012-1-6 模拟)

(A) 按所在管道的公称管径选型　　(B) 按设计流量的一定比例选型

(C) 按设计流量的 80%选型　　(D) 按设计流量的 50%选型

参考答案：AD

解析：本题由原真题改编。根据《教材（第三版 2018）》P119；《工规》5.9.3 及条文说明。

1.10 小区供热

1.10.1 集中供热系统热源形式及热媒

1. 知识要点

(1) 热源形式

1) 热电厂集中供热

①根据热负荷大小和特征合理选择汽轮机形式和容量；

②燃气轮机热电联产，《供热工程（第四版）》P167～168。

2）区域锅炉房特点

《教材（第三版2018）》P125～126；《严寒规》5.1.4。

（2）热媒及其参数

1）热水和蒸汽热媒特点：《教材（第三版2018）》P126；

2）热媒选择：《教材（第三版2018）》P127；《城镇热网规》4.1。

（3）集中供热分类及特点

集中供热分类及特点　　表1-49

热电厂集中供热分类		特点
背压式供热汽轮机	排汽压力高于大气压力	热能利用效率最高，只适用全年或供暖季基本热负荷
单抽汽供热式汽轮机	汽轮机中间抽汽对外供热	—
双抽汽供热汽轮机	带高低压可调节抽汽口的机组	—
抽汽背压式汽轮机	全部排汽加热网路水，同时从中间抽汽供应工业热用户	有一定的灵活性，热电负荷相互制约
凝汽式汽轮机	中间导汽管抽出部分蒸汽向外供热，降低真空运行，冷凝器作为热网回水加热器	全年平均热效率大于45%，发电功率减少25%，供水温度低，温差小，管径较粗，投资增大

2. 超链接

《教材（第三版2018）》P125～127；《严寒规》5.1.4；《城镇热网规》4.1；《供热工程（第四版）》P167～168。

3. 例题

（1）【多选】关于热电厂集中供热方式的说法，正确的是哪几项？（2011-1-45）

（A）带高、中压可调蒸汽口的机组称作双抽式供热汽轮机

（B）蒸汽式汽轮机改装为供热汽轮机，会使供热管网建设投资加大

（C）背压式汽轮机只适用于承担供暖季节基本热负荷的供热量

（D）抽气背压式机组与背压式机组相比，供热负荷可不受供电负荷的制约

参考答案：BC

解析：根据《教材（第三版2018）》P125，A选项：带高、低压可调节抽汽口的机组称为双抽式供热汽轮机，A错误；BC正确；D选项：抽汽背压式机组与背压式机组相比，在供热上具有一定的灵活性，但这种机组仍属于背压式机组的范畴，热、电负荷相互制约的缺点仍不能克服，D错误。

（2）【多选】某城市居民住宅区集中供热系统，热媒的合理选用应是下列选项的哪几项？（2010-1-46）

（A）0.4MPa低压蒸汽　　（B）150～70℃热水

（C）130～70℃热水　　（D）110～70℃热水

参考答案：BCD

解析：注意题干"住宅区集中供热系统"的条件，根据《城镇热网规》4.2.2.1："大型锅炉房为热源时，设计供水温度可取110～150℃，回水温度不应高于70℃。"民用建筑一般不使用蒸汽作为热源，故BCD选项正确。

4. 真题归类

(1) 热源形式

2010-1-45、2011-1-45、2011-2-8、2012-1-8、2018-1-7、2018-2-7。

(2) 热媒及参数

2010-1-46、2011-2-45、2014-1-8、2014-2-45、2016-1-46。

1.10.2 供热管网与热用户连接方式

1. 知识要点

供热管网与热用户连接方式 表 1-50

热媒形式	连接方式	特点
热水	无混合装置的直接连接	供水温度不超过系统最高热媒温度且供回水管资用压差大于用户压损时，适用于绝大多数低温水热水供热系统
	装水喷射器的直接连接	供水温度超过供暖卫生标准时；供回水管之间需足够资用压差；通常只用在单幢建筑物，需分散管理
	装混合水泵的直接连接	供水温度超过供暖卫生标准时；供回水压差较小或设集中泵站将高温水转为低温水向多幢或街区建筑物供暖时；防止混合水泵扬程高于热网供回水压差，供水管入口设止回阀；可集中管理； 目前在我国城市高温水供暖系统中应用较多
	间接连接	热网回水管在用户入口处超压或高层直接连接影响到整个网路压力水平升高时采用
蒸汽	生产工艺热用户	间接式热交换器放热后，凝结水返回热源；如凝结水有污染或回收技术经济上不合理时可不回收
	蒸汽供暖用户	减压阀减压进入用户系统，凝结水通过疏水器进入凝结水箱，再用凝结水泵送回热源
	汽水换热器供暖用户	与热水间接连接方式原理相同
	蒸汽喷射器供暖用户	与热水装水喷射器的直接连接方式原理相同
	与通风系统连接	简单的连接方式；如蒸汽压力过高，入口处设减压阀
	蒸汽直接加热热水供应	蒸汽通入低温水中直接加热
	容积式加热器热水供应	—
	无储水箱热水供应	如安装储水箱时，水箱可设在系统的上部或下部

2. 超链接

《教材（第三版 2018)》P130～133；《城镇热网规》10.3.2。

3. 例题

(1)【单选】在进行集中供暖系统热负荷概算时，下列关于建筑物通风热负荷的说法，何项是错误的？(2012-2-3)

(A) 工业建筑可采用通风体积指标法计算

(B) 工业建筑与民用建筑通风热负荷的计算方法不同

(C) 民用建筑应计算加热从门窗缝隙进入的室外冷空气的负荷

(D) 可按供暖设计热负荷的百分数进行概算

参考答案：C

解析：根据《教材（第三版2018）》P121，“对于一般的民用建筑，室外空气无组织地从门窗等缝隙进入，预热这些空气到室温所需的渗透和侵入耗热量，已计入供暖设计热负荷中，不必另行计算”。

（2）【多选】城市热网为高温水系统（供水温度150℃），住宅小区用户与热网连接的方案应是下列选项的哪几个？（2008-1-42）

（A）装水喷射器的直接连接　　（B）无混合装置的直接连接

（C）装混合水泵的直接连接　　（D）间接连接

参考答案：ACD

解析：根据《教材（第三版2018）》P24，室内热水供暖系统大多采用低温水作为热媒；根据《民规》5.3.1、5.4.1，散热器供暖系统供水温度不宜大于85℃，热水地面辐射供暖系统供水温度不应大于60℃，因此需将高温水转换为低温水供小区使用；根据《教材（第三版2018）》P130～132，热用户与热网的连接分直接连接与间接连接两种。直接连接中能降温供应的有装水喷射器、混合水泵两种，间接连接是通过换热器来连接热网和用户系统的，也能降温供水。要注意的是无混合装置的直接连接方式，只能在热网的设计供水温度不超过热用户的最大温度，而且用户引入口处的资用压差大于热用户的压力损失时才能应用，B选项无法满足要求。

4. 真题归类

（1）热负荷概算

2012-2-3、2013-1-8、2013-2-4、2014-1-4、2014-2-43、2016-2-45、2018-2-8。

（2）连接方式

2006-1-47、2007-1-46、2008-1-42、2010-2-7、2010-2-46。

1.10.3　热网压力状况要求

1. 知识要点

（1）热水供热管网压力状况的基本技术要求：四不一满足，即不超压、不倒空、不汽化、不吸入空气、满足热用户有足够的资用压头。

（2）判断方法：用户底层散热器承受压力——判断是否超压；用户顶层回水管压力——判断是否倒空；用户顶层供水管压力——判断是否汽化。

（3）压力工况不匹配时的处理方法

1）超压：供水管节流，保证回水管压力不超过散热器允许压力，这样导致用户作用压力不足，再在回水管上设加压泵；

2）倒空：供水管上安装止回阀，回水管上加阀前压力调节阀，运行时用户回水管压力大于用户充水高度；停止运行时，调节阀自动关闭，与止回阀一起将用户与外网隔开；

3）汽化：采用下供式系统。

2. 超链接

《教材（第三版2018）》P135～136；《城镇热网规》7.4。

3. 例题

【多选】某城市一热水供热管网，对应建筑1、建筑2的回水干管上设置有两个膨胀

水箱 1 和 2，如图示，下列哪几项说法是错误的？（2013-2-46）

（A）管网运行时两个膨胀水箱的水面高度相同

（B）管网运行时两个膨胀水箱的水面高度不相同

（C）管网运行时膨胀水箱 1 的水面高度要高于膨胀水箱 2 的水面高度

（D）管网运行停止时两个膨胀水箱的水面高度相同

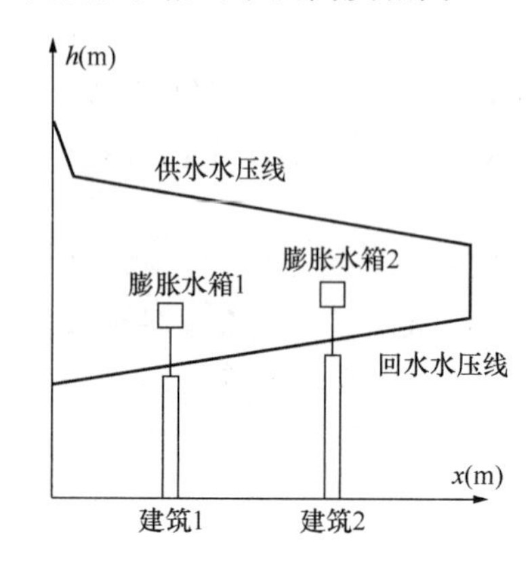

参考答案：AC

解析：根据《教材（第三版 2018）》P136，系统运行时由于 1、2 建筑之间干管有阻力，两点的测压管水头不一致，沿着流向降低，而水箱的水位代表两点的测压管水头，因此水箱 2 的高度高于水箱 1 的高度；系统停泵后，由于管网中水不流动，没有流动阻力，静水压线高度相同，故两个膨胀水箱的水面高度相同。

注意：本题出题不严谨，造成争议，根据《教材（第三版 2018）》P97，“在多个供暖建筑物的同一供热系统中仅能设置一个膨胀水箱”，而本题中两建筑分别设置了膨胀水箱，因此就有人推断两栋建筑均为间接连接方式。但如果按照间接连接考虑，本题就失去了意义，间接连接情况下，两建筑水箱水面高度与系统运行与否、两建筑相对位置都无关，也就无从比较水箱水面的高度了。推测是出题者考虑不周所致，出题人想要考查的是系统运行和停止时，两建筑回水干管处压力的大小，如题日将膨胀水箱改为压力表测压，比较两压力表的读数大小则更为合理。

4. 真题归类

2013-2-46。

1.10.4 水力失调与水力稳定性

1. 知识要点

（1）水力失调：各热用户实际流量与规定流量不一致，用水力失调度 x 表示。

水力失调　　表 1-51

水力失调的分类	水力失调度 x	系统热用户流量
不一致失调	有的>1，有的<1	流量有的增大有的减小
一致失调	都>1 或都<1	流量都增大或都减小 1）x 都相等（等比一致失调） 2）x 不相等（不等比一致失调）

（2）水力稳定性：其他热用户流量改变，保持自身流量不变的能力，用水力稳定性系数 y 表示。

提高水力稳定性的方法和相应措施　　**表 1-52**

提高方法	措　施
相对减小网路干管的压降	适当增大网路干管的管径（选用较小的比摩阻）。 注：靠近热源的干管效果更为显著
相对增大用户系统的压降	选用较大的比摩阻。 注：还可以采用水喷射器、调压装置、安装高阻力小管径的阀门等

2. 超链接

《教材（第三版 2018）》P138～139；《供热工程（第四版）》P275～276。

3. 例题

【单选】提高热水网路水力稳定性的主要方法，应选择下列哪一项？（2006-1-8）

（A）网路水力计算时选用较小的比摩阻值，用户水力计算选用较大的比摩阻值

（B）网路水力计算时选用较大的比摩阻值

（C）用户水力计算时选用较小的比摩阻值

（D）网路水力计算时选用较大的比摩阻值，用户水力计算时选用较小的比摩阻值

参考答案：A

解析：根据《教材（第三版 2018）》P139。

4. 真题归类

2006-1-8、2007-1-8。

1.10.5　水力工况分析计算的基本原理

1. 知识要点

（1）管网工作点的确定：管网阻力特性曲线与水泵的工作特性曲线的交点（图 1-3）。

（2）系统工作点的变化（图 1-4）。

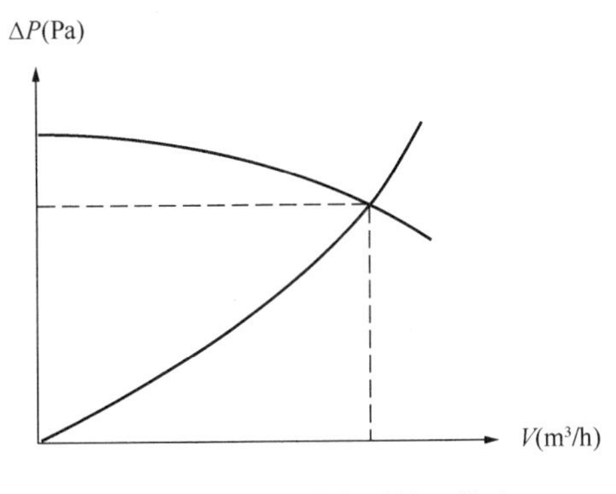

图 1-3　管网系统中泵的工作点

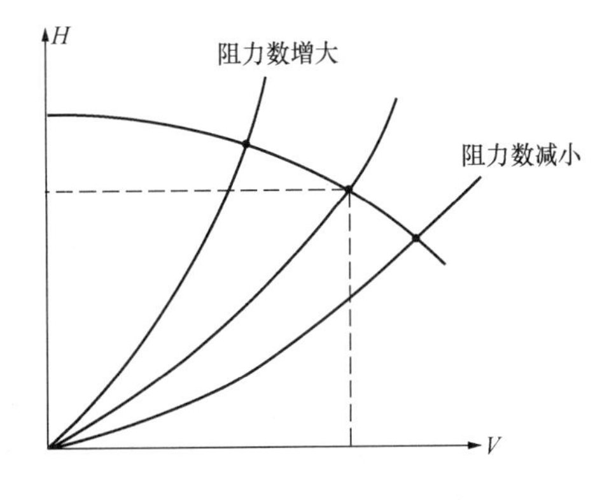

图 1-4　系统工作点变化

（3）水泵工作情况变化后工作点的变化（图 1-5、图 1-6）。

1）并联

2）串联

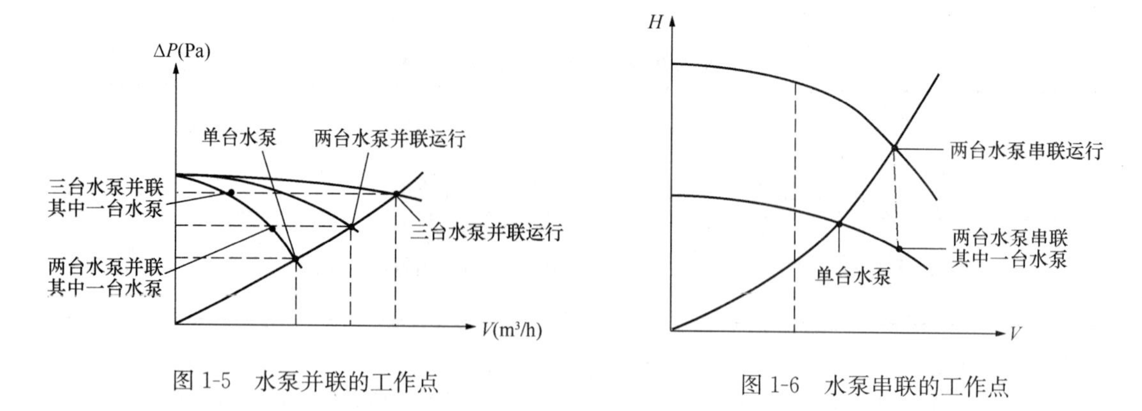

图 1-5　水泵并联的工作点　　　　图 1-6　水泵串联的工作点

2. 超链接

《教材（第三版 2018）》P139～140；《流体力学泵与风机（第五版）》P322～324；《流体输配管网（第二版）》P192～193。

1.10.6　水力工况定性分析

1. 知识要点

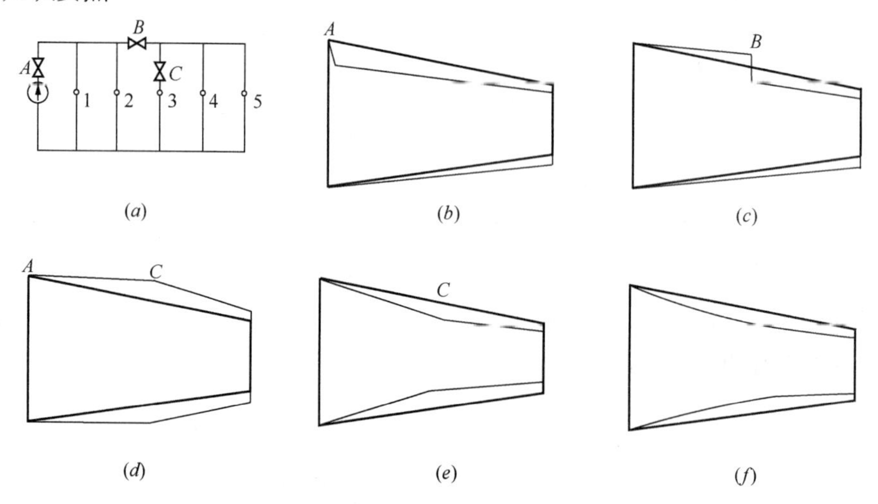

图 1-7　热水网路水力工况变化示意图

管网调节形式及特点　　**表 1-53**

调节形式	特　点
循环水泵出口阀门 A 关小（图 1-7*b*）	1）总阻力数增大，总流量减小； 2）流量同一比例减小，等比一致失调； 3）曲线变平缓，作用压差减小
供水干管上阀门 B 关小（图 1-7*c*）	1）总阻力数增加，总流量减小； 2）阀门后用户流量同一比例减小，等比一致失调； 3）阀门前用户流量不同比例增加，不等比一致失调，靠近阀门的用户增加越多； 4）整个网路不一致失调

续表

调节形式	特 点
某一用户阀门C关闭（图1-7*d*）	1）总阻力数增加，总流量减小； 2）用户后等比一致增加； 3）用户前不等比一致增加，靠近用户增加的更多
某一用户阀门C开大（图1-7*e*）	1）总阻力数减小，总流量增加； 2）用户本身流量增加； 3）用户后等比减小； 4）用户前不等比失调，流量减小； 5）用户前水力稳定性好于用户后的； 6）整个网路不一致失调
热水网路未进行初调节（图1-7*f*）	1）近端用户作用压差很大，剩余作用压头难以消除； 2）前端实际阻力小于设计值，总阻力数小，总流量增加； 3）干管前部曲线陡；干管后部曲线平缓

2. 超链接

《教材（第三版2018）》P140～142；《供热工程（第四版）》P270～272。

3. 例题

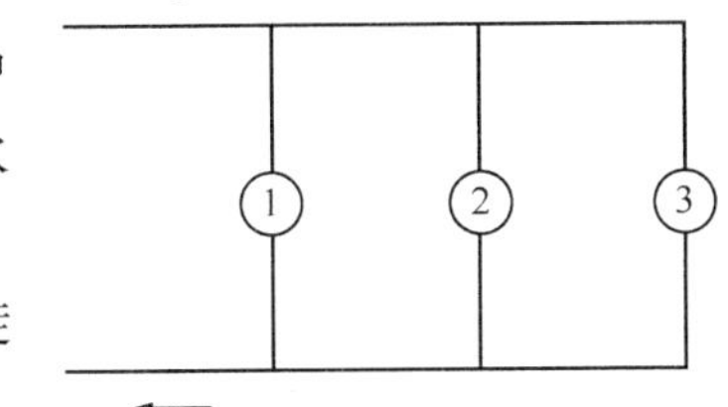

【多选】如图所示的热水管网系统和水压图。当用户2关闭停止使用时，维持进出口压差不变，则关于系统水压图变化，说法正确的应为下列何项？（2011-2-46）

（A）用户2关闭，用户2之前的水压线会变得更陡（斜率加大）

（B）用户2关闭，用户2之前的水压线会变得更平缓（斜率减小）

（C）用户2关闭，用户2之后的水压线会变得更陡（斜率加大）

（D）用户2关闭，用户2之后的水压线会变得更平缓（斜率减小）

参考答案：BC

解析：根据《教材（第三版2018）》P141图1.10-8（d）及（3）说明可知BC正确。2用户关闭后，总流量减少，1用户前面的总干线的阻抗未变，流动损失减少，所以1之前的水压图变平缓；同时，1、3用户的流量加大，3用户阻抗未变，2～3的管路损失变大，所以2用户以后的管路水压图变陡。

4. 真题归类

2006-2-46、2011-2-46。

1.10.7 水力工况对热力工况的影响

1. 知识要点

（1）散热器流量和散热量的关系

1）设计供回水温差不变时，流量减少，散热器散热量减少；流量减小相同数值时，设计供回水温差越大，流量的变化对散热量影响越大，即散热量减少得越多；

2）设计供回水温差不变时，流量增加，散热器散热量增加，但流量增加对散热量的影响小于流量减少对散热量的影响，当流量增加到一定程度时，散热量的增加不明显；流量增加相同数值时，设计供回水温差越大，流量的变化对散热量影响越大，即散热量增加得越多。

（2）水力工况变化对室温的影响

在室外设计温度下，当供暖用户流量为设计值时，室内温度为设计室温；当流量大于设计值时，室温高于设计室温，但随着流量的增加，室温增长缓慢；当供暖用户流量小于设计值时，室温低于设计室温，随着流量的减少，室温下降幅度增大。

（3）水力工况变化对垂直失调的影响

对于较为普遍的垂直单管系统，上层房间散热器表面温度和传热系数大于下层房间，故上层房间散热器面积小于下层房间；当用户流量增加时，下层房间比上层房间室温增加更多；当用户流量减少时，下层房间比上层房间室温减少更多。

（4）散热器供暖系统，当供水量或供水温度变化后，末端散热量的变化趋势

1）单管系统

① 当高于（或低于）设计流量时，房间温度升高（或降低），下层房间相对上层室温更高（或更低）；

② 当高于（或低于）供水温度时，房间温度升高（或降低），上层房间相对下层室温更高（或更低）。

2）双管系统

① 当高于（或低于）设计流量时，房间温度升高（或降低），上层房间相对下层室温更高（或更低）；

② 当高于（或低于）供水温度时，房间温度升高（或降低），上层房间相对下层室温更高（或更低）。

2. 超链接

《教材（第三版 2018）》P142～143；《供热计量》7.1.4 条文说明。

3. 例题

【单选】严寒地区某六层住宅，主立管设计为双管下供下回异程式，户内设分户热计量，采用水平跨越式散热器供暖系统。每组散热器进出支管设置手动调节阀，设计热媒供回水温度为 80℃/55℃。系统按设计进行初调节时，各楼层室温均能满足设计工况。当小区热水供水温度为 65℃时，且总干管下部的供回水压差与设计工况相同，各楼层室温工况应是下列选项中的哪一个（调节阀未进行变动）？（2013-1-3）

（A）各楼层室温均能满足设计工况

（B）各楼层室温相对设计工况的变化呈同一比例

（C）六层的室温比一层的室温高

（D）六层的室温比一层的室温低

参考答案：D

解析：热压差计算公式：$\Delta P = gh(\rho_h - \rho_g)$

双管下供下回系统，顶层散热器与首层散热器之间存在热压差，顶层易过热，因此在初调节时，通过减小顶层散热器前阀门开度来克服热压差，使系统达到平衡；而当供水温度降低时，由于供回水密度差减小，造成热压差减小，但是阀门未根据实际情况作出调节，造成顶层阀门所消耗的压头大于需求值，使得顶层散热器流量偏小，造成室温低于首层。

4. 真题归类

2013-1-3、2013-1-42、2013-2-2、2013-2-42、2016-2-1、2018-2-42。

1.10.8　供热调节方法及特点

1. 知识要点

(1) 供热调节方法：质调节、量调节、质-量调节。

(2) 热网调节特点

1) 只有单一采暖热负荷且只有单一热源，或尖峰热源与基本热源分别运行、解列运行的热水供暖系统：热源处根据室外温度变化进行集中质调节或质-量调节。

2) 只有单一采暖热负荷，且尖峰热源与基本热源联网运行的热水系统，基本热源未满负荷阶段应采用集中质调节或质-量调节；满负荷以后与尖峰热源联网和运行。所有热源采用量调节或质-量调节。

3) 当热水系统有多种热负荷，按以上两条进行在热源处集中调节，并保证运行水温能满足不同热负荷的需要，同时根据热负荷的要求在用户处进行辅助局部调节。

2. 超链接

《教材（第三版 2018）》P146；《城镇热网规》6；《09 技措》3.5.1；《07 节能技措》3.3.10；《供热工程（第四版）》第十一章；《供热工程（第四版）》P282：管网质调节时，随室外温度升高，供回水温度及供回水温差均降低。

3. 真题归类

2018-1-42。

1.10.9　气候补偿器

1. 知识要点

气候补偿器主要用在热力站，其可通过在时间控制器上设定不同的时间段的不同温度，节省供热量，合理匹配供水量和供水温度，节省水泵电耗（节能率达 10%～25%），保证散热器恒温阀等调节设备正常工作，还能控制一次水回水温度，防止回水温度过低减少锅炉寿命。

气候补偿器在二次侧定流量系统中，能够根据室外空气温度计算出二次侧水温的设定值，由二次侧水温的设定值控制一次侧回水的电动三通阀（高温水可为电动两通阀），调节进入换热器的水量，保持二次侧水温恒定。

集中供热调节方式汇总　　**表 1-54**

调节方式	概念	特点	优点	缺点
质调节	降低供水温度，流量不变	当室外温度较高，热负荷较小时，供水温度、回水温度及供回水温差均降低	节煤	水泵耗电量大
量调节	降低热水流量，供水温度不变	室外温度较高时，热负荷较小，流量减小，回水温度降低	节省电耗	供暖系统宜出现竖向热力失调
质-量调节	同时降低热水流量和供水温度	室外温度较高时，热负荷较小，流量降低、供水温度降低、回水温度降低，是较好的供热调节方式	—	—

2. 超链接

《教材（第三版 2018）》P146～147；《民规》8.11.14 条文说明；《公建节能》4.5.4 条文说明；《辐射冷暖规》3.8.2 条文说明；《城镇热网规》7.1.4；《供热计量》3.0.5、4.2.1 条文说明；《09 技措》11.7.2-3；《07 节能技措》12.2-4；《供热工程（第四版）》P277～285。

3. 例题

【多选】气候补偿器是根据室外温度的变化对热力站供热进行质调节，某城市热网采用定流量运行，当室外温度高于室外设计计算温度的过程中，热网的供回水温度、供回水温差的变化表述，不符合规律的是哪几项？（2012-1-47）

（A）供水温度下降、回水温度下降、供回水温差不变

（B）供水温度下降、回水温度不变、供回水温差下降

（C）供水温度不变、回水温度下降、供回水温差下降

（D）供水温度下降、回水温度下降、供回水温差下降

参考答案：ABC

解析：AD 选项：由题意可知供热负荷减小，且流量恒定，则供回水温差应下降，A 选项错误，D 选项正确；B 选项：如果仅仅将“供热负荷减小，流量恒定，供回水温差应下降”这句话作为本题的判定依据，极容易想当然的认为 B 选项也是调节过程中可能出现的情况之一。但是根据《供热工程（第四版）》教材 P281 的图 11-2 及其左侧对应的供回水温度计算公式可知，当供热负荷减小时，供回水温度及供回水温差均下降，其结论见 P282；C 选项：供水温度不变，回水温度下降，其供回水温差应升高。

4. 真题归类

2012-1-47。

1.10.10 热网热水参数

1. 超链接

《教材（第三版 2018）》P127；《城镇热网规》2.1.10、4.2；《严寒规》5.2.11；《09 技措》3.1.1。

2. 其他例题

（1）热网规：2008-2-45、2009-1-7、2010-1-7、2011-2-2、2012-2-8、2013-1-2、2013-2-8、2013-2-9、2014-1-46、2016-1-47、2016-2-46；

（2）管道：2011-1-47；

（3）热补偿：2008-1-47；

（4）锅炉排污：2009-2-8。

1.11 小区供热锅炉房

1.11.1 锅炉容量和台数的确定

1. 知识要点

1）应按所有运行锅炉在额定蒸发量或热功率时，能满足锅炉房最大热负荷；并使

锅炉容量和台数能有效适应热负荷变化，且应考虑全年热负荷低峰期锅炉机组的运行工况。

2）宜选用容量和燃烧设备相同的锅炉，当选用不同时，其容量和类型不宜超过 2 种。

3）锅炉房的锅炉台数不宜少于 2 台，单台锅炉实际运行负荷率不宜低于 50%。全年使用不应少于 2 台，非全年使用不宜少于 2 台。（《民规》8.11.8-4）但当选用一台能满足热负荷和锅炉检修需要时，可只设一台锅炉。

4）新建锅炉房锅炉台数不宜超过 5 台，扩建和改建不宜超过 7 台。非独立锅炉房不宜超过 4 台。

5）锅炉房有多台锅炉时，当其中 1 台额定蒸发量或热功率最大的锅炉检修时，其余锅炉应满足：连续生产用热所需的最低热负荷；供暖通风、空调和生活用热所需的最低热负荷；寒冷地区运行锅炉的设计供热量不应低于设计供热量的 65%，严寒地区不应低于设计供热量的 70%。

6）独立建设的燃煤集中锅炉房，单台锅炉容量不宜小于 7.0MW；对于规模较小的居住区（设计容量低于 14MW），可适当降低，但不宜小于 4.2MW（《严寒规》5.2.3）。

7）燃煤锅炉台数宜采用 2～3 台，不应多于 5 台。低于设计运行负荷条件下多台联合运行时，单台锅炉的运行负荷不应低于额定负荷的 60%。燃气锅炉可适当放宽（《严寒规》5.2.6）。

2. 超链接

《教材（第三版 2018）》P147～148；《民规》8.11.8；《公建节能》4.2.4-1；《严寒规》5.2.3、5.2.6；《锅规》3.0.11-5 、3.0.12；《09 技措》8.1.4。

3. 例题

【单选】有关小区锅炉房中供热锅炉的选择表述，下列何项是错误的?（2016-2-9）.

（A）热水锅炉的出口水压采用循环水系统的最高静水压力

（B）热水锅炉的出口水压，不应小于锅炉最高供水温度加 20℃ 相应的饱和水压力（用锅炉自生蒸汽定压的热水系统除外）

（C）燃气锅炉应优先选用带比例调节燃烧器和燃烧安全的全自动锅炉

（D）新建独立锅炉房的锅炉台数不宜超过 5 台

参考答案：A

解析：

A 选项：根据《09 技措》8.2.8.2，水锅炉的出口压力不应小于循环水系统最高静水压力与系统总阻力之和；

B 选项：根据《锅规》10.1.1；

C 选项：根据《09 技措》8.2.10.2；

D 选项：根据《锅规》3.0.12.4。

4. 真题归类

2006-2-9、2007-1-47、2007-2-45、2013-1-47、2014-1-9、2014-2-42、2016-2-9。

5. 其他例题

2006-1-46、2010-2-9、2010-2-45、2011-2-47、2012-1-46、2013-1-9、2018-2-45。

1.11.2 锅炉热效率和能效限定值

1. 超链接

《教材（第三版 2018）》P152～153；《公建节能》4.2.5；《严寒规》5.2.4；《公建节能改造》4.3.2；《绿建评价》5.2.4。

2. 例题

【多选】设计某城市住宅小区供热锅炉房，锅炉额定蒸发量 4t/h，正确选择锅炉的原则应是下列哪几项？（2010-2-47 模拟）

（A）选用额定热效率不低于 75%的燃煤热水锅炉

（B）选用额定热效率不低于 85%的燃气热水锅炉

（C）选用额定热效率不低于 82%的燃煤热水锅炉

（D）不选用沸腾锅炉

参考答案：CD

解析：本题由原真题改编。根据《教材（第三版 2018）》P153 表 1.11-6：名义工况和规定条件下锅炉的热效率或《公建节能》4.2.5，知 AB 错误。D 选项：在市区和民用建筑中一般不应选用沸腾锅炉。

扩展：近些年采用户式燃气壁挂炉作为供暖热源的项目越来越多，《民规》5.7 专门来规定户式燃气壁挂炉供暖系统，根据《教材（第三版 2018）》P162 或《家用燃气快速热水器和燃气采暖热水炉能效限定值及能效等级》的规定，将热负荷不大于 70kW 的燃气壁挂采暖热水炉的能效等级分为 3 级，节能评价值为 2 级（最低热效率 η_1=89%，且 η_2=85%同时达到）。

1.11.3 冷凝式燃气锅炉与烟气热回收装置

1. 知识要点

（1）冷凝式燃气锅炉：是指在锅炉中加设冷凝式热交换受热面，将排烟烟气温度降到 40～50℃，回收冷凝热，锅炉效率可比普通锅炉提高 10%～12%。当供热系统的设计回水温度≤50℃时，宜采用冷凝式锅炉。

（2）烟气热回收装置：又称烟气冷凝热回收装置，用于常规燃气锅炉的节能改造。它的使用特性和冷凝式燃气锅炉相同。

2. 超链接

《教材（第三版 2018）》P159～160；《民规》8.11.10；《09 技措》8.13.8、8.13.9；《严寒规》5.2.8；《公建节能》4.2.4-3。

3. 例题

【多选】锅炉房设计中，在利用锅炉产生的各种余热时，应符合下列哪几项规定？（2012-1-42）

（A）散热器供暖系统宜设烟气余热回收装置

（B）有条件时应选用冷凝式燃气锅炉

（C）选用普通锅炉时，应设烟气余热回收装置

（D）热媒热水温度不高于 60℃的低温供热系统，应设烟气余热回收装置

参考答案：ABCD

解析：根据《严寒规》5.2.8-1～5.2.8-3。

4. 真题归类

2012-1-42。

1.11.4 锅炉房烟风系统

1. 知识要点

(1) 锅炉房鼓引风机配置：《教材（第三版2018)》P157；《锅规》8.0.2；

(2) 风烟道设计原则：《教材（第三版2018)》P158；《锅规》8.0.4、8.0.5；《09技措》8.3.4；

(3) 烟囱设计原则：《教材（第三版2018)》P158；《锅规》8.0.5；

(4) 烟囱高度：《教材（第三版2018)》P154；《锅规》8.0.6；《锅炉大气污染物排放标准》4.5；

(5) 直燃型机组烟囱及烟道尺寸：《教材（第三版2018)》P661；

(6) 直燃型机组烟囱及排烟口位置：《教材（第三版2018)》P661；

(7) 直燃型机组烟囱及烟道材质及安装要求：《教材（第三版2018)》P662；

(8) 直燃型机组消防及安全要求：《教材（第三版2018)》P662；

(9) 燃烧烟气的排除：《燃气设计规》10.7；

(10) 锅炉房烟风系统设计：《09技措》8.3。

2. 超链接

《教材（第三版2018)》P153、P157～158、P661～662；《锅规》8.0.2、8.0.4～8.0.6；《09技措》8.3.4；《锅炉大气污染物排放标准》4.5。

3. 真题归类

2007-2-9、2014-2-9。

1.11.5 锅炉房燃气系统

1. 知识要点

(1) 燃气锅炉房供气管道入口装置设计要求：《教材（第三版2018)》P158～159；

(2) 燃气锅炉房内燃气配管系统设计要求：《锅规》13.3；

(3) 燃气锅炉房吹扫放散管系统设计：《教材（第三版2018)》P159；《锅规》13.3.4；

(4) 直燃型溴化锂机组燃气供应方式：《教材（第三版2018)》P659；

(5) 直燃型溴化锂机组燃气配管：《教材（第三版2018)》P660；《09技措》6.5.9；

(6) 直燃机房消防安全措施：《教材（第三版2018)》P662～663；

(7) 燃气供暖锅炉：《燃气设计规》6.6.13；《锅规》7；

(8) 室内燃气管道：《燃气设计规》10.2；

(9) 商业用户燃气锅炉和燃气直燃机设计要求：《燃气设计规》10.5.6；

(10) 商业用户燃气锅炉和燃气直燃机安全技术措施：《燃气设计规》10.2.21、10.2.23、10.5.3、10.5.7。

2. 超链接

《教材（第三版 2018）》P158～159、P659～660、P662～663；《锅规》7、13.3.4；《09 技措》6.5.9；

《燃气设计规》6.6.13、10.2.21、10.2.23、10.5.3、10.5.6～10.5.7。

3. 例题

【单选】设计燃气锅炉房，下列做法何项正确？（2011-1-8 模拟）

（A）燃气管道在通常情况下宜采用从不同燃气调压箱接来的两路供气的双母管

（B）燃气干管使用配套性能可靠的阀组

（C）燃气放散管出口高出屋脊 1.5m

（D）燃气管道穿越基础时，有条件时需设置套管

参考答案：B

解析：本题由原真题改编。

A 选项：根据《锅规》13.3.1 及条文说明，锅炉房燃气管道在通常情况下宜采用单母管，常年不间断供热时，宜采用从不同燃气调压箱接来的两路供气的双母管；

B 选项：《锅规》13.3.7，B 正确；

C 选项：根据《教材（第三版 2018）》P159 或《锅规》13.3.4，燃气放散管的排出口应高出锅炉房屋脊 2m 以上；

D 选项：根据《燃气设计规》10.2.16，燃气引入管穿过建筑物基础、墙或管沟时，均应设置在套管中，《锅规》13.3.12 也有提及。

4. 真题归类

2011-1-8、2017-1-9、2017-1-47、2018-1-46。

1.11.6 热源的种类

热源的种类 **表 1-55**

种类		说明
燃煤	燃煤锅炉	应用广泛
	燃煤热风炉	通常用作生产工艺过程，如粮食烘干等
燃油	燃油锅炉	建筑中应用较多
	燃油暖风机	可直接用于厂房、养猪场、养鸡场等处，也可用于工艺过程
	燃油直燃型溴化锂吸收式冷热水机组	既是热源又是冷源
燃气	燃气锅炉	建筑中应用较多
	燃气暖风机	可直接用于厂房、养猪场、养鸡场等处，也可用于工艺过程
	燃气热水器	单户供暖或热水供应
	燃气直燃型溴化锂吸收式冷热水机组	既是热源又是冷源

续表

种类		说明
电	电热水锅炉和电蒸汽锅炉	建筑中空调、供暖的热源
	电热水器	单户的供暖或热水供应
	电热风器、电暖气等	用于房间补充加热或临时性供暖用，是带热源的供暖设备
热泵	电动热泵	电动机驱动
	燃气热泵和柴油机热泵	燃气机或柴油机驱动
太阳能		建筑供暖、热水供应和用热制冷设备的热源
余热		1）余热的种类：烟气、热废气或排气、废热水、废蒸汽、被加热的金属、焦炭等固体余热和被加热的流体等； 2）只有无有害物质的、温度适宜的热水才能直接作为热源； 3）大部分的余热需要用余热锅炉等换热设备进行热回收才能作为热源应用
地热能		—
核能		—

1.12　分散供暖

1.12.1　可采用电直接加热设备的条件

1. 知识要点

除了符合下列情况之一外，不得采用电直接加热设备作为供暖和空气加湿的热源：

1）电力供应充足且电力需求侧管理鼓励用电时；

2）无城市或区域集中供热，采用燃气、煤、油等燃料受到环保或消防，且无法利用热泵或其他方式提供热源的建筑；

3）以供冷为主、供暖负荷非常小，且无法利用热泵或其他方式提供热源的建筑；

4）以供冷为主、供暖负荷小，且无法利用热泵或其他方式提供热源，但可以利用低谷电进行蓄热，且电锅炉不在用电高峰和平段时间启用的系统；

5）利用可再生能源发电，且其发电量能满足自身电加热或加湿用电量需求的建筑；

6）冬季无加湿用蒸汽源，且冬季室内相对湿度控制精度要求高的建筑。

2. 超链接

《教材（第三版 2018）》P160～161；《民规》5.5；《工规》5.7；《公建节能》4.2.2；《严寒规》5.1.6；《夏热冬冷规》6.0.3；《住宅设计规》8.3.2；《住宅建筑规》8.3.5；《09 技措》2.1.3-6；《07 节能技措》3.2.1-3。

1.12.2 户用燃气炉

1. 知识要点

户用燃气炉知识点汇总 表 1-56

	适用性	选型	保养
户用燃气炉	1）居住建筑使用燃气供暖时宜采用； 2）系统宜采用混水罐（去耦罐）； 3）不适合直接作为地暖的供暖热源	1）应选用全封闭式燃烧、平衡式强制排烟型； 2）宜优先选用节能环保的壁挂冷凝式燃气锅炉	定期清洗，保持换热器低结垢率，可以保证其稳定的高热效率和长使用寿命

2. 超链接

《教材（第三版 2018）》P161～162、P769；《民规》5.7；《严寒规》5.2.10 及条文说明；《夏热冬冷规》6.0.5 及条文说明；《07 节能措施》6.2.2-4。

1.13 供 暖 其 他

1.13.1 供暖有关的各种温度

供暖温度 表 1-57

超链接	说明
《工规》表 5.1.6-2 《教材（第三版 2018）》P6	最小传热阻的计算，当围护结构的热惰性指标 $D \geqslant 6.0$
《教材（第三版 2018）》P8	防潮验算，供暖期室外平均温度
《民规》5.2.4 《教材（第三版 2018）》P16、P19	冬季计算供暖系统围护结构基本耗热量
《民规》附录 A、《工规》附录 A	供暖室外计算温度
《民规》附录 F、《工规》附录 F 《教材（第三版 2018）》P20	冷风渗入耗热量计算
《教材（第三版 2018）》P54～55	燃气红外线辐射供暖发生器的选择计算
《民规》6.3.3	选择机械送风系统的空气加热器
《教材（第三版 2018）》P68	热风供暖系统空气加热器计算
《教材（第三版 2018）》P104	求管道的热伸长量时，t_2——当管道架空敷设于室外时的取值
《教材（第三版 2018）》P123～124	供暖系统年耗热量计算
《教材（第三版 2018）》P171	选择机械送风系统加热器
《教材（第三版 2018）》P174	工业建筑全面通风计算中，机械送风耗热量计算
《教材（第三版 2018）》P175	冬季对于局部排风及稀释有害气体的全面通风
《工规》6.3.4	冬季通风耗热量计算时
《09 技措》1.3.2 注	冬季使用的局部送风、补偿局部排风和消除有害物质的全面通风等的进风

续表

超链接	说明
《09 技措》1.3.18	冬季当局部送风系统的空气需要加热处理时
《09 技措》4.1.6.5	选择机械送风系统换热器时
《工业企业设计卫生》6.2.1.11 表 1 注 3	冬季当局部送风系统的空气需要加热处理时

1.13.2　供暖系统水质要求

1. 知识要点

供热、空调系统水质知识点汇总　　**表 1-58**

出处	水质知识点
《教材（第三版 2018）》P505	1）冷却水； 2）空调循环水
《教材（第三版 2018）》P807	生活热水
《民规》5.1.12	供暖系统：《工业锅炉水质》GB 1576
《工规》5.3.1.5 及条文说明	供暖系统：《采暖空调系统水质》GB/T 29044—2012
《城镇热网规》4.3	1）补给水（热电厂和区域锅炉房为热源）； 2）开式热水热网； 3）蒸汽热网凝结水
《城镇热网规》10.3.12	间接连接供暖系统加药处理
《城镇热网规》14.1.2	街区热力站、锅炉房
《锅规》9.2	蒸汽锅炉、热水锅炉、锅炉补水、加药水处理等
《09 技措》2.10	热水供暖系统
《09 技措》8.6.1	锅炉的给水、锅水、补给水、循环水

2. 超链接

《教材（第三版 2018）》P505、P807～808；《民规》5.1.12；《工规》5.3.1.5 及条文说明；《城镇热网规》4.3、10.3.12、14.1.2；《锅规》9.2；《09 技措》2.10、8.6.1；《供暖空调系统水质》GB/T 29044—2012；《工业锅炉水质》GB 1576。

注：凝结水排放温度≤35℃（《城镇热网规》4.3.4 条文说明）。

3. 真题归类

2009-2-45、2013-1-44。

1.13.3　供暖各种水泵

供 暖 水 泵　　**表 1-59**

名称	规范	要求
锅炉给水泵	《锅规》9.1	流量：1 台停运，其余满足 110%；事故备用泵 20%～40% 扬程：3 项和的 10%富余量

续表

名称	规范	要求
凝结水泵、软化或除盐水泵以及中间水泵	《锅规》9.2.25	流量；备用泵；中间水泵
集中质调时循环水泵	《锅规》10.1.4	流量；扬程；台数；特性曲线；要求
分阶段改变流量调节时循环水泵	《锅规》10.1.5	台数；不设备用；流量；扬程
改变流量中央质量调节时循环水泵	《锅规》10.1.6	调速水泵
补给水泵	《锅规》10.1.7	流量；扬程；台数；变频调速
加压系统回收凝结水时	《锅规》18.2.12	位置；并联运行；台数、流量、扬程；自动启动装置；凝结水箱
供热管网循环水泵	《城镇热网规》7.5.1	流量；扬程；特性曲线；适应；台数；调速泵
热力网循环水泵	《城镇热网规》7.5.2	第一级出口压力；静压力值；第二级扬程
热水热力网补水装置	《城镇热网规》7.5.3	闭式热力网；开式热力网；压力；闭式台数；开式台数；事故补水能力；工业水
中继泵站水泵	《城镇热网规》10.2	10.2.2 台数；10.2.4 装有止回阀的旁通管；10.2.5 旁通管管径；10.2.5 除污装置
热力站间接连接循环泵	《城镇热网规》10.3.5	流量；扬程；台数；调速泵
热力站混合水泵	《城镇热网规》10.3.6	流量；扬程；台数
热力站加压泵	《城镇热网规》10.3.7	设置条件；位置；中继泵站；调速泵
热力站间接连接补水装置	《城镇热网规》10.3.8	补水能力；扬程；台数；补给水箱
蒸汽热力站凝结水泵	《城镇热网规》10.4.7	温度要求；流量；吸入口压力；布置

1.13.4 供暖补水泵规定对比

补 水 泵 **表 1-60**

规范	补水泵扬程	补水泵流量	设置数量	是否备用
《民规》8.11.15 (8.5.16) 锅炉房、换热机房	不应小于补水点加 30～50kPa	正常：系统水容量 5%～10%；事故：无要求	宜设置 2 台	当仅设 1 台时，严寒及寒冷地区空调热水及冷热水合用宜设备用

续表

规范	补水泵扬程	补水泵流量	设置数量	是否备用
《城镇热网规》7.5.3 热水热力网	不应小于补水点加 30～50kPa	开式：不应小于生活热水最大设计流量＋系统泄漏量。 闭式：不应小于系统循环流量的 2%；事故补水不应小于系统循环流量的 4%	开式：不宜少于 3 台； 闭式：不应少于 2 台	开式：1 台备用； 闭式：可不设备用
《锅规》10.1.7、10.1.8、10.1.11	不应小于补水点加 30～50kPa	正常：宜为系统循环流量的 1%； 事故：宜为正常补水量的 4～5 倍	不宜少于 2 台	其中 1 台备用
《城镇热网规》10.3.8 间接连接供暖系统	不应小于补水点加 30～50kPa	水温＞65℃：系统循环流量 4%～5%； 水温≤65℃：系统循环流量 1%～2%	不宜少于 2 台	可不设备用

1.13.5　太阳能供暖及热水

1. 超链接

《公建节能》7.2；《07 节能技措》第 9 章、附录 I、附录 J、工程实例 2；《太阳能集热系统设计与安装》06K503；《教材（第三版 2018）》P813。

2. 真题归类

2009-1-3、2010-2-2、2011-2-42、2012-2-43、2014-1-42、2017-2-38、2018-1-43、2018-2-39、2018-2-70。

1.13.6　《民规宣贯》供暖知识拓展

《民规宣贯》供暖知识拓展　表 1-61

《民规》章节	《民规宣贯》供暖知识拓展
5.1	5.1.1；5.1.2；5.1.3；5.1.5；5.1.6；5.1.10；5.1.11；5.1.12
5.2	5.2.1；5.2.2；5.2.5；5.2.8；5.2.10
5.3	5.3.1；5.3.2 图；5.3.3 图；5.3.4；5.3.5；5.3.6 表；5.3.7；5.3.8 表；5.3.9 表；5.3.11 表；5.3.12 公式及表格
5.4	5.4.4 图；5.4.6 表；5.4.8；5.4.9 图；5.4.12 表
5.5	5.5.1；5.5.5；5.5.7
5.6	5.6.1；5.6.2 表；5.6.4；5.6.5 图；5.6.8
5.7	5.7.1；5.7.2；5.7.3；5.7.4 图；5.7.5
5.8	5.8.2；5.8.5
5.9	5.9.11；5.9.14；5.9.16；5.9.17
5.10	5.10.1；5.10.3；5.10.4；5.10.5；5.10.6
8.11	8.11.1～8.11.16

1.13.7 供暖系统故障及解决方法

1. 堵塞、破坏系统循环的常见因素

(1) 堵塞的来源：系统中进入的砂子、污物及其他脏东西；

(2) 易堵塞位置：三通、四通、弯头等；设有关断阀及调节阀处；散热器内和集气罐等流速降低处；

(3) 防治堵塞的措施：安装时要保证管道、配件、散热器内部清洁，不带任何泥沙；在热力入口处供回水干管上均应设除污器；彻底的系统清洗。

2. 供暖系统不热的原因

(1) 热源供给的热媒参数不合适；

(2) 系统入口处的供回水管的压差不够；

(3) 系统水未充满；

(4) 系统存有空气，自动排气系统不工作；

(5) 供回水干管有短路；

(6) 膨胀水箱连接不正确；

(7) 系统中的阀门设置与设计不一致；

(8) 立管与干管的连接不正确；

(9) 保温较差；

(10) 系统有堵塞或有其他多余的阻力；

(11) 系统经过调节后破坏原有平衡。

3. 小区大面积暖气不热（指整个小区所有楼或大多数楼不热，室温普遍达不到要求）

(1) 原因

1) 锅炉容量选择过小或锅炉出力不够；

2) 循环水泵容量不足。供水温度正常，而回水温度低，形成供回水温差过大，水泵偏小，流量不够。

(2) 解决方法

1) 重新核算锅炉总容量或增加锅炉台数；

2) 提高水泵转速或更换大泵。

4. 小区供热管网末端建筑物暖气不热

(1) 原因：一般是热网的水力失调。

(2) 解决方法：水力平衡计算，在余压过大的楼号入口处安装合适的平衡阀或孔板，同时可将热网末端的管径适当放大。如果管网到末端和近端不能平衡，末端流量太少，且热源是市政热网，压差较小，初调节无效果，可在该栋楼的入口处的回水管上加一台小管道泵。

5. 上层过热下层不热

(1) 原因

1) 上供下回单管顺流式系统

①在冷风渗透计算时未考虑建筑物的热压作用，下层算的比实际少，上层相反；

②计算散热器时，未考虑管道散入房间的热量，将房间的热负荷全部作为散热器的负

荷，还有散热器片数化整时总是往上进位。

上层的散热器与管道散热量的和大于房间热负荷，而下层的散热器的表面温度则低于计算值。因为未考虑管道温降且上层的散热器越多，水温降越大，使进入下层散热器的水温就越低。

2）上供下回双管系统

垂直失调，上下层重力水头差别大。

（2）解决方法：

1）上供下回单管顺流式系统

① 在计算散热器时，应扣除管道的散热器后再计算出散热器片数。立管末端的散热器片数做适当附加。同时计算管道温降，或做适当附加；

② 立管加跨越管，跨越管上加阀门，或在供水支管上装三通调节阀。

2）上供下回双管系统：做水力平衡计算。针对中上层过热下层不热的情况，最好做下供上回双管系统，这种系统的上、下室温差比较小。

6. 供暖系统中前端热末端不热

（1）现象：垂直系统末端立管不热；水平双管系统末端散热器不热。

（2）原因

1）垂直系统

① 末端存在气塞。排气装置位置不好或设置在最末一根立管之前的干管上，但其后干管的坡度不对，形成末端立管存气。

② 系统水平失调。特别是异程式系统，每环立管数量较多，末端立管流量过少。

2）水平双管系统：一副立管所带散热器组数太多，又未做平衡计算，造成水平失调。

（3）解决方法：

1）垂直系统末端立管不热

① 如果气塞所致，则改正坡度；

② 如果水平失调，则采用同程式系统；

③ 计算的基础上适当放大末端管径。

2）水平支路末端散热器不热

① 将支路改为同程式。如果采用异程式，则支路所带散热器组数不宜太多，且每组均应装设调节阀。最好单管串联，双管用同程式。

② 计算的基础上适当放大末端管径。

7. 膨胀水箱冒水问题

（1）设置位置低，系统运行时不能满足压力波动的需求；

（2）与供暖系统连接的位置不正确；

（3）容积小，不能容纳系统膨胀水容量；

（4）循环水泵扬程太大，致使供暖系统回水干管与膨胀管连接处的压头值超过膨胀水箱的高度；

（5）膨胀水箱溢流管发生阻塞或溢流管上安装了阀门；

（6）膨胀水箱在制作生产时，没有按照国标图集匹配溢流管和给水管，实际焊接的溢流管小、给水管大；供暖系统补水又无控制设施。

8. 系统中阀门问题

（1）双管系统的散热器前缺少阀门或阀门选用不当；

（2）设计计算为转心门、闸阀，而实际上是截止阀、球阀，造成系统阻力增大；

（3）阀门设置数量人为减少或增加不该设置的阀门、散热器前缺少阀门、任意改变阀门的类型等；

（4）楼梯间散热器前安装阀门，人为关闭造成散热器冻裂。

1.13.8 其他规范的供暖部分

1. 超链接

《锅规》15.3.5、15.3.6；《建规 2014》5.4.12、5.4.15、9.1.1、9.2、11.0.9；《汽车库防火规》8.1.1～8.1.3；《既有建筑节能改造》；《公建节能改造》；《冷库设计规》9.0.1；《绿建评价》5.2.4～5.2.8；《人防规》5.4、附录G、H；《民建绿色设计》9.2。

2. 真题归类

2007-1-2、2011-2-7、2016-1-41、2018-1-3。

第2章　通　　风

2.1　环境标准、卫生标准与排放标准

2.1.1　环境标准

1. 知识要点

（1）一类区、二类区的区分。

（2）各种污染物项目的浓度限值。

（3）空气质量指数 *AQI* 与空气污染指数 *API* 的区别。

（4）PM2.5 的定义。

（5）空气质量指数 *AQI* 及对应的污染物项目的浓度限值（表 2.1-4）、*AQI* 范围及相关信息（表 2.1-5）。

（6）0 类至 4 类声环境功能区的划分。

（7）标准状态：

1）《环境空气》《锅炉排放标准》：温度 273K，压力 101325Pa。

2）通风机测试的标准状态：《教材（第三版 2018）》P267。

3）锅炉引风机测试的标准状态：《教材（第三版 2018）》P267。

2. 超链接

（1）《教材（第三版 2018）》P163～166。

（2）《民规》6.1、10.1 一般规定的相关内容。

（3）《工规》6.1、7.1、12.1 一般规定的相关内容。

（4）《环境空气》为 2016 年考试新列入标准。

（5）《声环境》《工业噪声排放》与《工业噪声控制》。

3. 例题

【单选】以下关于空气可吸入颗粒物的叙述，哪一项是不正确的？（2014-2-10）

（A）PM2.5 指的是悬浮在空气中几何粒径小于等于 0.025mm 颗粒物

（B）国家标准中 PM10 的浓度限值比 PM2.5 要高

（C）当前国家发布的空气雾霾评价指标是以 PM2.5 的浓度作为依据

（D）新版《环境空气质量标准》中，PM2.5 和 PM10 都规定有浓度限值

参考答案：A

解析：

A 选项：根据《环境空气》3.4，PM2.5 是指环境空气中粒径≤2.5μm 的颗粒物。

BD 选项：根据《环境空气》4.2 表 1。

2.1.2　室内环境空气质量

1. 知识要点

（1）检测要求：关闭门窗 12h。

（2）Ⅰ类与Ⅱ类民用建筑工程区分及室内空气污染物限值：《教材（第三版 2018）》

P168 表 2.1-8、《住宅设计规》表 7.5.3、《绿色建筑评价标准》8.1.7 条文说明表 4。

（3）验收时间要求：竣工验收 7d 后，工程交付使用前。

2. 超链接

（1）《教材（第三版 2018）》P167～168。

（2）《民规》和《工规》通风章节一般规定的相关内容。

（3）《住宅设计规》和《住宅建筑规》。

3. 例题

（1）【单选】设置于宾馆、饭店地下室、半地下室的厨房，当使用天然气时，宜设 CO 浓度检测器，检测器的报警标准数值，应是下列哪项值？（2008-1-18）

（A）0.05%　　（B）0.03%　　（C）0.02%　　（D）0.01%

参考答案：C

解析：根据《燃气设计规》3.2.3.2。

（2）【多选】下列污染物中，哪几项是属于需要控制的住宅室内空气环境污染物？（2012-2-49）

（A）甲烷、乙烯、乙烷　　（B）氡、氨、TVOC

（C）CO、CO_2、臭氧　　（D）游离甲醛、苯

参考答案：BD

解析：根据《住宅建筑规》7.4.1。

4. 真题归类

2008-1-18、2012-1-11、2012-2-49、2017-1-69。

2.1.3 卫生标准

1. 知识要点

三类允许浓度（最高允许浓度 MAC 、时间加权平均允许浓度 PC-TWA、短时间接触容许浓度 PC-STEL）的区分。

2. 超链接

（1）《教材（第三版 2018）》P168～170。

（2）《民规》和《工规》通风章节一般规定的相关内容。

（3）《工业企业设计卫生》《化学有害因素》和《物理因素》。

2.1.4 排放标准

1. 知识要点

（1）《大气污染物综合排放标准》。

（2）大气污染物基准含氧量排放浓度折算方法。

2. 超链接

（1）《教材（第三版 2018）》P170～171。

（2）《民规》和《工规》通风章节一般规定的相关内容。

（3）《锅炉排放标准》为 2016 年考试新列入标准。

3. 例题

(1)【单选】关于“大气污染物最高允许排放浓度”的叙述，下列哪一项为错误？(2007-2-10)

(A) 指无处理设施排气筒中污染物任何1小时浓度平均值不得超过的限值

(B) 指无处理设施排气筒中污染物任何1小时浓度平均值不得超过的最大值

(C) 指处理设施后排气筒中污染物任何时刻浓度平均值不得超过的限值

(D) 指处理设施后排气筒中污染物任何1小时浓度平均值不得超过的限值

参考答案：C

解析：根据《大气污染物排放》3.2，应为1h。

(2)【多选】下述对大气污染物“最高允许排放浓度”的说明，哪几项是错误的？(2007-2-47)

(A) 是指在温度293K、大气压力101325Pa状态下干空气的浓度值

(B) 是指任何时间都不允许超过的限值

(C) 是指较低的排气口（如15m高）和较高的排气口（如60m高）都必须遵守的限值

(D) 是指城市居住区、农村地区和工矿地区都不允许超过的限值

参考答案：AB

解析：根据《大气污染物排放》3.1、3.2。

4. 真题归类

2007-2-10、2008-1-16、2007-2-47。

2.2 全面通风

2.2.1 全面通风设计的一般原则

1. 知识要点

(1) 局部不达标，全面通风。

(2) 尽量采用自然通风，其次机械通风或联合通风。

(3) 厨房卫生间设置全面换气，供暖室外计算温度≤−15℃设置可开启气窗。

(4) 机械排风时，自然补风不满足，宜设机械送风；机械送风应进行热风平衡计算；不足2h局部排风，可不设机械送风。

(5) 冬季全面通风换气的热风平衡计算考虑因素：

1) 适当提高集中送风温度，一般不超过40℃；与供暖结合时，不宜低于35℃，不得高于70℃；

2) 利用计入热负荷的冷风渗透量；

3) 利用内部非污染空气作为补风；

4) 允许短时过冷或采用间断排风时可不考虑热风平衡；

5) 邻室未设有组织进风，利用部分冷风渗透作为自然补风；

6）机械送风加热器采用供暖室外计算温度；消除余热、余湿采用通风室外计算温度。

（6）确定热负荷考虑散热量：

1）冬季散热量：①按最小负荷班计入；②不经常可不计；③经常不稳定，取小时平均值。

2）夏季散热量：①按最大负荷班计入；②白天不经常较大，应考虑；③经常不稳定，按最大。

（7）机械送风室外进风口位置设置

1）洁净地点。2）上风侧，低于排风口。3）底部距地不宜低于2m，绿化带不宜低于1m。4）降温用，背阴处。5）避免短路。

2. 超链接

（1）《教材（第三版2018）》P171～172。

（2）《民规》6.1。

（3）《工规》6.1、7.1。

3. 例题

（1）【单选】确定工业建筑全面通风的热负荷，下列哪一项是错误的？（2007-1-12）

（A）冬季按最小负荷班的工艺设备散热量计入得热

（B）夏季按最大负荷班的工艺设备散热量计入得热

（C）冬季经常而不稳定的散热量，可不计算

（D）夏季经常而不稳定的散热量，按最大值考虑得热

参考答案：C

解析：根据《教材（第三版2018）》P172，冬季经常而不稳定的散热量，采用小时平均值。

（2）【单选】某三层建筑，热回收型换气机的新风进风口、排风口布置方式最合理的应是下列何项？（2009-1-14）

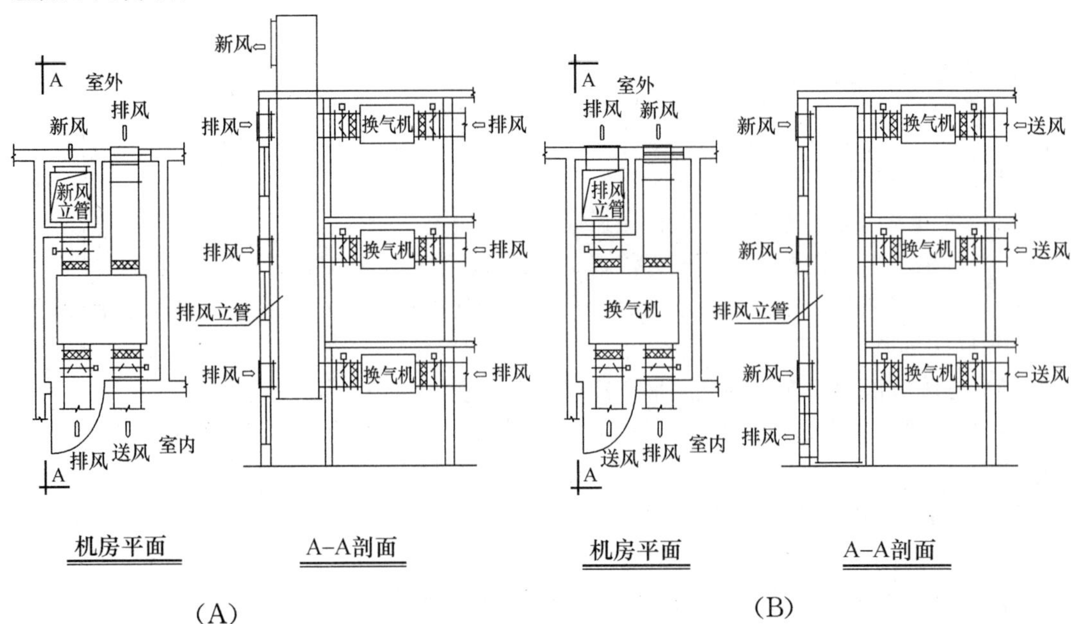

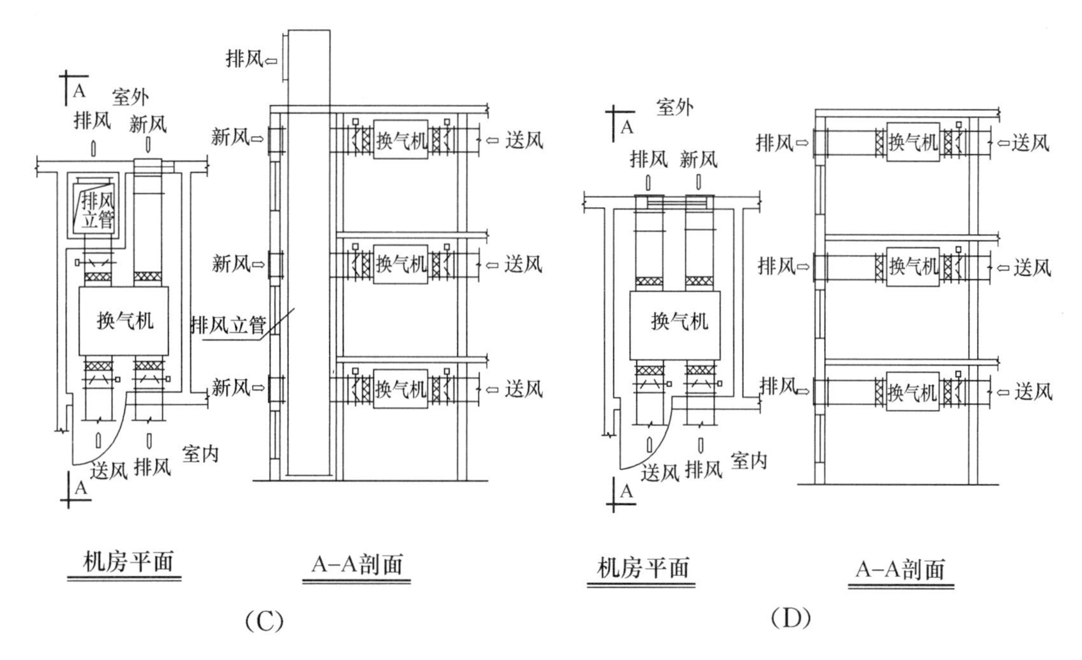

参考答案：C

解析：

A选项：送风口高于排风口，错误。BD选项：新风排风高度相同且距离过近，易短路。

4. 真题归类

(1) 工业建筑全面通风热负荷：2007-1-12。

(2) 室外进、排风口布置：2009-1-14。

(3) 外窗有效通风换气面积：2018-1-12。

2.2.2　通风的循环空气要求

1. 知识要点

不应采用循环空气汇总　　表 2-1

出处	不应采用循环空气
《工规》6.3.2	1) 含有难闻气味以及含有危险浓度的致病细菌或病毒的房间； 2) 空气中含有极毒物质的场所； 3) 除尘系统净化后，排风含尘浓度仍大于或等于工作区容许浓度的30%
《工规》6.9.2	1) 甲、乙类厂房或仓库； 2) 空气中含有的爆炸危险粉尘、纤维，且含尘浓度大于或等于其爆炸下限值的25%的丙类厂房或仓库； 3) 空气中含有的易燃易爆气体，且气体浓度大于或等于其爆炸下限值的10%的其他厂房或仓库； 4) 建筑物内的甲、乙类火灾危险性的房间

2. 超链接

《教材（第三版 2018）》P63、P172、P312；《工规》6.3.2、6.9.2；《建规 2014》

9.1.2。

3. 例题

【多选】在工业建筑机械通风系统中，只要涉及下列哪几种情况就不应采用循环空气？(2006-1-50)

(A) 含有难闻气味

(B) 丙类厂房，如空气中含有燃烧或爆炸危险的粉尘、纤维，含尘浓度大于或等于其爆炸下限的30%时

(C) 局部排风系统用于排除含尘空气时，若排风经净化后，其含尘浓度仍大于或等于工作区容许浓度的30%时

(D) 含有甲、乙类物质的厂房

参考答案：ABCD

解析：根据《工规》6.3.2、6.9.2。

4. 真题归类

2006-1-13、2006-1-50、2011-2-15、2013-2-13、2013-2-49、2014-1-13、2017-1-12、2018-1-48。

2.2.3 全面通风的气流组织

1. 知识要点

(1) 气流组织设计原则

1) 避免大量热、湿或有害物进入作业带或人员停留的地方；清洁空气先经操作地点，再经污染区域排至室外。

2) 清洁要求正压；散发粉尘时要求负压。实现：调整机械送、排风量。

3) 同时散发热、蒸汽和有害气体或仅散发密度比空气小的有害气体，设局部排风，上部区域进行全面排风，不小于1次/h；高度大于6m，按每平方米$6m^3/h$计算。

4) 采用全面排风消除余热、余湿或有害物质，应从温度最高、含湿量最大、浓度最大区域排风。

(2) 机械送风系统送风方式要求

1) 散发热或同时散发热、湿和有害气体，上部或上下部全面排风，宜送至作业地带。

2) 散发粉尘或密度大的气体或蒸汽而不同时散发热的生产厂房及辅助建筑物，下部排风时宜送至上部区域。

3) 固定工作点靠近有害物质散发源，不安装局部排风装置时应直接向工作点送风。

(3) 消除余热、余湿，全面排风量的条件

1) 比空气轻或上升气流，宜从上部区域排出。

2) 比空气重，不能上升，上部排1/3，下部排2/3，不少于1次/h。

3) 混合后未超标且混合后密度与空气接近，可只设上部或下部排风。

4) 相对密度小于等于0.75的气体，比空气轻，反之比空气重；上下部区域排风，包括区域内局部排风量；地上2m为下部区域。

(4) 全面排风系统吸风口布置规定

1) 上部排风口，吸气口上缘至顶棚不大于0.4m。

2）排出氢气，吸风口上缘至顶棚不大于0.1m。

3）下部排风口，下缘至地板不大于0.3m。

4）死角设导流板。

2. 超链接

(1)《教材（第三版2018）》P172～173。

(2)《民规》6.1、10.1一般规定的相关内容。

(3)《工规》6.1、7.1和12.1一般规定的相关内容。

3. 例题

(1)【单选】关于全面通风的说法，下列何项是错误的？(2009-1-12)

(A) 当采用全面排风消除余热时，应从建筑物内温度最高的区域排风

(B) 送入房间的清洁空气应先经操作地点，再经污染区域排至室外

(C) 全面通风时，进出房间的体积风量相等

(D) 气流组织不好的全面通风，即使风量足够大也可能不能达到需要的通风效果

参考答案：C

解析：根据《教材（第三版2018）》P175公式（2.2-5），注意公式中风量G的单位是kg/s，即通风的风量平衡是质量流量的平衡，而不是体积流量的平衡。

(2)【单选】位于广州市的某建筑物采用通风屋顶隔热，其通风层长度、空气层高度设置正确的应是下列何项？(2009-1-13)

(A) 通风层长度8m，空气层高度10cm　(B) 通风层长度8m，空气层高度20cm

(C) 通风层长度12m，空气层高度10cm　(D) 通风层长度12m，空气层高度20cm

参考答案：B

解析：根据《教材（第三版2018）》P178。

(3)【多选】有大量余热散发的某车间设置了全面通风系统，其吸风口的上缘离顶棚平面距离为下列哪几项是错误的？(2011-2-53)

(A) <0.4m　(B) <0.5m　(C) <0.6m　(D) <0.8m

参考答案：BCD

解析：根据《教材（第三版2018）》P173，吸气口的上缘至顶棚平面距离或屋顶的距离不大于0.4m。

4. 真题归类

2006-1-11、2009-1-12、2009-1-13、2011-2-53、2013-1-17、2014-2-47、2008-1-48、2017-2-49、2017-2-50、2018-1-17。

2.2.4 全面通风量计算和热风平衡计算相关知识点

1. 知识要点

全面通风量的取值

根据《教材（第三版2018）》P174、《工规》6.1.14、《工业企业设计卫生》6.1.5.1，溶剂蒸汽或刺激性气体需要叠加，一般粉尘、CO、CH_4等气体这类不刺激的物质、余热和余湿通风量均不需叠加。全面通风量需要分别计算，统一单位后，同类相加，取最大值。

注：该条中“数种刺激性气体”在规范中没有明确的制定，目前笔者认为的刺激性气体有：SO_3、SO_2、S_2O_3、氟化氢及其盐类（《工规》6.1.14）、氮氧化物、氯气、氨气、松节油。

2. 超链接

（1）《教材（第三版 2018）》P174～176。

（2）《工规》6.1.14。

（3）《工业企业设计卫生》《化学有害因素》和《物理因素》。

3. 例题

（1）**【单选】**对每一种有害物设计排风量为：尘，$5m^3/s$；SO_2，$3m^3/s$；HCl，$3m^3/s$；CO，$4m^3/s$。选择最少全面排风量应为下列哪一项？（2007-2-12）

（A）$15m^3/s$　　（B）$9m^3/s$　　（C）$6m^3/s$　　（D）$5m^3/s$

参考答案：C

解析：根据《教材（第三版 2018）》P174，题中仅 SO_2 和 HCl 是刺激性气体。

（2）**【多选】**冬季建筑室内温度 20℃，室外温度 −10℃，室内排风量为 $10.0m^3/s$，其中机械送风量占 80%，送风温度 40℃，其他为室外自然补风。要保证排风效果下列哪几项是正确的？（2007-2-49）

（A）机械送风量约 $8.0\ m^3/s$，室外自然补风量 $2.0\ m^3/s$

（B）机械送风量约 $8.5\ m^3/s$，室外自然补风量 $1.8\ m^3/s$

（C）机械送风量约 9.1kg/s，室外自然补风量 1.9kg/s

（D）机械送风量约 9.6kg/s，室外自然补风量 2.4kg/s

参考答案：BD

解析：注意风量平衡是质量流量平衡，$\rho=\dfrac{353}{273+t}$，

所以 $\rho_{-10}=1.342kg/m^3$，$\rho_{20}=1.2kg/m^3$，$\rho_{40}=1.128kg/m^3$；

室内排风质量流量为：$10\times1.2=12kg/s$；

机械送风质量流量为：$12\times0.8=9.6kg/s$，体积流量为：$9.6/1.128=8.5m^3/s$；

室外自然补风质量流量为：$12-9.6=2.4kg/s$，体积流量为：$2.4/1.342=1.8m^3/s$。

（3）**【单选】**冬季某地一工厂，当其机械加工车间局部送风系统的空气需要加热处理时，其室外空气计算参数的选择，下列何项是正确的？（2016-1-13）

（A）采用冬季通风室外计算温度

（B）采用冬季供暖室外计算温度

（C）采用冬季空调室外计算温度

（D）采用冬季空调室外计算干球温度和冬季空调室外计算相对湿度

参考答案：B

解析：根据《教材（第三版 2018）》P171。

4. 真题归类

2006-2-11、2007-2-12、2007-2-13、2008-2-17、2009-1-16、2010-1-15、2007-2-49、2008-2-53、2010-1-4、2013-1-15、2016-1-13、2017-2-2、2013-2-44、2008-2-47、2011-2-16、2011-2-43、2018-1-14、2018-1-18、2018-2-11。

2.2.5　事故通风

1. 知识要点

（1）事故通风设置要求

1）可燃气体、粉尘，设置防爆通风系统或诱导式事故排风系统。

2）自然通风单层，密度小于空气，可设事故送风。

3）事故排风量不小于 12 次/h；房间高度≤6m，按实际体积计算；房间高度>6m，按 6m 体积计算。

4）吸风口，应设在散发量最大或聚集最多的地点，死角应采取导流措施。

5）《民规》6.3.9-2：事故通风系统电器开关，分别设在通风建筑物内外易操作地点。

《工规》6.4.7：事故通风的通风机应分别在室内及靠近外门的外墙上设置电气开关。

（2）事故排风的排风口规定

1）不布置在人员停留或经常通行的地点。

2）排风口与进风口水平距离不小于 20m，当不足 20m 时必须高出进风口 6m。

3）含可燃气体时，排风口距火花溅落点 20m 以外。

4）排风口不得朝向动力阴影区和正压区。

（3）平时通风和事故通风换气次数的一些规定：详见“下册 2.12 节——换气次数及通风量”

（4）关于常用的火灾危险性等级举例

常用的火灾危险性等级举例　　**表 2-2**

火灾危险性等级	房间名称
甲	燃气调压间；能源站的燃气增压间、调压间
乙	氨制冷站
丙	锅炉房的油箱间、油泵间
丁	锅炉间、能源站主机房
戊	氟利昂制冷站

2. 超链接

（1）《教材（第三版 2018）》P176；

（2）《民规》6.3 相关内容；

（3）《工规》6.4、6.9 相关内容。

3. 例题

（1）【单选】某冷库采用氨制冷剂，其制冷机房长 10m、宽 6m、高 5.5m，设置平时通风和事故排风系统。试问其最小事故排风量应为下列何项？（2014-2-15）

（A）$10980m^3/h$　（B）$13000m^3/h$　（C）$30000m^3/h$　（D）$34000m^3/h$

参考答案：D

解析：根据《民规》6.3.7.2-4），氨冷冻站的事故通风量宜按 $183m^3/(m^2 \cdot h)$，且最小排风量不应小于 34000m³/h。

(2)【多选】某氨制冷机房的事故排风口与机械送风系统的进风口的水平距离为 12m，事故排风口设置正确的应是下列哪些项？(2009-1-54)

(A) 事故排风口与进风口等高　　(B) 事故排风口高出进风口 5m

(C) 事故排风口高出进风口 6m　　(D) 事故排风口高出进风口 8m

参考答案：CD

解析：根据《民规》6.3.9。

注：《民规》条文说明，除规范中要求外，排风口的高度应高于周边 20m 范围内最高建筑屋面 3m 以上。

4. 真题归类

(1) 事故排风：2014-1-15、2014-2-15、2016-1-12、2016-1-15、2007-1-52、2009-1-54、2007-1-35、2017-1-51、2017-2-14。

(2) 锅炉房防火：2008-1-10、2008-1-12、2009-1-17、2011-1-15；2010-1-52、2010-2-50、2012-1-48。

2.2.6 室外计算温度汇总

知识要点

(1) 冬季供暖室外计算温度：详见“上册 1.13 节——供暖有关的各种温度”

(2) 冬季通风室外计算温度

冬季通风室外计算温度　表 2-3

《教材（第三版 2018）》P174 《民规》4.1.3 《工规》6.3.4	计算补偿消除余热、余湿的全面通风耗热量
《教材（第三版 2018）》P176 补充	消除余热、余湿及稀释低毒性有害物质的全面通风
《民规》6.3.3	补偿全面排风耗热量

(3) 夏季通风室外计算温度

夏季通风室外计算温度　表 2-4

《教材（第三版 2018）》P175、P183	夏季消除余热、余湿的机械、自然通风、复合通风
《教材（第三版 2018）》P321	人防地下室升温通风降湿和吸湿剂除湿计算
《民规》6.2.7	热压通风计算
《冷库设计规》3.0.8	计算冷库开门热量和冷间通风换气量
《09 技措》1.3.18	局部送风系统的空气冷却

(4) 夏季空调室外计算日平均温度

夏季空调室外计算日平均温度　表 2-5

《冷库设计规》3.0.7	计算冷间围护结构热流量

2.3 自 然 通 风

2.3.1 自然通风设计原则

1. 知识要点

(1) 自然通风设计原则

1) 体力劳动强度分级。

2) 自然进风为主布置在夏季主导风向侧；有害气体避免动力阴影区；正压区应避免设置避风天窗。

3) 利用穿堂风时，迎面风与夏季主导风向成60°～90°角，不应小于45°。

4) 夏季自然通风室外进风口，下缘距地不大于1.2m；当高于2m时考虑进风效率。

5) 严寒或寒冷地区，冬季自然通风进风口，下缘距地不宜小于4m，如低于4m应采取防止冷风吹向工作点的有效措施。

6) 厨房卫生间宜自然通风，否则采用机械通风。

7) 工业建筑自然通风，应根据热压作用进行计算。

8) 夏季自然通风采用流量系数大、易操作和维修的进排风口或窗扇。

9) 屋顶宜采取隔热措施：《工规》6.1.6；避风天窗设置：《工规》6.2.8、6.2.9。

10) 天窗排风的工业建筑，应便于开关和清扫。

11) 工艺要求进风需过滤净化处理，或进风引起雾或凝结水时，不得采用自然进风。

(2) WBGT指数（湿球黑球温度）的选择：《教材（第三版2018）》P177表2.3-1及小注。

(3) 接触时间率：劳动者在一个工作日内实际接触高温作业的累计时间与8h的比率。

2. 超链接

(1)《教材（第三版2018）》P177～178。

(2)《民规》6.2相关内容。

(3)《工规》6.2相关内容。

(4)《化学有害因素》和《物理因素》。

3. 例题：

(1)【单选】某地室外通风计算温度为32℃，该地的一个成衣工厂的缝纫车间，工作为8h劳动时间，该车间的WBGT限值应为下列何项？(2014-1-10)

(A) WBGT限值为30℃　　(B) WBGT限值为31℃

(C) WBGT限值为32℃　　(D) WBGT限值为33℃

参考答案：B

解析：根据《教材（第三版2018）》P177表2.3-1，但是并没有给出接触时间率的计算方法，需要根据《物理因素》10.1.3，可知本题接触时间率为100%，再根据教材表2.3-2查得劳动强度分级为Ⅰ级，同时还要注意表2.3-1注2，最终WBGT的限值为 31℃。

(2)【单选】某车间生产时散发有害气体，设计自然通风系统，夏季进风口位置设置错误的是下列何项?(2016-1-14)

(A) 布置在夏季主导风向侧

(B) 其下缘距室内地面高度不大于 1.2m

(C) 避开有害物无污染源的排风口

(D) 设在背风侧空气动力阴影区内的外墙上

参考答案：D

解析：根据《教材(第三版 2018)》P177。

4. 真题归类

(1) 湿球黑球温度：2013-2-10、2014-1-10。

(2) 进风口位置：2016-1-14。

2.3.2 自然通风原理

1. 知识要点

(1) 热压作用下的自然通风，热压公式及理解。

(2) 余压为正，风口排风；余压为负，风口进风；中和面 $P_{0x}=0$。

(3) 风压作用下的自然通风，正压区、空气动力阴影区、风压值公式。

(4) 风压、热压同时作用下的自然通风，实际计算仅考虑热压，一般不考虑风压。

2. 超链接

(1)《教材(第三版 2018)》P178～181。

(2)《民规》6.2 相关内容。

(3)《工规》6.2 相关内容。

3. 例题

(1)【多选】对自然通风的表述，下列哪几项是正确的?(2007-1-51)

(A) 建筑迎风面为正压区，原因在于滞留区的静压高于大气压

(B) 建筑物中和面余压为零，中和面以上气流由内向外流动，中和面以下气流由外向内流动

(C) 工作区设置机械排风，造成建筑物中和面上移

(D) 设置机械送风，造成建筑物中和面下降

参考答案：ABCD

解析：A 选项：由于迎风面空气遇到外墙阻挡后动压转化为静压，故滞留区的静压高于大气压；BCD 选项有争议，之前普遍观点认为，B 选项只有在室内温度高于室外温度(即热车间)的情况下才正确，当车间温度低于室外温度时则相反。但是根据《教材(第三版 2018)》P182 相关内容可以发现，当车间为冷车间时，CD 选项的说法也是错误的，造成多选题只有一个正确选项。其实根据教材 P175，“自然通风主要在热车间排除余热的全面通风中采用”可以推断，出题人在考察自然通风知识点时，是默认车间为热车间的，因为冷车间一般是不会采用自然通风这种通风形式的，因此本题选择 ABCD。

注：遇到类似题目建议考生需要结合题目是单选还是多选，揣摩出题人想法，灵活作出判断。

(2)【多选】在设计建筑自然通风时，正确的措施应是下列哪几项？(2014-1-52)

(A) 当室内散发有害气体时，进风口应设置在建筑空气动力阴影区内的外墙上

(B) 炎热地区应争取采用风压作用下的自然通风

(C) 夏季进风口下缘距室内地面的高度不宜大于1.2m

(D) 严寒、寒冷地区的冬季进风口下缘距室内地面一般不低于4m

参考答案：BCD

解析：

A选项：当室内散发有害气体时，进风口不应设置于室外的负压区，以防止污染物回流，可参见《教材(第三版2018)》P180；

B选项：有争议，首先根据《民规》6.2.6，自然通风的计算应同时考虑热压以及风压的作用，但选项指出为炎热地区，参考《民规》6.2.1.1条文说明，室外通风计算温度较高时，热压作用就会有所减小，考虑到B选项特意给出“炎热地区”的限定条件，并且“争取采用”的说法十分委婉，判断B选项正确，出题者想表达的意思是，在炎热地区由于热压作用相对有限，我们应该合理地选择建筑的迎风角度，争取利用风压作用下的自然通风；

CD选项：根据6.2.3及条文说明。

4. 真题归类

2006-1-12、2008-2-11、2016-2-13、2007-1-51、2009-1-53、2014-1-52、2017-1-52。

2.3.3 自然通风的计算

1. 超链接

《教材(第三版2018)》P181～185。

2. 例题

(1)【多选】计算工业厂房的自然通风，确定厂房上部窗孔排风温度时，哪几项是错误的？(2011-2-51)

(A) 对于某些特定的车间，可按排风温度与夏季通风室外计算温度的允许温差确定

(B) 对于厂房高度小于15m，室内散热量比较均匀，可取室内空气的平均温度

(C) 对于厂房高度大于15m，室内散热量比较均匀，且散热量不大于116W/m^3，可按温度梯度法计算排风温度

(D) 有强烈热源的车间，可按有效散热系数法计算确定

参考答案：BC

解析：

A选项：根据《教材(第三版2018)》P183，(1)对于某些特定的车间，可按排风温度与夏季通风计算温差的允许值确定。

B选项：《教材(第三版2018)》P183，对排风温度的计算中并没有提到可以采取室内平均温度的计算方法。

C选项：根据《教材(第三版2018)》P183，(2)厂房高度不大于15m，……而且散热量不大于116W/m^3，一定要注意文字表述和单位。

D选项：《教材(第三版2018)》P183，(3)。

扩展：有关工业厂房的自然通风中，确定厂房上部窗孔排风温度的方法均在《教材（第三版 2018）》P183。

（2）【多选】在有强热源的车间内，有效热量系数 m 值的表述中下列哪些项是正确的？（2007-2-50）

（A）随着热源的辐射散热量和总热量比值变大，m 值变小

（B）随着热源高度变大，m 值变小

（C）随着热源占地面积和地板面积比值变小，m 值变大

（D）在其他条件相同时，随着热源布置的分散 m 值变大

参考答案：BD

解析：

A 选项：根据《教材（第三版 2018）》P184 表 2.3-5；

B 选项：根据《教材（第三版 2018）》P184 表 2.3-4；

C 选项：根据《教材（第三版 2018）》P184 图 2.3-5；

D 选项：根据《教材（第三版 2018）》P184 图 2.3-4。

3. 真题归类

（1）温度：2011-2-51、2013-1-49、2017-1-11。

（2）有效热量系数：2010-2-15、2007-2-50、2016-1-52。

（3）室外常年风速：2010-1-51。

2.3.4 自然通风设备选择

1. 知识要点

（1）进风装置

夏热冬冷和夏热冬暖地区：百叶窗；严寒地区及寒冷地区：外设固定百叶，里设保温密闭门。

（2）排风装置

1）天窗：阻力系数大，流量系数小。

2）避风天窗：

① 夏热冬冷和夏热冬暖地区室内散热量大于 23W/m^3 和其他地区大于 35W/m^3。

② 夏季室外平均风速大于 1m/s。

③ 不允许天窗孔气流倒灌。

3）屋顶通风器：适用高大工业建筑。

（3）避风天窗

1）适用：

① 没有调节要求，无窗扇的避风天窗。

② 防风沙或调节风量要求，带有调节窗扇的避风天窗。

③ 多雨地区，防雨。

2）分类：①矩形天窗；②下沉式天窗；③曲（折）线形天窗。

3）天窗内外压差 Δp_t。

4）局部阻力系数 ζ。

5）避风天窗特征

避风天窗特征 表 2-6

序号	名称	特　征
1	矩形天窗	采光面积大，当热源布置在中部，便于热气流迅速排除；结构复杂，造价高
2	下沉式天窗	比矩形天窗降低厂房高度 2～5m，节省天窗架和挡风板；天窗高度受屋架高度限制，清灰排水困难
3	曲（折）线型天窗	阻力比垂直式小，排风能力大；结构简单，质量轻，施工方便，造价低

（4）避风风帽

1）筒形风帽的布置：

① 具有热压作用室内。

② 有热烟气产生的炉口。

③ 没有热压作用的房间。

④ 禁止风帽布置在正压区或窝风地带。

2）筒形风帽的选择：排风量 L、压差修正系数 A、热压 Δp_g。

（5）各种风帽的适用性

各种风帽的适用性 表 2-7

风帽形式	适用系统
筒形	自然排风
球形	
锥形	除尘系统或排放非腐蚀性但有毒的通风系统
圆伞形	机械排风

2. 超链接

《教材（第三版 2018）》P184～188。

3. 例题

（1）【多选】下列各排风系统排风口选用的风帽形式，哪几项是错误的？（2016-2-51）

（A）利用热压排除室内余热的自然通风系统的排风口采用圆伞形风帽

（B）排除含有粉尘的机械通风系统的排风口采用圆伞形风帽

（C）排除有害气体的机械通风系统的排风口采用筒形风帽

（D）利用风压加强排风的自然通风系统的排风口采用避风风帽

参考答案：ABC

解析：根据《教材（第三版 2018）》P186。

（2）【单选】利用天窗排风的工业建筑，下述何项应设置避风天窗？（2011-2-13）

（A）夏季室外平均风速小于 1m/s 的工业建筑

（B）寒冷地区，室内散热量大于 23W/m³ 的工业建筑

（C）室内散热量大于 35W/m³ 的工业建筑

（D）多跨厂房处于动力阴影区的厂房天窗

参考答案：C

解析：

A 选项：根据《工规》6.2.9.2：夏季室外平均风速小于或等于 1m/s 的工业建筑可不设置避风天窗。

B 选项：根据《工规》6.2.8.2：其他地区，室内散热量大于 35W/m^3 时才需设置避风天窗。

C 选项：根据《工规》6.2.8.1、6.2.8.2 可得出其正确。

D 选项：根据《工规》6.2.8：多跨厂房的相邻天窗或天窗两侧与建筑物相邻接，且处于负压区时，无挡风板的天窗可视为避风天窗，动力阴影区即为负压区。

4. 真题归类

（1）风帽：2010-1-13、2011-1-13、2006-1-48、2016-1-51、2016-2-51、2017-1-50。

（2）避风天窗：2011-2-13、2006-2-48、2018-1-15。

（3）屋顶通风器：2013-2-15。

（4）排风高度：2006-2-49。

2.3.5 复合通风

1. 知识要点

（1）适用

大空间建筑（净高大于 5m 且体积大于 10000m^3）及住宅、办公室、教室，在外墙上开窗并通过室内人员自行调节实现自然通风的房间，宜采用复合通风。

（2）复合通风中自然通风量不宜低于联合运行风量的 30%。

（3）规定：

1）优先使用自然通风。2）不满足时，启用机械通风。3）复合通风不满足时，关闭复合通风，启动空调系统。4）高度大于 15m 的建筑，采用复合通风系统，考虑不同工况气流组织，避免温度分层问题。

2. 超链接

（1）《教材（第三版 2018）》P187～188。

（2）《民规》6.4 相关内容。

3. 例题

【单选】关于复合通风系统的设置，下列说法错误的是何项？（2016-2-12）

（A）屋顶保温良好，高度 10m 的大空间展厅采用复合通风系统时，需考虑温度分层问题

（B）复合通风中自然通风量不宜低于联合运行风量的 30%

（C）复合通风适用于易在外墙开窗并通过人员自行调节的房间

（D）系统运行时应优先使用自然通风

参考答案：A

解析：根据《教材（第三版 2018）》P187～188，高于 15m 时才宜考虑温度分层问题。

4. 真题归类

2016-2-12、2017-2-48。

2.4 局 部 排 风

2.4.1 局部排风罩种类

1. 知识要点

不同排风罩的工作原理。

2. 超链接

《教材（第三版2018）》P188～189。

2.4.2 局部排风罩的设计原则

1. 知识要点

1）散发粉尘采取密闭措施；局部排风罩宜采用密闭罩，罩内负压均匀。

2）不能或不便采用密闭罩时，选择开敞式排风罩，包围有害物源，减小吸气范围。

3）吸气点防止扩散原则。

4）已被污染气流不通过人的呼吸区。

5）配置与生产工艺协调一致。

6）避免干扰气流。

2. 超链接

《教材（第三版2018）》P189。

2.4.3 密闭罩

1. 知识要点

（1）分类

1）局部密闭罩　适用：含尘气流速度低、瞬时增压不大的扬尘点。
　　结构特点：对局部产尘点密闭。

2）整体密闭罩　适用：有振动或含尘气流速度高的设备。
　　结构特点：只有传动设备留在罩外。

3）大容积（密闭小室）适用：多点产尘、阵发性产尘、尘气流速度大的设备或地点。
　　结构特点：工人可直接进入室内检修。

（2）吸风口（点）位置的确定

1）消除罩内正压的措施

① 应设在罩内压力较高的部位。

举例：

a. 高差大于1m时，排风口设在下部皮带处。

b. 斗式提升机输送冷料时，吸风口设在下部受料点。

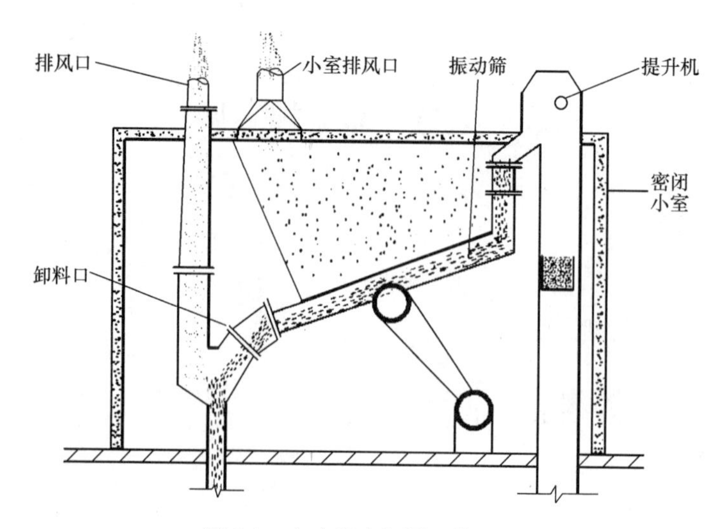

图 2-1 大容积密闭罩工作原理

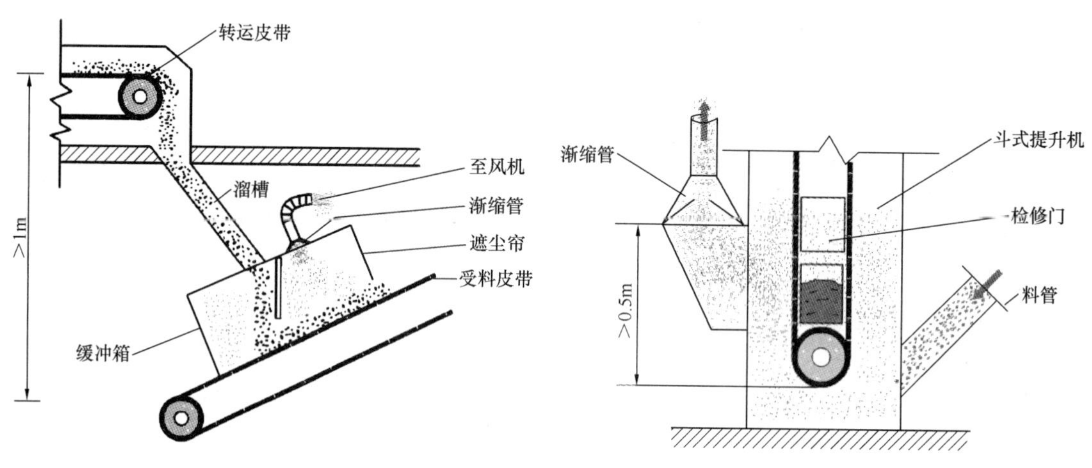

图 2-2 皮带运输机转落点的密闭抽风（高差>1m）

图 2-3 斗式提升机密闭抽风（输送冷料）

② $t_{物料}>150$℃，上部吸风。

③ $t_{物料}=15\sim150$℃，上、下部同时吸风。

2）将粉尘留在罩内的措施

① 避免在飞溅区有孔口和缝隙。

② 设置宽大的密闭罩，使吸风口前含尘气流速度减弱。

3）关于吸风口风速：《工规》6.6.3。

2. 超链接

《教材（第三版 2018）》P190～191、《工规》6.6.3。

3. 例题

【单选】某物料输送过程采用密闭罩，有关吸风口的设计，错误的应是下列何项？（2009-1-15）

（A）斗式提升机输送冷物料，于上部设置吸风口

(B) 粉状物料下落时，物料的飞溅区不设置吸风口
(C) 皮带运输机上吸风口至卸料溜槽距离至少应保持300～500mm
(D) 粉碎物料时，吸风口风速不宜大于2.0m/s
参考答案：A
解析：
A选型：根据《教材（第三版2018）》P190，斗式提升机输送冷料时，应把吸风口设在下部受料点。
B选项：根据《教材（第三版2018）》P191。
C选项：根据《教材（第三版2018）》P191。
D选项：根据《教材（第三版2018）》P191。
扩展：有关局部排风罩吸风口（点）的设置参考《教材（第三版2018）》P190～191。
4. 真题归类
2009-1-15、2014-2-13、2006-1-49、2010-2-51、2011-2-52。

2.4.4 柜式排风罩（通风柜）

1. 知识要点
(1) 通风柜用途
1) 小型通风柜：化学实验室、小零件喷漆等；
2) 大型通风柜：油漆车间的大件喷漆、面粉和制药车间的粉料装袋等。
(2) 排风口布置
1) 冷过程：应下部排风。
2) 热过程：必须上部排风。
3) 发热量不稳定：可上下均设排风。
2. 超链接
《教材（第三版2018）》P191～192。
3. 真题归类
2017-1-13。

2.4.5 外部吸气罩

1. 知识要点
(1) 前面无障碍的排风罩
措施：尽量减小吸气口的吸气范围，可以在相同的排风量下更好地控制污染物的扩散。
(2) 前面有障碍的排风罩
措施：
1) 为避免横向气流的影响，罩口至污染源的距离H尽可能$\leqslant 0.3a$（a为罩口长边尺寸），工艺条件允许时，应在罩口四周设固定或活动挡板。
2) 罩口扩张角$\alpha=30^{\circ}\sim60^{\circ}$时阻力最小。
2. 超链接

(1)《教材(第三版 2018)》P193～195，表 2.4-3(控制点的控制风速 v_x)、表 2.4-4(控制点风速的选取原则)、图 2.4-16(冷过程顶吸式排风罩)。

(2)《工规》6.6.4 条文说明。

3. 例题

(1)【单选】应用于相关工艺的过程，外部吸气罩控制点的最小控制风速，何项是错误的?(2010-2-16)

(A) 铸造车间清理滚筒：2.5～10m/s

(B) 焊接工作台：0.5～1.0m/s

(C) 往运输器上给粉料：0.5～0.8m/s

(D) 有液体蒸发的镀槽：0.25～0.5m/s

参考答案：C

解析：根据《教材(第三版 2018)》P193 表 2.4-3，C 选项应为：1～2.5m/s。

(2)【单选】前面有障碍的外部吸气罩的计算风量与下列哪一项的正比关系是错误的?(2016-2-14)

(A) 排风量与排风罩口敞开面的周长成正比

(B) 排风量与罩口至污染源的距离成正比

(C) 排风量与边缘控制点的控制风速成正比

(D) 排风量与排风罩口敞开面的面积成正比

参考答案：D

解析：根据《教材(第三版 2018)》P195 公式(2.4-9)。

4. 真题归类

2010-2-16、2011-2-14、2016-2-14、2018-2-47。

2.4.6 槽边排风罩

1. 知识要点

(1) 分类

1) 单侧　　用于槽宽 B <700mm 时的局部排风

2) 双侧　　用于槽宽 B >700mm 时的局部排风

3) 吹吸式　　用于槽宽 B >1200mm 时的局部排风

4) 环形　　用于圆形罩直径 500～1000mm 时的局部排风

(2) 使条缝口速度分布均匀的措施

1) 减小条缝口面积 f 和罩横断面积 F_1 之比，$f/F_1 \leqslant 0.3$ 近似均匀。

2) 槽长大于 1500mm 可分设两个或三个排风罩。

3) 采用楔形条缝口，楔形条缝的高度按《教材(第三版 2018)》P197 表 2.4-6 确定。

2. 超链接

《教材(第三版 2018)》P196～197、《工规》6.6.6。

3. 例题

【单选】为使条缝式排气罩的条缝口速度分布均匀，下列何项做法是错误的?(2009-2-12)

(A) 槽长大于1500mm时，沿槽长方向分设排气罩

(B) 减小条缝口面积与排气罩横截面积的比值

(C) 同风量条件，增加条缝口的高度，降低条缝口风速

(D) 同风量条件，采用楔形条缝口

参考答案：C

解析：《教材（第三版2018）》P196。

4. 真题归类

2006-2-12、2007-1-13、2010-1-14、2011-1-14、2013-1-16、2013-1-50、2013-2-50、2013-2-51、2009-2-12、2016-2-18、2016-2-52、2017-2-12。

2.4.7 吹吸式排风罩

1. 知识要点

(1) 优点：

1) 抗干扰能力强；

2) 不影响工艺操作；

3) 所需排风量小等。

(2) 常用的计算方法：

1) 美国联邦工业卫生委员会推荐的方法；

2) 巴杜林计算方法；

3) 流量比法。

2. 超链接

《教材（第三版2018）》P197。

2.4.8 接受式排风罩

1. 知识要点

(1) 应用场所：高温热源上部的对流气流及砂轮磨削时抛出的磨屑及大颗粒粉尘所诱导的气流等。

(2) 排风量取决于接受的污染空气量的大小。

(3) 断面尺寸应不小于罩口处污染气流的尺寸。

(4) 热源上部的热射流形式：

1) 生产设备本身散发的热射流，如炼钢电炉炉顶散发的热烟气；

2) 高温设备表面对流散热时形成的热射流。

(5) 高悬罩知识补充：

1) 排风量大，易受横向气流影响，工作不稳定，应尽可能降低安装高度。

2) 在工艺条件允许时，可在接受罩上设活动卷帘，升降高度视工艺条件而定。

2. 超链接

《教材（第三版2018）》P199～200。

3. 真题归类

2018-1-16。

2.5 过滤与除尘

2.5.1 粉尘特性

1. 知识要点

(1) 密度：容积密度、真密度（容积密度与真密度关系：$\rho_V=(1-\varepsilon)\rho_P$，粉尘的空隙率 ε。球形尘粒 $\varepsilon=0.3\sim0.4$，ε 非球形大于球形；粉尘越细，ρ_V 越小，ρ_P/ρ_V 比值越大，$\rho_P/\rho_V>10$，捕捉困难）。

(2) 粒径分布（无特殊说明的都指质量粒径分布）。

(3) 比表面积。

(4) 爆炸性。

(5) 含水率。

(6) 润湿性。

(7) 粘附性。

(8) 比电阻。

(9) 堆积角、滑动角。

(10) 磨损性。

2. 超链接

《教材（第三版 2018）》P201～203。

2.5.2 空气过滤器的选择

1. 知识要点

(1) 用途及分类。

(2) 典型结构

1) 泡沫塑料；2) 纤维填充式；3) 纤维毡；4) 自动卷绕式；5) 纸过滤器；6) 静电过滤器。

2. 超链接

《教材（第三版 2018）》P203～206。

2.5.3 除尘器的选择

1. 知识要点

(1) 主要性能指标

1) 除尘效率：①全效率（或称总效率）η。②穿透滤 P。③分级效率 η_C。

2) 压力损失 Δp。

3) 处理气体量。

4) 负荷适应性。

(2) 选择除尘器考虑因素

2. 超链接

《教材（第三版 2018）》P206～207、《建规 2014》9.3.5、《工规》6.9.9 和 6.9.12、《通风验规》7.2.6、《离心式除尘器》、《回转反吹类袋式除尘器》、《脉冲喷吹类袋式除尘器》、《内滤分室反吹类袋式除尘器》。

2.5.4 典型除尘器

1. 知识要点

(1) 各种形式除尘器知识点汇总

各种除尘器知识点 表 2-8

类型	知识点汇总
重力沉降室	改善捕集效率的设计途径： 1）降低室内气流速度 v；2）降低沉降室高度 H；3）增长沉降长度 L
旋风除尘器	1）压损影响因素： ① 同一形式旋风除尘器的几何相似放大或缩小时，压力损失基本不变。 ② 出口方式采用圆管弯头则压损下降 10%。 ③ 入口含尘浓度增高，压力损失明显下降，降低 5%～20%。 ④ 绝对尺寸对压损影响很小。 ⑤ 属于离心除尘器，现场组装的允许漏风率为 3%。 2）结构改进措施：《教材（第三版 2018）》P209。 3）旋风器的使用： ① 单体组合时注意气流均匀性分配和防止气流串流。 ② 串联使用，高性能除尘器放在后面。 ③ 除高浓度场合外，一般不采用同种旋风器串联。 4）对旋风器性能影响因素：因管理不善造成灰斗漏风和排灰不及时造成锥体下部堵管 5）影响旋风除尘器除尘效率的因素： ① 旋风器结构形式： a. 出口管径变小，效率提高（分割粒径减小）。 b. 锥体适当加长有利。 c. 绝对尺寸增大（几何相似放大），效率降低。 ② 提高入口流速，即增加处理气体量（入口速度 12～25m/s，不低于 10m/s）。 ③ 入口含尘浓度增加，多数效率略有提高。 ④ 粉尘真密度和粒径增大，效率明显提高。 ⑤ 温度下降和黏性系数减小，效率提高。 ⑥ 灰斗气密性，保证不漏气，效率提高。 6）旋风器的选用： ① 已知条件。 ② 计算要求。 ③ 选用过程

续表

类型	知识点汇总
袋式除尘器	1）可采用较高的过滤速度： ① 采用强力清灰方式。②清灰周期短。③入口含尘浓度低。 ④ 粉尘粒径大、黏性小。⑤处理常温烟气。⑥采用针刺毡滤料或覆膜过滤材料。 2）滤料： ① 滤料的材质和特点。 ② 滤料的结构和特点《教材（第三版 2018）》P215 表 2.5-5。 3）除尘效率影响因素： ① 粉尘特性。②滤料特性。③滤袋上的堆积粉尘负荷。④过滤风速。⑤实际粒径分布及质量分布、分级效率经计算确定。 4）烟气冷却方式： ① 喷雾塔（直接蒸发冷却）。 ② 表面换热器（用水或空气间接冷却）。 ③ 混入室外冷空气。 5）压力损失 ① 过滤层的压损与过滤速度和气体黏度成正比，与气体密度无关。 ② 清洁滤布压力损失很小，一般可忽略不计。 ③ 粉尘越细，粉尘层压力损失越大。 ④ 压力损失达到预定值，必须清灰
静电除尘器	1）主要类型： ① 按电极清灰方式：干式、湿式、半干半湿式。 ② 按电除尘器内气流运动方向：立式、卧式。 ③ 按集尘极的形式：管式、板式。 ④ 按集尘极和电晕极配置方法：单区、双区。 ⑤ 按电除尘原理应用场合：静电负荷式、静电尘源抑制技术。 2）粉尘比电阻对电晕电流和除尘效率的影响：《教材（第三版 2018）》P224 图 2.5-21。 ① 低阻型（$<10^{4}\Omega\cdot cm$）：如果形成二次扬尘，效率下降。 ② 正常型（$10^{4}\sim10^{11}\Omega\cdot cm$）：最适宜的范围。 ③ 高阻型（$>10^{11}\sim10^{12}\Omega\cdot cm$）：反电晕，效率急剧恶化。 3）粉尘浓度和粒径 4）“电晕闭塞”： ① 尘粒越细，即使质量浓度不高也可能发生。 ② 粗颗粒可以允许入口浓度相对较高。 5）荷电机制：电场荷电和扩散荷电 ① 大于 0.5μm 的以电场荷电为主。 ② 小于 0.2μm 的以扩散荷电为主。 ③ 0.2～0.5μm 两者均起作用。 ④ 0.1～1μm 最难捕集，效率最低的是 0.2～0.4μm。 6）选用步骤： ① 电除尘器有效驱进速度。 ② 集尘极面积确定。 ③ 电场风速 v。 ④ 长高比确定：除尘效率大于 99%，不应小于 1.0～1.5

续表

类型	知识点汇总
电袋复合除尘	1）原理：将电除尘机理与袋式除尘过滤机理结合的除尘设备。烟气通过电场，80%～90%的粉尘被电场收集，剩下 10%～20%粉尘随烟气进入滤袋。袋式除尘器清灰周期加长，粉尘负荷降低，阻力减少，清灰频率下降。 2）形式： ① 电袋分离串联式。 ② 电袋一体式
静电强化除尘器	1）静电强化袋式除尘器：降低阻力、增大风量、提高效率。 ① 预荷电袋式。②预荷电脉冲。③表面电场。 2）静电强化湿式除尘器： ① 尘粒与水滴均荷电，但极性不同。 ② 尘粒荷电，水滴为中性。 ③ 水滴荷电，尘粒为中性。 3）静电强化旋风除尘器：比不设静电的效率高，有最佳进口速度

（2）除尘器的主要性能及能耗指标

除尘器的主要性能及能耗指标　　**表 2-9**

种类	除尘效率（%）	最小捕集粒径（μm）	压力损失（Pa）	能耗（kW/m³）	设备费
重力沉降室	<50	50～100	50～130	少	
惯性除尘器	50～70	20～50	300～800	少	
旋风除尘器	60～85	20～40	400～800	0.8～1.6	少
高效旋风除尘器	80～90	5～10	1000～1500	1.6～4.0	中
袋式除尘器	95～99	<0.1	800～1500	3.0～4.5	中上
水浴除尘器	80～95	1～10	600～1200	中下	少
卧式旋风水膜除尘器	95～98	≥5	800～1200	中	中
冲激式除尘器	95	≥5	1000～1600	中上	中
电除尘器	90～98	<0.1	125～200	0.3～1.0	大
湿式离心除尘器	80～90	2～5	500～1500	0.8～4.5	中
喷淋塔	70～85	10	25～250	0.8	中
旋风喷淋塔	80～90	2	500～1500	4.5～6.3	中
泡沫除尘器	80～85	2	800～3000	1.1～4.5	中
文氏管除尘器	90～98	<0.1	5000～20000	8～35	少

（3）各种除尘器的耐火性能

各种除尘器的耐火性能　　表 2-10

种类	旋风除尘器	袋式除尘		电除尘器		湿式洗涤器
		普通滤布	玻璃纤维	干式	湿式	
最高使用温度（℃）	400	80～130	250	400	80	400
特殊说明	耐火材料内衬，最高达1000℃	所耐温度随滤料而异	经硅油、石墨和聚四氟乙烯处理达300℃	高温时粉尘比电阻易随温度而变化	温度过高易使绝缘部分失效	特高温时，入口内耐火材料因与冷水接触易损坏

（4）旋风除尘器结构尺寸对性能影响

旋风除尘器结构尺寸对性能影响　　表 2-11

参数名称	变化	压力损失	效率
直径	增大	降低	降低
入口面积（风量不变）		降低	降低
入口面积（风速不变）		增大	增加
圆筒长度		略降	增加
圆锥长度		略降	增加
圆锥开口		略降	增加或降低
芯管插入长度		增大	增加或降低增加
芯管直径/出口管径		降低	降低
相似尺寸比例		无影响	降低
圆锥角		降低	

（5）气流和粉尘特性对旋风除尘性能的影响

气流和粉尘特性对旋风除尘性能的影响　　表 2-12

参数名称（增大）		变化	压力损失	效率
气体	气体流速/入口速度	增大	增大	增大
	处理气体量		增大	增大
	温度		降低	降低
	密度		增大	略增（可略）
	黏度/黏性系数		略增（可略）	降低
粉尘	粉尘真密度	增大	无影响	明显增大
	尘粒大小		无影响	明显增大
	粉尘浓度		降低	略增

2. 超链接

《教材（第三版2018）》P208～230。

3. 真题归类

（1）袋式除尘器：2006-1-15、2007-2-15、2008-2-14、2009-2-15、2010-1-19、2016-1-18、2016-2-11、2006-1-52、2006-2-47、2016-2-49、2017-1-14、2017-1-15、2017-2-18。

（2）旋风除尘器：2006-1-17、2007-1-15、2017-1-48。

（3）静电除尘器：2006-2-15、2007-2-16、2008-2-18、2011-1-18、2012-2-18、2009-2-51、2018-1-62。

4. 其他例题

2006-1-16、2006-2-16、2007-1-17、2010-1-11、2011-2-19、2012-1-13、2012-1-18、2012-2-17、2013-2-18、2014-1-14、2016-2-17、2006-2-51、2006-2-52、2007-1-49、2009-1-55、2009-2-47、2010-1-53、2010-2-53、2011-1-52、2011-1-54、2012-1-54、2012-2-51、2013-2-53、2016-2-50、2017-2-11、2017-2-16、2018-2-14、2018-2-49、2018-2-50。

2.6　有害气体净化

2.6.1　有害气体分类

1. 知识要点

（1）无机类。

（2）有机类。

2. 超链接

《教材（第三版2018）》P231表2.6-1。

2.6.2　起始浓度或散发量

1. 知识要点

$$Y = C \cdot M / 22.4$$

式中　Y——有害气体质量浓度（mg/m^3）。

C——有害气体体积浓度，$1ppm = 1mL/m^3 = 10^{-6} m^3/m^3 = 0.0001\%$。

M——气体分子的克摩尔数（g/mol）。

22.4——摩尔体积（L/mol）。

2. 超链接

《教材（第三版2018）》P231。

2.6.3　有害气体的净化处理方法

1. 知识要点

燃烧法、吸附法、吸收法（水洗、药液洗涤）的原理。

2. 超链接

《教材（第三版 2018)》P232、《工规》7.3.4。

3. 真题归类

2018-2-13。

2.6.4 吸附法

1. 知识要点

吸附法知识要点 表 2-13

小节内容	要 点	备 注
净化机理和适用性	物理吸附和化学吸附的比较	《教材（第三版 2018)》P232 表 2.6-2
	吸附法可以去除的有害气体	《教材（第三版 2018)》P233 表 2.6-3
	活性炭对有机溶剂的吸附特点：《教材（第三版 2018)》P233 1）芳香族化合物>非芳香族 2）有支链的烃类>直链的烃类 3）不含无机基团物质>含有无机基团物质 4）分子量大、沸点高的化合物>分子量小、沸点低的 5）空气湿度大不利于吸收 6）吸收质浓度高有利于吸收 7）温度上升不利于吸收 8）吸附剂内表面积越大、吸附量越高	1）掌握概念：动活性、静活性、有效吸附量《教材（第三版 2018)》P234 2）采用活性炭吸附必须避免高温、高湿和高含尘量。漆雾、尘、焦油状以及树脂、热分解物会阻塞吸附剂细孔使吸附剂性能劣化、吸附层阻力增大。当有害气体中含尘浓度大于 10mg/m^3 时，必须采取过滤等预处理措施
活性炭吸附装置	1）固定床吸附装置：《教材（第三版 2018)》P234 2）特点：《教材（第三版 2018)》P234 表 2.6-5	1）空塔速度：颗粒状活性炭宜取 0.2～0.6m/s；活性炭纤维毡宜取 0.1～0.15m/s 2）接触时间：宜为 0.5～2.0s 3）吸附层压力损失应控制在小于 1kPa 4）碳层高度：一般取 0.5～1.0m；立式直径大致与高度相等；卧式长度约为 4 倍层高。《教材（第三版 2018)》P236
	1）蜂窝轮浓缩净化装置：《教材（第三版 2018)》P236 2）特点：体形小、结构紧凑、重量轻、运转平稳、机械故障少	1）适用：大风量低浓度低温有机废气 2）预处理应使废气中的含尘浓度低于 0.1mg/m^3 3）通过蜂窝轮的面风速宜为 0.7～1.2m/s 4）蜂窝轮回转速度仅 1～4r/h 5）脱附：浓缩倍数极限值按浓缩气浓度控制在爆炸下限的 1/5 即 2000ppm 来考虑。脱附用热空气的温度宜在 120℃ 以下《教材（第三版 2018)》P237

续表

小节内容	要　点	备　注
吸附剂的再生方法	水蒸气再生法	1）原理：摩尔容积（摩尔量）越小、沸点越低、吸附力就越小，越容易脱附再生《教材（第三版 2018）》P237 2）活性炭再生：《教材（第三版 2018）》P237 3）对亲水性（水溶性）溶剂的活性炭吸附装置，不宜采用水蒸气脱附的再生方法：《教材（第三版 2018）》P237 4）三氯乙烯用水蒸气脱附再生
	惰性气体再生法	1）原理：对于吸附剂中吸附气体分压力极低的气体，可用惰性气体（通常用氮气）加热到 300～400℃进行脱附再生 2）特点：无冷凝水 3）适用：回收醇类、酮类、水溶性溶剂
	热空气再生法	1）原理：空气为脱附载体气 2）适用：卤族溶剂，不宜用于回收可燃性溶剂 3）特点：无排水、不着火。脱附再生温度宜控制在 125℃以下 4）脱附塔和冷凝器应采取防腐措施
	热力（高温焙烧）再生法	《教材（第三版 2018）》P238
活性炭吸附装置选用时的浓度界限	固定床活性炭吸附装置：《教材（第三版 2018）》P238	1）浓度＞100ppm，设计再生回收装置 2）浓度≤100ppm，可不设计再生回收装置 3）30ppm 为取出再生型的经济界限，低于界限更经济
	再生方法的选用条件：《教材（第三版 2018）》P238	1）蒸汽再生型：浓度≤500ppm，常温 2）燃烧法：浓度＞500ppm，100～150℃
	吸附装置选用条件	1）浓缩吸附蜂窝轮净化机：浓度≤300ppm 2）流动床吸附装置：浓度＞300ppm

2. 超链接

《教材（第三版 2018）》P232～238、《工规》7.3.5～7.3.7。

3. 例题

（1）【单选】用活性炭净化有害气体，下列哪一项论点是错误的？（2006-1-18）

（A）活性炭适用于有机溶剂蒸汽的吸附

（B）活性炭不适用于处理漆雾

（C）活性炭的再生方法均可采用水蒸汽法

（D）吸附物质的浓度低，吸附量也低

参考答案：C

解析：

AB 选项：根据《教材（第三版 2018）》P233～234。

C选项：根据《教材（第三版2018）》P237，亲水性（水溶性）溶剂的活性炭吸附装置，不宜采用水蒸气脱附的再生法。

（2）【单选】采用吸附法去除有害气体，错误的选择应是下列何项？（2009-2-16）

（A）用硅胶吸附 SO_2、C_2H_2

（B）用活性炭吸附苯、沥青烟

（C）用分子筛吸附 CO、NH_3

（D）用泥煤吸附恶臭物质、NO_x

参考答案：B

解析：根据《教材（第三版2018）》P233 表2.6-3或P233中关于活性炭性能的叙述。

（3）【单选】固定床活性炭吸附装置的设计参数选取，何项是错误的？（2011-1-19 模拟）

（A）采用颗粒状活性炭时，空塔速度一般取0.2～0.6m/s

（B）吸附剂和气体接触时间取0.5～2.0s

（C）吸附层压力损失应小于1kPa

（D）采用热空气再生法时，脱附再生温度宜为130～150℃

参考答案：D

解析：本题由原真题改编。

ABC选项：根据《教材（第三版2018）》P234～235。

D选项：根据P238："再生温度宜控制在125℃以下"。

4. 真题归类

2006-1-18、2007-1-16、2009-2-16、2010-2-19、2011-1-19、2012-2-19、2013-2-17、2014-1-18、2016-1-17、2016-2-16、2014-2-53、2017-1-53。

2.6.5 液体吸收法

1. 知识要点

（1）净化机理和适用性

（2）吸收的基本原理

1）平衡关系。

2）扩散和吸收《教材（第三版2018）》P240。

【双膜理论】

① 气液两相间有一个相界面，滞流层；膜的厚度随流体的流速而变，气流（液体）流速越大，气膜（液膜）越薄，传质阻力变小。

② 两膜以外的气相和液相主体中，与滞流层相比，阻力很小可以忽略；组分从气相主体扩散到液相主体的过程中，全部阻力仅存于两层滞流膜中；①通过滞流气膜的浓度降，等于气相平均浓度与界面气相平衡浓度之差；②通过滞流液膜的浓度降，等于界面液相平衡浓度与液相平均浓度之差；这两个浓度梯度为物质传质的推动力。

③ 无论气液两相主体中的浓度是否达到相际平衡，在气液两相界面上，两相的浓度总是相互平衡，在界面上不存在扩散的阻力。

3）传质系数《教材（第三版2018）》P241：溶解度系数、气膜控制过程、液膜控制过程。

【溶解度系数 H 值对传质的影响】

① 气膜控制过程：H 较大，吸收速率主要受气相一侧阻力控制。

② 液膜控制过程：H 较小，吸收速率主要受液相一侧阻力控制。

③ 气体溶解度适中，气液两膜的吸收阻力均显著，不能略去。

(3) 吸收剂

1) 选用原则。

2) 吸收剂种类：水、碱性、酸性、有机、氧化吸收剂《教材（第三版2018）》P241～243。

3) 吸收剂用量《教材（第三版2018）》P243：物料平衡计算、最小液气比、吸收剂用量。

(4) 吸收装置的选用（《教材（第三版2018）》P244）

吸收装置的技术经济比较（《教材（第三版2017）》P245 表2.6-9）；

吸收装置的基本性能比较（《教材（第三版2017）》P245 表2.6-10）。

2. 超链接

(1)《教材（第三版2018）》P238～245。

(2)《工规》7.3.2条文说明、7.3.3、7.3.6条文说明。

3. 例题

(1)【单选】为使吸收塔中的吸收液有效净化有害气体，需要确定合适的液气比。下列哪一项不是影响液气比大小的主要因素？(2006-2-17)

(A) 气相进口浓度　　(B) 相平衡常数

(C) 吸附剂活动性　　(D) 液相进口浓度

参考答案：C

解析：根据《教材（第三版2018）》P243～244公式（2.6-7）和式（2.6-8），注意理解公式中每个参数的含义即可正确解答。

(2)【多选】用液体吸收法净化小于 $1\mu m$ 的烟尘时，经技术经济比较后下列哪些吸收装置不宜采用？(2012-2-54)

(A) 文氏管洗涤器　　(B) 填料塔（逆流）

(C) 填料塔（顺流）　　(D) 旋风洗涤器

参考答案：BCD

解析：根据《教材（第三版2018）》P245 表2.6-9。

4. 真题归类

2006-2-17、2007-2-17、2012-2-54。

2.6.6 其他净化法

1. 知识要点

(1) 紫外线照射：

1) 简介；

2) 技术措施机理；

3) 装置。

（2）光触媒：

1）光触媒技术；

2）基本原理。

（3）厨房通风净化：排风罩的设计。

2. 超链接

《教材（第三版 2018）》P246～248。

2.7 通风管道系统

2.7.1 通风管道的材料与形式

1. 知识要点

（1）常用材料

1）金属薄板：普通薄钢板、镀锌钢板、铝及铝合金板、不锈钢板。

2）非金属材料：硬聚氯乙烯塑料板、玻璃钢、酚醛铝箔复合风管、聚氨酯铝箔复合风管、玻璃纤维复合风管、聚酯纤维织物风管、玻镁风管。

3）熟悉掌握各种材料的优缺点以及所适用的环境。

（2）风管形状和规格

（3）风管保温层

通常保温层结构：防腐层、保温层、防潮层、保护层。

2. 超链接

（1）《教材（第三版 2018）》P248～250。

（2）《通风施规》4.2、5.1。

（3）《通风验规》4.1.4、4.2.3、4.3.1。

3. 例题

（1）【多选】以下风管材料选择，正确的是哪几项？（2012-1-49）

（A）除尘系统进入除尘器前的风管采用镀锌钢板

（B）电镀车间的酸洗槽边吸风系统风管采用硬聚氯乙烯板

（C）排除温度高于 500℃气体的风管采用镀锌钢板

（D）卫生间的排风管道采用玻镁复合风管

参考答案：BD

解析：

A 选项：镀锌钢板镀锌层不耐磨，一般只用在普通通风系统中，除尘系统风管材料一般有薄钢板、硬氯乙烯塑料板、纤维板、矿渣石膏板、砖及混凝土等。

C 选项：锌在温度达到 225℃后，将会剧烈氧化。

D 选项：由于卫生间相对潮湿，选用玻镁风管可以保证使用年限。

（2）【多选】复合材料风管的材料应符合有关规定，下列哪几项要求是正确的？（2012-1-51）

（A）复合材料风管的覆面材料宜为不燃材料
（B）复合材料风管的覆面材料必须为不燃材料
（C）复合材料风管的内部绝热材料，应为难燃 B1 级材料
（D）复合材料风管的内部绝热材料，应为难燃 B1 级材料且对人体无害的材料
参考答案：BD
解析：根据《通风验规》4.2.5。
4. 真题归类
2012-1-49、2012-1-51、2018-1-52。

2.7.2　风管内的压力损失

1. 知识要点
压力损失的形式：摩擦压力损失和局部压力损失。
2. 超链接
《教材（第三版 2018）》P250～253。

2.7.3　通风管道系统的设计计算

1. 知识要点
（1）通风系统水力计算的方法
等压损法、假定流速法、当量压损法等。
（2）管路压力损失平衡计算
1）对并联管路进行压力损失平衡计算。
2）一般的通风系统要求两支管的压损差不超过 15%；除尘系统要求两支管的压损差不超过 10%。
3）当并联支管的压力损失差超过上述规定时，可用下述方法进行压力平衡。
① 调整支管管径。②增大排风量。③增加支管压力损失。
2. 超链接
《教材（第三版 2018）》P253～255。
3. 例题
【单选】一般送排风系统和除尘通风系统的各个并联环路压力损失的相对差额有一定的要求，下列哪项表述是正确的？（2008-1-17）
（A）一般送排风系统 5%，除尘通风系统 10%
（B）一般送排风系统和除尘通风系统均为 10%
（C）一般送排风系统 10%，除尘通风系统 15%
（D）一般送排风系统 15%，除尘通风系统 10%
参考答案：D
解析：根据《教材（第三版 2018）》P254。
4. 真题归类
2008-1-17、2011-2-54。

2.7.4 通风除尘系统风管压力损失的估算

1. 知识要点

通风除尘系统风管压力损失的估算。

2. 超链接

《教材（第三版 2018）》P255 表 2.7-4。

2.7.5 通风管道的布置和部件

1. 知识要点

（1）系统的划分

1）系统划分。

2）单独设置排风系统。

3）除尘系统划分。

4）除尘系统排风量确定。

（2）风管布置

（3）除尘器的布置

1）就地除尘。

2）分散除尘。

3）集中除尘。

（4）防爆、防腐与保温

1）通风系统防爆措施。

2）干式除尘器和过滤器可布置在厂房内单独房间的条件。

3）与防爆有关的通风管道系统设计。

2. 超链接

（1）《教材（第三版 2018）》P255～260。

（2）《民规》6.1.6。

（3）《工规》6.9。

（4）《建规》9.1.2、9.1.3、9.3.2、9.3.9。

（5）《洁净规》6.5.3。

2.7.6 均匀送风管道设计计算

1. 知识要点

（1）均匀送风管道设计原理

（2）实现均匀送风采取措施

1）送风管断面积 F 和孔口面积 f_0 不变，孔口上设置不同的阻体。

2）孔口面积 f_0 和孔口流量系数 μ 不变，采用锥形送风管。

3）送风管断面积 F 和孔口流量系数 μ 不变，改变孔口面积。

4）增大送风断面积 F，减小孔口面积 f_0；$f_0/F<0.4$，始端和末端出口流速误差在10％以内。

（3）实现均匀送风基本条件

1）保持各侧孔静压相等：两侧孔间的动压降等于两侧孔间的压力损失。

2）保持各侧孔流量系数相等：$\alpha \geqslant 60°$，$L_0/L=0.1 \sim 0.5$，$\mu \approx 0.6$。

3）增大出流角：出流角 α 越大，出流方向越接近垂直。保持 $\alpha \geqslant 60°$，必须使 $p_j/f_d \geqslant 3.0(v_j/v_d \geqslant 1.73)$。孔口处安装垂直于侧壁的挡板或孔口改成短管。

2. 超链接

《教材（第三版 2018）》P260～263。

3. 例题

【多选】对于侧壁采用多个面积相同的孔口的均匀送风管道，实现风管均匀送风的基本条件，正确的应是下列哪些项？（2009-1-52）

（A）保持各侧孔静压相等

（B）保持各侧孔流量系数相等

（C）管内的静压与动压之比尽量加大

（D）沿送风方向，孔口前后的风管截面平均风速降低

参考答案：ABC

解析：《教材（第三版 2018）》P261～262。

4. 其他例题

（1）漏风量：2007-2-11、2007-2-48、2009-2-19、2013-2-48、2008-1-19。

（2）严密性：2011-1-11、2013-1-11、2016-2-10、2016-2-48。

（3）除尘风管：2009-2-10、2013-2-47、2013-1-13、2017-1-18。

（4）钢板厚度：2008-1-55、2014-2-17、2014-2-50、2014-1-17。

（5）连接方式：2014-2-11、2014-1-49、2014-2-51、2016-1-48、2017-1-17。

（6）风管系统：2014-1-48、2016-2-47、2016-1-50、2017-2-15。

（7）其他施工有关：2008-1-25、2008-2-10、2008-2-16、2008-2-48、2009-1-48、2010-2-48、2013-1-54、2014-1-12、2014-1-50、2014-2-48、2016-1-10、2017-2-53。

2.8　通　风　机

2.8.1　通风机的分类、性能参数与命名

1. 知识要点

（1）通风机的分类

1）按作用原理分类。

2）按用途分类。

3）按转速分类。

4）变频技术：变频调速原理、变频器选型原则。

5）叶片形式不同的离心式通风机其性能比较，《教材（第三版 2018）》P264 表 2.8-1。

（2）通风机的性能参数

（3）通风机的命名

2. 超链接

（1）《教材（第三版 2018）》P263～271。

（2）不同控制方式下变频的性能与特点：《民规技术指南》P549 表 5-1。

3. 真题归类：

（1）风机有关参数：2008-2-49、2009-2-52、2009-2-53、2018-2-15、2018-2-51、2018-2-52。

（2）风压、效率：2006-2-18、2007-1-18、2007-2-18、2007-2-54、2012-1-15、2012-1-19。

（3）变频：2007-1-54、2009-2-18、2010-1-54、2014-2-18、2016-2-53。

（4）离心风机叶片形式：2006-2-53、2009-1-19、2011-1-2、2018-2-53。

2.8.2 通风机的选择及其与风管系统的连接

1. 知识要点

（1）选择通风机的注意事项

1）考虑到风管、设备的漏风及压力损失计算的不精确，选择风机时应考虑附加量。

2）风机的选用设计工况效率，不应低于风机最高效率的 90%。

（2）各种通风系统附加汇总

各种通风系统附加 **表 2-14**

<table>
<tr><th>使用工况</th><th>风量附加</th><th>风压附加</th><th>最大不平衡率</th><th>系统漏风量</th><th>电机轴功率</th></tr>
<tr><td>普通定速送排风</td><td>5%～10%。
《教材（第三版 2018）》P271；《民规》6.5.1-1</td><td>10%～15%。
《教材（第三版 2018）》P271；
《工规》6.8.2-1</td><td rowspan="2">不宜超过 15%。
《教材（第三版 2018）》P254；
《工规》6.7.5-1</td><td rowspan="2">不宜超过 5%。
《工规》6.7.4-1；
《通风验规》4.2.1-2；
《通风施规》15.2.3-1</td><td>计算确定。
《工规》6.8.2-4</td></tr>
<tr><td>普通变频送排风</td><td>5%～10%。
《教材（第三版 2018）》P271；《民规》6.5.1-1</td><td>计算的总压力作为额定风压。
《教材（第三版 2018）》P271</td><td>在 100% 转速计算值上再附加 15%～20%。
《工规》6.8.2-4</td></tr>
<tr><td>除尘</td><td>15%～20%。
《工规》7.1.5</td><td>10%～15%。
《教材（第三版 2018）》P271</td><td>不宜超过 10%。
《教材（第三版 2018）》P254；
《工规》6.7.5-2；
《工规》7.4.2</td><td>不宜超过 3%。
《工规》6.7.4-2；
《通风验规》4.2.1-5（按中压计算）</td><td>—</td></tr>
<tr><td>排烟</td><td>20%。
《防排烟标准》4.6.1</td><td>—</td><td>—</td><td>《通风施规》4.2.1-5（按中压计算）；
《通风施规》15.2.3-3（按中压计算）</td><td>—</td></tr>
</table>

注：《工规》6.7.4 条文说明：风管漏风率的附加百分率适用于最长正压管段总长度不大于 50m 的送风系统和最长负压管段总长度不大于 50m 的排风及除尘系统。对于更大的系统，其漏风百分率适当增加。有的全面排风系统直接布置在使用房间内，则不必考虑漏风的影响。

（3）通风机与风管的连接：《教材（第三版2018）》P272图2.8-6。

2. 超链接

《教材（第三版2018）》P271～272、《民规》、《工规》、《防排烟标准》、《通风验规》、《通风施规》相关内容。

3. 真题归类

2018-2-16、2018-2-17。

2.8.3　通风机在通风系统中的工作

1. 知识要点

（1）特性曲线

（2）通风系统与风机特性曲线

1）实际上，很多情况下管网的特性曲线只取决于管网的总阻力和管网排出时的动压，两者均与流量的平方成正比：$P = SQ^2$。

2）当风机供给的风量不能符合要求时，可以采取以下三种方法进行调整：

① 减少或增加管网系统的压力损失。

② 更换风机。

③ 改变风机叶轮转速。

2. 超链接

《教材（第三版2018）》P272～274。

2.8.4　通风机的联合工作

1. 知识要点

（1）风机并联工作；

（2）风机串联工作。

2. 超链接

《教材（第三版2018）》P274～276、《工规》6.8.3。

3. 例题

【单选】两台相同的组合式空调机组并联运行，机组内为一台离心风机，机组自机房内回风，新风管道布置相同（回风与新风系统图中未表示，机房高度受到限制），能够保证机组并联运行时，送风量最大的组合方式为图示何项？（2013-1-12）

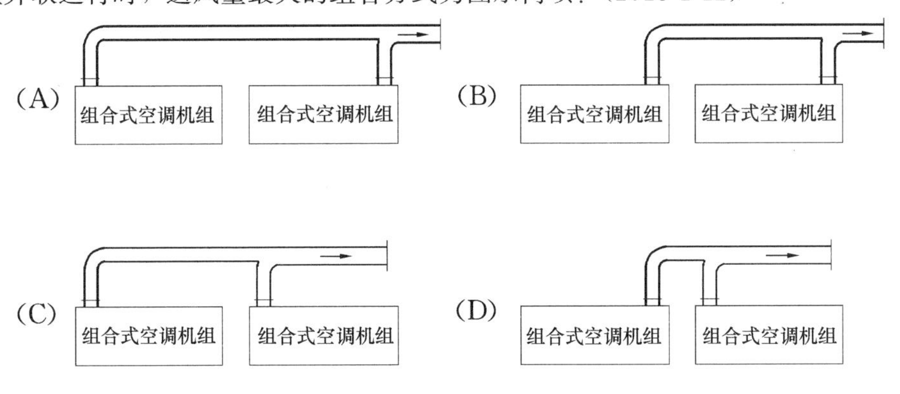

参考答案：D

解析：本题有争议，有人认为考点为《教材（第三版 2018）》P272 风机出口连接方式的优劣，也有人认为本题考点为 P272 风机并联的相关知识，考虑到题干中明确有“能够保证机组并联运行时”的文字，笔者认为本题主要考查风机并联运行。风机尽量避免并联，确需并联时，应采用相同的型号。风机并联所得的效果只有在压力损失低的系统中才明显。两台风机型号相同时，因为经过分支管路空气汇合后风速下降，所以机组出风至汇合管出管程越接近，总阻力就越小。根据风机和管网特性曲线可知，管网阻力越小，其并联后风量越大。所以本题正确答案为 D 。

4. 真题归类

2013-1-12、2017-2-17。

2.8.5 通风机的运行调节

1. 知识要点

(1) 改变管网特性曲线的调节方法。

(2) 改变通风机特性曲线的调节方法。

1) 改变通风机转速。

变转速调节装置方案的比较：《教材（第三版 2018）》P277 表 2.8-10。

2) 改变通风机进口导流叶片角度；

3) 调节通风机吸入口端阀门。

2. 超链接

《教材（第三版 2017）》P276～277。

3. 例题

【多选】下列哪几项改变风机特性的方法是正确的?（2006-1-53）

(A) 改变通风机转速　　(B) 改变通风机进口导流叶片角度

(C) 调节通风机吸入口阀门　　(D) 改变管网特性曲线

参考答案：ABC

解析：《教材（第三版 2018）》P276～277。

注：根据《流体力学泵与风机（第四版）》P320，“当关小风机吸入管上阀门时，不仅使管路性能曲线发生改变，实际上也改变了风机的性能曲线……”。《教材（第三版 2018）》P276，“通过改变系统中的阀门等节流装置的开度大小，来增减管网压力损失而使流量发生改变的。由于通风机的性能曲线并未改变……”。但是教材中“改变通风机特性曲线的调节方法”标题下所介绍的方法只有两个。综上为 ABC 项所描述的方法是正确的。

2.8.6 风机的能效限定及节能评价值

1. 知识要点

(1) 通风机的能效限定值

使用区的定义。

(2) 通风机的节能评价值

1) 通风机的效率、压力系数及比转速。

2) 通风机的节能运行。

2. 超链接

《教材（第三版 2018）》P278～279、《通风机能效限定值及能效等级》。

3. 真题归类

2007-1-50、2016-1-49、2017-1-16。

2.9　通风管道风压、风速、风量测定

2.9.1　风压正负判断

1. 知识要点

（1）全压：正压段为正，负压段为负；

（2）静压：正压段一定为正，但当正压段动压很高时，可能会出现负值负压段为负，但绝对值最大；

（3）动压：正压段与负压段均为正值。

2. 超链接

《教材（第三版 2018）》P281 图 2.9-4。

2.9.2　测定位置和测定点

1. 知识要点

（1）测定位置的选择

1）通风机风量和风压的测量。

2）通风系统风量测定。

（2）测试孔和测定点

1）圆形风道。

2）矩形风道。

注：通风机和通风系统测量截面位置不同。

2. 超链接

（1）《教材（第三版 2018）》P279～280。

（2）《洁净规》附录 A. 3. 1 风量或风速测试。

（3）《通风验规》附录 C. 3、附录 D。

3. 真题归类

2008-1-11、2010-2-13、2018-1-51。

2.9.3　风道内压力的测定

1. 知识要点

（1）原理；

（2）测定仪器：常用的仪器为毕托管和压力计；

（3）测定方法。

2. 超链接

《教材（第三版 2018）》P281～283。

3. 真题归类

2006-2-10、2012-1-12。

2.9.4 管道内风速测定

1. 知识要点

（1）间接式；

（2）直接式。

2. 超链接

(1)《教材（第三版 2018）》P283。

(2)《洁净规》附录 A. 3. 1。

(3)《通风验规》11. 2. 3、11. 2. 5、附录 C. 3、附录 D。

2.9.5 局部排风罩口风速风量的测定

1. 知识要点

（1）罩口风速测定：匀速移动法和定点测定法。

（2）风量测定

1）动压法测量排风罩的风量。

2）静压法测量排风罩的风量。

注：优先采用动压法，有困难时考虑静压法。

2. 超链接

《教材（第三版 2018）》P283～285。

3. 真题归类

2014-2-52。

2.10 建筑防排烟

2.10.1 防烟

1. 知识要点

（1）建筑防烟

防烟规范知识汇总　　表 2-15

分项 \ 规范	《建规 2014》	《防排烟标准》
设置场所与系统要求	8. 5. 1	1）防烟设置要求：3. 1 2）自然通风设施：3. 2 3）机械加压送风设施：3. 3
参数	—	1）加压送风量：3. 4 2）加压送风管道：3. 3. 7～3. 3. 9
加压送风机	8. 1. 9	3. 3. 5
加压送风口	—	3. 3. 6

续表

分项 \ 规范	《建规 2014》	《防排烟标准》
其他	—	1）控制：5.1 2）施工：6.0 3）调试：7.0 4）验收：8.0 5）维护管理：9.0

防烟部位及措施　　**表 2-16**

<table>
<tr><th></th><th>封闭楼梯间</th><th>防烟楼梯间</th><th>独立前室</th><th>消防电梯前室</th><th>合用前室</th><th>共用前室</th><th colspan="2">避难层/避难间</th></tr>
<tr><td>-1F（注 1）</td><td>首层开门或开窗（1.2m^2）</td><td>机械</td><td>机械</td><td>机械</td><td>机械</td><td>机械</td><td rowspan="10">机械：可开启外窗面积不小于地面面积 1%</td><td rowspan="10">自然：可开启外窗面积不小于地面面积 2%且每个朝向开启外窗面积不少于 2m^2</td></tr>
<tr><td>-1F 以下（注 1）</td><td>机械</td><td>机械</td><td>机械</td><td>机械</td><td>机械</td><td>机械</td></tr>
<tr><td>住宅≤100m 且满足自然（无措施）条件</td><td>自然</td><td>自然/无措施</td><td>自然/无措施</td><td>自然</td><td>自然</td><td>机械</td></tr>
<tr><td>住宅>100m 或不满足自然条件</td><td>机械（不设前室）</td><td>机械</td><td>机械</td><td>机械</td><td>机械</td><td>机械</td></tr>
<tr><td>公建≤50m 且满足自然（无措施）条件</td><td>自然</td><td>自然</td><td>自然/无措施</td><td>自然</td><td>自然</td><td>机械</td></tr>
<tr><td>公建>50m 或不满足自然条件</td><td>机械</td><td>机械</td><td>机械</td><td>机械</td><td>机械</td><td>机械</td></tr>
<tr><td>无措施条件</td><td>—</td><td>1）或独合（非共）前室阳台或凹廊；
2）或独立前室 2 个朝向各 2 m^2窗；
3）或合用前室 2 个朝向各 3m^2窗</td><td>仅 1 门与走道房间通时且楼梯机械送风</td><td></td><td></td><td></td></tr>
<tr><td>自然条件</td><td colspan="2">1）最高部位设 1m^2可开启外窗或开口；
2）建筑高度大于 10m 应每 5 层不少于 2m^2且间隔≤3F；
3）防烟楼梯其前室风口在顶部或正对前室入口墙面</td><td>外窗 2m^2</td><td>外窗 2m^2</td><td>外窗 3m^2</td><td>—</td></tr>
<tr><td rowspan="2">机械</td><td colspan="3">1）≤50m 可直灌（当>32m 风口间距不宜小于高度 1/2）；
2）地上地下分别独立设置（当为车库设备房时可合并共用，但风量应叠加并分别满足）；
3）尚应在顶部设 1m^2固定窗，当靠外墙时每 5 层设 2m^2固定窗</td><td></td><td></td><td></td></tr>
<tr><td colspan="6">1）不应设百叶窗；
2）不宜设可开启外窗；
3）送风口不宜被门挡；
4）送风口不宜吹人；
5）需分别设置机械送风系统，不能合并；
6）剪刀梯分别送风</td></tr>
</table>

注：1. 地下室很难满足自然通风条件，因此均要求机械；
2. 避难走道要求详见《防排烟标准》3.1.9；
3. 固定窗要求详见《防排烟标准》3.3.11。

（2）人防防烟

人防防火规范防烟知识汇总　　表 2-17

分项＼规范	《人防防火规》
设置场所与系统要求	1）设置场所和部位：6.1.1、6.1.3 2）设置要求：6.2.3
参数	1）加压送风量、余压值：6.2.1、6.2.2 2）管道风速：6.5.1 3）管道材料与可燃物距离：6.5.2 4）穿防火墙要求：6.5.4-1
加压送风机	1）类型、全压：6.2.5
加压送风口	1）位置：6.2.7 2）风速：6.2.6
其他	余压阀：6.2.4

2. 真题归类

2006-1-51、2007-1-48、2008-1-50、2009-1-18、2009-1-50、2011-2-17、2011-1-48、2011-2-48、2012-1-17、2012-2-16、2012-1-52、2013-2-52、2018-2-48。

2.10.2 排烟

1. 知识要点

（1）建筑排烟

排烟规范知识汇总　　表 2-18

分项＼规范	《建规 2014》	《防排烟标准》
设置场所与系统要求	1）厂房和仓库：8.5.2 注：分类举例 3.1.1 条文说明，P179～182；3.1.3 条文说明，P189～190。 2）民用建筑：8.5.3、8.5.4	1）排烟设置要求：4.1 2）防烟分区设置要求：4.2 3）自然排烟设施：4.3 4）机械排烟设施：4.4 5）补风系统：4.5
参数（机械排烟）	—	1）排烟量：4.6 2）排烟管道：4.4.7～4.4.9
排烟风机	8.1.9	4.4.4～4.4.6
排烟口、补风口防火阀	—	1）排烟口：4.4.12、4.4.13 2）补风口：4.5.4、4.5.5 3）排烟防火阀：4.4.10
其他	—	1）控制：5.2 2）施工：6.0 3）调试：7.0 4）验收：8.0 5）维护管理：9.0

排烟部位及措施　　**表 2-19**

<table>
<tr><td></td><td colspan="4">走道与中庭连通回廊</td><td colspan="3">房间</td><td>中庭</td></tr>
<tr><td>条件</td><td>周边房间均有排烟措施回廊</td><td>走道长度<20m</td><td>走道长度20～60m</td><td>走道长度>60m</td><td>面积<50m^2</td><td>净高≤6m</td><td>净高大于6m</td><td></td></tr>
<tr><td>措施</td><td>无措施，否则机械</td><td>无措施</td><td>机械/自然</td><td>机械（注2）/自然</td><td>无措施</td><td>机械/自然</td><td>机械（注1）</td><td>机械（注1）</td></tr>
<tr><td rowspan="2">自然排烟</td><td colspan="4">1）连通房间不需排烟：开窗最大间距>2/3总长度且每个≥2m^2；
2）连通房间均已设排烟：开窗面积≥房间面积2%</td><td colspan="3">开窗面积≥房间面积2%</td><td></td></tr>
<tr><td colspan="7">1）风口最远30m；
2）窗在储烟仓之内（≤3m净高为1/2净高以上即可）；
3）均匀布置，每组不宜>3m</td><td></td></tr>
<tr><td rowspan="2">机械排烟固定窗要求（适用以下地上情况）
1）任一层>3000 m^2商业；
2）商业展览或类似公建>60m走道（不含回廊）；
3）总面积>1000 m^2歌舞娱乐；
4）靠外墙或通顶中庭</td><td colspan="7">1）顶层≥楼面面积2%；
2）非顶层外墙单个≥1m^2且间距不宜>20m，距室内地面高度不宜<层高1/2；
3）可与消防救援窗组合但不能合并</td><td>固定窗≥楼面面积5%</td></tr>
<tr><td colspan="8">1）固定窗在每层外墙上设置；
2）顶层为钢构或预应力或无喷淋时须设在屋顶；
3）不宜跨防烟分区；
4）均匀布置</td></tr>
</table>

注：1. 房间净高>6m和中庭推荐采用机械排烟；
2. 商业展览或类似公建>60m走道建议采用自然排烟；
3. 机械排烟口距离最近安全出口距离≥1.5m；
4. 地下+地上≥500m^2房间需补风，在同一防烟分区时，补风口在储烟仓以下且与排烟口距离≥5m。

（2）车库排烟

汽车库防火规范排烟知识汇总　　**表 2-20**

分项＼规范	《汽车库防火规》
设置场所与系统要求	1）设置场所和部位：8.2.1 2）防烟分区划分：8.2.2 3）排烟方式：8.2.3 4）自然排烟：8.2.4

续表

分项 \ 规范	《汽车库防火规》
参数（机械排烟）	1）排烟量：8.2.5 2）排烟补风量：8.2.10 3）排烟管道风速：8.2.9
排烟风机	类型：8.2.7
排烟口、防火阀	1）自然排烟：8.2.4，自然排烟口、排烟窗 2）机械排烟：8.2.6，排烟口设置要求 3）排烟防火阀：8.2.8

（3）人防排烟

人防防火规范排烟知识汇总 **表 2-21**

分项 \ 规范	《人防防火规》
设置场所与系统要求	1）设置场所和部位：6.1.2 2）防烟分区：4.1.7、4.1.8 3）排烟系统设置：6.3.3 4）排烟补风系统：6.3.2
参数（机械排烟）	1）排烟量：6.3.1 2）管道风速：6.5.1 3）管道材料与可燃物距离：6.5.2 4）管道厚度：6.5.3 5）穿防火墙要求：6.5.4-2
排烟风机	1）类型、软接头、材料、防火阀：6.6.1 2）设置：6.6.2 3）全压、排烟量：6.6.3 4）安装位置：6.6.4 5）联动：6.6.5
排烟口、防火阀	1）自然排烟口：6.1.4 2）机械排烟口 ① 设置：6.4.1 ② 距离：6.4.2 ③ 总排烟量：6.4.3 ④ 启闭、控制：6.4.4 ⑤ 风速：6.4.5

2. 真题归类

2006-2-14、2007-2-14、2008-1-13、2008-1-14、2008-2-12、2008-2-13、2009-2-14、2009-2-48、2009-2-50、2010-1-16、2010-1-17、2010-1-18、2010-2-12、2010-1-48、2010-2-52、2011-1-16、2011-1-17、2011-2-18、2011-1-53、2012-1-10、2012-2-15、2012-1-50、2013-1-10、2013-1-18、2013-2-16、2013-1-52、2013-1-53、2014-2-49、2016-2-15、2006-1-14、2017-1-10、2018-1-10、2018-1-11、2018-2-10、2018-2-12。

2.10.3 防火阀

1. 知识要点

(1) 分类

防 火 阀 表2-22

阀门	状态	系统类型
70℃防火阀	常开	平时通风、空调、加压送风、消防补风
150℃防火阀	常开	排油烟
280℃排烟防火阀	常开	风机入口总管上的联动排烟风机关闭
排烟阀（口）	常闭	联动排烟风机打开，阀无动作温度，排烟口可设置280℃动作温度
加压送风阀（口）	常开	加压送风（若需要电动，联动加压送风机开启）

注：防火阀、排烟防火阀基本分类可参考《建规2014》9.3.11条文说明表18。

(2) 防火阀设置要求：

1)《建规2014》9.3.11～9.3.13。

2)《防排烟标准》4.4.10。

3)《汽车库防火规》8.1.6-1、8.2.8。

4)《人防防火规》6.5.2、6.5.4、6.6.1、6.7.6、6.7.7、6.7.8。

2.10.4 防火、防爆

1. 超链接

(1)《教材（第三版2018）》P312～314。

(2) 《建规2014》9.1～9.3、5.3.2-3、5.3.5-4、5.4.12、6.1.5、6.2.7、6.2.9、6.3.5、6.4.2、6.4.3、6.4.12-3。

(3)《人防防火规》6.5.5、6.7。

2. 真题归类

(1) 2006-2-50、2007-1-10、2007-2-52、2008-1-15、2008-2-51、2009-2-17、2009-1-49、2012-1-53、2012-2-53、2013-1-51、2017-2-13、2018-1-49。

(2) 设备及防火阀：2007-1-14、2007-1-53、2007-2-51、2008-1-53、2008-2-52、2009-2-13、2010-1-49、2012-1-16、2012-2-50、2014-1-16、2014-1-53、2016-1-16、2017-1-49、2017-2-52、2018-1-50。

2.10.5 城市交通隧道通风

1. 超链接

《建规2014》12.3：通风和排烟系统。

2. 其他例题

2006-1-10、2008-2-15、2008-1-49、2008-1-54、2009-1-9、2009-2-9、2009-2-11、2010-1-10、2010-2-11、2010-2-17、2010-2-18、2011-1-7、2011-1-10、2012-2-7、2012-2-11、2012-2-48、2013-2-12、2014-2-16。

2.11 人民防空地下室通风

1. 知识要点

人防通风知识点汇总 **表 2-23**

分项		通风方式及设备	《人防规》
人防通风	平时	车库或设备用房通风	《教材（第三版 2018）》P322
	战时	清洁通风 滤毒通风（无人员的物资库、汽车库等不设） 隔绝通风（全回风、无新风）	《教材（第三版 2018）》P323 《人防规》5.2.1
新风量	平时	≥30m³/(p·h)	《人防规》5.3.9
	战时	清洁通风	《人防规》5.2.2
		滤毒通风	《人防规》5.2.7
设备风量		过滤吸收器	《人防规》5.2.8、5.2.16
		防爆波活门	《人防规》5.2.10
		防爆超压自动排气活门	《人防规》5.2.14
		自动排气活门	《人防规》5.2.15
平时与战时通风系统风量		平时和战时合用	《人防规》5.3.3
		平时和战时分设	《人防规》5.3.4
测压管与取样管		《人防规》图 5.2.8a、5.2.17、5.2.18-1～5.2.18-3、5.2.19	

2. 超链接

《教材（第三版 2018）》P321～336、《人防规》。

3. 真题归类

2008-1-51、2008-2-50、2010-1-12、2010-2-14、2010-1-50、2011-1-12、2011-1-51、2011-2-50、2012-1-14、2012-2-14、2012-2-52、2013-1-14、2013-2-11、2013-2-14、2013-1-48、2017-2-51。

2.12 汽车库、电气和设备用房通风

2.12.1 汽车库通风

1. 知识要点

(1) 设计原则；

(2) 排风量：换气次数法、稀释浓度法。

2. 超链接

《教材（第三版 2018）》P336～338、《民规》6.3.8、《09 技措》4.3。

3. 真题归类

2009-1-11、2014-1-11、2016-1-53。

2.12.2　电气、设备用房及其他房间通风

1. 知识要点

（1）电气用房：《教材（第三版 2018）》P338～339、《民规》6.3.7-4、《09 技措》4.4.2。

（2）气体灭火防护区及储瓶间：《教材（第三版 2018）》P339、《09 技措》4.5.5。

（3）制冷机房：《教材（第三版 2018）》P339～340、《民规》6.3.7-2、《09 技措》4.4.3。

（4）锅炉房、直燃机房：《教材（第三版 2018）》P340、《09 技措》4.4.4。

（5）柴油发电机房：《民规》6.3.7-3、《09 技措》4.4.1。

（6）厨房：

1）《教材（第三版 2018）》P340～342。

2）《民规》6.2.4、6.3.4、6.3.5。

3）《09 技措》4.2。

（7）卫生间、浴室：

1）《民规》6.3.4、6.3.6。

2）《09 技措》4.5.2。

（8）洗衣房：《09 技措》4.5.1。

（9）其他设备机房（电梯机房、水泵房、换热站、空调机房等）：

1）《教材（第三版 2018）》P342。

2）《民规》6.3.7-5。

3）《09 技措》4.5.3、4.5.4、4.5.6～4.5.11。

2. 真题归类

2007-1-11、2014-2-12、2014-2-14。

2.13　暖通空调系统、燃气系统的抗震设计

1. 知识要点

（1）供暖、通风与空调系统抗震：《教材（第三版 2018）》P342～343。

（2）燃气系统抗震：《教材（第三版 2018）》P343。

2. 超链接

《教材（第三版 2018）》P342～343。

2.14 通风及其他

2.14.1 有害气体浓度规定

有害气体浓度汇总 表 2-24

超链接	浓度比	说明
《工规》6.9.15-2	10%	排除、输送或处理有甲、乙类物质，其浓度为爆炸下限10%及以上时，供暖、通风与空调设备均应采用防爆型
《工规》6.9.2-3		空气中含有的易燃易爆气体，且气体浓度大于或等于其爆炸下限值的10%的其他厂房或仓库，不得采用循环空气
《教材（第三版2018)》P312 《工规》6.9.2-2 《建规2014》9.1.2	25%	1）甲乙类厂房或仓库中的空气不得循环使用； 2）含有燃烧或爆炸危险的粉尘、纤维的丙类厂房中的空气，在循环使用前应经净化处理，并应使空气中的含尘浓度低于爆炸下限的25%
《工规》6.9.15-3		排除、输送或处理含有燃烧或爆炸危险的粉尘、纤维等物质，其含尘浓度为其爆炸下限的25%及以上时，供暖、通风与空调设备均应采用防爆型
《教材（第三版2018)》P340		事故通风系统应与可燃气体浓度报警器连锁，当浓度达到爆炸下限的25%时，系统启动运行。事故通风系统应有排风和通畅的进（补）风装置且通风设备应防爆
《教材（第三版2018)》P172	30%	室内含尘气体经净化后其含尘浓度不超过国家规定的容许浓度要求值的30%，允许循环使用
《教材（第三版2018)》P256		进风口应设在室外空气比较清洁的地点。进风口处室外空气中有害浓度不应大于室内工作地点最高允许浓度的30%
《工规》6.3.2		除尘净化后，排风含尘浓度仍然大于或等于工作区容许浓度30%时，不应采用循环空气
《教材（第三版2018)》P258 《工规》6.9.5	50%	排除有爆炸危险物质的局部排风系统，其风量应按在正常运行和事故情况下，风管内这些物质浓度不大于爆炸下限的50%计算

2.14.2 各种进、排风口安装高度

进、排风口安装高度汇总 表 2-25

超链接	内容
《教材（第三版2018)》	P173、P176、P177、P256
《民规》	6.2.3、6.3.1、6.3.2、6.3.7、6.3.9
《工规》	6.2.6、6.2.11、6.3.5、6.3.10、6.4.5

2.14.3　通风空调抽样检验

超链接

《通风验规》3.0.10及条文说明举例、附录B。

2.14.4　其他例题

1. 通风验规：2011-2-11、2018-1-53。
2. 故障分析：2008-1-52、2012-2-12、2017-2-42。
3. 其他：2011-2-12、2012-2-13。

第3章　空　　调

3.1　空气调节的基础知识

3.1.1　焓湿图

1. 知识要点

（1）空调中空气密度为1.2kg/m³（20℃，1个标准大气压）。

（2）焓湿图组成

1）等相对湿度线。

2）等比焓线（等比焓线与等湿球温度线近似）。

3）等温线（与水平线接近平行，等温线之间并不平行）。

4）等含湿量线（等含湿量线与水蒸气分压力线对应）。

5）等热湿比线。

在给定的一张焓湿图上，使用任意的两个独立参数即可确定一个状态点及其他参数。

（3）一张焓湿图包括的参数有：湿空气的压力、干球温度、含湿量、相对湿度、焓、水蒸气压力。每张焓湿图都应有一个与之对应的热湿比尺，若某张焓湿图的单位长度大小或相间角（等含湿量线与等焓线夹角）发生改变，则其对应的焓湿图其热湿比尺也随之改变。因此一些软件做出的焓湿图与教材的焓湿图看起来有一定差异。考生应注意焓湿图与热湿比尺的对应关系，特别注意：热湿比夏正冬负。

（4）干球温度$t_{干}$、湿球温度$t_{湿}$、露点温度$t_{露}$三者关系

1）$t_{干} \geqslant t_{湿} \geqslant t_{露}$（当空气为饱和状态时，$t_{干}=t_{湿}=t_{露}$，此时相对湿度为100%）。

2）空气结露的条件：$t_{干}<t_{露}$。

（5）焓湿图应用

1）负荷运算：都是“室内设计参数→送风参数”，如“h_N-h_O、t_N-t_O、d_N-d_O”，冷负荷计算为正，热负荷计算为负。

2）湿负荷计算：算法同1），均按1）原则确定正负。

3）焓值计算：$h=1.01t+d(2500+1.84t)$（$kJ/kg_{干空气}$）。

4）由焓值计算推导焓差计算公式：$\Delta h=1.01\Delta t+2500\Delta d+1.84\Delta(td)$。

因为$1.84\Delta(td)$往往很小，可以省略，所以公式可简化为$\Delta h=1.01\Delta t+2500\Delta d$。

5）带入热湿比

在t℃水的焓　　$h_{水}=4.2t_{水}$　　（$kJ/kg_{水}$）

在t℃干空气的焓　　$h_{干空气}=1.01t_{干空气}$　　（$kJ/kg_{干空气}$）

在t℃水蒸气的比焓　　$h_{水蒸气}=2500+1.84t_{水蒸气}$　　（$kJ/kg_{水蒸气}$）

2500kJ/kg是每千克0℃的冰变成0℃的水所需要的汽化潜热

在t℃水蒸气的汽化潜热

$$r=2500+1.84t_{水蒸气}-4.2t_{水蒸气}=2500-2.36t_{水蒸气}\quad (kJ/kg_{水蒸气})$$

$$\Delta h=1.01\Delta t+2500\frac{\Delta h}{\varepsilon}=1.01\Delta t+\frac{\Delta h}{Q/W}$$

2. 真题归类

2018-1-57。

3.1.2 热湿比线快速画法

知识要点：

（1）热湿比线计算画法

1）根据室内设计参数，确定热湿比线通过的第一点（A 点）。

2）任意选取 Δd 的值，根据 ε 求出 $\Delta h=\varepsilon\times\frac{\Delta d}{1000}$。

3）根据 Δd、Δh 确定热湿比线的第二点（B 点）。

4）两点 AB 连线即为所需热湿比线。

5）热湿比线画法示例

已知室内设计温度 $t_A=26$℃，相对湿度 $\varphi=60\%$，热湿比 $\varepsilon=13200$，在 $i-d$ 图上作出热湿比线。

①根据室内设计参数确定第一点（A 点），并查焓湿图得出 A 点的含湿量 d_A 和焓 h_A；

A（$t_A=26$℃、$\varphi=60\%$）　⇒　$d_A=12.64$g/kg，$h_A=58.46$kJ/kg。

②确定热湿比线的第二点（B 点）：

假设　$\Delta d=1$g/kg（也可取 2g/kg），得出 $d_B=d_A+\Delta d=13.64$g/kg；

$$\Delta h=\varepsilon\times\frac{\Delta d}{1000}=\frac{13200\times 1}{1000}=13.2\text{kJ/kg},$$

得出 $h_B=h_A+\Delta h=58.46+13.2=71.66$kJ/kg。

根据 d_B、h_B，确定第二点（B 点）位置。

③两点 AB 连线即为 $\varepsilon=13200$ 热湿比线。

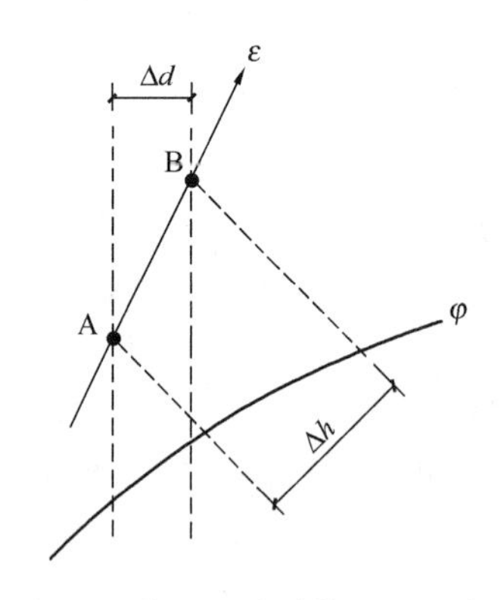

图 3-1　热湿比线计算画法示意图

（2）热湿比线角度法画法

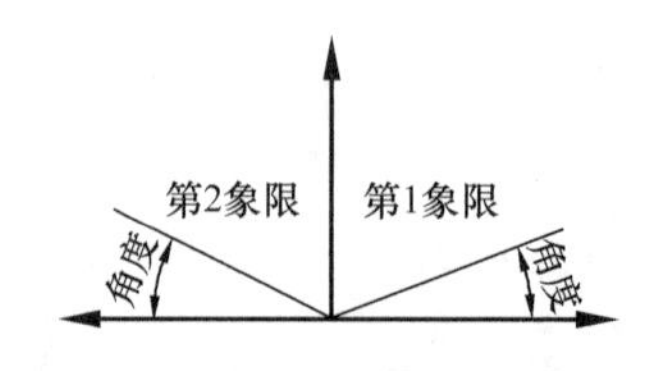

图 3-2　热湿比线角度法示意图

热湿比线角度法的角度和象限 表 3-1

热湿比	角度	象限	热湿比	角度	象限
200	43	2	13000	76	1
300	41	2	14000	78	1
400	40	2	14500	78	1
500	39	2	15000	79	1
600	37	2	15500	79	1
700	36	2	17000	80	1
800	34	2	17500	80	1
900	33	2	18000	81	1
1000	31	2	19000	81	1
10500	72	1	19500	82	1
11000	73	1	20000	82	1
11500	74	1	21000	82	1
12000	75	1	22000	83	1
12500	76	1	22500	83	1

注：热湿比 ε 的单位为 kJ/kg。

（3）采用硫酸纸热湿比尺的画法。

3.1.3 大气压力变化后，焓湿图中各个参数的变化

1. 知识要点

（1）空气干球温度、含湿量不变。

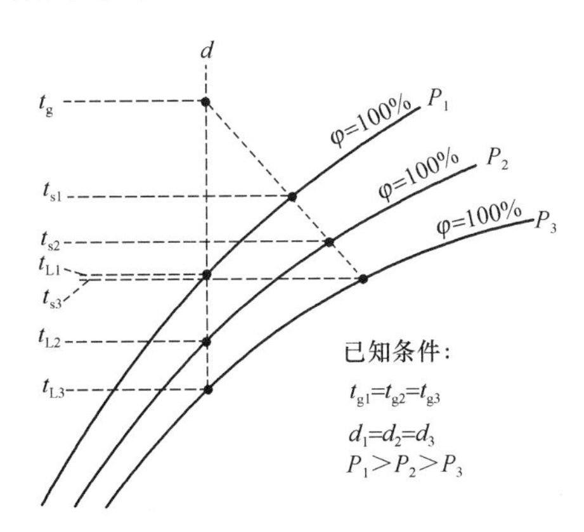

图 3-3 空气干球温度、含湿量不变时焓湿图参数变化示意图

空气干球温度、含湿量不变时的参数变化 表 3-2

条件：t_g（干球温度）、d（含湿量）不变		
参　　数	大气压力降低	大气压力升高
t_L（露点温度）	降低	升高
t_S（湿球温度）	降低	升高
φ（相对湿度）	降低	升高
h（焓）	不变	不变

（2）空气干球温度、相对湿度不变。

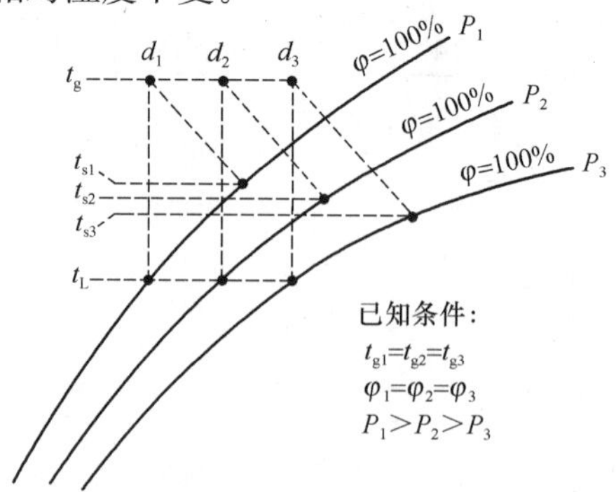

图 3-4　空气干球温度、相对湿度不变时焓湿图参数变化示意图

空气干球温度、相对湿度不变时的参数变化　　**表 3-3**

条件：t_g（干球温度）、φ（相对湿度）不变		
参　　数	大气压力降低	大气压力升高
t_L（露点温度）	不变	不变
t_S（湿球温度）	降低	升高
d（含湿量）	升高	降低
h（焓）	升高	降低

2. 例题

【单选】假定空气干球温度、含湿量不变，当大气压力降低时，下列何项正确？(2014-1-25)

(A) 空气焓值上升　(B) 露点温度降低　(C) 湿球温度上升　(D) 相对湿度不变

参考答案：B

解析：根据《教材（第三版 2018）》P344 公式（3.1-4），可知当干球温度和含湿量不变时，空气焓值不变，根据公式（3.1-2），当大气压降低时，由于含湿量不变，水蒸气分压力降低，再根据公式（3.1-5），由于饱和水蒸气分压力是温度的单值函数，干球温度不变则饱和水蒸气分压力不变，因此相对湿度降低，AD 选项错误。关于 BC 选项，由于相对湿度降低，根据附图分析，可知露点温度和湿球温度均下降。

注：本题若采用理论推导较困难，也浪费时间，对于此类题目推荐两种方法：

1）考试时准备一张非标准大气压下的焓湿图，与常用焓湿图对比即可；

2）平时复习时将大气压对于其他参数的影响做总结，抄在课本上考试翻看。

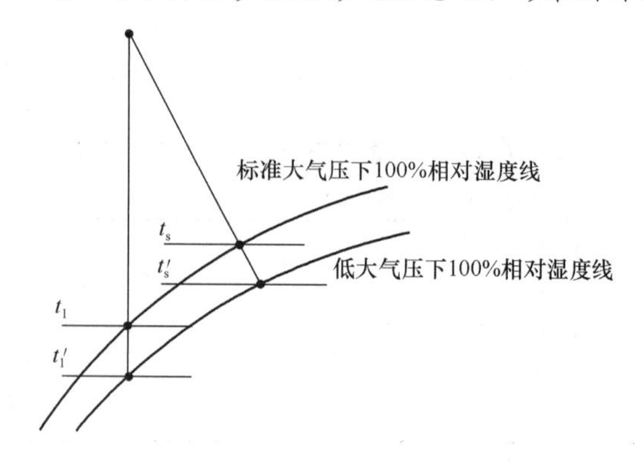

3.1.4　工艺性空调围护结构

1. 知识要点

(1) 注意不同室温波动范围内围护结构的朝向和层次。

(2)《民规》和《工规》规定不同，注意建筑类型。

(3)《民规》P45-表7.1.9注1、2和《工规》P63-8.1.9注。

2. 超链接

(1)《教材(第三版2018)》P356。

(2)《民规》7.1.7～7.1.11。

(3)《工规》8.1.7～8.1.12。

3. 其他例题

(1)【多选】水表面自然蒸发使空气状态发生变化，下列哪几项是正确的？(2006-2-56)

(A) 空气温度降低、湿度增加　　(B) 空气温度升高、湿度增加

(C) 空气温度不变、湿度增加　　(D) 空气比焓不变、湿度增加

参考答案：AD

解析：自然蒸发不受外部冷热源影响，为等焓过程，空气与水直接接触时的状态变化过程可参考《空气调节(第四版)》P63～64。

(2)【单选】评价人体热舒适性的国际标准ISO7730中，“预期平均评价PMV”和“预期不满意百分率*PPD*”的推荐值为下列哪一项？(2006-2-19)

(A) $PPD<10\%$，$-0.5\leqslant PMV\leqslant+0.5$

(B) $PPD=0$，$PMV=0$

(C) $PPD=5\%$，$PMV=0$

(D) $PPD<10\%$，$-1.0\leqslant PMV\leqslant+1.0$

参考答案：A

解析：

根据《教材(第三版2018)》P350，注意《民规》表3.0.4已将热舒适等级分为Ⅰ、Ⅱ两级。

4. 真题归类

(1) 基础：2006-2-21、2006-2-56、2008-1-22、2010-2-57、2011-2-59、2017-1-23、2017-2-24。

(2) 室内外参数：2006-2-19、2006-2-20、2008-1-20、2009-1-21、2009-1-25、2010-1-24、2016-2-24、2016-2-57、2009-1-41、2018-1-25、2018-2-24。

(3) 热工：2006-1-19、2006-1-54、2006-2-54、2007-2-21、2010-1-22、2010-1-23、2011-1-21、2011-2-21、2011-2-49、2012-2-24、2013-1-22、2013-1-56、2016-1-25。

注：热工题目中《公建节能》新版与旧版规定不同。

3.2　空调冷热负荷和湿负荷计算

3.2.1　得热量与冷负荷之间的区别

1. 知识要点

(1) 得热量不一定等于冷负荷。

(2) 冷负荷针对的是室内的空气。得热量中的对流成分才能被空气吸收，得热量中的辐射成分无法直接变为冷负荷。

(3) 由于能量转化的衰减和延滞现象，冷负荷的峰值小于并且滞后于得热量的峰值。

(4) 房间得热峰值总是大于房间冷负荷峰值，房间蓄热能力越小，得热的衰减和延滞现象越弱。

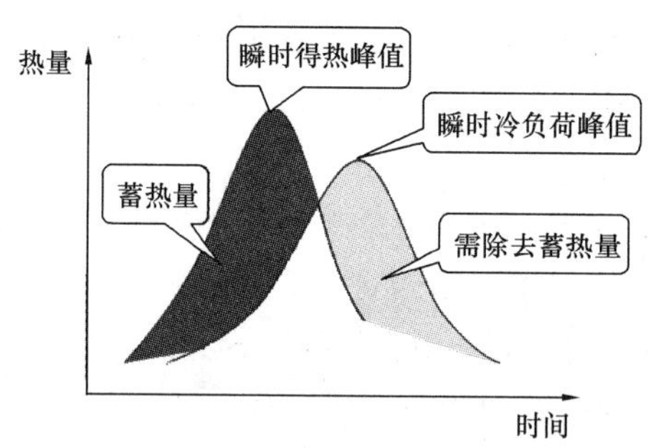

图 3-5　瞬时太阳辐射得热与房间实际冷负荷之间的关系

2. 超链接

(1)《教材（第三版 2018）》P357～358。

(2)《民规》7.2.2、7.2.3。

(3)《工规》8.2.3。

(4)《09 技措》5.2.2。

3.2.2　稳态和非稳态方法计算冷负荷

1. 知识要点

(1) 非轻质外墙是指传热衰减系数≤0.2 的外墙。

(2) 人员密集空调区，如剧院、电影厅、会堂等，由于人体对围护结构和家具的辐射换热量减少，其冷负荷可按瞬时得热量计算。

(3) 冷水箱温升引起的冷量损失计算，按稳态传热方法进行计算。

(4)《民规》室外或邻室计算温度

民用建筑室外或邻室计算温度　　表 3-4

计算方法	围护结构	室外或邻室计算温度
非稳态	外墙、屋面、外窗	逐时冷负荷计算温度
稳态	室温≥±1℃的空调区非轻质外墙	夏季室外计算日平均综合温度
	与邻室温差＞3℃的隔墙、楼板	邻室计算平均温度

（5）《工规》室外或邻室计算温度

工业建筑室外或邻室计算温度　　**表 3-5**

计算方法	围护结构	室外或邻室计算温度
非稳态	外窗或其他透明部分	夏季空气调节室外计算逐时温度
	外墙和屋顶	夏季空气调节室外计算逐时综合温度
稳态	室温≥±1℃的空调区非轻质外墙	夏季室外计算日平均综合温度
	邻室为非空调区时的隔墙、楼板	邻室计算平均温度

注：冬季热负荷采用冬季空调室外计算温度。

2. 超链接

（1）《教材（第三版 2018）》P359～365。

（2）《民规》7.2.4、7.2.5、7.2.7、7.2.8。

（3）《工规》8.2.4、8.2.5、8.2.6、8.2.7、8.2.8。

（4）《09 技措》5.2.3。

3.2.3　空调冷、热负荷计算

1. 综合最大值和累计值的区别

综合最大值和累计值的区别　　**表 3-6**

综合最大值	各空调区逐时冷负荷相加之后得出的数列中的最大值	1）多个房间（空调区）采用变风量集中式空调系统。 2）末端设备设有温度自动控制装置
累计值	各空调区逐时冷负荷最大值相加在一起（不考虑是否同时发生）	1）定风量集中式空调系统。 2）末端设备无温度自动控制装置

2. 知识要点

（1）应计入附加冷负荷；除空调风管局部布置在室外环境的情况下，可不计入各项附加热负荷。

（2）冬季空调热负荷按累计值确定。

（3）舒适性空调可不计地面冷负荷；工艺性空调宜计距外墙 2m 内的地面冷负荷。

（4）非空调区的屋顶只计辐射形成的冷负荷，高大空间的分层空调乘以小于 1 的系数。

3. 超链接

（1）《教材（第三版 2018）》P359～365。

（2）《民规》7.2.6、7.2.10、7.2.11、7.2.12、7.2.13、7.2.14。

（3）《工规》8.2.10、8.2.16。

（4）《09 技措》5.2.4、5.2.7、5.2.12、5.2.13。

3.2.4　显热负荷和潜热负荷

知识要点：

（1）温度 t 对应显热，含湿量 d 对应潜热，焓 h 对应全热。

（2）全热负荷＝显热负荷＋潜热负荷。故除潜热即为除湿。

（3）假设室内空气温度变化为 Δt，含湿量变化为 Δd，则空气的全热变化量为：

$$\Delta h=1.01\Delta t+\Delta d\ (2500+1.84\Delta t)。$$

（4）含湿量为 d 的空气中，所含的潜热负荷近似为 2500（kJ/kg）×d（kg/kg）。

3.2.5 空调房间空气平衡

1. 知识要点

（1）房间平衡关系：送风＝回风＋排风＋渗透。

（2）机组平衡关系：送风＝回风＋新风。

（3）系统平衡关系：新风＝排风＋渗透。

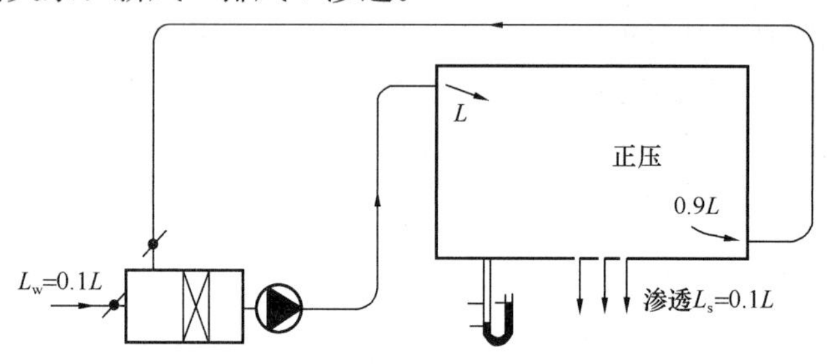

图 3-6 空调系统空气平衡关系图

2. 例题

（1）【单选】关于维持正压房间的空调冷负荷，表述正确的应是下列何项？（2009-2-23）

（A）空调房间的夏季冷负荷中包括了新风负荷，故房间的冷负荷比房间得热量大

（B）空调系统的冷负荷就是空调房间的得热量

（C）空调房间的冷负荷最终是由对流换热量组成的

（D）空调房间的瞬时辐射得热量与对流得热量之和为房间的冷负荷

参考答案：C

解析：根据《教材（第三版 2018）》P358 或《民规》7.2.3 及条文说明。

（2）【多选】在设计空调系统时采用上送风方式，哪几项夏季送风温差选取是错误的？（2010-1-60）

（A）工艺性空调室温允许波动＞±1.0℃的房间，采用送风温度为 16℃

（B）舒适性空调送风口安装高度为 3.6m 的房间，采用送风温差为 12℃

（C）舒适性空调送风口安装高度为 6.5m 的房间，采用送风温差为 14℃

（D）工艺性空调室温允许波动为±1.0℃的房间，采用送风温差为 8℃

参考答案：AB

解析：根据《民规》7.4.10。

（3）【单选】判断一幢建筑是否节能，采用的判据应是下列选项的哪一个？（2008-2-22）

（A）该建筑是否应用了地源热泵

（B）该建筑全年单位面积平均能耗

（C）该建筑空调采暖负荷大小

（D）该建筑围护结构传热系数是否达到节能设计标准的要求

参考答案：B

解析：根据《教材（第三版 2018）》P367，建筑全年单位面积平均能耗才是衡量建筑全年总运行能耗的正确指标。

3. 真题归类

（1）负荷：2006-1-20、2006-2-55、2007-1-22、2007-2-23、2008-1-21、2008-2-20、2008-1-57、2008-2-55、2009-2-23、2009-1-57、2010-1-58、2011-2-58、2012-1-26、2012-1-59、2014-1-23、2014-1-24、2016-1-22、2016-2-54、2017-1-24、2017-2-19、2017-2-20。

（2）热湿平衡及送风量：2006-1-21、2010-1-60、2011-2-22、2016-1-54、2012-1-25。

（3）全年耗能量：2008-2-22。

3.3 空调方式与分类

3.3.1 空调方式与分类

空调方式与分类　　表 3-7

分类	系统	系统适用性	系统应用
空气处理设备的设置情况	集中式	1）房间面积较大或多层、多室而热湿负荷变化情况类似。 2）新风量变化大。 3）室内温度、湿度、洁净度、噪声、振动等要求严格的场合。 4）全年多工况节能。 5）高大空间的场合	单风管 双风管 定风量 变风量
	半集中式	1）室内温、湿度控制要求一般的场合。 2）各房间可单独进行调节的场所。 3）房间面积大且风管不易布置。 4）要求各室空气不串通	风盘＋新风 冷辐射板＋新风 诱导式 末端再热式
	分散式	1）空调房间布置分散。 2）要求灵活控制空调使用时间。 3）无法设置集中式冷、热源	单元式空调器 房间空调器 分体式空调
负担室内空调负荷所用介质	全空气	1）建筑空间大，易于布置风道。 2）室内温、湿度及洁净度控制要求严格。 3）负荷大或潜热负荷大的场合	单风管 双风管 定风量 变风量 全空气诱导器
	全水	1）建筑空间小，不易于布置风道的场合。 2）不需要通风换气的场所	风盘（无新风） 辐射板（无新风）

续表

分类	系统	系统适用性	系统应用
负担室内空调负荷所用介质	空气—水	1）室内温、湿度控制要求一般的场合。 2）层高较低的场合。 3）冷负荷较小，湿负荷也较小的场合	风盘＋新风、 辐射板＋新风 空气一水诱导器
	制冷剂	1）空调房间布置分散。 2）要求灵活控制空调使用时间。 3）无法设置集中式冷、热源	单元式空调 房间空调器 分体式空调 多联机 水环热泵
空调系统处理的空气来源	直流式	不允许采用回风的场合，如散发有害物的空调房间	全新风
	混合式	既要求满足卫生要求，又要求系统经济上合理的场合	一次回风 二次回风
	封闭式	无人或很少有人进入的场所	再循环空气
风量变化	定风量、变风量		
送风参数	单风管、双风管		
用途	舒适性、工艺性		
精度	一般性、恒温恒湿		
运行时间	全年性、季节性		

注：《教材（第三版 2018）》P370～371。

3.3.2 空调系统选择原则

空调系统选择 **表 3-8**

系统形式	选用原则		场所	超链接
风系统设置	房间使用参数不同（时间、温湿度、洁净度、噪声）、同时供热和供冷宜分别设置		进深较大的开敞式办公用房、大型商场等	《民规》7.3.2、7.3.3； 《工规》8.3.2。 《公建节能》4.1.7。 《09 技措》5.3.1、5.3.2。 《07 节能技措》5.3.1
	空气含有易燃易爆或有毒有害物应独立设置		实验室等	
全空气	定风量	宜采用： 1）空间较大、人员较多。 2）温湿度允许波动小。 3）噪声或洁净度标准高。 4）过渡季可利用新风作冷源	剧院、体育馆、播音室、商场、展览厅、餐厅、宴会厅、多功能厅、净化房间、医院手术室等	《民规》7.3.4～7.3.8。 《工规》8.3.3～8.3.7。 《09 技措》5.3.3.1、5.3.3.2、5.3.5。 《07 节能措施》5.3.9

续表

系统形式	选用原则		场所	超链接
全空气	变风量	1）温湿度或噪声要求严格不宜采用； 2）区域变风量：单个空调区，部分负荷时间较长，相对湿度不宜过大。 带末端装置的变风量：多个空调区，负荷变化相差大、部分负荷运行时间较长、温度独立控制	1）单风道：吊顶其他设备较多，安装空间受限；工程初投资受限；噪声要求高但气流组织要求低的场所； 2）串联风机动力型：低温送风系统；恒定气流组织；较大的换气系数；VAV BOX下游阻力较大； 3）并联风机动力型：吊顶内设备散热量很大；内区吊顶与外区相通，系统有单独回风管； 4）带风机动力型末端装置不宜应用于播音室等（有噪声要求）	《民规》7.3.4～7.3.8。 《工规》8.3.3～8.3.7。 《09技措》5.3.3.1、5.3.3.2、5.3.5。 《07节能措施》5.3.9
	一次回风	允许采用较大送风温差应采用	一般工程，系统简单、易于控制	
	二次回风	送风温差较小、相对湿度要求不严格时可采用	下送风方式、洁净室等	
风盘+新风	宜采用：空调区较多，建筑层高较低且各区温度要求独立控制。 不宜采用：空气质量、温湿度要求严格或空气含有较多油烟		宾馆客房、办公室、医院（干式风盘）等适用；厨房不适用	《民规》7.3.9、7.3.10。 《工规》8.3.8。 《09技措》5.3.3.3、5.3.6
多联机	宜采用：房间或区域数量多，同时使用率较低，温度独立控制，具备设置室外机条件，中小型系统（热回收型：同时供冷、供热）。 不宜采用：振动较大、油污蒸汽较多以及产生电磁波或高频波等场所		多居室的住宅或别墅、办公楼、宾馆等	《民规》7.3.11。 《工规》8.3.11。 《09技措》5.3.3.6
低温送风	宜采用：有低温冷媒可利用。 不宜采用：空气相对湿度或送风量较大的空调区		空调负荷增加而又不允许加大风管、降低房间净高的改造工程适用；植物温室、手术室等不适用	《民规》7.3.12、7.3.13。 《工规》8.3.12、8.3.13。 《09技措》5.3.3.4； 《07节能措施》5.3.10
温湿度独立控制	散湿量较小[<30g/(m^2·h)]且技术经济合理时宜采用		洁净室、制药厂、纺织车间等	《民规》7.3.14、7.3.15。 《公建节能》4.1.6。 《09技措》5.17.1
蒸发冷却	《民规》 室外露点温度较低（<16℃）且技术经济合理。 《工规》 1）室外湿球温度小于23℃的干燥地区。 2）显热大，散湿较小或无散湿，且全年需要以降温为主的高温车间。 3）湿度要求高或无严格限制的生产车间		新疆、甘肃、宁夏、内蒙古、青海等干热气候区；高温车间、数据通信机房；纺织厂、印染厂、服装厂等工业建筑	《民规》7.3.16、7.3.17。 《工规》8.3.9、8.3.10。 《公建节能》4.4.2。 《09技措》5.15.1

续表

系统形式	选用原则	场　　所	超　链　接
直流式（全新风）	1）夏季室内空气比焓＞室外空气比焓。 2）排风量＞按负荷计算的送风量。 3）散发有毒有害物，以及防火防爆等要求不允许空气循环使用。 4）卫生或工艺要求	室内游泳馆、宾馆的厨房、放射性实验室、产生有毒有爆炸危险气体的车间、烧伤病房、传染病房等	《民规》7.3.18、7.3.20。 《工规》8.3.16～8.3.17。 《公建节能》4.3.11。 《09技措》5.3.3.7、5.3.4。 《07节能措施》5.3.6、5.3.8
热回收	设有集中排风空调系统，且技术经济合理	宾馆客房、酒店、写字楼、游泳馆等	《民规》7.3.23、7.3.24。 《09技措》4.7。 《07节能技措》4.3
分散设置、独立冷源	1）空调面积较小，采用集中式不经济。 2）空调房间布置过于分散。 3）少数房间使用时间和要求集中式不同。 4）原有建筑增设空调，而机房和管道难设	中、小型商用建筑等	《工规》8.3.14、8.3.15。 《公建节能》4.1.5。 《09技措》5.3.3.8
水环热泵空调	有较大需全年供冷区域，冬季或过渡季节需同时供冷与供热，且冷量较大，房间和区域负荷特性相差较大，温度独立调节	超市、写字楼、宾馆的饭店、医院等	《09技措》5.13

3.4　空气处理与空调风系统

3.4.1　空气热湿处理

知识要点：

（1）热湿处理设备分类

1）直接接触式：喷水室、各类加湿器、直接蒸发冷却器、溶液（固体）除湿设备等。

2）表面（接触）式：表冷器、空气加热器、间接蒸发冷却器等。

（2）喷水室

空气与水直接接触时各种过程的特点　　**表3-9**

过程线	水温特点	t或Q_x	d或Q_q	i或Q_z	过程名称
A-1	$t_w<t_L$	减	减	减	减湿冷却
A-2	$t_w=t_L$	减	不变	减	等湿冷却
A-3	$t_L<t_w<t_s$	减	增	减	减焓加湿
A-4	$t_w=t_s$	减	增	不变	等焓加湿
A-5	$t_s<t_w<t_A$	减	增	增	增焓加湿
A-6	$t_w=t_A$	不变	增	增	等温加湿
A-7	$t_w>t_A$	增	增	增	增温加湿

注：表中t_A、t_s、t_L为空气的干球温度、湿球温度和露点温度，t_w为水温。

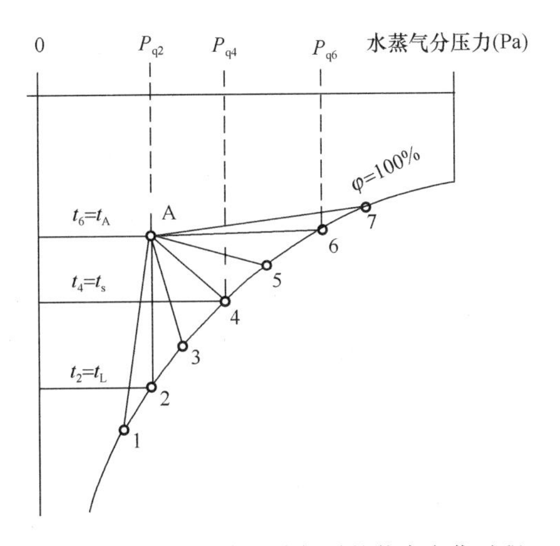

图 3-7　空气与水直接接触时的状态变化过程

（3）表冷器

1）减湿冷却：冷媒＜露点温度。

2）等湿冷却：冷媒≥露点温度（表冷器）。

3）冷却加湿：露点温度≤冷媒＜干球温度（喷水室）。

4）温度要求高时采用等温加湿。

5）温度要求不高时采用等焓加湿。

3.4.2　典型湿空气的状态变化过程

1. 知识要点

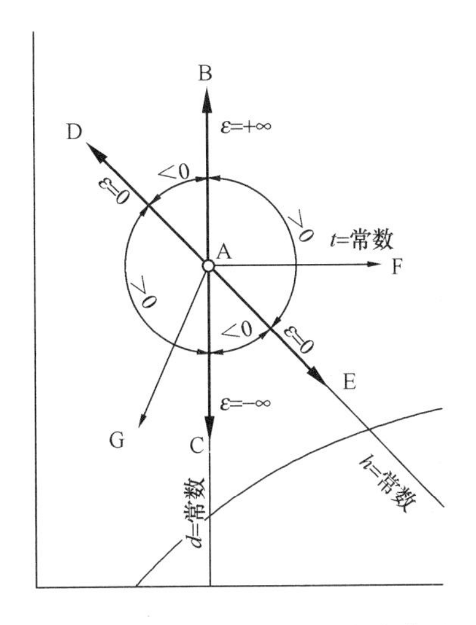

图 3-8　几种典型的湿空气状态变化过程

几种典型的湿空气状态变化过程及对应设备　　表 3-10

过程线	热湿比 ε	过程名称	设　备
AB	+∞	等湿加热	空气加热器、电加热器、风机发热、夏季风管内空气由于传热导致的温升等。 注：此过程的空气相对湿度降低、不是含湿量降低
AC	−∞	等湿冷却	空气冷却器（干式冷却，冷却器表面不发生结露）
AD	0	等焓减湿	固体吸湿剂、转轮除湿机等
AE	0	等焓加湿	喷水室（循环水）、湿膜加湿器、高压喷雾加湿器、超声波加湿器、离心式加湿器、表面蒸发式加湿器、喷水加湿器、电动喷雾加湿器等
AF	>0	等温加湿	干式蒸汽加湿器、电加湿器（电热式和电极式）、红外线加湿等
AG	<0	减焓减湿	喷水室喷冷水、空气冷却器、冷冻除湿机等

2. 例题

(1)【多选】空调系统采用加湿器加湿过程的表述，下列哪几项是正确的？（2006-1-59）

(A) 湿膜加湿器加湿为等焓过程

(B) 低压干蒸气加湿器加湿为等温加湿

(C) 高压喷雾加湿器加湿为等温过程

(D) 电极式加湿器加湿为等焓过程

参考答案：AB

解析：根据《教材（第三版 2018）》P376，等焓加湿包括：高压喷雾、超声波、湿膜、循环水等；等温加湿包括：喷蒸汽、电极加湿等。

3. 真题归类

2006-1-56、2006-1-59、2006-2-24、2007-1-24、2007-2-24、2007-2-58、2008 2 21、2009-2-24、2009-2-25、2009-1-58、2009-2-54、2010-1-59、2011-1-24、2012-2-27、2013-1-57、2014-2-26、2014-2-59、2014-2-61、2016-2-25、2016-1-55、2016-1-57、2017-2-21、2018-1-59、2018-2-25、2018-2-56。

3.4.3 空调系统选择

1. 知识要点

空调系统的适用范围　　表 3-11

空调系统	适　用　范　围	不适用范围
定风量系统	1）空间较大、人员较多。 2）温湿度允许波动范围小。 3）噪声或洁净度标准高。 4）过渡季可利用新风作冷源。 （一次回风：较大送风温差。二次回风：温差较小，相对湿度要求不严格）	

续表

空调系统	适　用　范　围	不适用范围
变风量系统	1）区域变风量：单个空调区，部分负荷时间较长，相对湿度不宜过大。 2）带末端装置的变风量：多个空调区，负荷变化相差大、部分负荷运行时间较长、温度独立控制	1）温湿度波动范围要求严格。 2）噪声标准要求严格
风机盘管加新风	1）空调区较多。 2）人员密度不大。 3）层高较低。 4）各区温度独立控制	1）空气质量、温湿度波动范围要求严格。 2）空气中含有较多油烟
多联机空调	1）房间或区域数量多。 2）同时使用率较低。 3）温度独立控制。 4）具备设置室外机条件。 5）中小型系统。 （热回收型：同时供冷、供热）	1）振动较大。 2）油污蒸汽较多。 3）产生电磁波或高频波
低温送风空调	有低温冷媒	1）空气相对湿度较大。 2）送风量较大
温湿度独立控制	散湿量较小［<30g/(m²·h)］且技术经济合理	
蒸发冷却空调	《民规》 室外露点温度较低（<16℃），且技术经济合理。 《工规》 1）室外湿球温度小于23℃的干燥地区。 2）显热大，散湿较小或无散湿，且全年需。 3）要以降温为主的高温车间。 4）湿度要求高或无严格限制的生产车间	
直流式（全新风）空调	1）消除预热、余湿，室内空气比焓>室外。 2）空气比焓，使用回风不经济。 3）排风量>按负荷计算出的送风量。 4）室内散发有毒有害物质，不允许空气循环	
水环式水源热泵空调	1）有较大需全年供冷区域。 2）冬季或过渡季节需同时供冷与供热，且冷量较大。 3）房间和区域负荷特性相差较大。 4）温度独立调节	
单元整体和分体空调	1）面积小，集中供冷、供热不经济。 2）布置分散。 3）少数房间使用时间和要求与集中供冷、供热不同时。 4）增设机房和管道难布置。 5）住宅	

2. 超链接

(1)《民规》7.3.4～7.3.18。

(2)《工规》8.3.3～8.3.16。

(3)《09技措》5.3.3。

3. 例题

(1)【单选】就建筑物的用途、规模、使用特点、负荷变化情况、参数要求以及地区气象条件而言，以下措施中，明显不合理的是哪一项？(2014-2-27)

(A) 十余间大中型会议室与十余间办公室共用一套全空气空调系统

(B) 显热冷负荷占总冷负荷比例较大的空调区采用温湿度独立控制空调系统

(C) 综合医院病房部分采用风机盘管加新风空调系统

(D) 夏热冬暖地区全空气变新风比空调系统设置空气-空气能量回收装置

参考答案：A

解析：

A选项：办公室与大中型会议室无论在使用时间、使用频率还是系统新风比等各方面要求均不相同，不宜共用一套全空气空调系统。

B选项：显热冷负荷比例较大的房间湿负荷较小，采用温湿度独立控制空调系统较合适。

C选项：医院病房采用风机盘管加新风空调系统可分区域调节，是工程常见做法。

D选项：新风热回收系统有利于系统节能运行。

(2)【单选】某空调实验室，面积200m^2，高3m，内有10人。新风量按每人30m^3/h计，室内要求正压风量为房间的1次/时换气量，同时室内还有500m^3/h的排风量。试问该实验室的新风量应为下列哪一项数值？(2007-1-23)

(A) 300m^3/h　　(B) 500m^3/h　　(C) 800m^3/h　　(D) 1100m^3/h

参考答案：D

解析：根据《民规》7.3.19。

按以下计算结果取大值：

1) 按人员计算：30×10=300m^3/h，考虑排风500m^3/h，应取500m^3/h。

2) 按压差计算：200×3×1=600m^3/h，考虑排风500m^3/h，应取600+500=1100m^3/h。

(3)【单选】某定风量一次回风空调系统服务于A、B两个设计计算负荷相同的办公室。系统初调试合格后，夏季设计工况完全满足A、B两个房间的空调设计指标。夏季运行时，采用设定的回风温度来自动控制通过空调机组表冷器的冷水流量（保持回风温度不变）。问：供冷工况下，当A房间的冷负荷低于设计工况、B房间冷负荷处于设计工况时，空调机组的回风温度t_H、各房间室内温度（t_A、t_B）之间的关系（系统风量与房间风量不变），以下哪一项是正确的？(2014-1-26)

(A) $t_H<t_A$　　(B) $t_H<t_B$　　(C) $t_H=t_A$　　(D) $t_A>t_B$

参考答案：B

解析：设计工况下，AB房间温度相同，也等于机组的回风温度，而在实际运行工况条件下，由于A房间负荷小于设计负荷，B负荷房间等于设计负荷，在风量保持不变且同一机组送风的情况下，必然会导致A房间温度低于B房间温度，D错误；而机组回风温度是两房间回风的混合温度，则机组回风温度t_H必处于两房间温度t_A和t_B之间，即：

$t_A < t_H < t_B$，B 正确，A、C 错误。

4. 真题归类

（1）空调方案：2007-2-55、2010-1-26、2011-1-59、2012-1-61、2014-2-27、2014-2-58、2017-1-20、2017-2-26。

（2）新风量：2007-1-23、2009-1-26。

（3）一次回风：2007-2-22、2014-1-26。

（4）二次回风：2012-2-26、2016-2-23。

（5）内外分区：2006-1-55。

（6）全新风：2006-1-57、2008-2-56。

（7）低温送风：2007-1-55、2009-1-30、2011-1-22。

（8）座椅送风：2013-1-23。

（9）辐射板：2009-1-24。

（10）新风机组：2008-2-27、2012-1-60。

3.4.4 变风量空调系统

1. 知识要点

（1）变风量系统概念

根据风量计算公式：$G = \dfrac{Q_{全热}}{h_N - h_O} = \dfrac{Q_{显热}}{c_p \cdot (t_N - t_O)}$

1）定风量：G 和室温 t_N 不变，当 Q 变化时，送风温度 t_O 改变；

2）变风量：送风温度 t_O 和室温 t_N 不变时，当 Q 变化时，G 改变。

通过保持空气处理机组的送风温度稳定（t_O 不变）、改变空气处理机组或空调末端装置的送风量（G 改变），实现室内空气温度参数控制（t_N）的全空气空调系统，简称 VAV 系统。

（2）变风量系统的组成

变风量末端装置、空气处理及输送设备、风管系统、自动控制系统。

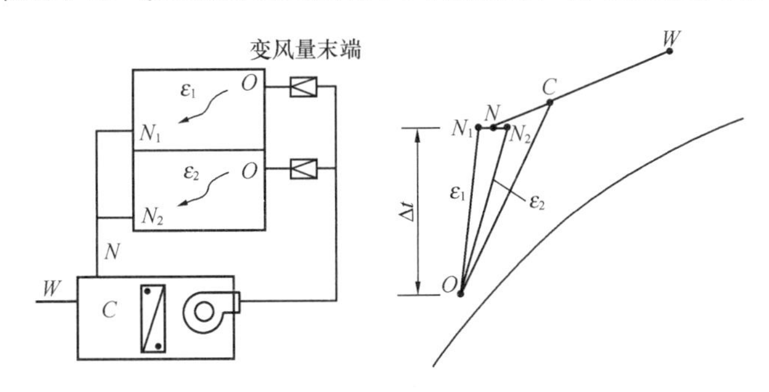

图 3-9 变风量空调系统示意图及焓湿图

1）调节冷水流量维持送风温度 t_O 不变（也可同时调节），另调节系统总风量 G 以适应系统显热负荷的变化；

2）调节区域送风量，以适应各空调区显热负荷的变化。

（3）系统优缺点及适用范围

变风量系统优缺点及适用范围 **表 3-12**

优点	缺点	适用范围
1）区域温度可控； 2）部分负荷时，采用变频器调节风机转速，大大降低了风机能耗； 3）保持定风量空调系统空气过滤效率高、室内空气品质好、室内相对湿度低、热舒适性好的特点； 4）通过改变新风比可以利用室外低温新风进行自然冷却，并可实现低温送风； 5）系统无水管进入空调区域	1）因大量使用变风量末端装置及其控制设备，初投资较大； 2）风量调节时，区域内新风量分配可能会不均匀； 3）末端装置内置风机和调节风阀可能会产生噪声； 4）设计、施工、管理较复杂； 5）末端装置较小风量时室内气流分布状况较差	1）区域温控要求高； 2）空气品质要求高； 3）高等级办公、商业场所； 4）大、中、小各类空间

（4）变风量系统与其他系统比较

变风量系统与其他系统比较 **表 3-13**

与定风量系统比较	与风盘加新风系统比较
1）控制室内显热； 2）增加了末端装置和控制部分； 3）降低系统总冷负荷； 4）风机装机容量降低，变频调节，节约空气输送能耗； 5）用电安装容量下降，节省费用； 6）随着负荷降低，末端风量减少，进而空调机组的送风量减少（通常以风机变频调速的方式通过出口静压来控制风机转速），由于系统在全年大部分时间为部分负荷工况运行，因此全年运行能耗明显降低； 7）机组尺寸减小，节省机房面积	1）室内无水管； 2）检修工作量减少； 3）有效地控制室内噪声； 4）过渡季可直接利用新风冷却（焓值控制新风比的方式），节能显著

（5）变风量系统类型

变风量空调末端的调节过程及适用性 **表 3-14**

类型		负荷变化	风量变化	适用性及特点
单风道型	单冷型	随着房间或温度控制区显热冷负荷由最大值逐渐减小	风量从最大风量减少至最小风量，达到并保持最小风量后，进入供冷过渡季	1）办公建筑中需要全年供冷的内区； 2）夏热冬暖地区冬季外区无需供热的办公建筑； 3）与其他外区空调设施组成组合式单风道型变风量空调系统，用于各种内、外分区的办公建筑
	单冷再热型	1）供冷：与单冷型一致； 2）供热：一般采用热水盘管	1）供冷：与单冷型一致； 2）供热：风量恒定不变，通过调节加热盘管的电动水阀（两通阀或比例式调节阀）调节房间温度	1）夏热冬冷地区冬季外区需供热的办公建筑； 2）不带加热器的一般用于全年供冷的内区；带加热器的一般用于夏季供冷、冬季供热的外区或"过冷再热"的内区
	冷暖型	1）供冷：与单冷型一致； 2）供热：随着房间或温度控制区热负荷由最大值逐渐减小	1）供冷：与单冷型一致； 2）供热：风量从最大风量减少至最小风量，达到并保持最小风量后，进入供热过渡季	1）无内区的小型办公建筑； 2）大、中型办公建筑的外区； 3）不允许水管进入的空调区域； 4）有供冷和供热两种工况；控制器根据其自带的辅助温度传感器进行判断，达到工况转换

续表

类型		负荷变化	风量变化	适用性及特点
风机动力型	串联风机动力型	1）供冷：风阀根据温控器要求调整开度；风机将一次风和吊顶二次回风混合后送入房间；风机风量恒定但送风温度变化；当冷负荷下降时，一次风减少至最小风量，进入过渡季后，当室温进一步降低，系统转换为供热工况，末端附带的加热盘管开始供热； 2）供热：一次风以供冷时的最小风量运行，通过调节附带加热盘管的电动阀，通过改变送风温度，来调节房间或温控区的温度		1）适合严寒地区的供热需求； 2）适宜于采用冰蓄冷的低温送风变风量空调系统； 3）采用普通送风口，也能保证室内有较好的气流分布，不会出现小风量时冷风下沉现象；可用于（一次风）低温送风系统而不必考虑风口结露等问题； 4）二次回风可使吊顶内“未用完”的新风再循环利用，可有效提高临界通风分区和整个系统的通风效率，减少系统新风； 5）送风量恒定气流组织稳定，冬季供热效果较好；系统噪声稳定； 6）提供一次风的空调机组的出口静压较低
	并联风机动力型	1）供冷：大风量运行时，末端内置风机不工作； 2）供热：温度低于设定值后进入供热工况		1）风机与一次风阀独立工作，风量互不干扰； 2）风机风量小于送风量，故外形尺寸、成本及噪声均较小； 3）风机仅在加热模式开启，耗电少； 4）供热时，风机启动抽取房间吊顶内的热风；若房间温度进一步降低，需启动加热设备

（6）变风量串、并联风机特点

变风量串、并联风机特点　　表3-15

对比项	串联风机型	并联风机型
送风温度	供冷时因一、二次风混合可提高送风温度	1）大风量供冷时，送风为一次风，送风温度不变； 2）小风量供冷和供热时，一、二次风混合，送风温度变化
风机容量	一次风量设计值的100%～130%	一次风量设计值的60%
风机运行与控制	连续运行；必须与空调机组的风机连锁以防增压	间歇运行（低制冷负荷、加热负荷和夜间循环）；不需要与空调机组的风机连锁
送风量调节	定风量运行	1）低制冷负荷和加热负荷时，定风量运行； 2）制冷负荷由中到高变化时，变风量运行
风机能耗	连续运行，设计风量大，能耗较高	间歇运行，设计风量小，能耗较低
一次风最小静压	较低，只需克服节流阀阻力	较高，需克服节流阀、下游风管和散流器阻力
风机压头	只需克服上游风管和节流阀阻力	需较大功率克服节流阀、上下游风管和散流器阻力
噪声	风机连续运行，噪声平稳，但比并联风机型平稳运行噪声稍高	风机间歇运行，启动噪声大，平稳运行噪声低

(7) 变风量末端装置不同形式的风量分析

变风量末端装置不同形式的风量分析 **表 3-16**

调节方式	串联型	并联型
当房间负荷降低时，温控器关小 VAV BOX 的一次风量，通过改变空调机组的风机转速来适应末端风量的变化	当负荷降低时，要减少风量则关小一次风阀，二次回风增大（末端总风量不变），直到一次风阀关至最小（二次回风达到设计最大），末端风机始终恒定风量	当负荷降低时，要减少风量则关小一次风阀（此时无二次回风），直到一次风阀关至最小，此时风机启动，开始二次回风循环
一次风阀自动调节，末端 VAV BOX 内为定速风机，个别情况有不同转速	末端风机始终恒定风量运行，当一次风阀关小时，二次回风增加，总风量不变；而单风道的没有二次回风口	末端风机只有保持最小换气次数要求时才工作，此时一次风阀已关至最低风量（最小新风要求）

(8) 变风量机组风量的控制方法对比

变风量机组风量的控制方法对比 **表 3-17**

	特点	优缺点
定静压法	1）静压传感器的安装位置即压力测点的位置，决定系统的能耗和稳定性。静压值设定太低，会造成一些阻力较大环路的 VAV BOX 无法达到所需的一次送风量，不能满足全部房间（最大风量）的要求；静压值设定太高，将增加能耗（不必要的能源浪费）、增加噪声，对控制不利； 2）当测压点距离风机出口较近时，空调机组出口处静压变化较小，风机节能不明显，末端装置在较大进出口的压差下工作（较小风阀开度），系统的噪声增大。当测压点靠近系统末端，空调机组出口处静压变化较大，有利于节约风机能耗，但末端装置入口处静压低于设计工况，有可能会造成部分区域送风量不足。所以，通常选择定压点的位置为距离空调机组出口约为送风主管的长度的 2/3，且气流稳定的直管段； 3）静压值需采用现场调试的方法确定，多环路取小值	1）控制简单，适合较大的变风量空调系统的场合； 2）静压测定值因不合理因素会产生波动，使风机转速不稳定；在中、小型系统中，末端装置的风阀调节对静压测定值的稳定也有很大影响； 3）在管网较复杂时，静压传感器的设置位置及数量很难确定； 4）节能效果较差
变定静压法	1）设置静压测定点； 2）静压设定值的大小仅起到初始设定作用	1）弥补了定静压法因静压设定值固定不变难以满足系统静压需求的缺陷； 2）存在静压波动和风管内湍流影响静压测定的问题
变静压法	1）静压值再设定法：在系统正常工作模式下，上游控制器会不断检测每个 BOX 末端的风阀开度，根据开度情况判断当前的静压值是否合理，并对静压设定值作出调整； 2）阀位直接反馈法	1）可累计各末端装置的需求风量，确定风机初始转速，对总风量进行初步控制； 2）可根据阀位情况对风机转速进行微调，确保每一个变风量末端装置风量需求； 3）当末端装置的风阀开度较小时，可降低风机转速，实现风机节能运行； 4）依赖阀位反馈信号，系统调试工作量大，信号采集量多，适用于中、小型变风量系统

续表

	特点	优缺点
总风量法	1）建立系统设定风量与风机设定转速的函数关系，无需静压测定； 2）用各变风量末端装置需求风量之和作为系统设定总风量，直接求得风机设定转速	1）直接从末端装置需求风量求出风机设定转速，回避了静压检测与控制中的诸多问题； 2）适合于风机选型不恰当、风管设计不合理或施工质量不高的工程； 3）控制相对粗糙，尤其当各温度控制区的负荷及末端装置调节风阀的开度差别较大时

（9）常用变风量空调系统末端装置的分类和适用范围

常用变风量空调系统末端装置的分类和适用范围　　表3-18

常用类型		适用范围
单风道型	单冷型	一般用于负荷相对稳定的空调区域； 需全年供冷的空调内区一般宜采用单冷型； 对冬季加热量较小的外区一般宜采用再热型
	再热型	
并联式风机动力型	单冷型	负荷变化范围较大且需全年供冷的空调内区可以采用单冷型； 对冬季加热量较大的外区一般采用再热型
	再热型	
串联式风机动力型	单冷型	适用于下列情况： 1）室内气流组织要求较高、要求送风量恒定； 2）低负荷时气流组织不能满足设计要求（例如高大空间）； 3）采用低温送风或一次风温度较低，送风散流器的扩散性能与混合性能不满足设计要求
	再热型	
双风道型		适用于采用独立送新风，一次风变风量、新风定风量送风，共用末端装置的系统

注：本表摘自《民规宣贯》P153表7-11。

2. 超链接

《教材（第三版2018）》P383～387变风量系统；P530～532变风量系统的控制；《民规》7.3.7、7.3.8；《工规》8.3.6、8.3.7；《09技措》5.11；《07技措》5.4。

3. 例题

（1）【多选】下列哪些场所不适合采用全空气变风量空调系统？（2014-1-56）

（A）剧场观众厅

（B）设计温度为24±0.5℃，设计相对湿度为55±5%的空调房间

（C）游泳馆

（D）播音室

参考答案：ABCD

解析：

AC选项：根据《民规》7.3.4条文说明，剧院、体育馆等人员较多、运行时负荷和风量相对稳定的大空间，建议采用全空气定风量系统。

BD选项：根据《民规》7.3.7条文说明，变风量系统湿度不易控制，不宜在温湿度允许波动范围要求高的工艺性空调区采用，而且由于噪声较大，不宜应用于播音室等噪声

要求严格的空调区。也可根据《教材（第三版 2018）》P378，“当房间允许温湿度波动范围小或噪声要求严格时，不宜采用变风量空调系统”。

（2）【多选】夏热冬冷地区某南北朝向办公楼的楼层四面外墙上均有外窗，内区需要全年供冷，外区夏季供冷，冬季不同朝向会交替出现供冷或供热需求。为此，在设计空调系统时，下列哪几项选择可以满足使用要求？（2017-1-59）

（A）内区设一套带单风道末端的变风量空调系统，外区设四管制风机盘管加新风空调系统

（B）内外区分别设置一套带单风道末端的变风量空调系统

（C）内外区合用一套变风量空调系统，其中内区采用单风道末端，外区采用带加热盘管的风机动力型变风量末端

（D）内外区合用一套变风量空调风系统，内外区分别设置单风道末端装置

参考答案：AC

解析：

本建筑内区需要全年供冷，而外区不同朝向会交替出现供冷或供热的需求，因此内区需要常年送冷风，而外区需根据冷热的不同需求，进行供冷和供热功能的切换。

A 选项：内区单风道系统常年供冷，外区四管制风机盘管根据朝向不同分别供冷或供热，满足要求。

B 选项：虽然可以满足内区常年供冷，但无法满足外区不同朝向分别供冷及供热的需求。

C 选项：内外区合用一套变风量系统，根据内区需求提供冷风，外区根据不同的冷热需求选择是否开启再热盘管，可满足要求。

D 选项：不能满足内、外区以及外区不同朝向分别供冷、供热的要求。

（3）【多选】某采用单风道型变风量末端装置的一次回风变风量系统，系统采用送风主管定静压控制方式。在夏季运行过程中经常出现房间温度偏低而送风机并未变频运行的现象，下列哪些原因可能造成此现象的产生？（2017-1-60）

（A）变风量末端装置控制失灵

（B）静压设定值过高

（C）实际新风焓值远小于设计值

（D）变风量末端装置低限风量设定值过大

参考答案：ABD

解析：变风量定静压控制方式的基本思路是：当房间负荷减小时，变风量末端风量减小，送风总管中静压升高，此时空调机组送风机进行变频调节，减小总送风量，保持送风管中静压恒定，使其能够满足所有变风量末端装置的风量需求。因此可以分析四个选项：

A 选项：变风量末端装置控制失灵，无法根据负荷变化减小送风量，会造成风机不能变频运行。

B 选项：静压设定值过高，超出末端装置的设计工况送风量需求，风机将长时间处于高速运行状态。

C 选项：新风焓值远小于设计值，如超出机组电动水阀的调节能力，造成送风温度低于设定值，会造成室内温度偏低，此时变风量末端装置会减小送风量，机组送风机将会变

频运行。

D选项：如变风量末端最小送风量限值设定过高（达到设计工况送风量时），末端装置无法根据负荷变化减小送风量，会造成风机不能变频运行。

4. 真题归类

2006-1-22、2007-1-21、2011-2-23、2013-2-25、2014-2-24、2014-1-56、2016-1-19、2016-1-56、2017-1-59、2017-1-60、2017-2-60、2018-1-21、2018-1-60、2018-2-20。

3.4.5 温湿度独立控制系统

1. 知识要点

（1）常规空调系统与温湿度独立控制系统的对比

1）常规空调系统：采用热湿“耦合”处理方式；

2）温湿度独立控制系统：对空气处理系统进行解耦，目的是节能，属于空气一水系统（即半集中式系统）

注：温湿度独立控制是对空气处理的一种思路，实质上是对两套系统分别控制。

（2）控制系统

1）温度控制系统末端：干式风机盘管、辐射板

①任务：去除室内显热负荷；

②去除显热的末端装置：《教材（第三版2018）》P401～402；

③当末端装置采用干工况运行的湿式风机盘管时，由于冷水温度提高，其干工况时的供冷能力下降。（注：供冷能力计算公式：《09技措》5.17.7）；

④高温冷源：《教材（第三版2018）》P403。

对于温湿度独立控制系统无法全面覆盖的大型综合建筑，仍需要一套常规低温冷冻水系统。

2）湿度控制系统末端：新风系统

①任务：除湿、除味、稀释二氧化碳和提供新鲜空气；

②分类：干式除湿（例：转轮除湿机）；溶液除湿（例：溶液调湿型空气处理机组（可调温的单元喷淋模块））；冷凝除湿（例：冷却去湿）；

③溶液除湿：吸湿再生；溶液表面蒸汽压随温度降低，随浓度升高而降低；

④除湿新风机组按溶液再生方式分类：再生器统一制备向新风机组提供浓溶液；新风机组自身解决溶液再生；

⑤温湿度独立控制系统适用场合：《民规》7.3.14条文说明和《教材（第三版2018）》P373。

（3）注意

1）干式风机盘管与风机盘管干工况的概念不同，见《教材（第三版2018）》P402；

2）辐射板供冷应予以关注。

2. 超链接：

《教材（第三版2018）》P373～374、P396～403、P566、P569；《民规》7.3.14、7.3.15；《公建节能》4.1.6；《09技措》5.17。

3. 真题归类

2006-2-59、2013-1-58、2018-2-31。

3.4.6 空调系统承担的负荷

1. 知识要点

（1）房间负荷分类

房间负荷分类说明 表 3-19

负荷类型	表达式	关注参数线	说明
显热	$Q_x = c \cdot G(t_N - t_O)$	等温线	1）新风温度低于室内温度时，新风承担了部分室内显热负荷； 2）新风温度高于室内温度时，风盘承担了部分新风显热负荷
潜热	$Q_q = Q_z - Q_x$	等含湿量线	1）新风含湿量低于室内含湿量时，新风承担了部分（或全部）室内潜热负荷； 2）新风含湿量高于室内含湿量时，风盘承担了部分新风潜热负荷； 3）潜热负荷是用来除去房间湿负荷
湿负荷	$W = G(d_N - d_O)$		
全热	$Q_z = G(h_N - h_O)$	等焓线	1）新风焓值低于室内焓值时，新风承担了部分室内全热负荷； 2）新风焓值高于室内焓值时，风盘承担了部分新风全热负荷

（2）风机盘管+新风系统不同处理方式承担的相应负荷分析

1）新风处理到室内等焓线的负荷分析（《教材（第三版 2018）》P392）

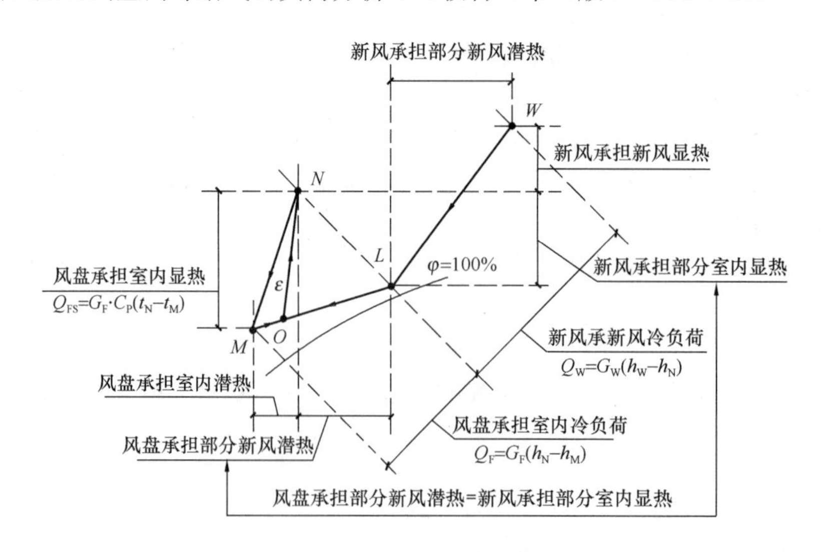

图 3-10 新风处理到室内等焓线的负荷分析

新风处理到室内等焓线的设备承担负荷情况　　　　表 3-20

处理过程	设　备	室内负荷			新风负荷		
		室内显热	室内潜热	室内冷负荷	新风显热	新风潜热	新风冷负荷
新风处理到室内等焓线	新风机组	◒	—	—	●	◒	●
	风盘	◒	●	●	—	◒	—

注："◒" 表示部分负荷，"●" 表示全部负荷，"—" 表示无。

房间空调送风量 $G_M = \dfrac{Q}{h_N - h_O}$

$G_M = G_W + G_F =$ 新风风量＋风盘风量

$$\frac{新风量}{风盘风量} = \frac{G_W}{G_F} = \frac{h_O - h_M}{h_L - h_O} = \frac{\overline{MO}}{\overline{OL}}$$

注：等焓点 L 点的温度低于室内温度；同时，L 点含湿量高于室内含湿量，风盘承担部分新风潜热负荷与新风承担部分室内显热负荷，两者数值相等，相互抵消。所以，新风不承担室内冷负荷是正确的。但是，风盘不承担新风引起的任何空调负荷的说法是错误的。

2）新风处理到小于室内等焓线，但未到等含湿量线的负荷分析

新风处理到小于室内等焓线，但未到等含湿量线的设备承担负荷情况　　　　表 3-21

处理过程	设备	室内负荷			新风负荷		
		室内显热	室内潜热	室内冷负荷	新风显热	新风潜热	新风冷负荷
新风处理到小于室内等焓线但未到等含湿量线	新风机组	◒	—	◒	●	◒	●
	风盘	◒	●	◒	—	◒	—

注："◒" 表示部分负荷，"●" 表示全部负荷，"—" 表示无。

3）新风处理到室内等含湿量线的负荷分析（《教材（第三版 2018）》P392）

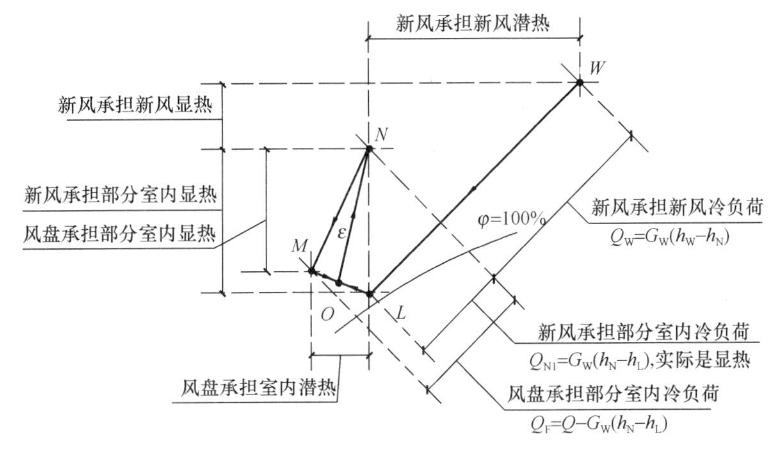

图 3-11　新风处理到室内等含湿量线的负荷分析

新风处理到室内等含湿量线的设备承担负荷情况　　表 3-22

处理过程	设　备	室内负荷			新风负荷		
		室内显热	室内潜热	室内冷负荷	新风显热	新风潜热	新风冷负荷
新风处理到室内等湿线	新风机组	◒	—	◒	●	●	●
	风盘	◒	●	◒	—	—	—

注："◒"表示部分负荷，"●"表示全部负荷，"—"表示无。

房间空调送风量 $G_M=\dfrac{Q}{h_N-h_O}$

$G_M=G_W+G_F=$新风风量+风盘风量

$$\frac{新风量}{风盘风量}=\frac{G_W}{G_F}=\frac{h_O-h_M}{h_L-h_O}=\frac{\overline{MO}}{\overline{OL}}$$

4）新风处理到小于室内等含湿量线的负荷分析（《教材（第三版 2018）》P392）

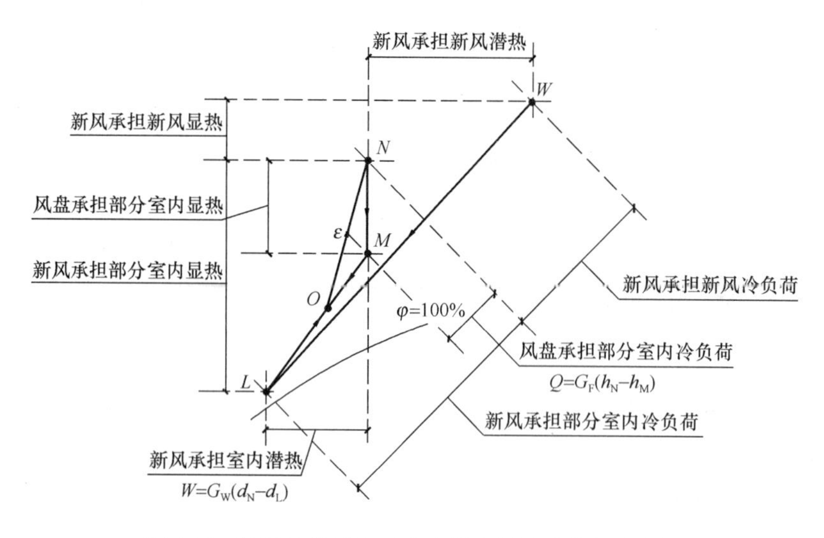

图 3-12　新风处理到小于室内等含湿量线的负荷分析

新风处理到小于室内等含湿量线的设备承担负荷情况　　表 3-23

处理过程	设　备	室内负荷			新风负荷		
		室内显热	室内潜热	室内冷负荷	新风显热	新风潜热	新风冷负荷
新风处理到小于室内等湿线	新风机组	◒	●	◒	●	●	●
	风盘	◒	—	◒	—	—	—

注："◒"表示部分负荷，"●"表示全部负荷，"—"表示无。

房间空调送风量 $G_M=\dfrac{Q}{h_N-h_O}$

$G_M=G_W+G_F=$新风风量+风盘风量

$$\frac{新风量}{风盘风量}=\frac{G_W}{G_F}=\frac{h_M-h_O}{h_O-h_L}=\frac{\overline{MO}}{\overline{OL}}$$

5）新风处理到室内等温线的负荷分析（《教材（第三版 2018）》P393）

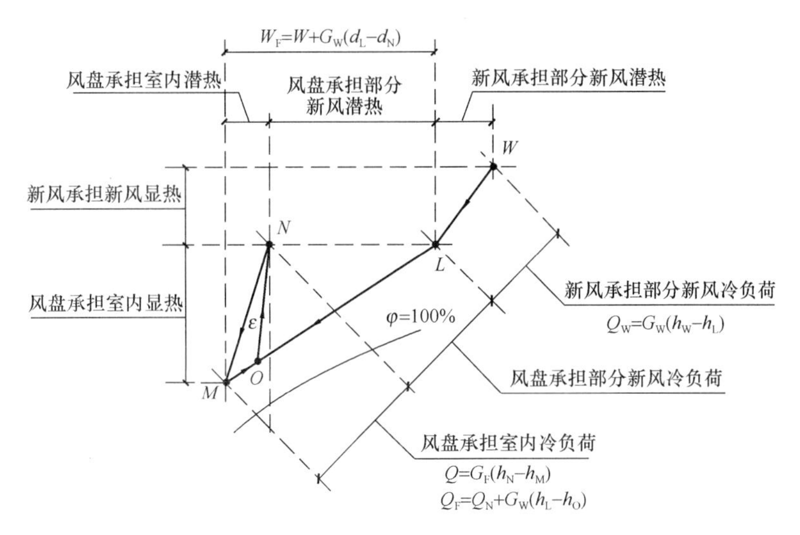

图 3-13　新风处理到室内等温线的负荷分析

新风处理到室内等温线的设备承担负荷情况　　表 3-24

处理过程	设　备	室内负荷			新风负荷		
		室内显热	室内潜热	室内冷负荷	新风显热	新风潜热	新风冷负荷
新风处理到室内等温线	新风机组	—	—	—	●	◒	◒
	风盘	●	●	●	—	◒	◒

注："◒"表示部分负荷，"●"表示全部负荷，"—"表示无。

房间空调送风量 $G_M=\dfrac{Q}{h_N-h_O}$

$G_M=G_W+G_F=$新风风量+风盘风量

$$\frac{\text{新风量}}{\text{风盘风量}}=\frac{G_W}{G_F}=\frac{h_O-h_M}{h_L-h_O}=\frac{\overline{MO}}{\overline{OL}}$$

风盘承担负荷很大，不推荐。

6）新风处理到小于室内等温线，但未到等焓线的负荷分析

新风处理到小于室内等温线，但未到等焓线的设备承担负荷情况　　表 3-25

处理过程	设备	室内负荷			新风负荷		
		室内显热	室内潜热	室内冷负荷	新风显热	新风潜热	新风冷负荷
新风处理到小于室内等温线但未到等焓线	新风机组	◒	—	—	●	◒	◒
	风盘	◒	●	●	—	◒	◒

注："◒"表示部分负荷，"●"表示全部负荷，"—"表示无。

7）新风处理到大于室内等温线的负荷分析

新风处理到大于室内等温线的设备承担负荷情况　　表 3-26

处理过程	设备	室内负荷			新风负荷		
		室内显热	室内潜热	室内冷负荷	新风显热	新风潜热	新风冷负荷
新风处理到大于室内等温线	新风机组	—	—	—	◒	◒	◒
	风盘	●	●	●	◒	◒	◒

注："◒"表示部分负荷，"●"表示全部负荷，"—"表示无。

3.4.7　风机盘管加新风系统的运行分析

1. 知识要点

（1）新风送入方式对风盘风量及新风量的影响

新风送入方式对风盘风量及新风量的影响　　表 3-27

新风送入方式	风盘风量及新风量变化
新风与风盘送风各自分别送入房间	新风量、风盘风量不受影响
新风与风盘送风混合后送入房间	风盘停止，新风量大于设计值
新风与风盘回风混合后送入方法	风盘停止，新风量有所减少

（2）风盘运行对室内温度影响分析

风盘运行对室内温度影响分析　　表 3-28

情形	可能原因
夏季室温比设计值偏高	1）风盘风量偏小（机外静压不够或过滤网未清洗）； 2）风盘出风温度偏高； 3）供回水温度偏高； 4）冷冻水流量偏小（水过滤器未清洗）。 注：若新风焓值高于室内焓值或实际新风量大于设计新风量，均会导致夏季室内温度升高；若新风焓值等于室内焓值，新风对室内负荷无影响
冬季室温比设计值偏低	1）风机盘管风量偏小（机外静压不够或过滤网未清洗）； 2）风盘出风温度偏低； 3）供回水温度偏低； 4）热水流量偏小（水过滤器未清洗）。 注：若新风焓值低于室内焓值或实际新风量大于设计新风量，均会导致冬季室内温度降低

2. 例题

【多选】关于风机盘管加新风系统的下列表述中，下列哪几项是正确的？（2007-1-57）

（A）新风处理到室内等温线时，风机盘管需要承担部分新风的湿负荷

（B）新风处理到室内等湿线时，风机盘管承担全部室内显热冷负荷

（C）新风处理到室内等焓线时，风机盘管承担全部室内冷负荷

（D）新风处理到小于室内等温线时，风机盘管承担部分室内显热冷负荷

参考答案：ACD

解析：根据《教材（第三版 2018)》P392 表 3.4-3：

1）新风处理到室内等温线，风机盘管要承担全部室内显热冷负荷、全部室内湿负荷、部分新风湿负荷。

2）新风处理到室内等湿线，风机盘管承担室内全部湿负荷，只承担部分室内显热冷负荷。

3）新风处理到室内等焓线，风机盘管承担全部室内冷负荷。

4）新风处理到小于室内等温线，风机盘管要承担部分室内显热冷负荷。

提示：风机盘管承担负荷的情况，建议研究《教材（第三版 2018)》P392 表 3.4-3 中各种工况 *N-M* 的处理过程线。

3. 真题归类

(1) 风机盘管加新风系统：2006-2-57、2007-1-57、2008-2-61、2010-1-25、2010-1-62、2012-2-58、2013-1-61、2013-2-59。

(2) 风机盘管机组：2006-1-60、2008-1-23、2008-1-58、2009-2-20、2010-2-24。

4. 其他例题

(1) 表冷器：2006-1-23、2006-2-23、2007-2-57、2008-2-57、2009-1-27、2009-1-60、2010-2-25、2017-1-61、2017-2-54、2018-1-19。

(2) 计算机房：2007-1-60。

(3) 空调系统：2010-2-58、2018-2-59、2018-2-60。

(4) 新风系统：2011-2-61。

(5) 风系统故障分析：2006-1-24、2007-1-25、2008-2-19、2009-2-56、2010-1-20、2010-2-21、2010-1-56、2013-2-24、2013-1-55、2014-2-24、2014-2-25、2018-1-24。

3.5　空调房间的气流组织

3.5.1　射流比较

1. 知识要点

射　流　比　较　　　　**表 3-29**

方式	定义	特　　性
等温自由紊流射流	射流温度和房间温度相同，房间体积比射流体积大得多	紊流系数 α： α 值越大，扩散角越大，射程越短
非等温自由射流	射流温度和房间温度不相同	射流温度扩散角大于速度扩散角，温度衰减较速度快。 当送风温差不大时，等温射流的速度变化规律仍可沿用。 阿基米德数 A_r： 1）表征浮力和惯性力的无因次比值。 2）决定射流弯曲程度的主要因数。 3）随送风温差的提高而加大，随着出口流速的增加而减小

续表

方式	定义	特性
受限射流	送风射流的断面积与房间横断面积之比>1∶5。 $h=0.5H$，为非贴附射流。 $h\geqslant 0.7H$，为贴附射流	1）贴附射流可视为完整射流的一半，计算中将自由射流公式的送风口直径 d_0代$\sqrt{2}d_0$，对于扁射流，可将风口宽度 b 代以 $2b$。 2）A_r 越小则贴附长度越长
平行射流	多个送风口自同一平面沿平行轴线向一方向送出的平行射流	轴心速度逐渐增大，直至最大，然后再逐渐衰减，直至趋近于零
旋转射流	气流本身一面旋转，一面又向静止介质中扩散前进	1）扩散角比一般的射流大，射程短得多，内部形成一个回流区。 2）适合快速混合的场所

注：气流流型主要取决于送风射流

2. 超链接

《教材（第三版 2018）》P426～431。

3.5.2 风口比较

1. 知识要点

风 口 比 较 **表 3-30**

类型	样式	特点
辐射形送风口	散流器	有吊顶，风口中心距侧墙不宜小于 1.0m。 兼作热风采暖，宜可改变角度。 平送贴附射流的散流器喉部风速宜采用 2～5m/s，不得超过 6m/s。 最大长宽比不宜大于 1∶1.5。 散流器下送密集布置用于净化空调
轴向送风口	格栅送风口	—
	百叶送风口	侧送，宜贴附。 有阻碍或送风量大，且人员活动区风速要求严格，不应采用
	条缝送风口	
	喷口	空间较大的公共建筑； 室温波动≥±1.0℃的高大厂房。 （旋流风口、地板式风口也适用） 兼作热风采暖，宜可改变角度。 送风口直径宜取 0.2～0.8m，送风温度宜取 8～12℃，对高大公共建筑送风高度为 6～10m
线形送风口	长宽比很大的条缝形送风口	—
面形送风口	孔板送风口	有吊顶，送风量较大，人员活动区风速较小，区域温差较小。 稳压层，净高≥0.2m，层送风的速度宜采用 3～5m/s

续表

类型	样 式	特 点
其他送风口	低温送风口	送风口表面温度高于室内露点温度1～2℃。 送风温度高>10℃，采用保温散流器、电热型散流器；送风温度4～10℃，采用高诱导比低温散流器
	旋流送风口	诱导比大，送风速度衰减快，送风流型可调，适合不同射程，适合于层高较高的建筑
	座椅下送风口	风口风速<0.2m/s，避免吹风感； 供冷时的送风温度约为19℃； 每个座位的送风量约为45m³/h

2. 超链接

(1)《教材(第三版2018)》P431～436。

(2)《民规》7.4.2、7.4.3、7.4.4、7.4.5、7.4.6。

(3)《工规》8.4.2、8.4.3、8.4.4、8.4.5、8.4.6。

(4)《09技措》5.4.3、5.4.4、5.4.5、5.4.6、5.4.7。

3. 例题

(1)【多选】有关空调系统风口的选择，下列哪几项是不合理的？(2013-2-57)

(A) 某净宽为60m的大型展厅，采用射程为30m的喷口两侧对吹

(B) 某净高为2.8m的会议室，采用散流器送风

(C) 某剧场观众厅采用座椅送风口

(D) 某净高6m的恒温恒湿(20℃±2℃)车间采用孔板送风

参考答案：AD

解析：

A选项：根据《民规》7.4.9.2。

B选项：根据《民规》7.4.2.2，为工程中最常用的风口方式。

C选项：根据《教材(第三版2018)》P434。

D选项：根据《教材(第三版2018)》P436表3.5-5，适用于室温波动范围为±1℃或小于或等于±0.5℃的工艺空调。

(2)【多选】某展览馆的展厅为高大空间，拟采用分层空调送风方式，下列哪几项设计选择及表述是正确的？(2013-1-59)

(A) 于空间顶部采用散流器下送风

(B) 于空间侧部采用喷口侧送风，使人员处于射流区

(C) 于空间侧部采用喷口侧送风，使人员处于回流区

(D) 采用喷口侧送风，设计的射流出口温度与射流周围温度差值增大时，阿基米德数会增大

参考答案：CD

解析：

A选项：根据《民规》7.4.2.3，散流器射程不足，不适合大空间。

BC 选项：根据《民规》7.4.5.1，人员活动区宜位于回流区。

D 选项：根据《教材（第三版 2018）》P428，阿基米德数随着送风温差的提高而增大。

（3）【多选】某空调房间，恒温精度为 20±1℃，房间长、宽、高分别为 5m、4m、3.6m，采用单侧上送风，同侧下回风方式，送风射流相对贴附长度 x/d_0 为 40，下列哪几个气流组织设计是错误的？（2008-2-60）

（A）送风射流的阿基米德数 Ar=0.003

（B）送风射流的轴心温差 Δt_x=0.8℃

（C）送风温差为 7℃

（D）空气调节换气次数为 3 次/h

参考答案：AD

解析：

A 选项：根据《教材（第三版 2018）》P441 图 3.5-20，根据 x/d_0=40 查得 Ar=0.0023。

B 选项：根据 P442，"Δt_x 一般应等于或小于空调精度，Δt_x=0.8℃<1℃" 正确。

CD 选项：根据 P436 表 3.5-4，室温允许波动范围为±1℃时，送风温差为 6～9℃，7℃满足要求；换气次数不小于 5 次。

4. 真题归类

（1）送风口选用：2006-2-58、2009-2-26、2012-2-59、2013-2-57。

（2）喷口、分层空调：2008-1-59、2011-2-24、2013-1-59。

（3）气流组织：2008-2-60、2009-1-59。

3.5.3 送风口

知识要点

（1）送风温差

《民规》7.4.10；《工规》8.4.9；《09 技措》5.4.16。

注：舒适性空调的送风温差不适于低温送风空调以及置换通风。

（2）送风口风速

《民规》7.4.11；《工规》8.4.11；《09 技措》5.4.11。

3.5.4 回风口

1. 知识要点

（1）回风口和排风口的位置

《教材（第三版 2018）》P435～436；《民规》7.4.12；《工规》8.4.12；《09 技措》5.4.12、5.4.14。

（2）回风口吸风风速

《民规》7.4.13；《工规》8.4.13；《09 技措》5.4.13。

2. 例题

【单选】空调房间内回风口的位置，对气流组织影响比较小的根本原因为下列哪一项？

(2006-2-22)

(A) 回风口常处于房间不重要的位置

(B) 回风口的数量一般较送风口少

(C) 随着离开回风口距离的增加，吸风速度呈距离的四次方衰减

(D) 随着离开回风口距离的增加，吸风速度呈距离的二次方衰减

参考答案：D

解析：根据《教材（第三版 2018）》P431。

3.6 空气洁净技术

3.6.1 空气洁净等级

1. 知识要点

(1) 空气洁净度等级的表示方法

1) 等级级别 N，一共分为 9 级，级数越大，空气洁净度越低。

2) 等级级别代表了大于或等于《教材（第三版 2018）》P455 表 3.6-1 中所示各种粒径的最大浓度限值。(注：是大于或等于，并非严格要求等于)

3) 被考虑粒径 D 的最大允许浓度 C_n 按照《教材（第三版 2018）》P455 公式(3.6-1)计算，注意 C_n 的取值要求。(四舍五入的整数，有效位数不超过三位数)

(2) 室内环境状态及其定义

1) 洁净区或洁净室室内状态分为：空态、静态和动态，注意明确测试洁净区或洁净室空气洁净度时，室内所处的状态。

2) 大多数项目，空气洁净度测试是在空态或静态下进行的。

2. 超链接

《教材（第三版 2018）》P454～455；《洁净规》3.0.1、3.0.2。

3. 例题

【单选】洁净度等级 $N=4.5$ 的洁净室内空气中，粒径大于或等于 0.5μm 的悬浮粒子的最大浓度限值最接近下列何项？(2016-1-27)

(A) 4500pc/m³　　(B) 31600pc/m³

(C) 1110pc/m³　　(D) 4.5pc/m³

参考答案：C

解析：根据《教材（第三版 2018）》P455 公式（3.6-1）：

$$C_n = 10^N\left(\frac{0.1}{D}\right)^{2.08} = 10^{4.5}\times\left(\frac{0.1}{0.5}\right)^{2.08} = 1112\text{pc/m}^3$$

4. 真题归类

2007-1-36、2010-2-62、2011-2-29、2012-1-63、2014-1-27、2016-1-27、2017-1-28。

3.6.2 空气过滤器

1. 知识要点

（1）空气过滤器分类、防火等级

1）空气过滤器分为高效、亚高效、高中效、中效、粗效这五类，每一类都有细分，见《教材（第三版 2018）》P456 表 3.6-2，注意过滤器效率的定义以及是否需要检漏。

2）过滤器的耐火级别见《教材（第三版 2018）》P458 表 3.6-7。

（2）空气过滤器性能及安装位置

1）空气过滤器主要性能指标包括：额定风量、效率、阻力、容尘量。

2）注意面风速的定义和计算方法。

3）过滤器效率表示方法有：计重效率、比色效率、计数效率，掌握串联过滤器效率、穿透率的计算。

4）阻力的定义：过滤器通过额定风量时，过滤器前后的静压差。

5）容尘量的定义：在额定风量下，过滤器达到终阻力时所捕集的人工尘总重量（g）。

6）空气过滤器组合方式一般是由粗效过滤器、中效过滤器、高效过滤器三种功能不同的过滤器组合而成。

7）过滤器的安装位置以及不同场所对过滤器的选择。

2. 超链接

（1）《教材（第三版 2018）》P456～462。

（2）《洁净规》6.4.1。

（3）《通风施规》16.1.5。

（4）《通风验规》7.2.7、7.3.5、7.3.17。

（5）《空气过滤器》GB/T 14295—2008。

（6）《高效空气过滤器》GB/T 13554—2008。

3. 例题

【单选】洁净室空调系统设计中，对于过滤器的安装位置，下列哪一项做法是错误的？（2007-2-38）

（A）超高效过滤器必须设置在净化空调系统的末端

（B）高效过滤器作为末端过滤器时，宜设置在净化空调系统的末端

（C）中效过滤器宜集中设置在净化空调系统的负压端

（D）粗效过滤器可设置在净化空调系统的负压端

参考答案：C

解析：根据《洁净规》6.4.1.3，中效过滤器宜集中设置在净化空调系统的正压段。或根据《教材（第三版 2018）》P462。

4. 真题归类

2006-1-37、2006-1-69、2006-2-36、2007-1-37、2007-2-38、2007-1-69、2007-2-68、2008-2-29、2008-1-62、2009-1-62、2009-1-63、2011-2-62、2011-2-63、2012-2-62、2013-1-27、2013-2-61、2014-2-62、2016-1-28、2017-2-61、2017-2-62、2018-1-27。

3.6.3 气流流型和送风量、回风量

1. 知识要点

（1）大气含尘浓度和室内发尘

1）大气含尘浓度有三种表示方法：计数浓度、计重浓度、沉降浓度。

2）室内尘源：人员（80%～90%）、装饰材料（10%～15%）、设备（发尘量确定困难）。

3）室内单位容积发尘量的计算：《教材（第三版 2018）》P463 公式（3.6-7）、P464 表 3.6-12。

4）非单向流洁净室换气次数计算：分为均匀分布计算方法（《教材（第三版 2018）》P464 公式 3.6-8）和不均匀分布计算方法（《教材（第三版 2018）》P465 公式 3.6-9、3.6-10）。

（2）洁净室送回风量确定

1）洁净室新风量，按以下两项最大值确定：

①补充排风＋维持正压的所需风量。

②人员所需最小新风量。

2）洁净室送风量，按以下三项最大值确定：

①满足空气洁净度等级要求的风量。

②根据热湿负荷确定的风量。

③新风量。

（3）洁净室气流流型

1）空气洁净度等级要求严于 4 级时，应采用单向流。

2）空气洁净度等级为 4～5 级时，应采用单向流。

3）空气洁净度等级为 6～9 级时，应采用非单向流。

2. 超链接

《教材(第三版 2018)》P462～466；《洁净规》6.1.5、6.3.1、6.3.2、6.3.3、6.3.4。

3. 例题

（1）【多选】影响室内空气洁净度计算的尘源有下列哪几项？（2006-2-68）

（A）人员　　（B）设备

（C）风道　　（D）室外大气含尘浓度

参考答案：ABD

解析：根据《教材（第三版 2018）》P462～463。

（2）【多选】确定洁净室内空气流型和送风量的原则，正确的应是下列哪几项？（2010-1-63）

（A）空气洁净度等级要求为 ISO 6～9 级的洁净室，应采用单向流

（B）洁净室工作区的气流分布应均匀

（C）正压洁净室的送风量应大于或等于消除热、湿负荷和保持房间压力的送风量

（D）产生有污染的设备应远离回风口布置

参考答案：BC

解析：根据《洁净规》6.3.1 可知 A 选项错误，B 选项正确；根据 6.3.2 可知 C 选项正确；D 选项错误：根据污染物控制的常识，污染源应尽量靠近回风口或排风口。

4. 真题归类

（1）尘源及发尘量

2006-2-68、2010-2-29、2012-1-29。

（2）气流流型及送、回风量

2006-2-37、2006-1-38、2007-1-59、2010-1-28、2010-1-63、2011-1-63、2012-2-29、2013-2-62、2016-1-62、2016-2-61、2018-2-28。

3.6.4 室压控制

1. 知识要点

(1) 正、负压洁净室的判断、压差控制

1) 正、负压是相对而言。

2) 开机顺序：正压洁净室先启动送风机，再启动回风机和排风机；负压洁净室先启动回风机和排风机，再启动送风机。

(2) 压差值和渗透风量的计算

1) 压差计算《教材（第三版 2018)》P467 公式 3.6-11；

2) 渗透风量：《教材（第三版 2018)》P467 公式 3.6-12、《洁净规》6.2.3 条文说明。

2. 超链接

《教材（第三版 2018)》P467～469；《洁净规》6.2。

3. 例题

【多选】下列关于洁净室压差的说法，错误的应是下列何项？(2013-2-28 模拟)

(A) 洁净室应该按工艺要求决定维持正压差或负压差

(B) 正压洁净室是指与相邻洁净室或室外保持相对正压的洁净室

(C) 负压洁净室是指与相邻洁净室或室外均保持相对负压的洁净室

(D) 不同等级的洁净室之间的压差应不小于 5Pa

参考答案：CD

解析：根据《洁净规》6.2.2 及条文说明，C 选项错误的原因在于多了一个“均”字；D 选项应为“不宜小于 5Pa”。

4. 真题归类

2008-1-29、2009-1-29、2010-2-63、2011-1-29、2012-2-63、2013-1-28、2013-2-28、2014-1-62、2017-1-27、2017-1-62、2017-2-28、2018-1-28、2018-2-62。

3.6.5 洁净空调系统、材料、运行与调试

1. 超链接

(1)《洁净规》6.5、6.6、附录 A～附录 C。

(2)《通风施规》4.1.3、4.1.4、4.2.4-3、4.2.6-3、4.2.15-5、8.1.8、15.2.3-3、15.3.1-4、16.1.5。

(3)《通风验规》4.2.1-5、4.2.7、4.3.4、5.2.3-4、5.2.6-5、6.2.5、6.2.9-2、6.3.14、7.2.9、7.3.14、7.3.15、11.1.6、11.2.5、12.0.7、附录 C。

2. 例题

(1)【单选】某厂房内的生物洁净区准备作达标等级测试，下列何项测试要求不正确？(2014-2-28)

(A) 测试含尘浓度

(B) 测试浮游菌和沉降菌浓度

(C) 静压差测试仪表的灵敏度应不大于0.2Pa

(D) 非单向流洁净区采用风口法或风管法确定送风量

参考答案：C

解析：

A选项：根据《洁净规》3.0.1，各等级洁净室对含尘浓度要求不同，做等级测试必须测试含尘浓度。

B选项：根据《洁净规》A.2.1.1。

C选项：根据《洁净规》A.3.2.2，应小于1.0Pa。

D选项：根据《洁净规》A.3.1.2。

(2)【多选】洁净空调系统除风管应采用不燃材料外，允许采用难燃材料的应是哪几项？(2008-2-63)

(A) 保温材料　　(B) 消声材料　　(C) 粘接剂　　(D) 各类附件

参考答案：ABCD

解析：根据《洁净规》6.6.6-4。

3. 真题归类

(1) 测试

2007-2-37、2007-2-67、2013-1-62、2014-2-28、2016-2-28。

(2) 材料及防火

2008-2-63、2009-2-29、2011-1-28、2008-1-63、2012-1-28。

3.6.6　洁净室(区)工业管道

1. 超链接

《洁净规》8

2. 其他例题

2008-1-28、2012-2-25、2014-1-28、2016-2-62、2018-2-61。

3.7　空调冷热源与集中空调水系统

3.7.1　空调冷热源分类

超链接

《教材(第三版2018)》P469～470，表3.7-1。

3.7.2　空调冷热源选择原则

1. 知识要点

空调冷热源能源选择及应用　　表3-31

序号	能源条件	能源选择	应　用
1	废热、工厂余热	优先采用低位能	吸收式冷水机组

续表

序号	能源条件	能源选择	应　　用
2	浅层地热能、太阳能、风能	宜利用可再生能源	1）浅层地热能：水源热泵机组 2）设置其他辅助冷、热源
3	无余热或废热、无法利用可再生能源	宜优先采用城市或区域热网；城市电网供电充足	电动压缩式机组
4	无城市热网，电能受到限制	燃气供应充足	燃气锅炉、燃气热水机组、直燃吸收式冷（温）水机组
5	无城市热网，电能受到限制	燃油、燃煤	燃油：直燃式冷（温）水机组 燃煤：吸收式冷水机组
6	高温干燥地区	蒸发冷却式直接供冷	蒸发冷却冷水机组
7	热电厂、天然气供应充足地区	冷热电联供	冬季用热电厂热源供热，夏季采用溴化锂吸收式制冷机供冷
8	夏热冬冷地区	热泵	空气源热泵机组、水（地）源热泵机组、水环热泵
9	执行分时电价、峰谷电价差较大的地区	蓄冷系统	水蓄冷、冰蓄冷、共晶盐蓄冷等
10	多种能源	电＋气、电＋蒸汽、水冷＋风冷等	

2. 超链接

（1）《教材（第三版 2018）》P470～472。

（2）《民规》8.1.1～8.1.2。

（3）《工规》9.1.1～9.1.3。

（4）《公建节能》4.2.1～4.2.3。

（5）《09 技措》6.1.3～6.1.4。

（6）《07 节能技措》9.1.2。

3. 例题

【单选】内蒙古地区有一个远离市政供热管网的培训基地，拟建一栋 5000m² 的三层教学、实验楼和一栋 4000m² 的三层宿舍楼。冬季需供暖、夏季需制冷。采用下列哪种能源方式节能，且技术成熟，经济合理？（2014-2-2）

（A）燃油热水锅炉供暖

（B）燃油型溴化锂冷热水机组供冷供暖

（C）土壤源热泵系统供冷供暖加蓄热电热水炉辅助供暖

（D）太阳能供冷供暖加蓄热电热水炉辅助供暖

参考答案：B

解析：

A 选项：燃油热水锅炉夏季无法供冷。

B选项：燃油型溴化锂冷热水机组可以满足供热供冷需求，且技术成熟，较为节能。

C选项：内蒙古属于严寒地区，全年供热所需总热量大于供冷所需制冷量，采用土壤源热泵系统全年系统释热与吸热不平衡，一般需要增加辅助热源，但选项中给出的辅助热源为电加热，效率低，不宜采用。

D选项：太阳能供冷供暖系统尚不成熟，且受到天气因素影响较大。

4. 真题归类

2007-1-63、2009-2-60、2013-2-23、2014-1-30、2014-2-2、2014-2-23、2016-2-2、2016-1-58、2016-1-64、2016-2-58、2018-2-63。

3.7.3 集中空调冷（热）水系统

1. 知识要点

（1）集中空调冷（热）水系统分类

集中空调冷（热）水系统分类 表3-32

分类方式	类型	说明
空调末端设备的水流程	同程式	系统内水流经各用户回路的管路物理长度相等（或远近）。 形式：1）水平管路同程。 2）垂直管路同程。 3）水平与垂直管路均同程
	异程式	系统内水流经各用户回路的管路长度之和不相等。 1）用户位置无规律。 2）用户位置有规律，但用户各并联环路物理长度相差较大
水压特征	开式	水泵提升水位高度；水泵停止时系统未充满水；管路中存在空气隔断。 注：不能将设置开式膨胀水箱的系统称为开式系统
	闭式	水泵不提升水位高度；水泵停止时系统充满水；管路中不存在空气隔断
冷、热管道的设置	两管制	利用同一组供、回水管为末端装置的盘管提供空调冷水或热水
	分区两管制	根据负荷特性分为冷水和冷热水合用的两种系统
	四管制	通过各自的供、回水管为末端装置的冷盘管和热盘管分别提供空调冷水或热水
末端用户侧水流量的特征	定流量	用户侧总水量保持恒定不变（或总流量只是按照水泵启停的台数呈现阶梯式变化）
	变流量	用户侧总水量随着末端装置流量的自动调节而实时变化。 分类：1）一级泵变流量。 2）一级泵定流量，二级泵变流量

（2）集中空调冷（热）水系统设计原则与特点

集中空调冷（热）水系统设计原则与特点　表 3-33

系统类型	相关知识点
同程异程	1）末端阻力相同（或相差不大）的回路宜采用水平同程系统。 2）末端设备水阻力相差较大；末端设备及其支路水阻力超过用户侧水阻力的 60%；设备布置较为分散时，可采用异程系统。 3）阻力最大的回路与阻力最小的回路之间的水阻力的相对差额不应大于 15%。 4）合理设置阀门； 5）实际工程设计问题： ① 不同末端阻力相差较大。 ② 不同末端实际布置位置复杂。 ③ 所采用的管道直径有一定的规格而非连续变化。 ④ 管径的确定除了要水力平衡外还受到管内水流速限制
开式闭式	1）系统应用 ① 开式系统：冷却塔冷却水系统、水蓄冷的一次系统等。 ② 闭式系统：大部分冷冻水系统、热水系统等。 2）水泵扬程 ① 开式系统：供水管（或供、回水管）阻力＋末端设备阻力＋水箱水位与管路最高点的高差。 ② 闭式系统：克服系统的水流阻力，与系统高度无关
两管制 四管制 分区两管制	1）所有区域只要求按季节同时供冷和供热，应采用两管制水系统。适用建筑物功能相对单一、空调（尤其是精度）要求相对较低的场所。 2）一部分区域空调需全年供空调冷水、其他区域仅要求按季节进行供冷供热，可采用分区两管制水系统；内外区集中送新风的风机盘管加新风系统的分区两管制系统形式。 3）空调水系统的供冷和供热工况转换频繁或需同时使用，宜采用四管制水系统。适用于对室内空气参数要求较高的场合
定流量 变流量	1）定流量 ① 总水量不变，房间负荷变化时，改变末端装置的风量、三通阀改变水量或不进行控制。 ② 末端无实时控制的系统可能导致房间过冷或过热。改变水泵运行台数实现阶梯式变流量时，系统各末端负荷不是等比例变化，则不能同时满足各末端需求。 ③ 特点：系统流量保持恒定，不能适应负荷变化；运行能耗大，不利于节能。 2）变流量 变流量一级泵系统包括冷水机组定流量、冷水机组变流量两种形式。 一级泵变流量 ① 一级泵压差旁通控制变流量 a. 可实现“按需供应”，比定流量系统节能，目前应用最广泛。 b. 冷源侧保持定流量运行的理由：保证冷水机组蒸发器传热效率；避免蒸发器因缺水冻裂；保持冷水机组工作稳定。 ② 一级泵变频变流量 a. 用户冷负荷降低，通过变频器改变水泵转速，减少冷水流量供应，降低水泵能耗。 b. 冷水机组的冷水流量可调，最小允许流量约为额定流量的 50%～70%，受到最小流量限制，压差旁通阀控制仍必须配置。 ③ 特点：系统简单，自控装置少、初投资较低、管理方便。但不能调节水泵流量，难以节省输送能耗，特别是当各供水分区彼此间的压力损失相差较为悬殊时无法适应。

续表

系统类型	相关知识点
定流量 变流量	一级泵定流量，且二级泵变流量 ① 利用二级泵运行流量，使输配管路流量处于变化中，达到供需平衡。 ② 冷源侧流量利用盈亏管保持恒定，末端装置配置电动二通阀是二级泵变流量的前提，二级泵组能够实时改变供水量是实现节能的保证。 ③ 二级泵是冷水机组保持定流量运行；水泵分两级独立控制，一级泵依据对应冷水机组运行状态进行联锁启停。 ④ 若要实现节能，二级泵系统应能进行自动变速控制，宜根据管道压差的变化控制转速，且压差能优化调节。 ⑤ 特点：减少一级泵扬程和功率，二级泵采用台数或变速变水量，节能效果好，但系统控制复杂

（3）集中空调冷水系统设计原则与注意事项

1）定流量系统只适用于小型集中空调系统。

2）水泵与冷水机组连接方式：数量上一一对应。

①先串后并：各机组相互影响较小，运行管理方便、合理。

②先并后串：每台冷水机组之路上增加电动蝶阀；不适宜主机大小容量搭配的情况；先启泵、后开阀。

（4）一级泵系统压差旁通控制

旁通阀最大设计流量为一台冷水机组最小允许流量，确定旁通阀口径。

（5）二级泵系统盈亏管（平衡管）

1）盈亏管不能设阀门，设计状态时管中的水为静止状态。

2）管径尽可能加大。

3）盈亏管供水管接口处压力略大于回水管，绝对避免出现倒流（倒流通常由于二级泵扬程过大所致）。

（6）二级泵系统压差旁通控制

1）二级泵定速台数控制：应设压差旁通阀，旁通阀最大设计流量为一台定速二级泵设计流量。

2）二级泵变速控制：宜设压差旁通阀，旁通阀最大设计流量为一台变速泵最小允许运行流量。

（7）一级泵与多级泵的适应性

1）扬程变化超过50kPa，配套电机安装容量改变一个配套功率级别。

2）一级泵适用于一台机组的小型工程、冷水水温和供回水温差要求一致且各区域管路压力损失相差不大的中小型工程。

3）二级泵适用系统作用半径较大设计水阻力较高的大型工程。

（8）一级泵变频变流量水系统设计原则

1）适应冷水机组的流量变化范围要求：重点关注冷水机组对最小允许冷水流量的限制，对水泵转速最低值进行限制；当以5℃作为冷水机组的额定供回水设计温差时，离心式机组宜为额定流量的30%～130%；螺杆机组宜为额定流量的40%～120%。

2）最大允许水流量变化速率：允许的每分钟流量变化率约为10%。

3）水泵变频控制的策略：定温差、定供回水总管压差、系统总流量作为控制参数需求进行调控。

（9）一、二级泵系统知识点补充

一、二级泵系统知识点补充 **表3-34**

<table>
<tr><th rowspan="2">类别</th><th rowspan="2">一级泵定流量系统</th><th colspan="2">一级泵系统</th><th rowspan="2">二级泵系统</th></tr>
<tr><th>一级泵压差旁通变流量系统</th><th>一级泵变频变流量系统</th></tr>
<tr><td>机组和水泵连接方式</td><td colspan="4">1）先串后并特点：水泵和冷水集中启停一一对应，水系统结构简单，但水泵/冷水机组不能互为备用；无法确定机组出水水温；
2）先并后串方式特点：水泵/冷水机组可以互为备用，机房内管道较为简单，但在水泵与冷水机组之间增加截止阀（冷水机组和水泵联锁关闭的电动蝶阀或电动两通阀）；
3）当主机采用大小容量的搭配方案时，不宜采用先并后串方式，因为部分负荷时集中的水流量分配比例与初调试结果相差太多；
4）先并后串方式应该采用先启泵，后打开电动蝶阀方式，避免集中断水保护而停机</td></tr>
<tr><td>适用范围</td><td>除设置一台水冷机组的小型工程外，不应采用定流量系统</td><td>1）适用于中、小型工程或负荷性质比较单一和稳定的较大工程；
2）适用于最远环路总长度在500m之内的中小型工程</td><td>1）适用于中、小型工程或负荷性质比较单一和稳定的较大工程；
2）可以消除一次泵定流量和二次泵系统的低温综合征，使冷水机组高效运行</td><td>1）系统较大（阻力大于50kPa，配套电机安装容量改变一个配套功率级别）、各环路负荷特性或水阻力相差悬殊时，宜采用二次泵系统；初投资大，运行费用高；
2）与一次泵定流量系统相比，能节约相当一部分水泵能耗</td></tr>
<tr><td>控制</td><td>1）通过蒸发器水流量不变，总水流量不变，房间负荷变化时，改变末端装置的风量、三通阀改变水量或不进行控制；
2）末端无实时控制的系统可能导致房间过热或过冷。改变水泵运行台数实现阶梯式变流量时，系统个末端负荷不是等比例变化，则不能同时满足个末端需求；
3）大部分时间，空调水系统处于大流量、小温差状态，不利于节能；
4）配管设计时不能考虑同时使用系数，输送能耗始终处于设计的最大值</td><td>用户流量减小→旁通阀打开→旁通流量达到一台冷水机额定流量→冷水机组减机一台</td><td>用户流量减小→水泵变频（旁通阀不打开）→水泵减机到一台→旁通管打开（保护最低温度）</td><td>1）二次泵采用定速台数控制运行模式：用户侧流量减小→旁通阀两侧压力增加，旁通阀打开→旁通流量等于一台水泵流量就关一台水泵；
2）二次泵采用变速控制运行模式：用户侧流量减小→旁通阀两端压差增加→调节二次泵转速→流量达到一台水泵流量→停一台水泵（考虑节能，宜采用此方式）</td></tr>
</table>

续表

类别	一级泵定流量系统	一级泵系统		二级泵系统
		一级泵压差旁通变流量系统	一级泵变频变流量系统	
压差旁通阀或旁通管	1）可以设置压差旁通阀也可以不设置；设置旁通管目的是平衡一次水和二次水流量的作用； 2）旁通管上装有压差旁通阀，可根据最不利环路压差变化来调节压差旁通阀的开度，从而调节旁通水量	设置旁通管，流量取容量最大的单台冷水机组的额定流量，压差阀根据负荷减小，压差增大而增大开度	1）必设置旁通管； 2）旁通管的设计流量应取各台冷水机组允许的最小流量中的最大值； 3）旁通阀流量特性应选择线性（民规9.5.7条文说明）	1）需设置旁通管（保护二级泵最小流量）； 2）起到平衡一次和二次水系统水量的作用。平衡管是水泵扬程的分界线，设计状态下平衡管的阻力为0或者尽可能小； 3）平衡管管径一般与空调供回水总管管径相同；平衡管上不能装阀门； 4）当系统刚启动时，水管水温高，进入末端的水温较达不到设计值，增大二次泵的流量，也可能引起倒流
水泵和冷水机组是否一一对应	水泵和冷水机组一一对应，连锁控制；蒸发器流量恒定	蒸发器流量恒定，水泵和冷水机组一一对应，连锁控制	水泵和冷水机组不必一一对应，启停可分开控制；一次侧泵变流量运行，节能；蒸发器流量可变	水泵和冷水机组一一对应，连锁控制；一次侧泵定流量运行，不节能；蒸发器流量恒定
冷水机组加机	1）以系统供水设定温度为依据，当供水温度 $T_S > T_{SS}$ +误差死区时（10%～20%），并且这种状态持续10～15min，另一台水冷机组就会启动； 2）以压缩机运行电流为依据：若机组运行电流额定电流的百分比大于设定值如（90%），并且持续10～15min，则开启另一台机组； 3）加机时先启动对应的冷水泵，再开启冷水机组			
冷水机组减机	以旁通管的流量为依据，当旁通管内的冷水从供水总管流向回水总管，并且流量达到单台冷冻机设计流量的110%～120%，如果这种状态持续10～20min，控制系统会关闭一台冷冻机			

（10）集中空调热水系统

1）热源方式

① 热源侧宜采用定流量，末端可为定流量或变流量。

② 热交换器供热时，可采用一级泵变频调速变流量。

2）水温及水流量参数：《教材（第三版2018）》P481；《民规》8.5.1；《09技措》5.8.1。

（11）空调冷凝水管道（《民规》8.5.23及条文说明）

1）水封的设置：a. 积水盘位于机组正压段宜设置；b. 积水盘位于机组负压段应设置，且水封高度应大于凝水盘出正压或负压值。

2）坡度：泄水支管不宜小于0.01；干管不宜小于0.005，不应小于0.003。

3）管径：《民规》8.5.23条文说明。

4）排放：排入污水系统应有空气隔断；不得直接连接雨水系统。

5）常见问题及解决方法

① 漏水：管道坡度小或无坡度造成漏水；冷水管及阀门保温质量差，保温层未贴紧冷水管壁造成管道外壁滴水；积水盘安装不平或盘内排水口因堵塞而盘水外溢；积水盘下表面二次凝结水滴水。

② 尽可能多设置垂直冷凝水排水立管，缩短水平排水管长度。

（12）空调水系统的分区与分环路

1）分区：以压力（或水是否连通）为基准。

2）分区设计原则

① 水压（最常用）

a. 设备承压是高、低区分区的最重要原则。

b. 高、低区完全独立。

c. 高、低区通过换热器分区，尽量使低区承担较大的范围。

② 不同建筑或使用功能：间接式系统；每栋建筑内设换热器。

3）分环路：针对管道设置。所有环路均处于一个水系统中（各末端的空调水来自同一个冷、热源设备）。

4）分环路设计原则

① 系统的运行管理与维护要求。

② 节能运行要求。

2. 超链接

（1）《教材（第三版2018）》P472～483。

（2）《民规》8.5.1～8.5.11、8.5.23。

（3）《工规》9.9.1～9.9.9、9.9.20。

（4）《公建节能》4.3.5。

（5）《09技措》5.8.1、5.7.1～5.7.8、5.9.1、5.10。

（6）《07节能技措》5.2.3、5.2.5～5.2.10。

（7）红宝书P2016～2027

（8）《空气调节用制冷技术（第四版）》P215～223。

3. 例题

（1）【多选】集中空气调节水系统，采用一次泵变频变流量系统。哪几项说法是正确的？（2012-1-62）

（A）冷水机组应设置低流量保护措施

（B）可采用干管压差控制法——保持供回水干管压差恒定

（C）可采用末端压差控制法——保持最不利环路压差恒定

（D）空调末端装置处应设自力式定流量平衡阀

参考答案：ABC

解析：

AB 选项：根据《09 技措》5.7.6.5 或《红宝书》P2020～2023。一次泵变频变流量系统冷源侧流量改变，为保证机组安全运行，应设置低流量保护措施，方法是在旁通管上设置控制阀，当负荷侧冷水量小于单台冷水机组的最小允许流量时，旁通阀打开，保证机组最小流量。

C 选项：根据《07 节能技措》5.2.10.2，“水泵转速一般由最不利环路的末端压差变化来控制。”

《空气调节制冷技术（第四版）》P221～222，一级泵系统控制的主要方法包括：温差控制法、末端压差控制法和干管压差控制法。

D 选项：变流量系统空调末端应设置电动两通阀。

（2）**【多选】**空调冷水系统应采用二次泵系统的情况，应是下列哪些项？（2009-2-55）

（A）各环路压力损失相差悬殊　　（B）各环路负荷特性相差悬殊

（C）系统阻力较高　　（D）冷水系统采用变速变流量调节方式

参考答案：ABC

解析：根据《民规》8.5.4.3 及条文说明或《公建节能》4.3.5 及条文说明。

（3）**【多选】**为了实现节能，实际工程中多有考虑空调冷水系统采用大温差小流量的系统设计，下列哪几项说法是不正确的？（2016-1-60）

（A）大温差小流量冷水系统更适宜与供冷半径较小的建筑

（B）大温差小流量冷水系统仅适用于商业建筑

（C）冰蓄冷系统更适于采用大温差小流量冷水系统

（D）采用大温差小流量冷水系统，要求冷水机组出力相同时，机组蒸发器的换热面积可显著减少

参考答案：ABD

解析：大温差空调系统，供回水温差大于常规系统，在输送相同冷量的情况下，冷水流量较小，水泵能耗较小，比较适合用于空调水系统供冷半径较大的场合（水泵能耗占系统总能耗比例较大，才能体现优势），并非仅适用于商业建筑，因此 AB 选项错误。

C 选项：冰蓄冷系统可以提供较低的供水温度，较适合采用大温差小流量系统。

D 选项：一般大温差小流量系统供水温度较低（如 5℃/13℃），蒸发器换热温差减小（假设蒸发温度不变），同时由于系统流量小，蒸发器表面流速小，表面换热系统也小，因此在冷水机组出力相同时，一般情况需要更大的换热面积。

（4）**【单选】**在某冷水机组（可变流量）的一级泵变流量空调水系统中，采用了三台制冷量相同的冷水机组，其供回水总管上设置旁通管，旁通管和旁通阀的设计流量应为下列哪一项？（2014-2-19）

（A）三台冷水机组的额定流量之和　　（B）二台冷水机组的额定流量之和

（C）一台冷水机组的额定流量　　（D）一台冷水机组的允许最小流量

参考答案：D

解析：根据《民规》8.5.9.2。

4. 其他例题

（1）一级泵：2011-2-66、2012-1-62、2013-2-58、2016-1-26、2017-1-56。

（2）二级泵：2006-1-61、2008-2-23、2009-2-27、2009-2-55。

（3）水系统：2008-1-60、2008-2-59、2009-1-61、2009-2-21、2014-1-58、2014-1-59、2016-1-60、2016-2-56、2018-1-22、2018-2-19、2018-2-66。

（4）阀门：2007-1-61、2009-2-22、2011-2-26、2011-2-28、2013-1-25、2013-2-26、2014-1-22、2014-1-55、2014-2-19。

3.7.4 冷却水系统

1. 知识要点

（1）冷却水系统形式

1）按冷凝器冷却介质分类：风冷冷凝器、水冷冷凝器。

2）水冷式冷凝器的形式：集中空调冷却水系统、用户冷却水系统。

3）按压力特性分类：开式系统（多用于集中空调冷却水系统）、闭式系统。

4）按使用的冷却水分类：直流式（小型或局部系统）、循环式。

（2）冷却水散热系统

1）间接式换热：设置热交换器。

①地表水间接换热系统（包括海水）。

②土壤源间接（地埋管）换热系统。

③闭式冷却塔。

2）直接蒸发冷却换热：利用空气湿球温度比较低的特点。

①自然通风循环冷却系统：适用于空气温度和相对湿度都比较低的小型制冷系统。

②机械通风循环冷却系统：适用于占地面积受到较大限制的民用建筑空调系统。

（3）冷却塔分类

冷却塔的分类　　表 3-35

分类方式	冷却塔设备
通风方式	自然通风、机械通风、混合通风、引射式（无风扇）
冷却方式	直接蒸发式、间接蒸发式（闭式）、混合冷却式
水与空气的流向	逆流式、横流式、混流式

（4）冷却水系统设计

1）集中空调系统冷却水系统形式

① 冷却塔距离冷水机组很近时，采用冷却泵与机组一一对应。

② 冷却塔距离冷水机组较远时，采用冷却塔并联后通过冷却水供回水总管向制冷机房供冷却水。

2）冷却水系统水温：《教材（第三版 2018）》P489 表 3.7-4。

3）避免冷水机组冷却水水温过低的措施：《公建节能》4.5.7-5 条文说明；《民规》8.6.3-2 条文说明；

① 调节冷却塔风机运行台数。

② 调节冷却塔风机转速。

③ 供回水总管上设电动旁通阀。

（5）冷却塔的设置

1）对环境的要求

① 保证进风量。

② 保证进风温度。

2）防止抽空措施

① 提高安装高度或加深存水盘。

② 设置连通管。

3）设置位置及相关要求

① 闭式冷却塔可设于任何位置，必须考虑冷却水热膨胀措施。

② 开式冷却塔存水盘水面高度必须大于系统最高点。

③ 存水盘与冷却水泵高差较小时，把冷水机组连接在冷却水泵出水管端，以防止水泵吸入口出现负压。

（6）逆流式冷却塔的选用

1）主要数据：冷却水量、进出水温差等。

2）冷却塔冷却能力：《教材（第三版 2018）》P491～492 公式。

（注：若冷却塔实际使用气象条件与设备样本数据不同时，应修正）

3）开式冷却水系统补水量。

① 补水量包括蒸发损失、飘逸损失、排污损失和泄漏损失。

② 选用逆流塔或横流塔的系统补水量：电制冷 1.2%～1.6%；溴化锂吸收式制冷 1.4%～1.8%。

③ 补水位置。

a. 不设集水箱：应在冷却塔底盘补水。

b. 设集水箱：应在集水箱补水。

2. 超链接

（1）《教材（第三版 2018）》P483～492。

（2）《民规》8.6。

（3）《工规》9.10。

（4）《公建节能》4.3.19、4.5.7.5、4.5.7.6。

（5）《09 技措》6.6。

（6）《07 节能技措》6.1.6、6.1.7。

（7）《空气调节用制冷技术（第四版）》P223～226。

3. 例题

（1）【单选】某 16 层建筑，屋面高度为 64m，原设计空调冷却水系统的逆流式冷却塔放置在室外地面，现要求将其放置在屋面，冷却水管沿程阻力为 76Pa/m，局部阻力为沿程阻力的 50%，试问所选用的冷却水泵所增加的扬程应为下列哪一项？（2006-1-33）

（A）冷却水泵的扬程增加约 640kPa　　（B）冷却水泵的扬程增加约 320kPa

（C）冷却水泵的扬程增加约 15kPa　　（D）冷却水泵的扬程维持不变

参考答案：C

解析：本题主要考的是闭式水系统水泵扬程不需计算重力水头，增加的水泵扬程为：

$$\Delta P = 64 \times 2 \times (1 + 0.5) \times 76 = 14592\text{Pa} = 14.59\text{kPa}$$

(2)【单选】夏季或过渡季随着室外空气湿球温度降低，冷却水水温已达到冷水机组的最低供水温度限制时，不应采用下列何项控制方式？(2010-2-35)

(A) 多台冷却塔的风机台数控制

(B) 单台冷却塔风机变速控制

(C) 冷却水供回水管之间的旁通电动阀控制

(D) 冷却水泵变流量控制

参考答案：D

解析：根据《公建节能》4.5.7.5 条文说明，冷却塔调节有三种方式，但不涉及冷却水泵变频，实际工程中冷却水泵一般为定频运行。

4. 真题归类

2006-1-33、2007-2-28、2007-2-59、2009-1-36、2009-1-56、2010-2-35、2010-1-69、2016-1-21、2016-1-61、2016-2-59、2017-1-19、2017-1-22、2017-2-25、2017-2-66。

3.7.5 泵与风机的串并联规律分析与工况调节

1. 知识要点

(1) 水泵的性能曲线

1) 平坦形：Q 变化较大时，H 基本保持恒定，适用于一级泵定流量系统。

2) 陡降形：Q 变化不大时，H 变化较大，变频控制节能明显。

3) 驼峰形：上升期不稳定。尽量不出现上升期或上升期范围越小越好。

(2) 泵的特性曲线和管路阻力对流量增量的影响

1) 泵的特性曲线对流量增量的影响

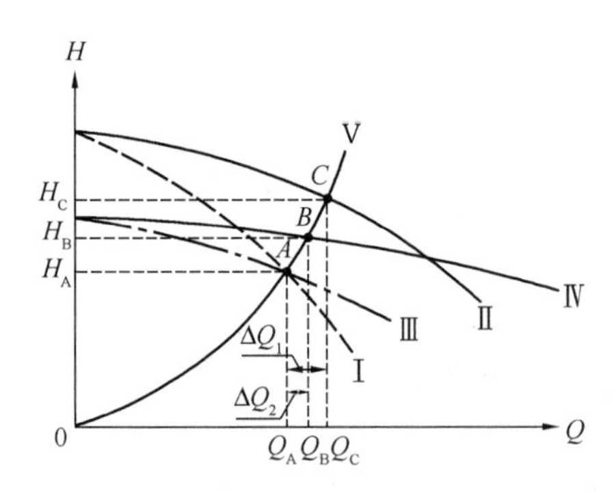

图 3-14 两台相同水泵并联性能曲线对流量增量影响

Ⅰ—单台陡降型水泵的性能曲线；Ⅱ—两台陡降型水泵并联运行时性能曲线；

Ⅲ—单台平坦型水泵的性能曲线；Ⅳ—两台平坦型水泵并联运行时性能曲线；

Ⅴ—管网特性曲线

① 从图中可以看出 $\Delta Q_1 > \Delta Q_2$；

② 水泵曲线越陡，ΔQ 越大，越适合并联。所以选用陡降型特性曲线的水泵。

2) 管网阻力对流量增量的影响

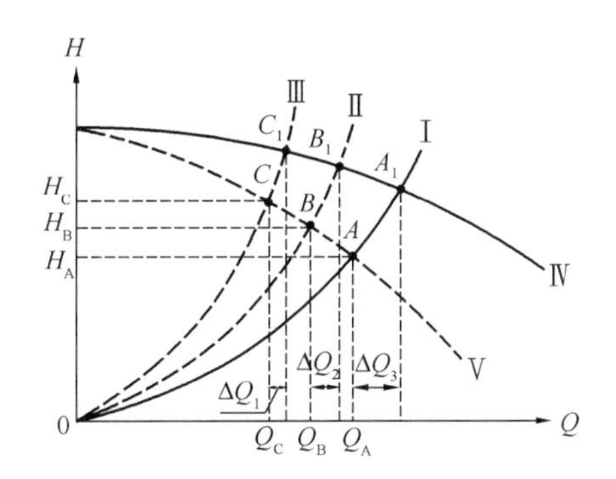

图 3-15 管网特性曲线对水泵流量增量影响

Ⅰ、Ⅱ、Ⅲ—管网阻力逐渐增大的管网特性曲线；

Ⅳ—两台水泵并联运行时的性能曲线；

Ⅴ—单台水泵的性能曲线

① 从图中可以看出 $\Delta Q_3>\Delta Q_2>\Delta Q_1$；

② 管网阻力越小，ΔQ 越大，越适合并联。减少管路阻力可以降低能耗，有利于调节。

（3）水泵并联运行

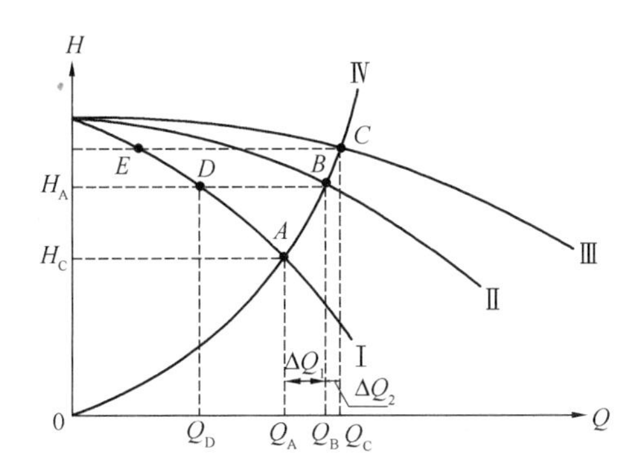

图 3-16 水泵并联的工作点

A—仅一台泵单独运行时工作点；B—两台泵并联运行时工作点（联合工作点）；C—三台泵并联运行时工作点（联合工作点）；D—两台泵并联运行时，每一台泵的工作点；E—三台泵并联运行时，每一台泵的工作点

（4）水泵串联运行

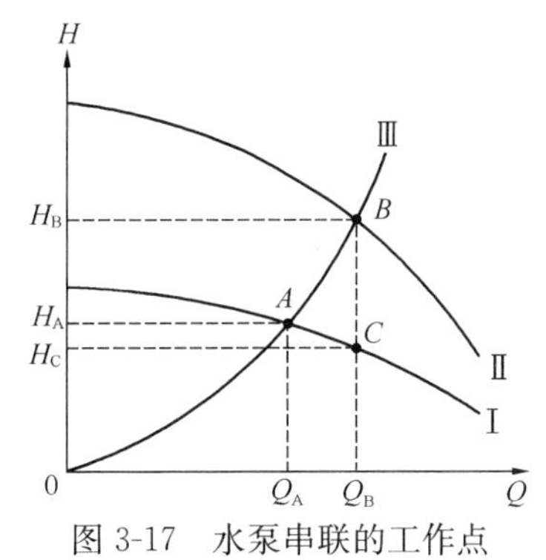

图 3-17 水泵串联的工作点

A—仅一台泵单独运行时工作点；B—两台泵串联运行时工作点（联合工作点）；C—两台泵串联运行时，每一台泵的工作点

（5）水泵联合运行说明

1）两台水泵串联工作时，总压头增大，使管路中流体流速提高，则流量也有一定增加（增加不多）；

2）泵的性能曲线越平坦，串联后增加的压头和流量越大，越适合串联工作；为达到串联后增加沿程的目的，串联模式宜适用于管道特性曲线较陡，而水泵性能曲线较平坦的情形；

3）水泵并联后总流量增加，但增加的流量小于系统中一台水泵单独运行时的流量，即流量没有增加一倍；

4）管网曲线越平坦，并联增加的流量越多，因此管路曲线较陡时，不宜采用水泵并联的形式；

5）并联台数越多，每并联一台水泵所增加的流量越少。不一样的水泵并联时，压头小的水泵提供流量小，出力少。

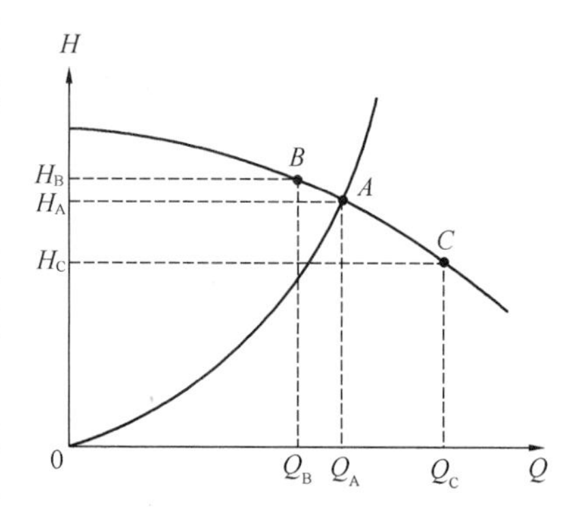

图 3-18　管网系统中水泵的工作点

（6）对选泵参数不当的分析

1）如果泵的扬程选大了（实际点为 A 点，额定点为 B 点），高扬程的泵用于实际的低扬程，会出现流量过大，可能导致电机过载，甚至会烧毁电机；

2）如果泵的流量选大了（实际点为 A 点，额定点为 C 点），实际流量与额定值相比减小了，不会导致电机过载；如果泵的流量选小了（小流量的泵在实际需求的大流量工况下运行），会产生气蚀，长时间运行会影响泵的寿命。

3）如果管网阻力数算大了（设定曲线比实际曲线陡峭），泵会出现流量过大，可能导致电机过载，甚至会烧毁电机；如果管网阻力数算小了（设定曲线比实际曲线平坦），泵不会出现电机过载。

（7）水泵与风机的工况调节

水泵与风机工况调节分析　　**表 3-36**

方式	性能曲线	分析说明	备注
出口端节流	H、Ⅱ、Ⅰ、B、A、H_B、阀阻力、H_C、C、Ⅲ、0、Q_B、Q_A、Q Ⅰ—管网特性曲线； Ⅱ—出口端阀门关小时管网特性曲线； Ⅲ—泵的特性曲线	1）当负荷减少时，阀门关小，管路曲线变陡，水泵工作点 $A \rightarrow B$，流量减少到 Q_B。 2）管路所需要的扬程为 H_C，泵的扬程为 H_B，多余的扬程消耗在阀门节流损失上	1）水泵的节流阀通常设在泵的压出管段，在吸入管段会导致泵的气蚀； 2）由于消耗的功率增加，而且只能在小于设计流量范围内调节，所以只能应用于中小功率的泵，离心泵适用，而轴流泵不能采用出口端节流调节，可能会导致电机过载； 3）多台并联水泵，其单台运行时，调节水泵出口处的调节阀可减小能耗，提高效率； 4）多数系统已被变速调节代替

续表

方式	性能曲线	分析说明	备注
入口端节流	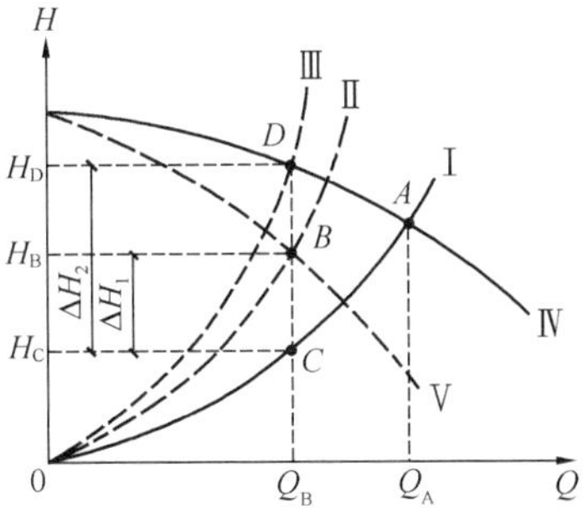 Ⅰ—管网特性曲线； Ⅱ—入口端阀门关小时管网特性曲线； Ⅲ—出口端阀门关小时管网特性曲线； Ⅳ—风机的特性曲线； Ⅴ—入口端阀门关小时风机特性曲线 H_C：管网中阀门未调节时，管网所消耗压力； $\Delta H_1=H_B-H_C$：入口端节流，入口端阀门所消耗压力； $\Delta H_2=H_D-H_C$：出口端节流，出口端阀门所消耗压力	1）定风量系统，关小空调机组入口端阀门时，管路曲线变陡，而风机的性能曲线也变化，风机工作点 $A\rightarrow B$，风量减少到 Q_B，节流损失为 ΔH_1； 2）当入口阀门不变，关小出口端阀门时，风量达到 Q_B，工作点 $A\rightarrow D$，节流损失为 ΔH_2。$\Delta H_1<\Delta H_2$ 说明入口端节流比出口端节流节能	1）风系统关小风机入口处的阀门比关小出口处的能耗低；调节回风阀比送风阀效果好； 2）仅在风机上使用，水泵则不采用
变速调节	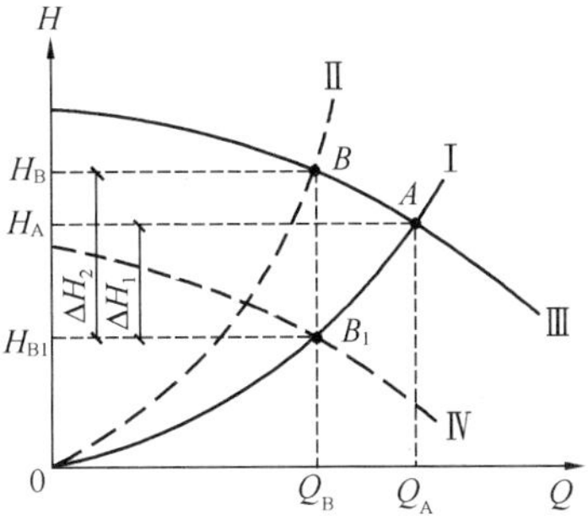 Ⅰ—管网特性曲线； Ⅱ—阀门关小时管网特性曲线； Ⅲ—泵的特性曲线； Ⅳ—泵的转速下降后的特性曲线	管路曲线Ⅰ不变，泵与风机转速下降（曲线Ⅱ→Ⅳ），工作点 $A\rightarrow B_1$，压头相比于出口端节流调节节省了 ΔH_1。	1）变速调节比节流调节方式大大减少了节流损失，因此节能显著； 2）由于变速装置及变速原动机投资大，一般中小型机组很少采用

续表

方式	性能曲线	分析说明	备注
旁通调节	Ⅰ—管网Ⅰ特性曲线； Ⅱ—管网Ⅱ特性曲线； Ⅲ—管网Ⅲ特性曲线； Ⅳ—水泵特性曲线； Ⅰ∥Ⅱ—管网Ⅰ与Ⅱ并联特性曲线； （Ⅰ∥Ⅱ）+Ⅲ—管网Ⅰ与Ⅱ并联后，再与管网Ⅲ串联的特性曲线	1）一级泵定流量系统，末端流量变化时，通过电动调节阀旁通流量保证冷水机组流量不变； 2）当空调负荷变化时，管路曲线Ⅰ会变化，所以管路曲线Ⅱ需要同时变化，综合管路曲线Ⅰ和Ⅱ，保证管路曲线Ⅰ∥Ⅱ不变	水泵工作点 D 点一直不变，能耗也没有改变

2. 超链接

《教材（第三版 2018）》P274～277、P495～497；《流体力学泵与风机（第五版）》P319～329。

3. 例题

（1）【多选】下图为两台同型号水泵并联运行的性能曲线图，说法正确的是哪几项？(2011-1-57)

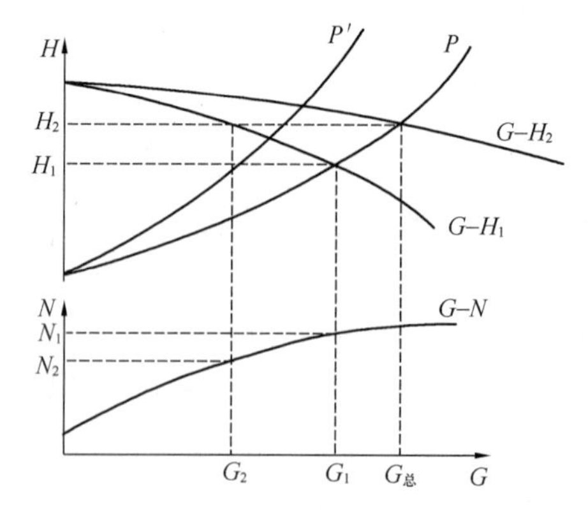

G-H_1—单台泵运行特性曲线；G-H_2—2 台泵并联运行特性曲线；P—管路特性曲线；

G-N—单台水泵功率曲线；$G_{总}$—2台泵并联运行的总流量；G_2—2合泵并联运行单台泵流量$G_2=0.5G_{总}$；N_2—2台泵并联运行时单台泵功率

(A) 系统阻力系数不变时，单台泵运行水泵流量$G_1>G_2$

(B) 系统阻力系数不变时，单台泵运行功率$N_1>N_2$

(C) 水泵单台运行时有可能发生电机过载

(D) 多台水泵并联运行的单台泵流量应考虑并联衰减，可加大水泵选型规格

参考答案：ABC

解析：

AB选项：根据图示即可得到答案。

C选项：根据图示或由《教材（第三版2018）》P496可知，水泵单台单独运行时功率大于并联时单台运行的功率，若按照并联时水泵单台运行功率配用水泵电机，就容易造成单台水泵运行时电机过载。

D选项：多台水泵并联的系统，单台运行时水泵的流量，要比所有水泵同时运行时对总流量做的“贡献”大。但是，不能反过来因为多台水泵并联时单泵流量小于只有单泵运行时的流量就去考虑“并联衰减”，而去选用流量大一些的型号，但是为防止单台运行时电机过载，可加大配用电机容量。

(2)【单选】某集中空调水系统的设计水量为100m³/h，计算系统水阻力为300kPa。采用一级泵水系统，选择水泵的流量和扬程分别为105m³/h和315kPa，并按此参数安装了合格的水泵。初调试时发现：水泵实际扬程为280kPa。问：对水泵此时的实际流量G_s的判定，以下哪一项是正确的？(2014-1-21)

(A) $G_s>105\text{m}^3/\text{h}$　　(B) $G_s=105\ \text{m}^3/\text{h}$

(C) $105\text{m}^3/\text{h}>G_s>100\text{m}^3/\text{h}$　　(D) $G_s=100\ \text{m}^3/\text{h}$

参考答案：A

解析：水泵一定，参考水泵特性曲线，实际扬程小于设计扬程，流量则大于设计流量。

(3)【多选】某空调水系统，当两台型号完全相同的离心式水泵并联运行时，测得系统的总流量$G=100\text{m}^3/\text{h}$，总阻力$H=200\text{kPa}$。如果系统不做任何调整，改由一台水泵运行，则下列哪些数据不可能成为系统实际运行数据？(2017-2-58)

(A) 流量$G=50\text{m}^3/\text{h}$，阻力$H=200\text{kPa}$ (B) 流量$G=50\text{m}^3/\text{h}$，阻力$H<200\text{kPa}$

(C) 流量$G>50\text{m}^3/\text{h}$，阻力$H<200\text{kPa}$ (D) 流量$G<50\text{m}^3/\text{h}$，阻力$H<200\text{kPa}$

参考答案：ABD

解析：根据水泵并联曲线特性，在管网阻力特性不变的情况下，一台泵单独运行时的流量大于并联工作时每一台水泵的流量（50m³/h），系统阻力（单台泵扬程）小于并联工作时系统阻力（200kPa）。

(4)【单选】某工程空调闭式冷水系统的设计流量为200m³/h，设计计算的系统阻力为35m水柱。选择水泵时，对设计流量和计算扬程均附加约10%的安全系数，设计选泵B3，参数为：流量220m³/h，扬程38m水柱，图中B1、B2、B3分别为三台不同水泵的性能曲线，OBC、OAD分别为设计与实际的水系统阻力特性曲线。问：水泵实际运行工作点应为以下哪一个选项？(2016-1-23)

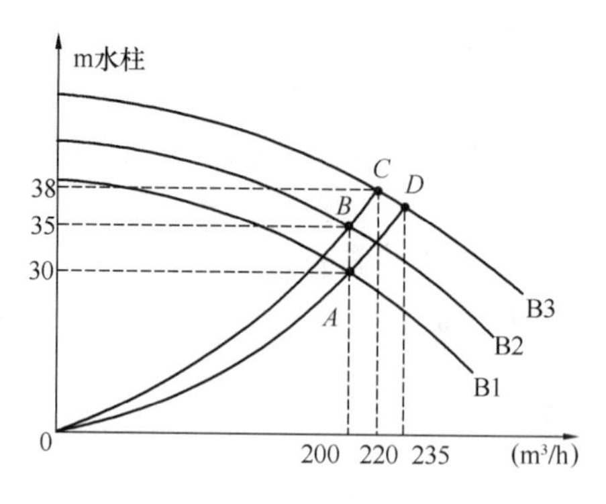

（A）A 点　　（B）B 点

（C）C 点　　（D）D 点

参考答案：D

解析：由图可知，实际水系统阻力系数小于设计值，因此仍采用 B3 水泵时，其实际流量 $235m^3/h$ 大于选型值 $220m^3/h$，实际扬程小于选型值 $38mH_2O$，实际工作点即为 D 点。

（5）【单选】（接上一题）假定 B1、B2、B3 三种水泵在流量为 $200m^3/h$ 时的水泵效率相同，要使得水泵在设计流量（$200m^3/h$）恒定运行时，用以下哪个方法，是最为节能的？（2016-1-24）

（A）选择 B1 水泵　　（B）选择 B3 水泵，并设置变频器

（C）选择 B3 水泵，关小水泵出口阀门　　（D）选择 B2 水泵，并设置变频器

参考答案：A

解析：由于三种水泵在流量为 $200m^3/h$ 时的水泵效率相同，首先排除 C 选项，节流调节管网阻力数增大，实际扬程应为 $200m^3/h$ 的流量线与 B3 水泵工作曲线的交点，扬程大于 $38mH_2O$，水泵耗功率最大；BD 选项：B2 和 B3 水泵通过变频调节均可以将工作状态点调整至 A 点，此时 ABC 选项，水泵的扬程、流量、效率均相等，理论上水泵的耗功率是相等的，但是由于 BD 选项采用变频器，考虑到变频器的电能损耗，A 选项是最为节能的。

（6）【单选】在对某公共建筑空调水系统进行调试时发现，循环水泵选型过大，输送能耗过大，必须进行改造，下列哪一项措施的节能效果最差？（2016-2-19）

（A）换泵　　（B）切削水泵叶轮

（C）增设调节阀　　（D）增设变频装置

参考答案：C

解析：根据《教材（第三版 2018）》P268 表 2.8-6，水泵与风机类似，其功率与转速的三次方成正比，与叶轮直径的五次方成正比，两种方式均有较好的节能效果；C 选项：节流调节，水泵流量减小，扬程增加，能耗虽较调节前略有减小，但节能效果明显不如变频调节，而且由于水泵效率下降，其能耗高于型号合适的水泵。

4. 真题归类

2011-1-57、2012-2-20、2014-1-21、2014-1-57、2016-1-23、2016-1-24、2016-2-19、2017-1-21、2017-2-58。

3.7.6 空调水系统水力计算、水力工况分析和空调水系统附件

1. 知识要点

（1）空调水系统的水力计算和水力平衡

1）流速与管径选择

① 流速：《教材（第三版 2018）》P493 表 3.7-7。

② 管径：空调冷水管道比摩阻宜控制在 100～300Pa/m。

2）空调冷（热）水系统的水力平衡

水力计算的目的：

① 确定合理的循环水泵扬程，对水系统最不利环路进行水力计算。

② 调整管径，使得各末端环路在设计状态下实现水力平衡。

3）空调水系统水阻力计算

① 闭式系统：最不利环路阻力累加。

② 开式系统：水的相对提升高度加上最不利环路总阻力。

4）水系统压力分布：《教材（第三版 2018）》P494 图 3.7-19，表 3.7-8。

① 膨胀水箱接入点（定压点），不管是否运行，压力都不变，等于高度 h_1。

② 水泵不运行，任一点静压力等于该点与膨胀水箱水面之间高度差。

③ 水泵运行时，某点与水泵吸入口之间管路，等于静水高度减去该管路压力损失。

④ 水泵运行时，水泵出口处与某点之间管路，等于扬程加静水高度减去该管路压力损失。

⑤ 影响压力因素：静水高度、水泵扬程、定压点至某点管路压力损失。

⑥ 冷水机组置于水泵吸入口，机组承压与水泵扬程无关；高层建筑此法可减小机组承压。

（2）集中空调水系统的水力工况分析

1）水系统变水量控制，供回水干管压差、干管压力为控制参数，以台数控制优先。

2）压差旁通控制：压差升高、水需求量下降、开大旁通阀、减少供水量。

3）水泵变频控制：通过调整变频器的频率进而控制水泵转速，调节系统流量与压差。

注：对于相似工况间，才存在 1）中的关系。

（3）空调水系统附件

1）补偿器：《教材（第三版 2018）》P104～105。

2）水质标准与水处理设备

①水质标准：《采暖空调系统水质》GB/T 29044—2012。

②水处理方法

a. 物理水处理法：内磁性水处理器、电子型水处理器。用于中小型工程。

b. 化学水处理法：膨胀水箱加药；加药罐旁通加药；自动加药。

3）定压设备

定压设备的优缺点 **表 3-37**

定压设备	优点	缺点
膨胀水箱	1）结构简单、造价低。 2）水压稳定性极好，补水方便。 3）设计时优选的定压设备	1）必须设置在系统最高点。 2）严寒和寒冷地区注意水箱间防冻。 3）与大气接触，影响水质

续表

定压设备	优点	缺点
气体定压罐	1）采用隔膜式。 2）空气与水完全分开，保证水质。 3）位置不受系统高度限制。 4）适用于无法正常设置膨胀水箱的系统	1）压力波动较大。 2）造价相对较高

注：保证系统内任何一点不出现负压或者热水的汽化。空调水系统中，保证空调系统最高点压力不小于5kPa。《教材（第三版2018）》P507～508，图3.7-26。

（4）阀件（手动阀）

1）种类：闸阀、截止阀、蝶阀、调节阀、手动平衡阀。

2）设置目的：系统初调时使用；维修管理时关闭用。

（5）过滤器

1）设置位置：水泵、机组入口管道上。

2）Y形过滤器滤网孔径的选择：推荐孔径见《教材（第三版2018）》P509；滤网的有效流通面积应等于所接管路流通面积的3.5～4倍。

（6）软接头

1）设置位置：水泵、冷水机组等振动设备接口处，防止设备通过水路系统传振。

2）常用种类：橡胶制品；金属制品。

（7）系统补水：《民规》8.5.15～8.5.17；《工规》9.9.12～9.9.14；《09技措》6.9.1～6.9.3。

2. 超链接

《教材（第三版2018）》P492～497、P505～509。

《民规》8.5.11、8.5.13～8.5.22。

《工规》9.9.10～9.9.19。

《公建节能》4.3.7～4.3.8。

《09技措》5.8.2～5.8.7、5.9、6.9。

《通风施规》11.1.2～11.1.5、11.2.1、11.3.5、11.4.4-4。

3. 例题

【单选】关于空调循环水系统的补水、定压的说法，正确的是下列何项？（2011-1-26）

（A）补水泵扬程应保证补水压力比系统静止时补水点压力高30～50kPa

（B）补水泵小时流量不得小于系统水容量的10%

（C）闭式循环水系统的定压点宜设在循环水泵的吸入侧，定压点最低压力应使系统最高点的压力高于大气压2kPa以上

（D）系统定压点不得设于冷水机组的出口处

参考答案：A

解析：

A选项：根据《民规》8.5.16.1。

B选项：根据《民规》8.5.16.2，应为5%～10%。

C选项：根据《民规》8.5.18，应为5kPa。

D选项：根据《教材（第三版2018)》P508，应将定压点接到水泵入口。而P492“在高层建筑的水系统中，常将机组置于泵的吸入管路中，以减小机组的承压值。”即系统定压点可设于冷水机组的出口处。

4. 真题归类

（1）水力计算与水力工况分析：2007-2-27、2011-1-60、2013-2-19、2017-1-58。

（2）附件及其他：2006-1-25、2010-2-59、2011-1-26、2006-1-26、2006-2-25。

3.7.7 水（地）源热泵系统

1. 知识要点

（1）水（地）源热泵系统

1）水（地）源热泵系统分类：水环式、地下水式、地表水式、地埋管式。

2）水源热泵适用性：应用于水资源比较充足的地区，比如人工利用后排放但经过处理的城市生活污水、工业废水、矿山废水、油田废水和热电厂冷却水等水源，最好不要选择天然水资源。

（2）水环热泵系统

1）水-空气热泵机组通过水侧管路网络化的应用，构成一个以回收建筑物内余热为主要特点的热泵供暖、供冷的空调系统；循环水是构成整个系统的基础；

2）适合建筑规模大，各房间或区域负荷特性相差较大，尤其是内部发热量较大，冬季需要同时分别供热和供冷的场合；

3）冬季不需要供热或供热很小的地区，不宜采用水环热泵系统。

水环热泵系统的特点和设计要求　　表3-38

系统	特点	设计要求
水环式水源热泵系统	1）调节方便，类似四管制风机盘管； 2）可同时供冷供热； 3）建筑物热回收效果好，适合有内区和外区的大中型建筑，即大部分时间有同时供冷供暖要求场合； 4）系统分布紧凑、简洁灵活； 5）便于分户计量和计费； 6）便于安装和管理； 7）小型水源热泵机组性能系数不如大型冷水机组； 8）噪声大； 9）设备费用高，维修量大； 10）夏热冬暖地区（广东、福建等）不宜采用	1）循环水温控制在15℃～35℃； 2）适合用闭式冷却塔，避免阻塞；如用开式，应设水-水换热器； 3）辅助热源的供热量应经热平衡计算确定； 4）保证机组在定流量下工作

（3）地表水式与地下水式热泵系统

地表水式与地下水式热泵系统设计要求　　表 3-39

系统	设计要求
江河湖 水源地源热泵 （地表水）	1）应对地表水体资源和水体环境进行评价：应获得主管部门批准；引起的水体水温变化不破坏生态平衡，周平均最大温升≤1℃，周平均最大温降≤2℃。 2）分析季节水位变化的影响。 3）确定闭式或开式换热系统。 4）合理确定取水口/排水口位置；水进入热泵机组前，应采取过滤、清洗、灭藻等非化学水处理措施。 5）防冻
海水源地源热泵 （地表水）	海水防腐；防止生物附着
地下水 地源热泵	1）应获得主管部门同意；判定地下水的可用性。 2）宜采用变流量系统。 3）确定采用闭式或开式换热系统。 4）采取可靠的回灌措施，确保全部回灌到同一含水层，且不得造成地下水污染（采用闭式系统）
地埋管式热泵 （土壤源热泵）	1）地勘确定方案可行。 2）岩土热响应试验（大于等于 5000m²时）。 3）埋管系统的设计。 4）全年土壤热平衡计算。 5）分别按供冷与供热工况进行地埋管长度的确定，是否设辅助冷热源。 6）防冻

（4）地源热泵系统适宜性分析

《民规技术指南》P468～473 分别对地埋管、地下水、江河湖水、海水和污水等地源热泵系统按照不同的气候区做了适宜性分析。

2. 超链接

（1）《教材（第三版 2018）》P372、P497～501。

（2）《民规》8.3.4～8.3.9。

（3）《工规》9.4.3～9.4.6。

（4）《地源热泵规》。

（5）《公建节能改造》6.2.11

（6）《09 技措》5、13、7.2～7.6。

（7）《07 节能技措》5.6、8.2～8.6。

（8）《红宝书》P2362～2414。

（9）《民规技术指南》P468～473。

3. 例题

（1）【单选】采用地埋管换热器的地源热泵系统。机组制冷能效比为 EER，地源热泵系统向土壤的最大释热量 Q_c 表述正确的，应是下列何项？（2009-1-34）

(A) Q_C= (1−1/EER) ×系统最大冷负荷

(B) Q_c= (1+1/EER) ×系统最大冷负荷

(C) Q_c= (1+1/EER) ×系统最大冷负荷+∑水泵释热量

(D) Q_c= (1+1/EER) ×系统最大冷负荷+∑水泵释热量+∑输送系统得热量

参考答案：D

解析：根据《地源热泵规》4.3.3条文说明。

(2)【单选】某空调系统采用地表水水源热泵机组，设该空调系统的设计工况与该机组名义工况相同，机组名义工况条件下的有关水量的数据见下表，水源侧夏季、冬季水泵分设，水源侧的水泵设计水量正确的应是下列何项？(2010-1-21)

工况	蒸发器水量 (m^3/h)	冷凝器水量 (m^3/h)
制冷	306	362
制热	250	320

(A) 夏季、冬季水源侧的水泵设计水量分别为306m^3/h和362m^3/h

(B) 夏季、冬季水源侧的水泵设计水量分别为250m^3/h和320m^3/h

(C) 夏季、冬季水源侧的水泵设计水量分别为306m^3/h和320m^3/h

(D) 夏季、冬季水源侧的水泵设计水量分别为362m^3/h和250m^3/h

参考答案：D

解析：夏季水源侧为冷凝器向地表水源散热，冬季水源侧为蒸发器自地表水源吸热。

(3)【单选】有关地源热泵（地埋管）系统用于建筑物空调的说法正确的是下列何项？(2013-1-21)

(A) 夏热冬暖地区适合采用地源热泵（地埋管）系统

(B) 严寒地区适合采用地源热泵（地埋管）系统

(C) 夏热冬冷地区涉及工况下计算冷、热负荷相同的建筑，适合采用地源热泵（地埋管）系统

(D) 全年释热量和吸热量相同的建筑，适合采用地源热泵（地埋管）系统

参考答案：D

解析：

AB选项：夏热冬暖地区供冷时间长，严寒地区供暖时间长，两区全年释热量和吸热量差异较大，不宜采用。

C选项：夏热冬冷地区虽然计算冷热负荷相同，但释放的热量和吸收的热量却不同（需考虑电耗功率和水泵的功率），因为计算冷热负荷与全年释热量和吸热量是两个概念，计算冷热负荷相同未必能保证土壤热平衡。

D选项：根据《地源热泵规》4.3.2和《民规》8.3.4条文说明，地源热泵系统总释热量和总吸热量应平衡，两者比值在0.8～1.25之间，可知，选项D正确。

扩展：根据《教材（第三版2018)》P471可知，夏热冬冷地区的建筑，适用于土壤源热泵系统。

4. 真题归类

2007-1-19、2007-1-26、2007-2-31、2008-1-32、2008-1-67、2008-2-66、2008-2-67、

2009-1-34、2009-2-31、2009-2-34、2009-1-68、2009-2-46、2010-1-21、2010-2-22、2010-2-23、2010-2-32、2010-2-33、2011-1-20、2011-1-25、2011-1-34、2011-1-64、2012-1-24、2012-2-65、2013-1-21、2013-2-32、2013-1-65、2013-2-68、2014-2-31、2014-2-64、2016-1-65、2017-1-26、2017-1-64、2017-2-33、2017-2-34、2017-2-35、2017-2-43、2017-2-57、2018-2-46、2018-2-57。

3.7.8 空调冷热源设备的性能与设备选择

1. 知识要点

（1）冷（热）水机组：空调中常用的冷（热）水机组类型（《教材（第三版 2018）》P501）。

（2）冷却塔性能：《教材（第三版 2018）》P501～502。

1）冷却塔标准设计工况：《教材（第三版 2018）》P501 表 3.7-9。

2）冷却塔噪声：建筑相邻有住宅楼或环境要求高时，应选用 C 形塔（超低噪声型）。

3）耗电比［G 形塔不大于 50W/（m^3·h），其他≤35W/（m^3·h）］和飘水率（≤0.015%）。

4）飘水率：不大于名义冷却水流量的 0.015%。

5）阻燃性能：玻璃钢氧指数不低于 28%。

（3）冷（热）源设备的选择与配置

1）使用工况：名义工况与实际工况的联系和区别；进行合理的修正。

2）系统空调负荷特点。

①旅馆：全天运行，内部空调负荷有限，空调负荷受室外气候变化影响较大；满足尽量低的负荷率条件，采用部分负荷性能好的设备。

②办公建筑：内部负荷比例大；设备数量组合、高负荷率的情况下性能优异。

③发热量很大、热工性能很好、空调精度较高的工艺性建筑：全年供冷设备负荷率都高，对设备设计工况点和高负荷区性能要求高；部分负荷较低的设备效率可降低。

④全年间歇性使用的建筑（展览馆、体育馆等）：使用时间短暂；设计工况下的性能优先。

（4）台数与容量

1）冷水（热泵）机组选型要求：应能适应负荷全年变化规律，满足季节及部分负荷要求；机组不宜少于 2 台，且同类型机组不宜超过 4 台；当小型工程仅设一台时，应选调节性能优良的机型，并能满足最低负荷的要求。

2）多台冷水机组的组合，可根据以下方法确定机组容量和台数：《教材（第三版 2018）》P503～504。

（5）电制冷机组电压等级：《教材（第三版 2018）》P504；《民规》8.2.4；《工规》9.2.4。

（6）多种负荷能源

1）离心机＋螺杆机。

2）热电厂附近或有一定余热和废热：采用吸收式冷水机组或吸收式与压缩式联合工作；在各部分负荷条件都稳定时，采用冷热电三联供。

3）空调冷负荷大而热负荷较小的南方地区：采用大型水冷机组与风冷热泵机组。

4）夏季向土壤的排热量远大于冬季从土壤的取热量：设置辅助冷却塔。

夏季向土壤的排热量小于冬季从土壤的取热量：设置辅助热源（锅炉、城市或区域热网）。

2. 超链接

(1)《教材（第三版 2018）》P501～504。

(2)《民规》8.1.5、8.1.8、8.2.1～8.2.4。

(3)《工规》9.1.5、9.2.1、9.2.2、9.2.4。

(4)《09 技措》6.1.5、6.1.8～6.1.9。

3.7.9　冷热源机房设计

1. 超链接：

(1)《教材（第三版 2018）》P509～511、P639～641、P750～753。

(2)《民规》8.10。

(3)《工规》9.11。

(4)《09 技措》6.2。

2. 例题

【单选】空调用制冷机房的设备布置要求，下列何项不符合规范规定？（2012-1-35）

(A) 机组与墙之间的净距不小于 1m，与配电柜的距离不小于 1.5m

(B) 机组与机组或其他设备之间的净距不小于 1.2m

(C) 机组与其上方的电缆桥架的净距应大于 1m

(D) 机房主要通道的宽度应大于 1.8m

参考答案：D

解析：根据《民规》8.10.2。

3. 真题归类

2008-2-24、2009-2-68、2011-2-67、2012-1-35、2014-2-67、2016-2-31、2017-2-30。

3.7.10　空调水系统问题分析及解决方法

1. 水泵问题分析

(1) 水泵过载、跳闸停泵：水系统阻力小于水泵设计扬程，水泵的流量大于设计流量。

解决方案：

1）如果系统实际阻力损失（即体现为水泵进出口的压差）略低于循环水泵铭牌扬程（例如偏差小于 20%）时可以关小水泵进口（或出口）阀门的开度，使阻力与铭牌扬程相接近。人为地增加阻力的操作当然不节能，特别是对于特性曲线比较陡的水泵，但对于特性曲线比较平坦的水泵，增加的能耗并不很显著。

2）更换合适的水泵。

3）切削水泵的叶轮。

(2) 水泵喘振：加大膨胀水箱的高度（有空气未排除）。

(3) 水泵发热，噪声大：原因为功率变大，电机绕组散热不好。系统进入空气后，空气与水的混合物密度变小，阻抗变小，管网特性曲线变得平缓，水泵性能曲线交点向右移动，功率变大，因此水泵显著发热，同时因存在空气，水裹着气泡撞击叶轮，破裂后导致噪声变大。(《流体输配管网（第二版）》P186)

(4) 水泵并联：水泵并联后会有并联衰减，但不可因此影响选型。

(5) 水泵扬程选得过高。

例题：

1) 某工程冷水设计流量为 320m³/h，用阀调整几乎全关才达到平衡。

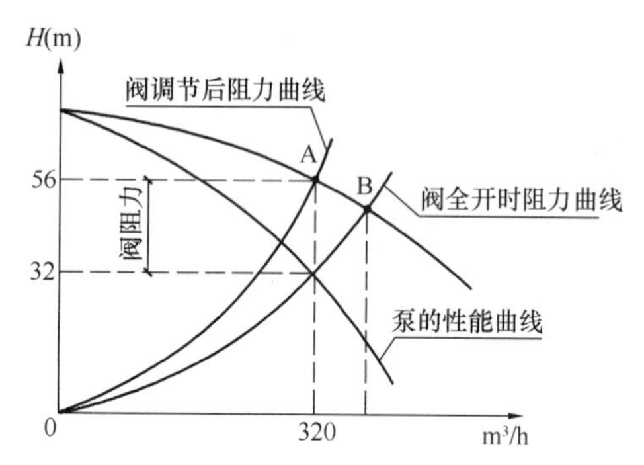

图 3-19　阻力变化后的水泵工况点

原因：设计时估算的系统阻力过大，所以泵的扬程选得太高，达 56m。而实际系统阻力只有 32m。由于设计过于安全而造成了运行的困难，带来的是能耗多，且有噪声振动。

解决：换一个低扬程的泵。

注意：选泵时一定要计算系统的阻力。

2) 某小型宾馆空调的冷源为离心式冷水机组。冷冻水系统为二级泵系统，即设置一、二级冷冻水循环泵。一级泵的台数与冷水机组一一对应，扬程为 25m，二级泵扬程为 30m。实际运行时只开一台一级泵，而同时开一、二级泵会造成电能的浪费。

原因：一级泵的扬程选得太高，而宾馆的水系统不是很大，再加上管径选得也大，所以系统阻力小。而一般的二级泵系统，一级泵的扬程只要克服冷水机组环路的阻力即可。二级泵按工程的系统大小扬程也选得过高，使电机的容量增大，结果造成投资过多，电能消耗增大。

解决：只能在运行中调节，只开启一级泵或二级泵。

注意：选泵时不要超过设计计算值太多，最好按水力计算乘以 1.1 的安全系数来选泵的扬程。

(6) 选择水泵注意点

1) 空调水系统常用多台水泵并联。在实际运行时，大部分时间为部分负荷运行，有时只需开一台水泵。这时系统阻力大大下降，水量增加会导致水泵的电机过载，结果跳闸或烧毁电机，从而影响系统的正常运行。例如：两台泵并联工作时，如果一台泵停止运行时，另一台泵流量会超过总流量的 50%，有时可达 80%。因此要在每台泵的出水口配备流量的限定装置，通常采用流量控制阀，可自动稳定流量。

2) 为了降低噪声，一般应采用转速为 1450r/min 的水泵。而且在水泵的进出口处均应装金属软管。泵的基础应有减振。

3) 选水泵时应注意水泵的耐压强度，将系统的静水压力提供给厂家。

(7) 水泵变频节流的对比

1) 变频调速后，水泵流量下降，扬程下降，水泵功耗下降，效率不变。

2) 节流调节，水泵流量下降，扬程上升，功耗略下降。

3) 变频调节比节流调节更节能。

2. 水系统“大流量，小温差”现象

系统末端调节阀开度过大或末端设备换热量减小时，阀门未能及时减小开度造成实际供回水温差小于设计温差（流量增大超过设计值），“低温综合症”可参考《红宝书》P2023～2024。

原因：

（1）压差旁通阀故障或压差设定值偏大。

（2）末端电动两通阀口径选择过大或系统末端调节阀开度过大：管网阻力变小使流量变大。

（3）末端换热器换热能力不足（组合式空调机组实际送风量减少）：冷水机组出水温度一定，供回水温差变小，回水温度下降，送风温度随之降低。设计工况下负荷不变时，送风温度下降，送风量减少。

（4）水泵选型（流量或扬程）过大。

（5）水泵出口手动阀门开度过大。

（6）管网实际阻力小于设计值。

3. 系统中的空气问题

（1）冷水循环泵和供回水管路振动

原因：管路中有空气。当冷水机组、冷水循环泵和膨胀水箱均置于建筑的最高屋面处，由于水泵扬程不足、膨胀水箱高度较低或定压点到水泵入口之间存在阻力过大部件（如过滤器），有可能造成管路出现负压，空气会进入到管道系统。（《教材（第三版2018）》P508 图 3.7-27）

（2）系统调试时发现空气不能完全排除干净

1）膨胀水箱水位与系统管道最高点高差过小。

2）水泵流量过小造成水流速降低。

4. 空调冷冻水供水温度不变，回水温度升高后（供回水温差加大）对空调系统末端的分析：

冷水回水温度提高，风机盘管制冷量下降。为满足室内负荷的要求，可采用加大风机盘管规格或增加数量的方法来解决，两种方法都会使投资增加。虽然管道、保温和水泵的投资可以大大下降，但空调箱和风机盘管的投资却上升。系统改为大温差小流量，且冷水平均水温升高，因此冷水机组的制冷效率有所提高，能耗降低；冷冻水循环泵因扬程和流量的大幅度减小能耗明显减少，空调系统的总能耗一定会减少。风盘因进入的冷冻水流量减少、水温升高必须加大型号或数量，投资加大。风盘型号加大或数量增加引起的能耗增加相对水泵能耗降低可以忽略。（《07 节能技措》P136～141：小流量大温差水系统热点及对空调末端设备和冷却塔的影响）

5. 冷水泵运行的参数达到设计要求，且冷水机组未满负荷运行，部分空调房间实际温度高于设计值：说明冷水机组的制冷量不存在不足问题。系统总冷负荷小，部分房间温度偏高应是末端出了问题。

6. 冷却水系统存在的问题

（1）吸入管道上阻力过大，而且上返下返管内窝气，冷却水量减少，使系统不能正常运行。

（2）并联两台或更多的冷却塔吸入管道的阻力不平衡。当单台使用时经常有空气吸入，造成水击、振动等。且有的溢流，有的补水。

（3）各塔的水盘水位应安装在同一标高上，各盘之间作平衡管连通。接管时注意各塔至总干管上的水力平衡。做自动控制时供回水支管上均加电动阀。

7. 冷却塔的冷却水出水温度高于设计值的原因

（1）冷凝温度升高，冷却水量过大（进塔水温不变，水温差减小）。

（2）冷却塔的布水不均匀。

（3）冷却塔出水管在室外暴露部分过长。

（4）冷却塔通风效果不好。

（5）冷却塔风机风量不够。

8. 水系统设计应注意的问题

（1）放气排污。在水系统的顶点要设排气阀或排气管，防止形成气塞；在主立管的最下端（根部）要有排除污物的支管并带阀门；在所有的低点应设泄水管。

（2）热胀、冷缩。对于长度较长的直管段，必须装设补偿器。在主要设备与重要的控制阀前应设水过滤器。

（3）并联工作的冷却塔要安装平衡管。

（4）注意管网的布局，尽量使系统先天平衡。如果从计算上和设计上都达不到平衡，适当采用平衡阀。

（5）注意计算管道推力。选好固定点，做好固定支架。大管道水温高时更要注意。

（6）所有的控制阀门均应装设在风机盘管冷冻水的回水管上。

（7）注意坡度、坡向、保温和防冻。

9. 真题归类

水系统故障分析：

2008-2-25、2008-2-26、2008-2-62、2009-2-61、2010-1-57、2010-2-56、2011-1-27、2011-1-33、2011-2-20、2011-1-56、2011-1-58、2011-2-56、2011-2-57、2012-2-22、2012-2-23、2012-1-56、2012-1-57、2012-2-57、2013-2-20、2013-2-22、2014-1-54、2014-2-56、2014-2-57、2016-1-30、2016-2-27、2012-1-22、2017-2-1、2017-2-63、2018-1-26、2018-2-26、2018-2-27。

3.8 空调系统的监测与控制

3.8.1 传感器

1. 知识要点

（1）传感器规定和要求

《教材（第三版 2018)》P514～515；《民规》9.2.1；《09 技措》11.2.6。

（2）温度传感器

1）热电偶

① 测量狭小空间温度。

② 热惯性小、动态响应快。

③ 便于转换、传送和测量。

④ 正确冷端补偿、补偿导线。

2）热电阻

① 避免连接导线的电阻对测量结果影响。

② 一般采用三线制接法。

3）半导体热敏电阻

① 灵敏度高、体积小、反应快。

② 只有 NTC 适用连续作用。

③ 连接导线电阻对测温无影响。

④ 时间稳定性差、不能再高温下使用（−100～300℃使用）。

4）温度传感器要求

① 按照测点温度范围 1.2～1.5 倍。

② 传感器测量精度高于工艺要求，并与二次仪表精度匹配。

③ 气体流速大于 2m/s，液体流速大于 0.3m/s。

④ 易燃易爆采用本安型。

5）选型及安装要求

① 供回水温差的两个成对选用，温度偏差系数同为正负。

② 壁挂式安装在空气流通位置；风道内保证插入深度，不应形成冷桥；插入式水管在水流主流区范围，不应有热源及水滴。

③ 机器露点温度传感器安装在挡水板后有代表性位置，避免辐射、振动、水滴及二次回风的影响。

6）超链接

《教材（第三版 2018）》P515～516；《民规》9.2.1～9.2.2；《工规》11.2.1～11.2.3；《09 技措》11.2.1～11.2.2。

（3）湿度传感器

1）干湿球温度计

① 良好测量精度。

② 保证湿球湿润。

2）湿敏传感元件

① 吸湿快，脱湿慢。

② 安装在气流速度较大处。

③ 测量室内参数，安装在回风管。

④ 测量室外参数，安装在新风风道内。

3）湿度传感器要求

① 按照测点温度范围 1.2～1.5 倍。

② 传感器测量精度高于工艺要求，并与二次仪表精度匹配。

③ 避免附近热源和水滴影响。

④ 易燃易爆场所采用本安型。

4）超链接

《教材（第三版 2018）》P516～517；《民规》9.2.2；《工规》11.2.4；《09 技措》11.2.3。

（4）压力压差传感器

1）组成：弹簧管、膜片、膜盒、波纹管。

2）压力传感器要求

① 根据测压点压力变化范围 1.2～1.3 倍选用。

② 传感器工作压力大于测压点最大压力 1.5 倍。

③ 同一水系统安装多个传感器，处于同一标高。

④ 液体测压点在下部，气体测压点在上部。

⑤ 导压管与被测介质流动方向垂直。

⑥ 测压点选在直管段上不会形成漩涡的地方。

⑦ 水系统压差传感器的两端接管应连接在水流流速稳定的管路上。

3）超链接

《教材（第三版 2018）》P517～518；《民规》9.2.3；《工规》11.2.5；《09 技措》11.2.4。

（5）流量传感器

1）压差式

① 原理：测静压差，通过流速换算流量。

② 结构简单，可靠耐用。

2）容积式

① 原理：流体连续通过一定容积后累积。

② 类型：椭圆齿轮和腰轮流量计。

3）速度式

① 原理：流体推动叶轮，通过速度测流量。

② 类型：叶轮式和涡轮式。

4）流量传感器的其他要求

① 测量范围为最大工作流量 1.2～1.3 倍。

② 选用能够输出流量瞬时值的传感器。

③ 保证直管段。

④ 选用有瞬态输出值流量传感器。

⑤ 选用水流阻力低的产品。

5）超链接

《教材（第三版 2018）》P518～519；《民规》9.2.4；《工规》11.2.6；《09 技措》11.2.5。

2. 例题

【多选】下列对空调通风系统中各种传感器的选择与安装要求中，哪几项是错误的？(2014-2-54)

（A）测量空调水系统管道内水温时，通过温度传感器的水流速度不得小于 0.5m/s

（B）以湿敏传感元件测量室内空气相对湿度时，湿敏传感元件不得安装于室内回风管上

（C）温度传感器的测量范围可按照测点处可能出现温度范围的1.2～1.5倍选取

（D）压力传感器的测量范围可按照测点处可能出现压力变化范围的1.2～1.3倍选取

参考答案：AB

解析：

A选项：根据《教材（第三版2018）》P516，液体流速大于0.3m/s即满足要求。

B选项：根据《教材（第三版2018）》P517，由于湿敏原件吸湿快、脱湿慢，因此一般需要安装于气流速度较大的地方，测量室内相对湿度时，不安装在室内而是安装在回风管道内。

C选项：根据《教材（第三版2018）》P516。

D选项：根据《教材（第三版2018）》P518。

注：本题CD选项也可根据《民规》9.1.2.1和9.1.3.1。

3. 真题归类

2014-2-3、2014-2-54。

3.8.2 执行器

1. 知识要点

（1）电磁执行器

1）驱动截止阀。

2）结构简单易于控制。

3）双位控制，不能连续调节。

（2）电动执行器

1）驱动调节阀。

2）可以连续调节。

3）结构复杂。

4）直行程、角行程、多转式。

（3）气动执行器

1）易燃易爆、粉尘环境。

2）简单、不精准。

3）一般作为截止阀使用。

（4）自力式执行器

1）可靠性稳定性。

2）精度较低。

3）适用于容量较大场所。

（5）智能电动执行器：远距离操作。

（6）执行器要求：所有执行器必须同时具备手动机构。

2. 超链接

（1）《教材（第三版 2018）》P520～522。

（2）《09 技措》11.2.7～11.2.8。

3.8.3 调节阀

1. 知识要点

（1）主要类型

1）两通阀适用变水量（直通单座阀）。

2）三通阀适用定水量。

3）双座阀具有较大开阀压差，但不够严密。

4）单座阀适用要求紧密关闭。

5）合流三通与分流三通不宜混用。

（2）调节阀流通能力：流通能力与管路系统无关，只与调节阀结构和开度有关。

（3）调节阀流量特性

1）可调比

2）理想特性：

① 直线；

② 等百分比；

③ 快开；

④ 抛物线；

⑤ 水路蝶阀（阀板较厚，特性向等百分比偏移，反之向直线）；

⑥ 风阀特性。

a. 两位式调节，如隔离风阀。

b. 连续调节，如控制风阀。

（风阀多采用旋转多叶片风阀，压损小）

3）工作特性

① 阀权度 P_v 取 0.3～0.7。

② 调节阀工作特性畸变：直线特性偏向快开，等百分比偏向直线。

4）换热器特性

① 蒸汽为被控流体：直线特性。

② 水位为被控流体：非线性特性。

（4）调节阀特性的选择与计算原则

1）输入输出尽可能成为一个线性系统。

2）蒸汽换热器控制阀：阀权度小于 0.6 采用等百分比型阀门；阀权度较大采用直线型。

3）水换热器控制阀：采用等百分比型阀门，尽可能降低阀权度利于水泵节能。（表冷器）

4）压差旁通控制阀：宜采用直线特性阀门。

5）蒸汽加湿控制阀：采用双位控制，采用双位阀；采用比例控制，采用直线特性。

（5）其他性能要求

1）功能特点

① 二通阀采用常闭阀。

② 严寒地区防冻需要，采用常开型。（二通阀变流量，三通阀定流量）

2）阀门工作压差

① 压差较低采用单座阀。

② 压差较高采用双座阀。

3）阀门工作压力与工作温度

① 水阀，按照工作压力和温度选择。

② 蒸汽阀，同时考虑压力和温度的相关性。

③ 额定工作压力1.6MPa工作温度180℃的蒸汽阀门，只能用于1.0MPa饱和蒸汽。

2. 超链接

（1）《教材（第三版2018）》P522～529。

（2）《民规》9.2.5～9.2.7。

（3）《09技措》11.3.1～11.3.5。

3. 例题

【单选】为了使水系统中的冷热盘管调节阀的相对开度与盘管的相对换热量之间呈直线关系，表述正确的应是下列何项？（2009-1-22）

（A）调节阀的相对开度与相对流量应呈直线关系

（B）调节阀的相对开度与相对流量应呈快开关系

（C）调节阀的相对开度与相对流量应呈等百分比关系

（D）调节阀的相对开度与相对流量应呈抛物线关系

参考答案：C

解析：根据《教材（第三版2018）》P527：等百分比特性："阀门相对开度l的变化所引起的阀门相对流量g的变化，与该开度时的相对流量g成正比。"又根据《民规》9.2.5.2.1，水路的两通阀宜采用等百分比特性的阀门。

4. 真题归类

2006-1-27、2007-1-62、2009-1-22、2010-2-28、2010-1-55、2011-1-55、2012-2-61、2013-1-26、2014-2-20、2016-1-20、2016-2-21、2017-2-23、2017-2-55。

3.8.4 空气处理系统的控制与监测要求

1. 知识要点

（1）风机盘管的控制

1）风量控制+水量控制相结合的方式，实现房间温度目标的前提下，宜采用风机的低风量运行，节能且具有低噪声的效果。

2）房间温控器根据室内温度与设定值自动开关风机盘管的电动两通阀；两管制冬夏两用时，温控器应设冷热转换开关。

3）公共建筑风机水阀宜为通断式（或调节式）常闭水阀。

4）设置电动水阀，通过室温传感器对盘管的水侧进行水量控制。

5）通过室温传感器对风机分档或变速进行风量控制。

6）除了特别高精度要求外，电动水阀执行控制器宜选择通断控制模式。

（2）空调风系统的控制与监测

1）检测内容及参数

① 设备及附件的监控状态

a. 风机启停状态。

b. 控制阀门状态。

c. 过滤器状态。

d. 防火阀状态。

② 运行参数监测

a. 房间温湿度。

b. 送风、新风及回风温湿度。

c. 盘管防冻保护温度。

d. 设备运行时间记录。

2）联锁与控制：联锁发生在边界，控制发生在过程。

① 联锁内容

a. 设备启停方式。

b. 设备及附件启停顺序。

c. 设备安全模式。

d. 冬夏季自控模式转换。

e. 报警模式。

②温湿度控制

a. 对盘管水阀和加湿器的控制。

b. 高精度，对再热量调节。

c. 新风以送风温湿度为被控参数。

d. 全空气以室内温湿度为被控参数。

③ CO_2浓度控制：以CO_2浓度为被控参数，调节新风量。

④ 室内外参数的比较控制

a. 焓值比较控制针对全空气空调系统。

b. 温度比较控制常用于室内湿度波动范围较大的场所，如普通的舒适性空调。

c. 通常的做法是通过调节新风、回风和排风比例来实现。

注：气候分区与工况判别方法：《民规技术指南》P545 表 4 及下方小注或《09 技措》P275 表 11.6.7。

（3）变风量系统的控制

1）末端装置的控制

① 压力无关型变风量末端：温控器发出指令送往风量控制器。

② 静压发生变化，未影响室温前被风量控制回路纠正，不影响送风。

③ 压力无关既用于定静压也用于变静压。

2）风机转速控制

① 定静压控制法：简单可靠，低风量时一部分风机风压消耗在末端风阀上。

② 变静压控制法：保证10%以上末端风阀处于90%开度。

③ 总风量控制法：以直接的风量需求来进行，引入调试过程中的修正系数。

2. 超链接

(1)《教材（第三版2018）》P529～532、P561～562。

(2)《民规》9.4.4～9.4.6。

(3)《工规》11.6.4～11.6.6。

(4)《09技措》11.6。

(5)《公建节能》4.5.8、4.5.9。

3. 例题

【多选】对于变风量空调系统，必须有的控制措施是下列哪几项？(2014-1-61)

(A) 室内CO_2浓度控制　　(B) 系统风量变速调节控制

(C) 系统送风温度控制　　(D) 新风比控制

参考答案：BD

解析：

A选项：根据《公建节能》4.3.13，CO_2控制为“宜”采用而并非必须。

C选项：根据《教材（第三版2018）》P383，变风量系统的原理是通过调节末端的一次送风量来调节不同房间的室温的，不应随意调节送风温度，否则会对其他房间温度造成影响。

BD选项：为变风量系统必须进行的控制措施。

4. 真题归类：

2007-2-26、2007-2-56、2010-2-6、2011-1-61、2012-2-28、2014-1-60、2014-1-61、2016-2-60、2008-2-58、2017-1-25、2017-1-55、2017-2-22、2017-2-56。

3.8.5　集中空调冷热源系统的控制与检测要求

1. 知识要点

(1) 监测内容及参数

1) 设备及附件的状态监测

① 设备启停。

② 阀门状态。

③ 水过滤器状态。

2) 运行参数监测

① 冷热水、冷却水供回水温度

② 供回水压差。

③ 冷热水流量。

④ 水系统或蒸汽压力。

⑤ 水箱水位。

⑥ 设备运行记录。

(2) 联锁与控制

1) 联锁内容

① 设备启停方式；

② 设备及附件启停顺序

a. 启动顺序：冷却塔风机→冷却水泵→冷却水管路上的电动蝶阀→冷冻水泵→冷冻水管路上的电动蝶阀→冷水机组；

b. 停机顺序：冷水机组→冷冻水管路上的电动蝶阀→冷冻水泵→冷却水管路上的电动蝶阀→冷却水泵→冷却塔风机。

③ 设备安全运行模式；

④ 报警模式。

2）冷热源设备的群控

① 冷水机组运行台数控制：宜采用冷量优化控制方式；采用冷水机组压缩机的电机实际运行电流占额定电流的百分比，来确定机组的实际输出冷量是精度较高的控制方式；

② 做法：宜按累计运行时间交替运行；3 台以上机组宜采用群控方式；通过冷水机组厂家提供配套的群控系统能够实现。

3）水泵台数控制和供回水温差控制：一级泵和二级泵系统中的一级泵台数控制，根据联锁控制实现；当一级泵变流量和二级泵的台数控制宜采用流量优化控制进行水泵台数控制。

4）冷却水系统控制

① 冷却塔控制（节能）。

② 冷却水水温低限控制（冷水机组安全运行）。

2. 超链接

(1)《教材（第三版 2018)》P532。

(2)《民规》9.5。

(3)《工规》11.7。

(4)《09 技措》11.5。

(5)《公建节能》4.5.7。

3. 真题归类

2009-2-28、2010-2-67、2011-1-31、2011-2-27、2017-1-54、2006-2-26、2014-1-19、2013-2-54、2014-2-60、2018-1-58。

3.9 空调、通风系统的消声与隔振

3.9.1 空调系统的噪声控制

1. 知识要点

(1) 降低系统噪声的措施

1）降低通风机处噪声

① 采用叶片后向的离心风机，工作点接近最高效率点。

② 压头安全系数不宜过大。

③ 管道不得急剧转弯。

④ 通风机尽量采用直联或联轴器转动。

⑤ 柔性接头，长度 100～150mm。

⑥ 通风机到管道内流速逐渐降低。

⑦ 消声器后面流速不能大于前面流速。

2）降低风管系统噪声

① 每个系统风量和阻力不宜过大。

② 加大送风温差从而降低风量。

③ 避免管道急转弯。

④ 少装调节阀。

⑤ 选用合理流速。

⑥ 消声器后风速应小于消声器前风速，必要时设导流片。

3）降低噪声的三个方面

① 声源。

② 传播途径。

③ 工作场所；其中声源降噪最有效。

（2）消声器

1）阻性：吸声材料或吸声结构，对中、高频率较好吸声性能（消声弯头、管式、片式）。

2）抗性：不直接吸收声能，借助管道截面突然扩张、收缩或旁接共振腔，对低频和低中频有较好吸声性能（静压箱、微穿孔板）。

3）共振型：属抗性消声器，适用于低频和中频窄带噪声或峰值噪声。

4）复合型。

①阻抗复合。

②阻性和共振复合，可吸收高、中、低三种频率噪声。发挥阻性和抗性各自优点。

（3）设计程序注意点

1）风速小于 5m/s 可不计算气流再生噪声；大于 8m/s，可不计算自然衰减量。

2）通过室式消声器风速不大于 5m/s，通过消声弯头风速不大于 8m/s，通过其他消声器不大于 10m/s。

（4）消声器使用注意问题

1）消声器设置在靠近机房气流稳定的管道上。

2）消声器直接布置在机房内，消声器检修门及消声器后的风管应具有良好的隔声能力。

3）多选用消声弯头这类阻性消声器。

4）抗性消声器用于吸收某一范围低频噪声。

5）微穿孔板消声器适合高温高速风管和超净车间或防尘车间。

（5）选择消声器因素

1）消声量

2）噪声源频率特性

3）消声器性能

4）空气动力性能

2. 超链接

(1)《教材（第三版 2018)》P542～544。

(2)《民规》10.1～10.2。

(3)《工规》12.1～12.2。

(4)《09 技措》9.1.5、9.4。

3. 例题

【多选】下述有关消声器性能与分类的叙述，哪几项是正确的？(2007-2-60)

(A) 阻性消声器对中、高频噪声有较好的消声性能

(B) 抗性消声器对低频和低中频噪声有较好的消声性能

(C) 管式消声器属于阻性消声器

(D) 片式消声器属于抗性消声器

参考答案：ABC

解析：根据《教材（第三版 2018)》P543，管片式消声器和片式消声器都属于阻性消声器。

4. 真题归类

(1) 噪声与降噪措施：2012-2-56、2013-2-60、2016-2-22、2016-2-55、2017-1-57、2017-2-27、2018-2-18、2018-2-55。

(2) 消声器：2007-2-60、2009-1-10、2011-1-62、2013-2-27。

3.9.2 设备噪声控制

1. 知识要点

(1) 机房降噪与隔声

1）吸声降噪：墙和顶棚吸声处理；风机房噪声低频为主，宜选低频吸声材料；制冷机房、水泵房等噪声频谱较宽，应选中高频吸声材料。

2）机房隔声：面密度越大，隔声效果越好；空气层内配置吸声材料；机房门采用双道门；窗户加密封条等。

(2) 机房外设备的噪声控制原则

1）选用低噪声设备。

2）合理布置设备位置。

3）采用隔声屏障。

2. 超链接

(1)《教材（第三版 2018)》P544～546。

(2)《民规》10.1～10.2。

(3)《工规》12.1～12.2。

(4)《09 技措》9.1.1～9.1.4、9.3.4～9.3.7。

3.9.3 隔振

1. 知识要点

（1）设备隔振

1）压缩型

① 橡胶垫：适用于1450～2900r/min水泵隔振。

② 软木：适用于水泵和小型制冷机。

2）剪切型

① 金属弹簧隔振器：适用于风机、冷水机组；设备转速<1500r/min。

② 橡胶剪切隔振器：对高频固体声有很高隔声作用，用于风机、水泵。设备转速>1500r/min。

（2）管路隔振

1）橡胶软接头：效果好，不耐高温高压，腐蚀性差。

2）不锈钢波纹管：耐高温高压和耐腐蚀，适用于制冷剂管路隔振。

3）人造材料或帆布：6号风机以下软管合理长度200mm；8号风机以上软管合理长度400mm。

4）管道支架、吊卡、穿墙处也应做隔振处理：采用隔振吊架（弹簧型、橡胶型）。

（3）确定隔振台座的总量与形式

1）型钢隔振台座：自振频率不高（$f_0<12$）小型风机或传递率T较大（$T>0.3$）的场所。

2）混凝土隔振板：其重量不宜小于振动设备总重量3倍。

（4）选择合理的隔振器

1）数量宜4个，不超过6个。

2）$f_0<5$Hz采用预应力阻尼型金属弹簧减振器。

3）5Hz$\leqslant f_0<12$Hz采用金属弹簧隔振器或橡胶剪切型隔振器。

4）$f_0\geqslant12$Hz采用橡胶剪切型隔振器或橡胶隔振垫。

2. 超链接

(1)《教材（第三版2018)》P546～548。

(2)《民规》10.3。

(3)《工规》12.3。

(4)《09技措》9.5。

3. 例题

【单选】无论选择弹簧隔振器还是选择橡胶隔振器，下列哪一项要求是错误的？(2006-2-27)

(A) 隔振器与基础之间宜设置一定厚度的弹性隔振垫

(B) 隔振器承受的载荷，不应超过允许工作载荷

(C) 应计入环境温度对隔振器压缩变形量的影响

(D) 设备的运转频率与隔振器垂直方向的固有频率之比，宜为4～5

参考答案：C

解析：根据《民规》10.3.3、10.3.4，可发现C选项仅为对橡胶隔振器的技术要求。

4. 真题归类

2006-2-27、2009-2-62、2018-2-22。

3.10 保温与保冷设计

3.10.1 保温保冷厚度计算原则

1. 知识要点

空调系统管道绝热层厚度计算原则 表 3-40

管道	计算原则
冷水管道	按经济厚度和防止表面结露的保冷层厚度方法计算，并取大值
热水管道	按经济厚度方法计算
冷热合用管道	按经济厚度和防止表面结露的保冷层厚度方法计算，并取大值
凝结水管道	按防止表面结露的保冷层厚度方法计算

2. 超链接：

(1)《教材（第三版 2018)》P548～553。

(2)《民规》11.1、附录K。

(3)《工规》13.1。

(4)《公建节能》附录D及条文说明。

(5)《工业企业设备及管道绝热工程设计规范》。

(6)《设备及管道绝热设计导则》GB/T 8175。

(7)《09技措》10。

(8)《07节能技措》11。

(9)《红宝书》16.3。

(10)《民规技术指南》P552～553表3-1、表4-1。

3. 例题

(1)【单选】关于空调冷水管道的绝热材料，下列何项说法是错误的？(2013-2-21)

(A) 绝热材料的导热系数与绝热层的平均温度相关

(B) 采用柔性泡沫橡塑保冷应进行防结露校核

(C) 绝热材料的厚度选择与环境温度相关

(D) 热水管道保温应进行防结露校核

参考答案：D

解析：

AC选项：根据《教材（第三版 2018)》P550～551。

B选项：管道保冷选取经济绝热厚度后应再校核防结露厚度。

D选项：热水管道不会结露，不需要进行防结露校核，保温可直接选用经济绝热厚度。

(2)【多选】以下哪些选项与确定制冷系统管道的保冷材料厚度有关?(2013-2-63)

(A)对保冷材料外表面温度的安全性要求

(B)对保冷材料外表面温度的防结露要求

(C)对保冷材料控制冷损失的要求

(D)保冷材料的吸水率

参考答案:ABCD

解析:

A选项:根据《民规宣贯》P311,“防止因散发冷量或低温冷冻产生的不利影响或不安全因素”,制冷系统的制冷剂管道有可能达到—40℃以下,为防止冻伤,对外表面温度的安全性提出要求。

BC选项:根据《民规》11.1.2可知正确。

D选项:根据《民规》11.1.3.6可知吸水率与保冷材料实际使用时的导热系数有关,因此会影响到保冷材料的厚度。

4. 真题归类

2006-2-61、2007-2-19、2007-2-25、2010-1-2、2012-1-20、2013-2-21、2013-2-63、2014-2-22、2014-2-30、2018-1-20。

3.11 空调系统的节能、调试与运行

3.11.1 新风的用途

1. 知识要点

空调系统需要的新风主要有两个用途:

1)稀释室内有害物质的浓度,满足人员的卫生要求。

2)补充室内排风和保持室内正压。

注:前者的指示性物质是CO_2,使其平均值保持在0.1%以内;后者通常根据风平衡计算确定。

2. 超链接

(1)《教材(第三版2018)》P559~560。

(2)《民规》3.0.6、7.3.19。

(3)《工规》4.1.9、8.3.18。

(4)《公建节能》4.3.11~13。

(5)《09技措》1.2.3、5.4.17。

(6)《07节能技措》2.1.3、5.3.7。

3.11.2 热回收

1. 知识要点

(1)热回收特点

1)通常同一空气湿球温度比干球温度低。

2）温差大的效果好（热回收）。

3）室内空气湿球温度＝排风湿球温度。

4）潜热大，可全热回收。

（2）转轮除湿热回收与板翅式热回收系统对比

转轮除湿热回收与板翅式热回收系统对比　　表 3-41

	转轮式热回收	板翅式热回收
优点	1）转轮为无机材料，性能稳定，使用寿命长； 2）转轮采用蜂窝状，接触面积大； 3）能用于较高温度的排风系统； 4）可根据室内外温湿度变化控制转轮转速；低温低湿时，除湿效果好； 5）双清洁区防止污染物在转轮中从排风混流到新风中，达到气流分开和避免污染的目的	1）构造简单，运行安全； 2）无转动设备，不消耗动力； 3）不需要中间热媒，无温差损失； 4）设备费用较低
缺点	1）压损较大； 2）装置较大，占用面积和空间大； 3）传动设备自身消耗动力； 4）无法完全避免交叉污染，存在少量渗漏	1）装置较大，占用面积和空间大； 2）按照风管的位置固定，设计布置缺乏灵活性
说明	1）应选择一个周围不小于 50cm 的空间，而且禁止在阳光和露天条件下使用，因为在通风环境较好的地方使用，除湿效果不明显； 2）在坚固平坦的地面上使用，可以避免转轮除湿机使用时会晃动产生噪声	1）新风和排风进入换热器之前，设置过滤装置； 2）新风温度过低时，排风侧会有结霜，所以要有结霜保护措施，可在换热器前设置新风预热装置或采用旁通

2. 超链接

（1）《教材（第三版 2018）》P562～563。

（2）《民规》7.3.23、7.3.24 及条文说明。

（3）《公建节能》4.3.25、4.3.26。

（4）《严寒规》5.4.5。

（5）《夏热冬冷规》6.0.10。

（6）《09 技措》4.7。

（7）《07 节能技措》4.3。

3. 例题

【多选】公共建筑内的空调区域，设排风热回收装置的说法，下列哪几项正确？(2010-2-54)

（A）显热回收装置应用于对室内空气品质要求很高的场所

（B）夏热冬冷地区宜选用显热回收装置

（C）寒冷地区宜选用显热回收装置

（D）夏热冬冷地区宜选用全热回收装置

参考答案：AD

解析：根据《民规》7.3.24条文说明，“严寒地区宜采用显热回收装置，其他地区，尤其是夏热冬冷地区，宜选用全热回收装置”，因此BC选项错误。A选项：由于显热回收，新风与排风不直接接触，故卫生水平较高。

4. 真题归类

2007-2-20、2010-2-54、2011-1-50、2012-1-27、2012-2-21、2013-2-56、2018-2-9。

3.11.3 置换通风、地板送风、分层空调

1. 知识要点

（1）置换通风：《民规》7.4.7；《07节能技措》4.2。

1）置换通风的特点及要求：《红宝书》P1928；《09技措》5.4.9～5.4.10、5.4.16-4；《07节能技措》4.2；

2）置换通风为下部送风的一种特例，其机理是送入的冷空气层依靠热浮升力的作用上升带走热湿负荷和污染物，而非依靠风速产生送风射程，因此只适合于全年送冷的区域；当送入热风或送风速度较大时，便不再属于置换通风范畴，为一般下部送风。

（2）地板送风：《民规》7.4.8及条文说明；《工规》8.4.2-2、8.4.2-4、8.4.2-5、8.4.2-7、8.4.7；《09技措》5.4.9-1。

1）地板送风的送风温度较置换通风低，系统所负担的冷负荷也大于置换通风（《民规》7.4.8-1条文说明）；

2）地板送风应避免与其他气流组织形式应用于同一空调区（《民规》7.4.8-4条文说明）；

3）地板送风热分层高度：《09技措》5.16.3-4、《民规》7.4.8-2条文说明。

（3）置换通风与地板送风对比

置换通风与地板送风对比　　表3-42

	置换通风	地板送风
特点	1）置换通风室内温度和污染物浓度呈层状分布： ①送风流速低，约0.25m/s； ②送风温度高，仅低于室温2～4℃（送风温差小，舒适）； 2）室内空气的流速低，速度场平稳，呈层流或低紊流状态； 3）污染物在人停留区不扩散，而被上升的气流直接带到上部，具有较高的空气品质和热舒适性； 4）通风效率较高； 5）较混合通风系统的送风温差小，送风量大，风机能耗大； 6）系统全年能耗一般情况下低于混合通风系统的全年能耗； 7）系统冬季供暖性能较差，如果采用热水供暖系统时一次投资高于混合通风系统（严格来说冬季供暖已不是置换通风原理，只是普通地板送风）	1）送风温度不宜低于16℃，一般在17～18℃，减少了供冷能耗； 2）具有较高灵活性：适应房间用途和分隔的变化，办公自动化设备的增加和变位； 3）改善热舒适：新风直接送至人员工作区，人员可对局部热环境进行控制；地面有一定蓄热能力，室内热舒适度较好； 4）改善通风效率与室内空气品质； 5）消除人员活动区负荷所需的风量可相应减少； 6）施工方便：由于地板与风口结合成一体，地板下成为一个静压箱，省去大量风管制作的工作量，安装速度快； 7）系统运行经济：静压箱压力不大，送风口风速较低，阻力较小，空气输送动力节省；夏季送风温度高，冷水机组蒸发温度高，制冷效率高；过渡季节可利用自然冷源的时间比常规空调系统长，冷水机组运行时间短； 8）降低建筑层高：地板送风静压箱可与其他管线合用，吊顶高度可降低

续表

	置换通风	地板送风
应用场合及注意事项	1）用于工业厂房以解决室内污染物问题； 2）用于民用建筑如办公室、会议室、剧院等； 3）适用于建筑物内与热源相关的污染源，且污染物密度较小。 4）室内人员活动区 0.1～1.1m 高度的空气垂直温差不宜大于 3℃； 5）送风温度不宜低于 18℃； 6）空调区单位面积冷负荷不宜大于 120W/m²； 7）房间净高宜大于 2.7m（有利于气流分层）； 8）空调区不宜有其他气流组织（防止紊流干扰）； 9）适合热湿比较大或可以二次回风的场合； 10）适用于人员密度变化不大的场合； 11）置换通风由进入冷空气层的热浮力驱动带走热湿负荷及污染物。因此只适用全年送冷的区域，当送热风或送冷风但风速较大时，不再满足置换通风机理，仅为普通地板下送风； 12）冬季有大量热负荷的外区，不宜采用； 13）送风口附近不应有大的障碍物，不应布置在室内靠外墙、外窗侧处。应尽可能布置在房间中间，冷负荷集中区域； 14）排风口尽可能高，回风口设置在热力分层面以上	1）冷、热负荷计算方法与混合送风系统相同，但在确定供冷所需送风量时，与传统方法不同； 2）风阻大、能耗高在同等横截面积风管的选择上，圆管比方管通风量大，方管比扁管通风量大 3）在空间高大的音乐厅、剧场、图书馆、博物馆等场所有应用，但不适用于产生液体泄漏的场所
缺点	1）制冷能力有限； 2）污染物浓度比空气大或与热源无关联时不适用； 3）新风比较大，难以有效利用回风，节省能耗； 4）空气品质好，但不是任何情况都节能； 5）难以控制温度，不宜用于湿负荷大的场合； 6）层高较低的空间不宜采用； 7）不适用冬季供热	1）由于新风是从地面送出，很有可能将地板上较轻的颗粒物或粉尘吹到上部空间，从而影响室内空气品质； 2）送风口相对人的距离较近，吹出的气流衰减距离短，容易使人员感觉不舒适； 3）新风机组吊顶安装，需要在侧墙增加送风立管，会占用一些空间
两者区别	1）置换通风可设置于下部、中部、甚至偏上部；地板送风一般位于下部； 2）风速不一样：置换通风风速低（0.25m/s），最大特点为“新风量换热浊空气”；地板送风风速高（1m/s），分层现象不明显； 3）置换通风冷量小；地板送风冷量大； 4）送风口：置换通风要求紊乱系数小、扩散性好、面积大，如孔板风口；地板送风要求紊乱系数大、掺混性好、面积小，如旋流风口	

（4）分层空调：《民规》7.4.9；《工规》8.4.8；《公建节能》4.4.4 及条文说明；《09 技措》5.4.8。

1）供暖不节能；

2）双侧对送射流，其射程可按相对喷口中点距离的 90%计算；

3）高度大于 10m，体积大于 10000m³ 的高大空间，采用双侧对送、下部回风的气流组织；

4）单位体积散热量大于 4.2W/m³时，在非空调区设置送排风装置，可以达到较好的效果。

2. 真题归类

（1）置换通风：2009-2-58、2010-2-49。

（2）分层空调：2011-2-60。

3.11.4　蒸发冷却空调系统

1. 知识要点

（1）定义：利用水的蒸发来冷却空气的空调系统。

（2）分类

1）按原理分：

直接蒸发冷却，如喷水室、淋水填料层（等焓加湿冷却过程）。

间接蒸发冷却，如板式、管式间接蒸发冷却器（等湿冷却过程）。

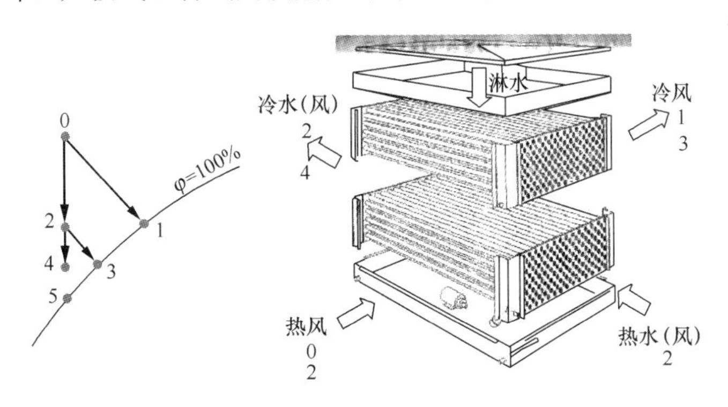

图 3-20　蒸发冷却原理

蒸发冷却制取冷风和冷水流程　　**表 3-43**

	直接蒸发冷却 极限为湿球温度	间接蒸发冷却 极限为露点温度
制取冷风	喷淋装置 进风 填料 出风 喷淋泵	排风 排风 进风 出风
制取冷水	排风 冷水进水 进风 填料 冷水出水 循环泵	排风 进风 填料 进风 换热器

注：蒸发冷却空调是制取冷风，蒸发冷却机组是制取冷水。

2）按负担室内负荷的介质分：全空气系统-直流式；空气水系统-风盘＋新风温湿度独立控制系统。

3）全空气蒸发冷却空调系统根据处理新风的状态不同

①一级蒸发冷却系统：直接蒸发冷却。

②二级蒸发冷却系统：一级间接＋二级直接。

③三级蒸发冷却系统：一级间接＋二级间接＋三级直接；与一级直接蒸发冷却复合的三级蒸发冷却系统。

典型的三级蒸发冷却系统有两种类型：第一种是一级和二级均为板翅式间接蒸发冷却器，第三级为直接蒸发冷却器；第二种是第一级为冷却塔＋空气冷却器所构成的间接蒸发冷却器，第二级为板翅式间接蒸发冷却器，第三级为直接蒸发冷却器。目前，该系统正在推广应用。

（3）直接蒸发冷却空调系统过程与冷却塔制备冷水过程的区别

1）共同点：都是利用水分蒸发吸收汽化潜热的原理。

2）前者：用水来冷却空气，空气是最终产物；水是循环水（湿球温度的水），空气被等焓加湿（降温）。

3）后者：用空气来冷却水，水是最终产物。如果水是连接冷水机组冷凝器的，冷凝温度的水进入塔后被冷却到低于空气的干球温度，且高于湿球温度。由于水温是变化的，因此冷却塔中的空气状态变化一般不是等焓加湿过程。

（4）直接蒸发冷却空调系统形式的确定原则：《09 技措》5.15.1；《民规宣贯》P161。

（5）其他说明

1）露点温度一般指低于 16℃。

2）直接蒸发冷却极限：室外空气湿球温度（等焓加湿）。

间接蒸发冷却极限：室外空气露点温度（含湿量不变）。

3）直接蒸发冷却：空气和水接触（如湿膜加湿）。

间接蒸发冷却：空气与水间壁式接触（温差换热）。

4）蒸发冷却机组是制取冷水，蒸发冷却空调是制取冷风。

2. 超链接

（1）《教材（第三版 2018）》P566～568。

（2）《民规》7.3.16、7.3.17。

（3）《工规》8.3.9、8.3.10。

（4）《公建节能》4.4.2。

（5）《09 技措》5.15。

（6）《07 节能技措》5.7。

3. 其他例题

【单选】下列有关供暖、通风与空调节能技术措施中，何项是错误的？（2012-1-21）

（A）高大空间冬季供暖时，采用“地板辐射＋底部区域送风”相结合的方式

（B）冷、热源设备应采用同种规格中的高能效比设备

（C）应使开式冷却塔冷却后的出水温度低于空气的湿球温度

（D）应使风系统具有合理的作用半径

参考答案：C

解析：

A选项：根据《教材（第三版2018）》P561。

B选项：根据《公建节能》4.2.5、4.2.10。

C选项：根据《教材（第三版2018）》P563，开式冷却塔是依靠空气湿球温度来进行冷却的设备，因此冷却后的出水温度不会低于空气的湿球温度，详参《空气调节（第四版）》P63中关于“空气与水直接接触时的状态变化过程”的描述。

D选项：根据《公建节能》4.3.22。

4. 真题归类

2007-1-58、2008-1-37、2012-1-58。

5. 其他例题

2007-1-56、2007-2-53、2008-1-24、2008-1-26、2008-1-56、2009-1-31、2010-1-1、2010-2-60、2011-2-55、2012-1-21、2012-1-55、2013-1-19、2013-1-20、2014-2-55、2016-1-11、2016-1-69、2016-2-41、2007-1-20、2017-2-4、2017-2-10、2017-2-47。

3.12 空调其他

3.12.1 《民规宣贯》空调知识拓展

《民规宣贯》空调知识拓展　　表3-44

《民规》章节	《民规宣贯》空调知识拓展
7.1	7.1.4；7.1.5
7.2	7.2.12
7.3	7.3.1；7.3.8；7.3.14图；7.3.15～7.3.17；7.3.23；7.3.24
7.4	7.4.1；7.4.3～7.4.9
7.5	7.5.2～7.5.4；7.5.9；7.5.10；7.5.12；7.5.13
8.1	8.1.1～8.1.5；8.1.7；8.1.8
8.2	8.2.1；8.2.3；8.2.5
8.3	8.3.4～8.3.8
8.4	8.4.1；8.4.2；8.4.6
8.5	8.5.3；8.5.4；8.5.8；8.5.10图；8.5.12；8.5.13图；8.5.17
8.6	8.6.1；8.6.9图
8.10	8.10.1～8.10.4
9.1	9.1.6
9.2	9.2.1；9.2.2
9.4	9.4.1；9.4.4
9.5	9.5.1；9.5.5；9.5.6；9.5.9

续表

《民规》章节	《民规宣贯》空调知识拓展
10	10.1.2～10.1.6；10.1.8；10.2.1～10.2.3；10.2.6图；10.3.8
11	11.1.2；11.1.3；11.1.5～11.1.7；11.2

其他规范真题：

1.《通风验规》、《通风施规》：2008-2-54、2009-1-23、2013-2-55、2014-2-21、2016-2-26。

2.《节能验规》：2009-1-20、2009-1-51、2010-2-20、2014-1-20。

第4章　制　　冷

4.1　蒸气压缩式制冷循环

4.1.1　蒸气压缩式制冷循环基础知识

1. 知识要点

（1）主要部件：压缩机、冷凝器、节流机构和蒸发器。

（2）工作原理：利用制冷剂在蒸发器内的气化吸热，实现制冷。

（3）气化原因：低压沸腾。

（4）制冷本质：热量转移的过程需要输入功和热。

（5）工作过程：等熵压缩、等压放热、绝热节流和等压吸热。

2. 例题

【单选】蒸气压缩式制冷循环的基本流程图正确的是下列何项？（图中箭头为制冷剂流向）（2011-2-32）

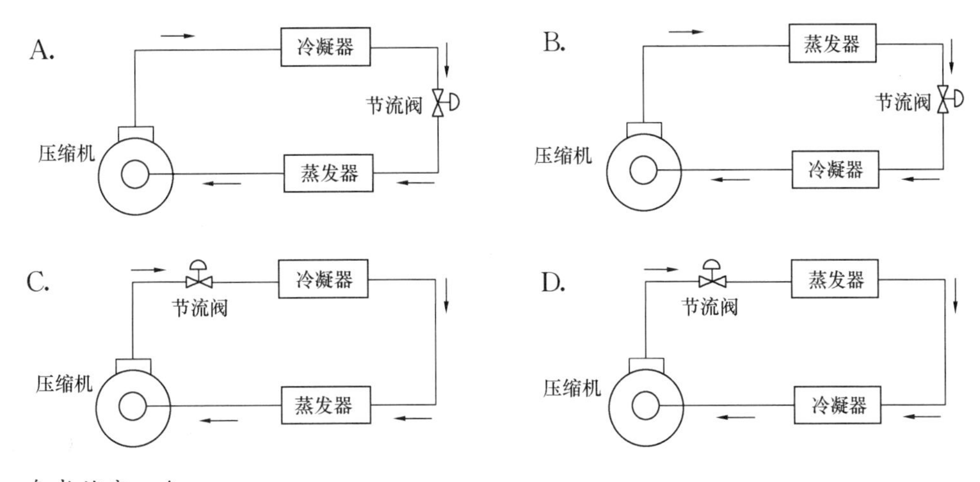

参考答案：A

解析：根据《教材（第三版2018）》P572图4.1-1。

3. 真题归类

2007-1-28、2011-2-32。

4.1.2　制冷剂热力参数图表

1. 知识要点

（1）热力性质表：

1）饱和状态：需知一个参数可查其他参数；

2）过热蒸汽：需知两个参数可查其他参数。

（2）压焓图（lg$P$-h）：一点、二线、三区、五态、六等参数线。

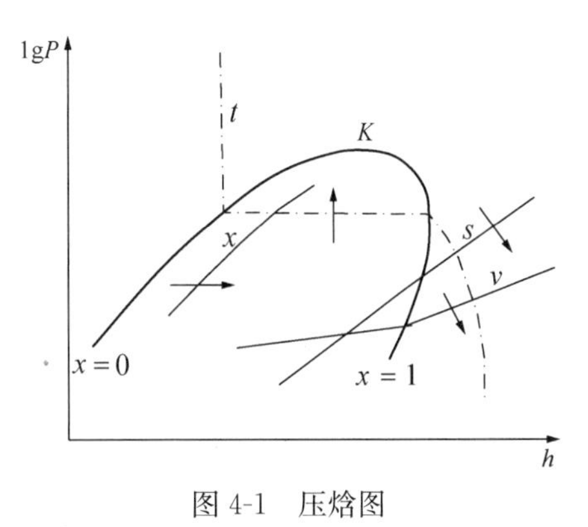

图4-1　压焓图

压焓图参数及参数变化趋势　　表 4-1

特征	全称	位置及变化趋势
一点	临界点 K	—
二线	饱和液体线	下界线（临界点 K 的左侧）
	干饱和蒸汽线	上界线（临界点 K 的右侧）
三区	过冷液体区	下界线以左
	过热蒸汽区	上界线以右
	湿蒸汽区（两相区）	上、下界线之间 注：在湿蒸汽区内，等压线与等温线重合
五态	过冷液体（液态）	下界线以左
	饱和液体（液态）	下界线
	湿蒸汽（气、液两态）	上、下界线之间
	饱和气体（气态）	上界线
	过热蒸汽（气态）	上界线以右
六等参数线	等压线	水平线，其大小从下向上逐渐增大
	等焓线	垂直线，其大小从左向右逐渐增大
	等温线	① 液体区几乎为垂直线； ② 湿蒸汽区与等压线重合为水平线； ③ 过热蒸汽区为向右下方弯曲的倾斜曲线。 其大小从下向上逐渐增大
	等熵线	向右上方倾斜，且倾角较大的线。其大小从上向下逐渐增大。 注：等熵线不是一组平行线，越向右越平坦，其值变化越大
	等容线	向右上方倾斜，但比等熵线平坦的线。其大小从上向下逐渐增大
	等干度线	只在湿蒸汽区内，方向大致与饱和液体线或饱和蒸汽线相近。其大小从左向右逐渐增大。下界线干度为 0，上界线干度为 1

（3）温熵图（T-s）：一点、二线、三区、五态、六等参数线。

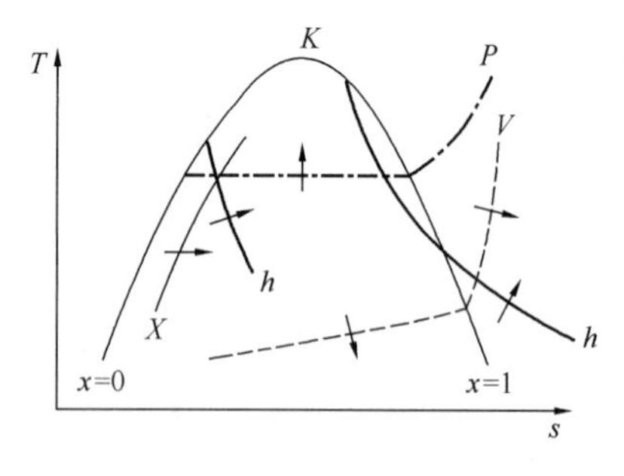

图 4-2　温熵图

温熵图参数及参数变化趋势　　表 4-2

特征	全称	位置及变化趋势
一点	临界点 K	—

续表

特征	全称	位置及变化趋势
二线	饱和液体线	下界线（临界点 K 的左侧）
	干饱和蒸汽线	上界线（临界点 K 的右侧）
三区	过冷液体区	下界线以左
	过热蒸汽区	上界线以右
	湿蒸汽区（两相区）	上、下界线之间 注：在湿蒸汽区内，等压线与等温线重合
五态	过冷液体（液态）	下界线以左
	饱和液体（液态）	下界线
	湿蒸汽（气、液两态）	上、下界线之间
	饱和气体（气态）	上界线
	过热蒸汽（气态）	上界线以右
六等参数线	等温线	水平线，其大小从下向上逐渐增大
	等熵线	垂直线，其大小从左向右逐渐增大（绝热可逆过程）
	等压线	① 湿蒸汽区与等温线重合为水平线； ② 过热蒸汽区为向右上方弯曲的倾斜曲线。 其大小从下向上逐渐增大
	等焓线	从左上向右下方倾斜的曲线（湿蒸汽区内倾角较大，过热蒸汽区越向右上的越平坦）。其大小从左下向右上逐渐增大
	等容线	① 湿蒸汽区内向右上方倾斜，越向右下越平坦； ② 过热蒸汽区内向右上方倾斜（倾角比湿蒸汽区内要大得多），但比等压线倾角稍大的线。 其大小从上向下逐渐增大
	等干度线	只在湿蒸汽区内，方向大致与饱和液体线或饱和蒸汽线相近。其大小从左向右逐渐增大。下界线干度为0，上界线干度为1
热量		曲线与 x 轴围成的面积

2. 超链接

《教材（第三版 2018）》P572～573；《空气调节用制冷技术（第四版）》P7。

4.1.3　逆卡诺循环（理想循环）

1. 知识要点

（1）逆卡诺循环（无传热温差）

1）组成：压缩机、冷凝器、膨胀机和蒸发器。

2）特点：具有两个可逆的等温过程和两个等熵过程组成的逆向循环。

3）分类：制冷循环和热泵循环。

4）实现条件

① 高、低温热源恒定；

② 制冷剂在换热器中与热源间无传热温差；

a. 蒸发器内与冷冻水（或空气）无温差；

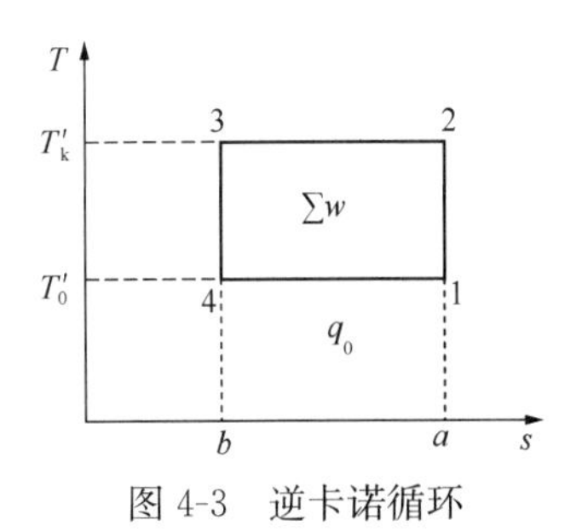

图4-3　逆卡诺循环

b. 冷凝器内与冷却水（或空气）无温差。

c. 制冷剂流经各个设备不考虑阻力损失。

5）无法实现理想循环原因：

① 压缩机湿压缩：危害性很大，会引起液击，严重时会损坏压缩机；

② 膨胀机等熵膨胀不现实：制冷剂液体绝热膨胀前后体积变化小，节流损失大，以致使所能获得的膨胀功不足以克服本身的损耗，且高精度膨胀机很难加工；

③ 无温差传热不可能实现：理论上要求换热器具有无限大的传热面积。

6）意义：对提高制冷系统的经济性指出了方向。

7）备注

① 逆卡诺循环的制冷系数（或热泵系数）只与蒸发温度和冷凝温度有关，与制冷剂种类无关，区别于理论循环与实际循环；

② 蒸发温度越高，冷凝温度越低，制冷系数越大；蒸发温度对制冷系数影响大于冷凝温度；

③ 逆卡诺循环的制冷系数最大；

④ 热泵系数＝制冷系数＋1 的前提是在同样运行工况。

（2）有传热温差的制冷循环

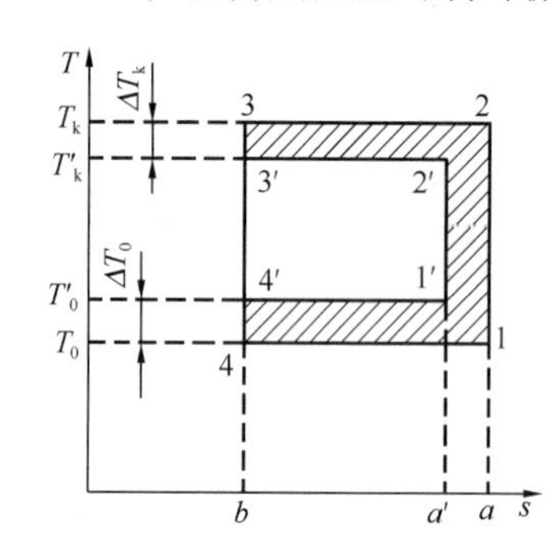

图 4-4　有传热温差的制冷循环

1）与无温差比较：有传热温差的逆卡诺循环制冷系数<无传热温差逆卡诺循环的制冷系数，其减小的程度称为温差损失。ΔT_0 和 ΔT_k 越大，则温差损失越大。传热温差越大，蒸发温度越低，冷凝温度越高，制冷系数越小。

2）热力完善度：衡量实际制冷循环接近逆卡诺循环程度的指标。

2. 超链接

《教材（第三版 2018）》P573～575；《空气调节用制冷技术（第四版）》P3-4。

3. 例题

（1）【单选】逆卡诺循环是在两个温度不同的热源之间进行的理想制冷循环，此两个热源为下列哪一项？（2007-1-27）

（A）温度可任意变化的热源　　（B）定温热源

（C）必须有一个是定温热源　　（D）温度按一定规律变化的热源

参考答案：B

解析：根据《教材（第三版 2018）》P573。

扩展：

1）逆卡诺循环是制冷系数最大的循环，由两个等温过程和等熵过程组成，可以采用单一制冷剂或共沸制冷剂实现等温过程；

2）洛伦兹循环由两个变温过程和两个等熵过程组成，采用非共沸制冷剂满足其变温过程。

（2）【单选】以下哪个选项，是实现蒸气压缩制冷理想循环的必要条件？（2013-1-34）

（A）制冷剂和被冷却介质之间的传热无温差　　（B）用膨胀阀代替膨胀机

（C）用干压缩代替湿压缩　　（D）提高过冷度

参考答案：A

解析：根据《教材（第三版 2018）》P575，蒸气压缩制冷理想循环是蒸气区的逆卡诺循环，无传热温差。

注：要区分理想循环和理论循环。

4.1.4　理论循环

1. 知识要点

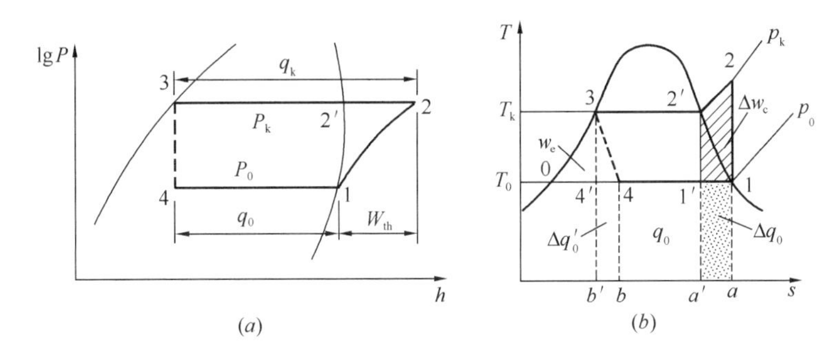

图 4-5　蒸气压缩式的理论循环

（a）理论循环在 lgP-h 图上的表示；（b）理论循环在 T-s 图上的表示

（1）与理想循环相比的调整措施

1）干压缩代替湿压缩，导致过热损失引起制冷系数的减小；

2）节流机构代替膨胀机，导致节流损失引起制冷系数的减小；

3）两个传热过程为定压过程，而不是理想循环的等温过程。

（2）组成：压缩机、冷凝器、节流阀和蒸发器。

（3）过程：压缩机等熵压缩；冷凝器等压放热；节流阀绝热节流；蒸发器等压吸热。

（4）备注

1）与逆卡诺循环相比耗功量、制冷量均增加，制冷系数下降；

2）所提到的损失均指与逆卡诺循环比较，制冷系数减小的量。

（5）理论循环的假设条件

1）压缩过程为等熵压缩，即压缩过程中不存在不可逆损失；

2）在冷凝器和蒸发器中，制冷剂的冷凝温度高于冷却介质的温度，蒸发温度低于被冷却的温度；

3）制冷剂在管道内流动时，忽略流动阻力损失，除了蒸发器和冷凝器内外，制冷剂与管外介质之间没有热交换；

4）制冷剂节流过程为绝热节流，与外界环境没有热交换。

（6）制冷系数

制冷系数与制冷剂的种类、冷凝温度、蒸发温度有关。因为不同的制冷剂其冷凝温度和蒸发温度不同，各点对应的焓值也不同。

（7）制热量判断：只需判断制冷量大小变化即可，规律相同。

2. 超链接

《教材（第三版 2018）》P575～577；《空气调节用制冷技术（第四版）》P5～8。

3. 例题

【单选】蒸气压缩式制冷的理论循环与理想制冷循环比较，下列哪一项描述是错误的？(2016-1-33)

(A) 理论循环和理想循环的冷凝器传热过程均存在传热温差

(B) 理论循环和理想循环的蒸发器传热过程均为定压过程

(C) 理论循环为干压缩过程，理想循环为湿压缩过程

(D) 理论循环的制冷系数小于理想循环的制冷系数

参考答案：A

解析：根据《教材（第三版 2018)》P575，理想循环无传热温差。

4. 真题归类

2006-1-28、2013-1-34、2016-1-33。

4.1.5 制冷循环的改善

1. 过冷循环

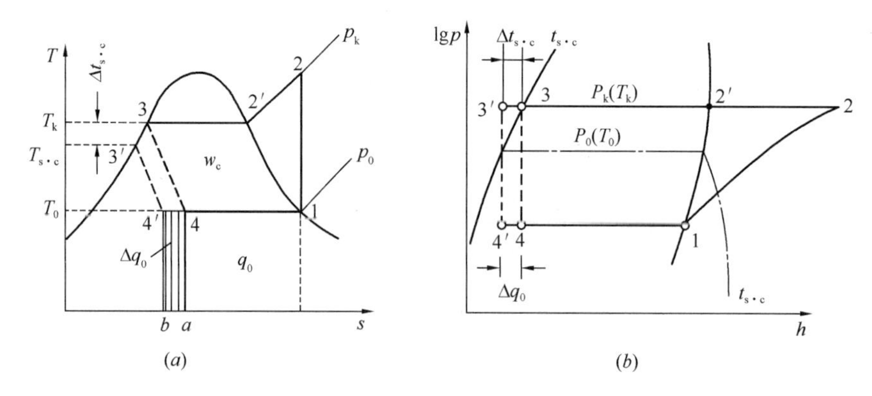

图 4-6 有再冷却的蒸气压缩式制冷循环

(a) 循环在 T-s 图上的表示；(b) 循环在 lgP-h 图上的表示

(1) 目的：增大单位质量制冷量和制热量，提高制冷系数。

(2) 概念

液体过冷：将节流前的制冷剂液体冷却到低于冷凝温度的状态，表示为 3-3′。

过冷度：液体过冷温度和某压力所对应的饱和液体温度之差，表示为 $\Delta t_{s\cdot c}=T_3'-T_3$。

(3) 实现方法

1) 设计时增大冷凝器的换热面积；

2) 冷凝器下部设置再冷却器，冷却水先流入再冷却器，后流入冷凝器；

30 采用回热器，实现冷凝器后的液体过冷。

(4) 工况分析

过冷循环的参数变化分析 **表 4-3**

参　　数	变化	公式及说明
单位质量制冷量	增大	$q_0=h_1-h_4'>h_1-h_4$
压缩机比功	不变	$w_{th}=h_2-h_1$

续表

参　　数	变化	公式及说明	
制冷系数	增加	$\varepsilon=\dfrac{q_0}{w}$	
单位容积制冷量	增大	$q_v=\dfrac{h_1-h_4'}{v_1}$	
制冷量	增大	$Q_0=M_R\cdot q_0$	设计工况：$M_R=\dfrac{Q_0}{q_0}$
压缩机功率	不变	$P=M_R\cdot w_{th}$	运行工况：$M_R=\dfrac{V}{v_1}$
排气温度	不变		

（5）结论

1）采用过冷循环，增大制冷量，提高制冷系数。但是过冷度越大，并非越有利，需要更低温的冷源才可以获得很大的过冷度；

2）相同过冷度下，制冷量和制冷系数提高的百分数取决于制冷剂的热力性质，即与制冷剂液体的比热容和蒸发温度下的汽化潜热有关；

3）进入节流装置前的制冷剂液体不会因流动阻力产生气化现象，从而保证了制冷剂流动的稳定性；

4）蒸发温度越低，过冷度可以显著提高制冷系数。

2. 过热循环

（1）目的：防止运行过程中蒸发器侧负荷不稳定，引起制冷剂液体进入压缩机，导致湿压缩和吸气量减少。

（2）概念

1）蒸汽过热：制冷剂蒸汽温度高于其压力对应的饱和温度，表示为 1-1′。

2）过热度：蒸汽过热后的温度和同压力下饱和温度的差值，表示为 $\Delta T=T_1'-T_1$。

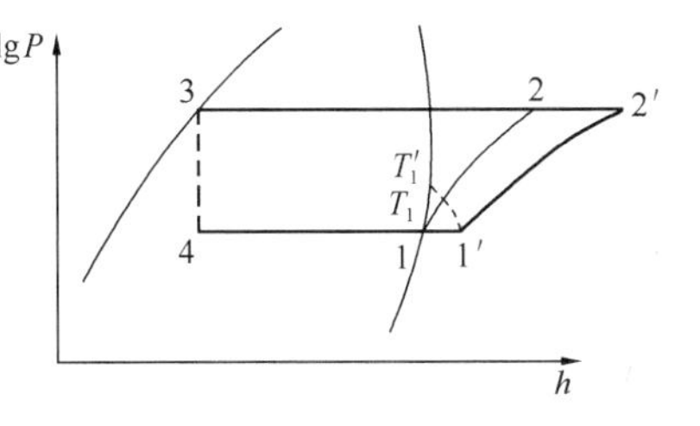

图 4-7　过热循环在 lg$P$-h 图上的表示

（3）过热分类：有效过热和无效过热

注：有效或无效指的是是否产生冷量，并且该冷量是否被用于被冷却介质或房间。

（4）实现方法

1）连接压缩机和蒸发器之间管道吸取被冷却对象的热量；

2）设计时增大蒸发器的换热面积；

3）采用热力膨胀阀或电子膨胀阀控制过热度。

（5）工况分析：单位质量制冷量变化取决于是有效过热，还是无效过热

1）有效过热

有效过热的参数变化分析　　**表 4-4**

参　　数	变化	公式及说明
单位质量制冷量	增大	$q_0=h_1'-h_4>h_1-h_4$
压缩机比功	增加	$w_{th}=h_2'-h_1'$，$\Delta w=(h_2'-h_1')-(h_2-h_1)$

续表

参　　数	变化	公式及说明
制冷系数	—	R22、R717 和 R11 降低，其余制冷剂增加
排气温度	升高	$T_2' > T_2$
单位质量热负荷	增加	$q_k = h_2' - h_3 > h_2 - h_3$
压缩机吸气口比容	增大	$v_1' > v_1$
单位容积制冷量	—	$q_v = \frac{h_1' - h_4}{v_1'}$，取决于制冷剂的种类及性质，R22 和 R717 的 q_v 均减小
制冷剂质量流量	减小	$M_R = \frac{V}{v_1}$，压缩机理论输气量 V 不变，压缩机吸气比容变大
制冷量	—	$Q_0 = M_R \cdot q_0$；设计工况：$M_R = \frac{Q_0}{q_0}$
压缩机功率	—	$P = M_R \cdot w_{th}$；运行工况：$M_R = \frac{V}{v_1}$，减小

结论：有效过热一般均在蒸发器内部产生。

2）无效过热

无效过热的参数变化分析　　　表 4-5

参　　数	变化	公式及说明
单位质量制冷量	不变	$q_0 = h_1 - h_4$
压缩机比功	增加	$w_{th} = h_2' - h_1'$，增加比功：$\Delta w = (h_2' - h_1') - (h_2 - h_1)$
制冷系数	降低	—
排气温度	升高	$T_2' > T_2$
单位质量热负荷	增加	$q_k = h_2' - h_3 > h_2 - h_3$
压缩机吸气口比容	增大	$v_1' > v_1$
单位容积制冷量	减小	$q_v = \frac{h_1 - h_4}{v_1'}$
制冷剂质量流量	减小	$M_R = \frac{V}{v_1}$，压缩机理论输气量 V 不变，压缩机吸气比容变大
制冷量	减小	$Q_0 = M_R \cdot q_0$；设计工况：$M_R = \frac{Q_0}{q_0}$
压缩机功率	—	$P = M_R \cdot w_{th}$；运行工况：$M_R = \frac{V}{v_1}$，减小

备注：吸气管路的过热及进入压缩机受热均为无效过热，为有害过热。可以在吸气管道上敷设隔热材料，降低无效过热对制冷性能的影响。

3. 回热循环

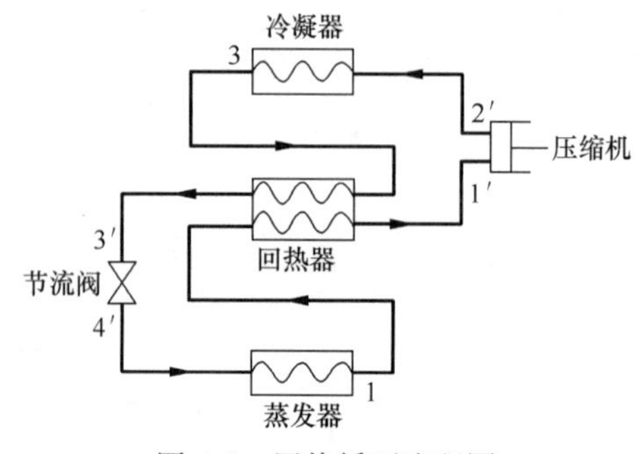

图 4-8　回热循环流程图

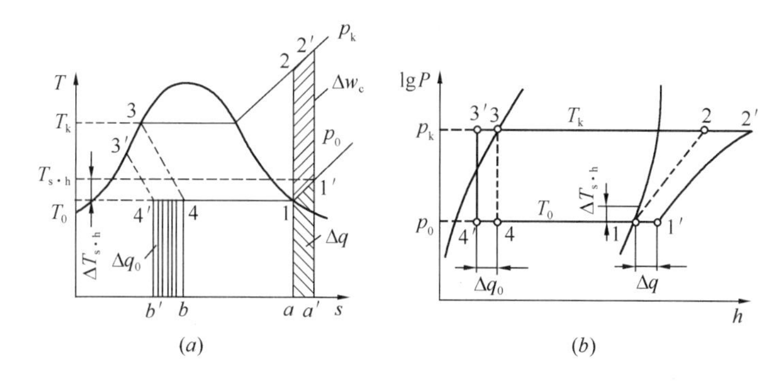

图 4-9 回热式蒸气压缩制冷循环

(a) 循环在 T-s 图上的表示；(b) 循环在 lgP-h 图上的表示

(1) 目的：保证节流前的制冷剂液体得到过冷和压缩机吸入前的制冷剂蒸气得到过热，同时达到液体过冷和吸气过热。

(2) 实现方法：大型机组安装回热器，小型机组将吸气管与供液管搭接。

(3) 工况分析

回热循环的参数变化分析 **表 4-6**

参　数	变化	公式及说明
单位质量制冷量	增大	$q_0 = h_1 - h'_4$
压缩机比功	增加	$w_{th} = h'_2 - h'_1$，增加比功：$\Delta w = (h'_2 - h'_1) - (h_2 - h_1)$
制冷系数	与制冷剂种类有关	$\varepsilon = \frac{q_0}{w_{th}}$，R22 和 R717 均减小，其余制冷剂增大
排气温度	升高	$T'_2 > T_2$
单位质量热负荷	增加	$q_k = h'_2 - h_3 > h_2 - h_3$
压缩机吸气口比容	增大	$v'_1 > v_1$
单位容积制冷量	与制冷剂种类有关	$q_v = \frac{h_1 - h'_4}{v'_1}$，R22 和 R717 均减小，其余制冷剂增大
制冷剂质量流量	减小	$M_R = \frac{V}{v_1}$，压缩机理论输气量 V 不变，压缩机吸气比容变大
制冷量	—	$Q_0 = M_R \cdot q_0$；设计工况：$M_R = \frac{Q_0}{q_0}$
压缩机功率	—	$P = M_R \cdot w_{th}$；运行工况：$M_R = \frac{V}{v_1}$，减小

备注：

1) 回热循环不一定能提高制冷系数；制冷系数增大或减小与制冷剂的种类、性质有关。R22 和 R717 采用回热循环制冷系数减小；

2) R22 可采用回热循环，保证干压缩；

3) 氨不用回热循环，制冷系数会降低，同时由于氨制冷剂等熵指数比较高，会引起压缩机排气温度过高，导致润滑油润滑恶化，甚至碳化结焦；

4) 回热适合在氟制冷系统使用；

5) 蒸发温度低的制冷装置中应采用回热器，吸气温度过低会使压缩机气缸外结霜，润滑油黏度增加甚至絮浊，应设法提高吸气温度；

6）比容变化规律：蒸发温度降低，过热度变大，管路吸气口压降增大均会导致压缩机吸气口比容变大，制冷剂流量变小。

（4）例题

1）【单选】单级压缩式制冷回热循环可采用的制冷工质的表述，正确的应是下列何项？（2009-2-32）

（A）R22 和 R717 都可采用回热制冷循环

（B）R22 和 R717 都不可采用回热制冷循环

（C）R22 和 R502 都可采用回热制冷循环

（D）R22 和 R502 都不可采用回热制冷循环

参考答案：C

解析：根据《教材（第三版 2018）》P580，R717 绝对不能采用回热循环。

扩展：

① 采用回热循环制冷系数减小的制冷剂有 R717、R22；

② 回热循环均会引起的排气温度升高；

③ R717 的绝热指数高，采用回热循环导致排气温度高，造成制冷剂自身分解或润滑油碳化结焦；

④ R22 可采用回热循环，仅为保证干压缩。

2）【多选】采用制冷剂 R502 的单级压缩式制冷回热循环与不采用回热制冷循环相比较，正确的说法应是下列哪几项？（2010-2-64）

（A）可提高制冷系数

（B）单位质量工质的冷凝负荷仍维持不变

（C）压缩机的排气温度要升高

（D）压缩机的质量流量要下降

参考答案：ACD

解析：

AC 选项：根据《教材（第三版 2018）》P579～580 及表 4.1-1；

D 选项：由于采用回热循环，压缩机吸气口制冷剂比容增大（相比于不采用回热循环），而压缩机转速一定则其体积流量一定，因此压缩机的质量流量要下降。

3）【多选】有关回热循环压缩制冷的描述，下列哪几项是正确的？（2011-1-65）

（A）采用回热循环，总会提高制冷系数

（B）采用回热循环，单位质量制冷剂的制冷量总会增加

（C）采用回热循环，单位质量制冷剂的压缩功耗总会增加

（D）采用回热循环，压缩机的排气温度比不采用回热循环的压缩机排气温度高

参考答案：BCD

解析：根据《教材（第三版 2018）》P579～580。

① 采用回热循环除了 R22 和 R717 制冷剂以外，其余制冷剂采用回热循环均能提高制冷系数；

② 根据压焓图可知，回热循环单位质量制冷量变大，压缩机排气温度升高；

③ 采用回热循环，压缩机所消耗功增加。

（5）真题归类

2009-2-32、2010-2-64、2011-1-65。

4. 其他条件变化对循环性能的影响

（1）排气管道：存在压力损失。

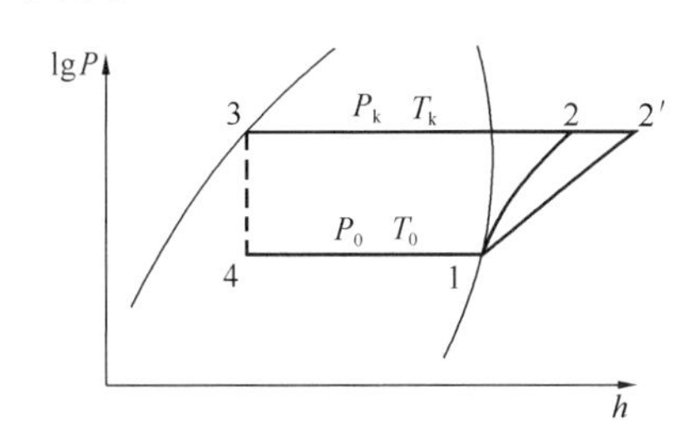

图 4-10　排气管道压力损失在 lgP-h 图上的表示

1）工况分析

排气管道压力损失的参数变化分析　　表 4-7

参　数	变化	公式及说明
单位质量制冷量	不变	$q_0=h_1-h_4$
压缩机吸气口比容	不变	$v_1'=v_1$
压缩机压比	增加	$P_2'/P_1>P_2/P_1$
压缩机比功	增加	$w_{th}=h_2'-h_1>h_2-h_1$，$\Delta w=(h_2'-h_1)-(h_2-h_1)$
容积效率	降低	$\eta_v=\frac{V_{实际}}{V_{理论}}$，与压比有关。压比增加，$\eta_v$ 降低
制冷系数	降低	$\varepsilon=\frac{q_0}{w_{th}}$，$q_0$ 不变，w_{th} 增加，ε 降低

2）备注：

① 冷凝压力决定排气压力，而不是排气压力决定冷凝压力；

② 通过控制制冷剂流速，控制排气管压降。

（2）吸气管道：存在压力损失。

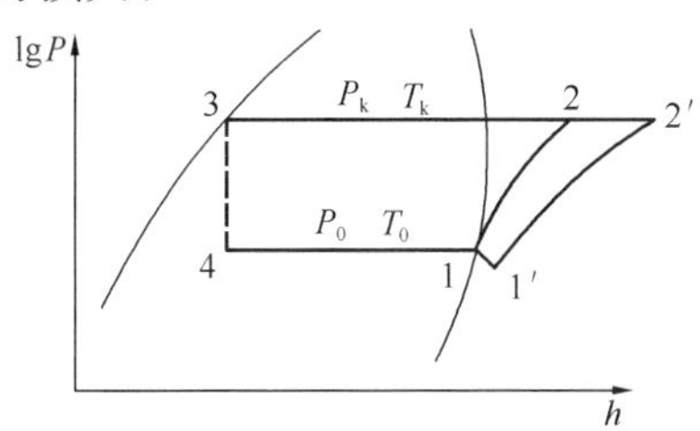

图 4-11　吸气管道压力损失在 lgP-h 图上的表示

1）工况分析

吸气管道压力损失的参数变化分析　　表 4-8

参　数	变化	公式及说明
单位质量制冷量	不变	$q_0=h_1-h_4$
压缩机吸气口比容	增加	$v_1'>v_1$
压缩机压比	增加	$P_2'/P_1'>P_2/P_1$
压缩机比功	增加	$w_{th}=h_2'-h_1'$，增加的比功：$\Delta w=(h_2'-h_1')-(h_2-h_1)$
容积效率	降低	压缩比增加，η_v 降低
制冷系数	降低	$\varepsilon=\frac{q_0}{w_{th}}$，$q_0$ 不变，w_{th} 增加，ε 降低
单位容积制冷量	减小	$q_v=\frac{q_0}{v_1}$，q_0 不变，v_1 增大，q_v 减小
排气温度	升高	$T_2'>T_2$

2）是否保温：吸气管路温度低被环境加热，会引起结霜，产生无用过热，需保温；同时会造成吸气比容变大，容积制冷量变小，排气温度升高。

3）例题

【多选】单级蒸气压缩式制冷循环，压缩机吸入管道存在的压力降，对制冷循环性能有下列哪几项影响？（2006-2-63）

（A）致使吸气比容增加　　（B）压缩机的压缩比增加

（C）单位容积制冷量增加　　（D）系统制冷系数增加

参考答案：AB

解析：压缩机吸入管道存在压力降，导致吸气压力降低，压缩机吸气比容变大。冷凝压力不变，即压缩比增大，单位质量制冷量不变，压缩机吸气口比容变大，因此单位容积制冷量变小，同时由于吸气管路压力降，导致单位压缩功增大，因此制冷系数降低。

注：

① 由于本题强调的是压缩机吸气管道存在压力降，还将引起压缩机排气口排气温度上升；

② 压缩机吸气口比容增大的原因：蒸发温度降低、蒸发器出口过热度变大、蒸发器阻力增大或吸气管道存在压力降、压缩机吸气口有阀门等；

③ 本题考查知识点即是各量之间的相互关系以及压焓图，因此应能够熟练掌握压焓图，并能够进行分析。

（3）过热度变大

工况分析

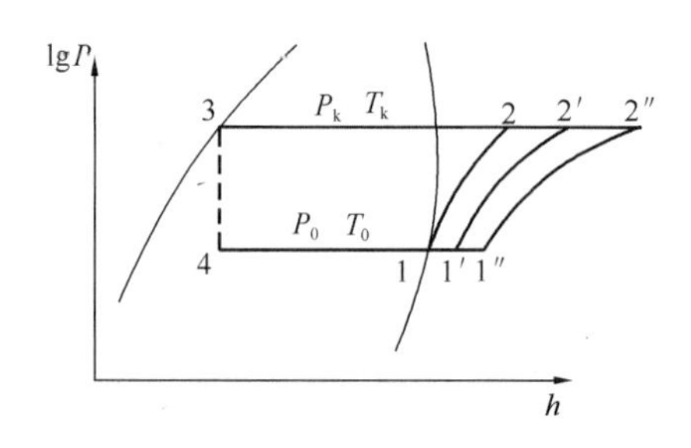

图 4-12　过热度变大在 lg$P$-h 图上的表示

过热度变大的参数变化分析　　**表 4-9**

参　　数	变化	公式及说明
单位质量制冷量	不变	$q_0 = h_1 - h_4$（无效过热）
压缩机吸气口比容	变大	$v''_1 > v'_1 > v_1$
压缩机压比	不变	$P''_2/P''_1 = P'_2/P'_1 = P_2/P_1$
压缩机比功	增加	$h''_2 - h_1'' > h'_2 - h'_1 > h_2 - h_1$
容积效率	不变	压比不变，η_v 不变
制冷系数	降低	$\varepsilon = \frac{q_0}{w_{th}}$，$q_0$ 不变，w_{th} 增加，ε 降低
制冷剂质量流量	减小	$M_R = \frac{V}{v_1}$，压缩机吸气口比容变大（忽略压缩比对容积效率的影响）
制冷量	减小	$Q = M_R \cdot q_0$
排气温度	升高	$T''_2 > T'_2 > T_2$

5. 超链接

《教材（第三版 2018）》P578-580；《空气调节用制冷技术（第四版）》P12-14。

4.1.6　冷凝器和蒸发器的压力损失分析

1. 冷凝器压力损失

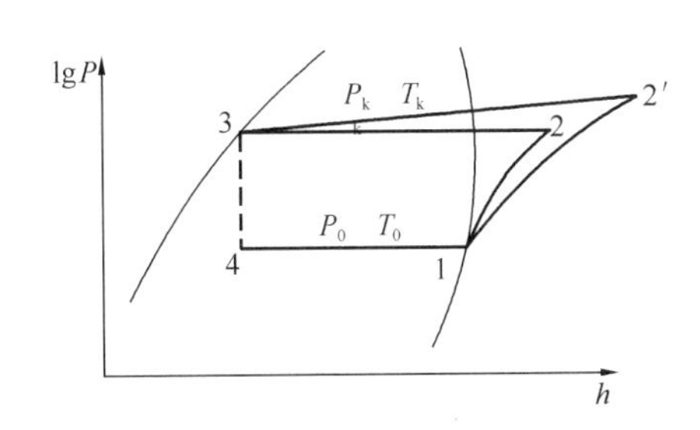

图4-13　冷凝器压力损失在 lgP-h 图上的表示

（1）工况分析

冷凝器压力损失的参数变化分析　　表4-10

参　　数	变化	公式及说明
单位质量制冷量	不变	$q_0=h_1-h_4$
压缩机吸气口比容	不变	$v_1'=v_1$
压缩机压比	增加	$P_2'/P_1>P_2/P_1$
压缩机比功	增加	$w_{th}=h_2'-h_1>h_2-h_1$，$\Delta w=(h_2'-h_1)-(h_2-h_1)$
容积效率	降低	$\eta_v=\dfrac{V_{实际}}{V_{理论}}$，与压比有关。压比增加，$\eta_v$ 降低
制冷系数	降低	$\varepsilon=\dfrac{q_0}{w_{th}}$，$q_0$ 不变，w_{th} 增加，ε 降低
制冷剂质量流量	减小	$M_R=\dfrac{V}{v_1}$，$\eta_v=\dfrac{V_{实际}}{V_{理论}}$
排气温度	升高	$T_2'>T_2$

（2）备注

1）冷凝压力决定排气压力，而不是排气压力决定冷凝压力；

2）冷凝器压力损失等效于排气管路压力损失；

3）通过控制制冷剂流速，控制冷凝器压降。

2. 蒸发器压力损失

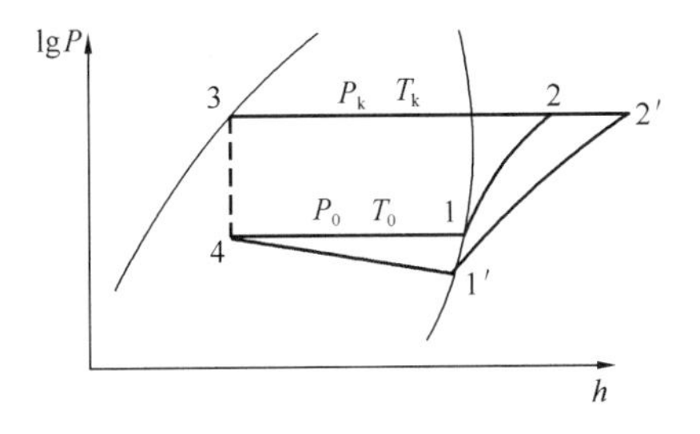

图4-14　蒸发器压力损失在 lgP-h 图上的表示

（1）工况分析

蒸发器压力损失的参数变化分析　　表 4-11

参　　数	变化	公式及说明
单位质量制冷量	减小	$q_0 = h'_1 - h_4 < h_1 - h_4$
压缩机吸气口比容	增加	$v'_1 > v_1$
压缩机压比	增加	$P'_2/P'_1 > P_2/P_1$
压缩机比功	增加	$w_{th} = h'_2 - h'_1 > h_2 - h_1$，$\Delta w = (h'_2 - h'_1) - (h_2 - h_1)$
容积效率	降低	$\eta_v = \frac{V_{实际}}{V_{理论}}$，与压比有关。压比增加，$\eta_v$ 降低
制冷系数	降低	$\varepsilon = \frac{q_0}{w_{th}}$，$q_0$ 不变，w_{th} 增加，ε 降低
制冷剂质量流量	减小	$M_R = \frac{V}{v_1}$
排气温度	升高	$T'_2 > T_2$

（2）备注

1）蒸发器压力损失等效于吸气管路压力损失；

2）通过控制吸气管路流速，控制蒸发器压降。

4.1.7　冷凝温度和蒸发温度变化分析

1. 蒸发温度不变，冷凝温度升高

（1）工况分析

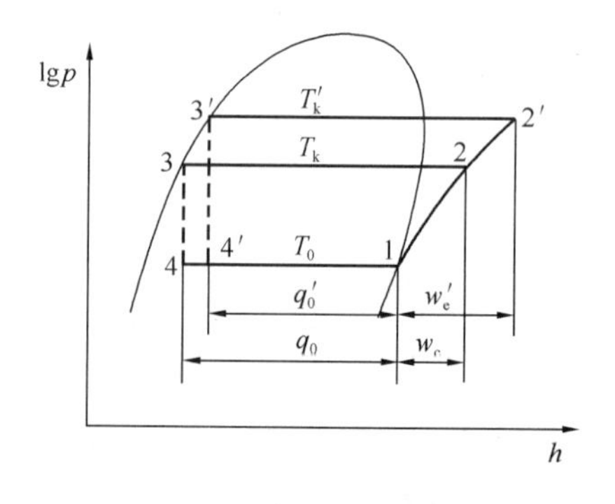

图 4-15　冷凝温度的影响

冷凝温度升高的参数变化分析　　表 4-12

参　　数	变化	公式及说明
单位质量制冷量	减小	$q_0 = h_1 - h'_4 < h_1 - h_4$
压缩机吸气口比容	不变	$v'_1 = v_1$
压缩机压比	增加	$P'_2/P_1 > P_2/P_1$
压缩机比功	增加	$w_{th} = h'_2 - h_1 > h_2 - h_1$，$\Delta w = (h'_2 - h_1) - (h_2 - h_1)$
容积效率	降低	$\eta_v = \frac{V_{实际}}{V_{理论}}$，与压比有关。压比增加，$\eta_v$ 降低
制冷系数	降低	$\varepsilon = \frac{q_0}{w_{th}}$，$q_0$ 减小，w_{th} 增加，ε 降低
制冷剂质量流量	减小	$M_R = \frac{V}{v_1}$

续表

参　　数	变化	公式及说明
制冷量	减小	$Q = M_R \cdot q_0$，$M_R = \frac{V}{v_1}$，V 减小，M_R 减小
压缩机功率	变大	$P = M_R \cdot w_{th}$
排气温度	升高	$T'_2 > T_2$

备注：

1）尽量保证冷凝器散热；

2）外机通风不畅，灰尘多，会使冷凝温度升高。

（2）影响冷凝温度的因素

1）冷却水的流量和温度、环境空气的温度或风量、不凝性气体、制冷剂充注量、冰堵或脏堵、冷凝器侧污垢热阻；

2）冷却水的流量变大或温度降低，冷凝温度降低，反之则升高；

3）不凝性气体积存在冷凝器，导致冷凝温度升高，不影响蒸发温度；

4）制冷剂充注量多，冷凝压力升高，但蒸发压力也升高；

5）冰堵或脏堵导致节流阀堵塞，致使冷凝温度升高；

6）冷凝器侧热阻（脏或水垢）增加，冷凝温度升高；反之则降低。

2. 冷凝温度不变，蒸发温度降低

（1）工况分析

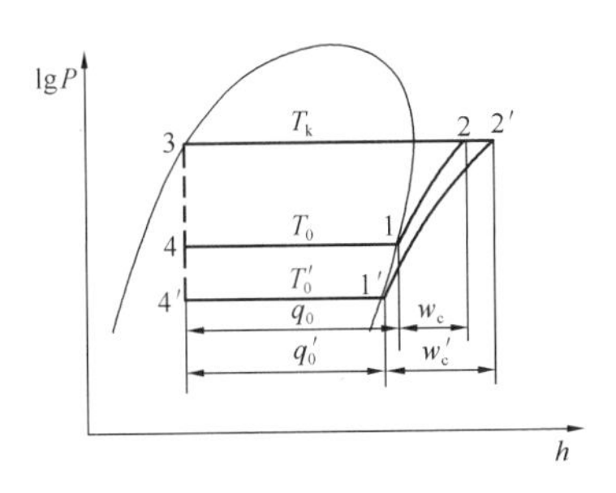

图 4-16　蒸发温度的影响

蒸发温度降低的参数变化分析　　表 4-13

参　　数	变化	公式及说明
单位质量制冷量	减小	$q_0 = h'_1 - h'_4 < h_1 - h_4$
压缩机吸气口比容	变大	$v'_1 > v_1$
单位容积制冷量	减小	$q_v = \frac{q_0}{v_1}$
压缩机压比	增加	$P'_2/P'_1 > P_2/P_1$
压缩机比功	增加	$w_{th} = h'_2 - h'_1 > h_2 - h_1$，$\Delta w = (h'_2 - h'_1) - (h_2 - h_1)$
容积效率	降低	$\eta_v = \frac{V_{实际}}{V_{理论}}$，与压比有关。压比增加，$\eta_v$ 降低
制冷系数	降低	$\varepsilon = \frac{q_0}{w_{th}}$，$q_0$ 减小，w_{th} 增加，ε 降低
制冷剂质量流量	减小	$M_R = \frac{V}{v_1}$，$\eta_v = \frac{V_{实际}}{V_{理论}}$

续表

参数	变化	公式及说明
制冷量	减小	$Q=M_R\cdot q_0$，$M_R=\dfrac{V}{v_1}$，V 减小，M_R 减小
压缩机功率	—	压比为 3 时功率最大
排气温度	升高	$T'_2>T_2$

（2）影响蒸发温度的因素

1）冷冻水的流量和温度、被冷却空间的温度或风量、制冷剂充注量、冰堵或脏堵、蒸发器侧污垢热阻；

2）冷冻水的流量变小或温度降低，蒸发温度降低，反之则升高；

3）制冷剂充注量多，冷凝压力升高，但蒸发压力也升高；

4）冰堵或脏堵导致蒸发温度降低；

5）蒸发器侧热阻（脏或水垢）增加，蒸发温度降低；反之则升高。

3. 总结

（1）冷凝温度不变，蒸发温度降低，压缩机吸气口比容变大，制冷剂质量流量变小，单位质量制冷量变小，排气温度升高，单位容积制冷量变小；制冷量变小，压缩机耗功率无法确定，但压缩比=3 时耗功率最大。

（2）蒸发温度不变，冷凝温度升高，压缩机吸气口比容不变，压缩比增大引起容积效率降低，压缩机实际输气量变小，制冷剂质量流量减小，单位质量制冷量变小，排气温度升高，单位容积制冷量变小，制冷量变小。

（3）压缩机吸气口过热度变大，排气温度升高，压缩机吸气口比容变大，制冷剂质量流量变小。

4. 例题

（1）【单选】某螺杆式冷水机组，在运行过程中制冷剂流量与蒸发温度保持不变，冷却水供水温度降低，其水量保持不变，若用户负荷侧可适应机组制冷量的变化，下列哪项的结果是正确的？（2013-2-31）

（A）冷水机组的制冷量减小，耗功率减小

（B）冷水机组的制冷量增大，能效比增大

（C）冷水机组的制冷量不变，耗功率减小

（D）冷水机组的制冷量不变，耗功率增加

参考答案：B

解答：

1）制冷剂流量不变，蒸发温度不变，冷却水温度降低，冷凝温度降低，因此单位质量制冷量变大，压缩机单位比功变小，耗功率变小，因此制冷量变大，能效比增大。

2）熟练画出来蒸发温度不变，冷凝温度降低的压焓图。

扩展：制冷量和耗功率均与制冷剂流量有关，制冷剂流量是否变化需要判断压缩机吸气口比容的变化。吸气比容变大的因素有：蒸发温度降低，过热度增大，压缩机吸气管路压降增大。

（2）【多选】空气源热泵热水机，采用涡旋式压缩机，当环境温度不变，机组的供回

水温差不变，供水温度提高时，下列哪几项表述是正确的?（2013-1-67）

（A）压缩机的耗功增加　　（B）压缩机的耗功减小

（C）压缩机的能效比增加　　（D）压缩机的能效比减小

参考答案：AD

解答：

1）空气源热泵热水机，室外机是蒸发器，当环境温度不变，表明蒸发温度不变，供水温度提高，表明冷凝温度升高，压缩机吸气口比容不变，制冷剂质量流量不变；

2）冷凝温度升高，压缩机所消耗比功增大，耗功率增加，能效比减小。

（3）【单选】一个正在运行的水冷螺杆式冷水机组制冷系统，发现系统制冷出力不足，达不到设计要求。经观察冷水机组蒸发压力正常，冷凝压力过高。下列哪一项不会造成制冷出力不足?（2010-2-31）

（A）冷却水量不足或冷却塔风机转速下降

（B）换热系统换热管表面污垢增多

（C）冷却水进口水温过高

（D）冷却水水泵未采用变频调速

参考答案：D

解答：

1）蒸发压力正常，冷凝压力升高，说明冷凝侧换热不好，不能够及时地将热量散发给冷却水或环境空气；

2）影响因素：冷却水量不足或冷却塔风机转速下降，换热系统换热管表面污垢增多，冷却水进口水温过高均会导致冷凝温度升高，引起冷凝压力升高。

扩展：调节冷却水温度优先采用冷却塔台数控制，也可以采用冷却塔风机台数或变频，冷却水管路旁通的方法来实现，但一般不采用冷却水泵变频。

4.1.8 带膨胀机的制冷循环

1. 知识要点

（1）原理图

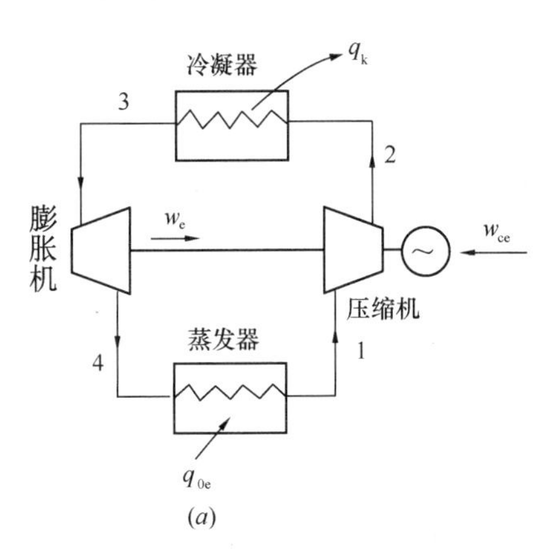

(a)

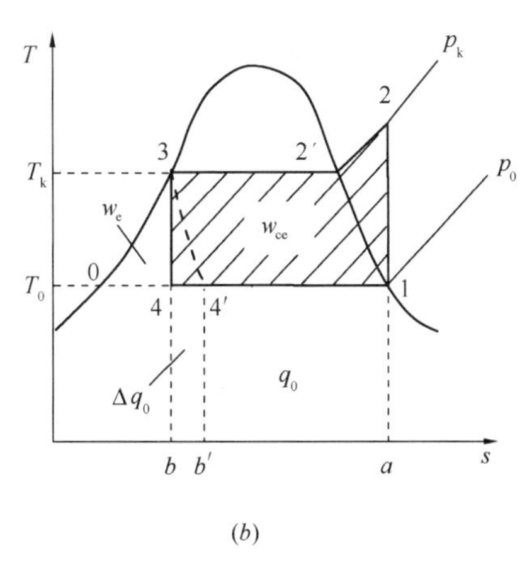

(b)

图4-17 采用膨胀机的蒸气压缩式制冷循环

（a）工作过程；（b）理论循环

（2）用膨胀机代替节流阀，回收膨胀功

注：

1）不要忽略膨胀机回收的膨胀功，回收的膨胀功用于驱动压缩机；

2）膨胀机是等熵膨胀；

3）膨胀阀和节流阀属于绝热节流过程，节流前后两者焓相等，用虚线表示（不可逆过程）。

2. 超链接

《教材（第三版 2018）》P580；《空气调节用制冷技术（第四版）》P14。

4.1.9 带闪发蒸气分离器的多级压缩制冷循环（带经济器）

1. 知识要点

（1）目的：减少压缩机耗功，增加冷量，提高制冷系数。

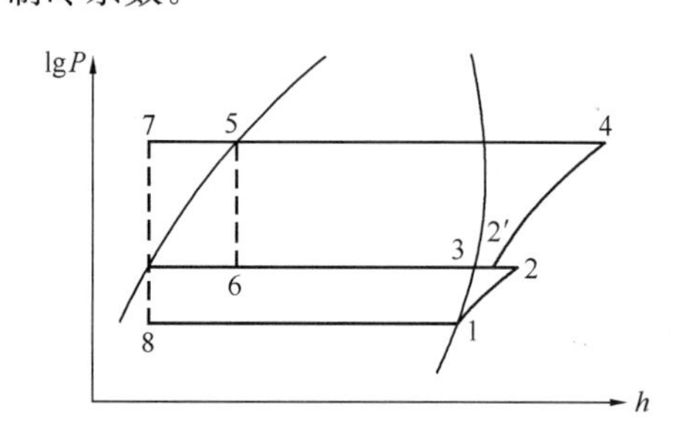

图 4-18　带闪发蒸气分离器有过冷的制冷循环

（2）原理：来自冷凝器的分流，第一个节流阀节流压降在经济器内产生中间压力和中间温度下的气液混合物，冷凝器内制冷剂另外一部分分流经过经济器过冷，经济器内气化的制冷剂蒸气一次节流到蒸发压力。

（3）分类：有过冷和无过冷（管路是否经过经济器）。

（4）适用压缩机：离心式、螺杆式、涡旋式，但活塞式不适用。

（5）工况分析（与理论循环比较）

1）有过冷的压焓图和温熵图（一次节流到蒸发压力）

带闪发蒸气分离器有过冷循环的参数变化　　表 4-14

参数	变化	公式及说明
单位质量制冷量	增大	$q_0=h_1-h_8$
压缩机吸气口比容	减小	压缩机吸气口比容上移，引起比容变小
制冷系数	增大	与理论循环比较，制冷系数增大
制冷量	增大	一次吸气口比容不变
排气温度	降低	与理论循环比较，排气温度降低

注：减少了节流损失和压缩过程的过热损失，降低排气温度，蒸发温度越低，采用经济器节能效果越好。

2）无过冷的压焓图和温熵图（两次节流到蒸发压力）

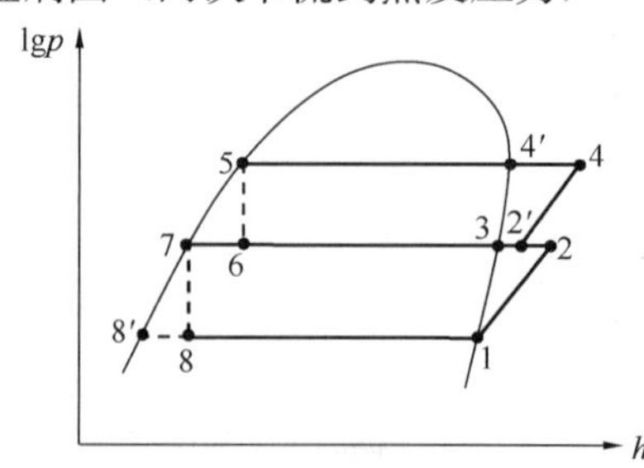

图 4-19　带闪发蒸气分离器的双级压缩制冷循环

带闪发蒸气分离器的双级压缩制冷循环参数变化　　表 4-15

参数	变化	公式及说明
单位质量制冷量	增大	$q_0 = h_1 - h_8$
压缩机吸气口比容	减小	压缩机吸气口比容上移，引起比容变小
制冷系数	增大	与理论循环比较，制冷系数增大
制冷量	增大	一次吸气口比容不变
排气温度	降低	与理论循环比较，排气温度降低

（6）节能器的多级压缩制冷循环的优点：

可减少压缩过程的过热损失和节流过程的节流损失，能耗少，性能系数高，蒸发温度越低节能效果越明显。

2. 超链接

《教材（第三版 2018）》P580-581；《空气调节用制冷技术（第四版）》P15。

3. 例题

（1）【多选】提高蒸气压缩螺杆式制冷机组的制冷能效比有若干措施，下列措施正确的应是哪几项？（2010-2-65）

（A）增大进入膨胀阀前的液体制冷剂的过冷度

（B）减小冷凝器和蒸发器的传热温差

（C）设置节能器

（D）提高压缩比

参考答案：ABC

解析：

A 选项：采用过冷循环，增大了单位质量制冷量，压缩机消耗比功不变，因此制冷系数变大；

B 选项：减少冷凝器和蒸发器的传热温差，实际上降低冷凝温度和升高了蒸发温度，根据压焓图可以提高制冷系数；

C 选项：采用经济器或节能器，可以使冷凝器后过冷，同时降低了压缩机消耗功率，因此提高制冷系数；

D 选项：提高压缩比，容积效率降低，实际输气量减小，导致制冷剂流量减小，制冷量减少，同时无论是提高冷凝温度还是降低蒸发温度或提高压缩比，均会导致制冷系数降低。

（2）【单选】与单级蒸气压缩制冷循环相比，关于带节能器的多级蒸气压缩制冷循环的描述中，下列何项是错误的？（2012-2-30）

（A）节流损失减小　　（B）过热损失减少

（C）排气温度升高　　（D）制冷系数提高

参考答案：C

解析：根据《教材（第三版 2018）》P580。

4. 真题归类

2010-2-65、2012-2-30、2017-1-33。

4.1.10　多级压缩

知识要点

（1）制约：受到压缩机所能提供压缩比的限制。

活塞式压缩机：氨制冷 $P_k/P_0 \leqslant 8$；氟利昂制冷：$P_k/P_0 \leqslant 10$。

（2）目的：获得更低的温度，降低排气温度（与相同工况的单级压缩制冷比较）。

（3）原理：多个压缩机接力实现压缩，将气体的压缩过程在若干级中进行，并在每级压缩后将气体导入中间冷却器进行冷却。

（4）应用：冷库冻结间、速冻机、风冷热泵（低温）等设备。

（5）备注：排气温度过高会造成润滑油润滑性能下降（黏度变小，变稀），润滑油积碳堵塞阀槽，活塞环软化或加速磨损，非金属阀片融化等。

（6）与单级压缩比较：

1）冷凝压力 $\leftrightarrow T_k \leftrightarrow$ 环境温度、冷却介质温度（设计工况定值）；

2）蒸发压力 $\leftrightarrow T_0 \leftrightarrow$ 用户要求（设计工况定值）；

3）蒸发温度下降→蒸发压力下降→压缩比提高。

（7）制约因素分析：

1）单级压缩比增大，导致压缩机容积效率下降。$\eta_v = \dfrac{V_{实际}(减小)}{V_{理论}(不变)}$，$M_R = \dfrac{V(减小)}{v_1(增大)}$，$M_R$ 减小。

2）压缩机排气温度升高，润滑条件变坏，润滑油接近闪点时，会使润滑油碳化。

3）单位容积制冷量变小，耗功增加，制冷量下降。

4）单位质量制冷量减小，制冷系数降低。

5）有些制冷剂无法流动。

6）制冷剂节流损失增加。

4.1.11 双级压缩制冷循环的形式

1. 知识要点

（1）原理：第一个节流阀在中间冷却器节流产生中间压力下的制冷剂气液混合物，第二个节流阀是真正的节流降压制冷。

（2）一级节流中间完全冷却

1）工况分析（与单级压缩比较）：

① 单位质量制冷量增大；

② 循环比功减小；

③ 制冷系数提高；

④ 排气温度降低。

2）备注：一级节流中间完全冷却适用于氨制冷。

（3）一级节流中间不完全冷却

工况分析：

① 第一个节流阀直接连接中间冷却器；

② 高压压缩机吸入口蒸汽状态为过热蒸汽；

③ 中间冷却器是中间压力和中间温度，介于冷凝压力和蒸发压力之间，介于冷凝温度和蒸发温度之间；

④ 一级节流中间不完全冷却一般是针对氟利昂制冷剂。

2. 超链接

《教材（第三版 2018)》P581～584；《空气调节用制冷技术（第四版)》P16。

3. 例题

(1)【多选】采用单级蒸气压缩式制冷，当蒸发温度过低时，则需要采用双级压缩式制冷循环，采用该做法的原因应是下列哪些项？(2009-1-65)

(A) 避免制冷系数降低过多

(B) 避免制冷剂单位质量制冷量下降过大

(C) 受到压缩机的排气压力与吸气压力之比数值的限制

(D) 避免压缩机的体积过大

参考答案：ABCD

解析：根据《教材（第三版 2018)》P581～582。

扩展：

1) 蒸发温度降低，导致压缩比变大，受到压缩机压缩比的限制；

2) 压比变大，容积效率降低，导致压缩机实际输气量减少；

3) 蒸发温度降低，导致压缩机吸气口比容变大，制冷剂流量变小，制冷量减少；

4) 冷凝压力和蒸发压力差值变大，节流阀节流损失变大；

5) 压缩比变大，压缩机排气温度升高，将导致润滑油碳化结焦。

(2)【单选】关于蒸气压缩制冷循环的说法，下列何项是错误的？(2011-2-30)

(A) 蒸气压缩制冷性能系数与蒸发温度和冷凝温度有关，也于制冷剂种类有关

(B) 在冷凝器后增加再冷却器的再冷循环可以提高制冷系数的性能系数

(C) 制冷剂蒸汽被压缩冷凝为液体后，再用制冷剂液体泵提升压力，与直接用压缩机压缩到该压力的电功消耗量相同

(D) 工作在相同蒸发温度和冷凝温度的一次节流完全中间冷却的双级压缩制冷循环较单级制冷循环的性能系数大

参考答案：C

解析：

A选项：逆卡诺循环制冷系数仅仅与高温热源温度和低温热源温度有关，与制冷剂种类无关，但蒸气压缩式理论循环制冷系数不仅与冷凝温度和蒸发温度有关，制冷剂种类不同相应各点查的焓值也不同；

B选项：根据《教材（第三版 2018)》P579，采用过冷循环，可以减少节流损失，增大单位质量制冷量，而单位比功不变，故可以提高制冷系数；

C选项：压缩机的压缩过程为等熵压缩，液体提升泵的增压过程不是等熵过程，两者的耗功不同；

D选项：根据《教材（第三版 2018)》P581，采用双级压缩与单级压缩比较，可以降低压缩机排气温度，得到更低的蒸发温度，同时可以降低压缩机的耗功率，因此可以较单级压缩式制冷系数大。

4. 真题归类

2006-2-62、2009-1-65、2011-1-67、2016-2-64、2011-2-30、2018-2-65。

4.1.12 复叠式制冷

1. 知识要点

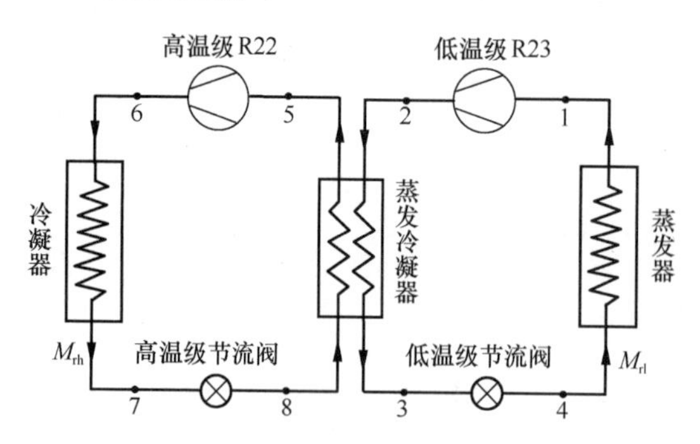

图4-20 复叠式蒸气压缩制冷循环工作流程

(1) 目的：得到更低的温度。

(2) 双级压缩制冷的局限性：

1) 双级压缩制冷的制冷温度受到制冷剂凝固点的限制，不能太低；(氨凝固点−77.7℃)

2) 双级压缩的蒸发压力过低会进入空气，同时压缩机体积流量增大；

3) 双级压缩受循环压力比的限制。

(3) 原理：高温部分采用中温制冷剂，冷凝蒸发器将低温部分的制冷剂凝结，低温部分采用低温制冷剂。

(4) 组成

1) 高温部分：高压压缩机、冷凝器、节流阀、冷凝蒸发器；

2) 低温部分：低压压缩机、冷凝蒸发器、节流阀、蒸发器。

(5) 备注：两个制冷循环，两种不同的制冷剂；两个循环的在蒸发冷凝器温度差值一般为3～5℃。

2. 超链接

《教材（第三版2018)》P596；《空气调节用制冷技术（第四版)》P19～21。

3. 例题

【单选】两级复叠式制冷系统是两种不同制冷剂组成的双级低温制冷系统，高温部分使用中温制冷剂，低温部分使用低温制冷剂，对于该系统的表述，下列哪一项是错误的？(2014-2-32)

(A) 复叠式制冷系统高温级的蒸发器，就是低温级的冷凝器

(B) CO_2 制冷剂可作为复叠式制冷系统的高温级制冷剂，且满足保护大气环境要求

(C) R134a 制冷剂与 CO_2 制冷剂的组合可用于复叠式制冷系统

(D) NH_3/CO_2 的组合可用于复叠式制冷系统，且满足保护大气环境要求

参考答案：B

解析：根据《教材（第三版2018)》P596，“在复叠式制冷系统中，CO_2 用作低压级制冷剂”。

4.1.13 热泵循环

1. 知识要点

(1) 与制冷循环的区别

1) 热泵循环是利用冷凝器的散热量用于供热；而制冷是利用蒸发器的冷量用于冷却；

2) 热泵工况的环境温度为低温热源，制冷工况的环境温度为高温热源。

（2）逆卡诺热泵循环效率：$COP=\frac{q_c}{w_{th}}=\frac{T_k}{T_k-T_0}=1+\varepsilon$

工况条件与制冷工况完全相同，$COP>1$。

（3）备注：

1）制冷循环的规律，热泵循环同样适用；

2）均为逆卡诺循环；

3）热泵循环可以采用水路切换或制冷剂管路切换实现制冷或制热，若在制冷和制热工况切换（四通换向阀），需采用两个不同容量大小的膨胀阀。

2. 超链接

《教材（第三版 2018）》P584～585。

4.2　制冷剂与载冷剂

4.2.1　概念与分类

1. 知识要点

（1）制冷剂和载冷剂定义

1）制冷剂：传递热量的载体，将热量转移的媒介。

制冷剂能在工作范围内凝结和气化。

2）载冷剂：制冷系统中间接传递热量的中间介质。

（2）制冷剂分类

制冷剂分类　　**表 4-16**

<table>
<tr><th>分类方法</th><th colspan="2">内　容</th></tr>
<tr><td rowspan="2">分子结构</td><td colspan="2">无机化合物</td></tr>
<tr><td colspan="2">有机化合物</td></tr>
<tr><td rowspan="3">组成</td><td colspan="2">单一制冷剂</td></tr>
<tr><td rowspan="2">混合制冷剂</td><td>共沸制冷剂</td></tr>
<tr><td>非共沸制冷剂</td></tr>
<tr><td rowspan="3">沸点</td><td colspan="2">高温制冷剂（0～10℃，$P\leqslant 0.3$MPa）</td></tr>
<tr><td colspan="2">中温制冷剂（0～−20℃，$0.3<P<2$MPa）</td></tr>
<tr><td colspan="2">低温制冷剂（−20～−60℃，$P\geqslant 2$MPa）</td></tr>
</table>

注：高温制冷剂均是低压；低温制冷剂均是高压。

2. 超链接

《教材（第三版 2018）》P585。

4.2.2　命名规则

1. 知识要点

（1）无机化合物：水、空气、二氧化碳、氨、二氧化硫。

符号规定为 R7xx，xx 表示该无机物分子量的整数部分。

（2）氟利昂和烷烃类

符号规定为 R（m－1）（n＋1）（x）B（z）。

（3）非共沸混合工质

1）命名

表示简写符号为 R4xx，如 R407C、R410A。

xx 为该工质命名的先后顺序号，从 00 开始若构成非共沸混合工质的纯物质种类相同，但成分含量不同，则分别在最后加上大写英文字母以示区别。

2）滑移温度：一定压力下，一定配比浓度下，露点和泡点的温度差。

3）非共沸制冷剂在蒸发器和冷凝器相变过程中，是变温过程，可降低功耗，提高制冷系数。

4）系统有泄漏时，制冷剂配比会发生变化，导致性能发生变化，因此一旦泄漏要全部放出，重新灌注。

（4）共沸制冷剂

1）简写符号为 R5xx，从 00 开始。

2）某一浓度下，给定压力下，蒸发温度或冷凝温度为定值。

（5）其他有机化合物：R6xx。

近共沸制冷剂：露点和泡点差值小于 1℃。例如：R404A、R410A。

2. 超链接

《教材（第三版 2018）》P586～587。

3. 例题

【单选】编号以 7 开头的制冷剂，应是下列何项？（2009-2-33）

（A）饱和碳氢化合物的衍生物　　（B）非饱和碳氢化合物

（C）饱和碳氢化合物　　（D）无机化合物

参考答案：D

解析：根据《教材（第三版 2018）》P585～586。

4.2.3　制冷剂的基本要求

1. 知识要点

（1）热力学性质方面

1）制冷效率高（注：不是制冷系数。）

2）适当的冷凝压力和蒸发压力

① 蒸发压力≥大气压力（R123 除外），避免空气进入，造成不凝性气体存在，导致冷凝压力升高；同时发生泄漏是容易发现；

② 冷凝压力不要过高，减少设备承压，同时能够通过空气或水将制冷剂冷凝；

③ 冷凝压力与蒸发压力之比不宜过大，超过压缩机限值。

3）大中型压缩机单位容积制冷量 q_V能力大，减小压缩机尺寸和减少制冷工质的循环量；小型压缩机 q_V小一些，否则会引起制造困难。（$\Phi_0 = m_r \cdot q_0 = \frac{V_{理}}{v_1} \cdot q_0 = V_{理} \cdot q_v$）

4）一般而言，沸点越低，单位容积制冷量越大。

5）凝固点要低，可以得到更低的温度。

6）气化潜热要大，相同制冷量可以将减少充液量（$\Phi_0 = m_r \cdot q_0$）。

7）临界温度或临界压力要高，因为远离临界点，接近逆卡诺循环，节流损失小，制冷系数高；如果冷凝温度高于临界点，制冷剂则无法冷凝（跨临界）。

8）绝热指数要低，等熵压缩终了温度 t_2 不能太高，以免润滑条件恶化。排气温度与吸气温度，压比及绝热指数有关 $\left[\frac{T_2}{T_1} = \left(\frac{P_2}{P_1}\right)^{\frac{\kappa-1}{\kappa}}\right]$。

（2）物理化学性质方面

1）导热系数大，换热系数高可提高传热系数，减少传热面积。

2）黏度、密度尽量小，可以减少制冷剂在系统中的阻力，降低压缩机耗功率或减少制冷剂管径。

3）相容性好，制冷剂对金属和其他材料应无腐蚀和侵蚀作用。

氟利昂是较好的有机溶剂，对塑料等高分子化合物会起“膨润”作用（变软膨胀和起泡），故在制冷系统密封材料及线缆中要选用特殊橡胶或塑料。

4）化学稳定性和热稳定性好。

制冷剂在正常运转条件下不发生裂解。在温度较高又有油、钢、铜存在长时间使用会发生变质甚至热解，所以控制不同制冷剂的排气温度限制，如氨最高不超过 150℃，R22 不超过 145℃。

5）有良好的电绝缘性，在封闭压缩机中，电机的线圈与制冷剂直接接触，要求制冷剂应具有良好的电绝缘性，杂质和水的存在会造成绝缘性能下降。

6）制冷剂有一定的吸水性，当系统中存储或掺有极少量水分会造成蒸发温度稍有升高，但不会在节流阀处产生冰塞。

① 制冷剂自身有一定溶解度，能形成均匀的混合液；

② 节流阀处“冰塞”产生是由于含水量超过制冷剂溶解度，游离出来的水导致产生“冰塞”现象；

③ 水在氟利昂中的溶解度随着温度降低而减小；

④ 制冷剂应该具有一定的吸水性；

⑤ 氟利昂系统易造成节流阀处冰堵；但氨系统则不会，氨制冷系统不用安装干燥器，因为氨极易溶于水。

7）与润滑油的互溶性：有限溶油和无限溶油

① 有限溶油和无限溶油的对比

有限溶油和无限溶油的对比　　**表 4-17**

	有限溶油	无限溶油
特点	制冷剂与润滑油形成非均匀混合溶液	润滑油能与制冷剂一起渗到压缩机的各个部件
优点	1）从压缩机带出的油量少，故蒸发器中蒸发温度较稳定； 2）制冷剂和润滑油易分离	蒸发器和冷凝器的热换热面上不易形成油膜阻碍传热
缺点	易在热交换设备形成油膜影响传热	1）制冷剂溶于润滑油降低油的黏度，制冷剂沸腾泡沫多，蒸发器液面不稳定； 2）压缩机带出的油量过多，并且能使蒸发器中的蒸发温度升高

② 无限溶油：多采用干式蒸发器（R134A），制冷剂与润滑油混合在管内流动，回油情况取决于气流速度和润滑油黏性。制冷剂溶油越充分，越容易将润滑油带回压缩机。

③ 有限溶油：多采用满液式蒸发器。有自由液面，氨制冷剂润滑油积存在底部；氟利昂制冷剂的润滑油漂浮在上部。如果是无限溶油，造成机器回油困难。

④ 低温环境下，压缩机停机后，制冷剂迁移进入压缩机；压缩机启动，会造成曲轴箱内压力降低后，氟利昂从润滑油中以气体形式逸出，若逸气量较大，润滑油产生大量泡沫而涌起的现象。

2. 超链接

《教材（第三版 2018）》P587～589。

3. 例题

(1)【多选】对制冷剂的主要热力学性能的要求有下列哪几项？(2007-2-61)

(A) 标准大气压沸点要低于所要求达到的制冷温度

(B) 冷凝压力越低越好

(C) 单位容积的汽化潜热要大

(D) 临界点要高

参考答案：CD

解析：根据《教材（第三版 2018）》P587，

A 选项："标准大气压"的说法错误，应该是："该制冷剂的工作压力下"；

B 选项：冷凝温度并非越低越好，冷凝温度过低，将无法排热，对于电制冷冷却水有低温限制，对于溴化锂制冷冷凝温度过低还容易结晶；

C 选项：制冷剂主要是靠制冷剂的液体汽化来实现制冷，因此如果其汽化潜热大，制冷量会增大，同样冷量所需的制冷剂的体积流量减小；

D 选项：临界温度高，节流损失小，另外制冷循环越远离临界点，越接近逆卡诺循环，制冷系数较高。

(2)【单选】关于制冷剂的描述，正确的是下列哪一项？(2010-1-31)

(A) 天然制冷剂属于有机化合物类

(B) 空气不能用作制冷剂

(C) 制冷剂的绝热指数越低，其压缩排气温度就越高

(D) 制冷剂在相同工况下，一般情况是：标准沸点越低，单位容积制冷量越大

参考答案：D

解答：AB 选项：根据《教材（第三版 2018）》P585；CD 选项：根据《教材（第三版 2018）》P587。

扩展：①空气可以作为制冷剂，但是其制冷量小，制冷系数小。

② 由公式 $\frac{T_2}{T_1}=\left(\frac{P_2}{P_1}\right)^{\frac{k-1}{k}}$ 可知，绝热系数 k 越低，排气温度就越低。

(3)【单选】以下关于制冷剂的表述，正确的应为何项？(2013-1-32)

(A) 二氧化碳属于具有温室气体效应的制冷剂

(B) 制冷剂为碳氢化合物的编号属于 R500 序号

(C) 非共沸混合物制冷剂在一定压力下冷凝或蒸发时为等温过程

(D) 采用实现非等温制冷的制冷剂，对降低功耗，提高制冷系数有利

参考答案：D

解答：A选项：根据《教材（第三版2018）》P596“如果利用原本……则可认为对全球变暖无影响。”；B选项：《教材（第三版2018》P586，R500为混合制冷剂编号；C选项：根据《教材（第三版2018）》P586，制冷剂在蒸气压缩制冷循环中，若实现冷凝或蒸发过程为等温过程需采用单一制冷剂或共沸制冷剂；若实现变温过程则需要采用非共沸制冷剂；D选项：实现制冷剂冷凝或蒸发过程变温过程，采用了非共沸制冷剂，对降低功耗，提高制冷系数有利。

(4)【单选】某电动螺杆冷水机组在相同制冷工况、相同制冷量条件下，采用不同制冷剂的影响表述，下列何项是正确的？(2014-1-31)

(A) 由于冷凝温度相同，压缩机的冷凝压力也相同，与制冷剂种类无关

(B) 采用制冷剂的单位容积制冷量越大，压缩机的外形尺寸会越小

(C) 采用制冷剂单位质量的排气与吸气焓差越大时，压缩机的能耗越小

(D) 采用制冷剂单位质量的排气与吸气焓差越大，表示压缩机的*COP*值越高

参考答案：B

解析：根据《教材（第三版2018）》P587～588，

A选项：不同制冷剂在相同冷凝温度下冷凝压力是不同的；

B选项：单位容积制冷量越大，所需要的制冷剂就越少，可减小机组外形尺寸，但要注意，单位容积制冷量并不是越大越好，详见《教材（第三版2018）》P587；

CD选项：单位质量的排气与吸气焓差等于单位质量的压缩机耗功率，因此CD选项错误。

4. 真题归类

2007-2-61、2010-1-31、2013-1-32、2014-1-31。

4.2.4　制冷剂的安全性及环境友好性

1. 知识要点

(1) 安全性

1) 安全性包括毒性、可燃性和爆炸性；

2) 制冷剂安全性分组类型：《教材（第三版2018）》P589表4.2-3。

(2) 环境友好性能

1) 消耗臭氧层潜能值*ODP*

表示物质对大气臭氧层的破坏程度，应越小越好，相当于*CFC*11排放所产生的臭氧层消耗的比较指标。*ODP*=0则对大气臭氧层无害。

2) 全球变暖潜能值*GWP*

表示物质造成温室效应的影响程度，与CO_2作为比较的指标。应越小越好。*GWP*=0则不会造成大气变暖。

3) 变暖影响总当量*TEWI*

表示制冷剂对全球变暖的直接效应和制冷剂消耗能源而排放CO_2对全球变暖的间接效应。

4) 大气寿命：任何物质排放到大气层分解到一半时所需的时间。

5) 常见制冷剂安全分类及环境友好性：《教材（第三版2018）》P590表4.2-4。

(3) 制冷剂 *ODP* 与 *GWP* 的值

部分制冷剂的 *ODP* 和 *GWP* **表 4-18**

制冷剂	*ODP* 值	*GWP* 值	制冷剂	*ODP* 值	*GWP* 值
R123	0.02	120	R410A	0	1730
R22	0.055	1700	R507	0	4600
R134a	0	1300	R290	0	20
R32	0	675	R717	0	0
R404A	0	3260	R44	0	1
R407C	0	1530			

2. 超链接

《教材（第三版 2018）》P589～590。

3. 例题

(1)【单选】中国政府于 1989 年核准加入的《蒙特利尔议定书》中，对制冷剂性能所提出的规定，主要针对的是以下哪个选项？(2016-1-31)

(A) 制冷剂的热力学性能　　(B) 制冷剂的温室效应

(C) 制冷剂的经济性　　(D) 制冷剂的 *ODP*

参考答案：D

解析：根据《教材（第三版 2018）》P591。

(2)【单选】制冷剂的 *GWP* 值是制冷剂安全、环境特性的指标之一，*GWP* 的正确描述为下列哪一项？(2011-2-31)

(A) *GWP* 的大小表示制冷剂对大气臭氧层破坏的大小

(B) *GWP* 的大小表示制冷剂毒性的大小

(C) *GWP* 的大小表示制冷剂在大气中存留时间的长短

(D) *GWP* 的大小表示制冷剂对全球气候变暖程度影响的大小

参考答案：D

解答：根据《教材（第三版 2018）》P590。

4. 真题归类

2007-2-29、2008-2-30、2011-1-35、2011-2-31、2013-1-33、2013-2-30、2016-1-31。

4.2.5 CFCs 及 HCFCs 的淘汰与替代

1. 知识要点

(1) HCFCs 制冷剂的淘汰与替代：《教材（第三版 2018）》P592 表 4.2-5。

(2) HCFs 制冷剂的替代

HCFs 制冷剂包括：R134a、R410a、R407c、R404a。替代采用 CO_2、氨和碳氢化合物。

2. 超链接

《教材（第三版 2018）》P591～592。

3. 例题

(1)【单选】关于制冷剂的说法，下列何项是错误的?(2009-1-33)

(A) 制冷剂的 *ODP* 值越大，表明对臭氧层的破坏潜力越大；*GWP* 越小，表明对全球气候变暖的贡献越小

(B) CO_2是一种天然工质制冷剂，对臭氧层无破坏，对全球变暖几乎无影响

(C) R134a 对臭氧层无破坏，且全球变暖潜值低于 R22

(D) R22 在我国可以原生产量维持到 2040 年，到 2040 年后将禁止使用

参考答案：D

解析：根据《教材（第三版 2018)》P592，“到 2030 年完全淘汰 HCFCs 的生产与消费。但在 2030～2040 年允许保留年均 2.5%的维修用量”。

(2)【多选】有关制冷剂和替代技术的表述，下列哪几项是错误的?(2013-1-66)

(A) 以 R290 为制冷剂的房间空调器属于我国的制冷剂替代行动

(B) R22 和 R134a 的检漏装置的类型相同

(C) 名义工况下，R290 的 *COP* 值略低于 R134a

(D) R410A 不属于 HCFCs 制冷剂，因而，长期都不会淘汰

参考答案：BCD

解析：

A 选项：根据《教材（第三版 2018)》P592 表 4.2-5；

B 选项：根据《教材（第三版 2018)》P593～594，R134a 检漏采用专用检漏仪；

C 选项：根据《教材（第三版 2018)》P595，“比 R134a 高 10%～15%”；

D 选项：根据《教材（第三版 2018)》P592。

4. 真题归类

2009-1-33、2012-1-31、2013-1-66。

4.2.6 常见制冷剂

1. 知识要点

常见制冷剂物性

制冷剂的物理性质 **表 4-19**

制冷剂	说明
R123	毒性属于 B1 级，多用于离心机，属于高温低压制冷剂，机房设置应该加强通风和安全防护措施，设置制冷剂泄漏传感器及事故报警点；离心式冷水机组常用 R123 和 R134a，R123 的循环效率高于 R134a 约 6%
R22	属于 HCFC 类制冷剂，温度较低时与润滑油有限溶解，需要采取专门的回油措施。与矿物油有限溶解，制冷剂和润滑油混合会分层，上部主要是润滑油，下部主要是制冷剂。 国际规定可使用到 2040 年，但我国规定可使用到 2030 年
R134a	是 HFC 型制冷剂，不但有很好的制冷性能和环保性能，并且无毒性，不易燃。不溶于矿物油，易溶于 PAG 和 PAE
R32	替代 R22，制冷量相当时，充注量少于 R410a，R32 压力略高于 R410a，且排气温度要高
R404A	替代 R22，近共沸制冷剂，滑移温度为 0.5℃，*ODP*=0，*GWP*=3260，属于温室气体

续表

制冷剂		说　明
碳氢化合物		1）包括 R290 和 R600a。 2）R290 特点：*ODP*＝0，*GWP*＝20，属于天然有机物，气化潜热大，系统流量小，流动阻力大，排气温度比合成制冷剂温度低，具有可燃性和爆炸性，减少充注量及提高泄漏检测
无机化合物	氨	1）中温制冷剂，*ODP*＝0，*GWP*＝0，单位容积制冷量大，氨的绝热指数为 1.31，排气温度高，所以不能采用回热循环，氨吸水性强，所以氨系统不用设置干燥器，水分多蒸发温度将升高；氨不溶于矿物油，在储液器和蒸发器下部沉积润滑油，应定期排放。 2）对金属材料的腐蚀，在氨制冷机中不用铜和铜合金材料（磷青铜除外）。 3）氨有毒性（B2），在氨制冷机房应保持通风，设置氨气气体报警装置，当氨气浓度达到 100ppm 或 150ppm，自动报警并启动事故排风机。 4）有强烈臭气，靠嗅觉易判断是否泄漏，易溶于水，故不用肥皂水检漏，用酚酞试剂和试纸检漏
	CO_2	1）*ODP*＝0，*GWP*＝1； 2）临界温度低，传热性能好，流动阻力小，但工作压力高； 3）采用跨临界循环，CO_2的放热过程适宜制热运行和热泵热水机； 4）单位容积制冷量能力时 R22 的 5 倍，压缩机的排量较小

2. 超链接

《教材（第三版 2018）》P593～596。

3. 例题

【多选】制冷剂采用 R744 的优点，应是下列选项的哪几个？（2014-1-65）

（A）*COP*＝0　　（B）*GWP*＝1

（C）化学稳定性好　　（D）传热性能好

参考答案：BCD

解析：根据《教材（第三版 2018）》P596，要注意的是 A 选项给出的是“*COP*＝0”，考生极易误认为是教材上的 *ODP*＝0，此点不知是出题印刷错误还是出题者有意为之所设计的陷阱。

4. 真题归类

2006-1-63、2006-2-28、2008-2-36、2008-2-69、2009-1-66、2012-2-32、2013-2-29、2014-1-65、2016-2-63、2017-1-31、2017-2-36、2017-2-67、2018-1-32、2018-1-33、2018-2-32。

4.2.7　载冷剂

知识要点

（1）常见的载冷剂：空气、水、盐水、乙二醇等。

（2）载冷剂要求

1）使用温度范围内，不凝固，不汽化；

2）密度小，黏度小，泵能耗较少；

3）无毒，化学稳定性好，对金属不腐蚀；

4）凝固点低，且要适宜；

5）比热大，流量将变小；

6）导热系数大，节省热交换面积。

（3）盐水溶液

1）常用的是氯化钠和氯化钙；

2）合晶点左侧随着浓度升高，凝固点温度降低；合晶点右侧随着浓度升高，凝固点温度升高；

3）氯化钠的合晶点为－21.2℃，氯化钙的合晶点为－55℃，氯化钙的所用的温度更低；氯化钠溶液适用于蒸发温度高于－16℃，氯化钙溶液可用于蒸发温度－50℃；

4）盐水溶液的凝固温度不能选择太低，质量浓度不能大于合晶点的质量浓度；

5）盐水溶液有很强的腐蚀性，腐蚀性与盐水纯度和溶液中的含氧量有关；

6）定期地向盐水溶液补充盐量，因为运行过程中吸收水分，浓度降低，凝固点温度会升高；

7）盐水溶液采用高纯度的盐，减少溶液与空气接触。含氧量越大，腐蚀越严重。可采用闭式循环；或在溶液中加缓冲剂。

（4）有机化合物水溶液

1）常用的是乙烯乙二醇、丙烯乙二醇；

2）乙烯乙二醇对镀锌材料有腐蚀性，不选用镀锌钢管；

3）盐水溶液、乙烯乙二醇溶液与水比较，需要校核流量和阻力；乙烯乙二醇阻力按照水的1.3～1.4倍，流量的1.07～1.08倍；

4）乙烯乙二醇用于冰蓄冷浓度为25％～30％（质量比）。

4.2.8 润滑油

知识要点

（1）润滑油的作用

1）润滑压缩机的各运动部件，减少摩擦和磨损；

2）冷却作用，将使运动部件保持较低温度，以提高机械效率；

3）油的黏度使运动部件间形成油膜，起到密封的作用；

4）带走摩擦产生的杂质；

5）利用润滑油的油压差推动滑阀运动，调节系统的制冷量。

（2）润滑方式

1）飞溅润滑（撞击）和压力润滑（油泵）

2）一般小型油冷却器作用：曲轴箱（或机壳）内的油温不宜过高，否则会因油过稀而破坏正常的润滑；

3）油冷却器的位置：置于曲轴箱底部，它由带肋片的钢管弯制而成，管内通冷却水，把润滑油的热量带走。

4.2.9 规范及资料相关内容

1. 超链接

《民规》7.5.6、8.2.5；《09技措》6.1.18、6.1.23《空气调节用制冷技术（第四版）》P31～46。

2. 其他例题

2009-2-65、2010-1-32、2010-1-64。

（1）【多选】大型螺杆压缩式制冷机组采用的冷媒，说法正确的应是下列哪些项？（2009-2-65）

（A）制冷剂R134a、R407C、R410A不破坏臭氧层，但会产生温室效应

（B）采用新技术，减少制冷剂氨的充注量并加强安全防护，可使氨制冷机组得到推广

（C）在名义工况下，当压缩机排量相同时，R22为制冷剂的制冷机组的效率高于氨为制冷剂的制冷机组

（D）在名义工况下，当压缩机排量相同时，氨为制冷剂的制冷机组的效率高于R134a为制冷剂的制冷机组

参考答案：ABD

解析：

A选项：根据《教材（第三版2018）》P590表4.2-4；

B选项：根据《教材（第三版2018）》P596；

CD选项：根据《教材（第三版2018）》P587表4.2-1可知氨的单位容积制冷量大于R22和R134a，因此在压缩机排量相同，耗功率相同的情况下，机组效率更高。

（2）【单选】关于制冷循环与制冷剂的表述，正确的是下列何项？（2010-1-32）

（A）卡诺循环的能效水平与制冷剂种类有关

（B）$GWP=0$和$ODP=0$的制冷剂均是理想的制冷剂

（C）温湿度独立控制系统节能的最主要原因是制取高温冷水的能效比高于制取低温冷水

（D）冷凝温度越低，制冷机制取冷水的能效比越高

参考答案：C

解析：

A选项：错误，卡诺循环的效率只与冷热源温度有关；

B选项：根据《教材（第三版2018）》P587～589，对制冷剂的要求不仅仅是GWP和ODP；

C选项：正确，根据《09技措》5.17.1的注；

D选项：错误，若仅从理论上分析，冷凝温度降低，制冷系数较高，这句话是正确的，但实际上根据《民规》8.6.3.2，冷凝器进水最低温度的要求，电制冷为15.5℃，溴化锂为24℃，冷凝温度过低系统运行不稳定，溴化锂吸收式制冷容易产生溶液结晶现象，考虑为单选题，C选项更严密。

（3）【多选】制冷压缩机组采用的制冷剂，正确的说法应是下列哪几项？（2010-1-64）

（A）制冷剂的应用和发展，经历了由天然制冷剂到大量应用合成制冷剂的阶段后，发展到研究应用合成制冷剂和天然制冷剂共存的阶段

（B）R410A不破坏臭氧层，对温室效应的作用则和R22相当

(C) 相同工况的制冷机组，R22为制冷剂的压缩机的排气压力低于R410A为制冷剂的压缩机的排气压力

(D) 相同工况的制冷机组，R22为制冷剂的压缩机的排气管管径小于R410A为制冷剂的压缩机的排气管管径

参考答案：ABC

解析：

A选项：《教材（第三版2018）》P586；

B选项：根据《教材（第三版2018）》P593～594，R410a的ODP＝0，GWP＝1730，R22的GWP＝1700；

CD选项：根据《教材（第三版2018）》P594～595，R410a的相关描述“是一种高压制冷剂”，“制冷剂管径可减少许多”。

4.3　制冷（热泵）机组及其选择计算方法

4.3.1　制冷机组组成和制冷系统流程

1. 知识要点

(1) 氟利昂制冷机组的组成和系统流程

1) 组成：压缩机、冷凝器、膨胀阀、蒸发器、油分离器、储液器、干燥过滤器、电磁阀、高低压保护器、油压保护器、水流开关和安全阀等。

2) 说明

① 氟利昂系统采用干燥过滤器；

② 大中型制冷系统润滑油通过油分离器进行分离；

③ 小型制冷系统采用内压缩机内设油分离器。

(2) 氨制冷机组的组成和系统流程

1) 组成：压缩机、冷凝器、膨胀阀、蒸发器、油分离器、储液器、过滤器、集油器、紧急泄氨阀、电磁阀、高低压保护器、油压保护器、水流开关和安全阀等。

2) 说明

① 氨系统无需干燥器，不采用回热器；

② 润滑油易积存在冷凝器、蒸发器和储液器底部，设置集油器；

③ 设置紧急泄氨阀；

④ 冷凝器、蒸发器和储液器安装安全阀；

⑤ 安全阀的放气管应直通室外。

(3) 氟利昂热泵机组的组成和系统流程

1) 组成：压缩机、冷凝器、膨胀阀（两个）、蒸发器、单向阀、高压储液器、干燥过滤器、视液镜、气液分离器、喷液膨胀阀。

2) 说明

① 两个不同容量膨胀阀分别用于制冷和制热工况；

② 风冷热泵通过四通换向阀用于冬季夏季转换；水源热泵一般通过水路切换用于冬夏季供热和制冷；

③ 冬季室外机结霜，四通换向阀换热，风扇停止运行；

④ 压缩机吸气管必须安装气液分离器，避免除霜结束后制冷剂液体进入压缩机引起湿压缩。

2. 超链接

《教材（第三版 2018）》P598～600；《空气调节用制冷技术（第四版）》P158～163。

4.3.2 制冷压缩机种类

1. 知识要点

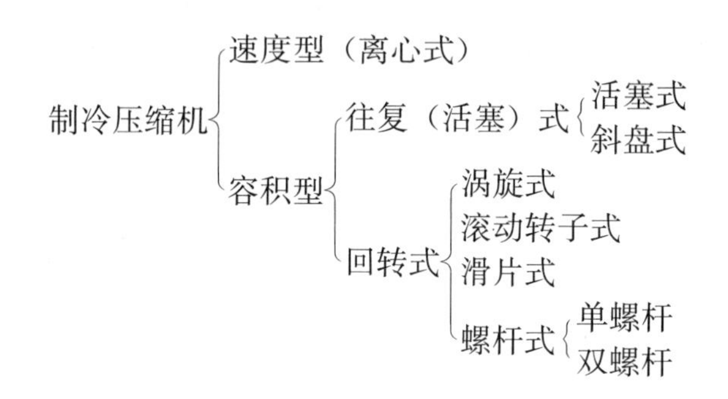

2. 超链接

《教材（第三版 2018）》P600～601。

4.3.3 活塞式压缩机

1. 知识要点

（1）原理：利用气缸容积的改变，实现制冷剂的压缩。

（2）特点：容积效率较其他压缩机低，压缩能力有限，压缩比不应超过 8～10；

（3）分类：根据制冷剂泄露采取密封方式分类：

1）开启式：曲轴伸出机体之外，与原动机连接，气缸盖可拆卸；

2）半封闭式：压缩机和电动机封闭在一个空间，气缸盖可拆卸；

3）封闭式：压缩机和电动机封闭在一个空间，机壳焊接封闭。

（4）冷却方式：

1）开启式：① 电动机采用风冷或水冷的方式，进行独立冷却；
② 采用轴封结构，制冷剂和润滑油容易泄漏。

2）半封闭式：① 电动机绕组必须耐制冷剂和润滑油；
② 有爆炸危险的制冷剂不宜采用；
③ 采用喷液或喷气冷却电机。

3）封闭式：① 采用吸气冷却方式冷却电机；
② 蒸发压力降低，制冷剂流量变小，传热恶化，电动机绕组温度上升；
③ 高温工况设计全封闭式压缩机不能用于低温工况，以免电动机烧毁。

2. 超链接

《教材（第三版 2018）》P601～602；《空气调节用制冷技术（第四版）》P49～64。

4.3.4 滚动转子式压缩机

1. 知识要点

(1) 原理：利用一个偏心圆筒形转子在气缸内转起来改变工作容积，以实现气体的吸入、压缩和排出。

(2) 特点：

1) 压缩效率高，且没有吸气阀，有排气阀；流动阻力小；

2) 采用间断停开方法或变速调频方法调节制冷量；

3) 气缸密封要求高，制造和装配精度高。

2. 超链接

《教材（第三版 2018）》P602。《空气调节用制冷技术（第四版）》P65～69。

4.3.5 涡旋式压缩机

1. 知识要点

(1) 原理：利用气态制冷剂从静涡盘外部吸入，在静涡盘和动涡盘之间空间压缩，从静涡盘中心排出。

(2) 主要组成部件：静涡盘和动涡盘。

(3) 特点：全封闭式压缩机。

1) 进气、压缩、排气三个过程同时进行，外侧空间与吸气口相通，始终处于吸气过程，内侧空间与排气口相通，始终处于排气过程。

2) 没有吸、排气阀，效率高，不存在余隙容积的影响；

3) 在给定吸气条件下，涡旋机的容积效率几乎与压比无关。

2. 超链接

《教材（第三版 2018）》P604～605；《空气调节用制冷技术（第四版）》P69～71。

4.3.6 螺杆式压缩机

1. 知识要点

(1) 分类：单螺杆、双螺杆及三螺杆。

按照密封方式分类：开启式、半封闭式和全封闭式

(2) 原理：单螺杆利用星轮和转子形成的沟槽，压缩制冷剂；双螺杆采用阴阳转子形成的沟槽，压缩制冷剂。

(3) 特点：

1) 螺杆式压缩机对湿冲程不敏感，可以承受少量湿压缩；

2) 无余隙容积和吸、排气阀片，具有较高的容积效率；

3) 采用滑阀或柱塞阀调节，负荷调节能力强；

4) 可以与经济器相连接；

5) 采用液态制冷剂或气态制冷剂冷却，排气温度低。

(4) 润滑方式

1) 压差供油：压差供油利用冷凝压力和曲轴箱内压差供油，易受到冷凝压力的影响，

导致不稳定；应该控制冷凝压力，避免压差回油效果不好；

2）油泵供油：利用油泵产生一定的油压，通过输油通道将润滑油送到各摩擦表面。

（5）容积式压缩机部分总结：

1）容积效率：螺杆式＞涡旋式＞滚动转子式＞活塞式；

2）等熵效率（压比大于3时）：涡旋式＞滚动转子式＞活塞式；

3）使用经济器的压缩机：螺杆式、涡旋式、离心式。

2. 超链接

《教材（第三版2018）》P600～602。

4.3.7 离心式压缩机

1. 知识要点

（1）原理：制冷剂在高速旋转的叶轮中获得高速度后，再在环形通道（即扩压室和蜗室）将速度动能变为压力位能，提高气体的压力。

（2）分类：

按密封分类：开启式、半封闭式和封闭式；

按用途分：冷水机组、低温机组，热泵机组；

按级数分：单级离心压缩机及多级离心压缩机。

（3）特点

1）独立的润滑油系统减少了油对制冷剂的影响，换热器表面不会形成油膜；

2）离心式压缩机电源一般为三相交流电50Hz，额定电压有380V、6kV、10kV。一般采用高压供电，大型离心式制冷站采用高压供电。

（4）工况变化

1）与其他压缩机比较，蒸发温度低于设计蒸发温度，制冷量急剧下降；

2）与其他压缩机比较，冷凝温度高于设计冷凝温度，制冷量衰减；低于设计冷凝温度，制冷量的变化相对较小；

3）压缩机转速降低，制冷量急剧下降。

（5）喘振

1）现象：制冷剂在冷凝器和压缩机之间来回流动，引起周期性的噪声和振动。

2）危害：高温气体倒流回压缩机引起压缩机壳体和轴承温度升高，易损坏压缩机。

3）喘振的本质：

① 冷凝压力过高或吸气压力过低；

② 压缩机输气量过低，低于喘振点会发生喘振；一般情况下，在低于部分负荷时（25%），出现喘振。

4）影响喘振的因素

① 冷却水流量变小或冷却水温过高；

② 冷冻水流量变小导致蒸发温度降低，引起制冷剂流量变小；

③ 冷凝器和蒸发器内的污垢热阻；

④ 冷负荷低于喘振点对应的负荷。

5）解决办法：

① 保证运行过程冷凝压力和蒸发压力的稳定；

② 若调节制冷量过小，需采用压差旁通，保证进入压缩机的制冷剂流量高于喘振点流量。

2. 超链接

《教材（第三版2018）》P605～607；《空气调节用制冷技术（第四版）》P74～79。

3. 例题

【多选】离心式压缩机运行过程发生“喘振”现象的原因，可能是下列哪几项？（2007-2-63）

（A）气体流量过大　　（B）气体流量过小

（C）冷却水温过高　　（D）冷却水温过低

参考答案：BC

解析：喘振的产生主要是：当压缩机低流量运行时，由于气体的可压缩性，产生了一个不稳定状态。当流量逐渐减小到喘振线时，一旦压缩比下降，使流量进一步减小，由于输出管线中气体压力高于压缩机出口压力，被压缩了的气体很快倒流入压缩机，待管线中压力下降后，气体流动方向又反过来，周而复始便产生喘振。喘振时压缩机机体发生振动并波及相邻的管网，喘振强烈时，能使压缩机严重破坏。因此当气体流量过小或冷凝压力过大（如冷却水量减小、室外气温升高、冷却水温过高、冷凝器换热效果降低等）时，有可能造成喘振现象。

注：离心机喘振的三个因素：冷凝压力高，蒸发压力低，制冷剂流量偏小。

4.3.8　容积式压缩机容量调节常用方法

知识要点

（1）目的：调整压缩机的产冷量始终与外界冷负荷相平衡，无非是调节进入蒸发器的制冷剂流量；同时又能够保证系统的轻载启动，避免引起电网负载过大的波动。

（2）调节方式：

1）运行台数控制（压缩机均适用）

原理：多台定容量压缩机，可以启/停部分压缩机以调节的制冷量。

2）卸载控制（活塞式、滚动转子式及数码涡旋式）

原理：改变气缸的工作数量；

优点：可以阶跃式调节制冷量，同时降低启动电力负荷，减少扭矩；

备注：数码涡旋通过动静涡旋盘和啮合与脱离的时间占比来达到调节。

3）吸气节流（压缩机均适用）

① 原理：在压缩机吸气管上设置调节阀来调节进入压缩机的制冷剂流量，从而改变制冷量。

② 本质：降低压缩机吸气压力，增大压缩机吸气口比容。

③ 特点：在一定的范围调节压缩机的容量；经济性差；适用于制冷量小的系统。

④ 工况变化：单位质量制冷量不变；压缩机吸气比体积增加；循环比功增大；容积效率降低；制冷系数降低；排气温度升高。

4）排气旁通（压缩机均适用）

① 原理：将制冷系统高压侧气体旁通到低压侧，通过调节旁通管上的调节阀的开度，调节制冷量。

② 本质：旁通减少了通过蒸发器的制冷剂流量。

③ 缺点：如果采用干式蒸发器，流量减少导致流速降低，导致压缩机回油不好。

④ 工况变化：单位质量制冷量不变；压缩机吸气比体积增加；循环比功增大；容积效率不变；制冷系数降低；排气温度升高。

5）吸气旁通（滚动转子式、涡旋式及螺杆式）

① 原理：通过压缩机的内部机构，将压缩过程中的气体旁通到吸气腔，从而减少排出压缩机的制冷剂流量。

② 本质：旁通部分制冷剂，减少进入蒸发器的制冷剂流量。

③ 工况变化：单位质量制冷量不变；压缩机吸气比体积增加；循环比功增大；容积效率不变；制冷系数降低；排气温度升高。

6）变频调节（所有压缩机均适用）

① 原理：调整电动机极对数或频率，改变转速以调整制冷剂流量。

② 各类压缩机使用范围：

各类压缩机使用范围 **表 4-20**

压缩机种类	变频	台数	吸气节流	排气旁通	吸气旁通	卸载控制
活塞式	√	√	√	√	×	√
滚动转子式	√	√	√	√	√	√
涡旋式	√	√	√	√	√	√
螺杆式	√	√	√	√	√	×

4.3.9 离心式压缩机容量调节

1. 知识要点

（1）进口导叶

叶轮入口可旋转导流叶片，在负荷低于 50%时，该种调节方法对压缩机的效率影响较大。

（2）可变扩压管

叶轮入口导流叶片与叶轮出口扩压器宽度调节结合调节法，制冷量可在 10%～100%范围内连续可调。

（3）变频调节

入口导流叶片与电机变频调速结合，使压缩机在部分负荷工况下也有较高的效率。

（4）热气旁通

2. 例题

【多选】关于蒸气压缩式制冷设备的表述，下列哪几项是正确的？（2010-1-65）

（A）被处理空气经过蒸发器降温除湿后又被冷凝器加热，则空气温度不变，含湿量降低

（B）活塞式压缩机和涡旋式压缩机的容积效率均受到余隙容积的影响

(C) 热泵循环采用蒸气旁通除霜时，会导致室内供热量不足

(D) 微通道换热器可强化制冷剂的冷凝换热效果，减小冷凝器的体积

参考答案：CD

解析：

A选项：根据能量守恒，冷凝器散热量=蒸发器吸热量+压缩机耗功率，蒸发器吸热量小于冷凝器排热量，因此空气先后经过蒸发器和冷凝器后，空气温度会上升；

B选项：根据《教材（第三版2018)》P605可知，涡旋式压缩机没有余隙容积；

C选项：热泵循环采用热气旁通，经过一部分制冷剂没有经过冷凝器就进入蒸发器化霜，因此导致经过冷凝器的制冷剂流量变小，导致室内供热量不足；

D选项：微通道换热器由于其传热系数大，因此同样的换热量，可以减少其换热面积。

注：只有活塞式和滚动转子式压缩机有余隙容积。

3. 压缩机例题

2006-1-29、2006-1-62、2006-2-32、2007-2-63、2008-2-37、2008-1-64、2008-2-65、2009-1-67、2010-1-65、2012-2-33、2012-2-64、2013-1-60、2013-1-63、2016-1-66。

4.3.10 蒸气压缩式制冷系统组成

1. 知识要点

(1) 冷却水系统：冷凝器、冷却水泵、冷却塔。

(2) 冷冻水系统：蒸发器、冷冻水泵、空调末端。

(3) 制冷剂系统：压缩机、冷凝器、膨胀阀和蒸发器等设备。

2. 例题

【单选】下列电动压缩式制冷（热泵）机组与系统构成的说法，错误的应为下列何项？(2013-1-29)

(A) 单台离心式冷水机组（单工况）只有一个节流装置

(B) 房间空调器的节流元件多为毛细管

(C) 一个多联机（热泵）空调系统只有一个节流装置

(D) 单机头螺杆式冷水机组（单工况）只有一个节流装置

参考答案：C

解析：多联机系统，以制冷工况为例，其冷凝器安装于室外机侧，而蒸发器分散于负担的多个房间的室内机中，为保证不同房间室温分室控制，需要有多个节流装置（电子膨胀阀）在室内机蒸发器侧。

4.3.11 冷凝器

1. 知识要点

(1) 作用：将压缩机排放的过热蒸气冷凝成饱和或过冷液体。

(2) 冷却方式：风冷、水冷、水空气联合。

(3) 特点

1) 风冷主要影响是室外干球温度；而水冷、水和空气联合既受到室外干球温度，又

受到室外湿球温度的影响；

2）由于空气和水的热容不同、对流换热系数也不同，导致换热器换热面积不同；

3）开式系统和闭式系统的冷凝器的散热量不同。

（4）水冷式冷凝器

1）卧式壳管式冷凝器：制冷剂上进下出，走管外；冷却水走管内；下部分可以起到过冷和储液的作用；

2）立式壳管式冷凝器：制冷剂上进下出，走管外；冷却水走管内；

3）套管式冷凝器：制冷剂走圆环状的管外，冷却水走管内。

（5）蒸发式冷凝器

1）实质：冷凝器和冷却塔合二为一。

2）原理

① 依靠空气将水冷却，同时盘管受到空气和水的双重影响；

② 受干、湿球温度的影响，空气湿球温度越小，冷凝效果越好。

3）特点

① 相对于壳管式冷凝器，降低了水泵的扬程；

② 增加压缩机和冷凝器之间的管长，增大压降，增大排气压力；

③ 耗水量为水冷式的1/100～1/70，适用于缺水干燥地区。

2. 超链接：《空气调节用制冷技术（第四版）》P82～89。

3. 例题

【单选】关于蒸气压缩式制冷机组采用的冷凝器的叙述，下列何项是正确的？（2014-1-32）

（A）采用风冷式冷凝器，其冷凝能力受到环境湿球温度的限制

（B）采用水冷式冷凝器（冷却塔供冷却水），冷却塔供水温度主要取决于环境空气干球温度

（C）采用蒸发式冷凝器，其冷凝能力受到环境湿球温度的限制

（D）蒸发冷却式冷水机组和水冷式冷水机组，名义工况条件，规定的放热侧的湿球温度相同

参考答案：C

解析：

A选项：风冷式冷凝器，其冷凝能力主要受环境干球温度影响；

B选项：冷却塔供水温度主要取决于空气的湿球温度；

C选项：根据《09技措》5.15，可判断正确；

D选项：根据《教材（第三版2018）》P620表4.3-5，名义工况下，蒸发冷却方式湿球温度为24℃，而水冷式冷水机组给出的名义参数为进口水温和单位热量对应的水流量，并未给定湿球温度。

4. 真题归类

2007-1-31、2007-2-66、2014-1-32。

4.3.12 蒸发器

1. 知识要点

（1）作用：将节流阀出来的制冷剂汽化吸热，输出冷量。

（2）分类

1）干式蒸发器：制冷剂液体在管内一次完全汽化的蒸发器；

2）满液式蒸发器：制冷剂液体有自由的液面。

（3）特点

1）干式蒸发器：

① 制冷剂在管内流动，被冷却液体或空气在管外流动；

② 回油的方式是通过压缩机吸气口流速的控制，一般大于4m/s。

2）满液式蒸发器：

① 制冷剂液面高度对蒸发温度影响，下部制冷剂压力大，蒸发温度较高；

② 蒸发温度越低，液面高度对蒸发温度影响越大；

③ 回油的方式是引射回油等方式。《空气调节用制冷技术（第四版）》P103。

（4）换热方式

1）空气换热（干式）

① 制冷剂与润滑油通常混合在一起，润滑油含量多，会导致蒸发温度升高，制冷量变小；

② 热泵工况，室外机结霜，热阻变大，蒸发温度降低，制热量衰减；

③ 制冷剂的流速过高，换热系数越大，导致蒸发压力下降，压缩机吸气口比容变大，制冷量下降，因此存在最优流速。

2）与水换热（干式或满液式）

① 满液式蒸发器，沸腾换热系数高，需要充注大量制冷剂；

② 一般采用有限溶油的润滑油，如采用完全溶于制冷剂的润滑油，润滑油难以返回压缩机；

③ 满液式蒸发器吸气过热度在1～2℃，排气温度低；

④ 安装有压力表和安全阀。

（5）传热系数：降膜式蒸发器＞满液式蒸发器＞干式蒸发器。

（6）充液量：满液式蒸发器＞降膜式蒸发器。

（7）冷凝器和蒸发器结构：均包含压力表、安全阀、储液器和液位计。

2. 超链接

《09技措》6.1.17；《空气调节用制冷技术（第四版）》P101～107。

3. 例题

【多选】近些年蒸气压缩式制冷机组采用满液式蒸发器（蒸发管完全浸润在沸腾的制冷剂中）属于节能技术，对它的描述，下列哪几项是正确的？（2012-1-64）

（A）满液式蒸发器的传热性能优于干式蒸发器

（B）蒸发管外侧的换热系数得到提高

（C）位于蒸发器底部的蒸发管的蒸发压力低于蒸发器上部的蒸发管的蒸发压力

（D）位于蒸发器底部的蒸发管的蒸发压力高于蒸发器上部的蒸发管的蒸发压力

参考答案：ABD

解析：根据《空气调节用制冷技术（第四版）》P102～104，满液式蒸发器传热面与液态制冷剂充分接触，因此外侧换热系数得到提高，传热性能优于干式蒸发器，AB选项正确；

位于底部的蒸发管由于受液态制冷剂液体压力的影响，其蒸发压力高于顶部蒸发管的蒸发压力，D选项正确。

4. 真题归类

2006-2-64、2007-1-64、2012-1-64、2009-2-67。

4.3.13 膨胀阀

1. 知识要点

（1）作用：节流降压，调节制冷剂流量（毛细管除外）。

（2）特点

1）节流前后两点焓值相等，非等焓；

2）节流后，制冷剂的比容变大，部分制冷剂闪发；

3）尽量避免节流阀前液体管路过长或流速过高造成压降引起制冷剂闪发；

4）热泵系统采用四通换向阀切换，需要安装两个不同容量的膨胀阀；

5）多联机系统需要两个不同容量的电子膨胀阀，一个安装在室内机，一个安装在室外机。

（3）手动膨胀阀

用途：氨制冷系统或试验装置中使用。作为备用阀装在旁通管路上，以应急或检修膨胀阀时使用。

（4）浮球膨胀阀

1）原理：根据满液式蒸发器的液面变化来控制蒸发器的供液量，可控制蒸发器的液面高度，同时节流降压。

2）应用：多用于氨制冷系统（低压循环储液桶）及空调用满液式蒸发器。

3）分类

① 直通式浮球膨胀阀：供液通过浮球室和下部的液体平衡管流入蒸发器。液体的冲击作用引起壳体内液面波动较大，调节阀的工作不稳定，容易失灵。

② 非通式浮球膨胀阀：供液不通过浮球室，直接流入蒸发器。工作稳定，液面稳定，但构造及安装复杂。

（5）热力膨胀阀

1）原理：利用蒸发器出口处蒸汽过热度的变化调节供液量

2）应用：氟利昂系统广泛使用。干式蒸发器、满液式蒸发器。

3）分类

① 内平衡热力膨胀阀：用于蒸发器流程短及阻力小的制冷设备；

② 外平衡热力膨胀阀：用于蒸发器阻力较大的系统。

4）选配与安装

① 选配时，膨胀阀制冷量应大于蒸发器制冷量；

② 阀体应尽量接近蒸发器，以及调节和拆修都比较方便的部位；

③ 阀体应垂直安装，其位置高于感温包的位置；

④ 膨胀阀前应设置过滤器。

5）安装位置

① 蒸发器出口、压缩机的吸气管段上，且尽可能装在水平管段上；

② 不得设置于有积液、积油处；

③ 为防止因水平管积液、膨胀阀操作失误，蒸发器出口处吸气管需要抬高时，抬高处要设存油弯；

④ 若不设置存油弯，要将感温包安装在立管上。

6）安装方法

① 缠在吸气管上，紧贴管壁包扎紧密。管壁处将氧化皮清除干净。

② 吸气管外径＜22mm 时，包在管子上部。

③ 吸气管外径≥22mm 时，安装在吸气管水平轴线以下 45°之间。

④ 减少感温包受外界温度的影响，包扎好后需要缠不吸水绝热材料。

（6）电子膨胀阀

1）原理：利用被调节参数产生的电信号，控制施加于膨胀阀的电压或电流，来达到调节供液量的目的。

2）分类：电动式和电磁式。

3）控制：按过热度和温差控制。

（7）其他：离心机组也有采用孔板节流；吸收式制冷多采用 U 形管节流。

2. 超链接

《09 技措》6.1.17；《空气调节用制冷技术（第四版）》P123～131。

3. 例题

【单选】压缩式制冷机组膨胀阀的感温包安装位置，何项是正确的？（2011-2-36）

（A）冷凝器进口的制冷剂管路上

（B）冷凝器出口的制冷剂管路上

（C）蒸发器进口的制冷剂管路上

（D）蒸发器出口的制冷剂管路上

参考答案：D

解析：根据《通风验规》8.3.4.4。

扩展：

1）热力膨胀阀是根据蒸发器出口的过热度调节阀门开度，通过调整制冷剂流量与负荷侧负载匹配；

2）感温包安装的位置在蒸发器出口的管路上；

3）负荷侧负荷变大，蒸发器出口过热度增加，阀门开度变大，供液量增加，由于供液量增加，蒸发器出口过热度变小，那么阀门开度变小，因此热力膨胀阀工作是一个动态过程。

4. 真题归类

2011-2-36、2018-1-68、2018-2-29。

4.3.14　毛细管

1. 知识要点

（1）原理：节流，利用孔径和长度变化产生压力差。

（2）应用：主要用于负荷较小的设备，工况比较稳定的场合；不能主动调整制冷剂流量，只能被动的通过前后压差的变化调整。

（3）缺点：毛细管的调节性能差，供液量不能任意调节。

2. 超链接

《空气调节用制冷技术（第四版）》P132～133。

4.3.15 辅助设备

1. 知识要点

（1）贮液器

1）作用：稳定制冷剂流量，存储液态制冷剂。

2）位置：冷凝器下方。

3）备注：

① 小型制冷设备和采用干式蒸发器的氟利昂系统采用较小的高压储液器；

② 卧式壳管式冷凝器不需要储液器；

③ 需安装压力表、安全阀、液位计及均压管，不凝性气体多积存在冷凝器和储液器，不会进入蒸发器。

（2）气液分离器

作用：将制冷剂蒸汽与制冷剂液体进行分离，防止湿压缩；

热泵通过四通换向阀切换需安装气液分离器。

（3）氟利昂分离器

作用：

1）储存分离下来的液体，防止压缩机发生湿冲程，防止液体进入压缩机，曲轴箱将润滑油稀释；

2）返送足够的润滑油回到压缩机，保证润滑效果。

（4）氨液分离器

作用：

1）将回气中夹带的液滴分离出来，压缩机的制冷剂确保为气体；

2）节流降压部分液体气化，分离出来保证进入蒸发器为液体。

（5）干燥过滤器

1）作用：只在氟利昂系统中使用，吸附水分，防止冰塞；氨系统不安装。

2）位置：冷凝器（或贮液器）与热力膨胀阀之间。

3）氨用过滤器，氟利昂用干燥过滤器。

（6）不凝性气体分离器

1）来源：制冷剂的分解；低压处空气的进入。

2）位置：聚集冷凝器、高压储液器。

（7）油分离器

1）作用：将压缩机排气口润滑油分离出来，以免进入换热器引起换热不好，润滑油通过油泵，、浮球阀或手动阀回油回到压缩机。

2）位置：压缩机排气口或嵌入压缩机内直接分离（实行两级分离）。

（8）集油器

1）作用：氨制冷系统，收集并放出润滑油。

2）位置：与油分离器、冷凝器、贮液器、蒸发器等设备相连。

（9）安全阀：防止设备压力高，安装在冷凝器、储液器和蒸发器等设备上。

（10）熔塞：防止设备压力过高发生危险。

（11）紧急泄氨器：紧急情况，快速排掉贮液器、蒸发器中的氨液。

2. 超链接

《空气调节用制冷技术（第四版）》P134～140。

4.3.16 控制装置

1. 知识要点

（1）电磁阀

1）作用：自动接通或切断制冷系统和供液管路。

2）位置：冷凝器与蒸发器间的管路，控制液体管路的启闭。

（2）电磁四通换向阀

1）作用：改变制冷剂流向，使系统由制冷工况向热泵工况转变。

2）应用：主要用于热泵系统。

（3）高低压开关

1）作用

① 排气压力保护（高压保护）：保护压缩机的排气压力不超压；

② 吸气压力保护（低压保护）：避免蒸发温度降低，制冷系数降低，低于0℃冷冻水冻结。

2）位置：压缩机排气口和吸气口。

（4）水流开关

1）作用：在需要有连锁作用或断流保护的场合，保证机组水流量大于允许的最小水流量下工作，避免主机发生故障。

2）影响

① 冷却水：

a. 避免流量过小，造成冷凝压力升高，制冷系数降低，制冷量减小；

b. 流量极小时，冷凝器散热严重不足，冷凝温度上升到很高，压缩机排气温度超高，会导致压缩机因润滑油碳化而被损坏。

② 冷冻水：

a. 避免流量过小，造成蒸发温度降低，冷冻水结冰胀坏蒸发器；同时导致制冷系数降低，制冷量减少；

b. 若系统长时间在这种工况下运行，由于蒸发温度降低导致的比容变大，制冷剂流量变小，吸气流速降低导致压缩机回油困难。

3）特点

① 靶式流量开关：处于变曲变形状态，易疲劳破坏，大型冷水机组维修保养上规定，

靶流片使用2年必须更换。

② 压差流量开关：流量控制准确，对系统不再额外增加阻力，又对水管管径没有要求，以及无水流扰动干扰等特性。

4）设定范围

① 冷冻水流量设置为额定流量的50%；

② 冷却水流量设置为额定流量的60%～80%。

5）位置：

① 靶式流量开关安装在冷却水或冷冻水管的出水管路；若安装在进水管，水流开关后面漏水会引起水流开关的误判断；

② 压差流量开关安装在冷却水或冷冻水管的进水管路（本质是通过压差确定流量）。

6）备注：

① 主机的开启顺序：冷却塔风机开启→冷却水泵开启→冷冻水泵开启→冷水机组运行；

② 水流开关检测冷却水和冷冻水流量满足最小流量后开启主机；

③ 水流开关若检测到低于最小流量，主机关机。

（5）油压继电器（油压开关）

1）作用：油压保护，防止油压过低，造成压缩机润滑不良。在油压差达不到要求时，令压缩机停车。

2）油压过低的原因：制冷剂含量多，冷冻油脏、油位太低、油压开关故障、油泵故障（有油泵时）、压差回油的系统，冷凝压力和吸气压力压差低。

（6）温度开关

1）安装在蒸发器侧冷冻水出水管，避免冷冻水温度过低导致结冰；

2）安装在压缩机排气管路上，避免排气温度过高引起的润滑恶化。

2. 超链接

《空气调节用制冷技术（第四版）》P141～150。

4.3.17 系统故障判断

1. 知识要点

（1）冷凝温度或冷凝压力升高因素

1）制冷剂或润滑油高温分解产生不凝性气体，冷凝器内壁面被气层遮盖，增加了热阻；现象：压力表指针来回摆动；

2）污垢热阻导致冷凝温度升高；

3）水冷机组：冷却水流量减少或水温升高；风冷：风量变小或干球温度升高；

4）冰堵或脏堵；

5）制冷剂充灌量多。

（2）冷凝压力低、蒸发压力高的影响因素

1）冷却水温低，冷却水量大，膨胀阀开度大；

2）压缩机气缸关闭不严，或高低压串气，造成排气量下降。

（3）蒸发温度或蒸发压力降低

1）冷冻水流量减少或水温降低；风量变小或干球温度降低；

2）污垢热阻导致蒸发温度降低；

3）冰堵或脏堵；

4）制冷剂充灌量少。

措施：

① 开大膨胀阀后，蒸发压力有所升高，但出现湿压缩，表面传热系数低，不足以汽化足够数量的制冷剂，导致制冷剂液体进入压缩机，应清洗传热表面或排除蒸发器内存在积存的润滑油；

② 开大膨胀阀后，蒸发压力变化不大，膨胀阀处咝咝响声，制冷剂过少，应充注制冷剂；

③ 开大膨胀阀后，蒸发压力变化不大，膨胀阀和过滤器堵塞，应进行清洗。

（4）蒸发压力高、排气温度低

液态制冷剂进入了压缩机气缸，容积效率下降，应关小膨胀阀开度，热力膨胀阀可以通过调整静态过热度实现。

2. 例题

【多选】某建筑空调项目的三台水冷冷水机组并联安装，定流量运行，冷水机组的压缩机频繁出现高压保护停机。以下哪几项不是造成该现象的原因？（2014-2-63）

（A）冷却水实际流量高于机组额定流量

（B）压缩机的压力传感器失灵

（C）采取定流量运行方式

（D）冷凝器结垢严重

参考答案：AC

解析：压缩机出现高压保护主要原因是：冷凝器散热不良（如风机损坏、冷凝器太脏、空间不够等）、制冷剂充注过量、高压保护设定值不正确（或压力传感器失灵）等。因此BD选项是有可能造成高压保护的原因，A选项：冷却水流量较大，冷凝器换热效果会更好；C选项：高压保护与系统运行方式无直接关系。

3. 真题归类

故障分析：2006-1-30、2007-2-62、2010-2-30、2010-2-31、2012-2-31、2013-1-31、2014-2-63、2016-1-63、2017-2-68。

4.3.18 冷却水系统

1. 知识要点

（1）湿式冷却利用空气湿球温度低，实现水降温过程；

（2）焓湿图上空气处于增焓过程；

（3）冷却效果与空气湿度有关；进口湿球温度越小，冷却水蒸发量大，适合缺水地区，越干旱地区效果越好；

（4）冷却效果极限温度是空气的湿球温度；

（5）蒸气压缩式：冷却水温过低，会造成压差变小，供液量变小，制冷量变小，运行不稳定（蒸发温度会发生变化），润滑系统不良（针对压差润滑而言）；

（6）吸收式：防止吸收器溴化锂结晶（结晶原因：水温过低或浓度太大）；

（7）制冷机组进/出口温度和名义工况进出口温差；

制冷机组进/出口温度和名义工况进出口温差　　表 4-21

冷水机组类型	进口温度	出口温度	名义工况进出口温差
电动压缩式	15.5℃	33℃	5℃
直燃型吸收式	—	—	5～5.5℃
蒸汽单效型吸收式	24℃	34℃	5～8℃

（8）冷却水水温控制的方法；

冷却水水温控制的方法　　表 4-22

方法	说　明
风机台数启停	节能、实用
风机变频控制	节能、实用
旁通控制	风机和水泵功率不变
冷却水泵变频	很少用，冷水机组冷却水量有限制，不能低于额定流量的 70%，不推荐。

（9）冷却塔容量控制：宜选择双速风机或变频调速。

2. 超链接

《教材（第三版 2018）》P483～492；《民规》8.6；《工规》9.10；《公建节能》4.3.19、4.5.7.5、4.5.7.6；《09 技措》6.6；《07 节能技措》6.1.6、6.1.7；《空气调节用制冷技术》P223～226。

4.3.19　热泵

1. 知识要点

（1）空气源热泵

1）分类：空气源热泵、低温空气源热泵。

2）工作原理：制冷和制热工况，通过四通换向阀实现，需要两个不同容量的膨胀阀。

3）制冷工况：注意工况变化对参数的影响。

①夏季随冷水温度的升高，机组制冷量增加（蒸发压力升高）；

②环境温度升高，压缩机耗功率增加（冷凝压力升高）。

4）适用地区

①适用于夏热冬冷地区及无集中供热与燃气供应的寒冷地区中小型建筑；

②寒冷地区不宜采用空气源热泵机组。当必须采用，冬季 *COP* 应大于 1.8；

③冬季设计工况运行时，冷热风机组 *COP* 不应小于 1.8，冷热水机组 COP 不应小于 2.0；

④室外空调计算温度低于－10℃的地区，应采用低温空气源热泵（双级压缩或带节能器的中间补气口的压缩机，降低了能耗，提高了制热量）。

5）机组选型

① 夏热冬暖及夏热冬冷地区，机组的制冷量和制热量，应根据冬季热负荷选型，不足冷量由 *COP* 较高的水冷却冷水机组提供；

② 空气源热泵机组有效制热量应根据室外空调计算温度修正温度系数和融霜系数。

6）额定工况

热泵机组名义工况：环境空气干球温度为7℃，湿球温度为6℃。

7）制热工况

① 空气源热泵制热工况，随着室外温度降低，机组的*COP*和制热量降低，可采用带经济器或双级压缩的热泵；

② 室外温度降低，蒸发温度降低，导致压缩机吸气口比容升高，制冷剂流量变小，采用吸气冷却的电机容易过热；

③ 室外温度降低，或随着霜层变厚，蒸发温度会继续降低，压比变大，排气温度升高，会造成润滑油碳化结焦；

④ 热水出水温度升高或污垢热阻变大或流量减小，均会造成制热系数减小；（冷凝温度升高）

⑤ 压缩机曲轴箱内带电加热可以避免压缩机启动瞬间，导致大量泡沫进入压缩机。

8）除霜工况

① 可以实现制热，室外机易结霜，增大空气流经换热器的阻力，随着霜层变厚，换热差，需要化霜；但融霜时间总和不应超过运行周期时间的20%；

② 并非温度越低，空气源热泵制热工况，越容易结霜（－5～5℃），还与室外湿度有关；

③ 室外温度降低，空气源热泵机组和蒸发温度降低，蒸发器表面低于空气露点温度，并低于0℃就会结霜。化霜过程停止供热，采用四通换向阀换向，会导致室内侧水或空气温度降低，室内空气温度不稳定；

④ 冬季除霜工况，压缩机吸气管需设置气液分离器，避免工况转换，制冷剂液体瞬间进入压缩机。

9）其他

① 冬季寒冷、潮湿地区，当室外设计温度低于当地平衡点温度，或室内有效高要求的空调系统，应设置辅助热源；

② 辅助热源加热方式：电加热、燃烧燃料加热；

③ 辅助加热量：该平衡点温度对应的状态下，建筑物耗热量减去热泵供热量；

④ 制热量计算

a. 封闭式压缩机制热量＝制冷量＋输入功率；

b. 开启式压缩机制热量＝制冷量＋轴功率。

⑤ 热泵用压缩机宜采用封闭式压缩机，可以利用吸气冷却电动机，并将电动机发热量转移到冷凝器，变成制热量。

（2）水源热泵

1）原理：利用制冷剂在冷凝器和蒸发器内的放热或吸热，从而实现冬季制热，夏季制冷。

2）特点

① 与空气源热泵比较，水热容大，可以减少换热器换热面积；

② 避免空气源热泵化霜引起的热水不稳定；

③ 没有补热的热泵机组，需要控制蒸发器进/出口水温不低于7℃/4℃。

3）按照利用资源分类：土壤源热泵、地下水源热泵、地表水源热泵。

4）可利用的压缩机类型：涡旋压缩机、螺杆压缩机和离心压缩机。

5）切换方式：通过四通换向阀或通过水源热泵系统上的阀门切换。

6）机组选型：按照冷、热负荷最大的选择；而风冷热泵在夏热冬冷地区或夏热冬暖地区按照冬季热负荷选择，不足的冷量由 *COP* 高的水冷机组提供。

7）采用地下水全部回灌到同一含水层，并不得对地下水资源造成污染，即：哪层取水就回灌到哪一层，避免污染其他水层并保持该层含水量。

8）采用地下水源热泵，集中设置的机组应根据水质确定采用直接或间接系统；采用分散小型单元机组，应设置板换。

9）应采用封闭式地下水采集、回灌系统，不得设置敞开式水池、水箱，即：避免空气和水接触，导致水被污染。

10）热源井必须应消除空气侵入，避免空气和低价铁离子反应产生气体粘合物，以免堵塞回灌井。

11）抽水井和回灌井应该定期切换使用，抽水井与回灌井比例不小于 1∶2 设置。

（3）地埋管系统

1）地埋管系统应进行全年动态负荷计算，最小计算周期不得小于 1 年。

2）最大释热量和最大吸热量的计算是为了选择地埋管的长度。

3）最大释热量和最大吸热量相差不大，按照“大的”选择地埋管长度；相差较大，按照“小的”选择，不足部分通过辅助热源或冷却塔散热。相差大或不大的标准是两者比值为 0.8～1.25。

4）夏热冬冷地区容易保持释热量和吸热量平衡，也可以用热回收（严寒地区不能使用，寒冷地区能使用）。

5）最大释热量与最大吸热量相差较大时，也可以采用间歇运行方式或采用热回收机组。

6）释热量和吸热量均与机组运行时间有关。

7）建筑面积≥5000m^2，应进行热响应试验；3000～5000m^2，宜进行热响应试验。

8）双 U 形管比单 U 形管的换热性能提高 15%～30%，并不是一倍关系。

2. 超链接

《教材（第三版 2018）》P607～608；《民规》8.3.1～8.3.4；《工规》9.4.1～9.4.3；《地源热泵规》；《09 技措》7.1、7.2。

4.3.20 制冷压缩机及热泵机组的主要技术性能参数

1. 知识要点

（1）制冷压缩机的名义工况

（2）输气量

1）压缩机理论输气量：压缩机一旦制造，就是定值。

2）压缩机实际输气量：$V_{实}=\eta_{v}\cdot V_{理}$

（3）容积效率

1）影响容积效率的因素

① 余隙系数：压缩机的结构上，不可避免地会有余隙容积；

② 节流系数：吸、排气阀有阻力；

③ 预热系数：压缩过程中，气缸壁与制冷剂之间有热量交换；

④ 气密系数：气阀及活塞与气缸壁之间有气体的内部泄漏。

2）随着压比的增大，容积效率降低，实际输气量变小。

（4）压缩机的效率

参考《空气调节用制冷技术（第四版）》P28 图 1-25，压缩机的效率分布。

（5）特性曲线

1）蒸发温度不变，冷凝温度升高，制冷量或制热量减少；

2）冷凝温度不变，蒸发温度降低，制冷量或制热量减少，压缩机的功率先变大后变小，压比为 3 时最大。

2. 超链接

《教材（第三版 2018）》P608～615。

4.3.21　制冷（热泵）机组的种类及其特点

1. 知识要点

（1）冷热水机组的分类

1）按功能：单冷机组、冷热水机组、热回收机组；

2）按机组冷却方式：风冷式、水冷式、蒸发冷却式；

3）冷凝温度比较：风冷＞蒸发冷却＞水冷；

4）制冷系数比较：水冷＞蒸发冷却＞风冷；

5）机组结构形式：单机头、多机头、模块机（组合数量不宜超过 8 个）；

6）特点

① 单机头采用自身的气缸数、滑阀或变频调节，依靠自身能量调节机构；

② 多机头一般采用投入启动压缩机的数量不同，共用冷凝器、蒸发器；

③ 模块机采用投入启用制冷机组的数量不同，启动电流小，采用全封闭式压缩机，不适用于变流量运行。

（2）蒸发冷凝冷热水机组（指的是冷却方式）

特点：

① 与水冷却相比，冷却水泵扬程只是承担塔内的管路阻力；

② 冬季工况，通过四通换向阀转换可以实现制热，但是需要添加防冻剂，避免冻结；

③ 与风冷热泵比较，避免了化霜的问题；

④ 冷凝器管路过长会导致压缩机压比升高。

（3）直接蒸发式空调机组

按容量分类：房间空调器、单元机、风管机、屋顶式空调机组。

2. 超链接

《教材（第三版 2018）》P615～618；《09 技措》6.1.7、6.1.15、6.1.16。

3. 例题

（1）**【多选】**关于热泵机组和系统的说法，下列哪些是错误的？（2009-2-66）

（A）空气源热泵系统由于从空气中取热，其系统的 *EER* 一定低于地下水水源热泵系统

（B）土壤埋管式热泵系统间歇供热时的能效系数小于连续供热方式

（C）利用湖水的水源热泵系统，利用 PE 管与湖水间接换热，可以解决湖水水质对水源热泵机组的影响

（D）污水源热泵机组供热时，如果取用的是生活污水处理前的热量，则应综合污水处理的用能变化判定其是否节能

参考答案：AB

解析：

A 选项：说法过于绝对，*EER* 具体数值与实际运行工况有关；

B 选项：间歇供热系统有助于土壤温度恢复，出水温度高于连续供热方式，机组蒸发温度高则机组效率较高；

CD 选项：根据《09 技措》第 7 章热泵系统章节。

（2）【单选】在采用风冷热泵冷热水机组应考虑的主要因素是下列哪一项？（2006-2-29）

（A）冬夏季室外温度和所需冷热量大小

（B）夏季室外温度、冬季室外温湿度和所需冷热量大小

（C）冬夏季室外温度和价格

（D）所需冷热量大小

参考答案：B

解析：根据《教材（第三版 2018）》P617，夏季，当室外气温较高时，机组冷凝温度高，制冷量会下降，耗功量增加；冬季，随着室外空气温度的降低，机组蒸发温度降低，机组的热产量也减少，此外制热工况还与冬季室外湿度有关，当室外机表面温度低于空气露点温度，且低于 0℃时，表面就会结霜，必须定期除霜，这不仅会增加机组电耗，而且会引起供热量的波动。

（3）【多选】关于空气源热泵机组的设计和选型，下列哪些说法是正确的？（2014-1-66）

（A）只要热泵机组的制热性能系数大于 1.0，用它作为空调热源就是节能的

（B）当室外实际空气温度低于名义工况的室外空气温度时，机组的实际制热量会小于其名义制热量

（C）当室外侧换热器的表面温度低于 0℃时，换热器翅片管表面一定会出现结霜现象

（D）应根据建筑物的空调负荷全年变化规律来确定热泵机组的单台容量和台数

参考答案：BD

解析：

A 选项：根据《公建节能》4.2.15.2 或《民规》8.3.1.2，空气源热泵性能系数低于 1.8 时不宜采用；

B 选项：室外空气温度低于名义工况温度时，蒸发温度低于名义工况，故实际制冷量小于名义制冷量；

C 选项：《教材（第三版 2018）》对于 P617 相关叙述已作出勘误（第 15 次之后印刷

版本)，将“时翅片管表面上会结霜”修改为“且低于空气露点温度时翅片管表面上会结霜”，消除了此前的争议，原因在于：冬季在室外极干燥的情况下，露点温度可能低于0℃，此时如翅片表面温度低于0℃但高于露点温度时，并不会结霜；如翅片表面温度低于0℃且低于露点温度时，翅片表面不会产生凝结水而是直接结霜，即所谓的“凝华”，类似现象如东北常见的雾凇；

D选项：正确，根据建筑物逐时冷负荷综合最大值选择机组总容量，根据部分负荷分布情况选择机组数量和大小搭配。

4. 真题分类

(1) 热回收冷水机组：2013-1-30；

(2) 热泵机组：2009-2-66、2011-1-32、2012-2-34；

(3) 风冷热泵：2006-2-29、2007-1-65、2009-2-35、2011-1-66、2013-2-64、2016-1-29、2016-1-35、2016-1-59；

(4) 空气源热泵：2009-2-59、2009-2-64、2010-1-9、2010-1-34、2011-1-36、2011-2-10、2011-2-64、2012-1-23、2012-2-10、2012-2-47、2012-2-66、2013-1-67、2014-1-66、2016-1-9、2016-2-20、2017-2-5、2017-2-9、2018-1-47。

(5) 水源热泵机组：2007-2-30。

4.3.22 多联机

1. 知识要点

(1) 系统原理

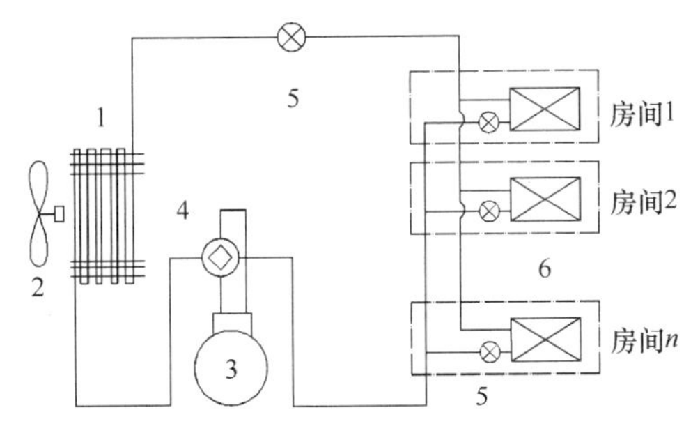

图4-21 多联机制冷系统原理图

1—风冷换热器；2—换热器风扇；3—压缩机；
4—四通阀；5—电子膨胀阀；6—直接蒸发式换热器

组成：室外机包括压缩机、风机、室外侧换热器、电子膨胀阀（制热）等；
室内机包括风机、电子膨胀阀（制冷）和室内换热器。

(2) 应用场合

1) 办公楼、饭店、学校等有舒适性要求的中小建筑；

2) 设置集中供冷、供热系统的建筑中，使用时间和要求不同的少数房间；

3) 有空调要求，但不允许冷热水管道进入房间；

4) 要求独立计费的用户。

(3) 不宜采用多联机空调系统

1）当采用空气源多联机空调系统供热时，冬季运行性能系数低于 1.8；

2）振动较大、油污蒸汽较多等场所；

3）产生电磁波或高频波等场所。

（4）分类：单冷型、热泵型、热回收型。

1）通过室内电子膨胀阀调整制冷剂的流量；

2）热回收机组可以实现同时供冷和供热；

3）采用四通换向阀换向，保证冷暖切换；

4）管路过长，压降变大，会导致制冷量衰减，*COP* 降低，压缩机回油困难。

（5）多联机容量调节方式：定频、变频调速和数码涡旋。

（6）压缩机类型：采用涡旋式压缩机。

（7）压缩机配置

1）对于容量小的机组，通常只设一台变速压缩机；

2）对于容量较大的机组，则一般采用一台变速压缩机与一台或多台定速压缩机联合工作。

（8）多联机系统设计

1）室内机应考虑温度修正，连接率修正（配比系数），连接管长度与高差修正；

2）冬季供热应考虑室外气象条件，融霜修正（制热）；

3）宜将经常使用和不经常使用的组合在一个空调系统。

（9）测试工况

1）制冷：室内机入口干球温度为 27℃，湿球温度 19℃；室外机入口干球温度 27℃；

2）制热：室内机入口干球温度为 20℃；室外机入口干球温度 7℃，湿球温度 6℃。

（10）系统新风

1）室外新风：接室内机回风处，室内机承担新风负荷；

2）热回收机组：室内机容量需承担部分新风负荷；

3）新风机组：室内机不承担新风负荷。

注：当无其他冷热源时，新风机组宜采用专用直接蒸发式机组。

（11）特点

1）空调区域负荷特性相差较大时，宜分别设置多联机空调系统；当负荷率为 50%～75%（《民规宣贯》为 50%～80%），具有较高的性能系数；当负荷率小于 30%不节能或满负荷不节能；

2）系统冷媒管等效长度应满足对应制冷工况满负荷的性能系数不低于 2.8，当产品技术资料无法核算时，等效长度不宜超过 70m。备注：《公建节能》取消了等效长度说法。

（12）扩展

1）多联机随着管路的加长，导致管路压降过大，末端管路蒸发压力逐渐降低，引起制冷量的衰减，造成制冷系数的降低；随着管路的加长还会导致压缩机吸气压力降低，压缩机耗功率增加，同时吸气速度降低，回油效果不好；

2）变频压缩机是一个节能的趋势，如果数码涡旋压缩机节能，那么厂家就会一直采用这个技术，而不是推广变频；

3）室内机和新风机不宜采用同一台室外机拖动；

4）*COP* 低于2.8的地区不宜使用；

5）配管长度和室内外机高差：《多联机规程》3.4.2-4；《民规》7.3.11-3；

6）室外机容量的确定：《多联机规程》3.4.4；

7）机组正常工作环境温度：《多联式空调（热泵）机组》4.3.2；

8）多联式空调热泵机组的能量调节：《红宝书》P1698。

2. 超链接

《教材（第三版2018）》P372～373、P394～396、P618～619、P630～631；《民规》7.3.11；《工规》8.3.11；《09技措》5.14；《07节能技措》5.5；《多联机能效等级》；《多联机规程》。

3. 例题

（1）【单选】确定多联机空调系统的制冷剂管路等效管长的原因和有关说法，下列何项是不正确的？（2014-1-34）

（A）等效管长与实际配管长度相关

（B）当产品技术资料无法满足核算性能系数要求时，系统制冷剂管路等效管长不宜超过70m

（C）等效管长限制是对制冷剂在管路中压力损失的控制

（D）实际工程中一般可不计算等效管长

参考答案：D

解析：

A选项：根据《多联机规程》2.0.4；

BC选项：根据《多联机规程》3.4.2-4及其条文说明；

D选项明显错误。

（2）【单选】关于相同设计冷负荷的多联机空调系统制冷工况下的运行能效，下列说法何项是错误的？（2013-1-35）

（A）室外空气的干球温度越低则系统能效越高

（B）室外空气的湿球温度越低则系统能效越高

（C）室内机和室外机之间的配管长度越长则系统能效越低

（D）室内机和室外机之间的安装高度差越小则系统能效越高

参考答案：B

解答：

A选项：室外干球温度越低，则冷凝温度低，制冷循环效率高；

B选项：多联机制冷工况效率与湿球温度无关（扩展：冬季制热工况则涉及室外机融霜频率问题）；

CD选项：室外机和室内机之间配管越短，安装高差越小，制冷剂流动的阻力降越小，就会减少管路引起的压降，提高其能效比。

4. 真题归类

2007-2-64、2008-1-27、2008-1-68、2009-2-30、2010-1-30、2010-1-33、2011-1-30、2012-1-32、2012-1-65、2012-2-67、2013-1-35、2013-1-64、2014-1-34、2017-1-30、2017-1-34、2018-1-63。

4.3.23 各类制冷（热泵）机组的主要性能参数和选择方法

1. 知识要点

（1）名义工况

1）机组名义工况蒸发器水侧污垢系数为0.018(m^2·℃)/kW，冷凝器水侧污垢系数为0.044(m^2·℃)/kW，测试时候的污垢系数应考虑为0(m^2·℃)/kW；

2）高温水源热泵机组，污垢系数为0(m^2·℃)/kW，测试也为0(m^2·℃)/kW；

3）名义工况时的温度/流量条件：《教材（第三版2018）》P620表4.3-5。

（2）制冷（热泵）机组选用原则

1）蒸气压缩式机组根据空调系统冷负荷直接选定，不做附加；

2）规格不符合冷负荷要求时，选择机组总容量与计算冷负荷比值不得超过1.1；

3）电动蒸气压缩式单台电动机输入功率大于1200kW（工业建筑大于900kW）时，应采用高压供电方式；900～1200kW（工业建筑大于650kW，小于等于900kW）宜采用高压供电；650～900kW（工业建筑大于300kW，小于等于650kW）可采用高压供电。

4）污垢系数变大，热阻变大，冷凝温度升高，制冷量降低，压缩机耗功率变大，制冷系数降低；（压焓图最方便推导）

5）污垢系数变大，水流动阻力也变大；

6）污垢系数取决于水质和运行温度；

7）污垢系数变大，管径与原来相比变小，流速升高，水流动阻力也变大。

2. 超链接

《教材（第三版2018）》P620～628；《蒸气压缩循环冷水（热泵）机组》；《高出水温度冷水机组》。

3. 例题

（1）【单选】关于工业或商业用冷水（热泵）机组测试工况的基本参数，下列何项是错误的？（2014-1-33）

（A）新机组蒸发器和冷凝器测试时污垢系数应考虑为0.018(m^2·℃)/kW

（B）名义工况下热源侧（风冷式）制热时湿球温度为6℃

（C）名义工况下热源侧（蒸发冷却式）制冷时湿球温度为24℃

（D）名义工况下使用侧水流量为0.172m^3/(h·kW)

参考答案：A

解析：根据《教材（第三版2018）》P620，

A选项：新机组蒸发器和冷凝器测试时污垢系数应考虑为0(m^2·℃)/kW；

BCD选项：根据《教材（第三版2018）》P620表4.3-5。

（2）【多选】关于蒸气压缩式机组的描述，下列哪几项是正确的？（2014-1-63）

（A）活塞式机组已经在制冷工程中属于淘汰机型

（B）多联式热泵机组的变频机型为数码涡旋机型

（C）大型水源热泵机组宜采用离心式水源热泵机组

（D）变频机组会产生电磁干扰

参考答案：CD

解析：

A选项：活塞式机组在制冷工程中仍有大量运用，并没有淘汰；

B选项：多联机主流技术分为两个流派，直流变频和数码涡旋，选项中所说的变频机型应为直流变频技术，B选项错误；

C选项：大型机组采用离心式机组效率较高，可参考《公建节能》4.2.10；

D选项：变频器会产生电磁干扰。

（3）【多选】对水冷式冷水机组冷凝器的污垢系数的表述，下列哪几项是错误的？(2012-1-66)

（A）污垢系数是一个无量纲单位

（B）污垢系数加大，增加换热管的热阻

（C）污垢系数加大，水在冷凝器内的流动阻力增大

（D）机组冷凝器进出水温升降低，表明污垢严重程度加大

参考答案：AD

解析：

A选项：根据《教材（第三版2018）》P620，可知污垢系数的单位为($m^2 \cdot ℃$)/kW，并非无量纲；

BC选项：冷凝器内部由于管内有污垢，热阻会增大，同时表面粗糙度变大，流动阻力增大；

D选项：机组冷凝器进出水温升降低，并非一定是由于污垢程度加大造成的，也有可能是机组冷凝负荷下降，或冷却水流量增加所造成。

4. 真题归类：

（1）冷水机组参数、工况：2006-2-30、2006-2-60、2007-1-29、2008-1-33、2008-1-65、2009-1-32、2009-1-64、2010-1-27、2010-2-10、2010-2-55、2011-2-65、2012-1-34、2012-1-67、2012-2-55、2012-2-60、2013-2-31、2013-2-33、2014-1-33、2014-2-33、2014-1-63、2014-1-64、2016-1-34、2016-1-64、2017-1-36、2017-2-31、2017-2-64、2018-1-31、2018-1-65、2018-2-21、2018-2-30；

（2）污垢系数：2006-1-65、2008-1-36、2010-2-27、2012-1-66、2016-2-29、2018-2-33。

4.3.24 IPLV

1. 知识要点

（1）定义：公式。《公建节能》4.2.13及条文说明。

1）制冷：IPLV（C）$=1.2\% \times A + 32.8\% \times B + 39.7\% \times C + 26.3\% \times D$（冷水机组）

2）制热：IPLV（H）$=8.3\% \times A + 40.3\% \times B + 38.6\% \times C + 12.9\% \times D$（低环境温度空气源热泵机组）

（2）针对冷水机组和多联机有 *IPLV* 的规定限制

1）冷水（热泵）机组综合部分负荷性能系数；

2）多联机的综合部分负荷性能系数；

3）*IPLV* 特点：

① 评价单台冷水机组，不能准确反映单台机组的全年能耗，不宜直接采用作为全年能耗评价；*IPLV* 高，全年能耗不一定低；

② 不适用于多台冷水机组；

③ 有利于多机头冷水机组，但不能反映多机头实际能效；

④ *IPLV* 重点在于产品性能评价和比较。

2. 超链接

《教材（第三版 2018）》P622～625；《公建节能》4.2.13 及条文说明。

3. 例题

【单选】下列关于冷水机组的综合部分负荷性能系数（*IPLV*）值和冷水机组全年运行能耗之间的关系表达，哪一种说法是错误的？（2014-2-29）

（A）采用多台同型号、同规格冷水机组的空调系统，不能直接用 *IPLV* 值评价冷水机组的全年运行能耗

（B）冷水机组部分负荷运行时，当其冷却水供水温度不与 *IPLV* 计算的检测条件吻合时，不能直接用 *IPLV* 值评价冷水机组的全年运行能耗

（C）采用单台冷水机组的空调系统，可以利用冷水机组的 *IPLV* 值评价冷水机组的全年运行能耗

（D）冷水机组的 *IPLV* 值只能用于评价冷水机组在部分负荷下的制冷性能，但是不能直接用于评价冷水机组的全年运行能耗

参考答案：C

解析：根据《民规》8.2.3 条文说明或《公建节能》4.2.13 条文说明，不宜采用冷水机组的 *IPLV* 值评价冷水机组的全年运行能耗。

4. 真题归类

2007-1-66、2008-1-30、2008-2-32、2010-2-26、2010-1-66、2011-1-68、2013-2-34、2014-2-29、2014-2-65、2018-1-29、2018-2-23。

4.3.25 各类制冷（热泵）机组的性能系数、能效限定值及能效等级

1. 知识要点

（1）性能系数（*COP*、*EER*）：《教材（第三版 2018）》P609、P624-626。

COP：在规定工况下，整台制冷压缩机中以同一单位表示的压缩机制冷量与单位时间输给压缩机轴的能量之比。

EER：在规定工况下，半封闭、全封闭制冷压缩机制冷量与总的输入功率之比。

显然，同一制冷压缩机制冷系数 *COP* 的数值要大于能够比 *EER* 的数值。

（2）能效等级分为：1、2、3、4、5；节能评价值：1 级最高。

2. 超链接

《教材（第三版 2018）》P624～626、P629～632；《冷水机组能效等级》GB 19577—2015；《单元式空调能效等级》；《房间空调能效等级》；《多联机能效等级》。

3. 例题

【多选】下列有关机组能效等级说法正确的是哪几项？（模拟）

(A) 某多联式空调（热泵）机组标定 $IPLV$ 值 3.5，为 2 级能效等级

(B) 单元式风冷空气调节机，接风管时能源效率 2.8，为 2 级能效等级

(C) 5kW 分体式房间空气调节器，能源效率 3.55，为 1 级能效等级

(D) 地埋管式冷热水型地源热泵机组，全年综合性能系数 5.5，为 1 级能效等级

参考答案：BCD

解析：

A 选项：根据《教材（第三版 2018）》P630 表 4.3-22 可知，对于多联机能效等级分级，需要给出多联机名义制冷量；

B 选项：根据《教材（第三版 2018）》P631 表 4.3-25；

C 选项：根据《教材（第三版 2018）》P632 表 4.3-27；

D 选项：根据《教材（第三版 2018）》P630 表 4.3-21 可知，对于冷热水型地埋管式地源热泵机组，能效等级虽然与名义制冷量有关，但是对于 $ACOP$ 为 5.5 的机组，两种名义制冷量条件均为 1 级能效等级。

4. 真题归类

2006-1-64、2008-1-35、2008-2-35、2008-1-61、2008-1-66、2008-2-64、2011-1-37、2011-2-33、2012-1-33、2013-1-24、2013-1-36、2014-2-34、2017-2-32。

4.4　制冷系统及机房

4.4.1　制冷剂管路设计

1. 知识要点

(1) 管路的布置原则

1) 配管应尽可能短而直，减少制冷机组制冷剂充液量和降低管路压降；

2) 管径选择合理，避免压降过大，导致制冷量减小；

3) 必须保证供给蒸发器适量的制冷剂，并能够完成制冷循环；

4) 设置一定的坡度和坡向；

5) 输送液体，不允许设计成倒“U”形，以免形成气囊；输送气体，不允许设计成“U”形，以免形成液囊；

6) 防止润滑油积聚在制冷系统的其他无关部分，会导致压缩机缺油；

7) 制冷系统停机，防止制冷剂液体进入压缩机，以免开机产生湿压缩。

(2) 管路的材质

1) 润滑油所用管道材质与制冷剂相同

2) 氨：无缝钢管（因为氨与铜在水和润滑油作用下会发生反应）

3) 氟利昂：①$<DN25$，黄铜或紫铜，常用常见的是紫铜。

②$\geqslant DN25$，无缝钢管。

(3) 制冷剂管道系统的设计

1) 氟利昂吸气管路系统为回油，坡度$\geqslant$0.01，坡向压缩机；

2）氟利昂排气管路，坡度≥0.01，坡向油分离器或冷凝器；

3）氨压缩机的吸气管坡度≥0.003，坡向蒸发器，气液分离器或低压循环储液器，防止停车制冷剂液滴进入压缩机气缸；

4）氨排气管路，坡度≥0.01，坡向油分离器或冷凝器。

（4）吸气管路设计

1）蒸发器和压缩机同高度

① 目的：存油弯设置阻止启动机组时大量的氟利昂液体及润滑油冲入压缩机；保证润滑油随同制冷剂一同回到压缩机；

② 原则：坡向压缩机，坡度≥0.01。

2）蒸发器高于压缩机

① 目的：防止停机时液体进入压缩机产生液击；

② 原则：设置倒U形管。

3）多台蒸发器并联

目的：防止某一台或几台负荷变化或停止运行时，影响其他蒸发器工作

4）变负荷工况

目的：负荷小的时候，大管径的不通；负荷大时，两个管路均相通。大管径立管，保证系统最大负荷时，蒸气能把双排气管内的润滑油带走，且排气管道压力降在允许范围内。小管径立管，保证最低负荷的气流能把润滑油带走。

（5）排气管路设计

1）单台压缩机

① 冷凝器和压缩机同高度

a. 目的：防止润滑油或可能冷凝下来的液体流回压缩机。

b. 原则：制冷压缩机的排气管≥0.01的坡度，坡向油分离器或冷凝器。

② 冷凝器高于压缩机

a. 目的：防止冷凝器内的制冷剂倒流回压缩机。设置油分离器：储存冷凝回来的制冷剂；不设置油分离器：采用存液弯储存冷凝回来的制冷剂。

b. 原则：设置向上的倒U形弯。

2）两台压缩机

① 目的：保证各台压缩机润滑油均衡。

② 原则：压缩机并联上部应设置均压管，下部设置均油管；坡向冷凝器或油分离器≥0.01的坡度。

（6）氟利昂冷凝器至储液器的管道

原则：储液器安装在冷凝器下面。

（7）冷凝器或储液器至蒸发器之间的管道

1）蒸发器低于冷凝器（无电磁阀）

目的：防止冷凝器内制冷剂进入蒸发器，避免大量液体进入压缩机。

2）蒸发器高于冷凝器

① 目的：保证闪发蒸气均匀进入各蒸发器；

② 原因：由于向上克服高度，闪发蒸气集中进入上层蒸发器，导致上层冷量减小。

（8）氨制冷剂

1）吸气管路原则：氨压缩机的吸气管坡度≥0.003，坡向蒸发器，气液分离器或低压循环储液器，防止停车液滴进入气缸。

2）排气管路原则：氨排气管路，坡度≥0.01，坡向油分离器或冷凝器。

（9）氨冷凝器至储液器的液管

1）采用卧式冷凝器，未设均压管时，液管流速应按0.5m/s；

2）管径的确定：依据氨液流量。

① 两台冷凝器共用一台储液器：冷凝器之间设均压管时，液管流速应按<0.5m/s；

② 储液器至蒸发器之间的管道设计：当采用调节站时，其分配总管的面积应大于各支管的截面积之和。

③ 安全阀的管道设计

a. 安全阀的管道直径不应小于安全阀的公称通径；

b. 当几个安全阀共用一根安全总管时，安全总管的面积应大于各安全阀支管截面积之和；

c. 排放管应高于周围50m内最高建筑物（冷库除外）的屋脊5m，并有防雨罩和防止雷击；

d. 防止杂物落入到泄压管内的措施。

（10）制冷剂管道直径的确定

1）制冷剂蒸气吸气管，饱和温度降低应不大于1℃；

2）制冷剂排气管，饱和温度升高应不大于0.5℃。

（11）制冷剂管道系统的安装

1）制冷剂管道阀门的单体试压

① 制冷设备及管道的阀门，均应单独压力试验和严密性试验；

② 强度试验的压力位公称压力的1.5倍，保证5min应无泄漏；

③ 严密性试验，为公称压力的1.1倍，持续时间30s不漏为合格。

2）制冷剂管道安装要求

① 从液体干管引出支管，应从干管底部或侧面接出；

② 从气体干管引出支管，应从干管顶部或侧面接出；

③ 供液管不应出现上凸的弯曲，吸气管除专设的回油管，不应出现下凹的弯曲；

④ 管道穿过墙或楼板应设钢制套管，焊接与套管的空隙宜为10mm，应用隔热材料填充，并不得作为管道的支撑。

3）制冷剂管道的弯管及三通应符合下列规定：

① 弯管弯曲半径不应小于$4D$，椭圆率不应大于8%，不得使用焊接弯管或褶皱弯管；

② 制作三通，支管应按介质流向向上完成90°弧形与主管相连，不宜使用弯曲半径小于$1.5D$的压制弯管。

4）多联机系统铜管安装

① 采用专用割刀，切口平面允许倾斜偏差为管子直径的1%；

② 铜管及铜合金弯管采用弯管器，椭圆率不应大于8%；

③ 严禁管道内有压力焊接。

2. 超链接

《教材（第三版 2018）》P633～637；《空气调节用制冷技术（第四版）》P150～156。

3. 例题

【多选】关于制冷压缩机吸气管和排气管的坡向，下列哪几项是正确的？（2014-2-66）

（A）氨压缩机排气管应坡向油分离器

（B）氟利昂压缩机排气管应坡向油分离器或冷凝器

（C）氨压缩机吸气管应坡向蒸发器、液体分离器或低压循环储液器

（D）氟利昂压缩机吸气管应坡向压缩机

参考答案：ABCD

解析：根据《教材（第三版 2018）》P633～635。

4. 真题归类

2006-1-32、2006-1-66、2007-1-68、2007-2-33、2009-1-38、2010-1-35、2010-2-66、2011-2-35、2014-2-66、2016-1-32、2016-2-32、2016-2-66、2017-1-68、2017-2-37、2018-1-30。

4.4.2 制冷机组及管路控制

1. 知识要点

（1）启动：开冷却塔，延时启动冷却水泵，延时启动冷冻水泵，延时启动制冷机组。

（2）停止：停止制冷机组，延时关闭冷冻水泵，延时关闭冷却水泵，关闭冷却塔风机。

（3）保护控制：水流开关检测水流状态，水压过低启动水泵；水压过高发出停泵信号。

2. 超链接

《教材（第三版 2018）》P637。

4.4.3 制冷系统的经济运行

1. 知识要点

（1）保证压缩机润滑油系统的可靠运行，避免换热器表面形成较多油膜；

（2）不凝性气体分离器，保证空气和不凝性气体排出，避免冷凝压力升高，耗功率变大，制冷量变小，制冷系数变小，不凝性气体只积存在冷凝器和储液器；

（3）采用干燥器，水分含量多引起蒸发温度升高，避免节流阀处低于 0℃，产生冰塞现象；

（4）对系统冷热量的瞬时值和累计值进行检测，多台冷水机组优先采用冷量优化控制台数的方式；

（5）多台机组部分机组运行时，为防止冷冻水和冷却水的旁路经过停止运行的机组，应关闭处于停止运行机组的对应管路上的阀门。

2. 超链接

《教材（第三版 2018）》P638～639。

4.4.4 制冷机房设计及设备布置原则

1. 知识要点

(1) 冷凝温度的确定

1) 水冷式冷凝器，宜比冷却水出口平均温度高5～7℃；

2) 风冷式冷凝器，应比夏季空气调节室外计算干球温度高15℃；

3) 蒸发式冷凝器，宜比夏季空气调节室外计算湿球温度高8～15℃。

(2) 蒸发温度的确定

1) 卧式壳管式蒸发器，宜比冷水出口温度低2～4℃，但不应低于2℃，冷水出口温度不应低于5℃；

2) 螺旋管式和直立管式蒸发器，宜比冷水出口温度低4～6℃。

(3) 机组台数的确定

1) 制冷量为528～1750kW的制冷机房，可选用往复式或者螺杆式制冷机，其台数不宜少于两台；

2) 大型制冷机房，当选用制冷量大于或者等于1160kW的一台或多台离心式制冷机时，宜设置一台或两台制冷量较小的离心式或螺杆式制冷机。

(4) 制冷装置和冷水系统的冷量损失附加

选择制冷机组时，对于单栋建筑的制冷系统一般不作附加，对于管线较长的小区管网，应按具体情况确定。

(5) 设备布置的原则

1) 制冷机房应尽可能靠近冷负荷中心布置

① R22、R134a等压缩式制冷装置，可布置在民用建筑、生产厂房及辅助建筑物内，可布置在地下室，但不得直接布置在楼梯间，走廊和建筑物的出入口处；

② 氨压缩式制冷装置，应布置在隔断开的房间或单独的建筑物内，不得布置在地下室，不得布置在民用建筑和工业企业辅助建筑物内（制冷装置的辅助设备可布置在室外）。

③ 在高层民用建筑内，制冷机房一般设置于地下层，地下层的制冷机房应留有制冷装置设备进出运输，安装所需的预留孔洞。

2) 有工艺用氨制冷的冷库和工业等建筑，其空调系统采用氨制冷机房提供冷源时，必须满足下列要求：

应采用水—空调间接供冷方式（采用载冷剂），不得采用氨直接膨胀空气冷却器的送风系统。

3) 制冷机房、机房内的设备布置和管道连接，应符合下列要求

① 单独修建的制冷机房宜布置在服务区域主导风向的下风侧；而在动力站房区域内，则一般应布置在锅炉房、乙炔站、煤气站、堆煤场等的上风侧；

② 蒸发器位置应尽可能靠近压缩机，缩短吸气管长度，减少压力降；

③ 大型制冷机房宜与辅助设备间和水泵间隔开；并应根据具体情况设置值班室、中央控制室、维修间以及卫生间等生活设施。机房内应有良好的通风设施；地下层机房内应设机械通风和事故通风装置，事故通风装置的通风量按有关规定计算或选取；控制室、维修间宜设空调装置；

④ 制冷机房的高度应根据设备情况确定，并应符合下列要求：对于 R22、R134a 等压缩式制冷不应低于 3.6m；对于氨压缩式制冷不应低于 4.8m。设置集中供暖的制冷机房，其室内温度不低于 16℃；

⑤ 制冷机房应设电话及事故照明，照度不宜小于 100lx，测量仪表集中处应设局部照明；

⑥ 制冷机房应设给水与排水设施，满足水系统冲洗、排污要求；

⑦ 制冷机房应考虑预留安装孔、洞及运输通道；

⑧ 制冷机房内的地面与机座应采用易于清洗的面层；

⑨ 制冷机房的设备布置和管道连接应符合制冷工艺流程，并应便于安装、操作与维修，应符合以下要求：

a. 冷机突出部分与配电柜之间的距离和主要通道的宽度，不应小于 1.5m；

b. 冷机与制冷机或其他设备之间的净距不应小于 1.2m；

c. 冷机与墙壁之间的净距和非主要通道的宽度，不应小于 1.0m；

注：兼作检修用的通道宽度，应根据设备的种类及规格确定。

d. 冷机与其上方管道、烟道或电缆桥架的净距不应小于 1.0m；

e. 布置卧式壳管式蒸发器、冷水机组时，应考虑有清洗或维修的可能。

（6）冷库制冷机房及设备布置原则：《教材（第三版 2018）》P750～753。

2. 超连接

《教材（第三版 2018）》P639～640、P750～753；《民规》8.10、6.3.7。

3. 例题

2017-1-35。

4.4.5 制冷设备和管道的保冷

1. 知识要点

（1）保冷部位

压缩式制冷机的吸气管、蒸发器与膨胀阀之间的供液管；冷水管道、分水器、集水器和冷水箱等。

（2）设备和管道保冷的要求

1）保温层的外表面不得产生凝结水；

2）采用非闭孔材料的保温层的外表面应设隔汽层和保护层；

3）管道和支架之间，管道穿墙、穿楼板处，应采取防止“冷桥”发生的措施。

（3）管道和管道保冷材料的选择

1）优先采用导热系数小、湿阻因子大、吸水率低、密度小、综合经济效益高的材料；

2）用于冰蓄冷系统的保冷材料，除满足上述要求外，应采用闭孔型，保异型部位简便的材料；

3）保冷材料选用不燃或难燃 B1 级材料；

4）保冷材料的厚度按结露方法计算，再按经济厚度法核算，取最大值；

5）采用非闭孔材料保冷时，外表面应设隔汽层和保护层。

2. 超链接

《教材（第三版 2018）》P640～641。

3. 例题

制冷设备：2006-2-67、2007-2-32。

4.5　溴化锂吸收式制冷机

4.5.1　溴化锂吸收式制冷工作原理

1. 知识要点

（1）组成：蒸发器、冷凝器、节流阀、吸收器、发生器、溶液泵和热交换器。

（2）工作过程

1）吸收器：吸收蒸发器过来的制冷剂蒸汽；

2）发生器：加热从吸收器过来的稀溶液，使溶液沸腾；

3）溶液热交换器：内部能量利用，浓溶液被冷却，稀溶液被加热，减少发生器耗热量，减少冷却水消耗量；

4）溶液泵：加压作用，将稀溶液送回发生器。

2. 超链接

《教材（第三版 2018）》P641～643；《空气调节用制冷技术（第四版）》P185～187。

4.5.2　吸收式制冷与蒸气压缩式制冷比较

1. 知识要点

吸收式制冷与蒸气压缩式制冷比较　　表 4-23

比较项目	压缩式	吸收式
结构	压缩机	吸收器、液泵、发生器
耗能类型	机械能或电能	热能（蒸汽、燃油、燃气、废热、余热）
原理	液体气化法	液体气化法
制冷工质	制冷剂（氨、氟利昂）	吸收剂-制冷剂（溴化锂-水、水-氨）

2. 超链接

《教材（第三版 2018）》P641。

4.5.3　单效溴化锂吸收式制冷机流程及适用范围

1. 知识要点

流程：

1）冷却水采用串联形式，先经过吸收器，再经过冷凝器，分别带走吸收剂、吸收制冷剂释放的热量；

2）吸收剂的温度越低，吸收剂吸收制冷剂的效果就越好；

3）冷却塔进出口水温温差大，采用中温型冷却塔；

4）同样冷量，冷却塔的流量大于蒸气压缩式冷水机组。

2. 超链接

《民规》8.4.1、8.4.2；《空气调节用制冷技术（第四版）》P194～196。

注：如采用锅炉为热源时，不应采用单效式机组。

4.5.4 吸收式制冷工质的特性

1. 知识要点

（1）两种互相不起化学反应的物质组成的混合物，沸点不同。低沸点组分做制冷剂，高沸点组分做吸收剂。

（2）吸收剂对制冷剂有强烈的吸收性。

（3）吸收式制冷常用工质对：

1）溴化锂一水溶液，水是制冷剂，溴化锂是吸收剂，可制冷 0℃以上；

2）氨-水溶液，氨是制冷剂，水是吸收剂，可制冷 0℃以下。

（4）二元溶液特性

1）混合现象：不同液体在不同浓度下混合后，其容积可能缩小，也可能增大，混合过程有时需要吸热，有时需要放出热量。溴化锂及氨分别与水混合过程，都会放热。

2）二元溶液的温度-浓度图。

2. 超链接

《教材（第三版 2018）》P641～642；《空气调节用制冷技术（第四版）》P187～194。

3. 例题

【单选】蒸汽溴化锂吸收式制冷系统中，以下哪种说法是正确的？（2007-1-30）

（A）蒸汽是制冷剂，水为吸收剂

（B）蒸汽是吸收剂，溴化锂溶液为制冷剂

（C）溴化锂溶液是吸收剂，水为制冷剂

（D）溴化锂溶液是制冷剂，水为吸收剂

参考答案：C

解析：根据《教材（第三版 2018）》P641，吸收式制冷采用工质对来实现制冷，常用工质对包括溴化锂-水，氨-水两种；其中溴化锂-水工质对，溴化锂溶液为吸收剂，水为制冷剂；氨-水工质对，氨为制冷剂，水为吸收剂。

扩展：溴化锂-水工质对，只能用于空调工况，而氨-水工质对可以用于低温工况。

4. 真题归类

2007-1-30、2010-1-67、2018-2-34。

4.5.5 溴化锂吸收式制冷的理论循环

1. 知识要点

（1）溴化锂水溶液：

1）无水溴化锂特性：无色颗粒结晶物，化学稳定性好，大气中不会变质，分解或挥发，无毒，对皮肤无刺激；

2）溴化锂与水：溴化锂具有强烈的吸水性，在 20℃时，溴化锂在水中的溶解度为

111.2g/100g水。溴化锂水溶液对一般金属（炭钢、紫铜等）有腐蚀性，有空气（氧气）存在时，腐蚀性更为严重；严格保持系统内的真空度；在溶液内加缓蚀剂减缓腐蚀。

3）溴化锂-水工质对用于吸收式制冷系统

① 优点：不需要精馏，系统较简单，热力系数高；

② 缺点：水为制冷剂，蒸发温度不能太低。

（2）溴化锂水溶液压力一饱和温度图

1）溴化锂水溶液的浓度过高或温度过低时均易形成结霜；

2）吸收器不能温度过低，因此有冷却水最低水温的限制24℃；

3）热源温度过高，会引起发生器浓度增加，导致结晶，因此单效热源温度不能过高。

（3）循环倍率

1）定义：系统中每产生1kg制冷剂所需要的制冷剂一吸收剂的kg数。

2）公式：$f=\frac{F}{D}=\frac{\xi_s}{\xi_s-\xi_w}=\frac{\xi_s}{\Delta\xi}$

式中 ξ_s——浓溶液浓度；

ξ_w——稀溶液浓度；

$\Delta\xi=\xi_s-\xi_w$——放气范围；

F——制冷剂-吸收剂的质量；

D——制冷剂的质量。

① 决定吸收式制冷热力过程的外部条件是三个温度：热源温度、冷却介质温度和被冷却介质温度，因为其决定了浓度大小；

② 放气范围越大，循环倍率越小，制冷剂一吸收剂的质量减少，设备尺寸减小，液泵耗功率减小，经济性提高。

（4）理想溴化锂吸收式制冷循环的热力系数

$$\xi=\frac{Q_0}{Q_g}=\frac{D(h_{10}-h_9)}{Dh_7+(F-D)h_4-Fh_3}$$

$$=\frac{D(h_{10}-h_9)}{D(h_7-h_4)+F(h_4-h_3)}=\frac{h_{10}-h_9}{(h_7-h_4)+f(h_4-h_3)}$$

1）增大热力系数，需减小循环倍率。为减小循环倍率，需增大放气范围及增大浓溶液浓度。

2）浓溶液浓度大，会导致结晶；

3）吸收式溴化锂溶液性能指标：热力系数、热力完善度、放气范围、循环倍率。

2. 超链接

《教材（第三版2018）》P643～646。

3. 例题

【多选】下列关于吸收式制冷机热力参数的说法中，哪几项是错误的？（2012-2-68）

（A）吸收式制冷机的热力系数是衡量制冷机制热能力大小的参数

（B）吸收式制冷机的最大热力系数与环境温度无关

（C）吸收式制冷机的热力系数仅与发生器中的热媒温度有关

（D）吸收式制冷机的热力系数仅与发生器中的热媒温度和蒸发器中的被冷却物的温度有关

参考答案：ABCD

解析：

A 选项：根据《教材（第三版 2018）》P642，热力系数是制冷量与消耗热量之比；

BCD 选项：《教材（第三版 2018）》P642 公式（4.5-7）。

4. 真题归类

2008-2-31、2012-2-68。

4.5.6 溴化锂吸收式制冷机的分类、特点

1. 知识要点

（1）分类

1）按制冷循环分：单效和双效

① 单效：稀溶液在发生器内被加热一次，高压发生器被加热后产生的冷剂蒸汽，直接作为制冷剂再送进入冷凝器；

② 双效：稀溶液被加热两次，在高压发生器被加热后产生的冷剂蒸汽作为低压发生器第二次浓缩的热源，再与低压发生器中产生的冷剂蒸汽汇合在一起，作为制冷剂再送进入冷凝器。

2）按使用热源分类：蒸汽型、热水型和直燃型

3）按使用功能分类：单冷型、冷暖型和热泵型

（2）单效和双效特点

单效和双效特点比较 **表 4-24**

特点	单效	双效
热源	0.03～0.15MPa 蒸汽 85～150℃热水	0.4～0.8MPa 蒸汽或燃油、燃气
热力系数	0.65～0.7	1.1～1.2
经济性	专配锅炉不经济 利用余热、废热，或冷热电联供，节能明显	—

（3）溴化锂吸收式热泵机组

分类：

① 第一类吸收式热泵→增热型→消耗少量高温热能，获得大量中温热能。驱动热源 T_H>输出热 T_U>低温热源 T_L；

② 第二类吸收式热泵→升温型→消耗大量中温热能，制取热量少，但温度高于中温热源的温度。输出热 T_U>驱动热源 T_M>低温热源 T_L。

（4）热回收吸收式机组工作流程

双效吸收式串联流程制冷系统流程图及各状态点如图 4-22 所示，系统主要由高、低压发生器、冷凝器、蒸发器、吸收器和高、低温溶液换热器等组成。在溶液循环中，离开

吸收器的稀溶液被泵送到高压发生器，在高压发生器中，稀溶液吸收烟气的热量发生出高压冷剂蒸汽，浓缩后的浓溶液则经由高温换热器、低压发生器和低温换热器返回吸收器，在制冷剂循环中，高压冷剂蒸汽充当低压发生器热源，释放热量使低压发生器发生出低压冷剂蒸汽，高压冷剂蒸汽凝结成的冷剂水与低压冷剂蒸汽一同进入冷凝器，凝结成为液态制冷剂，经节流阀节流进入蒸发器。在蒸发器中，液态制冷剂又被气化为低压冷剂蒸汽，同时吸收外界冷媒的热量产生制冷效应。

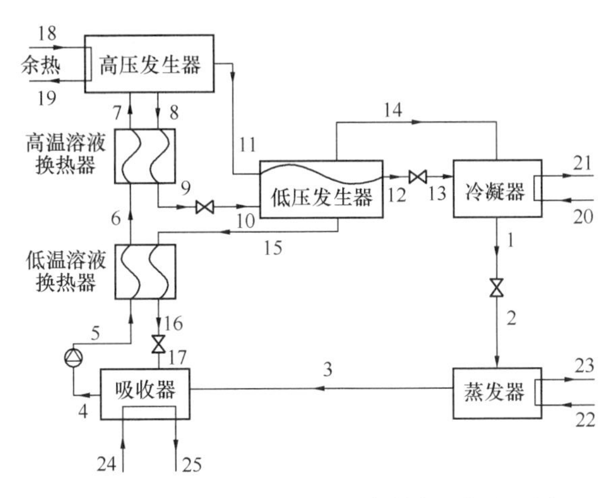

图4-22　热回收型双效吸收式制冷系统流程图

2. 超链接

《教材（第三版2018）》P646～649；吸收式热泵：《空气调节用制冷技术（第四版）》P207～212。

3. 例题

(1)【多选】关于双效溴化锂吸收式制冷机的原理，下列哪些说法是正确的？(2007-2-65)

(A) 溶液在高压和低压发生器中经历了两次发生过程

(B) 高压发生器产生的冷剂蒸汽不能成为冷剂水进入蒸发器制冷

(C) 在双效溴化锂吸收式制冷循环中，高压和低压发生器热源温度不相同

(D) 双效溴化锂吸收式制冷机与双级溴化锂吸收式制冷机在原理上是不相同的

参考答案：ACD

解析：根据《教材（第三版2018）》P646，“在高压发生器中汽化时产生的冷剂水蒸气，先去低压发生器作为加热溶液用的内热源，再与低压发生器中溶液汽化时产生的冷剂蒸汽汇合在一起，作为制冷剂”；双效是水蒸气分别进入高压发生器和低压发生器，而双级类似于“接力”，原理不同。

(2)【单选】直燃双效溴化锂吸收式冷水机组当冷却水温度过低时，最先发生结晶的部位是下列哪一个装置？(2014-1-29)

(A) 高压发生器　　(B) 冷凝器

(C) 低温溶液热交换器　　(D) 吸收器

参考答案：C

解析：根据《教材（第三版 2018）》P653，结晶现象一般先发生在溶液热交换器的浓溶液侧。

(3)【单选】有关吸收式制冷（热泵）装置的说法，正确的为下列何项？(2014-1-35)

(A) 氨吸收式机组与溴化锂吸收式机组比较，前者水为制冷剂、后者溴化锂为制冷剂

(B) 吸收式机组的冷却水仅供冷凝器使用

(C) 第二类吸收式热泵的冷却水仅供冷凝器使用

(D) 第一类吸收式热泵为增热型机组

参考答案：D

解析：

A 选项：根据《教材（第三版 2018）》P641，氨-水工质对，氨为制冷剂，水为吸收剂；

BC 选项：根据《教材（第三版 2018）》P644，可知冷却水首先通过吸收器，然后再至冷凝器冷却制冷剂，冷却塔负荷大于常规电制冷系统，一般选用中温型冷却塔；

D 选项：根据《教材（第三版 2018）》P648 倒数第四行。

4. 真题归类

2006-2-65、2007-2-65、2014-1-29、2014-1-35、2016-2-30、2017-1-67、2018-1-34。

4.5.7 溴化锂吸收式机组的主要性能参数

1. 知识要点

(1) 名义制冷量：溴化锂吸收式制冷机在名义工况下进行试验，测得的由循环冷水带走的热量（kW）。

(2) 名义供热量：直燃型溴化锂冷（温）水机组在名义工况下进行试验时，测得的通过循环温水带走的热量（kW）。

(3) 名义加热源耗量

机组在名义工况下进行试验时，机组所消耗的加热源或燃料的流量（单位 kg/h 或 m^3/h）。

(4) 名义加热源耗热量

名义工况下，加热源耗量换算成热量值（kW）。

注：燃料为燃油或燃气，以低位热值计算。

(5) 名义消耗电功率 P

名义工况进行试验，测得的机组消耗的电功率（kW）。

(6) 蒸汽型溴化锂冷水机组性能参数 COP

单位制冷量加热源所消耗的量表示，即：单位制冷量蒸汽耗量[kg/(h·kW)]。

(7) 直燃型溴化锂冷（温）水机组性能参数

制冷工况：$COP_0=\dfrac{\Phi_0}{\Phi_g+P}$

制热工况：$COP_h=\dfrac{\Phi_h}{\Phi_g+P}$

（8）蒸汽和热水型名义工况

蒸汽和热水型溴化锂吸收式冷水机组名义工况和性能参数，《教材（第三版 2018）》P649 表 4.5-2。

（9）直燃型溴化锂吸收式机组的名义工况

1）直燃型溴化锂吸收式冷（温）水机组名义工况和性能参数，《教材（第三版 2018）》P650 表 4.5-3；

2）两种型号机组性能参数区别

蒸汽、热水型和直燃型机组参数区别　　表 4-25

类　型	污垢系数	电　源
蒸汽、热水型	冷水侧 0.018（m^2℃）/kW， 冷却水侧 0.044（m^2℃）/kW	电压为 380V，频率为 50Hz
直燃型	冷水侧 0.018（m^2℃）/kW， 冷却水侧 0.044（m^2℃）/kW	三相：电压为 380V，频率为 50Hz 单相：电压为 220V，频率 50Hz

3）直燃型溴化锂吸收式冷（温）水机组部分负荷特性

《教材（第三版 2018）》P651 表 4.5-5。

（10）变工况性能

1）机组供冷量随着冷水出口温度降低（类似蒸气压缩式机组的蒸发温度降低，制冷量降低），而降低，随着热水出口温度升高而降低（类似蒸气压缩式机组冷凝温度升高，制冷量降低）；

2）随着室外温度的升高，制冷量变小，热力系数减小；

3）燃料消耗或耗电量减少（升高），机组的供热量或制冷量下降（升高）；

4）随着蒸汽耗量增大（减少），机组的供热量或制冷量增大（减少）。

2. 超链接

《教材（第三版 2018）》P649～651；《09 技措》6.5。

3. 例题

（1）【单选】下列关于溴化锂吸收式冷水机组的说法，何项是错误的？（2009-1-35）

（A）溴化锂冷水机组采用的是溴化锂-水工质对，制冷剂是水

（B）与蒸汽压缩式制冷机组相比，名义工况相同冷量的溴化锂冷水机组排到冷却塔的热量要多

（C）溴化锂冷水机组系统真空运行，不属于压力容器

（D）溴化锂冷水机组的冷却水温越低，*COP* 越高，但冷却水温度过低时，可能出现溶液结晶现象

参考答案：C

解析：

A 选项：根据《教材（第三版 2018）》P641；

B 选项：根据《教材（第三版 2018）》P642 或 P644，冷却水先通过吸收器再进入冷凝器的串联方式，因此与蒸气压缩式比较，相同冷量排放到冷却塔的热量多；

C 选项：根据《教材（第三版 2018）》P652，属于负压锅炉范畴，因此属于压力

容器；

D选项：根据《教材（第三版2018）》P653。吸收式冷水机组规律与蒸气压缩式机组相同，冷却水温度低，导致冷凝温度低，可以提高热力系数，同样提高蒸发温度同样可以提高热力系数，增大制冷量，浓度过高或温度过低均会导致结晶现象，但《民规》8.6.3条要求不宜低于24℃。

（2）【单选】选用直燃型溴化锂吸收式冷（温）水机组时，以下哪一项是正确的？（2010-1-61）

（A）按冷负荷选型，并考虑冷、热负荷与机组供冷、供热量匹配

（B）按热负荷选型，并考虑冷、热负荷与机组供冷、供热量匹配

（C）当热负荷大于机组供热量时，应加大机型以增加供热量

（D）当热负荷大于机组供热量时，加大高压发生器和燃烧器以增加供热量，需进行技术经济比较

参考答案：D

解析：根据《民规》8.4.3。

扩展：

1）直燃机组选型应考虑冷、热负荷与机组供冷、供热量的匹配，宜按满足夏季冷负荷和冬季热负荷的需求中的机型较小者选择；

2）当机组供热能力不足时，可加大高压发生器和燃烧器以增加供热量，但其高压发生器和燃烧器的最大供热能力不宜大于所选直燃式机组型号额定热量的50%。

4. 真题归类

（1）冷水机组：2009-1-35、2011-2-34、2012-1-30、2016-1-67、2010-1-68、2017-1-66、2017-2-65。

（2）直燃机：2010-1-61、2012-2-36、2016-2-65、2018-1-56、2018-1-67。

4.5.8 溴化锂吸收式冷（温）水机组结构特点

1. 知识要点

（1）冷剂水的流动损失和静液高度对制冷性能影响很大，为减少阻力损失，将压力相近的设备放在一个筒体；

（2）蒸发器的低压下，100mm高的水层就会使蒸发温度升高10～12℃，因此吸收器和蒸发器采用喷淋式设备；

（3）发生器采用沉浸式，但液层高度应小于300～350mm；

（4）溶液泵或冷剂泵采用屏蔽泵。

2. 超链接

《教材（第三版2018）》P651～652。

4.5.9 溴化锂吸收式冷（温）水机组结构附加措施

1. 知识要点

（1）防腐蚀

1）溴化锂水溶液对一般金属均有腐蚀作用，尤其在有空气存在的情况下腐蚀更为严

重；腐蚀作用又会进一步形成不凝性气体，使筒内真空度难以维持。

2）措施：

① 传热管采用铜镍合金管或不锈钢管，筒体和管板采用不锈钢板或复合钢板；

② 通过机组的密封性确保维持机内的高度真空，在机组长期不运行时充入氮气；

③ 在溶液中加入有效地缓蚀剂。

（2）提高制冷效率

1）加入表面活性剂正辛醇和异辛醇，提高吸收效果和冷凝效果，使冷凝速率和吸收速率变大，制冷量大。

2）活性剂增强了溶液吸收水蒸气的能力，降低了水表面蒸汽压。

（3）防止结晶问题

1）原因：溶液的温度过低或浓度过高都容易发生结晶，因此冷却水有最低温度24℃限制。

2）部位：结晶容易发生在溶液热交换器的浓溶液侧，因为此处浓度最高，温度最低，通路窄小。

3）措施：

① 在发生器中设有浓溶液溢流管（或称防晶管）；

② 关闭冷却水泵，吸收器内稀溶液升温，通过泵输送的热溶液将堵塞管路融化，恢复运行；

③ 发生器出口浓溶液管道设置温度继电器，控制加热量，以免溶液温度过高，而使浓溶液浓度过大。

（4）抽气装置

1）目的：①减少空气存在引起的设备的腐蚀；②不凝性气体的存在对吸收效果有极大的影响，造成吸收不足。

2）气体来源：设备密封不好，或溶液腐蚀而产生的氢气。

3）安装位置：吸收器。

4）采用设备：机械真空抽气装置；自动抽气装置；钯膜抽气装置。

（5）制冷量的调节

1）措施：可根据冷冻水出口温度，用改变加热介质流量（燃气或热水等）和溶液循环量（系统的稀溶液泵）的方法进行调节。可以实现10%～100%范围内制冷量的无级调节；

2）方法：调节溶液三通阀进入发生器的溴化锂溶液流量，使蒸发器出口冷冻水温保持不变。

（6）制冷量衰减的原因

1）机组真空度保持不良或机组的某些地方泄漏，机组进入空气，影响吸收效果；

2）冷剂水进入溶液，溶液浓度变小，导致吸收效果下降；

3）喷淋系统堵塞，无法实现吸收和制冷；

4）污垢系数变大，阻碍传热，会导致蒸发温度降低，冷凝温度升高；

5）不凝性气体的存在，导致冷凝温度升高，制冷量减少；

6）加入的表面活化剂失去作用，导致吸收效果变差，制冷量衰减。

2. 超链接

《教材（第三版 2018）》P652～654。

4.5.10 溴化锂吸收式冷（温）水机组设计选型及机房布置

1. 知识要点

（1）溴化锂吸收式冷（温）水机组设计选型

1）直燃型机组：机组应考虑冷、热负荷与机组供冷、供热量的匹配，宜按满足夏季冷负荷和冬季热负荷的需求中的机型较小者选择；

2）直燃型机组：当机组供热能力不足时，可加大高压发生器和燃烧器以满足供热量，但其高压发生器和燃烧器的最大供热能力不宜大于所选机组型号额定热量的50%；

《民规》8.4.3

注：北方地区：直燃机组＋辅助锅炉房；南方地区：直燃机组＋辅助电制冷。

3）直燃型机组：当机组供冷能力不足时，宜采用辅助电制冷等措施（不宜采用吸收式机组）；

4）应考虑机组本身和水系统冷（热）损失，一般考虑为10%～15%；

5）采用合理的污垢系数对供冷（热）量进行修正。

（2）溴化锂吸收式冷（温）水机组实际选型

室外环境、设计工况与名义工况不符，进行冷冻水温度修正，热源水温度修正，蒸汽压力修正或烟气温度修正。

（3）溴化锂吸收式冷（温）水机组台数

1）一般选用2～4台，中小型工程选用1～2台，尽量选用相同型号，相同规格的机组；

2）节能和运行调节考虑，可选用不同类型，不同冷量的机组搭配。

（4）溴化锂吸收式冷（温）水机组型号选择：

《教材（第三版 2018）》P655表4.5-6。

注：根据不同热水温度和蒸汽压力选择单效和双效。

（5）蒸汽和热水型溴化锂吸收式机组选择（技术措施）

1）有废热蒸汽压力不低于30kPa或废热热水温度不低于80℃的热水等适宜可利用；

2）制冷量≥350kW，所需冷水温度不低于5℃；

3）电力增容有困难，又无合适热源可利用，以及要求振动小的建筑，可采用直燃型溴化锂吸收式制冷；

4）无其他热源可利用时，不应采用专配锅炉为驱动热源的溴化锂吸收式制冷。

（6）溴化锂吸收式机组安装：《教材（第三版 2018）》P659表4.5-9。

（7）各种机组一次能源利用效率的比较

制冷额定工况下各种制冷机的一次能效率比较（不计冷却系统能耗）　　表4-26

序号	机组形式	*PER*（kW/kW）	*PER*的比较（%）
1	离心式冷水机组（大冷量）	1.35	100
2	离心式冷水机组（小冷量）	1.25	92.7

续表

序号	机组形式	PER（kW/kW）	PER的比较（%）
3	螺杆式冷水机组	1.19	88.4
4	活塞式风冷热泵机组	0.68	50.5
5	螺杆式风冷热泵机组	0.67	49.9
6	涡旋式风冷热泵机组	0.83	61.1
7	直燃型溴化锂吸收式机组	1.18	87.7
8	直燃型溴化锂吸收式机组	1.06	78.3
9	蒸汽双效溴化锂吸收式冷水机组	0.78	57.8

备注：离心式冷水机组＞螺杆式冷水机组＞直燃型吸收式机组＞涡旋风冷热泵机组＞蒸汽双效溴化锂吸收式冷水机组＞活塞式或螺杆式风冷热泵机组。

2. 超链接

《教材（第三版2018）》P654～657。

3. 例题

【多选】直燃式溴化锂吸收式制冷机机房设计的核心问题是保证满足消防与安全要求，下列哪几项是正确的？（2006-2-66）

（A）多台机组不应共用烟道

（B）机房应设置可靠的通风装置和事故排风装置

（C）机房不宜布置在地下层

（D）保证燃气管路严密，与电气设备和其他管道必要的净距离，以及放散管管径≥20mm

参考答案：BD

解析：

A选项：根据《教材（第三版2018）》P661，同种燃料的多台机组可以共用烟道，其截面可取各支烟道截面之和的1.2倍；

B选项：根据《教材（第三版2018）》P661；

C选项：根据《教材（第三版2018）》P657，可以设置于地下；

D选项：根据《教材（第三版2018）》P660。

4. 真题归类

2006-1-31、2006-2-66。

5. 其他例题

（1）【单选】制冷工况条件下，供回水温度7℃/12℃，下列关于吸收式制冷机的表述中哪项是正确的？（2012-2-35）

（A）同等的制冷量、同样的室外条件。吸收式制冷机的冷却水耗量小于电机驱动压缩式冷水机组的冷却水耗量

（B）同等的制冷量、同样的室外条件。吸收式制冷机的冷却水耗量等于电机驱动压缩式冷水机组的冷却水耗量

（C）同等的制冷量、同样的室外条件。吸收式制冷机的冷却水耗量大于电机驱动压

缩式冷水机组的冷却水耗量

(D) 吸收式制冷机的冷却水和电机驱动压缩式冷水机组一样只通过冷凝器

参考答案：C

解析：《红宝书》P2319，机组冷却水温差在5.5～8℃，有别于水冷螺杆式和离心式制冷剂，二者均为5℃。且单位冷量的冷却水循环量约为后者的1.2倍，在选用冷却水泵及冷却塔时应给予注意；根据《教材（第三版2018）》P644，吸收式制冷机组在冷凝器和吸收器中均需要冷却水，冷却水先经过吸收器再经过冷凝器，为串联的管路冷却水耗量大于电制冷机组。故选项D错误。

(2) 冷却有关：2010-2-34、2012-2-35、2013-1-68、2016-1-36；

(3) 其他：2016-1-68、2006-2-31、2007-1-67、2008-1-31、2018-2-35。

4.6 燃气冷热电三联供

4.6.1 燃气冷热电三联供原理及特点

1. 知识要点

(1) 燃气冷热电三联供系统属于分布式热源。

(2) 分布式能源是相对于传统的集中式供电方式而言，是指将发电系统以小规模、小容量、模块化、分散式的方式布置在用户附近，可独立地输出电、热和冷能的系统。

(3) 首先利用天然气燃烧做功产生高品位电能，再将发电设备排放的低品位热能充分用于供热和供冷，实现了能量阶梯利用，因而是一种高效的能源利用系统。

2. 例题

2017-1-65、2018-2-68。

4.6.2 燃气冷热电三联供与电厂比较

知识要点：

(1) 大型电厂发电效率35%～55%，45%～65%的能源以废热形式排放，热传输受距离限制无法充分利用；

(2) 小型分布式能源分散在用户附近，获得约30%的发电率后，可将约50%～60%的废热就近用于供冷供热，能源效率提高了50%。

4.6.3 燃气冷热电三联供意义

1. 知识要点

(1) 实现能量综合梯级应用，有利于提高能源利用效率；

(2) 用电、用气峰谷负荷互补，利于电网、气网移峰填谷；

(3) 集成供能技术，系统灵活可靠；

(4) 既有环境效益，又有经济效益（减少装机容量）。

2. 超链接

《教材（第三版2018）》P667～668。

4.6.4　燃气冷热电三联供使用的范围

知识要点：

（1）电价相对较高的公共用户；

（2）有冷、热负荷需求或有常年热水负荷需求的公共建筑；

（3）对电源供应要求较高的用户；

（4）电力接入困难的用户；

（5）需要备用发电机的用户；

（6）一般用户医院、宾馆、商场、休闲场所、商务区、大学园区、车站、机场、工业企业及产业园区。

4.6.5　燃气冷热电三联供基本概念

知识要点：

（1）孤网运行：发电机独立运行；

（2）并网运行：发电机与公共电网并列运行，不向公共电网输送电能；

（3）上网运行：发电机与公共电网并列运行，可向公共电网输送电能；

（4）余热锅炉：利用原动机的排烟及冷却水热能，产生蒸汽或热水的锅炉；

（5）余热吸收式冷（温）水机组：直接利用原动机冷却水和排烟进行制冷、制热的机组；

（6）补燃型余热吸收式冷（温）水机组：除利用余热外，还带有燃烧器，可通过直接燃烧燃气制冷、制热的余热吸收式冷（温）水机组。

4.6.6　冷热电使用条件

1. 知识要点

（1）热点联产一般采用“以热定电”，夏季热负荷用于供热、供冷，此时负荷最大；而冬季仅用于供热，冷热电联供的目的就是最大限度地利用发电废热，因此应该以热定电。

（2）发电机应在联供系统供应冷、热负荷时运行，供冷、供热系统应优先利用发电余热制冷、供热。

2. 超链接

《教材（第三版2018）》P669～670。

4.6.7　联供系统组成及运行

1. 知识要点

（1）联供系统应由动力系统、供配电系统、余热利用系统、燃气供应系统、监控系统组成；

（2）当热负荷为空调制冷、供热负荷时，联供系统余热利用宜采用吸收式冷（温）水机组；当热负荷主要为蒸汽或热水供暖负荷时，联供系统余热利用宜采用余热锅炉；

（3）当没有公共电网或公共电网接入困难，且联供系统带电负荷比较稳定时，发电机可采用孤网运行方式，否则应采用并网运行；

（4）孤网运行联供系统，发电机组应自动跟踪用户的用电负荷；

（5）并网运行的联供系统，发电机组应与公共电网自动同步；

（6）发电机应在联供系供应冷、热负荷时运行，供冷、供热应优先利用发电余热制冷、供热。

2. 超链接

《教材（第三版 2018）》P671～673。

4.6.8 使用燃气冷热电联供系统应具备的条件

1. 知识要点

（1）使用燃气冷热电联供系统应具备的能源供应条件

1）使用燃气冷热电联供的区域，天然气或其他燃气供应充足且供气从参数比较稳定；

2）燃气发出的电量既可自发自用，也可并入市电网运行，并入市电网的系统应采取发电机并网自动控制措施，燃气发电停止运行时可实现市电网供电；

3）电网供电不足或电网供电难以实施，但用户供电、供热、供冷负荷使用规律相似，用电负荷较稳定，发电机可采用孤网运行方式，发电机组应自动跟踪用户电负荷。

（2）使用燃气冷热电联供系统应具备的联供负荷条件

1）燃气轮机发电量的总容量≤25MW；

2）用户全年有冷、热负荷需求，且电力负荷与冷、热负荷使用规律相似；

3）联供系统年运行时间不宜小于 2000h；

4）联供系统年节能率应大于 15％。

（3）使用燃气冷热电联供系统的能源站址条件

1）燃气冷热电联供系统的能源站宜靠近供电区域的主配电室，且供冷、供热半径不宜太大；

2）燃气冷热电联供系统的能源站应便于与市政燃气管道连接，且入站燃气管道压力应符合国家现行有关标准、技术规程规定；

3）燃气发电机设置在建筑物地下室或首层，单台容量不应大于 7MW；燃气发电机设置在建筑物屋顶时，单台容量不大于 2MW；

4）燃气冷热电联供系统的能源站地址应符合环保要求；

5）燃气冷热电联供能源站地址应符合防爆、防火等安全性要求。

（4）使用燃气冷热电联供系统的能效条件

1）符合能效指标规定：燃气冷热电联供系统的年平均能源综合利用率应大于 70％

$$\text{年平均综合能源利用效率}=\frac{\text{年供热量}+\text{年供冷量}+\text{年发电量}}{\text{燃料总消耗量}\times\text{燃料低位发热值}}\times 100\%$$

$$v_1=\frac{3.6W+Q_1+Q_2}{BQ_L}\times 100\%$$

注：供热量、供冷量含有补燃措施产生的热量、冷量应扣除。

2）符合能效指标规定：燃气冷热电联供系统的年平均余热利用率应大于 80％

$$年平均余热利用率=\frac{年余热供热量+年余热供冷量}{排烟温度降至120℃可利用热量+冷却水温度降至75℃可利用热量}\times 100\%$$

$$\mu=\frac{Q_1+Q_2}{Q_P+Q_S}\times 100\%$$

2. 超链接

《教材（第三版 2018）》P669～670；《联供规范》1.0.2、1.0.4、3.0.7、4.1.2、4.1.3、4.3.1、4.3.5～4.3.8。

3. 例题

(1)【单选】关于燃气冷热电三联供系统设计，下列何项结论是错误的？(2013-2-35)

(A) 系统设计应根据燃气供应条件和能源价格进行技术经济比较

(B) 系统宜采用并网的运行方式

(C) 系统应用的燃气轮发电机的总容量不宜小于 15MW

(D) 系统能源站应靠近冷热电的负荷区

参考答案：C

解析：

C 选项：《教材（第三版 2018）》P669，选项 C 错误；

D 选项：能源站宜靠近供电区域的主配电室，但选项 D 给出的虽然和规范不完全负荷，但是能源站越靠近冷热电的负荷区，越减少电能、热量和冷量的输送损耗。

(2)【多选】关于燃气冷热电联供系统的设计原则，下列哪一项说法是错误的？(2018-2-37)

(A) 发电机组容量的确定遵从“自发自用为主，余热利用最大化”原则

(B) 年平均能源综合利用效率应大于 70%

(C) 并网不上网运行模式时，发电机组容量根据基本电负荷与制冷、供热负荷需求确定

(D) 供能对象主要为空调冷热负荷时，宜选用余热锅炉

参考答案：D

解析：

根据《教材（第三版 2018）》P676，D 选项：当热负荷主要为空调制冷、供热负荷时，联供系统余热利用设备宜采用吸收式冷（温）水机组，直接利用烟气和高温水热量；当热负荷主要为蒸汽或热水负荷时，联供系统余热利用设备宜采用余热锅炉，将发电余热转化为蒸汽或热水再利用。

4. 真题归类

2013-2-35、2018-1-36、2018-2-37。

4.6.9　冷热电联供系统

1. 知识要点

(1) 分类：燃气轮机联供系统和内燃机联供系统

1) 燃气轮机型冷热电联供系统组成

2) 内燃机冷热电联供系统组成

(2) 冷热电联供的设备选择

1) 燃气冷热电联供系统的设计原则

① 实现“分配得当，各得所需，温度对口，阶梯利用”式的能源供应，将输送环节的损耗降至最低，实现能源利用效能、效益的最大化和最优化；

② 燃气冷热电联供设计方案选择，应在对系统备选方案进行节能、环保和技术经济分析后比较基础上优化确定；

③ 燃气冷热电联供设备选择，在其经济合理可行的前提下，按其节能、环保、安全等性能择优选配。

2) 冷热电联供的设备选择

① 联供系统负荷计算

分析冷热电负荷，绘制不同季节典型日逐时负荷曲线和年负荷曲线，根据逐时负荷曲线来确定联供系统全年供热量、供冷量和供电量。

② 联供系统形式确定

联供系统的形式应根据燃气供应条件和冷、热、电、气价格经经济比较确定，有限选择能充分利用发电余热进行制冷、制热的联供系统。

3) 系统运行方式的确定

① 若发电机组与市电并网运行，则应按基本用电负荷曲线确定发电容量，发电不足部分由市电补充；当采用孤网运行方式，发电机容量应满足所带点负荷的峰值需求；

② 根据确定的发电容量和电负荷规律，选择发电机组台数和类型，当发电机供电负荷的供电可靠性要求高时，发电机台数不宜少于 2 台；

③ 根据初选的发电机参数，运行方式和冷热电负荷变化规律，核算全年余热利用量，应保证系统运行期间较高的余热利用率；

④ 根据所在地燃气供应压力和发电机组形式，确定是否需要设置燃气压缩机。

4) 余热设备的选择

① 联供系统的供冷、供热设备总容量应根据用户设计冷热负荷确定；余热利用设备的容量不低于发电机组满负荷运行时产生的余热量；

② 余热利用设备形式应根据余热温度和用户对冷、热负荷使用介质确定；

③ 烟气制冷量大于 50%且具有供暖功能时，宜选用余热型+直燃型；

④ 电负荷与冷负荷不同步时，或发电余热不能满足用户设计冷、热负荷时，宜用余热补燃型；

⑤ 受机房面积、初投资限制时，宜用余热不燃性；

⑥ 单台机组容量较大（4600kW）宜用余热型+直燃型；

⑦ 多台余热型制冷机不宜所有机组都增加补燃，补燃制冷量以总冷量 30%～50%为宜；

⑧ 当热负荷为空调制冷、供热负荷时，联供系统余热利用宜采用吸收式冷（温）水机组；当热负荷主要为蒸汽或热水供暖时，联供系统余热利用宜采用余热锅炉；

⑨ 核算余热利用设备全年可提供的冷、热量，当余热利用设备提供的冷、热量不能满足用户冷热负荷要求时，不足部分系统辅助冷热源补充。

5) 辅助设备的选择

① 辅助热源可选择余热利用设备补燃、燃气直燃机、燃气锅炉、热泵；

② 辅助冷源可选择余热利用补燃、燃气直燃制冷机、吸收式制冷机、电制冷机；

③ 蓄冷、蓄热装置应根据冷热电负荷变化规律和设备容量，可设置部分蓄冷、蓄热装置，在冷热负荷低谷段充分利用发电余热；

④ 辅助排热可设置冷却塔或风冷散热器（水），设置烟气三通阀或直排烟道（烟）；

⑤ 通风装置：送风量包括发电机组及锅炉设备燃烧所需空气量，机组表面散热所需空气量。排风量应考虑事故排风量和机组表面散热所需空气量。

6）系统运行方式的确定

① 当用电负荷大于发电能力时，应按发电机组最大能力发电，不足部分由市电补充；

② 当用电负荷小于发电能力时，应降低发电机组发电负荷保证不向市电上网送电；

③ 当冷热负荷大于余热供热能力时，应启动辅助冷热源补充；

④ 当冷热负荷小于余热供热能力时，宜降低发电机组发电负荷，充分利用余热、冷热负荷不足部分由辅助冷热源补充；

⑤ 当冷热负荷小于余热供热能力时，可设置辅助放热装置，保证发电机组稳定运行。

（3）室外布置的能源站，应符合下列规定：《教材（第三版 2018）》P674 表 4.6-2。

2. 超链接

《教材（第三版 2018）》P674～677。

3. 例题

【单选】燃气冷热电三联供系统中，下列哪一项说法是正确的?（2014-2-37）

（A）发电机组采用燃气内燃机，余热回收全部取自内燃机排放的高温烟气

（B）发电机组为燃气轮机，余热仅供吸收式冷温水机

（C）发电机组采用微型燃气轮机（微燃机）的余热利用的烟气温度一般在600℃以上

（D）发电机组采用燃气轮机的余热利用设备可采用蒸汽吸收式制冷机或烟气吸收式制冷机

参考答案：D

解析：

A 选项：根据《教材（第三版 2018）》P671，采用内燃机应回收缸套水和烟气的热量；

BD 选项：根据《教材（第三版 2018）》P674，采用燃气轮机的余热利用设备有多种选择，B 选项错误，D 选项正确；

C 选项：根据《教材（第三版）2018）》P675，微燃机排气温度为 200～300℃。

4. 真题归类

2014-2-37、2017-1-63。

4.6.10 常用燃气发电机的特点

《教材（第三版 2018）》P676 表 4.6-1。

4.6.11 燃气冷热电三联供相关资料

《联供规范》；《07 节能技措》10。

4.7　蓄冷技术及其应用

4.7.1　冰蓄冷的基本原理及分类

1. 知识要点

（1）概述

1）利用峰谷电价，实现晚上冷量预先储存，白天释冷；

2）需要分时电价峰谷比，才可以节省运行费用；

3）冰蓄冷节钱不节能。

（2）冰蓄冷的优势

1）转移电力高峰期用电负荷；

2）一般情况蓄冷系统的制冷设备容量小于常规空调系统；

3）制冷设备处于满负荷运行，提高设备利用率和工作效率；

4）可实现大温差制冷，降低水泵及空调箱的运行能耗。

（3）蓄冷系统运行方式

1）全负荷蓄冷

① 晚上制冷机开启，进行蓄冷，蓄存白天所有冷量，白天的所需冷量全部由蓄冷装置提供，制冷机组不开启；

② 制冷机和蓄冷装置比部分负荷大；

③ 初投资大，全负荷蓄冷系统的运行费用较低；

④ 制冷机满负荷运行效率高，蓄冷时，蒸发温度相对于常规主机低，导致制冷系数小；

⑤ 多用于间歇性的空调场所，如体育馆、影剧院等。

2）部分负荷蓄冷

① 晚上制冷机开启，蓄存白天部分冷量，白天冷量由蓄冷装置和冷机共同承担，蓄冷装置和制冷机均开启；

② 过渡季节可按照全负荷蓄冷运行，运行费用较全负荷蓄冷高；

③ 冷机和蓄冰贮槽负荷分配比例，一般蓄冷比例为30％～70％；

④ 双工况主机适应空调和制冰两种工况，其制冷量按不同工况的蒸发温度、冷凝温度和载冷剂的特性分别计算。

（4）蓄冷技术应用场合

1）使用时间内空调负荷大，空调负荷高峰段与电网高峰段重合，且在低谷时负荷小，如办公楼、银行、宾馆、商场、饭店等；

2）建筑物冷热负荷不均衡，如周期性或间歇性使用，如大会堂、影剧院等；

3）使用时间有限，使用时间负荷大，如学校、体育场等；

4）空调逐时负荷峰谷差悬殊，采用常规空调装机容量大，大部分时间处于部分负荷工作，如工厂；

注：常规空调按照小时最大负荷确定，蓄冷空调按照设计日的日负荷（24h负荷逐时累加）。

5）电力容量或电力供应受到限制；

6）提供低温冷水或低温送风；

7）设置部分应急冷源，如医院、军事等；

8）区域性能源供冷，采用较大温差供冷。

（5）根据蓄冷介质分类

1）冰蓄冷：蓄冷密度大，蓄冷储槽小，冷损耗小（1%～3%）；可实现低温送风，但蒸发温度低造成 *COP* 低，适合短时间需要大量冷量的建筑，如体育馆、影剧院等；

2）水蓄冷：蓄冷密度小，显冷方式，蓄冷储槽大，冷损耗大（5%～10%），水蓄冷时可利用消防水池，但蓄冷、蓄热共用水池时，不可共用消防水池；

3）共晶盐蓄冷：介于水蓄冷和冰蓄冷之间，制冷机蒸发温度较冰蓄冷高，采用相变材料，但蓄冷-释冷过程换热效果差。

注：同一建筑物，采用水蓄冷比冰蓄冷更节能。

（6）分类

① 直接蒸发式：制冷剂直接制冰；

② 间接载冷式：载冷剂直接制冰，如乙二醇水溶液。

根据制冰方式分类：

① 静态制冰：制冰和融冰同一位置进行，直膨胀式、盘管式外结冰、封冰式；

② 动态制冰：制冰和融冰不同位置进行，制冷机和蓄冷储槽独立设置。

（7）常用数据：《教材（第三版 2018）》P683 表 4.7-4。

注：结构，制冷机类型及释冷流体。

（8）融冰方式

1）内融冰

① 蓄冰时，低温乙二醇溶液进入蓄冰筒将蓄冰筒内水冷却并冻结成冰；

② 融冰时，经板式换热器换热后的系统回流的温热乙二醇溶液进入蓄冰换热器，将蓄冰筒内的冰融化；

③ 内融冰是二次换热的乙二醇水溶液由里向外融化。

2）外融冰

① 蓄冰时，低温乙二醇溶液流经冰槽内的盘管，管外的水冻结成冰；

② 融冰时，空调的回水直接融化冰层，使槽内的冰释放出冷能；

③ 外融冰空调回水 12℃直接与冰接触由外向里融化。

2. 超链接

《教材（第三版 2018）》P680～683。

3. 例题

（1）**【单选】**蓄冰空调系统的特点下列哪一项说法是正确的？（2006-2-33）

（A）电力可以消峰填谷和减少运行费

（B）电力可以消峰填谷和减少初投资

（C）电力可以消峰填谷和节能

（D）电力可以消峰填谷、节能和减少运行费

参考答案：A

解析：根据《教材（第三版 2018）》P680，蓄冷空调不节能，但通过峰谷电价的差异，可以达到节省运行费用的目的。

（2）【多选】下列哪几项对蓄冷系统的描述是正确的？（2013-2-67）

（A）全负荷蓄冷系统较部分负荷蓄冷系统的运行电费低

（B）全负荷蓄冷系统供冷时段制冷机不运行

（C）部分负荷蓄冷系统整个制冷期的非电力谷段，采用的是释冷＋制冷机同时供冷运行的方式

（D）全负荷蓄冷系统较部分负荷蓄冷系统的初投资要高

参考答案：ABD

解析：根据《教材（第三版 2018）》P681，

AB 选项：全负荷冰蓄冷系统是在供冷时不使用冷冻机，只依靠蓄冰罐融冰来满足冷负荷需求。这种系统要求的蓄冰罐和冷冻机容量都比较大，一般用于体育馆、影剧院等负荷大、持续时间短的场所，比部分负荷运行电费低。

C 选项，部分负荷蓄冷，当处在整个制冷期的过渡季时，仅利用蓄冷冷量，也是有可能满足系统冷负荷要求的，此外根据《教材（第三版 2018）》P699，在采用蓄冷装置控制优先的策略下，即使蓄冷总冷量不能满足全天负荷要求，也是由蓄冷装置先承担冷负荷，当空调系统的负荷超出释冷量时，才开启制冷机补充制冷，因此并不一定是选项中“释冷＋制冷机同时供冷运行的方式”。

D 选项：全负荷蓄冷系统设备由于设备容量大，因此初投资要比部分负荷蓄冷系统初投资要高。

（3）【单选】有关蓄冷的表述中，下列哪一项是错误的？（2010-2-37）

（A）冰蓄冷系统采用冰槽下游的方案时，所需冰槽的容量应大于冰槽上游的方案

（B）夜间蓄冷时，基载冷水机组的 COP 值高于白天运行的 COP 值

（C）冰蓄冷系统的冷机总容量不大于常规系统的总冷机容量

（D）冰蓄冷系统虽然在末端用户处未节能，但对于大量使用核能发电的电网具有节能效果

参考答案：C

解析：

A 选项：根据《教材（第三版 2018）》P685，《07 节能技措》7.2.2.4。

B 选项：基载冷机夜间制冷时，由于室外温度较低，冷却水温度低，冷凝温度低，因此制冷系数相对白天运行的高。

C 选项：根据《教材（第三版 2018）》P689 公式（4.7-5）和公式（4.7-7）可知，蓄冷机组总容量与是否为部分负荷蓄冷以及夜晚蓄冷时间 n_i 的大小有关，若 n_i 较小，冰蓄冷系统的冷机总容量有可能大于常规系统的总冷机容量。如下表所示，该负荷特征酒店，办公楼，负荷偏差不大的时候，有可能蓄冷主机容量大于常规主机容量。

逐时负荷	8	9	10	11	12	13	14	15	16	17	18
kW	12	12	12	12	14	15	19	12	12	12	12
常规主机冷量	19kW										
全负荷蓄冷	156/（8×0.7）=27.9kW										
部分负荷蓄冷	144/（11+8×0.7）=8.7kW										

D选项：根据《07节能技措》7.1.1，蓄冷系统可以缓解电力负荷峰谷差现象，提高电厂一次能源利用效率，也可以作为一项“节能”技术加以推广。

(4)【单选】关于冰蓄冷内融冰和外融冰的说法，正确的应是下列何项？(2012-1-36)

(A) 冰蓄冷的方式一般分成内融冰和外融冰两大类

(B) 内融冰和外融冰蓄冰贮槽都是开式贮槽类型

(C) 盘管式蓄冰系统有内融冰和外融冰两大类

(D) 内融冰和外融冰的释冷流体都采用乙二醇水溶液

参考答案：C

解析：根据《教材（第三版2018)》P682表4.7-2，P683表4.7-4。

4. 真题归类

(1) 特点：2006-2-33、2007-1-33、2018-1-35；

(2) 负荷：2007-1-32、2013-2-67；

(3) 容量：2010-2-37；

(4) 融冰方式：2012-1-36。

4.7.2 水蓄冷系统组成

1. 知识要点

(1) 开式系统

1) 串联完全混合型储槽

串联完全混合型储槽流程，其各蓄冷槽水完全混合，直接供冷。

2) 温度分层型储槽

利用温度不同比重不同，使水分层，使高温和低温水不掺混。

(2) 开闭式系统

蓄冷槽采用开式，末端与用户通过换热器冷冻水供水温度高于开式。

2. 超链接

《教材（第三版2018)》P684。

4.7.3 冰蓄冷系统的形式

1. 知识要点

(1) 串联系统

1) 制冷机在上游

① 制冷机上游，进入制冷机液体温度高，制冷系数高而蓄冰装置处于低温端，充分利用了冰的低温能量，但融冰效率最低；

② 适合融冰性能好、满足设计要求的融冰出水温度和融冰速率的装置；

③ 位于下游的蓄冰装置因较低的进液和供液温度，融冰速率下降，相对于蓄冷装置上游系统，增加了蓄冰装置的容量；

④ 制冷机上游适用于大温差（8～10℃）、低温供水（2～3℃）和低温送风空调系统。

2) 制冷机在下游

① 制冷机在下游的方式，进入机组的液体温度低，蒸发温度随之降低，制冷系数低；

② 制冷机下游，蓄冰装置处于高温端，较高的回液温度和出液温度，与冰的低温形成较大的对数传热温差，可取得较高的融冰速率。该系统适合融冰性能较差、出水温度不稳定的蓄冰装置；

③ 为了保证下游主机 *COP* 值，主机的进液温度不可太低，蓄冷罐的蓄冷温度就必须高于 4℃，蓄冷能力不能充分利用；

④ 一般不推荐串联形式，宜采用并联方式（大温差、低温送风除外）。

（2）并联系统

1）主机和蓄冰装置均处在高温段，兼顾制冷主机与蓄冰装置的效率；供水温度较高，供回水温差较小，不能用于大温差和低温供水、低温送风空调系统；

2）冷负荷的增减变化由制冷主机与蓄冰装置并联分担，温度控制及冷量分配需要有相对复杂的控制系统；

3）并联系统的供回水温差一般为 5～6℃；

4）并联系统可实现蓄冰、融冰供冷、制冷机供冷联合供冷、蓄冰供冷。

2. 超链接

《教材（第三版 2018）》P685。

3. 例题

（1）【多选】冰蓄冷系统的描述，正确的应是下列哪些项？（2009-2-69）

（A）串联系统中的制冷机位于冰槽上游方式，制冷机组进水温度较低

（B）串联系统中的制冷机位于冰槽下游方式，机组效率较低

（C）共晶盐冰球式蓄冷装置，只能采用双工况冷水机组作为冷源

（D）冰球式蓄冷装置属于封装冰蓄冷方式，需要中间冷媒

参考答案：BD

解析：

AB 选项：根据《教材（第三版 2018）》P685，制冷机组位于上游因为进液温度高，蒸发温度高，制冷系数相对于下游来讲大一点；制冷机组位于冰槽下游，由于进液温度低导致蒸发温度低，根据压焓图可知制冷系数降低；

C 选项：根据《教材（第三版 2018）》P683 表 4.7-4 共晶盐蓄冷装置，采用标准单工况制冷机；

D 选项：根据《教材（第三版 2018）》P682 表 4.7-2，中间冷媒为乙烯乙二醇。

（2）【多选】关于冰蓄冷系统的设计表述，正确的应是下列哪几项？（2014-1-67）

（A）电动压缩式制冷机组的蒸发温度升高则主机耗电量增加

（B）*IPF* 值要高，以减少冷损失

（C）蓄冰槽体积要小，占地空间要小

（D）蓄冷及释冷速率快

参考答案：BCD

解析：

A 选项：根据《空气调节用制冷技术（第四版）》P63，当冷凝温度一定时，压缩机的轴功率首先随蒸发温度的升高而增大，当达到最大功率后再随蒸发温度的升高而减小，注意《教材（第三版 2018）》P614～615 说法有误；

BCD选项：根据《教材（第三版2018）》P686。

4. 真题归类

2009-2-69、2008-2-33、2011-2-37、2011-1-69、2013-2-36、2014-1-67。

4.7.4　蓄冷系统的设置原则

1. 知识要点

（1）水蓄冷贮槽容积不小于100m^3；高温水与低温水尽可能不混合；

（2）水蓄冷贮槽布置在制冷站附近，降低管道系统的输送过程中冷损失；

（3）蓄冷供回水温差不宜小于7℃，冷水温度不宜低于4℃，以4℃最佳；

（4）较小的空调系统制冰的同时有少量连续空调负荷（不大于蓄冰冷量的10%），可单独循环水泵取冷；

（5）较大的空调系统制冰同时，超过350kW或单台制冷主机空调工况制冷量的20%，宜专门设置基载主机；

（6）部分负荷蓄冰系统应采用双工况制冷机；

（7）冷却塔应满足蒸发温度较高时制冷机的排热量。

2. 超链接

《教材（第三版2018）》P685～687；《民规》8.7.4、8.7.7-1。

4.7.5　蓄冷系统的设计要点

1. 知识要点

（1）冷负荷计算方法：蓄冷系统与非蓄冷空调系统的供冷负荷确定的区别，《教材（第三版2018）》P688表4.7-6。

1）蓄冷-释冷周期内逐时负荷，应计入水泵发热量，蓄冷槽和管路的得热量；

2）采用低温送风，应根据室内外参数计算是否产生附加的潜热冷负荷；

3）考虑空调开启前0.5～1.5h的负荷计入蓄冷负荷；

4）间歇运行的蓄冷空调系统设计计算时，应计算初始降温冷负荷。

（2）逐时冷负荷估算：平均法和系数法。

2. 超链接

《教材（第三版2018）》P687～689。

3. 真题归类

2018-1-61。

4.7.6　水蓄冷系统的设计要点

1. 知识要点

（1）水蓄冷贮槽容积设计计算容量的计算。

（2）电力部分有限电政策时蓄冰装置的有效容量。

（3）合理确定贮槽（温度分层型）的高径比和流速

1）钢筋混凝土贮槽的高径比宜为0.25～0.35，一般为0.25～0.33，高度范围为7～14m；

2）温度分层型贮槽的进出水扩散口流速小于0.1m；

3）完全混合型贮槽，贮槽的水深一般为1～2m，连通管的流速一般为0.3m/s，连通贮槽数为15～50个；

（4）贮槽的冷温水进出口合理设计与布置稳流器。

稳流器的设计控制 Fr 与雷诺数，一般应要求 $Fr<2$，宜为 $Fr=1$；Re 数与贮槽高度有关。

《教材（第三版2018）》P691表4.7-9。

（5）稳流器的布置

布置原则：经过稳流器出水均匀，避免槽内水平方向产生水的扰动。

（6）稳流器的测温点的布置：《教材（第三版2018）》P692表4.7-10。

2. 超链接：《教材（第三版2018）》P690～692。

3. 例题

（1）【单选】在水蓄冷空调系统中，对于蓄冷水的温度，其正确取值应是下列何项值？（2008-1-38）

（A）1～3℃　　（B）2～4℃　　（C）3～5℃　　（D）4～6℃

参考答案：D

解析：根据《教材（第三版2018）》P683表4.7-4，水蓄冷蓄冷温度为4～6℃。

（2）【多选】水蓄冷系统的设置原则，说法错误的应是下列哪几项？（2010-2-68）

（A）根据水蓄冷槽内水分层、热力特性等要求，蓄冷水的温度以4℃为宜

（B）水蓄冷槽容积不宜小于100m^3，应充分利用建筑物的地下空间

（C）温度分层型水蓄冷槽的测温点沿高度布置，测点间距2.5～3.0m

（D）稳流器的设计应使与其相连接的干支管，规格和空间位置对称布置

参考答案：CD

解析：

A选项：根据《教材（第三版2018）》P686“蓄冷水温不宜低于4℃”，又根据《07节能技措》7.3.5.2，“蓄冷水槽内的温度以4℃较合适，因为此时水的比重最大”；

B选项：根据《教材（第三版2018）》P686；

C选项：根据《教材（第三版2018）》P692表4.7-10，测点间距为1.5～2.0m；

D选项有争议：根据《教材（第三版2018）》P691，教材原话为“空间位置应当尽可能对称布置”，D选项缺少“尽可能”不知是否算错，考虑到AB选项正确，因此判断D选项错误。

4. 真题归类

2008-1-38、2010-1-37、2010-2-68、2011-2-68、2013-2-6、2010-1-36。

5. 其他例题

（1）【多选】对于相同蓄冷负荷条件下，冰蓄冷系统与水蓄冷系统的特性有以下比较，哪些表述是正确的？（2008-2-68）

（A）冰蓄冷系统蓄冷槽的冷损耗小于水蓄冷系统蓄冷槽的冷损耗

（B）冰蓄冷系统制冷机的性能系数高于水蓄冷系统制冷机的性能系数

（C）冰蓄冷系统可以实现低温送风

（D）水蓄冷系统属于显热蓄冷方式

参考答案：ACD

解析：

A选项：根据《教材（第三版2018）》P683，水蓄冷比冰蓄冷节省电能，但水蓄冷冷损耗大（5%～10%），冰蓄冷冷损耗（1%～3%）；

B选项：冰蓄冷由于蒸发温度比水蓄冷的蒸发温度低，导致制冷系数降低，制冷量变小；

C选项：根据《教材（第三版2018）》P701，冰蓄冷由于融冰可以得到更低的温度，可以实现低温送风；

D选项：根据《教材（第三版2018）》P683，水蓄冷系统由于水显热变化，实现冷量的储存，而冰蓄冷则是相态发生改变来实现冷量的储存。

（2）**【单选】** 有关蓄冷装置与蓄冷系统的说法，下列哪一项是正确的？（2014-2-35）

（A）采用内融冰蓄冰槽应防止管簇间形成冰桥

（B）蓄冰槽应采用内保温

（C）水蓄冷系统的蓄冷水池可与消防水池兼用

（D）采用区域供冷时，应采用内融冰系统

参考答案：C

解析：

A选项：根据《教材（第三版2018）》P686，外融冰蓄冰槽应防止管簇间形成冰桥，内融冰蓄冰槽应防止膨胀部分形成冰帽；

B选项：根据《教材（第三版2018）》P687，蓄冷槽宜采用外保温；

C选项：根据《教材（第三版2018）》P682；

D选项：根据《教材（第三版2018）》P686，采用区域供冷应采用外融冰系统。

（3）**【多选】** 关于水蓄冷系统和冰蓄冷系统的说法，下列哪几项是正确的？（2014-2-68）

（A）水蓄冷槽可利用已有的消防水池

（B）水蓄冷槽可兼作水蓄热槽

（C）冰蓄冷槽可兼作水蓄热槽

（D）冰蓄冷系统中乙二醇溶液的管道内壁应镀锌

参考答案：AB

解析：

AB选项：根据《教材（第三版2018）》P682或《蓄冷空调规程》3.3.11、3.3.12；

C选项：水蓄冷属于显热蓄冷方式，其蓄冷槽构造和要求与冰蓄冷显著不同，不能兼用；

D选项：根据《教材（第三版2018）》P699。

（4）真题归类

2007-2-34、2008-2-68、2011-2-25、2008-1-69、2009-2-36、2014-2-35、2014-2-68、2016-2-33。

4.7.7 冰蓄冷系统运行的控制策略的优化选择

1. 知识要点

(1) 冷机优先

1) 冷机先用，冷量不够时再用冰槽所蓄存冷量；

2) 不节省费用，不能起到电力移峰填谷的作用；

(2) 蓄冰装置优先

1) 冰槽先用，冷量不够时再开启冷机；

2) 节省运行费用；

(3) 优化控制

预测负荷和电价政策，合理分配冷机和冰槽所承担负荷，最大限度地节省运行费用。

2. 超链接

《教材（第三版 2018）》P699～701。

3. 例题

(1)【单选】图示为某水蓄冷系统的系统图（F 表示电动蝶阀、D 表示电动两通阀），采用机组单独供冷和蓄冷的工况，有关阀门控制的要求，正确的是下列何项？（注：图中蓄冷水池为闭式）(2010-2-36)

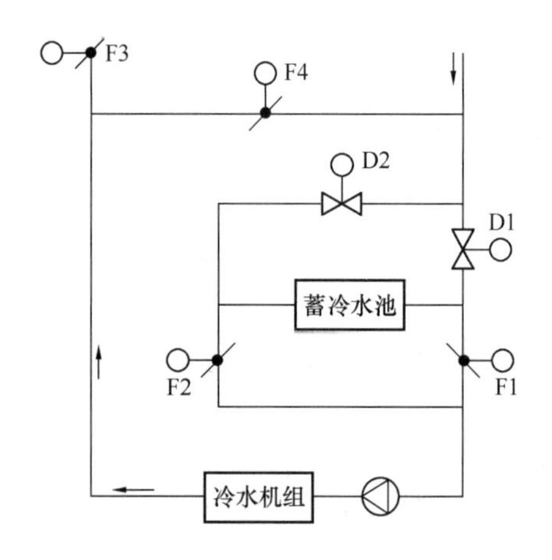

(A)

阀门	F1	F2	F3	F4	D1	D2
机组单独制冷	开	关	开	关	开	关
蓄冷	开	关	关	开	开	开

(B)

阀门	F1	F2	F3	F4	D1	D2
机组单独制冷	开	关	开	关	开	开
蓄冷	开	关	关	开	开	关

（C）

阀门	F1	F2	F3	F4	D1	D2
机组单独制冷	开	关	开	关	开	关
蓄冷	开	开	关	开	开	关

（D）

阀门	F1	F2	F3	F4	D1	D2
机组单独制冷	开	关	开	关	开	关
蓄冷	开	关	关	开	关	开

参考答案：D

解析：

根据《教材（第三版2018）》P700表4.7-18，建议对比各选项不同点，采用排除法作答。

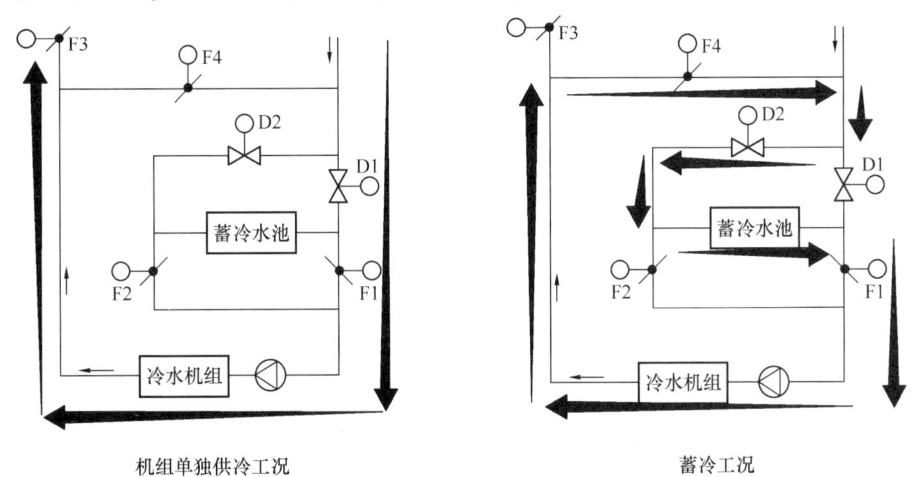

（2）【单选】某水蓄冷系统设计蓄冷与供冷合用一套水泵泵组，有关工况阀门（V1～V6）的启闭状态，下列哪一项是正确的？（2016-2-34）

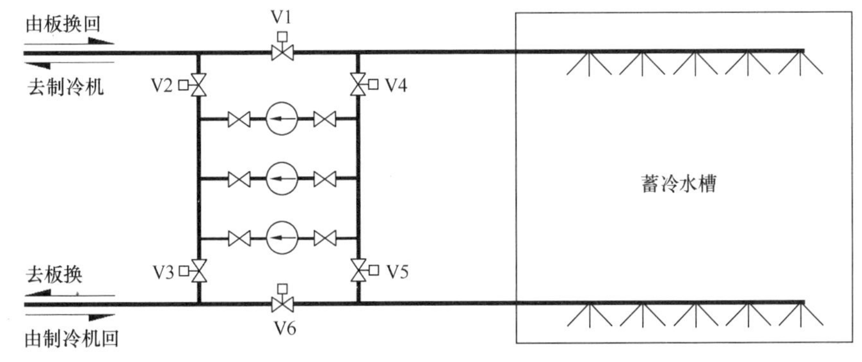

（A）蓄冷工况开启的阀门是：V2、V4、V6，其余阀关闭

（B）供冷工况开启的阀门是：V1、V4、V3，其余阀关闭

（C）蓄冷工况开启的阀门是：V1、V2、V5，其余阀关闭

（D）供冷工况开启的阀门是：V2、V4、V6，其余阀关闭

参考答案：A

解析：根据《教材（第三版 2018）》P700 图 4.7-10，本题需考生从系统使用功能运行流程来分析阀门开闭情况，蓄冷工况时，由制冷机来的冷水需经过 V6 阀门进入蓄冷水槽，因此 V6 阀门需打开，V3、V5 阀门关闭；由蓄冷水槽顶部回水需经过共用循环水泵返回制冷机进行冷却，因此 V4、V2 阀门需打开，V1 阀门关闭。同理也可分析出，供冷工况开启的阀门是：V1、V3、V5，其余阀关闭。

4. 真题归类

2010-2-36、2016-2-34。

4.7.8 低温送风空调特点

1. 知识要点

（1）风量减少，降低了空气处理系统和空气输送系统投资，风量减少，风机功率下降，节省风机用电量；

（2）风量减少，减少了空调机组尺寸和风管尺寸，减少安装高度。并可以用于改造项目，及用于冷负荷增加的情况；

（3）低温送风空调系统有较强的除湿能力，可使室内相对湿度降低，允许室内干球温度适当提高 1～2℃，同时降低了冷负荷。

《教材（第三版 2018）》P701 表 4.7-20，低温送风空调系统的设计方法的特点。

2. 超链接

《教材（第三版 2018）》P701～702。

3. 例题

【多选】关于冰蓄冷＋低温送风系统的优点，说法正确的应是下列哪些项？（2009-1-69）

（A）比采用常规电制冷系统＋常规全空气空调系统初投资要节约

（B）比采用常规电制冷系统＋常规全空气空调系统运行能耗节约

（C）适用于电力增容受到限制和风管安装空间受到限制的工程

（D）比采用常规全空气空调系统，空调风系统的风机和风管尺寸减小

参考答案：CD

解答：根据《教材（第三版 2018）》P701，低温送风只是降低了空气处理和空气输送系统的一次投资和运行费用；冰蓄冷＋低温送风系统初投资一般高于常规系统；冰蓄冷利用峰谷电价，是一种节钱但不节能的措施，系统运行能耗一般高于常规系统。

4.7.9 蓄冷相关资料

1. 超链接

《蓄冷空调规程》；《09 技措》6.4；《07 节能技措》7、附录 F、附录 G。

2. 其他例题：

2009-1-37、2008-1-34。

4.8 冷库设计基础知识

4.8.1 冷库的定义、特点、分类及组成

1. 知识要点

(1) 定义：冷库是指通过人工制冷保持库内一定的温度和湿度条件，主要用于食品的冷冻加工和冷藏；对于气调库还需要控制氧和二氧化碳气体成分的比例，以便更好地保证食品贮藏的质量。

(2) 分类：土建式冷库，装配式冷库。

2. 超链接

《教材（第三版 2018）》P702～705。

4.8.2 食品贮藏的温湿度要求及期限

1. 超链接

《教材（第三版 2018）》P707～709。

2. 例题

【单选】关于冷库各冷间的设计温度的规定，下列哪一项是错误的？(2016-2-35)

(A) 肉、蛋冷却间的设计温度为 0～4℃

(B) 肉、禽冻结间的设计温度为－23～－18℃

(C) 肉、禽（冻结物）的冷藏间的设计温度为－20～－15℃

(D) 鲜蛋（冷却物）冷藏间的设计温度为－2～2℃

参考答案：D

解答：根据《教材（第三版 2018）》P723～724 表 4.8-35。

3. 真题归类

2016-2-35、2018-2-36。

4.8.3 果蔬的呼吸热与蒸发作用

1. 知识要点

(1) 果蔬呼吸热

定义：呼吸并释放热量，该部分热量是冷却负荷的一部分。

(2) 果蔬的蒸发作用与蒸发系数：

1) 蒸发作用：受呼吸和环境的影响，蒸发失水；

2) 蒸发途径：果蔬自身的呼吸以及水蒸气分压力差值；

3) 计算公式：$m = \beta M(P_g - P_s)$。

2. 超链接

《教材（第三版 2018）》P711。

4.8.4 气调贮藏

1. 知识要点

(1) 应用：主要用于果蔬的保鲜。

(2) 原理：低温能减弱果蔬类植物性食品的呼吸作用，延长食品的贮藏期限。贮藏温度应该选择在接近冰点但又不使植物冻死的温度；同时调节空气中的成分（降氧、升二氧化碳等）。

(3) 调节方法分类：《教材（第三版 2018）》P714 表 4.8-19。

(4) 按不同气调设备分类：《教材（第三版 2018）》P715 表 4.8-20。

(5) 常用气调贮藏的设备：《教材（第三版 2018）》P715 表 4.8-21。

(6) 气密性要求：

1) 我国测试要求：库内限压从 100Pa 下降至 50Pa 的时间≥10min；

2) 保证气密性的措施：《教材（第三版 2018）》P716 表 4.8-23。

2. 超链接

《教材（第三版 2018）》P714～716。

3. 例题

【多选】水果、蔬菜在气调贮藏时，应保证下列哪几项措施？(2006-1-67)

(A) 抑制食品的呼吸作用

(B) 增加食品的呼吸强度

(C) 加大冷库的自然换气量

(D) 控制冷库的气体成分

参考答案：AD

解答：根据《教材（第三版 2018）》P714，气调储藏目前主要用于果蔬保鲜，普遍采用降氧和升高二氧化碳，因此抑制呼吸会减少水分蒸发，控制冷库成分降低储藏环境的含氧量可以抑制果蔬的呼吸作用和微生物的生长繁殖，因此气调储藏的关键就是调节和控制储藏环境中的各种气体含量。

4. 真题归类

2006-1-67、2006-2-34、2008-2-34、2016-2-35、2017-2-29。

4.8.5 冷库围护结构的隔汽、防潮及隔热

1. 知识要点

(1) 土建冷库基本结构图：见《教材（第三版 2018）》P716。

(2) 隔热的作用：围护结构敷设一定厚度的隔热材料，冷库隔热对维持库内温度的稳定、降低冷库负荷、节约能耗及保证食品冷藏储存质量有着重要作用，故冷库墙体、地板、屋盖及楼板均应作隔热处理。

(3) 常见隔热材料：稻壳、软木板、膨胀珍珠岩、聚苯乙烯泡沫塑料、硬质聚氨酯泡沫塑料、聚乙烯发泡体、泡沫玻璃和挤压型聚苯乙烯泡沫塑料。

注：正铺于地面、楼面的隔热材料，其抗压强度不应小于 0.25MPa。

(4) 隔汽防潮的作用：

1）保证围护结构的隔热性能，如果隔汽防潮层的设计施工不当，水蒸气不断渗入隔热层，使隔热材料受潮，热导率增大，隔热性能显著降低。

2）室外空气侵入时不但增加冷库的耗冷量，水分的凝结引起建筑结构受潮冻结损坏。

3）常见防潮材料：沥青、聚乙烯、油毡、聚氯乙烯。

4）隔汽防潮的构造采用做法：

① 当围护结构隔热层选用现喷（或灌注）硬质聚氨酯泡沫塑料材料时，隔汽层不应选用热熔性材料（融化破坏）；

② 应在温度高的一侧设置隔汽层；

③ 外墙的隔汽层应与地面隔热层上下的隔汽层和防水层搭接；

④ 冷却间或冻结间隔墙的隔热层两侧均应做隔汽层；

⑤ 隔墙隔汽层的底部应设防潮层，且应在其热侧上翻铺 0.12m；

⑥ 楼面、地面的隔热层上、下、四周均应做防水层或隔汽层，且楼面、地面隔热层的防水层或隔汽层全封闭；

⑦ 严禁采用含水粘结材料粘结块状隔热材料；

⑧ 带水作业的冷间应有保护楼面或地面的防水措施；

⑨ 冷间建筑的地下室或地面架空层应防止地下水和地表水的侵入，并应设排水措施；

⑩ 多层冷库库房外墙或檐口及穿堂与库房的连接部分的变形缝部位应采取防漏水措施。

5）围护结构蒸汽渗透的计算

① 渗透强度

围护结构的高温侧和低温侧之间会造成水蒸气分压力差，此时水蒸气将从分压力较高的一侧通过围护结构向分压力较低的一侧渗透。

② 透阻力越大越好。

围护结构蒸汽渗透阻的验算；

凡符合公式条件，且隔汽层布置在隔热结构的高温侧，即使围护结构内部出现凝结区也属符合要求。

6）抗冻性及措施

① 抗冻性地基受低温的影响，土壤中的水分易被冻结。土壤冻结后体积膨胀，引起地面破裂及整个建筑结构变形。

② 冷库处于低温环境中，特别是在周期性冻结和融解循环过程中，建筑结构易受破坏。因此，建筑材料和构造要有抗冻性能。

a.《冷库设计规》：当冷库底层冷间设计温度低于 0℃时，地面应采取防止冻胀措施。当地面下为岩层或砂砾层，且地下水位较低时，可不做防止冻胀处理。

b. 库底层冷间温度≥0℃，地面可不做防止冻胀处理，但应设置隔热层。

c. 库地面防冻胀措施：《教材（第三版 2018）》P719 表 4.8-27。

架空防冻、热油管防冻、通风防冻、电加热防冻。

2. 超链接

《教材（第三版 2018）》P716～720。

3. 例题

【单选】冷藏库建筑墙体围护结构组成的设置，由室外到库内的排列次序，下列哪一项是正确的?（2006-1-34）

（A）墙体，隔热层，隔汽层，面层

（B）墙体，隔热层，防潮层，面层

（C）墙体，隔汽层，隔热层，面层

（D）面层，隔热层，墙体，隔汽层，面层

参考答案：C

解答：根据《教材（第三版 2018)》P716 图 4.8-2 可知。其原因在于：冷库温度比较低，当冷库外墙表面温度低于室外空气露点温度的时候，会出现结露现象，由于隔热材料受潮后热阻会明显下降，因此需要将隔汽层置于隔热层外侧（即高温侧)，避免环境空气中的水蒸汽的渗透造成隔热层受潮。

4.8.6 冷库围护结构热工计算

1. 知识要点

（1）冷库设计规范有关规定

1）计算冷间围护结构热流量时，室外计算温度应采用夏季空气调节室外计算日平均温度;

2）计算冷间围护结构最小热阻时，室外计算相对湿度应采用最热月的平均相对湿度;

3）计算内墙和楼面，围护结构外侧的计算温度应取其邻室的室温，当邻室的为冷却间或冻结间，应取该类冷间空库保温温度，空库保温温度，冷却间应按 10℃计算，冻结间应按－10℃计算;

4）冷间地面隔热层下设有加热装置时，其外侧温度应按 1～2℃计算；如地面下部无加热装置或地面隔热层下为自然通风架空层，其外侧的计算温度应采用夏季空气调节日平均温度。

（2）冷库围护结构总热阻 R_0 的确定方法

1）冷间外墙、屋面或顶棚的总热阻 R_0

根据设计采用室内外两侧温度差，查《教材（第三版 2018)》P721 表 4.8-28。

注：空气冷却器基座下部或周围 1m 范围内的地面总热阻 R_0 不应小于 3.18（m^2·℃）/W。

2）冷间隔墙、楼面或地面的总热阻 R_0

① 根据面积热流量和隔墙两侧设计室温确定，查《教材（第三版 2018)》P722 表 4.8-30;

② 冷间楼面总热阻：《教材（第三版 2018)》P722 表 4.8-31;

③ 冷间地面总热阻：《教材（第三版 2018)》P723 表 4.8-32、表 4.8-33;

④ 冷间隔热材料的热导系数修正：《教材（第三版 2018)》P723 表 4.8-34。

2. 超链接

《教材（第三版 2018)》P720～725。

3. 例题

（1）【单选】在冷库围护结构设计中，下列何项做法是错误的?（2011-1-38）

（A）隔气层设于隔热层的高温侧

（B）地面隔热层采用硬质聚氨酯泡沫塑料，其抗压强度≥0.2MPa

（C）对硬质聚氨酯泡沫塑料隔热层的热导率进行修正

（D）底层为冷却间，对地面不采取防冻胀措施时，仍需设隔热层

参考答案：B

解析：根据《冷库规》

A选项：根据4.4.1；B选项：根据4.3.1.6；C选项：根据4.3.3；D选项：根据4.3.13。

（2）【单选】计算冷库库房夏季围护结构的热流量时，室外空气计算温度应是下列何项？（2009-2-37）

（A）夏季空气调节室外计算逐时综合温度

（B）夏季空气调节室外计算日平均温度

（C）夏季空气调节室外计算日平均综合温度

（D）夏季空气调节室外计算干球温度

参考答案：B

解答：根据《冷库规》第3.0.7.1条或《教材（第三版2018）》P720。

（3）【单选】在广州市建设肉类\鱼类大型冷库（一层），关于其围护结构的说法，下列何项是正确的？（2014-1-36）

（A）肉类冷却间的地面均应采取防冻胀处理措施

（B）鱼类冻结间的最小地面总热阻应为3.18（m^2·℃）/W

（C）冷间隔墙的总热阻数值要求仅与设计采用的室内外温差数值相关

（D）冷间楼面的总热阻数值要求与设计采用的室内外温差数值无关

参考答案：D

解析：根据《冷库规》，

A选项：根据表3.0.8肉类冷却间的室温为0～4℃，再根据4.3.13，0℃或0℃以上无需防冻胀处理；

B选项：根据表3.0.8知鱼类冻结间室温为－30～－23℃，再根据表4.3.8可知，总热阻应为3.91（m^2·℃）/W；

C选项：根据表4.3.6，可以看出，隔墙总热阻还与面积热流量相关；

D选项：根据表4.3.7，可知正确。

（4）【多选】冷库围护结构的蒸汽渗透强度与下列哪些因素有关？（2016-2-67）

（A）围护结构的蒸气渗透阻

（B）围护结构高温侧空气的水蒸气分压力

（C）围护结构低温侧空气的水蒸气分压力

（D）围护结构的朝向

参考答案：ABC

解析：根据《教材（第三版2018）》P718公式4.8-14。

4. 真题归类

2006-1-34、2009-2-37、2010-1-38、2010-2-69、2011-1-38、2011-2-69、2012-1-37、2014-1-36、2016-2-68、2016-2-36、2016-2-67、2017-1-29、2017-1-32。

5. 其他例题

冷库吨位和公称容积：2018-2-67。

4.9 冷库制冷系统设计及设备的选择计算

4.9.1 冷库制冷系统设计及设备的选择计算

1. 知识要点

（1）冷负荷

冷负荷：冷却设备负荷用于选择冷间冷却设备

机械负荷用于选择制冷压缩机及辅助设备

1）冷却设备负荷：将各个冷间的各项计算热流量（各个冷间的冷却设备负荷）汇总；

2）机械负荷：分别将相同蒸发温度所属冷间的各项计算热流量乘以系数后汇总。

《教材（第三版 2018）》P729，公式（4.9-5），公式（4.9-6）。

（2）计算热流量

计算热流量：冷间围护结构热流量

冷间内货物热流量

冷间通风换气热流量

照明、开门和操作人员形成的冷间操作热流量

1）围护结构热流量

2）货物热流量

食品与冷间空气温度之间存在温差，向冷间散发热量引起的负荷。

注：货物呼吸热流量仅水果蔬菜具有。

3）通风换气热流量

冷间内储存水果、蔬菜需要新鲜空气或冷间内操作人员需要通风换气，由室外新鲜空气带入的热量引起的负荷。

4）冷间内电动机运转热流量

5）冷间操作热流量

开门热流量、照明热流量、操作人员热流量。

注：冷却间、冷冻间不计热流量 Q_5。

2. 超链接

《教材（第三版 2018）》P725～733。

3. 例题

【单选】确定冷库冷负荷的计算内容时，下列哪一项是正确合理的？（2007-2-35）

（A）围护结构、食品及其包装和运输工具、通风换气、照明等形成的热流量

（B）围护结构、食品、通风换气、照明以及人员形成的操作等热流量

（C）围护结构、食品及其包装和运输工具、通风换气、人员形成的热流量

（D）围护结构、照明以及操作人员工作、通风换气、食品及其包装和运输工具等形成的热流量

参考答案：D

解析：根据《教材（第三版2018）》P725。

4. 真题归类

2006-1-35、2007-2-35。

4.9.2　制冷系统形式及其选择

1. 知识要点

(1) 制冷系统形式

1）按制冷剂种类划分：氨制冷系统，氟利昂制冷系统和新型制冷剂系统。

2）根据冷却方式：直接冷却和间接冷却。

① 直接冷却：制冷剂在冷间的蒸发器中直接蒸发。传热效率高，系统密封性要求高。

② 间接冷却：载冷剂通过冷间的冷却设备冷却冷间，传热效率低，费用大，采用载冷剂。

3）按供冷方式分：集中冷却和分散冷却。

① 集中冷却

a. 优点：一套设备向不同的用冷设施同时供冷；冷量可互相调剂，设备利用率高。

b. 缺点：库房间相互影响。

② 分散冷却

a. 优点：互不干扰，控温准确；建库周期短。

b. 缺点：设备利用率低。

4）根据供液方式分：直接膨胀供冷制冷系统、重力供液制冷系统和液泵供液制冷系统。

① 直流供液：利用冷凝压力和蒸发压力之间的压力差，将液态制冷剂经节流阀膨胀后直接供给蒸发器。

特点：

a. 闪气进入蒸发器影响传热，导致供冷量不足；

b. 两相流体不易均匀分配到并联的蒸发器中，造成制冷量不足或因供液量过大使压缩机液击；

c. 直流供液适用于负荷较稳定的小型制冷装置。

② 重力供液：在蒸发器与节流阀之间增设一个气液分离器，使其中的液面高于冷却设备的工作液面，借助液柱的静压力来克服流动阻力，使液态制冷剂流入冷却设备。

特点：

a. 能实现配液均匀；

b. 实现气液分离，避免压缩机液击；

c. 为保证足够的静液柱差，需一定的安装高度，对单层冷库要加建阁楼。

③ 液泵供液：借助泵的压力克服制冷剂在管道、阀门及冷却设备中的各种流动阻力而向冷却设备强制供液。其特点如下：

a. 制冷剂供液量大，流速高，传热效果好；

b. 蒸发器的供液量数倍于蒸发量，蒸发器面积得到充分利用，压缩机吸气过热度小，提高了制冷系数；

c. 设备费、维修费、耗电量增加。

（2）制冷系统选择：《教材（第三版 2018）》P733 表 4.9-11。

2. 超链接

《教材（第三版 2018）》P733。

4.9.3 制冷系统的选择

1. 知识要点

（1）制冷压缩机的选择计算

制冷压缩机选择依据：根据冷间机械负荷选择压缩机。

活塞式压缩机：《教材（第三版 2018）》P734 表 4.9-12，表 4.9-13。

① 氨压缩机允许吸气温度：《教材（第三版 2018）》P734 表 4.9-14；

② 对于氟利昂制冷剂，蒸发器出口过热度应有 3～7℃；

③ 单级压缩机和双级压缩机的高压压缩机吸入温度一般≤15℃；

④ 回热系统，气体出口温度比液体出口温度宜低 5～10℃；

⑤ 对于双级压缩，氨制冷剂采用一级节流中间完全冷却，氟利昂制冷剂采用一级节流中间不完全冷却。

（2）氨制冷压缩机的选择要求

1）压缩机应根据对应各蒸发温度机械负荷的计算值分别选定，不另设置备用机；

2）选用活塞式氨压缩机，当冷凝压力与蒸发压力之比大于 8 时，应采用双级压缩；小于或等于 8 时，应采用单级压缩；

3）选配制冷机，制冷量宜大小搭配；

4）制冷压缩机的系列不宜超过两种，如仅有两台机器时，应选用同一系列；

5）根据实际使用情况，对压缩机功率进行核算，选配适宜电机。

2. 超链接

《教材（第三版 2018）》P734～735。

3. 真题

【多选】活塞式压缩机级数的选择是根据制冷剂和设计工况的冷凝压力与蒸发压力之比来确定的，下列陈述中，正确的是哪几项？（2011-1-67）

（A）以 R717 为制冷剂时，当压缩比≤6 时，应采用单级压缩

（B）以 R717 为制冷剂时，当压缩比＞8 时，应采用双级压缩

（C）以 R22 为制冷剂时，当压缩比≤10 时，应采用单级压缩

（D）以 R134a 为制冷剂时，只能采用单级压缩

参考答案：ABC

解答：根据《教材（第三版 2018）》P734 表 4.9-13。

4.9.4 换热设备的选择计算

1. 知识要点

（1）水冷式冷凝器时，其冷凝温度不应超过 39℃；采用蒸发式冷凝器时，其冷凝温度不应超过 36℃。

（2）高压储液器：液位高度不超过筒体直径的80%，容量按每小时制冷剂循环量1/3～1/2选配。

（3）低压储液器：选型根据其直径和体积计算。

（4）重力供液方式的回气系统下列情况，应在氨压缩机机房内增设氨液分离器：

1）两层及两层以上库房；

2）设有两个或两个以上制冰池；

3）库房的氨液分离器与氨压缩机房的水平距离大于50m。

（5）立式气液分离器的筒体内气流速度不应大于0.5m/s。

2. 超链接

《教材（第三版2018）》P735～742。

4.9.5 液泵

1. 知识要点

氨泵的选型：流量、扬程、吸入压头。

1）流量：$q_v=n_x q_z v_z$

2）扬程

① 氨泵的排出压力必须克服泵出口至蒸发器进液口的沿程和局部阻力损失；

② 泵中心至最高蒸发器进液口的静压阻力损失；

③ 蒸发器节流阀前应有自由压以克服蒸发器及回气管的阻力损失，并有一定裕量使多余氨液顺利流回低压循环桶；

3）液泵进液处压力：应有吸入压头+0.5m的制冷剂液柱的高度的裕量。

2. 超链接

《教材（第三版2018）》P742～743。

3. 例题真题

【单选】某冷库采用上进下出式氨泵供液制冷系统，氨液的蒸发量为838kg/h，蒸发温度−24℃，饱和氨液的比容$1.49\times10^{-3}m^3/kg$，试问所需氨泵的体积流量约为下列哪一项？（2006-2-35）

（A）$4\sim5m^3/h$　（B）$8\sim10m^3/h$　（C）$6\sim7.5m^3/h$　（D）$1.25m^3/h$

参考答案：B

解析：根据《教材（第三版2018）》P742公式4.9-15，上进下出式循环倍率取7～8，故

$$q_v=n_x\cdot q_z\cdot V_z=(7\sim8)\times838\times1.49\times10^{-3}=(8.7\sim10)m^3/h$$

4.9.6 冷间冷却设备的选择和计算

1. 知识要点

（1）定义：制冷系统中排管、冷风机和其他类型蒸发器的总称，是制冷系统中产生冷效应的低压换热设备。

（2）选型：选择形式→计算冷却面积→确定具体的型号和台数。《教材（第三版2018）》P743表4.9-22。

(3) 冷间内冷却设备的设计计算

1) 顶排管、墙排管和搁架式排管的计算温差，可取算术平均温差，并不宜大于10℃；

2) 空气冷却器的计算温差，应采用对数传热平均温差，可取7～10℃。

(4) 冷却设备传热系数的计算

1) 光排管传热系数：$K=K'C_1C_2C_3$；

2) 氨搁架式传热系数：《教材（第三版2018)》P744表4.9-23。

2. 超链接

《教材（第三版2018)》P743～745。

3. 例题

【多选】有关冷库冷间设备选择，正确的说法是下列哪几项？(2012-1-69)

(A) 冷却间的冷却设备应采用空气冷却器

(B) 冷却物冷藏间的冷却设备应采用空气冷却器

(C) 冻结物冷藏间的冷却设备应采用空气冷却器

(D) 包装间的冷却设备应采用空气冷却器

参考答案：AB

解析：根据《教材（第三版2018)》P743或《冷库规》6.2.6.2。

4.9.7 冷库冷间冷却设备的除霜

1. 知识要点

(1) 光排管以扫霜为主，结合热氨融霜。

(2) 空气冷却器的除霜方法：《教材（第三版2018)》P745表4.9-24。

大部分冷库采用先热氨除霜，再水除霜。

(3) 热氨除霜系统的设计要求：

1) 融霜用热氨管应连接在除油装置之后，其起端应装设截止阀，不冲霜时关闭排气管；

2) 每个热氨除霜的库房，必须设置单独的热氨阀和排液阀；

3) 热氨总管及热氨分配站应设有压力表，热氨融霜时，系统压力一般控制在0.6～0.8MPa；

4) 空气冷却器宜设人工指令自动除霜装置。

(4) 水除霜系统的设计要求：

1) 空气冷却器的冲霜淋水延续时间按每次15～20min，冲霜水宜回收利用；

2) 空气冷却器冲霜配水装置前的自由水头应满足冷风机要求，进水压力不应小于49kPa；

3) 冲霜给水管应有坡度，坡向空气冷却器，管道上应设泄空装置并应有防结露措施；

4) 冷库冲霜水系统调节站宜集中设置，并应设置泄空装置。当环境温度低于0℃，应采取防冻措施，有自控要求的冷间，冲霜水电动阀前后段应设泄空装置，并应采取防冻措施；

5) 速冻装置及对卫生有特殊要求冷间的冷风机冲霜水宜采用一次性用水。

2. 超链接

《教材（第三版 2018）》P745～746。

3. 例题

（1）【多选】关于夏热冬冷地区设置冷库除霜系统的下列说法，哪几项是错误的?（2014-1-68）

（A）荔枝冷藏间的空气冷却器设备应设置除霜系统

（B）红薯冷藏间的空气冷却器设备应设置除霜系统

（C）蘑菇冷藏间的空气冷却器设备应设置除霜系统

（D）全脂奶粉冷藏间的空气冷却器设备应设置除霜系统

参考答案：BD

解析：根据《教材（第三版 2018）》P709，可查得，荔枝、红薯、蘑菇和全脂奶粉的贮藏室温分别为：1～2℃、15℃、0℃和 21℃，空气冷却器盘管低于 0℃时需要设置除霜系统，BD 选项明显不需要设置除霜系统，A 选项有争议，在室温 1～2℃的情况下，考虑到盘管的换热温差，其盘管的表面温度一般会低于 0℃，因此需要设置除霜系统。

（2）【单选】某大型冷库采用氨制冷系统，主要有：制冰间、肉类冻结间（带速冻装置）、肉类冷藏间、水果（西瓜、芒果等）冷藏间等组成，关于该冷库除霜的措施、说法，下列何项是正确的?（2014-2-36）

（A）所有冷间的空气冷却器设备都应考虑除霜措施

（B）除霜系统只能选用一种除霜方式

（C）水除霜系统不适合用于光滑墙排管

（D）除霜水的计算淋水延续时间按每次 15～20min

参考答案：D

解析：

A 选项：根据《教材（第三版 2018）》P708～709 表 4.8-10 可知，西瓜和芒果的储藏温度在 10℃以上，房间内的空气冷却器不需考虑除霜；

B 选项：根据《教材（第三版 2018）》P745 表 4.9-24，列出了多重除霜方式；

C 选项：教材以及相关资料并未提及水除霜不可以用于光滑墙排管；

D 选项：根据《教材（第三版 2018）》P746，冲霜淋水延续时间按每次 15～20min。

4. 真题归类

2007-1-34、2013-2-65、2014-1-68、2014-2-36。

4.9.8 冷库制冷剂管道设计

1. 知识要点

（1）管道压力设计：《教材（第三版 2018）》P746 表 4.9-25。

（2）管材：无缝钢管。

（3）管径的选择：

1）制冷剂回气管允许压力降相当于制冷剂饱和温度降低 1℃；

2）制冷剂排气管允许压力降相当于制冷剂饱和温度升高 0.5℃。

（4）氨制冷管道允许压力降：《教材（第三版 2018）》P747 表 4.9-27。

（5）氨制冷管道允许流速：《教材（第三版 2018）》P747 表 4.9-28。

（6）制冷剂管道布置：《教材（第三版 2018）》P747～P748。

（7）气密性试验：《教材（第三版 2018）》P748 表 4.9-29。

（8）管道和设备保冷、保温与防腐

1）导致过冷损失、产生凝露和易形成冷桥的部位均应保温；

2）穿过墙体、楼板的保温管道，保冷材料应连续；

3）融霜的热气管应做保温；

4）制冷管道和设备应涂防锈底漆和色漆，冷间光盘管可仅刷防锈漆。

2. 超链接

《教材（第三版 2018）》P746～749。

3. 例题

【多选】有关冷库制冷剂管路设计，正确的说法是下列哪几项？（2012-2-69）

（A）冷库制冷系统管道的设计压力应采用 2.5MPa

（B）冷库制冷系统管道的设计压力因工作状况不同而不同

（C）冷库制冷系统管道的设计压力因制冷剂不同而不同

（D）冷库制冷系统管道高压侧是指压缩机排气口到冷凝器入口的管道

参考答案：BC

解析：根据《教材（第三版 2018）》P746 表 4.9-25 或《冷库规》6.5.2。

4. 真题归类

2012-2-69、2016-2-37。

4.9.9 冷库制冷系统的自动控制和安全保护装置

1. 知识要点

（1）冷库制冷系统的自动控制：保护装置，操作控制和监测系统。

（2）温度监测功能

1）低温设定：防止冷藏品冻结，达到设定值，冷却设备停止运转；

2）高温设定：防止冷藏品变质；

3）警报延时：延时范围内恢复到正常参数，警报自动取消，避免频繁报警；

4）除霜过程：自动锁闭蒸发器温度功能的报警。

（3）冷库制冷系统的安全保护装置：《教材（第三版 2018）》P749 表 4.9-30。

2. 超链接

《教材（第三版 2018）》P749～750。

4.9.10 装配式冷库

1. 知识要点

（1）特点

1）隔热层为聚氨酯，导热系数为 0.023W/（m·K）；隔热层为聚苯乙烯，导热系数为 0.04W/（m·K）；

2）构件均是按统一标准在工厂成套预制，在工地现场组装；

3）抗压强度高，抗震性能好；

4）拆装灵活，安装方便。

（2）分类：

1）按使用场所：室内型和室外型；

2）按冷却方式：水冷和风冷；

3）按冷分配类型：冷风式和排管式；

4）按库房结构：单间型和分隔型。

2. 超链接

《教材（第三版2018）》P753～756。

3. 例题

（1）【单选】装配式冷库与土建冷库比较，下列何项说法是不合理的？（2013-2-37）

（A）装配式冷库比土建冷库组合灵活、安装方便

（B）装配式冷库比土建冷库的建设周期短

（C）装配式冷库比土建冷库的运行能耗显著降低

（D）制作过程中，装配式冷库的绝热材料比土建冷库的绝热材料隔热、防潮性能更易得到控制

参考答案：C

解析：根据《教材（第三版2018）》P753，根据装配式冷库的优点可知ABD选项正确，C选项：一般土建冷库的导热系数要小于装配式冷库，因此C选项不合理。

（2）【单选】装配式冷库实际采用隔热层材料的导热系数数值应为以下哪一项数值？（2007-2-36）

（A）≤0.018W/（m·K）　　（B）≤0.023W/（m·K）

（C）≤0.040W/（m·K）　　（D）≤0.045W/（m·K）

参考答案：B

解答：根据《教材（第三版2018）》P753，“装配式冷库隔热层为聚氨酯时，导热系数为0.023W/（m·K）；隔热层为聚苯乙烯时，导热系数为0.040W/（m·K）”。但根据《教材（第三版2018）》P754，“目前市场上销售的装配式冷库，生产厂家在制作时均采用聚氨酯保温预制板”，因此选B选项。

4. 真题归类

2007-2-36、2013-2-37。

4.9.11 冷库运行节能与节能改造

1. 知识要点

（1）运行节能的基本措施

1）冻结间不进行冻结加工时，应通过设置的自动控温装置，使房间温度控制在−8±2℃范围；

2）根据冷库贮藏物品而变化，合理调节需要的冷间室温，避免不需要冷间低温情况出现，并将冷间温度与蒸发温度温差控制在7～10℃；

3）尽量安排制冷机组夜间运行，冷凝温度低，同时错峰用电；

4）同一制冷系统服务的冷间，应避免或减少不同蒸发温度冷间并联运行时段；

5）对于需要通风换气的冷间，选取室外气温较低的时段进行；

6）合理堆放货物，避免气流不畅；

7）合理采用除霜方式，做好冷间冷却设备的及时除霜，并尽量减少除霜的耗水或耗电。实现回收利用融霜水作为冷凝器的冷却用水。

8）减少频繁冷库门的开启，增设PVC门帘或空气幕，尽量采用机械化作业，减少作业人员数量。合理控制库房照度及开闭时间。

（2）冷库的节能改造

1）采用闭孔的聚氨酯发泡塑料（低温库）或聚苯乙烯泡沫塑料（高、中温库），并加厚隔热层厚度；消除或减少围护结构冷桥；冷库外墙采用减少太阳辐射的涂料；完善围护结构的防潮、隔汽措施；

2）完善或增加冷库自控控制系统，实现实时监控和智能化运行；

3）采用能效比高的制冷设备，采用冷凝回收机组，采用“蒸发式冷凝器”替代传统的“壳管式冷凝器+冷却塔”。

2. 超链接

《教材（第三版 2018）》P757。

4.9.12 冷库相关资料

例题：

2012-1-38、2012-2-37、2012-1-68。

第5章　绿　色　建　筑

5.1 绿色建筑及其基本要求

5.1.1 绿色建筑的定义

1. 知识要点
(1) 绿色民用建筑定义;
(2) 绿色民用建筑的核心:"四节一环保";
(3) 绿色工业建筑的核心:"四节二保一加强"。
2. 超链接
《教材(第三版2018)》P758~759。

5.1.2 节能建筑、低碳建筑和生态建筑

1. 知识要点
(1) 节能建筑
1) 内容;
2) 特征;
3) 考虑因素。
(2) 低碳建筑
1) 概念;
2) 碳排量的计算方法;
3) 碳排放强度:化石能源、生物质能源、可再生能源等;
(3) 生态建筑
2. 超链接
《教材(第三版2018)》P759~764。

5.1.3 绿色建筑的基本要求

1. 知识要点
(1) 绿色民用建筑的基本要求;
(2) 绿色工业建筑的基本要求。
2. 超链接
《教材(第三版2018)》P764~765。

5.2 绿色民用建筑运用的暖通空调技术

5.2.1 节能与能源利用

1. 知识要点

(1) 建筑热工设计;
(2) 暖通空调设计;
(3) 可再生能源利用。
2. 超链接
《教材(第三版 2018)》P766~779。

5.2.2 室内环境质量

1. 知识要点
(1) 加强自然通风;
(2) 防止围护结构的内表面发生结露;
(3) 控制围护结构内表面的最高温度;
(4) 采取可调节的遮阳措施;
(5) 提供适宜的供暖和(或)空调系统(设备)。
2. 超链接
《教材(第三版 2018)》P779~781。

5.3 绿色工业建筑运用的暖通空调技术

5.3.1 节能与能源利用

1. 知识要点
(1) 建筑围护结构热工参数;
(2) 合理采用自然通风;
(3) 采用有效的节能供暖、空调系统;
(4) 暖通、动力设备的能效值。
2. 超链接
《教材(第三版 2018)》P784~791。

5.3.2 室内环境与职业健康

1. 知识要点
(1) 厂房内的空气温度、湿度、风速;
(2) 辅助生产建筑的室内空气质量;
(3) 生产厂房内有害物质浓度;
(4) 室内最小新风量;
(5) 建筑内噪声;
(6) 建筑内振动。
2. 超链接
《教材(第三版 2018)》P792~794。

5.4 绿色建筑的评价

5.4.1 绿色建筑评价标准

1. 知识要点

(1) 绿色建筑评价标准；

(2) 绿色工业建筑评价标准；

(3) 国外绿色建筑评价标准。

2. 超链接

《教材（第三版 2018）》P795～801。

5.4.2 绿色建筑的评价

1. 知识要点

(1) 分类；

(2) 技术依据；

(3) 原则。

2. 超链接

《教材（第三版 2018）》P802～803。

3. 绿建真题归类

2013-1-37、2013-2-38、2013-1-69、2013-2-69、2014-1-37、2014-2-38、2014-1-69、2014-2-69、2016-1-37、2016-2-38、2016-2-69、2017-2-69、2018-1-37、2018-1-69、2018-2-38、2018-2-69。

第 6 章　水、燃气

6.1 室 内 给 水

6.1.1 室内给水水质和用水量计算

1. 知识要点

（1）室内给水水质；

（2）用水量计算。

注：最高日用水量、热水最高日平均小时耗热量无需乘小时变化系数 k_h；最大小时用水量、热水设计小时耗热量需乘小时变化系数 k_h。

2. 超链接

《教材（第三版 2018）》P804～807；《给水排水规》。

3. 给水真题归类

2006-1-70、2006-2-38、2007-2-69；2007-2-70、2010-2-38、2011-2-38、2013-1-39、2013-2-70、2014-1-39、2016-1-38、2016-1-39、2016-1-70、2017-1-40、2017-2-39、2018-1-40。

6.1.2 热水供应

1. 知识要点

（1）热水系统组成；

（2）热水水质、用水定额和水温；

（3）耗热量和热水量的计算。

2. 超链接

《教材（第三版 2018）》P807～810；《给水排水规》5。

6.1.3 热泵热水机

1. 知识要点

（1）分类：空气源热泵热水机和水源热泵热水机。

1）空气源热泵热水机空气源侧融霜的试验条件：《教材（第三版 2018）》P811 表 6.1-2；

2）名义工况时的性能系数：《教材（第三版 2018）》P811 表 6.1-3。

（2）应用及影响性能系数的主要因素；

（3）热水设计；

（4）太阳能热水器

1）太阳能热水系统应按照《民用建筑太阳能热水系统应用技术规范》GB 50364 设计；

2）太阳能热水系统应安全可靠，并应根据不同地区采取防冻、防结露、防过热、防雷、抗雹、抗风和抗震的措施。

3）太阳能供暖知识点详见“上册 1.13 节——太阳能供暖”。

2. 超链接

《教材（第三版 2018）》P810～813；《公建节能》5.3.3 及条文说明。

3. 例题

【单选】关于热泵热水机的表述，以下何项是正确的？（2014-1-38）

（A）空气源热泵热水机一般分成低温型、普通型和高温型三种

（B）当热水供应量和进、出水温度条件相同，位于广州地区和三亚地区的同一型号、规格的空气源热泵热水机，二者全年用电量相同

（C）当热水供应量和进、出水温度条件相同，位于广州地区和三亚地区的同一型号、规格的空气源热泵热水机的全年用电量，前者高于后者

（D）普通型空气源热泵热水机的试验工况规定的空气侧的干球温度为 20℃

参考答案：C

解答：BC 选项：根据《民规》附录 A 可知广州的年平均温度为 22.0℃，低于三亚的 25.8℃，因此在其他条件均相同的情况下，同一机组在广东的全年用电量高于三亚，C 选项正确；AD 选项：根据《商业或工业用及类似用途的热泵热水机》GB 21362—2008 表 1，A 选项应为普通型和低温型，D 选项没明确是哪种工况。

4. 热水真题归类

（1）2006-1-39、2008-2-38、2013-2-39、2014-1-40、2016-1-40。

（2）热泵热水机：2014-1-38、2017-1-38。

6.2 室内排水

6.2.1 室内污水系统特点

1. 知识要点

（1）特点；

（2）管内压力。

2. 超链接

《教材（第三版 2018）》P813～814；《给水排水规》4。

6.2.2 排水设计秒流量

1. 知识要点

（1）卫生器具排水定额；

（2）设计秒流量。

2. 超链接

《教材（第三版 2018）》P814～815；《给水排水规》4.4。

3. 排水真题归类

2006-2-69、2007-2-39、2008-1-39、2008-1-70、2008-2-70、2009-2-39、2009-2-40、

2011-1-39、2012-1-39、2012-2-70、2014-2-40、2014-2-70、2009-2-70、2017-2-70、2018-1-38。

6.3 燃 气 供 应

超链接

《教材（第三版 2018）》P815～822；《燃气设计规》；《燃气技术规》。

6.3.1 燃气供应

1. 知识要点

（1）燃气及燃气管道；

（2）调压站与调压装置。

2. 超链接

《教材（第三版 2018）》P815～817。

6.3.2 室内燃气应用

1. 知识要点

（1）燃气系统的构成；

（2）燃气管道；

（3）用气设备。

2. 超链接

《教材（第三版 2018）》P817～821。

6.3.3 室内燃气管道计算流量

1. 知识要点

（1）居民生活用燃气计算流量；

（2）流量估算公式。

2. 超链接

《教材（第三版 2018）》P821～822。

3. 燃气真题归类

2006-1-40、2007-1-38、2008-2-39、2008-2-40、2009-1-40、2009-2-38、2009-1-70、2010-2-39、2010-2-40、2010-1-70、2011-1-40、2011-2-39、2011-2-40、2011-1-70、2012-2-39、2012-2-40、2013-1-38、2013-1-40、2013-2-40、2013-1-70、2014-2-39、2014-1-47、2014-1-70、2016-2-39、2016-2-40、2016-2-70、2007-2-40、2017-1-39、2017-1-70、2017-2-40、2018-1-39、2018-1-70、2018-2-40。

附录 1 《通风施规》目录索引

1. 总则

2. 术语

3. 基本规定

4. 金属风管与配件制作

4.1 一般规定

4.1.1 技术和工艺、加工方式；4.1.2 制作前的施工条件；4.1.3 洁净空调系统风管材质的选用、制作场地要求；4.1.4 制作前与制作后的清洁要求；4.1.5 圆形、矩形风管规格；4.1.6 板材最小厚度规定；4.1.7 制作要求；4.1.8 风管制作加工前要求；4.1.9 成品保护措施内容；4.1.10 安全和环境保护措施内容。

4.2 金属风管制作

4.2.1 制作工序；4.2.2 板材或型材的复检；4.2.3 板材的划线与剪切规定；4.2.4 风管板材拼接及接缝；4.2.5 风管板材拼接为铆接连接时要求；4.2.6 风管板材采用咬口连接规定；4.2.7 风管焊接连接规定；4.2.8 风管法兰制作规定；4.2.9 风管与法兰组合成型规定；4.2.10 薄钢板法兰风管制作规定；4.2.11 成型的矩形风管薄钢板法兰规定；4.2.12 矩形风管 C 形、S 形插条制作和连接规定；4.2.13 矩形风管立咬口或包边咬口连接时要求；4.2.14 圆形风管连接形式及适用范围规定；4.2.15 风管加固。

4.3 配件制作

4.3.1 主要配件厚度及材质规定；4.3.2 矩形风管的弯头；4.3.3 矩形风管弯头的导流叶片规定；4.3.4 圆形风管弯头弯曲半径及分段数规定；4.3.5 变径管单面、双面变径夹角、圆形风管配件夹角。

4.4 质量检查

5. 非金属与复合风管及配件制作

5.1 一般规定

5.1.1 风管材料的防火性能；5.1.2 板材的技术参数及适用范围；5.1.3 制作前的施工条件；5.1.4 制作形式依据、连接形式及适用范围；5.1.5 使用胶粘剂或密封胶带前的清洁；5.1.6 风管及法兰制作允许偏差；5.1.7 成品保护措施内容；5.1.8 安全与环境保护措施内容。

5.2 聚氨酯铝箔与酚醛铝箔复合风管及配件制作

5.2.1 制作工序；5.2.2 板材放样下料规定；5.2.3 风管粘接成型规定；5.2.4 插接连接件或法兰与风管连接规定；5.2.5 加固与导流叶片安装规定；5.2.6 三通制作的开口方式及规定。

5.3 玻璃纤维复合风管与配件制作

5.3.1 制作工序；5.3.2 板材放样下料规定；5.3.3 风管粘接成型规定；5.3.4 法兰或插接连接件与风管连接规定；5.3.5 风管加固与导流叶片安装规定。

5.4 玻镁复合风管与配件制作

5.4.1 制作工序；5.4.2 板材放样下料规定；5.4.3 胶粘剂的配置及要求；5.4.4 组合粘接成型规定；5.4.5 风管加固与导流叶片安装规定。

5.4 硬聚氯乙烯风管与配件制作

5.5.1 制作工序；5.5.2 板材放样下料规定；5.5.3 风管加热成型规定；5.5.4 法兰制作规定；5.5.5 风管与法兰焊接规定；5.5.6 风管加固；5.5.7 伸缩节或软接头设置要求。

5.6 质量检查

6. 风阀与部件制作

6.1 一般规定

6.1.1 材料要求；6.1.2 成品风阀及部件要求。

6.2 风阀

6.2.1 成品风阀质量规定；6.2.2 手动调节阀要求；6.2.3 电动、气动调节风阀要求；6.2.4 防火阀和排烟阀（排烟口）要求；6.2.5 止回风阀要求；6.2.6 插板风阀要求；6.2.7 三通调节风阀手柄开关、板阀要求。

6.3 风罩与风帽

6.3.1 风罩与风帽制作要求；6.3.2 现场制作的风罩尺寸及构造规定；6.3.3 现场制作的风帽尺寸及构造规定。

6.4 风口

6.4.1 成品风口要求；6.4.2 百叶风口叶片两端轴的中心；6.4.3 散流器的扩散环和调节环要求；6.4.4 孔板风口的孔口要求；6.4.5 旋转式风口活动件要求；6.4.6 球形风口内外球面间的配合要求。

6.5 消声器、消声风管、消声弯头及消声静压箱

6.5.1 制作及加工要求；6.5.2 外壳及框架结构制作规定；6.5.3 消声材料要求；6.5.4 消声材料填充后、覆面材料的拼接要求；6.5.5 内外金属构件表面要求；6.5.6 制作完成后要求。

6.6 软接风管

6.6.1 软接风管接缝要求；6.6.2 材料的选用及规定；6.6.3 柔性短管制作规定；6.6.4 柔性风管的截面尺寸、壁厚、长度要求。

6.7 过滤器

6.7.1 成品过滤器选用依据、规格、速度、效率、阻力和容尘量、框架与过滤材料要求。

6.8 风管内加热器

6.8.1 加热形式、用电参数、加热量要求；6.8.2 外框要求；6.8.3 进场要求。

6.9　质量检查

7. 支吊架制作与安装

7.1　一般规定

7.1.1 固定方式及配件使用要求及规定；7.1.2 预埋件位置；7.1.3 空调风管和冷热水管的支吊架的绝热衬垫规定；7.1.4 成品保护措施；7.1.5 安全和环境保护措施内容。

7.2　支吊架制作

7.2.1 制作前施工条件；7.2.2 制作工序；7.2.3 支吊架形式的依据；7.2.4 型钢材料选用规定；7.2.5 制作前的矫正、型钢切割规定；7.2.6 型钢的开孔与开孔尺寸要求；7.2.7 采用圆钢制作 U 形卡要求；7.2.8 支吊架焊接要求；7.2.9 防腐处理。

7.3　支吊架安装

7.3.1 安装前施工条件；7.3.2 制作工序；7.3.3 预埋件形式、规格及位置要求；7.3.4 定位放线时位置确定及最大允许间距；7.3.5 固定件安装规定；7.3.6 风管系统安装规定；7.3.7 水管系统安装规定；7.3.8 制冷剂系统管道安装规定；7.3.9 安装后的要求。

7.4　装配式管道吊架安装

7.4.1 吊架选用、安装要求；7.4.2 安装规定。

7.5　质量检查

8. 风管与部件安装

8.1　一般规定

8.1.1 安装前施工条件；8.1.2 风管穿防火、防爆墙体时要求；8.1.3 安装规定；8.1.4 连接的密封材料选用要求、法兰垫料材质厚度规定；8.1.5 法兰垫料的机构形式规定；8.1.6 安装位置及方向要求、防火分区隔墙处防火阀要求；8.1.7 非金属风管或复合风管与金属风管及设备连接时要求；8.1.8 洁净空调系统风管安装规定；8.1.9 穿出屋面及交接处要求；8.1.10 风机盘管送回风口安装位置；8.1.11 空调机组、风机盘管、阀门等设备及部件安装在吊顶内时要求；8.1.12 成品保护措施内容；8.1.13 安全和环境保护措施内容。

8.2　金属风管安装

8.2.1 制作工序；8.2.2 安装前要求测量放线及中心线位置确定；8.2.3 支吊架的安装要求；8.2.4 安装前检查；8.2.5 组合连接时要求；8.2.6 风管连接时规定；8.2.7 支风管与主风管连接；8.2.8 安装后调整、顺直要求。

8.3　非金属与符合风管安装

8.3.1 制作工序；8.3.2 安装前要求测量放线及中心线位置确定；8.3.3 支吊架的安装要求；8.3.4 安装前检查；8.2.5 连接规定；8.2.6 复合风管连接要求；8.3.7 安装后调整、顺直要求。

8.4　软接风管安装

8.4.1 柔性短管安装接口形式；8.4.2 风管设备连接处要求；8.4.3 风管穿越变形缝时要求；8.4.4 连接的规定。

8.5 风口安装

8.5.1 风管与风口连接时要求；8.5.2 风口与主风管的连接要求；8.5.3 风口安装位置、室内同类型风口；8.5.4 吊顶风口安装。

8.6 风阀安装

8.6.1 带法兰的风阀与非金属风管或复合风管插接连接时要求；8.6.2 阀门安装方向、斜插板风阀、手动密闭安装要求；8.6.3 支吊架安装；8.6.4 电动、启动调节阀安装要求。

8.7 消声器、静压箱、过滤器、风管内加热器安装

8.7.1 消声器、静压箱安装时要求；8.7.2 消声器、静压箱等设备与金属风管连接时法兰要求；8.7.3 消声器、静压箱等设备与非金属风管连接时法兰要求；8.7.4 回风箱作为静压箱时回风口要求；8.7.5 过滤器的种类、规格及安装要求；8.7.6 风管内电热器安装规定。

8.8 质量检查

9. 空气处理设备安装

9.1 一般规定

9.1.1 安装前施工条件；9.1.2 运输吊装规定；9.1.3 安装要求规定；9.1.4 成品保护措施内容；9.1.5 安全和环保措施内容。

9.2 空调末端装置安装

9.2.1 安装内容；9.2.2 安装工序；9.2.3 风机盘管、变风量空调末端装置的叶轮要求；9.2.4 风机盘管、空调末端装置安装时要求；9.2.5 风机盘管、空调末端装置安装要求；9.2.6 诱导器安装要求、一次风调节阀；9.2.7 变风量空调末端装置；9.2.8 直接蒸发冷却式室内机、制冷剂管道材料、冷凝水管道敷设。

9.3 风机安装

9.3.1 安装工序；9.3.2 风机安装前及通电试验；9.3.3 风机落地安装的基础标高、位置及主要尺寸、预留洞的位置和深度、基础表面要求；9.3.4 分机安装规定；9.3.5 风机与风管连接时要求。

9.4 空气处理机组与空气热回收装置安装

9.4.1 安装工序；9.4.2 空气处理机组安装前要求、手盘叶轮叶片；9.4.3 基础表面、基础高度及基础旁要求；9.4.4 设备吊装安装要求；9.4.5 组合式空调机组及空气热回收装置的现场组装；9.4.6 过滤网安装要求；9.4.7 组合式空调机组的配管要求；9.4.8 空气热回收装置配管安装、接管方向。

9.5 质量检查

10. 空调冷热源与辅助设备安装

10.1 一般规定

10.1.1 适用范围；10.1.2 安装前施工条件；10.1.3 运输和吊装规定；10.1.4 安装要求规定；10.1.5 成品保护措施内容；10.1.6 安全和环境保护措施内容。

10.2 蒸汽压缩式制冷（热泵）机组安装

10.2.1 安装工序；10.2.2 基础要求规定；10.2.3 运输和吊装要求；10.2.4 安装规定；10.2.5 配管规定；10.2.6 空气源热泵机组安装规定。

10.3　吸收式制冷机组安装

10.3.1 安装工序；10.3.2 基础规定；10.3.3 运输和吊装要求；10.3.4 安装规定；10.3.5 燃油吸收式制冷机组安装规定；10.3.6 排烟出口设置要求；10.3.7 水管配管要求。

10.4　冷却塔安装

10.4.1 安装工序；10.4.2 基础规定；10.4.3 运输吊装规定；10.4.4 安装规定；10.4.5 配管规定。

10.5　换热设备安装

10.5.1 安装工序；10.5.2 基础规定；10.5.3 运输吊装规定；10.5.4 安装规定；10.5.5 换热设备与管道冷热介质进出口的接管要求、流量控制阀要求；10.5.6 安装保护措施及内容。

10.6　蓄热蓄冷设备安装

10.6.1 安装工序；10.6.2 蓄冷设备基础规定；10.6.3 蓄冰槽、蓄冰盘管吊装规定；10.6.4 蓄冰盘管布置要求；10.6.5 蓄冰设备机关规定；10.6.6 管道系统试压和清洗时要求；10.6.7 冰蓄冷系统管道充水时要求；10.6.8 乙二醇溶液的填充规定；10.6.9 现场制作水蓄冷蓄热罐时焊接要求。

10.7　软化水装置安装

10.7.1 安装工序；10.7.2 安装场地；10.7.3 安装规定；10.7.4 配管规定。

10.8　水泵安装

10.8.1 安装工序；10.8.2 基础规定；10.8.3 减振装置安装规定；10.8.4 就位安装规定；10.8.5 吸入管安装规定；10.8.6 出水管安装规定。

10.9　制冷制热附属设备安装

10.9.1 安装工序；10.9.2 基础规定；10.9.3 就位安装规定。

10.10　质量检查

11. 空调水系统管道与附件安装

11.1　一般规定

11.1.1 安装前施工条件；11.1.2 管道穿过地下室或地下构筑物外墙时要求；11.1.3 管道穿楼板和墙体设置套管规定；11.1.4 管道穿越变形缝处要求；11.1.5 弯曲半径规定；11.1.6 成品保护措施内容；11.1.7 安全和环境保护措施内容。

11.2　管道连接

11.2.1 管道连接规定；11.2.2 螺纹连接规定；11.2.3 熔接规定；11.2.4 焊接规定；11.2.5 焊接位置规定；11.2.6 法兰连接规定；11.2.7 沟槽连接规定。

11.3　管道安装

11.3.1 管道与附件安装工序；11.3.2 水系统管道预制规定；11.3.3 水系统管道支吊架制作与安装；11.3.4 管道安装规定；11.3.5 冷凝水管道安装规定；11.3.6 水压试验、冷凝水通水试验；11.3.7 管道与设备连接前冲洗试验。

11.4　阀门与附件安装

11.4.1 位置要求；11.4.2 阀门安装规定；11.4.3 电动阀门安装规定；11.4.4

安全阀安装规定；11.4.5 过滤器安装及连接要求；11.4.6 制冷机组的冷冻水与冷却水管道水流开关安装要求；11.4.7 补偿器的补偿量和安装位置规定；11.4.8 仪表安装、压力表连接要求。

11.5 质量检查

12. 空调制冷剂管道与附件安装

12.1 一般规定

12.1.1 适用范围；12.1.2 安装前施工条件；12.1.3 穿墙或楼板处套管设置；12.1.4 管道弯曲半径、铜管煨弯及椭圆率；12.1.5 不锈钢管、铜管、无缝钢管连接；12.1.6 成品保护措施内容；12.1.7 安全和环境保护措施。

12.2 管道安装

12.2.1 安装工序；12.2.2 管道预制；12.2.3 支吊架的制作与安装；12.2.4 管道与附件安装规定；12.2.5 分体式空调制冷剂管道安装规定；12.2.6 系统吹污、气密性试验、抽真空试验以及系统充制冷剂。

12.3 阀门与附件安装

12.3.1 阀门安装前要求；12.3.2 阀门及附件安装规定。

12.4 质量检查

13. 防腐与绝热

13.1 一般规定

13.1.1 施工前施工条件；13.1.2 空调设备绝热施工时要求；13.1.3 施工完成后规定；13.1.4 成品保护措施内容；13.1.5 安全与环境保护措施内容。

13.2 管道与设备防腐

13.2.1 施工前施工条件；13.2.2 施工工序；13.2.3 防腐施工前清洁除锈要求；13.2.5 管道与设备油污清除；13.2.6 涂刷防腐涂料规定。

13.3 空调水系统管道与设备绝热

13.3.1 施工前施工条件；13.3.2 施工工序；13.3.3 施工前清洁要求；13.3.4 涂刷胶粘剂和粘接固定保温钉规定；13.3.5 施工规定；13.3.6 防潮层与绝热层规定；13.3.7 保护层施工规定。

13.4 空调风管系统与设备绝热

13.4.1 施工前施工条件；13.4.2 施工工序；13.4.3 镀锌钢板风管和冷轧板金属风管绝热施工前要求；13.4.4 风管绝热层保温钉固定时规定；13.4.6 绝热层施工规定；13.4.7 绝热材料粘接固定规定；13.4.8 绝热材料使用保温钉固定后要求；13.4.9 防潮层施工；13.4.10 风管金属保护壳的施工。

13.5 质量检查

14. 检测与控制系统安装

14.1 一般规定

14.1.1 安装前施工条件；14.1.2 安装要求；14.1.3 安装时措施；14.1.4 不同系统对接时要求。

14.2 现场监控仪表与设备安装

14.2.1 压力传感器导压管规定；14.2.2 风管上安装空气压力（压差）传感器

要求；14.2.3 液体压差传感器（压差开关）安装规定；14.2.4 温度传感器安装规定；14.2.5 温湿度传感器安装规定；14.2.6 空气质量传感器安装规定；14.2.7 流量传感器安装规定；14.2.8 落地式机柜安装基础、控制柜基础设置要求；14.2.9 壁挂式机柜的安装要求。

14.3 线管与线槽安装及布线

14.3.1 线管与线槽安装及布线要求；14.3.2 强弱电线辐射要求；14.3.3 线缆（光缆）敷设要求规定；14.3.4 设备接线规定。

14.4 中央监控与管理系统安装

14.4.1 监控室安装前条件；14.4.2 布置与安装规定。

14.5 质量检查

15. 检测与试验

15.1 一般规定

15.1.1 项目内容；15.1.2 检测与试验前条件；15.1.3 仪表选择依据；15.1.4 检测要求；15.1.5 用水要求及水压试压要求；15.1.6 成品保护措施内容；15.1.7 安全和环境保护措施内容。

15.2 风管强度与严密性试验

15.2.1 风管强度与严密性试验制作风管要求；15.2.2 风管严密性试验方法及漏风量测试要求；15.2.3 风管的允许漏风量规定；15.2.4 风管强度试验要求。

15.3 风管系统严密性试验

15.3.1 风管系统严密性试验规定；15.3.2 风管系统漏风量检测要求；15.3.3 风管系统漏风量测试规定。

15.4 水系统阀门水压试验

15.4.1 阀门进场检验时要求；15.4.2 阀门强度试验规定；15.4.3 阀门严密性规定。

15.5 水系统管道水压试验

15.5.1 水系统管道水压试验规定；15.5.2 分区域分段水压试验规定；15.5.3 系统管路水压试验规定。

15.6 冷凝水管道通水试验

15.6.1 冷凝水管道通水试验规定。

15.7 管道冲洗试验

15.7.1 管道冲洗时隔离措施；15.7.2 冲洗试验介质及温度；15.7.3 冲洗试验要求。

15.8 开式水箱满水试验和换热器及密闭容器水压试验

15.8.1 开式水箱（罐）满水试验时要求；15.8.2 密闭容器水压试验要求及步骤。

15.9 风机盘管水压试验

15.9.1 风机盘管水压试验规定。

15.10 制冷系统试验

15.10.1 制冷系统安装后吹污要求；15.10.2 系统吹污后，进行气密性试验；

15.10.3 制冷系统抽真空试验要求；15.10.4 制冷系统制冷剂要求。

15.11 通风与空调设备电气检测与试验

15.11.1 电子检测与试验；15.11.2 接地或接零、绝缘电阻限值；15.11.3 配电柜箱指示正常；15.11.4 电动机试通电；15.11.5 电动执行机构动作方向及指示；15.11.6 风机盘管动作。

16. 通风与空调系统试运行与调试

16.1 一般规定

16.1.1 投入使用前，试运行与调试；16.1.2 试运行与调试前要求；16.1.3 实施流程及资料于要求；16.1.4 无生产负荷下的联合试运行与调试及要求；16.1.5 洁净空调系统的试运行与调试规定；16.1.6 成品保护措施内容。

16.2 设备单机试运转与调试

16.2.1 水泵试运转与调试；16.2.2 风机试运转与调试；16.2.3 空气处理机组试运转与调试；16.2.4 冷却塔试运转与调试；16.2.5 风机盘管机组试运转与调试；16.2.6 水环热泵机组试运转与调试。16.2.7 蒸汽压缩式制冷（热泵）机组试运转与调试；16.2.8 吸收式制冷机组试运转与调试；16.2.9 电动调节阀、电动防火阀、防烟排风阀（口）调试。

16.3 系统无生产符合下的联合试运行与调试

16.3.1 系统无生产负荷下的联合试运行与调试前的检查；16.3.2 系统无生产负荷下的联合试运行与调试内容；16.3.3 监测与控制系统的检验、调整与联动运行；16.3.4 系统风量的测定和调整：通风机性能测定、风口风量的测定、系统风量测定和调整；16.3.5 空调水系统流量的测定与调整规定；16.3.6 变制冷剂流量多联机系统联合试运行与调试；16.3.7 变风量系统联合试运行与调试；16.3.8 室内空气参数的测定；16.3.9 防排烟系统测定和调整。

附录 2 《通风验规》目录索引

1. 总则

2. 术语

3. 基本规定

3.0.1 施工验收；3.0.2 工程修改；3.0.3 主材及进场验收；3.0.4 新技术、工艺、材料及设备要求；3.0.5 施工配合、会检及组织；3.0.6 隐蔽工程；3.0.7 分部工程验收及分布验收前提条件；3.0.8 子分部工程验收及合格验收要求；3.0.9 分项工程验收；3.0.10 检验批质量验收抽样；3.0.11 分项工程检验批验收合格质量；3.0.12 施工质量的保修期限；3.0.13 净化空调系统洁净度等级及检测。

4. 风管与配件

4.1 一般规定

4.1.1 风管质量的验收；4.1.2 风管板材、型材及其他主材进场要求、成品风管要求；4.1.3 风管规格：圆形、矩形；4.1.4 风管系统的划分；4.1.5 镀锌钢板及含有复合保护层钢板的连接；4.1.6 风管的密封、密封胶；4.1.7 净化空调系统风管材质。

4.2 主控项目

4.2.1 风管加工质量检测或验证：强度、严密性；4.2.2 防火风管材料防火要求、耐火极限要求；4.2.3 金属风管的制作：厚度、连接及加固；4.2.4 非金属风管的制作：硬聚氯乙烯、玻璃钢风管、砖、混凝土风道、织物布风管；4.2.5 复合材料风管覆面材料及内层绝热材料防火要求；4.2.6 复合材料风管制作：铝箔、夹芯彩钢板；4.2.7 净化空调系统风管制作：内表面、拼接缝、螺栓、螺母、垫圈及铆钉材料及管材性能、间距。

4.3 一般项目

4.3.1 金属风管的制作：法兰连接、无法兰连接、加固；4.3.2 非金属风管的制作：硬聚氯乙烯、有机玻璃、无机玻璃钢、砖混凝土；4.3.3 复合材料风管的制作：风管及法兰允许偏差、双面铝箔、铝箔玻璃纤维、机制玻璃纤维增强氯氧镁水泥；4.3.4 净化空调系统风管制作要求；4.3.5 圆形弯管的曲率半径和分节数及制作偏差；4.3.6 矩形风管弯管；4.3.7 风管变径夹角、圆形风管夹角；4.3.8 防火风管的制作。

5. 风管部件

5.1 一般规定

5.1.1 外购风管部件；5.1.2 风管部件的线性尺寸公差。

5.2 主控项目

5.2.1 风管部件材料；5.2.2 外购风管性能参数；5.2.3 成品风阀的制作；5.2.4

防火阀、排烟阀或排烟口的制作；5.2.5 防爆风阀的制作材料；5.2.6 消声器、消声弯管的制作；5.2.7 防排烟柔性短管材料防火要求。

5.3 一般项目

5.3.1 风管部件动作、制动及定位，法兰规格；5.3.2 风阀的制作；5.3.3 风罩的制作；5.3.4 风帽的制作；5.3.5 风口的制作；5.3.6 消声器、消声静压箱制作；5.3.7 柔性短管的制作；5.3.8 过滤器过滤材料连接；5.3.9 风管内加热器的加热管连接；5.3.10 检查门要求。

6. 风管系统安装

6.1 一般规定

6.1.1 风管系统严密性检验；6.1.2 膨胀螺栓胀锚方法固定要求；6.1.3 净化空调系统风管安装场地要求。

6.2 主控项目

6.2.1 支吊架的安装；6.2.2 风管穿防火、防爆墙体或楼板设置要求、风管与防护套管之间的防火要求；6.2.3 风管安装要求；6.2.4 外表温度高于60°时防烫伤措施；6.2.5 净化空调风管的安装要求；6.2.6 集中式真空吸尘系统安装规定；6.2.7 风管部件安装；6.2.8 风口安装位置、X射线发射房间；6.2.9 风管漏风量尚应满足规定；6.2.10 人防工程染毒区风管连接要求；6.2.11 住宅厨房、卫生间排风道；6.2.12 病毒实验室风管安装。

6.3 一般项目

6.3.1 支、吊架安装；6.3.2 风管系统安装要求；6.3.3 除尘系统风管敷设；6.3.4 集中式真空吸尘器系统安装；6.3.5 柔性短管的安装、柔性风管；6.3.6 非金属风管安装；6.3.7 复合材料风管安装；6.3.8 风阀的安装；6.3.9 排风口、吸风罩的安装；6.3.10 风帽安装；6.3.11 消声器及静压箱安装；6.3.12 风管内过滤器安装；6.3.13 风口的安装；6.3.14 洁净室（区）内风口的安装。

7. 风机与空气处理设备安装

7.1 一般规定

7.1.1 风机与空气处理设备要求；7.1.2 设备安装前要求；7.1.3 设备就位前要求。

7.2 主控项目

7.2.1 风机及风机箱的安装；7.2.2 通风机外露部位、进出风口安装；7.2.3 单元式与组合式空气处理设备的安装；7.2.4 空气热回收装置的安装；7.2.5 空调末端设备的安装；7.2.6 除尘器的安装；7.2.7 高效过滤器安装要求；7.2.8 风机过滤器单元的安装；7.2.9 洁净层流罩的安装；7.2.10 静电式空气净化装置的金属外壳；7.2.11 电加热器安装；7.2.12 过滤吸收器的安装。

7.3 一般项目

7.3.1 风机及风机箱的安装；7.3.2 空气风幕机的安装；7.3.3 单元式空调机组安装；7.3.4 组合式空调机组、新风机组的安装；7.3.5 空气过滤器的安装；7.3.6 蒸汽加湿器的安装；7.3.7 紫外线与离子空气净化装置的安装；7.3.8 空气热回收器安装；7.3.9 风机盘管机组的安装；7.3.10 变风量、定风量末端装置安装；7.3.11 除尘器的安装；7.3.12 现场组装静电除尘器规定；7.3.13 现场组装布袋除尘器的安装；7.3.14 洁净室空气净化设备的安装；7.3.15 装配式洁净室的安装；7.3.16 空气吹淋室的安装；7.3.17 高效过滤器与层流罩的安装。

8. 空调用冷（热）源于辅助设备安装

8.1　一般规定

8.1.1 制冷（热）设备、附属设备、管道、管件及阀门的性能及技术参数要求；8.1.2 与制冷（热）机组配套的蒸汽、燃油、燃气供应系统；8.1.3 制冷机组本体的安装、实验、试运转及验收；8.1.4 太阳能空调机组的安装。

8.2　主控项目

8.2.1 制冷机组及附属设备的安装；8.2.2 制冷剂管道系统；8.2.3 直接膨胀蒸发式冷却器；8.2.4 燃油管道系统；8.2.5 燃气管道的安装；8.2.6 组装式的制冷机组和现场充注制冷剂的机组；8.2.7 蒸汽压缩式制冷系统管道、管件和阀门的安装；8.2.8 氨制冷机及其管道、附件、阀门及填料；8.2.9 多联机空调（热泵）系统的安装；8.2.10 空气源热泵机组的安装；8.2.11 吸收式制冷机组的安装。

8.3　一般项目

8.3.1 制冷（热）机组与附属设备的安装；8.3.2 模块式冷水机组单元多台并联组合；8.3.3 制冷剂管道、管件的安装；8.3.4 制冷剂系统阀门的安装；8.3.5 制冷系统的吹扫排污；8.3.6 多联机空调系统的安装；8.3.7 空气源热泵机组规定；8.3.8 燃油系统油泵和蓄冷系统在冷机泵安装；8.3.9 吸收式制冷机组安装。

9. 空调水系统管道与设备安装

9.1　一般规定

9.1.1 镀锌钢管及带有防腐涂层的钢管连接；9.1.2 金属管道的焊接施工；9.1.3 空调用蒸汽管道工程验收；9.1.4 空调水系统采用塑料管管道要求。

9.2　主控项目

9.2.1 空调水系统设备与附属设备的设计要求；9.2.2 管道安装；9.2.3 管道系统水压试验规定；9.2.4 阀门的安装；9.2.5 补偿器的安装；9.2.6 水泵、冷却塔的技术参数和产品性能、管道与水泵的连接；9.2.7 水箱、集水器、分水器与储水罐的试压试验或满水试验；9.2.8 蓄能系统设备的安装；9.2.9 地源热泵系统热交换器的施工。

9.3　一般项目

9.3.1 建筑塑料管道的空调水系统的管道材质及连接方法要求；9.3.2 金属管道与设备的现场焊接；9.3.3 螺纹连接管道、连接及镀锌层；9.3.4 法兰连接管道的法兰面；9.3.5 钢制管道的安装；9.3.6 沟槽式连接管道的沟槽、支吊架的间距；9.3.7 风机盘管机组及其他空调设备与管道的连接、冷凝水排水管的坡度；9.3.8 金属管道的支吊架；9.3.9 聚丙烯管道与金属支吊架之间要求；9.3.10 除污器、自动排气装置等管道部件的安装；9.3.11 冷却塔安装；9.3.12 水泵及附属设备的安装；9.3.13 水箱、集水器、分水器、膨胀水箱等设备安装时支架或底座；9.3.14 补偿器的安装；9.3.15 地源热泵系统地埋管热交换系统的施工；9.3.16 地表水源热泵系统热交换器的长度、形式尺寸及衬垫物；9.3.17 蓄能系统设备的安装。

10. 防腐与绝热

10.1 一般规定

10.1.1 空调设备、风管机器部件的绝热工程施工；10.1.2 制冷剂管道和空调水系统通管道绝热工程施工；10.1.3 防腐、绝热工程施工；10.1.4 风管、管道的支、吊架防腐；10.1.5 防腐绝热工程施工时要求。

10.2 主控项目

10.2.1 风管和管道防腐涂料的品种及涂层层数；10.2.2 风管和管道的绝热层、绝热防潮层和保护层；10.2.3 风管和管道的绝热材料进场；10.2.4 洁净室（区）内的风管和管道的绝热层。

10.3 一般项目

10.3.1 防腐涂料的涂层；10.3.2 设备、部件、阀门的绝热和防腐涂层、经常操作的部位；10.3.3 绝热层；10.3.4 橡塑绝热材料的施工；10.3.5 风管绝热材料采用保温钉固定；10.3.6 管道采用玻璃棉或岩棉管壳保温；10.3.7 风管及管道的绝热防潮层；10.3.8 绝热涂抹材料作绝热层；10.3.9 金属保护壳施工；10.3.10 管道或管道绝热层的外表面。

11. 系统调试

11.1 一般规定

11.1.1 系统调试；11.1.2 系统调试前要求；11.1.3 系统调试所视通的测试仪器；11.1.4 非设计满负荷条件下联合试运转及调试；11.1.5 恒温恒湿空调检测和调整；11.1.6 净化空调系统运行前、检测和调整。

11.2 主控项目

11.2.1 通风与空调工程安装后调试；11.2.2 设备单级试运转及调试；11.2.3 系统非设计满负荷条件下的联合试运转及调试；11.2.4 防排烟系统联合试运行与调试后的结果；11.2.5 净化空调系统；11.2.6 蓄能空调系统的联合试运转及调试；11.2.7 空调制冷系统、空调水系统与空调风系统的非设计满负荷条件下的联合试运转及调试。

11.3 一般项目

11.3.1 设备单机试运转及调试；11.3.2 通风系统非设计满负荷条件下的联合试运行及调试；11.3.3 空调系统非设计满负荷条件下的联合试运转及调试；11.3.4 蓄能空调系统联合试运转及调试；11.3.5 监控设备与系统中的检测元件和执行机构。

12. 竣工验收

12.0.1 竣工验收前要求；12.0.2 竣工验收流程；12.0.3 竣工验收时要求；12.0.4 因季节原因无法带冷或热负荷的试运行与调试要求；12.0.5 竣工验收资料内容；12.0.6 各系统的观感质量；12.0.7 净化空调系统的观感质量检查规定。

附录A　工程质量验收记录用表

附录B　抽样检验

附录C　风管强度及严密性测试

C.1　一般规定

C.1.1 风管强度及严密性测试；C.1.2 风管强度；C.1.3 风管严密性测试、漏风量检测、系统风管漏风量检测及检验样本风管；C.1.4 测试仪器；C.1.5 净化空调系统风管漏风量测试要求。

C.2　测试装置

C.2.1 漏风量测试装置选用；C.2.2 漏风量测试装置；C.2.3 漏风量测试装置的风机风压和风量要求；C.2.4 试验压力的调节、漏风量值得测量环境；C.2.5 压差测定仪器；C.2.6 风管式漏风量测试装置；C.2.7 风室式漏风量测试装置。

C.3　漏风量测试

C.3.1 漏风量正压、负压实验；C.3.2 系统风管漏风量整体或分段进行；C.3.3 漏风量超过设计和规定时的处理；C.3.4 非工作压力漏风量计算。

附录D　洁净室（区）工程测试

D.1　风量和风速的检测

D.1.1 风速、风量检测仪选用；D.1.2 单向流洁净室系统总风量、室内截面平均风速和风口风量的测试规定；D.1.3 系统风口风量的检测。

D.2　室内静压的检测

D.2.1 静压差的检测装置选用、分辨率；D.2.2 静压差的测定规定；D.2.3 不同等级相连的门洞、洞口流速。

D.3　高效空气过滤器的泄漏检测

D.3.1 安装后泄漏检测要求、检测环境；D.3.2 检漏装置的选择；D.3.3 检漏时上风侧的浓度要求；D.3.4 泄漏检测方法；D.3.5 移动扫描检测过程的检验及判定；D.3.6 无菌药厂的检漏方法；D.3.7 风管内与空气处理机组内的空气过滤器泄漏的检测要求。

D.4　室内空气洁净度等级的检测

D.4.1 检测时环境；D.4.2 检测仪器的选用；D.4.3 采样点的位置与数量；D.4.4 最少采样点的确定；D.4.5　检测采样规定；D.4.6 采样点浓度限值规定；D.4.7 测试记录、报告及报告内容。

D.5　室内浮游菌和沉降菌菌落数的检测

D.5.1 检测方法及计数；D.5.2 悬浮微生物法；D.5.3 沉降微生物法；D.5.4 制药厂采样方案；D.5.5 培养皿测定、碰撞式采样器测定要求。

D.6　室内空气温度和相对湿度的检测

D.6.1 温湿度测试分类；D.6.2 温湿度测试仪器的选择；D.6.3 温度、相对湿度测试要求；D.6.4 仪表测定依据及测定时间间隔；D.6.5 室内测点布置要求；D.6.6 温湿度测点数；D.6.7 恒温恒湿洁净室（房间）检测要求；D.6.8 区域温度测定；D.6.9 相对湿度波动范围及区域相对湿度差。

执业资格考试丛书

全国勘察设计注册公用设备工程师暖通空调专业考试应试宝典

(下　册)

专业案例篇

峰　哥　孙志勇　于　洋　主编

中国建筑工业出版社

本书编委会

主　编： 峰　哥

孙志勇　浙江华亿工程设计股份有限公司

于　洋　大连市建筑设计研究院有限公司

副主编： 余庆利　中煤科工集团重庆设计研究院有限公司

刘建宇　沈阳市热力工程设计研究院

赖景瑶　青岛城市建筑设计院有限公司

参　编： 于　江　广东博意建筑设计院有限公司苏州分公司

林佳佳　中国建筑西南设计研究院有限公司

陈圣光　广东天元建筑设计有限公司

朱柏山　中机中联工程有限公司

唐长江　中机中联工程有限公司

六月禾　中国科学院大学

靖建光　邯郸慧龙电力设计研究有限公司

王莹莹　中国水电基础局有限公司

前　言

本书依据最新考试大纲和考试规范，将知识题和案例题的重要的考点进行了分类，分项的总结和概括。帮助考生梳理常见考点，强化重要考点的讲解和复习。将考试教材和规范相关的内容进行高度概括和总结，帮助考生更好地理解和掌握相关的考点，并可以帮助考生在考场上尽快翻到考点，具有提纲挈领的作用。同时，针对考点穿插相关的真题和模拟题，帮助考生了解题目所设置的陷阱和误区，明确考生的做题思路。

参编人员均为高分通过考试的考友和授课名师，有丰富的注册考试和工程设计经验，从考生的角度深入分析常见考点，明确解题思路，有助于考生在复习备考阶段把握重点和考试难点。我们希望这本精心编制的注考书籍，能为您指点迷津，助您高效备考，攻克暖通注册考试难关!

本书所有题目均来源于网友贡献，题目解析由峰哥注考、清风注考及 GO-GO 培训班各位老师亲身整理，也采纳了广大考友的宝贵建议，不代表任何官方意见，也不是官方标准答案。

由于时间仓促和编者水平所限，书中还有许多不尽如人意之处，恳请读者批评指正，并提出建议。具体意见可发送至 13079291536@qq. com 或加入峰哥暖通注册考试群，您的建议将是本书再版修订良好的基础。

真题编号说明：

本书题目编号原则为：20xx-x-xx，编号第一组数字为考试年份，第二组为考试场次，其中 1、2、3、4 分别对应专业知识（上）、专业知识（下）、专业案例（上）、专业案例（下），第三组为题目编号。如 2016-2-6 为 2016 年专业知识（下）第 6 题；2017-3-16 为 2017 年专业案例（上）第 16 题，以此类比。

峰哥

2018 年 11 月 26 日

峰哥暖通注考公众号：

峰哥暖通注册考试 3 群：578042535

峰哥暖通注册考试 4 群：15966718

来自 GO-GO 培训的一封信

今天的你是否结束了制图的辛劳，耳边却还萦绕着甲方的念叨？

今天的你是否受够了领导的指派，胸中的理想却还在脑海徘徊？

是否，你工作多年，辛苦拼搏，阔别课本已久？为了完成职业生涯的蜕变，为了提升专业素养，为了离自己的理想更进一步，义无反顾地踏上了漫漫备考路？旁人喝咖啡的时候，你在埋头看书；旁人看韩剧的时候，你在默默复习；旁人享天伦的时候，你在奋笔做题；末了，旁人思考人生的时候，你在忐忑不安地等成绩……

天道酬勤，有志者事竟成！有一天当你拿到"沉甸甸"的证书，回首充实的备考时光，点点滴滴在心头。往日的坚毅奋斗都将化为你生命中宝贵的财富。在学习的路上，再没有什么可以阻挡你迈向理想的步伐。

你是否曾经受制于 71 本规范的桎梏，寸步难行？

你是否曾经面对 800 余页考试教材的纷繁复杂，无从下手？

你是否曾经独自一人，孤军奋战，欲求名师耳提面命的谆谆教导而不可得？

水压图，高深莫测，百思不得其解？

防排烟，事关重大，岂敢视若等闲？

焓湿图，千变万化，自信游刃有余？

更别提温熵图、压焓图两大杀器，不知摧残了多少颗疲惫的心……

GO-GO 培训拥有强大的师资力量，所有授课老师均为 985 高校授课名师，博士学历，教学经验丰富，授课方式生动，深入浅出，广受好评。更重要的是，他们都早早地通过了注册考试，和广大考生一样，体验过注考的种种不易，更能有针对性地进行贴心辅导。

GO-GO 培训也拥有强大的明星助考团，成员均为各届注考的高分考生，对注册考试颇有心得，且乐于分享。我们都是注考路上的同路人，经历了酸甜苦辣才会更加懂得珍惜和感恩。规范与教材内容繁多，该如何复习？重难点与旁枝末节如何取舍？又该如何安排复习进度与计划？所有的这些，我们都将全程陪同助考，与诸君共勉。

付出的是青春与汗水，收获的是成长与友谊。

GO-GO 暖通注册培训班，在我们追求理想的道路上！

2019，我们在这里等你！

GO-GO 培训

依据简称对照表

序号	全　　称	简　　称
1	《全国勘察设计注册公用设备工程师暖通空调专业考试复习教材（第三版—2018）》	《教材(第三版 2018)》
2	《民用建筑供暖通风与空气调节设计规范》(GB 50736—2012)	《民规》
3	《工业建筑供暖通风与空气调节设计规范》(GB 50019—2015)	《工规》
4	《建筑防烟排烟系统技术标准》(GB 51251—2017)	《防排烟标准》
5	《建筑设计防火规范》(GB 50016—2014)	《建规 2014》
6	《汽车库、修车库、停车场设计防火规范》(GB 50067—2014)	《汽车库防火规》
7	《人民防空地下室设计规范》(GB 50038—2005)	《人防规》
8	《人民防空工程设计防火规范》(GB 50098—2009)	《人防防火规》
9	《住宅设计规范》(GB 50096—2011)	《住宅设计规》
10	《住宅建筑规范》(GB 50368—2005)	《住宅建筑规》
11	《严寒和寒冷地区居住建筑节能设计标准》(JGJ 26—2010)	《严寒规》
12	《夏热冬冷地区居住建筑节能设计标准》(JGJ 134—2010)	《夏热冬冷规》
13	《夏热冬暖地区居住建筑节能设计标准》(JGJ 75—2012)	《夏热冬暖规》
14	《公共建筑节能设计标准》(GB 50189—2015)	《公建节能》
15	《民用建筑热工设计规范》(GB 50176—2016)	《民建热工》
16	《辐射供暖供冷技术规程》(JGJ 142—2012)	《辐射冷暖规》
17	《供热计量技术规程》(JGJ 173—2009)	《供热计量》
18	《工业设备及管道绝热工程设计规范》(GB 50264—2013)	《设备管道绝热规程》
19	《既有居住建筑节能改造技术规程》(JGJ/T 129—2012)	《既有建筑节能改造》
20	《公共建筑节能改造技术规范》(JGJ 176—2009)	《公建节能改造》
21	《环境空气质量标准》(GB 3095—2012)	《环境空气》
22	《声环境质量标准》(GB 3096—2008)	《声环境》
23	《工业企业厂界环境噪声排放标准》(GB 12348—2008)	《工业噪声排放》
24	《工业企业噪声控制设计规范》(GB/T 50087—2013)	《工业噪声控制》
25	《大气污染物综合排放标准》(GB 16297—1996)	《大气污染物排放》
26	《工业企业设计卫生标准》(GBZ 1—2010)	《工业企业设计卫生》
27	《工作场所有害因素职业接触限值(1)：化学有害因素》(GBZ 2.1—2007)	《化学有害因素》
28	《工作场所有害因素职业接触限值(2)：物理因素》(GBZ 2.2—2007)	《物理因素》
29	《洁净厂房设计规范》(GB 50073—2013)	《洁净规》

续表

序号	全　　称	简　　称
30	《地源热泵系统工程技术规范》(GB 50366—2005)(2009年版)	《地源热泵规》
31	《燃气冷热电联供工程技术规范》(GB 51131—2016)	《联供规范》
32	《蓄冷空调工程技术规程》(JGJ 158—2008)	《蓄冷空调规程》
33	《多联机空调系统工程技术规程》(JGJ 174—2010)	《多联机规程》
34	《冷库设计规范》(GB 50072—2010)	《冷库设计规》
35	《锅炉房设计规范》(GB 50041—2008)	《锅规》
36	《锅炉大气污染物排放标准》(GB 13271—2014)	《锅炉排放标准》
37	《城镇供热管网设计规范》(CJJ 34—2010)	《城镇热网规》
38	《城镇燃气设计规范》(GB 50028—2006)	《燃气设计规》
39	《城镇燃气技术规范》(GB 50494—2009)	《燃气技术规》
40	《建筑给水排水设计规范》(GB 50015—2003)(2009年版)	《给水排水规》
41	《通风与空调工程施工规范》(GB 50738—2011)	《通风施规》
42	《建筑给排水及采暖工程施工质量验收规范》(GB 50242—2002)	《水暖验规》
43	《通风与空调工程施工质量验收规范》(GB 50243—2016)	《通风验规》
44	《制冷设备、空气分离设备安装工程施工及验收规范》(GB 50274—2010)	《设备安装施工验收》
45	《建筑节能工程施工质量验收规范》(GB 50411—2007)	《节能验规》
46	《绿色建筑评价标准》(GB/T 50378—2014)	《绿建评价》
47	《绿色工业建筑评价标准》(GB/T 50878-2013)	《绿色工建评价》
48	《民用建筑绿色设计规范》(JGJ/T 229—2010)	《民建绿色设计》
49	《空气调节系统经济运行》(GB/T 17981—2007)	《空调经济运行》
50	《冷水机组能效限定值及能源效率等级》(GB 19577—2015)	《冷水机组能效等级》
51	《单元式空气调节机能效限定值及能源效率等级》(GB 19576—2004)	《单元式空调能效等级》
52	《房间空气调节器能效限定值及能源效率等级》(GB 12021.3—2010)	《房间空调能效等级》
53	《多联式空调(热泵)机组能效限定值及能源效率等级》(GB 21454—2008)	《多联机能效等级》
54	《建筑通风和排烟系统用防火阀门》(GB 15930—2007)	《防火阀门》
55	《实用供热空调设计手册(第二版)》	《红宝书》
56	《全国民用建筑工程设计技术措施　暖通空调·动力 2009版》	《09技措》
57	《全国民用建筑工程设计技术措施节能专篇　暖通空调·动力 2007版》	《07节能技措》
58	《民用建筑供暖通风与空气调节设计规范宣贯辅导教材》	《民规宣贯》
59	《民用建筑供暖通风与空气调节设计规范技术指南》	《民规技术指南》

目　　录

(下册)专业案例篇

第1章　供　　暖

1.1　建筑热工与节能

1.1.1　围护结构传热阻

1. 知识要点

（1）围护结构传热阻：《教材（第三版 2018）》P2、《民规》5.1.8。

（2）围护结构传热系数：《教材（第三版 2018）》P3、《民规》5.1.8。

（3）有顶棚的坡屋面的综合传热系数（图 1-1）：《教材（第三版 2018）》P4、《民规》5.1.9。

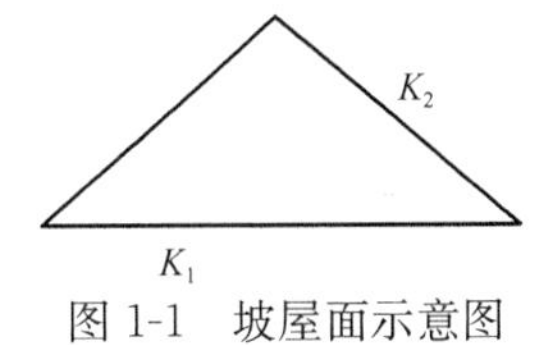

图 1-1　坡屋面示意图

（4）补充说明：

1）围护结构表面换热系数和换热阻（表 1-1）：《民建热工》附录 B.4、《教材（第三版 2018）》P3。

围护结构表面换热系数和换热阻　　表 1-1

围护结构	换热系数和换热阻	《民建热工》
典型工况	内表面	表 B.4.1-1
	外表面	表 B.4.1-2
高海拔地区（>3km）	内表面	表 B.4.2-1
	外表面	表 B.4.2-2

2）封闭空气间层的热阻

①民用建筑：《民建热工》附录 B.3；

②工业建筑：《工规》表 5.2.4-3。

3）保温材料导热系数的修正系数 α_λ 值在各个气候区是不同的：《教材（第三版 2018）》P3、《民建热工》附录 B.2。

4）围护结构传热阻和围护结构热阻的区别

①围护结构传热阻：是指从室内外高温侧向室内外低温侧传递热量的过程中，热量经过的所有热阻的总和，包括了内外表面换热阻和围护结构热阻。

②围护结构热阻：就是指围护结构多层建筑材料本身的热阻，不包括内外表面换热阻。

③围护结构传热阻和围护结构热阻不是同一个概念，两者相差内外表面传热阻。

④围护结构热阻计算对材料的选择更加直观，更加有指导意义。

2. 超链接

《教材（第三版 2018）》P2～4；《民规》5.1.8、5.1.9《工规》5.2.4；《民建热工》附录 B.2～B.4。

3. 例题

【案例】某住宅楼节能外墙的做法（从内到外）：①水泥砂浆：厚度 $\delta_1=20\text{mm}$，导热

系数 $\lambda_1=0.93\text{W/(m·K)}$；②蒸压加气混凝土砌块：$\delta_2=200\text{mm}$，$\lambda_2=0.20\text{W/(m·K)}$，修正系数 $\alpha_\lambda=1.25$；③单面钢丝网片岩棉板：$\delta_3=70\text{mm}$，$\lambda_3=0.045\text{W/(m·K)}$，修正系数 $\alpha_\lambda=1.20$；④保护层、饰面层。如忽略保护层、饰面层热阻影响，该外墙的传热系数 K 应为以下何项？（2014-3-1）

(A)（0.29～0.31）$\text{W/(m}^2\text{·K)}$　　(B)（0.35～0.37）$\text{W/(m}^2\text{·K)}$

(C)（0.38～0.40）$\text{W/(m}^2\text{·K)}$　　(D)（0.42～0.44）$\text{W/(m}^2\text{·K)}$

参考答案：[D]

主要解答过程：

根据《教材（第三版 2018)》P3 表 1.1-4 和表 1.1-5，该外墙内外表面换热系数：

$$\alpha_n=8.7\text{W/(m}^2\text{·K)},\ \alpha_w=23\text{W/(m}^2\text{·K)}$$

根据公式（1.1-3），该外墙传热系数：其中 $R_k=0\text{(m}^2\text{·K)/W}$

$$K=\frac{1}{R_0}=\frac{1}{\frac{1}{\alpha_n}+\Sigma\frac{\delta}{\alpha_\lambda\cdot\lambda}+R_k+\frac{1}{\alpha_w}}$$

$$=\frac{1}{\frac{1}{8.7}+\frac{0.02}{0.93}+\frac{0.2}{0.2\times1.25}+\frac{0.07}{1.2\times0.045}+0+\frac{1}{23}}$$

$$=0.439\text{W/(m}^2\text{·K)}$$

4. 真题归类

2014-3-1、2017-3-2、2018-4-2。

1.1.2 围护结构的最小传热阻

1. 知识要点

（1）民用建筑围护结构的最小热阻

1）围护结构的内表面温度与室内空气温度温差的限值，见表 1-2（$\Delta t_y=t_n-\theta_i$）

围护结构的内表面温度 θ_i 与室内空气温度 t_n 温差的限值　　表 1-2

围护结构	防结露要求	基本热舒适要求
楼、屋面、地下室外墙（距地面超过 0.5m 且与土体接触）	$\Delta t_y\leqslant t_n-t_L$ 或 $\theta_i\geqslant t_L$	$\theta_i\geqslant t_n-4$
墙体、地下室外墙（距地面小于 0.5m）		$\theta_i\geqslant t_n-3$
地面		$\theta_i\geqslant t_n-2$

注：t_L 为室内空气的露点温度。

2）不同地区，满足 Δt_y 的围护结构热阻最小值

①墙体、屋面：《民建热工》5.1、5.2；

注：对于不同材料和建筑不同部位，围护结构热阻最小值需要修正。

②地面、地下室：《民建热工》5.4、5.5。

（2）工业建筑围护结构的最小传热阻（设置全面供暖，除外窗、阳台门和天窗外）

1）围护结构的最小传热阻：《教材（第三版 2018)》P5～6、《工规》5.1.6。

2）补充说明：

①最小传热阻修正系数 k：砖墙取 0.95，外门取 0.6，其他取 1；

②温差大于 10℃时的情况；

③t_e（冬季室外热工计算温度）的取值与供暖室外计算温度 t_w不一定相同（由热惰性指标 D 决定）。

④围护结构热阻最小值是指在进行围护结构材料选用时，必须要保证的最小热阻，必须满足围护结构内表面温度 θ_i 与室内空气温度 t_n 的允许温差 Δt_y（即要满足防结露和热舒适度要求）。

2. 超链接

《教材（第三版 2018）》P4～7；《民建热工》5.1～5.5、附录 D；《工规》5.1.6。

3. 例题

（1）**【案例】**某地一厂房冬季室内设计参数为 t_n＝18℃，相对湿度为 50%，供暖室外计算温度 t_w＝－12℃，室内空气干燥。厂房的外门的最小热阻不应低于下列何项？（2011-3-1）

（A）0.21(m²·℃)/W　　（B）0.26(m²·℃)/W

（C）0.31(m²·℃)/W　　（D）0.35(m²·℃)/W

参考答案：[A]

主要解答过程：

根据《教材（第三版 2018）》P5 公式（1.1-7），查表 1.1-4、表 1.1-9 和表 1.1-10 得：

$$k = 0.6; \alpha = 1.0, \Delta t_y = 10℃, \alpha_n = 8.7\text{W}/(\text{m}^2 \cdot ℃),$$

因此，外门最小热阻为：

$$R_{o,\min} = k \cdot \frac{\alpha(t_n - t_w)}{\Delta t_y \cdot \alpha_n} = 0.6 \times \frac{1 \times [18 - (-12)]}{10 \times 8.7} = 0.207(\text{m}^2 \cdot ℃)/\text{W}$$

（2）**【案例】**哈尔滨地区某甲类办公楼（体形系数为 0.3）和某室内空气干燥的工业企业辅助建筑物（供暖室内计算温度为 18℃，Δt_y 取 7℃）均采用同样结构组成的外墙（墙体为Ⅱ类，D=5，热阻为 0.2（m²·℃）/W）。分别按《公共建筑节能设计标准》GB 50189—2015 计算和《工业建筑供暖通风与空调设计规范》GB 50019—2015 的最小传热阻计算，确定满足要求的膨胀聚苯板（λ＝0.05W/(m·℃)）的最小厚度为下列何值？（2006-3-1 模拟）

（A）100～110mm 和 10～15mm　　（B）110～120mm 和 15～20mm

（C）120～130mm 和 25～30mm　　（D）130～140mm 和 35～40mm

参考答案：[B]

主要解答过程：本题由原真题改编。

1）根据《公建节能》表 3.1.2，哈尔滨位于严寒 A 区，根据表 3.3.1-1，查得当体形系数为 0.3 时，外墙传热系数限值为 0.38W/(m²·K)。

$$R = \frac{1}{\alpha_n} + \Sigma\frac{\delta}{\lambda} + \frac{1}{\alpha_w} = \frac{1}{8.7} + \frac{\delta_1}{0.05} + 0.2 + \frac{1}{23} \geqslant \frac{1}{0.38}$$

$$\delta_1 \geqslant 113.6\text{mm}$$

2）根据《工规》5.1.6，α=1.0，R_n=0.115（m²·K）/W，

查附录 A.0.1-1 得供暖室外计算温度为－24.2℃，附录 A.0.1-2 得累年最低日平均温度为－32℃，因此围护结构室外计算温度为：t_e=0.6×（－24.2）+0.4×（－32）＝

-27.32℃。

室内计算温度取18℃，k取1，则有：

$$R_{O,\min} = k \cdot \frac{\alpha(t_n - t_e)}{\Delta t_y} \cdot R_n = \frac{1.0 \times (18 + 27.32)}{7} \times 0.115 = 0.745(m^2 \cdot K)/W$$

$$R = \frac{1}{\alpha_n} + \Sigma\frac{\delta}{\lambda} + \frac{1}{\alpha_w} = \frac{1}{8.7} + \frac{\delta_2}{0.05} + 0.2 + \frac{1}{23} \geqslant 0.745$$

$$\delta_2 \geqslant 19.3\text{mm}$$

（3）【案例】北京某住宅楼节能外墙做法（从内至外）：①水泥砂浆（$\delta_1=20$mm，$\rho_1=1800$kg/m³），②加气混凝土（$\delta_2=200$mm，$\rho_2=700$kg/m³），③聚苯板（$\delta_3=40$mm，$\rho_3=20$kg/m³），④保护层、饰面层；热惰性指标$D=5.0$。问：以满足热舒适要求为前提，该外墙经过修正后的墙体热阻最小值（m²·K/W）最接近下列何项？（模拟）

（A）0.87　　（B）1.00　　（C）1.14　　（D）2.56

参考答案：[B]

主要解答过程：

根据《民建热工》3.3.1-1，供暖房间$t_{i=}$18℃；

根据《民建热工》附录A，北京地区$t_w=-7$℃，$t_{e.\min}=-11.8$℃；

根据《民建热工》3.2.2，按$D=5.0$计算，

$t_e = 0.6t_w + 0.4t_{e.\min} = 0.6 \times (-7) + 0.4 \times (-11.8) = -8.92$℃；

根据《民建热工》附录B.4，$R_i=0.11$(m²·K/W)，$R_e=0.04$(m²·K/W)；

根据《民建热工》表5.1.1，$\Delta t_w \leqslant 3$℃；

根据《民建热工》5.1.3公式，

则墙体热阻最小值为

$$R_{\min.w} = \frac{t_i - t_e}{\Delta t_w} \cdot R_i - (R_i + R_e) = \frac{18 + 8.92}{3} \times 0.11 - (0.11 + 0.04)$$
$$= 0.837(m^2 \cdot K/W)$$

根据《民建热工》5.1.4及条文说明，“在确定密度修正系数ε_1时，对于内保温、外保温和夹心保温体系，应按扣除保温层后的构造计算围护结构的密度”：

$$\rho = \frac{1800 \times 20 + 700 \times 200}{20 + 200} = 800(kg/m^3)$$

根据《民建热工》表5.1.4-1查得：$\varepsilon_1=1.2$；

根据《民建热工》表5.1.4-2查得：$\varepsilon_2=1.0$；

根据《民建热工》5.1.4公式，

则修正后的墙体热阻最小值为$R_w=\varepsilon_1\varepsilon_2 R_{\min.w} = 1.2 \times 1.0 \times 0.837 = 1.00$（m²·K/W）

4. 真题归类

2006-3-1、2011-3-1。

1.1.3 防结露计算及保温厚度的选择

1. 知识要点

（1）计算原理（图1-2）：热流密度相等（传热量等于对流换热量），$q=K \cdot \Delta t$

$$K(t_1-t_2)=\frac{t_1-t_L}{R_1}$$

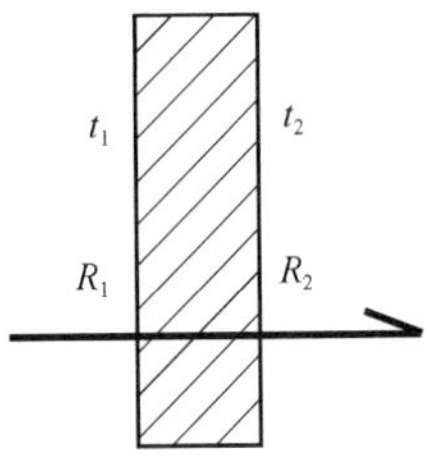

图 1-2 墙体传热示意图

（2）补充说明：

1）$t_1>t_2$ 且所求的是保证 t_1 侧不结露时围护结构的传热系数 K；

2）t_L 是 t_1 侧的露点温度；

3）所求的保温厚度为最小值，如解为 24.5mm，则 24mm 不可取，25mm 可取。

（3）不同材料绝热层厚度确定：《09 技措》10.1.3-4。

（4）保温层最小厚度计算：

$$R_{0,\min}=R_n+R_1+R_2+\cdots+R_{b,\min}+R_w=\frac{1}{K_{\max}}$$

$$R_{b,\min}=R_{0,\min}-(R_n+R_1+R_2+\cdots+R_w)$$

$$\delta_{b,\min}=R_{b,\min}\cdot\lambda_b$$

2. 超链接

《09 技措》10.1.3-4。

3. 例题

（1）【案例】兰州某甲类办公楼（体形系数为 0.28）的外墙，按照《公共建筑节能设计标准》的规定进行改造，加贴膨胀聚苯板，原外墙为 360mm 黏土多孔砖（$\lambda=0.58$W/(m·K)），内抹灰 20mm（$\lambda=0.87$W/(m·K)），则外墙所贴的膨胀聚苯板（$\lambda=0.05$W/(m·K)）的厚度至少应选下列何值？（2008-4-4 模拟）

（A）40mm （B）50mm （C）60mm （D）70mm

参考答案：[C]

主要解答过程：本题由原真题改编。

根据《公建节能》表 3.1.2，兰州属于寒冷地区，再根据表 3.3.1-3，

当体形系数为 0.28 时，外墙传热系数限值为 0.5W/（m^2·K），即热阻为 2（m^2·K）/W。

$$R=\frac{1}{\alpha_n}+\Sigma\frac{\delta}{\lambda}+\frac{1}{\alpha_w}=\frac{1}{8.7}+\frac{0.36}{0.58}+\frac{0.02}{0.87}+\frac{\delta}{0.05}+\frac{1}{23}\geqslant 2$$

解得 $\delta\geqslant$60mm。

注：不要漏算外墙内、外对流换热阻。

（2）【案例】拉萨某办公楼建筑面积为 3000m^2，体形系数为 0.27。为了满足节能规范的要求，对该办公楼围护结构进行节能改造，外墙采取加贴挤塑聚苯板[$\lambda_0=0.039$W/(m·K)]的措施。已知原外墙材料为陶粒混凝土[$\delta_1=370$mm，$\lambda_1=0.53$W/(m·K)]，水泥砂浆内抹灰[$\delta_2=20$mm，$\lambda_2=0.93$W/(m·K)]。问：需要加贴挤塑聚苯板的厚度至少应为下列何项？（模拟）

（A）40mm （B）50mm （C）60mm （D）70mm

参考答案：[B]

主要解答过程：

根据《民建热工》附录 A 中表 A.0.1 查得拉萨海拔高度 3650m；

根据《民建热工》附录B中表B.4.2-2查得$\alpha_i=\alpha_n=7.5$[W/(m^2·K)]、$\alpha_e=\alpha_w=18$[W/(m^2·K)]；根据《民建热工》附录B.2，挤塑聚苯板$\alpha_\lambda=1.10$；

根据《公建节能》表3.1.2查得，拉萨属于寒冷地区；

根据《公建节能》3.1.1-1可知，3000m^2>1000m^2，可判定此办公楼为甲类公共建筑；

根据《公建节能》表3.3.1-3查得，$K\leqslant 0.5$W/（m^2·K）；

根据《教材（第三版2018）》P3公式（1.1-3），

$$K=\frac{1}{R_0}=\frac{1}{\dfrac{1}{\alpha_n}+\Sigma\dfrac{\delta_m}{\alpha_\lambda\cdot\lambda}+R_k+\dfrac{1}{\alpha_w}}\leqslant 0.5$$

$$\frac{1}{7.5}+\frac{0.37}{0.53}+\frac{0.02}{0.93}+\frac{\delta_m}{0.039\times1.1}+0+\frac{1}{18}\geqslant 2$$

$$\delta_m\geqslant 0.0468\text{m}=46.8\text{mm}$$

取$\delta_m=50$mm符合题意，故选B。

注：①高海拔地区（>3km）内、外表面换热系数取值；

②保温材料导热系数需要修正。

（3）【案例】某热湿作业车间冬季的室内温度为23℃，相对湿度为70%，供暖室外计算温度为−8℃，$R_n=0.115$（m^2·K）/W，当地大气压为标准大气压。现要求外窗的内表面不结露，且选用造价低的窗玻璃，应是下列何项？（2009-4-1）

（A）$K=1.2$W/(m^2·K）的玻璃　　（B）$K=1.5$W/(m^2·K）的玻璃

（C）$K=1.7$W/(m^2·K）的玻璃　　（D）$K=2.0$W/(m^2·K）的玻璃

参考答案：[B]

主要解答过程：

查h-d图得：露点温度$t_L=17.24$℃

在保证外窗的内表面不结露的情况下，根据"传热量=对流换热量"的热量平衡关系得：

$$K_{max}(t_n-t_w)=\frac{t_n-t_L}{R_n}$$

$$K_{max}\times(23+8)=\frac{23-17.24}{0.115}$$

解得$K_{max}=1.62$W/（m^2·K）

为保证不结露并且造价最低，故选择$K=1.5$W/（m^2·K）。

4. 真题归类

2008-4-4、2009-4-1、2016-3-1。

1.1.4 防潮验算

超链接

《教材（第三版2018）》P7～8；《民建热工》7.1、7.2。

1.1.5　热工性能限值

1. 知识要点

（1）热工性能限值：《公建节能》3；《严寒规》4；《夏热冬冷规》4；《夏热冬暖规》4。

（2）体形系数和窗墙面积比：

1）体形系数$=\dfrac{外表面积}{体积}=\dfrac{外周长\times建筑高度+屋面面积}{建筑底面积\times建筑高度}$

$$=\frac{2(a+b)h+ab}{abh}=\frac{2(a+b)}{ab}+\frac{1}{h}$$

注：《公建节能》3.2.1条文说明中建筑面积、建筑体积的算法。

2）窗墙面积比$=\dfrac{某朝向窗户面积之和}{某朝向外表面积（包含窗）}$

（3）屋顶透光部分面积要求：具体见各节能规范要求。

2. 超链接

《公建节能》3；《严寒规》4；《夏热冬冷规》4；《夏热冬暖规》4。

3. 例题

（1）【案例】严寒地区A区拟建正南、北朝向的十层办公楼，外轮廓尺寸为63m×15m，顶层为多功能厅，南侧外窗为14个竖向条形落地窗（每个窗宽2700mm），一层和顶层层高均为5.4m，中间层层高均为3.9m，其顶层多功能厅开设两个天窗，尺寸为15m×6m，问该建筑的南外墙及南外窗的传热系数［W/（m^2·K）］应为何项？（2013-4-1模拟）

（A）$K_{窗}\leqslant1.6$　$K_{墙}\leqslant0.35$　　（B）$K_{窗}\leqslant1.6$　$K_{墙}\leqslant0.38$

（C）$K_{窗}\leqslant1.4$　$K_{墙}\leqslant0.35$　　（D）应进行权衡判断

参考答案：［B］

主要解答过程：本题由原真题改编。

建筑表面积：$S=63\times15+2\times(63+15)\times(5.4\times2+3.9\times8)=7497m^2$

建筑体积：$V=63\times15\times(5.4\times2+3.9\times8)=39690m^3$

体形系数：$N=S/V=0.189$，查《公建节能》表3.2.1，$0.189<0.4$，不需要进行权衡判断；

天窗占屋面百分比：$M=(2\times15\times6)/(63\times15)=19\%$，查《公建节能》表3.2.7，$19\%<20\%$，不需要进行权衡判断；

南向窗墙比：$Q=14\times2.7\times(5.4\times2+3.9\times8)/[63\times(5.4\times2+3.9\times8)]=0.6$

根据《公建节能》表3.3.1-1，得$K_{墙}\leqslant0.38$，$K_{窗}\leqslant1.6$。

（2）【案例】严寒C区某甲类公共建筑（平屋顶），建筑平面为矩形，地上3层，地下一层，层高均为3.9m，平面尺寸为43.6m×14.5m。建筑外墙构造与导热系数如图。已知外墙（包括非透光幕墙）传热系数限值如附表，则计算岩棉厚度（mm）理论最小值最接近下列何项（忽略金属幕墙热阻，不计材料导热系数修正系数）？（2016-3-1）

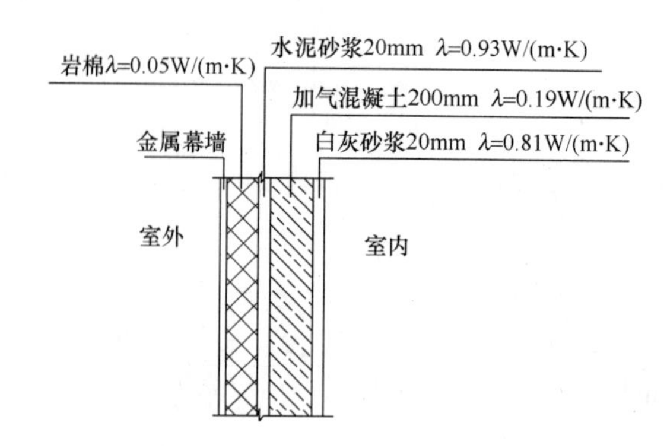

体形系数≤0.30	0.30<体形系数≤0.50
传热系数 K [W/ (m^2 · K)]	
≤0.43	≤0.38

(A) 53.42　　(B) 61.34　　(C) 68.72　　(D) 43.74

参考答案：[A]

主要解答过程：

根据《公建节能》2.0.2，建筑体形系数计算中，外表面积与体积均不包含地下建筑，因此，体形系数为：

$$N=\frac{S}{V}=\frac{(43.6+14.5)\times 2\times 3\times 3.9+43.6\times 14.5}{43.6\times 14.5\times 3\times 3.9}=0.27<0.3$$

传热系数取 $K\leqslant 0.43$W/ (m^2 · K)，查《教材（第三版 2018)》P3 表（1.1-4）和表 1.1-5，外墙内外表面换热系数：$\alpha_n=8.7$W/ (m^2 · K)，$\alpha_w=23$W/ (m^2 · K)，不考虑导热系数修正系数。

$$K=\frac{1}{R_0}=\frac{1}{\dfrac{1}{\alpha_n}+\Sigma\dfrac{\delta}{\lambda}+\dfrac{1}{\alpha_w}}\leqslant 0.43$$

$$\frac{1}{\dfrac{1}{8.7}+\dfrac{\delta_1}{0.05}+\dfrac{0.02}{0.93}+\dfrac{0.2}{0.19}+\dfrac{0.02}{0.81}+\dfrac{1}{23}}\leqslant 0.43$$

解得 $\delta_1\geqslant 53.42$mm。

4. 真题归类

2010-3-1、2011-4-1、2012-3-1、2013-4-1、2016-3-1、2018-4-1。

1.1.6 建筑物耗热量指标计算

1. 知识要点

(1)《严寒规》4.3.3

建筑物耗热量指标 $q_H=q_{HT}+q_{INF}-q_{IH}$

注：q_{IH} 取 3.8W/m^2。

(2)《严寒规》4.3.4～4.3.10

1) 围护结构传热量；《严寒规》4.3.4；

2) 外墙传热量：《严寒规》4.3.5；

3）屋面传热量：《严寒规》4.3.6；

4）地面传热量：《严寒规》4.3.7；

5）外窗（门）的传热量：《严寒规》4.3.8；

6）非供暖封闭阳台的传热量：《严寒规》4.3.9；

7）空气换气耗热量：《严寒规》4.3.10。

注：①供暖期室外平均温度 t_e 按《民规》附录A的供暖期平均温度≤+5℃期间内的平均温度取值；

②空气密度取供暖期室外平均温度 t_e 下的值，$\rho=\frac{353}{273+t_e}$；

③以上计算的传热量都是折合到单位建筑面积上单位时间的量。

2. 超链接

《严寒规》4.3.3～4.3.10。

3. 例题

【案例】北京某6层住宅楼进行建筑热工设计，建筑面积为1800m²，建筑体积为3600m³，建筑物围护结构耗热量为23kW，室内设计温度为18℃。关于该住宅楼的耗热量指标和是否需要热工性能的权衡判断，正确的是哪一项？（模拟）

(A) 13～14W/m²，应进行热工性能的权衡判断

(B) 13～14W/m²，不必进行热工性能的权衡判断

(C) 16～17W/m²，应进行热工性能的权衡判断

(D) 16～17W/m²，不必进行热工性能的权衡判断

参考答案：[B]

主要解答过程：

查《严寒规》附录表A.0.1-2，可知建筑物耗热量指标限值为15W/m²。

查《严寒规》4.3：

耗热量指标=单位建筑面积围护结构耗热量+单位建筑面积空气渗透耗热量−3.8

单位建筑面积围护结构耗热量：

$$q_{HT}=\frac{23000}{1800}=12.8\text{W/m}^2$$

单位建筑面积空气渗透耗热量：

$$q_{INF}=\frac{(t_n-t_e)(c_p\rho NV)}{A_0}=\frac{(18+0.7)\times(0.28\times1.296\times0.5\times0.6\times3600)}{1800}$$

$$=4.07\text{W/m}^2$$

耗热量指标 $q=12.8+4.07-3.8=13.07\text{W/m}^2<15\text{W/m}^2$，不用进行热工性能判断。

1.2 建筑供暖热负荷计算

1.2.1 热负荷和耗热量

1. 知识要点

(1) 热负荷 Q=围护结构耗热量 Q_1+冷风渗透耗热量 Q_2+外门冷风侵入耗热量 Q_3−

非保温管道明管折减 Q_4。

（2）补充知识点：

1）非保温管道明管折减：《民规》5.3.12 和《09 技措》2.3.4；

2）冬、夏季散热量：《教材（第三版 2018）》P172；

3）热负荷：《工规》5.2.1 及条文说明、《民规》5.2.2 及条文说明；

4）耗热量按楼层的调整：《教材（第三版 2018）》P22～23。

2. 超链接

《教材（第三版 2018）》P22、P172；《民规》5.2.2 及条文说明、5.3.12；《09 技措》2.3.4；《工规》5.2.1 及条文说明。

3. 例题

（1）【案例】某商住楼，首层和二层是三班制工场，供暖室内计算温度 16℃，三层及以上是住宅，每层 6 户，每户 145m²，供暖室内计算温度 18℃，每户住宅计算供暖负荷约为 4kW，二、三层之间的楼板的传热系数为 2W/（m²·K），问房间楼板传热的处理方法按有关设计规范下列哪一项是正确的并说明理由。（2007-3-2）

（A）计算三层向二层的传热量，但三层房间供暖负荷不增加

（B）计算三层向二层传热量，计入三层房间的供暖负荷中

（C）不需要计算二、三层之间的楼板的传热量

（D）计算三层向二层的传热量，但二层房间的供暖负荷可不减少

参考答案：[B]

主要解答过程：

根据《民规》5.2.5，相邻房间温差为 2℃＜5℃，但是：

供暖总热负荷为：$Q=6\times4=24$kW

通过楼板传热量为：$Q_C=K\cdot F\cdot\Delta t=2\times6\times145\times(18-16)=3.48\text{kW}>10\%Q$

故需要计算三层向二层传热量，计入三层供暖热负荷中。

（2）【案例】某车间围护结构耗热量 $Q_1=110$kW，加热由门窗缝隙渗入室内的冷空气耗热量 $Q_2=27$kW，加热由门孔洞侵入室内的冷空气耗热量 $Q_3=10$kW，有组织的新风耗热量 $Q_4=150$kW，热物料进入室内的散热量 $Q_5=32$kW（每班 1 次，一班 8h）。该车间的冬季供暖通风系统的热负荷是下列哪一项？（2008-3-2）

（A）304kW （B）297kW （C）292kW （D）271kW

参考答案：[B]

主要解答过程：

根据《教材（第三版 2018）》P15 或《工规》5.2.1："不经常的散热量，可以不计算"。

因此 $Q=Q_1+Q_2+Q_3+Q_4=297$kW

4. 真题归类

2007-3-2、2008-3-2。

1.2.2 围护结构耗热量

1. 知识要点

（1）围护结构基本耗热量 Q_J：《教材（第三版 2018）》P16。

（2）围护结构附加耗热量：《教材（第三版 2018）》P19。

（3）围护结构耗热量 Q_1：

$$Q_1 = (1+\beta_{间歇})(1+\beta_{高度})\Sigma[Q_J(1+\beta_{朝向}+\beta_{风力}+\beta_{外门}+\beta_{两面外墙}+\beta_{窗})]$$

（4）补充说明：

1）窗墙面积比不含窗的面积；

2）间歇附加针对间歇供暖的建筑，题目未提及则不考虑；

3）伸缩缝或沉降缝的简化计算按外墙基本耗热量的 30%计算；

4）《工规》计算方法与《民规》不同。

2. 超链接

《教材（第三版 2018）》P16、P19；《民规》5.2.3～5.2.4、5.2.6～5.2.8；《工规》5.2.2～5.2.3、5.2.6～5.2.8。

3. 例题

【案例】某六层办公楼层高均为 3.3m，其中位于二层的一个办公室开间，进深和窗的尺寸见附图，该办公室的南外墙基本耗热量为 142W，南外窗的基本耗热量为 545W，南外窗缝隙渗入室内的冷空气耗热量为 205W，该办公室选用散热器时，采用的耗热量应为下列哪一选项值（南向修正率为－15%）？（2008-4-3）

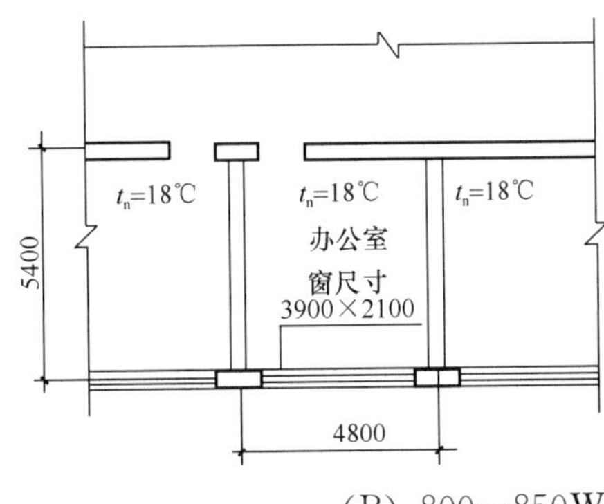

（A）740～790W　　（B）800～850W

（C）860～910W　　（D）920～960W

参考答案：[B]

主要解答过程：

窗墙比＝(3.9×2.1)/(4.8×3.3－3.9×2.1)＝1.07＞1

根据《教材（第三版 2018）》P19 第（6）条："窗墙面积比超过 1：1 时，对窗的基本耗热量附加 10%"。

故散热器负荷 $Q = 142\times(1-15\%)+545\times(1-15\%+10\%)+205 = 843.45\text{W}$

注：

1）在计算窗的附加耗热量时，窗墙比中墙的面积是扣除窗户面积的，与之不同的是关于节能规范中窗墙比的计算，墙的面积是不扣除窗户面积的，做题时应根据考点区别对待；

2）朝向修正和窗墙比修正均为围护结构基本耗热量的修正，修正系数应相加而不是连乘；

3）只有题干明确指出为间歇供暖的办公楼才会考虑 20%的间歇附加，本题不考虑。

4. 真题归类

2008-4-3、2009-3-2。

1.2.3 冷风渗入的耗热量

1. 知识要点

(1) 冷风渗入耗热量计算：《教材（第三版 2018）》P20、《供热工程（第四版）》P19～21。

(2) 工业建筑的换气次数法：《教材（第三版 2018）》P22。

(3) 工业建筑的百分率法：《教材（第三版 2018）》P22。

2. 超链接

《教材（第三版 2018）》P20～P22；《供热工程（第四版）》P19～21。

3. 例题

《供热工程（第四版）》P21～23（冷风渗透耗热量计算）。

1.2.4 工业建筑冬季室内计算温度

1. 知识要点

(1) 屋顶下的温度：《教材（第三版 2018）》P18。

注：温度梯度的取值不同。

(2) 室内平均温度：《教材（第三版 2018）》P18。

2. 超链接

《教材（第三版 2018）》P18。

1.3 热水、蒸汽供暖系统分类及计算

1.3.1 重力循环热水供暖系统作用压力

1. 知识要点

(1) 重力循环系统：《教材（第三版 2018）》P25。

(2) 单管串联式（单管顺序式）：《教材（第三版 2018）》P26。

(3) 双管上供下回：《教材（第三版 2018）》P26～27。

2. 超链接

《教材（第三版 2018）》P25～27。

3. 例题

(1) 【案例】如图所示，重力循环上供下回供暖系统，已知：供回水温度为 95℃/

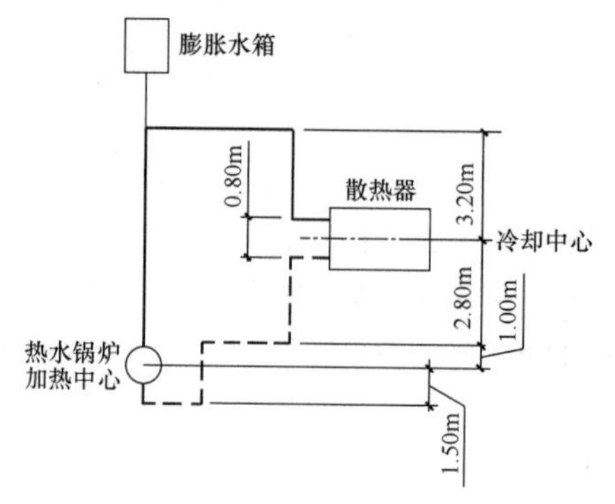

70℃，对应的水密度分别为 961.92kg/m³、977.81kg/m³，管道散热量忽略不计，问：系统的重力循环水头应为何项？（2013-3-1）

（A）42～46kg/m²　　（B）48～52kg/m²

（C）58～62kg/m²　　（D）82～86kg/m²

参考答案：[C]

主要解答过程：

根据《教材（第三版 2018）》P25 公式（1.3-3）及图 1.3-1，系统的重力循环水头：

$$\Delta p = h(\rho_h - \rho_g) = (2.8 + 1) \times (977.81 - 961.92) = 60.38\text{kg/m}^2$$

注：h 为加热中心至冷却中心的垂直距离，公式中不乘以重力加速度 g，所得结果单位为选项中的 kg/m²。

（2）【案例】《供热工程（第四版）》P71～73 例题 3-1、P98～105 例题 4-1。

4. 真题归类

2013-3-1。

1.3.2 机械循环单管热水供暖系统作用压力

1. 知识要点

机械循环单管热水供暖系统作用压力：《教材（第三版 2018）》P28；《供热工程（第四版）》P105。

2. 超链接

《教材（第三版 2018）》P28；《供热工程（第四版）》P105。

3. 例题

（1）【案例】《供热工程（第四版）》P105～108 例题 4-2、P110～113 例题 4-3。

（2）【案例】如下图所示，机械循环热水下供下回式垂直双管散热器供暖系统，层高 h 均为 3.3m，供水温度 95℃（密度 961.92kg/m³），回水温度 70℃（密度 977.81kg/m³），自然作用压力（重力水头）如按 2/3 计，以首层散热器为基准，第 5 层散热器可得到附加压力为多少（Pa）？（模拟）

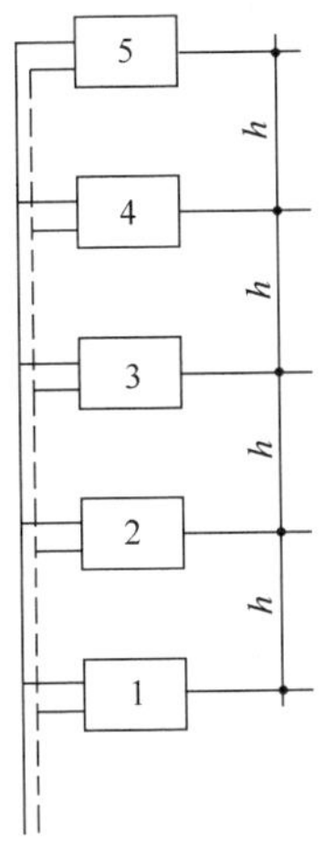

（A）120～140　　（B）200～240

（C）1200～1400　　（D）2000～2400

参考答案：[C]

主要解答过程：

$$\Delta p=(977.81-961.92)\times 3.3\times 4\times \frac{2}{3}\times 9.81=1371.75\text{Pa}$$

1.3.3 高层建筑供暖水泵扬程计算

1. 知识要点

高层建筑水泵扬程计算：

1）分层式系统

循环水泵扬程：$H=(H_r+H_y)\times 1.1$

式中 H_r——换热器及其前后管道和部件的阻力损失；

H_y——高区供暖系统用户的阻力损失。

2）双水箱分层式系统

加压泵扬程：$H=(H_j-H_w)\times 1.1$

式中 H_j——加压泵至供水箱的高度；

H_w——热网供水管在加压泵位置的水头高度。

3）设阀前压力调节器的分层系统

高区水泵扬程：$H=(H_1-H_2+H_3)\times 1.1$

式中 H_1——高区水泵入口与高区系统膨胀水箱液位的高差；

H_2——高区水泵入口的压强水头；

H_3——高区供暖系统的阻力损失。

4）设断流器和阻旋器的分层系统

加压泵扬程：$H=(H_j+H_g-H_w)\times 1.1$

式中 H_j——水泵至断流器的高度；

H_g——供暖系统的阻力损失；

H_w——热网供水管在加压泵位置的水头高度。

2. 超链接

《暖通空调设计与计算方法（第二版）》P21～24。

1.3.4 低压蒸汽供暖系统重力回水系统凝结水管安装高度

1. 知识要点

低压蒸汽供暖系统重力回水系统凝结水管安装高度：《教材(第三版 2018)》P32；

$$h=h_{\text{II-II}}+[200\sim 250(\text{mm})]$$

2. 超链接

《教材（第三版 2018)》P32。

1.3.5 高低压凝水合流高压凝水管开孔数量

1. 知识要点

L=孔数 $n\times 6.5$mm

孔数 $n=12.4\times$高压凝水管截面积（cm^2）

2. 超链接

《教材（第三版2018）》P36图1.3-30。

1.4 辐射供暖（供冷）

1.4.1 房间热负荷和供热量

1. 知识要点

（1）房间热负荷=本层向上供热量+上层向下传热量（顶层无上层向下传热量）。

（2）管道供热量=向上供热量+向下传热量。

（3）负荷计算温度的选取：《辐射冷暖规》3.3.2。

（4）传热损失要求：《辐射冷暖规》3.3.5。

（5）热媒供热量和冷媒供冷量：《辐射冷暖规》3.4.8。

2. 超链接

《辐射冷暖规》3.3.2、3.3.5、3.4.5-2、3.4.8。

3. 例题

【案例】一民用建筑某供暖房间按对流供暖方式计算的外墙传热耗热量为500W，外窗的传热耗热量为400W，地面耗热量为300W，外门传热耗热量为200W，房间的冷风渗透耗热量为200W，房间高度为5m，若房间采用低温热水地板辐射供暖方式，求设计热负荷与常规散热器对流供暖相比的差值。（模拟）

（A）320～380W　　（B）380～460W

（C）80～160W　　（D）365～430W

参考答案：[A]

主要解答过程：

1）散热器供暖：

$$1.02\times(500+400+300+200)+200=1628\text{W}$$

2）地板辐射供暖：

$$1.01\times(500+400+200)+200=1311\text{W}$$

3）差值=1628−1311=317W

1.4.2 单位地面面积散热量和辐射供暖表面平均温度

1. 知识要点

（1）单位地面面积散热量：《教材（第三版2018）》P43～44、《辐射冷暖规》3.4.5、附录B。

（2）辐射供暖表面平均温度t_{pj}及校核：《教材（第三版2018）》P44、《辐射冷暖规》3.1.3。

（3）补充说明：t_{pj}不符合要求时的措施：

1）改善建筑热工性能，减小热负荷，从而减小q_x；

2）增加铺设加热设备的面积，减小q_x；

3）设置其他供暖设备，减小地面负担的热负荷；

4）在满足舒适度的条件下，适当降低室内计算温度，减小热负荷和地板表面温度。

2. 超链接

《教材（第三版 2018）》P43～44；《辐射冷暖规》3.1.3、3.4.5、附录 B。

3. 例题

（1）【案例】低温热水地面辐射供暖系统的单位地面面积的散热量与地面面层材料有关，当设计供回水温度为 60℃/50℃，室内空气温度为 16℃时，地面面层分别为陶瓷地砖与木地板，采用公称外径为 De20 的 PB 管，加热管间距 200mm，填充层厚度为 50mn，聚苯乙烯绝热层厚度为 20mm，陶瓷地砖（热阻 $R=0.02m^2 \cdot K/W$）与木地板（热阻 $R=0.1m^2 \cdot K/W$）的单位地面面积的向上供热量比，应是下列何项？（2012-4-2）

（A）1.70～1.79　　（B）1.60～1.69

（C）1.40～1.49　　（D）1.30～1.39

参考答案：［C］

主要解答过程：

根据《辐射冷暖规》附录 B 表 B.1.2-1 及表 B.1.2-3 可查得两种情况单位地面面积向上供热量分别为：182.8W/m² 和 129.6W/m²，比值为：182.8/129.6=1.41。

（2）【案例】在浴室采用低温热水地面辐射供暖系统，设计室内温度为 25℃，且不超过地表面平均温度最高上限要求（32℃），敷设加热管单位地面积散热量的最大数值应为哪一项？（2013-4-4）

（A）60W/m²　　（B）70W/m²　　（C）80W/m²　　（D）100W/m²

参考答案：［B］

主要解答过程：

根据《教材（第三版 2018）》P44 式（1.4-9）：

$$32=25+9.82\times\left(\frac{q_x}{100}\right)^{0.969}$$

解得 $q_x=70.5W/m^2$

（3）【案例】某住宅楼采用低温热水地板辐射供暖，系统供回水温度为 40℃/30℃，室内空气温度为 20℃，中间层一卧室辐射供暖设计热负荷为 1000W，房间面积为 20m²，地面遮盖物面积为 5m²，地面层为木地板，加热管为 PE-X 管，求加热管间距。（模拟）

（A）300mm　　（B）200mm　　（C）100mm　　（D）无法确定

参考答案：［B］

主要解答过程：

所需单位面积的总散热量：

$$q_n=\frac{1000}{20-5}=66.7W/m^2$$

查《辐射冷暖规》附录 B 表 B.1.1-3，间距 200mm 时，散热量与热损失之和等于 68.3W/m²。单位面积散热量为 51W/m²。

验算地表温度：

$$t_{pj}=t_n+9.82\left(\frac{q_x}{100}\right)^{0.969}=20+9.82\left(\frac{51}{100}\right)^{0.969}=25.1℃<29℃。$$

4. 真题归类

2012-4-2、2013-4-4、2014-4-1、2017-4-3。

1.4.3 辐射供冷表面平均温度

1. 知识要点

(1) 辐射供冷表面平均温度:《辐射冷暖规》3.4.7。

(2) 辐射供冷表面平均温度限值:《辐射冷暖规》3.1.4。

2. 超链接

《辐射冷暖规》3.1.4、3.4.7。

1.4.4 间歇运行和户间传热

1. 知识要点

(1) 间歇运行和户间传热:《辐射冷暖规》3.3.7 及条文说明(公式)。

(2) 特别注意:校核地面平均温度时,取 $\alpha=1.0$。

2. 超链接

《辐射冷暖规》3.3.7 及条文说明(公式)。

3. 例题

(1)**【案例】**寒冷地区某住宅楼采用热水地面辐射供暖系统(间歇供暖,修正系数 $\alpha=1.3$)各户热源为燃气壁挂炉,供水/回水温度为45℃/35℃,分室温控,加热管采用PE-X管。某户的起居室面积 $32m^2$,基本耗热量为0.96kW,查规范水力计算表该环路的管径(mm)和设计流速应为下列中的哪一项?(2014-3-2)

注:管径 D_o:X_1/X_2(管内径/管外径)mm。

(A) D_o:15.7/20,v:~0.17m/s (B) D_o:15.7/20,v:~0.18m/s

(C) D_o:12.1/16,v:~0.26m/s (D) D_o:12.1/16,v:~0.30m/s

参考答案:[D]

主要解答过程:

根据《辐射冷暖规》3.3.7 及条文说明,该住户起居室的供暖热负荷为:

$$Q=\alpha\cdot Q_j+q_h\cdot M=1.3\times(0.96\times1000)+7\times32=1472W$$

系统流量为:

$$G=\frac{0.86Q}{\Delta t}=\frac{0.86\times1472}{45-35}=126.6kg/h$$

查附录D表D.0.1,结合第3.5.11条对于管内流速不小于0.25m/s的要求,表D.0.1中三种管径规格,当 $G=126.6kg/h$ 时,只有管内径/管外径为12.1mm/16mm对应的流速为0.3m/s左右,大于0.25m/s的限值,因此只能选择D选项。

(2)**【案例】**北京某建筑物采用集中热源分户热计量热水地面辐射供暖,地面为混凝土填充式构造,中间层某房间使用面积为 $20m^2$,房间辐射供暖设计热负荷为1000W,在确定房间地面加热管管间距时,房间的热负荷应取下列哪一项?(模拟)

(A) 1000W (B) 1100W (C) 1140W (D) 1240W

参考答案:[D]

主要解答过程：

根据《辐射冷暖规》3.3.7 条文说明公式：

$$Q = \alpha Q_j + q_h M = 1.1 \times 1000 + 7 \times 20 = 1240\text{W}$$

4. 真题归类

2014-3-2。

1.4.5 流速和管径

1. 知识要点

（1）流速：《辐射冷暖规》3.5.11（不宜小于 0.25m/s）。

（2）管径：《辐射冷暖规》附录 D。

2. 超链接

《辐射冷暖规》3.5.11、附录 D。

3. 例题

（1）【案例】某低温热水地面辐射供暖系统，设计供回水温度为 50℃/40℃，系统工作压力 P_D=0.4MPa，某一环路所承担的热负荷为 2000W，说法正确的应是下列何项？并列出判断过程。(2010-3-2)

（A）采用公称外径为 De40 的 PP-R 管，符合规范规定

（B）采用公称外径为 De32 的 PP-R 管，符合规范规定

（C）采用公称外径为 De20 的 PP-R 管，符合规范规定

（D）采用公称外径为 De20 的 PP-R 管，不符合规范规定

参考答案：[D]

主要解答过程：

$\left(\text{或 } G = \dfrac{0.86Q}{\Delta t} = \dfrac{0.86 \times 2000}{50-40} = 172\text{kg/h}\right)$ 根据：$Q = cm\Delta t$，$m = 2\text{kW} \times 3600/(4.18 \times 10℃) = 172.25\text{kg/h}$

根据《辐射冷暖规》附录 C 表 C.1.3 可知，工作压力为 0.4MPa 条件下 De20 的 PP-R 管壁厚为 2mm，即内径为 16mm。

因此管内流速：$v = \dfrac{\dfrac{m}{3600\rho}}{\dfrac{1}{4}\pi D_n^2} = \left(\dfrac{\dfrac{172.25}{3600 \times 1000}}{\dfrac{1}{4} \times 3.14 \times 0.016^2}\right)\text{m/s} = 0.238\text{m/s} < 0.25\text{m/s}$

或查附录 D 表 D.0.1 可知，管径为 De15.7/20 的流量为 174.15kg/h，流速为 0.25m/s，m=172.25kg/h<174.15kg/h，故流速<0.25m/s，因此，根据《辐射冷暖规》3.5.11，结论不符合规范要求。

（2）【案例】地板热水供暖系统为保证足够的流速，热水流量应有一最小值。当系统的供回水温差为 10℃，采用的地板埋管回形环路管径为 De25×2.3 时，该回路允许最小热负荷（W）最接近下列何值？[水的比热容取 4.187kJ/(kg·K)](2016-4-4)

（A）2869　　（B）3420　　（C）4233　　（D）5133

参考答案：[B]

主要解答过程：

根据《辐射冷暖规》3.5.11：加热管流速不宜小于0.25m/s，v最小值取0.25m/s。

流量最小值：

$$G = v \cdot \rho \cdot \frac{\pi d^2}{4} = 0.25 \times 1000 \times \frac{3.14 \times (0.025 - 0.0023 \times 2)^2}{4} = 0.0817\text{kg/s}$$

最小热负荷：

$$Q = cm\Delta t = 4.187 \times 0.0817 \times 10 = 3.42\text{kW} = 3420\text{W}$$

4. 真题归类

2010-3-2、2016-4-4。

1.4.6 最小壁厚要求和管材的最大允许工作压力

1. 知识要点

(1) 最小壁厚：《辐射冷暖规》附录C.1.3。

(2) 管材的最大允许工作压力：《辐射冷暖规》附录C条文说明。

2. 超链接

《辐射冷暖规》附录C.1.3、《辐射冷暖规》附录C条文说明。

1.4.7 水力计算

1. 知识要点

(1) 压力损失：《辐射冷暖规》3.6.1。

(2) 摩擦阻力系数：《辐射冷暖规》3.6.2和3.6.3。

2. 超链接

《辐射冷暖规》3.6.1～3.6.3。

1.4.8 混凝土填充式供暖地面泡沫塑料绝热层热阻

1. 知识要点

(1) 混凝土填充式供暖地面泡沫塑料绝热层热阻：《辐射冷暖规》3.2.5。

(2) 模塑聚苯乙烯泡沫塑料板绝热层厚度：《辐射冷暖规》3.2.5条文说明。

2. 超链接

《辐射冷暖规》3.2.5及条文说明。

1.4.9 加热管间距选择

1. 知识要点

加热管间距选择步骤：

1) 依据《辐射冷暖规》附录B；

2) 平均水温$\left(\frac{t_g + t_h}{2}\right)$、室内空气温度；

3) 顶层：向上供热量＝房间热负荷；

4) 底层和中间层：向上供热量＋向下传热量＝房间热负荷；

5) 选择合适的加热管间距。

2. 超链接

《辐射冷暖规》附录B。

3. 例题

(1) 【案例】某办公楼采用低温热水地面辐射供暖系统，分室控温，供回水温度40℃/30℃，埋管方式为混凝土填充式，地面采用瓷砖，埋地盘管采用PE-X管；中间层办公室面积为$50m^2$，埋管的地面面积为$40m^2$，房间温度20℃；房间供暖热负荷为2500W；考虑运行节能，采用间歇供暖的运行方式，埋地盘管的合理间距为多少？(模拟)

(A) 150mm　　(B) 200mm　　(C) 250mm　　(D) 300mm

参考答案：[D]

主要解答过程：

根据《辐射冷暖规》3.3.7条文说明，房间单位面积平均户间传热量为$7W/m^2$，查条文说明中的表3，间歇修正系数取1.1，埋地盘管的总散热量（含向下热损失）应为：

$$Q=\alpha\cdot Q_j+q_h\cdot M=1.1\times2500+7\times50=3100W$$

埋地盘管面积为$40m^2$，所需单位面积的总散热量为：$3100/40=77.5W/m^2$，查《辐射冷暖规》附录B.1.1-1，平均温度35℃、房间温度20℃，管间距300mm的总供热量为$64.6+15.6=80.2W/m^2$，最接近需要的单位面积总供热量$77.5W/m^2$，因此埋地盘管的间距为300mm比较合理。

(2)【案例】某公共建筑采用地面辐射供暖系统进行冬季供暖，埋管方式为混凝土填充，采用间歇供暖方式，经负荷计算知其中间层的一个北向办公室面积为$30m^2$，铺管面积为$25m^2$；该办公室热负荷为960W，房间设计温度为22℃，上层散热损失为230W，户间传热量按照$7W/m^2$计算。试计算该房间地面温度是否符合要求。(模拟)

(A) 26.2℃，符合要求　　(B) 25.8℃，符合要求

(C) 27.2℃，符合要求　　(D) 29.2℃，不符合要求

参考答案：[B]

主要解答过程：

根据《辐射冷暖规》3.3.7条文说明、3.4.5、3.4.6公式：

校核地面平均温度时，$\alpha=1$。

房间热负荷$Q=1\times960+7\times30=1170W$

房间所需地面向上的供热量$Q_1=Q-Q_2=1170-230=940W$

房间所需单位地面面积向上供热量$q_1=\beta\dfrac{Q_1}{F_r}=1\times\dfrac{940}{25}=37.6W/m^2$

$$t_{pj}=t_n+9.82\times\left(\frac{q}{100}\right)^{0.969}=22+9.82\times\left(\frac{37.6}{100}\right)^{0.969}=25.8℃$$

根据《辐射冷暖规》表3.1.3：地面人员经常停留宜采用平均温度为25～27℃，25.8℃符合要求。

1.4.10 热水吊顶辐射板供暖

1. 知识要点

(1) 民用建筑

热水吊顶辐射板倾斜安装，对流传热量占辐射板有效散热量的比例为 $m\%$，求辐射板有效散热量和辐射面表面的平均温度。

1）根据《民规》5.4.14，查辐射板安装角度修正系数，计算出辐射板有效散热量；

2）辐射板单位面积有效散热量 $q_d=\frac{q_{有效}\cdot m\%}{安装面积}$；

3）$q_d=0.134(t_{pj}-t_n)^{1.25}\Rightarrow t_{pj}=t_n+\left(\frac{q_d}{0.134}\right)^{\frac{1}{1.25}}$。

（2）工业建筑

辐射板的热水流量满足流量要求，标准散热量为 q（kW/m^2），求辐射板面积。

1）根据《工规》5.4.15，查辐射板安装角度修正系数，计算出辐射板有效散热量；

2）辐射板流量 G（kg/s）$=\frac{Q\ (kW)}{c_p\ (t_g-t_h)}$，如果 G 小于最小流量，则需要修正标准散热量，修正系数取 0.85～0.9；故辐射板面积 $F=\frac{Q}{q\times(0.85\sim0.9)}$。

2. 超链接

《民规》5.4.14；《工规》5.4.15。

1.4.11　燃气红外线辐射供暖

1. 知识要点

（1）辐射供暖系统总散热量计算：《教材（第三版 2018）》P54～55。

（2）毛细管供热能力：《教材（第三版 2018）》P52 图 1.4-15、P51 图 1.4-17、P51 图 1.4-18；

（3）发生器台数：《教材（第三版 2018）》P55。

（4）发生器空气量、何时设置室外空气供应系统：《教材（第三版 2018）》P58；《民规》5.6.6。

（5）供暖系统排风量：《教材（第三版 2018）》P58；《工规》5.5.10。

（6）全面辐射供暖辐射器布置：《教材（第三版 2018）》P60～61。

（7）局部供暖辐射器散热量：《教材（第三版 2018）》P61。

2. 超链接

《教材（第三版 2018）》P54～55、P58、P60～61；《民规》5.6.6；《工规》5.5.10。

3. 例题

（1）【案例】某展览馆建筑面积 $F=3296m^2$，采用燃气红外线辐射供暖，已知：辐射管安装高度离人体头部为 10m，室内设计温度 $t_{sh}=16℃$，室外供暖计算温度 $-9℃$，围护结构热负荷 $Q=750kW$，辐射供暖系统效率 $\eta_1=0.9$。计算辐射管总散热量 Q_f 为下列何值？（2007-3-3）

（A）550～590kW　（B）600～640kW　（C）650～690kW　（D）700～750kW

参考答案：［A］

主要解答过程：

根据《教材（第三版 2018）》P54，公式（1.4-18）～公式（1.4-20），假设人的身高为 1.8m，则有：$h^2/A=11.8^2/3296=0.042$，查图 1.4-19 得 $\varepsilon=0.43$。查表 1.4-12，辐射

管安装高度离人体头部为10m，得η_2=0.84，则η=0.43×0.9×0.84=0.325。

$$R=\frac{Q}{\frac{CA}{\eta}(t_{sh}-t_w)}=\frac{750000}{\frac{11\times3296}{0.325}\times[16-(-9)]}=0.269$$

$$Q_f=\frac{Q}{1+R}=\frac{750000}{1+0.269}=590000\text{W}=590\text{kW}$$

（2）【案例】严寒地区某展览馆采用燃气辐射供暖，气源为天然气，已知展览馆的内部空间尺寸为60m×60m×18m（高），设计布置辐射器总辐射热量为450kW，按经验公式计算发生器工作时所需的最小空气量（m^3/h）接近下列何值？并判断是否要设置室外空气供应系统。（2016-3-4）

（A）3140m^3/h，不设置室外空气供应系统

（B）6480m^3/h，设置室外空气供应系统

（C）9830m^3/h，不设置室外空气供应系统

（D）11830m^3/h，设置室外空气供应系统

参考答案：［C］

主要解答过程：

根据《教材（第三版2018）》P58公式（1.4-25）

发生器工作时所需的最小空气量 $L=\frac{Q}{293}\cdot K=\frac{450\times10^3\times6.4}{293}=9829.4\text{m}^3/\text{h}$

该房间换气次数 $n=\frac{L}{V}=\frac{9829.4}{60\times60\times18}=0.15<0.5$ 次/h

根据《民规》第5.6.6条：换气次数未超过0.5次/h，由室内供应空气的空间应能保证燃烧器所需要的空气量，故不设置室外空气供应系统。

（3）【案例】天津某大型超市建筑面积为2000m^2，用燃气红外辐射供暖，舒适温度为20℃，辐射管安装高度为5m，距人体头部3m，围护结构耗热量为200kW，辐射供暖系统的效率为0.9，室内空气温度为多少？（模拟）

（A）20～21℃　　（B）18～19℃　　（C）16～17℃　　（D）22～23℃

参考答案：［C］

主要解答过程：

根据《教材（第三版2018）》P54：

$$\frac{h^2}{A}=\frac{5\times5}{2000}=0.0125$$

查《教材（第三版2018）》P55图1.4-19得ε=0.57

$$\eta=\varepsilon\eta_1\eta_2=0.57\times0.9\times0.89=0.4566$$

$$R=\frac{Q}{\frac{CA}{\eta}(t_{sh}-t_w)}=\frac{200000}{\frac{11\times2000}{0.4566}\times(20+7)}=0.1537$$

$$Q_f=\frac{Q}{1+R}=\frac{200}{1.1537}=173\text{kW}$$

$$t_n = \frac{173 \times (20+7)}{200} - 7 = 16.4℃$$

4. 真题归类

2007-3-3、2008-4-5、2016-3-4。

1.5 热 风 供 暖

1.5.1 集中送风计算

1. 知识要点

(1) 集中送风计算:《教材(第三版 2018)》P64～68。

特别注意:L(每股射流作用半径)与 l_x(射流有效作用长度)两者取小值。

(2) 集中送风示意图(图1-3):

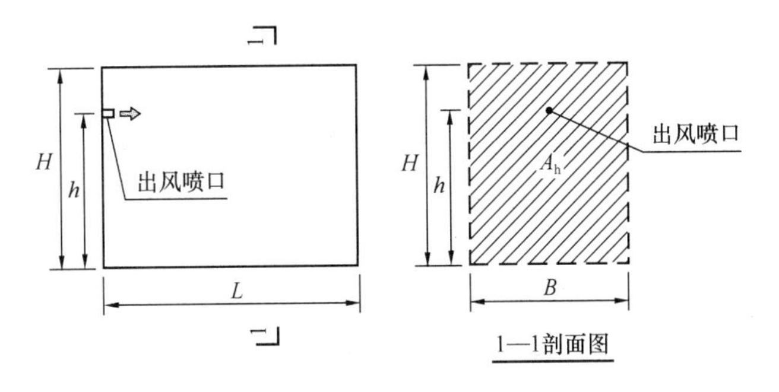

图1-3 集中送风示意图

2. 超链接

《教材(第三版 2018)》P64～68。

3. 例题

【案例】工业厂房长80m、宽18m、高10m,用集中送风方式供暖。在厂房两端墙上各布置一个普通圆喷嘴送风口对吹,喷嘴高度 $h=5$m,工作带最大平均回流风速 $v_1=0.4$m/s,计算每股射流的送风量 L(m^3/h),为下列何值?(2006-3-3)

(A) $9000<L\leqslant10000$
(B) $10000<L\leqslant11000$
(C) $11000<L\leqslant12000$
(D) $12000<L\leqslant13000$

参考答案:[B]

主要解答过程:

根据《教材(第三版 2018)》P65～66 公式(1.5-2)～公式(1.5.5),由于送风口高度 $h=0.5\text{m}=0.5H$,查表1.5.2得 $X=0.35$,查表1.5.4可知普通圆喷嘴的紊流系数为0.08,因此:

射流有效长度为:

$$l_x = \frac{0.7X}{a}\sqrt{A_h} = \frac{0.7 \times 0.35}{0.08} \times \sqrt{18 \times 10} = 41.1\text{m}$$

换气次数为：

$$n=\frac{380v_1^2}{l_x}=\frac{380\times0.4^2}{41.1}=1.48$$

每股射流的空气量为：

$$L=\frac{nV}{3600m_pm_c}=\frac{1.48\times80\times18\times10}{3600\times1\times2}=2.96\text{m}^3/\text{s}=10656\text{m}^3/\text{h}$$

4. 真题归类

2006-3-3、2008-4-2、2013-3-3。

1.5.2 空气加热器

1. 知识要点

空气加热器选择计算：《教材（第三版 2018）》P68～69。

2. 超链接

《教材（第三版 2018）》P68～69。

3. 例题

（1）【案例】《红宝书》P457 例 3。

（2）【案例】全新风热风供暖车间供暖设计热负荷为 200kW，室内设计温度为 15℃，供暖室外计算温度为－8℃，通风室外计算温度为－5℃，送风量为 10kg/s，空气加热器使用的热媒为城市热网 110℃/70℃的热水，空气加热器的传热系数为 40W/（m²·K），考虑安全系数后，空气加热器所需加热面积是多少？（模拟）

（A）100～120m²　　（B）121～140m²

（C）141～160m²　　（D）161～190m²

参考答案：[D]

主要解答过程：

新风热负荷：$Q_x=G\cdot C_p\cdot\Delta t=10\times1.01\times(15+8)=232.3\text{kW}$

总热负荷：$Q=Q_x+Q_n=200+232.3=432.3\text{kW}$

空气被加热后的温度为：$t_2=\dfrac{432.3}{10\times1.01}-8=34.8℃$

热水热媒：$\Delta t_p=\dfrac{110+70}{2}-\dfrac{-8+34.8}{2}=76.6℃$

$$F=(1.2\sim1.3)\frac{Q}{K\Delta t_p}=(1.2\sim1.3)\times\frac{432.3\times10^3}{40\times76.6}=(169\sim184)\text{m}^2$$

1.5.3 暖风机选择

1. 知识要点

（1）暖风机台数确定：《教材（第三版 2018）》P70。

$$n_1=\frac{Q}{Q_0\cdot\left(\frac{t_{pj}-t_n}{t_{pj}-15}\right)\cdot\eta}$$

$n_2=\frac{1.5\times 房间体积}{暖风机送风量}$（注：车间内空气循环次数一般不应小于1.5次/h）

$n=\max(n_1, n_2)$

（2）小型暖风机射程X：《教材（第三版2018）》P70。

特别说明：$D=\frac{4倍截面积}{周长}=\frac{2ab}{a+b}$

2. 超链接

《教材（第三版2018）》P69～70。

3. 例题

【案例】某高度为6m，面积为1000m^{2}的机加工车间，室内设计温度18℃，供暖计算总负荷94kW，热媒为95℃/70℃热水，设置暖风机供暖，并配以散热量为30kW的散热器，若采用每台标准热量Q_0为6kW（进口温度为15℃时）、风量500m^3/h的暖风机，应至少布置多少台？（2007-4-2）

（A）16台　　（B）17台　　（C）18台　　（D）19台

参考答案：[C]

主要解答过程：

根据《教材（第三版2018）》P70，暖风机进口温度标准参数为15℃，不同时散热量需进行修正：

$$\frac{Q_d}{Q_0}=\frac{t_{pj}-t_n}{t_{pj}-15}=\frac{\frac{95+70}{2}-18}{\frac{95+70}{2}-15}$$

解得$Q_d=5.73$kW

则台数为：$n=\frac{Q}{Q_d\cdot\eta}=\frac{94-30}{5.73\times 0.8}=14(台)$

注：需要验算换气次数不小于1.5次时所需台数为：

$n'=\frac{1.5\times(6\times 1000)}{500}=18$台$>14$台，应取18台。

4. 真题归类

2007-4-2、2009-3-3、2017-3-4、2018-3-3。

1.5.4 热风供暖的热平衡关系

知识要点：

（1）送风从送风温度降到室温放出的热量即送风的焓降=房间热负荷

$$Q'_n=G\cdot C_p(t_o-t_n)$$

（2）空气加热器的加热量=房间热负荷+新风负荷

$$Q=Q'_n+G_x\cdot C_p(t_n-t'_w)$$

（3）从热媒侧考虑，空气加热器的加热量=加热水流量×水比热×(水进口温度−水出口温度)或蒸汽流量×(蒸汽焓值−凝结水焓值)。

（4）空气加热器中空气侧吸热，空气加热器的加热量=送风量G×空气比热×（送风温度t_o−进入加热器的空气温度t_1），$Q=G\cdot C_p(t_o-t_1)$。

（5）进入加热器空气温度 t_1 的确定

1）全新风：供暖室外计算温度 t'_w；

2）全回风：室内温度 t_n；

3）新回风混合：按混合比求混合温度 $t_n \times \overline{G}_h + t'_w \times \overline{G}_x$。

（6）可忽略密度变化，注意计算自然通风案例时不能忽略。

1.6　供暖系统的水力计算

1.6.1　基本计算法和简化计算法

1. 知识要点

（1）基本计算法：《教材（第三版 2018）》P74。

（2）当量阻力法：《教材（第三版 2018）》P75。

（3）当量长度法：《教材（第三版 2018）》P75。

（4）并联环路压力损失相对差值：《教材（第三版 2018）》P78；《民规》5.9.11。

（5）附加资料：《供热工程（第四版）》第四章。

2. 超链接

《教材（第三版 2018）》P74～77；《民规》5.9.11；《供热工程（第四版）》第四章。

1.6.2　水力计算方法

1. 知识要点

（1）等温降法：《教材（第三版 2018）》P79。

（2）变温降法：《教材（第三版 2018）》P80。

1）流量调整系数 b；温降调整系数 $a=\dfrac{1}{b}$；压降调整系数 $c=b^2=\dfrac{1}{a^2}$

2）$\dfrac{G_{实际}}{G_{设计}}=\dfrac{设计温差}{实际温差}$

（3）等压降法：《教材（第三版 2018）》P80～81。

2. 超链接

《教材（第三版 2018）》P79～81。

1.6.3　水力计算不平衡率计算

1. 知识要点

（1）水力计算不平衡率计算：《教材（第三版 2018）》P27、P78；《供热工程（第四版）》P98～124。

（2）计算步骤：

1）热水系统循环动力（题干未给出情形）的判断：

①根据《教材（第三版 2018）》P27：重力循环系统宜采用上供下回式；

②根据《教材（第三版2018）》P78中5）：自然循环系统散热器水冷却和管道内水冷却产生的附加压力应全部考虑，故能忽略管道内水冷却附加压力可判断为机械循环系统；

2）机械循环系统的自然循环压力取设计水温条件下最大循环压力的2/3；重力循环系统的自然循环压力应全部考虑；

3）选取公共点，依据公共点压力相等原理，顺水流方向寻找；

4）计算最不利环路资用压力

① 重力循环垂直双管系统

$$\Delta P_{zh}=\Delta P+\Delta P_{f}+\Delta P_{z}=gH(\rho_{h}-\rho_{g})+\Delta P_{f}+\Delta P_{z}$$

式中 ΔP——水在散热器中冷却产生的作用压力（自然循环作用压力）；

ΔP_{f}——水在循环环路中（管道中）冷却的附加作用压力；见《供热工程（第四版）》P417附录3-2，注意页面下方小注。

ΔP_{z}——与该计算环路的并联的最不利（或最远）环路的压力损失。

② 机械循环垂直双管供暖系统或层数不同的单管系统供暖系统

$$\Delta P_{zh}=\Delta P+\Delta P_{z}=\frac{2}{3}gH(\rho_{h}-\rho_{g})+\Delta P_{z}$$

5）计算环路实际阻力

计算环路实际阻力＝计算环路散热器阻力＋计算环路管道阻力。

6）不平衡率计算公式：

$$不平衡率=\frac{资用压力-实际阻力}{资用压力}\times100\%$$

注意：不平衡率取值可为负号，具体参见《供热工程（第四版）》P98～124。

2. 超链接

《教材（第三版2018）》P27、P78；《供热工程（第四版）》P98～124、P417。

3. 例题

（1）【案例】双管下供下回式热水供暖系统如图所示，每层散热器间的垂直距离为6m，供/回水温度85℃/60℃，供水管ab段、bc段和cd段的阻力分别为0.5kPa、1.0kPa和1.0kPa（对应的回水管段阻力相同），散热器A1、A2和A3的水阻力分别为$P_{A1}=P_{A2}$＝7.5kPa和P_{A3}＝5.5kPa。忽略管道沿程冷却与散热器支管阻力，试问设计工况下散热器A3环路相对A1环路的阻力不平衡率（%）为多少？（取g＝9.8m/s²，热水密度$\rho_{85℃}$＝968.65kg/m³，$\rho_{60℃}$＝983.75kg/m³）（2014-3-3）

（A）26～27　（B）2.8～3.0　（C）2.5～2.7　（D）10～11

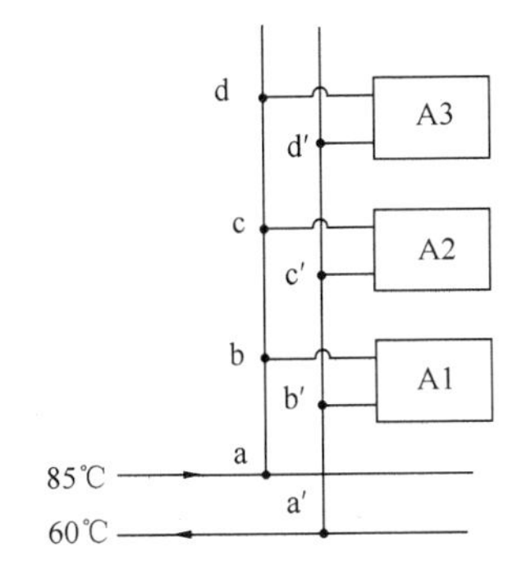

参考答案：[D]

主要解答过程：

管段 b-c-d-A3-d′-c′-b′与管段 b-A1-b′为并联环路，b 和 b′两点列平衡方程得：

$P_{b\sim b'}$：$\Delta P_{A3}-P_{A3}$自然循环$=\Delta P_{A1}-P_{A1}$自然循环

A3 环路资用压力：$\Delta P_{A3}=\Delta P_{A1}+(P_{A3}$自然循环$-P_{A1}$自然循环)

$=7.5+(983.75-968.65)\times 9.8\times 12\times(2/3)\div 1000$

$=8.68\text{kPa}$

A3 环路实际阻力：$P_{A3阻力}=P_{bc}+P_{cd}+P_{A3}+P_{c'd'}+P_{b'c'}=1+1+5.5+1+1=9.5\text{kPa}$

A3 环路相对 A1 环路的阻力不平衡率：

$$x_{A3,A1}=\frac{\text{A3 环路资用压力 }\Delta P_{A3}-\text{A3 环路实际阻力 }P_{A3阻力}}{\text{A3 环路资用压力 }\Delta P_{A3}}\times 100\%$$

$$=\frac{8.68-9.5}{8.68}\times 100\%=-9.5\%$$

(2)【案例】双管上供下回式热水供暖系统如图示，每层散热器间的垂直距离为 6m，供/回水温度 95℃/70℃，供水管 ab 段、bc 段的阻力均为 0.5kPa（对应的回水管段阻力相同），散热器 A1、A2 和 A3 的水阻力均分别为 7.5kPa。忽略管道沿程冷却与散热器支管阻力，试问：以 a 点和 c_2点为基准，设计工况下散热器 A3 环路阻力相对 A1 环路的阻力不平衡率接近下列何项？（取 $g=9.81\text{m/s}^2$，热水密度 $\rho_{95℃}=962\text{kg/m}^3$，$\rho_{70℃}=977.9\text{kg/m}^3$）(2016-4-2)

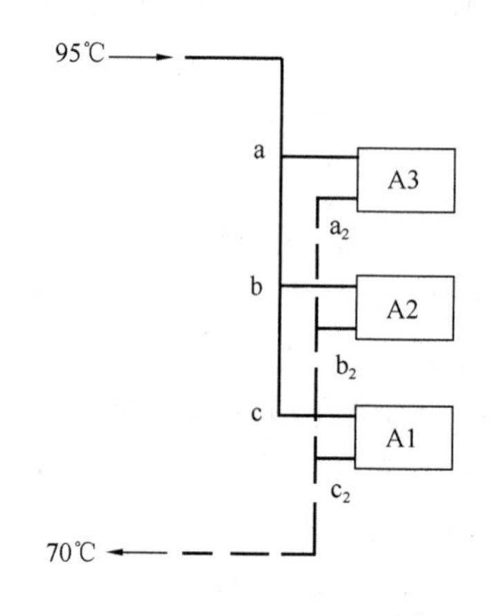

(A) −22%　　(B) 0　　(C) 13%　　(D) 22%

参考答案：[C]

主要解答过程：

管段 a-A3-a_2-b_2-c_2 与管段 a-b-c-A1-c_2 为并联环路，a 和 c_2 两点列平衡方程得：

$P_{a\sim c_2}$：$\Delta P_{A3}-P_{A3}$自然循环$=\Delta P_{A1}-P_{A1}$自然循环

A3 环路资用压力：

$\Delta P_{A3}=\Delta P_{A1}+(P_{A3}$ 自然循环 $-P_{A1}$ 自然循环)

$=(P_{ab}+P_{bc}+P_{A1})+(P_{A3}$ 自然循环 $-P_{A1}$ 自然循环)

$=(0.5+0.5+7.5)+(977.9-962)\times 9.8\times 12\times(2/3)\div 1000=9.75\text{kPa}$

A3 环路实际阻力：$P_{A3阻力}=P_{A3}+P_{a_2\sim b_2}+P_{b_2\sim c_2}=7.5+0.5+0.5=8.5kPa$

A3 环路相对 A1 环路的阻力不平衡率：

$$x_{A3,A1}=\frac{A3\text{ 环路资用压力 }\Delta P_{A3}-A3\text{ 环路实际阻力 }P_{A3阻力}}{A3\text{ 环路资用压力 }\Delta P_{A3}}\times 100\%$$

$$=\frac{9.75-8.5}{9.75}\times 100\%=12.8\%$$

（3）【案例】《供热工程（第四版）》P121～125 例题 4-6。

（4）【案例】下图所示垂直双管机械循环热水供暖系统，设计供回水温度为 75℃/50℃，$\rho_g=974.84kg/m^3$，$\rho_h=988.03kg/m^3$，系统中部分管段水力计算得到的压力损失为 $\Delta p_1=200Pa$，$\Delta p_2=100Pa$，$\Delta p_3=150Pa$，$\Delta p_4=150Pa$，$\Delta p_5=100Pa$，最远立管并联的第 2 层和第 1 层散热器环路的不平衡率应是下列哪一项，是否达到水力平衡？（模拟）

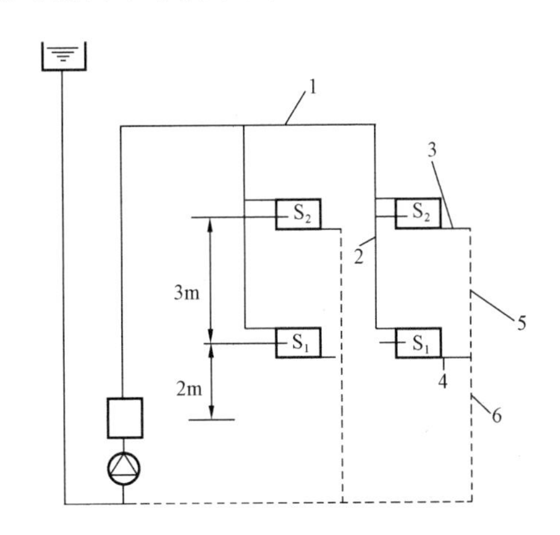

(A) 0%～15%，达到水力平衡　　(B) 16%～30%，达到水力平衡

(C) 31%～60%，达不到水力平衡　　(D) 61%～80%，达不到水力平衡

参考答案：[C]

主要解答过程：

二层散热器环路的资用压力为：

$$\Delta p_{zy}=\Delta p_2+\Delta p_4+\Delta p_{\text{II}}-\Delta p_{\text{I}}=100+150+\frac{2}{3}\times 9.8\times 3\times(988.03-974.84)$$

$$=508.5Pa$$

水力计算的实际压力为：

$$\Delta p_{sh}=\Delta p_3+\Delta p_5=100+150=250Pa$$

$$x=\frac{508.5-250}{508.5}\times 100\%=50.8\%>15\%,$$不符合水力平衡要求。

4. 真题归类

2014-3-3、2016-4-2。

1.6.4 蒸汽供暖系统的水力计算

1. 知识要点

（1）低压蒸汽系统：《教材（第三版 2018）》P81。

（2）低压蒸汽系统凝结水管道：《教材（第三版 2018）》P82。

（3）高压蒸汽系统：《教材（第三版 2018）》P82。

（4）高压蒸汽系统凝结水管道：《教材（第三版 2018）》P83。

2. 超链接

《教材（第三版 2018）》P81～83。

3. 例题

【案例】某厂房设计采用 60kPa 蒸汽供暖，供汽管道最大长度为 500m，选择供汽管道管径时，平均单位长度摩擦压力损失值以及供汽水平干管末端管径，应是何项？（2010-4-2）

（A）$\Delta P_m \leqslant 30$Pa/m，$DN \geqslant 20$mm　　（B）$\Delta P_m \leqslant 30$Pa/m，$DN \geqslant 25$mm

（B）$\Delta P_m \leqslant 70$Pa/m，$DN \geqslant 20$mm　　（D）$\Delta P_m \leqslant 70$Pa/m，$DN \geqslant 25$mm

参考答案：[D]

主要解答过程：

根据《教材（第三版 2018）》P24 可知，60kPa 属于低压蒸汽系统，根据 P81 公式（1.6-4）

$$\Delta P_m = \frac{(P - 2000)\alpha}{l} = \frac{(60000 - 2000) \times 0.6}{500} = 69.6\text{Pa/m} \leqslant 70\text{Pa/m}$$

根据《教材（第三版 2018）》P79，低压蒸汽管路管径不小于 25mm。

4. 真题归类

2010-4-2、2012-4-4、2013-4-2、2017-4-6。

1.7　供暖系统设计

1.7.1　供暖系统试验压力计算

1. 知识要点

（1）供暖系统试验压力计算

1）室内：《水暖验规》8.6.1；

2）室外：《水暖验规》11.3.1。

注：系统的工作压力（最高压力）是系统的最低处或水泵出口处的压力。

（2）注意区分不同状况下的计算原则。

2. 超链接

《水暖验规》8.6.1、11.3.1。

3. 例题

【案例】如下图所示热水集中供热系统有 4 个供暖热用户，用户与热网采用直接连接，用户和热网的设计供回水温度均为 85℃/60℃，用户采用铸铁散热器，工作压力为 $40mH_2O$，热源至最不利用户的压力损失为 $10mH_2O$，最不利用户内部阻力为 $5mH_2O$，热源阻力为 $10mH_2O$，供热系统试验压力应为下列哪一项？（模拟）

（A）25～$30mH_2O$　（B）30～$35mH_2O$　（C）60～$65mH_2O$　（D）85～$90mH_2O$

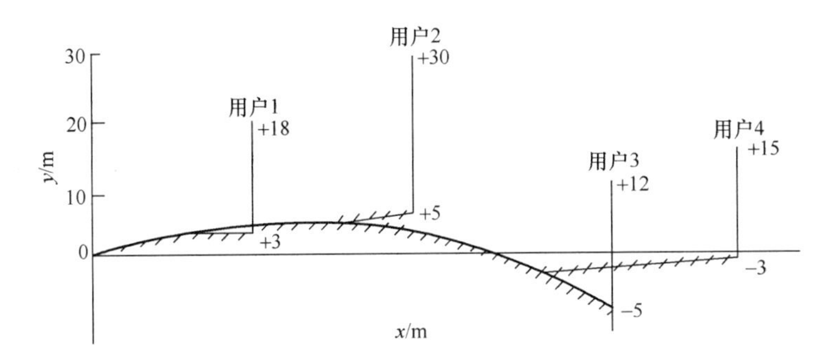

参考答案：[D]

主要解答过程：根据用户的地形和标高，用户 2 最高点为定压点时，用户 3 底层散热器不超压，故系统定压点压力为 30＋3＝33m，根据阻力可知循环水泵的扬程为 10＋5＋10＝25m，系统工作压力为 33＋25＝58m。试验压力为系统工作压力的 1.5 倍，但不小于 0.6MPa（60m）。58×1.5＝87m。

1.8　供暖设备与附件

1.8.1　散热器设计计算

1. 知识要点

（1）散热器散热面积：《教材（第三版 2018）》P89。

（2）补充说明：

1）β_4 的流量增加倍数＝25/Δt，查表 1.8-5，如不为整数用内插法算出；

2）片数取舍：《09 技措》2.3.3。

（3）散热器进出口热媒温度的确定

1）双管系统散热器的进出口水温为系统的设计供回水温度；

2）单管顺流式（水平式、垂直式）沿水流方向第 m 个散热器的进出口温度的确定：

计算原理：各处流量均相等（图 1-4）；

$$G\cdot C_{\mathrm{p}}=\frac{\sum_{i=1}^{n}Q_i}{t_{\mathrm{g}}-t_{\mathrm{h}}}=\frac{\sum_{i=1}^{m-1}Q_i}{t_{\mathrm{g}}-t_{\mathrm{mg}}}=\frac{\sum_{i=1}^{m}Q_i}{t_{\mathrm{g}}-t_{\mathrm{mh}}}$$

$$t_{\mathrm{mg}}=t_{\mathrm{g}}-\frac{\sum_{i=1}^{m-1}Q_i}{\sum_{i=1}^{n}Q_i}(t_{\mathrm{g}}-t_{\mathrm{h}})$$

$$t_{\mathrm{mh}}=t_{\mathrm{g}}-\frac{\sum_{i=1}^{m}Q_i}{\sum_{i=1}^{n}Q_i}(t_{\mathrm{g}}-t_{\mathrm{h}})$$

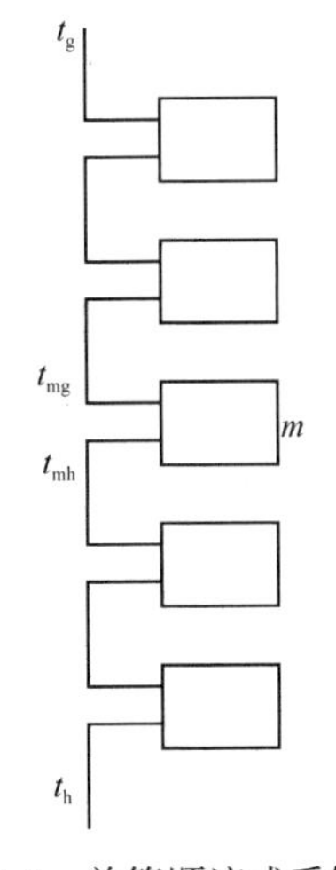

图 1-4　单管顺流式系统图

$$t_{pj}=\frac{t_{mg}+t_{mh}}{2}$$

3）单管跨越式（水平式、垂直式）：

计算原理：进入的焓等于出来的焓（图 1-5）；

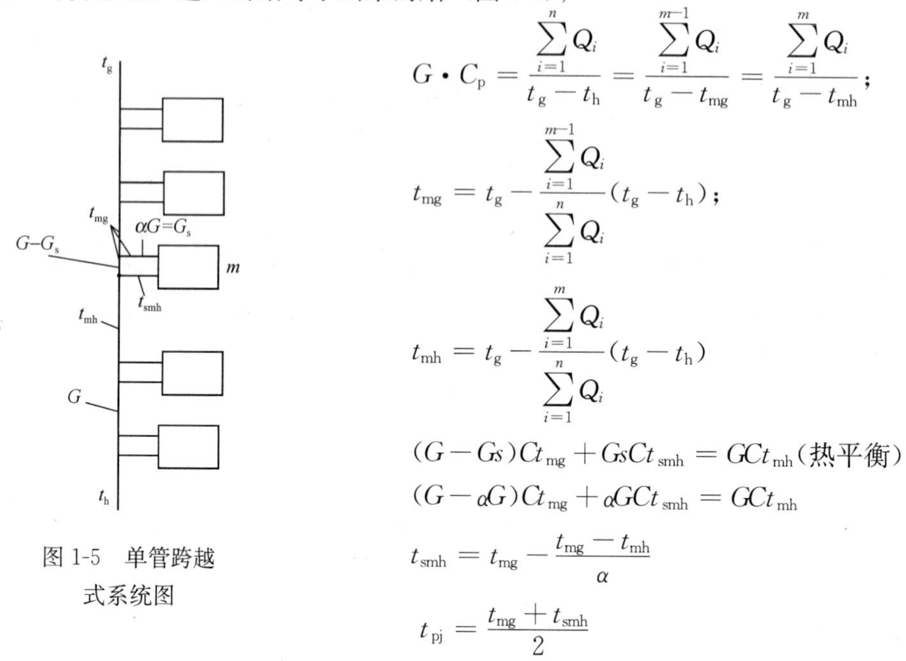

图 1-5 单管跨越式系统图

$$G\cdot C_p=\frac{\sum_{i=1}^{n}Q_i}{t_g-t_h}=\frac{\sum_{i=1}^{m-1}Q_i}{t_g-t_{mg}}=\frac{\sum_{i=1}^{m}Q_i}{t_g-t_{mh}};$$

$$t_{mg}=t_g-\frac{\sum_{i=1}^{m-1}Q_i}{\sum_{i=1}^{n}Q_i}(t_g-t_h);$$

$$t_{mh}=t_g-\frac{\sum_{i=1}^{m}Q_i}{\sum_{i=1}^{n}Q_i}(t_g-t_h)$$

$$(G-Gs)Ct_{mg}+GsCt_{smh}=GCt_{mh}(\text{热平衡})$$

$$(G-\alpha G)Ct_{mg}+\alpha GCt_{smh}=GCt_{mh}$$

$$t_{smh}=t_{mg}-\frac{t_{mg}-t_{mh}}{\alpha}$$

$$t_{pj}=\frac{t_{mg}+t_{smh}}{2}$$

其中散流器的进流系数 α：《供热工程(第四版)》P115～116。

2. 超链接

《教材（第三版 2018）》P89～90；《09 技措》2.3.3；《供热工程（第四版）》P115～116。

3. 例题

（1）【案例】某办公楼的办公室（$t_n=18$℃），计算供暖热负荷为 850W，选用铸铁四柱 640 型散热器，散热器罩内暗装，上部和下部开口高度均为 150mm，供暖系统热媒为 80℃/60℃热水，双管上供下回系统，散热器为异侧上进下出。问该办公室计算选用散热器的片数，应是下列何项？

［已知：铸铁四柱 640 型散热器单片散热面积 $f=0.205\text{m}^2$，10 片的散热器传热系数计算式 $K=2.442\Delta t^{0.321}$］（2011-4-2）

（A）8 片　　（B）9 片　　（C）10 片　　（D）11 片

参考答案：［C］

主要解答过程：

根据《教材（第三版 2018）》P89 公式（1.8-1）

$$F=\frac{Q}{K(t_{pj}-t_n)}\beta_1\beta_2\beta_3\beta_4,$$

先假设 $\beta_1=1.0$，根据表 1.8-3 和表 1.8-4 得 $\beta_2=1.0$，$\beta_3=1.04$，

供回水温差为 20℃，流量增加倍数为：25/20=1.25，根据表 1.8-5 差值得 $\beta_4=0.975$

$$F=\frac{850}{2.442\times\left(\frac{80+60}{2}-18\right)^{1.321}}\times1\times1\times1.04\times0.975=1.91\text{m}^2$$

片数：$n_0=F/f=9.32$，查表1.8-2，得9～10片时$\beta_1=1.0$，因此$n=9.32$片，取整进位为10片。

注：关于散热器片数计算尾数取舍问题一直存在争议，唯一的依据来自于《09技措》2.3.3，但笔者认为散热器片数选取只能进位而不能舍去，因为舍去散热器尾数后，从理论计算角度就无法满足在设计工况下室温的要求了，这显然是不可理的，工程设计当中也只会采取进位。对于此类问题，笔者建议考生根据实际考题和选项设置灵活应对。

(2)【案例】某五层住宅为下供下回双管热水供暖系统，设计条件下供回水温度95℃/70℃，顶层某房间设计室温20℃，设计热负荷1148W。进入立管水温为93℃。已知：立管的平均流量为250kg/h，1～4层立管高度为10m，立管散热量为78W/m。设定条件下，散热器散热量为140W/片，传热系数$K=3.10(t_{pj}-t_n)^{0.278}$W/(m²·K)，散热器散热回水温度维持70℃，该房间散热器的片数应为下列何项(不计该层立管散热和有关修正系数)？(2012-4-3)

(A) 8片　(B) 9片　(C) 10片　(D) 11片

参考答案：[B]

主要解答过程：

立管散热过程：根据$G=\dfrac{0.86Q}{\Delta t}$得，$\dfrac{250\times(93-t_{进})}{0.86}=10\times0.078\times1000$

解得$t_{进}=90.32$℃

标准供回水温度下散热器散热量：

$$140=KF(t_{pj}-t_n)^{0.278}=3.10F\times\left(\frac{95+70}{2}-20\right)^{1.278}$$

实际供回水温度下散热器散热量：

$$Q'=K'F(t'_{pj}-t_n)^{0.278}=3.10F\times\left(\frac{90.32+70}{2}-20\right)^{1.278}$$

两式相比解得：$Q'=133.3$W/片

所以$n=1148/Q'=8.61$片≈9片。

(3)【案例】某住宅小区，住宅楼均为六层，设分户热计量散热器供暖系统（异程双管下供下回式），设计室内温度为20℃，户内为单管跨越式（户间共用立管）。原设计供暖热水的供回水温度分别为85℃/60℃。对小区住宅楼进行了围护结构节能改造后，该住宅小区的供暖热负荷降至原来的65%，若维持原系统流量和设计室内温度不变，供暖热水供回水的平均温度和温差应是下列何项？　[已知散热器传热系数计算公式$K=2.81\Delta t^{0.276}$]（2013-3-2）

(A) $t_{pj}=59$～60℃，$\Delta t=20$℃　(B) $t_{pj}=55$～58℃，$\Delta t=20$℃

(C) $t_{pj}=55$～58℃，$\Delta t=16.25$℃　(D) $t_{pj}=59$～60℃，$\Delta t=16.25$℃

参考答案：[C]

主要解答过程：

根据《教材（第三版2018）》P89公式（1.8-1），由于修正系数保持不变，则：

原始散热量：$Q=K_0F\Delta t_0=2.81\times F\times\Delta t_0^{1.276}$

改造后散热量：$0.65Q=K_0F\Delta t_1=2.81\times F\times\Delta t_1^{1.276}$

两式相除得：$\dfrac{1}{0.65}=\left(\dfrac{\dfrac{85+60}{2}-20}{t_{pj}-20}\right)^{1.276}$

解得 $t_{pj}=57.46$℃

因为系统流量不变，热负荷减小为65%，因此供回水温差也应减小为改造前的65%，即：$t_g-t_h=0.65\times(t_{g0}-t_{h0})=0.65\times(85-60)=16.25$℃。

(4)【案例】某热水供暖系统流量为32t/h时锅炉产热量为0.7MW，锅炉回水温度65℃，热网供回水管温降分别为1.6℃和0.6℃，在室温18℃时，钢制柱式散热器的K_2与95℃/70℃时的K_1相比约为下列哪项？[钢制柱式散热器$K=2.489\Delta t^{0.8069}$W/(m²·℃)]（2007-4-3）

(A) 0.90　　(B) 0.89　　(C) 0.88　　(D) 0.87

参考答案：[B]

主要解答过程：

$0.7\text{MW}=c\times 32t/h\times(t_g-65)$，解得 $t_g=83.8$℃

散热器供水温度为：$t_{gs}=t_g-1.6=82.2$℃

回水温度为：$t_{hs}=t_h+0.6=65.6$℃

$$\Delta t_1=\frac{95+70}{2}-18=64.5℃,\Delta t_2=\frac{82.2+65.6}{2}-18=55.9℃$$

$$\frac{K_2}{K_1}=\left(\frac{\Delta t_2}{\Delta t_1}\right)^{0.8069}=0.89$$

(5)【案例】热水供暖单管水平串联系统如下图所示。

85℃ 1600W [1] — 1600W [2] — 1600W [3] — 1600W [4] — 1600W [5] 60℃

已知条件为：

1) 散热器的传热系数$K=3.663\Delta t^{0.16}$；

2) 散热器面积为0.2m²/片；

3) 室内温度为18℃。如果不考虑管段散热和片数附加因素，散热器1和散热器5片数的差额为多少片？（模拟）

(A) 8　　(B) 9　　(C) 10　　(D) 11

参考答案：[B]

主要解答过程：

1) 单管水平串联系统各散热器的散热量相等，可认为每组散热器的水温降均为

$$\frac{85-60}{5}=5℃$$

2) 散热器1的进出水温度为85℃/80℃，平均水温为82.5℃，散热温差为82.5−18=64.5℃，散热器的传热系数$K=3.663\times 64.5^{0.16}=7.134$W/(m²·℃)

每片散热量为$7.134\times 0.2\times 64.5=92.04$W

所需要片数为$\dfrac{1600}{92.04}=17.38$，取18片。

3) 散热器5的进出水温度为65℃/60℃，平均水温为62.5℃，散热温差为62.5−18

$=44.5$℃，散热器的传热系数 $K=3.663\times44.5^{0.16}=6.723\text{W/}(\text{m}^2\cdot℃)$

每片散热量为 $6.723\times0.2\times44.5=59.83\text{W}$

所需要片数为 $\frac{1600}{59.83}=26.74$，取27片。

4）散热器1和散热器5片数差额为27－18＝9片。

4. 真题归类

（1）散热器片数

2006-4-1、2008-3-4、2011-4-2、2012-4-3、2014-4-3、2017-4-2、2018-3-1。

（2）节能改造

2007-4-3、2010-4-3、2011-3-2、2012-3-2、2012-4-5、2013-3-2、2013-4-3、2014-3-4、2014-4-2、2016-4-1、2017-3-3、2018-4-3。

1.8.2 减压阀、安全阀

1. 知识要点

（1）减压阀流量和阀孔（座）面积计算：《教材（第三版2018）》P91。

（2）安全阀喉部面积：《教材（第三版2018）》P92～93。

2. 超链接

《教材（第三版2018）》P91～93；《09技措》8.4.10。

3. 例题

【案例】某车间热风供暖系统热源为饱和蒸汽，压力0.3MPa，流量600kg/h，安全阀排放压力0.33MPa。安全阀公称通径与喉部直径关系如下表所示。问：安全阀公称通径的选择，合理的应是下列何项？（2018-4-4）

公称通径 DN（mm）		25	32	40	50
微启式	d（mm）	20	25	32	40
	A（cm^2）	3.14	4.18	8.04	12.57
全启式	d（mm）	—	—	25	32
	A（cm^2）	—	—	4.81	8.04

（A）$DN25$　　（B）$DN32$　　（C）$DN40$　　（D）$DN50$

参考答案：[C]

主要解答过程：

根据《教材（第三版2018）》P92公式（1.8-9），当介质为饱和蒸汽时，

$$A=\frac{q_\text{m}}{490.3P_1}=\frac{600}{490.3\times0.33}=3.71\text{cm}^2$$

根据《教材（第三版2018）》P93，“微启式安全阀一般适用于介质为液体的条件”；

根据《09技措》8.4.10-1，“蒸汽系统采用的安全阀应选用全启弹簧式或杠杆式或控制式”；

由此可判定，本题应选用的是全启式安全阀。

当选用 $DN40$ 时，$A=4.81\text{cm}^2>3.71\text{cm}^2$，符合题目要求。

故选 C。

4. 真题归类

2018-4-4。

1.8.3 疏水阀

1. 知识要点

（1）疏水阀设计排水量：《教材（第三版 2018）》P94。

（2）凝结水流量：《教材（第三版 2018）》P94～95。

（3）疏水阀后凝水的提升高度：《教材（第三版 2018）》P95～96。

（4）水封高度：《教材（第三版 2018）》P96。

2. 超链接

《教材(第三版 2018)》P94～96；《民规》5.9.20；《工规》5.8.12；《09 技措》8.4.15。

3. 例题

（1）【案例】某蒸汽凝水回水管段，疏水阀后的压力 $p_2=100\text{kPa}$，疏水阀后管路的总压力损失 $\Delta p=5\text{kPa}$，回水箱内的压力 $p_3=50\text{kPa}$。回水箱处于高位，凝水被余压压到回水箱内。疏水阀后的余压可使凝水提升的计算高度（m）最接近下列何项？（取凝结水密度为 1000kg/m^3，$g=9.81\text{m/s}^2$）（2016-3-3）

（A）4.0　（B）4.5　（C）5.1　（D）9.6

参考答案：[B]

主要解答过程：

$$\rho g H = p_2 - \Delta p - p_3$$

$$H = \frac{100-5-50}{0.001\times1000\times9.81} = 4.5\text{m}$$

（2）【案例】某工厂因工艺要求设置蒸汽锅炉房，厂房相应采用蒸汽供暖形式。已知锅炉送至供暖用分气缸的蒸汽量 2000kg/h，蒸汽工作压力为 100kPa。问：分汽缸选用的疏水阀的设计凝结水排量（kg/h）最接近下列何项？（2018-3-4）

（A）200　（B）300　（C）600　（D）900

参考答案：[B]

主要解答过程：

根据《教材（第三版 2018）》P94 公式（1.8-13），

$$G_{sh}=G\cdot C\cdot 10\%=2000\times1.5\times10\%=300\text{kg/h}$$

故选 B。

4. 真题归类

2006-4-3、2016-3-3、2017-4-4、2018-3-4。

1.8.4 膨胀水箱和气压罐

1. 知识要点

（1）膨胀水箱水容积：《教材（第三版 2018）》P97～98、《09 技措》6.9。

（2）气压罐 P_1～P_5：《教材（第三版 2018）》P100、《09 技措》6.9。

2. 超链接

《教材（第三版 2018）》P97～100；《09 技措》6.9。

3. 例题

（1）【案例】严寒地区某十层办公楼，建筑面积 $28000m^2$，供暖热负荷 1670kW，采用椭三柱 645 型铸铁散热器系统供暖，热源位于本建筑物地下室换热站，热媒为 95～70℃，采用高位膨胀水箱定压。请问计算的膨胀水箱有效容积（m^3）最接近下列何项？（2016-4-3）

（A）0.8　　（B）0.9　　（C）1.0　　（D）1.2

参考答案：[C]

主要解答过程：

根据《教材（第三版 2018）》P98 表 1.8-8，查得该系统水容量（包括散热器、室内机械循环管路和换热器三部分）为：

$$V_C = (8.8 + 7.8 + 1.0) \times 1670 = 29392L$$

则膨胀水箱容积为：

$$V = 0.034V_C = 1000L = 1m^3$$

（2）【案例】《09 技措》附录 C 例题。

4. 真题归类

2016-4-3、2017-4-16。

1.8.5　调压装置

1. 知识要点

（1）调压板孔径：《教材（第三版 2018）》P102～103。

（2）调压用截止阀：《教材（第三版 2018）》P103。

2. 超链接

《教材（第三版 2018）》P102～103。

1.8.6　管道热膨胀量计算

1. 知识要点

管道热膨胀量计算：《教材（第三版 2018）》P104。

2. 超链接

《教材（第三版 2018）》P104；《民规》5.9.5-2 条文说明；《城镇热网规》9.0.2-4；《锅规》18.5.3；《09 技措》2.4.11-2；《燃气设计规》10.2.29。

3. 例题

【案例】武汉市某二十层住宅（层高 2.80m）接入用户的天然气管道引入管高于一层室内的地面 1.8m。供气立管沿外墙敷设，立管顶端高于二十层住宅室内地坪 0.8m，立管管道的热伸长量应为何项？（2012-4-25）

（A）10～18mm　　（B）20～28mm　　（C）30～38mm　　（D）40～48mm

参考答案：[D]

主要解答过程：

根据《燃气设计规》10.2.29.3，沿外墙敷设补偿计算温差取 70℃。

《教材（第三版 2018）》P104 公式（1.8.23），

$$\Delta X = 0.012(t_1 - t_2)L = 0.012 \times 70 \times (19 \times 2.8 - 1.8 + 0.8) = 43.85\text{mm}$$

4. 真题归类

2012-4-25。

1.8.7 平衡阀阀门系数

1. 知识要点

平衡阀阀门系数：《教材（第三版 2018）》P106。

2. 超链接

《教材（第三版 2018）》P106。

1.8.8 恒温控制阀阀门阻力系数

1. 知识要点

恒温控制阀阀门阻力系数：《教材（第三版 2018）》P106。

2. 超链接

《教材（第三版 2018）》P106。

1.8.9 分汽缸、分水器、集水器筒体长度

1. 知识要点

分汽缸、分水器、集水器筒体长度：《教材（第三版 2018）》P107、《红宝书》P445。

2. 超链接

《教材（第三版 2018）》P107；《红宝书》P445。

3. 例题

《05K232 分（集）水器 分汽缸》P7。

1.8.10 换热器选型计算

1. 知识要点

（1）换热器传热面积：《教材（第三版 2018）》P108。

（2）补充说明

1）题目未提及，一般按逆流考虑（图 1-6）；

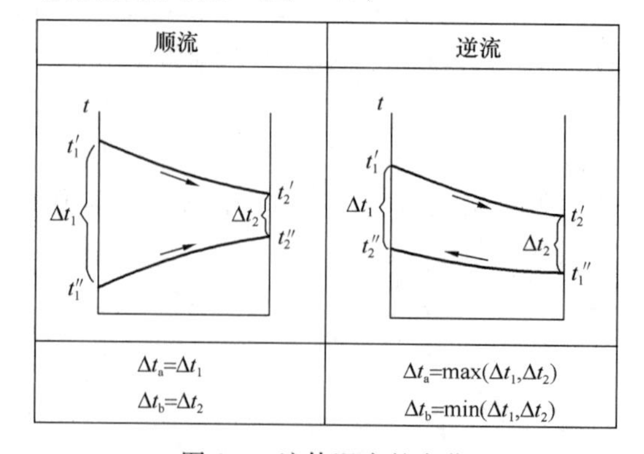

图 1-6 流体温度的变化

2）实际面积与计算面积的区别；

3）《民规》8.11.3 两者取大的原则需注意；

4）特别注意：换热器换热量在选型时，需要考虑附加系数。

例：严寒地区某小区的供暖系统设计热负荷为 Q，小区换热站设置两台型号相同的换热器，换热器的附加系数取 α，求选用单台换热器的换热量及其计算传热面积。

根据《民规》8.11.3，单台换热器的换热量为 $Q_1=\frac{\alpha \cdot Q}{2}$；

另外，一台停止工作时，剩余换热器的换热量应保障供热量的要求：严寒地区不应低于设计供热量的 70%，得 $Q_2=0.7Q$；

故选用单台换热器的换热量为 $Q_0=\max(Q_1, Q_2)$。

单台换热器的计算传热面积：$F=\frac{Q_0}{K \cdot B \cdot \Delta t_{pj}}$

注：①以上换热器的有关计算都为设计值，换热器的实际换热量需经过校核计算后得出。

②设置三台换热器的情形，考生可按上述方法计算。

5）容积式水换热器：《给水排水规》5.4.7，按“算数平均温差”考虑。

2. 超链接

《教材（第三版 2018）》P108；《民规》8.11.3；《给水排水规》5.4.7。

3. 例题

（1）【案例】某小区供暖热负荷为 1200kW，供暖一次热水由市政热力管网提供，供回水温度为 110℃/70℃，采用水-水换热器进行换热后供小区供暖，换热器的传热系数为 2500W/（m^2·℃），供暖供回水温度 80℃/60℃，水垢系数 $B=0.75$。该换热器的换热面积应是下列何项？（2008-3-1）

（A）16～22m^2　　（B）24～30m^2

（C）32～38m^2　　（D）40～46m^2

参考答案：［C］

主要解答过程：

如题目未说明，默认为逆流换热。根据《教材（第三版 2018）》P108：

$$\Delta t_{pj}=\frac{(110-80)-(70-60)}{\ln\frac{110-80}{70-60}}=18.2℃$$

$$F=\frac{Q}{KB\Delta t_{pj}}=\frac{1200\times1000}{2500\times0.75\times18.2}=35.1m^2$$

注：本题未涉及换热器的选型要求，故不乘附加系数。

（2）【案例】严寒地区某小区供暖热负荷为 1200kW，供暖一次热水由市政热力管网提供，供回水温度为 110℃/70℃，采用两台水－水换热器进行换热后供小区供暖，换热器的传热系数为 2500W/(m^2·℃)，供暖供回水温度 80℃/60℃，水垢系数 $B=0.75$，附加系数 1.15。求单台换热器的换热量及其计算传热面积。（2008-3-1 模拟）

（A）690kW，16～22m^2　　（B）840kW，24～30m^2

(C) 1380kW，36～42m²　　　　(D) 1680kW，44～50m²

参考答案：[B]

主要解答过程：

根据《民规》8.11.3，单台换热器的换热量为 $Q_1=\frac{\alpha \cdot Q}{2}=\frac{1.15\times1200}{2}=690\text{kW}$；

另外，一台停止工作时，剩余换热器的换热量应保障供热量的要求：严寒地区不应低于设计供热量的 70%，得 $Q_2=0.7Q=0.7\times1200=840\text{kW}$；

故选用单台换热器的换热量为 $Q_0=\max(Q_1, Q_2)=840\text{kW}$。

若题目未说明，默认为逆流换热。根据《教材（第三版 2018）》P108：

$$\Delta t_{pj}=\frac{(110-80)-(70-60)}{\ln\frac{110-80}{70-60}}=18.2℃$$

单台换热器的计算传热面积：$F=\frac{Q_0}{K\cdot B\cdot \Delta t_{pj}}=\frac{840\times1000}{2500\times0.75\times18.2}=24.6\text{m}^2$。

(3)【案例】一容积式水—水换热器，一次水进出口温度 110℃/70℃，二次水进出口水温度为 60℃/50℃。所需换热量为 0.15MW，传热系数为 300W/(m²·℃)，水垢系数为 0.8，设计计算的换热面积应是下列何项？(2010-4-6)

(A) 15.8～16.8m²　　　　(B) 17.8～18.8m²

(C) 19.0～19.8m²　　　　(D) 21.2～22.0m²

参考答案：[B]

主要解答过程：

根据《给水排水规》5.4.7，容积式水加热器计算温差应取算术平均温差。

$$\Delta t_j=\frac{t_{mc}+t_{mz}}{2}-\frac{t_c+t_z}{2}=\frac{110+70}{2}-\frac{60+50}{2}=35℃$$

$$F=\frac{Q}{KB\Delta t_j}=\frac{0.15\times10^6}{300\times0.8\times35}=17.86\text{m}^2$$

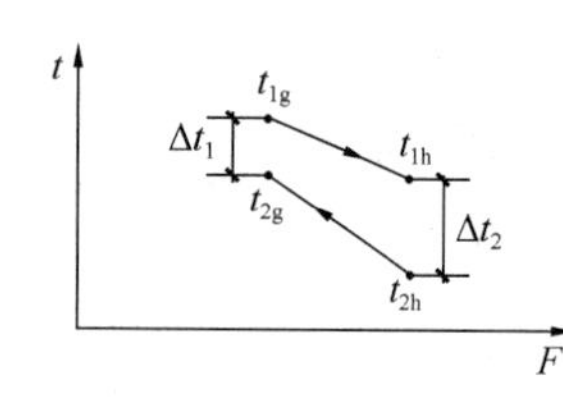

(4)【案例】某逆流水—水热交换器热交换过程如图所示，一次侧水流量为 120t/h，二次侧水流量为 100t/h，设计工况下一次侧供回水温度为 80℃/60℃、二次水供回水温度为 64℃/40℃。实际运行时由于污垢影响，热交换器传热系数下降了 20%。问：在一、二次侧水流量、一次水供水温度、二次水回水温度不变的情况下，热交换器传热量与设计工况下传热量的比值(%)，最接近下列何项？(传热计算采用算数平均温差)(2017-3-1)

(A) 75　　　(B) 80　　　(C) 85　　　(D) 90

参考答案：[D]

主要解答过程：

设计工况时：

一次侧换热量：$Q_1=cm_1(t_{1g}-t_{1h})$

二次侧换热量：$Q_2=cm_2(t_{2g}-t_{2h})$

换热器换热量：$Q=KB\Delta t_{pj}F$

其中　$\Delta t_{pj}=\dfrac{\Delta t_1+\Delta t_2}{2}=\dfrac{(80-64)+(60-40)}{2}=18℃$

实际工况时：

一次侧换热量：$Q'_1=cm_1(t_{1g}-t'_{1h})$

二次侧换热量：$Q'_2=cm_2(t'_{2g}-t_{2h})$

换热器换热量：$Q'=(1-20\%)KB\Delta t'_{pj}F$

其中　$\Delta t'_{pj}=\dfrac{\Delta t'_1+\Delta t'_2}{2}=\dfrac{(80-t'_{2g})+(t'_{1h}-40)}{2}=20+\dfrac{t'_{1h}-t'_{2g}}{2}$

因为污垢的影响，热交换器传热系数下降了20%，则一次侧、二次侧和换热器本身的换热量等比例减小（换热量计算公式中除温度外其他参数保持不变）。

可得如下等式：$\dfrac{Q'_1}{Q_1}=\dfrac{Q'_2}{Q_2}=\dfrac{Q'}{Q}$，即：$\dfrac{80-t'_{1h}}{80-60}=\dfrac{t'_{2g}-40}{64-40}=\dfrac{(1-20\%)\times\left(20+\dfrac{t'_{1h}-t'_{2g}}{2}\right)}{18}$

解此二元一次方程得：$t'_{1h}=62.02℃$，$t'_{2g}=61.57℃$

则热交换器传热量与设计工况下传热量的比值：$\dfrac{Q'}{Q}=\dfrac{Q'_1}{Q_1}=\dfrac{80-62.02}{80-60}\times100\%=89.9\%$

比值最接近D选项，故选D。

4. 真题归类

2006-4-5、2007-3-5、2008-3-1、2010-4-6、2011-4-4、2017-3-1。

5. 其他例题

板式换热器选型：《14R105换热器选用安装》图集P8～12。

1.9　供暖系统热计量

1.9.1　分户计量热量的三种计算方法

1. 知识要点

分户计量热量计算：《教材（第三版2018）》P117。

注：公式（1.9-1）中，Q的单位为kJ；公式（1.9-2）和式（1.9-3）中，Q的单位为J。

2. 超链接

《教材（第三版2018）》P117。

1.10　小　区　供　热

1.10.1　集中供热系统的热负荷概算

1. 知识要点

（1）概算指标法：《教材（第三版2018）》P120～122、《城镇热网规》3.1。

（2）年耗热量：《教材（第三版 2018）》P123～124、《城镇热网规》3.2。

2. 超链接

《教材（第三版 2018）》P120～124；《城镇热网规》3.1～3.2。

3. 例题

（1）【案例】某工程的集中供暖系统，室内设计温度为 18℃，供暖室外计算温度为 −7℃，冬季通风室外计算温度−4℃，冬季空调室外计算温度−10℃，供暖期室外平均温度为−1℃，供暖期 120d。该工程供暖设计热负荷 1500kW，通风设计热负荷 800kW，通风系统每天平均运行 3h。另有，空调冬季设计热负荷 500kW，空调系统每天平均运行 8h，该工程全年最大耗热量应是下列何项？（2013-3-4）

（A）18750～18850GJ　　（B）13800～14000GJ

（C）11850～11950GJ　　（B）10650～10750GJ

参考答案：[B]

主要解答过程：

根据《教材（第三版 2018）》P123～124 公式（1.10-8）、式（1.10-9）、式（1.10-10）。

供暖全年耗热量：

$$Q_{\mathrm{h}}^{\mathrm{a}}=0.0864NQ_{\mathrm{h}}\frac{t_i-t_{\mathrm{a}}}{t_i-t_{\mathrm{o,h}}}=0.0864\times120\times1500\times\frac{18-(-1)}{18-(-7)}=11819.52\mathrm{GJ}$$

供暖期通风耗热量：

$$Q_{\mathrm{v}}^{\mathrm{a}}=0.0036T_{\mathrm{V}}NQ_{\mathrm{V}}\frac{t_i-t_{\mathrm{a}}}{t_i-t_{\mathrm{o,v}}}=0.0036\times3\times120\times800\times\frac{18-(-1)}{18-(-4)}=895.42\mathrm{GJ}$$

空调供暖耗热量：

$$Q_{\mathrm{a}}^{\mathrm{a}}=0.0036T_{\mathrm{a}}NQ_{\mathrm{a}}\frac{t_i-t_{\mathrm{a}}}{t_i-t_{\mathrm{o,a}}}=0.0036\times8\times120\times500\times\frac{18-(-1)}{18-(-10)}=1172.57\mathrm{GJ}$$

全年最大耗热量为：

$$Q=Q_{\mathrm{h}}^{\mathrm{a}}+Q_{\mathrm{v}}^{\mathrm{a}}+Q_{\mathrm{a}}^{\mathrm{a}}=11819.52+895.42+1172.57=13887.51\mathrm{GJ}$$

（2）【案例】某商业综合体内办公建筑面积 135000m^2、商业建筑面积 75000m^2、宾馆建筑面积 50000m^2，其夏季空调冷负荷建筑面积指标分别为：90W/m^2、140W/m^2、110W/m^2（已考虑各种因素的影响），冷源为蒸汽溴化锂吸收式制冷机组，市政热网供应 0.4MPa 蒸汽，市政热网的供热负荷是下列何项？（2012-4-6）

（A）46920～40220W　　（B）31280～37530W

（C）28150～23460W　　（D）20110～21650W

参考答案：[C]

主要解答过程：

总空调冷负荷：Q=135000×90+75000×140+50000×110=28150kW

根据《城镇热网规》3.1.2.3 条文说明，双效溴化锂机组 COP 可达 1.0～1.2，再根据《教材（第三版 2018）》P646，0.4MPa 蒸汽采用双效溴化锂机组，热力系数可提高到 1.1～1.2。

因此市政供热负荷：$Q_R = \frac{28150}{1.0\sim1.2} = (28150\sim23460)$ kW

4. 真题归类

2006-3-4、2009-4-3、2012-4-6、2013-3-4、2016-3-5、2018-4-5、2018-4-6。

1.10.2　热水供热管网

1. 知识要点

(1) 水力计算基本公式：《教材（第三版 2018）》P128。

(2) 街区热水供热管网分支管路最大允许比摩阻：《教材（第三版 2018）》P129。

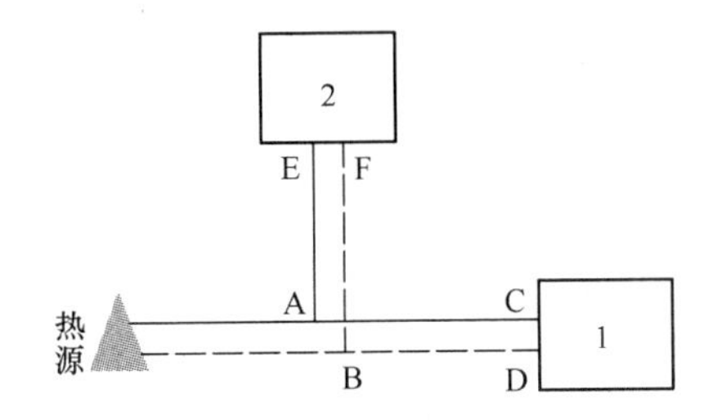

图 1-7　街区热水供热管网示意图

求分支管路 AEFB 资用压力及其最大允许比摩阻（图 1-7）：

$$\Delta P_{AE2FB} = \Delta P_{AC1DB};$$

$$\Delta P_{AC1DB} = \Delta P_{AC} + \Delta P_{BD} + \Delta P_{y1};$$

$$\Delta P_{AE2FB} = \Delta P_{AE} + \Delta P_{BF} + \Delta P_{y2};$$

$$\Delta P_{AE\sim BF} = \Delta P_{AC1DB} - \Delta P_{y2};$$

$$R_{max} = \frac{\Delta P_{AE\sim BF}}{2l(1+\alpha_j)} = \frac{\Delta P_{AC1DB} - \Delta P_{y2}}{2l(1+\alpha_j)} = \frac{\Delta P_{AC} + \Delta P_{BD} + \Delta P_{y1} - \Delta P_{y2}}{2l(1+\alpha_j)};$$

式中　ΔP_{y1}——用户 1 阻力损失；

ΔP_{y2}——用户 2 阻力损失；

α_j——局部损失与沿程损失的估算比值；

R_{max}——分支管路最大允许比摩阻。

2. 超链接

《教材（第三版 2018）》P128～129。

3. 例题

【案例】热水供热管网部分管段如下图所示，已知主干线管段 CD 和 AB 的压力损失为 6000Pa，用户 1 的内部阻力为 2m，用户 2 的内部阻力为 1.5m，支线局部阻力与沿程阻力的估算比值为 0.3，求用户 2 支线的最大允许比摩阻。（模拟）

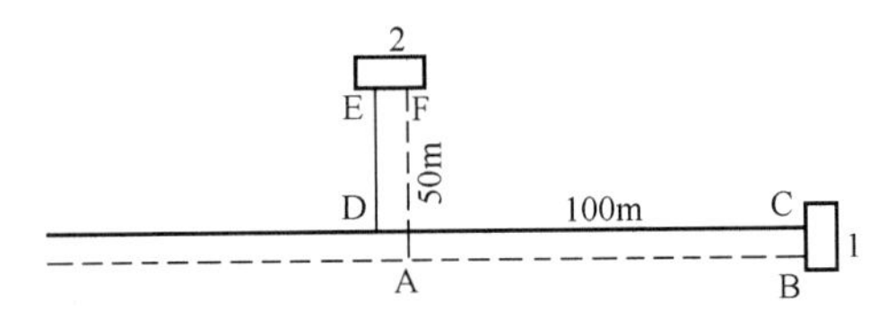

(A) 110～119Pa/m　　(B) 120～129Pa/m

（C）130～139Pa/m　　（D）140～150Pa/m

参考答案：[C]

主要解答过程：

$$R=\frac{6000+6000+20000-15000}{2\times 50\times(1+0.3)}=131\text{Pa/m}$$

1.10.3 混水装置设计流量

1. 知识要点

混水装置设计流量：《教材（第三版 2018）》P135、《城镇热网规》10.3.6。

用户侧设计流量 $G_{\text{h}}=\frac{0.86Q}{t_1-t_2}$，

混水比 $\mu=\frac{t_1-\theta_1}{\theta_1-t_2}$，

混水装置设计流量 $G'_{\text{h}}=\mu G_{\text{h}}$

Q——供暖热负荷（kW）；

θ_1——用户侧供水温度；

t_1——热力网设计供水温度；

t_2——用户侧回水温度。

注：G_{h} 与 G'_{h} 的单位都为 t/h。

2. 超链接

《教材（第三版 2018）》P135；《城镇热网规》10.3.6。

3. 例题

（1）【案例】某带有混水装置直接连接的热水供暖系统，热力网的设计供回水温度为150℃/70℃，供暖用户的设计供回水温度为95℃/70℃，承担用户负荷的热力网的热水流量为200t/h，则混水装置的设计流量应为下列何项？（2009-3-5）

（A）120t/h　　（B）200t/h　　（C）440t/h　　（D）620t/h

参考答案：[C]

主要解答过程：

根据《教材（第三版 2018）》P135，

$$u=\frac{t_1-\theta_1}{\theta_1-t_2}=\frac{150-95}{95-70}=2.2$$

$$G'_{\text{h}}=uG_{\text{h}}=2.2\times 200=440\text{t/h}$$

（2）【案例】设热水供热管网的供、回水许用压差为150kPa，热用户系统的循环阻力为80kPa，供热管网与热用户采用混水泵的直接连接方式时，混水泵的合理扬程应为多少？（模拟）

（A）16m　　（B）8m　　（C）12m　　（D）略大于8m

参考答案：[D]

主要解答过程：供热管网的供、回水许用压差大于热用户系统的循环阻力时，为维持管网的水力平衡，应将入口供、回水压差调节至热用户系统的需要值，而混水泵的扬程应与调节后的供、回水压差相对应，可略有余量。

4. 真题归类

2009-3-5、2017-4-1。

1.10.4 压力工况

1. 知识要点

热水管网压力工况（水压图）：《教材（第三版2018）》P136～138、《供热工程（第四版）》P251～257。

2. 超链接

《教材（第三版2018）》P136～138、《供热工程（第四版）》P251～257。

3. 例题

【案例】某热水供热系统（上供下回）设计供回水温度110℃/70℃，为5个用户供暖（见表），用户采用散热器承压0.6MPa，试问设计选用的系统定压方式（留出了3m水柱余量）及用户与外网连接方式，正确的应是下列何项？（汽化表压取42kPa，1m水柱＝9.8kPa，膨胀水箱架设高度小于1m）（2014-4-6）

（A）在用户1屋面设置膨胀水箱，各用户与热网直接连接

（B）在用户2屋面设置膨胀水箱，用户1与外网分层连接，高区28～48m间接连接，低区1～27m直接连接，其余用户与热网直接连接

（C）取定压点压力56m，各用户与热网直接连接，用户4散热器选用承压0.8MPa

（D）取定压点压力35m，用户1与外网分层连接，高区23～48m间接连接，低区1～22m直接连接，其余用户与热网直接连接

用　　户	1	2	3	4	5
用户底层地面标高（m）	+5	+3	−2	−5	0
用户楼高（m）	48	24	15	15	24
备注：以热网循环水泵中心高度为基准					

参考答案：[D]

主要解答过程：

根据《教材（第三版2018）》P136～138水压图分析部分内容。

由于系统任意一点（系统最高点为最不利点）的压力，不能低于热水的汽化压力（42kPa），并留出3m水柱的余量，计算最高建筑用户1所需求的最低静水压力要求为：

$$H_{J1} = 48\text{m} + 5\text{m} + \frac{42000\text{Pa}}{1000 \times 9.8} + 3\text{m} = 60.3\text{m}$$

因此首先排除C选项。A选项：由于膨胀水箱架设高度小于1m，因此若在屋面设置膨胀水箱，定压压力$H \leqslant 48\text{m}+5\text{m}+1\text{m}=54\text{m}<60.3\text{m}$，同样不满足最低静水压力要求；B选项：同理A选项，在用户2屋面设置膨胀水箱，是不可能满足用户2直接连接方式下的最低静水压力要求的，因此B选项错误；D选项正确，分析如下：

在用户1进行高低分区后，除用户1高区外，其余直接连接用户（包括用户1低区），系统最高点为22+5=27m或24+3=27m，此时所需要的最低静水压力要求为：

$H_{J2}=27\text{m}+\dfrac{42000\text{Pa}}{1000\times 9.8}+3\text{m}=34.3\text{m}<35\text{m}$，故定压点压力满足静水压力要求；

系统最低点为用户 4 底层的 −5m，散热器承压为：

$$P=\rho gH=1000\times9.8\times(35\text{m}+5\text{m})=0.392\text{MPa}<0.6\text{MPa}$$

散热器不超压。

4. 真题归类

2006-3-5、2013-3-5、2014-4-6。

1.10.5 水力工况

1. 知识要点

（1）基本关系式：《教材（第三版 2018）》P139～140；

$$Q=G\cdot C\cdot\Delta t;$$

$$\Delta P=SV^2$$

式中 G——kg/s；

V——m^3/h。

（2）串、并联关系（表 1-3）

管网串、并联关系计算公式 **表 1-3**

参数	串　联	并　联
流量	$V_{总}=V_1=V_2=V_3$	$V_{总}=V_1+V_2+V_3$
压力	$\Delta P_{总}=\Delta P_1+\Delta P_2+\Delta P_3$	$\Delta P_{总}=\Delta P_1=\Delta P_2=\Delta P_3$
阻力数	$S_{总}=S_1+S_3+S_3$	$\frac{1}{\sqrt{S_{总}}}=\frac{1}{S_1}+\frac{1}{S_2}+\frac{1}{S_3}$
比例关系	$\frac{\Delta P_1}{S_1}=\frac{\Delta P_2}{S_2}=\frac{\Delta P_3}{S_3}$	$S_1V_1^2=S_2V_2^2=S_3V_3^2$

（3）水力失调度：《教材（第三版 2018）》P138。

（4）水力稳定性系数：《教材（第三版 2018）》P138。

（5）水力工况计算（图 1-8）：

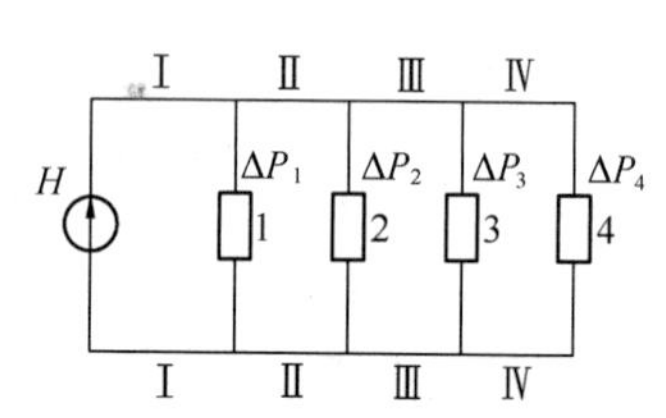

图 1-8 供热管网示意图

1）管网阻力数计算

$$S_1=\frac{\Delta P_1}{V_1^2};S_2=\frac{\Delta P_2}{V_2^2};S_3=\frac{\Delta P_3}{V_3^2};S_4=\frac{\Delta P_4}{V_4^2};$$

$$S_{\text{Ⅰ}}=\frac{\Delta P_{\text{Ⅰ}}}{V_{\text{Ⅰ}}^2}=\frac{H-\Delta P_1}{V_{\text{Ⅰ}}^2};S_{\text{Ⅱ}}=\frac{\Delta P_{\text{Ⅱ}}}{V_{\text{Ⅱ}}^2}=\frac{\Delta P_1-\Delta P_2}{V_{\text{Ⅱ}}^2};$$

$$S_{\text{Ⅲ}}=\frac{\Delta P_{\text{Ⅲ}}}{V_{\text{Ⅲ}}^2}=\frac{\Delta P_2-\Delta P_3}{V_{\text{Ⅲ}}^2};S_{\text{Ⅳ}}=\frac{\Delta P_{\text{Ⅳ}}}{V_{\text{Ⅳ}}^2}=\frac{\Delta P_3-\Delta P_4}{V_{\text{Ⅳ}}^2};$$

2）如关闭用户 2 时

$$S_{\text{Ⅲ}-4}=\frac{\Delta P_2}{V_{\text{Ⅲ}}^2};S_{\text{Ⅱ}-4}=S_{\text{Ⅱ}}+S_{\text{Ⅲ}-4};$$

$$S_{1-4}=\left(\frac{1}{\sqrt{S_1}}+\frac{1}{\sqrt{S_{\text{Ⅱ}-4}}}\right)^{-2};S=S_{\text{Ⅰ}}+S_{1-4};$$

3）相对流量比

$$\overline{V_m}=\frac{V_m}{V}=\sqrt{\frac{S_{1-n}S_{2-n}S_{3-n}\cdots S_{m-n}}{S_mS_{\text{Ⅱ}-n}S_{\text{Ⅲ}-n}\cdots S_{M-n}}}$$

如 $\overline{V_1}=\frac{V_1}{V}=\sqrt{\frac{S_{1-n}}{S_1}}$;$\overline{V_2}=\frac{V_2}{V}=\sqrt{\frac{S_{1-n}S_{2-n}}{S_2S_{\text{II}-n}}}$;$\overline{V_4}=\frac{V_4}{V}=\sqrt{\frac{S_{1-n}S_{2-n}S_{3-n}S_{4-n}}{S_4S_{\text{II}-n}S_{\text{III}-n}S_{\text{IV}-n}}}$

4）特点

① 各用户相对流量比仅取决于网路各管段和用户的阻力数，而与网路流量无关；

② 第 d 用户与第 m 用户（$m>d$）之间的流量比仅取决于用户 d 和用户 m 之后（按水流方向）各管段和用户的阻力数，而与用户 d 以前各管段和用户的阻力数无关；

③ 供热系统任一区段阻力特性发生变化，位于该管段之后的各管段流量成一致等比失调。

5）管网中水力工况和阻力数的关系；

$$\Delta P_1=\Delta P(H)-\Delta P_{\text{I}}\rightarrow\Delta P_m=\Delta P_{m-1}-\Delta P_M;$$

$$\Delta P_1=S_1V_1^2=S_{1-n}V^2=S_{\text{II}-n}V_{\text{II}}^2=S_{\text{II}-n}(V-V_1)^2;$$

$$\Delta P_2=S_2V_2^2=S_{2-n}V_{\text{II}}^2=S_{\text{III}-n}V_{\text{III}}^2;$$

$$\Delta P_m=S_mV_m^2=S_{m-n}V_M^2=S_{(M+1)-n}V_{M+1}^2;$$

6）计算步骤

①求各管段和用户的阻力数；

②求总阻力数；

③ 求工况变化后的网路总流量；

④ 求改变后的各管段、各用户的流量，水力失调度 x。

2. 超链接

《教材（第三版 2018）》P138～140。

3. 例题

(1)【案例】某热水集中供暖系统的设计参数为：供暖热负荷 750kW，供回水温度为 95℃/70℃。系统计算阻力损失为 30kPa。实际运行时于系统热力入口处测得：供回水压差为 34.7kPa，供回水温度为 80℃/60℃，系统实际运行的热负荷，应为下列何项？(2011-4-3)

(A) 530～560kW　　(B) 570～600kW

(C) 605～635kW　　(D) 640～670kW

参考答案：[D]

主要解答过程：

根据 $G=\frac{0.86Q}{\Delta t}$ 和 $\Delta P=SG^2$，管网阻力数 S 值不变，则

$$\frac{Q_{实}}{Q_0}=\sqrt{\frac{\Delta P_{实}}{\Delta P_0}}\cdot\frac{\Delta t_{实}}{\Delta t_0}=\sqrt{\frac{34.7}{30}}\times\frac{20}{25}=0.86$$

$$Q_{实}=0.86Q_0=645\text{kW}$$

(2)【案例】某热水网路，已知总流量为 200m^3/h，各用户的流量：用户 1 和用户 3 均为 60m^3/h，用户 2 为 80m^3/h。热网示意图如图示，压力测点的压力数值见下表。试求关闭用户 2 后，用户 1 和用户 3 并联管段总阻力数应是下列何项？(2009-4-4)

压力测点	A	B	C	F	G	H
压力数值（Pa）	25000	23000	21000	14000	12000	10000

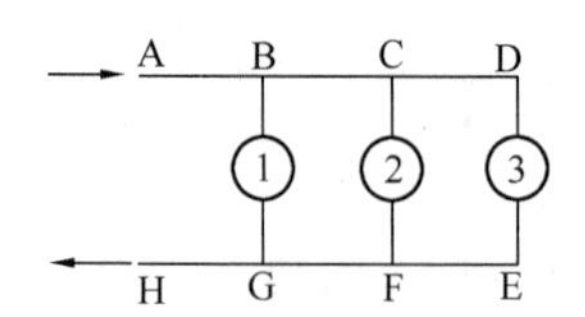

(A) 0.5～1.0Pa/(m³/h)² (B) 1.2～1.7Pa/(m³/h)²

(C) 2.0～2.5Pa/(m³/h)² (D) 2.8～3.3Pa/(m³/h)²

参考答案：[A]

主要解答过程：

CDEF 管段的阻力数：$S_{CDEF}=\dfrac{P_C-P_F}{V_3^2}=\dfrac{21000-14000}{60^2}=1.94\text{Pa}/(\text{m}^3/\text{h})^2$

BC 及 FG 管段的阻力数：$S_{BC}=\dfrac{P_B-P_C}{(V_2+V_3)^2}=\dfrac{23000-21000}{(80+60)^2}=0.102\text{Pa}/(\text{m}^3/\text{h})^2$

AB 及 GH 管段的阻力数：

$$S_{AB}=S_{GH}=\frac{P_A-P_B}{(V_1+V_2+V_3)^2}=\frac{25000-23000}{(60+80+60)^2}=0.05\text{Pa}/(\text{m}^3/\text{h})^2$$

用户 1 的阻力数：$S_1=\dfrac{P_B-P_G}{V_1^2}=\dfrac{23000-12000}{60^2}=3.056\text{Pa}/(\text{m}^3/\text{h})^2$

关闭用户 2 之后，用户 1 之后的阻力数为：

$$S_{BG}=S_{BC}+S_{CDEF}+S_{FG}=0.102+1.94+0.102=2.144\text{Pa}/(\text{m}^3/\text{h})^2$$

关闭用户 2 之后，用户 1 与用户 1 之后的管网并联的阻力数为：

$\dfrac{1}{\sqrt{S_{并}}}=\dfrac{1}{\sqrt{S_1}}+\dfrac{1}{\sqrt{S_{BG}}}$，即

$$S_{并}=\left(\frac{1}{\sqrt{S_1}}+\frac{1}{\sqrt{S_{BG}}}\right)^{-2}=\left(\frac{1}{\sqrt{3.056}}+\frac{1}{\sqrt{2.144}}\right)^{-2}=0.635\text{Pa}/(\text{m}^3/\text{h})^2$$

关闭用户 2 之后，管网的总阻力数为：

$$S=S_{AB}+S_{并}+S_{GH}=0.05+0.635+0.05=0.735\text{Pa}/(\text{m}^3/\text{h})^2$$

(3)【案例】接上题，若管网供回水接口的压差保持不变，试求关闭用户 2 后，用户 1 和用户 3 的流量应是下列何项？（测点数值为关闭用户 2 之前的工况）（2009-4-5）

压力测点	A	B	C	F	G	H
压力数值（Pa）	25000	23000	21000	14000	12000	10000

(A) 用户 1 为 90m³/h，用户 3 为 60m³/h

(B) 用户 1 为 68～71.5m³/h，用户 3 为 75～79m³/h

(C) 用户 1 为 64～67.5m³/h，用户 3 为 75～79m³/h

(D) 用户 1 为 60～63.5m³/h，用户 3 为 75～79m³/h

参考答案：[C]

主要解答过程：

关闭用户 2 之后，管网的总流量为：$V=\sqrt{\dfrac{P_A-P_H}{S}}=\sqrt{\dfrac{25000-10000}{0.735}}=142.86\text{m}^3/\text{h}$

关闭用户2之后，用户1和用户3并联，则 $S_1V_1^2=S_{BG}V_3^2$

$$V_1=V_3\sqrt{\frac{2.144}{3.056}}=0.838V_3$$

$$V=V_1+V_3=0.838V_3+V_3=142.86\text{m}^3/\text{h}$$

解得：$V_3=77.73\text{m}^3/\text{h}$，$V_1=65.13\text{m}^3/\text{h}$

(4)【案例】《供热工程（第四版）》P272～274 例题 10-1。

(5)【案例】如下图所示上供下回垂直单管供暖系统，热水供回水温度为 80℃/60℃，每组散热器设计散热量均为 1500W，各立管的阻力数均为 13500Pa/（m³/h)²，①～⑥管段的阻力数见下表，求Ⅲ号立管最下层散热器的进水温度。(模拟)

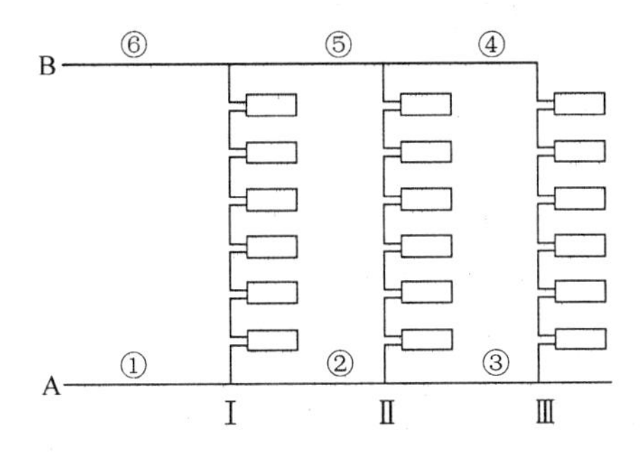

管段号	阻力数［Pa/（m³/h)²］
①，⑥	300
②，⑤	650
③，④	2600

(A) 63.3℃　　(B) 61.4℃　　(C) 60.4℃　　(D) 59.5℃

参考答案：[C]

主要解答过程：

设立管Ⅰ、Ⅱ、Ⅲ的流量分别为 G_{I}、G_{II}、G_{III}，则，

$$\frac{G_{\text{II}}}{G_{\text{III}}}=\left(\frac{S_{\text{III}}+S_3+S_4}{S_{\text{II}}}\right)^{0.5}=\left(\frac{13500+2600+2600}{13500}\right)^{0.5}=1.177$$

$$S_2(G_{\text{II}}+G_{\text{III}})^2+S_{\text{II}}G_{\text{II}}^2+S_5(G_{\text{II}}+G_{\text{III}})^2=S_{\text{I}}G_{\text{I}}^2,$$

将 $G_{\text{II}}=1.177G_{\text{III}}$ 代入，得 $G_{\text{I}}=1.357G_{\text{III}}$

供暖系统总流量：

$$G=\frac{0.86\times3\times6\times1500}{20\times1000}=1.161\text{t/h}$$

因为 $G=G_{\text{I}}+G_{\text{II}}+G_{\text{III}}$，故Ⅲ立管的流量为：

$$G_{\text{III}}=\frac{G}{1+1.177+1.357}=0.329\text{t/h}$$

Ⅲ立管的回水温度：

$$t_{\text{h,III}}=80-\frac{0.86\times6\times1500}{0.329\times1000}=56.5℃$$

Ⅲ立管的最底层散热器进水温度：

$$t_{s,\text{III}}=\frac{1}{6}\times(80-56.5)+56.5=60.4℃$$

(6)【案例】如下图所示室外热水供暖干管异程系统中，1号，2号，3号楼的室内系统（含与干管连接管道）在设计流量下的阻力均为50kPa，而供水管段A-B，B-C，C-D和回水管道E-F，F-G，G-H各管段的阻力均为5kPa，试计算1号楼和3号楼之间的相对压力差额。(模拟)

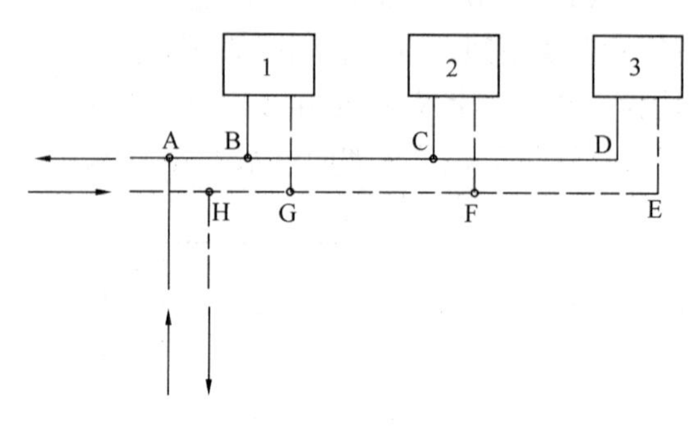

(A) 28.6%　　(B) 37.5%　　(C) 40%　　(D) 25%

参考答案：[A]

主要解答过程：先确定1号楼和3号楼这两个并联环路的并联点是在B和G。从B开始经过1号楼回到G的压力损失为50kPa，从B开始经过3号楼回到G的压力损失为70kPa，1号楼与3号楼的相对压力差额为$\frac{70-50}{70}=28.6\%$。

(7)【案例】如下图所示热水供热系统，3个供暖用户都为垂直单管系统，若开大阀门C，则下列哪个说法是错误的？(模拟)

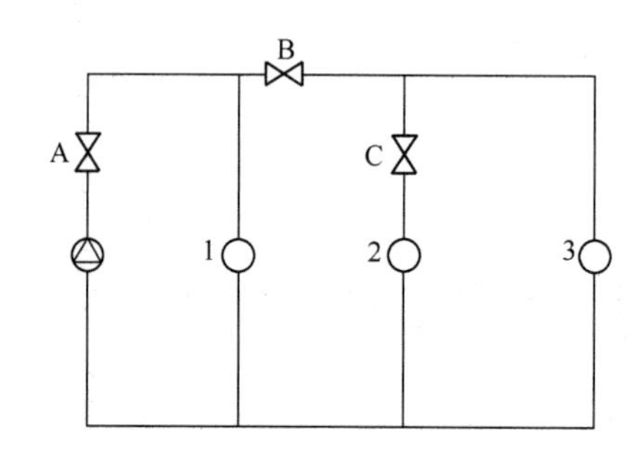

(A) 用户1和用户3流量减少，室温减低

(B) 用户1和用户3下层房间室温比上层房间室温降得更低

(C) 用户1不同楼层房间的室温偏差比用户3小

(D) 用户1不同楼层房间的室温偏差比用户3大

参考答案：[D]

主要解答过程：根据《教材（第三版2018)》P141～142有关热力工况、热力失调的问题。

开大阀门C，用户2的流量增大，用户1、3的流量会减小，进入散热器流量减小，室温降低。下层房间相对上层房间对于流量的变化更敏感，下层房间室温降低的数值大于上层房间。用户1的水力稳定性比用户3好，所以用户1流量减小得比用户3少，流量减小得少的用户，不同楼层房间室温偏差也小。

4. 真题归类

（1）管网阻力系数相关计算

2006-3-2、2007-3-4、2007-4-4、2008-3-3、2009-4-2、2011-4-3、2016-4-5、2017-4-5、2018-3-16；

（2）管网水力分析计算

2006-4-4、2008-3-5、2009-4-4、2009-4-5、2010-4-4、2010-4-5、2011-3-3、2011-3-4、2014-4-5。

1.10.6 管道支架跨距计算

1. 知识要点

（1）管道支架跨距计算：《教材（第三版 2018）》P145～146。

（2）补充说明：按强度和刚度条件计算的跨度值，应取二者最小值作为最大允许跨距。

2. 超链接

《教材（第三版 2018）》P145～146。

1.10.7 既有建筑改造热指标

1. 知识要点

改造后既有建筑、新建建筑的热指标均考虑管网热损失的影响。

$$Q_{锅炉}=K_0\ (A_{改造}\times q_{改造}+A_{新建}\times q_{新建})$$

2. 例题

【案例】严寒地区某住宅小区的冬季供暖用热水锅炉房，容量为280MW，刚好满足$400\times10^4m^2$既有住宅的供暖。因对既有住宅进行了围护结构节能改造，改造后该锅炉房又多负担了新建住宅供暖的面积$270\times10^4m^2$，且能满足设计要求。请问既有住宅的供暖热指标和改造后既有住宅的供暖热指标分别应接近下列选项的哪一个？（锅炉房自用负荷可忽略不计，管网散热损失为供热量的2%；新建住宅供暖热指标$35W/m^2$）（2014-4-4）

（A）$70.0W/m^2$和$46.3W/m^2$ （B）$70.0W/m^2$和$45.0W/m^2$

（C）$68.6W/m^2$和$46.3W/m^2$ （D）$68.6W/m^2$和$45.0W/m^2$

参考答案：[D]

主要解答过程：

1）既有建筑改造前：$280\times10^6=1.02\times400\times10^4\times q$

解得$q=68.6W/m^2$

2）既有建筑改造后：

$$280\times10^6=1.02\times(400\times10^4\times q'+270\times10^4\times35)$$

解得$q'=45W/m^2$

3. 真题归类

2010-3-4、2012-3-3、2013-4-5、2014-4-4、2018-3-5。

1.10.8 循环水泵耗电输热比

1. 知识要点

循环水泵耗电输热比：《公建节能》4.3.3、《民规》8.11.13、《严寒规》5.2.16。

注：《民规》此处的α取值（$\alpha=0.0015$）与《公建节能》《严寒规》的α取值（$\alpha=0.0115$）不同，考试中应注意仔细审清题干，以《公建节能》和《严寒规》的α取值（$\alpha=0.0115$）为准。例如考题中写明办公建筑，公式应参照《公建节能》4.3.3；考题中写明住宅建筑，公式应参照《严寒规》5.2.16。

2. 超链接

《公建节能》4.3.3、《民规》8.11.13、《严寒规》5.2.16、《教材（第三版 2018）》P564～565。

3. 例题

【案例】北京市某办公楼供暖系统采用一级泵系统，设计总热负荷为3600kW，设置两台相同规格的循环水泵并联运行，供/回水温度为75℃/50℃，水泵设计工作点的效率为75%，从该楼换热站到供暖末端的管道单程长度为97m。请问根据相关节能规范的要求循环水泵扬程（m），最接近下列哪一项（不考虑选择水泵时的流量安全系数）？（2018-3-2）

(A) 17　(B) 21　(C) 25　(D) 28

参考答案：[B]

主要解答过程：

系统的设计流量为：

$$G=\frac{0.86Q}{\Delta t}=\frac{0.86\times3600}{75-50}=123.84\text{m}^3/\text{h}$$

单台水泵的设计流量为：

$$G_1=G/2=123.84/2=61.92\text{m}^3/\text{h}$$

根据题干北京市某办公室，查《公建节能》4.3.3条文，可知

$$A=0.003858;\ B=17;\ \sum L=97\times2=194\text{m};\ \alpha=0.0115;$$

代入公式（4.3.3）中，

$$EHR\text{-}h=0.003096\Sigma(G\times H/\eta_b)/Q\leqslant A(B+\alpha\Sigma L)/\Delta T$$

由此可得：

$$0.003096\Sigma\left(\frac{123.84\times H}{0.75}\right)/3600\leqslant0.003858\times(17+0.0115\times194)/(75-50)$$

$$H\leqslant20.9\text{m}$$

故选B。

4. 真题归类

2018-3-2。

1.10.9 热网管道保温厚度

1. 知识要点

例：某地沟敷设高温供热管道内的介质温度t_1，管道直径$d=1200$mm，采用复合保温层，内、外层保温材料导热系数分别为$\lambda_{内}$、$\lambda_{外}$，外保温材料允许最高温度$t_{外}$，厚度为

$\delta_{外}$，求内保温材料厚度 $\delta_{内}$。

(1)《城镇热网规》11.1.3：对操作人员需要接近维修的地方，当维修时，设备及管道保温结构的表面温度不得超过 60℃。

(2)《绝热设计导则》5.1.1：管道和圆筒设备外径大于 1000mm 者，可按平面计算保温层厚度；其余按圆筒面计算保温层厚度。

(3)《城镇热网规》11.2.9：当采用复合保温层时，耐温高的材料应作内层保温，内层保温材料的外表面温度应≤外层保温材料的允许最高使用温度的 0.9 倍。

$$\frac{t_1-0.9t_{外}}{\dfrac{\delta_{内}}{\lambda_{内}}}=\frac{0.9t_{外}-60}{\dfrac{\delta_{外}}{\lambda_{外}}}$$

2. 超链接

《城镇热网规》11.1.3、11.2.9；《绝热设计导则》5.1.1。

1.11　小区供热锅炉房

1.11.1　蒸发量、热功率

超链接

《教材（第三版 2018）》P149。

1.11.2　受热面蒸发率

超链接

《教材（第三版 2018）》P152。

1.11.3　锅炉房设计容量和台数

1. 知识要点

锅炉台数不宜少于 2 台，但当选用 1 台锅炉能满足热负荷和检修需要时，可只设置 1 台。锅炉房的锅炉总台数，对新建锅炉房不宜超过 5 台；扩建和改建时，总台数不宜超过 7 台；非独立锅炉房，不宜超过 4 台。

当一台停止工作时，寒冷地区不应低于设计供热量的 65%，严寒地区不应低于设计供热量的 70%。

例如：寒冷地区某小区锅炉房，总设计容量为 Q，设置 3 台型号相同的锅炉，每台锅炉的容量为 Q_1。满足：$Q_1 \geqslant Q/3$；$\frac{2Q_1}{Q}\times 100\% \geqslant 65\%$。

注：若 3 台锅炉型号不同，需要满足除了最大容量的一台以外，其余锅炉容量的和不应低于总设计容量的 65%。满足 $Q_{max}+Q_2+Q_3 \geqslant Q$；$\frac{Q_2+Q_3}{Q}\times 100\% \geqslant 65\%$。

2. 超链接

《教材（第三版 2018）》P147～148、P157；《民规》8.11.8；《公建节能》4.2.4；《严

寒规》5.2.5～5.2.6；《锅规》3.0.12；《09技措》8.1.4和8.2.6。

3. 例题

【案例】某居住小区的热源为燃煤锅炉，小区供暖负荷为10MW，冬季生活热水的最大小时耗热量为4MW，夏季生活热水的最小小时耗热量为2.5MW，室外供热管网的输送效率为0.92，不计锅炉房的自用热。锅炉房的总设计容量以及最小锅炉容量的设计最大值应为下列何项？（生活热水的同时使用率为0.8）（2012-3-4）

（A）总设计容量为11～13MW，最小锅炉容量的设计最大值为5MW

（B）总设计容量为11～13MW，最小锅炉容量的设计最大值为8MW

（C）总设计容量为13.1～14.5MW，最小锅炉容量的设计最大值为5MW

（D）总设计容量为13.1～14.5MW，最小锅炉容量的设计最大值为8MW

参考答案：[C]

主要解答过程：

根据题意，由《教材（第三版2018）》P157公式（1.11-4）得：

$$Q=(10+4\times0.8)/0.92=14.35\text{MW}$$

夏季锅炉需要提供的最小供热量为：

$Q_x=2.5/0.92=2.72\text{MW}$（注意：最小耗热量不应再乘同时使用率）

所以锅炉设计容量为14.35MW。

根据《民规》8.11.8：实际运行负荷率不宜低于50%。当夏天的时候，只开一台最小的锅炉，最小锅炉的最大值为2.5÷0.92÷0.5=5.43MW（此时不需考虑同时系数）。

4. 真题归类

2012-3-4。

1.11.4 锅炉热效率和燃料消耗量

1. 知识要点

（1）锅炉热效率：《教材（第三版2018）》P152～153、《锅炉及锅炉房设备（第四版）》P75、《公建节能》4.2.5。

$$\eta_{gl}=\frac{Q_{gl}}{Q_{net,ar}B}$$

式中 η_{gl}——锅炉热效率；

Q_{gl}——锅炉输入热量；

$Q_{net,ar}$——燃料低位发热量；

B——燃料消耗量。

（2）计算过程中注意单位换算。

1）燃煤锅炉：$\eta=\dfrac{c[4.187\text{kJ/(kg}\cdot℃)]\cdot G(\text{t/h})\cdot\Delta t(℃)}{Q_{dw}(\text{kJ/kg})\cdot B(\text{t/h})}$

2）燃油锅炉：$\eta=\dfrac{c[4.187\text{kJ/(kg}\cdot℃)]\cdot G(\text{t/h})\cdot\Delta t(℃)}{Q_{dw}(\text{kJ/kg})\cdot B(\text{kg/h})}\times1000$

3）燃气锅炉：$\eta=\dfrac{c[4.187\text{kJ/(kg}\cdot℃)]\cdot G(\text{t/h})\cdot\Delta t(℃)}{Q_{dw}(\text{kJ/Nm}^3)\cdot B(\text{Nm}^3\text{/h})}\times1000$

2. 超链接

《教材（第三版 2018)》P152～153；《锅炉及锅炉房设备（第四版)》P75；《公建节能》4.2.5。

3. 例题

【案例】某小区供暖锅炉房，设有1台燃气锅炉，其额定工况为：供水温度95℃，回水温度70℃，效率为90%。实际运行中，锅炉供水温度改变为80℃，回水温度为60℃，同时测得水流量为100t/h，天然气耗量为260Nm³/h（当地天然气低位热值为35000kJ/Nm³）。该锅炉实际运行中的效率变化为下列何项？(2013-4-6)

(A) 该运行效率比额定效率降低了1.5%～2.5%

(B) 该运行效率比额定效率降低了4%～5%

(C) 该运行效率比额定效率提高了1.5%～2.5%

(D) 该运行效率比额定效率提高了4%～5%

参考答案：[C]

主要解答过程：

实际运行效率：

$$\eta = \frac{\frac{100 \times 10^3}{3600} \times 4.18 \times (80-60)}{\frac{260}{3600} \times 35000} = 0.9187$$

因此，运行效率比额定效率提高了91.87%－90%＝1.87%。

4. 真题归类

2007-4-5、2013-4-6、2014-3-5。

1.11.5 锅炉房烟风系统

1. 知识要点

(1) 风机风量和风压的富余量：《教材（第三版 2018)》P157。

(2) 风机风量估算：《教材（第三版 2018)》P157 表1.11-10。

(3) 鼓风机和引风机选型：《09 技措》8.3.2。

(4) 燃烧所需空气量和生成烟气量计算：《锅炉及锅炉房设备（第四版)》P42～47。

2. 超链接

《教材（第三版 2018)》P157；《09 技措》8.3.2、8.3.5；《锅炉及锅炉房设备（第四版)》P42～47。

3. 例题

【案例】某天然气锅炉房位于地下室，锅炉额定产热量为4.2MW，效率为91%，天然气的低位热值 $Q_{DW}=35000\text{kJ/m}^3$，燃烧理论空气量 $V=0.268Q_{DW}/1000$ (m³/m³)，燃烧装置空气过剩系数为1.1，锅炉间空气体积为1300m³，该锅炉房平时总送风量和室内压力状态应为下列何项？(2011-4-5)

(A) 略大于15600m³/h，维持锅炉间微正压

(B) 略大于20053m³/h，维持锅炉间微正压

(C) ＜20053m³/h，维持锅炉间微负压

（D）略大于20500m³/h，维持锅炉间微正压

参考答案：[D]

主要解答过程：

所需天然气体积量为：$V_{天然气}=\frac{4.2MW}{Q_{DW}\cdot\eta}\times3600=\frac{4200}{35000\times0.91}\times3600=475m^3/h$

燃烧所需空气量：$V_{空气}=\frac{0.268\times Q_{DW}}{1000}\times V_{天然气}\times1.1=4901m^3/h$

根据《锅规》15.3.7，锅炉房位于地下室时，换气次数不小于12次，根据注：换气量中不包括锅炉燃烧所需空气量，根据条文说明中，锅炉房维持微正压。

送风量：$V_{送}=V_{空气}+12\times1300=20501m^3/h$

4. 真题归类

2011-4-5。

1.11.6 煤仓防爆门面积

1. 知识要点

（1）煤仓防爆门面积：《锅规》5.1.8-4。

（2）补充说明

1）总面积不得小于0.5m²；

2）每个煤粉仓上防爆门数量不应少于2个；

3）计算步骤，先考虑总面积，再根据条件求单个防爆门的面积。

2. 超链接

《锅规》5.1.8-4。

3. 例题

【案例】某小区锅炉房为燃煤粉锅炉，煤粉仓几何容积为60m³，煤粉仓设置的防爆门面积应是下列何项？（2011-3-5）

（A）0.1～0.19m²　　（B）0.2～0.29m²

（C）0.3～0.39m²　　（D）0.4～0.59m²

参考答案：[D]

主要解答过程：

根据《锅规》5.1.8-4，防爆门面积为：$S=60\times0.0025=0.15m^2$，但总面积不应小于0.5m²。

4. 真题归类

2011-3-5。

1.11.7 锅炉安全阀压力计算

1. 知识要点

（1）锅炉安全阀压力计算：《水暖验规》13.4.1。

（2）特别说明：热水锅炉安全阀压力计算时，无论是较高值还是较低值，均要求是“A倍工作压力”与“不少于工作压力+B”两者取大值。

2. 超链接

《水暖验规》13.4.1。

1.12 分 散 供 暖

案例无。

1.13 供 暖 其 他

1.13.1 太阳能供暖系统

1. 知识要点

(1) 太阳能供暖系统:《07节能技措》第9节。

(2) 太阳能集热系统的设备选型计算:《06K503 太阳能集热系统设计与安装》图集附录3。

2. 超链接

《07节能技措》第9节;《06K503 太阳能集热系统设计与安装》图集附录3。

3. 例题

【案例】某酒店采用太阳能+电辅助加热的中央热水系统。已知:全年日平均用热负荷为2600kWh,该地可用太阳能的天数为290d,同时,其日辅助电加热量为日平均用热负荷的30%;其余天数均用电加热器加热。为了节能,拟采用热泵热水机组取代电加热器,满足使用功能的条件下,机组制热COP=4.60,利用太阳能时,若不计循环热水泵耗电量以及热损失,新方案的年节电量应是下列何项?(2010-3-5)

(A) 322500~325000kWh (B) 325500~327500kWh

(C) 328000~330000kWh (D) 330500~332500kWh

参考答案:[C]

主要解答过程:

全年电热器的总热负荷为:

$$Q_{电}=2600\text{kWh}\times30\%\times290+(365-290)\times2600\text{kWh}=421200\text{kWh}$$

若采用热泵机组提供同样热量,所需耗电量:

$$Q_{热泵}=Q_{电}/COP=91565\text{kWh}$$

$$节电量\ \Delta Q=Q_{电}-Q_{热泵}=329634.8\text{kWh}$$

4. 真题归类

2010-3-5。

第 2 章　通　　风

2.1 环境标准、卫生标准与排放标准

2.1.1 PC-TWA 以及 PC-STEL

1. 知识要点

(1) 时间加权平均容许浓度（PC-TWA）：《化学有害因素》3.1.1、A.3。

(2) 短时间接触容许浓度（PC-STEL）：《化学有害因素》3.1.2、A.4。

超限倍数：《化学有害因素》3.2、5.0、A.6。

(3) 对“是否符合卫生要求”进行评价：《化学有害因素》A.12。

(4) 标准状态下，有害物的质量浓度和体积浓度换算：《教材（第三版 2018）》P231。

$$Y = C \cdot M / 22.4$$

Y——有害气体质量浓度，mg/m^3 或 mg/s。

C——有害气体体积浓度，mL/m^3 (ppm) 或 mL/s；

注：$1ppm = 1mL/m^3 = 10^{-6} m^3/m^3 = 0.0001\%$。

M——气体分子的克摩尔数，g/mol；

22.4——摩尔体积，L/mol。

物质的量 $n\ (mol) = \dfrac{m(g)}{M(g/mol)} = \dfrac{V(L)}{22.4(L/mol)}$

(5) 分子量

化学元素及物质的分子量（部分） 表 2-1

化学式	分子量	化学式	分子量	化学式	分子量
H	1	S	32	CO_2	44
C	12	NH_3	17	SO_2	64
N	14	CO	28	SO_3	80
O	16	H_2S	34		

2. 超链接

《教材（第三版 2018）》P231。

3. 例题

(1)【案例】某车间有毒物质实测的时间加权浓度为：苯（皮）$3mg/m^3$、二甲苯胺（皮）$2mg/m^3$、甲醇（皮）$15mg/m^3$、甲苯（皮）$20mg/m^3$。问此车间有毒物质的容许浓度是否符合卫生要求并说明理由？(2007-3-6)

(A) 符合　　(B) 不符合

(C) 无法确定　　(D) 基本符合

参考答案：[B]

主要解答过程：

根据《化学有害因素》表1，查得各有害物质容许浓度分别为：

苯（皮）$6mg/m^3$、二甲苯胺（皮）$5mg/m^3$、甲醇（皮）$25mg/m^3$、甲苯（皮）

$50mg/m^3$，再根据 A.12：3/6＋2/5＋15/25＋20/50＝1.9＞1，超过限值，所以不符合卫生标准。

（2）【案例】某车间生产过程中，工作场所空气中所含有毒物质为丙醇，劳动者接触状况见下表。试问，该状况下 8h 的时间加权平均浓度值以及是否超过国家标准容许值的判断，应是下列哪一项？（2008-3-6）

（A）$1440mg/m^3$，未超过国家标准容许值

（B）$1440mg/m^3$，超过国家标准容许值

（C）$180mg/m^3$，未超过国家标准容许值

（D）$180mg/m^3$，超过国家标准容许值

接触时间（h）	相应浓度（mg/m^3）
$T_1=2$	$C_1=220$
$T_2=2$	$C_2=200$
$T_3=2$	$C_3=180$
$T_4=2$	$C_4=120$

参考答案：[C]

主要解答过程：

根据《化学有害因素》A.3，$C_{TWA}=(C_1T_1+C_2T_2+C_3T_3+C_4T_4)/8=180mg/m^3$，查表 1 得：丙醇的时间加权平均容许浓度为 $200mg/m^3$，故未超过国家标准容许值。

4. 真题归类

2007-3-6、2008-3-6、2011-3-6、2017-4-8。

2.1.2 排放标准相关计算

1. 知识要点

（1）排气筒高度：《大气污染物排放》附录 A。

（2）排放速率：《大气污染物排放》附录 B。

（3）内插法、外推法和加权平均法。

1）内插法（求两个数之间的数）

内插法计算　　表 2-2

h_a	h	h_{a+1}
Q_a	$Q_0=?$	Q_{a+1}

$$Q_0=Q_a+\frac{(Q_{a+1}-Q_a)(h-h_a)}{h_{a+1}-h_a}$$

2）外推法（求低于最低值或高于最高值的数）

外推法计算　　表 2-3

h_1	h_b	h_c	h_2
$Q_1=?$	Q_b	Q_c	$Q_2=?$

$$Q_1=Q_b\cdot\left(\frac{h_1}{h_b}\right)^2,Q_2=Q_c\cdot\left(\frac{h_2}{h_c}\right)^2$$

3）加权平均法

加权平均法计算 **表 2-4**

项	M_1	M_2	M_3	M_4
数量	n_1	n_2	n_3	n_4

$$\overline{M}=\frac{M_1n_1+M_2n_2+M_3n_3+M_4n_4}{\Sigma n}$$

加权平均数

例：数 A 有 2 个，数 B 有 3 个，数 C 有 5 个，求他们的加权平均数。加权平均数＝A×所占权数＋B×所占权数＋C×所占权数，这个公式由上面的式子变化而来，公式中的权数就是各数的个数在总个数中所占的比例。A 的权数是 2/(2＋3＋5)＝20%，B 的权数是 3/(2＋3＋5)＝30%，C 的权数是 5/(2＋3＋5)＝50%。原式＝20%A＋30%B＋50%C。

（4）大气污染物基准含氧量排放浓度折算方法：《锅炉排放标准》5.2。

注：公式中的基准氧含量和实测氧含量为“%”前的数字，例如：21%，代入公式的值为 21。

2. 超链接

《教材（第三版 2018）》P163～171、《大气污染物排放》、《锅炉排放标准》、《环境空气》。

3. 例题

（1）【案例】某新建化验室排放有害气体苯，其排气筒的高度为 12m，试问，其符合国家二级排放标准的最高允许速率应是哪一项？（2008-3-10）

（A）约 0.78kg/h　　（B）约 0.5kg/h

（C）约 0.32kg/h　　（D）约 0.16kg/h

参考答案：[D]

主要解答过程：

根据《大气污染物排放》表 2 查得新污染源苯的二级排放标准的最高排放速率（排气筒为 15m）为 0.5kg/h。再根据附录 B3，$Q=Q_C(h/h_C)^2=0.5\times(12/15)^2=0.32$kg/h。

根据 7.4 的要求：“新污染源的排气筒一般不应低于 15m。若新污染源的排气筒必须低于 15m 时，其排放速率标准值按 7.3 的外推法计算结果再严格 50%执行”。因此，结果为 0.16kg/h。

（2）【案例】某工厂现有理化楼的化验室排放有害气体甲苯，其排气筒的高度为 12m，试问，符合国家二级排放标准的最高允许排放速率，接近下列何项？（2009-3-6）

（A）1.98kg/h　　（B）2.30kg/h

（C）3.10kg/h　　（D）3.60kg/h

参考答案：[B]

主要解答过程：

根据《大气污染物排放》表 1 查得现有污染源甲苯的二级排放标准的最高排放速率（排气筒为 15m）为 3.6kg/h。再根据附录 B3，$Q=Q_C(h/h_C)^2=3.6\times(12/15)^2=2.304$kg/h。

（3）【案例】在一般工业区内（非特定工业区）新建某除尘系统，排气筒的高度为 20m，排放的污染物为石英粉尘，排放速率均匀，经 2h 连续测定：标准工况下，排气量

V=80000m³/h，除尘效率η=99%，粉尘收集量G_1=633.6kg。试问，以下依次列出排气筒的排放速率值、排放浓度值以及达标排放的结论，正确者应为何项？（2010-3-6）

（A）3.0kg/h、60mg/m³、达标排放　　（B）3.1kg/h、80mg/m³、排放不达标

（C）3.1kg/h、40mg/m³、达标排放　　（D）3.2kg/h、40mg/m³、排放不达标

参考答案：[D]

主要解答过程：

查《环境空气》，工业区属于二类区，二类区适用二级浓度限值。

排气2h排含尘量为G_1/99=6.4kg，则排放速率为6.4kg/2h=3.2kg/h

排放浓度为（3.2kg/h）/80000m³/h=40mg/m³

根据《大气污染物排放》表2，查得新污染源颗粒物（石英粉尘）的最高允许排放浓度为60mg/m³，二级排放标准的最高允许排放速率（排气筒为20m）为3.1kg/h。故排放浓度达标，但排放速率不达标，总体不达标。

（4）【案例】某在用燃气锅炉，实测NO_x排放浓度200mg/m³，实测氧含量为13%。求该锅炉基准氧含量排放浓度。（模拟）

（A）174mg/m³　　（B）226mg/m³

（C）201mg/m³　　（D）438mg/m³

参考答案：[C]

主要解答过程：

根据《锅炉排放标准》5.2，燃气锅炉基准氧含量为3.5%，故基准氧含量排放浓度为：

$$\rho=\rho'\cdot\frac{21-\varphi(O_2)}{21-\varphi'(O_2)}=200\times\frac{21-3.5}{21-13}=438\text{mg/m}^3$$

4. 真题归类

2008-3-10、2009-3-6、2010-3-6、2011-4-7、2012-4-7。

2.2 全面通风

2.2.1 全面通风量计算

1. 知识要点

（1）消除有害物、余热和余湿全面通风量计算

稳定状态下全面通风量：

$$L=\frac{Kx}{y_2-y_0}\quad(\text{m}^3/\text{s})$$

消除有害物公式的安全系数K考虑因素：

1）毒性。

2）散发均匀性。

3）气流组织。

4）通风有效性。

5）有害物特性。

6）K 取 3～10。

（2）消除余热或余湿（出题频率较高）

$$G=\frac{Q}{c(t_n-t_w)}=\frac{W}{d_p-d_0}$$

式中　G——质量流量（kg/s）；

Q——室内余热量（kW）；

W——余湿量（g/s）。

（3）全面通风量的取值：根据《教材（第三版 2018）》P174、《工规》第 6.1.14 条、《工业企业设计卫生》第 6.1.5.1 条，溶剂蒸汽或刺激性气体需要叠加，一般粉尘、CO、CH_4 等气体这类不刺激的物质、余热和余湿通风风量均不需叠加。全面通风量需要分别计算，统一单位，同类相加，最终取最大值。

注：该条中“数种刺激性气体”在规范中没有明确的规定，目前笔者认为的刺激性气体有：SO_3、SO_2、S_2O_3，氟化氢及其盐类《工规》6.1.14，氮氧化物，氯气，氨气，松节油等。

2. 例题

（1）【案例】某会议室有 105 人，每人每小时呼出 CO_2 为 22.6 升（L）。设室外空气中 CO_2 的体积浓度为 400ppm，会议室内空气 CO_2 允许的体积浓度为 0.1%，用全面通风方式稀释室内 CO_2 浓度，则能满足室内 CO_2 的允许浓度的最小新风量是下列何项？（2010-4-8）

（A）3700～3800m³/h　　（B）3900～4000m³/h

（C）4100～4200m³/h　　（D）4300～4400m³/h

参考答案：［B］

主要解答过程：

注意：ppm 的含义为体积分数为百万分之一（ppm＝mL/m³），即 1000ppm＝0.1%。

室内 CO_2 的产生量 m＝（22.6/22.4）×44×105＝4.66kg/h

根据《教材（第三版 2018）》P231 公式（2.6-1），由 CO_2 的质量平衡：

$$L\cdot\frac{(1000\text{ppm}-400\text{ppm})\times 44}{22.4}=L\times 1178.6\text{mg/m}^3=4.66\text{kg/h}$$

解得：L＝3954m³/h。

（2）【案例】某车间同时散发苯、醋酸乙酯、松节油溶剂蒸汽和余热，为稀释苯、醋酸乙酯、松节油溶剂蒸汽的散发量，所需的室外新风量分别为 500000m³/h、10000m³/h、2000m³/h，满足排除余热的室外新风量为 510000m³/h。则能满足排除苯、醋酸乙酯、松节油溶剂蒸汽和余热的最小新风量是下列何项？（2012-4-8）

（A）510000m³/h　　（B）512000m³/h

（C）520000m³/h　　（D）522000m³/h

参考答案：［B］

主要解答过程：

根据《教材（第三版 2018）》P174、《工规》6.1.14、《工业企业设计卫生》6.1.5.1。

溶剂蒸汽（苯及其同系物、醇类或醋酸酯类）或刺激性气体需要叠加，所需新风量为 500000＋10000＋2000＝512000m³/h，大于排除余热所需新风量 510000m³/h，因此最小新风量应取较大值。

（3）【案例】某生产厂房采用自然进风、机械排风的全面通风方式，室内设计空气温度为30℃，含湿量为17.4g/kg，室外通风设计温度为26.5℃，含湿量为15.5g/kg，厂房内的余热量20kW，余湿量为25kg/h，该厂房排风系统的设计风量应为下列何项？（空气比热容为1.01kJ/kg·K）（2013-3-8）

（A）12000～14000kg/h　　（B）15000～17000kg/h

（C）18000～19000kg/h　　（D）20000～21000kg/h

参考答案：［D］

主要解答过程：

根据《教材（第三版 2018）》P174 公式（2.2-2）、（2.2-3），

消除余热排风量：$G_1=\dfrac{Q}{c(t_p-t_o)}=\dfrac{20\text{kW}}{1.01\text{kJ/(kg}\cdot K)\times(30-26.5)K}=5.658\text{kg/s}=$ 20367.8kg/h

消除余湿排风量：$G_2=\dfrac{W}{d_p-d_o}=\dfrac{25\text{kg/h}\times1000}{(17.4-15.5)\text{g/kg}}=13157.9\text{kg/h}$

设计风量应取两者大值，即 20367.8kg/h。

注意：题干中所给的余热量为显热。计算风量要记住：显热用温差，潜热用湿差，全热用焓差。

（4）【案例】某房间采用机械通风与空调相结合的方式消除室内余热，已知：室内余热量为10kW，设计室温为28℃。空调机的 $COP=4-0.05\times(t_W-35)$（kW/kW），式中 t_W 为室外空气温度，单位为℃；机械通风系统可根据室外气温调节风量以保证室温，风机功率为1.5kW/（m³/s），问采用机械通风与空调的切换温度（室外为标准大气压，空气密度取1.2kg/m³）应为下列何项？（2010-3-7）

（A）19.5～21.5℃　　（B）21.6～23.5℃

（C）23.6～25.5℃　　（D）25.6～27.5℃

参考答案：［B］

主要解答过程：

本题为过渡季根据室外条件切换自然通风与空调系统以达到节能的目的，只需求出系统切换点的室外空气温度。注意题干中“风机功率为1.5W/（m³/s）”的单位，意思是单位风量风机耗功率。

设通风与空调能耗相同时的室外温度为 t_w，列方程：

$$\frac{10}{4-0.05\times(t_w-35)}=\frac{10}{c\cdot\rho\cdot(28-t_w)}\times1.5$$

解得 t_w＝23℃

3. 真题归类

（1）消除有害物

1）CO_2：2007-4-7、2010-4-8。

2）其他有害物：2008-4-6、2011-4-9、2012-4-8、2013-4-8、2018-3-10。

（2）消除余热或余湿

2006-4-7、 2008-3-7、 2009-4-7、 2010-3-7、 2013-3-7、 2013-3-8、 2014-3-10、2017-4-9。

4. 其他例题

（1）《工规》6.1.14 条文说明例题。

（2）《工业通风（第四版）》P18～19 例题 2-1、2-2。

2.2.2　热风平衡计算

1. 知识要点

热风平衡计算：

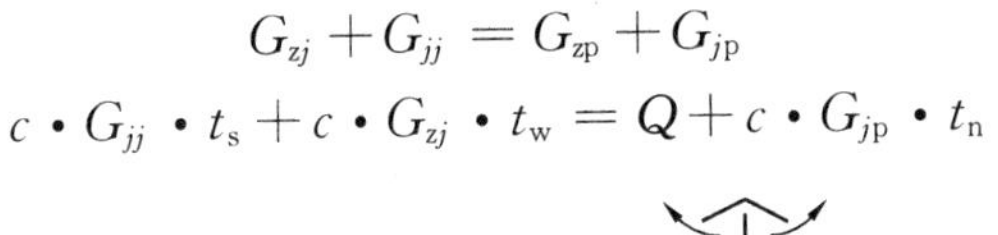

$$G_{zj} + G_{jj} = G_{zp} + G_{jp}$$

$$c \cdot G_{jj} \cdot t_s + c \cdot G_{zj} \cdot t_w = Q + c \cdot G_{jp} \cdot t_n$$

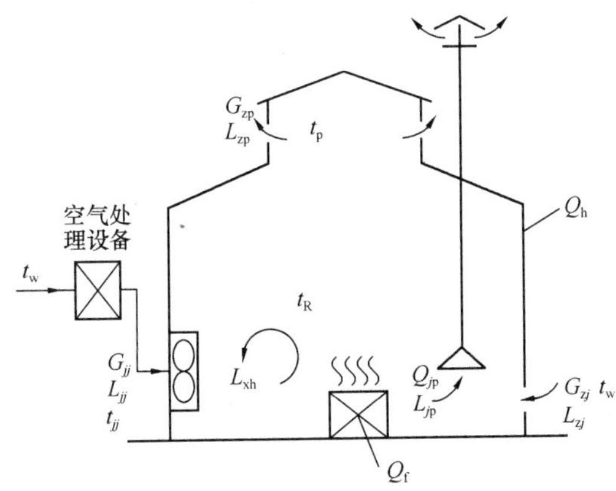

图 2-1　通风房间热风平衡示意图

（1）t_w的选用：《工规》6.3.4

1）冬季供暖室外计算温度：冬季通风耗热量应采用。

2）冬季通风室外计算温度：消除余热、余湿应采用。

3）夏季通风室外计算温度：夏季工况的热量平衡计算（消除余热、余湿、通风系统新风冷却量）。

注：《教材（第三版 2018）》P176 删除了对 t_w的说明。

（2）t_P的计算：《教材（第三版 2018）》P183。

（3）Q 的计算：围护结构耗热量与室内外温差成正比。

（4）G 的单位为质量流量 kg/s。风量平衡即空气质量流量平衡。

（5）一般情况下，$G_{zp}=0$。

2. 超链接

《教材（第三版 2018）》P175～176。

3. 例题

（1）【案例】某车间，室内设计温度 15℃，车间围护结构设计耗热量 200kW，工作区局部排风量 10kg/s；车间采用混合供暖系统（散热器＋新风集中热风供暖），设计散热器散热量等于室内+5℃的值班供暖的热负荷。新风送风系统风量7kg/s，送风温度t（℃）为下列何项？（已知：供暖室外计算温度为−10℃，空气比热容为1.01kJ/kg，值班供暖时，通风系统不运行）（2014-4-8）

(A) 35.5～36.5
(B) 36.6～37.5
(C) 37.6～38.5
(D) 38.6～39.5

参考答案：[B]

主要解答过程：

由于值班供暖时通风系统不运行，因此值班供暖散热器仅承担+5℃条件下对应的围护结构耗热量，在设计温度15℃条件下，围护结构设计耗热量为200kW，由于围护结构耗热量与室内外温差成正比，故：

$$\frac{Q'}{200\text{kW}}=\frac{5-(-10)}{15-(-10)}\Rightarrow Q'=120\text{kW}$$

根据《教材（第三版2018）》P175，风量平衡（质量守恒）：

$$G_{zj}+G_{jj}=G_{jp}\Rightarrow G_{zj}=3\text{kg/s}$$

热量平衡（能量守恒）：

$$(200-Q')+c\times G_{jp}\times t_n=c\times G_{jj}\times t_s+c\times G_{zj}\times t_w$$

$$(200-120)+1.01\times10\times15=1.01\times7\times t_s+1.01\times3\times(-10)$$

$$t_s=37.03℃$$

（2）【案例】某厂房冬季的围护结构耗热量200kW，由散热器供暖系统承担。设备散热量5kW，厂房内设置局部排风系统排除有害气体，排风量为10000m³/h，排风系统设置热回收装置，显热热回收效率为60%，自然进风量为3000m³/h。热回收装置的送风系统计算的送风温度（℃）最接近下列何项？[室内设计温度18℃，冬季通风室外计算温度−13.5℃；供暖室外计算温度−20℃；空气密度$\rho_{-20}=1.365\text{kg/m}^3$；$\rho_{-13.5}=1.328\text{kg/m}^3$；$\rho_{18}=1.172\text{kg/m}^3$；空气定压比热容取1.01kJ/(kg·K)]（2016-3-2）

(A) 34.5
(B) 36.0
(C) 48.1
(D) 60.5

参考答案：[B]

主要解答过程：

$G_{jp}=10000\text{m}^3/\text{h}=10000\times\rho_{18}/3600=10000\times1.172/3600=3.2556\text{kg/s}$

$G_{zj}=3000\text{m}^3/\text{h}=3000\times\rho_{-20}/3600=3000\times1.365/3600=1.1375\text{kg/s}$

根据《教材（第三版2018）》P175，风量平衡（质量守恒）：

$$G_{zj}+G_{jj}=G_{jp}\Rightarrow G_{jj}=2.118\text{kg/s}$$

热量平衡（能量守恒）：

$$c\times G_{jp}\times t_n=5\text{kW}+c\times G_{jj}\times t_s+c\times G_{zj}\times t_w$$

$$1.01\times3.2556\times18=5\text{kW}+1.01\times2.1181\times t_s+1.01\times1.1375\times(-20)$$

$$t_s=36.07℃$$

注意：题干给出干扰条件，要根据需求选择有用的已知条件。局部排风的补风应采用供暖室外计算温度$t_w=-20℃$。

（3）【案例】接上题，热回收装置的送风经过辅助加热器加热后送入厂房内，求加热

空气所需的热量接近下列何项?（2016-3-2 模拟）

（A）32～36kW　（B）37～41kW

（C）42～46kW　（D）47～51kW

参考答案：[C]

主要解答过程：

未进行热回收时，空气的加热量：

$$Q_{总}=c\cdot G_{jj}\ (t_s-t_w)\ =1.01\times2.1181\times\ (36.07+20)\ =120\text{kW}$$

回收热量为：

$$Q_{回}=c\cdot G_{jp}\ (t_n-t_w)\ \cdot\eta=1.01\times3.2556\times\ (18+20)\ \times0.6=75\text{kW}$$

所以，空气加热量为：$Q=Q_{总}-Q_{回}=120\text{kW}-75\text{kW}=45\text{kW}$。

注：本题由原真题改编。

4. 真题归类

2006-4-2、2006-4-6、2007-3-7、2010-4-1、2012-3-6、2012-4-1、2013-4-9、2014-4-8、2016-3-2、2016-4-8、2017-3-9、2017-4-7。

5. 其他例题

《工业通风（第四版）》P24 例题 2-3。

2.2.3　局部送风计算

1. 超链接

《工规》4.1.7、6.5.8、附录 J。

2. 其他例题

《工业通风（第四版）》P203～204 例题 7-2。

2.3　自　然　通　风

2.3.1　自然通风计算

1. 知识要点

（1）自然通风量：《教材（第三版 2018）》P181～182。

1）全面换气量：$G=\dfrac{Q}{c_p(t_p-t_w)}$

2）自然通风量按进风窗孔 a 或排风窗孔 b 计算：

$$G=\mu_a F_a\sqrt{2h_1 g(\rho_w-\rho_{np})\rho_w}=\mu_b F_b\sqrt{2h_2 g(\rho_w-\rho_{np})\rho_p}$$

注：空气密度计算公式 $\rho_t=\dfrac{353}{273+t}$。

3）定性分析（近似关系）窗孔面积大小与中和面的位置关系：

$$\left(\frac{F_a}{F_b}\right)^2=\frac{h_2}{h_1}\cdot\frac{\rho_P}{\rho_W}\cdot\left(\frac{\mu_b}{\mu_a}\right)^2,\text{流量系数}\ \mu=\frac{1}{\sqrt{\xi}}。$$

近似取 $\mu_a=\mu_b$，$\rho_w=\rho_p$，则 $\left(\frac{F_a}{F_b}\right)^2=\frac{h_2}{h_1}=\frac{\text{窗孔}\,b\,\text{距中和面距离}}{\text{窗孔}\,a\,\text{距中和面距离}}$。

（2）自然通风排风温度与室内平均温度

1）排风温度：《教材（第三版 2018）》P183。

排风温度计算 **表 2-5**

计算方法	公　式	备　注
温差允许值法	$t_p=t_w+\Delta t$	特定车间
温度梯度法	$t_p=t_n+a\ (h-2)$	$h\leqslant15$m，均匀散热源，$Q\leqslant116$W/m³
有效热量系数法	$t_p=t_w+\frac{t_n-t_w}{m}$	有强烈热源车间

2）室内平均温度：《教材（第三版 2018）》P181。

$$t_{np}=\frac{t_n+t_p}{2}$$

（3）筒形风帽选择计算：《教材（第三版 2018）》P187。

（4）屋顶通风器计算：《工规》6.2.8 条文说明。

（5）关于自然通风中和面位置变化（《通风工程》P43～44）。

$$\frac{h_1}{h_2}=\frac{T_0}{T_i}\left(\frac{\mu_B F_B}{\mu_A F_A}\right)^2$$

$$\frac{h_1}{H}=\frac{1}{1+\frac{T_i}{T_0}\left(\frac{\mu_A F_A}{\mu_B F_B}\right)^2}$$

式中　F_A、F_B——下部和上部孔口面积（m²）；

μ_A、μ_B——下部和上部孔口的流量系数；

T_i、T_0——室内外空气热力学温度（K）；

h_1、H——中和面至下部孔口中心高度和上下孔口中心距离（m）。

中和面的位置与上下开口面积、开口流量系数和室内外的热力学温度有关。当上、下开口的面积及流量系数相等时，若 $T_0/T_i<1$，则 $h_1/h_2<1$，表明中和面在上、下开口中间略偏下一些；中和面将随着下部开口的增大而下降，随着上部开口的增大而上移（中和面靠近哪一个窗孔，哪一个窗孔面积越大）。中和面也将随着室外温度的降低而下降。室内有机械排风时，会使中和面上升；有机械进风时，使中和面下降。当 $T_0/T_i>1$ 时，将出现上部孔口进风而下部孔口排风，冷加工车间即出现这种情况。

2. 超链接

《教材（第三版 2018）》P181～187。

3. 例题

（1）【案例】如图某车间，侧窗进风温度 $t_w=31$℃，车间工作区温度 $t_n=35$℃，散热有效系数 $m=0.4$，侧窗进风口面积 $F_j=50\text{m}^2$，天窗排风口面积 $F_p=36\text{m}^2$，天窗和侧窗流量系数 $\mu_p=\mu_j=0.6$，该车间自然通风量为下列哪一项？空气密度 $\rho_t=353/(273+t)$ kg/m³（2007-3-8）

（A）30～32kg/s　　　　（B）42～44kg/s

（C）50～52kg/s　　　　（D）72～74kg/s

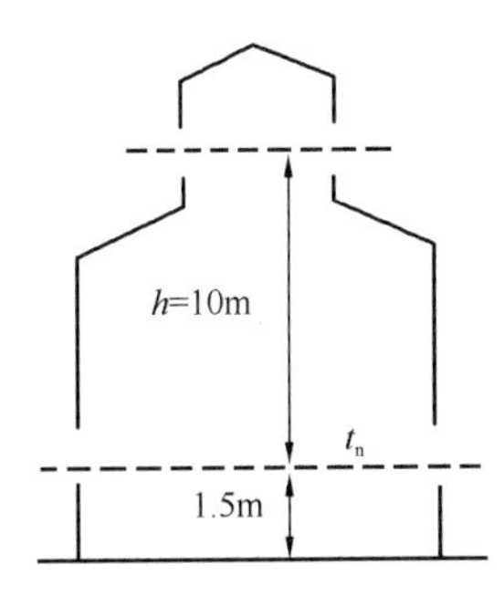

参考答案：[B]

主要解答过程：

根据《教材（第三版 2018）》P183，

排风温度 $t_p=t_w+(t_n-t_w)/m=31+(35-31)/0.4=41℃$，

平均温度 $t_{np}=(t_n+t_p)/2=38℃$

利用公式 $\rho_t=353/(273+t)$（空气密度与温度关系式）：

$\rho_p=353/(273+41)=1.124kg/m^3$

$\rho_w=353/(273+31)=1.161kg/m^3$

$\rho_{np}=353/(273+38)=1.135kg/m^3$

根据 P181 公式（2.3-14）及式（2.3-15），又因为 $\mu_p=\mu_j$，则：$\dfrac{F_j}{F_P}=\sqrt{\dfrac{h_2\cdot\rho_p}{h_1\cdot\rho_w}}$，又因为 $h_1+h_2=10m$，可解得 $h_1=3.33m$

则通风量为：

$$G_j=F_j\cdot\mu_j\sqrt{2h_1g(\rho_w-\rho_{np})\rho_w}=42.1kg/s$$

（2）**【案例】**北京地区某厂房的显热余热量为 300kW，散热强度 50W/m³，厂房高度 10m，若采用屋顶水平天窗自然通风方式，保证夏季车间内温度不高于 32℃，车间自然通风全面换气的最小风量（kg/h）最接近下列何项？

[当地夏季通风计算温度 29.7℃，空气定压比热容取 1.01kJ/（kg·K）]（2016-4-9）

（A）120450　　　　（B）122910

（C）123590　　　　（D）125700

参考答案：[B]

主要解答过程：

根据《教材（第三版 2018）》P183 公式（2.3-17），查表 2.3-3 得温度梯度为 0.8℃/m。

天窗排风温度：$t_p=t_n+a(h-2)=32+0.8\times(10-2)=38.4℃$

通风量：$G=\dfrac{Q}{c(t_p-t_w)}=\dfrac{300}{1.01\times(38.4-29.7)}=34.14kg/s=122908kg/h$。

（3）**【案例】**某厂房利用风帽进行自然排风，总排风量 $L=13842m^3/h$，室外风速 $V=3.16m/s$，不考虑热压作用，压差修正系数 $A=1.43$，拟选用直径 $d=800mm$ 的筒形风帽，不接风管，风帽入口的局部阻力系数 $\zeta=0.5$。问：设计配置的风帽个数为下列何项

(当地为标准大气压)?(2012-3-9)

(A) 4个　(B) 5个　(C) 6个　(D) 7个

参考答案:[D]

主要解答过程:

根据《教材(第三版2018)》P187公式(2.3-22):

$$L_0 = 2827d^2 \frac{A}{\sqrt{1.2+\Sigma\zeta+0.02l/d}} = 2827\times0.8^2\times\frac{1.43}{\sqrt{1.2+0.5+0.02\times0/0.8}}$$
$$=1984.3\text{m}^3/\text{h}$$

$$n=\frac{L}{L_0}=\frac{13842}{1984.3}=6.98\approx7$$

(4)【案例】某厂房所需的通风量为G=400000kg/h,室外计算温度为26℃,工作区温度为30℃,有效热量系数m=0.4,上下侧窗中心高差为7m,上下侧窗的流量系数相同,μ=0.6,下侧窗的面积为140m^2,上侧窗的面积为160m^2,则中和面距下侧窗中心高度为多少米?(模拟)

(A) 3.7~3.8m　(B) 3.8~3.9m

(C) 3.9~4.0m　(D) 4.0~4.1m

参考答案:[C]

主要解答过程:

根据《教材(第三版2018)》P182~183,

排风口温度为:

$$t_p = t_w + \frac{t_n - t_w}{m} = 36℃$$

$$\left(\frac{F_1}{F_2}\right)^2 = \left(\frac{\mu_1}{\mu_2}\right)^2 \cdot \frac{\rho_p}{\rho_w} \cdot \frac{h_2}{h_1} = \frac{T_w}{T_p} \cdot \frac{h_2}{h_1}$$

$$\frac{h_2}{h_1} = \left(\frac{F_1}{F_2}\right)^2 \cdot \frac{T_p}{T_w} = \left(\frac{140}{160}\right)^2 \times \frac{273+36}{273+26} = 0.79$$

由于$h_1+h_2=7$,故$h_1=3.91$m。

(5)【案例】某工业厂房采用自然通风,室外空气温度为27℃,室内工作区控制温度为32℃,进风侧窗和排风天窗的流量系数均为0.6,两窗中心高差为15m。进风侧窗面积为50m^2,测得实际进风量为288000kg/h,排风温度为48℃,求排风天窗的面积。(模拟)

(A) 30~34m^2　(B) 36~40m^2

(C) 43~47m^2　(D) 50~54m^2

参考答案:[C]

主要解答过程:

$$t_{np} = \frac{t_n + t_p}{2} = \frac{32+48}{2} = 40℃$$

$$\rho_{np} = \frac{353}{273+40} = 1.128\text{kg/m}^3$$

$$\rho_w = \frac{353}{273+27} = 1.177\text{kg/m}^3$$

$$\rho_p = \frac{353}{273+48} = 1.1\text{kg/m}^3$$

热压 $p_r = gh(\rho_w - \rho_{np}) = 9.8 \times 15 \times (1.177 - 1.128) = 7.203\text{Pa}$

由 $F_a = \dfrac{G}{\mu\sqrt{2|\Delta p_a|\rho_w}} = \dfrac{80}{0.6 \times \sqrt{2 \times |\Delta p_a| \times 1.177}} = 50\text{m}^2$

解得 $|\Delta p_a| = 3.02\text{Pa}$

则排风窗：$\Delta p_b = p_r - |\Delta p_a| = 7.203 - 3.02 = 4.183\text{Pa}$

$$F_b = \frac{G}{\mu\sqrt{2\Delta p_b \rho_p}} = \frac{80}{0.6 \times \sqrt{2 \times 4.183 \times 1.1}} = 44\text{m}^2$$

（6）【案例】如图所示，某车间采用自然通风降温，已知车间总余热量 $Q = 300\text{kW}$，有效热量系数 $m = 0.5$，$F_1 = F_2 = 10\text{m}^2$，$F_3 = 30\text{m}^2$，侧窗与天窗中心距 $h = 10\text{m}$，$\mu_1 = \mu_2 = 0.4$，$\mu_3 = 0.5$；室外风速为0，空气温度 $t_w = 25℃$，通风换气量为25kg/s。求室内工作区温度。（模拟）

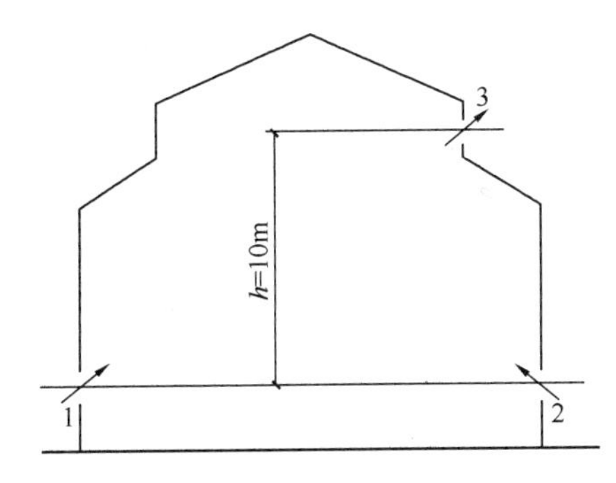

（A）28.0～29.5℃　　（B）30.0～31.5℃

（C）32.0～33.5℃　　（D）34.0～35.5℃

参考答案：[B]

主要解答过程：

由 $G = \dfrac{Q}{c_p(t_p - t_w)} = \dfrac{300}{1.01 \times (t_p - 25)} = 25\text{kg/s}$，得 $t_p = 36.88℃$

$t_p = t_w + \dfrac{t_n - t_w}{m} = 25 + \dfrac{t_n - 25}{0.5}$，$t_n = 30.94℃$

4. 真题归类

（1）自然通风：2007-3-8、2009-3-7、2010-4-9、2011-3-8、2012-4-9、2013-3-10、2013-4-10、2016-4-9、2010-3-8、2017-3-11、2017-4-10、2018-3-9。

（2）筒形风帽：2006-3-7、2012-3-9、2018-3-8。

5. 其他例题

（1）《民规宣贯》P119～121例题：复合通风开口面积确定。

（2）《工业通风（第四版）》P195～196例题7-1。

2.3.2 空气动力阴影区最大高度

1. 知识要点

（1）空气动力阴影区最大高度：$H_C \approx 0.3\sqrt{A}$。

（2）屋顶上方受建筑影响气流最大高度（含建筑物高度）：$H_K \approx \sqrt{A}$。

2. 超链接

《教材（第三版 2018）》P180、P257 图 2.7-3。

3. 例题

【案例】含有剧毒物质或难闻气味物质的局部排风系统，或含有浓度较高的爆炸危险性物质的局部排风系统，排风系统排风口部设计的正确做法，应是下列选项的哪一个？（已知：建筑物正面为迎风面，迎风面长 60m、高 10m）（2008-4-10）

（A）排至建筑物迎风面　　（B）排至建筑物背风面 3m 高处

（C）排至建筑物两侧面 3m 高处　　（D）排至建筑物背风面 8m 高处

参考答案：[D]

主要解答过程：

根据《教材（第三版 2018）》P257，排风口要求可知：排风口应位于建筑物空气动力阴影和正压区以上（图 2.7-3）。

再根据 P180 公式（2.3-7），动力阴影区的最大高度为：

$H_C \approx 0.3\sqrt{A} = 0.3 \times \sqrt{60 \times 10} = 7.35\text{m}$，所以选 D。

4. 真题归类

2008-4-10、2016-3-8。

2.4 局部排风

2.4.1 密闭罩

1. 知识要点

（1）汇总表

密闭罩汇总　　表 2-6

名称	分类	特点	风量公式	备注
密闭罩	局部密闭罩	排风量小，适用含尘气流速度低、瞬时增压不大的扬尘点	$L = L_1 + L_2 + L_3 + L_4$	吸风口速度：《工规》6.6.3
	整体密闭罩	只有传动设备留在罩外，适用有振动或含尘气流速度高的设备		
	大容积密闭罩（密闭小室）	适用多点产尘、阵发性产尘、气流速度大的设备，占地大、耗材多		

（2）补充说明

1）排风量是按风量平衡确定的。

2）单位为体积流量，与热风平衡采用质量流量不同。

3）L_3取决于工艺设备的配置，只有少量设备如自带鼓风机的混砂机等才需考虑。

4）L_4在工艺发热量大、物料含水率高时才需考虑。

2. 例题

【案例】拟设计一用于“粗颗粒物料的破碎”的局部排风密闭罩。已知：物料下落带入罩内的诱导空气量为0.35m³/s，从孔口或缝隙处吸入的空气量0.50m³/s，则连接密闭罩“圆形吸风口”的最小直径最接近下列何项？（2011-3-10）

（A）0.5m （B）0.6m （C）0.7m （D）0.8m

参考答案：[B]

主要解答过程：

根据《教材（第三版2018）》P190公式（2.4-2）：

$L=L_1+L_2=0.85\text{m}^3/\text{s}$

根据P190，粗颗粒物料破碎吸风口风速不宜大于3m/s。

故最小直径：

$$L=vF=3\times\frac{1}{4}\pi D^2=0.85,\text{故 } D=0.6\text{m}$$

2.4.2 柜式排风罩（通风柜）

1. 知识要点

柜式排风罩（通风柜）汇总 表2-7

名称	分类	特点	风量公式	备注
柜式排风罩（通风柜）	小型	适用于化学实验室、小零件喷漆	$L=L_1+v\cdot F\cdot\beta$ 注：送风式通风柜的送风量约为排风量的70%～75%	（1）化学试验室，通风柜控制风速：《工规》P383表2 （2）特定工艺，通风柜控制风速：《教材（第三版2018）》P192表2.4.2 （3）多台排风柜总风量的计算方法详见《工规》6.6.10
	大型	油漆车间的大件喷漆、粉料装袋		
	吸气式	单纯依靠排风作用，防止有害物外逸		
	送风式	排风量的70%由上部风口供给（采用室外空气），其余30%从室内补入罩内		
	吹吸联合工作	隔断室内的干扰气流，防止柜内形成局部涡流，以便控制有害物		

2. 例题

（1）【案例】某实验室为空调房间，为节约能耗，采用送风式通风柜，补风取自相邻房间。通风柜柜内进行有毒污染物实验，柜内有毒污染气体发生量为0.2m³/s，通风柜工作孔面积0.2m²，则通风柜的最小补给风量应是下列何项？（2010-4-10）

（A）500～650m³/h （B）680～740m³/h

（C）750～850m³/h （D）1000～1080m³/h

参考答案：[B]

主要解答过程：

根据《教材（第三版 2018）》P191 公式（2.4-3），由于所求为最小通风量，取 β=1.1，控制风速 v 取 0.4，排风量为：

$$L = L_1 + vF\beta = 0.2 + 0.4 \times 0.2 \times 1.1 = 0.288\text{m}^3/\text{s} = 1036.8\text{m}^3/\text{h}$$

此题所求的为最小补风量，根据 P191："送风量约为排风量的 70%～75%"，取 70%，则补风量为：

$$L_{补} = 0.7L = 0.7 \times 1036.8 = 725.76\text{m}^3/\text{h}$$

（2）【案例】在有温度要求的室内有一送风式通风柜，柜内有害气体的散发量为 $0.35\text{m}^3/\text{s}$，通风柜的工作孔面积为 500mm×400mm，求最小送风量。（模拟）

（A）$1000\sim1150\text{m}^3/\text{h}$　　（B）$1200\sim1350\text{m}^3/\text{h}$

（C）$1400\sim1550\text{m}^3/\text{h}$　　（D）$1600\sim1750\text{m}^3/\text{h}$

参考答案：[A]

主要解答过程：

根据《教材（第三版 2018）》P191。

$$L = 0.7 \times (L_1 + v\beta F) = 0.7 \times (0.35 + 0.4 \times 1.1 \times 0.4 \times 0.5) \times 3600 = 1103\text{m}^3/\text{h}$$

3. 真题归类

2009-3-8、2010-4-10、2017-4-11。

2.4.3 外部吸气罩

1. 知识要点

（1）前面无障碍物的情况

1）四周无法兰　风量：$L=v_0F=(10x^2+F)v_x$（仅适用 $x\leqslant1.5d$ 的情况）。

2）四周有法兰　风量：$L=v_0F=0.75(10x^2+F)v_x$（仅适用 $x\leqslant1.5d$ 的情况）。

3）工作台上侧吸罩　风量：$L=(5x^2+F)v_x$（仅适用 $x<2.4\sqrt{F}$ 的情况）。

注：侧吸罩的计算方法有图表法和矩形计算法。

（2）前面有障碍物的情况　风量：$L=KPHv_x$

1）罩口至污染源的距离 H 尽可能$\leqslant0.3a$（a 为罩口长边尺寸）。

2）罩口扩张角 $\alpha=30°\sim60°$时阻力最小。

（3）吸气罩计算

1）控制风速：《教材（第三版 2018）》P193 表 2.4-3、表 2.4-4。

2）矩形吸气口风速计算：查《教材（第三版 2018）》P194 图 2.4-15，得出 v_t/v_0；

注：①图中最下面的斜线为圆形罩，其余为矩形罩；

②矩形罩（或假想罩）b/a=短边/长边

（4）假想罩的考虑

1）如果未提吸气罩怎么放，则不考虑假想罩。

2）工作台上的吸气罩按假想罩计算。

（5）排风量计算：圆形罩按公式计算：矩形罩按图解法计算。

2. 超链接

《教材（第三版 2018）》P193～195。

3. 例题

（1）【案例】某车间的一个工作平台上装有带法兰边的矩形吸气罩，罩口的净尺寸为 320mm×640mm，工作台距罩口的距离 640mm，要求于工作台处形成 0.52m/s 的吸入速度，排气罩的排风量应为下列何项？（2012-4-10）

（A）1800～2160m³/s　　（B）2200～2500m³/s

（C）2650～2950m³/s　　（D）3000～3360m³/s

参考答案：[B]

主要解答过程：

把该排气罩看成是 640×640 的假想罩，则：

$$\frac{a}{b}=\frac{640}{640}=1,\frac{x}{b}=1$$

根据《教材（第三版 2018）》P194 图 2.4-15 查得：

$$\frac{v_x}{v_0}=0.125$$

$$v_0=\frac{v_x}{0.125}=\frac{0.52}{0.125}=4.16\text{m/s}$$

根据《教材（第三版 2018）》P194 公式（2.4-6）和式（2.4-7）可知，带法兰的排气罩的排风量为：

$$L=0.75v_0F=0.75\times4.16\times0.32\times0.64\times3600=2300.3\text{m}^3/\text{h}$$

（2）【案例】有一设在工作台上尺寸为 300mm×600mm 的矩形侧吸罩，要求在距罩口 X=900mm 处，形成 v_x=0.3m/s 的吸入速度，根据公式计算该排风罩的排风量（m³/h）最接近下列何项？（2016-4-10）

（A）8942　　（B）4568　　（C）195　　（D）396

参考答案：[B]

主要解答过程：

注意题干要求根据根据公式计算，因此根据《教材（第三版 2018）》P195 公式（2.4-8）：

$$L=\frac{L'}{2}=(5x^2+F)v_x=(5\times0.9^2+0.3\times0.6)\times0.3=1.269\text{m}^3/\text{s}=4568.4\text{m}^3/\text{h}$$

注：此题出题思路可能有误，矩形罩需查图计算。

4. 真题归类

2006-3-8、2012-4-10、2016-4-10。

5. 其他例题

《工业通风（第四版）》P40 例题 3-1～3-2、P42 例题 3-3。

2.4.4　槽边排风罩

1. 知识要点

（1）槽边排风罩的特点：

单侧（槽宽 B<700mm）、双侧（槽宽 B>700mm）。

（2）条缝口高度。

（3）条缝式槽边排风罩的排风量。

2. 超链接

《教材（第三版 2018）》P196～197。

3. 其他例题

《工业通风（第四版）》P51～52 例题 3-6。

2.4.5 吹吸式排风罩

1. 知识要点

吹吸式排风罩的特点：槽宽 B>1200mm，抗干扰能力强、不影响工艺操作、排风量小。

2. 超链接

《教材（第三版 2018）》P198～199。

3. 真题归类

2018-4-8。

2.4.6 接受式排风罩

1. 知识要点

（1）接受式排风罩的特点：高温热源上部的对流气流及砂轮磨削时抛出的磨屑及大颗粒粉尘所诱导的气流。《教材（第三版 2018）》P199～200。

（2）计算方法

1）低悬罩：

① $1.5\sqrt{A_{\mathrm{p}}}=1.5\times\left(\frac{\pi B^2}{4}\right)^{0.5}\geqslant H$ 或 $H\leqslant 1\mathrm{m}$，判断为低悬罩；

② 热源的对流散热量：$Q=A\cdot\Delta t^{\frac{4}{3}}\cdot\frac{\pi B^2}{4}\times10^{-3}$　（kW）

A——水平为 1.7；垂直为 1.13。

③ 热射流收缩断面上的流量：$L_{\mathrm{Z}}=0.04Q^{\frac{1}{3}}\cdot Z^{\frac{3}{2}}$　（m³/s）

将 $Z=H+1.26B$、$H=1.33B$ 代入上式得：$L_{\mathrm{Z}}=0.167Q^{\frac{1}{3}}\cdot B^{\frac{3}{2}}$（m³/s）（收缩断面）

注：Q 的单位为 kW。

④ 热射流收缩断面直径：$D_{\mathrm{z}}=0.36H+B$（m）

⑤ 罩口断面直径：

a. 圆形：

横向气流影响较小时，$D_1=B+(0.15\sim0.2)$（m）

横向气流影响较大时，$D_1=B+0.5H$（m）

b. 矩形：$A_1=a+0.5H$，$B_1=b+0.5H$（m）

⑥ 排风量：$L=L_{\mathrm{Z}}+v'\cdot F'=L_{\mathrm{Z}}+(0.5\sim0.75)\cdot\frac{\pi(D_1^2-B^2)}{4}$（m³/s）

F'=罩口面积－热源面积

2）高悬罩

① $1.5\sqrt{A_p}=1.5\times\left(\frac{\pi B^2}{4}\right)^{0.5}<H$ 或 $H>1\text{m}$，判断为高悬罩；

② 热源的对流散热量：$Q=A\cdot\Delta t^{\frac{4}{3}}\cdot\frac{\pi B^2}{4}\times10^{-3}$（kW）；

A——水平为1.7；垂直为1.13。

③ 热射流收缩断面上的流量：$L_Z=0.04Q^{\frac{1}{3}}\cdot Z^{\frac{3}{2}}$（$\text{m}^3/\text{s}$）

将 $Z=H+1.26B$ 代入上式得：$L_Z=0.04Q^{\frac{1}{3}}\cdot(H+1.26B)^{\frac{3}{2}}$（$\text{m}^3/\text{s}$）（罩口断面）

注：Q 的单位为kW。

④ 热射流断面直径：$D_z=0.36H+B$（m）

⑤ 罩口断面直径：$D=D_z+0.8H=1.16H+B$（m）

⑥ 排风量：$L=L_Z+v'\cdot F'=L_Z+(0.5\sim0.75)\cdot\frac{\pi(D^2-D_z^2)}{4}$（$\text{m}^3/\text{s}$）

F'=罩口面积－热射流面积

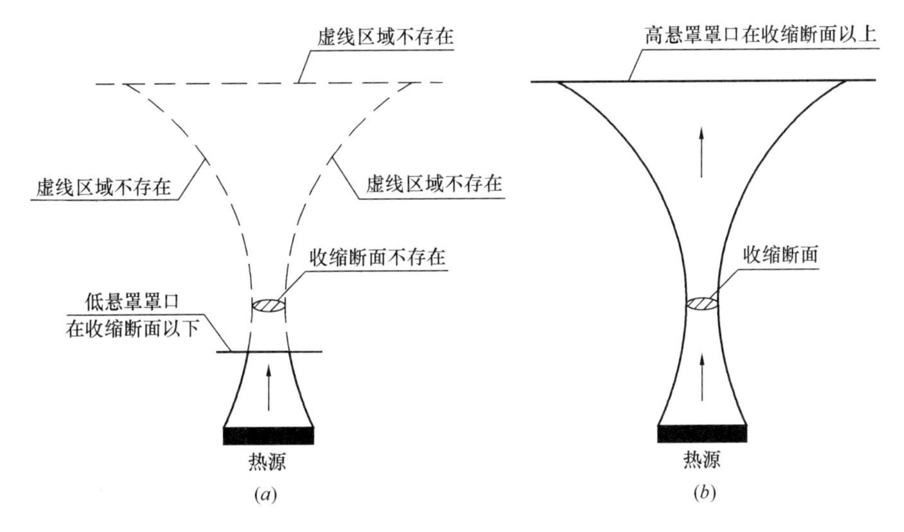

图2-2 接受罩原理示意图

（a）低悬罩；（b）高悬罩

3）关于接受罩排风量计算需要注意的问题

按照理论分析，对于 F' 的计算均应采用 D_z 计算。但是对于低悬罩计算时，D_z 往往小于热源面积，采用 D_z 计算的排风量也小于采用热源面积计算的排风量。需要说明的是，D_z 本身是一个近似公式，对于工程实际问题，需要考虑安全性，这是低悬罩采用热源面积计算 F' 的原因。

结论：采用热源直径 B 和采用 D_z 计算都可以，但是从安全性考虑，低悬罩建议采用热源水平投影直径 B 来计算。

2. 例题

（1）**【案例】**某金属熔化炉，炉内金属温度为650℃，环境空气温度为30℃，炉口直

径为 0.65m，散热面为水平面，于炉口上方 1.0m 处设圆形接受罩，接受罩的直径应为下列何项？（2010-3-9）

(A) 0.65～1.00m　　(B) 1.01～1.30m

(C) 1.31～1.60m　　(D) 1.61～1.90m

参考答案：[D]

主要解答过程：

根据《教材（第三版 2018)》P200，先判断接受罩的种类：

$1.5\sqrt{A_p}=1.5\times\left[\frac{\pi}{4}\times0.65^2\right]^{0.5}=0.864<1$，故为高悬罩。

根据《教材（第三版 2018)》P199 公式（2.4-23)：

$D_z=0.36H+B=0.36\times1+0.65=1.01\text{m}$

根据《教材（第三版 2018)》P199 公式（2.4-30)：

$D=D_z+0.8H=1.01+0.8\times1=1.81\text{m}$

(2)【案例】某水平圆形热源（散热面直径 $B=1.0\text{m}$）的对流散热量为 $Q=5.466\text{kJ/s}$，拟在热源上部 1.0m 处设直径为 $D=1.2\text{m}$ 的圆伞形接受罩排除余热。设室内有轻微的横向气流干扰，则计算排风量应是何值？（罩口扩大面积的空气吸入流速 v 为 0.5m/s）（2012-3-10）

(A) 1001～1200m^3/h　　(B) 1201～1400m^3/h

(C) 1401～1600m^3/h　　(D) 1601～1800m^3/h

参考答案：[D]

主要解答过程：

根据《教材（第三版 2018)》P200 公式（2.4-31)，接受罩的排风量为：

$$L=L_z+v'F'$$

先判断接受罩的种类：

$1.5\sqrt{A_p}=1.5\sqrt{\frac{\pi}{4}\times1}=1.329>1$，该罩为低悬罩。

对于低悬罩，$L=L_z$，即为收缩断面上的热射流流量。

根据《教材（第三版 2018)》P200 公式（2.4-24)：

$$L_0=0.167Q^{\frac{1}{3}}B^{\frac{3}{2}}=0.167\times5.466^{\frac{1}{3}}\times1=0.294\text{m}^3/\text{s}$$

$$L=L_0+v'F'=L_0+v'\times\frac{\pi(D^2-B^2)}{4}=0.294+0.5\times\frac{3.14\times(1.2^2-1)}{4}$$

$$=0.467\text{m}^3/\text{s}=1681.2\text{m}^3/\text{h}$$

(3)【案例】某地夏季为标准大气压力，室外通风计算温度为 32℃，设计某车间内一高温设备的排风系统，已知：排风罩口吸入的热空气温度为 500℃，排风量 1500m^3/h。因排风机承受的温度最高为 250℃，采用风机入口段混入室外空气做法，满足要求的最小室外空气风量应是下列何项？（空气比热容按 1.01kJ/（kg·K）计取，不计风管与外界的热交换。）（2012-3-8）

(A) 600～700m³/h　　(B) 900～1100m³/h

(C) 1400～1600m³/h　　(D) 1700～1800m³/h

参考答案：[A]

主要解答过程：

32℃时空气密度：$\rho_{32}=353/(273+32)=1.157\text{kg/m}^3$

250℃时空气密度：$\rho_{250}=353/(273+250)=0.675\text{kg/m}^3$

500℃时空气密度：$\rho_{500}=353/(273+500)=0.457\text{kg/m}^3$

根据《教材（第三版）》P174公式（2.2-6），混合过程能量守恒

$$c\rho_{500}V_{排}\times 500℃+c\rho_{32}V\times 32℃=c\times(\rho_{500}V_{排}+\rho_{32}V)\times 250℃$$

$$0.457\times 1500\times 500+1.157\times V\times 32=(0.457\times 1500+1.157\times V)\times 250$$

所以 $V=679.45\text{m}^3/\text{h}$

3. 真题归类

2010-3-9、2011-4-10、2012-3-8、2012-3-10、2016-3-11。

4. 其他例题

《工业通风（第四版）》P48～49例题3-5。

2.5　过滤与除尘

2.5.1　除尘器效率及进、出口浓度

1. 知识要点

(1) 全效率（或称总效率）

单台：$\eta=\dfrac{G_3}{G_1}\times 100\%=\dfrac{G_1-G_2}{G_1}\times 100\%=\dfrac{L_1y_1-L_2y_2}{L_1y_1}\times 100\%$

式中　G_1——除尘器入口的粉尘量；

G_2——除尘器出口的粉尘量；

G_3——除尘器除下来的粉尘量。

(2) 分级效率

$$\eta=\frac{\Delta S_C}{\Delta S_j}\times 100\%$$

2. 超链接

《教材（第三版2018）》P206～207。

3. 例题

(1)【案例】经测定某除尘器入口粉尘的质量粒径分布及其分级效率如下表所列，问该除尘器的全效率为下列何值？(2006-3-10)

粒径范围（μm）	0～5	5～10	10～20	20～40	>40
粒径分布（%）	20	10	20	20	30
除尘器分级效率（%）	40	80	90	95	100

(A) 78%～81%　　(B) 82%～84%

(C) 86%～88%　　(D) 88.5%～90.5%

参考答案：[B]

主要解答过程：

方法1：

根据《工业通风（第四版）》P72，全效率计算公式为：

$$\eta=\sum_{i=1}^{n}\eta(d_c)f_i(d_c)\Delta d_c=0.2\times0.4+0.1\times0.8+0.2\times0.9+0.2\times0.95+0.3\times1$$
$$=83\%$$

式中，$\eta(d_c)$ 为除尘器分级效率；$f_i(d_c)$ 为颗粒物的粒径分布密度；

设进入除尘器的粉尘量为 G_1，那么进入除尘器的粒径在范围内的颗粒物量为：$G_1f_i(d_c)$。

方法2：

根据《教材（第三版2018）》P207，全效率及分级效率公式（2.5-6）的基本定义：

设进入除尘器的粉尘量为 G_1，除尘器除下的粉尘量为 G_2，则：

$$\eta=\frac{G_2}{G_1}=\frac{0.2G_1\times0.4+0.1G_1\times0.8+0.2G_1\times0.9+0.2G_1\times0.95+0.3G_1\times1}{G_1}$$
$$=0.83=83\%$$

(2)【案例】经过某电厂锅炉除尘器的测定已知：烟气进口含尘浓度 $y_1=3000\text{mg/m}^3$，出口含尘浓度 $y_2=75\text{mg/m}^3$，烟尘粒径分布（质量百分比）为：

粒径范围（μm）	0～5	5～10	10～20	20～40	>40
进口粉尘（%）	10.4	14.0	19.6	22.4	33.6
出口粉尘（%）	78.0	14.0	7.4	0.6	0.0

试计算0～5μm及20～40μm的分级效率约为下列何值？（2007-4-6）

(A) 86.8%、99.3%　　(B) 81.3%、99.9%

(C) 86.6%、99%　　(D) 81.3%、97.5%

参考答案：[B]

主要解答过程：

根据《教材（第三版2018）》P207公式（2.5-6）

$$\eta_c(0\sim5\mu\text{m})=\frac{\Delta S_c}{\Delta S_j}\times100\%=\frac{10.4\%\times y_1-78\%\times y_2}{10.4\%\times y_1}=81.3\%$$

$$\eta_c(20\sim40\mu\text{m})=\frac{\Delta S_c}{\Delta S_j}\times100\%=\frac{22.4\%\times y_1-0.6\%\times y_2}{22.4\%\times y_1}=99.9\%$$

(3)【案例】某负压运行的袋式除尘器，在除尘器进口测得风量为 $5000\text{m}^3/\text{h}$，相应含尘浓度为 3120mg/m^3，除尘器的全效率为99%，漏风率为4%，该除尘器出口空气的含尘浓度为下列何值？（2006-4-9）

(A) 29～31mg/m³　　(B) 32～34mg/m³

(C) 35～37mg/m³　　(D) 38～40mg/m³

参考答案：[A]

主要解答过程：

根据《教材（第三版2018）》P206～207：

入口粉尘量为：

$$m_{入}=3120\text{mg/m}^3\times5000\text{m}^3/\text{h}=15.6\times10^6\text{mg/h}$$

出口粉尘量为：

$$m_{出}=m_{入}\times(1-\eta)=15.6\times10^4\text{mg/h}$$

出口风量为（注意题目中“负压运行”）：

$$V_{出}=5000\text{m}^3/\text{h}\times(1+4\%)=5200\text{m}^3/\text{h}$$

出含尘浓度为：

$$y_{出}=m_{出}/V_{出}=15.6\times10^4/5200=30\text{mg/m}^3$$

(4)【案例】实测某台袋式除尘器的数据如下：进口：气体温度40℃，风量10000m³/h；出口：气体温度38℃，风量10574m³/h（测试时大气压力101325Pa）。当进口粉尘浓度为4641mg/m³，除尘器效率为99%时，求在标准状态下除尘器出口的粉尘浓度为下列何值？(2007-3-10)

(A) 38～40mg/m³　　(B) 46～47mg/m³

(C) 49～51mg/m³　　(D) 52～53mg/m³

参考答案：[C]

主要解答过程：

方法1：

出口气体排尘量M=10000m³/h×4641mg/m³×(1−99%)=464100mg/h

出口气体在工况(38℃)下浓度$g=M$/10574m³/h=43.9mg/m³

换算到标准状态(0℃)下浓度$g_0=g\times(273+38)/(273+0)$=50mg/m³

方法2：

出口气体排尘量M=10000m³/h×4641mg/m³×(1−99%)=464100mg/h

出口气体在标况(0℃)下的体积流量$Q_2=Q_1\times(273+0)/(273+38)$=9282m³/h

标准状态(0℃)下浓度g_0=(464100mg/h)/(9892m³/h)=50mg/m³

(5)【案例】在当地大气压为83kPa的环境下，某负压运行的袋式除尘器，在除尘器进口测得风量为4800m³/h，相应的含尘浓度为3220mg/m³，进口气流温度为42℃，除尘器的效率为99%，漏风率为4%，出口气流温度为40℃，该除尘器出口标况排放浓度和排尘速率为下列哪一项？（模拟）

(A) 30～32mg/m³，0.15～0.17kg/h　　(B) 42～44mg/m³，0.15～0.17kg/h

(C) 30～32mg/m³，0.20～0.23kg/h　　(D) 42～44mg/m³，0.20～0.23kg/h

参考答案：[B]

主要解答过程：

根据《教材（第三版2018）》P206。

1）出口排放浓度y_2：

由$\eta=\dfrac{L_1y_1-L_2y_2}{L_1y_1}$得，$y_2=\dfrac{L_1y_1(1-\eta)}{L_2}=\dfrac{4800\times3220\times(1-0.99)}{4800\times1.04}=30.96\text{mg/m}^3$

2）排尘速率：

$$G_2=L_2y_2=4800\times1.04\times30.96=1.55\times10^5\text{mg/h}=0.155\text{kg/h}$$

3）出口标况排放浓度 y_{2N}

$$\frac{y_{2N}}{y_2}=\frac{\rho_0}{\rho}=\frac{T}{T_0}\cdot\frac{B_0}{B}$$

$$y_{2N}=y_2\cdot\frac{T}{T_0}\cdot\frac{B_0}{B}=30.96\times\frac{273+40}{273}\times\frac{101.3}{83}=43.32\text{mg/m}^3$$

（6）【案例】在某负压运行除尘器进口测得含尘气体温度为80℃，风量6000m³/h，含尘浓度为3200mg/m³，除尘器的全效率为98%，漏风率为2%，除尘器出口的含尘浓度为下列何值？若该种粉尘的排放标准为75mg/m³，是否符合排放标准？（模拟）

（A）43～45mg/m³，符合　　（B）43～45mg/m³，不符合

（C）62～64mg/m³，符合　　（D）62～64mg/m³，不符合

参考答案：[D]

主要解答过程：

由 $\eta=\frac{L_1y_1-L_2y_2}{L_1y_1}=\frac{6000\times3200-6000\times1.02y_2}{6000\times3200}=0.98$

得 $y_2=62.75\text{mg/m}^3$

$$G_2=L_2(0)\,y_2(0)=L_2(80)\,y_2(80)\quad y_2(0)=y_2(80)\frac{L_2(80)}{L_2(0)}=y_2(80)\frac{T_{80}}{T_0}$$

$$=62.75\times\frac{353}{273}=81.14\text{mg/m}^3$$

4. 真题归类

（1）除尘效率：2006-3-10、2007-4-6、2007-4-9、2007-4-10、2009-3-10、2010-3-11、2018-4-9；

（2）进、出口浓度：2006-4-9、2006-4-10、2008-4-11、2014-4-9、2008-3-11、2007-3-9、2007-3-10。

5. 其他例题

《工业通风（第四版）》P72 例题4-1。

2.5.2 重力沉降室

知识要点：

重力沉降室捕集的极限粒径：《教材（第三版2018）》P208。

注：流量 Q 的单位为m³/s。

2.5.3 旋风除尘器

1. 知识要点

（1）压力损失：$\Delta P=\zeta P_{d0}$、$P_{d0}=\rho v_0^2/2$。

（2）空气密度：$\rho=353K_B/(273+t)$。

（3）烟气密度：$\rho=366K_B/(273+t)$。

（4）除尘效率：1）分级效率。2）总效率。

（5）含尘浓度计算：$C_{N0}=1.293C_0/\rho$。

2. 超链接

《教材（第三版 2018）》P210～211。

3. 例题

【案例】某旋风除尘器气体进口截面积 $F=0.24m^2$，除尘器的局部阻力系数 $\zeta=9$，在大气压力 $B=101.3kPa$，气体温度 $t=20℃$ 的工况下，测得的压力损失 $\Delta P=1215Pa$，则该工况除尘器处理的风量应是下列何项？（2009-4-10）

（A）2.40～2.80m^3/s　　（B）2.90～3.30m^3/s

（C）3.40～3.80m^3/s　　（D）3.90～4.20m^3/s

参考答案：［C］

主要解答过程：

根据《教材（第三版 2018）》P210 公式（2.5-14）：

$\Delta P=\zeta\rho v^2/2=9\times1.2\times v^2/2$，解得 $v=15m/s$，

因此处理风量：$V=F\cdot v=3.6m^3/s$。

2.5.4　袋式除尘器

1. 知识要点

袋除尘器的漏风率是袋除尘器的出风量与入口风量之差和袋除尘器的入口风量的比值。漏风率在袋除尘器正常过滤情况下测得，测试时应尽可能保持系统负压的稳定。测试条件是袋除尘净气箱内负压为 2000Pa。

当负压偏离时按以下公式计算：

$$\varepsilon=44.72\times\varepsilon_1/\sqrt{P}$$

式中　ε——漏风率（%）。

ε_1——实测漏风率（%）。

P——净气室内平均负压，单位为 Pa。

2. 超链接

《回转反吹类袋式除尘器》5.2、《脉冲喷吹类袋式除尘器》5.2、《内滤分室反吹类袋式除尘器》5.2。

3. 例题

【案例】对某环隙脉冲袋式除尘器进行漏风率的测试，已知测试时除尘器的净气箱中的负压稳定为 2500Pa，测试的漏风率为 2.5%，试求在标准测试条件下，该除尘器的漏风率更接近下列何项？（2014-3-11）

（A）2.0%　　（B）2.2%　　（C）2.5%　　（D）5.0%

参考答案：［B］

主要解答过程：

根据《脉冲喷吹类袋式除尘器》5.2，该除尘器的漏风率为：

$$\varepsilon=\frac{44.72\varepsilon_1}{\sqrt{p}}=\frac{44.72\times2.5\%}{\sqrt{2500}}=2.236\%$$

2.5.5　静电除尘器

1. 知识要点

（1）比电阻：$R_b=\frac{V}{I}\cdot\frac{A}{\delta}$

（2）除尘效率：$\eta=1.0-\exp\left(-\frac{A}{L}\omega_e\right)\Rightarrow A=\frac{L}{\omega_e}\ln\frac{1}{1-\eta}$

（3）电场风速：$v=\frac{L}{F}$

2. 超链接

《教材（第三版 2018）》P223～226。

3. 例题

（1）【案例】采用静电除尘器处理某种含尘烟气，烟气量 $L=50m^3/s$，含尘浓度 $Y_1=12g/m^3$，已知该除尘器的极板面积 $F=2300m^2$，尘粒的有效驱进速度 $\omega_e=0.1m/s$，计算的排放浓度 Y_2 接近下列何项？（2011-3-11）

（A）$240mg/m^3$　　（B）$180mg/m^3$

（C）$144mg/m^3$　　（D）$120mg/m^3$

参考答案：[D]

主要解答过程：

根据《教材（第三版 2018）》P225 公式（2.5-27）：

$$\eta=1.0-\exp\left(-\frac{A}{L}\omega_e\right)=1.0-\exp\left(-\frac{2300}{50}\times 0.1\right)=98.995\%$$

$$Y_2=Y_1\times(1-\eta)=120.6mg/m^3$$

（2）【案例】某风系统风量为 $4000m^3/h$，系统全年运行 180d，每天运行 8h，拟比较选择纤维填充式过滤器和静电过滤器两种方案（二者实现同样的过滤级别）的用能情况。已知：纤维填充式过滤器的运行阻力为 120Pa，静电过滤器的运行阻力为 20Pa、静电过滤器的耗电功率为 40W，风机机组的效率为 0.75，问采用静电过滤方案，一年节约的电量（kW·h）应为下列何项？（2014-4-7）

（A）140～170　　（B）175～205　　（C）210～240　　（D）250～280

参考答案：[A]

主要解答过程：

根据《教材（第三版 2018）》P268 公式（2.8-3），题干所给通风机效率为总效率，计算消耗电能不需考虑电机安全容量系数。

纤维填充式过滤器耗电量为：

$$N_1=\frac{LP_1}{\eta\times 3600}=\frac{4000\times 120}{0.75\times 3600}=177.8W$$

静电过滤器除了风机电耗外还要计算除尘器本身电耗：

$$N_2=\frac{LP_2}{\eta\times 3600}+40=\frac{4000\times 20}{0.75\times 3600}+40=69.6W$$

故一年节约电量为：

$$W=180\times 8\times\frac{177.8-69.6}{1000}=155.8kW\cdot h$$

4. 真题归类

（1）静电除尘器参数：2008-3-8、2011-3-11。

(2) 除尘器的耗电量：2010-4-7、2014-4-7。

5. 其他例题

《工业通风（第四版）》P107～108 例题 4-2。

2.5.6 湿式除尘器

1. 知识要点

水浴除尘器压力损失：$\Delta P = hg + \frac{\rho v^2}{2} + BC\frac{\rho v^2}{2}$

2. 超链接：

《教材（第三版 2018)》P228。

3. 其他例题

(1)【案例】某产生易燃易爆粉尘车间的面积为 3000m^2、高 6m。已知，粉尘在空气中爆炸极限的下限是 37mg/m^3，易燃易爆粉尘的发尘量为 4.5kg/h。设计排除易燃易爆粉尘的局部通风除尘系统（排除发尘量的 90%），则该车间的计算除尘排风量（m^3/h）的最小值最接近下列何项？（2016-3-9）

(A) 219000 (B) 243000 (C) 365000 (D) 438000

参考答案：[A]

主要解答过程：

根据《工规》6.9.5，风管内的含尘浓度不应大于 37mg/m^3×50%=18.5mg/m^3，由质量守恒列方程：

$$4.5\text{kg/h} \times 0.9 = V \times 18.5\text{mg/m}^3$$

$$V = 218918\text{m}^3/\text{h}。$$

(2)【案例】某工艺过程仅散发某种无毒不燃粉尘，工艺排风的含尘浓度为 30mg/m^3，该种粉尘的工作区允许浓度为 2mg/m^3。若要循环使用工艺排风，则净化设备的效率是多少。（模拟）

(A) >90% (B) >95% (C) >98% (D) >99.5%

参考答案：[C]

主要解答过程：根据《工规》6.3.2-3：净化后浓度小于工作区允许浓度的 30%方可循环使用，故净化效率应大于：

$$\eta = \frac{30 - 2 \times 0.3}{30} \times 100\% = 98\%$$

2.5.7 除尘系统排风量计算

1. 知识要点：

《工规》7.1.5 及条文说明：应按同时工作的最大排风量以及间歇工作的排风点漏风量之和计算。

注：间歇工作的排风点的排风量取正常排风量的 15%～20%。

2. 例题

【案例】某通风除尘系统共连接 a、b、c 三个排风罩，排除工艺产生的同样粉尘，排

风量分别为 L_a=1500m³/h，L_b=1800m³/h，L_c=2000m³/h，其中 a，b 排风罩同时运行，c 排风罩运行时 a，b 罩不运行。为防止粉尘在风管内沉积，要求其水平总管内的空气流速应不低于 16m/s。求系统的排风量和水平总管的管径。(模拟)

(A) 3200～3400m³/h，270mm　　(B) 3600～3700m³/h，210mm

(C) 3600～3700m³/h，270mm　　(D) 5200～5400m³/h，340mm

参考答案：[B]

主要解答过程：

根据《工规》7.1.5，系统排风量应为：

$$L = L_a + L_b + (15\% \sim 20\%)L_c$$

$$= 1500 + 1800 + (0.15 \sim 0.2) \times 2000 = 3600 \sim 3700\text{m}^3/\text{h}$$

而最不利情况的排风量应为 c 罩单独运行，则管径为

$$D = \sqrt{\frac{4L}{\pi \cdot v}} = \sqrt{\frac{4 \times 2000}{3.14 \times 16 \times 3600}} = 210\text{mm}$$

2.6 有害气体净化

2.6.1 起始浓度或散发量

1. 知识要点

标准状态下，有害物的质量浓度和体积浓度换算：

$$Y = C \cdot M / 22.4$$

Y——有害气体质量浓度，mg/m³ 或 mg/s。

C——有害气体体积浓度，mL/m³ (ppm) 或 mL/s；

注：1ppm=1mL/m³=10^{-6}m³/m³=0.0001%。

M——气体分子的克摩尔数，g/mol；

22.4——摩尔体积，L/mol。

$$\text{物质的量 } n\ (\text{mol}) = \frac{m\ (\text{g})}{M\ (\text{g/mol})} = \frac{V\ (\text{L})}{22.4\ (\text{L/mol})}$$

2. 超链接

《教材（第三版 2018）》P231。

3. 例题

(1)【案例】含有 SO_2 浓度为 100ppm 的有害气体，流量为 5000m³/h，选用净化装置的净化效率为 95%，净化后的 SO_2 浓度（mg/m³）为下列何项（大气压为 101325Pa）？(2014-4-10)

(A) 12.0～13.0　　(B) 13.1～14.0

(C) 14.1～15.0　　(D) 15.1～16.0

参考答案：[C]

主要解答过程：

根据《教材（第三版 2018）》P231 公式（2.6-1）：

$$Y=\frac{C \cdot M}{22.4}=\frac{100 \times 64}{22.4}=285.71\text{mg/m}^3$$

故净化后的 SO_2 浓度为：

$$Y'=Y\ (1-\eta)\ =285.71\times\ (1-0.95)\ =14.29\text{mg/m}^3$$

(2)【案例】某炼钢电炉的烟气组成见下表，求其标准状态下干烟气的密度。(模拟)

干烟气成分	CO	CO_2	N_2	O_2
干烟气体积分数/%	10	25	50	15
分子量	28.01	44.01	28.02	32

(A) 1.359kg/m³　　(B) 1.456kg/m³

(C) 1.568kg/m³　　(D) 1.678kg/m³

参考答案：[B]

主要解答过程：

根据《简明通风设计手册》P265：

$$\rho_0=\frac{1}{22.4}\Sigma r_i M_i=\frac{1}{22.4}\times(28.01\times0.1+44.01\times0.25+28.02\times0.5+32\times0.15)$$

$=1.456\text{kg/m}^3$

4. 真题归类

2006-3-11、2014-4-10。

5. 其他例题

《工业通风（第四版）》P9 例题 1-1、P121 例题 5-1。

2.6.2 活性炭吸附装置

1. 知识要点

(1) 吸附连续工作时间：《工规》7.3.5 条文说明。

对吸附剂不进行再生的吸附器，吸附剂的连续工作时间按下式计算：

$$t=10^6\times S\times W\times E/[(\eta\times L\times y_1)\times h]$$

式中：t——吸附剂的连续工作时间（d）；

W——吸附层内吸附剂的质量（kg）；

S——平衡保持量；

η——吸附效率，通常取 $\eta=1.0$；

L——通风量（m^3/h）；

y_1——吸附器进口处有害气体浓度（mg/m^3）；

E——动活性与静活性之比，近似取 $E=0.8\sim0.9$；

h——每天的运行小时数。

注意：1) 参数 E（动静比），如果题目没有给出，取 1；

2) 公式中 y_1（有害气体浓度）计算时要注意单位。

(2) 装碳量计算：

装碳量由上式变化推导得出

$$W=t\times[(\eta\times L\times y_1)\times h]/(10^6\times S\times E)$$

各参数同上式。

2. 例题

(1)【案例】某有害气体流量3000m³/h，其中有害物成分的浓度5.25ppm、克摩尔数$M=64$，采用固定床活性炭吸附装置净化该有害气体，设平衡吸附量为0.15kg/kg炭，吸附效率为95%，一次装活性炭量为80kg，则连续有效使用时间为下列何项？(2010-3-10)

(A) 200～225h (B) 226～250h

(C) 251～270h (D) 271～290h

参考答案：[D]

主要解答过程：

根据《教材（第三版2018）》P231公式(2.6-1)：

$$Y=\frac{C\cdot M}{22.4}=\frac{5.25\times 64}{22.4}=15\text{mg/m}^3$$

根据吸附过程质量守恒：

$$T=\frac{Wq_0}{VY\eta}=\frac{80\times 0.15\times 10^6}{3000\times 15\times 95\%}=280.7\text{h}$$

(2)【案例】处理有害气体量$V=50\text{m}^3/\text{min}$，去除有害物成分的体积分数$C_0=5\times 10^{-6}$ (5ppm)，物质的量$M=94$，用活性炭吸附，平衡吸附量$q_0=0.15\text{kg/kg}$，装置的吸附效率$\eta=95\%$，有效使用时间（穿透时间）200h，求所需装炭量。(模拟)

(A) 60kg (B) 70kg (C) 80kg (D) 100kg

参考答案：[C]

主要解答过程：

质量浓度$Y=\frac{C_0M}{22.4}=\frac{5\times 94}{22.4}=20.98\text{mg/m}^3=20.98\times 10^{-6}\text{kg/m}^3$

装炭量$W=\frac{V\cdot T\cdot Y\cdot \eta}{q_0}=\frac{50\times 60\times 200\times 20.98\times 10^{-6}\times 0.95}{0.15}=79.7\text{kg}$

扩展：活性炭吸附为案例常考点，原理及公式较为固定，为送分题，务必熟练掌握。

3. 真题归类

2010-3-10、2011-4-11、2012-3-11、2016-4-11、2017-3-6。

2.6.3 吸收的基本原理

1. 知识要点

(1) 亨利定律：$P=C/H=E\cdot x$

(2) 扩散和吸收

1) 扩散系数：$D=D_0\frac{P_0}{P}\left(\frac{T}{T_0}\right)^{0.5}$。

2) 双膜理论：气膜浓度降，即P_G-P_i、液膜浓度降，即C_i-C_L。

(3) 传质系数

1) $\frac{1}{K_G}=\frac{1}{k_G}+\frac{1}{Hk_L}$ 当$H\to\infty$则$\frac{1}{K_G}=\frac{1}{k_G}$即为气膜控制过程。

2) $\frac{1}{K_L}=\frac{H}{k_G}+\frac{1}{k_L}$当$H\to 0$则$\frac{1}{K_L}=\frac{1}{k_L}$即为液膜控制过程。

2. 超链接

《教材（第三版 2018）》P240～241。

2.6.4　吸收剂

1. 知识要点

（1）物料平衡：$V(Y_1 - Y_2) = L(X_1 - X_2)$

（2）最小液气比：$\frac{L_{min}}{V} = \frac{Y_1 - Y_2}{Y_1/m - X_2}$

（3）吸收剂用量：$L=$（1.2～2.0）L_{min}

2. 超链接

《教材（第三版 2018）》P243～244。

3. 例题

《工业通风（第四版）》P124 例题 5-2～5-3、P134 例题 5-4。

2.6.5　公共厨房通风净化

1. 知识要点

（1）排风罩的设计要求：

1）排风罩的平面尺寸应比炉灶边尺寸大 100mm，排风罩的下沿距炉灶面的距离不宜大于 1.0m，排风罩的高度不宜小于 600mm。

2）排风罩的最小排风量应按以下计算的最大值选取

① 按公式计算：

$$L = 1000 \times P \times H$$

式中　P——罩子的周边长（靠墙侧的边不计）（m）。

H——罩口距灶面的距离（m）。

② 按风速要求计算：罩口断面的吸风速度不小于 0.5m/s 计算风量。

$$L = v \cdot A$$

（2）排风罩尺寸计算：$A = X + 2a$，$B = Y + b$。

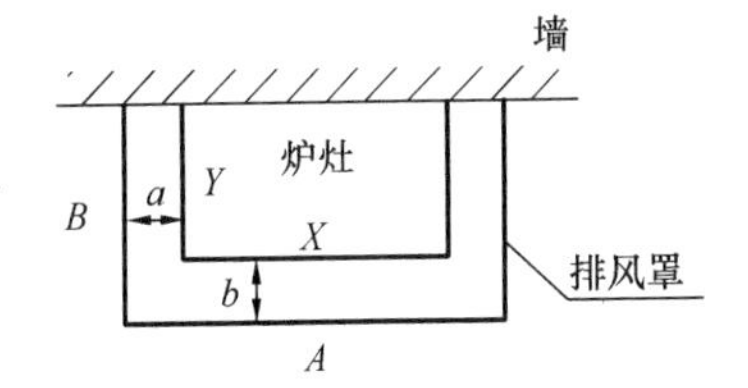

图 2-3　公共厨房排风罩

2. 超链接

《教材（第三版 2018）》P247～248。

2.7　通风管道系统

2.7.1　风管内的压力损失

1. 知识要点

（1）摩擦压力损失

1）通风系统设计时，可以使用通风管道单位长度摩擦阻力线算。

2）当实际使用条件与上述条件不符时，应进行修正。

① 密度和黏性系数的修正。

② 空气温度和大气压力的修正。

③ 管壁粗糙度的修正。

注：修正了②就不再修正①。

（2）矩形风管的摩擦压力损失计算

1）流速当量直径。

2）流量当量直径。

注：利用 D_V 或 D_L 计算矩形风管的摩擦压力损失时，应注意其对应关系。

（3）局部压力损失

2. 超链接

《教材（第三版 2018）》P250～253。

3. 例题

（1）【案例】某工厂通风系统，采用矩形薄钢板风管（管壁粗糙度为 0.15mm）尺寸为 $a \times b = 210\text{mm} \times 190\text{mm}$，在夏季测得管内空气流速 $v = 12\text{m/s}$，温度 $t = 100℃$，计算出该风管的单位长度摩擦压力的损失为下列何值？（已知：当地大气压力为 80.80kPa，要求按流速查相关图表计算，不需要进行空气密度和黏度修正）（2006-4-8）

（A）7.4～7.6Pa/m　　（B）7.1～7.3Pa/m

（C）5.7～6.0Pa/m　　（D）5.3～5.6Pa/m

参考答案：[C]

主要解答过程：

根据《教材（第三版 2018）》P252 公式（2.7-7）：

流速当量直径：

$$D_v = \frac{2ab}{a+b} = \frac{2 \times 210 \times 190}{210 \times 190} = 199.5\text{mm}$$

再根据 D_v 和空气流速 v 查 P251 图 2.7-1 得单位长度摩擦压力损失为：$R_{mo} = 9\text{Pa/m}$ 考虑空气温度和大气压的修正，不考虑空气密度和黏性的修正，因此，根据 P251 公式（2.7-4）：

$$R_m = K_t K_B R_{mo} = \left(\frac{273+20}{273+t}\right)^{0.825} \times \left(\frac{B}{101.3}\right)^{0.9} \times R_{mo}$$

$$= \left(\frac{273+20}{273+100}\right)^{0.825} \times \left(\frac{80.8}{101.3}\right)^{0.9} \times 9 = 6.0\text{Pa}$$

（2）【案例】某工厂通风系统，采用矩形薄钢板风管（管壁粗糙度为 0.15mm），尺寸为 120mm×190mm，测得管内空气流速为 10m/s，温度为 100℃，求该风管的单位长度摩擦压力损失？（当地的大气压为 82.5kPa）（模拟）

（A）5.7～6.8Pa/m　　（B）5.1～5.6Pa/m

（C）4.7～5.0Pa/m　　（D）3.7～4.6Pa/m

参考答案：[A]

主要解答过程：

根据《教材（第三版 2018）》P250～252 图表及公式：

流速当量直径 $D_v=\frac{2ab}{a+b}=\frac{2\times120\times190}{120+190}=147\text{mm}\approx150\text{mm}$

根据 $D_v=150\text{mm}$，$v=10\text{m/s}$，查《教材（第三版 2018)》P251 图 2.7-1 得，$R_{m0}=9.5\text{Pa/m}$

对温度、大气压进行修正：

$$R_m=K_tK_BR_{m0}=\left(\frac{273+20}{273+100}\right)^{0.825}\times\left(\frac{82.5}{101.3}\right)^{0.9}\times9.5=6.5\text{Pa/m}$$

(3)【案例】某排风系统有 3 个排风点：A 点的风量 $L_A=2160\text{kg/h}$，温度 $t_A=30℃$；B 点的风量 $L_B=5400\text{kg/h}$，温度 $t_B=50℃$；C 点的风量 $L_C=7200\text{kg/h}$，温度 $t_C=80℃$，求此排风系统在标准状态下的总风量？（当地大气压力为 65.06kPa，标准状态为 273K，101.3kPa)（模拟）

(A) $7720\sim7760\text{m}^3/\text{h}$
(B) $8290\sim8300\text{m}^3/\text{h}$
(C) $12000\sim12100\text{m}^3/\text{h}$
(D) $11400\sim11500\text{m}^3/\text{h}$

参考答案：[D]

主要解答过程：

$$L=\frac{2160+5400+7200}{1.2\times\frac{293}{273}}=11460\text{m}^3/\text{h}$$

注：1）101.3kPa，273K 时的空气密度也可用 353/273（kg/m^3）计算。

2）空气的质量流量与温度、大气压力无关。

(4)【案例】某钢板矩形风管段的内尺寸为 800mm×400mm，输送常温常压清洁空气。若要控制其比摩阻 R_m 不超过 1Pa/m，求可输送的最大风量？（模拟）

(A) $6000\text{m}^3/\text{h}$
(B) $7000\text{m}^3/\text{h}$
(C) $8000\text{m}^3/\text{h}$
(D) $9000\text{m}^3/\text{h}$

参考答案：[C]

主要解答过程：

根据《教材（第三版 2018)》P250～252 图表及公式：

流速当量直径：$D_v=\frac{2ab}{a+b}=\frac{2\times800\times400}{800+400}=533\text{mm}$

查《教材（第三版 2018)》P251 图 2.7-1，对应 $R_m=1\text{Pa/m}$ 和 533mm 的流速约为 7m/s

$$L=vab=7\times0.8\times0.4=2.24\text{m}^3/\text{s}=8064\text{m}^3/\text{h}。$$

4. 真题归类

2006-4-8、2014-3-6。

5. 其他例题

《工业通风（第四版)》P151～153 例题 6-1、6-2。

2.7.2 风管水力计算

1. 例题

(1)【案例】图示的机械排烟（风）系统采用双速风机，设 A、B 两个 1400mm×

1000mm 的排烟防火阀。A 阀常闭，火灾时开启，负担 A 防烟分区排烟，排烟量 $54000m^3/h$；B 阀平时常开，排风量 $36000m^3/h$，火灾时开启负担 B 防烟分区排烟，排烟量 $72000m^3/h$；系统仅需满足 A、B 中任一防烟分区的排烟需求，除排烟防火阀外，不计其他漏风量（排烟防火阀关闭时，250Pa 静压差下漏风量为 $700m^3/(h \cdot m^2)$，漏风量与压差的平方根成正比）。经计算：风机低速运行时设计全压 400Pa，近风机进口处 P 点管内静压−250Pa；问：风机高速排烟时设计计算排风风量（m^3/h）最接近下列何项（不考虑防火阀漏风对管道阻力的影响）？（2016-3-10）

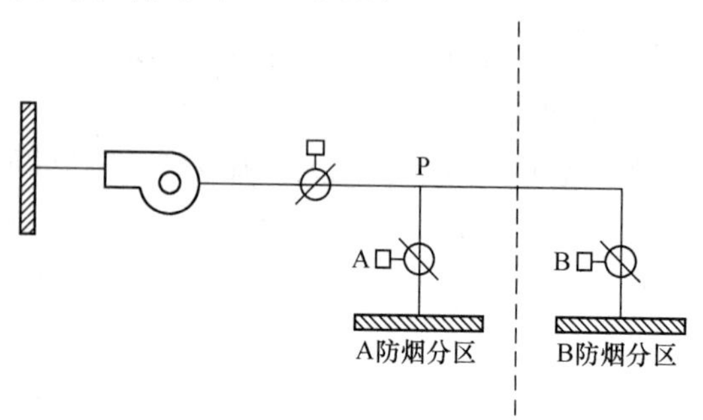

(A) 72000 (B) 72980 (C) 73550 (D) 73960

参考答案：[D]

主要解答过程：

由于系统仅需满足 A、B 中任一防烟分区的排烟需求，故排烟量取两防烟分区中的较大值 $72000m^3/h$。此外，当系统负担 B 防烟分区排烟量时，还要考虑 A 阀关闭时的漏风量。

根据《教材（第三版 2018）》P268 表 2.8-6 中公式，风机高速运行时设计全压为：

$$P' = P \cdot \left(\frac{L'}{L}\right)^2 = 400 \times \left(\frac{72000}{36000}\right)^2 = 1600\text{Pa}$$

同理得风机高速运行时近风机进口处 P 点管内静压为：

$$P'_{\text{p}} = P_{\text{p}} \cdot \left(\frac{L'}{L}\right)^2 = -250 \times \left(\frac{72000}{36000}\right)^2 = -1000\text{Pa}$$

当风机低速运行时，仅 B 阀开启，A 阀关闭，其漏风量为：

$$L_{漏} = 1.4 \times 1 \times 700 = 980m^3/h$$

当风机高速运行时，A 阀漏风量为：$L'_{漏} = L_{漏} \cdot \sqrt{\frac{P'_{\text{p}}}{P_{\text{p}}}} = 980 \times \sqrt{\frac{-1000}{-250}} = 1960m^3/h$。

风机高速排烟时设计计算排风风量：$L_{排} = L' + L'_{漏} = 72000 + 1960 = 73960m^3/h$

故选 D。

(2)【案例】已知一排风系统如下图所示，1、2 和 3 点的风量分别为 $L_1 = 2000m^3/h$，$L_2 = 1500m^3/h$ 和 $L_3 = 2600m^3/h$，各管段的阻力损失分别为 $\Delta p_{14} = 104\text{Pa}$，$\Delta p_{25} = 138\text{Pa}$，$\Delta p_{34} = 120\text{Pa}$，$\Delta p_{45} = 42\text{Pa}$，$\Delta p_{56} = 53\text{Pa}$，$\Delta p_{78} = 68\text{Pa}$，风量和风压安全余量皆取 1.1，该系统选用排风机的风量和风压分别不小于多少？（模拟）

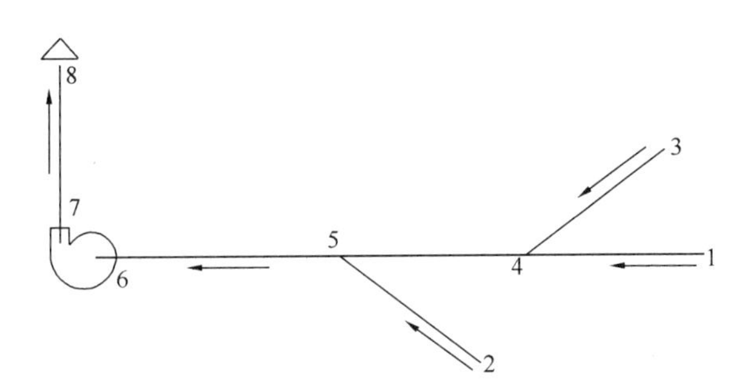

(A) 6100m³/h，283Pa　　(B) 6100m³/h，267Pa

(C) 6710m³/h，311Pa　　(D) 6710m³/h，294Pa

参考答案：[C]

主要解答过程：

风量 $L=1.1\times(L_1+L_2+L_3)=6710\text{m}^3/\text{h}$

最不利管网为 3-4-5-6-7-8，风压 $\Delta P=1.1\times(\Delta p_{34}+\Delta p_{45}+\Delta p_{56}+\Delta p_{78})=311\text{Pa}$

(3)【案例】接上题，求该排风系统 4 点和 5 点的并联管路压力平衡损失？(模拟)

(A) <15%，<15%　　(B) <15%，>15%

(C) >15%，<15%　　(D) >15%，>15%

参考答案：[A]

主要解答过程：

1-4 管路与 3-4 管路平衡计算：

$$\frac{\Delta p_{34}-\Delta p_{14}}{\Delta p_{34}}=\frac{120-104}{120}\times100\%=13.3\%<15\%\text{，满足要求。}$$

2-5 管路与 3-4-5 管路平衡计算：

$$\frac{(\Delta p_{34}+\Delta p_{45})-\Delta p_{25}}{\Delta p_{34}+\Delta p_{45}}=\frac{120+42-138}{120+42}\times100\%=14.8\%<15\%\text{，满足要求。}$$

2. 其他例题

《工业通风（第四版）》P161～165 例题 6-4。

2.7.3　均匀送风管道设计计算

1. 知识要点

(1) 均匀送风管道设计原理

1) 静压差产生的流速。

2) 空气在风管内流速。

3) 孔口出流与风管轴线间夹角。

4) 孔口实际流速。

5) 孔口流出流量。

6) 孔口平均流速。

(2) 侧孔出流状态图

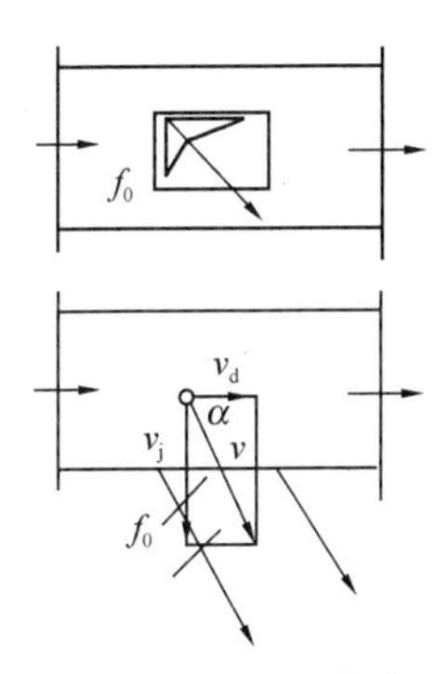

图 2-4　侧孔出流状态图

2. 超链接

《教材（第三版 2018）》P260～263。

3. 例题

（1）【案例】某均匀送风管采用保持孔口前静压相同原理实现均匀送风（如图示），有四个间距为 2.5m 的送风孔口（每个孔口送风量为 1000m³/h）。已知，每个孔口的平均流速为 5m/s，孔口的流量系数均为 0.6，断面 1 处风管的空气平均流速为 4.5m/s。该段风管断面 1 处的全压应是以下何项，并计算说明是否保证出流角 $\alpha \geqslant 60°$？（注：大气压力 101.3kPa，空气密度取 1.2kg/m³）（2014-3-7）

（A）10～15Pa　不满足保证出流角的条件

（B）16～30Pa　不满足保证出流角的条件

（C）31～45Pa　满足保证出流角的条件

（D）46～60Pa　满足保证出流角的条件

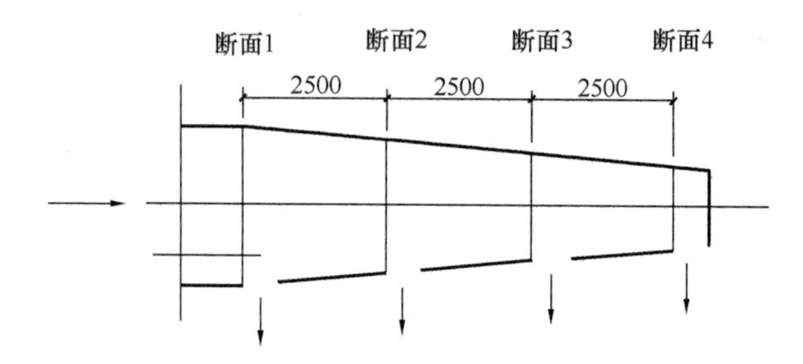

参考答案：[D]

主要解答过程：

根据《教材（第三版 2018）》P260～262，

根据公式（2.7-15），孔口平均流速 v_0=5m/s，孔口流量系数 μ=0.6，

故静压流速为：

$$v_j = \frac{v_0}{\mu} = 8.33\text{m/s}$$

根据公式（2.7-10）和式（2.7-11）

断面 1 处的静压为：

$$p_j = \frac{1}{2}\rho \cdot v_j^2 = 0.5 \times 1.2 \times 8.33^2 = 41.63\text{Pa}$$

动压为：

$$p_d = \frac{1}{2}\rho \cdot v_d^2 = 0.5 \times 1.2 \times 4.5^2 = 12.15\text{Pa}$$

全压为：

$$p_q = p_j + p_d = 41.63 + 12.15 = 53.78\text{Pa}$$

根据公式（2.7-12），出流角为：

$$\alpha = \arctan\left(\frac{v_j}{v_d}\right) = \arctan\frac{8.33}{4.5} = 61.6° > 60°$$，满足保证出流角的条件。

注：本题可参考《教材（第二版）》P245 例题，更易理解，第三版教材已经删除该例题。

（2）【案例】接上题，孔口出流的实际流速应为下列何项？（2014-3-8）

(A) 9.1～10m/s　　(B) 8.1～9m/s

(C) 5.1～6m/s　　(D) 4.1～5m/s

参考答案：[A]

主要解答过程：

根据《教材（第三版 2018）》P260 公式（2.7-13），

孔口实际流速为：$v=\frac{v_j}{\sin\alpha}=\frac{8.33}{\sin 61.6°}=9.47\text{m/s}$

4. 真题归类

2007-4-8、2013-4-7、2014-3-7、2014-3-8、2017-3-7。

5. 其他例题

《工业通风（第四版）》P168～170 例题 6-5。

2.8　通　风　机

2.8.1　通风机的分类、性能参数与命名

1. 知识要点

(1) 通风机的性能参数

1) 电机有效功率 N_y。

2) 轴功率 N_z。

(2) 性能参数的变化关系

2. 超链接

《教材（第三版 2018）》P267～268 表 2.8-6。

3. 例题

(1)【案例】一台通风兼排烟两用双速离心风机，低速时风机铭牌风量 $L_1=12450\text{m}^3/\text{h}$，风机风压为 $P_1=431\text{Pa}$，已知当地大气压力 $B=101.3\text{kPa}$，现要求高温时排风量为 $L_2=17430\text{m}^3/\text{h}$，排气温度为 270℃，若风机、电机及传动效率在内的风机总效率为 52%，问该配套风机的电机功率至少应为多少？(2007-4-11)

(A) ≥4.0kW　　(B) ≥5.5kW　　(C) ≥11kW　　(D) ≥18.5kW

参考答案：[B]

主要解答过程：

根据《教材（第三版 2018）》P268 公式（2.8-3），

低速运行时：$N_1=\frac{L_1\cdot P_1}{3600\cdot\eta_{总}}K=2.866K(\text{kW})$

根据《教材（第三版 2018）》P268 表 2.8-6，高速运行与低速运行风机转速比：$\frac{n_2}{n_1}=\frac{L_2}{L_1}=\frac{17430}{12450}=1.4$

高温与表态空气密度比：$\frac{\rho_2}{\rho_1}=\frac{273+20}{273+270}=0.54$

再根据表 2.8-6，$N_2=\frac{\rho_2}{\rho_1}\cdot\left(\frac{n_2}{n_1}\right)^3\cdot N_1=0.54\times1.4^3\times2.866K=4.247K(\text{kW})$

查表 2.8-5，取 $K=1.2$，则 $N_2=4.247\times1.2=5.1\text{kW}$

（2）【案例】某民用建筑的全面通风系统，系统计算总风量为 10000m³/h，系统计算总压力损失 300Pa，当地大气压力为 101.3kPa，假设空气温度为 20℃。若选用风系统全压效率为 0.65、机械效率为 0.98，在选择确定通风机时，风机的配用电机容量至少应为下列何项？（风机风量按计算风量附加 5%，风压按计算阻力附加 10%）（2012-4-11）

（A）1.25～1.4kW　　（B）1.45～1.50kW

（C）1.6～1.75kW　　（D）1.85～2.0kW

参考答案：［D］

主要解答过程：

实际计算风量为：10000m³/h×（1+5%）=10500m³/h，实际计算风压为：300Pa×（1+10%）=330Pa

根据《教材（第三版 2018）》P268 公式（2.8-3），

电机功率：$N=\frac{LP}{\eta\cdot3600\cdot\eta_m}\cdot K=\frac{10500\times330}{0.65\times3600\times0.98}\times K=1511K(\text{W})$

根据表 2.8-5，$K=1.3$，因此：$N=1511\times1.3=1964\text{W}=1.964\text{kW}$

（3）【案例】某地下汽车库机械排风系统，一台小风机和一台大风机并联安装，互换交替运行，分别为两个工况服务。设小风机运行时系统风量为 24000m³/h、压力损失为 300Pa，如大风机运行时系统风量为 36000m³/h，并设风机的全压效率为 0.75，则大风机的轴功率（kW）最接近下列何项？（2016-3-6）

（A）4.0　　（B）6.8　　（C）9.0　　（D）10.1

参考答案：［C］

主要解答过程：

风道管网阻力系数 S 不变，根据 $P=SG^2$，

$$\frac{P_2}{P_1}=\left(\frac{L_2}{L_1}\right)^2\Rightarrow P_2=\left(\frac{L_2}{L_1}\right)^2\cdot P_1=\left(\frac{36000}{24000}\right)^2\times300=675\text{Pa}$$

大风机轴功率为：$N=\frac{LP}{3600\eta}=\frac{36000\times675}{3600\times0.75}=9000\text{W}=9\text{kW}$

（4）【案例】根据产品样本，某风机的有效功率为 40kW，现该风机安装于一山区（当地大气压力 $B=91.17\text{kPa}$，气温 $t=20℃$），风机有效功率的变化应是下列何项？（2009-3-11）

（A）增加 1.6～2.0kW　　（B）增加 3.8～4.2kW

（C）减少 1.6～2.0kW　　（D）减少 3.8～4.2kW

参考答案：［D］

主要解答过程：

根据《教材（第三版 2018）》P272 公式（2.8-5）

$$\rho_2=1.293[273/(273+20)](91.17/101.3)=1.084\text{kg/m}^3$$

根据《教材（第三版 2018）》P268 表 2.8-6

$$N_2=N_1\frac{\rho_2}{\rho_1}=40\times\frac{1.084}{1.2}=36.1\text{kW},\Delta N=40-N_2=3.9\text{kW}$$

所以风机有效功率减少 3.9kW。

(5)【案例】某严寒地区办公建筑，采用机械排风系统，风机与电机采用直联方式，设计工况下的风机效率为 60%，电机效率为 90%，风道单位长度的平均阻力为 3Pa/m（包括局部阻力和摩擦阻力）。该系统负荷节能要求，允许的最大风管长度为何项？（2010-4-11 模拟）

(A) 165～201m　(B) 204～210m　(C) 220～240m　(D) 300～350m

参考答案：[A]

主要解答过程：

根据《教材（第三版 2018）》P268 表 2.8-4，电机直联机械效率为 1，总效率 $\eta_t=0.6\times0.9\times1=0.54$。

根据《公建节能》4.3.22，机械通风系统，$W_s=0.27\text{W}/(\text{m}^3/\text{h})$

$$W_s=P/(3600\eta_t),\ P=W_s\times3600\times\eta_t=524.88\text{Pa}$$

则风管长度：$L=P/(3\text{Pa/m})=175\text{m}$

注：本题由原真题改编。

(6)【案例】某台离心式风机标准工况下的铭牌参数为：风量 9900m³/h，风压为 350Pa，在实际工程中用于输送 10℃的空气，当地大气压力为标准大气压力。该风机的实际风量和风压值为下列何项？（2013-3-11）

(A) 风量不变，风压为 335～340Pa

(B) 风量不变，风压为 360～365Pa

(C) 风量为 8650～8700m³/h，风压为 335～340Pa

(D) 风量为 9310～9320m³/h，风压为 360～365Pa

参考答案：[B]

主要解答过程：

根据《教材（第三版 2018）》P267，通风机的标准工况为空气温度为 20℃，空气密度为 1.20kg/m³。

10℃空气的密度为：$\rho_{10}=353/(273+10)=1.247\text{kg/m}^3$

实际工程中，体积风量不变，但因空气的密度往往有所不同，故变化的是质量流量而不是体积风量。

再根据《教材（第三版 2018）》P268 表 2.8-6，密度变化风量不变，风压：$P_2=P_1\times\dfrac{1.247}{1.2}=363.8\text{Pa}$

(7)【案例】已知某地下车库排风兼排烟共用 1 套风系统，该系统选用 1 台双速离心风机，低速时铭牌风量为 12600m³/h，风压为 460Pa，已知当地大气压为 101.3kPa，要求高温排烟量为 17800m³/h，烟气温度为 270℃，若风机效率为 75%，用滚动轴承三角皮带轮传动，求该配套的电动机功率为多少？（烟气密度 $\rho=366/(273+t)$）（模拟）

(A) 4.1～4.4kW　(B) 3.8～4.1kW

(C) 3.4～3.7kW　(D) 3.0～3.4kW

参考答案：[A]

主要解答过程：

根据《教材（第三版 2018)》P268，

$$N_{d1}=\frac{PL}{\eta\eta_m}=\frac{460\times 12600}{3600\times 0.75\times 0.95}=2.26kW$$

$$\frac{N_{d2}}{N_{d1}}=\frac{\rho_2}{\rho_1}\cdot\left(\frac{n_2}{n_1}\right)^3$$

$$\frac{\rho_2}{\rho_1}=\frac{\frac{366}{273+270}}{1.2}=0.562$$

$$\frac{n_2}{n_1}=\frac{L_2}{L_1}$$

$$N_{d2}=N_{d1}\cdot\frac{\rho_2}{\rho_1}\cdot\left(\frac{n_2}{n_1}\right)^3=3.578kW$$

查安全容量 K 为 1.2，$N_m=1.2N_{d2}=4.294kW$。

4. 真题归类

（1）电机功率：2006-4-11、2007-4-11、2012-4-11。

（2）轴功率：2008-4-8、2016-3-6。

（3）有效功率：2009-3-11。

（4）单位风量耗功率：2010-4-11。

（5）参数变化：2009-4-8、2013-3-11、2018-4-7。

2.8.2 通风机的选择及其与风管系统的连接

1. 知识要点

选择通风机的注意事项：

当风机使用工况与风机样本工况不一致时，应对风机性能进行修正。

1）风压修正。

2）密度修正。

2. 超链接

《教材（第三版 2018)》P271～272、《民规》6.5.1、《工规》6.8.2。

3. 例题

（1）【案例】某车间采用自然进风、机械排风的全面通风方式，负压段排风管全部位于车间内且其总长度 40m。室内空气温度为 30℃，空气含湿量为 17g/kg。夏季通风室外计算温度为 26.4℃，空气含湿量为 13.5g/kg。车间内余热量为 30kW，余湿量为 70kg/h。问：所选排风机的最小排风量（kg/h），最接近下列哪项数据？（2018-3-7）

已知：空气比热容为 1.01kJ/(kg·℃)

（A）29703　　（B）31188　　（C）32673　　（D）49703

参考答案：[A]

主要解答过程：

根据《教材（第三版 2018)》P174 公式（2.2-2），消除余热的全面通风换气量，

$$G_{余热}=\frac{Q}{c(t_p-t_0)}=\frac{30}{1.01\times(30-26.4)}=8.25kg/s=29703kg/h$$

根据《教材（第三版 2018）》P174 公式（2.2-3），消除余湿的全面通风换气量，

$$G_{余湿}=\frac{W}{d_p-d_0}=\frac{70\times1000}{3600\times(17-13.5)}=5.5556\text{kg/s}=20000\text{kg/h}$$

全面通风换气量应满足两者最大值，则 $G=\max(29703, 20000)=29703\text{kg/h}$

根据《工规》6.7.4 条文说明，"有的全面排风系统直接布置在使用房间内，则不必考虑漏风的影响"，

则排风机最小排风量 $G=29703\text{kg/h}$。

故选 A。

（2）【案例】某车间面积 100m²，净高 8m，存在热和有害气体的散放。不设置局部排风，而采用全面排风的方式来保证车间环境，工艺要求的全面排风换气次数为 6 次/h，同时还设置事故排风系统。问：该车间上述排风系统的风机选择方案中，最合理的是以下何项（注：风机选择时风量附加安全系数为 1.1）？（2018-4-11）

（A）两台风量为 2640m³/h 的定速风机

（B）两台风量为 3960m³/h 的定速风机

（C）一台风量为 7920m³/h 的定速风机

（D）一台风量为 10560m³/h 的定速风机

参考答案：[B]

主要解答过程：

根据《工规》6.3.8 条文说明，"当房间高度大于 6m 时，换气次数允许稍有减少，仍按 6m 高度时的房间容积计算全面排风量，即可满足要求"，

全面排风时风机风量：$L_1=A\times H\times n_1\times1.1=100\times6\times6\times1.1=3960\text{m}^3/\text{h}$

根据《工规》6.4.3，"换气次数不应小于 12 次/h" 和 "当房间高度大于 6m 时，应按 6m 的空间体积计算"，

事故排风时风机风量：$L_2=A\times H\times n_2\times1.1=100\times6\times12\times1.1=7920\text{m}^3/\text{h}$

依题意，设置两台风量为 3960m³/h 的定速风机，平时运行一台进行全面排风，事故时两台同时运行以满足事故排风的要求。

故选 B。

4. 真题归类

2018-3-7、2018-4-11。

2.8.3　通风机在通风系统中的工作

1. 知识要点

（1）特性曲线

（2）通风系统与风机特性曲线

实际上，很多情况下管网的特性曲线只取决于管网的总阻力和管网排出时的动压，两者均与流量的平方成正比：$P=SQ^2$

2. 超链接

《教材（第三版 2018）》P272～274。

3. 例题

【案例】某厂房内一排风系统设置变频调速风机，当风机低速运行时，测得系统风量 $Q_1=30000\text{m}^3/\text{h}$，系统的压力损失为 $\Delta P_1=300\text{Pa}$，当风机转速提高，系统风量增大到 $Q_2=60000\text{m}^3/\text{h}$ 时，系统的压力损失为 ΔP_2 将为下列何项？（2013-3-6）

（A）600Pa （B）900Pa （C）1200Pa （D）2400Pa

参考答案：[C]

主要解答过程：

风道系统阻力系数 S 值不变，根据公式 $\Delta P=SQ^2$

$$\Delta P_1=SQ_1^2$$

$$\Delta P_2=SQ_2^2=\left(\frac{Q_2}{Q_1}\right)^2\times\Delta P_1=\left(\frac{60000}{30000}\right)^2\times300=1200\text{Pa}$$

4. 真题归类

2013-3-6、2014-4-11。

2.8.4 风机的能效限定及节能评价值

1. 知识要点

通风机效率、压力系数及比转速：

1）通风机效率计算。

2）通风机机组效率计算。

3）压力系数计算。

4）比转速计算。

2. 超链接

《教材（第三版 2018）》P278～279、《通风机能效限定值及能效等级》。

2.9 通风管道风压、风速、风量测定

2.9.1 风道内压力的测定

1. 知识要点

常用测定仪器：毕托管、压力计

（1）U 形压力计的 P 值计算。

（2）倾斜式微压计的 P 值计算。

2. 超链接

《教材（第三版 2018）》P281～283。

2.9.2 管道内风速测定

1. 知识要点

测定方式：间接式。

平均流速 v_p 的计算方法。

2. 超链接

(1)《教材(第三版 2018)》P283。

(2)《洁净规》附录 A. 3. 1。

(3)《通风验规》:11. 2. 3、11. 2. 5、附录 C. 3、附录 D。

3. 例题

【案例】 风道中空气压力测定如下简图所示,a=300Pa,b=135Pa,c=165Pa,以上压力值是在大气压力 B=101. 3kPa,t=20℃时的测定值,求 A 点空气流速应为下列哪一项?(计算或查表取小数点后一位即可)(2006-3-6)

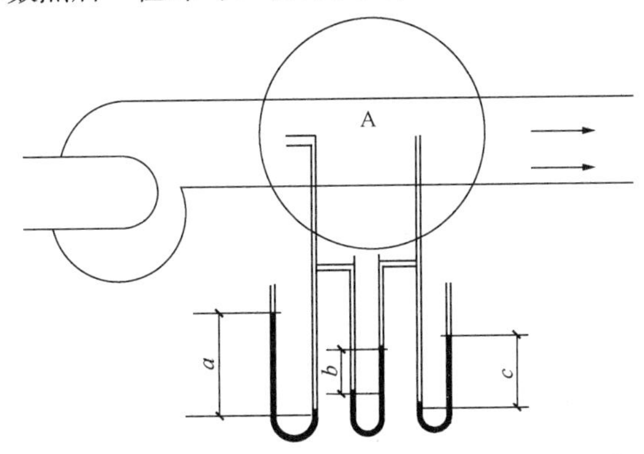

(A) 21. 5～22. 5m/s (B) 16. 5～17. 5m/s

(C) 14. 5～15. 5m/s (D) 10～11m/s

参考答案:[C]

主要解答过程:

根据《教材(第三版 2018)》P281 图 2. 9-4 及 P283 公式(2. 9-3),可知动压值 P_d= 135Pa,因此 A 点流速为:

$$v = \sqrt{\frac{2P_d}{\rho}} = \sqrt{\frac{2 \times 135}{1.2}} = 15\text{m/s}$$

2. 9. 3 风道内流量的计算

1. 知识要点

风道内流量计算:$L = v_p \cdot F$ (m^3/s)

2. 超链接

(1)《教材(第三版 2018)》P283。

(2)《洁净规》附录 A. 3. 1。

(3)《通风验规》11. 2. 3、11. 2. 5、附录 C. 3、附录 D。

2. 9. 4 局部排风罩口风速风量的测定

1. 知识要点

风量测定方法:

(1) 动压法测量排风罩的风量

（2）静压法测量排风罩的风量

1）局部排风罩压力损失。

2）排风罩流量计算。

$$L=\frac{1}{\sqrt{1+\Sigma\zeta}}\cdot\frac{\pi D^2}{4}\cdot\sqrt{\frac{2}{\rho}}\cdot\sqrt{|p'_j|}$$

3）排风罩的流量系数。

2. 超链接

《教材（第三版 2018）》P283～285。

3. 例题

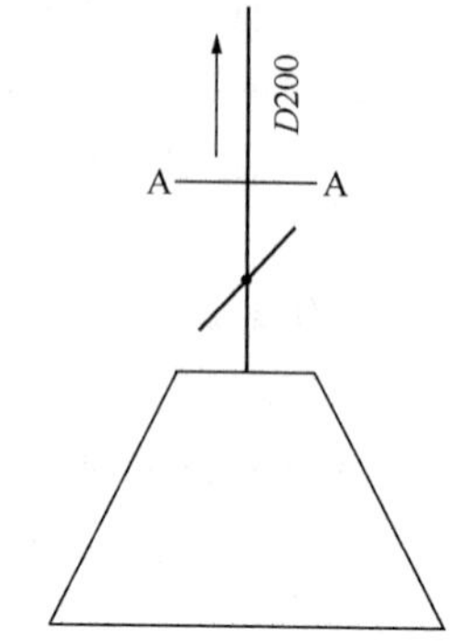

【案例】如图示排风罩，其连接风管直径 $D=200$mm，已知该排风罩的局部阻力系数 $\zeta_z=0.04$（对应管内风速），蝶阀全开 $\zeta_{FK1}=0.2$，风管 A-A 断面处测得静压 $P_{J1}=-120$Pa，当蝶阀开度关小，蝶阀的 $\zeta_{FK2}=4.0$，风管 A-A 断面处测得静压 $P_{J2}=-220$Pa。设空气密度 $\rho=1.2\text{kg/m}^3$，蝶阀开度关小后排风罩的排风量与蝶阀全开的排风量之比为何项（沿程阻力忽略不计）？（2011-3-9）

（A）48%～53%　　（B）54%～59%

（C）65%～70%　　（D）71%～76%

参考答案：[C]

主要解答过程：

第一种解法：

根据《教材（第三版 2018）》P285 公式（2.9-9）：

$$L=\frac{1}{\sqrt{1+\zeta}}F\sqrt{\frac{2}{\rho}}\sqrt{|p_j|}$$

$$L_1=\frac{1}{\sqrt{1+0.04+0.2}}F\sqrt{\frac{2}{\rho}}\sqrt{|-120|}$$

$$L_2=\frac{1}{\sqrt{1+0.04+4}}F\sqrt{\frac{2}{\rho}}\sqrt{|-220|}$$

则 $$\frac{L_2}{L_1}=0.67$$

第二种解法：

根据基本理论方程计算

设罩口处为 B 断面，列 A、B 断面的伯努利方程：

$$\frac{\rho v_B^2}{2}=\frac{\rho v_A^2}{2}+\Sigma\zeta\frac{\rho v_A^2}{2}+P_A(v_B=0)\Rightarrow P_A=-(1+\Sigma\zeta)\frac{\rho v_A^2}{2}$$

因此：$P_{J1}=-(1+\zeta_Z+\zeta_{FK1})\dfrac{\rho v_{A1}^2}{2}$，$P_{J2}=-(1+\zeta_Z+\zeta_{FK2})\dfrac{\rho v_{A2}^2}{2}$

两式相比得：$\dfrac{-220}{-120}=\dfrac{1+0.04+4}{1+0.04+0.2}\times\dfrac{v_{A2}^2}{v_{A1}^2}\Rightarrow\dfrac{v_{A2}}{v_{A1}}=0.67\Rightarrow\dfrac{Q_2}{Q_1}=\dfrac{S\cdot v_{A2}}{S\cdot v_{A1}}=0.67$

4. 真题归类

2011-3-9、2017-3-10。

5. 其他例题

《工业通风（第四版）》P212 例题 8-2。

2.10 建筑防排烟

2.10.1 防烟计算

1. 知识要点

（1）机械加压送风系统风量计算：《教材（第三版 2018）》P302～306；《防排烟标准》3.4 及条文说明。

（2）机械加压送风系统风量取值：《教材（第三版 2018）》P305 表 2.10-15～表 2.10-17；《防排烟标准》表 3.4.2-1～表 3.4.2-4。

注：以上防烟部分的具体内容，以《防排烟标准》及 2019 年新版教材为准。

2. 例题

【案例】某大型商场 12 层、层高 4m，防烟楼梯间和合用前室均设置机械正压送风，合用前室每层设置 1 个 1.6m×2.0m 的双扇门和 1 个 500mm×1400mm 的送风阀门，合用前室的送风口为常闭风口，门洞断面风速取 0.7m/s。每层楼梯间至合用前室设置 1 个 1.6m×2.0m 的双扇门，楼梯间的送风口为常开风口，门洞断面风速取 1.0m/s。火灾时楼梯间压力为 50Pa，合用前室为 25Pa。试确定合用前室机械加压送风量？（模拟）

（A）31289m³/h　　（B）28100m³/h

（C）25800m³/h　　（D）26074m³/h

参考答案：[A]

主要解答过程：

根据《防排烟标准》3.4.6 条文中公式（3.4.6），

前室：采用常闭风口，计算风量时取 $N_1=3$，

$$L_1 = A_k v N_1 = 1.6\times2\times0.7\times3 = 6.72\text{m}^3/\text{s}$$

根据《防排烟标准》3.4.8 条文中公式（3.4.8），

$$L_3 = 0.083\times A_f N_3 = 0.083\times0.5\times1.4\times(12-3) = 0.5229\text{m}^3/\text{s}$$

根据《防排烟标准》3.4.5 条文中公式（3.4.5-2），

$$L_s = L_1 + L_3 = 6.72 + 0.5229 = 7.2429\text{m}^3/\text{s} = 26074.44\text{m}^3/\text{h}$$

根据《防排烟标准》3.4.2 和表 3.4.2-4，“当系统负担建筑高度大于 24m 时，合用前室应按计算值与表 3.4.2-4 的值中的较大值确定”，

建筑高度 $h=12\times4=48$m。

查表 3.4.2-4，本题合用前室机械加压送风的计算风量为 24800～25800m³/h，

则合用前室机械加压送风的计算风量＝max（26074.44，24800～25800）＝26074.44m³/h。

根据《防排烟标准》3.4.1，“机械加压送风系统的设计风量不应小于计算风量的 1.2 倍”，则本题合用前室机械加压送风量 $L=26074.44\times1.2=31289.328\text{m}^3/\text{h}$。

故选 A。

2.10.2 排烟计算

1. 知识要点

（1）排烟量计算公式：

1）火灾热释放量：《教材（第三版 2018）》P307；《防排烟标准》4.6.10。

2）最小清晰度：《教材（第三版 2018）》P308；《防排烟标准》4.6.9。

3）烟羽流质量流量：《教材（第三版 2018）》P308；《防排烟标准》4.6.11。

4）排烟量：《教材（第三版 2018）》P308；《防排烟标准》4.6.13～4.6.14。

5）自然排烟方式所需通风面积：《教材(第三版 2018)》P309，《防排烟标准》4.6.15。

（2）排烟量取值：

《教材（第三版 2018）》P307 表 2.10-18、表 2.10-19；《防排烟标准》4.6.3、附录 A、附录 B。

（3）排烟补风量：《防排烟标准》4.5.2 不应小于排烟量的 50%。

（4）车库排烟量：《汽车库火规》8.2.5。

$$L=\begin{cases}30000(h\leqslant 3\text{m})\\(h-4)\times 1500+31500(3\text{m}<h\leqslant 9\text{m})\\40500(h>9\text{m})\end{cases}$$

式中 L——排烟量（m^3/h）；

h——净高（m）。

（5）人防排烟量：《人防防火规》6.3.1。

注：人防两个防烟分区排烟量的计算方法与《防排烟标准》4.6 方法不同。

（6）排烟风机的排烟量：

计算风量需要附加 20%的漏风量。

注：①排烟风机排烟量与系统排烟量的区别，注意题目问法。

②以上排烟部分的具体内容，以《防排烟标准》及 2019 版教材为准。

2. 例题

《防排烟标准》4.6 条文说明举例；15k606《建筑防烟排烟系统技术标准》图示 P136～137、P142～143、P146、P164～171。

2.11 人民防空地下室通风

2.11.1 防护通风系统的风量计算

1. 知识要点

（1）新风量

1）清洁通风新风量：《教材（第三版 2018）》P327 式（2.11-1）、《人防规》5.2.2。

2）滤毒通风新风量：《教材（第三版 2018）》P327 式（2.11-2）、式（2.11-3）；《人

防规》5.2.7。

（2）排风量

1）清洁通风排风量：《教材（第三版 2018）》P329 式（2.11-4）。

2）滤毒通风排风量：《教材（第三版 2018）》P329 式（2.11-5）。

2. 例题

2008-3-9、2009-4-6、2011-3-7、2013-3-9。

2.11.2　隔绝通风计算

1. 知识要点

（1）隔绝防护时间的相关计算。

2. 超链接

《教材（第三版 2018）》P329 式 2.11-6、《人防规》5.2.5。

2.11.3　人防柴油发电机房有关计算

知识要点

（1）柴油机散热量：《教材（第三版 2018）》P334。

（2）发电机散热量：《教材（第三版 2018）》P334。

（3）柴油发电机排烟管散热量：《教材（第三版 2018）》P335。

（4）柴油发电机房总余热量：《教材（第三版 2018）》P335。

（5）柴油发电机冷却排热量：《教材（第三版 2018）》P335～336。

1）柴油机的冷却

① 柴油机冷却水量：《教材（第三版 2018）》P335。

② 柴油机机头散热器的散热量：《教材（第三版 2018）》P336。

2）柴油发电机房内空气的冷却

排除机房内余热通风量：《教材（第三版 2018）》P336。

2.12　汽车库、电气和设备用房通风

2.12.1　汽车库通风

1. 知识要点

（1）排风量计算

1）换气次数法

① 排风量≥6 次/h。

② 换气体积：

a. 层高＜3m，按实际高度计算。

b. 层高≥3m，按 3m 计算。

2）稀释浓度法：《教材（第三版 2018）》P337～338、《民规》6.3.8 条文说明。

注：

① 全部或部分为双层或多层停车库，应按稀释浓度法计算。

② 单层汽车库，宜按稀释浓度法计算，稀释浓度法和换气次数法计算的结果两者取大值。

③ 车库内车的排气温度 T_1 取 773K。

（2）送风量计算：宜为排风量的 80%～90%。

2. 超链接

（1）《教材（第三版 2018）》P336～338。

（2）《民规》6.3.8 及条文说明。

（3）《09 技措》4.3.2、4.3.3。

3. 例题

（1）【案例】某地下车库面积为 500m²，平均净高 3m，设置全面机械通风系统。已知车库内汽车的 CO 散发量为 40g/h，室外空气的 CO 浓度为 1.0mg/m³。为了保证车库内空气的 CO 浓度不超过 5.0mg/m³，所需的最小机械通风量应接近下列何项？（2011-4-8）

（A）7500m³/h　　（B）8000m³/h　　（C）9000m³/h　　（D）10000m³/h

参考答案：[D]

主要解答过程：

根据《民规》6.3.8-3 及条文说明，当层高大于或等于 3m 时，按 3m 高度计算换气体积、当层高小于 3m 时，按实际高度计算换气体积。由《民规》条文说明 P70 公式（19）～公式（21）或《教材（第三版 2018）》P337 公式（2.12.1）～公式（2.12-3）：

$$L=\frac{G}{y_1-y_0}=\frac{40\times10^3}{5-1}=10000\text{m}^3/\text{h}$$

按照换气次数计算：

$$L=6\times500\times3=9000\text{m}^3/\text{h}$$

两者取大值，故取 $L=10000\text{m}^3/\text{h}$，选 D。

（2）【案例】车库通风量算例：《民规宣贯》P115～116，单层和多层车库通风量计算。

2.12.2 电气、设备用房及其他房间通风

1. 知识要点

（1）电气用房：《教材（第三版 2018）》P338、《民规》6.3.7-4、《09 技措》4.4.2。

变配电室通风量：$L=\dfrac{Q(W)}{0.337(t_\text{p}-t_\text{S})}(\text{m}^3/\text{h})$

注：当资料不全时，可用换气次数法计算。变电室 5～8 次/h，配电室 3～4 次/h。

（2）气体灭火防护区及储瓶间：《教材（第三版 2018）》P339、《09 技措》4.5.5。

（3）制冷机房：《教材（第三版 2018）》P339～340、《民规》6.3.7-2、《09 技措》4.4.3。

（4）锅炉房、直燃机房：《教材（第三版 2018）》P340、《09 技措》4.4.4。

（5）柴油发电机房：《民规》6.3.7-3、《09 技措》4.4.1。

（6）厨房：

1）《教材（第三版 2018）》P340～342。

2）《民规》6.2.4、6.3.4、6.3.5。

3）《09 技措》4.2。

4）厨房设备发热量：《教材（第三版 2018）》P341 式（2.12-7）。

（7）卫生间、浴室：

1）《民规》6.3.4、6.3.6 条文说明表 3。

2）《09 技措》4.5.2。

（8）洗衣房：《09 技措》4.5.1。

（9）其他设备机房（电梯机房、水泵房、换热站、空调机房等）：

1）《教材（第三版 2018）》P342 表 2.12-1。

2）《民规》6.3.7-5。

3）《09 技措》4.5.3、4.5.4、4.5.6～4.5.11。

2. 例题

【案例】某配电室的变压器功率为 1000kVA，变压器功率因数为 0.95、效率为 0.98、负荷率为 0.75。配电室要求夏季室内设计温度不大于 40℃，当地夏季室外通风计算温度为 32℃，采用机械排风，自然进风的通风方式。能消除夏季变压器发热量的风机最小排风量应是下列何项？（风机计算风量为标准状态，空气比热容 C_p=1.01kJ/（kg·℃）（2012-3-7）

（A）5200～5400m³/h　　（B）5500～5700m³/h

（C）5800～6000m³/h　　（D）6100～6300m³/h

参考答案：[A]

主要解答过程：

根据《09 技措》P60 公式（4.4.2）或《教材（第三版 2018）》P338 公式（2.12-4）、公式（2.12-5）

变压器散热量：$Q=(1-\eta_1)\cdot\eta_2\cdot\phi\cdot W=(1-0.98)\times0.75\times0.95\times1000\text{kVA}=14.25\text{kW}$

风机最小排风量：$G=\dfrac{Q}{c\cdot\rho\cdot\Delta t}\times3600=\dfrac{14.25\text{kW}}{1.01\times1.2\times(40-32)}\times3600=$ 5290.8m³/h

3. 真题归类

2012-3-7、2017-3-8、2018-3-11。

2.12.3　换气次数及通风量

1. 知识要点

（1）普通通风换气次数及通风量（表 2-8）

普通通风换气次数及通风量　　**表 2-8**

房间类型		换气次数及通风量
电气用房	变电室	5～8 次/h
	配电室	3～4 次/h
制冷机房	一般	（1）制冷机发热量数据不全，取 4～6 次/h （2）自然通风开口面积：《民规》6.3.7 条文说明 （3）连续通风量：《民规》6.3.7 条文说明
	氟制冷剂	4～6 次/h
	氨制冷剂	≥3 次/h
	直燃溴化锂	燃气≥6 次/h、燃油≥3 次/h

续表

房间类型		换气次数及通风量
锅炉间、直燃机房	燃油（首层）	≥3 次/h
	燃气（首层）	≥6 次/h
	半地下、半地下室	≥6 次/h
	地下、地下室	≥12 次/h
	油库	≥6 次/h，高度一般取 4m
	油泵间	≥12 次/h，高度一般取 4m
	地下日用油箱间	≥3 次/h
	燃气调压和计量间	≥3 次/h
厨房	洗碗间	每间 500m³/h
	中餐	40～60 次/h（吊顶下高度，取上限；楼板下高度，取下限）
	西餐	30～40 次/h（吊顶下高度，取上限；楼板下高度，取下限）
	职工餐厅	25～35 次/h（吊顶下高度，取上限；楼板下高度，取下限）
	采用燃气灶具	≥6 次/h（地下室、半地下室（液化石油气除外）或地上密闭厨房）
电梯机房		5～15 次/h，《民规》10 次/h
清水泵房		4 次/h
软化水间		4 次/h
污水泵房		8～12 次/h
中水处理机房		8～12 次/h
蓄电池室		10～12 次/h
通风空调机房		2～4 次/h
换热站（间）		6～12 次/h
公共卫生间		5～10 次/h
池浴		6～8 次/h
淋浴		5～6 次/h
淋浴间		10 次/h，洗浴单间或小于 5 个喷头
桑拿或蒸汽浴		6～8 次/h
更衣室		2～3 次/h
走廊、门厅		1～2 次/h

(2) 事故通风换气次数及事故通风量

事故通风换气次数及事故通风量 表 2-9

房间类型		换气次数及通风量
制冷机房	一般	$L=247.8\times G^{0.5}$（资料不全时） 注：L 按机房 $9m^3/(h\cdot m^2)$ 和消除余热（余热温升不大于 10℃）计算，两者取大值（《民规》6.3.7 条文说明）
	氟制冷剂	≥12 次/h
	氨制冷剂	$183m^3/(m^2\cdot h)$ 且≥$34000m^3/h$
	直燃溴化锂	燃气≥12 次/h；燃油≥6 次/h
锅炉间、直燃机房	燃油（首层）	≥6 次/h
	燃气（首层）	≥12 次/h
	半地下、半地下室	≥12 次/h
	地下、地下室	≥12 次/h
	燃气调压和计量间	≥12 次/h
厨房	采用燃气灶具	正常工作≥6 次/h，不工作≥3 次/h。地下室、半地下室（液化石油气除外）或地上密闭厨房

2. 超链接

(1)《教材（第三版 2018）》P339～342。

(2)《民规》6.3.6 条文说明：公共卫生间、浴室及附属房间通风换气次数。

(3)《民规》6.3.7 表 6.3.7：部分设备机房机械通风换气次数。

(4)《建规 2014》9.3.16：燃油和燃气锅炉房正常通风量和事故排风量。

(5)《锅规》15.3.7：锅炉房正常通风量和事故排风量。

2.13 暖通空调系统、燃气系统的抗震设计

无

2.14 通 风 其 他

2.14.1 漏风量汇总表

1. 知识要点

漏风量汇总 表 2-10

规 范	系 统	漏 风 量
《民规》6.5.1	送、排风系统	附加 5%～10%
	排烟兼排风系统	宜附加 10%～20%
《工规》6.7.4	非除尘系统风管	不宜超过 5%
	除尘系统风管	不宜超过 3%

续表

规　范	系　统	漏　风　量
《工规》7.1.5	除尘系统阀门关闭	为正常排风量的 15%～20%
《通风验规》4.2.1 《通风施规》15.2.3	风管允许漏风量	1）矩形风管 ① 低压系统（125Pa<P≤500Pa）： $Q_L \leqslant 0.1056P^{0.65}$［$m^3$/（h·$m^2$）］ ② 中压系统（500Pa<$P$≤1500Pa）： $Q_M \leqslant 0.0352P^{0.65}$［$m^3$/（h·$m^2$）］ ③ 高压系统：（$P$>1500Pa）： $Q_H \leqslant 0.0117P^{0.65}$［$m^3$/（h·$m^2$）］ 注：以上风管系统工作压力均为管内正压，管内负压详见《通风验规》表 4.1.4。 2）圆形金属风管、复合风管及采用非法兰连接的非金属风管应为矩形风管规定值的 50%。 ① 排烟、低温送风漏风量计算按中压。 ② 1～5 级洁净空调漏风量计算按高压
《通风验规》4.2.1 与《通风施规》15.2.3 对比的不同点	风管允许漏风量	1）低压、中压圆形金属风管、复合材料风管以及采用非法兰形式的金属风管的允许漏风量，应为矩形风管规定值的 50%。 2）砖、混凝土风道的允许漏风量不应大于矩形低压系统风管规定值的 1.5 倍。 3）排烟、除尘、低温送风及变风量空调系统的严密性按中压
《通风验规》附录 C	风管式漏风量测试	漏风量计算：《通风验规》C.2.6-6
	风室式漏风量测试	单个喷嘴风量：《通风验规》C.2.7-7
	漏风量测试（规定试验压力）	《通风验规》C.3.4：$Q_0 = Q\left(\frac{P_0}{P}\right)^{0.65}$

2. 真题归类

2018-3-16。

2.14.2　除尘器漏风率

1. 知识要点

除尘器漏风率　　**表 2-11**

除尘器类型		漏　风　率
离心式除尘器		≤2%
袋式除尘器	回转反吹	≤3%
	脉冲喷吹	≤3%（逆喷、顺喷、环隙、对喷） ≤4%（气箱、长袋）
	内滤分室反吹	≤2%（过滤面积≤2000m^2） ≤3%（过滤面积>2000m^2）
	测试条件是袋式除尘器净气箱内负压为 2000Pa。 当负压偏离时按下式计算： 漏风率 $\varepsilon = 44.72 \times \frac{\varepsilon_1}{\sqrt{p}}$　（%）	

2. 超链接

《离心式除尘器》5.2.1、5.2.2；《回转反吹类袋式除尘器》4.2.1表1、5.2；

《脉冲喷吹类袋式除尘器》4.2.1表1、5.2；《内滤分室反吹类袋式除尘器》4.2.1表1、5.2；

《工规》7.2.3-4及条文说明。

第 3 章　空　　调

3.1　空气调节的基础知识

3.1.1　热湿比应用

1. 知识要点

（1）热湿比：$\varepsilon = \dfrac{Q}{W} = \dfrac{h_n - h_o}{d_n - d_o} = \dfrac{\Delta h}{\Delta d}$

（2）风量计算：$G = \dfrac{Q}{h_n - h_o} = \dfrac{W}{d_n - d_o}$

（3）焓值计算：$h = 1.01t + d(2500 + 1.84t)$；

$$\Delta h = 1.01\Delta t + 2500\Delta d$$

$$\Delta h = 1.01\Delta t + 2500\frac{\Delta h}{\varepsilon} = 1.01\Delta t + 2500\frac{\Delta h}{\dfrac{Q}{W}}$$

根据上式可以近似得出：$\Delta h = \dfrac{1.01\Delta t}{1 - \dfrac{2500}{\varepsilon}}$(kJ/kg)

$$\Delta d = \frac{1010\Delta t}{\varepsilon - 2500}(\text{g/kg}_{干空气})$$

注：$1.84t$ 远小于2500，在工程计算中可以忽略，以简化计算。

2. 超链接

《教材（第三版2018）》P344～347；《空气调节（第四版）》P7、P9。

3. 例题

（1）【案例】某空调房间经计算在设计状态时，显热冷负荷为10kW，房间湿负荷为0.01kg/s。则该房间空调送风的设计热湿比，接近下列何项？（2014-4-13）

（A）800　　（B）1000　　（C）2500　　（D）3500

参考答案：[D]

主要解答过程：

本题考查热湿比的基本定义，根据《教材（第三版2018）》P346公式（3.1-6），注意热湿比为全热负荷（焓差）除以湿负荷。

房间全热负荷为：

$$\Delta h = 10\text{kW} + 2500\text{kJ/kg} \times 0.01\text{kg/s} = 35\text{kW}$$

房间送风热湿比为：

$$\varepsilon = \frac{\Delta h}{\Delta d} = \frac{35\text{kW}}{0.01\text{kg/s}} = 3500\text{kJ/kg}$$

（2）【案例】某餐厅计算空调冷负荷的热湿比为5000kJ/kg，室内设计温度为t_n＝25℃。在设计冷水温度条件下，空气处理机组能够达到的最低送风点参数为t_s＝12.5℃、d_s＝9.0g/kg$_{干空气}$。设水蒸气的焓值为定值：2500kJ/kg$_{水蒸气}$，请计算在设计冷负荷条件下室内空气含湿量（g/kg$_{干空气}$）最接近下列何项？[大气压力101325Pa，空气定压比热容为1.01kJ/（kg·K），采用公式法计算]（2016-4-15）

（A）10.5　　（B）12.6　　（C）13.7　　（D）14.1

参考答案：[D]

主要解答过程：

送风温度 $t_s=12.5$℃，送风含湿量 $d_s=9.0$g/kg 干空气，根据《教材（第三版 2018）》P344 公式（3.1-4）：

$$h_n=1.01t_n+\frac{d_n}{1000}(2500+1.84t_n)$$

$$h_o=1.01t_o+\frac{d_o}{1000}(2500+1.84t_o)$$

因 $1.84t$ 远小于 2500，计算可忽略

故 $\Delta h=h_n-h_o=1.01\Delta t+2500\Delta d=\dfrac{1.01\Delta t}{1-\dfrac{2500}{\varepsilon}}=\dfrac{1.01\times(25-12.5)}{1-\dfrac{2500}{5000}}=25.25\text{kJ/kg}$

再根据《教材（第三版 2018）》P346 公式（3.1-6）：

$$\varepsilon=\frac{\Delta h}{\Delta d}=\frac{25.25}{(d_n-d_o)/1000}=5000\text{kJ/kg}$$

解得：$d_n=14.05\text{g/kg}_{干空气}$

注：

①注意 d 的单位为 g/kg，计算时要除以 1000，变为 kg/kg；

②题干假设水蒸气焓值为定值 2500，忽略了焓值公式中 $1.84t$ 此项，因为 $1.84t$ 远小于 2500，在工程计算中可忽略，以简化计算。

4. 真题归类

2006-4-15、2014-4-13、2014-4-15、2016-3-12、2016-4 15、2017-3-17。

3.1.2 两种不同状态空气的混合

1. 知识要点

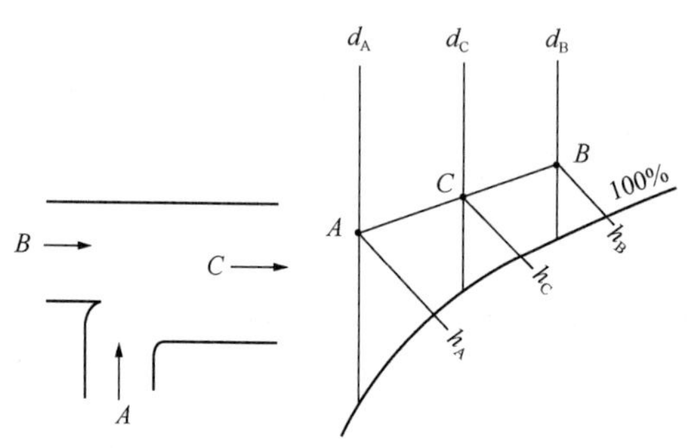

已知 A 点状态：h_A、d_A、G_A（kg/s）

已知 B 点状态：h_B、d_B、G_B（kg/s）

混合后的空气状态 C：h_C、d_C、G_C（kg/s）

根据质量守恒和热湿平衡原理：

$$G_A+G_B=G_C$$

$$G_Ah_A+G_Bh_B=(G_A+G_B)h_C=G_Ch_C$$

$$G_Ad_A+G_Bd_B=(G_A+G_B)d_C=G_Cd_C$$

得
$$\frac{G_A}{G_B}=\frac{h_C-h_B}{h_A-h_C}=\frac{d_C-d_B}{d_A-d_C}=\frac{\overline{CB}}{\overline{AC}},\ \frac{G_A}{G_C}=\frac{\overline{CB}}{\overline{AB}},\ \frac{G_B}{G_C}=\frac{\overline{AC}}{\overline{AB}}$$

结论：混合点C将线段AB分成两段，两段的长度之比与参与混合的两种空气的质量成反比，混合点C靠近质量大的空气状态一端。

2. 超链接

《教材（第三版2018)》P347。

3. 真题归类

2018-3-12。

3.1.3　夏季室外计算日逐时温度

1. 超链接

《教材（第三版2018)》P352～353；《民规》4.1.11、《民规》附录A；《工规》4.2.10。

2. 例题

(1)【案例】某空调工程位于天津市。夏季空调室外计算日16：00的空调室外计算温度，最接近以下哪个选项？并写出判断过程。(2014-3-14)

(A) 29.4℃　　(B) 33.1℃　　(C) 33.9℃　　(D) 38.1℃

参考答案：[B]

主要解答过程：

根据《民规》4.1.11或《教材（第三版2018)》P352，

夏季空调室外计算逐时温度为：$t_{sh}=t_{wp}+\beta\Delta t_r$

查《民规》表4.1-11得：$\beta=0.43$，查《民规》附录A得：$t_{wp}=29.4℃$，$t_{wg}=33.9℃$，故：

$$t_{sh}=29.4+0.43\times\frac{33.9-29.4}{0.52}=33.12℃$$

3.2　空调冷热负荷和湿负荷计算

3.2.1　空调负荷计算

1. 超链接

《教材（第三版2018)》P359～365、《民规》7.2、《工规》8.2。

2. 例题

(1)【案例】两幢办公建筑夏季合用一个集中空调水系统。各幢建筑典型设计日的耗冷量逐时计算值（单位：kW）如下表，冷水系统设计供回水温差为4℃，经计算冷水循环泵的扬程为35m，水泵效率为50%。水管道和设备由于传热引起的冷损失为50kW。正确的冷水机组的总制冷量等于（或最接近）下列何项？(2009-4-21)

时刻	8：00	9：00	10：00	11：00	12：00	13：00	14：00	15：00	16：00	17：00
建筑1	200	250	300	350	450	550	700	800	750	700
建筑2	500	600	700	750	800	750	550	400	300	200

(A) 1300kW　　(B) 1350kW　　(C) 1400kW　　(D) 1650kW

参考答案：[C]

主要解答过程：

两建筑各逐时负荷累加最大值出现在13：00，最大值为1300kW。

设冷水机组冷冻水量为G：

$$G=\frac{0.86Q}{\Delta t}=\frac{0.86\times1300}{4}=279.5\text{m}^3/\text{h}$$

根据水泵轴功率公式：$N=\frac{GH}{367.3\eta}=\frac{279.5\text{m}^3/\text{h}\times35\text{m}}{367.3\times0.5}=53.3\text{kW}$

因此冷机所需的总制冷量：$Q_T=1300+53.3+50=1403.3\text{kW}$

(2)【案例】附图分别为A建筑、B建筑处于夏季典型设计日全天工作的冷负荷逐时分布图（横坐标为工作时刻，纵坐标为冷负荷－kW）。设各建筑的冷水机组的装机容量分别为Q_A、Q_B，各建筑典型设计日的总耗冷量（kWh）分别为E_A、E_B，说法正确的应是下列何项？并写出判断过程。(2010-3-19)

(A) $Q_A>Q_B$且$E_A>E_B$　　(B) $Q_A>Q_B$且$E_A=E_B$

(C) $Q_A>Q_B$且$E_A<E_B$　　(D) $Q_A=Q_B$且$E_A=E_B$

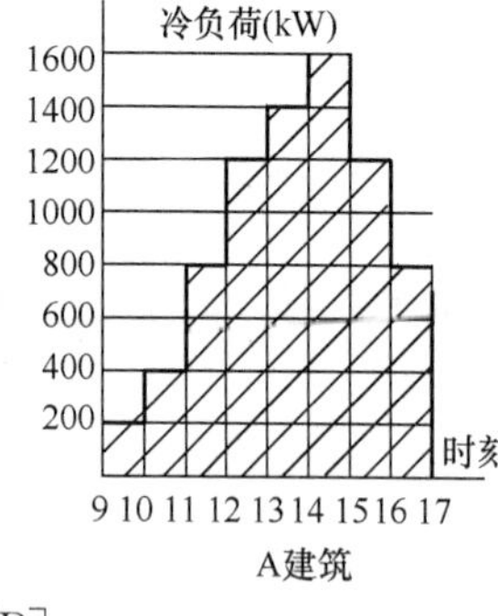

A建筑

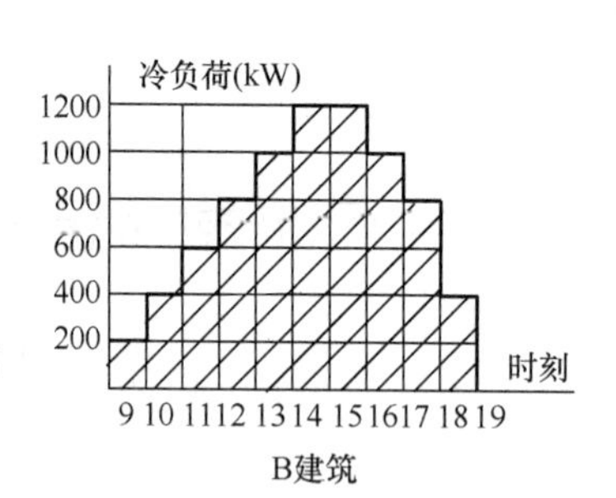

B建筑

参考答案：[B]

主要解答过程：

根据《民规》8.2.2，冷水机组装机容量应根据设计计算负荷选定，不另作附加。

故：$Q_A=1600\text{kW}$，$Q_B=1200\text{kW}$，$Q_A>Q_B$

而$E_A=(200+400+800+1200+1400+1600+1200+800)\text{kW}\times1\text{h}=7600\text{kWh}$

$E_B=(200+400+600+800+1000+1200+1200+1000+800+400)\text{kW}\times1\text{h}=7600\text{kWh}$

所以：$E_A=E_B$

(3)【案例】成都市某建筑的空调房间，室内设计计算温度为26℃，南外窗面积$F=2.25\text{m}^2$，传热系数为2.7W/(m²·K)，无内外遮阳措施，成都市夏季空调室外计算日平均温度$t_{wp}=27.9$℃，夏季空调室外计算干球温度$t_w=31.8$℃，求14：00该建筑外窗温差传热引起的冷负荷。(模拟)

(A) 20～30W　　(B) 31～40W　　(C) 41～50W　　(D) 51～60W

参考答案：[A]

主要解答过程：

根据《民规》7.2.7公式(7.2.7-3)。

查《民规》附录H.0.2，成都外窗传热14：00冷负荷计算温度$t_{wlc}=30.7$℃对应的冷负荷：

$$CL_{Wc} = KF(t_{wlc} - t_n) = 2.7 \times 2.25 \times (30.7 - 26) = 28.6W$$

3. 真题归类

2009-4-21、2010-3-19、2017-3-15、2017-4-14。

3.2.2　空调送风量计算

1. 知识要点

空调送风量的确定：《教材（第三版 2018）》P365～366。

注：当题目没提时，冷负荷按全热计算。

$$L(m^3/h) = \frac{Q \times 3600}{\rho(h_N - h_O)} = \frac{W \times 3600}{\rho(d_N - d_O)}$$

式中，Q—kW；W—kg/s；d—kg/kg 干空气；空气密度取 1.2kg/m³。

2. 例题

（1）【案例】某建筑的空调系统采用全空气系统，冬季房间的空调热负荷为 100kW（冬季不加湿），室内计算温度为 20℃，冬季室外空调计算温度为-10℃，空调热源为 60/50℃的热水，热水量为 10000kg/h，冬季大气压力为标准大气压，空气密度为 1.2kg/m³，空气的定压比热为 1.01kJ/kg·℃。试问：该系统的新风量为何值？（2008-3-13）

（A）1400～1500m³/h　　（B）1520～1620m³/h

（C）1650～1750m³/h　　（D）1770～1870m³/h

参考答案：[B]

主要解答过程：

解法一：

空调系统总负荷 $Q = cm\Delta t = 4.18 \times (10000/3600) \times (60-50) = 116.11$kW

则新风系统的负荷 $Q_X = Q - 100$kW$= 16.11$kW

则新风量 $L = Q_X/(c \cdot \rho \cdot \Delta t) = 16.11/(1.01 \times 1.2 \times 30) = 0.443$m³/s$=1595$m³/h。

解法二：

1）供回水温差 10℃的空调热水提供的热量被用于两部分：一是房间的空调热负荷 100kW；二是用于将新风从－10℃加热到 20℃，温升为 30℃。

2）由此列式：$(10000/3600) \times 4.18 \times 10 = 100 + (1.2 \times L/3600) \times 1.01 \times 30$，解得新风量 $L=1595$m³/h。

（2）【案例】某地为标准大气压，有一变风量空调系统，所服务的各空调区室内逐时显热冷负荷如下表，取送风温差为 10℃，该空调系统的送风量为下列何项？（2012-3-13）

时刻 \ 房间	逐时显热负荷（W）								
	9：00	10：00	11：00	12：00	13：00	14：00	15：00	16：00	17：00
房间 1	4340	4560	4535	4410	4190	4050	4000	3960	3935
房间 2	8870	9125	8655	7725	6065	6145	6130	5990	5800
房间 3	2440	2600	2730	2950	3245	3630	3900	3930	3730

（A）1.40～1.50kg/s　　（B）1.50～1.60kg/s

（C）1.60～1.70kg/s　　（D）1.70～1.80kg/s

参考答案：[C]

主要解答过程：

各房间逐时负荷累加最大值出现在 10：00，负荷值为 16.285kW。

空调送风量：$G=\dfrac{Q}{c\cdot\Delta t}=\dfrac{16.285}{1.01\times10}=1.61\text{kg/s}$

3. 真题归类

2008-3-13、2012-3-13。

3.2.3 风机温升、管道温升等附加冷负荷计算

1. 知识要点

(1) 空调系统夏季附加冷负荷：《民规》7.2.12；《工规》8.2.16.3。

1) 风系统：风机、风管温升引起的附加冷负荷；

2) 水系统：水泵、水管、水箱产生温升引起的附加冷负荷；

3) 系统间歇运行产生的附加冷负荷。

(2) 各种温升汇总

各种温升汇总　　表 3-1

项目	出处	公式
风机温升	《09 措施》5.2.5	$\Delta t=\dfrac{0.0008H\cdot\eta}{\eta_1\cdot\eta_2}$ H——风机的全压（Pa）； η——电动机安装在气流内为 1；气流外 $\eta=\eta_2$； η_1——风机的全压效率； η_2——电动机效率
风管温升	《红宝书》P1496	$\Delta t=\dfrac{3.6\times\text{传热系数}\times\text{截面周长}\times\text{长度}}{1.01\times1.2\times L(\text{m}^3/\text{h})}(t_{\text{风管外}}-t_{\text{风管内}})$
水泵温升	《红宝书》P1499	$\Delta t=\dfrac{0.0023H}{\eta_s}$ H——水泵扬程（m）； η_s——水泵效率
水管温升	《红宝书》P1499	$\Delta t=\dfrac{q_l\cdot l}{1.16W}$ q_l——单位长度冷水管道的冷损失（W/m）； l——冷水管道长度（m）； W——冷水流量（kg/h）

注：泵与风机温升引起的冷负荷实际上等于其轴功率。

2. 真题归类

2008-4-14、2014-3-9。

3.2.4 空调系统全年耗能量计算

1. 超链接

《教材（第三版 2018）》P367～370。

2. 例题

【案例】某大楼的中间楼层有两个功能相同的房间，冬季使用同一个组合式空调器送风，A房间（仅有外墙）位于外区，B房间位于内区。已知：设计室外温度为−12℃，设计室内温度为18℃，A房间外墙计算热损失为9kW，两房间送风量均为3000m³/h，送风温度为30℃，空气密度采用1.2kg/m³，定压比热为1.01kJ/（kg·K)。试计算当两房间内均存在2kW发热量时，A、B两个房间的温度（取整数）应是哪一个选项？(2008-3-18)

(A) A房间22℃，B房间32℃　　(B) A房间21℃，B房间30℃

(C) A房间19℃，B房间32℃　　(D) A房间19℃，B房间33℃

参考答案：[A]

主要解答过程：

注意题干中给出的18℃为室内设计温度，所求的为室内实际温度。而外墙计算热损失9kW也是设计室温条件下的计算热负荷，当室温不同时需要修正。

设A房间实际室温为t_A，B房间实际室温为t_B。

t_A时A房间外墙实际热负荷为Q_A：

$$\frac{Q_A}{9\text{kW}} = \frac{t_A-(-12)}{18-(-12)} \Rightarrow Q_A = \frac{3}{10}(t_A+12)$$

根据A房间热量平衡：$Q_A - 2\text{kW} = 1.01\times(3000/3600)\times1.2\times(30-t_A)$，解得：$t_A = 21.9$℃

根据B房间热量平衡：$-2\text{kW} = 1.01\times(3000/3600)\times1.2\times(30-t_B)$，解得：$t_B = 32$℃

3. 真题归类

真题2006-4-12、2008-3-18、2016-3-15

3.3 空调方式与分类

案例无。

3.4 空气处理与空调风系统

3.4.1 新风量计算

1. 知识要点

(1) 多个不同新风比的空调区

当全空气空调系统服务于多个不同新风比的空调区时，其系统新风比应按下列公式确定：

$$Y = \frac{X}{1+X-Z} = \frac{V_{ot}}{V_{st}} \qquad X = \frac{V_{on}}{V_{st}} \qquad Z = \frac{V_{oc}}{V_{sc}}$$

注：Z为最大新风比房间的新风比，其他参数解释详见《公建节能》4.3.12。

(2) 最小新风量

1) 新风用途

①稀释室内有害物，满足卫生要求，CO_2日平均值在0.1%以内；

②补充排风和保持室内正压，根据风量平衡计算确定。

2) 人数确定

① 最多人数持续时间>3h：按实际人数；

② 最多人数持续时间≤3h：按全天室内的小时平均使用人数。

a. 人数≤50%，按最大人数的50%；

b. 人数>50%，按实际人数。

2. 超链接

《教材(第三版2018)》P379、P559～560；《民规》3.0.6、7.3.19及条文说明；《公建节能》4.3.12。

3. 例题

【案例】一个全空气空调系统向下表中的四个房间送风，试计算空调系统的设计新风量约为下列何值？(2007-3-12)

(A) 2160m^3/h　(B) 2520m^3/h　(C) 3000m^3/h　(D) 3870m^3/h

房间名称	在室人数	新风量 (m^3/h)	送风量 (m^3/h)
办公室1	15	450	3000
办公室2	5	150	2000
会议室	40	1360	4200
接待室	8	200	2800
合计	68	2160	12000

参考答案：[B]

主要解答过程：

房间名称	新风量	送风量	新风比	新风比含义
办公室1	450	3000	0.150	
办公室2	150	2000	0.075	
会议室	1360	4200	0.324	Z
接待室	200	2800	0.071	
合计	2160	12000	0.180	X

由《公建节能》4.3.12，$Y=\dfrac{0.18}{1+0.18-0.324}=0.21$，$L=0.21\times12000=2520m^3/h$

4. 真题归类

2007-3-12、2008-4-12、2008-4-13、2009-4-13、2010-4-12、2011-4-19、2012-4-12、2013-3-16、2014-3-13。

3.4.2 一、二次回风计算

1. 知识要点

(1) 一次回风

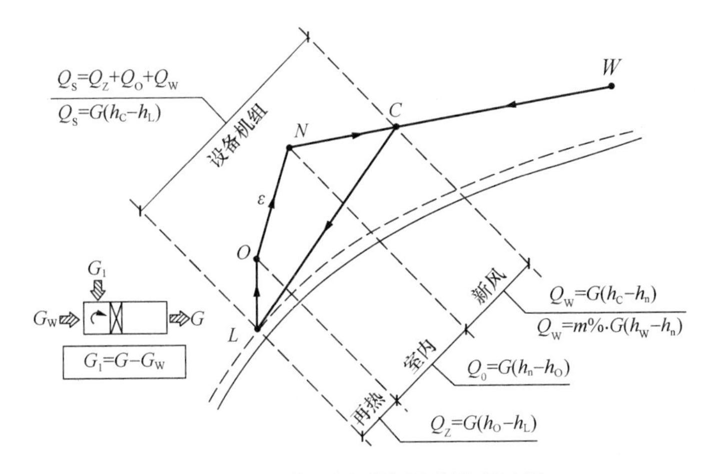

图 3-1　一次回风系统夏季处理过程

1）夏季工况

一次回风混合点：$h_C = m\% \cdot h_W + (1 - m\%)h_N$

空调机组总冷负荷：$Q_S = Q_O + Q_W + Q_Z = G(h_C - h_L)$

室内冷负荷：$Q_O = G(h_N - h_O)$

夏季新风冷负荷：$Q_W = G_W(h_W - h_N)$

再热冷负荷：$Q_Z = G(h_O - h_L)$

注：再热量（$c \cdot G \cdot \Delta t$）和再热冷负荷（$G \cdot \Delta h$）的区别。

2）冬季工况：《教材（第三版）2018》P380 图 3.4-4

冬季送风状态点含湿量：$d_O = d_N - \dfrac{W}{G}$

冬季系统总加热量：$Q_d = G(h_O - h_L)$

注：根据《09 技措》5.5.14-2，冬季处理过程应为先加热，后加湿。

（2）二次回风

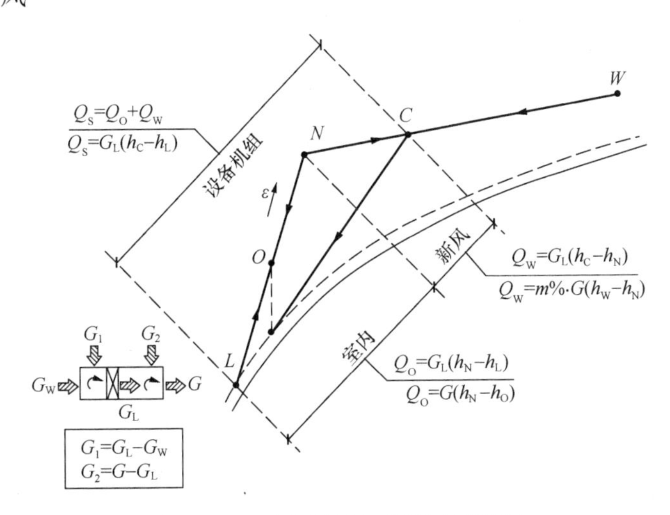

图 3-2　二次回风系统夏季处理过程

1）夏季工况

总送风量：$G=\dfrac{Q_O}{h_N-h_O}$

空调机组处理的风量：$G_L=\dfrac{Q_O}{h_N-h_L}$

二次回风量：$G_2=G-G_L$

一次回风量：$G_1=G_L-G_W$

空调机组总送风量：$G=G_1+G_2+G_W$

新风比：$m\%=\dfrac{G_W}{G}=\dfrac{G_W}{G_1+G_2+G_W}$

室内冷负荷：$Q_O=G(h_N-h_O)=(G_L+G_2)(h_N-h_O)=G_L(h_N-h_L)$

夏季新风冷负荷：$Q_W=G_W(h_W-h_N)$

空调机组冷量：$Q=G_L(h_C-h_L)=G_W(h_W-h_N)+G_L(h_N-h_L)=Q_W+Q_{全热}$

2）冬季工况：《教材（第三版 2018）》P382 图 3.4-6。

冬季空调机组加湿量：$W=G_1(d_L-d_C)$

冬季空调机组再热器的加热量：$Q=G(h_{O'}-h_O)$

2. 超链接

《教材（第三版 2018）》P379～380。

3. 例题

（1）【案例】某空调房间总余热量为 4kW，总余湿为 1.08kg/h。要求室内温度 18℃，相对湿度 55%。若送风温差取 6℃，则该空调系统的送风量约为下列哪项数值？（2007-4-12）

（A）1635kg/h （B）1925kg/h （C）2375kg/h （D）>2500kg/h

参考答案：[B]

主要解答过程：

解法一：

热湿比：$\varepsilon=\dfrac{4\text{kW}}{1.08\text{kg/h}}\times3600=13333$，送风温度 $t_O=18-6=12℃$，

查 h-d 图得 $h_N=37.5\text{kJ/kg}$，$h_O=29.9\text{kJ/kg}$

则送风量：$G=\dfrac{Q}{h_N-h_O}=\dfrac{3600\times4}{37.5-29.9}=1894.7\text{kg/h}$

解法二：

$$\Delta h=1.01\Delta t+2500\Delta d=\frac{1.01\Delta t}{1-\dfrac{2500}{\varepsilon}}$$

$$\frac{4}{G}=\frac{1.01\times6}{1-\dfrac{2500}{4\times3600/1.08}}$$

$$G=0.536\text{kg/s}=1930\text{kg/h}$$

（2）【案例】某空调系统采用全空气空调方案，冬季房间总热负荷为 150kW，室内计算温度为 18℃，需要的新风量为 3600m³/h，冬季室外空调计算温度为－12℃，冬季大气压力按 1013hPa 计算，空气的密度为 1.2kg/m³，定压比热容为 1.01kJ/（kg·K），热水

的平均比热容为4.18kJ/（kg·K），空调热源为80℃/60℃的热水，则该房间空调需要的热水量为何值？（2012-3-17）

（A）5000～5800kg/h　　（B）5900～6700kg/h

（C）6800～7600kg/h　　（D）7700～8500kg/h

参考答案：[D]

主要解答过程：

加热新风所需热量：

$$Q_X = c \cdot G_w(t_n - t_w) = c \cdot \frac{3600}{3600} \cdot \rho \cdot (18+12) = 1.01 \times 1 \times 1.2 \times 30 = 36.36\text{kW}$$

根据热交换能量守恒原则：

$$Q = Q_X + 150\text{kW} = 186.36\text{kW} = c_{水} \times G \times (80-60)$$

解得：G=8025.1kg/h。

（3）【案例】已知：

1）某空调房间夏季室内设计温度为26℃，设计相对湿度为55%，房间的热湿比为5000kJ/kg。

2）空调器的表面冷却器的出风干球温度为14℃，相对湿度为90%，送风过程中的温升为2℃。

当大气压力为101325Pa，房间的温度达到设计值，请绘制h-d图中的过程线，该房间实际达到的相对湿度（查h-d图），应为下列选项的哪一个？（2008-3-16）

（A）76%～85%　（B）66%～75%　（C）56%～65%　（D）45%～55%

参考答案：[C]

主要解答过程：

如下图所示，N_0为设计室内状态点，L为空调器出风状态点，O点为经过2℃送风温差后的送风状态点，过O点做热湿比为5000的热湿比线与26℃等温线的交点即为该房间实际达到的状态点，查h-d图得：N点相对湿度为62%。

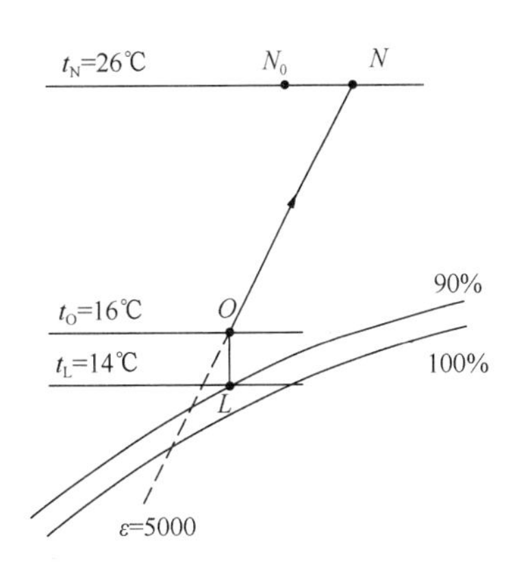

（4）【案例】某具有工艺空调要求的房间，室内设计参数为：室温22℃，相对湿度60%（室内空气比焓47.4kJ/kg干空气），室温允许波动值为±0.5℃，送风温差取6℃。房间计算总冷负荷为50kW，湿负荷为0.005kg/s（热湿比ε＝10000）。为了满足恒温精度要求，空调机组对空气降温达到90%的"机器露点"之后，利用热水加热器再热而达到送风状态点。查h-d图计算，再热盘管计算的设计加热量（kW）最接近下列何项？（室外大气压为101325Pa）（2016-3-16）

（A）3.5～8.5　（B）9.4～15.0　（C）20.0～25.0　（D）25.5～30.5

参考答案：[B]

主要解答过程：

送风温差为6℃，则送风点温度为16℃，焓湿图上过室内点做ε＝10000热湿比线，与 16℃等温线相交点即是送风点 O，查焓湿图得 h_o=39.2kJ/kg干空气，d_o=9g/kg干空气。

送风量：$G=\frac{Q}{h_N-h_o}=\frac{50}{47.4-39.2}=6.1\text{kg/s}$

再热盘管加热为等湿加热过程，d_o=9g/kg干空气含湿量线与 90%相对湿度线交点就是机器露点，查焓湿图得：h_L=37.4kJ/kg干空气。

再热量 $Q_Z=G(h_o-h_L)=6.1\times(39.2-37.4)=10.98\text{kW}$

(5)【案例】某二次回风空调系统，房间设计温度 23℃，相对湿度 45%，室内显热负荷 17kW，室内散湿量 9kg/h。系统新风量 2000m³/h，表冷器出风相对湿度 95%（焓值 23.3kJ/kg干空气）；二次回风混合后经风机及送风管道温升 1℃，送风温度 19℃；夏季室外设计计算温度 34℃，湿球温度 26℃，大气压力 101.325kPa。新风与一次回风混合点的焓值接近下列何项？并于焓湿图绘制空气处理过程线。（空气密度取 1.2kg/m³，比热取 1.01kJ/（kg·℃），忽略回风温升。过程点参数：室内 d_N=7.9g/kg干空气，h_N=43.1kJ/kg干空气、室外 d_W=18.1g/kg干空气，h_W=80.6kJ/kg干空气）（2014-3-15）

(A) 67kJ/kg干空气　　(B) 61kJ/kg干空气

(C) 55kJ/kg干空气　　(D) 51kJ/kg干空气

参考答案：[B]

主要解答过程：

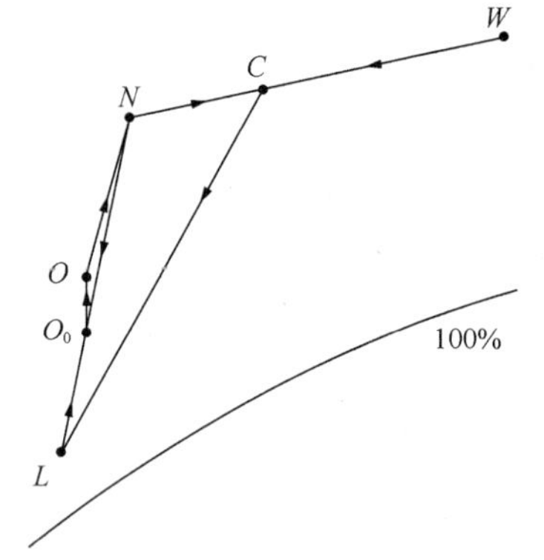

空气处理过程示意图如图，根据相对湿度 95%，h=23.3kJ/kg干空气，查 h-d 图得机器露点 t_L=7.7℃，二次回风混合点温度 t_{O0}=19−1=18℃，系统总送风量为：

$$G_{总}=\frac{3600Q}{c\rho\Delta t}$$

$$=\frac{3600\times17\text{kW}}{1.01\text{kJ/kg}_{干空气}\times1.2\text{kg/m}^3\times(23-19)℃}$$

$$=12623.7\text{m}^3\text{/h}\text{（显热负荷对应代入温差计算送风量）}$$

根据《教材（第三版 2018）》P347，根据空气混合关系，可得一次回风混合后，表冷器出口的风量 G_L 与总风量 $G_{总}$ 的关系式：

$$\frac{G_L}{G_{总}}=\frac{t_N-t_{O0}}{t_N-t_L}=\frac{23-18}{23-7.7}\Rightarrow G_L=4125.4\text{m}^3\text{/h}$$

则一次回风量为：

$$G_1=G_L-G_w=4125.4-2000=2125.4\text{m}^3\text{/h}$$

一次回风混合点焓值：

$$h_C=\frac{G_1}{G_L}h_N+\frac{G_w}{G_L}h_W=\frac{2125.4}{4125.4}\times43.1+\frac{2000}{4125.4}\times80.6=61.28\text{kJ/kg}_{干空气}$$

(6)【案例】某工艺性空调房间采用全空气空调方案，空调显热负荷为 10kW，湿负荷为 3kg/h，室内设计参数为：干球温度 24℃、相对湿度 60%。夏季大气压力按 101.3kPa 计算，送风温差为 6℃，空气的密度为 1.2kg/m³，比定压热容为 1.01kJ/（kg·K），则该房间的送风相对湿度是多少？（模拟）

(A) 75%～80%　　(B) 80%～85%

(C) 85%～90%　　(D) 90%～95%

参考答案：[B]

主要解答过程：

1) 计算处理风量

$$L=\frac{Q_x}{\rho c_p \Delta t}=\frac{10000\times3.6}{1.2\times1.01\times6}=4950\text{m}^3/\text{h}$$

2) 求室内含湿量

在 h-d 图上，找出室内状态点，求出含湿量 $d_n=11.2\text{g/kg}$

3) 求送风状态点的含湿量 d_O 和送风温度 t_O

$$d_O=d_n-\frac{W}{L\cdot\rho}=11.2-\frac{3000}{4950\times1.2}=10.7\text{g/kg}$$

$$t_O=t_n-\Delta t=24-6=18℃$$

4) 计算送风相对湿度

用 d_O 和送风温度 t_O 在 h-d 图上找出送风状态点，求出送风相对湿度 $\varphi_O=83\%$。

(7)【案例】某组合式空调机组的风量为 $10000\text{m}^3/\text{h}$，没有加湿段。实测参数为：空气加热器的供水温度为80℃，回水温度为60℃，热水流量为2.5t/h。空调房间的室内温度为18℃，新风量为 $1000\text{m}^3/\text{h}$，室外气象参数为：干球温度－10℃、相对湿度50%。空气的密度为 1.2kg/m^3，比定压热容为1.01kJ/(kg·K)，热水的平均比热容为4.18kJ/(kg·K)。不考虑风机的温升、设备和风管的散热量，求该空调房间的送风温差。(模拟)

(A) 10.4℃　　(B) 12.4℃　　(C) 14.4℃　　(D) 15.4℃

参考答案：[C]

主要解答过程：

1) 计算加热器空气入口温度

$$t=\frac{L_h}{L_s}\cdot t_h+\frac{L_x}{L_s}\cdot t_x=\frac{10000-1000}{10000}\times18+\frac{1000}{10000}\times(-10)=15.2℃$$

2) 计算空气加热器的散热量

$$Q_r=G_w c_p(t_{wj}-t_{wc})=\frac{2.5}{3.6}\times4.18\times(80-60)=58\text{kW}$$

3) 计算送风温度

$$t_{ac}=t_{ar}+\frac{Q_r}{L_a\rho_a c_{pa}}=15.2+\frac{58\times3600}{10000\times1.2\times1.01}=32.4℃$$

4) 计算送风温差

$$\Delta t=t_{ac}-t_n=32.4-18=14.4℃$$

(8)【案例】某空调系统，室内设计温度为 $t_n=25℃$，相对湿度为 $\varphi_n=60\%$，大气压力为101.3kPa，室外空气温度为 $t_w=32℃$，室外空气湿球温度为26℃，系统新风比为20%，室内冷负荷为4kW，无湿负荷，送风温差取6℃，采用二次回风系统，则系统冷量为多少？(模拟)

(A) 0.43kW　　(B) 16.18kW

(C) 7.2kW　　(D) 20.7kW

参考答案：[C]

主要解答过程：

因为室内无湿负荷，故ε=+∞，由 $\Delta t_o=6℃$，$t_o=25-6=19℃$，$h_o=49.49kJ/kg$

查得室内状态参数为 $h_n=55.48kJ/kg$，则 $G=\frac{Q}{h_n-h_o}=\frac{4}{55.48-49.49}=0.668kg/s$

查图得此时露点温度为 $t_L=17.5℃$，$h_L=47.74kJ/kg$。

$$G_L=\frac{Q}{h_n-h_L}=\frac{4}{55.48-47.74}=0.517kg/s$$

则二次回风量 $G_2=G-G_L=0.668-0.517=0.151kg/s$

一次回风量 $G_1=G_L-G_W=0.517-0.668\times0.2=0.383kg/s$

查图得一次混合点的比焓为 $h_c=61.74kJ/kg$，

则冷量为 $Q_c=G_L(h_c-h_L)=0.517\times(61.74-47.74)=7.2kW$。

4. 其他例题

（1）风量、冷量和热量：2006-3-14、2006-3-15、2006-3-16、2006-4-13、2006-4-14、2007-3-17、2007-4-12、2008-3-13、2010-3-13、2010-3-15、2012-3-13、2012-3-17、2013-3-14、2014-4-14、2016-4-18、2017-3-19、2017-4-13、2018-3-17；

（2）热湿比线：2008-3-16、2011-4-17、2018-3-14；

（3）一次回风：2007-3-15、2007-3-16、2008-4-15、2009-3-13、2009-3-14、2010-3-17、2010-4-13、2010-4-15、2011-3-13、2012-3-14、2012-3-15、2013-3-12、2013-4-17、2016-3-16、2016-4-14；

（4）二次回风：2011-3-14、2014-3-15。

3.4.3 全新风（直流式）系统计算

1. 知识要点

（1）夏季工况

制冷量 $Q_L=G(h_W-h_O)$

（2）冬季工况

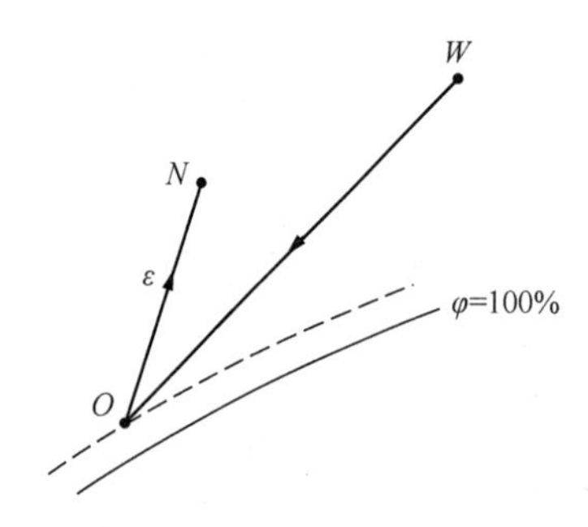

图 3-3 全新风系统夏季处理过程

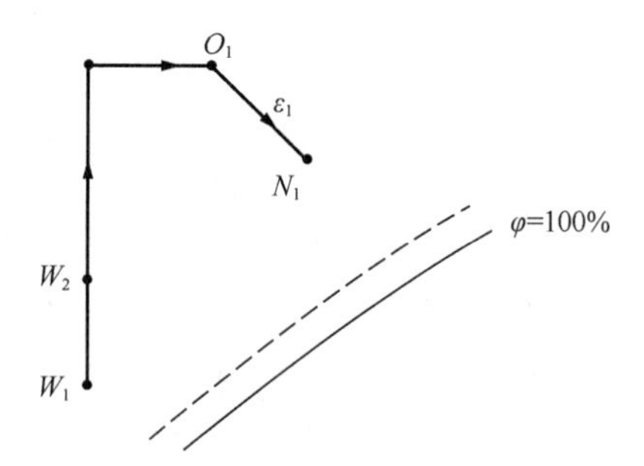

图 3-4 全新风系统冬季处理过程

1）加热量

① 冬季一次加热量 $Q_1=G_C(t_{W2}-t_{W1})$

② 冬季二次加热量 $Q_2=G_C(t_{O1}-t_{W2})$

③ 冬季仅有一次加热的加热量 $Q_C = G_C(t_{O1} - t_{W1})$

2）加湿量

$$W = G_C(d_{O1} - d_{W1})$$

2. 例题

【案例】某空调区域空调计算参数：室温 28℃，相对湿度 55%。室内仅有显热负荷为 8kW。工艺要求采用直流式，送风温度差为 8℃的空调系统。该系统的设计冷量，应为下列何项（大气条件为标准大气压，室外计算温度 34℃，相对湿度为 75%）（2010-3-14）

（A）35～39kW （B）40～44kW （C）45～49kW （D）50～54kW

参考答案：[C]

主要解答过程：

由于仅有显热负荷，总送风量：$G=8\text{kW}/c\Delta t=0.99\text{kg/s}$

查 h-d 图得：$h_W=100.2\text{kJ/kg}$，$h_O=53.2\text{kJ/kg}$

因此系统的设计冷量为：

$$L = G(h_W - h_O) = 46.5\text{kW}。$$

3.4.4 变风量全空气系统

1. 知识要点

（1）变风量末端全空气系统，根据室内温度调节送入室内风量的大小，因此该系统仅能保证室内温度达到设计值，而不能保证各个房间的相对湿度。

（2）当各个房间湿负荷相同时，相对湿度最大的房间是显热负荷最小（即热湿比最小）的房间。

（3）全空气变风量系统空气统一处理，各房间送风状态点均相同。

（4）各个房间空调送风量根据各个房间显热冷负荷、送风温差求出。

2. 超链接

《教材（第三版 2018）》P383～387；《民规》7.3.8-3、7.4.2-4；《工规》8.3.7、8.4.2-6。

3. 例题

【案例】某办公室建筑采用了单风道节流型末端的变风量空调系统，由各房间温控器控制对应变风量末端的风量。在系统设计工况下各房间空调冷负荷见下表，其中湿负荷全部为人员散湿形成的湿负荷。各空调房间设计温度 25℃、相对湿度 50%。表冷器机器露点相对湿度 90%，不考虑风机温升。问在上述设计工况下相对湿度最大的房间，其相对湿度（%）最接近下列何项？（用标准大气压湿空气焓湿图作答）（2017-3-9）

	房间 1	房间 2	房间 3	房间 4	房间 5	房间 6
显热负荷（W）	10000	8000	6000	8000	4000	10000
潜热负荷（W）	2500	2500	2500	2500	2500	2500

（A）50 （B）58 （C）65 （D）72

参考答案：[B]

主要解答过程：

系统总显热负荷=10000+8000+6000+8000+4000+10000=46000W=46kW

系统总潜热负荷=2500×6=15000W=15kW

系统全热负荷=46+15=61kW

系统总散湿量：$\Delta d=\dfrac{15\text{kW}}{2500\text{kJ/kg}}=0.006\text{kg/s}$

设计工况下变风量空调系统热湿比：

$$\varepsilon=\frac{\Delta h}{\Delta d}=\frac{61\text{kW}}{0.006\text{kg/s}}=10167\text{kJ/kg}\approx10000\text{kJ/kg}$$

由于各个房间湿负荷相同，则相对湿度最大的房间是显热负荷最小（即热湿比最小）的房间，可以看出房间 5 显热负荷最小。

房间 5 全热负荷=4000+2500=6500W=6.5kW

房间 5 潜热负荷=2500W=2.5kW

房间 5 散湿量：$\Delta d=\dfrac{2.5\text{kW}}{2500\text{kJ/kg}}=0.001\text{kg/s}$

房间 5 变风量空调系统热湿比：

$$\varepsilon_5=\frac{\Delta h_5}{\Delta d_5}=\frac{6.5\text{kW}}{0.001\text{kg/s}}=6500\text{kJ/kg}$$

绘制焓湿图：过室内状态点 N 做 10000 的热湿比线与 90%相对湿度线相交于实际送风状态点 O，再过 O 点做 6500 的热湿比线与 25℃的等温线相交于房间 5 的实际室内状态点 N'，查焓湿图可得出 N′点相对湿度约为 58%。

故选 B。

4. 真题归类

2014-4-14，2017-3-19、2018-4-13。

3.4.5 风机盘管加新风计算

1. 知识要点

（1）新风处理到室内空气状态点的等焓线（新风与风机盘管分别送入）

《民规》7.3.10-1 及条文说明：推荐新风直接送入人员活动区。

1）空调房间总风量：G（kg/s）

$$G=\frac{Q_{\text{O}}}{h_{\text{N1}}-h_{\text{O}}}=\frac{W_{\text{O}}}{d_{\text{N1}}-d_{\text{O}}}$$

2）空调系统的风量和冷量

风机盘管风量：$G_{\text{F}}=G$

风机盘管承担冷负荷：$Q_{\text{F}}=G_{\text{F}}(h_{\text{N}}-h_{\text{O}})=Q_{\text{O}}$

新风机组承担冷负荷：$Q_{\text{W}}=G_{\text{W}}(h_{\text{W}}-h_{\text{L}})$

$$\frac{新风量\ G_{\text{W}}}{风机盘管风量\ G_{\text{F}}}=\frac{\overline{N_1N}}{\overline{NL}}=\frac{t_{\text{N1}}-t_{\text{N}}}{t_{\text{N}}-t_{\text{L}}}$$

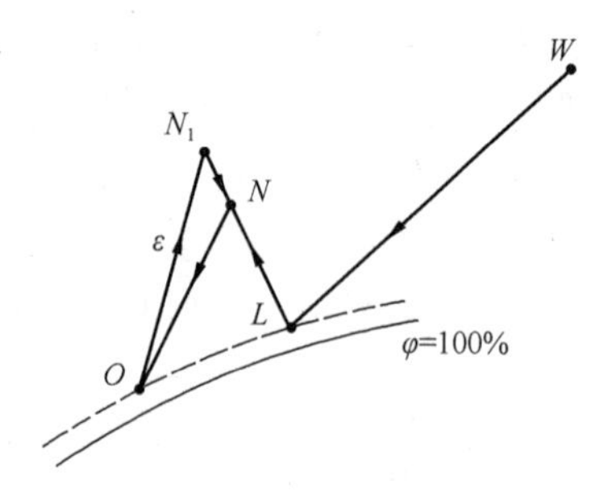

图 3-5 风机盘管加新风系统夏季处理过程 1

（2）新风处理到室内状态点等含湿量线以下（风机盘管干工况运行）

《民规》7.3.10-2及条文说明：新风宜负担空调区的全部散湿量，让风机盘管干工况运行。

1）空调房间总风量：G（kg/s）

$$G=\frac{Q_O}{h_N-h_O}=\frac{W_O}{d_N-d_O}$$

2）空调系统的风量和冷量

风机盘管风量：$G_F=G-G_W$

风机盘管承担冷负荷：$Q_F=G_F(h_N-h_{L2})$

新风机组承担冷负荷：$Q_W=G_W(h_W-h_{L1})$

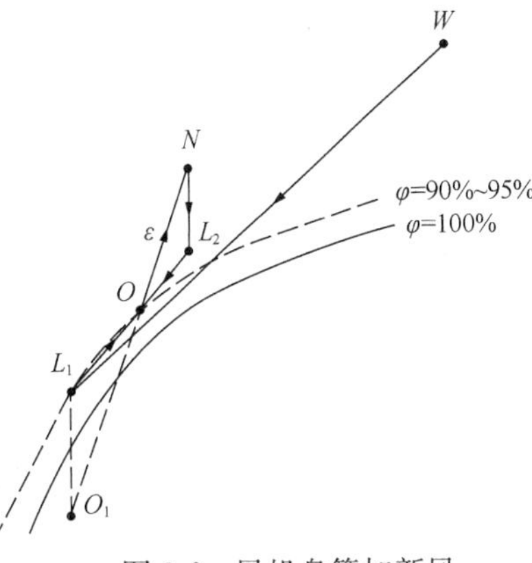

图3-6　风机盘管加新风系统夏季处理过程2

（3）风机盘管计算基本公式

全热负荷：$Q_{全}=G(h_N-h_O)$

显热负荷：$Q_{显}=c_p\cdot G(t_N-t_O)$

潜热负荷：$Q_{潜}=Q_{全}-Q_{显}$

湿负荷：$W=G(d_N-d_O)$

2. 超链接

《教材（第三版2018）》P392～393表3.4-3。

3. 例题

（1）【案例】某房间设置风机盘管加新风空调系统。室内设计温度25℃，含湿量9.8g/kg干空气；将新风处理到室内空气等焓的状态后送入室内，新风送风温度19℃。已知该房间设计计算空调冷负荷为2.8kW，热湿比为12000kJ/kg，新风送风量180m³/h。风机盘管应该承担的除湿量（g/s）最接近下列何项？（按标准大气压条件，空气密度为1.2kg/m³，且不考虑风机与管路的温升）（2016-4-17）

（A）0.15　　（B）0.23　　（C）0.38　　（D）0.46

参考答案：[C]

主要解答过程：

查h-d图，h_N=50.2kJ/kg，过室内等焓线与19℃等温线交点即为新风送风状态点，得d_x=12.2g/kg。

根据热湿比求室内湿负荷：12000=2.8/W，解得W=0.233g/s。

新风处理至室内等焓线，因此风机盘管需承担一部分新风湿负荷：

$$W_X=\frac{180}{3600}\times1.2\times(12.2-9.8)=0.144\text{g/s}$$

风机盘管承担的总除湿量为：$W_F=W+W_X$=0.377g/s。

（2）【案例】某办公楼采用风机盘管加新风系统，其中有一普通办公室，冬季房间围护结构的热负荷为800W，空调室内计算温度为18℃，相对湿度要求为30%，共有3个人，人员的散湿量为33g/（人·h），室外空调计算参数为：干球温度－10℃、相对湿度50%，新风系统送风温度为18℃，冬季大气压力按101.3kPa计算，空气密度为1.2kg/m³，空气的定压比热容为1.01kJ/（kg·K），室内采用超声波加湿器加湿，水的汽化潜热为

2.5kJ/g。求该房间风机盘管冬季总热负荷。(模拟)

(A) 800～900W　　(B) 900～1000W

(C) 1000～1100W　　(D) 1100～1200W

参考答案：[B]

主要解答过程：

1) 计算新风量

根据《民规》3.0.6-1：办公室每人需要的新风量为 $30m^3/h$，该房间的总新风量为 $90m^3/h$。风机盘管不负担新风负荷。

2) 计算室内加湿量

$$W = L_x\rho(d_n - d_x) - W_r = 90 \times 1.2 \times (3.82 - 0.8) - 33 \times 3 = 227g/h$$

3) 计算室内加湿需要的汽化潜热

$$Q_w = Wq_r = \frac{227 \times 2.5}{3.6} = 158W$$

4) 计算该房间冬季总热负荷

$$Q = Q_q + Q_w = 800 + 158 = 958W$$

(3)【案例】《空气调节(第四版)》P142～143 例题 4-3。

4. 真题归类

2007-4-15、2009-4-15、2010-4-18、2011-3-15、2011-3-16、2012-4-16、2013-4-16、2016-4-17。

3.4.6 多联机冷量修正计算

1. 知识要点

(1) 室内、外机的容量配比系数 $=\dfrac{\text{单个系统所有的室内机额定制冷量之和}}{\text{室外机额定制冷量}}$

(2) 室内机最终实际制冷量 $=\dfrac{\text{室内机额定制冷量}}{\text{配比系数}}\times$ 配管长度及高差修正系数

2. 例题

【案例】某办公楼采用多联机空调方案，将 3 层的 6 个房间设为 1 个空调系统，其室外机设置在屋顶，室内机和室外机的高差为 50m，房间空调冷负荷与配管长度见下表，空调室内机负责室内全部空调冷负荷。设计选择额定 *COP* 为 3.1 的空调室外机。按《实用供热空调设计手册(第二版)》确定室内机制冷容量修正系数，假设室外机的输入功率不变，请问考虑配管长度影响后，求该空调系统在额定工况下的制冷性能系数。(模拟)

房间号	301	302	303	304	305	306
空调冷负荷(W)	4500	4500	4500	4500	4500	5000
配管长度(m)	70	75	80	85	90	100

(A) 额定性能系数为 3.1，满足要求　　(B) 额定性能系数为 2.9，满足要求

(C) 额定性能系数为 2.7，不满足要求　　(D) 额定性能系数为 2.5，不满足要求

参考答案：[C]

主要解答过程：

1）确定空调室内机容量修正系数和修正后需要的供冷量。

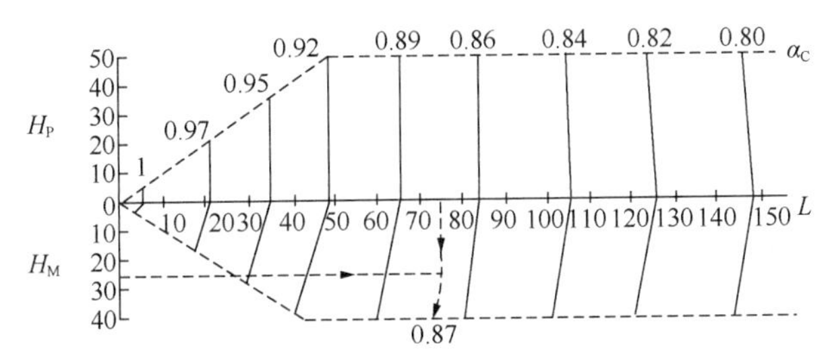

室内机制冷容量修正系数图

图中　H_P——室内机置于室外机下方时，室内外机的高度差（m）；

H_M——室内机置于室外机上方时，室内外机的高度差（m）；

L——等效配管长度（m）；

α_C——配管长度及高度差容量修正系数。

根据室内外机的高差和配管长度，查《实用供热空调设计手册(第二版)》P1701 图 22.5-4，得到各房间室内机制冷容量修正系数、修正后的容量及修正前后的总容量，见下表：

房间号	301	302	303	304	305	306	合计
空调冷负荷（W）	4500	4500	4500	4500	4500	5000	27500
配管长度（m）	70	75	80	85	90	100	
容量修正系数	0.88	0.875	0.87	0.86	0.855	0.845	
修正后冷量（W）	5113.6	5142.9	5172.4	5232.6	5263.2	5917.2	31841.8

2）计算配管长度修正后的 COP

空调系统性能系数衰减系数 $X=27500/31841.8=0.864$

配管长度修正后的 $COP_1=X\cdot COP=0.864\times3.1=2.68$

根据《民规》7.3.11，配管长度修正后的 COP 不小于 2.8，2.68<2.8 不满足要求，因此选 C。在此情况下应重新布置系统管道，缩短配管长度，或者重新选择 COP 更高的机组。

3.4.7　温湿度独立控制计算

1. 知识要点

（1）湿度控制系统计算

1）确定系统新风量后，新风送风能够带走房间内所有产湿。

送风含湿量 $d_S=d_N-\dfrac{W}{\rho\cdot L}$(g/kg)

式中　W——房间产湿量（g/h）；

L——设计新风量（m^3/h）；

ρ——空气密度（kg/m^3）。

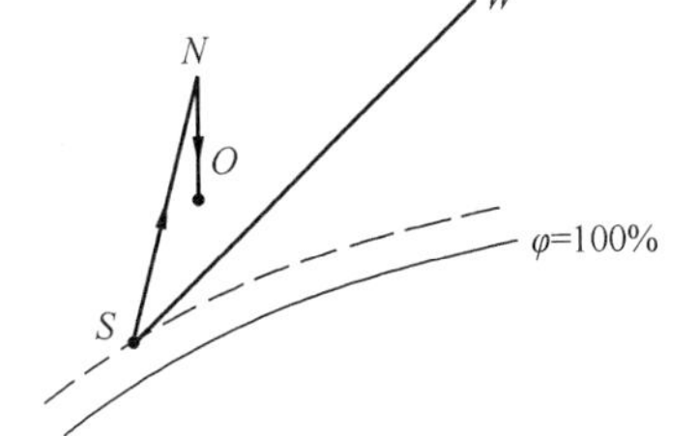

图 3-7　温湿度独立控制过程

注：需要考虑新风除湿设备的处理能力（能达到的送风含湿量 d_S），对新风量进行校核。

2）根据新风送风温度 t_S 和含湿量 d_S，确定新风送风状态点。

3）湿度控制系统承担的负荷 $Q_H=\dfrac{\rho\cdot L(h_W-h_S)}{3600}$

4）当新风送风温度 t_S＜室内设计温度 t_N（如采用冷凝除湿或溶液除湿），新风可以承担部分室内显热负荷。

新风承担空调系统显热负荷 $Q_{HS}=\dfrac{c_P \cdot \rho \cdot L(t_W-t_S)}{3600}$

（2）温度控制系统计算

1）温度控制系统承担的负荷 $Q_T=Q_S-Q_{HS}$

式中 Q_S——空调系统总显热负荷（包括新风的显热负荷）；

Q_{HS}——新风承担的一部分显热负荷。

2）干工况末端装置送风量 $L_{干}=\dfrac{Q_{干}\times 3600}{c_P \cdot \rho(t_N-t_O)}$（$m^3/h$）

2. 例题

【案例】某办公楼层采用温湿度独立控制空调系统，夏季室内设计参数为 $t=26$℃，$\varphi=60\%$，室内总显热冷负荷为 35kW。湿度控制系统（新风系统）的送风量为 2000m^3/h，送风温度 19℃；温度控制系统由若干台干式风机盘管构成，风机盘管的送风温度为 20℃。试问温度控制系统的总风量（m^3/h）应为下列何项？（取空气密度为 1.2kg/m^3，比热容为 1.01kJ/kg。不计风机、管道温升）（2014-4-17）

（A）14800～14900　　（B）14900～15000

（C）16500～16600　　（D）17300～17400

参考答案：[B]

主要解答过程：

温湿度独立控制系统，新风承担所有系统湿负荷，室内末端干工况运行，仅承担显热负荷。

由于新风送风温度为 19℃，低于室内空气干球温度，故承担了一部分室内显热负荷：

$$Q_1=c\rho L_W\Delta t=1.01\times 1.2\times\frac{2000}{3600}\times(26-19)=4.71\text{kW}$$

干式风机盘管承担的显热负荷为：

$$Q=35-Q_1=30.29\text{kW}$$

干式风机盘管的风量为：

$$L=\frac{Q}{c\rho\Delta t}=\frac{30.29}{1.01\times 1.2\times(26-20)}\times 3600=14995\text{m}^3/\text{h}$$

3. 真题归类

2010-4-14、2012-4-13、2012-4-14、2013-3-19、2014-3-18、2014-4-17、2017-4-19、2018-4-17。

3.4.8 电极式加湿器功率计算

超链接：

《红宝书》P1620。

注：$\Delta h=h_S-h_W$，Δh 为将常温水加热到蒸汽的加热量，可按 2635kJ/kg。

3.4.9 除湿机计算

1. 知识要点

（1）冷冻除湿机（室内空气再循环）

制冷量 $Q_O = G(h_1 - h_2)$

除湿量 $W = G(d_1 - d_2)$

冷凝器放热量 $Q_k = G(h_3 - h_2)$

制冷压缩机输入功率 $N_i = Q_k - Q_O$

冷冻除湿机出口参数：$h_3 = h_1 + \frac{N_i}{G}$，

$$d_3 = d_1 - \frac{W}{G}。$$

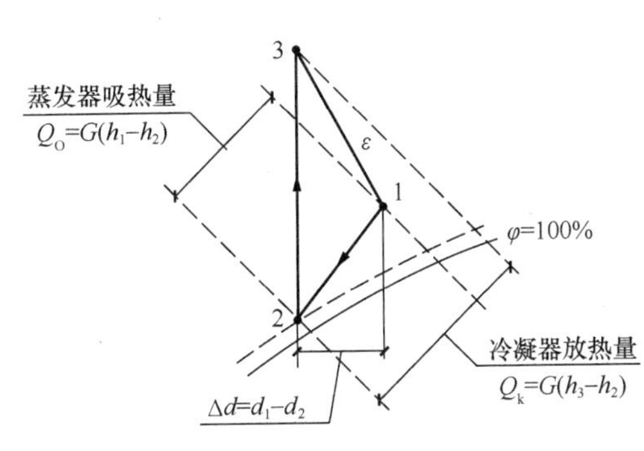

图 3-8 冷冻除湿机空气状态

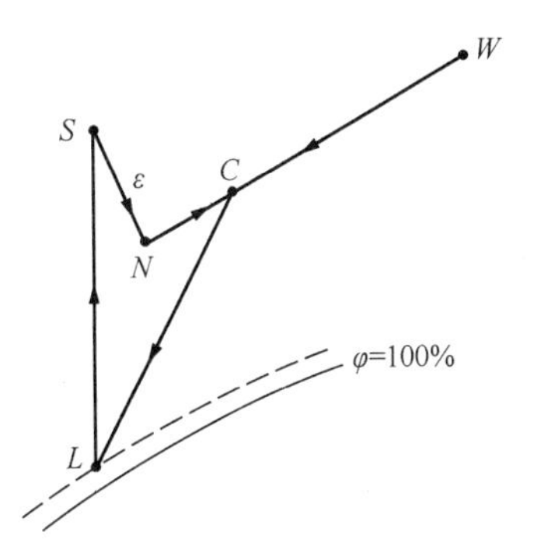

图 3-9 冷冻除湿机空气状态（带新风）

（2）冷冻除湿机（带新风）

1）湿量平衡：$W = W_N + G_W \cdot \frac{d_W - d_N}{1000}$(kg/s)

室内空气含湿量 $d_N = d_W - \frac{1000(W - W_N)}{G_W}$(g/kg)

2）热量平衡：$c_p \cdot G \cdot \Delta t = Q + G_W(h_W - h_N) + N_i$

室内空气焓值 $h_N = h_W - \frac{c_p \cdot G \cdot \Delta t - Q - N_i}{G_W}$(kJ/kg)

式中 W——除湿机除湿量（kg/s）；

W_N——室内湿负荷（kg/s）；

G_W——新风量（kg/s）；

G——除湿机风量（kg/s）；

N_i——压缩机输入功率（kW）。

注：Q 取负值。

3）除湿机进风参数

除湿机进风焓值 $h_C = h_N + \frac{G_W}{G}(h_W - h_N)$

除湿机进风含湿量 $d_C = d_N + \frac{G_W}{G}(d_W - d_N)$

（3）转轮除湿机

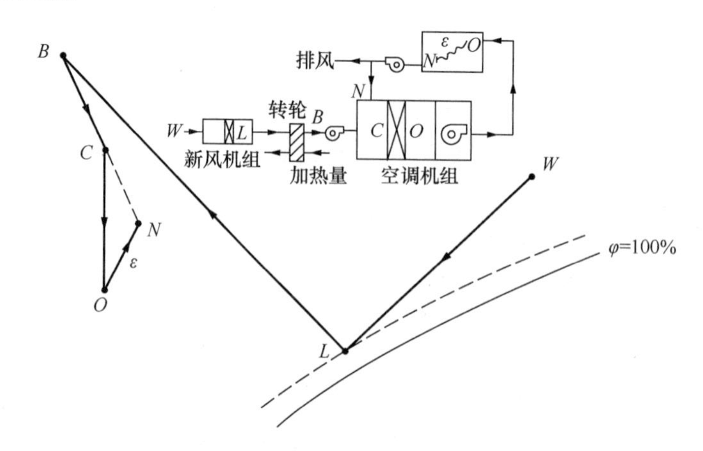

图 3-10　转轮除湿机与空调结合的处理过程

1）湿量计算

新风带入的湿量 $W_W = L_W \cdot \rho(d_W - d_N)$(g/h)

转轮除湿机出口含湿量 $d_B = d_N - \dfrac{W_O}{L_w \cdot \rho}$

转轮除湿机除湿量 $W = W'_W + W_O = G_W(d_L - d_B)$

2）冷量计算

一次混合点 $h_C = \dfrac{G_W h_B + (G - G_W)h_N}{G}$

送风点 $h_O = h_N - \dfrac{Q}{G}$

空调机组冷量 $Q_L = G(h_C - h_O)$

新风机组冷量 $Q_W = G_W(h_W - h_L)$

2. 例题

（1）【案例】某成品库库房体积为 75m³，对室温无特殊要求；其围护结构内表面散湿量与设备等散湿量之和为 0.9kg/h，人员散湿量为 0.1kg/h，自然渗透换气量为每小时 1 次。采用风量为 600m³/h 的除湿机进行除湿，试问除湿机出口空气的含湿量应为下列何值？已知：室外空气干球温度为 32℃，湿球温度为 28℃；室内空气温度约 28℃，相对湿度不大于 70%。(2006-3-13)

（A）12～12.9g/kg　　（B）13～13.9g/kg

（C）14～14.9g/kg　　（D）15～15.9g/kg

参考答案：[C]

主要解答过程：

查 h-d 图得：室外含湿量 d_w=22.4g/kg，室内含湿量 d_n=16.7g/kg，自然渗透带来的湿负荷为：

$$W_w = (75 \times 1) \times \rho \times (d_w - d_n) = (75 \times 1) \times 1.2 \times (22.4 - 16.7) = 513\text{g/h}$$

根据《教材（第三版 2018）》P366 公式（3.2-18），

$$L = \frac{W_n + W_w}{d_n - d_o}$$

$$d_o = d_n - \frac{W_n + W_w}{L} = 16.7\text{g/kg} - \frac{(900+100+513)\text{g/h}}{600\text{m}^3/\text{h} \times 1.2\ \text{kg/m}^3} = 14.6\text{g/kg}$$

（2）【案例】某地大型商场为定风量空调系统，冬季采用变新风供冷、湿膜加湿方式。室内设计温度22℃，相对湿度50%；室外空调设计温度−1.2℃，相对湿度74%；要求送风参数为13℃、相对湿度80%；系统送风量30000m³/h。查焓湿图（B=101325Pa）求新风量和加湿量为下列何项？（空气密度取1.20kg/m³）（2013-3-13）

（A）20000～23000m³/h；130～150kg/h

（B）10000～13000m³/h；45～55kg/h

（C）7500～9000m³/h；30～40kg/h

（D）2500～4000m³/h；20～25kg/h

参考答案：［C］

主要解答过程：

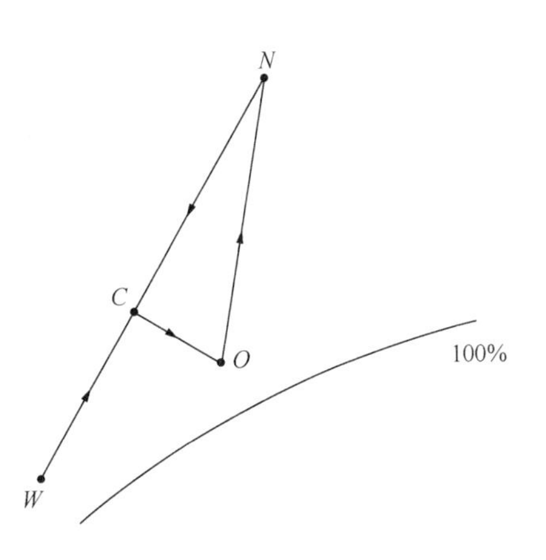

根据题意，新风与回风混合后经湿膜加湿到达送风点O点。因湿膜加湿为等焓加湿过程，因此$h_c = h_o$。

空气处理过程如图所示。查h-d图得：$h_O = h_C$ = 31.92kJ/kg，h_N=43.12kJ/kg，h_W=5.02kJ/kg

设新风比为m，根据空气混合关系：

$$h_C = m \cdot h_W + (1-m)h_N$$

$$m = \frac{h_C - h_N}{h_W - h_N} = \frac{31.92 - 43.12}{5.02 - 43.12} = 0.294$$

则新风量为：G_x=30000m³/h×0.294=8818.9m³/h

查h-d图得：d_N=8.22g/kg，d_W=2.52g/kg，d_O=7.44g/kg

则：$d_C = m \cdot d_W + (1-m)d_N = 0.294 \times 2.52 + (1-0.294) \times 8.22 = 6.54\text{g/kg}$

加湿量：$\Delta W = G(d_O - d_C) = 30000 \times 1.2 \times (7.44 - 6.54) = 32248\text{g/h} = 32.25\text{kg/h}$

（3）【案例】一个工艺性空调系统中采用转轮除湿机对新风进行除湿，转轮除湿机的性能见下图，夏季室外空调计算参数为：干球温度33℃、湿球温度28.2℃，夏季大气压力按101.3kPa计算，空气密度为1.2kg/m³，比定压热容为1.01kJ/（kg·K），新风量为3000m³/h，处理后的空气采用表冷器降温到25℃，冷水温度为7℃/12℃，水的比热容为4.18kJ/（kg·K），表冷器需要的冷水量最接近哪一项？（模拟）

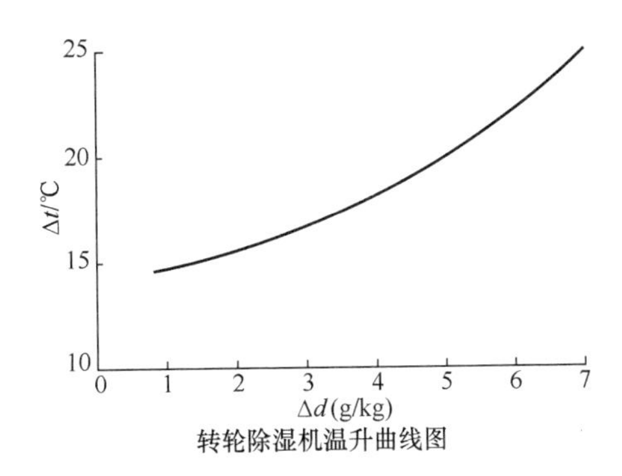

转轮除湿机温升曲线图

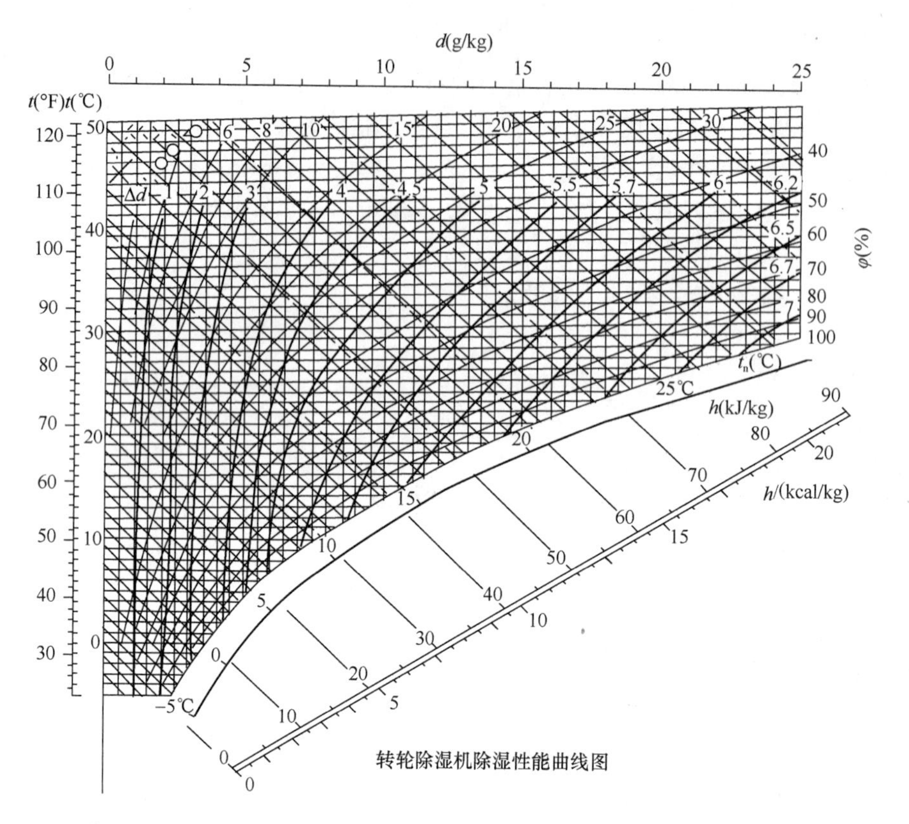

转轮除湿机除湿性能曲线图

(A) 4.5t/h　　(B) 5.6t/h　　(C) 6.5t/h　　(D) 7.5t/h

参考答案：[B]

主要解答过程：

1）计算新风状态参数

通过 h-d 图得到新风的相对湿度为 70%，含湿量为 22.5g/kg。

2）计算转轮除湿机的除湿量

根据新风的干球温度和相对湿度状态查转轮除湿机除湿性能曲线图得转轮除湿机的除湿量为 Δd=6.55g/kg。

3）计算转轮除湿机处理侧温升和出口温度

根据除湿量查转轮除湿机温升曲线图得到转轮除湿机处理侧温差为 24℃，出口温度为 33+24=57℃。

4）判断表冷器空气的出口状态

出口空气的含湿量为：22.5−6.55=15.95g/kg，出口温度 25℃、饱和状态的含湿量 20.1g/kg>15.95g/kg，因此表冷器冷却过程不产生冷凝水。

5）计算表冷器的冷水量

$$G_w=\frac{c_{pa}\rho_a G_a(t_{a2}-t_{a1})}{c_{pw}(t_{w2}-t_{w1})}=\frac{1.01\times1.2\times3000\times(57-25)}{4.18\times(12-7)}=5567\text{kg/h}=5.6\text{t/h}$$

(4)【案例】《红宝书》P1628～1629 例题：冷冻除湿机计算。

3. 真题归类

2006-3-13、2007-3-14、2007-4-13、2007-4-14、2008-3-15、2009-4-12、2010-3-16、2011-4-16、2012-4-15、2013-3-13。

3.4.10　诱导器系统计算

1. 知识要点

送风量　$G=\dfrac{Q_O}{h_N-h_O}$

一次风量 $G_1=\dfrac{G}{1+n}$（n——诱导比）

一次风承担的室内冷负荷 $Q_1=G_1(h_N-h_1)$

二次风承担的室内冷负荷 $Q_2=Q_O-Q_1=n\cdot c_p\cdot G(t_N-t_2)$

一次风处理箱冷量 $Q_S=\Sigma G_1(h_W-h_L)$

总冷量 $Q=\Sigma Q+\Sigma G_1(h_W-h_N)+\Sigma G_1\cdot c_p(t_1-t_L)=\Sigma G_1(h_W-h_L)+\Sigma Q_2$

2. 例题

【案例】《空气调节（第四版）》P147～148 例题 4-4。

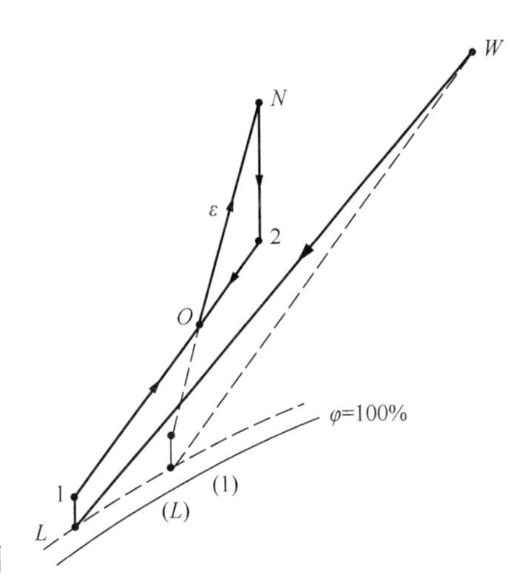

图 3-11　诱导器空气处理过程

3.4.11　冷辐射板空调系统计算

1. 知识要点

新风处理后送风含湿量 $d_L=d_N-\dfrac{W}{G_W}$

新风机组表冷器冷量 $Q_W=G_W(h_W-h_L)$

新风承担的室内冷负荷 $Q_{WCL}=G_W(h_N-h_L)$

冷辐射板承担的室内负荷 $Q_{PC}=Q-Q_{WCL}$

冷辐射板单位面积冷量 $q_{PC}=\dfrac{Q_{PC}\times 1000}{建筑面积}$（W/m²）

2. 超链接

《教材（第三版 2018）》P402。

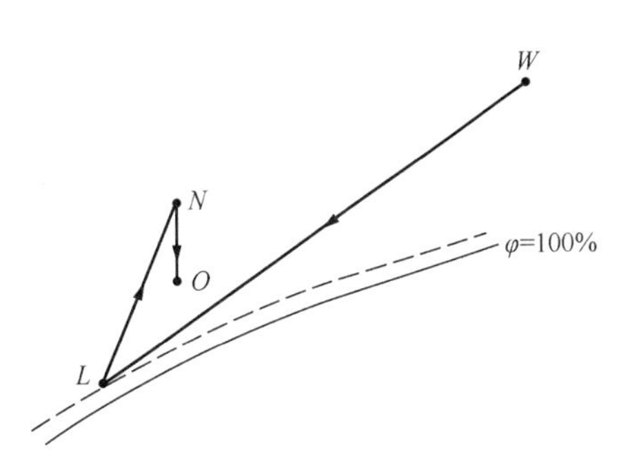

图 3-12　冷辐射板空气处理过程

3. 例题

（1）【案例】某空调房间采用辐射顶板供冷，新风（1500m³/h）承担室内湿负荷和部分室内显热冷负荷。新风的处理过程为：进风—排风/新风空气热回收设备（全热交换效率 70%）—表冷器（机器露点 90%）—诱导送风口（混入部分的室内空气）。有关设计计算参数见下表（当地大气压 101.3kPa、空气密度取 1.2kg/m³）：

室内温度与相对湿度	室内湿负荷（kg/h）	室外温度（℃）/湿球温度（℃）
26℃、55%	3.6	35/27

查 h-d 图，计算新风表冷器的计算冷量（kW）应最接近下列何项？（2016-3-13）

(A) 9.5　　(B) 12.5　　(C) 20.5　　(D) 26.5

参考答案：[B]

主要解答过程：

查 h-d 图得：室内 $d_n=11.6\text{g/kg}$，$h_n=55.7\text{kJ/kg}$，室外 $h_w=84.7\text{kJ/kg}$，新风承担全部室内湿负荷：

$$W=\frac{3.6}{3600}\times1000=\frac{1500}{3600}\times1.2\times(d_n-d_L)$$

解得 $d_L=9.6\text{g/kg}$。

机器露点 90%，查 h-d 图得：$t_L=14.9$℃，$h_L=39.1\text{kJ/kg}$，假设不进行热回收，表冷器冷量为：

$$Q_0=\frac{1500}{3600}\times1.2\times(84.7-39.1)=22.8\text{kW}$$

全热交换量：

$$Q_{回}=\frac{1500}{3600}\times1.2\times(84.7-55.7)\times0.7=10.15\text{kW}$$

表冷器实际需要冷量：

$$Q=Q_0-Q_{回}=12.65\text{kW}$$

(2)【案例】《空气调节（第四版）》P151～152 例题 4-5。

4. 真题归类

2013-4-15、2016-3-13。

3.4.12 表面式空气冷却器计算

1. 知识要点

(1) 析湿系数（换热扩大系数）：《教材（第三版 2018）》P404。

$$\xi=\frac{h_1-h_2}{C_p\cdot(t_1-t_2)}=\frac{\Delta h}{\Delta h-2500\Delta d}=\frac{\varepsilon}{\varepsilon-2500}\Rightarrow\varepsilon=\frac{2500\xi}{\xi-1}$$

注：因为焓值公式的 $1.84t$ 远小于 2500，在工程计算中可忽略，以简化计算

(2) 热交换效率系数和接触系数：《教材（第三版 2018）》P408。

(3) 加湿器：《教材（第三版 2018）》P411。

补充：《09 技措》P88，湿度饱和率

湿度饱和率——其数值为：(空气加湿前干球温度－加湿后干球温度）/（加湿前干球温度－加湿后空气湿球温度），其物理概念为：等焓加湿过程中，空气加湿所需湿度的含湿量增值，占空气加湿至饱和状态的含湿量增值的比率。

(4) 组合式空气调节机组的性能与选择

1) 空调箱功能段组合示意图：《教材（第三版 2018）》P415 图 3.4-27；

2) 表冷器性能参数和要求：《教材（第三版 2018）》P404；《民规》7.5.4；

3) 表面式换热器阻力计算：《教材（第三版 2018）》P408；

4) 表冷器冷热量计算：《教材（第三版 2018）》P407；

5) 凝结水管径：《民规》8.5.23 条文说明。

(5) 喷水室相关计算

《教材（第三版 2018）》P410～411。

（6）除湿、加湿器的计算

焓湿图、公式的运用。

2. 超链接

《教材（第三版 2018）》P404～411。

3. 真题归类

2008-3-14、2009-3-15、2010-4-17、2013-3-15、2017-3-12。

3.4.13 空气处理机组凝结水排水水封高度计算

1. 知识要点

（1）排水处为负压

$A=B=H+50$，mm；

H=排水口所处功能段最低负压值（Pa）/10，mm。

注：$1mmH_2O\approx10Pa$。

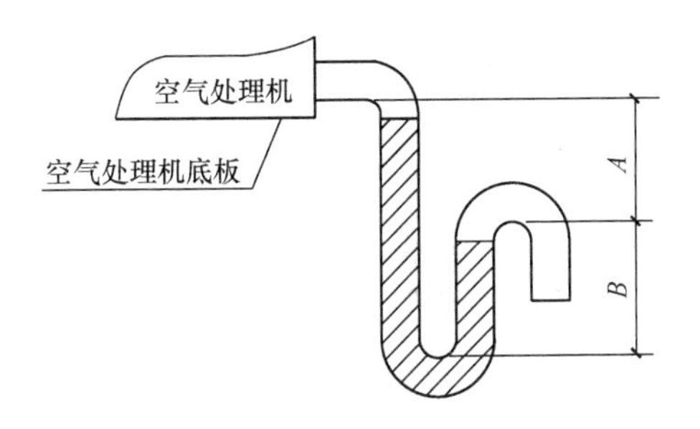

图 3-13 排水水封（排水处为负压）

图 3-14 排水水封（排水处为正压）

（2）排水处为正压

$A=50$，mm；

$B=H+50$，mm；

H=排水口所处功能段最大压力值（Pa）/10，mm。

注：$1mmH_2O\approx10Pa$。

2. 超链接

《工规》8.3.21 条文说明。

3. 例题

【案例】某空调箱的回风与新风混合段的压力为−30Pa，过滤器终阻力为 100Pa，空气冷却器的阻力为 150Pa，试问在 A 点排放冷凝水应有的水封最小高度为下列何值？（2006-3-17）

（A）10.1～11mm

（B）15.1～16mm

（C）27.1～28mm

（D）28.1～29mm

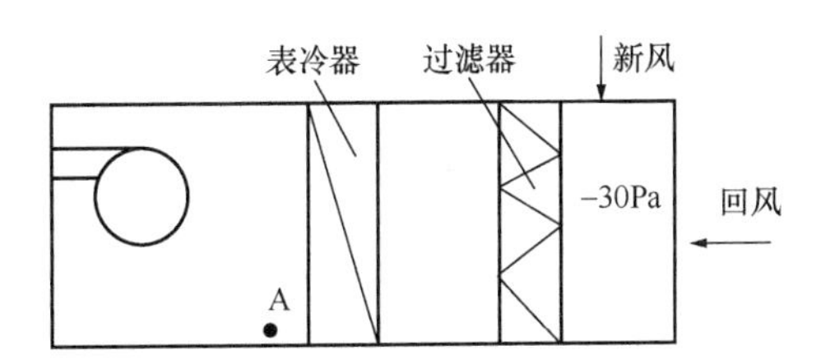

参考答案：[D]

主要解答过程：

根据《民规》8.5.23.1：当空调设备冷凝水积水盘位于负压段时，应设置水封，且水封高度应大于凝水盘处正压或负压值。排水点位于风机负压段，表冷段、过滤段、新回风混合段的压力损失都由风机段A点的负压来提供，一旦无水封或水封高度不够，就会造成由室内向机组内漏风，气水逆向，导致冷凝水无法有效排出。A点的负压值为：

$$P_A = -30 - 100 - 150 = -280\text{Pa}$$

$$|P_A| = \rho g H$$

$$H = \frac{|P_A|}{\rho g} = \frac{280}{1000 \times 9.8} = 0.0286\text{m} = 28.6\text{mm}$$

3.5 空调房间的气流组织

3.5.1 气流组织计算

1. 知识要点

（1）气流组织计算以教材为主即可，具体内容详见《教材（第三版 2018）》P426～450，主要掌握轴心温差、轴心速度、阿基米德数、换气次数等一些简单计算。

（2）射流轴心速度：《教材（第三版 2018）》P427。

$$\frac{v_x}{v_0} = \frac{0.48}{\frac{\alpha x}{d_0} + 0.145}$$

（3）射流横断面直径：《教材（第三版 2018）》P427。

$$\frac{d_x}{d_0} = 6.8\left(\frac{\alpha x}{d_0} + 0.145\right)$$

轴心温差和阿基米德数计算 **表 3-2**

计算参数	轴心温差计算	阿基米德数计算
公式	$\frac{\Delta T_X}{\Delta T_0} = \frac{0.35}{\frac{\alpha x}{d_0} + 0.145} = 0.73 \times \frac{v_x}{v_0}$	$A_r = \frac{g d_0 (t_0 - t_n)}{v_0^2 T_n}$
说明	1）相关参数含义详见《教材（第三版 2018）》P428； 2）α 值，详见《教材（第三版 2018）》P427 表 3.5-1； 3）送风口直径或水力直径 d_0 详见《教材（第三版 2018）》P429	1）d_0：送风口直径或水力直径 $d_0 = \frac{4AB}{2(A+B)}$ （A、B 分别为矩形风口的长与宽） 2）如果题目给出相对贴附长度 x/d_0，根据此公式无法计算，则需要根据《教材（第三版 2018）》P441 图 3.5-20 进行计算。 3）T_n为开氏温度
其他送风计算	侧送风：《教材（第三版 2018）》P440～442； 散流器：《教材（第三版 2018）》P442～444； 孔板送风：《教材（第三版 2018）》P444～449； 喷口送风：《教材（第三版 2018）》P449～450	

（4）风口风速计算

1）回流区的最大平均风速：《民规》7.4.11条文说明；

2）回风口的面风速：《民规》7.4.13条文说明。

2. 例题

（1）【案例】某空调房间设计室温为27℃，送风量为2160m³/h。采用尺寸为1000mm×150mm的矩形风口进行送风（不考虑风口有效面积系数），送风口出风温度为17℃。问：该送风气流的阿基米德数接近以下何项？（2011-3-17）

（A）0.0992　　（B）0.0081　　（C）0.0089　　（D）0.0053

参考答案：[D]

主要解答过程：

根据《教材（第三版2018）》P428公式（3.5-5）：

风口水力直径：$d_0 = 4 \times \frac{AB}{2(A+B)} = \frac{2 \times 1 \times 0.15}{1+0.15} = 0.26\text{m}$

风速：$v_0 = \frac{2160}{3600 \times 1 \times 0.15} = 4\text{m/s}$

$$A_r = \frac{gd_0(t_0 - t_n)}{v_0^2 \cdot T_n} = \frac{9.81 \times 0.26 \times (27-17)}{4^2 \times (273+27)} = 0.0053$$

（2）【案例】某局部岗位冷却送风系统，采用紊流系数为0.076的圆管送风口，送风出口温度t_s=20℃，房间温度t_n=35℃，送风口至工作岗位的距离为3m。工艺要求为：送风至岗位处的射流轴心温度t=29℃、射流轴心速度为0.5m/s。问：该圆管风口的送风量，应最接近下列何项（送风口直径采用计算值）？（2014-4-16）

（A）160m³/h　　（B）200m³/h　　（C）250m³/h　　（D）300m³/h

参考答案：[C]

主要解答过程：

根据《教材（第三版2018）》P428公式（3.5-3）：

$$\frac{\Delta T_x}{\Delta T_0} = \frac{0.35}{\frac{\alpha x}{d_0} + 0.145} \Rightarrow \frac{35-29}{35-20} = \frac{0.35}{\frac{0.076 \times 3}{d_0} + 0.145} \Rightarrow d_0 = 0.312\text{m}$$

根据P427公式（3.5-1）：

$$\frac{v_x}{v_0} = \frac{0.48}{\frac{\alpha x}{d_0} + 0.145} \Rightarrow \frac{0.5}{v_0} = \frac{0.48}{\frac{0.076 \times 3}{0.312} + 0.145} \Rightarrow v_0 = 0.912\text{m/s}$$

故送风量：$V = \frac{1}{4}\pi d_0{}^2 \times v_0 = 251\text{m}^3/\text{h}$

3. 真题归类

2010-4-16、2011-3-17、2013-4-18、2014-4-16。

3.5.2　侧送风计算

1. 知识要点

（1）侧送风计算步骤：《教材（第三版2018）》P440～442。

（2）最大允许送风速度：$v_0 \leqslant 0.36\frac{\sqrt{F_n}}{d_0}$

（3）射流自由度：$\frac{\sqrt{F_n}}{d_0}=53.2\sqrt{\frac{BHv_0}{L}}$

（4）风口个数：$N=\frac{BH}{\left(\frac{\overline{\overline{ax}}}{x}\right)^2}$

（5）单个风口面积：$f=\frac{L}{v_0 N\cdot 3600}$

（6）校核空调房间高度：$H=h+s+0.07x+0.3$

2. 超链接

《教材（第三版 2018）》P440～442。

3. 例题

【案例】某酒店客房采用侧送贴附方式的气流组织形式，侧送风口（一个）尺寸为800mm（长）×200mm（高），垂直于射流方向的房间净高为3.5m，宽度为4m。人员活动区的允许风速为0.2m/s。则送风口最大允许风速（m/s）最接近下列何项？（风口当量直径按面积当量直径计算）（2016-4-16）

（A）2.41　（B）2.53　（C）2.70　（D）3.39

参考答案：[A]

主要解答过程：

根据《教材（第三版 2018）》P440 公式（3.5-12）

$$\frac{v_{p,h}}{v_0}=\frac{0.69}{\frac{\sqrt{F_n}}{d_0}}$$

其中，风口当量直径 $d_0=\sqrt{\frac{4F}{\pi}}=\sqrt{\frac{4\times 0.8\times 0.2}{3.14}}=0.451\text{m}$

$F_n=\frac{B\times H}{N}=\frac{4\times 3.5}{1}=14$

因此，代入公式中：$\frac{0.2}{v_0}=\frac{0.69}{\frac{\sqrt{14}}{0.451}}$

解得：$v_0=2.4\text{m/s}$

故选A。

注：《教材（第三版 2018）》P440 公式（3.5-12）中的0.69与《民规》条文说明 P118 第7.4.11条公式（32）中的0.65取值不同。

4. 真题归类

2016-4-16。

3.5.3 散流器送风计算

1. 知识要点

（1）平送风散流器计算步骤：《教材（第三版 2018）》P442～444。

（2）当$0.5 < l/h_x < 1.5$时，轴心速度及轴心温差衰减式为：

$$\frac{v_x}{v_o} = 1.2K\frac{\sqrt{F_0}}{h_x + l},\ \frac{\Delta t_x}{\Delta t_o} = 1.1\frac{\sqrt{F_0}}{K(h_x + l)}$$

2. 超链接

《教材（第三版2018）》P442～444。

3. 例题

【案例】空调房间净尺寸为：长4.8m、宽4.8m、高3.6m，室内温度控制要求22±0.5℃，恒温区高度2.0m。采用一个平送风散流器送风，送风口喉部尺寸300×300（mm），房间冷负荷900W。问：该空调房间的最小送风量（kg/h），最接近下列哪一项？（2018-3-19）

（A）500　　（B）600　　（C）800　　（D）1100

参考答案：[D]

主要解答过程：

根据题意及《教材（第三版2018）》P443公式（3.5-19）可知，

散流器喉部面积$F_0 = 0.3 \times 0.3 = 0.09\text{m}^2$，水平射程$l = 4.8/2 = 2.4\text{m}$，

垂直射程$h_x = H - h = 3.6 - 2 = 1.6\text{m}$，则

$$0.1\frac{l}{\sqrt{F_0}} = 0.1\frac{2.4}{\sqrt{0.09}} = 0.8,\ \frac{l}{h_x} = \frac{2.4}{1.6} = 1.5,$$

查《教材（第三版2018）》P443图3.5-23，得$K = 0.48$

由公式$\frac{\Delta t_x}{\Delta t_0} = 1.1\frac{\sqrt{F_0}}{K(h_x + l)}$可知，

$$\Delta t_0 = \frac{K(h_x + l)\Delta t_x}{1.1\sqrt{F_0}} = \frac{0.48 \times (1.6 + 2.4) \times 0.5}{1.1 \times \sqrt{0.09}} = 2.91℃$$

则

$$G = \frac{Q}{c\Delta t_x} = \frac{900 \times 10^{-3}}{1.01 \times 2.91} = 0.306\text{kg/s} = 1101.6\text{kg/h}$$

故选D。

4. 真题归类

2018-3-19。

3.5.4　孔板送风计算

1. 知识要点

（1）孔板送风的计算步骤：《教材（第三版2018）》P444～449。

（2）孔口送风速度：$v_0 = 1500\gamma/d_0$

（3）孔口总面积：$F_k = L/(3600 v_0 \alpha)$

（4）稳压层净高：$h = 0.0011\frac{sL_d}{v_0}$

2. 超链接

《教材（第三版2018）》P444～449。

3. 例题

【案例】某空调房间的尺寸为长 6m×宽 3.6m×高 4m，要求室内温度为 20±0.5℃、空调区的气流速度不超过 0.25m/s，夏季空调区最大显热冷负荷为 1250W，空调区送风温差为 4℃。采用全面孔板上送风的方式，预留 10%的吊顶面积供布置照明灯具用，孔口直径为 6mm。试校核空调区最大风速是否满足要求？并确定稳压层净高 h 的经济合理值？（运动黏度为 $15.06\times10^{-6}\,m^2/s$，空气比热容为 1.01kJ/（kg·℃），空气密度为 $1.2kg/m^3$，孔口流量系数为 0.76）（模拟）

（A）不满足，0.2m （B）不满足，0.075m

（C）满足，0.2m （D）满足，0.075m

参考答案：[C]

主要解答过程：

根据《教材（第三版 2018）》P445 公式（3.5-22），

$$v_0=\frac{1500\gamma}{d_0}=\frac{1500\times15.06\times10^{-6}}{6\times10^{-3}}=3.765\text{m/s}$$

空调区送风量：$L=\dfrac{3.6Q_x}{\rho\cdot c\cdot\Delta t_0}=\dfrac{3.6\times1250}{1.2\times1.01\times4}=928.2\text{m}^3/\text{h}$

根据《教材（第三版 2018）》P446 公式（3.5-23），

孔口总面积：$F_k=\dfrac{L}{3600v_0a}=\dfrac{928.2}{3600\times3.765\times0.76}=0.0901\text{m}^2$

根据《教材（第三版 2018）》P446 公式（3.5-24），

净孔面积比：$k=\dfrac{F_k}{F}=\dfrac{0.0901}{6\times3.6\times(1-10\%)}=0.00463$

根据《教材（第三版 2018）》P447 公式（3.5-28），

“对于全面孔板由于气流受壁面限制 $\theta=0°$”，“全面孔板 $\dfrac{v_p}{v_x}\approx1$”

所以 $v_x=v_0\sqrt{ak}=3.765\times\sqrt{0.76\times0.00463}=0.223\text{m/s}$

$0.223\text{m/s}<0.25\text{m/s}$，空调区最大风速满足要求。

空调房间单位面积送风量：$L_d=\dfrac{L}{F'}=\dfrac{928.2}{6\times3.6}=42.97\text{m}^3/(\text{m}^2\cdot\text{h})$

根据《教材（第三版 2018）》P449 公式（3.5-31），

稳压层净高：$h=0.0011\dfrac{sL_d}{v_0}=0.0011\times\dfrac{6\times42.97}{3.765}=0.075\text{m}$

根据《教材（第三版 2018）》P449，“为了安装方便，即使是很小的空调房间，稳压层净高一般也不应小于 0.2m”，

$0.075\text{m}<0.2\text{m}$

所以取稳压层净高 $h=0.2\text{m}$ 经济合理。

故选 C。

3.5.5 集中（喷口）送风计算

1. 知识要点

（1）集中送风的计算步骤：《教材（第三版 2018）》P449～450。

（2）集中送风轴心速度：$\frac{v_x}{v_0}=\frac{0.48}{\frac{\alpha x}{d_0}+0.145}$

（3）空调区平均速度即射流末端平均速度：$v_p=\frac{1}{2}v_x$

2. 超链接

《教材（第三版 2018）》P449～450。

3. 例题

【案例】某候机厅拟采用单侧圆形喷口送风，初选喷口直径为 250mm，喷口送风速度为 8m/s，此时发现供冷时空调区的平均风速达到 0.5m/s，不能满足空调区平均风速不大于 0.25m/s 的室内环境控制要求。若要满足室内环境控制要求，同时维持喷口安装高度、射程和送风速度不变，则喷口的射程（m）和直径（mm）选择应最接近下列哪项？（圆形喷口的紊流系数取 0.07）（2017-3-14）

（A）射程 13.2，直径为 100　　（B）射程 13.2，直径为 125

（C）射程 26.9，直径为 125　　（D）射程 26.9，直径为 200

参考答案：[B]

主要解答过程：

根据题意及《教材（第三版 2018）》P450 公式（3.5-32）可知，

空调区射流末端平均速度为轴心速度的一半，即 $v_p=\frac{1}{2}v_x$，因此

$$v_{x1}=2v_{p1}=2\times0.5=1\text{m/s}$$

由 P450 公式 $\frac{v_x}{v_0}=\frac{0.48}{\frac{\alpha x}{d_0}+0.145}$ 可求出

喷口射程：$x=\left(\frac{0.48v_0}{v_{x1}}-0.145\right)d_1/\alpha=\left(\frac{0.48\times8}{1}-0.145\right)\times0.25/0.07=13.2\text{m}$

欲控制空调区平均风速 $v_{p2}\leqslant0.25$，即 $v_{x2}=2v_{p2}\leqslant2\times0.25=0.5\text{m/s}$

且喷口安装高度、射程和送风速度不变，则有：

$$\frac{v_{x2}}{v_0}=\frac{0.48}{\frac{\alpha x}{d_2}+0.145}$$

$$d_2=\frac{v_{x2}}{v_0}=\frac{0.48}{\frac{\alpha x}{d_2}+0.145}=\frac{\alpha x}{\left(\frac{0.48v_0}{v_{x2}}-0.145\right)}\geqslant$$

$$\frac{0.07\times13.2}{\left(\frac{0.48\times8}{0.5}-0.145\right)}=0.123\text{m}=123\text{mm}$$

故选 B。

4. 真题归类

2006-4-16，2017-3-14。

3.6 空气洁净技术

3.6.1 空调洁净度等级计算

1. 知识要点

（1）关于空气洁净度等级的确定，有两种方法，

1）《教材（第三版 2018）》P455 表 3.6-1；

2）根据下式进行计算。

注：当给出的数值在表格中可以直接查询，可采用第一种方法，比较节约时间，否则只能采用第二种的公式计算方法。

$$C_n = 10^N \times \left(\frac{0.1}{D}\right)^{2.08}$$

（2）关于空气洁净度等级的计算结果中小数点的取舍问题一直是大家争论的焦点。例如：计算的结果为 4.2，那么洁净度等级究竟应该怎么取，下面为个人的一些观点。

1）为了控制室内粒子浓度，需要计算洁净度等级时，这种情况相当于设计选型，需要选用等级高的（4.2 取 4 级）；

2）给出了室内空气中粒子浓度，需要判断目前的情况属于哪种等级时，这种情况相当于设计校核，需要选用等级低的（4.2 取 5 级）。

（3）备注：

1）洁净度等级 N 分 9 级，实际不止 9 个等级，1～9 级时以 0.1 递增，如 2.1、2.2，但没有 9.1、9.2；

2）C_n表示是大于等于所要求的最大容许计数浓度（pc/m^3）；

3）根据实际情况计算粒径的容许浓度

① N1 级，若≥0.2μm，2pc/m^3；≥0.1μm，10pc/m^3；→(0.1～0.2μm)，(10－2)pc/m^3＝8pc/m^3；

解释：N1 级，已知大于等于 0.2μm 不大于 2 个；查表得出大于 0.1μm 不大于 10 个。但大于 0.1μm 小于 0.2μm 最终只能取 8 个，因为大于等于 0.2μm 占了 2 个。

② N1 级，若≥0.2μm，1pc/m^3；→(0.1～0.2μm)，(10－1)pc/m^3＝9pc/m^3。

解释：N1 级，已知大于等于 0.2μm 不大于 1 个；查表得出大于 0.1μm 不大于 10 个。但大于 0.1μm 小于 0.2μm 最终只能取 9 个，因为大于等于 0.2μm 占了 1 个。

4）C_n有效位数为 3 位整数，四舍五入。

① N5.1 级≥0.5μm→C_n＝4427.3→4430pc/m^3；

② N5.5 级≥0.5μm→C_n＝11120.96→11100pc/m^3。

2. 例题

【案例】某洁净房间空气含尘浓度为 0.5μm 粒子 3600 个/m^3，其空气洁净度等级按国际标准规定的是下列何项？并列出判定过程。（2009-4-20）

（A）4.6 级　　（B）4.8 级　　（C）5.0 级　　（D）5.2 级

参考答案：[C]

主要解答过程：

根据《教材（第三版 2018）》P455 公式（3.6-1）：

$$C_n = 3600 = 10^N \times \left(\frac{0.1}{0.5}\right)^{2.08}$$

解得 $N=5.0$。

3. 真题归类

2009-4-20、2017-4-20。

3.6.2 空气过滤器有关计算

1. 知识要点

（1）面风速：$u = \frac{L}{3600F}$，L——m^3/h；F——m^2。

注：F 一般是指面迎风面积而不是净迎风面积。

（2）计重效率：$E = \left(1 - \frac{W_2}{W_1}\right) \times 100\%$，$W$——$g/m^3$。

注：仅用于粗效过滤器测试。

（3）计数效率：$E = \left(1 - \frac{N_2}{N_1}\right) \times 100\%$，$N$——$pc/m^3$。

注：常用于粗效、中效过滤器测试。

（4）穿透率：$P = 1 - E$

$$P_{总} = P_1 \cdot P_2 \cdot P_3 \cdots P_n = (1-E_1)(1-E_2)(1-E_3)\cdots(1-E_n)。$$

（5）串联过滤器总效率：$E_T = 1-(1-E_1)(1-E_2)(1-E_3)\cdots(1-E_n)$。

2. 超链接

《教材（第三版 2018）》P459～460。

3. 例题

（1）【案例】4000m²的洁净室，高效空气过滤器的布满率为 64.8%，如果过滤器的尺寸为 1200mm×1200mm，试问需要的过滤器数量为下列何值？（2006-3-24）

（A）750 台 （B）1500 台 （C）1800 台 （D）2160 台

参考答案：[C]

主要解答过程：

过滤器面积为：

$$S = 4000 \times 64.8\% = 2592\text{m}^2$$

所需台数为：

$$N = \frac{S}{s_0} = \frac{2592\text{m}^2}{(1.2 \times 1.2)\text{m}^2} = 1800$$

（2）【案例】第一个过滤器过滤效率 99.8%，第二个过滤器过滤效率为 99.9%，问两个过滤器串联的总效率最接近下列哪一项？（2007-3-24）

（A）99.98% （B）99.99% （C）99.998% （D）99.9998%

参考答案：[D]

主要解答过程：

根据《教材（第三版 2018）》P207 公式（2.5-4）：

$$\eta_T = 1-(1-\eta_1)(1-\eta_2) = 1-(1-0.998)(1-0.999) = 0.999998 = 99.9998\%$$

4. 真题归类

2006-3-24、2007-3-24、2011-4-20、2013-4-20。

3.6.3 室内单位容积发尘量计算

超链接：

《教材（第三版 2018）》P463～464。

3.6.4 非单向流计算

1. 知识要点

（1）均匀分布计算

换气次数 $n = \dfrac{60G}{\alpha \cdot N - N_s}$

（2）不均匀分布计算

先计算按照洁净室洁净度等级所对应的含尘浓度限值计算的洁净室换气次数 $n = \dfrac{60G}{N - N_s}$

再计算不均匀分布方法计算换气次数 $n_V = \psi \cdot n$

2. 超链接

《教材（第三版 2018）》P463～465。

3. 例题

（1）【案例】空间体积为 $2000m^3$ 的洁净室设计为 7 级，对于≥0.5μm 粒子而言，室内单位容积发尘量 G=35000 粒/(m^3·min)，新风比为 15%，新风含尘浓度 M=200000 粒/L，空气过滤器组合效率 η_z=99.995%，按照均匀分布计算理论（安全系数取 0.6），并参照相关设计规范，求该洁净室空调系统的最小送风量。（模拟）

（A）$20000m^3/h$　（B）$25000m^3/h$　（C）$30000m^3/h$　（D）$40000m^3/h$

参考答案：[C]

主要解答过程：

$$N = 352000 \text{ 粒}/m^3$$

$$N_s = M(1-s)(1-\eta_z) = 2\times10^8\times0.15\times(1-0.99995) = 1500 \text{ 粒}/m^3$$

$$n = \frac{60G}{\alpha N - N_s} = \frac{60\times35000}{0.6\times352000-1500} = 10h^{-1}$$

但按照《洁净规》6.3.3，7 级洁净室的换气次数应为 15～25h^{-1}，取最小值 15^{-1}，送风量 L=2000×15=30000m^3/h。

（2）【案例】某洁净室要求室内空气≥0.5μm 尘粒的浓度≤35.2pc/L。室外大气≥0.5μm 尘粒的含尘浓度为 10×10^7 pc/m^3，该洁净室内单位容积发尘量为 2.08×10^4 pc/（m^3·min），净化空调系统设计新风比为 10%。新风经粗效过滤（效率 20%，效率为对≥0.5μm 尘粒的效率，以下同）、中效过滤（效率 70%）后与经过中效过滤（效率 70%）的回风混合并经高效过滤（效率99.99%）后送入洁净室。若安全系数取0.6，按非单向流均匀分布计算法算出的该洁净室所需的最小换气次数（次/h）最接近下列何项？(2018-4-20)

(A) 60　(B) 70　(C) 80　(D) 90

参考答案：[A]

主要解答过程：

依题意，

$$N_s = M(1-s)(1-\eta_{zx}) + s \cdot N(1-\eta_{zh}) = 10\times10^7\times10\%\times(1-20\%)\times(1-70\%)\times(1-99.99\%) + 35.2\times10^3\times(1-10\%)\times(1-70\%)\times(1-99.99\%) = 241\text{pc/m}^3$$

根据《教材（第三版2018）》P464公式（3.6-8），

$$n = 60\times\frac{G}{a\times N - N_s} = 60\times\frac{2.08\times10^4}{0.6\times35.2\times10^3-241} = 59.77\text{ 次 /h}$$

故选A。

4. 真题归类

2007-4-24、2008-3-19、2012-4-20、2018-4-20。

3.6.5 送风含尘浓度计算

1. 知识要点

(1) 回风只经过中、高效过滤器（图3-15）

$$N_s = M(1-s)(1-\eta_{zx}) + s \cdot N(1-\eta_{zh})$$

式中 N_s——送风含尘浓度（pc/m³）；

M——新风含尘浓度（pc/m³）；

N——回风含尘浓度（pc/m³）；

s——回风比，注：回风量/总风量；

$(1-\eta_{zx})$——新风所经过的所有过滤器总穿透率；

$(1-\eta_{zh})$——回风所经过的所有过滤器总穿透率。

(2) 新风和回风都经过粗、中、高效过滤器（图3-16）

$$N_s = [M(1-s) + s \cdot N] \cdot (1-\eta_{总})$$

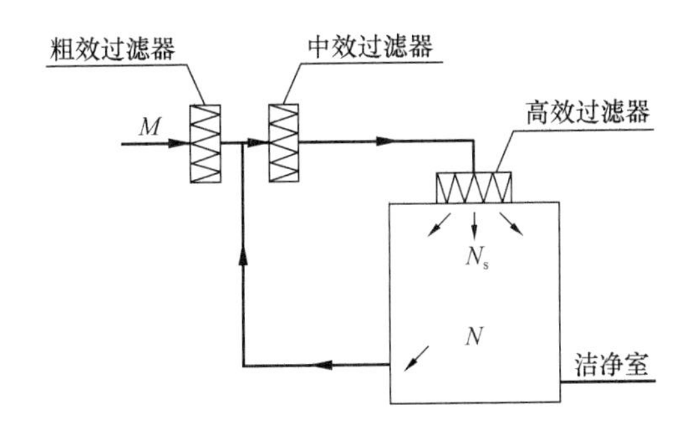

图3-15 洁净室回风只经过中、高效过滤器示意图

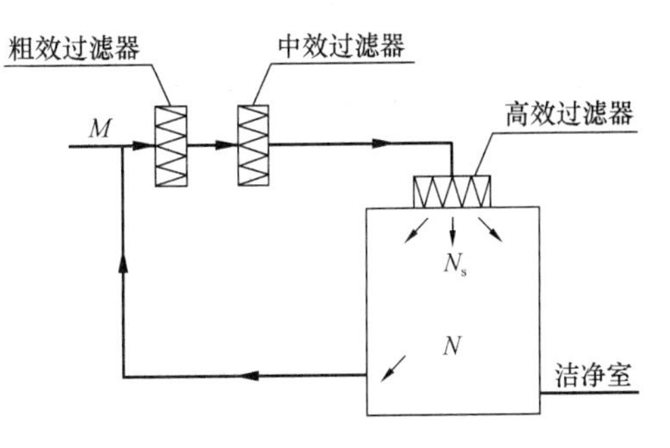

图3-16 洁净室新风和回风都经过粗、中、高效过滤器示意图

（3）采用直流系统、忽略回风对送风含尘浓度的影响或室内浓度 N 远远小于新风浓度 M。

$$N_s = M(1-s)(1-\eta_{总})$$

（4）含尘浓度和效率均要在同一粒径进行计算。若不同，则需要换算。

2. 例题：

（1）【案例】某洁净室在新风上安装了粗效、中效和亚高效过滤器，对 0.5μm 以上粒子的总效率为 99%，回风部分安装的亚高效过滤器对 0.5μm 以上粒子的效率为 97%，新风和回风混合后经过高效过滤器，过滤器对 0.5μm 以上粒子的效率为 99.9%，已知室外新风中大于 0.5μm 以上粒子总数为 10^6pc/L，回风中大于 0.5μm 以上粒子总数为 3.5pc/L，新回风比为 1∶4。求高效过滤器出口大于 0.5μm 以上粒子浓度为何值？（2008-3-19）

（A）9～15pc/L　（B）4～8pc/L　（C）1～3pc/L　（D）＜1pc/L

参考答案：[C]

主要解答过程：

回风比 $s = 4/(1+4) = 0.8$

$$\begin{aligned} N_s &= M(1-s)(1-\eta_{新})(1-\eta_{高}) + S \cdot N(1-\eta_{回})(1-\eta_{高}) \\ &= 10^6 \text{pc/L} \times (1-0.8) \times (1-0.99) \times (1-0.999) \\ &\quad + 3.5\text{pc/L} \times 0.8 \times (1-0.97) \times (1-0.999) \\ &= 2\text{pc/L} \end{aligned}$$

（2）【案例】某洁净室的洁净度等级为（N）6 级，室外大气尘浓度 $M = 30\times10^7$ 个/m³，室内单位容积发尘量 $G = 1.8\times10^4$ 个/（m³ · min），采用一次回风系统，回风比 $s=0.8$，粗效过滤器效率 $\eta_{粗}=20\%$，中效过滤器效率 $\eta_{中}=30\%$。考虑不均匀系数 $\psi=1.1$，按不均匀分布理论计算的换气次数 $n_V = 60.5\text{h}^{-1}$，末级空气过滤器的效率必须大于以下何值？（浓度和效率均对应于≥0.5μm 粒径）（模拟）

（A）99.9%　（B）99.95%　（C）99.995%　（D）99.999%

参考答案：[B]

主要解答过程：

根据《教材（第三版 2018）》P455，洁净度等级 6 级的室内空气浓度限值 $C_n = 35200$ 个/m³。

按不均匀分布理论计算的换气次数 $n_v = \phi n$，$n = \frac{n_v}{\phi} = \frac{60.5}{1.1} = 55\text{h}^{-1}$

末级空气过滤器后的空气含尘浓度为

$$N_s = N - \frac{60G}{n} = 35200 - \frac{60\times1.8\times10^4}{55} = 15564 \text{ 个/m}^3$$

$$1-\eta_{末} = \frac{N_s}{M(1-s)(1-\eta_{粗})(1-\eta_{中})} = \frac{15564}{30\times10^7\times0.2\times0.8\times0.7} = 0.00046$$

$$\eta_{末} = 99.95\%$$

3. 真题归类

2007-4-24、2008-3-19、2008-4-19、2012-4-20。

3.6.6　迎风面压力计算

1. 知识要点

迎风面压力计算：《教材（第三版 2018）》P467。

2. 例题

【案例】沿海某地为标准大气压，冬季的室外平均风速为 4.5m/s，室外温度为 0℃，空气密度为 1.29kg/m³。该地洁净室与室外合理的设计正压值，应是下列何项？（2010-4-20）

（A）5Pa　　（B）10Pa　　（C）15Pa　　（D）25Pa

参考答案：[D]

主要解答过程：

根据《教材（第三版 2018）》P467 公式（3.6-11）：

压力复核计算：$P = C\dfrac{\rho v^2}{2} = 0.9 \times \dfrac{4.5^2 \times 1.29}{2} = 11.76\text{Pa}$

正压值应高于迎面风压 5Pa，即为：11.76Pa+5Pa=16.76Pa，选择 D 选项。

3.6.7　洁净室送风量和新风量计算

1. 知识要点

（1）计算要求

1）要求

① 满足洁净度等级的送风量；

② 热湿负荷确定的送风量；

③ 洁净室供给的新风量：≥40m³/(h·人)；

④ 补偿排风量和保持室内正压所需新风量。

2）计算

① 送风量=max{洁净等级所需风量，热湿负荷所需风量，洁净室供给的新风量}

② 新风量=max{人员所需风量，补偿排风量+保持室内正压新风量}

（2）渗透风量计算：《教材（第三版 2018）》P467；《洁净规》6.2.3 条文说明。

1）缝隙法

$$Q = \alpha \cdot \Sigma(q \cdot l)$$

2）换气次数法

① 压差=5Pa，1～2 次/h；

② 压差=10Pa，2～4 次/h；

③ 混凝土外墙无窗厂房，0.5 次/h。

注：气密性好的大型洁净厂房，换气次数取下限。

（3）洁净室的回风量

① 送风量=回风量+排风量+渗出风量 → 回风量=送风量－（排风量+渗出风量）

② 送风量=回风量+新风量 → 新风量=排风量+渗出风量

2. 超链接

《洁净规》6.1.5、6.3.2。

3. 例题

(1)【案例】某洁净室按照发尘量和洁净度等级要求计算送风量 $12000m^3/h$，根据热湿负荷计算送风量 $15000m^3/h$，排风量 $14000m^3/h$，正压风量 $1500m^3/h$，室内 25 人，该洁净室的送风量应为下列何项？(2014-4-20)

(A) $12000m^3/h$　(B) $15000m^3/h$　(C) $15500m^3/h$　(D) $16500m^3/h$

参考答案：[C]

主要解答过程：

根据《洁净规》6.1.5，新鲜空气量为：

$$V_x = \max[(14000+1500), 25\times 40] = 15500m^3/h$$

再根据 6.3.2，送风量为：

$$V_s = \max[12000, 15000, V_x] = V_x = 15500m^3/h$$

(2)【案例】某工厂一正压洁净室的工作人员为 3 人，室内外压差为 10Pa，房间有一扇密闭门 1.5m×2.2m，三扇单层固定密闭钢窗 1.8m×1.5m，设备排风量为 $30m^3/h$，洁净室内最小新风量 (m^3/h) 应最接近下列何项？(门窗气密性安全系数取 1.20，按缝隙法计算)(2016-4-20)

(A) 150　(B) 138　(C) 120　(D) 108

参考答案：[C]

主要解答过程：

根据《教材（第三版 2018）》P467 公式 (3.6-12)：

渗透风量 $Q = \alpha\cdot\Sigma(q\cdot l)$

根据题意，安全系数 α =1.2，根据根据《洁净规》6.2.3 条文说明表 7，查得正压值 10Pa 时，密闭门和单层固定密闭钢窗的单位长度漏风量分别为 6.0 ($m^3/h\cdot m$) 和 1.0 ($m^3/h\cdot m$)，代入上式：

$$\begin{aligned} Q &= \alpha\cdot\Sigma(q\cdot l) \\ &= 1.2\times[6.0\times 2\times(1.5+2.2)+3\times 1.0\times 2\times(1.8+1.5)] \\ &= 77.04m^3/h \end{aligned}$$

根据《洁净规》6.1.5，新鲜空气量为：

$$V_x = \max[(77.04+30), 40\times 3] = 120m^3/h$$

(3)【案例】有一工艺需求的净面积为 120 m^2 (12m×10m) 的混合流洁净室，吊顶高度为 3m，在 6 级环境中心设置 $18m^2$ (3m×6m) 的 5 级垂直单向流洁净区，室内工作人员很少，室内热、湿负荷也很小。净化空调送风方案采用 FFU 在吊顶布置，6 级洁净区双侧沿长边方向布置下侧回风，5 级洁净区采用垂吊围帘至工作区上方围挡，洁净室需求的粗效、中效空气过滤和冷、热湿处理由一台净化空调机组负担，温湿度控制元件设置在 5 级洁净区的工作区域内。该设计方案的净化空调机组总送风量宜选取哪一项？(模拟)

(A) $25000m^3/h$　(B) $32000m^3/h$　(C) $45000m^3/h$　(D) $51000m^3/h$

参考答案：[B]

主要解答过程：

1）根据洁净技术理论，本方案中5级洁净区的设置有利于提高6级洁净区的洁净度，《洁净规》表6.3.3，6级洁净区净化空调的换气次数取下限$50h^{-1}$；5级洁净区断面风速0.2～0.5m/s。

2）6级洁净区送风量$L_1=(120-18)\times 3\times 50=15300m^3/h$

3）5级洁净区的送风量：

① 断面风速按0.2m/s计，$L_2=18\times 0.2\times 3600=12960m^3/h$

$$L_1+L_2=28260m^3/h>25000m^3/h \text{（A选项）}$$

A选项中的5级洁净区断面风速$v<0.2m/s$，被排除。

② 断面风速按0.5m/s计，$L_2=18\times 0.5\times 3600=32400m^3/h$

$$L_1+L_2=47700m^3/h<51000m^3/h \text{（D选项）}$$

D选项中的5级洁净区断面风速$v>0.5m/s$，被排除。

③ B选项：$32000m^3/h$，则$L_2=32000-15300=16700m^3/h$

5级洁净区断面风速$v=\dfrac{16700}{18\times 3600}=0.258m/s$

④ C选项：$45000m^3/h$，则$L_2=45000-15300=29700m^3/h$

5级洁净区断面风速$v=\dfrac{29700}{18\times 3600}=0.458m/s$

洁净室（区）内人的发尘占有较大的比例，人员少，发尘量就少。而且洁净区热湿负荷小，相比较5级洁净区选取断面风速$v=0.258m/s$较合理，即总送风量宜选取B选项。

4. 真题归类

2014-4-20、2016-4-20。

3.7 空调冷热源与集中空调水系统

3.7.1 水力计算

1. 超链接

《教材（第三版2018）》P493、P74。

2. 例题

【案例】某空调水系统的某段管道如图所示。管道内径为200mm，A、B点之间的管长为10m，管道的摩擦系数为0.02。管道上的阀门的局部阻力系数（以流速计算）为2，水管弯头的局部阻力系数（以流速计算）为0.7。当输送水量为$180m^3/h$时，问：A、B点之间的水流阻力最接近下列何项（水的密度取$1000kg/m^3$）？（2012-4-18）

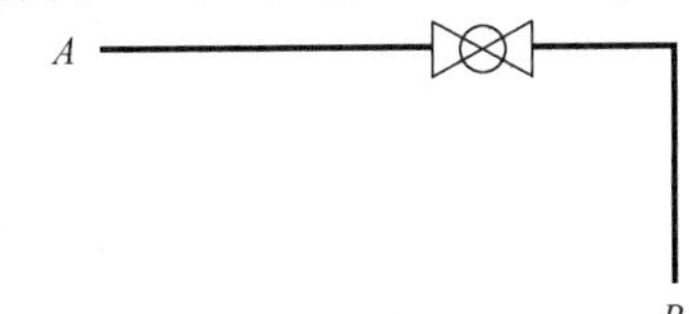

(A) 2.53kPa　　　　(B) 3.41kPa

(C) 3.79kPa　　　　(D) 4.67kPa

参考答案：[D]

主要解答过程：

管内水流速为：$v=\dfrac{180}{3600\times\dfrac{1}{4}\pi\times0.2^2}=1.59\text{m/s}$

根据《教材（第三版 2018）》P74 公式（1.6.1）：

$$\Delta P=\Delta P_{\mathrm{m}}+\Delta P_i=\left(\frac{\lambda}{d}l+\sum\zeta\right)\frac{\rho v^2}{2}$$

$$=\left[\frac{0.02}{0.2}\times10+(2+0.7)\right]\times\frac{1000\times1.59^2}{2}=4677\text{Pa}$$

$$=4.68\text{kPa}$$

3.7.2 空调水系统定压压力分析

1. 知识要点

水系统压力分析表　　表 3-3

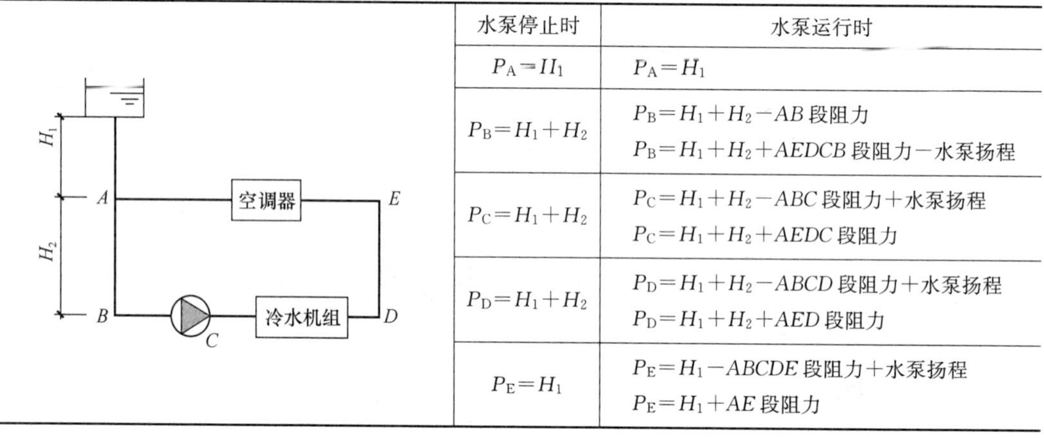

水泵停止时	水泵运行时
$P_A=H_1$	$P_A=H_1$
$P_B=H_1+H_2$	$P_B=H_1+H_2-AB$ 段阻力 $P_B=H_1+H_2+AEDCB$ 段阻力－水泵扬程
$P_C=H_1+H_2$	$P_C=H_1+H_2-ABC$ 段阻力＋水泵扬程 $P_C=H_1+H_2+AEDC$ 段阻力
$P_D=H_1+H_2$	$P_D=H_1+H_2-ABCD$ 段阻力＋水泵扬程 $P_D=H_1+H_2+AED$ 段阻力
$P_E=H_1$	$P_E=H_1-ABCDE$ 段阻力＋水泵扬程 $P_E=H_1+AE$ 段阻力

注：1）$A\rightarrow C$ 负压段：工作压力＝该点静水压－定压点到该点阻力；

2）$C\rightarrow A$ 正压段：工作压力＝该点静水压＋水泵扬程－定压点到该点阻力；

3）《教材（第三版 2018）》P508，由伯努利方程得出正确的公式为 $P_{\mathrm{Bmin}}=H+5-\Delta H_{\mathrm{AB}}$。

2. 超链接

《教材（第三版 2018）》P494。

3. 例题

（1）【案例】某空调系统三个相同的空调机组，末端采用手动阀调节，如图所示。设计状态为：每个空调箱的水流量均为 100kg/h，每个末端支路的水阻力均为 90kPa（含阀门、盘管及其支管和附件等）；总供、回水管的水流阻力合计为 $\Delta P_{AC}+\Delta P_{DB}=30\text{kPa}$。如果 A、B 两点的供、回水压差始终保持不变，问：当其中一个末端的阀门全关后，系统的水流量为多少？（2007-3-18）

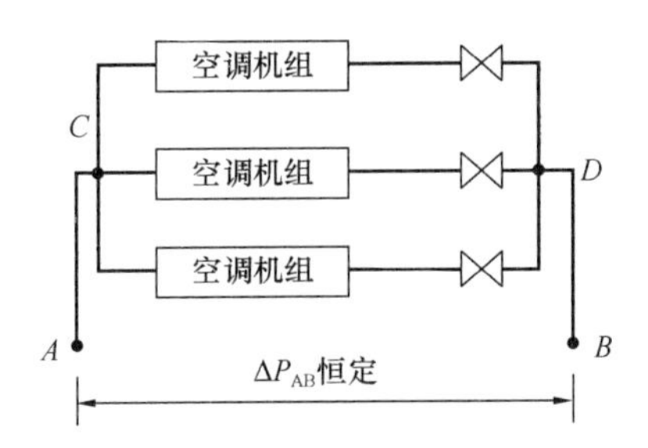

(A) 190～200kg/h　　(B) 201～210kg/h

(C) 211～220kg/h　　(D) 221～230kg/h

参考答案：[C]

主要解答过程：

根据《教材（第三版 2018）》P139 公式（1.10-23），水力工况分析的基本公式 $\Delta P = SV^2$

1）阀门关闭前，$P_{AB} = 120\text{kPa}$，$V_{单} = 100\text{kg/h}$，$V_{总} = 300\text{kg/h}$，

单台机组阻力数 $S_{单} = P_{单}/V_{单}^2 = 90/100^2 = 0.009\text{kPa}/(\text{kg/h})^2$，

干管总阻力数 $S_{AC} + S_{DB} = (\Delta P_{AC} + \Delta P_{DB})/V_{总}^2 = 30/300^2 = 0.00033\text{kPa}/(\text{kg/h})^2$

2）阀门关闭后，$P'_{AB} = 120\text{kPa}$，

两台机组并联阻力数 $S'_{并} = 0.00225\text{kPa}/(\text{kg/h})^2$，

系统总阻力数 $S'_{总} = S'_{并} + S_{AB} + S_{DB} = 0.00225 + 0.00033 = 0.00258\text{kPa}/(\text{kg/h})^2$，

由 $\Delta P'_{AB} = S'_{总} V'^2_{总}$，得 $V'_{总} = 215.7\text{kg/h}$。

(2)【案例】如图所示，某高层建筑空调水系统，

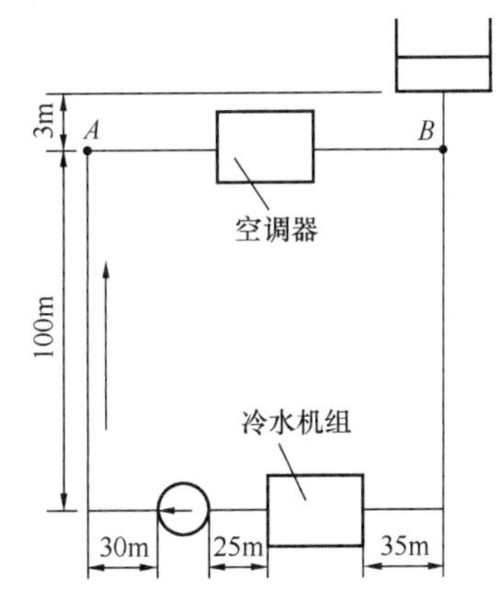

1）管路单位长度阻力损失（含局部阻力）为 400Pa/m；

2）冷水机组的压力降 0.1MPa；

3）水泵扬程为 30m。

试问系统运行时 A 点处的压力约为下列何值？（2007-4-16）

(A) $11\text{mH}_2\text{O}$　　(B) $25\text{mH}_2\text{O}$　　(C) $16\text{mH}_2\text{O}$　　(D) $8\text{mH}_2\text{O}$

参考答案：[A]

主要解答过程：

定压点 B 压力为 $P_B = 3\text{mH}_2\text{O}$，$A$ 和 B 高度相同故不存在重力水头差，

$$P_A = P_B - P_{沿程} - P_{局部} + H_{水泵}$$

$= 3m - [(100 + 35 + 25 + 30 + 100)m \times 400Pa/m]/(1000kg/m^3 \times 9.8)$
$- 0.1MPa/(1000kg/m^3 \times 9.8) + 30m$
$= 3m - 11.8m - 10.2m + 30m = 11m$

注：计算时 g 取 9.8。

4. 真题归类

（1）水力计算和水力工况分析：2007-3-18、2008-4-16、2009-4-16、2010-3-18、2012-4-18、2013-3-22；

（2）系统压力计算：2007-4-16、2009-3-17、2014-3-12。

3.7.3 冷却水系统

1. 知识要点

（1）冷却水泵扬程计算，《教材（第三版 2018）》P495；《09 技措》6.6.3。

冷却水泵扬程=（冷却塔积水盘水位至布水器的高差+冷却塔布水管处所需自由水头+冷凝器等换热设备阻力+吸入管道和压出管道阻力）×[1+(5%～10%)]。

注：冷却塔到冷却水泵的高差则不计入阻力计算。

（2）冷却水泵流量计算

$$G=\frac{3600Q}{C_P \cdot (t_1-t_2)}$$，G——kg/h；C_P——4.187kJ/(kg·℃)；Q——kW

或 $$G=\frac{0.86Q}{\Delta t}$$，G——m³/h；Q——kW

（3）冷却塔冷却能力计算：《教材（第三版 2018）》P491～493。

2. 真题归类

2008-4-21、2011-3-21、2011-4-23、2012-4-17、2012-4-24、2013-3-17、2014-3-16、2017-3-22。

3.7.4 有关水泵的特性与计算

1. 知识要点

水泵参数计算 **表 3-4**

项目	《清水离心泵能效限定值及节能评价值》	《09 技措》	《红宝书》
功率	5.2 泵输出功率 $P_u = \rho g Q H \times 10^3$kW ρ——水密度（kg/m³）； g——重力加速度（9.81m/s²）； Q——流量（m³/s）； H——扬程（m）		P1177 1）水泵轴功率： $N_Z = \frac{\rho G H}{102\eta}$(kW) G——流量，m³/s。 $N_Z = \frac{GH}{367.3\eta}$(kW) G——流量（m³/h）； H——扬程（m）； η——水泵效率，0.5～0.8； 电机容量 $N=K_A \cdot N_Z$（kW） K_A——电机容量安全系数。 2）《公建节能宣贯》P77

续表

项目	《清水离心泵能效限定值及节能评价值》	《09技措》	《红宝书》
流量		5.9.2 $G=K\cdot\frac{Q}{1.163\Delta t}(m^3/h)$ Q——水泵负担的冷（热）负荷； K——附加系数，取1.05～1.1； Δt——供回水温差	P1181 $G=1.1\times\frac{Q}{C_P\rho\Delta t}(m^3/h)$ Q——水泵负担的冷（热）负荷； C_P——水比热容； ρ——水密度（kg/m^3）； Q——流量（m^3/h）
	注：水泵流量基础公式同冷却水泵		
扬程		5.9.3 循环水泵扬程计算 扬程附加5%～10%的附加值 1）一次泵系统 闭式系统考虑：管路和管件阻力、自控阀和过滤器阻力、冷水机组阻力、末端设备阻力； 开式系统考虑：除上述阻力外，还应包括水池最低水位到末端设备之间的高差，末端出水压力。 2）二次泵系统 一级泵、二级泵与一次泵计算方法一致。差别是“一级泵开式系统，不考虑末端出水压力”	P1181 1.1～1.2 倍的沿程阻力和局部阻力的和

注：

1. 在水泵的流量和扬程的求解中，《09技措》比较详细，建议以《09技措》为准。
2. 功率计算，红宝书与规范略有不同，是单位造成的，使用时只需要注意单位换算，推荐采用红宝书的公式。

2. 例题

（1）【案例】一空调建筑空调水系统的供冷量为1000kW，冷水供回水温差为5℃，水的比热为4.18kJ/（kg·K），设计工况的水泵扬程为27m，对应的效率为70%。在设计工况下，水泵的轴功率应为何值？（2008-3-17）

（A）10～13kW （B）13.1～15kW （C）15.1～17kW （D）17.1～19kW

参考答案：[D]

主要解答过程：

水泵的运行流量 $G=\frac{0.86Q}{\Delta t}=\frac{0.86\times1000}{5}=172m^3/h$

根据水泵轴功率公式：$N=GH/(367.3\times\eta)=172\times27/(367.3\times0.7)=18.06kW$

注意：水泵功率公式教材没有，建议将其抄在教材通风机功率一页（《教材（第三版

2018)》P267～268)

$N = GH/(367.3\eta)$，其中，G 的单位为 m^3/h；H 的单位为 m。

(2)【案例】实测某空调冷水系统（水泵）流量为 $200m^3/h$，供水温度 7.5℃，回水温度 11.5℃，系统压力损失为 325kPa。后采用变频调节技术将水泵流量调小到 $160m^3/h$。如加装变频器前后的水泵效率不变（$\eta = 0.75$），并不计变频器能量损耗，水泵轴功率减少的数值应为下列何项？(2012-3-12)。

(A) 8.0～8.9kW　　(B) 9.0～9.9kW

(C) 10.0～10.9kW　　(D) 11.0～12.0kW

参考答案：[D]

主要解答过程：

变频前水泵轴功率为：$N_0 = \dfrac{G_0 H_0}{367.3\eta} = \dfrac{200 \times (325000/1000 \times 9.8)}{367.3 \times 0.75} = 24.08\text{kW}$

根据变频后流量扬程关系：$H = H_0 \left(\dfrac{G}{G_0}\right)^2 = 325 \times \left(\dfrac{160}{200}\right)^2 = 208\text{kPa} = 21.2\text{m}$

变频后水泵轴功率为：$N = \dfrac{GH}{367.3\eta} = \dfrac{160 \times 21.2}{367.3 \times 0.75} = 12.3\text{kW}$

水泵轴功率减少：$\Delta N = N_0 - N = 11.77\text{kW}$

(3)【案例】采用风机盘管加新风空调方案的办公楼空调区的计算冷负荷为 800kW，新风系统的冷负荷为 200kW，冷水管路系统的冷损失按输送冷量的 10%计算，采用 2 台水冷式螺杆冷水机组，$COPc$ 为 4.5，冷水泵和冷却水泵均为 2 台并联，扬程均为 25m，设计效率均按 80%计算，冷水和冷却水的温差均按 5℃设计，求冷却水泵的总流量。(模拟)

(A) $340m^3/h$　　(B) $300m^3/h$　　(C) $240m^3/h$　　(D) $200m^3/h$

参考答案：[C]

主要解答过程：

1) 计算冷水流量

$$G = \frac{0.86Q}{\Delta t} = \frac{0.86 \times (800 + 200) \times 1.1}{5} = 189.2\text{m}^3/\text{h}$$

单台水泵轴功率：$N = \dfrac{GH}{367.3\eta} = \dfrac{\dfrac{189.2}{2} \times 25}{367.3 \times 0.8} = 8.05\text{kW}$

2) 冷却热负荷

$$Q_t = 1.1 \times (800 + 200 + 8.05 \times 2) \times \left(1 + \frac{1}{4.5}\right) = 1366\text{kW}$$

3) 计算冷却水量

$$G = \frac{0.86 \times 1366}{5} = 235\text{m}^3/\text{h}$$

(4)【案例】按照上题的条件和选择结果，冷却塔的风机功率为 7.5kW，风机盘管的总功率为 10kW，新风机组的总功率为 20kW，在设计状态下空调系统的能效比（设计冷负荷与消耗电功率之比）最接近哪一项？(模拟)

(A) 4.5　　(B) 4.2　　(C) 3.2　　(D) 2.8

参考答案：[C]

主要解答过程：

1）计算冷却水泵的功率

单台冷却水泵轴功率：$N_1=\dfrac{GH}{367.3\eta}=\dfrac{\dfrac{240}{2}\times 25}{367.3\times 0.8}=10.2\text{kW}$

2）计算冷水机组的功率

$$N_2=\frac{Q_z}{COP_c}=\frac{1.1\times(800+200+8.05\times 2)}{4.5}=248\text{kW}$$

3）计算系统能效比

$$COP_s=\frac{Q_c}{\sum N}=\frac{800+200}{248+8.05\times 2+10.2\times 2+7.5+10+20}=3.1$$

（5）【案例】对既有建筑的空调水系统进行节能改造，该冷水系统有两台水泵，一用一备，在设计负荷下测试发现，实际扬程为30m，流量为120m³/h，效率为72%，供回水温差为4℃，通过设置变频器将冷水供回水温差调到5℃，假设变频调节后水泵的效率下降5%，则系统改造后水泵能耗减少的比例（取整）为多少？（模拟）

（A）15%　　（B）25%　　（C）35%　　（D）45%

参考答案：[D]

主要解答过程：

1）计算改造后的流量

$$G_2=\frac{G_1\Delta t_1}{\Delta t_2}=\frac{120\times 4}{5}=96\text{m}^3/\text{h}$$

2）计算改造后水泵的实际扬程

$$H_2=H_1\left(\frac{G_2}{G_1}\right)^2=30\times\left(\frac{96}{120}\right)^2=19.2\text{m}$$

3）计算改造前后的水泵功率

水泵轴功率 $N=\dfrac{GH}{367.3\eta}$

改造前水泵功率 $N_1=\dfrac{120\times 30}{367.3\times 0.72}=13.6\text{kW}$

改造后水泵功率 $N_2=\dfrac{96\times 19.2}{367.3\times 0.67}=7.5\text{kW}$

4）计算节能率

节能率为：$\dfrac{13.6-7.5}{13.6}=44.8\%$

（6）【案例】某办公楼采用变风量空调系统，空调冷水系统为一级泵变流量系统，空调机组冷水管路上设置电动调节阀，采用1台变频水泵控制供回水总管的压差恒定。假设水泵的流量与频率呈正比关系，当水泵运行频率为40Hz时，水泵效率下降了10%，这时该水泵的能耗比工频时减少多少？（模拟）

（A）11%　　（B）18%　　（C）32%　　（D）43%

参考答案：[A]

主要解答过程：

水泵轴功率 $N=\dfrac{GH}{367.3\eta}$

定压差控制：$H_1=H_0$

$$\frac{N_1}{N_0}=\frac{G_1H_1\eta_0}{G_0H_0\eta_1}=\frac{n_1\eta_0}{0.9n_0\eta_0}=\frac{40}{50\times0.9}=0.889$$

节能率为：$1-\dfrac{N_1}{N_0}=11\%$

3. 真题归类

2008-3-17、2009-4-21、2011-3-18、2011-4-13、2012-3-12、2012-3-20、2013-4-12、2013-4-19、2016-3-14、2016-4-19、2018-4-19。

3.7.5 冷水机组组合选型

1. 超链接

《教材（第三版 2018）》P504。

2. 例题

【案例】某全年需要供冷的空调建筑，最小需求的供冷量为 120kW，夏季设计工况的需冷量为 4800kW。现有螺杆式冷水机组（单机最小负荷率为 15%）和离心式冷水机组（单机最小负荷率为 25%）两类产品可供选配。合理的冷水机组配置应为下列何项？并给出判断过程。（2009-3-16）

（A）选择 2 台制冷量均为 2400kW 的离心式冷水机组

（B）选择 3 台制冷量均为 1600kW 的离心式冷水机组

（C）选择 1 台制冷量为 480kW 的离心式冷水机组和 2 台制冷量均为 2160kW 的离心式冷水机组

（D）选择 1 台制冷量为 800kW 的螺杆式冷水机组和 2 台制冷量均为 2000kW 的离心式冷水机组

参考答案：[D]

主要解答过程：

AB 选项：无法实现最小需求的供冷量为 120kW 时的节能运行（2400×0.25=600，1600×0.25=400）；

C 选项：单台 2160kW 的离心机组，最低负荷值为：2160×0.25=540kW，因此当系统负荷处于 480～540kW 时无法实现机组的合理搭配。

D 选项：既能满足最小负荷要求，又可以在不同负荷变化时实现机组的合理搭配，保证机组安全节能运行。

3.7.6 水（地）源热泵

1. 知识要点

（1）最大释热量和最大吸热量：《地源热泵规》4.3.3 条文说明。

水（地）源热泵热量关系分析

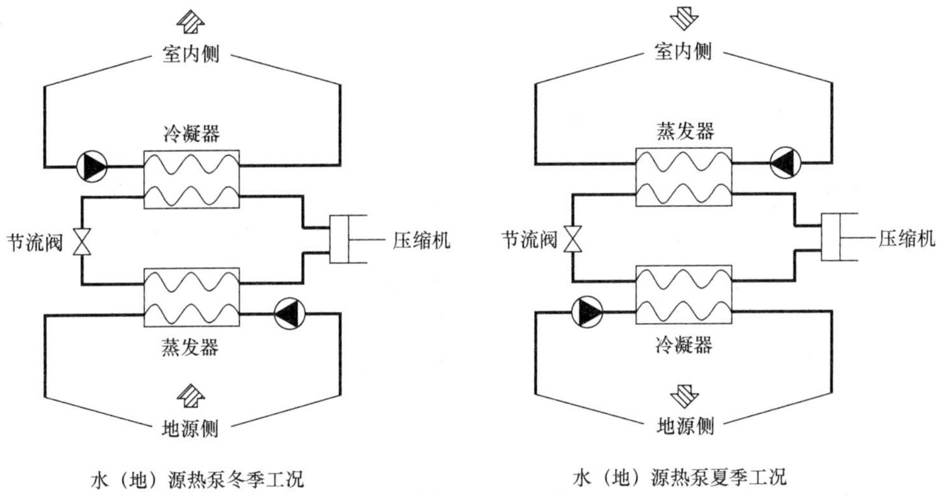

水（地）源热泵冬季工况

水（地）源热泵夏季工况

图 3-17　水（地）源热泵原理示意图

1）冬季工况

系统吸热量(土壤放热量)＝室内侧热负荷×(1－1/*COP*)＋室内侧输送热损失－室内侧水泵释放热量

2)夏季工况

① 系统放热量(土壤吸热量)＝室内侧冷负荷×(1＋1/*COP*)＋地源侧输送得热量＋地源侧水泵释放热量

② 室内侧冷负荷＝空调系统各末端设备的冷负荷之和＋室内侧水泵释放热量＋室内侧管道系统冷损失

（2）竖直地埋管换热器的设计计算：《地源热泵规》附录 B。

（3）地埋管压力损失计算：《地源热泵规》4.3.14 条文说明。

2. 例题

（1）【案例】某建筑空调采用地埋管地源热泵系统，设计参数为：制冷量 2000kW，全年空调制冷当量满负荷运行时间为 1000h，制热量 2500kW，全年空调供热当量满负荷运行时间为 800h。设热泵机组的制冷、制热的能效比全年均为 5.0，辅助冷却塔的冷却能力不随负荷变化，不计水泵等附加散热量。问：要维持土壤全年自身热平衡（不考虑土壤与外界的换热），以下措施正确的应是何项？(2010-3-20)

（A）设置全年冷却能力为 800000kWh 的辅助冷却塔

（B）设置全年冷却能力为 400000kWh 的辅助冷却塔

（C）设置全年加热能力为 400000kWh 的辅助供热设备

（D）系统已能实现保持土壤全年热平衡，不需设置任何辅助设备

参考答案：[A]

主要解答过程：

冷负荷：$Q_{冷} = 2000\text{kW} \times 1000\text{h} = 2 \times 10^6 \text{kWh}$；

热负荷：$Q_{热} = 2500\text{kW} \times 800\text{h} = 2 \times 10^6 \text{kWh}$；

夏季排热量：$Q_{夏}=Q_{冷}\left(1+\frac{1}{COP}\right)$；

冬季吸热量：$Q_{冬}=Q_{热}\left(1-\frac{1}{COP}\right)$；

故需附加散热量：$\Delta Q=Q_{夏}-Q_{冬}=800000\text{kWh}$。

（2）【案例】某建筑采用土壤源热泵冷热水机组作为空调冷、热源。在夏季向建筑供冷时，空调系统各末端设备的综合冷负荷合计为1000kW，热泵制冷工况下的性能系数为$COP=5$。空调冷水循环泵的轴功率为50kW，空调冷水管道系统的冷损失为50kW。问：上述工况条件下热泵向土壤的总释热量Q接近下列何项？（2011-3-22）

（A）1100kW　　（B）1200kW

（C）1300kW　　（D）1320kW

参考答案：［D］

主要解答过程：

注意：本题题干条件“空调冷水循环泵的轴功率为50kW”及“空调冷水管道系统的冷损失为50kW”都是冷冻水侧相关数据，并未提到冷却水水泵功率及管道散热量，要注意仔细审题看清条件。

空调蒸发器冷负荷：$Q_L=1000+50+50=1100\text{kW}$

因此排热量为：$Q=Q_L\left(1+\frac{1}{COP}\right)=1320\text{kW}$

注：若题干给出冷却水泵功率为50kW，空调冷却水管道系统的冷损失为50kW，则排热量为：$Q=1000\left(1+\frac{1}{COP}\right)+50+50=1300\text{kW}$

（3）【案例】某地热水梯级利用系统流程及部分参数如下图所示，已知设计工况下水源热泵制热$COP=5.0$。问：水源热泵设计供热量（kW），最接近下列哪一项？（2018-4-12）

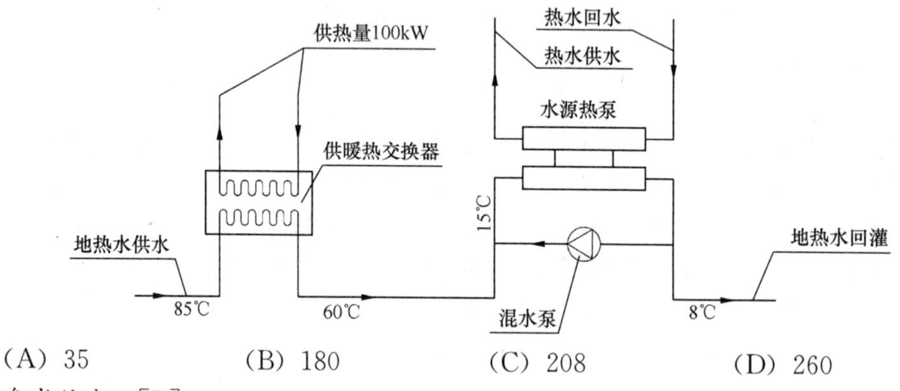

（A）35　　（B）180　　（C）208　　（D）260

参考答案：［D］

主要解答过程：

（1）地热水侧循环流量G_1，

$$G_1=\frac{Q}{c\Delta t}=\frac{100}{4.187\times(85-60)}=0.955\text{kg/s}$$

（2）根据能力守恒定律求混水泵流量G_2，

$$60G_1+8G_2=15(G_1+G_2)$$

$$60 \times 0.955 + 8 \times G_2 = 15 \times (0.955 + G_2)$$
$$G_2 = 6.139\text{kg/s}$$

(3) 水源热泵水源侧吸热量 Q_0，

$$Q_0 = (G_1 + G_2)c\Delta t = (0.955 + 6.139) \times 4.187 \times (15 - 8) = 208\text{kW}$$

(4) 水源热泵设计供热量 Q_r，

$$COP = \frac{Q_r}{Q_r - Q_0}$$
$$5 = \frac{Q_r}{Q_r - 208}$$
$$Q_r = 260\text{kW}$$

故选D。

3. 真题归类

2007-4-17、2008-4-23、2009-3-21、2010-3-20、2011-3-22、2011-4-14、2012-3-22、2016-4-6、2017-3-20、2017-4-21、2018-3-23、2018-4-12、2018-4-22。

3.7.7 水环热泵

1. 知识要点

1）制热工况：

① 制热系数：$COP_h = \dfrac{Q_k}{W_k}$

② 从水环路中的吸热量：$Q_{吸} = Q_k - W_k = Q_k\left(1 - \dfrac{1}{COP_h}\right)$

2）制冷工况：

① 制冷系数：$COP_c = \dfrac{Q_0}{W_c}$

② 向水环路中的排热量：$Q_{排} = Q_0 + W_c = Q_0\left(1 + \dfrac{1}{COP_c}\right)$

2. 例题

【案例】某写字楼冬季采用水环热泵空调系统。设计工况：外区热负荷为3000kW，内区冷负荷为2100kW，水环热泵机组的制热系数为4.0，制冷系数为3.75。若要求满足冬季运行要求，在设计工况下，辅助设备应是辅助热源还是排热设备，其容量（预留有10%的余量）应为下列何项？（忽略水泵和管道系统冷、热损失）（2013-4-23）

(A) 排热设备，450kW　　(B) 辅助热源，450kW

(C) 辅助热源，660kW　　(D) 排热设备，660kW

参考答案：[A]

主要解答过程：

为满足外区热负荷，所需热量为：$Q_r = 3000 - \dfrac{3000}{4.0} = 2250\text{kW}$

为满足内区冷负荷，所需排热量为：$Q_l = 2100 + \dfrac{2100}{3.75} = 2660\text{kW}$

因此，辅助设备应是排热设备，容量为：

$$\Delta Q = 1.1 \times (Q_l - Q_r) = 1.1 \times (2660 - 2250) = 451\text{kW}$$

3. 真题归类

2013-4-23、2017-3-5、2017-4-24。

3.8 空调系统的监测与控制

3.8.1 阀门有关计算

1. 知识要点

(1) 调节阀的流通能力：《教材（第三版 2018）》P524。

$$C = \frac{316G}{\sqrt{\Delta P}}, G\text{——m}^3/\text{h}; \Delta P\text{——Pa}。$$

(2) 阀权度 P_V：《教材（第三版 2018）》P527。

$$P_V = \frac{\Delta P_V}{\Delta P} = \frac{\Delta P_V}{\Delta P_b + \Delta P_V}$$

式中 ΔP_V——调节阀的设计压差，即阀门全开时的压力损失（Pa）；

ΔP_b——被控对象（换热器、表冷器）及所接附件的水流阻力（Pa），当有多个对象并联时，应取并联支路中最大的 ΔP_b 值。

2. 例题

(1)【案例】如图所示的集中空调冷水系统为由两台主机和两台冷水泵组成的一级泵变频变流量水系统，一级泵转速由供回水总管压差进行控制。已知条件是：每台冷水机组的额定设计制冷量为 1163kW，供回水温差为 5℃，冷水机组允许的最小安全运行流量为额定设计流量的 60%，供回水总管恒定控制压差为 150kPa。问：供回水总管之间的旁通电动阀所需要的流通能力，最接近下列何项？(2014-4-18)

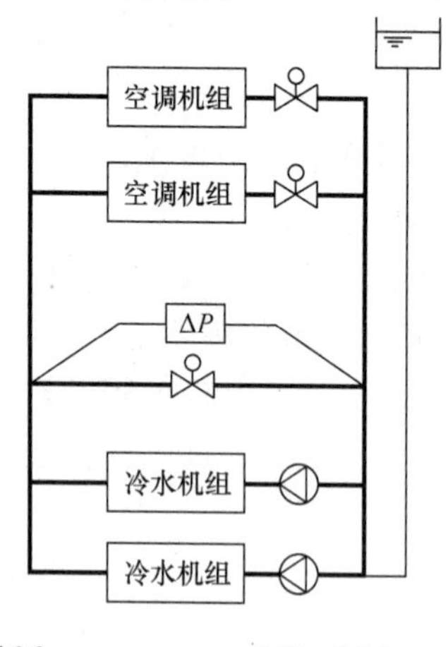

(A) 326　　(B) 196　　(C) 163　　(D) 98

参考答案：[D]

主要解答过程：

每台冷水机组的额定流量为：

$$G=\frac{0.86Q}{\Delta t}=\frac{0.86\times1163}{5}=200\text{m}^3/\text{h}$$

根据《09技措》5.7.6.5，旁通阀的设计流量应取单台最大冷水机组的最小安全额定流量：

$$V_{\min}=60\%\times V=120\text{m}^3/\text{h}$$

根据《教材（第三版2018）》P524公式（3.8-1）：

$$C=\frac{316V_{\min}}{\sqrt{\Delta P}}=\frac{316\times120}{\sqrt{150\times1000}}=98$$

（2）【案例】某空调机组的表冷器设计工况为：制冷量 $Q=60\text{kW}$，冷水供回水温差5℃，水阻力 $\Delta P_{\text{B}}=50\text{kPa}$。要求为其配置电动二通阀的阀权度为 $P_{\text{V}}=0.3$（不考虑冷水供回水总管的压力损失）。现有阀门口径 Dg 与其流通能力 C 的关系如表所示。

阀门口径 Dg	20	25	32	40	50	65	80	100
流通能力	6.3	10	16	23	40	63	100	160

问：按照上表选择阀门口径时，以下哪一项是正确的？并给出计算依据。（2016-3-19）

（A）$Dg32$　　（B）$Dg40$　　（C）$Dg50$　　（D）$Dg65$

参考答案：[B]

主要解答过程：

系统流量为：

$$G=\frac{0.86Q}{\Delta t}=\frac{0.86\times60}{5}=10.32\text{m}^3/\text{h}$$

根据《教材（第三版2018）》P527公式（3.8-7）及P524公式（3.8-1）：

$$P_{\text{V}}=\frac{\Delta P_{\text{V}}}{\Delta P_{\text{B}}+\Delta P_{\text{V}}}=0.3\Rightarrow\Delta P_{\text{V}}=21.4\text{kPa}$$

$$C=\frac{316G}{\sqrt{\Delta P_{\text{V}}}}=\frac{316\times10.32}{\sqrt{21.4\times1000}}=22.3$$

查表选择 $Dg40$。

3. 真题归类

2014-4-18、2016-3-19、2017-4-17、2018-4-15。

3.9　空调、通风系统的消声与隔振

3.9.1　风机声功率级

1. 知识要点

（1）风机转速不同声功率级：《教材（第三版2018）》P537。

（2）离心式风机声功率级估算：《教材（第三版2018）》P539。

2. 例题

【案例】某双速离心风机，转速由 $n_1=960$rpm 转换为 $n_2=1450$rpm，试估算该风机声功率级的增加，为下列何值？（2006-4-18）

（A）8.5～9.5dB　（B）9.6～10.5dB　（C）10.6～11.5dB　（D）11.6～12.5dB

参考答案：[A]

主要解答过程：

根据《教材（第三版 2018）》P268 表 2.8-6，提高转速后，风机的流量和风压关系分别为：

$$\frac{L_2}{L_1}=\frac{n_2}{n_1}=1.51 \qquad \frac{P_2}{P_1}=\left(\frac{n_2}{n_1}\right)^2=2.28$$

根据《教材（第三版 2018）》P539 公式（3.9-7），风机声功率级增加量为：

$$\Delta L_W=(5+10\lg L_2+20\lg P_2)-(5+10\lg L_1+20\lg P_1)$$
$$=10\lg\frac{L_2}{L_1}+20\lg\frac{P_2}{P_1}=10\times\lg 1.51+20\lg 2.28=8.95\text{dB}$$

注：也可根据《教材（第三版 2018）》P537 公式（3.9-5）直接计算。

3. 真题归类

2006-4-18、2007-3-11、2016-3-17、2016-4-12、2018-4-10。

3.9.2 噪声叠加

1. 超链接

《教材（第三版 2018）》P540 表 3.9-6、P542。

注：将声功率级按照由大到小依次排序，逐个叠加；若两个声功率差值大于 15dB，可不再附加。

2. 例题

【案例】某机房同时运行 3 台风机，风机的声功率级分别为 83dB、85dB 和 80dB，试问机房内总声功率级约为下列何值？（2006-3-18）

（A）88dB　（B）248dB　（C）89dB　（D）85dB

参考答案：[A]

主要解答过程：

根据《教材（第三版 2018）》P540 表 3.9-6，声功率级叠加的附加值：

85dB 叠加 83dB 得 85+2.1=87.1dB

87.1dB 叠加 80dB 得 87.1+0.8=87.9dB

3. 真题归类

2006-3-18、2008-4-17、2011-3-19。

3.9.3 房间内某点的声压级

1. 超链接

《教材（第三版 2018）》P542。

2. 例题

（1）【案例】某圆形大厅，直径 10m，高 5m，室内平均吸声系数 $\alpha_M=0.2$，空调送风口位于四周、贴顶布置，指向性因素 Q 可取 5，如果从送风口进入室内的声功率级为 50dB，试问该大厅中央就座的观众感受到的声压级 dB 为下列哪项数值？（2007-4-18）

已知：$L_P = L_w + 10\lg\left(\frac{Q}{4\pi r^2} + \frac{1-\alpha_m}{S\alpha_m}\right)$

式中　L_P——距送风口 r 处的声压级（dB）；

L_W——从送风口进入室内的声功率级（dB）；

S——房间总表面积（m^2）。

（A）30～31　　（B）31.1～32　　（C）32.1～33　　（D）33.1～34

参考答案：［D］

主要解答过程：

室内表面积 $S = \pi d \times h + 2 \times \frac{1}{4}\pi d^2 = 3.14 \times 10 \times 5 + 0.5 \times 3.14 \times 100 = 314m^2$

代入题干公式为《教材（第三版 2018）》P542 公式（3.9-13），题目也已经给出：

$$L_P = L_W + 10\lg\left(\frac{Q}{4\pi r^2} + \frac{1-\alpha_m}{S\alpha_m}\right) = 50 + 10\lg\left[\frac{5}{4\pi(5^2+5^2)} + \frac{1-0.2}{314 \times 0.2}\right] = 33.16dB$$

（2）【案例】设置于室外的某空气源热泵冷（热）水机组的产品样本标注的噪声值为 70dB（A）（距机组 1m，距地面 1.5m 的实测值），距机组的距离 10m 处的噪声值应是何项？（2009-4-19）

（A）49～51dB（A）（B）52～54dB（A）（C）55～57dB（A）（D）58～60dB（A）

参考答案：［A］

主要解答过程：

根据《教材（第三版 2018）》P627 公式（4.3-26）：

$$L_P = L_W + 10\lg(4\pi r^2)^{-1}$$

$$\Rightarrow L_{P2} = L_{P1} - 10\lg(4\pi r_1^2)^{-1} + 10\lg(4\pi r_2^2)^{-1}$$

$$= 70 + 10\lg\left(\frac{1}{10}\right)^2 = 50dB(A)$$

（3）【案例】某空调房间尺寸为 4m×5m×3m，室内平均吸声系数为 0.15，指向性因素为 4，送风口距测量点的距离为 3m，送风口进入室内的声功率级为 40dB，试问测量点的声压级（dB）最接近下列何项？（2017-4-12）

（A）25　　（B）30　　（C）35　　（D）40

参考答案：［C］

主要解答过程：

根据《教材（第三版 2018）》P542 公式（3.9-13），

房间内总表面积：$S = (4 \times 5) \times 2 + (4 \times 3) \times 2 + (5 \times 3) \times 2 = 94m^2$

房间内测量点的声压级：$L_P = L_W + 10\lg\left(\frac{Q}{4\pi r^2} + \frac{4(1-\alpha_m)}{S\alpha_m}\right)$

$$= 40 + 10 \times \lg\left(\frac{4}{4 \times 3.14 \times 3^2} + \frac{4 \times (1-0.15)}{94 \times 0.15}\right)$$

$$= 34.4dB$$

故选 C。

3. 真题归类

2007-4-18、2009-4-19、2017-4-12。

3.9.4 隔振设计

1. 知识要点

(1) 隔振设计：《教材（第三版 2018）》P548。

(2) NR 经验公式：《教材（第三版 2018）》P548。

2. 例题

【案例】某变频水泵的额定转速为 960 转/min，变频控制的最小转速为额定转速的 60%。现要求该水泵隔振设计时的振动传递比不大于 0.05。问：选用下列哪种隔振器更合理？并写出推断过程。(2014-3-19)

(A) 非预应力阻尼型金属弹簧隔振器　　(B) 橡胶剪切隔振器

(C) 预应力阻尼型金属弹簧隔振器　　(D) 橡胶隔振垫

参考答案：[C]

主要解答过程

根据《教材（第三版 2018）》P548 公式（3.9-14）及式（3.9-15）

水泵额定工况的扰动频率为：

$$f=\frac{n}{60}=\frac{960}{60}=16(\mathrm{Hz})$$

所需隔振器的自振频率为：

$$f_0=f\sqrt{\frac{T}{1-T}}\leqslant 16\sqrt{\frac{0.05}{1-0.05}}=3.67(\mathrm{Hz})<5(\mathrm{Hz})$$

故，根据教材所述自振频率小于 5Hz 时，应采用预应力阻尼型金属弹簧隔振器。

3. 真题归类

2010-4-19、2014-3-19。

3.10 保温与保冷设计

3.10.1 防结露厚度计算

1. 知识要点

防结露厚度计算：《教材（第三版 2018）》P549～550。

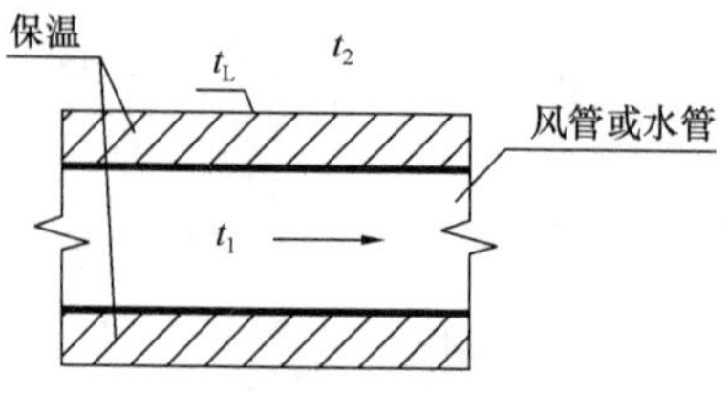

图 3-18 管道防结露计算示意图

防结露计算公式 表3-5

公式	符号说明
$\delta_m = \frac{\lambda}{\alpha_w} \cdot \frac{t_L - t_1}{t_2 - t_L}$	λ——保温材料导热系数[W/(m·K)]； t_1——管道内介质温度（℃）； t_2——管外空气干球温度（℃）； t_L——管外空气露点温度（℃）； α_w——保温层外表面换热系数[W/(m²·K)]，可取11.63
$\frac{t_2 - t_1}{\frac{\delta_m}{\lambda} + \frac{1}{\alpha_w}} = \frac{t_L - t_1}{\frac{1}{\alpha_w}} = \frac{t_2 - t_L}{\frac{\delta_m}{\lambda}}$	t_1、t_2——管内、管外温度（℃）； t_L——管外露点温度（℃）； λ——保温材料导热热阻[W/(m·K)]； α_w——外表面换热系数[W/(m²·K)]； δ_m——材料厚度（m）

2. 超链接

《民规》附录K；《公建节能》附录D及条文说明。

3. 例题

【案例】已知空调风管内空气温度t_1=14℃，环境的空气温度t_W=32℃，相对湿度为80%，露点温度t_p=28℃，采用的保温材料导热系数λ=0.04W/(m·K)。已知风管外部的对流换热系数α=8W/(m²·K)，为防止保温材料外表面结露，风管的保温层最小厚度应是下列何项（风管内空气与风管内壁之间的换热热阻和风管管壁热阻忽略不计）？(2009-3-12)

(A) 18mm (B) 16mm (C) 14mm (D) 12mm

参考答案：[A]

主要解答过程：

根据能量守恒，通过风管的传热量=风管表面的对流换热量，

$$\frac{32-14}{\frac{\delta}{\lambda} + \frac{1}{\alpha_w}} = \frac{32-28}{\frac{1}{\alpha_w}}$$

解得δ = 17.5mm。

4. 真题归类

2009-3-12、2009-4-14、2010-3-12、2011-4-12、2013-4-13、2014-4-12、2017-4-15。

3.11 空调系统的节能、调试与运行

3.11.1 空调热回收计算

1. 知识要点

空调热回收计算：《教材（第三版2018）》P562～563。

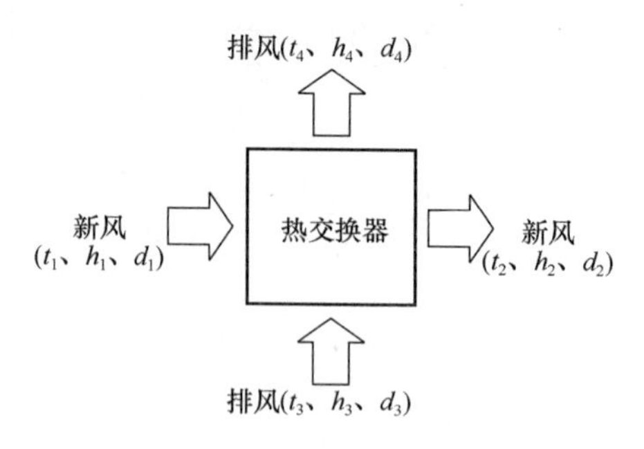

图 3-19 空气热回收设备原理

热回收计算公式 **表 3-6**

新风量和排风量不相等时	新风量和排风量相等时
显热交换效率：$\eta_t=\frac{(t_1-t_2)\cdot L_X}{(t_1-t_3)\cdot L_P}\times 100\%$	显热交换效率：$\eta_t=\frac{t_1-t_2}{t_1-t_3}\times 100\%$
全热交换效率：$\eta_h=\frac{(h_1-h_2)\cdot L_X}{(h_1-h_3)\cdot L_P}\times 100\%$	全热交换效率：$\eta_h=\frac{h_1-h_2}{h_1-h_3}\times 100\%$
湿交换效率：$\eta_d=\frac{(d_1-d_2)\cdot L_X}{(d_1-d_3)\cdot L_P}\times 100\%$	湿交换效率：$\eta_d=\frac{d_1-d_2}{d_1-d_3}\times 100\%$
当缺乏有关资料时，如果新风量 $L_P(m^3/h)\geqslant 0.7L_X$ 时， 1）显热回收量：$Q_t=C_P\cdot\rho\cdot L_P\cdot(t_1-t_3)\cdot\eta_t=C_P\cdot\rho\cdot L_X\cdot(t_1-t_2)$ 2）全热交换效率 $Q_h=\rho\cdot L_P\cdot(h_1-h_3)\cdot\eta_h=\rho\cdot L_X\cdot(h_1-h_2)$	
若新风经过热回收设备后，再经过冷/热水盘管处理，送风点为 S，则盘管的供冷/加热量为： 1）显热：$Q_{Xt}=Q_{未回收}-Q_{回收}=C_P\cdot G_x\cdot\lvert t_1-t_S\rvert-C_P\cdot G_P\cdot\lvert t_1-t_3\rvert\cdot\eta_t$ 2）全热：$Q_{Xh}=Q_{未回收}-Q_{回收}=C_P\cdot G_x\cdot\lvert h_1-h_S\rvert-C_P\cdot G_P\cdot\lvert h_1-h_3\rvert\cdot\eta_h$	

2\. 例题

【案例】某空调房间冷负荷 142kW，采用全空气空调。空调系统配备有新风从排风中回收显热的装置（热交换效率 $\eta=0.65$，且新风量与排风量相等，均为总送风量的 15%）。已知：室外空气计算参数：干球温度 33℃，比焓 90kJ/kg$_{干空气}$，室内空气计算参数：干球温度 26℃，比焓 58.1kJ/kg$_{干空气}$，当采用室内空气状态下的机器露点（干球温度 19℃，焓 51kJ/kg）送风时，空调设备的冷量（不计过程的冷量损失）为下列何值？(2007-3-13)

(A) 170～180kW (B) 215～232kW (C) 233～240kW (D) 241～250kW

参考答案：[B]

主要解答过程：

注意：排风热回收题目为常考点，要看清是显热回收还是全热回收，排风热回收相关内容参考《教材（第三版 2018）》P563。基本步骤如下：

1）计算送风量 $G=142kW/(58.1-51)kJ/kg=20kg/s$

2）计算假设不进行热回收时空调设备的冷量

一次回风混合状态点 $h_C=h_N+15\%(h_W-h_N)=62.9\text{kJ/kg}$

空调设备的冷量 $Q_0=G(h_C-h_L)=20\text{kg/s}\times(62.9-51)\text{kJ/kg}=237.7\text{kW}$

3）计算回收热量（显热用温差计算，全热用焓差计算）

$Q_{回}=\eta\times15\%G\times c\times\Delta t=0.65\times0.15\times20\text{kg/s}\times1.01\text{kJ/(kg}\cdot℃)\times(33-26)℃=13.79\text{kW}$

4）计算实际空调设备冷量

$Q=Q_0-Q_{回}=223.9\text{kW}$

3. 真题归类

2007-3-13、2008-4-18、2009-3-19、2011-4-15、2012-3-16、2012-3-18、2014-4-19、2016-3-7、2016-3-13、2016-4-7、2017-3-13、2017-3-18。

3.11.2 单位风量耗功率计算

1. 知识要点

风机单位风量耗功率

$$W_S=\frac{P}{3600\eta_{CD}\cdot\eta_F}$$

注：系统风量大于 10000m³/h 为计算的前提条件。

2. 超链接

《教材（第三版 2018）》P564、表 3.11-1；《公建节能》4.3.22。

3. 例题

【案例】某商场的两管制定风量空调系统，设置粗效和中效过滤器，风管平均比摩阻按 0.8Pa/m 估算，局部阻力按沿程阻力的 50%估算，风机效率为 75%，组合式空调机组的阻力为 400Pa，送风口和回风口的阻力各为 30Pa，根据相关节能标准，空调风系统的作用半径不应大于多少米？（模拟）

（A）80m （B）100m （C）260m （D）320m

参考答案：[B]

主要解答过程：

1）确定风机的单位风量耗功率限值

查《公建节能》表 4.3.22，得到风机的单位风量耗功率限值为 0.3W/（m³/h）。

2）计算风机全压限值

根据《公建节能》4.3.22 公式，得到风机的全压限值

$$P=3600\times W_s\cdot\eta_{CD}\cdot\eta_F=3600\times0.3\times0.855\times0.75=693\text{Pa}$$

3）计算作用半径

$$L_r=\frac{693-400-2\times30}{(1+0.5)\times0.8\times2}=97\text{m}$$

4. 真题归类

2009-4-11、2009-4-17、2011-4-18、2012-3-19、2013-4-14、2018-4-16。

注：由于往年真题是按照旧版《公建节能》计算，现以《公建节能》4.3.22 计算为准。

3.11.3 循环水泵输电耗冷（热）比

1. 知识要点

（1）空调冷热水系统

$$EC(H)R=\frac{0.003096\sum\left(\frac{GH}{\eta_b}\right)}{\sum Q}\leqslant\frac{A(B+\alpha\sum L)}{\Delta T}$$

空调冷热水系统 *EC*（*H*）*R* 计算参数　　　　**表 3-7**

<table>
<tr><th>参数</th><th colspan="6">取值</th></tr>
<tr><td>G</td><td colspan="6">每台运行水泵的设计流量（m^3/h）</td></tr>
<tr><td>H</td><td colspan="6">每台运行水泵对应的设计扬程（m）</td></tr>
<tr><td>η_b</td><td colspan="6">每台运行水泵对应的设计工作点效率</td></tr>
<tr><td>Q</td><td colspan="6">设计冷（热）负荷</td></tr>
<tr><td rowspan="2">ΔT</td><td colspan="2">冷水</td><td colspan="4">热水</td></tr>
<tr><td colspan="2">5℃</td><td colspan="4">严寒、寒冷 15℃；夏热冬冷 10℃；夏热冬暖 5℃</td></tr>
<tr><td rowspan="3">A</td><td colspan="2">$G\leqslant60m^3/h$</td><td colspan="2">$60<G\leqslant200m^3/h$</td><td colspan="2">$G>200m^3/h$</td></tr>
<tr><td colspan="2">0.004225</td><td colspan="2">0.003858</td><td colspan="2">0.003749</td></tr>
<tr><td colspan="6">注：多台水泵并联运行时，流量按较大流量选取</td></tr>
<tr><td rowspan="4">B</td><td rowspan="2">一级泵</td><td>冷水</td><td colspan="4">28</td></tr>
<tr><td>热水</td><td colspan="4">22（四管制单冷单热）；21（两管制单冷单热）</td></tr>
<tr><td rowspan="2">二级泵</td><td>冷水</td><td colspan="4">33
注：多级泵系统每增加一级泵，B 值可增加 5</td></tr>
<tr><td>热水</td><td colspan="4">27（四管制单冷单热）；25（两管制单冷单热）
注：多级泵系统每增加一级泵，B 值可增加 4</td></tr>
<tr><td rowspan="7">α</td><td colspan="2"></td><td>$\sum L\leqslant400m$</td><td colspan="2">$400<\sum L<1000$</td><td>$\sum L\geqslant1000m$</td></tr>
<tr><td colspan="2">冷水</td><td>0.02</td><td colspan="2">$0.016+1.6/\sum L$</td><td>$0.013+4.6/\sum L$</td></tr>
<tr><td rowspan="3">两管制热水</td><td>严寒</td><td>0.009</td><td colspan="2">$0.0072+0.72/\sum L$</td><td>$0.0059+2.02/\sum L$</td></tr>
<tr><td>寒冷、夏热冬冷</td><td>0.0024</td><td colspan="2">$0.002+0.16/\sum L$</td><td>$0.0016+0.56/\sum L$</td></tr>
<tr><td>夏热冬暖</td><td>0.0032</td><td colspan="2">$0.0026+0.24/\sum L$</td><td>$0.0021+0.74/\sum L$</td></tr>
<tr><td colspan="2">四管制热水</td><td>0.014</td><td colspan="2">$0.0125+0.6/\sum L$</td><td>$0.009+4.1/\sum L$</td></tr>
<tr><td colspan="6">注：$\sum L$ 在《民规》8.5.12 和《公建节能》4.3.9 两处说法不同</td></tr>
</table>

（2）集中供暖系统

$$EHR=\frac{0.003096\sum\left(\frac{GH}{\eta_b}\right)}{\sum Q}\leqslant\frac{A(B+\alpha\sum L)}{\Delta T}$$

集中供热系统 *EHR* 计算参数　　　　**表 3-8**

参数	取值
G	每台运行水泵的设计流量（m^3/h）
H	每台运行水泵对应的设计扬程（m）

续表

<table>
<tr><th>参数</th><th colspan="3">取值</th></tr>
<tr><td>η_b</td><td colspan="3">每台运行水泵对应的设计工作点效率</td></tr>
<tr><td>Q</td><td colspan="3">设计热负荷</td></tr>
<tr><td>ΔT</td><td colspan="3">设计供回水温差</td></tr>
<tr><td rowspan="3">A</td><td>$G \leqslant 60m^3/h$</td><td>$60 < G \leqslant 200m^3/h$</td><td>$G > 200m^3/h$</td></tr>
<tr><td>0.004225</td><td>0.003858</td><td>0.003749</td></tr>
<tr><td colspan="3">注：多台水泵并联运行时，流量按较大流量选取</td></tr>
<tr><td>B</td><td colspan="3">民用建筑：一级泵 20.4；二级泵 24.4
公共建筑：一级泵 17；二级泵 21</td></tr>
<tr><td rowspan="3">α</td><td>$\Sigma L \leqslant 400m$</td><td>$400 < \Sigma L < 1000$</td><td>$\Sigma L \geqslant 1000m$</td></tr>
<tr><td>0.0115</td><td>$0.003833 + 3.067/\Sigma L$</td><td>0.0069</td></tr>
<tr><td colspan="3">注：ΣL 在《民规》8.11.13 和《公建节能》4.3.3 两处说法不同</td></tr>
</table>

2. 超链接

《教材（第三版 2018）》P564 ～ 565；《民规》8.5.12、8.11.13；《公建节能》4.3.9、4.3.3。

3. 例题

（1）【案例】成都市某 12 层的办公建筑，设计总冷负荷为 850kW，冷水机组采用 2 台水冷螺杆式冷水机组。空调水系统采用二管制一级泵系统，选用二台设计流量为 $100m^3/h$，设计扬程为 30m 的冷水循环泵并联运行。冷冻机房至系统最远用户的供回水管道的总输送长度 350m，那么冷水循环泵的设计工作点效率应不小于多少？（2014-3-17）

（A）58.3%　　（B）69.0%　　（C）76.4%　　（D）80.9%

参考答案：[D]

主要解答过程：

根据《民规》8.5.12，冷水循环泵的耗电输冷比满足：

$$ECR = 0.003096\Sigma(G \cdot H/\eta_b)/\Sigma Q \leqslant A(B + \alpha\Sigma L)/\Delta T$$

查各附表：$G = 100m^3/h$（单台水泵），$H = 30m$，$\Sigma Q = 850kW$，$\Delta T = 5℃$

$$A = 0.003858,\ B = 28,\ \Sigma L = 350,\ \alpha = 0.02$$

故：$\eta_b \geqslant \dfrac{0.003096\Delta T \cdot \Sigma G \cdot H}{A(B + \alpha\Sigma L) \cdot \Sigma Q} = \dfrac{0.003096 \times 5 \times 2 \times 100 \times 30}{0.003858(28 + 0.02 \times 350) \times 850} = 80.92\%$

（2）【案例】夏热冬暖地区“某办公楼”空调水系统为一级泵系统，总冷负荷为 6680kW，设置 2 台相同的离心式冷水机组，并设置 2 台相同的冷水泵，冷水的供回水温差为 5℃，设计工作点的效率为 75%，从制冷站出口到最远用户入口的供冷距离为 400m。请问水泵扬程不应超过多少米？（模拟）

（A）28m　　（B）32m　　（C）38m　　（D）45m

参考答案：[D]

主要解答过程：

1）根据《民规》8.5.12 公式：

$$ECR=\frac{0.003096\Sigma\left(\frac{GH}{\eta_b}\right)}{\Sigma Q}\leqslant\frac{A(B+\alpha\Sigma L)}{\Delta T}$$

得

$$H\leqslant\frac{A(B+\alpha L)Q\eta_b}{0.003096\Delta TG}$$

2）将 $G=\frac{0.86Q}{\Delta T}$ 代入上式，得

$$H\leqslant\frac{A(B+\alpha L)\eta_b}{0.002663}$$

3）查取相关参数

根据单台水泵流量 $G=\frac{0.86Q}{\Delta T}=\frac{0.86\times3340}{5}=574.5\text{m}^3/\text{h}$，查表 8.5.12-2，得到 A 值为 0.003749；查表 8.5.12-3，得到 B 值为 28；

根据 $L=400\times2=800\text{m}$，查表 8.5.12-4，$\alpha=0.016+\frac{1.6}{L}=0.016+\frac{1.6}{800}=0.018$

4）计算水泵扬程限值

$$H\leqslant\frac{A(B+\alpha L)\eta_b}{0.002663}=\frac{0.003749\times(28+0.018\times800)\times0.75}{0.002663}=44.8\text{m}$$

4. 真题归类

2014-3-17、2016-4-13、2017-3-16、2018-3-18。

注：2014 年之前的真题是按旧版《公建节能》计算的，现以新版《民规》和《公建节能》为准。

3.11.4 电冷源综合制冷性能系数 *SCOP*

1. 知识要点

(1) $SCOP=\frac{Q_C}{E_e}$。

注：冷源设计耗电功率不包括冷冻水泵功率。

(2) 当机组类型不同时，$SCOP_{限值}$ 应按制冷量的加权平均法计算。

$$SCOP_{限值}=\Sigma(\omega_i\cdot SCOP_i)$$

其中：ω_i 为第 i 台电制冷机组的权重，$\omega_i=\frac{Q_i}{\Sigma Q_i}$

(3) 当 $SCOP=\frac{\Sigma Q_i}{\Sigma P_i}\geqslant SCOP_{限值}$ 时，判断该空调系统节能标准要求。

2. 超链接

《教材（第三版 2018）》P566；《公建节能》2.0.11 及条文说明、4.2.12 及条文说明。

3. 例题

(1)【案例】夏热冬冷地区某办公楼设计集中空调系统，选用 3 台单台名义制冷量为 1055kW 的螺杆式冷水机组，名义制冷性能系数 $COP=5.7$。系统配 3 台冷水循环泵，设计工况时的轴功率为 30kW/台；3 台冷却水循环泵，设计工况时的轴功率为 45kW/台；3 台冷却塔，配置的电动机额定功率为 5.5kW/台。问：该空调系统设计工况下的冷源综合制冷性能系数，最接近以下何项？（2017-4-18）

(A) 4.0　　(B) 4.5　　(C) 5.0　　(D) 5.7

参考答案：[B]

主要解答过程：

根据《公建节能》4.2.12条及其条文说明，“注意 *SCOP* 中没有包含冷水泵的能耗”，

冷源设计供冷量：$Q_c = 3 \times 1055 = 3165\text{kW}$

冷源设计耗电功率：$E_e = \dfrac{1055}{5.7} \times 3 + 45 \times 3 + 5.5 \times 3 = 706.76\text{kW}$

根据《公建节能》2.0.11条及其条文说明，

冷源综合制冷性能系数：$SCOP = \dfrac{Q_c}{E_e} = \dfrac{3165}{706.76} = 4.48$

故选B。

(2)【案例】摘自《公建节能设施指南》P77～78例题。

上海某商业综合体的冷源系统，设备配置见下表：

制冷主机				冷冻水泵			
压缩机类型	额定冷量(kW)	性能系数 *COP*	台数	设计流量(m^3/h)	设计扬程(m)	水泵效率(%)	台数
螺杆式	1407	5.6	1	260	30	75	1
离心式	2813	6.0	3	520	32	75	3
制冷主机	冷却水泵				冷却塔		
压缩机类型	设计流量(m^3/h)	设计扬程(m)	水泵效率(%)	台数	名义工况冷却水量(m^3/h)	样本风机配置功率(kW)	台数
螺杆式	300	28	74	1	400	15	1
离心式	600	29	75	3	800	30	3

考虑电机功率和传动效率为0.88。求该商业综合体空调系统的电冷源综合制冷性能系数，并判断是否满足节能标准要求。

1) 设计冷源系统的电冷源综合制冷性能系数（*SCOP*）

$$SCOP = \frac{\sum Q_i}{\sum P_i}$$

$$= \frac{1407 + 2813 \times 3}{\dfrac{1407}{5.6} + \dfrac{3 \times 2813}{6.0} + \dfrac{300 \times 28}{367.3 \times 0.88 \times 0.74} + \dfrac{3 \times 600 \times 29}{367.3 \times 0.88 \times 0.75} + 15 + 3 \times 30}$$

$$= \frac{9846}{2013.4} = 4.89$$

2) 上海属于夏热冬冷地区，查《公建节能》表4.2.12，螺杆机的 *SCOP* 限值为4.4，离心机的 *SCOP* 限值为4.6，该商业综合体空调系统的 $SCOP_{限值}$ 应按制冷量的加权平均法计算，

$$SCOP_{限值} = \sum(\omega_i \cdot SCOP_i) = \frac{1407}{9846} \times 4.4 + \frac{2813 \times 3}{9846} \times 4.6 = 4.57$$

因为 $SCOP = 4.89 > 4.57$，故满足节能标准要求。

注：① 冷冻水泵功率不计入冷源设计耗电功率；

② 加权平均计算方法详见“下册 2.1 节——排放标准相关计算”。

4. 真题归类

2017-4-18。

3.11.5 蒸发冷却式空调系统计算

1. 知识要点

（1）一级蒸发冷却（直接）

1）换热效率

直接蒸发冷却空调的换热效率 $\eta_{DEC} = \dfrac{t_W - t_O}{t_W - t_{Ws}}$

式中 t_{Ws}——W 点对应的湿球温度。

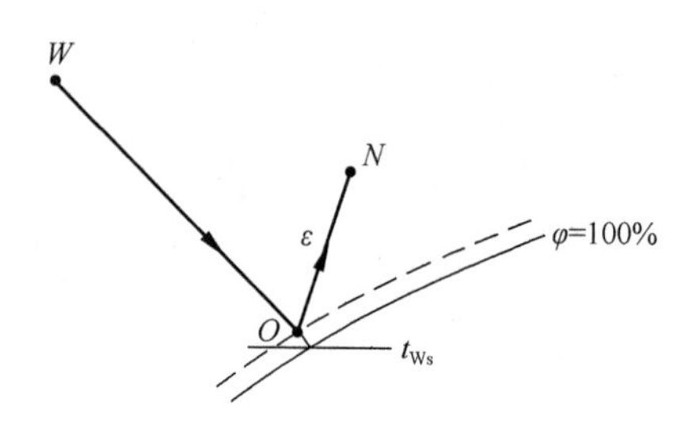

图 3-20 直接蒸发冷却处理过程

2）送风量与制冷量

$$G = \frac{Q}{h_N - h_O} = \frac{Q_{显热}}{c_p(t_N - t_O)}(\text{kg/s})$$

直接蒸发冷却器处理空气所需显热冷量

$$Q_S = c_p \cdot G(t_W - t_O)\ (\text{kW})$$

3）加湿量

$$W = \frac{G(d_O - d_W)}{1000}\ (\text{kg/s})$$

（2）二级蒸发冷却（间接+直接）

1）换热效率

$$W \rightarrow W_1 换热效率\ \eta_{DEC} = \frac{t_W - t_{W1}}{t_W - t_{Ws}}$$

$$W_1 \rightarrow O 换热效率\ \eta_{DEC} = \frac{t_{W1} - t_O}{t_{W1} - t_{W1s}}$$

式中 t_{Ws}——W 点对应的湿球温度；

t_{W1s}——W_1 点对应的湿球温度。

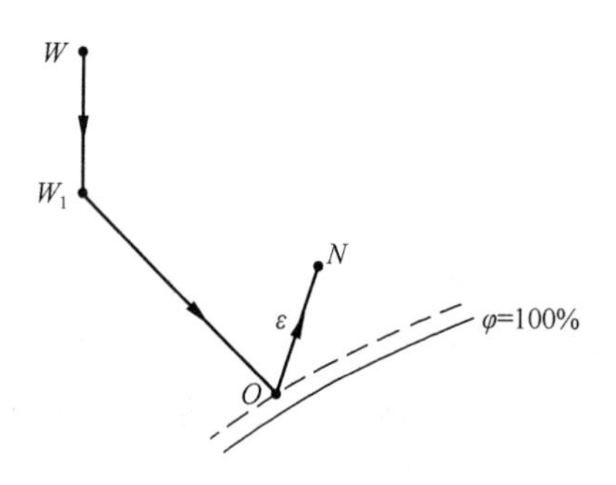

图 3-21 间接蒸发冷却处理过程

2）送风量与制冷量

$$G = \frac{Q}{h_N - h_O} = \frac{Q_{显热}}{c_p(t_N - t_O)}(\text{kg/s})$$

间接蒸发冷却器处理空气所需显热冷量

$$Q_1 = G(h_W - h_O) = c_p \cdot G(t_W - t_{W1})(\text{kW})$$

直接蒸发冷却器处理空气所需显热冷量

$$Q_2 = c_p \cdot G(t_{W1} - t_O)(\text{kW})$$

机组提供的总显热量

$$Q_S = c_p \cdot G(t_W - t_O) = Q_1 + Q_2(\text{kW})$$

3）加湿量

$$W = \frac{G(d_O - d_W)}{1000}(\text{kg/s})$$

（3）三级蒸发冷却公式可参考二级蒸发冷却。

2. 超链接

《红宝书》P1683～1688。

3.12 空 调 其 他

3.12.1 空调系统经济运行

1. 超链接

《空调经济运行》5.1～5.8。

2. 例题

【案例】已知用于全年累计工况评价的某空调系统的冷水机组运行效率限值 $COP_{LV}=4.8$，冷却水输送系数限值 $WTFcw_{LV}=25$，用于评价该空调系统的制冷子系统的能效比限值（$EERr_{LV}$）应是下列何值？（2014-3-21）

（A）2.8～3.50　（B）3.51～4.00　（C）4.01～4.50　（D）4.51～5.00

参考答案：[B]

主要解答过程：

根据《空调经济运行》5.4.2，用于评价空调系统中制冷子系统的经济运行指标限值为：

$$EERr_{LV}=\frac{1}{\dfrac{1}{COP_{LV}}+\dfrac{1}{WTFcw_{LV}}+0.02}=\frac{1}{\dfrac{1}{4.8}+\dfrac{1}{25}+0.02}=3.73$$

3.12.2 膨胀水箱和气压罐

1. 知识要点

（1）膨胀水箱：《09技措》6.9.6。

1）水箱的调节容积 V_t。

2）系统最大膨胀水量 V_p。

（2）气压罐（不容纳膨胀水量）：《09技措》6.9.7。

（3）隔膜式气压罐（容纳膨胀水量）：《09技措》6.9.8。

2. 超链接

《09技措》P164～167、附录C。

3. 例题

【案例】两管制空调水系统，设计供/回温度：供热工况45℃/35℃、供冷工况7℃/12℃，在系统低位设置容纳膨胀水量的隔膜式气压罐定压（低位定压），补水泵平时运行流量为 $3m^3/h$，空调水系统最高点位置高于定压点50m，系统安全阀开启压力设为0.8MPa，系统水容量 $V_c=50m^3$。假定系统膨胀的起始计算温度为20℃。问：气压罐最小总容积（m^3）最接近以下哪个选项？ ［不同温度时水的密度（kg/m^3）为：7℃

999.88，12℃ 999.43，20℃ 998.23，35℃ 993.96，45℃ 990.25]（2017-4-16）

（A）0.6　　（B）1.8　　（C）3.0　　（D）3.6

参考答案：[B]

主要解答过程：

根据《09技措》第6.9.6条，

系统供回水温度按平均水温计：

$$t_{pj}=\frac{t_g+t_h}{2}=\frac{45+35}{2}=40℃,$$

$$\rho_{40}=\frac{\rho_{45}+\rho_{35}}{2}=\frac{990.25+993.96}{2}=992.105kg/m^3。$$

水箱的调节容积：$V_t=\frac{3}{60}\times3\times1000=150L$

系统最大膨胀水量：$V_p=1.1\times\frac{\rho_{20}-\rho_{40}}{\rho_{40}}\times1000V_c$

$$=1.1\times\frac{998.23-992.105}{992.105}\times1000\times50=339.56L$$

气压罐应吸纳的最小水容量：$V_{xmin}=V_t+V_p=150+339.56=489.56L$

根据《09技措》第6.9.8条，

气压罐正常运行的最高压力：$P_{2max}=0.9P_3=0.9\times0.8\times10^3=720kPa$

无水时气压罐起始充气压力：$P_0=\rho_{40}gh+5=\frac{992.105\times9.8\times50}{1000}+5=491.13kPa$

容纳膨胀水量的气压罐最小容积：$V_{Zmin}=V_{xmin}\frac{P_{2max}+100}{P_{2max}-P_0}$

$$=489.56\times\frac{720+100}{720-491.13}=1754L=1.75m^3$$

故选B。

4. 真题归类

2017-4-16、2018-3-15。

第4章　制　　冷

4.1 蒸气压缩式制冷循环

4.1.1 逆卡诺循环制冷系数

1. 知识要点

制冷系数：$\varepsilon_c = \dfrac{T_0}{T_k - T_0}$

热泵系数：$\varepsilon_h = \dfrac{T_k}{T_k - T_0}$

注：蒸发温度和冷凝温度取热力学温度 K，而不是℃。

2. 实际循环制冷系数<理论循环制冷系数<有温差的理想循环制冷系数<理想循环制冷系数。

3. 例题

【案例】已知某电动压缩式制冷机组处于额定负荷出力的工况运行：冷凝温度为30℃，蒸发温度为2℃，不同的销售人员介绍该工况下机组的制冷系数值，不可取信的为下列何项？并说明原因。(2014-3-23)

(A) 5.85　　(B) 6.52　　(C) 6.80　　(D) 9.82

参考答案：[D]

主要解答过程：

根据《教材（第三版 2018）》P573 公式（4.1-5），两定温热源间的逆卡诺循环效率为：

$$\varepsilon_c = \frac{T_0'}{T_k' - T_0'} = \frac{273+2}{(273+30)-(273+2)} = 9.82$$

要知道逆卡诺循环为理想制冷循环，是所能达到的最高效率，考虑到实际制冷循环的温差损失、节流损失、过热损失等因素，实际制冷循环的制冷系数不可能达到 9.82。

4.1.2 理论循环热力计算

1. 知识要点

(1) 单位质量制冷量：

$$q_0 = h_1 - h_4 (\text{kJ/kg})$$

注：$q = \Delta h$（根据热力学第一定律，$q = \Delta h + w_t$，$w_t = 0$）。

(2) 冷凝器单位质量放热量：

$$q_k = h_2 - h_3 (\text{kJ/kg})$$

(3) 冷凝器热负荷：

$$\Phi_k = M_R \cdot q_k = M_R (h_2 - h_3) (\text{kJ/kg})$$

(4) 压缩机单位质量耗功量：

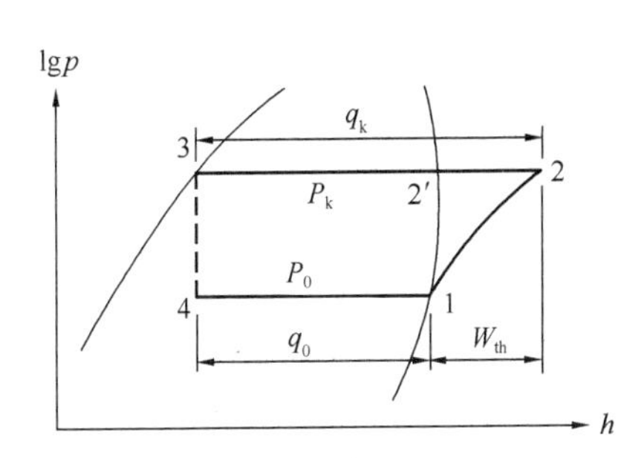

图 4-1 蒸气压缩式的理论循环

$$w_{th} = h_2 - h_1 (kJ/kg)$$

(5) 压缩机理论耗功率：

$$P_{th} = M_R \cdot w_{th} = M_R(h_2 - h_1)(kW)$$

(6) 制冷系数：

$$\varepsilon_0 = \frac{\Phi_0}{P_{th}} = \frac{h_1 - h_4}{h_2 - h_1}$$

(7) 制冷剂循环流量（质量流量）：

$$M_R = \frac{\Phi_0}{q_0}(kg/s)$$

制冷量 Φ_0 单位：kW。

(8) 制冷剂体积流量：

$$V_R = M_R \cdot v_1 = \frac{\Phi_0}{q_v}(m^3/s)$$

(9) 单位容积制冷量：

$$q_v = \frac{q_0}{v_1} = \frac{h_1 - h_4}{v_1}(kJ/m^3)$$

(10) 制冷效率（热力完善度）：

$$\eta = \frac{\varepsilon_0}{\varepsilon_c'} = \frac{h_1 - h_4}{h_2 - h_1} \cdot \frac{T_k - T_0}{T_0}$$

(11) 热平衡方程：

$$\Phi_k = \Phi_0 + P_{th};\ q_k = q_0 + w_{th}$$

2. 带膨胀机的制冷循环：$\varepsilon_{th} = \dfrac{\Phi_0}{P_{th}} = \dfrac{q_0}{\omega_{th}} = \dfrac{q_0}{\omega_{压缩机} - \omega_{膨胀机}}$

其中 $w_{膨胀机} = h_{冷凝器出口} - h_{蒸发器入口}$

3. 制冷量注意是蒸发器的进口和出口的焓差；制热量是冷凝器进口和出口的焓差。

4. 例题

(1)【案例】某 R134a 制冷循环，蒸发温度 4℃，冷凝温度 40℃，采用膨胀机代替膨胀阀，试问理论循环制冷系数为下列何值？（注：各状态点参数见下表）(2006-4-19)

状态点	温度（℃）	绝对压力（MPa）	比焓（kJ/kg）	比熵［kJ/(kg·K)］	比容（m^3/kg）
压缩机入口蒸发器出口	4	0.33755	401.0	1.7252	0.6042
压缩机出口冷凝器入口	44.1	1.0165	423.8	1.7252	
冷凝器出口	40	1.0165	256.36	1.190	
膨胀机出口	4	0.33755	252.66		

(A) 7.5～7.6　　(B) 7.7～7.8　　(C) 7.9～8.0　　(D) >8.0

参考答案：[B]

主要解答过程：

采用膨胀机代替膨胀阀，膨胀机可以对外做功或发电，提高了制冷循环的制冷系数。

$$\varepsilon_{th}=\frac{\Phi_0}{P_{th}}=\frac{q_0}{\omega_{th}}=\frac{q_0}{\omega_{压缩机}-\omega_{膨胀机}}$$

$$=\frac{401.0-252.66}{(423.8-401.0)-(256.36-252.66)}$$

$$=7.77$$

(2)【案例】某R134a制冷循环，蒸发温度4℃，冷凝温度40℃，采用膨胀涡轮代替膨胀阀，试问理论循环可收回的功量为下列何值（kJ/kg）?（注：各状态点参数见下表）(2007-3-20)

状态点	温度（℃）	绝对压力（MPa）	比焓（kJ/kg）	比容（m³/kg）
压缩机入口蒸发器出口	4	0.33755	401.0	0.06042
压缩机出口冷凝器入口	44.1	1.0165	423.8	
冷凝器出口	40	1.0165	256.36	
蒸发器入口	4	0.33755	252.66	

(A) 3.65～3.75　(B) 3.55～3.64　(C) 3.76～3.85　(D) 3.45～3.54

参考答案：[A]

主要解答过程：

回收功：$w_{回收}=w_{膨胀机}=h_{冷凝器出口}-h_{蒸发器入口}=256.36-252.66=3.7\text{kJ/kg}$

(3)【案例】某氨压缩式制冷机组，采用带辅助压缩机的过冷器以提高制冷系数。冷凝温度为40℃、蒸发温度为−15℃，过冷器蒸发温度为−5℃。图示为系统组成和理论循环，点2为蒸发器出口状态，该循环的理论制冷系数应是下列何项?（注：各点比焓见下表）(2009-3-22)

状态点号	2	3	5	6	7	8
比焓（kJ/kg）	1441	2040	686	616	1500	1900

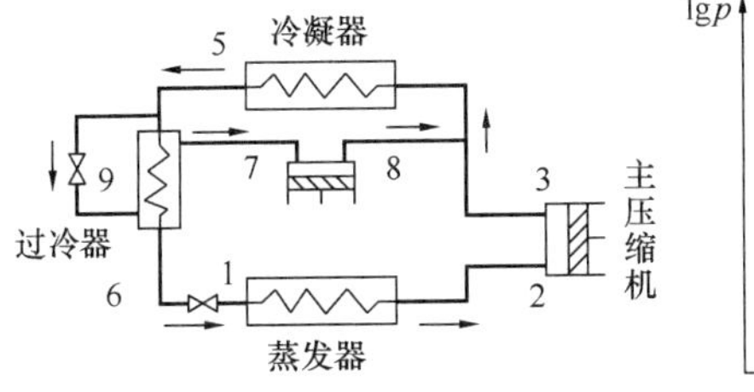

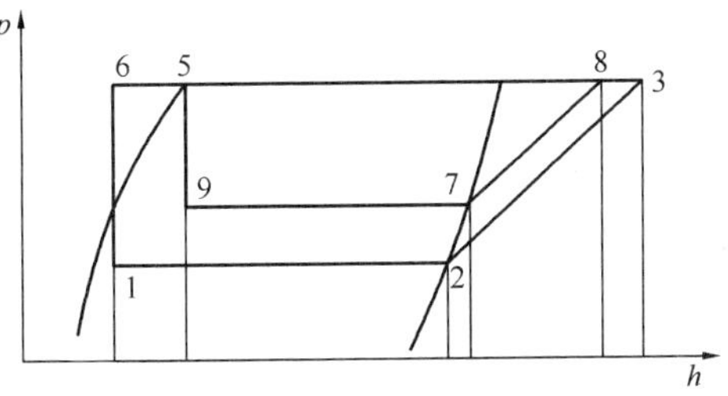

(A) 2.10～2.30　(B) 1.75～1.95　(C) 1.36～1.46　(D) 1.15～1.35

参考答案：[D]

主要解答过程：

根据过冷器的能量平衡方程：$M_5h_9=M_6h_6+M_7h_7$　　$(h_9=h_5,\ h_6=h_1)$

质量平衡：$M_5=M_6+M_7$，解得：$M_6=11.63M_7$

则制冷系数为：$\varepsilon=\dfrac{(h_2-h_1)\times M_6}{(h_8-h_7)M_7+(h_3-h_2)M_6}=1.3$

(4)【案例】某氨压缩式制冷机组，冷凝温度为40℃、蒸发温度为−15℃，下图所示为其理论循环，点 2 为蒸发器制冷剂蒸气出口状态。该循环的理论制冷系数应是下列何值？（注：各点比焓见下表）（2011-4-21）

状态点号	1	2	3	4
比焓（kJ/kg）	686	1441	2040	1650

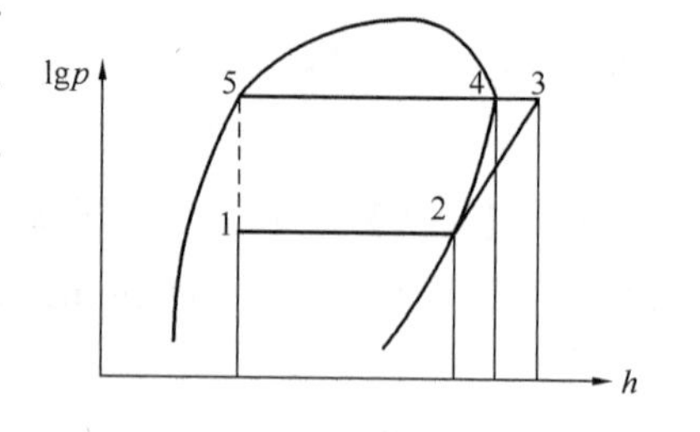

（A）2.10～2.30　　（B）1.75～1.95

（C）1.45～1.65　　（D）1.15～1.35

参考答案：[D]

主要解答过程：

$$\varepsilon=\frac{q_0}{w}=\frac{h_2-h_1}{h_3-h_2}=\frac{1441-686}{2040-1441}=1.26$$

（5）【案例】某热回收型地源热泵机组，采用 R502 制冷剂，冷凝温度为 40℃、蒸发温度为−5℃，下图所示为其理论循环。采用冷凝热回收，回收蒸发的显热。点 4 为冷凝器制冷剂蒸气进口状态，该机组回收的热量占循环中总的冷凝热的比例应是下列哪一项？（注：各点比焓见下表）（2011-4-22）

状态点号	1	2	3	4	5
比焓（kJ/kg）	241.5	344.7	385.7	359.6	247.9

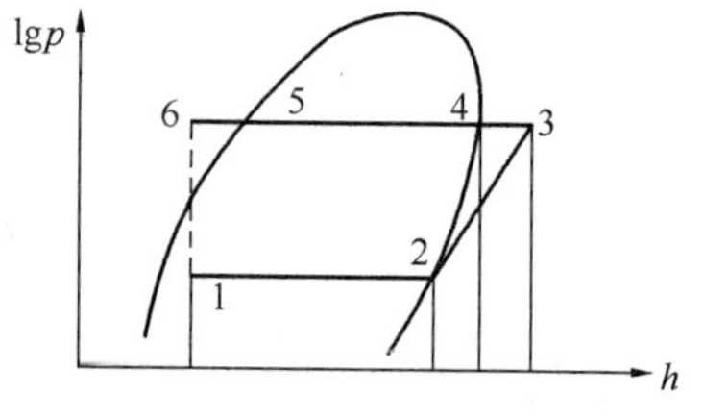

（A）26.5%～29.0%　　（B）21.0%～23.5%

（C）18.6%～20.1%　　（D）17%～18.5%

参考答案：[D]

主要解答过程：

3 点为压缩机出口状态点，在不进行热回收时即为冷凝器进口状态，进行热回收后，冷凝器进口状态点为 4 点，因此，单位制冷剂流量回收热量为：h_3-h_4，总冷凝热为：

$h_3-h_6=h_3-h_1$

回收热量所占比例：$m=\dfrac{h_3-h_4}{h_3-h_1}=\dfrac{385.7-359.6}{385.7-241.5}=18.1\%$

注：由于过冷温度过低，一般不回收过冷段的热量。

（6）【案例】某空调系统需冷量为 12kW，采用 R22 压缩式制冷，蒸发温度 $t_0=5$℃，冷凝温度 $t_K=40$℃，无再冷，压缩机入口为饱和蒸气，状态参数见下表，求制冷效率。（模拟）

状态点	温度（℃）	绝对压力（kPa）	比焓（kJ/kg）	比体积（m^3/kg）
压缩机出口	68	1.534	440.24	
冷凝器出口	40	1.534	249.69	
节流阀出口	5	0.584	249.69	
蒸发器出口	5	0.584	407.14	0.0404

（A）0.60　　（B）4.77　　（C）7.94　　（D）0.83

参考答案：[A]

主要解答过程：

节流后的比焓：

$$h_4=h_3=249.69\text{kJ/kg}$$

理论制冷系数

$$\varepsilon_{th}=\frac{h_1-h_4}{h_2-h_1}=\frac{407.14-249.69}{440.24-407.14}=4.757$$

制冷效率：

$$\eta_R=\frac{\varepsilon_{th}}{\varepsilon_c'}=\varepsilon_{th}\cdot\frac{T_k-T_0}{T_0}=4.757\times\frac{35}{273+5}=0.6$$

(7)【案例】如下图所示的蒸气压缩式制冷循环，若采用膨胀机代替节流阀而使循环由12341变为1234′1，求此时循环的制冷系数约变为原来的比例。已知1，2，3，4′点的比焓分别为425kJ/kg，455kJ/kg，266kJ/kg，258kJ/kg。(模拟)

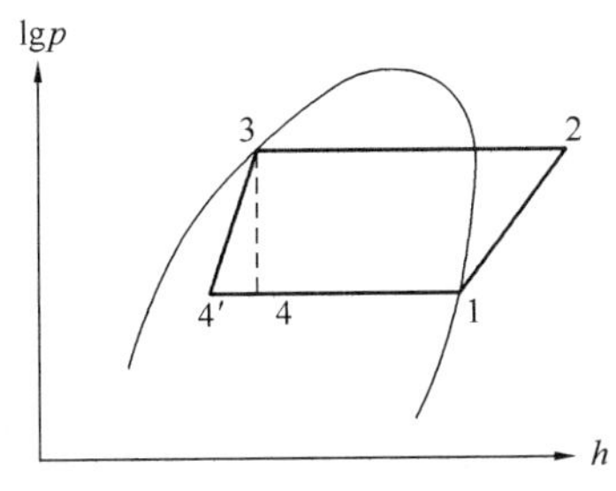

(A) 132%　　(B) 143%　　(C) 154%　　(D) 160%

参考答案：[B]

主要解答过程：

使用节流阀时的制冷量、压缩功与制冷系数：

$$q_0=h_1-h_4=h_1-h_3=159\text{kJ/kg}$$

$$w_0=h_2-h_1=30\text{kJ/kg}$$

$$\varepsilon_0=\frac{q_0}{w_0}=5.3$$

使用膨胀机时的制冷量、回收的能量和制冷系数：

$$q_0'=h_1-h_{4'}=167\text{kJ/kg}$$

$$w_{膨胀机}=h_4-h_{4'}=8\text{kJ/kg}$$

$$\varepsilon=\frac{q_0'}{w_{th}}=\frac{q_0'}{w_{压缩机}-w_{膨胀机}}=7.59$$

制冷系数之比为 $\frac{\varepsilon}{\varepsilon_0}=\frac{7.59}{5.3}\times100\%=143\%$

(8)【案例】如图所示为采用R134A制冷剂的蒸汽压缩制冷理论循环，采用将压缩后的高压气体分流一部分（8→6）与来自蒸发器的制冷剂混合（4+6→5）后再压缩的方式实现变制冷量调节。已知，蒸发温度为0℃、冷凝温度为40℃，有关状态点的焓值（kJ/kg）见表中所列，该循环的理论制冷量与不调节分流的理论制冷量之比值（%）最接近下列何项？（2017-3-24）

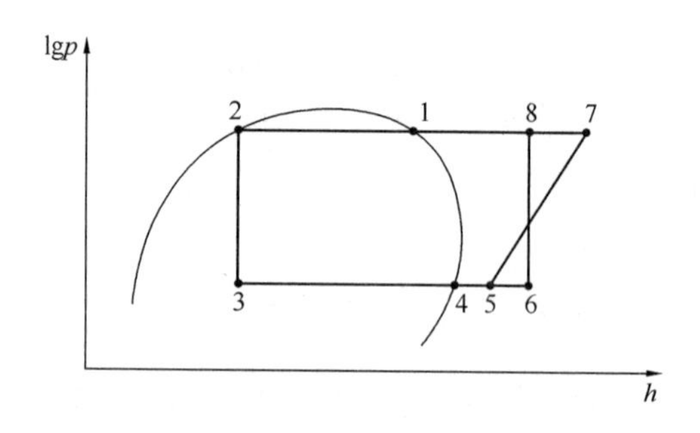

h_1	h_2	h_4	h_5	h_7	h_8
417.2	256.8	395.6	420.2	449.8	439.8

（A）44.3　　（B）51.1　　（C）54.2　　（D）58.6

参考答案：[A]

主要解答过程：

假设来自蒸发器的制冷剂质量流量为 m_4，压缩后的高压气体制冷剂分流部分的质量为 m_6，对于该蒸气压缩制冷理论循环列质量与能量守恒方程。

质量守恒方程：$m_4 + m_6 = m_5$

能量守恒方程：$m_4 h_4 + m_6 h_6 = m_5 h_5$

二方程联立，且已知 $h_6 = h_8 = 439.8\text{kJ/kg}$，

可得：$\dfrac{m_4}{m_6} = \dfrac{h_6 - h_5}{h_5 - h_4} = \dfrac{439.8 - 420.2}{420.2 - 395.6} = 0.797$

调节分流理论制冷量：$Q = m_4(h_4 - h_3)$

未调节分流的理论制冷量：$Q_0 = m_5(h_4 - h_3)$

调节分流与不调节分流的理论制冷量比值：

$$\frac{Q}{Q_0} = \frac{m_4}{m_5} = \frac{m_4}{m_4 + m_6} = \frac{m_4}{m_4 + \dfrac{m_4}{0.797}} = 44.3\%$$

故选A。

5. 真题归类

2006-3-19、2006-4-19、2007-3-20、2009-3-22、2011-4-21、2011-4-22、2010-4-21、2017-3-24。

4.1.3 回热器

1. 知识要点

（1）回热器结构图

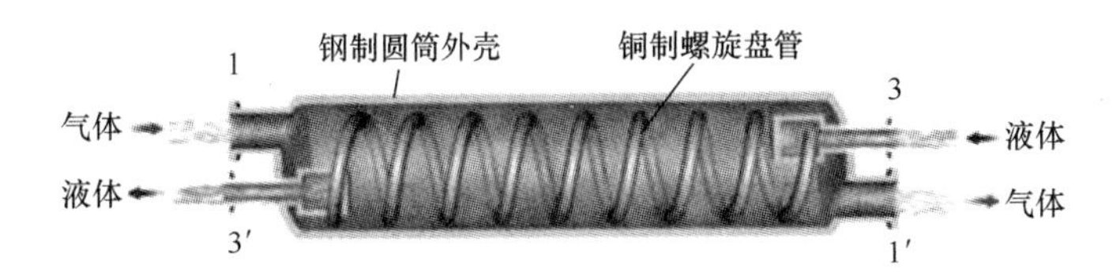

图4-2 回热器结构图

（2）回热器的能量平衡：忽略回热器与外界环境的热交换，则得到：

$$进口 = 出口$$

$$h_1 + h_3 = h_1' + h_3' \Rightarrow h_3 - h_3' = h_1' - h_1 \Rightarrow C_{液}(t_3 - t_3') = C_{气}(t_1' - t_1)（显热交换）$$

2. 例题

（1）【案例】下图为采用热力膨胀阀的回热式制冷循环。点2蒸发器出口状态，2～3和6～7为气液在回热器的换热过程，试问该循环制冷剂的单位质量制冷能力为下列何值？（kJ/kg）（各点比焓见下表）（2007-3-23）

状态点号	1	2	3	4	5	6	7
比焓（kJ/kg）	406	410	416.3	418.5	442.5	249.2	242.9

（A）166.5～167.5 （B）163～164 （C）165～166 （D）>166

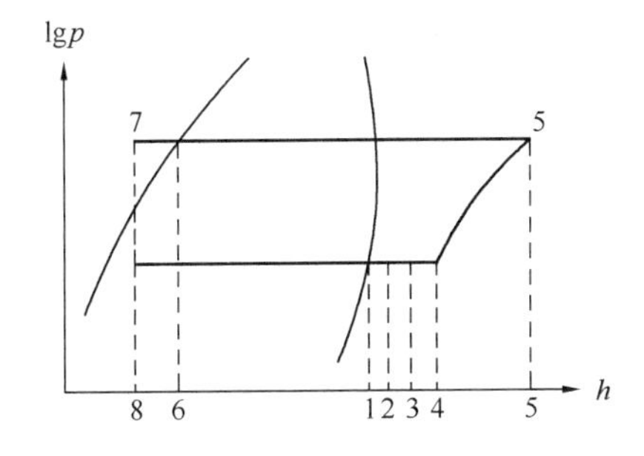

参考答案：[A]

主要解答过程：

制冷能力即为蒸发器吸热量，只需计算蒸发器进出口焓差。

$$h_2 - h_8 = h_2 - h_7 = 410 - 242.9 = 167.1\text{kJ/kg}$$

另一种解法：利用回热循环热平衡关系可得：$h_2 - h_8 = h_3 - h_6 = 416.3 - 249.2 = 167.1$kJ/kg 答案相同。

（2）【案例】图示为采用热力膨胀阀的回热式制冷循环，点1为蒸发器出口状态1～2和5～6为气液在回热器内的换热过程，该循环制冷能效比应为下列哪一项？（注：各点比焓见表）（2008-3-22）

状态点号	1	2	3	4	5
比焓（kJ/kg）	340	346.3	349.3	376.5	235.6

（A）3.71～3.90 （B）3.91～4.10 （C）4.11～4.30 （D）4.31～4.50

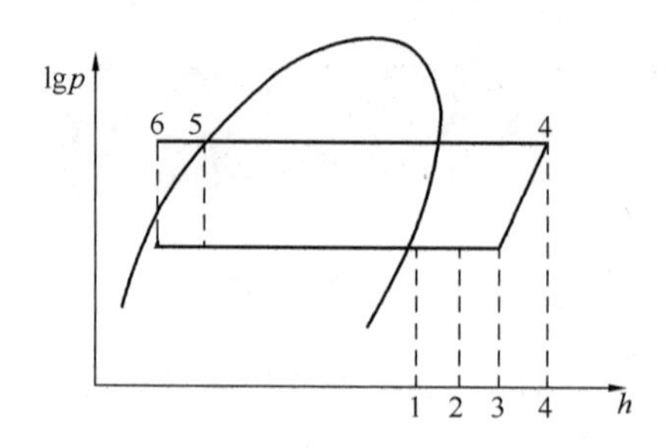

参考答案：[B]

主要解答过程：

由回热器能量守恒：$h_2-h_1=h_5-h_6$，得：$h_6=229.3$kJ/kg

制冷量 $q_0=h_1-h_6=110.7$kJ/kg；耗功率 $w=h_4-h_3=27.2$kJ/kg

能效比 $\varepsilon=q_0/w=4.07$，选 B。

（3）【案例】图示为采用热力膨胀阀的回热式制冷循环，点 1 为蒸发器出口状态，1～2 和 5～6 为气液在回热器的换热过程，试问该循环制冷剂的单位质量压缩耗功应是下列哪个选项？（注：各点比焓见下表）（2013-4-21）

状态点号	1	2	3	4	5	6
比焓（kJ/kg）	340	346.3	349.3	376.5	235.6	229.3

（A）6.8kJ/kg　　（B）9.5kJ/kg　　（C）27.2kJ/kg　　（D）30.2kJ/kg

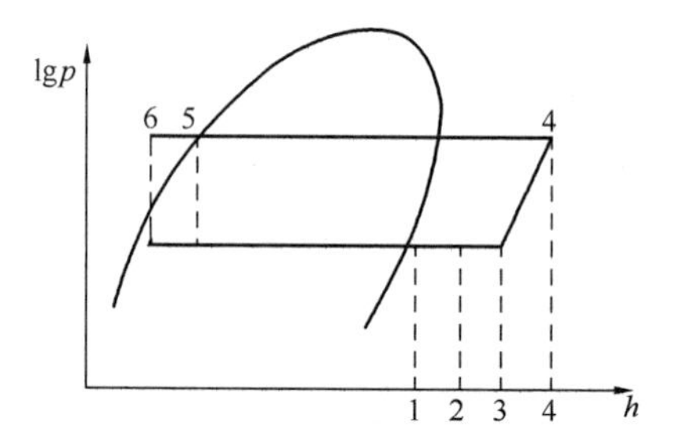

参考答案：[C]

主要解答过程：

耗功率 $W=h_4-h_3=27.2$kJ/kg

注：本题为 2008-3-22 简化版，压缩机压缩过程只看压力的变化。

（4）【案例】某带回热器的压缩式制冷机组，制冷剂为 CO_2。图示为系统组成和制冷循环，点 1 为蒸发器出口状态，该循环回热器的出口（点 5）焓值为何项？（注：各点比焓见下表）（2013-4-22）

状态点号	1	2	3	4	7	8	9
比焓（kJ/kg）	434.6	485.2	537.3	327.6	437.6	484.7	434.2

（A）277kJ/kg　　（B）277.5kJ/kg　　（C）280kJ/kg　　（D）280.5kJ/kg

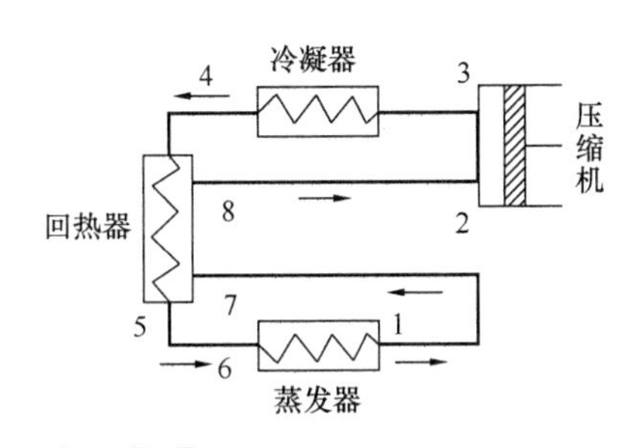

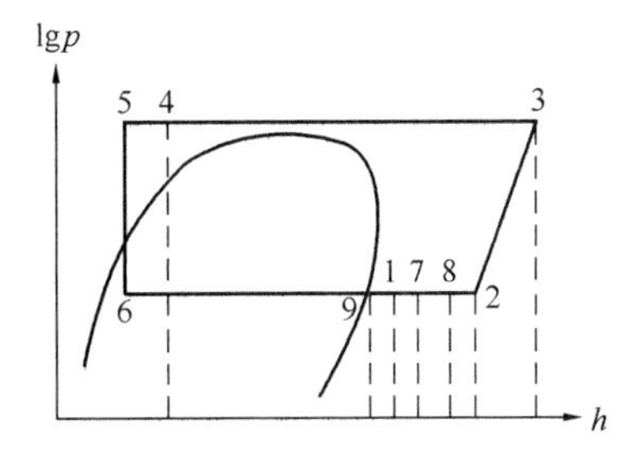

参考答案：[D]

主要解答过程：

由回热器能量守恒：$h_4-h_5=h_8-h_7$，得：$h_5=280.5$kJ/kg

(5)【案例】某空气调节制冷系统制冷量为40kW。制冷剂为R22，节流机构为热力膨胀阀。热力膨胀阀的静装配过热度为3℃，有效过热度为2℃。该制冷系统采用回热循环，蒸发温度为0℃（蒸发压力0.498MPa），冷凝温度40℃（冷凝压力15.269MPa），冷凝器出口为饱和状态，制冷压缩机的吸气温度为15℃。R22的有关状态参数如下表，求该制冷装置回热器的热负荷。（模拟）

状态点	绝对压力(MPa)	温度(℃)	液体比焓(kJ/kg)	蒸汽比焓(kJ/kg)
蒸发温度	0.498	0		404.89
有效过热度	0.498	2		406.09
静装配过热度	0.498	3		406.65
蒸发器出口	0.498	5		407.76
压缩机入口	0.498	15		417.22
冷凝器出口	15.269	40	249.21	

(A) 2.710～3.100kW　　(B) 2.560～2.700kW

(C) 2.400～2.550kW　　(D) 2.100～2.399kW

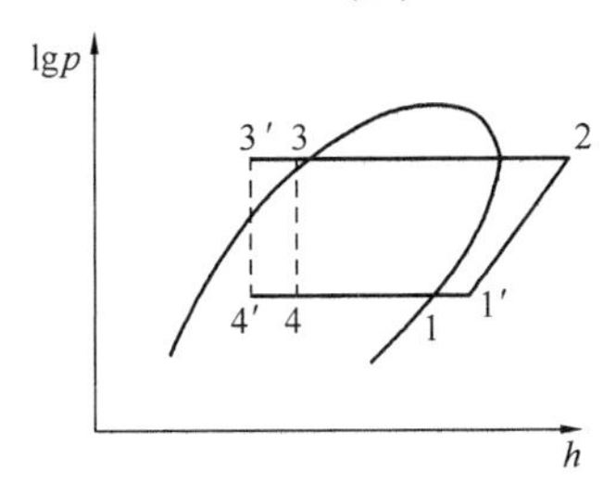

参考答案：[D]

主要解答过程：

根据回热器能量平衡，$h'_1-h_1=h_4-h'_4$，得单位质量制冷量：$h'_1-h_4=h_1-h'_4$；制冷剂质量流量：

$$M_R=\frac{q_0}{h'_1-h_4}=\frac{40}{417.22-249.21}=0.238\text{kg/s}$$

回热器热负荷：

$$Q=M_R(h'_1-h_1)=0.238\times(417.22-407.76)=2.25\text{kW}$$

(6)【案例】采用R134a的小型装配式双温食品库，该库理论制冷循环的lg$P$-h图见下图，各状态点的参数见下表。该小型食品库采用回热循环，冷凝器、蒸发器出口均为饱和状态，冷藏室与冷冻室蒸发器串联，不考虑压缩机对吸气加热和节流。冷冻室热负荷4.8kW，冷藏室热负荷8.2kW。冷冻室蒸发器进口点5的比焓应为多少？（模拟）

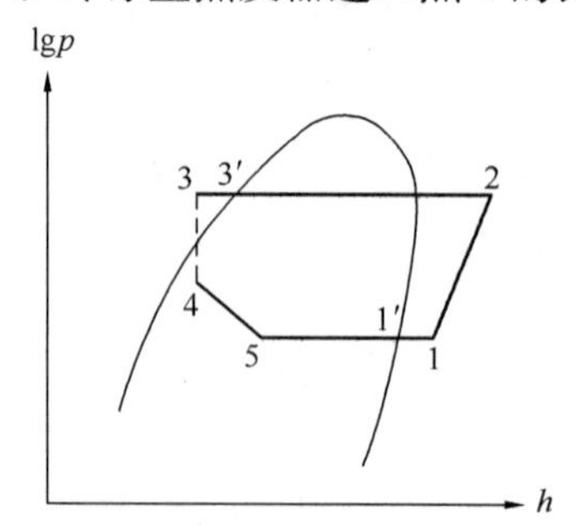

状态点	温度（℃）	绝对压力（kPa）	液体比焓（kJ/kg）	蒸气比焓（kJ/kg）
冷凝器出口	40	1016.40	256.2	
冷藏室蒸发器进口	0	292.82		
冷藏室蒸发器出口	−23	116.67		
冷冻室蒸发器出口	−23	116.67		383.5
压缩机进口	0	116.67		402.3

（A）320.0～326.0kJ/kg　　（B）326.1～332.0kJ/kg

（C）332.1～340.0kJ/kg　　（D）340.1～345.0kJ/kg

参考答案：[B]

主要解答过程：

回热循环有 $h_1-h_{1'}=h_{3'}-h_3$

回热器制冷剂液体出口比焓：

$$h_3=h_{3'}-(h_1-h_{1'})=256.2-(402.3-383.5)=237.4\text{kJ/kg}$$

蒸发器串联，质量流量相等：

$$h_3=h_4$$

$$M_R=\frac{\Phi_{0冻}}{h_1'-h_5}=\frac{\Phi_{0藏}}{h_5-h_4}$$

得 $h_5=\dfrac{4.8\times237.4+8.2\times383.5}{4.8+8.2}=329.6\text{kJ/kg}$

3. 真题归类

2007-3-23、2008-3-22、2013-4-21、2013-4-22。

4.1.4　经济器

1. 知识要点

（1）列经济器或闪发分离器的质量守恒方程：进口的质量=出口的质量

（2）列经济器或闪发分离器的能量守恒方程：进口的焓=出口的焓

2. 例题

（1）【案例】下图为闪发分离器的R134a双级压缩制冷循环，问流经蒸发器与流经冷凝器制剂质量流量之比，应为下列何值？该循环主要状态点制冷剂的比焓（kJ/kg）为：

$h_3=410.25$，$h_6=256.41$，$h_7=228.50$。(2007-3-19)

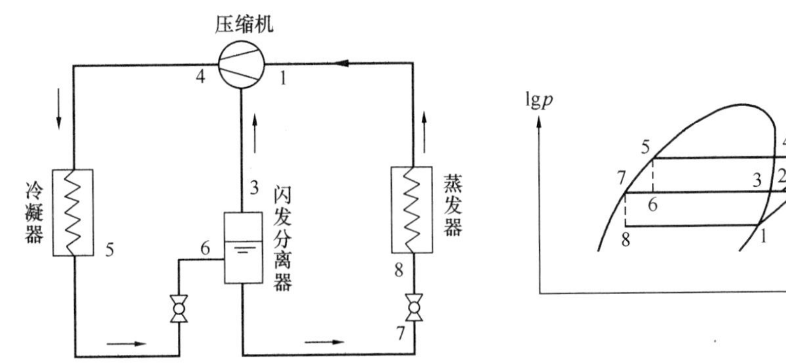

(A) 0.86～0.87　　(B) 0.84～0.85　　(C) 0.82～0.83　　(D) >0.87

参考答案：[B]

主要解答过程：

对于闪发分离器：

质量守恒方程：$m_6=m_3+m_7$

能量守恒方程：$m_6h_6=m_3h_3+m_7h_7$

解得 $m_7:m_3=5.51$，因此 $m_7:m_6=0.846$

(2)【案例】某带经济器的螺杆式压缩式制冷机组，制冷剂为R22。制冷剂质量流量的比值 $M_{R1}:M_{R2}=6:1$，如图所示为系统组成和理论循环，点1为蒸发器出口状态，该循环状态点3的焓值为下列哪一项？(注：各点比焓见下表)(2010-3-21)

状态点号	1	2	4	5	9
比焓 (kJ/kg)	409.09	428.02	440.33	263.27	414.53

(A) 403～410kJ/kg　　(B) 419～422kJ/kg

(C) 424～427kJ/kg　　(D) 428～431kJ/kg

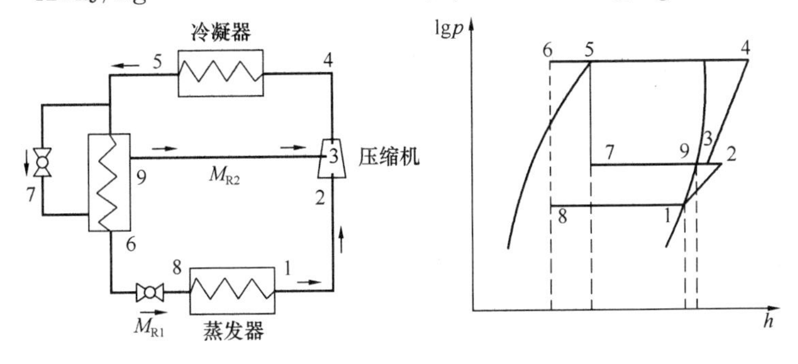

参考答案：[C]

主要解答过程：

3点为9点和2点的混合状态点，由能量守恒：

$$(M_{R1}+M_{R2})h_3=M_{R1}\cdot h_2+M_{R2}\cdot h_9$$

解得：$h_3=426.1$kJ/kg

(3)【案例】接上题，该循环的理论制冷系数COP接近下列何项？(2010-3-22)

(A) 6.34　　(B) 5.48　　(C) 5.16　　(D) 4.83

参考答案：[D]

主要解答过程：

由经济器的能量守恒：

$(M_{R1}+M_{R2})h_5 = M_{R1}h_6 + M_{R2}h_9$　　解得：$h_8 = h_6 = 238.06\text{kJ/kg}$

制冷量 $Q_V = (h_1 - h_8)M_{R1}$

耗功率 $W = M_{R1}(h_2 - h_1) + (M_{R1}+M_{R2})(h_4 - h_3)$

$$COP = \frac{Q_V}{W} = \frac{6\times 171.03}{6\times(428.02-409.09)+7\times(440.33-426.1)} = 4.81$$

(4)【案例】下图为闪发分离器的（制冷剂为 R134a）双级压缩制冷循环，已知：循环主要状态点制冷剂的比焓（kJ/kg）为：h_3=410.25kJ/kg，h_7=228.50kJ/kg。当流经蒸发器与流出闪发分离器的制冷剂质量流量之比为 5.5 时，h_5应为下列何值？（2012-4-23）

(A) 231～256kJ/kg　　(B) 251～270kJ/kg

(C) 271～280kJ/kg　　(D) 281～310kJ/kg

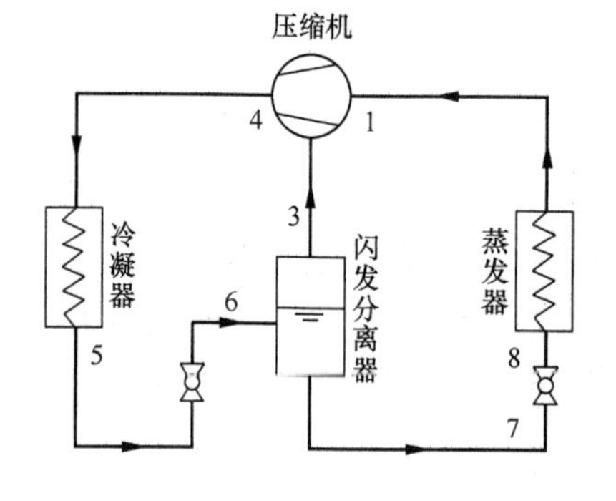

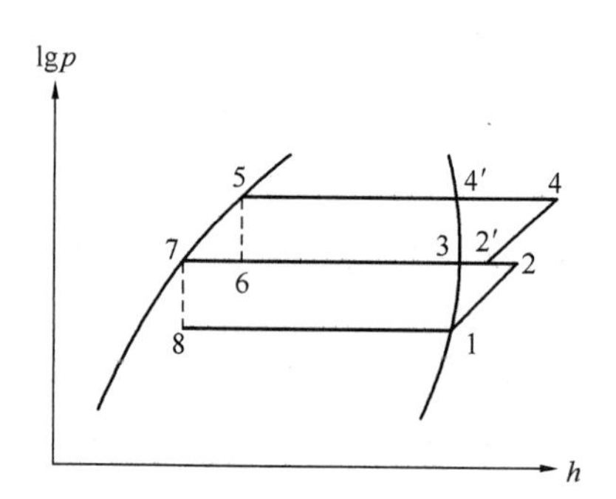

参考答案：[B]

主要解答过程：

本题根据 2007-3-19 改编。

$m_7 : m_3 = 5.5$

质量守恒方程：$m_6 = m_3 + m_7$

能量守恒方程：$m_6h_6 = m_3h_3 + m_7h_7$

解得：$h_5 = h_6 = 256.5\text{kJ/kg}$

(5)【案例】下图为某带经济器的制冷循环，已知：h_1=390kJ/kg，h_3=410kJ/kg，h_4=430kJ/kg，h_5=250kJ/kg，h_7=220kJ/kg。蒸发器制冷量为 50kW，求冷凝器散热量（kW）最接近下列何项？（忽略管路等传热的影响）（2016-3-22）

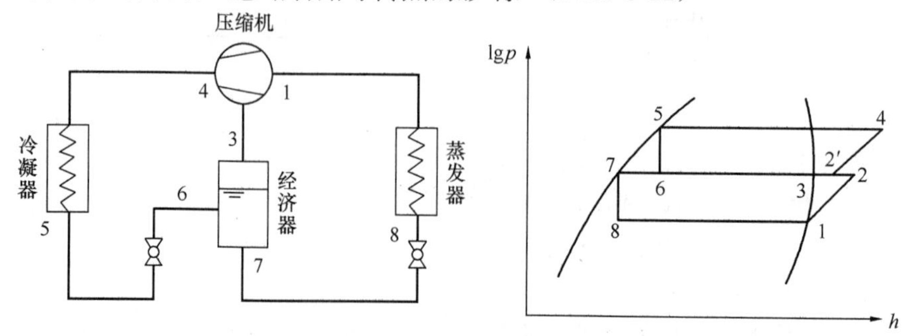

(A) 50　　(B) 56　　(C) 62　　(D) 66

参考答案：[C]

主要解答过程：

流经蒸发器循环制冷流量：

$$M_{R1}=\frac{\Phi_0}{h_1-h_7}=\frac{50}{h_1-h_7}=0.29\text{kg/s}$$

列经济器的能量守恒方程：

$$M_{R2}h_6=M_{R1}h_7+(M_{R2}-M_{R1})h_3$$
$$M_{R2}h_5=M_{R1}h_7+(M_{R2}-M_{R1})h_3$$

$$\frac{M_{R2}}{M_{R1}}=\frac{h_7-h_3}{h_5-h_3}=1.1875\Rightarrow M_{R2}=1.1875\times 0.29=0.344\text{kg/s}$$

冷凝器散热量：

$$\Phi_k=M_{R2}(h_4-h_5)=62\text{kW}$$

3. 真题归类

2007-3-19、2010-3-21、2010-3-22、2012-4-23、2016-3-22、2017-3-23、2018-3-21。

4.1.5 双级压缩

1. 知识要点

(1) 一次节流、完全中间冷却：《教材（第三版2018）》P582。

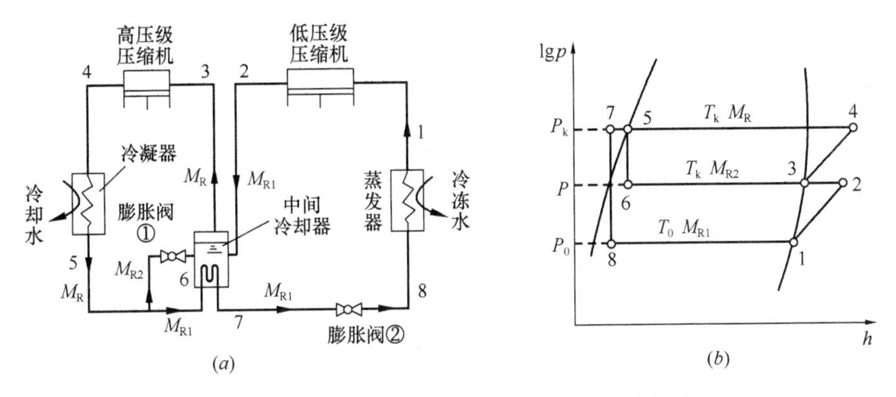

图4-3 一次节流中间完全冷却的双级压缩制冷

(a) 工作流程；(b) 理论循环

中间冷却器守恒方程：

1) $m_R h_5+m_{R1}h_2=m_{R1}h_7+m_R h_3$　　$m_R=m_{R1}+m_{R2}$

$$m_R=\frac{m_{R1}(h_2-h_7)}{h_3-h_5}\qquad \frac{m_{R2}}{m_{R1}}=\frac{h_2-h_7}{h_3-h_5}-1$$

2) 制冷量 $\Phi_0=m_{R1}(h_1-h_8)$

① 压缩机理论总功率：

$$P_{th}=P_{th1}+P_{th2}=m_{R1}(h_2-h_1)+m_R(h_4-h_3)$$

② 制冷系数：

$$\varepsilon = \frac{\Phi_0}{P_{th}} = \frac{h_1 - h_8}{\left[h_2 - h_1 + \left(1 + \frac{m_{R2}}{m_{R1}}\right)(h_4 - h_3)\right]} = \frac{h_1 - h_8}{\left[h_2 - h_1 + \frac{h_2 - h_7}{h_3 - h_5}(h_4 - h_3)\right]}$$

（2）一次节流、不完全中间冷却：《教材（第三版 2018）》P583。

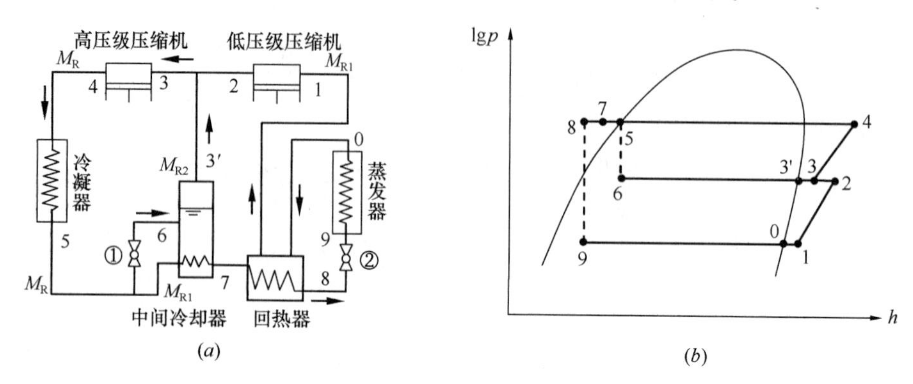

图 4-4　带回热器的一次节流不完全中间冷却的双级压缩制冷循环

（a）工作流程；（b）理论循环

中间冷却器守恒方程：

1）$m_R h_5 = m_{R1} h_7 + m_{R2} h_3'$　　　　$m_R = m_{R1} + m_{R2}$

$$\frac{m_{R2}}{m_{R1}} = \frac{h_5 - h_7}{h_3' - h_5}$$

① 守恒方程：

$$m_R h_3 = m_{R1} h_2 + m_{R2} h_3'$$

② 回热器守恒方程：

$$m_{R1} h_7 + m_{R1} h_0 = m_{R1} h_8 + m_{R1} h_1$$

2）制冷量 $\Phi_0 = m_{R1}(h_0 - h_9)$

① 压缩机理论总功率：

$$P_{th} = P_{th1} + P_{th2} = m_{R1}(h_2 - h_1) + m_R(h_4 - h_3)$$

② 制冷系数：

$$\varepsilon = \frac{\Phi_0}{P_{th}} = \frac{h_0 - h_9}{\left[h_2 - h_1 + \left(1 + \frac{m_{R2}}{m_{R1}}\right)(h_4 - h_3)\right]}$$

（3）热力计算：质量守恒、能量守恒。

研究对象：以中间冷却器为对象进行计算，进来的等于出去的。

（4）中间压力计算：《教材（第三版 2018）》P584。

1）制冷系数最大法：一般通过选择几个中间进行试算，比较求得最佳值。

在−40～40℃，氨和 R22 的最佳中间温度为：$t_m = 0.4t_k + 0.6t_0 + 3$℃

2）高低压级压缩比相等：$P_m = \sqrt{P_0 \cdot P_k}$

3）按容积比确定中间压力，试算法确定。

2. 例题

（1）【案例】图示为一次节流完全中间冷却的双级氨制冷理论循环，各状态点比焓为：（kJ/kg）

h_1	h_2	h_3	h_4	h_5	h_6
1408.41	1590.12	1450.42	1648.82	342.08	181.54

试问在该工况下，理论制冷系数为下列何项？(2014-3-22)

(A) 1.9～2.2　　(B) 2.3～2.6　　(C) 2.7～3.0　　(D) 3.1～3.4

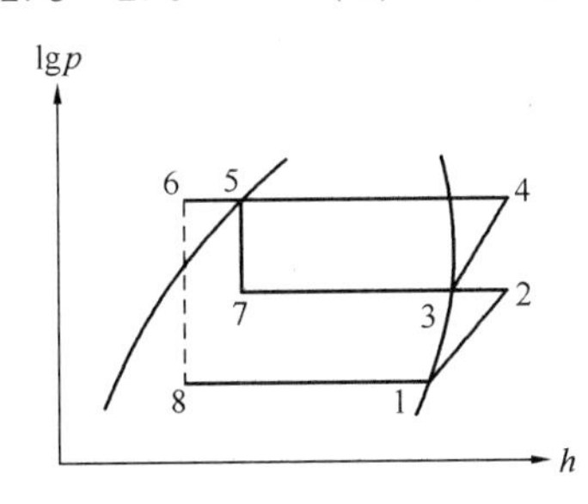

参考答案：[C]

主要解答过程：

根据《教材（第三版 2018）》P582～583 公式（4.1-24）～式（4.1-29），设制冷量为 Φ_0，通过蒸发器的制冷剂质量流量为 M_{R1}，通过中间冷却器的制冷剂质量流量为 M_{R2}（注意教材图 4.1-13 与题干附图状态点编号有差别）则有：

$$M_{R1}=\frac{\Phi_0}{(h_1-h_8)}=\frac{\Phi_0}{(h_1-h_6)}$$

$$M_{R2}=M_{R1}\frac{(h_2-h_3)+(h_5-h_6)}{(h_3-h_7)}=M_{R1}\frac{(h_2-h_3)+(h_5-h_6)}{(h_3-h_5)}$$

$$P_{th1}=M_{R1}(h_2-h_1)=\frac{h_2-h_1}{h_1-h_6}\Phi_0=0.148\Phi_0$$

$$P_{th2}=(M_{R1}+M_{R2})(h_4-h_3)=\frac{(h_2-h_6)(h_4-h_3)}{(h_3-h_5)(h_1-h_6)}\Phi_0=0.206\Phi_0$$

$$\varepsilon_{th}=\frac{\Phi_0}{P_{th1}+P_{th2}}=\frac{1}{0.148+0.206}=2.83$$

(2)【案例】一台带节能器的螺杆压缩机的二次吸气制冷循环，工质为 R22，已知：冷凝温度 40℃，绝对压力 1.5336MPa，蒸发温度 4℃，绝对压力 0.56605MPa，按理论循环，不考虑制冷剂的吸气过热，试求节能器中的压力。(2007-4-21)

(A) 0.50～0.57MPa　　(B) 0.90～0.95MPa

(C) 1.00～1.05MPa　　(D) 1.40～1.55MPa

参考答案：[B]

主要解答过程：

根据《教材（第三版 2018）》P584：$P_m=(P_k\cdot P_o)^{0.5}=0.932\text{MPa}$

(3)【案例】某活塞式二级氨压缩式机组，若已知机组冷凝压力为 1.16MPa，机组的中间压力为 0.43MPa，按经验公式计算，机组的蒸发压力应是下列何项？(2009-4-24)

(A) 0.31～0.36MPa　　(B) 0.25～0.30MPa

(C) 0.19～0.24MPa　　(D) 0.13～0.18MPa

参考答案：[D]

主要解答过程：

根据《教材（第三版 2018）》P584：

$0.43=(P_0\times1.16)^{1/2}$，解得：$P_0=0.159\text{MPa}$

（4）【案例】某一次节流完全中间冷却的氨双级压缩制冷理论循环，冷凝温度为38℃，蒸发温度为−35℃。按制冷系数最大为原则确定中间压力，对应的中间温度接近下列何值？（2011-3-24）

（A）1.5℃　　（B）0℃　　（C）−2.8℃　　（D）−5.8℃

参考答案：[C]

主要解答过程：

根据《教材（第三版 2018）》P584 公式（4.1-35）：

$$t_{佳}=0.4t_k+0.6t_0+3℃=0.4\times38℃+0.6\times(-35)℃+3℃=-2.8℃$$

（5）【案例】某 R22 双级蒸气压缩式机组，若已知机组冷凝温度为 40℃，冷凝压力为 1.534MPa，按制冷性能系数最大原则，确定机组的中间温度为−1℃，中间压力为 0.482MPa，求机组的蒸发温度。（模拟）

（A）−34～−33℃　（B）−43～−42℃　（C）−32～−31℃　（D）−42～−41℃

参考答案：[A]

主要解答过程：

根据《教材（第三版 2018）》P584，最佳中间温度：

$$t_{佳}=0.4t_k+0.6t_0+3℃$$

得 $t_0=-33.3℃$

3. 真题归类：

（1）双级压缩：2014-3-22。

（2）中间压力：2006-4-23、2007-4-21、2009-4-24、2011-3-24。

4.1.6 热泵循环

1. 知识要点

（1）制热系数：

$$\varepsilon_h=\frac{\Phi_k}{P}=\frac{\Phi_0+P}{P}=\varepsilon+1$$

（2）理想循环制热系数：$\varepsilon_h=\varepsilon_c+1=\dfrac{T_0}{T_k-T_0}+1=\dfrac{T_k}{T_k-T_0}$

2. 例题

（1）【案例】一个由两个定温过程和两个绝热过程组成的理论制冷循环，低温热源恒定为−15℃，高温热源恒定为 30℃，试求传热温差均为 5℃时，热泵循环的制热系数最接近下列何项？（2016-3-20）

（A）6.7　　（B）5.6　　（C）4.6　　（D）3.5

参考答案：[B]

主要解答过程：

根据《教材（第三版 2018）》P575 图 4.1-7，公式（4.1-6）所求为循环制冷系数，同理热泵循环的制热系数为：

$$\varepsilon' = \frac{T_k}{T_k - T_0} = \frac{273 + (30 + 5)}{[273 + (30 + 5)] - [273 + (-15 - 5)]} = 5.6$$

（2）【案例】已知某热泵装置运行时，从室外低温环境中的吸热量为 3.5kW，根据运行工况查得各状态点的焓值为：蒸发器出口制冷剂比焓 359kJ/kg；压缩机出口气态制冷剂的比焓 380kJ/kg；冷凝器出口液态制冷剂的比焓 229kJ/kg；则该装置向室内的理论计算供热量（kW）最接近下列何项？（系统的放热均全部视为向室内供热）（2016-4-21）

（A）3.90　　（B）4.10　　（C）4.30　　（D）4.50

参考答案：[B]

主要解答过程：

1）解法一

该热泵循环制热性能系数为：

$$COP_h = \frac{h_2 - h_3}{h_2 - h_1} = \frac{380 - 229}{380 - 359} = 7.19$$

供热量为：

$$Q_k = \Phi_0 + \frac{\Phi_k}{COP_n} = 3.5 + \frac{\Phi_k}{7.19}$$

得

$$\Phi_k = 4.06\text{kW}$$

2）解法二

求该循环质量流量：

$$m_r = \frac{\Phi_0}{h_1 - h_4} = \frac{3.5}{359 - 229} = 0.0269\text{kg/s}$$

$$\Phi_k = m_r(h_2 - h_3) = 0.0269 \times (380 - 229) = 4.06\text{kW}$$

3. 真题归类

2016-3-20、2016-4-21。

4.2　制冷剂与载冷剂

案例无。

4.3　蒸气压缩式制冷（热泵）机组及其选择计算方法

4.3.1　制冷压缩机计算

1. 知识要点

（1）理论输气量

1）活塞式制冷压缩机理论输气量：

$$V_h = \frac{\pi}{240} D^2 SnZ (\text{m}^3/\text{s})$$

2）滚动转子式压缩机理论输气量：

$$V_h = \frac{\pi}{60} n(R^2 - r^2) LZ (\text{cm}^3/\text{s})$$

3）单螺杆式制冷压缩机理论输气量：

$$V_h = \frac{2V_p Zn}{60}$$

4）双螺杆式制冷压缩机理论输气量：

$$V_h = \frac{1}{60} C_n C_\varphi D_0 Ln (\text{m}^3/\text{s})$$

5）涡旋式制冷压缩机理论输气量：

$$V_h = \frac{1}{30} n\pi P_h H (P_h - 2\delta) \left(2N - 1 - \frac{\theta^*}{\pi}\right) (\text{m}^3/\text{s})$$

（2）功率

1）理论功率：

$$P = M_R w_{th} = \frac{V_R (h_2 - h_1)}{v_1} = \frac{\eta_v V_h (h_2 - h_1)}{v_1}$$

2）轴功率：

$$P_e = P_i + P_m = \frac{P_i}{\eta_m} = \frac{P_{th}}{\eta_i \eta_m} = \frac{\eta_v V_h}{v_1} \cdot \frac{(h_2 - h_1)}{\eta_i \eta_m}$$

P_i——指示功率，直接用于压缩气体；

$$P_i = M_R w_i = M_R \frac{w_{th}}{\eta_i} = \frac{\eta_v V_h}{v_1} \cdot \frac{h_2 - h_1}{\eta_i}$$

P_m——摩擦功率，用于克服摩擦阻力和带动油泵工作。

3）输入功率：

$$P_{in} = \frac{P_{th}}{\eta_i \eta_m \eta_e} = \frac{P_e}{\eta_e} = \frac{P_{th}}{\eta_s}$$

① 封闭式压缩机输入功率：

$$P_{in} = \frac{P_{th}}{\eta_s}$$

η_s——绝热效率或等熵效率。

② 开启式压缩机电机功率：

$$P = (1.1 \sim 1.15) \frac{P_e}{\eta_d}$$

η_d——直接传动为1，皮带传动为0.9～0.95。

（3）效率

1）容积效率：

$$\eta_v = \frac{V_R}{V_h} = \lambda_v \lambda_p \lambda_t \lambda_l, \quad \eta_v = 0.94 - 0.085 \left[\left(\frac{P_2}{P_1}\right)^{\frac{1}{m}} - 1\right]$$

2）指示效率：

$$\eta_i = \frac{P_{th}}{P_i} = \frac{w_{th}}{w_i}$$

3）摩擦效率：

$$\eta_m = \frac{P_i}{P_e}$$

4）传动效率：

$$\eta_d = \frac{P_e}{P_{out}}$$

5）电机效率：

$$\eta_e = \frac{P_{out}}{P_{in}}$$

6）绝热效率：

$$\eta_s = \eta_i \eta_m \eta_e$$

（4）制冷性能系数 COP 和制热性能系数 COP_h

1）制冷性能系数：

$$COP = \frac{\Phi_0}{P_e}$$

2）制热性能系数：

$$COP = \frac{\Phi_h}{P_e}$$

注：性能系数计算公式中，分母都为轴功率 P_e。

2. 效率分布图

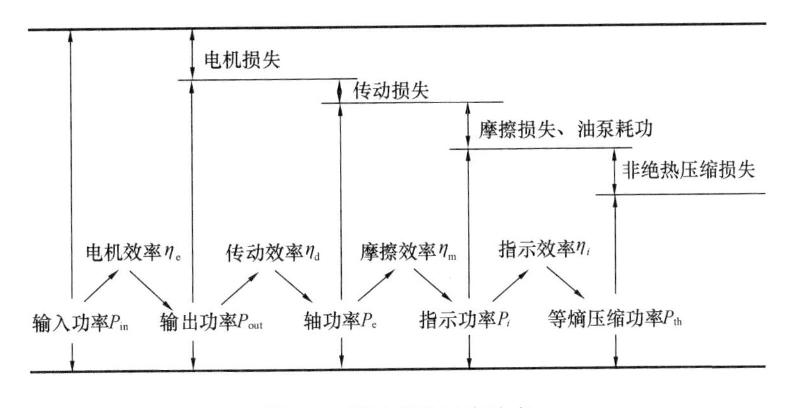

图 4-5 压缩机的效率分布

3. 例题

（1）【案例】一台理论排气量为 0.1m³/s 的半封闭式双螺杆压缩机，其压缩过程的指示效率为 0.9，摩擦效率为 0.95，容积效率为 0.8，电机效率为 0.85。当吸气比容为 0.1m³/kg，单位质量制冷量为 150kJ/kg，理论耗功率为 20kJ/kg 时，该工况下压缩机的制冷性能系数为下列何值？（2006-3-22）

（A）5.0～5.1　（B）5.2～5.3　（C）5.4～5.5　（D）5.6～5.7

参考答案：[C]

主要解答过程：

单位质量制冷剂的制冷量为：150kJ/kg；

对于封闭式压缩机（包括半封闭），根据《教材（第三版 2018）》P613 公式（4.3-

19），单位质量制冷剂电机的输入功率为：

$$P_{in}=P_{th}/\eta_i\eta_m\eta_e=\frac{20kJ/kg}{0.9\times0.95\times0.85}=27.52kJ/kg$$

制冷性能系数为：

$$COP=\frac{\phi_0}{P_{in}}=\frac{150}{27.52}=5.45$$

注：按照《教材（第三版 2018）》P614，性能系数 $COP=\frac{\Phi_0}{P_e}$。

（2）【案例】某单级压缩蒸气理论制冷循环，工质为 R22，机械效率 $\eta_m=0.9$ 理论比功 $w_O=43.98kJ/kg$，指示比功 $w_i=67.66kJ/kg$，制冷机质量流量 $q_m=0.5kg/s$，求压缩机的理论功率、指示功率和轴功率约为下列哪一项？（2007-4-19）

（A）37.59kW，21.99kW，33.83kW （B）21.99kW，37.59kW，33.83kW

（C）33.83kW，21.99kW，37.59kW （D）21.99kW，33.83kW，37.59kW

参考答案：[D]

主要解答过程：

根据《教材（第三版 2018）》P612～613：

理论功率：$P_O=q_m\times w_O=21.99kW$

指示功率：$P_i=q_m\times w_i=33.83kW$

轴功率：$P_e=P_i/\eta_m=37.59kW$

（3）【案例】某全封闭制冷压缩机，其制冷量 $Q_o=128.7W$，理论功率 $P_{ts}=44.8W$，指示功率 $P_i=65.5W$，轴功率 $P_e=79.81W$，电动机效率 $\eta_{mo}=0.8$。问这台压缩机的实际 EER 为下列何值？（2007-4-20）

（A）0.8～1.0 （B）2.2～2.4 （C）1.2～1.5 （D）3.0～3.2

参考答案：[C]

主要解答过程：

根据《教材（第三版 2018）》P613 公式（4.3-19）对于封闭式压缩机：

$$P_{in}=P_{ts}/\eta_i\eta_m\eta_{mo}=P_i/\eta_m\eta_{mo}=P_e/\eta_{mo}=79.81/0.8=99.76$$

$$EER=Q_o/P_{in}=1.29$$

注：本题需熟练掌握《教材（第三版 2018）》P613 各种功率及效率的换算方法。

（4）【案例】某中高温水源热泵机组，采用 R123 工质，蒸发温度为 20℃，冷凝温度为 75℃，容积制冷量为 578.3kJ/m³，若某机组制冷量为 50kW 时，采用活塞压缩机。问：理论输气量满足要求，且富裕最小的机组，应是下列何项？（2009-3-23）

（A）机组 A：4 缸（缸径 100mm，活塞行程 100mm）、转速为 960r/min

（B）机组 B：4 缸（缸径 100mm，活塞行程 100mm），转速为 1440r/min

（C）机组 C：8 缸（缸径 100mm，活塞行程 100mm），转速为 960r/min

（D）机组 D：8 缸（缸径 100mm，活塞行程 100mm），转速为 1440r/min

参考答案：[C]

主要解答过程：

实际要求输气量：

$$V_R = 50kW/578.3kJ/m^3 = 0.0865m^3/s$$

根据《教材（第三版 2018）》P610 公式（4.3-1）：$V_h=（\pi/240）D^2SnZ$

$$V_{hA} = (3.14/240) \times 0.1^2 \times 0.1 \times 960 \times 4 = 0.0524m^3/s$$

$$V_{hB} = (3.14/240) \times 0.1^2 \times 0.1 \times 1440 \times 4 = 0.07536m^3/s$$

$$V_{hC} = (3.14/240) \times 0.1^2 \times 0.1 \times 960 \times 8 = 0.10048m^3/s$$

$$V_{hD} = (3.14/240) \times 0.1^2 \times 0.1 \times 1440 \times 8 = 0.15072m^3/s$$

因此满足要求，且富裕最小的机组，应是机组C。

（5）【案例】有一台制冷剂为R717的8缸活塞压缩机，缸径为100mm，活塞行程为80mm，压缩机转速为720r/min，压缩比为6，压缩机的实际输气量是下列何项？（2012-3-21）

（A）$0.04 \sim 0.042m^3/s$　　（B）$0.049 \sim 0.051m^3/s$

（C）$0.058 \sim 0.06m^3/s$　　（D）$0.067 \sim 0.069m^3/s$

参考答案：[A]

主要解答过程：

根据《教材（第三版 2018）》P610 公式（4.3-1）：

压缩机理论输气量：

$$V_h = \frac{\pi}{240} D^2 SnZ = \frac{\pi}{240} \times 0.1^2 \times 0.08 \times 720 \times 8 = 0.0603m^3/s$$

根据《教材（第三版 2018）》P611 公式（4.3-8），

容积效率：

$$\eta_V = 0.94 - 0.085\left[\left(\frac{p_2}{p_1}\right)^{\frac{1}{m}} - 1\right] = 0.94 - 0.085 \times (6^{\frac{1}{1.28}} - 1) = 0.68$$

实际输气量：

$$V_R = V_h \cdot \eta_V = 0.0603 \times 0.68 = 0.041m^3/s$$

（6）【案例】某活塞式制冷压缩机的轴功率为100kW，摩擦效率为0.85。压缩机制冷负荷卸载50%运行时（设压缩机进出口的制冷剂焓值、指示效率与摩擦功率维持不变），压缩机所需的轴功率为下列何项？（2014-4-22）

（A）50kW　　（B）50.5～54.0kW

（C）54.5～60.0kW　　（D）60.5～65.0kW

参考答案：[C]

主要解答过程：

根据《教材（第三版 2018）》P613 公式（4.3-17），压缩机指示功率为：

$$P_i = P_e \cdot \eta_m = 100 \times 0.85 = 85kW$$

根据公式（4.3-16），摩擦功率为：

$$P_m = P_i - P_e = 100 - 85 = 15kW$$

冷负荷卸载50%后，压缩机制冷剂质量流量减半，由于压缩机进出口的制冷剂焓值、指示效率与摩擦功率维持不变，根据公式（4.3-15），指示效率变为：

$$P'_i = \frac{1}{2} M_{R0} \cdot (h_3 - h_2)/\eta_i = \frac{1}{2} P_i = 42.5kW$$

轴功率变为：

$$P'_e = P'_i + P_m = 42.5 + 15 = 57.5\text{kW}$$

（7）【案例】下图所示氨制冷系统，冷凝温度 35℃。蒸发器 A 的蒸发温度 t_{OA}=0℃，制冷量 Q_A=6.977kW；蒸发器 B 的蒸发温度 t_{OB}=−20℃，制冷量 Q_B=13.954kW。冷凝器、蒸发器出口均为饱和状态。不考虑吸气管路的过热损失。其理论制冷循环的有关状态点参数如下：

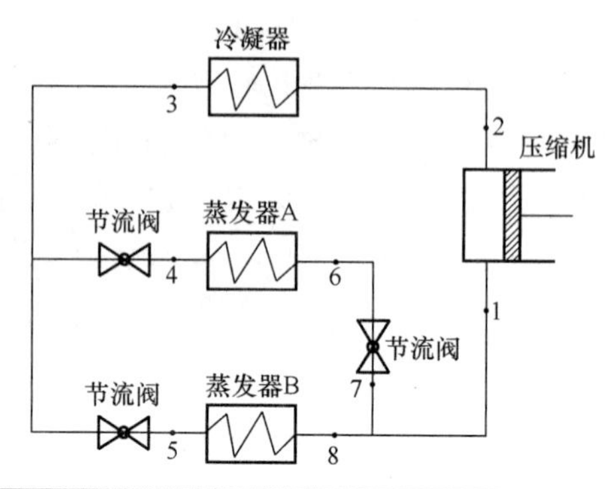

状态点	温度（℃）	绝对压力 (10^5Pa)	比焓 (kJ/kg)	比体积 (m^3/kg)
1		1.9011		
2		13.5080	2047.41	
3	35	13.5080	662.66	1.7024
4	0	4.2941	662.66	
5	−20	1.9011	662.66	
6	0	4.2941	1761.10	0.28899
7		1.9011	1761.10	0.64444
8	−20	1.9011	1736.95	0.62275

如果压缩机的容积效率为 0.632，求压缩机的理论输气量。（模拟）

(A) 68～69m^3/h　　(B) 71～72m^3/h

(C) 69～70m^3/h　　(D) 31～32m^3/h

参考答案：[C]

主要解答过程：

通过蒸发器 A 的制冷剂质量流量：

$$M_{RA} = \frac{Q_A}{h_6 - h_4} = \frac{6.977}{1761.10 - 662.66} = 0.0064\text{kg/s}$$

通过蒸发器 B 的制冷剂质量流量：

$$M_{RB} = \frac{Q_B}{h_8 - h_5} = \frac{13.954}{1736.95 - 662.66} = 0.013\text{kg/s}$$

压缩机吸气比体积：

$$v_1 = \frac{M_{RA} \cdot V_7 + M_{RB} \cdot V_8}{M_{RA} + M_{RB}} = \frac{0.0064 \times 0.64444 + 0.013 \times 0.62275}{0.0064 + 0.013} = 0.6299\text{m}^3/\text{kg}$$

所需压缩机理论输气量：

$$V_h = \frac{(M_{RA} + M_{RB}) \cdot V_1}{\eta_v} = \frac{(0.0064 + 0.013) \times 0.6299 \times 3600}{0.632} = 69.61 m^3/h$$

4. 真题归类

2006-3-22；2007-4-19；2007-4-20；2009-3-23；2012-3-21；2014-4-22；2016-3-21、2018-1-66。

4.3.2　换热器相关热力计算

1. 知识要点

（1）冷凝器

1）热负荷

①开启式压缩机：$\Phi_k = \Phi_0 + P_e$

②封闭式压缩机：$\Phi_k = \Phi_0 + P_m$

$$\Phi_k = cm_k \Delta t$$

$$\Phi_k = \varphi \Phi_0$$

$$\Phi_k = M_R(h_2 - h_3)$$

$$Q_k = Q_0\left(1 + \frac{1}{COP}\right)$$

2）对数传热温差：

$$\Delta t_m = \frac{\Delta t_{max} - \Delta t_{min}}{\ln\frac{\Delta t_{max}}{\Delta t_{min}}} = \frac{t_2 - t_1}{\ln\frac{t_k - t_1}{t_k - t_2}}$$

3）传热面积：

$$A = \frac{\Phi_k}{K \cdot \Delta t_m}$$

4）传热系数：

$$K = \left[\frac{1}{\alpha_{冷凝剂侧}} + (R_{油膜} + R_{污垢}) \times \frac{d_{外径}}{d_{内径}} + \frac{d_{外径}}{d_{平均}} \times \frac{1}{\alpha_{水侧}}\right]^{-1}$$

（2）蒸发器

1）制冷量：

$$\Phi_0 = cm_0 \Delta t$$

$$\Phi_0 = M_R(h_1 - h_4)$$

$$Q_0 = Q_k\left(1 - \frac{1}{COP}\right)$$

2）对数传热温差：

$$\Delta t_m = \frac{\Delta t_{max} - \Delta t_{min}}{\ln\frac{\Delta t_{max}}{\Delta t_{min}}} = \frac{t_1 - t_2}{\ln\frac{t_1 - t_0}{t_2 - t_0}}$$

3）传热面积：

$$A = \frac{\Phi_0}{K \cdot \Delta t_m}$$

4）传热系数：

$$K=\left[\frac{1}{\alpha_{蒸发剂侧}}\cdot\frac{d_{外径}}{d_{内径}}+R_f+\frac{1}{\alpha_{水}}+\left(\frac{\delta}{\lambda}\right)_{管壁}\cdot\frac{d_{外径}}{d_{平均}}\right]^{-1}$$

2. 超链接

《教材（第三版 2018）》P735～740。

3. 例题

（1）【案例】一台离心式冷水机组，运行中由于蒸发器内的传热面污垢的形成，导致其传热系数下降，已知，该机组的额定值和实际运行条件产冷量 Q，蒸发器的对数传热温差 $\Delta\theta_m$ 和传热系数与传热面积的乘积 $K\cdot A$，具体见下表。试问：机组蒸发器的污垢系数增加，导致蒸发器传热系数下降幅度的百分比，下列哪一个选项是正确的？（2008-4-20）

（A）10%～20%　（B）25%～30%　（C）35%～40%　（D）45%～50%

参数	冷水机组额定值	实际运行数值
Q（kW）	2460	1636.8
$\Delta\theta_m$（℃）	4	4.4
$K\cdot A$（W/K）	615	372

参考答案：[C]

主要解答过程：

污垢系数增加可认为换热面积 A 不变，则

额定传热系数：$K_0=\dfrac{2460}{4\times A}=\dfrac{615}{A}$

实际传热系数：$K_1=\dfrac{1636.8}{4.4\times A}=\dfrac{372}{A}$

则传热系数下降的百分比：$m=\dfrac{K_0-K_1}{K_0}=\dfrac{615-372}{615}=39.5\%$

（2）【案例】一台冷水机组，当蒸发温度为 0℃，冷水进、出水温度分别为 12℃和 7℃时，制冷量为 800kW。如果蒸发器的传热系数 $K=1000\text{W/(m}^2\cdot\text{K)}$，该蒸发器的传热面积 A 和冷水流量 G_w（取整数）应是下列选项的哪一个？（2008-4-24）

（A）91 m^2，152 m^3/h　（B）86 m^2，138 m^3/h

（C）79 m^2，138 m^3/h　（D）86 m^2，152 m^3/h

参考答案：[B]

主要解答过程：

根据《教材（第三版 2018）》P108 对数平均温差计算公式

$t_a=12-0=12℃$，$t_b=7-0=7℃$。则：$\Delta\theta_m=(t_a-t_b)/\ln(t_a/t_b)=9.28℃$

根据热量平衡方程：$800\text{kW}=c\cdot G_w\cdot\rho\cdot\Delta t=4.18\times G_w\times1000\times5$，解得 $G_w=0.0383\text{m}^3/\text{s}=138\text{m}^3/\text{h}$

又因为 $800\text{kW}=K\cdot A\cdot\Delta\theta_m$，解得：$A=86\text{m}^2$

（3）【案例】某 R22 干式壳管式蒸发器，冷却管为 $\Phi16\times1$mm 的紫铜管（紫铜管导热系数 $\lambda=450\text{W/(m}^2\cdot℃)$），已知 R22 侧表面传热系数 $\alpha_R=8200\text{W/(m}^2\cdot℃)$，水侧表面传热系数 $\alpha_{水}=6000\text{W/(m}^2\cdot℃)$，不考虑 R22 侧油膜热阻，水侧污垢热阻 $R_f=0.304\times10^{-3}$ $(\text{m}^2\cdot℃)/\text{W}$，求该蒸发器的传热系数 K（以外表面积为准）。（模拟）

(A) 1400～1490 W/ (m^2 · ℃)　　(B) 1500～1590 W/ (m^2 · ℃)

(C) 1600～1690 W/ (m^2 · ℃)　　(D) 1700～1790 W/ (m^2 · ℃)

参考答案：[C]

主要解答过程：

$$K=\frac{1}{\frac{1}{\alpha_R}\cdot\frac{d_{外}}{d_{内}}+R_f+\frac{1}{\alpha_{水}}+\left(\frac{\delta}{\lambda}\right)_{管壁}\cdot\frac{d_{外}}{d_{平}}}$$

$$d_{平}=\frac{d_{外}+d_{内}}{2}=\frac{16+14}{2}=15\text{mm}$$

把已知数代入公式得：

$$K=\frac{1}{\frac{1}{8200}\times\frac{16}{14}+0.304\times10^{-3}+\frac{1}{6000}+\frac{0.001}{450}\times\frac{16}{15}}=1631.9\text{W/(m}^2\cdot℃)$$

(4)【案例】某风冷制冷机的冷凝器放热量 50kW，风量为 14000m^3/h，在空气密度为 1.15kg/m^3和比热为 1.005kJ/（kg · K）的条件下运行，若要求控制冷凝温度不超过 50℃，冷凝器内侧制冷剂和空气之平均对数温差 Δt_m=9.19℃，则该冷凝器空气入口最高允许温度应是下列何值？(2011-3-20)

(A) 34～35℃　　(B) 37～38℃

(C) 40～41℃　　(D) 43～44℃

参考答案：[A]

主要解答过程：

设冷凝器入口空气温度为 t_1，出口温度为 t_2

$$Q=50\text{kW}=\frac{14000}{3600}\times1.15\times1.005\times(t_2-t_1)\Rightarrow t_2-t_1=11.12℃$$

又因为：

$$\Delta t_m=\frac{\Delta t_a-\Delta t_b}{\ln\frac{\Delta t_a}{\Delta t_b}}=\frac{(50-t_1)-(50-t_2)}{\ln\frac{50-t_1}{50-t_2}}=9.19℃$$

结合两式可解得：t_1=34.16℃

(5)【案例】对于单级氨压缩制冷循环，可采用冷负荷系数法计算冷凝器热负荷，一氨压缩机在标准工况下的制冷量为 122kW，按冷负荷系数法计算，该氨压缩机在标准工况下配套冷凝器的热负荷应是下列何值？(2008-3-24)

(A) 151～154kW　　(B) 148～150kW

(C) 144～147kW　　(D) 140～143kW

参考答案：[C]

主要解答过程：

根据《教材（第三版 2018）》P609 表 4.3-2 查得无机制冷剂（氨）压缩机标准工况为：吸入压力饱和温度（蒸发温度）为−15℃，排出压力饱和温度（冷凝温度）为 30℃。

再根据《教材（第三版 2018）》P737 图 4.9-3，冷凝器负荷系数约为 1.19，

则 $\Phi_c=\psi\times122=145$kW

4. 真题归类

2008-4-20；2008-4-24；2011-3-20；2008-3-24。

4.3.3 冷却塔

1. 知识要点

(1) 冷却塔或冷却水散热量：

$$Q_{冷却塔} = Q_{冷凝器} + N_{水泵}$$

$$N = \frac{GH}{367.3\eta}$$

注：看题目是否考虑水泵功率，G—m^3/h，H—m，η—水泵效率

(2) 冷却塔流量：

$$G = \frac{3600Q_k}{\rho \cdot c_p \cdot \Delta t} = \frac{0.86Q_k}{\Delta t}\ (m^3/h)$$

(3) 冷却水泵扬程

$$H_p = 1.1\times(H_{沿程} + H_{局部} + H_{冷凝器} + H_{高差} + H_{布水阻力})$$

$$H_p = 1.1\times(H_{沿程} + H_{局部} + H_{冷凝器} + H_{进塔水压}),\ H_{进塔水压} = H_{高差} + H_{布水压力}$$

注：① 看题目是否考虑放大系数1.1和是否给出进塔水压。

② 设集中水池以水池水位计算高差；不设集中水池，以冷却塔存水盘水位计算高差。

2. 例题

(1)【案例】地处夏热冬冷地区的某信息中心工程项目采用一台热回收冷水机组进行冬季期间的供冷、供暖，供冷负荷为3500kW，供暖负荷为2400kW，设机组的能效维持不变，其COP=5.2，忽略水泵和管道的冷、热损失，试求该运行工况下由循环冷却水带走的热量为下列何项？(2013-4-24)

(A) 4173kW (B) 3500kW (C) 1773kW (D) 2400kW

参考答案：[C]

主要解答过程：

排热量为：$Q_P = 3500 + \frac{3500}{5.2} = 4173kW$

需由冷却水带走的热量为：$\Delta Q = Q_P - 2400 = 1773kW$

(2)【案例】某水冷离心式冷水机组，设计工况下的制冷量为500kW、COP= 5.0，冷却水进出水温差为5℃。采用横流型冷却塔，冷却塔设在裙房屋面，其集水盘水面与机房内冷却水泵的高差为18m。冷却塔喷淋口距离冷却水集水盘水面的高差为5m，喷淋口出水压力为2m，冷却水管路总阻力为5m，冷凝器水阻力为8m。忽略冷却水水泵及冷凝水管与环境热交换对冷凝负荷的影响。问：冷却水泵的扬程和流量（不考虑安全系数）接近以下何项？(2011-4-23)

(A) 扬程为38m，流量为$86m^3/h$ (B) 扬程为38m，流量为$103.2m^3/h$

(C) 扬程为20m，流量为$86m^3/h$ (D) 扬程为20m，流量为$103.2m^3/h$

答案：[D]

主要解答过程：

根据《教材（第二版）》P562公式（4.4-1），若不考虑安全系数，冷却水泵扬程为：

$$H_p = H_f + H_d + H_m + H_s + H_0 = 5m + 8m + 5m + 2m = 20m$$

冷凝器排热热负荷为：$Q_k = 500kW\times(1 + 1/COP) = 600kW$

冷却水泵流量：$G=\dfrac{Q_k}{c\cdot\rho\cdot\Delta t}\times3600=\dfrac{600\text{kW}}{4.18\times1000\times5}\times3600=103.2\text{m}^3/\text{h}$

(3)【案例】有一冷却水系统采用逆流式玻璃钢冷却塔，冷却塔池面喷淋器高差3.5m，系统管路总阻力损失45kPa。冷水机组的冷凝器阻力损失80kPa，冷却塔进水压力要求为30kPa，选用冷却水泵的扬程应为下列何项？(2012-4-24)

(A) 16.8～19.1m (B) 19.2～21.5m (C) 21.6～23.9m (D) 24.0～26.3m

答案：[B]

主要解答过程：

根据《教材（第二版）》P562公式（4.4-1）

$$H_P=1.1(H_f+H_d+H_m+H_s+H_O)$$
$$=1.1\times\left[\frac{(45+80+30)\times10^3}{1000\times9.8}+3.5\text{m}\right]=21.25\text{m}$$

3. 真题归类

2013-4-24；2011-4-23；2012-4-24。

4.3.4 冷热源

1. 知识要点

(1) 风冷热泵：《教材（第三版2018）》P627～628。

$$Q=q\cdot K_1\cdot K_2$$

(2) 能量守恒：

$$Q_k=Q_0\left(1+\frac{1}{COP_c}\right),\ Q_0=Q_k\left(1-\frac{1}{COP_h}\right)$$

(3) 一次能源利用率：

$$PER=\frac{Q_{gain}}{Q_{一次能源}}=\frac{Q_{gain}}{\dfrac{Q_{gain}}{COP\cdot\eta}}=COP\cdot\eta$$

(4) 一次能源消耗量：

$$Q_{一次能源}=\frac{Q_{gain}}{COP\cdot\eta}$$

2. 超链接《教材（第三版2018）》P627～628，《民规》条文说明8.3.2公式（34）。

3. 例题

(1)【案例】某办公楼拟选择2台风冷螺杆式冷热水机组，已知，机组名义制热量462kW，建设地下室外空调计算干球温度－5℃，室外供暖计算干球温度0℃，空调设计供水温度50℃，该机组制热量修正系数如下表，机组每小时化霜两次。该机组在设计工况下的供热量为下列何项？(2012-3-5)

进风温度（℃）	出水温度（℃）			
	35	40	45	50
－5	0.71	0.69	0.65	0.59
0	0.85	0.83	0.79	0.73
5	1.01	0.97	0.93	0.87

(A) 210～220kW　(B) 240～250kW　(C) 260～275kW　(D) 280～305kW

参考答案：[A]

主要解答过程：

根据《民规》8.3.2条文说明，查表得 $K_1=0.59$，化霜两次 $K_2=0.8$，

则设计工况供热量：$Q=qK_1K_2=462\times0.59\times0.8=218.06\text{kW}$

(2)【案例】现设定火力发电＋电力输配系统的一次能源转换率为30%（到用户），且往复式、螺杆式、离心式和直燃式冷水机组的制冷性能系数分别为4.0、4.3、4.7、1.25。问：在额定状态下产生相同的冷量，以消耗一次能源量计算，按照从小到大依次排列的顺序应是下列选项的哪一个？并说明理由。(2008-3-20)

(A) 直燃式、离心式、螺杆式、往复式

(B) 离心式、螺杆式、往复式、直燃式

(C) 螺杆式、往复式、直燃式、离心式

(D) 离心式、螺杆式、直燃式、往复式

参考答案：[D]

主要解答过程：

设往复式、螺杆式、离心式和直燃式冷水机组的一次能源消耗量分别为：M_1，M_2，M_3，M_4

$$M_1=\frac{Q}{4.0\times30\%}=0.833Q$$

$$M_2=\frac{Q}{4.3\times30\%}=0.775Q$$

$$M_3=\frac{Q}{4.7\times30\%}=0.709Q$$

$$M_4=\frac{Q}{1.25}=0.8Q$$

(3)【案例】已知不同制冷方案的一次能源利用效率见下表，表列方案中的最高一次能源利用效率制冷方案与最低一次能源利用效率制冷方案之比值接近下列何项？(2014-3-20)

序号	制冷方案	效率
1	燃气蒸汽锅炉＋蒸汽型溴化锂吸收式制冷	锅炉效率88%、吸收式制冷 $COP=1.3$
2	燃煤发电＋电压缩制冷	发电效率（计入传输损失）25% 电压缩制冷 $COP=5.5$
3	燃气直燃溴化锂吸收式制冷	$COP=1.3$
4	燃气发电＋电压缩制冷	发电效率（计入传输损失）45% 电压缩制冷 $COP=5.5$

(A) 1.80　(B) 1.90　(C) 2.16　(D) 2.48

参考答案：[C]

主要解答过程：

设制冷量为 Q_{gain}，一次能源消耗量为 $Q_{一次能源}$，一次能源利用效率为 PER，则

$$PER=\frac{Q_{gain}}{Q_{一次能源}}=\frac{Q_{gain}}{\frac{Q_{gain}}{COP\cdot\eta}}=COP\cdot\eta$$

其中 η 为锅炉效率或发电效率，COP 为机组制冷效率，故：

方案1：$\varepsilon_1=\eta_1 COP_1=0.88\times1.3=1.144$

方案2：$\varepsilon_2=\eta_2 COP_2=0.25\times5.5=1.375$

方案3：$\varepsilon_3=COP_3=1.3$

方案4：$\varepsilon_4=\eta_4 COP_4=0.45\times5.5=2.475$

最大值与最小值比值为：

$$\frac{\varepsilon_4}{\varepsilon_1}=\frac{2.475}{1.144}=2.16$$

(4)【案例】某寒冷地区一办公建筑，冬季采用空气源热泵机组和锅炉房联合提供空调热水。空气源热泵热水机组的供热性能系数 COP_R 如附表所示。(2016-3-18)

室外温度(℃)	1	2	3	4	5	6	7	8	9
COP_R	2.0	2.1	2.2	2.3	2.5	2.7	3.0	3.4	3.7

假定发电及输配电系统对一次能源的利用率为32%，锅炉房的供热总效率为80%。问：以下哪种运行策略对于一次能源的利用率是最高的？并给出计算依据。

(A) 附表所有室外温度条件下，均由空气源热泵供应热水

(B) 附表所有室外温度条件下，均由锅炉房供应热水

(C) 室外温度<7℃时，由锅炉房供应热水

(D) 室外温度>5℃时，由空气源热泵供应热水

参考答案：[D]

主要解答过程：

比较两种系统一次能源利用效率，锅炉一次能源利用效率为0.8，空气源热泵机组一次能源利用效率为供热性能系数与发输变电效率的乘积，即 $0.32COP_R$，当 $0.32COP_R>0.8$，即 $COP_R>2.5$ 时，应采用空气源热泵供应热水，查表得此时室外温度为5℃。

(5)【案例】夏热冬暖地区的某旅馆为集中空调两管制水系统。空调冷负荷为6000kW，空调热负荷为1000kW。全年当量满负荷运行时间：供冷1000h，供热为300h。有四种可供选择的冷、热源设备方案，有关数据如下表：

设备类型 / 性能系数	风冷式冷、热水机组	离心式冷水机组	直燃式冷(热)水机组	燃气热水锅炉
当量满负荷平均制冷性能系数	4.5	6.0	1.6	
当量满负荷平均供热性能系数	4.0	—	1.0	当量满负荷平均热效率0.7

建筑所在区域的一次能源折算为用户电能的换算系数为0.35。问：全年最节省一次能源的冷、热源组合，为下列何项？(不考虑水泵等的能耗)？(2012-4-19)

(A) 配置制冷量为2000kW的离心机组3台与1000kW的热水锅炉1台

(B) 配置制冷量为2500kW的离心机组2台与夏季制冷量和冬季供热量均为1000kW

的风冷式冷、热水机组1台

(C) 配置制冷量为2000kW的风冷式冷（热）水机组3台

(D) 配置制冷量为2000kW的直燃式冷（热）水机组3台

参考答案：[B]

主要解答过程：

分别计算四种搭配方案的一次能源消耗量：

第一种方案：

$$M_1=\frac{3\times2000}{6\times0.35}\times1000+\frac{1000}{0.7}\times300=3.28\times10^6\text{kWh}$$

第二种方案：

$$M_2=\left(\frac{2\times2500}{6\times0.35}+\frac{1000}{4.5\times0.35}\right)\times1000+\frac{1000}{4\times0.35}\times300=3.23\times10^6\text{kWh}$$

第三种方案：

$$M_3=\frac{3\times2000}{4.5\times0.35}\times1000+\frac{1000}{4\times0.35}\times300=4.02\times10^6\text{kWh}$$

第四种方案：

$$M_4=\frac{3\times2000}{1.6}\times1000+\frac{1000}{1.0}\times300=4.05\times10^6\text{kWh}$$

第三、第四种方案在配置上不合理，无法合理匹配冬季热负荷，这里假设机组非满负荷运行性能系数与满负荷运行性能系数相同，计算其一次能源消耗量（实际消耗量应大于以上计算值），因此应选择方案二。

(6)【案例】上海地区某工程选用空气源热泵冷热水机组，产品样本给出名义工况下的制热量为1000kW。已知：

1）室外空调计算干球温度 T_w(℃) 的修正系数 $K_1=1-0.02(7-T_w)$，

2）机组每小时化霜1次，

3）性能系数 COP 的修正系数 $K_c=1-0.01(7-T_w)$。

问：在本工程的供热设计工况（供水45℃、回水40℃）下，满足规范最低性能系数要求时的机组制热量 Q_h(kW) 和机组输入电功率 N_h(kW)，应最接近以下哪项？(2018-3-20)

(A) $Q_h=816$，$N_h=450$　　(B) $Q_h=814$，$N_h=550$

(C) $Q_h=735$，$N_h=405$　　(D) $Q_h=735$，$N_h=450$

参考答案：[C]

主要解答过程：

根据题意，可查《民规》附录A上海地区的室外空调计算干球温度 $T_w=-2.2$℃，

根据《教材（第三版2018）》P627公式（4.3-27）可知

$$K_1=1-0.02\times[7-(-2.2)]=0.816,\ K_2=0.9,$$

设计工况下的制热量 $Q_h=qK_1K_2=1000\times0.816\times0.9=734.4$kW。

根据《民规》P65条文8.3.1可知，冬季设计工况冷热水机组的性能系数 $COP\geqslant2.0$，

$$K_c=1-0.01\times[7-(-2.2)]=0.908$$

$$N_h=\frac{Q_h}{K_cCOP_h}\leqslant\frac{734.4}{0.908\times2.0}=404.4\text{kW}$$

3. 真题分类

2012-3-5；2008-3-20；2012-4-19；2014-3-20；2016-3-18、2018-3-13、2018-3-20、2018-4-18。

4.3.5　COP、IPLV、SEER

1. 知识要点

(1) *IPLV*：《教材（第三版 2018）》P622～623；《公建节能》4.2.13 及条文说明。

1) 制冷：$IPLV(C)=1.2\%\times A+32.8\%\times B+39.7\%\times C+26.3\%\times D$(冷水机组)

2) 制热：$IPLV(H)=8.3\%\times A+40.3\%\times B+38.6\%\times C+12.9\%\times D$(低环境温度空气源热泵机组)

式中　A——100%负荷时的性能系数，kW/kW；

B——75%负荷时的性能系数，kW/kW；

C——50%负荷时的性能系数，kW/kW；

D——25%负荷时的性能系数，kW/kW。

(2) *SEER*

$$SEER=\frac{Q(\text{kW}\cdot\text{h})}{(P_{\text{机组}}+P_{\text{末端风机}}+P_{\text{冷冻水系统}}+P_{\text{冷却水系统}})(\text{kW}\cdot\text{h})}$$

备注：季节能效比与不同负荷下、运行时间及 *COP* 有关。

2. 例题

(1)【案例】一台名义制冷量 2110kW 的离心式冷水机组，其性能参数见下表，试问其综合部分负荷性能系数（*IPLV*）值，接近下列何值？(2013-3-18)

(A) 5.33　　(B) 5.69　　(C) 6.1　　(D) 6.59

负荷（%）	制冷量（kW）	冷却水进水温度（℃）	*COP*（kW/kW）
25	528	19	5.22
50	1055	23	6.39
75	1582	26	6.46
100	2100	30	5.84

参考答案：[C]

主要解答过程：

根据《教材（第三版 2018）》P622 公式（4.3-25）或《公建节能》4.2.13，

$IPLV=1.2\%\times 5.84+32.8\%\times 6.46+46.1\%\times 39.7\%+26.3\%\times 5.22=6.1$

注意：各负荷率的 *COP* 值需对应准确。

(2)【案例】某大楼安装一台额定冷量为 500kW 的冷水机组（$COP=5$），系统冷冻水水泵功率为 25kW，冷却水泵功率为 20kW，冷却塔风机功率为 4kW，设水系统按定水量方式运行，且水泵和风机均处于额定工况运行，冷机的 *COP* 在部分负荷时维持不变。已知大楼整个供冷季 100%，75%，50%，25%负荷的时间份额依次为 0.1，0.2，0.4 和 0.3，该空调系统在整个供冷季的系统能效比（不考虑末端能耗）为何项？(2009-4-18)

(A) 4.7～5　　(B) 3.2～3.5　　(C) 2.4～2.7　　(D) 1.6～1.9

参考答案：[C]

主要解答过程：

设冷机运行总时间为 t，则整个供冷季系统能效比：

$$EER=\frac{\sum Q}{\sum W}$$

$$=\frac{0.1t\times500\times1+0.2t\times500\times0.75+0.4t\times500\times0.5+0.3t\times500\times0.25}{\frac{0.1t\times500\times1+0.2t\times500\times0.75+0.4t\times500\times0.5+0.3t\times500\times0.25}{COP}+(25+20+4)t}$$

$$=2.59$$

(3)【案例】假设制冷机组以逆卡诺循环工作，当外界环境温度为 35℃，冷水机组可分别制取 7℃和 18℃冷水，已知室内冷负荷为 20kW，可全部采用 7℃冷水处理，也可分别用 7℃和 18℃冷水处理（各承担 10kW），试问全部由 7℃冷水处理需要的冷机电耗与分别用 7℃和 18℃的冷水处理需要冷机电耗的比值为下列何项？(2009-4-22)

(A) >2.0　　(B) 1.6～2.0　　(C) 1.1～1.5　　(D) 0.6～1.0

参考答案：[C]

主要解答过程：

制取 7℃冷水时机组效率：$\varepsilon_7=\frac{273+7}{(273+35)-(273+7)}=10$

制取 18℃冷水时机组效率：$\varepsilon_{18}=\frac{273+18}{(273+35)-(273+18)}=17.1$

方案一的耗电量：$W_1=\frac{20\text{kW}}{\varepsilon_7}=2\text{kW}$

方案二的耗电量：$W_2=\frac{10\text{kW}}{\varepsilon_7}+\frac{10\text{kW}}{\varepsilon_{18}}=1.58\text{kW}$

因此：$W_1/W_2=1.266$

(4)【案例】某项目设计采用国外进口的离心式冷水机组，机组名义制冷量 1055kW，名义输入功率 209kW，污垢系数 0.044$\text{m}^2\cdot$℃/kW。项目所在地水质较差，污垢系数为 0.18 $\text{m}^2\cdot$℃/kW，查得设备的性能系数变化比值：冷水机组实际制冷量/冷水机组设计制冷量 =0.935，压缩机实际耗功率/压缩机设计耗功率=1.095，试求机组实际 *COP* 值接近下列何项？(2012-4-21)

(A) 4.2　　(B) 4.3　　(C) 4.5　　(D) 4.7

参考答案：[B]

主要解答过程：

实际 *COP* 为：$COP=\frac{1055\times0.935}{209\times1.095}=4.31$

(5)【案例】某处一公共建筑，空调系统冷源选用两台离心式水冷冷水机组和一台螺杆式水冷冷水机组，其参数分别为：离心式水冷冷水机组：额定制冷量为 3267kW，额定输入功率 605kW；螺杆式水冷冷水机组：额定制冷量为 1338kW，额定输入功率 278kW。问：下列性能系数及能源效率等级的选项何项正确？(2012-4-22)

(A) 离心式：性能系数 5.4，能源效率等级为 3 级；
螺杆式：性能系数 4.8，能源效率等级为 4 级

(B) 离心式：性能系数 5.8，能源效率等级为 2 级；
螺杆式：性能系数 4.2，能源效率等级为 3 级

(C) 离心式：性能系数5.0，能源效率等级为4级；
螺杆式：性能系数4.8，能源效率等级为4级

(D) 离心式：性能系数5.4，能源效率等级为2级；
螺杆式：性能系数4.8，能源效率等级为3级

参考答案：[A]

主要解答过程：

离心冷水机组性能系数：$COP_1=\frac{3267}{605}=5.4$，螺杆冷水机组性能系数：$COP_2=\frac{1338}{278}=4.8$

根据旧版《公建节能》表5.4.5及条文说明P73，可知制冷量大于1163时，$COP=5.4$属于3级能效等级，$COP=4.8$属于4级能效等级。

(6)【案例】某全新的水冷式冷水机组（冷量2400kW，$COP=5.0$）的冷凝器温差为1.2℃（100%负荷），经过一个供冷季的运行后，冷凝器温差为3.6℃（100%负荷），设机组冷凝温度提高1℃，机组能效降低4%，问机组当前的COP为下列何项？(2013-3-23)

(A) 4.4　　(B) 4.5　　(C) 4.6　　(D) 4.7

参考答案：[B]

主要解答过程：

机组当前$COP=5.0-5.0\times(3.6-1.2)\times4\%=4.52$

(7)【案例】某工程设计冷负荷为3000kW，拟采购2台离心式冷水机组。由于当地冷却水水质较差，设计选用冷凝器时的污垢系数为$0.13m^2\cdot℃/kW$。机组污垢系数对其制冷量的影响详见附表，则机组在出厂检测时单台制冷量(kW)应达到下列哪一项才是合格的？(设计温度同名义工况)(2016-3-23)

污垢系数($m^2\cdot℃/kW$)	0	0.044	0.086	0.13
制冷量变化	1.02	1.00	0.98	0.96

(A) 1500　　(B) 1535　　(C) 1563　　(D) 1594

参考答案：[D]

主要解答过程：

根据《教材(第三版2018)》P620，新机组测试时，蒸发器和冷凝器认为是清洁的，测试时污垢系数考虑为0($m^2\cdot℃/kW$)，这是本题的易错点。考虑实际污垢系数影响，机组出厂检测时单台制冷量应不小于：

$$Q=\frac{3000/2}{0.96}\times1.02=1593.75kW$$

(8)【案例】某变制冷剂流量(VRV)系统，标准工况及配管情况下系统性能系数$COP=2.7$，而此系统最远末端超出额定配管长度120m，吸气管平均阻力相当于0.06℃/m，液管平均阻力相当于0.03℃/m，问该系统满负荷时，系统的实际性能系数应为下列何值？(2006-4-21)

注：蒸发温度增/降1℃，COP约增/降3%；冷凝温度增/降1℃，COP约降/增1.5%

(A) <1.9　　(B) 1.9～2.0　　(C) 2.1～2.2　　(D) >2.2

参考答案：[B]

主要解答过程：

吸气管阻力增加造成蒸发温度降低，

$$\Delta t_0 = 120 \times 0.06 = 7.2℃$$

液管阻力增加造成冷凝温度上升，

$$\Delta t_k = 120 \times 0.03 = 3.6℃$$

系统的实际性能系数：

$$COP' = COP \times [1-(\Delta t_0 \times 3\% + \Delta t_k \times 1.5\%)]$$
$$= 2.7 \times [1-(7.2 \times 3\% + 3.6 \times 1.5\%)] = 1.971$$

(9)【案例】某变制冷剂流量系统，在标准工况及配管情况下，系统性能系数 COP=2.8。由于最远末端位置较远，高压液管和吸气管均需加长100m，若吸气管平均阻力相当于0.06℃/m，液管平均阻力相当于0.03℃/m。已知蒸发温度升/降1℃，COP 约升/降3%；冷凝温度升/降1℃，COP 约降/升1.5%。问该系统满负荷时，求系统的实际性能系数。(模拟)

(A) 2.0～2.1　　(B) 2.1～2.2　　(C) 2.2～2.3　　(D) 2.3～2.4

参考答案：[B]

主要解答过程：

吸气管阻力增加造成蒸发温度降低，

$$\Delta t_0 = 100 \times 0.06 = 6℃$$

液管阻力增加造成冷凝温度上升，

$$\Delta t_k = 100 \times 0.03 = 3℃$$

系统的实际性能系数：

$$COP' = COP \times [1-(\Delta t_0 \times 3\% + \Delta t_k \times 1.5\%)]$$
$$= 2.8 \times [1-(6 \times 3\% + 3 \times 1.5\%)] = 2.17$$

(10)【案例】某多联式制冷机组（制冷剂为R410A），布置如图所示，已知，蒸发温度为5℃（对应蒸发压力934kPa、饱和液体密度为795.5kg/m³）；冷凝温度为55℃（对应冷凝压力为2602kPa、饱和液体密度为1162.8kg/m³），根据电子膨胀阀的动作要求，其压差不应超过2.26MPa。如不计制冷剂的流动阻力和制冷剂的温度变化，则理论上，图中的 H 数值最大为下列何项（g 取9.81m/s²）？(2014-3-24)

(A) 49～55m　　(B) 56～62m　　(C) 63～69m　　(D) 70～76m

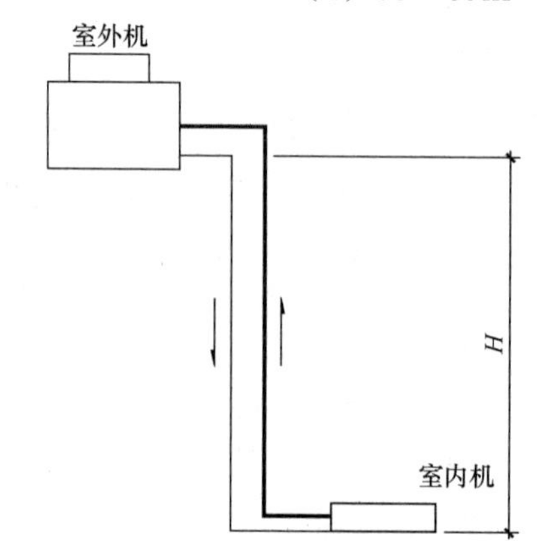

参考答案：[A]

主要解答过程：

本题要首先明确的是多联机在制冷工况下，电子膨胀阀位于室内机即蒸发器侧，故由室外机至室内机向下方的制冷剂管道内为高温高压的液态制冷剂，密度取 1162.8kg/m^3，列该段管路的阻力关系方程：

$$P_k + \rho g H - \Delta P = P_0$$

$$\Delta P = P_k - P_0 + \rho g H \leqslant 2260\text{kPa}$$

$$H \leqslant \frac{(2260 - 2602 + 934) \times 1000}{9.81 \times 1162.8} = 51.89\text{m}$$

注：本题解答的关键是判断膨胀阀位置，并选用正确的密度数据，多联机冷媒管一般分为液管和气管，液管较细，气管较粗。故也可以从附图中管道粗细得到一定提示。

（11）【案例】某空气源热泵机组冬季室外换热器进风干球温度为7℃，焓值为18.09kJ/kg，出风干球温度为2℃，焓值为9.74kJ/kg，当室外进风干球温度为－5℃，焓值为－0.91kJ/kg，出风干球温度为－10℃，焓值－7.4kJ/kg时，略去融霜因素，且设环境为标准大气压（0℃空气密度为1.293kg/m^3），室外换热器空气体积流量保持不变，冷凝器放热变化比例与蒸发器吸热变化比例相同，试求机组制热量的降低比例接近下列哪一项？（2010-3-23）

(A) 10%　　(B) 15%　　(C) 18%　　(D) 22%

参考答案：[C]

主要解答过程：

本题有争议，作者认为题干“室外换热器空气体积流量保持不变”应为机器入口体积流量不变，因为空气经过蒸发器的过程温度不断变化，空气体积流量无法保持不变。但由于质量守恒，质量流量保持不变。

$$\rho_7 = 353/(273+7) = 1.2607\text{kg/m}^3, \rho_{-5} = 353/(273-5) = 1.317\text{kg/m}^3$$

$$Q_1 = V\rho_7 \times (18.09 - 9.74) = 10.527V$$

$$Q_2 = V\rho_{-5} \times [-0.91 - (-7.43)] = 8.588V$$

由于冷凝器换热变化比例与蒸发器吸热变化比例相同

制热量降低比率：$\eta = (Q_1 - Q_2)/Q_1 = 18.4\%$

（12）【案例】一台水冷式冷水机组，其满负荷名义制冷量为33kW，其部分负荷工况性能按标准测试规程进行测试，得到的数据如下表所示：

冷凝器进水温度（℃）	负荷率（%）	制冷量（kW）	输入功率（kW）	*COP*
30	100	32.8	11.23	2.92
27.4	82	27.06	7.67	3.53
23	48.2	15.9	5.08	3.13
20.0	30.8	10.16	3.43	2.96

问：按照产品标准规定的 $IPLV = 2.3\% \times A + 41.5\% \times B + 46.1\% \times C + 10.1\% \times D$ 公式计算，该机组的 $IPLV$，最接近以下哪个选项？（忽略检测工况点冷凝器进水温差偏差影响）（2018-3-22）

(A) 3.35　(B) 3.25　(C) 3.15　(D) 3.05

参考答案：[B]

主要解答过程：

1) 由题干表格查得：$A=2.92$

2) 根据《蒸气压缩循环冷水（热泵）机组第2部分：户用及类似用途的冷水（热泵）机组》(GB/T 18430.2—2016) 中5.6.1.2-a)，采用内插法计算B数值，

$$\frac{82-50}{3.53-3.13}=\frac{75-50}{B-3.13}$$

解得：$B=3.44$

3) 根据《蒸气压缩循环冷水（热泵）机组第2部分：户用及类似用途的冷水（热泵）机组》(GB/T 18430.2—2016) 中6.3.6-a)-2)，因为机组50%负荷点试验实测制冷量偏差在满负荷点名义制冷量的−2%以内，故该性能系数可作为C点（50%）的性能系数，

则 $C=3.13$

4) 根据《蒸气压缩循环冷水（热泵）机组第2部分：户用及类似用途的冷水（热泵）机组》(GB/T 18430.2—2016) 中5.6.1.2-b)-2)，

$$LF=\frac{\left(\frac{LD}{100}\right)\cdot Q_{FL}}{Q_{PL}}=\frac{\left(\frac{25}{100}\right)\times 32.8}{10.16}=0.807$$

$$C_D=(-0.13\cdot LF)+1.13=(-0.13\times 0.807)+1.13=1.025$$

$$COP=\frac{Q_m}{C_D\cdot P_m}=\frac{10.16}{1.025\times 3.43}=2.89$$

即 $D=2.89$

5) $IPLV=2.3\%\times A+41.5\%\times B+46.1\%\times C+10.1\%\times D$

$=2.3\%\times 2.92+41.5\%\times 3.44+46.1\%\times 3.13+10.1\%\times 2.89=3.23$

故选B。

注：此题规范《蒸气压缩循环冷水（热泵）机组第2部分：户用及类似用途的冷水（热泵）机组》(GB/T 18430.2—2016) 附录A计算过程有误。①图A.1错误。求75%负荷时的*COP*，应取82%负荷（*COP*=3.53）与50%负荷（*COP*=3.13）连线后采用内插法求取，依据为第5.6.1.2.a）规定，“……测量的各个负荷点的性能系数、在点与点之间用直线连接，绘制出部分负荷曲线图……”应理解为取最近两个负荷点用直线连接。②求25%负荷时的*COP*，附录A的公式计算数值代入明显错误。

3. 真题归类：

(1) 冷水机组性能系数：2006-3-21、2008-3-20、2009-4-18、2009-4-22、2012-4-21、2012-4-22、2013-3-20、2013-3-23、2014-4-21、2018-3-22、2018-4-21。

(2) 污垢系数：2016-3-23。

(3) 多联机：2006-4-21、2014-3-24。

(4) 空气源热泵：2010-3-23。

(5) 风冷热泵：2006-4-17、2011-4-6、2012-3-5。

(6) 热回收冷水机组：2013-4-24。

4.4　蒸气压缩式制冷系统及制冷机房设计

案例无。

4.5　溴化锂吸收式制冷机

4.5.1　热力系数及热力完善度

1. 知识要点

(1) 热力系数与热力完善度：

1) 热力系数定义：制冷量/消耗的热量

$$\xi=\frac{\Phi_0}{\Phi_g}=\frac{D(h_{10}-h_9)}{Dh_7+(F-D)h_4-Fh_3}$$

$$=\frac{D(h_{10}-h_9)}{D(h_7-h_4)+F(h_4-h_3)}=\frac{h_{10}-h_9}{(h_7-h_4)+f(h_4-h_3)}$$

注：若题目给了溶液泵的功率 P，分母要加上。

2) 最大热力系数：

$$\xi_{max}=\frac{T_g-T_e}{T_g}\cdot\frac{T_0}{T_e-T_0}=\eta_c\cdot\varepsilon_c \qquad \text{(卡诺循环系数×逆卡诺循环系数)}$$

最大热力系数随着热源温度 T_g 的升高、环境温度 T_e 的降低以及被冷却介质温度 T_0 的升高而增大。

3) 热力完善度：$\eta_a=\dfrac{\xi}{\xi_{max}}$

(2) 能量守恒（吸热=放热）

$$\Phi_k=\Phi_0+\Phi_g,$$

$$\Phi_x+\Phi_L=\Phi_0+\Phi_g$$

式中　Φ_k——冷却水带走的热量（kJ）；

Φ_0——蒸发器的制冷量（kJ）；

Φ_g——发生器的加热量（kJ）；

Φ_x——吸收器的放热量（kJ）；

Φ_l——冷凝器的放热量（kJ）。

(3) 循环倍率

$$f=\frac{F}{D}=\frac{\xi_s}{\xi_s-\xi_w}=\frac{\xi_s}{\Delta\xi}$$

2. 超链接

《教材（第三版 2018）》P642～643、P645。

3. 例题

（1）【案例】某溴化锂吸收式制冷机中，进入发生器的稀溶液流量为10.9kg/s，浓度为0.591，产生0.753kg/s的制冷剂水蒸气，剩下10.147kg/s的浓溶液，试问该制冷机的循环倍率和放气范围约为下列何值？（2007-4-22）

（A）14.5，0.064　（B）13.5，0.044　（C）14.5，0.044　（D）13.5，0.064

参考答案：[C]

主要解答过程：

根据《教材（第三版2018）》P645，

$$f = m_3/m_7 = 10.9/0.753 = 14.5$$

$$\xi_s = m_3\xi_3/(m_3 - m_7) = 0.634$$

$$\Delta\xi = \xi_s - \xi_w = 0.634 - 0.591 = 0.044$$

（2）【案例】某溴化锂吸收式冷水机组，其发生器出口溶液浓度为57%，吸收器出口溶液浓度为53%，求循环倍率为下列哪一项？（2010-4-22）

（A）13.0～13.15　（B）13.2～13.3　（C）13.9～14.1　（D）14.2～14.3

参考答案：[D]

主要解答过程：

根据《教材（第三版2018）》P645公式（4.5-15），

$$f = \frac{\xi_s}{\xi_s - \xi_w} = \frac{57\%}{57\% - 53\%} = 14.25$$

（3）【案例】一溴化锂吸收式制冷机，发生器的放气范围为0.05，循环倍率为13，若进入发生器的稀溶液流量为6.448 kg/s，求该发生器浓溶液浓度及产生的水蒸气流量。（模拟）

（A）0.70，83.824 kg/s　（B）0.70，0.650 kg/s

（C）0.70，0.496 kg/s　（D）0.65，0.496 kg/s

参考答案：[D]

主要解答过程：

根据《教材（第三版2018）》P645，

循环倍率：$f = \frac{m_3}{m_7}$

水蒸气流量：$m_7 = \frac{m_3}{f} = \frac{6.448}{13} = 0.496\text{kg/s}$

放气范围：$\Delta\xi = \xi_s - \xi_w \Rightarrow f = \frac{\xi_s}{\Delta\xi}$

浓溶液浓度：$\xi_s = f \cdot \Delta\xi = 13 \times 0.05 = 0.65$

（4）【案例】对1台双效溴化锂吸收式制冷机进行测试，测试结果如下：高压发生器热负荷为850kW，低压发生器热负荷为530kW，吸收器热负荷为1270kW，高、低压发生器产生的冷剂水的总凝结热为1040kW。若忽略制冷机与外界环境的传热损失以及溶液泵和冷剂泵的能耗，则该制冷机的制冷量、性能系数和冷凝器热负荷分别为多少？（模拟）

（A）930kW，1.09，510kW　（B）930kW，1.09，1040kW

（C）930kW，0.67，510kW　（D）1460kW，1.06，1040kW

参考答案：[A]

主要解答过程：

冷凝器热负荷：$\Phi_k = 1040 - 530 = 510kW$

制冷量：$\Phi_0 = \Phi_a + \Phi_k - \Phi_g = 1270 + 510 - 850 = 930kW$

性能系数：$COP = \frac{\Phi_0}{\Phi_g} = \frac{930}{850} = 1.09$

4.5.2　直燃型溴化锂冷（温）水机组性能参数

1. 知识要点

（1）制冷工况：

$$COP_0 = \frac{\Phi_0}{\Phi_g + P}$$

（2）制热工况：

$$COP_h = \frac{\Phi_h}{\Phi_g + P}$$

2. 超链接

《教材（第三版 2018）》P650～651；《公建节能》4.2.19。

3. 例题

【案例】某直燃型溴化锂吸收式冷水机组，出厂时按照现行国家标准规定的方法测得机组名义工况的制冷量为1125kW，天然气消耗量为88.5Nm^3/h（标准状态下天然气的低位热值为36000kJ/Nm^3）。电力消耗量为15kW。试问：根据该机组的测定的能源消耗量，该冷水机组制冷时的性能系数应是下列选项的哪一个？（2008-4-22）

（A）1.10～1.15　　（B）1.16～1.21

（C）1.22～1.27　　（D）1.28～1.33

参考答案：[C]

主要解答过程：

根据《教材（第三版 2018）》P651公式（4.5-17），

$$\Phi_g = (88.5Nm^3/h \times 36000/kJ/Nm^3)/3600 = 885kW$$

$$COP_0 = \Phi_0/(\Phi_g + P) = 1125/(885 + 15) = 1.25$$

4. 其他例题

（1）**【案例】**某吸收式溴化锂制冷机组的热力系数为1.1，冷却水进出水温差为6℃，若制冷量为1200kW，则计算的冷却水量为多少？（2010-4-23）

（A）165～195m^3/h　　（B）310～345m^3/h

（C）350～385m^3/h　　（D）390～425m^3/h

参考答案：[B]

主要解答过程：

根据《教材（第三版 2018）》P642公式（4.5-6），

$$\xi = \frac{\Phi_0}{\Phi_g} = 1.1 \Rightarrow \phi_g = 1200kW/1.1 = 1090.91kW$$

因此，冷却水负荷为：$\Phi_K = \Phi_0 + \Phi_g = 2290.91kW$

冷却水流量为：$G=\frac{\Phi_K}{c\cdot\rho\cdot\Delta t}=\frac{2290.91kW}{4.18\times1000\times6}\times3600=328.8m^3/h$

（2）【案例】某乙醇制造厂采用第二类吸收式热泵机组将高温水从106℃提高到111℃，所获得热量为Q_A=2675kW；驱动热源为生产过程的乙醇蒸汽，提供的热量为Q_C=5570kW；热泵机组的冷凝器经冷却水带走的热量是Q_K=2895kW。问该热泵机组的性能系数COP最接近下列何项？（2016-4-22）

（A）0.48　　（B）0.52　　（C）0.924　　（D）1.924

参考答案：[A]

主要解答过程：

《教材（第三版2018）》P664，

$$COP=\frac{Q_A}{Q_C}=\frac{2675}{5570}=0.48$$

注：性能系数一般采用收益/代价来表示。

（3）【案例】某办公楼空调冷热源采用了两台名义制冷量为1000kW的直燃型溴化锂吸收式冷热水机组，在机组出厂验收时，对其中一台进行了性能测试。在名义工况下，实测冷水流量为169m³/h，天然气消耗量为89m³/h，天然气低位热值为35700kJ/m³，机组耗电量为11kW，水的密度为1000kg/m³，水比热为4.2kJ/(kg·K)。问：下列对这台机组性能的评价选项中，正确的是哪一项？（2018-3-24）

（A）名义制冷量不合格、性能系数满足节能设计要求

（B）名义制冷量不合格、性能系数不满足节能设计要求

（C）名义制冷量合格、性能系数满足节能设计要求

（D）名义制冷量合格、性能系数不满足节能设计要求

参考答案：[D]

主要解答过程：

根据《教材（第三版2018）》P650表4.5-3，进/出口水温为12℃/7℃，则实测冷水机组制冷量Q，

$$Q=G\cdot c\cdot\Delta t=\frac{169\times1000}{3600}\times4.187\times(12-7)=982.78kW$$

根据《直燃型溴化锂吸收式冷（温）水机组》（GB/T 18362—2008）5.3.1条文，“机组实测制冷量不应低于名义制冷量的95%”，

982.78kW>1000×95%=950kW，故名义制冷量合格。

$$Q_{天然气}=\frac{89\times35700}{3600}=882.58kW$$

根据《教材（第三版2018）》P651公式（4.5-17），

$$COP_0=\frac{Q_0}{\phi_g+P}=\frac{982.78}{882.58+11}=1.0998$$

根据《公建节能》P26表4.2.19，1.0998<1.2，所以性能系数不满足节能设计要求。

5. 真题归类

2007-4-22、2008-4-22、2010-4-22、2010-4-23、2012-4-6、2016-4-22、2017-4-23、2018-3-24、2018-4-23。

4.5.3　吸收式热泵

1. 知识要点

（1）第一类吸收式热泵

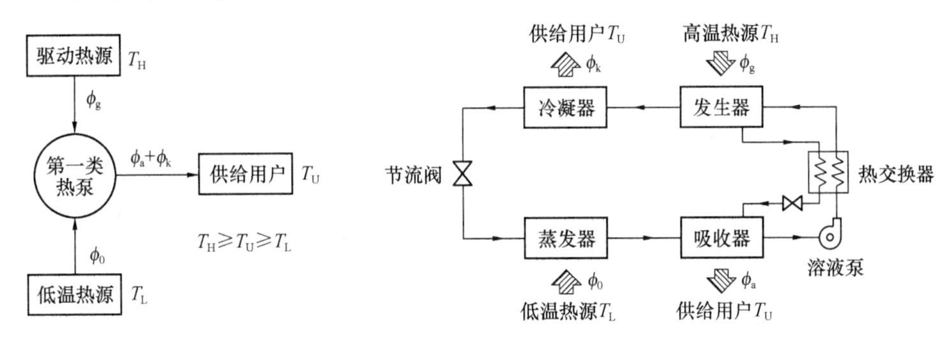

图4-6　第一类吸收式热泵

（2）第二类吸收式热泵

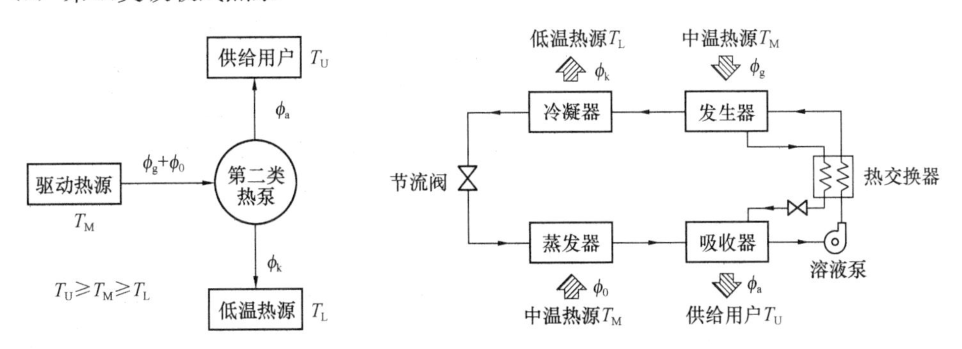

图4-7　第二类吸收式热泵

2. 超链接

《教材（第三版2018）》P648～649；《空气调节用制冷技术（第四版）》P207～210。

3. 例题

【案例】某乙醇制造厂的蒸馏塔111℃的高温水，由采用蒸汽加热塔底106℃的回水而得到。为节能，现应用第二类吸收式热泵机组将水温从106℃提高到111℃，机组所获得热量为 Q_A=2765kW，设每天工作20h，年运行365d，年节约的蒸汽用量（t）接近下列何项？（设原来蒸汽的焓值是2706kJ/kg）（2017-4-23）

(A) 7511　　(B) 8629　　(C) 27038　　(D) 31065

参考答案：[D]

主要解答过程：

根据《教材（第三版2018）》P648～649："第二类吸收式热泵（也称升温型）是以消耗中温热能（通常是废热，一般采用70℃左右的中温水），制取少于但温度高于中温热源的热量"。

机组所获得热量为 Q_A，即为将水温从106℃提高到111℃所需要的热量，若此部分热量由蒸汽提供，则计算此部分消耗的年蒸汽用量即为本题所求的年节约蒸汽用量。

106℃饱和水焓值：$h_{106}=c(t-0)=4.18\times(106-0)=443.08\text{kJ/kg}$

年节约蒸汽用量：

$$\Delta D=\frac{Q_A\times365\times20\times3600}{(h_{蒸汽}-h_{106})}\times10^{-3}=\frac{2675\times365\times20\times3600}{2706-443.08}\times10^{-3}=31065.6\text{t}$$

故选 D。

4. 真题归类

2017-4-23。

4.6 燃气冷热电三联供

4.6.1 年平均能源利用效率

1. 知识要点

（1）能源转换与效率

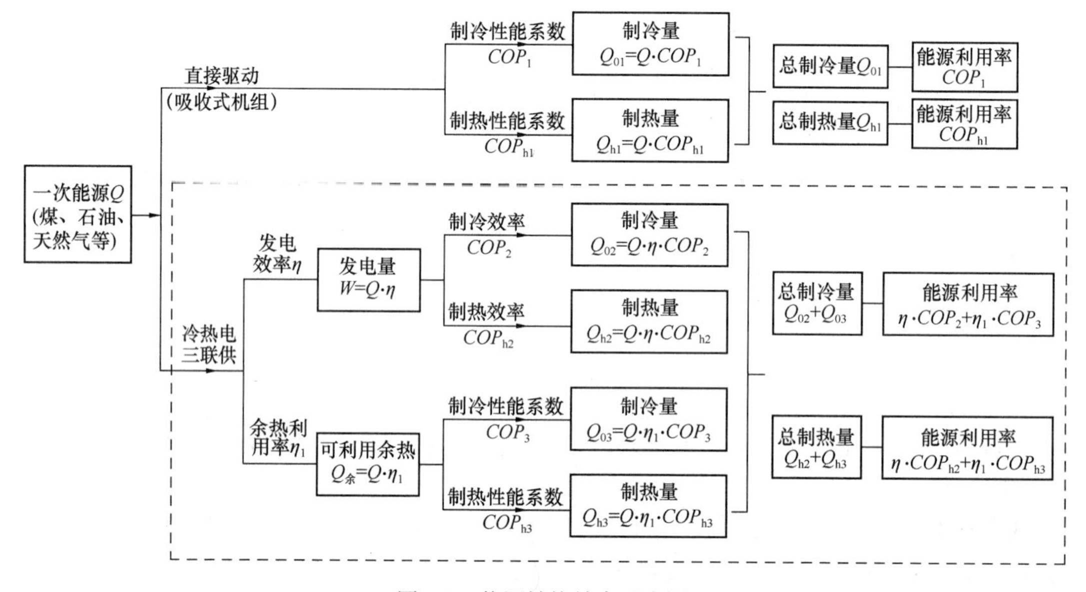

图 4-8 能源转换效率示意图

能源利用率计算 表 4-1

能源	能量转换	制冷量及制热量	能源利用率
一次能源 Q（煤、石油、天然气等）	直接驱动（吸收式机组）	1）制冷量 $=Q\cdot COP_1$ 2）制热量 $=Q\cdot COP_{h1}$	1）制冷 COP_1 2）制热 COP_{h1}
	发电量 $W=Q\cdot\eta$（发电效率 η）	1）制冷量 $=W\cdot COP_2$ 2）制热量 $=W\cdot COP_{h2}$	1）制冷 $\eta\cdot COP_2+\eta_1\cdot COP_3$ 2）制热 $\eta\cdot COP_{h2}+\eta_1\cdot COP_{h3}$
	可利用余热 $Q_{余}=Q\cdot\eta_1$（余热利用率 η_1）	1）制冷量 $=Q_{余}\cdot COP_3$ 2）制热量 $=Q_{余}\cdot COP_{h3}$	

（2）符合能效指标规定：燃气冷热电联供系统的年平均能源综合利用率应大于70%

$$年平均综合能源利用效率 = \frac{年供热量 + 年供冷量 + 年发电量}{燃料总消耗量 \times 燃料低位发热值} \times 100\%$$

$$v_1 = \frac{3.6W + Q_1 + Q_2}{BQ_L} \times 100\%$$

注：1）供热量、供冷量含有补燃措施产生的热量、冷量应扣除；

2）发电量 W 的单位为kWh，1kWh=3.6MJ。

（3）符合能效指标规定：燃气冷热电联供系统的年平均余热利用率应大于80%

$$年平均余热利用率 = \frac{年余热供热量 + 年余热供冷量}{排烟温度降至120度可利用热量 + 冷却水温度降至75度可利用热量} \times 100\%$$

$$\mu = \frac{Q_1 + Q_2}{Q_P + Q_S} \times 100\%$$

2. 超链接：《教材（第三版2018）》P670；《联供规范》4.3.6、4.3.8～4.3.10。

3. 例题

【案例】某燃气三联供项目的发电量全部用于冷水机组供冷。设内燃发电机组额定功率1MW×2台，发电效率40%；发电后燃气余热可利用67%。若离心式冷水机组 COP 为5.6，余热溴化锂吸收式冷水机组性能系数为1.1；系统供冷量为下列何项？（2013-3-24）

（A）12.52MW （B）13.4MW

（C）5.36MW （D）10MW

参考答案：[B]

主要解答过程：

参考《教材（第三版2018）》燃气冷热电三联供相关内容，首先要明确题干中内燃发电机组额定功率即为发电机组的装机容量，简单地说就是发电机组可以发出的电量。因此：

离心冷机供冷量：$Q_1 = 2 \times 5.6 = 11.2\text{MW}$

发电余热：$Q_y = \dfrac{2}{40\%} - 2 = 3\text{MW}$

溴化锂冷机供冷量：$Q_2 = 3 \times 0.67 \times 1.1 = 2.21\text{MW}$

总供冷量：$Q_{总} = Q_1 + Q_2 = 13.41\text{MW}$

4. 真题分类

2013-3-24。

4.7 蓄冷技术及其应用

4.7.1 蓄冷系统蓄冰装置有效容量与双工况制冷机的空调标准制冷量

1. 知识要点

（1）全负荷蓄冰

1）蓄冰装置有效容量的计算：

$$Q_S = \sum_{i=1}^{24} q_i = n_i \cdot c_f \cdot q_c$$

2）蓄冰装置名义容量：

$$Q_{S0} = \varepsilon Q_S$$

3）制冷机标定制冷量：

$$q_c = \frac{\sum_{i=1}^{24} q_i}{n_i \cdot c_f}$$

式中 Q_S——蓄冰装置有效容量；

Q_{S0}——蓄冰装置名义容量；

q_c——制冷机标定制冷量；

q_i——建筑逐时冷负荷。

（2）部分负荷蓄冰

1）蓄冰装置有效容量的计算：$Q_S = \sum_{i=1}^{24} q_i = n_i \cdot c_f \cdot q_c$

2）蓄冰装置名义容量 $Q_{S0} = \varepsilon Q_S$

3）制冷机标定制冷量（空调工况）：$q_c = \dfrac{\sum_{i=1}^{24} q_i}{n_2 + n_i \cdot c_f}$

式中 n_i——制冷机夜间运行小时数；

n_2——制冷机白天空调工况运行小时数；

c_f——制冷机制冰时制冷能力变化率，不同类型压缩机系数不同。

2. 超链接

《教材（第三版 2018）》P689；《民规》8.7.3、附录 J；

《蓄冷规》双工况主机应按照制冰工况制冷量选择主机，冷却塔应该根据空调工况选择。

注：常规空调系统采用逐时负荷最大值，而冰蓄冷则是采用逐时负荷累加值。

3. 例题

（1）【案例】某办公建筑空调工程，采用部分负荷蓄冰供冷系统，主机为螺杆式冷水机组，制冰工况制冷能力变化率 C_f=0.7，设计日平均小时冷负荷为 850kW，设计日空调运行小时数 n_2=10h，该地区 23～7 时执行低谷电价。试问冷水机组空调工况制冷量和蓄冷装置有效容量应为下列何值？（2006-4-22）

（A）2600～2700kWh，560～570kW （B）2400～2500kWh，430～440kW

（C）3000～3100kWh，540～550kW （D）8450～8550kWh，800～900kW

参考答案：［C］

主要解答过程：

根据《教材（第三版 2018）》P689 公式（4.7-6）和式（4.7-7），制冷机的标定冷量：

$$q_c = \frac{\sum q_i}{n_2 + n_i \cdot c_f} = \frac{10 \times 850}{10 + 8 \times 0.7} = 544.9\text{kW}$$

蓄冰装置容量：

$$Q_s = n_i \cdot c_f \cdot q_c = 8 \times 0.7 \times 544.9 = 3051.3\text{kWh}$$

(2)【案例】某办公建筑设计日的日总负荷为400000kWh，空调运行时段为9：00～19：00，制冷站设计日附加系数为1.0，电费的谷价时段为：22：00～6：00，采用螺杆式制冷机（制冰时冷量变化率为0.64），试比较采用全负荷蓄冷和部分负荷蓄冷，系统蓄冷装置有效容量，前、后两者的差值。(2007-4-23)

(A)(全负荷)有效容量－(部分负荷)有效容量＝243900kWh

(B)(部分负荷)有效容量－(全负荷)有效容量＝264550kWh

(C)(全负荷)有效容量－(部分负荷)有效容量＝264550kWh

(D)(全负荷)有效容量－(部分负荷)有效容量＝270270kWh

参考答案：[C]

主要解答过程：

根据《教材（第三版2018）》P689，

(全负荷)有效容量：$Q_{全}=400000\text{kWh}$

(部分负荷)有效容量：

$$Q_{部}=n_i c_f \sum_{i=1}^{24} q_i/(n_2+n_i \cdot C_f)=(8\times 0.64\times 400000)/(10+8\times 0.64)=135449.7\text{kWh}$$

$$\Delta Q=Q_{全}-Q_{部}=264550\text{kWh}$$

(3)【案例】南方某办公建筑拟建蓄冰空调工程，该大楼设计日的日总负荷为12045kWh，当地电费的谷价时段为23：00～7：00，采用双工况螺杆式制冷机夜间低谷电价时段制冰蓄冷（制冰时制冷能力变化率为0.7），白天机组在空调工况下运行9h，制冷站设计日附加系数为1.0，试问：在部分负荷蓄冷的条件下，该项目蓄冷装置最低有效容量Q_s，应是下列何项值？(2008-3-21)

(A) 4450～4650kW

(B) 4700～4850kW

(C) 4950～5150kW

(D) 5250～5450kW

参考答案：[A]

主要解答过程：

根据《教材（第三版2018）》P689，

$$q_c=12045/(9+8\times 0.7)=825\text{kW};$$

$$Q_s=0.7\times 8\times q_c=4620\text{kW}$$

(4)【案例】某办公楼空调制冷系统拟采用冰蓄冷方式，制冷系统白天运行10h，当地谷价电时间为23：00～7：00，计算日总冷负荷Q=53000kWh，采用部分负荷蓄冷方式（制冷机制冰时制冷能力变化率C_f=0.7），则蓄冷装置有效容量为下列何项？(2012-3-23)

(A) 5300～5400kWh

(B) 7500～7600kWh

(C) 19000～19100kWh

(D) 23700～23800kWh

参考答案：[C]

主要解答过程：

根据《教材（第三版2018）》P689，

$$q_c=\frac{\sum_{i=1}^{24} q_i}{n_2+n_i \cdot c_f}=\frac{53000}{10+8\times 0.7}=3397.4\text{kW}$$

$$Q_s = n_i \cdot c_f \cdot q_c = 8 \times 0.7 \times 3397.4 = 19025.6\text{kWh}$$

（5）【案例】某办公楼采用蓄冷系统供冷（部分负荷蓄冰方式），空调系统全天运行12h。空调设计冷负荷为3000kW，设计日平均负荷系数为0.75。根据当地电力政策23：00～7：00为低谷电价，当进行夜间制冰，冷水机组采用双工况螺杆式冷水机组（制冰工况下制冷能力的变化率为0.7），则选定的蓄冷装置有效容量全天所提供的总冷量（kW·h）占设计日总冷量（kW·h）的百分比最接近下列何项？（2016-4-23）

（A）25.5%　　（B）29.6%　　（C）31.8%　　（D）35.5%

参考答案：[C]

主要解答过程：

根据《教材（第三版2018）》P689公式（4.7-6）和式（4.7-7），空调系统总冷负荷为：

$$\sum_{i=1}^{24} q_i = 12 \times 3000 \times 0.75 = 27000\text{kWh}$$

$$q_c = \frac{\sum_{i=1}^{24} q_i}{n_2 + n_i \cdot c_f} = \frac{27000}{12 + 8 \times 0.7} = 1534.1\text{kW}$$

$$Q_S = n_i \cdot c_f \cdot q_c = 8 \times 0.7 \times 1534.1 = 8591\text{kW}$$

占设计日总冷量的百分比为：

$$m = \frac{Q_S}{\sum q_i} = 31.8\%$$

（6）【案例】某建筑物空调采用部分负荷冰蓄冷方式，蓄冷装置的有效容积为24255kWh。制冷机选用螺杆制冷机。制冷机制冰时制冷能力的变化率，活塞式制冷机可取为0.6，螺杆式制冷机可取为0.7，三级离心式制冷机可取为0.8。当地电价谷段计价时间为23：00～7：00。如果制冷机白天在空调工况下运行的时间是9：00～21：00，则该蓄冷装置提供的冷负荷占设备计算日总冷负荷的百分比是多少。（模拟）

（A）30%～35%　　（B）40%～45%　　（C）25%～30%　　（D）50%～55%

参考答案：[A]

主要解答过程：

制冷机空调工况制冷量：

$$q_c = \frac{Q_s}{n_i \cdot C_f} = \frac{24255}{8 \times 0.7} = 4331.25\text{kW}$$

设备计算日总冷负荷：

$$Q_d = q_c \times (n_2 + n_i \cdot c_f) = 4331.25 \times (12 + 8 \times 0.7) = 76230\text{kWh}$$

蓄冷装置提供的冷负荷占设备计算日总冷负荷的百分比：

$$m = \frac{24255}{76230} \times 100\% = 31.8\%$$

4. 真题归类

2006-4-22、2007-4-23、2008-3-21、2012-3-23、2016-4-23、2016-3-25、2018-4-14。

4.7.2 水蓄冷系统贮槽容积

1. 知识要点

(1) 水蓄冷贮槽容积设计计算容量的计算

$$V=\frac{Q_S \cdot P}{1.163 \cdot \eta \cdot \Delta t}$$

式中 V——所需贮槽容积(m^3);

Q_S——设计日所需释冷量(kWh);

P——容积率,和储罐结构、形式有关;

η——蓄冷槽效率;

Δt——蓄冷槽进出水温差,一般为5~8℃。

(2) 水蓄冷贮槽的蓄冷槽效率,《教材(第三版2018)》P690表4.7-8。

2. 超链接

《教材(第三版2018)》P690。

3. 例题

【案例】某办公楼空调制冷系统拟采用水蓄冷方式,空调日总负荷为54000kWh,峰值冷负荷为8000kW,分层型蓄冷槽进出水温差为8℃,容积率为1.08。若采用全负荷蓄冷,计算蓄冷槽容积值为下列何值?(2011-3-23)

(A) 1050~1200m^3 (B) 1300~1400m^3

(C) 7300~8000m^3 (D) 8500~9500m^3

参考答案:[C]

主要解答过程:

根据《教材(第三版2018)》P690公式(4.7-11),蓄冷槽效率根据表4.7-8取温度分层型的中间值0.85

$$V=\frac{Q_s \cdot P}{1.163 \cdot \eta \cdot \Delta t}=\frac{54000\times 1.08}{1.163\times 0.85\times 8}=7374.4\text{m}^3$$

4. 真题归类

2011-3-23、2018-4-24。

4.7.3 电力部分有限电政策时蓄冰装置的有效容量

1. 知识要点

$$Q'_S \geqslant \frac{q'_{max}}{\eta_{max}}$$

$$q'_c \geqslant \frac{Q'_S}{n_i \cdot c_f}$$

式中 Q'_S——为满足限电要求所需的蓄冰装置容量(kWh);

η_{max}——所选蓄冰装置的最大小时取冷率;

q'_{max}——限电时段空调系统的最大小时冷负荷(kW)。

q'_c——修正后的制冷机标定制冷量(kW)。

2. 超链接

《教材(第三版2018)》P690。

4.8 冷库设计基础知识

4.8.1 食品有关计算

1. 知识要点

（1）食品的比热容计算：《教材（第三版 2018）》P710。

（2）食品的比焓计算：《教材（第三版 2018）》P710。

（3）果蔬失水量计算：《教材（第三版 2018）》P711。

（4）食品冻结时间的计算：《教材（第三版 2018）》P712。

（5）冷库预冷设备冷量计算：《教材（第三版 2018）》P710。

2. 例题

（1）【案例】1t 含水率为 60％的猪肉从 15℃冷却至 0℃，需用时 1h，货物耗冷量为下列何项？（2014-4-24）

（A）11.0～11.2kW （B）13.4～13.6 kW

（C）14.0～14.2kW （D）15.4～15.6 kW

参考答案：[B]

主要解答过程：

根据《教材（第三版 2018）》P710 公式（4.8-1），猪肉比热为：

$$C_r = 4.19 - 2.30X_s - 0.628X_s{}^3$$

$$= 4.19 - 2.3\times(1-0.6) - 0.628\times(1-0.6)^3 = 3.23\text{kJ/(kg℃)}$$

货物耗冷量为：

$$Q = \frac{C_r \cdot m \cdot \Delta t}{3600} = \frac{3.23\times1000\times(15-0)}{3600} = 13.46\text{kW}$$

（2）【案例】设计某卷心菜的预冷设备，已知进入预冷的卷心菜温度 35℃，需预冷到 20℃，冷却能力为 2000kg/h，卷心菜的固形质量分数为 13％，问：计算的预冷冷量（kW）最接近下列何项？（2017-4-22）

（A）27.6 （B）32.4 （C）38.1 （D）42.5

参考答案：[B]

主要解答过程：

根据《教材（第三版 2018）》P710 公式（4.8-1），

食品的比热容：$C_r = 4.19 - 2.30X_s - 0.628X_s^3$

$$= 4.19 - 2.30\times13\% - 0.628\times(13\%)^3 = 3.89\text{kJ/(kg}\cdot\text{℃)}$$

预冷冷量：$Q = G\cdot C_r\cdot\Delta t = \dfrac{2000\times3.89\times(35-20)}{3600} = 32.42\text{kW}$

故选 B。

3. 真题归类

2014-4-24、2017-4-22。

4.8.2　冷库的公称容积与库容量的计算

1. 知识要点

(1) 冷库的公称容积

1) 冷库设计规模应以冷藏间或冰库的公称容积为计算标准

2) 公称容积应按冷藏间或冰库的室内净面积（不扣除柱、门斗和制冷设备所占的面积）×净高

3) 冷库或冰库的计算吨位

$$G=\sum V_i\rho_s\eta/1000$$

式中　G——冷库或冰库的计算吨位（t）；

V_i——冷藏间或冰库的公称容积（m^3）；

η——冷藏间或冰库的容积利用系数；

ρ_s——食品的计算密度（kg/m^3）。

(2) 冷藏间容积利用系数不应小于表格的规定值：《教材（第三版 2018）》P713 表 4.8-15

(3) 贮藏冰库容积利用系数不应小于表格的规定值：《教材（第三版 2018）》P713 表 4.8-16

(4) 按照计算吨位计算，食品计算密度：《教材（第三版 2018）》P713 表 4.8-17

2. 超链接

《教材（第三版 2018）》P712～713；《冷库设计规》3.0.2。

3. 例题

【案例】某水果冷藏库的总贮藏量为 1300t，带包装的容积利用系数为 0.75，该冷藏库的公称容积正确的应是下列何项？（2012-3-24）

(A) 4560～4570m^3　　(B) 4950～4960m^3

(C) 6190～6200m^3　　(D) 7530～7540m^3

参考答案：[B]

主要解答过程：

根据《冷库设计规范》3.0.2，查表 3.0.6，水果密度为 350kg/m^3

$$G=\frac{\sum V_1\rho_s\eta}{1000}\Rightarrow\sum V_1=\frac{G\times1000}{\rho_s\cdot\eta}=\frac{1300\times1000}{350\times0.75}=4952.4m^3$$

4.8.3　冷却间和冻结间的冷加工能力计算

1. 知识要点

(1) 吊挂式

$$G_d=\left(\frac{lg}{1000}\right)\cdot\left(\frac{24}{\tau}\right)$$

式中　G_d——设有吊轨的冷却间、冻结间每日加工能力 t；

l——冷间内吊轨的有效长度（m）；

g——吊轨单位长度静载货质量（kg/m）；

τ——冷间货物冷加工时间（h）。

《教材（第三版2018）》P714表4.8-18：吊轨单位长度净载货量。

（2）搁架排管式

$$G_d = \left(\frac{NG'_g}{1000}\right) \cdot \left(\frac{24}{\tau}\right)$$

式中 G_d——设有吊轨的冷却间、冻结间每日加工能力（t）；

N——搁架式冻结设备拜访冻结食品容器的件数；

G'_g——每件食品的净质量（kg）；

τ——冷间货物冷加工时间（h）。

2. 超链接

《教材（第三版2018）》P713～714；《冷库设计规》6.2.1、6.2.4。

3. 例题

2010-3-24。

4.8.4 围护结构蒸汽渗透的计算

1. 知识要点

（1）渗透强度

$$\omega = \frac{1}{H}(P_{sw} - P_{sn})[g/(m^2 \cdot h)]$$

式中 P_{sw}——围护结构高温侧空气的水蒸气分压力（Pa）；

P_{sn}——围护结构低温侧空气的水蒸气分压力（Pa）。

$$H = \sum_{i=1}^{m} H_i = \frac{\delta_w}{\mu_w} + \frac{\delta_1}{\mu_2} + \frac{\delta_3}{\mu_3} \cdots\cdots + \frac{\delta_n}{\mu_n}$$

式中 δ——材料厚度（m）；

μ——材料的蒸汽的渗透率［g/（m·h·Pa)］。

（2）围护结构蒸汽渗透阻的验算

$$H_0 \geqslant 1.6(P_{sw} - P_{sn})$$

式中 H_0——围护结构隔热层高温侧各层材料（隔热层除外）的蒸汽渗透阻之和（$m^2 \cdot h \cdot Pa/g$）；

凡符合上式条件，且隔汽层布置在隔热结构的高温侧，即使围护结构内部出现凝结区也属符合要求。

注：《教材（第三版2018）》P718公式（4.8-17）和《冷库设计规》4.4.2公式，无ω为正确。

2. 超链接

《教材（第三版2018）》P717～718；《冷库设计规》4.4.2。

3. 例题

（1）【案例】某冷库，外墙自外至内的组成材料如下表。（2006-3-23）

材料	厚度 mm	导湿系数 g/（m·h·mmHg）
钢筋混凝土	180	0.0014
聚乙烯薄膜	0.2	0.22×10^{-6}
聚氨酯泡沫塑料	125	0.0014
木板	10	0.001

室外空气水蒸气分压力 $p_1=26.1$mmHg，室内 $p_2=0.379$mmHg，聚氨酯泡沫塑料与木板之间的温度为－21.86℃，空气饱和水蒸气分压力为 0.647mmHg，如果忽略墙体内外表面的湿阻，试问聚氨酯泡沫塑料与木板之间应为下列何种状态？

（A）不结露　　（B）结露　　（C）结霜　　（D）不结霜

参考答案：［A］

主要解答过程：

根据《教材（第三版 2018）》P718 公式（4.8-14），与多层平板材料传热过程相似，多层材料的蒸汽渗透强度为材料两侧的水蒸气分压力与蒸汽渗透阻的比值。设聚氨酯泡沫塑料与木板之间的蒸汽分压力为 P_{sx}，由于由室外至室内的蒸汽渗透强度等于由室外至聚氨酯泡沫塑料与木板之间的蒸汽渗透强度，即：（忽略墙体内外表面的湿阻）。

$$\omega=\frac{P_{sw}-P_{sn}}{\frac{\delta_1}{\mu_1}+\frac{\delta_2}{\mu_2}+\frac{\delta_3}{\mu_3}+\frac{\delta_4}{\mu_4}}=\frac{P_{sw}-P_{sx}}{\frac{\delta_1}{\mu_1}+\frac{\delta_2}{\mu_2}+\frac{\delta_3}{\mu_3}}$$

$$=\frac{26.1-0.379}{\frac{0.18}{0.0014}+\frac{0.0002}{0.22\times10^{-6}}+\frac{0.125}{0.0014}+\frac{0.01}{0.001}}=\frac{26.1-P_{sx}}{\frac{0.18}{0.0014}+\frac{0.0002}{0.22\times10^{-6}}+\frac{0.125}{0.0014}}$$

解得：$P_{sx}=0.605$mmHg

小于饱和水蒸气分压力 0.647mmHg，空气未达饱和状态，故聚氨酯泡沫塑料与木板之间不结露。

注：本题类似于常考的多层平板材料传热过程计算，应学会类比。

（2）【案例】某地一冷库，其外墙从外到内的做法是：20mm 水泥砂浆抹面；370mm 砖墙；9mm 二毡三油；0.07mm 聚乙烯薄膜；100mm 聚氨酯泡沫板；20mm 水泥砂浆抹面；120mm 砖墙；20mm 水泥砂浆抹面。$P_{sw}=3528.1$Pa，$P_{sn}=548.4$Pa，水泥砂浆层与砖墙的水蒸气渗透率分别为 $\mu_1=10^{-4}$g/（m·h·Pa），$\mu_2=10^{-3}$g/（m·h·Pa）。该外墙的隔热层外的水蒸气渗透阻 H_0 为多少？是否满足冷库设计规范要求？（模拟）

（A）$H_0=3500\sim4500\text{m}^2\cdot\text{hPa/g}$，不满足

（B）$H_0=4500\sim5500\text{m}^2\cdot\text{hPa/g}$，满足

（C）$H_0=5500\sim6500\text{m}^2\cdot\text{hPa/g}$，满足

（D）$H_0>6500\text{m}^2\cdot\text{hPa/g}$，满足

参考答案：［D］

主要解答过程：

根据《教材（第三版 2018）》P718 页式（4.8-15），P717 表 4.8-24 隔热层外侧各层材料的水蒸气渗透阻之和：

$$H_0=R_w+\sum_{i=1}^{4}\frac{\delta_i}{\mu_i}=4+\frac{0.02}{10^{-4}}+\frac{0.37}{10^{-3}}+3013.08+3166.37=6753.45(m^2\cdot h\cdot Pa)/g$$

标准规定的水蒸气渗透压（凝水）为：

$$1.6(P_{sw}-P_{sn})=1.6\times(3528.1-548.4)=4767.5(m^2\cdot hPa)/g$$

判断是否满足标准要求：

$$H_0>1.6(P_{sw}-P_{sn})$$

4.8.5 冷间隔热材料的热导系数修正

1. 知识要点

$$\lambda=\lambda'b$$

式中 λ'——隔热材料正常情况下测试的导热系数；

b——修正系数：《教材（第三版 2018）》P723 表 4.8-34。

2. 超链接

《教材（第三版 2018）》P723；《冷库设计规》4.3.3。

4.8.6 冷库围护结构热流量的计算

1. 知识要点

$$\Phi=\frac{A\alpha(t_w-t_n)}{\frac{1}{\alpha_w}+\left(\frac{d_1}{\lambda_1}+\frac{d_2}{\lambda_2}+\frac{d_3}{\lambda_3}+\cdots\cdots+\frac{d_m}{\lambda_m}\right)+\frac{1}{\alpha_n}}=\frac{A\alpha(t_w-t_n)}{R_w+(R_1+R_2+R_3+\cdots\cdots+R_m)+R_n}$$

$$K=\frac{1}{\frac{1}{\alpha_w}+\left(\frac{d_1}{\lambda_1}+\frac{d_2}{\lambda_2}+\frac{d_3}{\lambda_3}+\cdots\cdots+\frac{d_m}{\lambda_m}\right)+\frac{1}{\alpha_n}}$$

式中 K——围护结构的传热系数，W/（$m^2\cdot K$）；

A——围护结构的传热面积，m^2；

α——围护结构两侧温差修正系数，见表 4.8-29；

t_w——围护结构外侧计算温度，℃；

t_n——围护结构内侧计算温度，℃（见表 4.8-35）。

注：冷库围护结构的面积计算原则详见《教材（第三版 2018）》P725。

2. 例题

（1）【案例】某冷库地处标准大气压，其一内走廊与－15℃冷藏间相邻，已知：冷藏间隔墙走廊侧空气参数：16℃、φ＝85％，冷藏间与走廊之间传热系数 K_0＝0.371W/（$m^2\cdot K$），隔墙走廊侧外表面换热热阻 R_W＝0.125（$m^2\cdot$℃）/W，求走廊隔墙外表面温度，并判断隔墙表面是否会结露？（2010-4-24）

（A）14～15℃，不会结露　　（B）14～15℃，会结露

（C）12～13℃，不会结露　　（D）12～13℃，会结露

参考答案：[A]

主要解答过程：

查 h—d 图得室内状态点露点温度：t_L＝13.4℃

根据墙体热平衡方程：

对流换热量=传热量

$$\frac{16-t_{外}}{R_w}=\frac{16+15}{\frac{1}{K}}$$

$t_{外}=14.56℃>t_L$，因此隔墙外表面不会结露。

(2)【案例】某地夏季空气调节室外计算温度34℃，夏季空调室外计算日平均温度29.4℃，冻结物冷藏库设计计算温度−20℃。冻结物冷藏库外墙结构见下表（表中自上而下依次为室外至室内）：

材料名称	导热系数[W/(m·K)]	蓄热系数[W/(m²·K)]	厚度(mm)
水泥砂浆抹面	0.93	11.37	20
砖墙	0.81	9.96	180
水泥砂浆抹面	0.93	11.37	20
隔汽层	0.20	16.39	2.0
聚苯乙烯挤塑板	0.03	0.28	200
水泥砂浆抹面	0.93	11.37	20

取聚苯乙烯挤塑板导热系数修正系数为1.3，已知冻结物冷藏库外墙总热阻为5.55 $(m^2·K)/W$，外墙单位面积热流量（W/m^2）最接近下列何项？(2016-4-25)

(A) 8.90　　(B) 9.35　　(C) 9.80　　(D) 11.60

参考答案：[B]

主要解答过程：

根据《教材（第三版2018）》P722公式（4.8-18），外墙热惰性指标：

$$D=\frac{0.02\times11.37}{0.93}+\frac{0.18\times9.96}{0.81}+\frac{0.02\times11.37}{0.93}+\frac{0.002\times16.39}{0.2}+\frac{0.2\times0.28}{0.03\times1.3}+\frac{0.02\times11.37}{0.93}=4.54>4$$

查表4.8-29，温差修正系数取1.05，计算温度取夏季空调室外计算平均温度，根据《教材（第三版2018）》P725公式（4.8-20）：

$$q=K\alpha(t_w-t_n)=\frac{1}{5.55}\times1.05\times(29.4+20)=9.35W/m^2$$

(3)【案例】一冷库冻结物冷藏间，室外计算温度为30℃，冷间设计温度为−15℃，墙体基本情况见下表。要求外墙中热阻≥$5.0m^2·℃/W$，则硬质聚氨酯厚度δ_S应大于多少？(模拟)。

结构层	厚度δ (m)	导热系数λ [W/(m·℃)]	表面传热系数 [W/(m²·℃)]
外表面			23
水泥砂浆抹面	0.05	0.93	
混合砂浆砌砖墙	0.37	0.814	
聚氨酯泡沫塑料		0.031（正常条件下）	
内表面			18

(A) 0.191m　　(B) 0.154m　　(C) 0.136m　　(D) 0.097m

参考答案：[A]

主要解答过程：

根据《教材（第三版 2018）》P722 式（4.8-18）

热阻计算：

结构层	热阻（$m^2 \cdot ℃/W$）
外表面	1/23＝0.043
水泥砂浆抹面	0.054
混合砂浆砌砖墙	0.455
聚氨酯泡沫塑料	δ_S/（0.031×1.4）
内表面	1/18＝0.056

$$总热阻 R = 0.043 + 0.054 + 0.455 + 0.056 + \frac{\delta_S}{0.031 \times 1.4} \geqslant 5$$

得 $\delta_S \geqslant 0.191m$

（4）【案例】同上题，已知：该冷藏间相邻有常温房间；墙体总热阻为 $5.0m^2 \cdot ℃/W$；各个材料层的厚度、导热系数、蓄热系数见下表。求该墙体单位面积热流量。（模拟）

结构层	厚度 δ（m）	导热系数 λ [W/（m·℃）]	蓄热系数 S [W/（m^2·℃）]
水泥砂浆抹面	0.05	0.930	11.31
混合砂浆砌砖墙	0.37	0.814	17.06
聚氨酯泡沫塑料	0.191	0.043	0.36

（A）8.60～9.20W/m^2 （B）9.20～9.80 W/m^2

（C）9.80～10.40 W/m^2 （D）10.40～11.00 W/m^2

参考答案：[A]

主要解答过程：

根据《教材（第三版 2018）》P722 页式（4.8-18）围护结构热惰性指标 $D = 0.054 \times 11.31 + 0.455 \times 17.06 + \frac{0.191}{0.043} \times 0.36 = 9.97 > 4$

查《教材（第三版 2018）》P721 表 4.8-29，得围护结构两侧温差修正系数 α=1.0。

单位面积热流量 $q = 0.2 \times 1.0 \times (30 + 15) = 9W/m^2$

3. 真题归类

2008-3-23、2010-4-24、2016-4-25。

4.9 冷库制冷系统设计及设备的选择计算

4.9.1 冷库冷负荷计算

1. 知识要点

（1）计算热流量

1）冷间围护结构热流量：《教材（第三版 2018）》P725。

2）冷间内货物热流量：《教材（第三版 2018）》P725～P728。

3）冷间内电动机运转热流量：《教材（第三版2018）》P728。

4）冷间操作热流量：《教材（第三版2018）》P728～729。

（2）冷间冷却设备负荷：《教材（第三版2018）》P729。

（3）冷间机械负荷

1）冷间机械负荷：《教材（第三版2018）》P729～730。

2）冷间围护结构热流量季节修正系数：《教材（第三版2018）》P730～731。

（4）各类冷间负荷的经验数据：《教材（第三版2018）》P731～733。

2. 超链接

《教材（第三版2018）》P725～733；《冷库设计规》6.1。

3. 例题

【案例】 一冷库，净面积 $18m^2$（4m×4.5m），净高2.6m，体积利用系数0.5。用于贮藏冻白条猪肉，计算密度 $400kg/m^3$，库温－18℃。日进货量为冷库计算吨位的5%，进货温度－10℃，要求在24h内冷却到库温。冻猪肉－10℃和－18℃的比焓分别为28.9kJ/kg和4.6kJ/kg。冷库围护结构（包括地面）单位面积热流量为 $12.8W/m^2$。冷库采用冷风机作冷分配设备，冷风机功率为1650W，一昼夜运转16h。库内每平方米净面积的照明热流量为8W。操作人员仅1名搬运工，每日按3h工作计，每个操作人员产生的热流量取395kW。如果开门热流量为1820W，则该装配式冷库的冷却设备负荷是多少。（模拟）

（A）4200～4300W　　（B）4400～4500W

（C）4300～4400W　　（D）5100～5200W

参考答案：［A］

主要解答过程：

围护结构热流量：$Q_1 = 12.8 \times [18 \times 2 + (4 + 4.5) \times 2 \times 2.6] = 1027W$

日进货量：$G = 18 \times 2.6 \times 0.5 \times 400 \times 0.05 = 468kg$

货物热流量：$Q_2 = \dfrac{468 \times (28.9 - 4.6)}{3.6 \times 24} = 132W$

电动机运转热流量：$Q_3 = 1650 \times \dfrac{16}{24} = 1100W$

操作热流量：$Q_5 = 8 \times 18 + 1820 + \dfrac{3}{24} \times 395 = 2013W$

冷却设备负荷：$Q_S = 1027 + 1 \times 132 + 1100 + 2013 = 4272W$

4.9.2 换热设备的选择计算

1. 知识要点

低压储液器：选型根据其直径和体积计算

$$d_d = \sqrt{\frac{4\lambda V}{3600\pi W_d \xi_d n_d}}$$

上进下出：$V_d = (\theta_q V_q + 0.6V_h)/0.5$

下进上出：$V_d = (0.2V'_q + 0.6V_h + t_b V_b)/0.7$

d_d——直径；

V_d——体积。

2. 超链接

《教材（第三版 2018）》P741～742。

4.9.3 中间冷却器的选择计算

1. 超链接

《教材（第三版 2018）》P740。

2. 例题

【案例】一低温冷库需 50kW 冷量，采用氨一次节流完全中间冷却的双级压缩制冷。蒸发温度－40℃，冷凝温度 30℃。冷凝器出口为饱和液体，低压级压缩机的吸气为饱和蒸汽。中间压力 2.8928×10^5 Pa。制冷循环各状态点的参数如下：

状态点	温度（℃）	绝对压力 (10^5 Pa)	比焓 (kJ/kg)	比体积 (m^3/kg)
蒸发器出口	－40	0.7171	1707.70	1.55124
低压级压缩机出口		2.8928	1889.41	
中间冷却器出口	－10.1	2.8928	1749.72	0.41770
高压级压缩机出口		11.6693	1984.12	
冷凝器出口	30	11.6693	639.01	0.00168
中间冷却器节流阀出口	－10.1	2.8928	639.01	
中间冷却器过冷盘管出口	－5	11.6693	477.22	0.00155
蒸发器节流阀出口	－40	0.7171	477.22	

如果中间冷却器过冷盘管的传热系数为 650W/（$m^2\cdot K$），则中间冷却器过冷盘管的传热面积是多少？（模拟）

（A）0.75～0.76m^2　　（B）0.59～0.60m^2

（C）0.44～0.45m^2　　（D）0.25～0.26 m^2

参考答案：[B]

参考《教材（第三版 2018）》P740。

主要解答过程：

通过过冷盘管的工质流量：

$$M_{R1}=\frac{\Phi_0}{h_1-h_8}=\frac{50}{1707.7-477.22}=0.0406\text{kg/s}$$

过冷盘管热负荷：

$$Q=M_{R1}\times(h_5-h_7)=0.0406\times(639.01-477.22)=6.57\text{kW}$$

对数传热温差：

$$\Delta t_m=\frac{30-(-5)}{\ln\dfrac{30-(-10.1)}{-5-(-10.1)}}=16.97℃$$

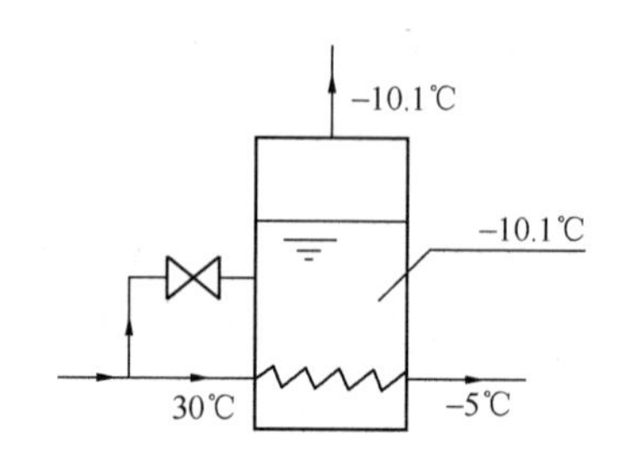

过冷盘管传热面积：

$$F=\frac{Q}{K\Delta t_m}=\frac{6.57\times1000}{650\times16.97}=0.596\text{m}^2$$

4.9.4　液泵流量

1. 知识要点

流量：$q_v = n_x q_z V_z$

2. 超链接：《教材（第三版2018）》P742～743。

3. 例题

（1）【案例】某冷库采用上进下出式液泵供液制冷系统，氨液的蒸发量为500 kg/h，蒸发温度为−30℃，饱和氨液比体积为$1.4757\times10^{-3}m^3/kg$，求所需氨泵的体积流量。（模拟）

（A）2～3 m^3/h　　（B）3～4 m^3/h

（C）5～6 m^3/h　　（D）0.7～1.0 m^3/h

参考答案：[C]

主要解答过程：

根据《教材（第三版2018）》P742，氨泵的体积流量为：

$$q_v = n_x \cdot q_z \cdot V_z = (7 \sim 8)\times 500\times 1.4757\times 10^{-3} = (5.2 \sim 5.9)m^3/h$$

（2）【案例】一R717蒸气压缩式制冷系统为冷库提供冷量，采用液泵供液，氨液流过蒸发器为下进上出形式，蒸发温度为−28℃，蒸发量为$2m^3/h$，若该冷库负荷较为稳定，选择氨泵的流量。（模拟）

（A）2～4 m^3/h　　（B）6～8 m^3/h

（C）10～12 m^3/h　　（D）14～16 m^3/h

参考答案：[B]

主要解答过程：

根据《教材（第三版2018）》P742，氨泵的体积流量为：

$$q_v = n_x \cdot q_z \cdot V_z = (3 \sim 4)\times 2 = (6 \sim 8)m^3/h$$

4.9.5　冷间冷却设备的选择和计算

1. 知识要点

（1）冷间内冷却设备的设计计算

$$A_s = \frac{Q_s}{K_s \cdot \Delta\theta_s}$$

（2）冷却设备传热系数的计算

光排管传热系数：$K = K' C_1 C_2 C_3$

2. 超链接

《教材（第三版2018）》P743～744。

4.9.6　装配式冷库计算

1. 超链接

《教材（第三版2018）》P754～755。

2. 例题

【案例】某装配式冷库用于储存新鲜蔬菜，若已知该冷库的公称容积为$500m^3$，冷库计

算吨位按规范计算，体积利用系数为0.4，其每天蔬菜的最大进货量应是何值？(2009-3-24)

(A) 2500～2800kg　　(B) 2850～3150kg

(C) 3500～3800kg　　(D) 4500～4800kg

参考答案：[C]

主要解答过程：

根据《冷库设计规》3.0.3注2，蔬菜的容积利用系数乘0.8的修正系数，查表3.0.6得蔬菜密度为230kg/m³，根据公式(3.0.2)：

冷库计算吨位：$G=\frac{\Sigma V_1\rho_s\eta}{1000}=\frac{500\times230\times0.4\times0.8}{1000}=36.8\text{t}$

再根据第6.1.5.2条：最大进货量 $M=10\%G=3.68\text{t}$。

3. 其他例题

(1)【案例】北京地区某大型冷库，冷间面积为1000m²，冷间地面传热系数为0.6W/(m·℃)、土壤传热系数为0.4W/(m·℃)、冷间空气温度为－30℃，采用机械通风地面防冻方式，设地面加热层温度为1℃，若通风加热系统每天运行8h，系统防冻加热负荷应是下列何值（计算修正值 α 取为1.15、土壤温度 t_r 取为9.4℃）？(2011-4-24)

(A) 50～55kW　(B) 43～48kW　(C) 39～41kW　(D) 36～37kW

参考答案：[A]

主要解答过程：

根据《冷库设计规》附录A.0.2～A.0.4，

$$Q_r-F_d(t_r-t_n)K_d=1000\text{m}^2\times(1+30)\times0.6\text{W/(m}\cdot℃)=18.6\text{kW}$$

$$Q_{tu}=F_d(t_{tu}-t_r)K_d=1000\text{m}^2\times(9.4-1)\times0.4\text{W/(m}\cdot℃)=3.36\text{kW}$$

$$Q_f=\alpha(Q_r-Q_{tu})\frac{24}{T}=1.15\times(18.6-3.36)\times\frac{24}{8}=52.6\text{kW}$$

(2)【案例】CO_2 作为载冷剂采用蒸发吸热，具有环保、节能的优点，其食品冷藏间($t_n=-20℃$)的空气冷却器选用载冷剂，已知冷负荷为210kW，现比较选用载冷剂 CO_2 或乙二醇溶液（有关参数见表），理论计算的乙二醇溶液质量流量与 CO_2 质量流量之比值，为何项？(2009-3-20)

载冷剂	传热方式	传热计算温差 Δt	比热容 C_p (kJ/kg·K)	汽化潜热 γ (J/g)
CO_2	蒸发吸热	—		282
乙二醇溶液	温差传热	5℃	3.3	

(A) 16～18　(B) 13～15　(C) 10～12　(D) 7～9

参考答案：[A]

主要解答过程：

乙二醇质量流量：$M_1=Q/c\Delta t=210/(3.3\times5)=12.7\text{kg/s}$(温差传热)

CO_2 质量流量：$M_2=Q/q=210/(282\text{kJ/kg})=0.745\text{kg/s}$(蒸发吸热)

$M_1:M_2=17$

4. 真题归类

(1) 载冷剂：2009-3-20。

(2) 装配式冷库：2009-3-24。

第 5 章　绿　色　建　筑

5.1　绿　色　建　筑

5.1.1　供暖系统的热效率

超链接：《教材（第三版 2018）》P788。

5.1.2　绿色建筑评价标准

1. 知识要点：

（1）绿色建筑评价的总得分计算：《绿色建筑评价标准》3.2.7。

（2）非传统水源利用率：《绿色建筑评价标准》6.2.10。

（3）冷却塔年排出冷凝热所需的理论蒸发耗水量：《绿色建筑评价标准》6.2.8 条文说明。

2. 例题

【案例】某绿色公共建筑，申请设计阶段的标识。目前各版块打分情况如下所示：

节地：60 分；节能 75 分；节水 35 分；节材：70 分；室内环境：75 分；创新项：2 分。

问：此绿色公共建筑评价的总得分是多少？可获得几星级？（模拟）

（A）56.72，一星级　　　　（B）66.45，二星级

（C）87.36，三星级　　　　（D）66.45，无法获评

参考答案：[D]

主要解答过程：

根据《绿建评价》表 3.2.7 和公式（3.2.7），

$$\sum Q = \omega_1 Q_1 + \omega_2 Q_2 + \omega_3 Q_3 + \omega_4 Q_4 + \omega_5 Q_5 + \omega_6 Q_6 + \omega_7 Q_7 + Q_8$$

$$= 0.16 \times 60 + 0.28 \times 75 + 0.18 \times 35 + 0.19 \times 70 + 0.19 \times 75 + 0 + 0 + 2 = 66.45$$

根据《绿建评价》3.2.8，“每类指标的评分项得分不应小于 40 分”，

因为节水得分 35 分<40 分，

所以可以判定，此绿色公共建筑无法获评。

故选 D。

5.1.3　绿色工业建筑评价标准

知识要点：

（1）工业建筑能耗指标计算：《绿色工业建筑评价标准》B.0.2 及条文说明。

（2）蒸汽凝结水利用率：《绿色工业建筑评价标准》C.0.3-4。

第6章　水、燃　气

6.1 室 内 给 水

6.1.1 室内给水用水量计算

知识要点：

（1）最高日用水量 Q_d 和最大小时用水量 Q_h：《教材（第三版 2018）》P806。

（2）设计秒流量计算：《教材（第三版 2018）》P806～807。

（3）给水真题归类：2006-3-25、2007-4-25、2011-4-25、2013-3-25、2016-3-24。

6.1.2 热水供应

1. 知识要点

（1）耗热量和热水量的计算：《教材（第三版 2018）》P808～810。

（2）生活热水最高日平均小时耗热量与设计小时耗热量计算的区别。

2. 例题

【案例】某宾馆建筑设置集中生活热水系统，已知宾馆客房 400 床位，最高日热水用水定额 120L/（床位·d），使用时间 24h，小时变化系数 K_h 为 3.33，热水温度 60℃，冷水温度 10℃，热水密度 1.0kg/L，问：该宾馆客房部分生活热水的最高日平均小时耗热量（kW）最接近下列何项？（2018-3-25）

（A）116　　（B）232　　（C）349　　（D）387

参考答案：[A]

主要解答过程：

根据《给水排水规》第 5.3.1 条，注意题中问的是最高日平均小时耗热量，而非设计小时耗热量。

生活热水的最高日平均小时耗热量：

$$Q_h = \frac{mq_r C(t_r - t_l)\rho_r}{T}$$

$$= \frac{400 \times 120 \times 4.187 \times (60 - 10) \times 1}{24 \times 3600} = 116.3\text{kW}$$

故选 A。

2. 热水真题归类

2008-4-25、2013-4-25、2014-4-25、2017-4-25、2018-3-25。

6.1.3 热泵热水机

1. 知识要点

（1）设计小时供热量：《教材（第三版 2018）》P812。

（2）贮热水箱（罐）容积：《教材（第三版 2018）》P812。

2. 例题

2007-3-21。

6.2 室 内 排 水

6.2.1 排水设计秒流量

1. 知识要点

设计秒流量：《教材（第三版 2018）》P814～815。

2. 排水真题归类

2007-3-25、2009-3-25、2017-3-25。

6.3 燃 气 供 应

6.3.1 室内燃气应用

知识要点：

燃气的附加压力：《教材（第三版 2018）》P817。

6.3.2 室内燃气管道计算流量

1. 知识要点

（1）居民生活用燃气计算流量：《教材（第三版 2018）》P821。

（2）燃气小时计算流量估算公式：《教材（第三版 2018）》P822。

2. 燃气真题归类

2006-4-25、2008-3-25、2009-4-25、2010-4-25、2011-3-25、2012-4-25、2014-3-25、2016-4-24、2018-4-25。

附录 1 常用单位的换算关系

类别	单位换算
长度	$1m = 100cm = 1000mm = 10^6 \mu m$
质量	$1kg = 0.001t = 1000g = 10^6 mg$
时间	$1h = 60min = 3600s$ $1d = 24h$
温度	t℃$= (273 + t)K$
物质的量	$1mol = \frac{m(g)}{M(g/mol)} = \frac{V(L)}{22.4(L/mol)}$
体积	$1m^3 = 1000L$
浓度	$1ppm = 1mL/m^3 = 10^{-6} m^3/m^3 = 0.0001\%$
力	$1N = 1kg \cdot (m/s^2) = 0.10197kgf$
功、能量	$1J = 1N \cdot m = 1W \cdot s$ $1kW \cdot h = 3600kJ = 3.6MJ$ 1kcal(大卡)=4.1868kJ
功率	$1W = 1J/s$ $1MW = 1000kW = 10^6 W$ $1kcal/h = 1.163W$
流量	$1kg/h = \frac{1}{3600} kg/s = (1m^3/h) \cdot \rho$
压强	$1Pa = 1N/m^2 = (1kg/m^2) \cdot g$ $1atm = 101325Pa = 1013.25hPa = 101.325kPa = 10.33mH_2O = 760mmHg$ $1bar = 10^5 Pa = 0.1MPa$ $1kgf/cm^2 = 9.8 \times 10^4 Pa$ $1mH_2O = 9.8kPa$ $1mmH_2O = 9.8Pa$ $1mmHg = 133.322Pa = 13.595mmH_2O$ 近似关系(仅估算使用)：$1mH_2O \approx 10kPa = 0.01MPa \approx 0.1kgf/cm^2 \approx 0.1bar$

附录2 《教材（第三版2018）》公式汇总

1. 常用公式

名称	公式	符号含义
热量与流量	$Q=c\cdot G\cdot \Delta t$ 或 $Q=G\cdot \Delta h$	Q 热量（kW）；c 比热（kJ/kg.℃）；G 流量（kg/s）；Δt 温差（℃）；Δh 焓差（kJ/kg）
	$G=\frac{0.86Q}{\Delta t}$	G 流量（kg/h）；Q 热量（W）；Δt 温差（℃）
		G 流量（m^3/h）或（t/h）；Q 热量（kW）；Δt 温差（℃）
传热量	$Q=K\cdot F\cdot \Delta t$	Q 热量（W）；K 传热系数（$W/m^2\cdot ℃$）；F 传热面积（m^2）；Δt 温差（℃）
压力损失	$\Delta P=SG^2$	ΔP 压力损失（Pa）；S 阻抗［$Pa/(m^3/h)^2$］；G 流量（m^3/h）
伯努利方程	$Z_1+\frac{P_1}{\rho g}+\frac{v_1^2}{2g}=Z_2+\frac{P_2}{\rho g}+\frac{v_2^2}{2g}+\Delta P_{1-2}$	P_1、P_2 断面压力（Pa）；Z_1、Z_2 断面距基准面的位置高度（m）；v_1、v_2 断面平均速度（m/s）；ΔP_{1-2} 水流经管段1～2的压头损失（m）；$\left(Z_1+\frac{P_1}{\rho g}\right)$、$\left(Z_2+\frac{P_2}{\rho g}\right)$ 测压管水头（m）
空气密度	$\rho=\frac{353}{273+t}$	t 空气温度（℃）
标态与非标态的参数关系	风机中空气实际密度：$\frac{\rho_{实际}}{1.204}=\frac{B}{101.3}\cdot\frac{273+20_{标准}}{273+t_{实际}}$	1）标准状态 $t=0$℃，$B=101.3$kPa：污染物排放、环境空气质量、除尘器除尘； 2）标准状态 $t=20$℃，$B=101.3$kPa：通风机性能参数、空调风机段、组合式空调机组
	非标准状态空气密度：$\frac{\rho_{实际}}{1.293}=\frac{B}{101.3}\cdot\frac{273+0_{标准}}{273+t_{实际}}$ 除尘器风量：$\frac{L_{实际}}{L_{标准}}=\frac{\rho_{标准}}{\rho_{实际}}=\frac{101.3}{B}\cdot\frac{273+t_{实际}}{273+0_{标准}}$ 除尘器含尘浓度：$\frac{y_{实际}}{y_{标准}}=\frac{\rho_{实际}}{\rho_{标准}}=\frac{B}{101.3}\cdot\frac{273+0_{标准}}{273+t_{实际}}$	
风机、水泵轴功率	风机轴功率 $N_z=\frac{LP}{3600\eta_b\cdot\eta_m}$	L 风量（m^3/h）；P 风压（Pa）；η_b 风机效率；η_m 机械效率
	水泵轴功率 $N_z=\frac{GH}{367.3\eta_b\cdot\eta_m}$	G 水量（m^3/h）；H 扬程（m）；η_b 水泵效率；η_m 机械效率
质量守恒与能量守恒	质量：$G_{得到}=G_{失去}$ 或 $G_{进}=G_{出}$ 热量：$Q_{得到}=Q_{失去}$ 或 $Q_{进}=Q_{出}$	G 质量或质量流量（kg/s）；Q 热量

2. 供暖公式

名称	公式	符号含义	出处
围护结构的传热阻	$R_0=\frac{1}{a_n}+R_j+\frac{1}{a_w}$ $R_0=R_n+R_j+R_w$	R_0传热阻；a_n内表面换热系数；R_n内表面换热阻；a_w外表面换热系数；R_w外表面换热阻；R_j本体的热阻	《教材（第三版2018）》P2
围护结构的传热系数	$K=\frac{1}{R_0}=\frac{1}{\frac{1}{\alpha_n}+\sum\frac{\delta}{\alpha_\lambda\cdot\lambda}+R_k+\frac{1}{\alpha_w}}$	K传热系数；a_n内表面换热系数；a_w外表面换热系数；δ各层材料厚度；λ各层材料导热系数；α_λ各层材料导热系数修正系数；R_k封闭空气间层热阻	《教材（第三版2018）》P3
有顶棚的坡屋面的综合传热系数	$K=\frac{K_1\times K_2}{K_1\times\cos\alpha+K_2}$	K_1顶棚传热系数；K屋面传热系数；α屋面和顶棚的夹角	《教材（第三版2018）》P4
民用建筑围护结构的最小传热阻	$R_0=\varepsilon_1\varepsilon_2R_{o\cdot min}$ $R_{0\cdot min}=\frac{t_n-t_w}{\Delta t_y}\cdot R_n-(R_n+R_w)$	t_n冬季室内计算温度；t_w冬季室外热工计算温度；Δt_y冬季室内计算温度与围护结构内表面温度的允许温差；R_n内表面换热阻；R_w外表面换热阻； R_O修正后的围护结构热阻最小值；ε_1围护结构密度修正系数；ε_2建筑不同部位的温差修正系数	《教材（第三版2018）》P4～5
工业建筑围护结构的最小传热阻	$R_{0\cdot min}=k\cdot\frac{\alpha(t_n-t_e)}{\Delta t_y\cdot\alpha_n}$ $R_{0\cdot min}=k\cdot\frac{\alpha(t_n-t_e)}{\Delta t_y}\cdot R_n$	$R_{0,min}$最小传热阻；t_n冬季室内计算温度；t_e冬季围护结构室外计算温度；α温差修正系数；Δt_y冬季室内计算温度与围护结构内表面温度的允许温差；a_n内表面换热系数；R_n内表面换热阻；k最小传热阻修正系数	《教材（第三版2018）》P5 《工规》5.1.6
冬季室外热工计算温度（冬季围护结构室外计算温度）	$D\geqslant6.0$　$t_e=t_w$ $4.1\leqslant D<6.0$　$t_e=0.6t_w+0.4t_{e,min}$ $1.6\leqslant D<4.1$　$t_e=0.3t_w+0.7t_{e,min}$ $D<1.6$　$t_e=t_{e,min}$	D围护结构热惰性指标；t_e冬季室外热工计算温度；t_w供暖室外计算温度；$t_{e,min}$累年最低日平均温度	《教材（第三版2018）》P7 《民建热工》3.2.2
冷凝界面内侧所需蒸汽渗透阻	$H_{0,n}=\frac{P_n-P_{b,f}}{\frac{10\rho\delta_n[\Delta\omega]}{24Z}+\frac{P_{b,f}-P_w}{H_{0,w}}}$ $\theta_j=t_n-\frac{R_n+R_{0,n}}{R_0}(t_n-\bar{t}_w)$	$H_{0,w}$蒸汽渗透阻；P_n室内空气水蒸气压力；P_w室外空气水蒸气压力；$P_{b,f}$冷凝计算界面处与界面温度θ_j对应的饱和水蒸气分压力；t_n室内计算温度；t_w供暖期室外平均温度；R_0, R_n分别为传热阻和内表面换热阻；$R_{0,n}$冷凝计算界面至内表面之间的热阻；Z供暖期天数；$[\Delta\omega]$供暖期保温材料重量湿度允许增量；ρ保温材料干密度；δ_n保温材料厚度	《教材（第三版2018）》P7～8

续表

名称	公式	符号含义	出处
屋顶蒸汽渗透阻	$H_{0,n} \geqslant 1.2(P_n - P_w)$	P_n室内空气水蒸气压力；P_w室外空气水蒸气压力	《教材（第三版 2018）》P8
单一材料层蒸汽渗透阻	$H = \frac{\delta}{\mu}$	δ材料层厚度；μ材料的蒸汽渗透系数	《教材（第三版 2018）》P8
任一层内界面的水蒸气分压力	$P_m = \frac{\sum_{j=1}^{m-1} H_j}{H_0}(P_n - P_w)$	$\sum_{j=1}^{m-1} H_j$从室内一侧算起，由第1层到第$m-1$层的蒸汽渗透阻之和；H_0围护结构的总渗透阻；P_n室内空气水蒸气压力；P_w室外空气水蒸气压力	《教材（第三版 2018）》P8
围护结构的基本耗热量	$Q = \alpha FK(t_n - t_{wn})$	Q基本耗热量；α计算温差修正系数；F面积；K传热系数；t_n室内设计温度；t_{wn}供暖室外计算温度	《教材（第三版 2018）》P16
屋顶下的温度	$t_d = t_g + \Delta t_H(H-2)$	t_g工作地点温度；Δt_H温度梯度；H房间高度	《教材（第三版 2018）》P18
室内平均温度	$t_{np} = \frac{t_d - t_g}{2}$	t_d屋顶下温度；t_g工作地点温度	《教材（第三版 2018）》P18
门窗缝渗入室内冷空气的耗热量	$Q = 0.28C_P\rho_{wn}L(t_n - t_{wn})$	C_P定压比热容；ρ_{wn}空气密度；L渗透冷空气量；t_n供暖室内计算温度；t_{wn}供暖室外计算温度	《教材（第三版 2018）》P20
渗透冷空气量	$L = L_0 L_1 m^b$	L_0基准高度单纯风压渗透冷空气量；L_1门外窗缝隙长度；m综合修正系数；b门窗缝隙渗风指数	《教材（第三版 2018）》P20
每米门窗缝隙的渗透冷空气量	$L_0 = a_1\left(\frac{\rho_{wn}}{2}v_0^2\right)^b$	a_1外门窗渗风系数；v_0基准高度冬季室外最多风向的平均风速	《教材（第三版 2018）》P20
冷风渗透压差修正系数	$m = C_r \cdot \Delta C_f \cdot (n^{1/b} + C) \cdot C_h$ $C_h = 0.3h^{0.4}$	C_r热压系数；ΔC_f风压差系数；n冷空气量朝向修正系数；C有效热压差与风压差之比；C_h高度修正系数；h门窗中心线标高	《教材（第三版 2018）》P20

续表

名称	公式	符号含义	出处
有效热压差与有效风压差之比	$C=70\cdot\frac{h_z-h}{\Delta C_f v_0^2 h^{0.4}}\cdot\frac{t'_n-t_{wn}}{273+t'_n}$	h_z建筑物中和面的标高；t'_n热压作用的竖井计算温度	《教材（第三版 2018)》P21
工业建筑的渗透冷空气量（无相关数据时）	$L=kV$	V房间体积；k换气次数	《教材（第三版 2018)》P22
重力循环热水供暖系统断面右侧和左侧水柱压力，两侧的压力差	$p_1=g(h_0\rho_h+h\rho_h+h_1\rho_g)$ $p_2=g(h_0\rho_h+h\rho_g+h_1\rho_g)$ $\Delta p=p_1-p_2=gh(\rho_h-\rho_g)$	Δp作用力差；g重力加速度；h加热中心至冷却中心的垂直距离；ρ_h回水密度；ρ_g供水密度	《教材（第三版 2018)》P25
单管系统重力循环作用压力	$\Delta p=gh_1(\rho_h-\rho_g)+gh_2(\rho_1-\rho_g)$ $\Delta p=g(h_1+h_2)(\rho_2-\rho_g)+gh_1(\rho_h-\rho_1)$ $=gH_2(\rho_1-\rho_g)+gH_1(\rho_h-\rho_1)$ $\Delta p=\sum_{i=1}^{n}gh_i(\rho_i-\rho_g)=\sum_{i=1}^{n}gH_i(\rho_i-\rho_{i-1})$	n冷却中心总数；H_i加热中心到所计算的冷却中心间的垂直距离；h_i从计算的冷却中心到下一层冷却中心的垂直距离；ρ_i水密度；ρ_{i-1}入口水的密度；ρ_g、ρ_h供水、回水密度	《教材（第三版 2018)》P25～26
双管上供下回式系统重力循环作用压力	$\Delta p_1=gh_1(\rho_h-\rho_g)$ $\Delta p_2=g(h_1+h_2)(\rho_h-\rho_g)$ $=\Delta p_1+gh_2(\rho_h-\rho_g)$ $\Delta p_2-\Delta p_1=gh_2(\rho_h-\rho_g)$		《教材（第三版 2018)》P27
高压凝水管孔数	L=孔数 $n\times6.5$mm 孔数 n=12.4×高压凝水管截面积（cm^2）		《教材（第三版 2018)》P36
辐射面传热量	$q=q_f+q_d$ $q_f=5\times10^{-8}[(t_{pj}+273)^4-(t_{fj}+273)^4]$ 全部顶棚供暖：$q_d=0.134\,(t_{pj}-t_n)^{1.25}$ 地面供暖、顶棚供冷：$q_d=2.13\,(t_{pj}-t_n)^{1.31}$ 墙面供暖或供冷：$q_d=1.78\,(t_{pj}-t_n)^{1.32}$ 地面供冷：$q_d=0.87\,(t_{pj}-t_n)^{1.25}$	q单位面积散热量；q_f单位辐射传热量；q_d单位对流传热量；t_{pj}表面平均温度；t_{fj}室内非加热表面的面积加权平均温度；t_n室内计算温度	《教材（第三版 2018)》P43～44

续表

名称	公式	符号含义	出处
房间所需单位地面面积向上供热量	$q_1=\beta\frac{Q_1}{F_r}$ $Q_1=Q-Q_2$	q_1单位地面面积所需散向上供热量；Q房间热负荷；Q_1房间所需的地面向上供热量；Q_2自房间上层地面向下传热量；F_r房间内敷设供热部件的地面面积；β家具遮挡的安全系数	《教材（第三版 2018）》P44
地表面平均温度	$t_{pj}=t_n+9.82\times\left(\frac{q_x}{100}\right)^{0.969}$	t_n室内计算温度；q_x单位地面面积所需散热量	《教材（第三版 2018）》P44
加热管压力损失	$\Delta P=\Delta P_m+\Delta P_j$ $\Delta P_m=\lambda\frac{l}{d}\frac{\rho v^2}{2}$ $\Delta P_j=\zeta\frac{\rho v^2}{2}$	P_m摩擦压力损失；P_j局部压力损失；λ摩擦阻力系数；d管道内径；l管道长度；ρ水密度；v水流速度；ζ局部阻力系数	《教材（第三版 2018）》P48
摩擦阻力系数	$\lambda=\left\{\frac{0.5\left[\frac{b}{2}+\frac{1.312(2-b)\lg 3.7\frac{d_n}{K_d}}{\lg Re_s-1}\right]}{\lg\frac{3.7d_n}{K_d}}\right\}^2$ $b=1+\frac{\lg Re_s}{\lg Re_z}$ $Re_s=\frac{d_n v}{\mu_t}$ $Re_z=\frac{500d_n}{K_d}$ $d_n=0.5(2d_w+\Delta d_w-4\delta-2\Delta\delta)$	λ摩擦阻力系数；b水的流动相似系数；Re_s实际雷诺数；v水流速度；μ_t与温度有关的运动黏度；Re_z阻力平方区的临界雷诺数；K_d管子当量粗糙度；d_n管子的计算内径；d_w管外径；Δd_w管外径允许误差；δ管壁厚；$\Delta\delta$管壁厚允许误差	《教材（第三版 2018）》P48
燃气红外线辐射供暖的总散热量	$Q_f=\frac{Q}{1+R}$ $R=\frac{Q}{\frac{CA}{\eta}(t_{sh}-t_w)}$ $\eta=\varepsilon\eta_1\eta_2$ $t_n=\frac{Q_f(t_{sh}-t_w)}{Q}+t_w$ $t_n=\frac{Q_f(t_{sh}-t_w)}{Q}+t_w$ $q_s=\eta\frac{Q_f}{A}$	Q耗热量；R特征值；C常数；A供暖面积；ε辐射系数；η_1辐射供暖系统效率；η_2空气效率；t_{sh}舒适温度；t_w室外供暖计算温度；t_n此时室内计算温度；q_x人体所需的辐射强度；q_s人体实际接收到的辐射强度	《教材（第三版 2018）》P54～55

续表

名称	公式	符号含义	出处
发生器台数	$n=\frac{Q_f}{q}$	q 单台发生器输出功率	《教材（第三版 2018）》P55
发生器工作所需最小空气量	$L=\frac{Q}{293}\cdot K$	Q 总辐射热量；K 常数，天然气取 6.4m³/h，液化石油气取 7.7m³/h	《教材（第三版 2018）》P58
靠外墙边缘地区和墙交角处辐射强度	$q_1=(1+\varphi)q_t$ $q_2=(1+2\varphi)q_t$	q_1 靠外墙边缘单位辐射强度；q_2 靠墙角处的单位辐射强度；q_t 室内其他地区辐射强度；φ 边缘附加系数	《教材（第三版 2018）》P60
边缘地区和墙交角处辐射器的中心距	$a_1=\frac{a}{1+\varphi}$ $a_2=\frac{a}{1+2\varphi}$ $b_1=\frac{b}{1+\varphi}$ $b_2=\frac{b}{1+2\varphi}$	a_1、b_1 边缘地区辐射器的中心距； a_2、b_2 墙角处辐射器的中心距	《教材（第三版 2018）》P60～61
局部供暖所需辐射器的散热量	$Q=700EA/\eta$	E 辐射强度；A 局部供暖面积；η 辐射器的辐射效率	《教材（第三版 2018）》P61
平行送风射流：当送风口高度 $h\geqslant 0.7H$ 的射流有效作用长度	$l_x=\frac{X}{a}\sqrt{A_h}$	A 送风口的紊流系数；X 射流作用距离的无因次数，A_h 每股射流作用车间的横截面积	《教材（第三版 2018）》P65
当送风口高度 $h=0.7H$ 的射流有效作用长度	$l_x=\frac{0.7X}{a}\sqrt{A_h}$		《教材（第三版 2018）》P65
换气次数	$n=\frac{380v_1^2}{l_x}$，$n=\frac{5950v_1^2}{v_0 l_x}$	l_x 一股射流的有效作用长度；v_1 工作地带最大平均回流速度	《教材（第三版 2018）》P66
每股射流空气量	$L=\frac{nV}{3600\cdot m_p m_c}$	V 车间体积；m_p 沿车间宽度平行送风的射流股数；m_c 沿车间长度串联送风的射流股数	《教材（第三版 2018）》P66

续表

名称	公式	符号含义	出处
送风温度	$t_0=t_n+\dfrac{Q}{c_p\rho_p Lm}$	t_n室内温度；ρ_p室内上部地带空气密度；m射流股数	《教材（第三版 2018）》P66
送风口直径	$d_0=\dfrac{0.88L}{v_1\sqrt{A_h}}$	A_h每股射流作用车间的横截面积	《教材（第三版 2018）》P66
送风口速度	$v_0=1.27\dfrac{L}{d_0^2}$		《教材（第三版 2018）》P66
扇形送风射流：扇形送风射流有效半径	$R_x=\left(\dfrac{X_1}{a}\right)^2H$	X_1扇形送风射流作用距离的无因次数	《教材（第三版 2018）》P66
换气次数	$n=\dfrac{18.8v_1^2}{X_1^2R_x}$，$n=\dfrac{294v_1^2}{X_1^2v_0R_x}$	v_1工作地带最大平均回流速度	《教材（第三版 2018）》P66
每股射流空气量	$L=\dfrac{nV}{3600\cdot m}$	m射流股数	《教材（第三版 2018）》P66
送风温度	$t_0=t_n+\dfrac{Q}{c_p\rho_p Lm}$	t_n室内温度；ρ_p室内上部地带空气密度；m射流股数	《教材（第三版 2018）》P66
送风口径	$d_0=6.25\dfrac{aL}{v_1H}$		《教材（第三版 2018）》P66
送风口出风速度	$v_0=1.27\dfrac{L}{d_0^2}$		《教材（第三版 2018）》P66
加热空气所需热量	$Q=Gc_p(t_2-t_1)$	C_p 空气比热容；G被加热空气量；t_1加热前温度；t_2加热后温度	《教材（第三版 2018）》P68
加热器供给的热量	$Q'=KF\Delta t_p$	K 加热器的传热系数；F 加热器的传热面积；Δt_p热媒与空气之间的平均温差	《教材（第三版 2018）》P68
当热媒为热水时	$\Delta t_p=\dfrac{t_{w1}+t_{w2}}{2}-\dfrac{t_1+t_2}{2}$	t_{w1}，t_{w2}热水的初、终温度	《教材（第三版 2018）》P68
当热媒为蒸汽时	$\Delta t_p=t_g-\dfrac{t_1+t_2}{2}$	t_g蒸汽温度	《教材（第三版 2018）》P68

续表

名称	公式	符号含义	出处
暖风机台数	$n=\frac{Q}{Q_d \cdot \eta}$	η有效散热系数，热媒为热水时0.8，热媒为蒸汽时0.7～0.8；Q建筑物的热负荷；Q_d暖风机的实际散热量	《教材（第三版2018）》P70
当空气进口温度与暖风机标准参数不同时	$\frac{Q_d}{Q_0}=\frac{t_{pj}-t_n}{t_{pj}-15}$	t_n设计条件下的进风温度；t_{pj}热媒平均温度	《教材（第三版2018）》P70
暖风机的射程	$X=11.3v_0 D$ $D=\frac{2ab}{a+b}$	v_0出口速度；D当量直径；a、b暖风机出口内边长	《教材（第三版2018）》P70
水力计算方法	$\Delta p=\Delta p_m+\Delta p_i=\frac{\lambda}{d}l\frac{\rho v^2}{2}+\zeta\frac{\rho v^2}{2}$ $=Rl+\zeta\frac{\rho v^2}{2}$	Δp管道压力损失；Δp_m摩擦压力损失；Δp_i局部压力损失；λ摩擦系数；d管道内径；l管道长度；v热媒流动速度；ρ热媒密度；ζ局部阻力系数	《教材（第三版2018）》P74
当量阻力法	$\Delta p=A(\zeta_d+\Sigma\zeta)G^2$	A常数；G流量；ζ_d当量局部阻力系数	《教材（第三版2018）》P75
当量局部阻力系数	$\zeta_d=\frac{\lambda}{d}\cdot l\quad \zeta_{zh}=\frac{\lambda}{d}\cdot l+\Sigma\zeta$		《教材（第三版2018）》P75
管段局部阻力折算成一定长度的摩擦损失	$\Delta p=Rl+Rl_d=R(l+l_d)=Rl_{zh}$	l_d局部损失的当量长度；l_{zh}管段的折算长度；R管段的单位长度的摩擦系数损失	《教材（第三版2018）》P75
流量	$G=\frac{0.86Q}{\Delta t}$	Q热负荷；Δt供回水温差	《教材（第三版2018）》P79
平均单位长度摩擦损失	$\Delta p_m=\frac{a\Delta p}{\Sigma l}$	a摩擦损失占总压力损失的百分比；Δp系统允许的总压力损失，Σl最不利环路的总长度	《教材（第三版2018）》P79
压力损失	$\Delta p=\left(\frac{\lambda}{d}l+\Sigma\zeta\right)\frac{\rho v^2}{2}$		《教材（第三版2018）》P79
环路压力平衡	不平衡率 $=\frac{\Sigma\Delta p_1-\Sigma\Delta p_2}{\Sigma\Delta p_1}\times 100\%<$ 规定值	$\Sigma\Delta p_1$第一环路总压力损失； $\Sigma\Delta p_2$第二环路总压力损失	《教材（第三版2018）》P79

续表

名称	公式	符号含义	出处
温降调整系数	$a=\frac{\Sigma G_j}{\Sigma G_t}$	ΣG_j 计算流量； ΣG_t 实际流量	《教材（第三版 2018）》P80
流量调整系数	$b=\frac{\Sigma G_t}{\Sigma G_j}$		《教材（第三版 2018）》P80
压力调整系数	$c=\left(\frac{\Sigma G_t}{\Sigma G_j}\right)^2$		《教材（第三版 2018）》P80
低压蒸汽系统单位长度摩擦压力损失	$\Delta p_m=\frac{(p-2000)a}{l}$	p 起始压力；l 供气管道最大长度；a 摩擦力压力损失占压力损失的百分数	《教材（第三版 2018）》P81
高压蒸汽系统平均单位长度摩擦压力损失	$\Delta p_m=\frac{0.25ap}{l}$		《教材（第三版 2018）》P82
蒸汽管道总压力损失	$\Delta p=\Sigma[\Delta p_m(l+l_d)]$	l_d 局部阻力的当量长度	《教材（第三版 2018）》P82
散热器散热面积	$F=\frac{Q}{K(t_{pj}-t_n)}\beta_1\beta_2\beta_3\beta_4$	Q 供暖热负荷；t_{pj} 热媒平均温度；t_n 室内温度；K 传热系数；β_1 散热片组装片数修正系数；β_2 连接方式修正系数；β_3 安装形式修正系数；β_4 流量修正系数	《教材（第三版 2018）》P89
散热器进出口水温算数平均值	$t_{pj}=\frac{t_{sg}+t_{sh}}{2}$	t_{sg} 进水温度；t_{sh} 出水温度	《教材（第三版 2018）》P90
散热器传热系数	$K=a(\Delta t)^b=a(t_{pj}-t_n)^b$ $Q=A(\Delta t)^b=A(t_{pj}-t_n)^b$	K 实验条件下，散热器的传热系数；A、a、b 由实验确定的系数；Δt 热媒与空气的平均温差；Q 在散热面积 F 条件下的散热量	增补
散热器片数	$n=\frac{Q}{Q_s}\beta_1\beta_2\beta_3\beta_4$	Q 房间的供暖热负荷； Q_s 每片散热器的散热量	《教材（第三版 2018）》P90

续表

名称	公式	符号含义	出处
当减压阀的减压比＞临界压力比时，饱和蒸汽减压阀流量	$q=462\sqrt{\frac{10p_1}{V_1}\left[\left(\frac{p_2}{p_1}\right)^{1.76}-\left(\frac{p_2}{p_1}\right)^{1.88}\right]}$	q 通过 $1cm^2$ 阀孔面积的流体流量；p_1 阀孔前流体压力；p_2 阀孔后流体压力；V_1 阀孔前流体比体积	《教材（第三版 2018）》P91
当减压阀的减压比＞临界压力比时，过热蒸汽减压阀流量	$q=332\sqrt{\frac{10p_1}{V_1}\left[\left(\frac{p_2}{p_1}\right)^{1.54}-\left(\frac{p_2}{p_1}\right)^{1.77}\right]}$		《教材（第三版 2018）》P91
当减压阀的减压比≤临界压力比时，饱和蒸汽减压阀流量	$q=71\sqrt{\frac{10p_1}{V_1}}$		《教材（第三版 2018）》P91
当减压阀的减压比≤临界压力比时，过压蒸汽减压阀流量	$q=75\sqrt{\frac{10p_1}{V_1}}$		《教材（第三版 2018）》P91
减压阀阀孔流通面积	$A=\frac{q_m}{\mu q}$	q_m 通过减压阀的蒸汽流量；μ 流量系数	《教材（第三版 2018）》P91
安全阀喉部面积（介质为饱和蒸汽）	$A=\frac{q_m}{490.3P_1}$	q_m 安全阀额定排量；P_1 排放压力；ϕ 过热蒸汽校正系数	《教材（第三版 2018）》P92
安全阀喉部面积（介质为过热蒸汽）	$A=\frac{q_m}{490.3\phi P_1}$		《教材（第三版 2018）》P92
安全阀喉部面积（介质为水）	$A=\frac{q_m}{102.1\sqrt{P_1}}$		《教材（第三版 2018）》P93
安全阀排放压力	$p_1\leqslant 1.1p_S$	p_S 管道设计压力	《教材（第三版 2018）》P93

续表

名称	公式	符号含义	出处
疏水阀设计排水量	$G_{sh}=KG$	G 系统正常凝结水量；K 疏水阀倍率	《教材（第三版 2018）》P94
疏水阀安装在锅炉分汽缸时的排水量	$G_{sh}=G\cdot C\cdot 10\%$	G 连接到分汽缸上的锅炉负荷；C 安全系数	《教材（第三版 2018）》P94
疏水阀安装在蒸汽主管及主管末端和在管提升处、各类阀门之前以及膨胀管或弯管前的排水量	$G_{sh}=F\cdot K(t_1-t_2)C\cdot E/H$	F 蒸汽管外表面积；K 传热系数；t_1 蒸汽温度；t_2 空气温度；$E=1-$保温效率；H 蒸汽潜热；C 安全系数	《教材（第三版 2018）》P94
疏水阀安装在蒸汽伴热管线时的排水量	$G_{sh}=\dfrac{L\cdot K\cdot \Delta t\cdot E\cdot C}{P\cdot H}$	L 疏水阀之间管线长度；$E=1-$保温效率；P 单位外表面积的线性长度；H 蒸汽潜热；K 传热系数	《教材（第三版 2018）》P95
疏水阀安装在壳管式热交换器时的排水量	$G_{sh}=L\cdot \Delta t\cdot C_g\cdot \rho_g\cdot a/r$	L 被加热流体流量；Δt 温差；$E=1-$保温效率；P 单位外表面积的线性长度；a 安全系数	《教材（第三版 2018）》P95
疏水阀后凝结水的提升高度	$h_z=\dfrac{p_2-p_3-p_z}{0.001\rho g}$	p_1 疏水阀前压力；p_2 疏水阀后压力；p 供暖入口压力；p_3 回水箱内压力；p_z 疏水阀后系统的总阻力；ρ 凝结水的密度；g 重力加速度	《教材（第三版 2018）》P95
水封高度	$H=\dfrac{(p_1-p_2)\beta}{\rho\cdot g}$	p_1 水封连接点处的蒸汽压力；p_2 凝水管内压力；β 安全系数	《教材（第三版 2018）》P96
串联后水封高度	$h=1.5\dfrac{H}{n}$	n 串联段数；H 水封高度	《教材（第三版 2018）》P96
膨胀水箱水容积	95～70℃供暖系统：$V=0.034V_c$ 110～70℃供暖系统：$V=0.038V_c$ 130～70℃供暖系统：$V=0.043V_c$ 空调冷冻水系统：$V=0.014V_c$	V_c 系统内的水容积	《教材（第三版 2018）》P97
调压板孔径	$d=\sqrt{GD^2/f}$ $f=23.21\times 10^{-4}D^2\sqrt{\rho H}+0.812G$	D 管道内径；H 消耗压头；G 热水流量；ρ 热水供水密度	《教材（第三版 2018）》P102

续表

名称	公式	符号含义	出处
调压用截止阀内径	$d=16.3\sqrt[4]{\zeta}\sqrt{\frac{G^2}{\Delta p}}$	G用户入口流量；Δp用户入口压差；ζ截止阀局部阻力系数	《教材（第三版2018)》P103
管道的热伸长量	$\Delta X=0.012(t_1-t_2)L$	t_1热媒温度；t_2管道安装时温度；L计算管道长度	《教材（第三版2018)》P104
平衡阀的阀门系数	$K_V=a\frac{q}{\sqrt{\Delta p}}$	q平衡阀设计流量；a系数；Δp阀前后压差	《教材（第三版2018)》P106
阀门阻力系数	$K_V=\frac{G}{(\Delta P)^{0.5}}$	G通过流量；Δp阀前后压差	《教材（第三版2018)》P106
分汽缸、分水器、集水器筒体长度	$L=130+L_1+L_2+\cdots+L_i+120$		《教材（第三版2018)》P107
换热器传热面积	$F=\frac{Q}{K\cdot B\cdot\Delta t_{pj}}$ $\Delta t_{pj}=\frac{\Delta t_a-\Delta t_b}{\ln\frac{\Delta t_a}{\Delta t_b}}$ $K=\frac{1}{\frac{1}{a_1}+\frac{\delta}{\lambda}+\frac{1}{a_2}}$	Q换热量；B水垢系数；K传热系数；Δt_{pj}对数平均温差；α_1热媒至管壁的换热系数；α_2管壁至被加热水的换热系数；δ管壁厚度；λ导热系数	《教材（第三版2018)》P108
采热系统中取用的热量（kJ）	$Q=C\int G(t_g-t_h)dt$	C热水比热；G热水质量流量；t_g供水温度；t_h回水温度	《教材（第三版2018)》P117
散热器散出的热量（J）	$Q=F\int K(t_p-t_n)dt$	F散热器散热面积；K散热器传热系数；t_p散热器内热媒平均温度；t_n室内供暖计算温度	《教材（第三版2018)》P117
用户热负荷计算用热量（J）	$Q=A\int(t_n-t_w)dt$	A房间耗热指标；t_n实测的室内温度；t_w实测的室外温度	《教材（第三版2018)》P117
建筑物供暖设计热负荷（体积指标法）	$Q'_n=q_V V_W(t_n-t_{wn})\times10^{-3}$	V_w建筑物外围体积；t_n供暖室内计算温度；t_w供暖室外计算温度；q_v供暖体积热指标	《教材（第三版2018)》P120

续表

名称	公式	符号含义	出处
建筑物供暖设计热负荷（面积指标法）	$Q'_n = q_f \cdot F \times 10^{-3}$	q_f建筑物供暖面积热指标；F 建筑面积	《教材（第三版 2018）》P120
建筑物的通风设计热负荷（体积指标法）	$Q'_t = q_t V_w (t_n - t'_{wt}) \times 10^{-3}$	V_w建筑物外围体积；t_n供暖室内计算温度；t'_{wt} 通风室外计算温度	《教材（第三版 2018）》P121
建筑物的通风设计热负荷（百分数法）	$Q'_t = K_t \cdot Q'_n$	K_t热负荷系数	《教材（第三版 2018）》P121
空调冬季设计热负荷	$Q_a = q_a \cdot A_k \cdot 10^{-3}$	q_a空调热指标；A_k建筑面积	《教材（第三版 2018）》P122
空调夏季热负荷	$Q_c = \frac{q_c \cdot A_k \cdot 10^{-3}}{COP}$	q_c空调冷指标；A_k建筑面积；COP 吸收式制冷机的制冷系数	《教材（第三版 2018）》P122
生活热水平均热负荷	$Q_{wa} = q_w \cdot A \cdot 10^{-3}$	q_w生活热水热指标；A 总建筑面积	《教材（第三版 2018）》P122
供暖全年耗热量	$Q_h^a = 0.0864 N Q_h \frac{t_i - t_a}{t_i - t_{0,h}}$	Q_h供暖设计热负荷；N 供暖期天数；t_i室内计算温度；t_a供暖期室外平均温度；$t_{0,h}$供暖室外计算温度	《教材（第三版 2018）》P123
供暖期通风耗热量	$Q_v^a = 0.0036 T_v N Q_v \frac{t_i - t_a}{t_i - t_{0,v}}$	T_v 供暖期内通风装置每日平均运行小时数；$t_{0,v}$冬季通风室外计算温度	《教材（第三版 2018）》P124
空调供暖耗热量	$Q_a^a = 0.0036 T_a N Q_a \frac{t_i - t_a}{t_i - t_{0,a}}$	T_a 供暖期内空调装置每日平均运行小时数；$t_{0,a}$冬季空调室外计算温度	《教材（第三版 2018）》P124
供冷期制冷耗热量	$Q_c^a = 0.0036 Q_c T_{c,max}$	Q_c 空调夏季设计热负荷；$T_{c,max}$空调夏季最大负荷利用小时数	《教材（第三版 2018）》P124
生活热水全年耗热量	$Q_w^a = 30.24 Q_{w,a}$	$Q_{w,a}$生活热水平均热负荷	《教材（第三版 2018）》P124

续表

名称	公式	符号含义	出处
单位长度的沿程压力损失	$R=6.88\times10^{-3}K^{0.25}\dfrac{G_t^2}{\rho d^{5.25}}$ $d=0.387\times\dfrac{K^{0.0476}G_t^{0.318}}{(\rho R)^{0.19}}$ $G_t=12.06\times\dfrac{(\rho R)^{0.5}d^{2.625}}{K^{0.125}}$	R 每米管长的沿程压力损失；G_t管段流量；d 管道内径；K 供热管道的当量绝对粗糙度	《教材（第三版2018）》P128
管段局部阻力当量长度	$l_d=9.1\dfrac{d^{1.25}}{k^{0.25}}\Sigma\zeta=9.1\dfrac{d^{1.25}}{(0.0005)^{0.25}}\Sigma\zeta$ $=60.67d^{1.25}\Sigma\zeta$	$\Sigma\zeta$ 计算管段的管道构件局部阻力系数之和；d 内径；k 管道内表面当量绝对粗糙度	《教材（第三版2018）》P128
街区热网分支管道的最大允许比摩阻	$R_{max}=\dfrac{\Delta p_z-\Delta p_y}{2l(1+a)}$	Δp_z分支管路在分支点处，主干线所提供的作用压力；Δp_y用户系统阻力损失；l 分支管路长度；α 分支管度局部阻力损失系数	《教材（第三版2018）》P129
混水装置设计流量	$G'_h=\mu G_h$ $u=\dfrac{t_1-\theta_1}{\theta_1-t_2}$	G_h供暖热负荷热力网设计流量；μ 混水装置设计混合比；t_1热力网设计供水温度；θ_1 用户供暖系统设计供水温度；t_2供暖系统设计回水温度	《教材（第三版2018）》P135
水力失调度	$x=\dfrac{V_s}{V_g}$	V_s 热用户实际流量；V_g 热用户规定流量	《教材（第三版2018）》P138
热用户水力稳定性系数	$y=\dfrac{V_g}{V_{max}}=\dfrac{1}{x_{max}}$	V_g 热用户规定流量；V_{max} 热用户可能出现的最大流量；x_{max} 工况变动后热用户可能出现的最大水力失调度	《教材（第三版2018）》P138
热用户水力稳定性系数	$y=\dfrac{V_g}{V_{max}}=\sqrt{\dfrac{\Delta p_y}{\Delta p_w+\Delta p_y}}=\sqrt{\dfrac{1}{1+\dfrac{\Delta p_w}{\Delta p_y}}}$	Δp_y 正常工况下热用户的作用压差； Δp_w 正常工况下网路干网的压力损失	《教材（第三版2018）》P139
网路计算管段的压力降	$\Delta P=R(l+l_d)=SV^2$ $S=6.88\times10^{-9}\dfrac{K^{0.25}}{d^{5.25}}(l+l_d)\rho[Pa/(m^3/h)^2]$	V 水流量；S 阻力数；d 管段内径；l 管段长度；l_d 局部阻力当量长度；K 当量绝对粗糙度	《教材（第三版2018）》P139

续表

名称	公式	符号含义	出处
串联管段	$S=S_1+S_2+S_3$	S_1，S_2，S_3为管道 1，2，3 的阻力数	《教材（第三版 2018）》P140
并联管段	$\frac{1}{\sqrt{S}}=\frac{1}{\sqrt{S_1}}+\frac{1}{\sqrt{S_2}}+\frac{1}{\sqrt{S_3}}$ $V:V_1:V_2:V_3=\frac{1}{\sqrt{S}}:\frac{1}{\sqrt{S_1}}:\frac{1}{\sqrt{S_2}}:\frac{1}{\sqrt{S_3}}$	V_1，V_2，V_3分别为管段 1，2，3 的流量	《教材（第三版 2018）》P140
强度条件确定管道活动支架的跨距	$l_{max}=2.24\sqrt{\frac{1}{q}W\varphi[\sigma]_t}$	$[\sigma]_t$ 钢管热态许用应力；W 管子截面系数；φ 管子横向焊缝系数；q 管子单位长度计算荷载	《教材（第三版 2018）》P145
刚度条件确定管道活动支架的跨距	$l_{max}=0.19\sqrt[3]{\frac{100}{q}E_tIi_0}$	E_t计算温度下钢材弹性模量；I 管子截面二次距；i_0管道坡度	《教材（第三版 2018）》P146
热功率与蒸发量的关系	$Q=0.000278D(h_q-h_{gs})$	D 锅炉蒸发量；h_q、h_{gs}分别为水蒸气和给水的焓	《教材（第三版 2018）》P149
热水锅炉热功率	$Q=0.000278G(h''_{rs}-h'_{rs})$	G 热水锅每小时送出的水量；h''_{rs}，h'_{rs}锅炉出进热水的焓	《教材（第三版 2018）》P149
受热面蒸发率	$\frac{D_{bz}}{H}=\frac{D(h_q-h_{gs})}{2676H}10^3$	h_q蒸汽的焓；h_{gs}给水的焓	《教材（第三版 2018）》P152
锅炉效率	$\eta=\frac{Q}{Q_{dw}\cdot B}=\frac{c\cdot G\cdot\Delta t}{Q_{dw}\cdot B}$ 1）燃煤锅炉：$\eta=\frac{c\cdot G\cdot\Delta t}{Q_{dw}(kJ/kg)\cdot B(t/h)}$ 2）燃油锅炉：$\eta=\frac{c\cdot G\cdot\Delta t}{Q_{dw}(kJ/kg)\cdot B(kg/h)}\times1000$ 3）燃气锅炉：$\eta=\frac{c\cdot G\cdot\Delta t}{Q_{dw}(kJ/Nm^3)\cdot B(Nm^3/h)}\times1000$	Q 锅炉加热量；Q_{dw} 燃料低位发热量；B 燃料消耗量；G 循环水流量（t/h）	增补

续表

名称	公式	符号含义	出处
锅炉房总装机容量	$Q=K_0(K_1Q_1+K_2Q_2+K_3Q_3+K_4Q_4)$ （t/h或MW）	Q_1、Q_2、Q_3、Q_4分别为供暖，通风和空调，生产，生活的最大热负荷；K_0室外管网热损失及锅炉房自用系数。K_1、K_2、K_3、K_4分别为供暖，通风和空调，生产，生活热负荷同时使用系数	《教材（第三版2018）》P157

3. 通风公式

名称	公式	符号含义	出处
冬季通风散热量	按最小负荷班的工艺设备散热量计入得热；不经常散发的散热量，可不计算；经常而不稳定的散热量，应采用小时平均值		《教材（第三版2018）》P172
夏季通风散热量	按最大负荷班的工艺设备散热量计入得热；经常而不稳定的散热量，按最大值考虑得热；白班不经常的散热量较大时，应予以考虑		《教材（第三版2018）》P172
通风量与有害物浓度变化之间关系	$(Ly_1-x-Ly_0)/(Ly_2-x-Ly_0)=\exp(\tau\cdot L/V_f)$	L全面通风量；y_0送风空气中有害物浓度；x有害物散发量；y_1初始时刻空气中有害物浓度；y_2经过τ时间后空气中有害物浓度；V_f房间体积；τ通风时间；K安全系数	《教材（第三版2018）》P173
不稳定状态的全面通风量	$L=\dfrac{x}{y_2-y_0}-\dfrac{V_f}{\tau}\cdot\dfrac{y_2-y_1}{y_2-y_0}$		《教材（第三版2018）》P173
稳定状态的全面通风量	$L=\dfrac{Kx}{y_2-y_0}$		《教材（第三版2018）》P173
消除余热通风量	$G=\dfrac{Q}{c\cdot(t_p-t_0)}$	G全面通风换气量；Q室内余热量；c空气比热；t_p排出空气温度；t_0进入空气温度	《教材（第三版2018）》P174
消除余湿通风量	$G=\dfrac{W}{d_p-d_0}$	G全面通风换气量；W余湿量；d_p排出空气含湿量；d_0进入空气含湿量	《教材（第三版2018）》P174

续表

名称	公式	符号含义	出处
数种溶剂和刺激性气体的通风量	数种溶剂蒸汽或刺激性气体需要叠加，一般粉尘，CO、CH_4等气体这类不刺激的物质、余热和余湿通风风量均不需叠加。全面通风量需要分别计算，统一单位，同类相加，最终取最大值		《教材（第三版 2018）》P174
空气加热器耗热量	$Q=GC_p(t_2-t_1)$	Q 被加热空气所需热量；G 被加热的空气量；C_P 空气定压比热；t_1 室外新风温度；t_2 空气加热后温度	《教材（第三版 2018）》P175
风量平衡计算	$G_{jj}+G_{zj}=G_{jp}+G_{zp}$	G_{zj} 自然进风量；G_{jj} 机械进风量；G_{zp} 自然排风量；G_{jp} 机械排风量； 注：以上都是质量流量	《教材（第三版 2018）》P175
热量平衡计算	$\Sigma Q_h+c\cdot G_{jp}\cdot t_n+c\cdot G_{zp}\cdot t_p=$ $\Sigma Q_f+c\cdot G_{jj}\cdot t_{jj}+c\cdot G_{zj}\cdot t_w+c\cdot G_{xh}(t_s-t_n)$	ΣQ_h 围护结构、材料吸热的总失热量；ΣQ_f 生产设备、产品及供暖散热设备的总放热量；G_{jp} 局部和全面排风量；G_{zp} 自然排风量；G_{jj} 机械进风量；G_{zj} 自然进风量；G_{xh} 循环风风量；t_n 室内排出空气温度；t_w 室外空气计算温度；t_{jj} 机械进风温度；t_s 再循环送风温度；t_p 排风温度	《教材（第三版 2018）》P175
自然通风换气量（体积流量）	$L=vF=\mu F\sqrt{\frac{2\Delta p}{\rho}}$	μ 窗孔流量系数，$\mu=\sqrt{1/\xi}$（注意和静压法测流量处区分）；F 窗孔面积；Δp 窗孔两侧压差	《教材（第三版 2018）》P178
自然通风换气量（质量流量）	$G=L\cdot\rho=\mu F\sqrt{2\Delta p\cdot\rho}$		《教材（第三版 2018）》P178
窗口的压差	$\Delta p_b=\Delta p_a+gh(\rho_w-\rho_n)$		《教材（第三版 2018）》P179
热压计算	$\Delta p_b+(-\Delta p_a)=\Delta p_b+\|\Delta p_a\|=gh(\rho_w-\rho_n)$	$\Delta p_b+(-\Delta p_a)=\Delta p_b+\|\Delta p_a\|$ 窗孔内外压差；$\rho_w-\rho_n$ 室内外空气密度差	《教材（第三版 2018）》P179
余压计算	$p_{ax}=-gh_1(\rho_w-\rho_n)$ $p_{bx}=gh_2(\rho_w-\rho_n)$	含义见《教材（第三版 2018）》P178 图 2.3-2	《教材（第三版 2018）》P179

续表

名称	公式	符号含义	出处
空气动力阴影区的最大高度	$H \approx 0.3\sqrt{A}$	A 建筑物迎风面的面积	《教材（第三版 2018）》P180
屋顶上方受建筑影响的气流最大高度（含建筑物高度）	$H_K \approx \sqrt{A}$		《教材（第三版 2018）》P180
风压计算	$p_f = K\frac{v_w^2}{2}\rho_w$	K 空气动力系数；v_w 室外空气流速；ρ_w 室外空气密度；Δp_{xa}、Δp_{xb} 窗口 a、b 的余压	《教材（第三版 2018）》P180
热压风压共同作用计算	$\Delta p_a = \Delta p_{xa} - K_a\frac{v_w^2}{2}\rho_w$ $\Delta p_b = \Delta p_{xb} - k_b\frac{v_w^2}{2}\rho_w$ $\Delta p_b = \Delta p_{xa} + gh(\rho_w - \rho_n) - K_b\frac{v_w^2}{2}\rho_w$		《教材（第三版 2018）》P181
进风窗孔面积	$F_a = \frac{G_a}{\mu_a\sqrt{2\mid\Delta p_a\mid\rho_w}} = \frac{G_a}{\mu_a\sqrt{2h_1 g(\rho_w - \rho_{np})\rho_w}}$	G_a、G_b 窗孔 a、b 的流量；Δp_a、Δp_b 窗口 a、b 的内外压差；μ_a、μ_b 窗孔 a、b 的流量系数；ρ_w 室外空气的密度；ρ_p 上部排风温度下的空气密度；ρ_{np} 室内平均温度下的空气温度 $t_{np} = \frac{t_n + t_p}{2}$	《教材（第三版 2018）》P182
排风窗孔面积	$F_b = \frac{G_b}{\mu_b\sqrt{2\mid\Delta p_b\mid\rho_p}} = \frac{G_a}{\mu_b\sqrt{2h_2 g(\rho_w - \rho_{np})\rho_p}}$		《教材（第三版 2018）》P182
简化后进、排风面积和中和面的关系	$\left(\frac{F_a}{F_b}\right)^2 = \frac{h_2}{h_1}\cdot\frac{\rho_p}{\rho_w}\cdot\left(\frac{\mu_b}{\mu_a}\right)^2$		《教材（第三版 2018）》P182
经验数据法排风温度	对于大多数车间而言，要保证 $t_n - t_w \leqslant 5$℃，则 $t_p - t_w$ 应不超过 10～12℃		《教材（第三版 2018）》P183
温度梯度法排风温度	$t_p = t_n + a(h-2)$	α 温度梯度；h 排风天窗中心距地面的高度	《教材（第三版 2018）》P183
有效热量系数法排风温度	$t_p = t_w + \frac{t_n - t_w}{m}$	t_p 排风温度；t_n 室内工作区温度；t_w 夏季通风室外计算温度	《教材（第三版 2018）》P183
避风天窗内外压差	$\Delta p_t = \zeta\cdot\rho_p\cdot\frac{V_t^2}{2}$	V_t 天窗喉口处流速；ρ_p 天窗排风温度下空气密度；ζ 天窗的局部阻力系数	《教材（第三版 2018）》P185

续表

名称	公式	符号含义	出处
筒形风帽排风量	$L=\dfrac{2827d^2\cdot A}{\sqrt{1.2+\Sigma\zeta+\dfrac{0.02l}{d}}}=\dfrac{2827d^2\sqrt{0.4v_w^2+1.63(\Delta p_g+\Delta p_{ch})}}{\sqrt{1.2+\Sigma\zeta+\dfrac{0.02l}{d}}}$	L 单个风帽的排风量；d 风帽直径；A 压差修正系数；$\Sigma\zeta$ 风帽前的风管局部阻力系数之和；l 竖风道或风帽连接管的长度，不接风管 $l=0$	《教材（第三版 2018）》P187
密闭罩排风量	$L=L_1+L_2+L_3+L_4$ 简化计算 $L=L_1+L_2$	L_1 物料下落时带入罩内的诱导空气量；L_2 从孔口或不严密处吸入的空气量；L_3 工艺需要鼓入罩内的空气量；L_4 在生产过程中受热膨胀或水分蒸发而增加的空气量	《教材（第三版 2018）》P190
柜式排风罩（通风柜）排风量	$L=L_1+v\cdot F\cdot\beta$	L_1 柜内污染气体发生量；v 工作孔上的控制风速；F 工作孔或缝隙的面积；β 安全系数	《教材（第三版 2018）》P191
前方无障碍四周无法兰圆形吸气口排风量	$L=v_0F=(10x^2+F)v_x$	v 吸气口的平均流速；v_x 控制点处的吸入速度；x 控制点距吸气口的距离；F 吸气口的面积	《教材（第三版 2018）》P194
前方无障碍四周有法兰圆形吸气口排风量	$L=v_0F=0.75(10x^2+F)v_x$		《教材（第三版 2018）》P194
工作台上的侧吸罩排风量	假想大排风罩的排风量：$L'=(10x^2+2F)v_x$ 实际排风罩的排风量：$L=\dfrac{L'}{2}=(5x^2+F)v_x$		《教材（第三版 2018）》P194～195
矩形吸气口的排风量	查 2.4-15 得出 v_0/v_x		《教材（第三版 2018）》P194
前方有障碍时外部吸气罩排风量	$L=KPHv_x$	K 安全系数；P 排风罩口敞开面的周长；H 罩口距污染源的距离；v_x 边缘控制点的控制风速	《教材（第三版 2018）》P195
等高条缝口的高度	$h=\dfrac{L}{3600v_0\cdot l}$	L 排风罩排风量；L 条缝口长度；v_0 条缝口上的吸入速度	《教材（第三版 2018）》P196

续表

名称	公式	符号含义	出处
高截面单侧排风量	$L=2v_{x}AB\left(\frac{B}{A}\right)^{0.2}$	A 槽长；B 槽宽；D 圆槽直径；v_{x} 边缘控制点的控制风速	《教材（第三版2018）》P197
低截面单侧排风量	$L=3v_{x}AB\left(\frac{B}{A}\right)^{0.2}$		《教材（第三版2018）》P197
高截面双侧总排风量	$L=2v_{x}AB\left(\frac{B}{2A}\right)^{0.2}$		《教材（第三版2018）》P197
低截面双侧总排风量	$L=3v_{x}AB\left(\frac{B}{2A}\right)^{0.2}$		《教材（第三版2018）》P197
高截面周边排风量	$L=1.57v_{x}D^{2}$		《教材（第三版2018）》P197
低截面周边排风量	$L=2.36v_{x}D^{2}$		《教材（第三版2018）》P197
条缝式槽边排风罩的阻力	$\Delta p=\zeta\frac{v_{0}^{2}}{2}\rho$	ζ 局部阻力系数；v_{0} 条缝口上空气流速；ρ 周围空气密度	《教材（第三版2018）》P197
不同高度上热射流的流量	参考本书专业案例篇第2章：2.4.6 接受式排风罩的有关计算		《教材（第三版2018）》P199
某高度热射流的断面直径			《教材（第三版2018）》P199
收缩断面的热射流流量			《教材（第三版2018）》P200
热源的对流散热量			《教材（第三版2018）》P200
低悬罩横向气流影响较大的矩形罩口尺寸			《教材（第三版2018）》P200
低悬罩横向气流影响较大的圆形罩口尺寸			《教材（第三版2018）》P200
高悬罩罩口尺寸			《教材（第三版2018）》P200
接受罩的排风量			《教材（第三版2018）》P200

续表

名称	公式	符号含义	出处
除尘器除尘效率	$\eta=\frac{G_3}{G_1}\times100\%$	G_1进入除尘器的粉尘量；G_3除尘器除下来的粉尘量；L_1除尘器入口风量；L_2除尘器出口风量；y_1除尘器入口浓度；y_2出口浓度	《教材（第三版 2018）》P206
串联除尘效率	$\eta_T=1-(1-\eta_1)(1-\eta_2)\cdots\cdots(1-\eta_i)\cdots\cdots(1-\eta_n)$	η_1、$\eta_2\cdots\cdots\eta_n$ 串联的各除尘器的除尘效率	《教材（第三版 2018）》P207
穿透率	$P=\frac{L_2y_2}{L_1y_1}\times100\%=1-\eta$	L_1除尘器入口风量；L_2除尘器出口风量；y_1除尘器入口浓度；y_2出口浓度	《教材（第三版 2018）》P207
分级效率	$\eta_C=\frac{\Delta S_C}{\Delta S_j}\times100\%$	ΔS_C：Δd_C 粒径范围内，除尘器捕集的粉尘量； ΔS_j：Δd_C 粒径范围内，进入除尘器的粉尘量	《教材（第三版 2018）》P207
除尘器压力损失	$\Delta p=\zeta\frac{\rho_g V^2}{2}$	ζ局部阻力系数；ρ_g 处理的气体的密度；V 除尘器入口处的气流速度	《教材（第三版 2018）》P207
重力沉降室计算	$t=\frac{L}{v}$ $t_s=\frac{H}{v_s}$	L 气流通过的长度；H 气流通过的高度；v 气流的水平平均速度；v_s沉降速度	《教材（第三版 2018）》P208
沉降速度计算	$v_s=\sqrt{\frac{4(\rho_p-\rho_g)gd_p}{3C_D\rho_g}}$	ρ_p 尘粒的密度；ρ_g 气体密度；d_p 尘粒直径；C_D 气体阻力系数；L 气流通过的长度；H 气流通过的高度；v 气流的水平平均速度；v_s 沉降速度	《教材（第三版 2018）》P208
重力沉降室的分级效率	$\eta_j=\frac{y}{H}=\frac{Lv_s}{Hv}=\frac{LWv_s}{Q}$		《教材（第三版 2018）》P208
重力沉降室极限粒径	$d_{min}=\sqrt{\frac{18\mu vH}{g\rho_p L}}=\sqrt{\frac{18\mu Q}{g\rho_p LW}}$		《教材（第三版 2018）》P208
不同温度下空气的密度	$\rho=\frac{353K_B}{273+t}$	K_B环境压力 B 的修正系数；t 气体温度	《教材（第三版 2018）》P210
不同温度下一般烟气的密度	$\rho=\frac{366K_B}{273+t}$		《教材（第三版 2018）》P210

续表

名称	公式	符号含义	出处
旋风除尘器分级效率	$\eta_i(d_c)=1.0-\exp(-\alpha d_c^{\beta})$ 或 $\eta_i(d_c)=1.0-\exp\left[-0.6931\left(\frac{d_c}{d_{c50}}\right)^{\beta}\right]$	α、β分布系数；分割粒径d_{c50}指除尘器分级效率为50%时对应的粉尘粒径	《教材（第三版2018）》P210
旋风除尘器的除尘效率	$\eta=\sum_{i=1}^{n}\eta_i(d_{c,i},d_{c,i+1})\cdot Q(d_{c,i},d_{c,i+1})$	$Q(d_{c,i},d_{c,i+1})$粉尘某一粒径的分布累计质量；$\eta_i(d_{c,i},d_{c,i+1})$粒级除尘效率	《教材（第三版2018）》P210
含尘浓度计算	$\frac{C_{N0}}{C_0}=\frac{1.293}{\rho}$ $\frac{C_P}{C_{N0}}=1-\eta$	C_0实际运行工况含尘浓度；C_{N0}评价、监督使用标况浓度（初始浓度）；C_p标况排放浓度；ρ排气密度	《教材（第三版2018）》P211
袋式除尘器过滤速度	$v_f=\frac{Q}{60A}$	Q通过滤料的气体流量；A滤料总面积	《教材（第三版2018）》P217
袋式除尘器比负荷	$q_f=\frac{Q}{A}$		《教材（第三版2018）》P217
袋式除尘器压力损失	$\Delta p=\Delta p_c+\Delta p_0+\Delta p_d$ $\Delta p_f=\Delta p_0+\Delta p_d=\zeta\mu v_f=(\zeta_0+\alpha m)\mu v_f$	Δp_c除尘器外壳结构的压力损失；Δp_0清洁滤料的压力损失；Δp_d粉尘层的压力损失；各压力损失计算见《教材（第三版2018）》P217	《教材（第三版2018）》P218
比阻力	$\alpha=\frac{180(1-\varepsilon)}{\rho_p\overline{d}_3^2\varepsilon^3}$	ε粉尘层的空隙率；ρ_p粉尘的真密度；$\overline{d}_3$球形粉尘粒子的体积平均直径	《教材（第三版2018）》P219
粉尘层的压力损失	$\Delta p_d=\alpha\mu C_i v_i^2 t$		《教材（第三版2018）》P219
粉尘的比电阻	$R_b=\frac{V}{I}\cdot\frac{A}{\delta}$	R_b比电阻；A粉尘层面积；V施加在粉尘层上的电压；I通过粉尘层的电流；δ粉尘层的厚度	《教材（第三版2018）》P223
电除尘器除尘效率	$\eta=1.0-\exp\left(-\frac{A}{L}\omega_e\right)$ $\Rightarrow A=\frac{L}{\omega_e}\cdot\ln\frac{1}{1-\eta}$	A集尘极板总面积；L除尘器处理风量；ω_e有效驱进速度	《教材（第三版2018）》P225

续表

名称	公式	符号含义	出处
电除尘器电场风速	$v=\frac{L}{F}$	F 电除尘器横断面积	《教材（第三版 2018）》P226
水浴除尘器的压力损失	$\Delta P=hg+\frac{\rho v^2}{2}+BC\frac{\rho v^2}{2}$	h 插入水深度；g 重力加速度；v 喷口的出口速度；B、C 系数；F 除尘器横断面积	《教材（第三版 2018）》P228
体积浓度和质量浓度换算	$Y=\frac{C\cdot M}{22.4}$	Y 质量浓度；C 体积浓度；M 气体分子的克摩尔数	《教材（第三版 2018）》P231
吸附剂连续工作时间	$t=\frac{10^6\times S\cdot W\cdot E}{\eta\cdot L\cdot y_1\cdot h}$	W 吸附剂质量 kg；S 平衡保持量；η 吸附效率；L 通风量（m^3/h）；y_1 进口气体浓度（mg/m^3）；E 动静活性比	《工规》7.3.5 条文说明
蜂窝轮浓缩倍数	2000ppm/入口浓度		《教材（第三版 2018）》P237
亨利定律	$P=\frac{C}{H}$ 或 $P=Ex$	P 气体分压；H 溶解度系数；C 液相中溶解气体的浓度；E 亨利系数；x 溶液中气体摩尔分数	《教材（第三版 2018）》P240
扩散系数	$D=D_0\frac{P_0}{P}\left(\frac{T}{T_0}\right)^{0.5}$		《教材（第三版 2018）》P240
吸收平衡计算	$V(Y_1-Y_2)=L(X_1-X_2)$	V、L 处理气量和吸收剂流量；Y_1、Y_2 塔底及塔顶的气相组成；X_1、X_2 塔底及塔顶的液相组成；m 相平衡常数	《教材（第三版 2018）》P243
最小液气比	$\frac{L_{min}}{V}=\frac{Y_1-Y_2}{\frac{Y_1}{m}-X_2}$ 吸收剂用量：$L=(1.2\sim2.0)L_{min}$		《教材（第三版 2018）》P244
厨房排风罩排风量	$L=\max(L_1,L_2)$ $L_1=1000\times P\times H$ $L_2=v\cdot F$	P 罩子的周边长（靠墙侧的边不计），H 罩口距灶面的距离；v 罩口断面吸风速度；F 罩口面积	《教材（第三版 2018）》P247

续表

名称	公式	符号含义	出处
圆形风管单位长度摩擦损失及修正	$R_m=\frac{\lambda}{4R_s}\cdot\frac{\rho v^2}{2}$ $R_m=\frac{\lambda}{D}\cdot\frac{\rho v^2}{2}$ $R_m=R_{m0}\left(\frac{\rho}{\rho_0}\right)^{0.91}\cdot\left(\frac{\nu}{\nu_0}\right)^{0.1}$ $R_m=K_tK_BR_{m0}=\left(\frac{273+20}{273+t}\right)^{0.825}\cdot\left(\frac{B}{101.3}\right)^{0.9}\cdot R_{m0}$ $R_m=K_r\cdot R_{m0}=(Kv)^{0.25}\cdot R_{m0}$	R_m单位长度摩擦压力损失；R_s 风管的水力半径，圆形风管 $R_s=D/4$，矩形风管 $R_s=ab/2(a+b)$；v 风管内空气的平均流速；ρ 空气密度；λ 摩擦阻力系数；K 管壁粗糙度	《教材（第三版 2018）》P250～252
流速当量直径	$D_v=\frac{2ab}{a+b}$	a、b 矩形风管的边长	《教材（第三版 2018）》P252
流量当量直径	$D_L=1.265\sqrt[5]{\frac{a^3b^3}{a+b}}$		《教材（第三版 2018）》P252
管件的局部压力损失	$Z=\zeta\frac{\rho v^2}{2}$		《教材（第三版 2018）》P253
并联管路压力损失平衡计算	一般的通风系统要求两支管的压损差≤15%；除尘系统要求两支管的压损差≤10%		《教材（第三版 2018）》P254
静压差产生的流速	$v_j=\sqrt{\frac{2p_j}{\rho}}$	p_j风管内空气的静压；P_d风管内空气的动压；ρ 空气密度	《教材（第三版 2018）》P260
动压差产生的流速	$v_d=\sqrt{\frac{2p_d}{\rho}}$		《教材（第三版 2018）》P260
出流角	$\tan\alpha=\frac{v_j}{v_d}=\sqrt{\frac{p_j}{p_d}}$		《教材（第三版 2018）》P260
孔口实际流速	$v=\frac{v_j}{\sin\alpha}$	v_j 静压差产生的流速；α 出流角	《教材（第三版 2018）》P260

续表

<table>
<tr><th>名称</th><th colspan="2">公式</th><th colspan="2">符号含义</th><th>出处</th></tr>
<tr><td>孔口出风量</td><td colspan="2">$L_0 = 3600\mu \cdot f \cdot v = 3600\mu \cdot f_0\sqrt{\frac{2p_j}{\rho}}$
$f = f_0 \sin\alpha = f_0 \cdot \frac{v_j}{v}$</td><td colspan="2">$\mu$ 孔口流量系数；f 孔口在气流垂直方向上的投影面积；f_0 孔口面积</td><td>《教材（第三版 2018）》P260～261</td></tr>
<tr><td>孔口平均速度</td><td colspan="2">$v_0 = \frac{L_0}{3600 f_0} = \mu \cdot v_j$</td><td colspan="2"></td><td>《教材（第三版 2018）》P261</td></tr>
<tr><td>电机的转速和频率的关系</td><td colspan="2">$n = \frac{60f(1-s)}{p}$</td><td colspan="2">n 电机转速；f 电源频率；s 转差率；p 电机磁极对数</td><td>《教材（第三版 2018）》P267</td></tr>
<tr><td>电机功率</td><td colspan="2">$N_y = \frac{LP}{3600}$
$\eta = \frac{N_y}{N_z}$</td><td colspan="2" rowspan="2">N_y 通风机的有效功率；L 通风机的风量；P 通风机的风压；η 全压效率；N 通风机轴上的轴功率；η_m 通风机机械效率；K 电机容量安全系数</td><td>《教材（第三版 2018）》P267</td></tr>
<tr><td>考虑到机械效率及安全余量的电机功率</td><td colspan="2">$N = \frac{LP}{3600\eta \cdot \eta_m} \cdot K$</td><td>《教材（第三版 2018）》P268</td></tr>
<tr><td rowspan="3">通风机的性能变化关系式</td><td>空气密度 ρ 发生变化</td><td>$L_2 = L_1$
$P_2 = P_1 \frac{\rho_2}{\rho_1}$
$N_2 = N_1 \frac{\rho_2}{\rho_1}$
$\eta_2 = \eta_1$</td><td>叶轮直径 D 发生变化</td><td>$L_2 = L_1 \left(\frac{D_2}{D_1}\right)^3$
$P_2 = P_1 \left(\frac{D_2}{D_1}\right)^2$
$N_2 = N_1 \left(\frac{D_2}{D_1}\right)^5$
$\eta_2 = \eta_1$</td><td rowspan="3">《教材（第三版 2018）》P268</td></tr>
<tr><td>风机转速 n 发生变化</td><td>$L_2 = L_1 \frac{n_2}{n_1}$
$P_2 = P_1 \left(\frac{n_2}{n_1}\right)^2$
$N_2 = N_1 \left(\frac{n_2}{n_1}\right)^3$
$\eta_2 = \eta_1$</td><td>ρ，n，D 同时发生变化</td><td>$L_2 = L_2 \left(\frac{n_2}{n_1}\right)\left(\frac{D_2}{D_1}\right)^3$
$P_2 = P_1 \left(\frac{n_2}{n_1}\right)^2 \frac{\rho_2}{\rho_1}\left(\frac{D_2}{D_1}\right)^2$
$N_2 = N_1 \frac{\rho_2}{\rho_1}\left(\frac{n_2}{n_1}\right)^3\left(\frac{D_2}{D_1}\right)^5$
$\eta_2 = \eta_1$</td></tr>
<tr><td colspan="4">L 通风机风量；n 通风机转速；D 叶轮直径；P 风压；ρ 空气密度；N 电机功率；η 全压效率
单纯的某个因素变化，仅需要将不变的量认为相等即可</td></tr>
</table>

续表

名称	公式	符号含义	出处
风量和风压附加	定速风机：风量附加5%～10%，风压附加10%～15%，排烟风机风量附加10%～20%；除尘系统风量附加10%～15%，风压附加10% 变频风机：以系统计算的总压力损失作为额定风压，但风机电动机的功率应在100%转速计算值上附加15%～20%		《教材（第三版2018)》P271
使用工况的风压和实际空气密度	$p = p_{\mathrm{N}} \cdot \frac{\rho}{1.2}$ $\rho = 1.293 \times \left(\frac{273}{273+t}\right) \cdot \left(\frac{B}{101.3}\right)$ 环境大气压与标准大气压相差不大时，近似$\rho = \frac{353}{273+t}$	p使用工况的风压；p_{N}标定工况的风压；ρ使用工况的空气密度；t实际的空气温度；B实际的大气压力	《教材（第三版2018)》P271～272
动压和流量的关系	$\Delta P = SQ^2$	P动压；S管网综合阻力数；Q流量	《教材（第三版2018)》P273
通风机效率	$\eta_{\mathrm{r}} = \frac{Q_{\mathrm{VSg1}} \cdot P_{\mathrm{f}} \cdot k_{\mathrm{p}}}{1000P_{\mathrm{r}}} \times 100$	η_{r}通风机效率；Q_{VSg1}通风机进口滞止容积流量；P_{f}通风机出口滞止压力与通风机进口滞止压力之差值；k_{p}压缩性修正系数；P_{r}叶轮功率；η_{e}通风机机组效率；P_{e}电动机输入功率；ϕ压力系数；u通风机叶轮叶片外缘的圆周速度；ρ_{Sg1}通风机进口滞止密度；n通风机主轴转速；p_{Sg1}通风机进口滞止压力	《教材（第三版2018)》P278
通风机机组效率	$\eta_{\mathrm{e}} = \frac{Q_{\mathrm{VSg1}} \cdot P_{\mathrm{f}} \cdot k_{\mathrm{p}}}{1000P_{\mathrm{e}}} \times 100$		《教材（第三版2018)》P278
通风机压力系数	$\phi = \frac{P_{\mathrm{f}} \cdot k_{\mathrm{p}}}{\rho_{\mathrm{Sg1}} \cdot u^2}$		《教材（第三版2018)》P278
单级单进气通风机比转速	$n_{\mathrm{s}} = 5.54n \cdot \frac{Q_{\mathrm{VSg1}}{}^{1/2}}{\left(\frac{1.2P_{\mathrm{f}} \cdot k_{\mathrm{p}}}{p_{\mathrm{Sg1}}}\right)^{3/4}}$		《教材（第三版2018)》P279
单级双进气通风机比转速	$n_{\mathrm{s}} = 5.54n \cdot \frac{\left(\frac{Q_{\mathrm{VSg1}}}{2}\right)^{1/2}}{\left(\frac{1.2P_{\mathrm{f}} \cdot k_{\mathrm{p}}}{p_{\mathrm{Sg1}}}\right)^{3/4}}$		《教材（第三版2018)》P279
毕托管测压	迎风面为总压，背风或垂直风向为静压，总压减去静压为动压，可以由动压计算出流速		《教材（第三版2018)》P281

续表

名称	公式	符号含义	出处
通过测动压测管道内风速	$v=\sqrt{\frac{2p_d}{\rho}}$ $v_p=\sqrt{\frac{2}{\rho}}\cdot\left(\frac{\sqrt{p_{d1}}+\sqrt{p_{d2}}+\cdots+\sqrt{p_{dn}}}{n}\right)$	p_d动压值；p_{di}断面上各测点动压值；v_p平均流速；ρ空气密度	《教材（第三版 2018）》P283
风道风量	$L=v_p\cdot F$	v_p平均流速；F管道断面积	《教材（第三版 2018）》P283
静压法测排风罩风量	$L=\frac{1}{\sqrt{1+\zeta}}\cdot F\cdot\sqrt{\frac{2}{\rho}}\cdot\sqrt{\lvert P_j\rvert}$	ζ局部排风罩的局部阻力系数；F局部排风罩面积；P_j断面静压	《教材（第三版 2018）》P285
汽车库排烟量	$L=\begin{cases}30000(h\leqslant 3\text{m})\\(h-4)\times 1500+31500(3\text{m}<h\leqslant 9\text{m})\\40500(h>9\text{m})\end{cases}$	h汽车库净高	《汽车库火规》8.2.5
防护通风系统风量	清洁通风新风量：$L_Q=L_1\cdot n$ 滤毒通风新风量：$L_D=\max(L_R,L_H)$ $L_R=L_2\cdot n$ $L_H=V_F\cdot K_H+L_F$ 清洁通风排风量 $L_{QP}=L_Q(90\%\sim 95\%)$ 滤毒通风排风量 $L_{DP}=L_D-L_F$	L_1清洁通风时掩蔽人员新风量设计计算值；n战时人防地下室室内掩蔽的人员数量；L_R滤毒通风时按掩蔽人员数量计算所得的新风量，L_2滤毒通风时掩蔽人员新风量设计计算值，L_H滤毒通风时为保持人防地下室内一定超压值所需的新风量；V_F滤毒通风时人防地下室主要出入口处的最小防毒通道的有效容积；K_H滤毒通风时人防地下室主要出入口处最小防毒通道的设计换气次数；L_F滤毒通风时人防地下室室内保持超压时的漏风量；L_Q清洁通风新风量；L_D滤毒通风新风量	《教材（第三版 2018）》P327、P329
隔绝防护时间	$\tau=\frac{1000V_0(C-C_0)}{nC_1}$	V_0清洁区内的容积；C室内CO_2容许体积浓度；C_0隔绝防护前室内CO_2初始浓度；C_1清洁区内每人每小时呼出的CO_2量；n隔绝防护时清洁区内实际的掩蔽人数	《教材（第三版 2018）》P329
人防地下室柴油发电机房计算	风量、余热量		《教材（第三版 2018）》P334～336

续表

名称	公式	符号含义	出处
地下车库最小机械通风量	换气次数 6 次/h，层高低于 3m，按实际计算，高于 3m，按 3m 一氧化碳浓度法 $L=\frac{G}{y_1-y_0}$ 补风量不小于排风量 50%	G 车库内排放的 CO 量，计算过程见 P336；y_1 车库内允许的 CO 量；y_0 室外大气中 CO 浓度	《教材（第三版 2018)》P337～338
变配电室通风量	$Q=(1-\eta_1)\cdot\eta_2\cdot\Phi\cdot W=(0.0126\sim0.0152)W$ $L=\frac{Q\times10^3}{0.337\times(t_p-t_s)}$	Q 变压器发热量（kW）；L 通风机通风量；η_1 变压器效率；η_2 变压器负荷率；Φ 变压器功率因数；W 变压器功率；t_p 室内排风温度；t_s 送风温度	《教材（第三版 2018)》P338
制冷机房事故通风量	$L=247.8\times G^{0.5}$	G 机房最大制冷系统灌注的制冷工质量	《教材（第三版 2018)》P339
厨房显热发热量	$Q=Q_1+Q_2+Q_3+Q_4$	Q_1 厨房设备发热量；Q_2 操作人员散热量；Q_3 照明灯具散热量；Q_4 外围护结构冷负荷	《教材（第三版 2018)》P341

4. 空调公式

名称	公式	符号含义	出处
空气含湿量	$d=0.622\frac{p_q}{p-p_q}$	p_q 水蒸气分压力；p 空气压力	《教材（第三版 2018)》P344
空气比焓	$h=1.01t+d(2500+1.84t)$	d 空气含湿量；t 空气干球温度；h 空气比焓	《教材（第三版 2018)》P344
空气相对湿度	$\varphi=P_q/P_{q,b}$	φ 相对湿度；P_q 水蒸气分压力；$P_{q,b}$ 水蒸气饱和分压力	《教材（第三版 2018)》P345
热湿比	$\varepsilon=\Delta h/\Delta d$	ε 热湿比；Δh 比焓差；Δd 含湿量差	《教材（第三版 2018)》P346

续表

名称	公式	符号含义	出处
等温加湿焓增和热湿比	$\Delta h = \Delta d(2500 + 1.84t)$ $\varepsilon = \Delta h/\Delta d = 2500 + 1.84t_q$	t_q 水蒸气的温度	《教材（第三版 2018）》P347
两种不同状态空气的混合	$\frac{G_A}{G_B} = \frac{\overline{BC}}{\overline{CA}} = \frac{h_B - h_C}{h_C - h_A} = \frac{d_B - d_C}{d_C - d_A} = \frac{t_B - t_C}{t_C - t_A}$ $\frac{G_A}{G_C} = \frac{\overline{CB}}{\overline{AB}}$ $\frac{G_B}{G_C} = \frac{\overline{AC}}{\overline{AB}}$	C 点为混合点	《教材（第三版 2018）》P348
人与环境热交换热平衡方程	$S = M - W - R - C - E$	S 人体的蓄热率；M 人体新陈代谢率；W 人体所做的机械功；R 人体与环境的辐射热交换；C 人体与环境的对流热交换；E 人体由于呼吸、皮肤表面水分蒸发及出汗造成的与环境的热交换	《教材（第三版 2018）》P348、P349
夏季空调室外计算日逐时温度	$t_{sh} = t_{wp} + \beta\Delta t_r$	t_{sh} 室外计算逐时温度；t_{wp} 夏季空气调节室外计算日平均温度；β 室外温度逐时变化系数；Δt_r 夏季室外计算平均日较差	《教材（第三版 2018）》P352
夏季室外计算平均日较差	$\Delta t_r = \frac{t_{wg} - t_{wp}}{0.52}$	t_{wg} 夏季空气调节室外计算干球温度	《教材（第三版 2018）》P352
玻璃光学性能	$\rho + \tau + \alpha = 1$	ρ 反射率；τ 透过率；α 吸收率	《教材（第三版 2018）》P353
热惰性指标	$D = D_1 + D_2 + \cdots\cdots + D_n$ $= R_1 \cdot S_1 + R_2 \cdot S_2 + \cdots\cdots R_n \cdot S_n$	D 热惰性指标；$R_1, R_2 \cdots\cdots R_n$ 各层材料热阻；$S_1, S_2 \cdots\cdots S_n$ 各层材料的蓄热系数	《教材（第三版 2018）》P355
围护结构冷负荷（冷负荷温度）	$CL_{Wq} = KF(t_{wlq} - t_n)$ $CL_{Wm} = KF(t_{wlm} - t_n)$ $CL_{Wc} = KF(t_{wlc} - t_n)$	CL_{Wq} 外墙传热形成的逐时冷负荷；t_{wlq} 外墙逐时冷负荷计算温度；t_n 夏季空调区设计温度；K 外墙、屋面、或外窗的传热系数；F 外墙、屋面、或外窗的传热面积； CL_{Wm} 屋面传热形成的逐时冷负荷；t_{wlm} 屋面逐时冷负荷计算温度；CL_{Wc} 外窗传热形成的逐时冷负荷；t_{wlc} 外窗逐时冷负荷计算温度	《教材（第三版 2018）》P361

续表

名称	公式	符号含义	出处
夏季冷负荷（室温允许波动范围≥±1.0℃时，非轻型外墙传热冷负荷）	$CL_{Wq}=KF(t_{zq}-t_n)$ $t_{zp}=t_{wp}+\rho J_p/\alpha_w$	t_{zp} 夏季空调室外计算日平均综合温度； t_{wp} 夏季空调室外计算日平均温度；ρ 围护结构外表面对于太阳辐射的吸收系数；J_p 围护结构所在朝向太阳总辐射照度的日平均值；α_w 围护结构外表面换热系数	《教材（第三版2018）》P361～362
空调区与邻室的夏季温差>3℃时，通过隔墙、楼板等内围护结构传热形成的冷负荷	$CL_{Wn}=KF(t_{wq}+\Delta t_{ls}-t_n)$	CL_{Wn} 内围护结构传热冷负荷；Δt_{ls} 邻室计算平均温度与夏季空调室外计算日平均温度差值	《教材（第三版2018）》P362
房间送风量	$G=\dfrac{\Sigma Q}{h_n-h_o}=\dfrac{\Sigma W}{d_n-d_o}$	G 房间送风量；ΣQ 房间冷负荷；ΣW 房间湿负荷；h_o，d_o 送风空气的比焓与含湿量；h_n，d_n 室内点或排风或回风的比焓与含湿量	《教材（第三版2018）》P365
房间换气次数	$n=L/V$	n 换气次数；L 房间送风量；V 房间体积	《教材（第三版2018）》P366
当量满负荷运行时间	$\tau_{ER}=q_C/q_R$ $\tau_{EB}=q_h/q_B$	τ_{ER}，τ_{EB} 夏、冬季当量满负荷运行时间；q_C，q_h 全年空调冷负荷或热负荷；q_R，q_B 冷冻机或锅炉的最大出力	《教材（第三版2018）》P367
负荷率	$\varepsilon_R=q_C/(q_R T_R)$ $\varepsilon_B=q_h/(q_B T_B)$	T_R，T_B 夏、冬季设备累计运行时间	《教材（第三版2018）》P367
混合空气的焓值	$h_C=h_N+m\%(h_{w,x}-h_N)=(1-m\%)h_N+m\%h_{w,x}$	$m\%$ 新风比	《教材（第三版2018）》P369

续表

名称	公式	符号含义	出处
夏季一次回风	总送风量：$G=\frac{Q_o}{h_n-h_o}$ 系统总冷负荷：$Q_s=G(h_c-h_L)$ 室内冷负荷：$Q_o=G(h_n-h_o)$ 新风冷负荷：$Q_w=G_w(h_w-h_n)$ 再热冷负荷：$Q_z=G(h_o-h_L)$ $Q_s=Q_o+Q_w+Q_z$	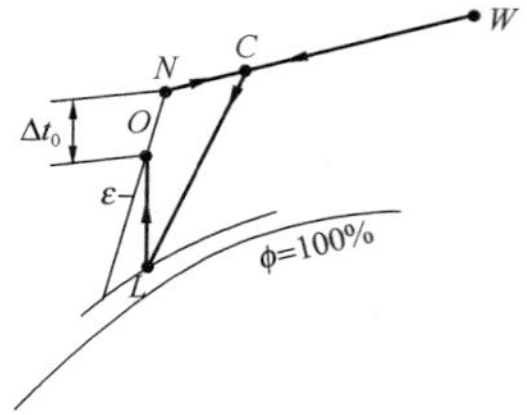 G 总送风量；Q_s 系统总冷负荷；Q_o 室内冷负荷；Q_w 新风冷负荷；Q_z 再热冷负荷	《教材（第三版 2018）》P380
冬季一次回风	冬季送风量等于夏季送风量 $d_o=d_N-W/G$ $Q_d=G(h_o-h_L)$	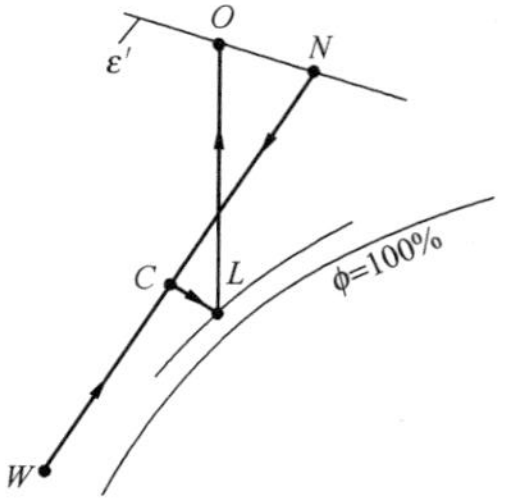	《教材（第三版 2018）》P380
夏季二次回风	$G_L=\frac{Q_o}{h_N-h_L}$ $G_1=G_L-G_W$ $Q=G_L(h_C-h_L)$ $G_2=G-G_L$	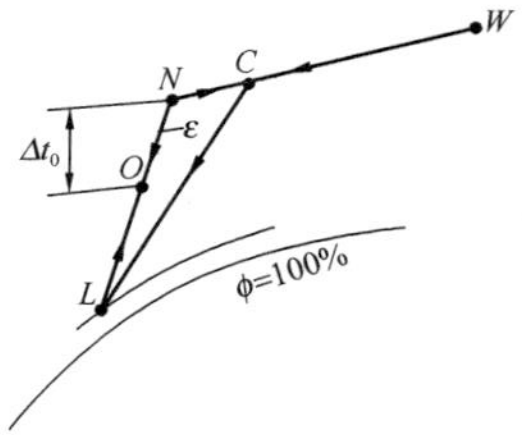 G_L 空调机组冷、热盘管的处理风量；G_1 一次回风量；G_W 室外新风量；Q 二次回风空调机组处理过程消耗的冷量；G_2 二次回风量；G 总送风量	《教材（第三版 2018）》P381～382

续表

名称	公式	符号含义	出处
冬季二次回风	$W=G_1(d_L-d_C)$ $Q=G(h'_o-h_o)$	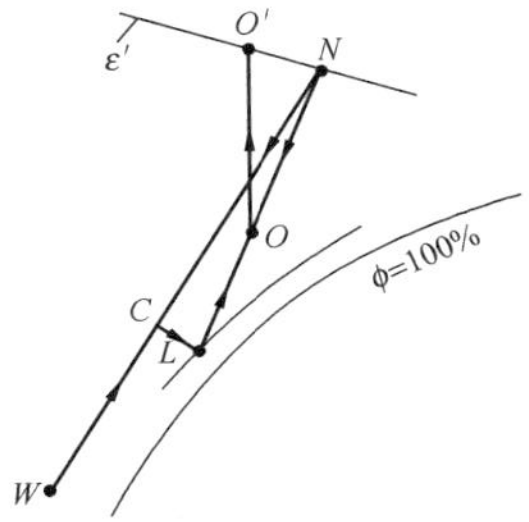 O' 为二次混合后空气加热到得送风状态点	《教材（第三版 2018)》P382
风机盘管＋新风的不同处理方式	房间空调风量 $q_M=Q/(h_N-h_O)$； FCU 风量 $q_{M,F}=q_M-q_{M,W}$ $q_{M,W}/q_{M,F}=(h_O-h_M)/(h_L-h_O)=\frac{\overline{MO}}{\overline{OL}}$ $h_M=h_O-(q_{M,W}/q_{M,F})/(h_L-h_O)$ $h_M=h_N-Q_F/q_{M,F}$ $Q_F=q_{M,F}(h_N-h_M)$ $Q_{FS}=q_{M,F}C(t_N-t_M)$	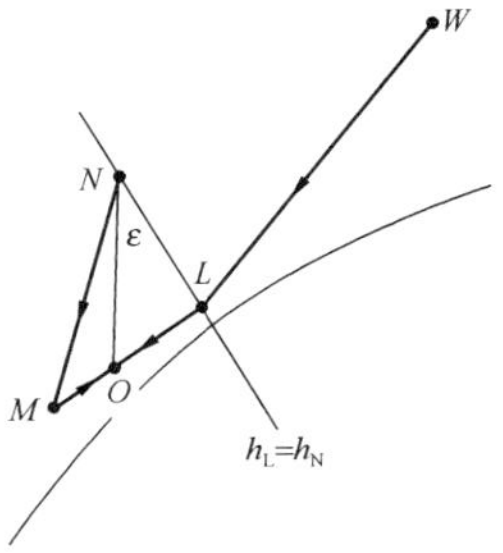 新风处理到 h_L 线（$\varphi_L=90\%$）	《教材（第三版 2018)》P392
风机盘管＋新风的不同处理方式	房间空调风量 $q_M=Q/(h_N-h_O)$； FCU 风量 $q_{M,F}=q_M-q_{M,W}$ $q_{M,W}/q_{M,F}=(h_O-h_M)/(h_L-h_O)=\frac{\overline{MO}}{\overline{OL}}$ $h_M=h_O-(q_{M,W}/q_{M,F})/(h_L-h_O)$ FCU 承担的冷量 $Q_F=Q-q_{M,W}(h_N-h_L)$ 新风 AHU 承担的冷量 $Q_W=q_{M,W}(h_W-h_L)$	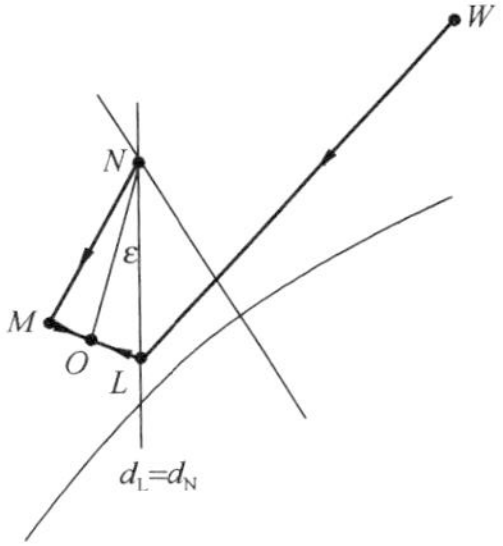 新风处理到 d_N 线，控制新风 AHU 的出风露点温度等于室内空气设计时的露点温度	《教材（第三版 2018)》P392

续表

名称	公式	符号含义	出处
风机盘管＋新风的不同处理方式	房间空调风量 $q_{M}=Q/(h_{N}-h_{O})$； FCU 风量 $q_{M,F}=q_{M}-q_{M,W}$ $q_{M,W}/q_{M,F}=(h_{M}-h_{O})/(h_{O}-h_{L})=\frac{\overline{MO}}{\overline{OL}}$ $h_{M}=h_{O}+(q_{M,W}/q_{M,F})/(h_{O}-h_{L})$ $h_{M}=h_{N}-Q_{F}/q_{M,F}$ $h_{L}=h_{O}-(q_{M,W}/q_{M,F})/(h_{M}-h_{O})$ $d_{L}=d_{N}-W/q_{M,W}$	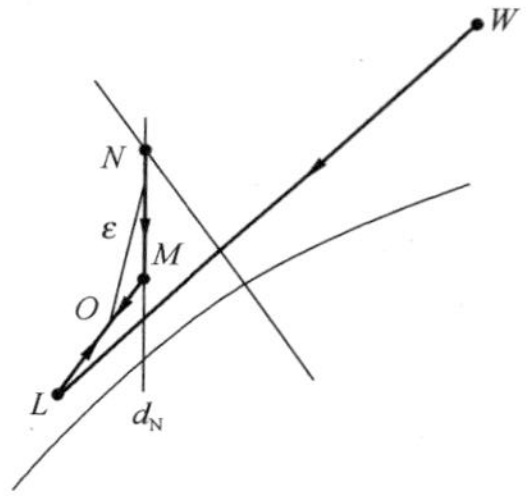 新风处理到 $d_{L}<d_{N}$	《教材（第三版 2018）》P392
风机盘管＋新风的不同处理方式	房间空调风量 $q_{M}=Q/(h_{N}-h_{O})$； FCU 风量 $q_{M,F}=q_{M}-q_{M,W}$ $q_{M,W}/q_{M,F}=(h_{O}-h_{M})/(h_{L}-h_{O})=\frac{\overline{MO}}{\overline{OL}}$ $Q_{F}=Q_{N}+q_{M,W}(h_{L}-h_{O})$ $h_{M}=h_{O}-(q_{M,W}/q_{M,F})/(h_{L}-h_{O})$ $h_{M}=h_{N}-Q/q_{M,F}$ FCU 负担的湿负荷 $D=W+q_{M,W}(d_{L}-d_{N})$ 新风负担的负荷 $Q_{W}=q_{M,W}(h_{W}-h_{L})$	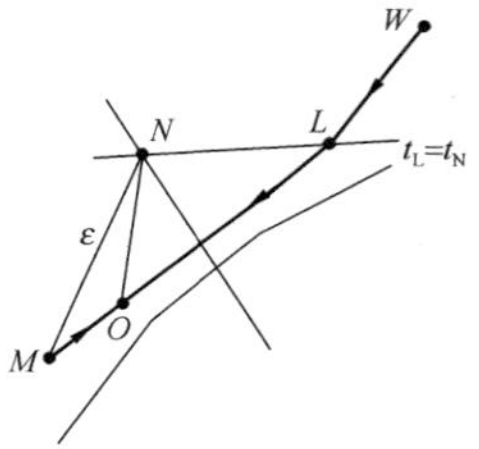 新风处理到 t_{N} 线（$\varphi_{L}=90\%\sim95\%$）控制新风 AHU 出风干球温度等于室内设计空气干球温度	《教材（第三版 2018）》P393
风机盘管＋新风的不同处理方式	房间空调风量 $q_{M}=Q/(h_{N}-h_{O})$； FCU 风量 $q_{M,F}=q_{M}-q_{M,W}$ $q_{M,W}/q_{M,F}=(d_{C}-d_{N})/(d_{L}-d_{C})=\frac{\overline{NC}}{\overline{CL}}$	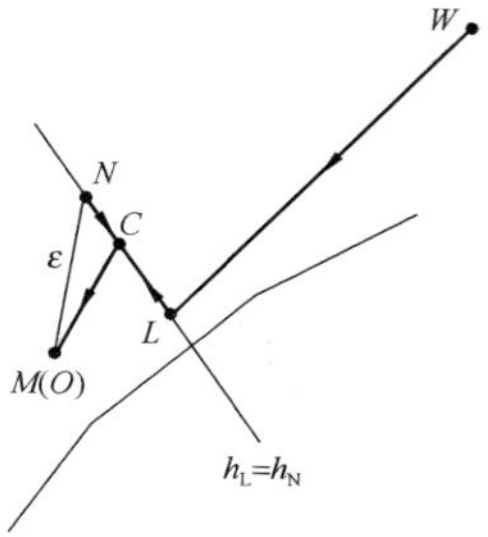 新风处理到 h_{N} 线	《教材（第三版 2018）》P393

续表

名称	公式	符号含义	出处
末端采用辐射板时供热供冷量	地板供暖和顶板供冷：$q=8.92(t_{sm}-t_i)$ 垂直墙壁供暖和供冷：$q=8(t_{sm}-t_i)$ 顶板供暖：$q=6(t_{sm}-t_i)$ 地板供冷：$q=7(t_{sm}-t_i)$	q 供热地板或供冷顶板表面总散热量或吸热量；t_{sm} 供热地板表面或供冷顶板表面温度；t_i 室内设计温度	《教材（第三版 2018）》P402
析湿系数（换热扩大系数）	$\xi=\frac{h_1-h_2}{c_p(t_1-t_2)}\approx\frac{\Delta h}{\Delta h-2500\Delta d}=\frac{\varepsilon}{\varepsilon-2500}$ $\Rightarrow\varepsilon=\frac{2500\xi}{\xi-1}$	ξ 析湿系数或换热扩大系数；h_1,t_1 分别为空气初状态 1 时的比焓与温度；h_2,t_2 分别为空气终状态的 2 时比焓与温度；C_p 空气的定压比热容；ε 热湿比	《教材（第三版 2018）》P404
空气加热器计算	空气加热器所需热量：$Q=GC_p(t_2-t_1)$ 加热器供给的热量：$Q'=KF\Delta t_m$	G 被加热的空气量；t_1，t_2 加热前后空气温度；K 加热器传热系数；F 加热器传热面积；Δt_m 热媒与空气之间的对数平均温差	《教材（第三版 2018）》P407
热交换效率系数	$\varepsilon_1=\frac{t_1-t_2}{t_1-t_{wl}}$	t_1,t_2：处理前、后空气的干球温度； t_{wl}：冷水初温	《教材（第三版 2018）》P408
接触系数	$\varepsilon_2=\frac{t_1-t_2}{t_1-t_3}$	t_3：理想工作条件下空气终温	《教材（第三版 2018）》P408
空气加热器的阻力	$\Delta H=B(v\rho)^p$	ΔH 空气阻力；B、p 实验室的系数与指数；v 空气流速；ρ 空气密度	《教材（第三版 2018）》P408
	$\Delta h=Cw^q$	Δh 热媒为热水的阻力；C,q 实验的系数与指数；w 水流速	《教材（第三版 2018）》P408
喷水室空气质量流速	$v_\rho=G/3600f$	G 通过喷水室的空气量；f 喷水室的横断面积	《教材（第三版 2018）》P410
喷水系数	$\mu=W/G$	μ 喷水系数；W 总喷水量；G 淋水室风量	《教材（第三版 2018）》P410

续表

名称	公式	符号含义	出处
喷水室的阻力	$\Delta H_d=\Sigma\zeta_d(v_d)^2\cdot\rho/2$	ΔH_d 前、后挡水板的阻力；$\Sigma\zeta_d$ 前、后挡水板局部阻力系数之和；v_d 空气在挡水板断面上的迎面风速	《教材（第三版 2018）》P410
喷嘴排管的阻力	$\Delta H_p=0.1Z(v)^2\cdot\rho/2$	Z 排管数；v 喷水室断面风速	《教材（第三版 2018）》P411
水苗的阻力	$\Delta H_w=1180b\mu P$	μ 喷水系数；P 喷嘴前水压；b 由喷水和空气运动方向所决定的系数	《教材（第三版 2018）》P411
加湿器的加湿效率	加湿效率=有效加湿量/喷雾水量×100%		《教材（第三版 2018）》P411
加湿器的饱和效率	饱和效率=（加湿前空气干球温度－加湿后空气干球温度）/（加湿前空气干球温度－饱和空气湿球温度）×100%		《教材（第三版 2018）》P411
空调机组名义工况下的性能系数	制冷工况：$COP_c=\dfrac{\text{机组名义工况下的制冷量}}{\text{整机的功率消耗}}$ 制热工况： $COP_h=\dfrac{\text{机组(热泵)名义工况下的制热量}}{\text{整机的功率消耗}}$ 在同一工况下，$COP_h=COP_c+1$		《教材（第三版 2018）》P417
计算机房空调负荷计算	由设备安装功率计算散热量、根据指示电流电压计算散热量		《教材（第三版 2018）》P421
等温自由紊流射流轴心速度	$\dfrac{v_x}{v_0}=\dfrac{0.48}{\dfrac{\alpha x}{d_0}+0.145}$	v_x 射程 x 处射流轴心速度；v_0 射流出口速度；d_0 送风口直径或当量直径；α 送风口的紊流系数	《教材（第三版 2018）》P427

续表

名称	公式	符号含义	出处
等温自由紊流射流横断面直径	$\frac{d_x}{d_0}=6.8\times\left(\frac{\alpha x}{d_0}+0.145\right)$	d_x 射程 x 处射流直径	《教材（第三版 2018）》P427
非等温自由射流轴心温差	$\frac{\Delta T_x}{\Delta T_0}=\frac{0.35}{\frac{\alpha x}{d_0}+0.145}$ $\frac{\Delta T_x}{\Delta T_0}\approx 0.73\times\frac{v_x}{v_0}$	ΔT_x 主体段内射程 x 处轴心温度与周围空气温度之差；ΔT_0 射流出口温度与周围空气温度之差； v_x 射程 x 处射流轴心速度；v_0 射流出口速度	《教材（第三版 2018）》P428
阿基米德数	$A_r=\frac{gd_0(t_0-t_n)}{v_0^2T_n}$ $d_0=2ab/(a+b)$	A_r 阿基米德数；g 重力加速度；d_0 圆形送风口的直径或矩形送风口的水力直径；t_0 射流出口温度；t_n 房间空气温度；T_n 射流周围空气温度；v_0 射流出口速度	《教材（第三版 2018）》P428～429
平行射流	$v=v_x e^{-\frac{1}{2}\left(\frac{r}{cx}\right)^2}$ $v_x=\frac{\theta\varphi}{\sqrt{\pi}c}\frac{v_0\sqrt{F_0}}{x}=\frac{mv_0\sqrt{F_0}}{x}$ $\theta=\sqrt{\frac{\rho}{\rho_0}}=\sqrt{\frac{T}{T_0}}$ $\varphi=\left[\int_0^1\left(\frac{v}{v_0}\right)^2 d\left(\frac{F}{F_0}\right)\right]^{\frac{1}{2}}$	v 距出口 x 断面上，距轴心为 r 点的速度；v_x 距出口 x 断面上的轴心速度；c 实验常数取； θ 考虑到气流密度 ρ（或温度 T）与周边空气密度 ρ_0（或温度 T_0）差别的系数；φ 考虑到气流速度 v 在送风口断面上分布不均匀的系数；v_0 送风口断面的平均流速；m 送风射流气体动力特征值	《教材（第三版 2018）》P430
两球相同平行射流	$v^2=v_1^2+v_2^2$ $v_1=\frac{mv_0\sqrt{F_0}}{x}e^{-\frac{1}{2}\left(\frac{r_1}{cx}\right)^2}$ $v_2=\frac{mv_0\sqrt{F_0}}{x}e^{-\frac{1}{2}\left(\frac{r_2}{cx}\right)^2}$	v_1、v_2 为单独送出时，两个射流各自的流速； r_1、r_2 为从 x 断面上空间任一点到两个射流轴心的距离	《教材（第三版 2018）》P431
旋转射流	$\frac{v_1}{v_2}=\frac{r_2^2}{r_1^2}=\frac{\frac{L}{4\pi r_1^2}}{\frac{L}{4\pi r_2^2}}$	L 流向点汇的流量； v_1、v_2 任意两个球面上的流速 r_1、r_2 这两球面距点汇的距离	《教材（第三版 2018）》P431

续表

名称	公式	符号含义	出处
受限射流的最大无因次回流平均速度	$\frac{v_{p.h}}{v_0}=\frac{0.69}{\frac{\sqrt{F_n}}{d_0}}$ $N=\frac{BH}{\left(\frac{\alpha x}{\bar{x}}\right)^2}$ $f=\frac{L}{v_0 \cdot N \cdot 3600}$ $H=h+s+0.07x+0.3$	$\frac{\sqrt{F_n}}{d_0}$ 为射流自由度，表示房间尺寸和射流尺寸的相对大小对射流的影响 N 风口个数；$\bar{x}$ 满足轴心温度衰减的无因次射程 f 风口面积 h 空调区高度；s 风口底边至顶棚的距离；H 校核房间的高度	《教材（第三版 2018）》P440～442
集中送风	$\frac{y}{d_0}=\frac{x}{d_0}\tan\alpha+Ar\left(\frac{x}{d_0\cos\alpha}\right)^2\left(0.51\frac{\alpha x}{d_0\cos\alpha}+0.35\right)$ $\frac{v_x}{v_0}=\frac{0.48}{\frac{\alpha x}{d_0}+0.145}$ $\frac{v_p}{v_x}=\frac{1}{2}$		《教材（第三版 2018）》P450
被考虑粒径的空气悬浮粒子最大允许浓度	$C_n=10^N\times(0.1/D)^{2.08}$	N 洁净度等级；D 要求的粒径	《教材（第三版 2018）》P455
空气过滤器的面风速	$u=\frac{L}{3600F}$	L 风量；F 过滤器迎风面积	《教材（第三版 2018）》P459
过滤器计重效率	$E=(1-W_2/W_1)\times100\%$	W_2 空气过滤器下流侧气溶胶计重浓度；W_1 空气过滤器上流侧气溶胶计重浓度	《教材（第三版 2018）》P460
过滤器计数效率	$E=(1-N_2/N_1)\times100\%$	N_2 空气过滤器下流侧气溶胶计数浓度；N_1 空气过滤器上流侧气溶胶计数浓度	《教材（第三版 2018）》P460
过滤器效率	$E=1-P$	P 穿透率	《教材（第三版 2018）》P460
串联过滤器效率	$E_T=1-(1-E_1)(1-E_2)(1-E_3)\cdots(1-E_n)$	$E_1,E_2\cdots E_n$ 为各单体过滤器的效率	《教材（第三版 2018）》P460

续表

名称	公式	符号含义	出处
单位容积发尘量	$G=\frac{q}{H}+\frac{q'P}{HF}$	G 室内单位容积发尘量；q 单位面积洁净室的装饰材料发尘量；H 洁净室高度；q' 人员发尘量；P 洁净室内人数；F 洁净室面积	《教材（第三版 2018）》P463
非单向流均匀分布换气次数	$n=60\times\frac{G}{a\times N-N_s}$	n 按均匀分布方法计算的洁净室换气次数；G 室内单位容积发尘量；a 安全系数；N 洁净室洁净度等级所对应的含尘浓度限值；N_s 送风含尘浓度	《教材（第三版 2018）》P464
非单向流不均匀分布换气次数	$n=60\times\frac{G}{N-N_s}$ $n_v=\psi n$	n 按均匀分布方法计算的洁净室换气次数；G 室内单位容积发尘量；N 洁净室洁净度等级所对应的含尘浓度限值；N_s 送风含尘浓度；n_v 按不均匀分布方法计算的洁净室换气次数；ψ 不均匀系数	《教材（第三版 2018）》P465
洁净室压差值	$P=C\frac{v^2\rho}{2}$	P 迎风面压力；C 风压系数；v 迎风面风速；ρ 空气密度	《教材（第三版 2018）》P467
洁净室渗透风量	$Q=a\Sigma(q\times l)$	Q 渗透风量；a 安全系数；l 缝隙长度；q 当洁净室为某一压差值时，单位长度缝隙的渗透风量	《教材（第三版 2018）》P467
冷却塔的冷却能力	$Q_c=K_a\cdot A\cdot H(MED)$ $MED=\frac{\Delta1-\Delta2}{\ln(\Delta1/\Delta2)}$ $\Delta1=h_{w1}-h_{s2}$，$\Delta2=h_{w2}-h_{s1}$ $K_a=C_1\left(\frac{W}{A}\right)^{\alpha}\left(\frac{G}{A}\right)^{\beta}$	Q_c 冷却塔的冷却能力；K_a 冷却塔填料部分的总焓移动系数；H 填料层高度；MED 对数平均焓差；h_{w1}，h_{w2} 对应于 t_{w1}，t_{w2} 饱和空气焓值；h_{s1}，h_{s2} 对应于 t_{s1}，t_{s2} 饱和空气焓值；t_{w1}，t_{w2} 冷却水进出口的水温；t_{s1}，t_{s2} 室外空气进出口的湿球温度； W 冷却塔水量；G 冷却塔风量；α，β 系数；A 冷却塔断面积	《教材（第三版 2018）》P491
冷却塔的实际冷却能力	冷却塔的实际冷却能力 $=\frac{MED_s}{MED_y}$ 冷却塔的样本冷却能力	MED_s 冷却塔实际对数焓差值； MED_y 样本对数焓差值	《教材（第三版 2018）》P492
摩擦压力损失	$\Delta P_m=\frac{\lambda}{d}l\frac{v^2\rho}{2}$	ΔP_m 摩擦压力损失；λ 摩擦系数；d 管道内径；l 管道长度；v 流体在管道内的流速；ρ 流体密度	《教材（第三版 2018）》P493
局部压力损失	$\Delta P_j=\zeta\frac{v^2\rho}{2}$	ΔP_j 局部压力损失；ζ 局部阻力系数	《教材（第三版 2018）》P493

续表

名称	公式	符号含义	出处
空调冷（热） 水系统压力分布	水泵不运行时： $P_A = h_1$； $P_B = h_1 + h_2$； $P_C = h_1 + h_2$； $P_D = h_1 + h_2$； $P_E = h_1$； 水泵运行时： $P_A = h_1$； $P_B = h_1 + h_2 - AB$ 段阻力 $P_C = P_B - BC$ 段阻力＋水泵扬程 $P_D = P_C - CD$ 段阻力 $P_E = P_D - h_2 - DE$ 段阻力	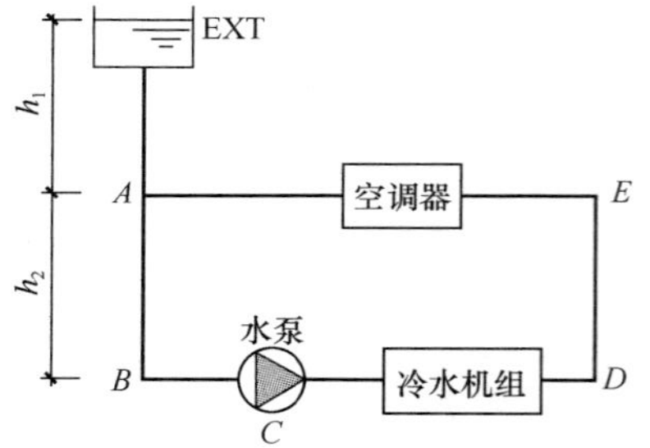	《教材（第三版 2018）》 P494
冷却塔存水盘与冷却 水泵吸入口直接连接 的冷却水系统阻力	$H = \Delta P + H_t$	H 冷却水系统阻力；ΔP 冷却水系统管路、设备及附件的总水流阻力；H_t 进塔水压	《教材（第三版 2018）》 P495
定流量冷水系统 水力工况	机房侧冷水的总流量阻力系数：$S_0 = 13/W_s^2$ 用户侧冷水的总流量阻力系数：$S_1 = 23/4W_s^2$ $S_0 \approx 2.26S_1$ 对于曲线 0-0′ 上任何点扬程：$H_{0-0'} = (S_1 + S_0/4)W_s^2$ 对于曲线 0-1 上任何点扬程：$H_{0-1} = (S_1 + S_0)W_s^2$ $H_{0\text{-}1} \approx 2.08H_{0\text{-}0'}$	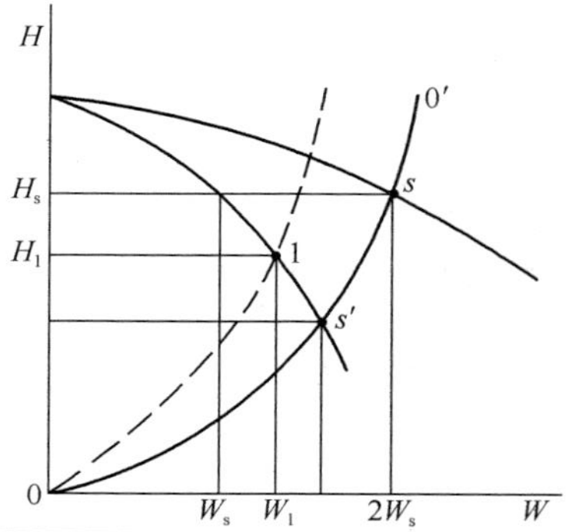	《教材（第三版 2018）》 P495～496
多台冷水机组设计 容量确定	小机组的设计制冷容量 $Q_x = Q_{min}/r$ 单台大机组的设计制冷容量 $Q_d = Q_x/R$ 大机组的安装台数 $n = (Q_{max} - Q_x)/Q_d$	Q_x 建筑设计冷负荷；Q_{min} 最小冷负荷；r 小机组的允许最低负荷率；R 大机组的允许最低负荷率	《教材（第三版 2018）》 P504
定压设备定压点 最低压力	$P_{Bmin} = H + 5 - \Delta H_{AB}$	ΔH_{AB} 设计状态下，从 A 点到水泵吸入口 B 点的水流阻力；H 系统最大高差	《教材（第三版 2018）》 P508

续表

名称	公式	符号含义	出处
流量系数换算 调节阀的流通能力	$K_V \approx C$ $C_V \approx 1.167C$ $C=\dfrac{316\times G}{\sqrt{\Delta P}}$	K_V 国际单位制的流量系数；C_V 为英制单位的流量系数；C 调节阀的流通能力；G 流体流量；ΔP 调节阀两端压差	《教材（第三版 2018）》P524
调节阀的可调比	$R=\dfrac{G_{max}}{G_{min}}$	G_{max} 阀门调节控制的最大流量；G_{min} 阀门调节控制的最小流量	《教材（第三版 2018）》P524
阀门相对流量 g	直线特性：$g=\dfrac{1}{R}[1+(R-1)l]$ 等百分比特性：$g=R^{(l-1)}$ 快开特性：$g=\dfrac{1}{R}[1+(R^2-1)l]^{\frac{1}{2}}$ 抛物线特性：$g=\dfrac{1}{R}[1+(\sqrt{R}-1)l]^2$	g 阀门相对流量；l 阀门相对开度；R 可调比	《教材（第三版 2018）》P525
阀权度	$P_v=\dfrac{\Delta P_v}{\Delta P}=\dfrac{\Delta P_v}{\Delta P_b+\Delta P_v}$	P_v 阀权度；ΔP 系统总压差；ΔP_b 表冷器压降；ΔP_v 阀门压降	《教材（第三版 2018）》P527
水换热器用流量控制阀 P_V 值	$\Delta P_V=(0.43\sim 0.67)\Delta P_b$	ΔP_b 表冷器压降	《教材（第三版 2018）》P528
声强与声压级	声强 $I=\dfrac{W}{4\pi r^2}$ 声压级 $L_1=10\lg\dfrac{I}{I_0}$，$L_P=20\lg\dfrac{P}{P_0}$	W 声能；r 点距声源中心距离；P_0参考声压	《教材（第三版 2018）》P536
声功率级	$L_W=10\lg\dfrac{W}{W_0}$ 当风机转速 n 不同时 $L_{W2}=L_{W1}+50\lg\dfrac{n_2}{n_1}$	W_0声功率的参考标准	《教材（第三版 2018）》P537
A 声级与 NR 换算工程换算	$L_A=NR+5$	L_A 声级数值；NR 噪声评价曲线	《教材（第三版 2018）》P538

续表

名称	公式	符号含义	出处
离心式风机的声功率级	$L_W=5+10\lg L+20\lg H$ $L_W=4+10\lg L+20\lg H$（09 技措）	L 通风机的风量；H 通风机的风压（全压）	《教材（第三版 2018）》P539
	$L_W=67+10\lg N+10\lg H$ $L_W=77+10\lg N+10\lg H$（09 技措）	N 通风机的功率	《教材（第三版 2018）》P539
	$L_W=5+10\lg L+20\lg H$（dB） $L_W=67+10\lg N+10\lg H$（dB） $L_W=L_{wc}+10\lg N+20\lg H-20$（dB）	L 风量（m^3/h）；H 全压（Pa）；N 功率（kW）； L_{wc} 比声功率级，某风机的最佳工况点（最高效率点），也是比声功率级的最低点，值越小噪声性能越好	《民规宣贯》P302 《红宝书》P1359
通风机各频带声功率级	$L_{W,Hz}=L_W+\Delta b$	L_W 通风机的（总）声功率级；Δb 通风机各频带声功率级修正值	《教材（第三版 2018）》P539
N 个相同噪声源声压级的叠加	$\Sigma L_P=10\lg(10^{0.1L_{p1}}+10^{0.1L_{p2}}+\cdots+10^{0.1L_{pn}})$	ΣL_P 该点叠加后的总声压级；$L_{p1}, L_{p2}\cdots L_{pn}$ 分别为噪声源 1、2…n 对该点的声压级	《教材（第三版 2018）》P540
N 个相同声压级的噪声源叠加	$\Sigma L_P=L_P+10\lg n$	L_P 单个噪声源对该点的声压级	《教材（第三版 2018）》P540
三通噪声衰减	$\Delta L=10\lg\dfrac{a_1+a_2}{a_1}$	a_1、a_2 分别为三通两个分支管的面积	《教材（第三版 2018）》P541
房间内某点的声压级	$L_P=L_W+10\lg\left(\dfrac{Q}{4\pi r^2}+4\times\dfrac{1-\alpha_m}{S\alpha_m}\right)$	L_P 房间内某点人耳感觉到的声压级；L_W 由风口进入室内的声功率级；Q 指向性因素；r 风口与某处人身（测量点）间的距离；α_m 室内平均吸声系数；S 房间内总表面积	《教材（第三版 2018）》P542
直管道气流噪声声功率级	$L_W=10+50\lg v+10\lg A$	v 风速；A 风管断面积	增补
某处噪声值	$L=L_0-20\lg\dfrac{r}{r_0}+3$	已知 r_0 处噪声值 L_0，求 r 处噪声值 L	增补
水泵噪声主要取决于所配电机	小型电机（100kW 以下）$L_{WA}=19+20\lg N+13.3\lg n$ 小型电机（100kW 以上）$L_{WA}=14+20\lg N+13.3\lg n$	L_{WA} 电机噪声；N 电机功率；n 电机转速	《09 技措》P250

续表

名称	公式	符号含义	出处
振动设备的扰动频率	$f = n/60$	n 设备转速	《教材（第三版 2018）》P548
隔振器的自振频率	$f_0 = f \times \sqrt{\frac{T}{1-T}}$	T_0 传递比	《教材（第三版 2018）》P548
设备隔振带来与机层毗邻房间的噪声降低量	$NR = 12.5\lg(1/T)$		《教材（第三版 2018）》P548
矩形风管传热量计算	$q_a = \frac{t_2 - t_1}{\frac{\delta}{\lambda} + \frac{1}{\alpha_w}}$	t_1、t_2 风管内外温度； δ 保温材料厚度； λ 保温材料导热系数； α_w 保温层外表面换热系数，可取 11.63W/(m·K)	《教材（第三版 2018）》P549
圆形保温风管或水管传热量计算	$q_1 = \frac{t_2 - t_1}{\frac{1}{2\pi\lambda}\ln\frac{D}{d} + \frac{1}{\alpha_w \pi D}}$	t_1、t_2 风管内外温度； δ 保温材料厚度； λ 保温材料导热系数； α_w 保温层外表面换热系数，可取 11.63W/(m·K) $D = d + 2\delta$　d：管子内径	《教材（第三版 2018）》P549
圆形风管与水管的防结露厚度	$\frac{t_b - t_1}{\frac{1}{2\pi\lambda}\ln\left(\frac{d + 2\delta_m}{d}\right)} = \alpha_w \pi (d + 2\delta_m) \times (t_2 - t_b)$	t_1 管道内冷介质（空气或水）的温度；t_2 保冷材料外表面接触的空气干球温度；t_b 保冷材料外表面接触空气的露点温度	《教材（第三版 2018）》P550
矩形风管的防结露厚度	$\delta_m = \frac{\lambda}{\alpha_w} \times \frac{t_b - t_1}{t_2 - t_b}$		《教材（第三版 2018）》P549
保温与保冷材料导热系数	柔性泡沫橡塑：$\lambda = 0.0341 + 0.00013t_m$ 离心玻璃棉：$\lambda = 0.031 + 0.0017t_m$	t_m 绝热材料的平均温度，$t_m = \frac{t_1 + t_2}{2}$； t_1、t_2 风管内外温度	《教材（第三版 2018）》P550
全空气系统新风比	$Y = X/(1 + X - Z)$	X 未修正的新风比；Z 需求房间的最大新风比	《教材（第三版 2018）》P559

续表

名称	公式	符号含义	出处
空调内、外分区分界线	供冷量 $Q_l = C_L - Q_r$ 冷负荷指标 $C_l = \frac{C_L}{A}$ 外区面积 $A_w = \frac{Q_r}{C_l}$	C_L 室内空调冷负荷；Q_r 室内通过围护结构散向室外的热量；A 房间面积	《教材（第三版 2018）》P561
热回收	显热交换效率：$\eta_t = \frac{t_1 - t_2}{t_1 - t_3} \times 100\%$ 湿交换效率：$\eta_w = \frac{d_1 - d_2}{d_1 - d_3} \times 100\%$ 全热交换效率：$\eta_h = \frac{h_1 - h_2}{h_1 - h_3} \times 100\%$ 显热回收： $Q_t = C_p \cdot \rho \cdot L_p \cdot (t_1 - t_3) \cdot \eta_t = C_p \cdot \rho \cdot L_x \cdot (t_1 - t_2)$ 全热回收： $Q_t = \rho \cdot L_p \cdot (h_1 - h_3) \cdot \eta_h = \rho \cdot L_x \cdot (h_1 - h_2)$	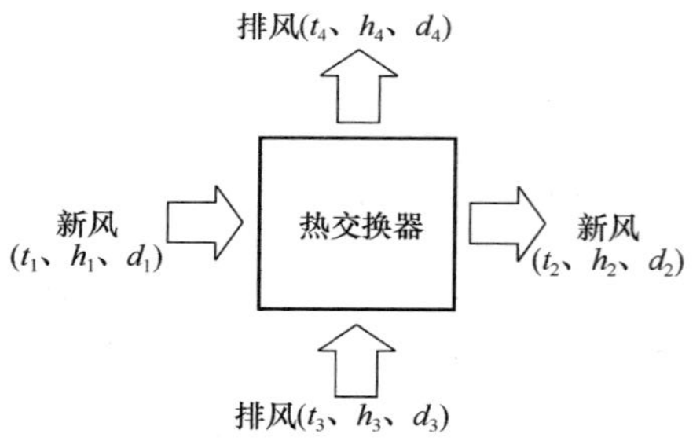 排风(t_4、h_4、d_4) 新风(t_1、h_1、d_1) 热交换器 新风(t_2、h_2、d_2) 排风(t_3、h_3、d_3)	《教材（第三版 2018）》P562～563
风机单位风量耗功率	$W_S = \frac{P}{3600\eta_{CD} \cdot \eta_F}$	P 空调机组的余压或通风系统风机的风压； η_{CD} 电机及传动效率；η_F 风机效率	《教材（第三版 2018）》P564
空调系统的冷热水耗电输冷（热）比 $EC(H)R$	$EC(H)R = \frac{0.003096\Sigma\left(G \cdot \frac{H}{\eta_b}\right)}{\Sigma Q} \leqslant \frac{A(B + \alpha\Sigma L)}{\Delta T}$	G 水泵设计流量；H 水泵设计扬程；ΔT 供、回水温差，η_b 水泵在设计工作点的效率；Q 设计冷热负荷；A 按水泵流量确定的系数；B 与机房及用户水阻力有关的计算系数；α 与水系统管路 ΣL 有关的系数；ΣL 自冷热机房至系统供回水管道的总长度	《教材（第三版 2018）》P564～565
电冷源综合制冷系数 $SCOP$	$SCOP = \frac{Q_c}{E_e}$ $SCOP$ = 机组名义制冷量 /（机组名义工况下的耗功率＋冷却水泵耗电量＋冷却塔耗电量）	Q_c 冷源设计供冷量；E_e 冷源设计耗电功率	《教材（第三版 2018）》P566 《公建节能》2.0.11 及条文说明

续表

名称	公式	符号含义	出处
水泵轴功率	$N=\frac{GH}{367.3\eta}$	N 轴功率（kW）；G 流量（m^3/h）；H 扬程（m）	增补
	$N=\frac{gGH}{1000\eta}=\frac{GH}{102\eta}$	N 轴功率（kW）；G 流量（kg/s）；H 扬程（m）	
	$N=\frac{\rho gGH}{1000\eta}=\frac{GH}{0.102\eta}$	N 轴功率（kW）；G 流量（m^3/s）；H 扬程（m）	
水泵流量	$G=\frac{3600Q_c}{\Delta tC_p\rho}=\frac{0.86Q_c}{\Delta t}$	Q_c（kW）；G 流量（m^3/h）	增补
风机温升	$\Delta t=\frac{H}{\rho c\eta_1\eta_2}$	η 风机安装位置修正：电动机安装在气流内取 1，气流外时 $\eta=\eta_2$；η_1 风机全压效率；η_2 电机效率	
	$\Delta t=\frac{3.6\frac{L\cdot H}{3600\eta_2}\times\eta}{1.1013\times1.2\eta_1}=\frac{0.0008H\cdot\eta}{\eta_1\eta_2}$		《09 技措》5.2.5
风管温升	$\Delta t=\frac{3.6u\cdot k\cdot l}{c\cdot\rho\cdot L}(t_1-t_2)$	c 空气比热；L 空气量（m^3/h）；u 风管周长；k 风管材料的传热系数；l 风管长度；ρ 空气密度；t_1 风管外空气温度；t_2 风管内空气温度	《红宝书》P1496
水泵温升	$\Delta t=\frac{0.0023H}{\eta}$	H 水泵扬程；η 水泵效率	《民规宣贯》P147
由保温冷水管壁传入热量引起的温升	$\Delta t=\frac{Q\cdot L}{1.16W}$	Q 每米长冷水管道的冷损失；L 冷水管道的长度；W 冷水管道的流量（kg/h）	《民规宣贯》P147

5. 制冷公式

名称	公式	符号含义	出处
制冷系数	$\varepsilon = q_0/\Sigma w$	ε 制冷系数；q_0 制冷量；Σw 消耗功	《教材（第三版 2018）》P574
逆卡诺循环单位质量制冷量	$q_0 = T'_0(s_1 - s_4)$	q_0 制冷量；T'_0 蒸发温度；s_1，s_4 1、4 点熵	《教材（第三版 2018）》P574
逆卡诺循环单位质量冷凝热	$q_k = T'_k(s_2 - s_3)$	q_k 冷凝热；T'_k 冷凝温度；s_2，s_3 2、3 点熵	《教材（第三版 2018）》P574
逆卡诺循环单位质量耗功	$\Sigma w = q_k - q_0$	Σw 消耗功；q_k 冷凝热；q_0 制冷量	《教材（第三版 2018）》P574
逆卡诺循环制冷系数	$\varepsilon_c = T'_0/(T'_k - T'_0)$	ε_c 制冷系数；T'_0 蒸发温度；T'_k 冷凝温度	《教材（第三版 2018）》P574
蒸汽压缩式理想循环单位质量制冷量	$q_0 = h_1 - h_4$	q_0 制冷量；h_1,h_4 1、4 点焓	《教材（第三版 2018）》P574
蒸汽压缩式理想循环单位质量冷凝热	$q_k = h_2 - h_3$	q_k 冷凝热；h_2，h_3 2、3 点焓	《教材（第三版 2018）》P574
蒸汽压缩式理想循环单位质量耗功	$\Sigma w = w_c - w_e = (h_2 - h_1) - (h_3 - h_4)$	Σw 消耗功；w_c 压缩机消耗功；w_e 膨胀机获得膨胀功	《教材（第三版 2018）》P574
蒸汽压缩式理想循环制冷系数	$\varepsilon_c = h_1 - h_4/[(h_2 - h_1) - (h_3 - h_4)]$	ε_c 制冷系数；h_1，h_2，h_3，h_4 1、2、3、4 点焓	《教材（第三版 2018）》P574
有传热温差理想循环制冷系数	$\varepsilon'_c = (T'_0 - \Delta T_0)/[(T'_k - T'_0) + (\Delta T_k + \Delta T_0)]$	ε'_c 制冷系数；T'_0 蒸发器中被冷却物温度；T'_k 冷凝器中冷却剂温度；ΔT_k，ΔT_0 传热温差	《教材（第三版 2018）》P575
蒸气压缩式制冷理论循环单位质量制冷量	$q_0 = h_1 - h_4$	q_0 单位质量制冷量；h_1，h_4 1、4 点焓	《教材（第三版 2018）》P577
蒸气压缩式制冷理论循环单位容积制冷量	$q_v = \frac{q_0}{v_1} = \frac{h_1 - h_4}{v_1}$	q_v 单位容积制冷量；h_1，h_4 1、4 点焓；v_1 压缩机吸气比容	《教材（第三版 2018）》P577

续表

名称	公式	符号含义	出处
蒸气压缩式制冷理论循环制冷剂质量流量	$M_R = \dfrac{\Phi_0}{q_0}$	M_R 制冷剂质量流量；Φ_0 制冷量；q_0 单位质量制冷量	《教材（第三版2018）》P577
蒸气压缩式制冷理论循环制冷剂体积流量	$V_R = M_R v_1 = \dfrac{\Phi_0}{q_v}$	V_R 制冷剂体积流量；v_1 压缩机吸气比容；M_R 制冷剂质量流量	《教材（第三版2018）》P577
蒸气压缩式制冷理论循环单位质量冷凝热	$q_k = h_2 - h_3$	q_k 单位质量冷凝热；h_2，h_3 2、3点焓	《教材（第三版2018）》P577
冷凝器热负荷	$\Phi_k = M_R q_k = M_R(h_2 - h_3)$	M_R 制冷剂质量流量；q_k 单位质量冷凝热	《教材（第三版2018）》P577
压缩机单位质量耗功量	$w_{th} = h_2 - h_1$	w_{th} 压缩机单位质量耗功量；h_2，h_1 2、1点焓	《教材（第三版2018）》P577
压缩机理论耗功量	$P_{th} = M_R(h_2 - h_1)$	P_{th} 压缩机理论耗功量；M_R 制冷剂质量流量	《教材（第三版2018）》P578
蒸气压缩式制冷理论循环制冷系数	$\varepsilon_{th} = \Phi_0/P_{th} = q_0/w_{th} = (h_1 - h_4)/(h_2 - h_1)$	Φ_0 制冷量；P_{th} 压缩机理论耗功量；q_0 单位质量制冷量；w_{th} 压缩机单位质量耗功量	《教材（第三版2018）》P578
制冷效率	$\eta_R = \varepsilon_{th}/\varepsilon'_c$	ε_{th} 理论循环制冷系数；ε'_c 有传热温差理想循环制冷系数	《教材（第三版2018）》P578
再冷循环制冷系数	$\varepsilon_{再冷} = \varepsilon_0 + (C'_x \cdot \Delta t_{r\cdot c})/(h_2 - h_1)$	ε_0 无再冷的饱和循环制冷系数；C'_x 制冷剂平均比热；$\Delta t_{r\cdot c}$ 再冷度	《教材（第三版2018）》P578
回热循环制冷系数	$\varepsilon = (q_0 + \Delta q_0)/(w_c + \Delta w_c)$	Δq_0 增加的制冷量；Δw_c 增加的压缩机耗功	《教材（第三版2018）》P579
双级压缩制冷循环蒸发器质量流量	$M_{R1} = \Phi_0/(h_1 - h_8)$	M_{R1} 蒸发器的质量流量；Φ_0 制冷量；h_1，h_8 1、8点焓	《教材（第三版2018）》P582～583
低压级压缩机理论耗功率	$P_{th1} = M_{R1}(h_2 - h_1)$	M_{R1} 蒸发器的质量流量；h_1，h_2 1、2点焓	《教材（第三版2018）》P582～583

续表

名称	公式	符号含义	出处
高压级压缩机理论耗功率	$P_{th2}=M_R(h_4-h_3)$	M_R 制冷剂总质量流量；h_3，h_4 3、4 点焓	《教材（第三版 2018）》P582～583
双级压缩制冷循环理论制冷系数	$\varepsilon_{th}=\Phi_0/P_{th}=\Phi_0/(P_{th1}+P_{th2})$	P_{tt} 双级压缩制冷循环理论总耗功率	《教材（第三版 2018）》P582～583
中间冷却器质量平衡方程	$\sum_{进}M_R=\sum_{出}M_R$	$\sum_{进}M_R$ 进入中间冷却器的质量流量；$\sum_{出}M_R$ 流出中间冷却器的质量流量	《教材（第三版 2018）》P582～583
中间冷却器热平衡方程	$\sum_{进}M_R h_{进}=\sum_{出}M_R h_{出}$	$h_{进}$进口各点焓；$h_{出}$出口各点焓	《教材（第三版 2018）》P582～583
双级压缩最佳中间温度	$t_{佳}=0.4t_k+0.6t_0+3$	t_0 蒸发温度；t_k 冷凝温度	《教材（第三版 2018）》P584
双级压缩中间压力	$p=\sqrt{p_k\cdot p_0}$	p_k 冷凝压力；p_0 蒸发压力	《教材（第三版 2018）》P584
制热系数	$\varepsilon_h=\Phi_h/P=(\Phi_0+P)/P=\varepsilon+1$	ϕ_h 制热量；P 耗功量；ε 制冷系数	《教材（第三版 2018）》P584
逆卡诺循环制热系数	$\varepsilon_{h.c}=\varepsilon_c+1=T'_k/(T'_k-T'_0)$	ε_c 制冷系数；T'_0 蒸发温度；T'_k 冷凝温度	《教材（第三版 2018）》P584
活塞式制冷压缩机理论输气量	$V_h=\frac{\pi}{240}D^2SnZ$	D 气缸直径；S 活塞行程；n 曲轴转数；Z 气缸数；	《教材（第三版 2018）》P610
滚动转子式压缩机理论输气量	$V_h=\frac{\pi}{60}n(R^2-r^2)LZ$	R 气缸半径；r 转子半径；L 气缸轴向厚度；n 压缩机转速；Z 气缸数	《教材（第三版 2018）》P610
双螺杆式制冷压缩机理论输气量	$V_h=\frac{1}{60}C_nC_\phi D_0Ln$	D_0 主动转子公称直径；L 转子长度；C_n 面积利用系数；C_ϕ 扭角系数；n 主动转子转速	《教材（第三版 2018）》P610

续表

名称	公式	符号含义	出处
单螺杆式制冷压缩机理论输气量	$V_h = \frac{2V_p Zn}{60}$	V_p 星轮封闭时的最大基元容积；Z 转子齿数；n 转子转速	《教材（第三版2018）》P610
涡旋式制冷压缩机理论输气量	$V_h = \frac{1}{30}n\pi P_h H(P_h - 2\delta)\left(2N - 1 - \frac{\theta^*}{\pi}\right)$	H 涡旋体高度；δ 涡旋体壁厚；a 基圆半径；涡旋节距 $P_h = 2\pi a$；N 小室数；θ^* 回转角；n 转速	《教材（第三版2018）》P610
容积效率	$\eta_v = \frac{V_R}{V_h} = \lambda_v \lambda_p \lambda_t \lambda_l$	V_R 实际输气量；V_h 理论输气量；λ_v 余隙系数；λ_p 节流系数；λ_t 预热系数；λ_l 气密系数	《教材（第三版2018）》P610
相对余隙容积	$C = V_c / V_g$	V_c 余隙容积；V_g 气缸工作容积	《教材（第三版2018）》P611
中小型活塞式压缩机容积效率经验公式	$\eta_v = 0.94 - 0.085\left[\left(\frac{p_2}{p_1}\right)^{\frac{1}{m}} - 1\right]$	p_1 吸气压力；p_2 排气压力；m 多变指数	《教材（第三版2018）》P611
制冷量	$\Phi_0 = \eta_v V_h q_v$	η_v 容积效率；V_h 理论输气量；q_v 单位容积制冷量	《教材（第三版2018）》P612
制热量	$\Phi_h = \Phi_0 + f P_{in}$	f 制热量转化系数；P_{in} 输入功率	《教材（第三版2018）》P612
指示功率	$P_i = M_R w_i$	w_i 单位质量制冷剂的实际耗功率	《教材（第三版2018）》P613
指示效率	$\eta_i = P_{th} / P_i$	P_{th} 理论耗功率；P_i 指示功率	《教材（第三版2018）》P613
轴功率	$P_e = P_i + P_m$	P_m 摩擦功率；P_i 指示功率	《教材（第三版2018）》P613
摩擦效率	$\eta_m = P_i / P_e$	P_e 轴功率；P_i 指示功率	《教材（第三版2018）》P613
电机输出功率	$P_{out} = P_e / \eta_d$	P_e 轴功率；η_d 传动效率	增补
电机输入功率	$P_{in} = P_{out} / \eta_e$	P_{out} 输出功率；η_e 电动机效率	增补

续表

名称	公式	符号含义	出处
电机输入功率	$P_{in}=P_{th}/\eta_s$	η_s 绝热效率；P_{th} 理论耗功率	《教材（第三版 2018）》P613
绝热效率	$\eta_s=\eta_i\eta_m\eta_e$	η_i 指示效率；η_m 摩擦效率；η_e 电动机效率	《教材（第三版 2018）》P613
开启式制冷压缩机配用电动机的功率	$P=(1.10-1.15)P_e/\eta_d$	P_e 轴功率；η_d 传动效率	《教材（第三版 2018）》P613
制冷压缩机制冷性能系数	$COP=\Phi_0/P_e$	ϕ_0 制冷量；P_e 轴功率	《教材（第三版 2018）》P614
制冷压缩机制热性能系数	$COP_h=\Phi_h/P_e$	ϕ_h 制热量；P_e 轴功率	《教材（第三版 2018）》P614
综合部分负荷系数（制冷）	$IPLV(C)=1.2\%A+32.8\%B+39.7\%C+26.3\%D$	A、B、C、D 分别为 100%、75%、50%、25%负荷时的性能系数	《教材（第三版 2018）》P622
综合部分负荷系数（制热）	$IPLV(H)=8.3\%A+40.3\%B+38.6\%C+12.9\%D$		《教材（第三版 2018）》P623
水（地）源热泵全年综合性能系数	$ACOP=0.56EER+0.44COP$	EER 机组在额定制冷工况下满负荷运行时的能效；COP 机组在额定制热工况下满负荷运行时的能效	《教材（第三版 2018）》P625
冷水机组的噪声声压级	$L_p=L_w+10\lg(4\pi r^2)^{-1}$	L_w 声源的声功率级；r 离开声源的距离	《教材（第三版 2018）》P627
风冷热泵机组制热量	$\Phi_h=qK_1K_2$	q 产品样本瞬时制热量；K_1 温度修正系数；K_2 化霜修正系数	《教材（第三版 2018）》P627
吸收式制冷工质对制冷剂质量浓度	$\xi_1=\dfrac{m_1}{m_1+m_2}$	m_1 制冷剂质量；m_2 吸收剂质量	《教材（第三版 2018）》P642
吸收式制冷工质对吸收剂质量浓度	$\xi_2=\dfrac{m_2}{m_1+m_2}$	m_1 制冷剂质量；m_2 吸收剂质量	《教材（第三版 2018）》P642
吸收式制冷热力系数	$\xi=\phi_0/\phi_g$	ϕ_0 制冷量；ϕ_g 消耗的热量	《教材（第三版 2018）》P642

续表

名称	公式	符号含义	出处
最大热力系数	$\xi_{max}=T_0(T_g-T_e)/T_g(T_e-T_0)=\varepsilon_c\eta_c$	T_g 发生器中热媒温度；T_0 蒸发器中被冷却物温度；T_e 环境温度；ε_c 逆卡诺循环制冷系数；η_c 卡诺循环热效率	《教材（第三版2018）》P642
热力完善度	$\eta_d=\xi/\xi_{max}$	ξ 热力系数；ξ_{max} 最大热力系数	《教材（第三版2018）》P643
循环倍率	$f=\xi_s/(\xi_s-\xi_w)$	ξ_w 稀溶液浓度；ξ_s 浓溶液浓度	《教材（第三版2018）》P645
放气范围	$\Delta\xi=\xi_s-\xi_w$	ξ_w 稀溶液浓度；ξ_s 浓溶液浓度	《教材（第三版2018）》P645
吸收式机组名义性能系数（制冷）	$COP_0=\Phi_0/(\Phi_g+P)$	Φ_0 制冷量；Φ_g 加热源耗热量；P 电功率	《教材（第三版2018）》P651
吸收式机组名义性能系数（制热）	$COP_h=\Phi_h/(\Phi_g+P)$	Φ_h 制热量；Φ_g 加热源耗热量；P 电功率	《教材（第三版2018）》P651
燃气冷热电联供系统年平均能源综合利用率	$\nu_1=\frac{3.6W+Q_1+Q_2}{BQ_L}\times100\%$	W 年发电总量；Q_1 年供热总量；Q_2 年供冷总量；B 年燃气总耗量；Q_L 燃气低位发热量 注：1kWh=3.6MJ	《教材（第三版2018）》P670
燃气冷热电联供系统年平均余热利用率	$\mu=\frac{Q_1+Q_2}{Q_p+Q_s}$	Q_1 年供热总量；Q_2 年供冷总量；Q_p 烟气可利用总热量；Q_s 冷却水可利用总热量	《教材（第三版2018）》P670
日总冷负荷（平均法）	$Q_d=\sum_{i=1}^{24}q_i=n\cdot m\cdot q_{max}=n\cdot q_p$	q_i i 时刻空调冷负荷；n 设计日空调运行小时数；m 平均负荷系数；q_{max} 设计日最大小时冷负荷；q_p 设计日平均小时冷负荷	《教材（第三版2018）》P688
设备计算日总冷负荷	$Q=(1+k)Q_d$	k 制冷站设计日附加系数	《教材（第三版2018）》P688
蓄冰装置有效容量	$Q_s=\sum_{i=1}^{24}q_i=n_1\cdot c_f\cdot q_c$	n_1 夜间制冰工况下运行的小时数；c_f 制冰时制冷能力的变化率；q_c 标定制冷量	《教材（第三版2018）》P689

续表

名称	公式	符号含义	出处
蓄冷装置名义容量	$Q_{so}=\varepsilon Q_s$	ε 蓄冷装置的实际放大系数	《教材（第三版 2018）》P689
制冷机标定制冷量（全负荷蓄冰）	$q_c=\dfrac{\sum_{i=1}^{24}q_i}{n_1\cdot c_f}$	n_1 夜间制冰工况下运行的小时数；c_f 制冰时制冷能力的变化率；q_i i 时刻空调冷负荷	《教材（第三版 2018）》P689
制冷机标定制冷量（部分负荷蓄冰）	$q_c=\dfrac{\sum_{i=1}^{24}q_i}{n_2+n_1\cdot c_f}$	n_2 白天制冷机在空调工况下运行小时数	《教材（第三版 2018）》P689
为满足限电要求所需蓄冰装置容量	$Q'_s\geqslant q'_{imax}/\eta_{max}$	q'_{imax} 限电时段空调系统的最大小时冷负荷；η_{max} 蓄冰装置最大小时取冷率	《教材（第三版 2018）》P690
修正后的制冷机空调工况制冷量	$q_c\geqslant Q'_s/(n_1\cdot c_f)$	Q'_s 为满足限电要求所需蓄冰装置容量	《教材（第三版 2018）》P690
水蓄冷贮槽容积	$V=\dfrac{Q_sP}{1.163\eta\Delta t}$	Q_s 设计日所需蓄冷量；P 容积率；η 蓄冷效率；Δt 进出水温差	《教材（第三版 2018）》P690
稳流器进口的弗鲁德数	$Fr=q/\left[\dfrac{gh_i^3(\rho_1-\rho_a)}{\rho_a}\right]^{0.5}$	q 稳流器有效单位长度的体积流量；g 重力加速度；h_i 稳流器最小进口高度；ρ_1 进口水密度；ρ_a 周围水密度	《教材（第三版 2018）》P691
稳流器进口的雷诺数	$Re=q/\gamma$	γ 进水的运动黏度	《教材（第三版 2018）》P691
25%乙烯乙二醇溶液泵计算流量	$L\approx Q_j/(3.83\Delta t)$	Q_j 输送冷量；Δt 供回液温差	《教材（第三版 2018）》P697
卤水泵计算流量	$L\approx Q_j/(4.2\Delta t)$		《教材（第三版 2018）》P697
食品的比热容（冻结点以上）	$c_r=4.19-2.30X_s-0.628X_s^3$	X_s 食品中固形物的质量分数	《教材（第三版 2018）》P710

续表

名称	公式	符号含义	出处
食品水分的冻结量（冻结点以下）	$X_i = \dfrac{1.105X_w}{1+\dfrac{0.8765}{\ln(t_f - t + 1)}}$	X_w 食品的含水率；t_f 食品的初始冻结点；t 食品冻结终了温度	《教材（第三版 2018）》P710
食品的比热容（冻结点以下）	$c_r = 0.837 + 1.256X_w$	X_w 食品的含水率	《教材（第三版 2018）》P710
食品在初始冻结点以上的比焓	$h = h_f + (t - t_f)(4.19 - 2.30X_s - 0.628X_s^3)$	h_f 食品在初始冻结点 t_f 时的比焓；t 食品的温度；t_f 食品的初始冻结点；X_s 食品中固形物的质量分数	《教材（第三版 2018）》P710
食品在初始冻结点以下的比焓	$h = (t - t_r)\left[1.55 + 1.26X_s - \dfrac{(X_w - X_b)\gamma_0 t_f}{t_f t}\right]$	γ_0 水的冻结潜热；X_w 食品的含水率；X_b 食品中结合水的含量；	《教材（第三版 2018）》P710
食品中结合水的含量	$X_b = 0.4X_P$	X_P 食品中蛋白质的质量分数	《教材（第三版 2018）》P711
果蔬表面水蒸发所造成的失水量	$m = \beta M(p_g - p_s)$	β 蒸发系数；M 果蔬的质量；p_g 果蔬表面的水蒸气压；p_s 果蔬周围空气的水蒸气压	《教材（第三版 2018）》P711
食品冻结时间（平板状食品）	$\tau_{-15} = \dfrac{W(105 + 0.42t_c)}{10.7\lambda(-1 - t_c)}\delta\left(\delta + \dfrac{5.3\lambda}{\alpha}\right)$	δ 食品的厚度或半径；α 表面传热系数；λ 食品冻结后的热导率；W 食品的含水量；t_c 冷却介质的温度	《教材（第三版 2018）》P712
食品冻结时间（圆柱状食品）	$\tau_{-15} = \dfrac{W(105 + 0.42t_c)}{6.3\lambda(-1 - t_c)}\delta\left(\delta + \dfrac{3.0\lambda}{\alpha}\right)$	δ 食品的厚度或半径；α 表面传热系数；λ 食品冻结后的热导率；W 食品的含水量；t_c 冷却介质的温度	《教材（第三版 2018）》P712
食品冻结时间（球状食品）	$\tau_{-15} = \dfrac{W(105 + 0.42t_c)}{11.3\lambda(-1 - t_c)}\delta\left(\delta + \dfrac{3.7\lambda}{\alpha}\right)$	δ 食品的厚度或半径；α 表面传热系数；λ 食品冻结后的热导率；W 食品的含水量；t_c 冷却介质的温度	《教材（第三版 2018）》P712
冷库计算吨位	$G = \Sigma V_i \rho_s \eta / 1000$	V_i 冷藏间或冰库的公称容积；η 冷藏间或冰库的体积利用系数；ρ_s 食品的计算密度	《教材（第三版 2018）》P712
冷却间和冻结间冷加工能力（吊挂式）	$G_d = \left(\dfrac{lg}{1000}\right)\cdot\left(\dfrac{24}{\tau}\right)$	l 吊轨有效长度；g 吊轨单位长度净载货质量；τ 冷间货物冷加工时间	《教材（第三版 2018）》P714
冷却间和冻结间冷加工能力（搁架排管式）	$G_d = \left(\dfrac{NG'_g}{1000}\right)\cdot\left(\dfrac{24}{\tau}\right)$	N 搁架式冻结设备设计摆放冻结食品容器的件数；G'_g 每件食品的净质量	《教材（第三版 2018）》P714

续表

名称	公式	符号含义	出处
蒸汽渗透强度	$\omega=(P_{sw}-P_{sn})/H$	P_{sw} 高温侧空气的水蒸气的分压力；P_{sn} 低温侧空气的水蒸气的分压力；H 隔热层各层材料的蒸汽渗透阻之和	《教材（第三版 2018）》P718
围护结构隔热层各层材料的蒸汽渗透阻之和	$H=R_w+R_1+R_2+\cdots+R_n$	R_w 围护结构外表面的蒸汽渗透阻；R_n 围护结构内表面的蒸汽渗透阻	《教材（第三版 2018）》P718
蒸汽渗透阻	$R=\delta/\mu$	δ 材料的厚度；μ 材料的蒸汽渗透率	《教材（第三版 2018）》P718
围护结构隔热层高温侧各层材料（隔热层以外）的蒸汽渗透阻之和	$H_0\geqslant 1.6(P_{sw}-P_{sn})$	P_{sw} 高温侧空气的水蒸气的分压力；P_{sn} 低温侧空气的水蒸气的分压力	《教材（第三版 2018）》P718
围护结构热惰性指标	$D=R_1S_1+R_2S_2+\cdots+R_nS_n$	R 热阻；S 蓄热系数	《教材（第三版 2018）》P722
冷库隔热材料的设计热导率	$\lambda=\lambda'b$	λ' 材料正常条件下测定的热导率；b 热导率修正系数	《教材（第三版 2018）》P723
冷库围护结构热流量	$Q_1=KA\alpha(t_w-t_n)$	K 围护结构传热系数；A 围护结构传热面积；α 围护结构两侧温差修正系数；t_w 围护结构外侧计算温度；t_n 围护结构内侧计算温度	《教材（第三版 2018）》P725
货物热流量	$Q_2=Q_{2a}+Q_{2b}+Q_{2c}+Q_{2d}$ $=\frac{1}{3.6}\left[\frac{m(h_1-h_2)}{t}+mB_b\frac{C_b(\theta_1-\theta_2)}{t}+\frac{m(Q'+Q'')}{2}\right]+(m_z-m)Q''$	Q_{2a} 食品热流量；Q_{2b} 包装材料和运载工具热流量；Q_{2c} 货物冷却时的呼吸热流量；Q_{2d} 货物冷藏时的呼吸热流量	《教材（第三版 2018）》P725
冷间通风换气热流量	$Q_3=Q_{3a}+Q_{3b}$ $=\frac{1}{3.6}\left[\frac{(h_w-h_n)nV_n\rho_n}{24}+30n_\tau\rho_n(h_w-h_n)\right]$	Q_{3a} 冷间换气热流量；Q_{3b} 操作人员需要的新鲜空气热流量	《教材（第三版 2018）》P727

续表

名称	公式	符号含义	出处
冷间内电动机运转热流量	$Q_4 = 1000 \Sigma P_d \zeta b$	P_d 电动机额定功率；ζ 热转化系数；b 电动机运转时间系数	《教材（第三版2018）》P728
冷间内操作热流量	$Q_5 = Q_{5a} + Q_{5b} + Q_{5c} = Q_d A_d + \frac{1}{3.6} \times \frac{n'_k n_k V_n (h_w - h_n) M \rho_n}{24} + \frac{3}{24} n_\tau q_\tau$	Q_{5a} 照明热流量；Q_{5b} 开门热流量；Q_{5c} 操作人员热流量	《教材（第三版2018）》P728
冷间冷却设备负荷	$Q_s = Q_1 + pQ_2 + Q_3 + Q_4 + Q_5$	Q_1 围护结构热流量；Q_2 货物热流量；Q_3 通风换气热流量；Q_4 电动机运转热流量；Q_5 操作热流量；p 货物冷加工负荷系数	《教材（第三版2018）》P729
冷间机械负荷	$Q_J = (n_1 \Sigma Q_1 + n_2 \Sigma Q_2 + n_3 \Sigma Q_3 + n_4 \Sigma Q_4 + n_5 \Sigma Q_5) R$	n_1 围护结构热流量的季节修正系数；n_2 货物热流量折减系数；n_3 同期换气次数；n_4 冷间内电动机同期运转系数；n_5 冷间同期操作系数；R 冷损耗补偿系数	《教材（第三版2018）》P729
冷凝器热负荷	$Q_c = Q_e + P_i$	Q_e 压缩机在计算工况下的制冷量；P_i 压缩机在计算工况下的消耗功率	《教材（第三版2018）》P737
冷凝器热负荷（系数法）	$Q_c = \phi Q_e$	ϕ 冷凝器负荷系数	《教材（第三版2018）》P737
冷凝器传热面积	$A = Q_c / K\Delta\theta_m = Q_c / q_l$	K 冷凝器传热系数；$\Delta\theta_m$ 冷凝器对数平均温差；q_l 冷凝器的热流密度	《教材（第三版2018）》P738
蒸发器传热面积	$A = Q_c / K\Delta\theta_m = Q_c / q_l$	Q_c 蒸发器热负荷	《教材（第三版2018）》P740
低压循环储液器直径	$d_d = 0.0188 \sqrt{\frac{\lambda V}{W_d \xi_d n_d}}$	λ 输气系数；V 理论输气量；W_d 气体速度；ξ_d 截面积系数；n_d 进气口个数	《教材（第三版2018）》P741
低压循环储液器体积（上进下出）	$V_d = (\theta_q V_q + 0.6 V_h) / 0.5$	θ_q 蒸发器的设计灌氨量体积百分比；V_q 蒸发器的体积；V_h 回气管体积	《教材（第三版2018）》P742
低压循环储液器体积（下进上出）	$V_d = (0.2 V'_q + 0.6 V_h + t_b V_b) / 0.7$	V'_q 灌氨量最大一间蒸发器的体积；V_b 一台氨泵的体积流量；t_b 氨泵启动到液体返回时间	《教材（第三版2018）》P742

续表

名称	公式	符号含义	出处
氨泵的体积流量	$q_v = n_x q_z V_z$	n_x 循环倍数；q_z 氨液蒸发量；V_z 下氨饱和液体的比体积	《教材（第三版 2018）》P742
冷却设备传热面积	$A_s = \frac{Q_s}{K_s \cdot \Delta\theta_s}$	Q_s 冷间冷却设备负荷；K_s 冷却设备的传热系数；$\Delta\theta_s$ 冷间温度与冷却设备蒸发温度的计算温差	《教材（第三版 2018）》P744
冷却设备的传热系数	$K = K'C_1C_2C_3$	K' 光滑管在特定条件下的传热系数；C_1, C_2, C_3 换算系数	《教材（第三版 2018）》P744
压缩机安全阀口径	$d = C_1\ (q_v)^{0.5}$	q_v 压缩机的排气量；C_1 计算系数	《教材（第三版 2018）》P750
压力容器上安全阀口径	$d = C_2\ (DL)^{0.5}$	D，L 压力容器直径和长度；C_1 计算系数	《教材（第三版 2018）》P750
装配式冷库每天进货量	$m = 0.1G$	G 冷库计算吨位	《教材（第三版 2018）》P754、P712
围护结构热流量	$Q_1 = [\alpha_1 A_s + \alpha_2 A_c + A_x]\left(\frac{\lambda}{\delta}\right)(t_w - t_n)$	α_1，α_2 修正值；A_s，A_c，A_x 冷库顶围护结构、侧围护结构、地坪传热面积；λ 导热系数；δ 厚度；t_w，t_n 围护结构外侧、室内计算温度	《教材（第三版 2018）》P754
货物耗冷量	$Q_2 = \frac{1}{3.6} mC(\theta_1 - \theta_2)$	C 货物的比热容；θ_1 货物进入冷库时的温度；θ_2 冷库设计温度	《教材（第三版 2018）》P754
通风换气耗冷量	$Q_3 = Q_{3a} + Q_{3b}$	Q_{3a} 冷间换气热流量；Q_{3b} 操作人员需要的新鲜空气热流量	《教材（第三版 2018）》P755、P727
装配式冷库总制冷负荷	$Q = 1.1(Q_1 + Q_2 + Q_3)$		《教材（第三版 2018）》P755

6. 绿色建筑、水、燃气公式

名称	公式	符号含义	出处
供暖系统热效率	$\eta=\eta_1\cdot\eta_2\cdot\eta_3$	η_1 锅炉热效率；η_2 供热外网热效率；η_3 散热器（或空气处理设备）的热效率	《教材（第三版2018）》P788
最高日用水量	$Q_d=m\cdot q_0$	m 用水单位数，人数或床位数等；q_0 最高用水日的用水定额	《教材（第三版2018）》P806
最大小时用水量	$Q_h=\frac{Q_d}{T}\cdot k_h$	T 建筑物的用水使用时数；k_h 小时变化系数	《教材（第三版2018）》P806
住宅给水设计秒流量	$q_g=0.2U\cdot N_g$	U 计算管段卫生器具给水当量的同时出流概率；N_g 计算管段卫生器具给水当量总数	《教材（第三版2018）》P806
宿舍（Ⅰ、Ⅱ类）、旅馆、宾馆、酒店式公寓、医院、疗养院、幼儿园、养老院、办公楼、商场、图书馆、书店、客运站、航站楼、会展中心、中小学教学楼、公共厕所等建筑的给水设计秒流量	$q_g=0.2\alpha\sqrt{N_g}$	α 根据建筑物用途而定的系数；N_g 计算管段卫生器具给水当量总数	《教材（第三版2018）》P807
宿舍（Ⅲ、Ⅳ类）、工业企业的生活间、公共浴室、职工食堂或营业餐馆的厨房、体育场馆、剧院、普通理化实验室等建筑的给水设计秒流量	$q_g=\Sigma q_0 n_0 b$	q_0 同类型的一个卫生器具给水额定流量；n_0 同类型卫生器具数量；b 同类型卫生器具的同时给水百分数	《教材（第三版2018）》P807

续表

名称	公式	符号含义	出处
全日供应热水的宿舍（Ⅰ、Ⅱ类）、住宅、别墅、酒店式公寓、招待所、培训中心、旅馆、宾馆的客房（不含员工）、医院住院部、养老院、幼儿园、托儿所（有住宿）、办公楼等建筑集中热水设计小时耗热量	$Q_h = K_h \frac{mq_r C(t_r - t_1)\rho_r}{T}$	m 用水计算单位数（人数或床位数）；q_r 热水用水定额；C 水的比热；t_r 热水温度；t_1 冷水温度；ρ_r 热水密度；T 每日使用时间；K_h 小时变化系数	《教材（第三版 2018）》P809
定时供应的热水的住宅、旅馆、医院及工业企业生活间、公共浴室、宿舍（Ⅲ、Ⅳ类）、剧院化妆间、体育场馆运动员休息室等建筑的集中热水设计小时耗热量	$Q_h = \Sigma q_h(t_r - t_1)\rho_r n_0 bC$	q_h 卫生器具热水的小时用水定额；C 水的比热；t_r 热水温度；t_1 冷水温度；ρ_r 热水密度；n_0 同类型卫生器具数量；b 卫生器具的同时使用百分数	《教材（第三版 2018）》P809
设计小时热水量	$q_{rh} = \frac{Q_h}{(t_r - t_1)C\rho_r}$	Q_h 设计小时耗热量；C 水的比热；t_r 热水温度；t_1 冷水温度；ρ_r 热水密度	《教材（第三版 2018）》P809
容积式水加热器或贮热容积与其相当的水加热器、燃油（气）热水机组的设计小时供热量	$Q_g = Q_h - \frac{\eta V_r}{T}(t_r - t_1)C\rho_r$	Q_h 设计小时耗热量；η 有效贮热容积系数；V_r 总贮热容积；T 设计小时耗热量持续时间；C 水的比热；t_r 热水温度；t_1 冷水温度；ρ_r 热水密度	《教材（第三版 2018）》P810
热泵热水机设计小时供热量	$Q_g = k_1 \frac{mq_r C(t_r - t_1)\rho_r}{T_1}$	m 用水计算单位数（人数或床位数）；q_r 热水用水定额；C 水的比热；t_r 热水温度；t_1 冷水温度；ρ_r 热水密度；T_1 热水机组设计工作时间；k_1 安全系数	《教材（第三版 2018）》P812

续表

名称	公式	符号含义	出处
贮热水箱（罐）容积	$V_r = k_2 \frac{(Q_h - Q_g)T}{\eta(t_r - t_1)C\rho_r}$	Q_h 设计小时耗热量；Q_g 设计小时供热量；V_r 总贮热容积；T 设计小时耗热量持续时间；k_2 安全系数	《教材（第三版2018）》P812
住宅、宿舍（Ⅰ、Ⅱ类）、旅馆、宾馆、酒店式公寓、医院、疗养院、幼儿园、养老院、办公楼、商场、图书馆、书店、客运中心、航站楼、会展中心、中小学教学楼、食堂或营业餐厅等建筑的排水设计秒流量	$q_p = 0.12\alpha\sqrt{N_p} + q_{max}$	α 根据建筑物用途而定的系数；N_p 计算管段卫生器具排水当量总数；q_{max} 计算管段上最大的一个卫生器具的排水流量 注：如果计算所得流量值大于该管段上按卫生器具排水流量累加值时，应按卫生器具排水流量累加值计	《教材（第三版2018）》P814
宿舍（Ⅲ、Ⅳ类）、工业企业的生活间、公共浴室、洗衣房、职工食堂或营业餐厅的厨房、实验室、影剧院、体育场馆等建筑的排水设计秒流量	$q_p = \Sigma q_0 n_0 b$	q_0 同类型的一个卫生器具排水设计秒流量；n_0 同类型卫生器具数量；b 卫生器具的同时给排水百分数	《教材（第三版2018）》P815
高差引起的燃气附加压力	$\Delta H = 9.8 \times (\rho_k - \rho_m)h$	ρ_k 空气密度；ρ_m 燃气密度；h 燃气管道终、起点的高程差	《教材（第三版2018）》P817
居民生活用燃气计算流量	$Q_h = \Sigma kNQ_n$	k 燃具同时工作系数；N 同种燃具或成组燃具的数目；Q_n 燃具的额定流量	《教材（第三版2018）》P821
燃气小时计算流量估算	$Q_h = \frac{K_m K_d K_h Q_a}{365 \times 24}$	Q_a 年燃气用量；K_m 月高峰系数；K_d 日高峰系数；K_h 小时高峰系数	《教材（第三版2018）》P822

附录3　注 册 考 试 须 知

全国勘察设计注册公用设备工程师（暖通空调）执业资格考试专业考试报考条件

<table>
<tr><th>报考前提条件</th><th>专业</th><th>学历或学位</th><th>专业工程
设计年限</th></tr>
<tr><td rowspan="13">基础考试合格
或免考</td><td rowspan="6">本专业
1）新专业名称：
建筑环境与能源应用工程
2）旧专业名称：
① 建筑环境与设备工程
② 供热通风与空调工程
③ 供热空调与燃气工程
④ 城市燃气工程</td><td>博士</td><td>2年</td></tr>
<tr><td>硕士</td><td>3年</td></tr>
<tr><td>双学士、研究生班</td><td>4年</td></tr>
<tr><td>大学本科
（通过本专业教育评估）</td><td>4年</td></tr>
<tr><td>大学本科
（未通过本专业教育评估）</td><td>5年</td></tr>
<tr><td>大学专科</td><td>6年</td></tr>
<tr><td rowspan="5">相近专业
1）新专业名称：
① 飞行器环境与生命保障工程
② 环境科学与工程
③ 安全工程
④ 食品科学与工程
⑤ 能源与动力工程
⑥ 农业建筑环境与能源工程
⑦ 消防工程</td><td>博士</td><td>3年</td></tr>
<tr><td>硕士</td><td>4年</td></tr>
<tr><td>双学士、研究生班</td><td>5年</td></tr>
<tr><td>本科</td><td>6年</td></tr>
<tr><td>大学专科</td><td>7年</td></tr>
<tr><td>2）旧专业名称：
① 环境工程
② 矿山通风与安全工程
③ 冷冻冷藏工程（部分）
④ 热能与动力工程
⑤ 制冷与低温技术</td><td></td><td></td></tr>
<tr><td>其他专业
除本专业和相近专业外的工科专业</td><td>大学本科及以上学历</td><td>8年</td></tr>
</table>

注：基础考试免考条件详见住房和城乡建设部执业资格注册中心发布的《全国勘察设计注册工程师资格考试报考条件》。

全国勘察设计注册公用设备工程师（暖通空调）执业资格考试信息发布时间及内容

时间	内容	部门
2月/3月	合格标准	中国人事考试网 人力资源和社会保障部
5月/6月	领证、注册	各地考试中心 各地建设厅
6月/7月	考务通知、报名 （考生须知、报考条件、考试大纲、资料要求等）	中国人事考试网 建设部执业资格注册中心 各地考试中心
9月/10月	考试 （考前一周左右打印准考证）	中国人事考试网
12月/1月	次年考试计划	人力资源和社会保障部
12月末/1月	成绩查询	中国人事考试网

全国勘察设计注册公用设备工程师（暖通空调）执业资格考试专业考试时间、题型、分数及合格线

<table>
<tr><th>日期</th><th>考试内容</th><th>时间</th><th>题型</th><th>分值</th><th>题量</th><th>总分</th><th>合格</th></tr>
<tr><td rowspan="2">第一天
上午</td><td rowspan="2">专业知识（上）</td><td rowspan="2">08：00～11：00</td><td>单选题</td><td>1</td><td>40</td><td rowspan="2">100</td><td rowspan="4">120</td></tr>
<tr><td>多选题</td><td>2</td><td>30</td></tr>
<tr><td rowspan="2">第一天
下午</td><td rowspan="2">专业知识（下）</td><td rowspan="2">14：00～17：00</td><td>单选题</td><td>1</td><td>40</td><td rowspan="2">100</td></tr>
<tr><td>多选题</td><td>2</td><td>30</td></tr>
<tr><td>第二天
上午</td><td>专业案例（上）</td><td>08：00～11：00</td><td>单选＋解答过程</td><td>2</td><td>25</td><td>50</td><td rowspan="2">60</td></tr>
<tr><td>第二天
下午</td><td>专业案例（下）</td><td>14：00～17：00</td><td>单选＋解答过程</td><td>2</td><td>25</td><td>50</td></tr>
</table>

注：考试日期详见人力资源和社会保障部12月发布的次年考试计划。

全国勘察设计注册公用设备工程师（暖通空调）执业资格考试专业考试大纲

1. 总则
2. 供暖（含小区供热设备和热网）
3. 通风
4. 空气调节
5. 制冷与热泵技术
6. 空气洁净技术
7. 绿色建筑
8. 民用建筑房屋卫生设备和燃气供应

1 总 则

1.1 熟悉暖通空调制冷设计规范，掌握规范的强制性条文。

1.2 熟悉绿色建筑设计规范、人民防空工程、建筑设计防火等标准中与本专业相关的部分，掌握规范中关于本专业的强制性条文。

1.3 熟悉建筑节能设计标准中有关暖通空调制冷部分、暖通空调制冷设备产品标准中设计选用部分、环境保护及卫生标准中有关本专业的规定条文。掌握上述标准中有关本专业的强制性条文。

1.4 熟悉暖通空调制冷系统的类型、构成及选用。

1.5 了解暖通空调设备的构造及性能，掌握国家现行产品标准以及节能标准对暖通空调设备的能效等级的要求。

1.6 掌握暖通空调制冷系统的设计方法、暖通空调设备选择计算、管网计算。正确采用设计计算公式及取值。

1.7 掌握防排烟设计及设备、附件、材料的选择。

1.8 熟悉暖通空调制冷设备及系统的自控要求及一般方法。

1.9 熟悉暖通空调制冷施工和施工质量验收规范。

1.10 熟悉暖通空调制冷设备及系统的测试方法。

1.11 了解绝热材料及制品的性能，掌握管道和设备的绝热计算。

1.12 掌握暖通空调设计的节能技术；熟悉暖通空调系统的节能诊断和经济运行。

1.13 熟悉暖通空调制冷系统运行常见故障分析及解决方法。

1.14 了解可再生能源在暖通空调制冷系统中的应用。

2 供暖（含小区供热设备和热网）

2.1 熟悉供暖建筑物围护结构建筑热工要求，建筑热工节能设计。掌握对公共建筑围护结构建筑热工限值的强制性规定。

2.2　掌握建筑冬季供暖通风系统热负荷计算方法。

2.3　掌握热水、蒸汽供暖系统设计计算方法；掌握热水供暖系统的节能设计要求和设计方法。

2.4　熟悉各类散热设备主要性能。熟悉各种供暖方式。掌握散热器供暖、辐射供暖和热风供暖的设计方法和设备、附件的选用。掌握空气幕的选用方法。

2.5　掌握分户热计量热水集中供暖设计方法。

2.6　掌握热媒及其参数选择和小区集中供热热负荷的概算方法。了解热电厂集中供热方式。

2.7　熟悉汽—水、水—水换热器选择计算方法，熟悉热水、蒸汽供热系统管网设计方法，掌握管网与热用户连接装置的设计方法和热力站设计方法。

2.8　掌握小区锅炉房设置及工艺设计基本方法。了解供热用燃煤、燃油、燃气锅炉的主要性能。熟悉小区锅炉房设备的选择计算方法。

2.9　熟悉热泵机组供热的设计方法和正确取值。

3　通　　风

3.1　掌握通风设计方法、通风量计算以及空气平衡和热平衡计算。

3.2　熟悉天窗、风帽的选择方法。掌握自然通风设计计算方法。

3.3　熟悉排风罩种类及选择方法，掌握局部排风系统设计计算方法及设备选择。

3.4　熟悉机械全面通风、事故通风的条件，掌握其计算方法。

3.5　掌握防烟分区划分方法。熟悉防火和防排烟设备和部件的基本性能及防排烟系统的基本要求。熟悉防火控制程序。掌握防排烟方式的选择及自然排烟系统及机械防排烟系统的设计计算方法。

3.6　熟悉除尘和有害气体净化设备的种类和应用，掌握设计选用方法。

3.7　熟悉通风机的类型、性能和特性，掌握通风机的选用、计算方法。

4　空　气　调　节

4.1　熟悉空调房间围护结构建筑热工要求，掌握对公共建筑围护结构建筑热工限值的强制性规定；了解人体舒适性机理；掌握舒适性空调和工艺性空调室内空气参数的确定方法。

4.2　了解空调冷（热）、湿负荷形成机理，掌握空调冷（热）、湿负荷以及热湿平衡、空气平衡计算。

4.3　熟悉空气处理过程，掌握湿空气参数计算和焓湿图的应用。

4.4　熟悉常用空调系统的特点和设计方法。

4.5　掌握常用气流组织形式的选择及其设计计算方法。

4.6　熟悉常用空调设备的主要性能，掌握空调设备的选择计算方法。

4.7　熟悉常用冷热源设备的主要性能；熟悉冷热源设备的选择计算方法。

4.8　掌握空调水系统的设计要求及计算方法。

4.9　熟悉空调自动控制方法及运行调节。

4.10　掌握空调系统的节能设计要求和设计方法。

4.11　熟悉空调、通风系统的消声、隔振措施。

5　制冷与热泵技术

5.1　熟悉热力学制冷（热泵）循环的计算、制冷剂的性能和选择以及 CFCs 及 HCFCs 的淘汰和替代。

5.2　了解蒸汽压缩式制冷（热泵）的工作过程；熟悉各类冷水机组、热泵机组（空气源、水源和地源）的选择计算方法和正确取值；掌握现行国家标准对蒸汽压缩式制冷（热泵）机组的能效等级的规定。

5.3　了解溴化锂吸收式制冷（热泵）的工作过程；熟悉蒸汽型和直燃式双效溴化锂吸收式制冷（热泵）装置的组成和性能；掌握现行国家标准对溴化锂吸收式机组的性能系数的规定。

5.4　了解蒸汽压缩式制冷（热泵）系统的组成、制冷剂管路设计基本方法；熟悉制冷自动控制的技术要求；掌握制冷机房设备布置方法。

5.5　了解蓄冷、蓄热的类型、系统组成以及设置要求。

5.6　了解冷藏库温、湿度要求；掌握冷藏库建筑围护结构的设置以及热工计算。

5.7　掌握冷藏库制冷系统的组成、设备选择与制冷剂管路系统设计；熟悉装配式冷藏库的选择与计算。

5.8　了解燃气冷热电联供的系统使用条件、系统组成和设备选择。

6　空气洁净技术

6.1　掌握常用洁净室空气洁净度等级标准及选用方法。了解与建筑及其他专业的配合。

6.2　熟悉空气过滤器的分类、性能、组合方法及计算。

6.3　了解室内外尘源，熟悉各种气流流型的适用条件和风量确定。

6.4　掌握洁净室的室压控制设计。

7　绿　色　建　筑

7.1　了解绿色建筑的基本要求。

7.2　掌握暖通空调技术在绿色建筑的运用。

7.3　熟悉绿色建筑评价标准。

8　民用建筑房屋卫生设备和燃气供应

8.1　熟悉室内给水水质和用水量计算。

8.2　熟悉室内热水耗热量和热水量计算。掌握热泵热水机的设计方法和正确取值。

8.3　了解太阳能热水器的应用。

8.4　熟悉室内排水系统设计与计算。

8.5　掌握室内燃气供应系统设计与计算。

全国勘察设计注册公用设备工程师（暖通空调）执业资格考试专业考试使用的主要规范、标准

1	《民用建筑供暖通风与空气调节设计规范》（GB 50736—2012）
2	《工业建筑供暖通风与空气调节设计规范》（GB 50019—2015）
3	《建筑防烟排烟系统技术标准》（GB 51251—2017）
4	《建筑设计防火规范》（GB 50016—2014）
5	《汽车库、修车库、停车场设计防火规范》（GB 50067—2014）
6	《人民防空工程设计防火规范》（GB 50098—2009）
7	《人民防空地下室设计规范》（GB 50038—2005）
8	《住宅设计规范》（GB 50096—2011）
9	《住宅建筑规范》（GB 50368—2005）
10	《严寒和寒冷地区居住建筑节能设计标准》（JGJ 26—2010）
11	《夏热冬冷地区居住建筑节能设计标准》（JGJ 134—2010）
12	《夏热冬暖地区居住建筑节能设计标准》（JGJ 75—2012）
13	《公共建筑节能设计标准》（GB 50189—2015）
14	《民用建筑热工设计规范》（GB 50176—2016）
15	《辐射供暖供冷技术规程》（JGJ 142—2012）
16	《供热计量技术规程》（JGJ 173—2009）
17	《工业设备及管道绝热工程设计规范》（GB 50264—2013）
18	《既有居住建筑节能改造技术规程》（JGJ/T 129—2012）
19	《公共建筑节能改造技术规范》（JGJ 176—2009）
20	《环境空气质量标准》（GB 3095—2012）
21	《声环境质量标准》（GB 3096—2008）
22	《工业企业厂界环境噪声排放标准》（GB 12348—2008）
23	《工业企业噪声控制设计规范》（GB/T 50087—2013）
24	《大气污染物综合排放标准》（GB 16297—1996）
25	《工业企业设计卫生标准》（GBZ 1—2010）
26	《工作场所有害因素职业接触限值（1）：化学有害因素》（GBZ 2.1—2007）
27	《工作场所有害因素职业接触限值（2）：物理因素》（GBZ 2.2—2007）
28	《洁净厂房设计规范》（GB 50073—2013）
29	《地源热泵系统工程技术规范》（GB 50366—2005）（2009年版）
30	《燃气冷热电联供工程技术规范》（GB 51131—2016）
31	《蓄冷空调工程技术规程》（JGJ 158—2008）
32	《多联机空调系统工程技术规程》（JGJ 174—2010）
33	《冷库设计规范》（GB 50072—2010）
34	《锅炉房设计规范》（GB 50041—2008）

续表

35	《锅炉大气污染物排放标准》(GB 13271—2014)
36	《城镇供热管网设计规范》(CJJ 34—2010)
37	《城镇燃气设计规范》(GB 50028—2006)
38	《城镇燃气技术规范》(GB 50494—2009)
39	《建筑给水排水设计规范》(GB 50015—2003)(2009年版)
40	《通风与空调工程施工规范》(GB 50738－2011)
41	《建筑给排水及采暖工程施工质量验收规范》(GB 50242—2002)
42	《通风与空调工程施工质量验收规范》(GB 50243—2016)
43	《制冷设备、空气分离设备安装工程施工及验收规范》(GB 50274—2010)
44	《建筑节能工程施工质量验收规范》(GB 50411—2007)
45	《绿色建筑评价标准》(GB/T 50378—2014)
46	《绿色工业建筑评价标准》(GB/T 50878－2013)
47	《民用建筑绿色设计规范》(JGJ/T 229—2010)
48	《空气调节系统经济运行》(GB/T 17981—2007)
49	《冷水机组能效限定值及能源效率等级》(GB 19577—2015)
50	《单元式空气调节机能效限定值及能源效率等级》(GB 19576—2004)
51	《房间空气调节器能效限定值及能源效率等级》(GB 12021. 3—2010)
52	《多联式空调(热泵)机组能效限定值及能源效率等级》(GB 21454—2008)
53	《蒸气压缩循环冷水(热泵)机组:工商业用和类似用途的冷水(热泵)机组》(GB/T 18430. 1—2007)
54	《蒸气压缩循环冷水(热泵)机组:户用和类似用途的冷水(热泵)机组》(GB/T 18430. 2－2016)
55	《溴化锂吸收式冷(温)水机组安全要求》(GB 18361—2001)
56	《直燃型溴化锂吸收式冷(温)水机组》(GB/T 18362—2008)
57	《蒸汽和热水型溴化锂吸收式冷水机组》(GB/T 18431—2014)
58	《水(地)源热泵机组》(GB/T 19409—2013)
59	《商业或工业用及类似用途的热泵热水机》(GB/T 21362—2008)
60	《组合式空调机组》(GB/T 14294—2008)
61	《柜式风机盘管机组》(JB/T 9066—1999)
62	《风机盘管机组》(GB/T 19232—2003)
63	《通风机能效限定值及能效等级》(GB/T 19761—2009)
64	《清水离心泵能效限定值及节能评价值》(GB/T 19762—2007)
65	《离心式除尘器》(JB/T 9054—2015)
66	《回转反吹类袋式除尘器》(JB/T 8533—2010)
67	《脉冲喷吹类袋式除尘器》(JB/T 8532—2008)
68	《内滤分室反吹类袋式除尘器》(JB/T 8534—2010)
69	《建筑通风和排烟系统用防火阀门》(GB 15930—2007)
70	《干式风机盘管》JB/T 11524—2013
71	《高出水温度冷水机组》JB/T 12325—2015

参考资料：

1.《全国勘察设计注册公用设备工程师暖通空调专业考试复习教材》（第三版-2018），中国建筑工业出版社，2018年

2.《全国勘察设计注册公用设备工程师暖通空调专业考试标准规范汇编》2013年版，中国计划出版社（上述目录中2013年以后颁布、修订的标准规范另见单行本）以上资料均由全国勘察设计注册公用设备工程师专业管理委员会组织编写

3.《全国民用建筑工程设计技术措施 暖通空调·动力 2009》

4.《全国民用建筑工程设计技术措施 节能专篇 暖通空调·动力 2007》

参 考 文 献

[1] 全国勘察设计注册工程师公用设备专业管理委员会秘书处. 全国勘察设计注册公用设备工程师暖通空调专业考试复习教材(第三版-2018). 北京：中国建筑工业出版社，2018.
[2] 贺平，孙刚等. 供热工程(第四版). 北京：中国建筑工业出版社，2009.
[3] 王宇清主编. 供热工程. 北京：中国建筑工业出版社，2004.
[4] 孙一坚，沈恒根主编. 工业通风(第四版). 北京：中国建筑工业出版社，2010.
[5] 王汉青主编. 通风工程. 北京：机械工业出版社，2008.
[6] 赵荣义，范存养等. 空气调节(第四版). 北京：中国建筑工业出版社，2009.
[7] 黄翔主编. 空调工程(第2版). 北京：机械工业出版社，2014.
[8] 马最良，姚杨等. 民用建筑空调设计(第三版). 北京：化学工业出版社，2015.
[9] 陆亚俊主编. 暖通空调(第二版). 北京：中国建筑工业出版社，2007.
[10] 彦启森，石文星等. 空气调节用制冷技术(第四版). 北京：中国建筑工业出版社，2010.
[11] 金文，逯红杰主编. 制冷技术. 北京：机械工业出版社，2013.
[12] 吴味隆等. 锅炉及锅炉房设备(第四版). 北京：中国建筑工业出版社，2006.
[13] 蔡增基，龙天渝主编. 流体力学泵与风机(第四版). 北京：中国建筑工业出版社，1999.
[14] 付祥钊主编. 流体输配管网(第二版). 北京：中国建筑工业出版社，2005.
[15] 连之伟主编. 热质交换原理与设备(第三版). 北京：中国建筑工业出版社，2011.
[16] 邬守春编著. 民用建筑暖通空调施工图设计实用读本. 北京：中国建筑工业出版社，2013.
[17] 李娥飞编著. 暖通空调设计通病分析(第二版). 北京：中国建筑工业出版社，2004.
[18] 顾洁主编. 暖通空调设计与计算方法(第二版). 北京：化学工业出版社，2015.
[19] 赵文成编著. 中央空调节能及自控系统设计. 北京：中国建筑工业出版社，2018.
[20] GOGO培训编委会，清风注考编著. 全国勘察设计注册公用设备工程师(暖通空调)专业考试历年真题详解——专业知识篇. 北京：机械工业出版社，2017.
[21] GOGO培训编委会，清风注考编著. 全国勘察设计注册公用设备工程师(暖通空调)专业考试历年真题详解——专业案例篇. 北京：机械工业出版社，2017.
[22] 中国建筑科学研究院主编. 民用建筑供暖通风与空气调节设计规范 GB 50736—2012. 北京：中国建筑工业出版社，2012.
[23] 中国有色工程有限公司等主编. 工业建筑供暖通风与空气调节设计规范 GB 50019—2015. 北京：中国计划出版社，2015.
[24] 公安部天津消防研究所主编. 建筑防烟排烟系统技术标准 GB 51251—2017. 北京：中国计划出版社，2017.
[25] 公安部天津消防研究所等主编. 建筑设计防火规范 GB 50016—2014. 北京：中国计划出版社，2014.
[26] 上海市公安消防总队主编. 汽车库、修车库、停车场设计防火规范 GB 50067—2014. 北京：中国计划出版社，2014.
[27] 中国建筑设计研究院主编. 人民防空地下室设计规范 GB 50038—2005. 北京：中国计划出版社，2005.
[28] 总参工程兵第四设计研究院主编. 人民防空工程设计防火规范 GB 50098—2009. 北京：中国计划出版社，2009.

[29] 中国建筑设计研究院主编. 住宅设计规范 GB 50096—2011. 北京：中国建筑工业出版社，2011.
[30] 中国建筑科学研究院主编. 住宅建筑规范 GB 50368—2005. 北京：中国建筑工业出版社，2005.
[31] 中国建筑科学研究院主编. 严寒和寒冷地区居住建筑节能设计标准 JGJ 26—2010. 北京：中国建筑工业出版社，2010.
[32] 中国建筑科学研究院主编. 夏热冬冷地区居住建筑节能设计标准 JGJ 134—2010. 北京：中国建筑工业出版社，2010.
[33] 中国建筑科学研究院等主编. 夏热冬暖地区居住建筑节能设计标准 JGJ 75—2012. 北京：中国建筑工业出版社，2012.
[34] 中国建筑科学研究院主编. 公共建筑节能设计标准 GB 50189—2015. 北京：中国建筑工业出版社，2015.
[35] 中国建筑科学研究院主编. 民用建筑热工设计规范 GB 50176—2016. 北京：中国建筑工业出版社，2016.
[36] 中国建筑科学研究院主编. 辐射供暖供冷技术规程 JGJ 142—2012. 北京：中国建筑工业出版社，2012.
[37] 中国建筑科学研究院主编. 供热计量技术规程 JGJ 173—2009. 北京：中国建筑工业出版社，2009.
[38] 中国石油和化工勘察设计协会等. 工业设备及管道绝热工程设计规范 GB 50264—2013. 北京：中国计划出版社，2013.
[39] 中国建筑科学研究院主编. 既有居住建筑节能改造技术规程 JGJ/T 129—2012. 北京：中国建筑工业出版社，2012.
[40] 中国建筑科学研究院主编. 公共建筑节能改造技术规范 JGJ 176—2009. 北京：中国建筑工业出版社，2009.
[41] 中国环境科学研究院等. 环境空气质量标准 GB 3095—2012. 北京：中国环境科学出版社，2012.
[42] 中国环境科学研究院等. 声环境质量标准 GB 3096—2008. 北京：中国环境科学出版社，2008.
[43] 中国环境监测总站等. 工业企业厂界环境噪声排放标准 GB 12348—2008. 北京：中国环境科学出版社，2008.
[44] 北京市劳动保护科学研究所主编. 工业企业噪声控制设计规范 GB/T 50087—2013. 北京：中国建筑工业出版社，2013.
[45] 国家环境保护局主编. 大气污染物综合排放标准 GB 16297—1996. 北京：中国环境科学出版社，1996.
[46] 中国疾病预防控制中心职业卫生与中毒控制所等. 工业企业设计卫生标准 GBZ 1—2010. 北京：人民卫生出版社，2010.
[47] 中国疾病预防控制中心职业卫生与中毒控制所等. 工作场所有害因素职业接触限值(1)：化学有害因素 GBZ 2.1—2007. 北京：人民卫生出版社，2007.
[48] 中国疾病预防控制中心职业卫生与中毒控制所等. 工作场所有害因素职业接触限值(2)：物理因素 GBZ 2.2—2007. 北京：人民卫生出版社，2007.
[49] 中国电子工程设计院主编. 洁净厂房设计规范 GB 50073—2013. 北京：中国计划出版社，2013.
[50] 中国建筑科学研究院主编. 地源热泵系统工程技术规范(2009 年版)GB 50366－2005. 北京：中国建筑工业出版社，2009.
[51] 城市建设研究院等主编. 燃气冷热电联供工程技术规范 GB 51131—2016. 北京：中国建筑工业出版社，2009.
[52] 中国建筑科学研究院主编. 蓄冷空调工程技术规程 JGJ 158—2008. 北京：中国建筑工业出版社，2008.

[53] 中国建筑科学研究院主编. 多联机空调系统工程技术规程 JGJ 174—2010. 北京：中国建筑工业出版社，2010.

[54] 国内贸易工程设计研究院主编. 冷库设计规范 GB 50072—2010. 北京：人民出版社，2010.

[55] 中国联合工程公司主编. 锅炉房设计规范 GB 50041—2008. 北京：中国计划出版社，2008.

[56] 中国环境科学研究院等主编. 锅炉大气污染物排放标准 GB 13271—2014. 北京：中国环境出版社，2014.

[57] 北京市煤气热力工程设计院有限公司主编. 城镇供热管网设计规范 CJJ 34—2010. 北京：中国建筑工业出版社，2010.

[58] 中国市政工程华北设计研究院主编. 城镇燃气设计规范 GB 50028—2006. 北京：中国建筑工业出版社，2006.

[59] 住房和城乡建设部标准定额研究所等主编. 城镇燃气技术规范 GB 50494—2009. 北京：中国建筑工业出版社，2009.

[60] 上海现代建筑设计(集团)有限公司主编. 建筑给水排水设计规范(2009 年版)GB 50015—2003. 北京：中国计划出版社，2010.

[61] 中国建筑科学研究院等主编. 通风与空调工程施工规范 GB 50738—2011. 北京：中国建筑工业出版社，2011.

[62] 沈阳市城乡建设委员会主编. 建筑给排水及采暖工程施工质量验收规范 GB 50242—2002. 北京：中国建筑工业出版社，2002.

[63] 上海市安装工程集团有限公司主编. 通风与空调工程施工质量验收规范 GB 50243—2016. 北京：中国计划出版社，2016.

[64] 中国机械工业建设总公司等主编. 制冷设备、空气分离设备安装工程施工及验收规范 GB 50274—2010. 北京：中国计划出版社，2010.

[65] 中国建筑科学研究院主编. 建筑节能工程施工质量验收规范 GB 50411—2007. 北京：中国建筑工业出版社，2007.

[66] 中国建筑科学研究院等主编. 绿色建筑评价标准 GB/T 50378—2014. 北京：中国建筑工业出版社，2014.

[67] 中国建筑科学研究院等主编. 绿色工业建筑评价标准 GB/T 50878—2013. 北京：中国建筑工业出版社，2013.

[68] 中国建筑科学研究院等主编. 民用建筑绿色设计规范 JGJ/T 229—2010. 北京：中国建筑工业出版社，2010.

[69] 清华大学等. 空气调节系统经济运行 GB/T 17981—2007. 北京：中国标准出版社，2007.

[70] 中国标准化研究院等. 冷水机组能效限定值及能源效率等级 GB 19577—2015. 北京：中国标准出版社，2015.

[71] 中国标准化研究院等. 单元式空气调节机能效限定值及能源效率等级 GB 19576—2004. 北京：中国标准出版社，2004.

[72] 中国标准化研究院等. 房间空气调节器能效限定值及能源效率等级 GB 12021.3—2010. 北京：中国标准出版社，2010.

[73] 中国标准化研究院等. 多联式空调(热泵)机组能效限定值及能源效率等级 GB 21454—2008. 北京：中国标准出版社，2008.

[74] 约克(无锡)空调冷冻设备有限公司等. 蒸气压缩循环冷水(热泵)机组：工商业用和类似用途的冷水(热泵)机组 GB/T 18430.1—2007. 北京：中国标准出版社，2007.

[75] 浙江盾安人工环境设备股份有限公司等. 蒸气压缩循环冷水(热泵)机组：户用和类似用途的冷水(热泵)机组 GB/T 18430.2—2016. 北京：中国标准出版社，2016.

[76] 远大空调有限公司等. 溴化锂吸收式冷(温)水机组安全要求 GB 18361—2001. 北京：中国标准出版社，2001.
[77] 远大空调有限公司等. 直燃型溴化锂吸收式冷(温)水机组 GB/T 18362—2008. 北京：中国标准出版社，2008.
[78] 双良节能系统股份有限公司等. 蒸汽和热水型溴化锂吸收式冷水机组 GB/T 18431—2014. 北京：中国标准出版社，2014.
[79] 合肥通用机械研究院等. 水(地)源热泵机组 GB/T 19409—2013. 北京：中国标准出版社，2013.
[80] 广州中宇冷气科技发展有限公司等. 商业或工业用及类似用途的热泵热水机 GB/T 21362—2008. 北京：中国标准出版社，2008.
[81] 中国建筑科学研究院. 组合式空调机组 GB/T 14294—2008. 北京：中国标准出版社，2008.
[82] 上海通惠——开利空调设备有限公司主编. 柜式风机盘管机组 JB/T 9066—1999. 北京：中国标准出版社，1999.
[83] 中国建筑科学研究院空气调节研究所主编. 风机盘管机组 GB/T 19232—2003. 北京：中国标准出版社，2003.
[84] 沈阳鼓风机研究所等. 通风机能效限定值及能效等级 GB/T 19761—2009. 北京：中国标准出版社，2009.
[85] 中国标准化研究院等. 清水离心泵能效限定值及节能评价值 GB/T 19762—2007. 北京：中国标准出版社，2007.
[86] 东华大学等. 离心式除尘器 JB/T 9054—2015. 北京：中国标准出版社，2015.
[87] 洁华控股股份有限公司等. 回转反吹类袋式除尘器 JB/T 8533—2010. 北京：中国标准出版社，2010.
[88] 浙江菲达环保科技股份有限公司等. 脉冲喷吹类袋式除尘器 JB/T 8532—2008. 北京：中国标准出版社，2008.
[89] 科林环保装备股份有限公司主编. 内滤分室反吹类袋式除尘器 JB/T 8534—2010. 北京：中国标准出版社，2010.
[90] 公安部天津消防研究所主编. 建筑通风和排烟系统用防火阀门 GB 15930—2007. 北京：中国标准出版社，2007.
[91] 陆耀庆主编. 实用供热空调设计手册(第二版). 北京：中国标准出版社，2008.
[92] 建设部工程质量安全监督与行业发展司等编. 全国民用建筑工程设计技术措施——暖通空调·动力 2009 版. 北京：中国计划出版社，2009.
[93] 建设部工程质量安全监督与行业发展司等编. 全国民用建筑工程设计技术措施——节能专篇暖通空调·动力 2007 版. 北京：中国计划出版社，2007.
[94] 徐伟主编. 民用建筑供暖通风与空气调节设计规范宣贯辅导教材. 北京：中国建筑工业出版社，2012.
[95] 徐伟主编. 民用建筑供暖通风与空气调节设计规范技术指南. 北京：中国建筑工业出版社，2012.